U0360189

中国土木建筑百科辞典

经济与管理

中国建筑工业出版社

图书在版编目(CIP)数据

中国土木建筑百科辞典.经济与管理/李国豪等著.—北京：
中国建筑工业出版社,2004
ISBN 7-112-03294-6

Ⅰ.中…　Ⅱ.李…　　Ⅲ.①建筑工程－词典②建筑工程
－经济管理－词典　Ⅳ.TU-61

中国版本图书馆 CIP 数据核字(2000)第 80214 号

中国土木建筑百科辞典
经 济 与 管 理

*

中国建筑工业出版社出版、发行(北京西郊百万庄)
新 华 书 店 经 销
北京市景煌照排中心照排
北京市兴顺印刷厂印刷

*

开本：787×1092 毫米　1/16　印张：33¼　字数：1168 千字
2004 年 3 月第一版　2004 年 3 月第一次印刷
印数：1—1,200 册　定价：**110.00** 元
ISBN 7－112－03294－6
TU·2536(9074)

本社网址：http://www.china-abp.com.cn
网上书店：http://www.china-building.com.cn

《中国土木建筑百科辞典》总编委会名单

3

《中国土木建筑百科辞典》
经济与管理编委会名单

主 编 单 位：重庆建筑大学
　　　　　　同济大学
主　　　编：何万钟　何秀杰
执 行 主 编：张　琰
编　　　委：(以姓氏笔画为序)
　　　　　　王维民　卢安祖　任玉峰　刘长滨　刘玉书
　　　　　　刘洪玉　何万钟　何秀杰　何　征　余　平
　　　　　　张正西　张　琰　林知炎　俞文青　钱昆润
　　　　　　葛震明
撰 稿 人：(以姓氏笔画为序)
　　　　　　王要武　　　王维民　　　卢安祖　　　田金信　　　代建功
　　　　　　丛培经　　　冯鑑荣　　　冯桂烜　　　朱俊贤　　　任玉峰
　　　　　　刘长滨　　　刘玉书　　　刘　昕　　　刘洪玉　　　严玉星
　　　　　　李书波　　　杨茂盛　　　吴　明　　　吴钦照　　　何万钟
　　　　　　何秀杰　　　何　征　　　余　平　　　张守健　　　张树恩
　　　　　　张　琰　　　陈　键　　　武永祥　　　林知炎　　　金一平
　　　　　　金　枚　　　周志华　　　周爱民　　　胡世德　　　俞文青
　　　　　　俞壮林　　　闻　青　　　顾久雄　　　钱昆润　　　徐友全
　　　　　　徐绳墨　　　高贵恒　　　曹吉鸣　　　董玉学　　　雷运清
　　　　　　雷懋成　　　蔡德坚　　　谭　刚

序　言

　　经过土木建筑界一千多位专家、教授、学者十个春秋的不懈努力,《中国土木建筑百科辞典》十五个分卷终于陆续问世了。这是迄今为止中国建筑行业规模最大的专科辞典。

　　土木建筑是一个历史悠久的行业。由于自然条件、社会条件和科学技术条件的不同,这个行业的发展带有浓重的区域性特色。这就导致了用于传授知识和交流信息的词语亦有颇多差异,一词多义、一义多词、中外并存、南北杂陈的现象因袭流传,亟待厘定。现代科学技术的发展,促使土木建筑行业各个领域发生深刻的变化。随着学科之间相互渗透、相互影响日益加强,新兴学科和边缘学科相继形成,以及日趋活跃的国际交流和合作,使这个行业的科学技术术语迅速地丰富和充实起来,新名词、新术语大量涌现;旧名词、旧术语或赋予新的概念或逐渐消失,人们急切地需要熟悉和了解新旧术语的含义。希望对国外出现的一些新事物、新概念、新知识有个科学的阐释。此外,人们还要查阅古今中外的著名人物,著名建筑物、构筑物和工程项目,重要学术团体、机构和高等学府,以及重要法律法规、典籍、著作和报刊等简介。因此,编撰一部以纠讹正名,解诂释疑,系统汇集浓缩知识信息的专科辞书,不仅是读者的期望,也是这个行业科学技术发展的需要。

　　《中国土木建筑百科辞典》共收词约 6 万条,包括规划、建筑、结构、力学、材料、施工、交通、水利、隧道、桥梁、机械、设备、设施、管理,以及人物、建筑物、构筑物和工程项目等土木建筑行业的主要内容。收词力求系统、全面,尽可能反映本行业的知识体系,有一定的深度和广度;构词力求标准、严谨,符合现行国家标准规定,尽可能达到辞书科学性、知识性和稳定性的要求。正在发展而尚未定论或有可能变动的词目,暂未予收入;而历史上曾经出现,虽已被淘汰的词目,则根据可能参阅古旧图书的需要而酌情收入。各级词目之间尽可能使其纵横有序,层属清晰。释义力求准确精练,有理有据,绝大多数词目的首句释义均为能反映事物本质特征的定义。对待学术问题,按定论阐述;尚无定论或有争议者,则作宏观介绍,或并行反映现有的各家学说、观点。

　　中国从《尔雅》开始,就有编撰辞书的传统。自东汉许慎《说文解字》刊行以来,迄今各类辞书数以万计,可是土木建筑行业的辞书依然屈指可数,大型辞书则属空白。因此，承上启下，继往开来，编撰这部大型辞书，不惟当务之急，亦是本书总编委会和各个分卷编委会全体同仁对本行业应有之奉献。在编撰过程中，建设部科学技术委员会从各方面为我们创造了有利条件。各省、自治区、直辖市建设部门给予热情帮助。同济大学、清华大学、西南交通大学、哈尔滨建筑大学、重庆建筑大学、湖南大学、东南大学、武汉工业大学、河海大学、浙江大学、天津大学、西安建筑科技大学等高等学府承担了各个分卷的主要撰稿、审稿任务，从人力、财力、精神和物质上给予全力支持。遍及全国的撰稿、审稿人员同心同德，精益求精，切磋琢磨，数易其稿。中国建筑工业出版社的编辑人员也付出了大量心血。当把《中国土木建筑百科辞典》各个分卷呈送到读者面前时，我们谨向这些单位和个人表示崇高的敬意和深切的谢忱。

在全书编撰、审查过程中，始终强调"质量第一"，精心编写、反复推敲。但《中国土木建筑百科辞典》收词广泛，知识信息丰富，其内容除与前述各专业有关外，许多词目释义还涉及社会、环境、美学、宗教、习俗，乃至考古、校雠等；商榷定义，考订源流，难度之大，问题之多，为始料所不及。加之客观形势发展迅速，定稿、付印皆有计划，广大读者亦要求早日出版，时限已定，难有再行斟酌之余地，我们殷切地期待着读者将发现的问题和错误，——函告《中国土木建筑百科辞典》编辑部（北京西郊百万庄中国建筑工业出版社，邮编100037），以便全书合卷时订正、补充。

《中国土木建筑百科辞典》总编委会

前　　言

　　根据《中国土木建筑百科辞典》分卷设置规划，本卷以满足土木建筑工程各类专业人员对经济与管理方面的知识要求为宗旨。全卷包括 13 个分支学科，词目 3000 个以上，约 120 万字。本卷编写的指导方针是：

　　一、内容要体现经济与管理知识的系统性、科学性，更要突出土木建筑工程专业性的特点。在词目结构安排方面，宏观、中观、微观层次兼顾，而以微观（建筑企业与工程项目）为主，避免与一般性经济与管理辞书雷同。

　　二、词目的选取，除常见者外，特别注意及时反映中国社会主义市场经济建设理论和实践的发展，以及相关学科的最新研究成果，从而体现经济与管理理论和方法的不断更新、发展及中国特色。

　　三、为使读者能掌握每一词目的基本要义，收到学有所得，学以致用的效果，释义力求准确，概念清晰。一词多义者，皆分别主次，诠释清楚。计算公式则说明其应用条件及适用范围。

　　本卷从着手准备至定稿历时 10 年。在此期间内，中国改革开放深入发展，社会主义建设取得了新的成就，固定资产投资和建筑业管理体制发生了重大变化，而且这种变化还继续向深度、广度发展。为了跟上形势发展，及时反映这些新变化，在编写过程中，我们不得不调整词目结构，增加若干新词目，删除部分已失时效又无多大历史价值的词目，对于虽已失效但尚有历史意义的词目则尽可能予以保留。其中不少词目曾三易乃至四易其稿。

　　本卷是集体劳动的成果。撰稿人有从事建筑业和固定资产投资经济管理教学、科研、施工、咨询及行政工作的专家学者 40 余人。同济大学、清华大学、东南大学、重庆建筑大学、哈尔滨建筑大学、西安建筑科技大学、中国建筑技术研究院和北京市建筑工程研究院的有关院系、所，对本卷的编写给以大力支持和帮助。建设部体改法规司、计划财务司、建筑业研究所对本卷有关分支学科的审稿、修改工作予以热情指导。中国建筑工业出版社为本卷的编写和出版做了大量的组织、协调工作。谨此致以衷心的谢意。

　　在总编委会的指导下，本卷编委会和全体撰稿人以科学、求新、实用为努力的目标，将此卷奉献给读者。但限于我们的业务水平和经验，某些缺点和错误之处在所难免。诚恳地欢迎读者批评指正。

　　本书因几易其稿，以致在发稿排版时，尚有部分词条缺撰稿人署名，经多次与责任编委核实未果，故以"吴明"的笔名代替。希望有关撰稿人及时与《中国土木建筑百科辞典》编辑部联系，以便在重印时订正。

经济与管理卷编委会

凡　例

组　卷

一、本辞典共分建筑、规划与园林、工程力学、建筑结构、工程施工、工程机械、工程材料、建筑设备工程、基础设施与环境保护、交通运输工程、桥梁工程、地下工程、水利工程、经济与管理、建筑人文十五卷。

二、各卷内容自成体系；各卷间存有少量交叉。建筑卷、建筑结构卷、工程施工卷等，内容侧重于一般房屋建筑工程方面，其他土木工程方面的名词、术语则由有关各卷收入。

词　条

三、词条由词目、释义组成。词目为土木建筑工程知识的标引名词、术语或词组。大多数词目附有对照的英文，有两种以上英译者，用"，"分开。

四、词目以中国科学院和有关学科部门审定的名词术语为正名，未经审定的，以习用的为正名。同一事物有学名、常用名、俗名和旧名者，一般采用学名、常用名为正名，将俗名、旧名采用"俗称"、"旧称"表达。个别多年形成习惯的专业用语难以统一者，予以保留并存，或以"又称"表达。凡外来的名词、术语，除以人名命名的单位、定律外，原则上意译，不音译。

五、释义包括定义、词源、沿革和必要的知识阐述，其深度和广度适合中专以上土木建筑行业人员和其他读者的需要。

六、一词多义的词目，用①、②、③分项释义。

七、释义中名词术语用楷体排版的，表示本卷收有专条，可供参考。

插　图

八、本辞典在某些词条的释义中配有必要的插图。插图一般位于该词条的释义中，不列图名，但对于不能置于释义中或图跨越数条词条而不能确定对应关系者，则在图下列有该词条的词目名。

排　列

九、每卷均出序言、本卷序、凡例、词目分类目录、正文、检字索引和附录组成。

十、全书正文按词目汉语拼音序次排列；第一字同音时，按阴平、阳平、上声、去声的声调顺序排列；同音同调时，按笔画的多少和起笔笔形横、竖、撇、点、折的序次排列；首字相同者，按次字排列，次字相同者按第三字排列，余类推。外文字母、数字起头的词目按英文、俄文、希腊文、阿拉伯数字、罗马数字的序次列于正文后部。

检　　索

十一、本辞典除按词目汉语拼音序次直接从正文检索外，还可采用笔画、分类目录和英文三种检索方法，并附有汉语拼音索引表。

十二、汉字笔画索引按词目首字笔画数序次排列；笔画数相同者按起笔笔形横、竖、撇、点、折的序次排列，首字相同者按次字排列，次字相同者按第三字排列，余类推。

十三、分类目录按学科、专业的领属、层次关系编制，以便读者了解本学科的全貌。同一词目在必要时可同时列在两个以上的专业目录中，遇有又称、旧称、俗称、简称词目，列在原有词目之下，页码用圆括号括起。为了完整地表示词目的领属关系，分类目录中列出了一些没有释义的领属关系词或标题，该词用〔 〕括起。

十四、英文索引按英文首词字母序次排列，首字相同者，按次词排列，余类推。

目 录

词目分类目录

说　明

一、本目录按学科、专业的领属、层次关系编制，供分类检索条目之用。

二、有的词条有多种属性，可能在几个分支学科和分类中出现。

三、词目的又称、旧称、俗称、简称等，列在原有词目之下，页码用圆括号括起，如（1）、（9）。

四、凡加有 〔　〕 的词为没有释义的领属关系词或标题。

1

4

5

9

12

21

25

26

A

ai

埃默生 Emerson, H. (1853~1931)

科学管理的创始者之一。出生于美国新泽西州。其父为一位长老会牧师。1903 年开始与泰罗建立通讯联系，但不是泰罗的一位合作者或门生，而是在科学管理建立期间独立进行研究的学者。他的许多思想与泰罗相类似，但他的重点是放在公司的组织和目标这一管理问题上。他之所以闻名于世，是由于 1901 年出席美国州际商务委员会所作的发言，他说，如果把科学管理原则用于铁路运输，每天可节省 100 万美元。由于他强调效率原则并将其广泛推广，以致赢得"效率的教长"称号。他认为，效率低和资源浪费最大的问题是缺乏组织。只有通过适当的组织，机器、原料和人的努力才会被充分利用，以提高效率和减少浪费。埃默生于 1913 年出版了他的代表作《十二项效率原则》，阐明其组织原理和效率原则。他的思想对古典组织理论以及现代管理理论均有较大影响。   (何 征)

an

安全边际 safety margin

预计或实际销售(点交)工程量与收入，同保本销售(点交)工程量与收入的差额。反映企业获取利润的安全程度。通常以安全边际工程量或收入表示。安全边际工程量或收入除以预计或实际销售(点交)工程量或收入，所得结果称安全边际率，用来评价企业经营状况和获取利润的可能性。可用下式表示：

$$\text{安全边际工程量(或收入)} = \text{预计或实际销售(点交)工程量(或收入)} - \text{保本销售(点交)工程量(或收入)}$$

$$\text{安全边际率} = \frac{\text{安全边际工程量(或收入)}}{\text{预计或实际销售工程量(或收入)}}$$

(周志华)

安全回报率 riskless rate of return

没有风险或相对来说没有风险的投资回报率。例如国家债券的回报率。   (刘洪玉)

安全技术措施 safely technical measures

为消除生产过程中的不安全因素，预防人身受到伤害和财物受到损失而采取的各种技术措施的总称。主要内容有：①施工过程中的安全技术措施，如针对土石方工程、高空作业、起重吊装工程等的特点制订的安全技术措施。②机械设备使用中的安全技术措施，如使用前应通过检验排除隐患，按性能使用，超负荷运转应验算、加固和测试，以及加设安全信号、警报和防护装置等。③改善劳动条件和作业环境的技术措施，如改善照明、通风、防尘、防噪音、防震动等方面的技术措施。   (田金信)

安全技术规程 safely technical rules and regulations

针对建筑生产的特点，对建筑安装工人的安全操作和设备安全运行所作的规定。现行的有《建筑安装工程安全操作规程》。   (田金信)

安全生产检查制度 inspection system for safety in production

为及时发现并消除事故隐患、防患于未然，对安全生产检查所作的规定。安全生产检查要贯彻专业与群众检查相结合的原则，有定期与不定期检查的方式。以查思想、查制度、查纪律、查领导、查隐患为主要内容。要根据安全事故的规律，结合季节特点，开展防洪、防雷电、防坍塌、防高空坠落、防锅炉爆炸等措施的检查；及时发现和消灭不安全因素，把事故消灭在发生之前。安全生产检查是预防安全事故的一种有效方法。   (田金信)

安全生产教育制度 educational system for safety in production

为提高职工对安全生产的认识，掌握安全知识，提高安全生产技术水平，防止事故，实现企业安全生产而进行教育的制度。主要内容是进行生产技术知识教育和遵守安全生产规章制度的教育。除经常性的安全生产教育外，新工人，调换新工作岗位的工人，电气、起重、高空、锅炉、焊接、爆破、车辆驾驶等特殊工种的工人，应是安全生产教育的重点对象。对特殊工种的工人，必须进行专门的安全操作技术教育，经考试合格后，才准上岗进行独立操作。   (田金信)

安全生产责任制 responsibility system for safety in production

企业各级领导、职能部门和个人对安全生产工作应负的责任的规定。以贯彻管生产必须管安全的原则,真正做到"安全生产,人人有责",使安全工作贯穿于生产管理各个环节,贯穿于生产的全过程。主要有:①企业各级领导和主管生产及技术负责人的安全生产责任制。②生产技术部门、机械设备部门、安全技术部门等的安全生产责任制。③专职的安全管理人员及有关职能人员的安全生产责任制。④生产工人的安全生产责任制。　(田金信)

安全施工管理　management of safety-construction

在施工过程中为保护施工人员人身和施工单位及业主在现场的财产安全而进行的组织管理工作。是建筑企业管理工作中的一个重要环节和施工管理的一项重要内容。主要包括:①从组织上加强安全生产的科学管理;②加强安全生产的思想教育;③建立安全施工生产责任制;④针对施工生产中的不安全因素,研究并采取有效的安全技术措施;⑤采取积极的预防措施,加强各种职业病和职业性中毒的防范和治理。　(张守健)

安全施工交底　safety of construction assigning and explaining

为加强施工现场安全管理,结合拟建工程的特点,将施工的各项安全要求传达到基层的组织工作。是建筑施工企业安全管理的重要内容。包括:安全技术操作规程、安全生产工作条例、安全责任制和安全技术措施计划等。交底方式有:书面交底、会议交底和口头交底。　(董玉学)

安置补偿费　settlement compensation

又称安置补助费。为妥善安排被征土地者的生产和生活,由征地单位在土地补偿费及青苗和土地附加补偿费之外,向被征地单位支付的一笔费用。根据土地管理法规,其支付标准是:①征用耕地(包括菜地),每一农业人口按每亩耕地年产值的2～3倍补助。每亩耕地的安置补助费最高不得超过其年产值的10倍;②征用园地、渔塘、藕塘、林地、牧场、草原等的安置补偿费按省、自治区、直辖市人民政府制订的标准付给;③征用宅基地,不付给安置补助费。土地补偿费和安置费的总和,不得超过被征土地年产值的20倍。　(冯桂烜)

安装工程价款结算　settlement of accounts for installation work

安装企业就完工的单体设备和大型联动设备安装工程,按合同向发包单位结算工程价款,获得收入,补偿安装过程的资金耗费,并计算确定盈亏的货币结算。单体设备按完成安装的台、架、座等结算工程价款;大型联动设备按分部或全部安装工程完工后结算工程价款。此款不包括设备本身价值。　(周志华)

安装工程投资完成额　value of installation put in place

在一定时期内将需要安装的机械设备组装起来并固定装置在基座或支架上,以及必要的联带工作的价值量。固定资产投资完成额的构成内容之一。但不包括被安装的设备本身的价值。　(张　琰)

按建设项目配套承包供应

在中国,对于国家指定的重点建设项目所需的统配、部管和地方管理物资,实行由物资部门与生产、建设单位签订合同或协议,按建设进度组织配套承包供应的办法。物资供应体制改革后实行。配套承包供应的物资,主要有钢材、木材、水泥、机电设备、燃料、生铁、玻璃、石棉瓦、涂料、卫生陶瓷、砖瓦、砂石等。这种新的供应办法对于保证重点建设项目需要,加快建设进度和降低材料成本等都有积极作用。　(曹吉鸣)

按揭　mortgage loan

以购进的房地产做抵押向金融机构贷款并在未来一定期限内分期偿还贷款本息的一种购房方式。主要适用于有长期稳定收入的住房购买者。通常的做法是,购房人(按揭人)先和售房人签订房屋买卖合同,并支付部分(例如30%)房价款(即按金);按揭人再凭购房合同与金融机构(按揭权人)签订按揭合同,由按揭权人负责向售房人支付购房人欠付的房价款;按揭人在按揭权人处开立账户,按月存入一定数额的款项,直到此项存款的本利和与按揭权人代付购房款的本利和相等为止。这一段时间叫做按揭期。在按揭期内,房产的所有权作为抵押由按揭权人管理,按揭人拥有房屋使用权;但如不能履行还贷义务,则房产产权由按揭权人处置(如拍卖等)。按揭期满后,按揭双方清算债权债务,由按揭人收回房产所有权,结束按揭全过程。

(张　琰　刘洪玉)

按劳分配　distribution according to work

社会主义公有制经济中分配个人消费品的原则。要求在对社会总产品做了各种必要的社会扣除之后,以劳动者为社会提供的有用劳动(包括劳动数量和质量)作为统一尺度来分配个人消费品。分配对象是劳动者个人,而不是社会全体成员或生产经营单位。中国采用工资、奖金、津贴等劳动报酬形式来体现按劳分配原则。

(吴　明)

按质计租　rent on quality

按房屋的使用价值计取租金。制定租金标准的一项基本原则。使用价值高,收取的房租就应该高一些,反之,则应低一些。房屋使用价值的因素主要包括:建筑结构、室内装修;设备完善程度;新旧程度以及房屋的朝向、楼层、保暖、防潮、采光、交通条件和外部环境等。在制定房租标准时,要对影响房屋使用价值的因素进行科学分析,区别对待,使住户的租金负担合理。

（刘长滨）

B

bai

百分比租金　percentage rent

按使用物业所获营业额的一定百分比计算的一种租金。常与固定的基本租金一同出现在租赁合约中。例如,某商场面积 $4000m^2$,年基本租金 140 元／m^2,营业额如超过 1000 万元,按超过部分的 6% 增加租金。设该商场年营业额为 1120 万元,则该商场的全部租金＝基本租金＋百分比租金,即

$$140×4000+(11200000-10000000)×6\%$$
$$=632000 \text{ 元}$$

（刘洪玉）

百元产值工资含量包干

以预先核定的工资与产值的比例（即含量）系数为基础,按实际完成的产值和主要经济技术指标来确定企业工资总额的工资分配办法。这一办法自 1982 年开始试行,1984 年在全国建筑业普遍推行。工资含量核定以后,在一定时期内稳定不变。企业工资总额随产值多少和主要经济技术指标,如工程质量、交竣工面积、实现利润等完成情况挂钩浮动,从而能促使企业和职工从物质利益上关心经营成果,努力提高企业的经济效益。推行这种工资分配办法的首要环节是合理确定工资含量系数。应在反复测算的基础上,根据平均先进的原则制定方案,报经主管部门核定。其次,是要完善工资总额与主要经济技术指标的挂钩办法。应合理确定挂钩指标,以及合理的浮动幅度,以防止单纯追求产值的倾向。

（吴　明）

百元产值占用固定资产　fixed assets usage per hundred yuan of output value

一定时期内完成百元总产值或施工产值占用的固定资产价值。固定资产产值率指标的倒数。计算公式为:

$$\frac{\text{百元产值占}}{\text{用固定资产}}=\frac{\text{固定资产平均总值}}{\text{总产值或施工产值}}×100\%$$

一般地讲,完成每百元产值所占用的固定资产越少,表明固定资产的利用效果越好;反之,则差。

（闻　青）

百元产值占用流动资金　current funds usage per hundred yuan of output value

一定时期内每百元产值占用的流动资金。流动资金产值率的倒数。计算公式为:

$$\frac{\text{百元产值占}}{\text{用流动资金}}=\frac{\text{流动资金平均占用额}}{\text{完成总产值或施工产值}}×100\%$$

一般地讲,完成每百元产值所占用的流动资金越少,表明流动资金的利用效果越好;反之,越差。

（闻　青）

ban

班组经济核算　economic calculation of work-team

企业内部以施工班组为核算单位,在专业人员指导下,职工直接参加的一种群众性核算形式。企业实行民主管理的一个重要内容。本着"干什么,管什么,算什么"的原则,主要核算工程量、工程质量、料具消耗、工时利用、机械设备利用、安全生产等。具体内容依班组性质、任务和劳动组织而定。各项核算要求易懂、简便,尽可能反映班组的生产消耗和成果,以利于加强和完善企业内部经济责任制。

（周志华）

半成品成本　cost of semi-processed product

自制半成品成本的简称。经过一定生产工序并已检验合格交付半成品库,尚未制造完成为商品产品,仍须继续加工或装配的中间产品的成本。如机修厂铸造车间生产入库等待加工车间领取进一步加工的铸件;加工车间生产入库等待装配车间领取进行组装的零、部件等。准备出售的半成品应视为产成品。半成品与在产品的划分,以是否完成一定生产工序并入库待转下一道工序加工或装配为依据。虽已完成一定生产工序,但未入库的半成品,视为在产品处理。

（闻　青）

bao

包工工资制　wages system for contract work

把一定数量的生产任务,按照预先规定的质量、

工期、工资和材料费交工人班组或工程队集体承包在保证质量和材料消耗的前提下，按期或提前完成任务，支付报酬的工资形式。如工程质量不符合要求，则责成其返工或扣发工资。这是集体计件工资在实行承包经济责任制后的一种发展。分为专业包工和混合包工两种形式。适用于生产任务明确，劳动对象又具有相对独立性的场合。　（吴　明）

保本点　break-even point

又称损益平衡点或盈亏临界点。企业的经营收入与成本相等，既不发生利润，也不产生亏损时的营业水平。营业水平达到此点之前，成本大于经营收入，发生亏损，超过此点，收入大于成本，产生利润。保本点可用实物量和货币量表示，前者称保本销售（点交）工程量，后者叫保本销售（点交）工程收入。保本点的计算公式如下：

$$保本销售量 = \frac{固定成本总额}{单位工程价格 - 单位工程变动成本 - 单位工程税金}$$

$$保本销售收入 = 单位工程价格 \times 保本销售量 = \frac{固定成本总额}{1 - \frac{单位工程变动成本 + 单位工程税金}{单位工程价格}}$$

（周志华）

保健因素　hygiene factor

对职工产生的效果类似于卫生保健对身体健康所起作用的因素。赫茨伯格（F. Herzbery）的"双因素理论"中所用的基本概念之一。卫生保健不能直接提高身体的健康水平，但有预防疾病的效果；同样，保健因素不能直接起激励职工的作用，但能防止职工产生不满情绪。属于保健因素的有：公司的政策、行政管理、监督系统、工资制度、人群关系、工作条件等。但是，保健因素与激励因素也有若干相互重叠现象，如"受人赏识"属激励因素，但在不受赏识时，又起消极作用；反之，在基本需要未获满足时，如给予提高工资等保健因素的满足，也能起激励作用。所以也有人认为并不存在相互独立的激励因素与保健因素，不能将二者完全对立。　（何　征）

保留金　retention money

又称保修金。施工企业用以支付工程保修期间费用的资金。按照规定从工程成本中预先提取。工程保修期满，该项已完工程的保留金如有节余，转作营业外收入，如超支则转作营业外支出　（闻　青）

保险　insurance

由个人或组织交纳保险费，集中建立基金，用于特定风险事故所造成的经济损失的补偿方法。一般分为财产保险和人身保险两大类。在工程承包业务中，通常有工程保险、雇员人身保险和第三方保险等险种。按国际惯例由承包商投保，根据合同中有关保险条款的规定，向业主提交保险生效的证明（如保险单或保险费收据），如承包商未按规定履行其应使保险生效的责任，业主可以代其投保，保险费由承包商负担。　（钱昆润）

保险储备　safe reserve

为预防原材料、燃料运达误期，或品种规格不符合需要等原因影响企业正常生产而建立的储备。是生产储备的一种。其计算式为：

$$保险储备量 = \frac{平均每日消耗量}{} \times \frac{原材料}{保险日数}$$

保险日数既可根据过去的经验资料，也可按重新订购获得原材料的日数来确定。在需用时能及时购得或已建立季节性储备的物资，可以不建立保险储备。保险储备在正常情况下是不动用的，因此，它经常占用着企业的一笔流动资金。　（陈　键）

保险价值　insurance value

一宗物业不可毁损部分的价值。用以确定房地产保险的投保金额。　（刘洪玉）

保证　guarantee

保证人以自己的名义担保经济活动当事人一方履行合同。经济合同担保形式之一。在被保证的当事人不履行合同时，按照担保约定由保证人履行或承担连带责任。　（何万钟）

报废工程　condemned project

不能继续施工或已完工部分不能使用，需报请核销的工程。其原因包括计划调整，重大灾害事故，设计方案变更，施工质量影响等。报废工程要经有关方面组织鉴定。在中国，属国有者须经当地建设银行审查签证，并按规定程序报请当地建设主管和财政主管部门审批后，才能报废清理，核销损失。大中型项目的报废工程，要报国家计委、财政部审批。　（徐友全）

报废工程核销投资　investment cancelled with abandoned project

经批准核销的报废工程累计投资。反映建设中工程报废损失情况的指标。统计在累计完成的不增加固定资产的投资中。　（俞壮林）

报废工程损失　loss on abandonment project

建设单位由于计划不当、设计方案变更、重大灾害事故等原因造成工程报废所发生工程成本扣除残值后的净损失。报废工程要经有关人员鉴定，当地建设银行审查签证，并经有关部门批准，才能进行报废清理。在建设单位会计中其他投资科目的"递延

资产"明细项目中核算。　　　　　　（闻　青）

报价　offer

投标单位对招标项目开出的投标价格。投标的关键性工作。由投标单位的决策人主持,预算部门负责,与有关业务部门配合进行。报价的步骤是:校核或计算项目的工程量;根据工程内容和施工实际条件编制分部分项单价;计算工程直接费和间接费;考虑不可预见因素和风险因素;研究分析竞争对象;确定预期利润率;确定最终报价。　（钱昆润）

报价策略　quotation tactics

指导投标报价活动的原则和方法。其作用在于确定对投标工程如何报价,争取中标。制定报价策略,须充分掌握招标工程的情况、市场情况以及竞争对手的情况,结合自身条件,运用系统分析、预测技术、对策论等科学分析方法,由决策人凭借自己的知识、经验和判断能力,作出决策。　（钱昆润）

bei

备件　spare parts

为了缩短机械设备的停修时间,所经常保持储备的新的零配件或已修复的零配件。是保证机械设备能及时修复,搞好维修工作的重要物质条件。由于要占用一定的流动资金,所以,应根据设备零件磨损规律和维修工作的实际需要来确定必要和合理的储备。　　　　　　　　　　　　　（陈　键）

备件管理　management of spare parts

对企业机械设备维修所需备件的计划采购、储存保管和供应一系列管理工作的总称。是企业物资管理的组成部分。对保证维修计划的实施,减少流动资金的占用有重要意义。在备件采购与供应计划中,需综合上年度计划与实际发生量的差异,本年度机械使用情况特点及维修计划,确定计划需要量(=需要量+储备量-预计库存量),保证供应计划与实际发生的需要量在时间和品种上的一致。在执行计划过程中,要通过盘点了解现有库存情况,做好供应与预计库存(现有库存量+预计进货量-预计发出量)的对比。并认真执行定额发料制度,严格验收制度,建立执行帐卡制度和责任制度,保证计划性且使计划在执行中得到优化调整。　　　　　　　　　　　　　（陈　键）

备用金　reserve fund

企业预付给内部非独立核算单位供日常开支的备用周转款项。通常指定专人负责管理,按规定用途使用,不得转借他人或挪作他用,用后在规定期限内报销。一般实行定额备用金制度,即由会计部门事先根据差旅费、零星采购等日常开支的需要,核定一个定额,由使用单位一次领出,随时使用,按时将支出凭证送交会计部门报销,并经常保留一定数额的现金,直到不再需用时,才全部交回会计部门。　　　　　　　　　　　　　（闻　青）

ben

本金　principal

又称母金。用于投资或存贷以获取经济效益的原本资金。如投入项目的资本金,从银行获得的贷款,存入银行的存款,购买股票、债券的资金等。
　　　　　　　　　　　　　（雷运清）

本年完成投资　investment accomplished in current year

指报告年度从 1 月 1 日至 12 月 31 日止完成的全部投资额。在年内各月多报、少报或漏报的投资以及结算价格与预算价格有出入的,应按实际发生数予以调整。常用来反映本年度实际投资规模,也是检查年度投资计划完成情况和计算投资效果指标的依据。　　　　　　　　　　　　　（俞壮林）

本票　promissory note

由出票人签发并承付用以代替现金的票据。通常由银行签发。按票面是否载明受款人姓名分为记名本票和不记名本票;按票面是否载明付款日期分为定期本票和即期本票。本票可以贴现或转让。中国现行本票为定额本票,由中国人民银行统一印制和发行。其作用是减少现金收付和清点工作,提高金融机构的工作效率,也为个人和单位的日常经济活动提供方便。　　　　　　　　　（俞文青）

bi

比价　comparison of bid

兼有邀请招标和协商特点的交易方式。一般用于规模不大,内容简单的小工程。由建设单位备函,连同工程图纸、说明书送交选定的几家建筑企业,在约定时间内请他们提出报价单。经过评议从中选择报价合理的承包单位,就工期、质量、付款条件等细节再进行磋商,达成协议后即签订承包合同。
　　　　　　　　　　　　　（钱昆润）

比较管理学　science of comparative management

对管理现象进行跨越国度和文化的比较研究的管理学分支学科。它通过比较分析,衡量优劣,以寻求一般管理与某个地方、地区、民族或国家的文化背景相适合的管理理论和方法。在 20 世纪 50 年代末60 年代初开始形成。由于国际经济技术交往与合作和国际贸易、国际分工日益发达,在发达国家提出了对企业管理的比较研究课题,旨在解决在异国文化和政治经济制度中聘用异国人,有效地与异国人、异国政府打交道,实现自己的经营目标。同时,发展中国家也认识到这种研究的重要性,所以当时在美国许多大学开始开设这门课程。1972年后,这门学科的发展相对停滞。日本成功地度过石油危机后,引起世人瞩目,一时掀起"美日管理比较热"。80年代以来,美国管理理论界代表新潮流的《Z理论》、《日本的管理艺术》、《企业文化》、《寻求优势》四大畅销书,大量运用比较管理方法进行研究。这种方法对探索中国式的企业管理有可借鉴的意义。

(何　征)

比较相对指标　comparison relative indicator

又称比例相对指标或比较相对数。反映现象之间的比例关系以及测定现象之间发展不平衡的相对差异程度的相对指标。是不同地区、部门、单位、事物的同期、同类指标进行对比的比值。一般用倍数或百分数表示。计算公式为:

$$比较相对指标 = \frac{甲地区、部门、单位、事物某指标数值}{乙地区、部门、单位、事物同期同类指标数值}$$

(俞壮林)

必要功能　essential function

见基本功能(123页)。

闭合信息系统　closed information system

在系统周期的时间范围内对企业外界环境发生的变化根本不能作出回答的信息系统。在一个周期未完成以前,系统不能再接受有关外界环境的条件和性质变化的新的输入信息。只有当周期完了,系统才能对这些信息作出反映。传统的计算系统就是闭合信息系统的典型例子。　(冯镫荣)

闭环系统　closed loop system

从数据的采集、处理直至过程控制都是全自动化的,不需要人的参与的管理信息系统。它对外部环境的作用反过来影响自身状态,对系统的这种反作用叫做反馈,形成系统的反馈环路。这种系统可由计算机自动控制外部的物理过程。　(冯镫荣)

bian

边际产品　marginal product

又称边际物质产品。当所有其他投入不变时,从一种指定投入的一个追加单位中所得到的追加的产出。　(刘长滨)

边际成本　marginal cost

市场经济中,生产者在原有生产量的基础上,再多生产一单位产量而支付的追加成本。微观经济分析的重要概念。由于收益递减律的作用,边际成本曲线呈上升趋势,边际成本等于边际收入,为生产者获得最大利润的产量点,所以该点是决定生产规模、价格的依据;大于边际收入,则企业将出现亏损。

(武永祥　张　琰)

边际储蓄倾向　marginal propensity to save (MPS)

一元追加的可支配收入中用于储蓄的部分。按定义,MPC(边际消费倾向) + MPS(边际储蓄倾向) = 1。　(刘长滨)

边际进口倾向　marginal propensity to import

在宏观经济学中,由GNP值的每一元的增加带来的进口的增加值。　(刘长滨)

边际收入　marginal revenue

又称边际效益。市场经济中生产者每增加销售一个单位产品而使总收益增加的值。微观分析的重要概念。对消费者来说,买进的商品越多,支付的单位商品价格越低。对企业来说,出售商品的价格或者出售每单位商品所得的平均价格乘以数量,就是企业出售一批商品的总收入。再多售一个单位商品使总收入的增加值就是边际收入。如果企业增售一个单位商品增加的边际收入小于增产这一单位支出的边际成本,企业就亏本,如果大于边际成本,就有利可图,企业便愿意继续增产,直至边际成本与边际收入相等,即可得到最大利润。因此,边际成本等于边际收入,就成为企业决定生产规模的重要条件。

(刘玉书)

边际税率　marginal tax rate

对所得税来说,收入的最后1元中用作税收的百分比。如果税收体系是累进的,边际税率高于平均税率。　(刘长滨)

边际外贸货物比价法　method of marginal overseas trade goods parities

建设项目国民经济评价中,假定国家新增加的外汇用于增加进口某些货物,同时又减少某些出口货物,从而算出影子汇率的方法。其计算式为:

$$SER = \sum_{i=1}^{n} \left(f_i \times \frac{DP_i}{CIF_i} \right) + \sum_{i=n+1}^{n+h} \left(x_i \times \frac{DP_i}{FOB_i} \right)$$

SER 为影子汇率;DP_i 为第 i 种商品的国内价格的本国货币量;f_i 为每增加一个单位外汇,用于进口 i 商品的比例;x_i 为每增加一个单位外汇,减少出口 i 商品的比例;n 为进口商品的种类数;h 为出口商品的种类数。x_i、f_i 反映在国家既定进出口政策和进出口结构状况下,新增的边际外汇用于不同用途上的分配额。因此 x_i、f_i 要符合

$$\sum_{i=1}^{n} f_i + \sum_{i=n+1}^{n+h} x_i = 1$$

CIF_i 为第 i 种商品进口的外汇到岸价格；FOB_i 为第 i 种商品出口的外汇离岸价格。该法为由联合国工业发展组织的《项目评价准则》中提出的一种近似的计算方法。不足之处是没有考虑侨汇、旅游外汇以及国际借贷对国家外汇收支平衡的影响。采用这种方法要求国内市场比较完善，价格合理，进出口货物的国内比价基本合理，基本上能反映这些货物的真实价值。中国从本国实际出发，在现阶段采用此法确定影子价格。　　　　　　　　（刘玉书）

边际消费倾向　marginal propensity of consume (MPC)

当人们得到追加的一元可支配收入时，他们由此而增加的消费数量。它与平均消费倾向的区别是，后者是总消费与总的可支配收入的比率。
　　　　　　　　　　　　　　　　　　（刘长滨）

边际效益

见边际收入（6页）。

边际效用　marginal utility

买主从多购买一个单位的商品或服务中所得到的追加满足。西方经济学界边际效用学派的理论基础。其基本假设是所谓边际效用递减的概念，即消费者购买某种商品越多所得到的追加满足就越少。这种理论认为商品价值是一种主观心理现象，价值来源于效用，又以物品的稀缺性为条件，边际效用是衡量价值的尺度。　　　（武永祥　张　琰）

边际效用递减规律　law of diminshing margimal utility

随着消费者对某种物品消费量的增加，它从该物给连续增加的消费单位中所得到的边际效用是递减的。　　　　　　　　　　　　（刘长滨）

边际原则　marginal principle

一个基本性的观念：当人们行为的边际成本和边际收益相等时，他们使自己的收入或利润达到最大化。　　　　　　　　　　　　　（刘长滨）

变动成本　variable cost

又称变动费用、可变成本。在一定范围内，与业务量成正比例增减变动的成本。其总额可变，但分摊于单位产品成本的数额是相对固定的。如直接材料、直接人工和机械作业费用。通常认为是可控成本。"固定成本"的对称。具有以下特点：① 变动是就成本总额而言的，分摊到单位产品上，则是相对固定的；② 受业务量影响，随各个时期不同的业务量而变动。从成本中划分出变动成本，有助于成本预测、控制和分析。　　　　　　（周志华）

变动成本法　variable costing

又称直接成本法。将一定时期发生的施工生产费用，按成本特性区分为固定成本和变动成本，只以变动

成本计算工程（产品）的成本。建筑安装工程成本计算方法之一。方法简便，且能更好地发挥成本管理的职能。此外，还可运用销售收入或变动成本作为"边际贡献"，"边际贡献"减"固定成本"即可得出企业盈亏的明晰概念，有利于企业进行预测、决策、分析与控制。因而此法是企业进行经营分析的一个重要工具。
　　　　　　　　　　　　　　　　　　（周志华）

变动费用　variable costs

见变动成本（7页）。

变更登记　registration of variancies

房地产产权发生转让或出现改建、分割、合并等项变更时，新产权人依法向国家房地产管理机关申请变更登记，房地产管理机关核实后换发或更改产权证书的过程。
　　　　　　　　　　　　　　　　　　（刘洪玉）

biao

标底　base price

招标项目的预期价格。在中国也是建筑产品的计划价格。在招标前由建设单位根据设计图纸和国家有关定额、取费标准计算，并经当地主管招、投标的部门或造价管理部门审定，作为审核报价、评标和决标的标准。计算标底应从实际情况出发，要照顾承、发包双方的经济利益，秉公计算。标底在开标前要严格保密，如有泄漏，对责任者要严肃处理。
　　　　　　　　　　　　　　　　　　（钱昆润）

标定地价　marked land price

在一定时期和一定条件下，能代表不同区位、不同地价水平的标志性宗地价格。　（刘洪玉）

标书　bid

又称标函。投标企业根据招标文件的内容和要求拟定并报送的投标报价文件。中国的标书通常包括以下内容：①综合说明；②工程总报价和价格组成的分析；③计划开、竣工日期；④钢材、木材、水泥用量；⑤施工组织和工程形象进度计划表；⑥主要施工方法和保证质量的措施；⑦主要施工设备一览表；⑧临时设施占地数量等。在国际工程承包中还要有要求雇主提供和配合的条件。此外，还应有工程量清单、标价明细表、主要材料标价和设备标价明细表等附件。附件的作用是评标、决标时分析标价是否合理和在施工过程中调整合同价格的依据，也是合同的一个组成部分。标书应盖投标企业公章并由企业法人代表签名，在规定时间内密封投送至指定地点。
　　　　　　　　　　　　　　　　　　（钱昆润）

标志　mark

又称标识。总体单位具有的特征。每个总体单位从不同的角度考察，有许多特征。如每个建筑企

业作为总体单位就有所有制性质、所属部门等属性特征，以及职工人数、产值、成本、利润等数量特征。表明总体单位数量特征的标志称为数量标志；表明总体单位属性特征的标志称为品质标志。登记这些标志在各个总体单位上的具体表现是统计的一项基础工作。 （俞壮林）

标志变异系数 coefficient of marker variation

又称标志变动系数或离差系数。用绝对数或平均数表示的标志变异指标与算术平均数对比的比值。为综合反映总体各单位标志值相对离差程度的指标。当两组资料的计量单位不同或平均数相差较大时，宜采用此系数比较两组不同资料平均数代表性的大小，因其可消除不同资料中所存在的不可比因素。有全距系数、平均差系数及标准差系数。一般计算公式为：

$$标志变异系数 = \frac{用绝对数或平均数表示的标志变异指标}{算术平均数} \times 100\%$$

（俞壮林）

标志变异指标 mark variation indicator

又称标志变动度。反映统计总体中总体单位标志值离差程度和分布特征的统计指标。适用于评价平均数的代表性和反映社会经济活动过程的均衡性。是统计分析中常用的指标。与平均指标的关系是：指标值愈大，平均数的代表性愈小；指标值愈小，平均数的代表性愈大。①用绝对数或平均数表示，主要有全距、四分位差、平均差和标准差，适用于衡量一组资料平均数的代表性；②用相对数表示，一般包括全距系数、平均差系数和标准差系数，适用于比较两组不同资料平均数代表性的大小。 （俞壮林）

标准差 standard deviation

总体中各单位标志值与算术平均数离差平方和的算术平均数的平方根。为综合反映总体各单位标志值平均离差程度的指标。可按未分组资料和已分组的分布数列资料分别计算：

$$\sigma = \sqrt{\frac{\Sigma(x - \overline{x})^2}{n}} \qquad ①$$

$$\sigma = \sqrt{\frac{\Sigma(x - \overline{x})^2 f}{\Sigma f}} \qquad ②$$

①式中 σ 为标准差；x 为各项标志值；$\overline{x}$ 为总体算术平均数；n 为项数；Σ 为总和符号。②式中 x 为各组标志的代表值；f 为各组的单位数；其余同①式。 （俞壮林）

标准成本 standard cost

根据实地调查和技术经济分析测定而制订的在正常生产经营条件下应当发生的成本。是用以衡量和控制实际成本的一种预计成本。通常按零件、部件、加工阶段等，分别按直接材料、直接人工和制造费用制订。由于它剔除了不合理的成本因素，可以使材料、在产品、产成品的计价建立在健全的基础上。一般有“基本标准成本”，即一经制订，多年不变的成本，可以使不同时期成本以同一标准比较；“正常标准成本”，即根据已经达到的生产技术水平、有效经营条件为基础而制订的成本；“理想标准成本”，即以现有技术和经营管理处于最佳状态为基础而制订的成本。借助于标准成本所提供的成本信息的计算，称“标准成本计算”。 （闻 青）

标准工资 standard wages

按照国家对各部门、各行业、各工种规定的统一工资标准，结合职工的工作能力、技术复杂程度、责任大小、劳动的轻重简繁程度、贡献大小等情况确定的支付给职工的工资数额。职工的主要劳动报酬。是工资总额的基本组成部分。具体形式有：按计时工资标准支付的计时工资和按计件单价支付的计件工资。一般说来，标准工资体现每个职工在一定时间内向社会提供的平均劳动量。 （吴 明）

标准化工作 standardization

企业为组织生产，提高产品质量，促进技术进步，提高经济效益而制订标准、组织其实施并进行监督工作的总称。企业管理的基础工作之一。按标准的内容不同，分为技术标准、产品标准和管理标准。企业中实施的标准，除企业制订的标准外，还包括国家标准和专业标准（即行业标准）。国家标准或专业标准，企业必须遵照执行。没有国家标准或专业标准的，企业可制订企业标准，并报有关部门备案。已有国家标准或专业标准的，企业也可制订严于国家标准或专业标准的企业标准，在企业内部适用。为了开拓国外建筑市场，发展对外工程承包，建筑企业应积极采用有关的国际标准。 （何万钟）

标准设计 standard design

按照共同性条件和工程建设的有关标准、规范、规则等编制并按规定程序批准的具有全国或在指定地区通用性的设计文件。包括中小型工业企业、运输、通讯、农业、住宅、公共建筑及其建筑物、构筑物、建筑单元、构配件、零部件、工程设备等，要绘制出附有说明书的施工图。采用标准设计可以节省设计力量，提高设计效率，推广先进技术，促进建筑工业化、现代化的发展。标准设计必须遵照政府法令、现行的有关标准、规范和规则，结合地区条件，充分考虑使用、施工、生产和维修的要求，本着“统一、简化、协调、优选”的原则，力求做到通用性强、安全适用、技术先进、经济合理，有利于组织工业化施工、生产；又要达到定型、统一与灵活、多样有机地结合。标准设计应结合条件变化和技术进步定期进行修订；但又要保持相对稳定，而不能随时修改，一般每隔5年复查一次,或保留,或修改,或废止。

(张 琰 林知炎)

标准修理法 standard repair

又称强制修理法。按机械修理计划规定的修理日期、类别、内容进行修理的方法。修理计划是按机械设备零件的使用寿命,运行条件而规定的,不论机械设备实际运转情况怎样,到期必须执行计划,按规定修理。这种方法必须建立在对设备零件的磨损有深入细致研究的基础之上,使按计划进行修理时机械耗损状况和进行修理的内容相符,避免过度维修。这种方法便于建立修理工作计划和做好修理前的准备工作。一般适用于那些必须严格保证安全运转的重要设备。 (陈 键)

bo

拨改贷投资借款 investment borrowing of replacement of appropriation by loans

建设单位对列入国家基本建设计划、有偿还投资能力的建设项目,采用有偿形式向建设银行借入来自国家预算资金的贷款。这些借款,原由国家预算无偿拨款,为了促使企业单位承担基本建设的经济责任,提高投资效果,自 1979 年开始,按照有偿使用原则,逐步由拨款改为银行贷款,即所谓"拨改贷"。是财政资金的信贷形式管理,并没有改变财政分配的基本性质。 (闻 青)

bu

补偿基金 compensation fund

社会总产品中,用于补偿生产过程中消耗掉的生产资料的那部分基金。补偿基金既有实物形态,也有价值形态。在物质形态上,它等于社会生产的全部生产资料减去积累的生产资料。在价值形态上,它等于社会产品的全部成本减去生产部门工资,其中补偿固定资产消耗的费用,是逐年提取折旧以从价值上补偿,并到一定时间从物质上进行更新。

(刘长滨)

补地价 make full of land price

以行政划拨方式取得中国国有土地使用权的土地,改变原定用途、增加容积率、出租、转让、抵押或出让土地使用权期满需延续时,土地使用者应向土地管理部门补缴的土地使用权出让金。 (刘洪玉)

不变价格 constant price

又称固定价格或基价。

①国家统一规定的,为消除价格变动影响,计算某一时期国民经济总产值和有关经济指标时所采用

的基期的价格。

②项目评价中,为保证评价指标可比性采用的计算价格。项目评价中通常以评价时的实际价格作为计算基价。项目的投资、销售收入及投产后的经营成本估算都采用此同一价格,在整个寿命期内都保持此固定不变的价格,不考虑通货膨胀对评价指标的影响,以保证评价指标、评价方案的可比性。

(刘长滨 何万钟)

不成熟－成熟理论 immaturity–maturity theory

又称个性和组织假定。美国行为科学家阿吉里斯(Argyris,C.)提出的一种关于协调人的个性发展与组织关系,提高职工个性成熟及健全程度的管理理论。他认为,人的个性发展有一个从不成熟到成熟的过程,最后发展成为一个健全的个性。一般经过七种变化:①从被动到主动。②从依赖到独立。③从少量行为到能做多种行为。④从错误而肤浅易变的兴趣发展到意义深远而专注的兴趣。⑤从短期行为发展为长期化行为。⑥从附属地位发展为渴望占据优越地位。⑦从缺乏自觉发展到有自觉并能自我控制。阿吉里斯认为,正式组织的基本性质和需求不能适应健全个性的需要,妨碍人的成熟和自我实现。消除个性与组织之间的不协调并使之协调的办法是:①"丰富工作内容"。②采用参与制与协商式管理。③加重职工责任感。④更多依靠职工的自我指挥和自我控制。一个人从不成熟到成熟,决定因素是知识和经验。人的成熟程度愈高,发挥的作用就愈大。 (何 征)

不可比产品成本 noncomparable cost of product

企业本年初次生产,或上年仅属试制、未正常生产而本年继续生产的产品成本。由于没有上年实际成本可以对比,一般不规定成本降低任务,但应制订计划成本,作为控制、考核生产消耗的依据。 (闻 青)

不可恢复折旧 incurable depreciation

在房地产估价中,修复建筑物由于物理损耗或功能陈旧而导致的缺陷所需的成本大于建筑物价值的增加值时,该建筑物缺陷的修复成本。包括不可恢复物理损耗和不可恢复功能陈旧。 (刘洪玉)

不可计量经济效益 unmeasurable economic effect

建设项目产生的经济效益中不能用具体计量单位表示的部分。是无形效果的组成部分。例如绿化、消除公害、减轻劳动强度、改善劳动条件、保护人身安全等等,这些效益往往难以计量或不能计量。在项目评价中应尽量给予量化或作出定性描述,以利综合判断,为决策提供依据。(参见非钱衡效果,

63 页）。 （武永祥）

不可控成本 uncontrollable cost

见可控成本（186 页）。

不可预见费 contingencies

又称预备费。工程施工中难以预料的费用。在项目概算和投标报价中为应付工程的偶发事故而预留的费用。在工程建设中这种意外费用是难以避免的。在中国，工程总概算中的不可预见费率通常由建设主管部门或地方造价管理部门规定。投标报价中的不可预见费的确定，属于投标策略问题之一，有一定的弹性。 （钱昆润）

不确定性分析 analysis of uncertainty

项目评价有关参数的可能变化对评价结果影响程度的分析测算方法。确定性分析的对称。参数的不确定性往往是因资料不全、不准，或统计方法不正确，估计偏差或执行过程中的实际情况与预测的结果不同。对因此而形成的不确定变量可能产生变化的范围和对评价结果影响的程度，要进行分析和测算，用以分析各种风险，提高经济评价的可靠性和决策科学性。通常包括盈亏平衡分析、敏感性分析和风险分析（概率分析）。前者只用于财务评价，后两者可同时用于财务评价和国民经济评价。

（刘长滨 刘玉书）

不完全竞争 imperfect competition

完全竞争和垄断之外的市场结构。另一种解释是完全竞争以外的市场结构形式，包括垄断性竞争，少数供给者控制市场和独占。由于不同卖主的产品在实际上或在买主心理上不能完全同质，生产要素的自由流动难以实现，以及不能充分掌握信息等原因，完全竞争的条件是不存在的。现实生活中的市场结构基本上是上述第二种含义的不完全竞争。

（武永祥 张琰）

不相关成本 irrelevant cost

又称非相关成本。与决策无关的过去发生的成本。相关成本的对称。在决策时可以不予考虑，如沉没成本。假设某企业库存铁皮原价 4000 元/t，目前市价为 2500 元/t，而且近期不会看涨，企业在接受任务需要这种铁皮时，其相关成本为 2500 元/t，不相关成本为 4000 元/t，沉没成本为 1500 元/t。

（刘玉书 刘长滨）

部标准 ministry standard

在中国由国务院各主管部门组织制订、审批和发布，在本部门内使用的技术标准。随着现代科学技术及生产专业化和协作化的发展，部标准的形式已不能适应客观要求。中国国家标准局决定，从1983 年起不再制订新的部标准。原有的部标准，一部分上升为国家标准，一部分过渡为专业标准。专业标准是由有关部门和专业标准化技术委员会组织制定，在全国性各专业范围内统一的标准。主要包括：专业范围内的主要产品标准，专业范围内的零部件、配件标准，专业范围内通用的术语、符号、规则、方法等基础标准。专业标准的贯彻执行不受部门限制，在专业范围内发生作用。专业标准的代号以汉语拼音字母"ZB"表示。 （田金信）

部分成本承包 contracting for partial cost of project

以单位工程的部分成本为承包目标而确立的经济责任制。如设备安装工程和扣除了计划供应材料之外的土建工程承包等。是单位工程承包经济责任制的形式之一。 （董玉学）

部管物资 ministries controlled goods and material

又称二类物资。中国在计划经济体制下，由国务院各部门平衡分配和管理的物资。一般属于某一部门需要的专用物资，也有一部分是需要在全国范围内统筹安排的比较重要的通用物资。如铁矿石、合成纤维、柴油、平板玻璃、石棉水泥瓦、冶金设备、化工原料等。这类物资在国民经济中的重要性仅次于统配物资。随着经济体制改革的不断深化，部管物资的品种、数量将逐渐减少，有些逐步变为地方管理物资，有些则由物资生产企业与用户直接挂钩按市场规律调节供需关系，或通过流通渠道进入市场。

（曹吉鸣）

部门规章 divisional rules

指中央政府各部门依据有关法律规定，在其职权范围内制定的法律规范的总称。《中华人民共和国宪法》规定：国务院各部、各委员会根据法律和国务院的行政法规，在本部门的权限内发布规章，还规定，国务院有权改变、或撤销各部、各委员会发布的不适当的规章。所谓本部门的权限，包括国务院规定的职权和法律授予的职权。部门规章与一般文件的区别在于：①它是依照法定权限制定；②能够反复适用；③表现形式条文化，并经部门主要负责人签署发布；④具有法的强制力。部门规章的具体名称，有"规定"、"办法"等，但不得称"条例"。 （王维民）

部门结构 sectorial structure of economy

国民经济各部门在整个国民经济体系中所占的份额及其相互关系的总和。国民经济分为物质生产领域与非物质生产领域。通常把工业、农业、建筑业、运输业、商业归入物质生产部门；财政、金融、科研、文化、教育、体育、卫生保健、生活服务、行政管理等归入非物质生产部门。各部门又可按一定标志细分。例如工业部门又可分为能源工业、原材料工业、机器制造业、食品加工业、纺织工业等；农业内部有种植业、林业、渔业、畜牧业等。它们分别形成工业部门结构、农业部门结构等较低层次的结构。循此还可分为更低层次的部门结构。部门结构合理化的标志是保证资源的合理配置和有效利用,以实现国民经济协调发展。 (何 征)

部门经济学 sectoral economics

研究国民经济中某一部门的经济关系和经济活动规律的应用经济学。如工业经济学、农业经济学、建筑业经济学、商业经济学、交通运输经济学等。在中国,部门经济学以马克思主义政治经济学、生产力经济学和社会主义经济运行理论为基础,阐明一般经济规律在各部门中的具体表现形式以及各部门经济活动的特有规律性,而以取得最大的经济效益为出发点和归宿。 (何万钟)

簿记 book-keeping

会计工作中填制凭证、登记账簿、结算账目、编制报表等账务工作的总称。会计发展的初级阶段。有时也用作会计和会计核算的同义语。 (闻 青)

C

cai

材料成本 cost of material

企业为取得材料而发生的一切支出。材料取得的方式有采购、自制、委托外单位加工等。施工企业采购材料的实际成本包括:①买价,含供销单位手续费;②运杂费;③采购保管费,包括材料供应部门和仓库为材料采购、验收、整理、保管、收发而发生的各项费用,以及合理的保管损耗。自制材料的实际成本包括所耗用的原材料成本和应负担的加工费用。委托外单位加工材料的实际成本,包括耗用原材料的成本、支付的加工费用和发出及运回的运杂费等。材料成本按材料计划价格或预算价格计算,称材料计划成本或预算成本。

材料成本的另一含义是工程、产品生产过程中消耗直接构成产品实体的材料价值和生产管理部门消耗但不构成产品实体的材料价值。前者在工程、产品成本核算中以材料费项目反映;后者在车间经费或管理费用项目反映。 (闻 青)

材料费 cost of material

生产过程中劳动对象消耗量的货币表现。产品成本项目之一,在建筑安装工程成本中,指施工过程耗用,构成工程实体或有助于工程形成的各种主要材料、外购结构件(包括内部独立核算附属工业企业供应的结构件的实际成本)、半成品以及周转材料的摊销额等。 (闻 青)

材料供应分析 analysis of material supply

企业对材料供应、耗用和储备情况进行的分析。其目的在于查明实际情况与计划或定额之间的差异及其对施工生产的影响,并分析其原因,寻求进一步改进的办法,以促使施工生产任务的顺利完成。材料供应情况的分析包括:①各种主要材料的数量、品种实际与计划之间的差异;②材料供应的及时性;③材料供应保证程度等。材料耗用情况的分析包括:①各种主要材料实际耗用与计划(或定额)耗用间的差异;②主要材料耗用的超支或节约的原因等。材料储备情况的分析,包括:①材料实际储备与计划储备之间的差异及其原因;②材料实际储备情况对施工生产的影响及对资金占用的影响等。主要计算公式有:

$$\frac{材料数量}{保证程度} = \frac{\left(\begin{array}{c}期初储\\备\ 量\end{array}^+\begin{array}{c}本期实际\\供\ 应\ 量\end{array}\right)}{\begin{array}{c}本期实际\\耗\ 用\ 量\end{array}} \times 100\%$$

$$材料储备保证程度 = \frac{材料实际储备天数}{材料计划储备天数}$$

$$材料储备保证天数 = \frac{材料期末储备量}{材料平均每天耗用量} \quad (天)$$

$$\frac{可保证建筑}{产\ 品\ 数\ 量} = \frac{\left(\begin{array}{c}期初储\\备\ 量\end{array}\right) + \left(\begin{array}{c}本期实际\\供\ 应\ 量\end{array}\right) - \left(\begin{array}{c}期末储\\备\ 量\end{array}\right)}{单位工程(产品)材料耗用量}$$

(周志华)

材料供应计划 plan for materials supply

规划企业在计划期内为完成施工生产、施工准备、设备维修及科学研究所需各种原材料、辅助材料、周转材料和工具等的供应计划。主要根据施工生产计划、机械化施工计划、附属辅助生产计划、机械设备维修计划、技术开发计划,以及对材料供应状况的调查和分析资料编制。是实现施工生产计划的材料保证计划,也是企业组织材料采购、运输、供应工作的依据。主要内容有:材料名称、规格、需用量、

储备量、供应量及供应日期等。 （何万钟）

材料核算余额法 material calculation—remaining method

又称材料余额核算法；简称余额法。按计划成本组织材料明细分类核算时，运用材料保管部门"材料余额表"的结存余额与会计部门材料结存余额相核对的核算方法。其特点是材料保管部门负责核算材料数量，会计部门负责核算材料金额。平时材料部门根据收发凭证登记材料卡片，月末根据卡片反映的结存数量编制材料余额表，送交会计部门。会计部门按计划成本核算材料结存金额，同时根据材料收发凭证编制的材料移动报告计价后进行材料总分类核算，再将材料结存余额与材料余额表反映的结存金额相核对。二者相符，说明核算无误；否则应查明原因作相应的处理。这种方法可简化材料的日常核算；但材料明细分类核算主要由材料保管部门进行，会计部门须加强稽核工作，且核算工作大都集中在月末，往往影响会计报表的及时性，故在实践中采用者已不多见。 （闻 青 张 琰）

材料计划价格成本 cost of material on planned price

按计划单价计算的材料成本。计划经济体制下，材料成本核算的一种方式，材料的日常收发结存，按计划价格成本入账，于月终再计算计划价格成本与实际成本的差异，将计划价格成本调整为实际成本。 （闻 青）

材料价差 material price differences

现行材料价格与预算定额中规定的材料价格之差。工程承包单位与建设单位结算工程价款时用以调整工程造价。在中国，工程造价中的材料费是按预算定额中地方材料预算价格计算的，在材料价格上涨或下跌时，地方建筑管理部门通常允许按规定材料价差率调整工程预算造价。 （闻 青）

材料检验 inspection of materials

根据有关技术标准和检验规程对材料的质量进行的检验工作。是确保工程质量的重要措施之一。包括：①生产供应单位进行的检验。检验合格后出具质量合格证或检验合格证。②施工单位在使用前对材料按材料检验规程及有关规定进行的检验。经检验合格后方可使用。③对无合格证或出厂证明的材料以及虽有合格证但对其有怀疑的材料也必须进行检验。 （张守健）

材料设备质量控制 quality control of material and equipment

以保证工程所需的材料、半成品、设备质量为目的的质量控制。主要工作有：严格按质量标准订货、采购、包装运输；物资进场要按技术验收标准进行检查验收；按规定的条件和要求进行堆放、储存、保管和加工；按进度计划配套地供应到现场；对施工机械、工具、设备要进行用前检查，及时维护，使在用的机械设备无隐患，技术性能良好。 （田金信）

材料审计 material auditing

审计人员依法对企业生产所需材料的采购、消耗、保管、领用等的审核。主要是审查：材料采购计划的执行情况，采购合同的合法性、合理性、有效性；采购质量与采购成本；材料验收、保管、领用制度；委托外部加工材料的渠道与费用等。其目的是确保材料质量、合理使用与降低成本，并防止有关人员的不法行为。 （周志华）

材料实际成本 real cost of material

见材料成本（11页）。

材料消耗定额 consumption norm of material

在一定的生产技术组织条件下，生产单位产品或完成单位工作量所必须消耗的材料限额标准。在建筑工程中使用概算定额、预算定额和施工定额。材料消耗定额也相应地编制成材料消耗概算定额、材料消耗预算定额、材料消耗施工定额，并分别成为建筑工程概算定额、预算定额和施工定额的组成部分。 （陈 键）

材料销售利润 materal sold profit

企业材料供应单位在一定时期内对其他企业和本企业其他内部独立核算单位销售材料的实际成本，低于销售净收入的差额所形成的利润。销售净收入等于材料销售收入扣除销售税金后的余额。是施工企业其他业务利润之一。 （闻 青）

材料招标 call for bid on materials

择优选购材料的手段。有以下两种方式：①公开招标，由招标单位发布招标公告，投标单位购买招标文件（其内容主要为采购材料的品种、规格、交货条件及支付方式等），投标单位按规定时间报价，招标单位在预定时间当众开标，当场决标并签订合同；②比价，由招标单位开列材料名称、规格和数量，向若干厂商发出询价函，在规定期限内，招标单位收到报价单后，经过比较，选定报价合理的厂商签订供货合同。 （钱昆润）

财产保险合同 insurance contract of property

投保方向保险方交纳规定的保险费，在约定的时期内如保险事故发生，保险方赔偿被保险财产所受损失的经济合同。它采用保险单和保险凭证的形式签订。保险方的最高责任金额，叫保险金额。保险金额不得超过被保险财产的实际价值。因此，投保时要进行财产估价。保险事故发生后，保险方实际支付的补偿金额，叫保险补偿。财产保险合同的主要内容有：保险标的；座落地点；保险金额；保险责

任及除外责任;赔偿办法;保险费缴付办法及保险期限起止日期等项条款。　　　　　　　　（何万钟）

财产股利　property dividend

股份公司用除现金以外的财产支付的股利。最常见的是支付其他公司的有价证券。　（俞文青）

财产清查　inventory of assets

又称财产物资盘存。根据账簿记录,对各项财产物资和库存现金进行实地盘点,以及对银行存款和债权、债务进行查询和核对的会计工作。对所有的财产进行清查,称全面清查;对部分财产进行的清查,称局部清查;按规定时间进行的清查,称定期清查;根据实际情况临时进行的清查,称不定期清查。通过清查,可以确定各项财产物资、库存现金、银行存款和债权债务的实有数同账面数是否相符,保证会计资料的真实性;查明各项财产物资的储备、保管、使用情况和存在的问题,以便采取措施,加强财产、物资管理,挖掘内部潜力;查清往来账项的结算情况,以便及时处理长期拖欠和有争议的债权,从而加速资金周转。清查中,如果发现账实不符,应查明原因,按财务会计制度有关规定作必要的处理。
　　　　　　　　　　　　　　　　（闻　青）

财产物资盘存

见财产清查。

财产租赁合同　property leasing contract

出租方与承租方就财产租用的权利与义务订立的经济合同。财产租赁是商品交换的一种特殊形式。通过租赁可以达到对某种财产的占有和使用,满足临时性需用的目的,同时也能减少浪费,尽可能做到物尽其用。其基本的法律特征是:出租方出租的财产,必须是归己所有的财产;承租方对所租得的财产,只能在合同有效期内享有临时占用权和使用权,不享有处置权,合同终止时,承租方应归还原物。合同的主要内容有:租赁财产的名称;数量;用途;租赁期限;租金和交纳期限;租赁期内财产维修保养的责任;违约责任等。　　　　　　　　（何万钟）

财经法纪审计　fiscal law and discipline auditing

以维护国家财经法纪,保护国家、集体利益,保证国家各项方针、政策贯彻执行为目的所进行的审计。财经法纪一般涉及财务问题,对案情比较重大的违法乱纪事件要立案审查,查明具体原因、责任人员以及给国家造成的经济损失和不良的政治影响;然后按照国家法律和行政法规的规定,作出审计决定。如没收非法所得,处以罚款、停止财政拨款和银行贷款等。对严重失职人员,建议被审计单位或上级主管部门给予行政处分;触犯刑律的,可以移送法院处理。财经法纪审计的结果,一般都涉及责任问题,审计时必须取慎重态度,对每一细节,都要查实取证。　　　　　　　　　　　　（闻　青）

财务　finance

企业、行政、事业单位或其他经济组织在生产经营或业务过程中有关资金的取得、使用、耗费、收入和分配等的资金运动。因大量发生在企业,故通常指企业财务。如企业因销售产品获得收入,从国家获得财政拨款或贷款,从银行取得贷款,向国家纳税、缴利,企业间因提供产品、劳务和原材料等所进行的货币结算,对职工支付工资和奖金,企业内部各独立核算单位间的货币结算等,都是企业财务的范畴。财务活动作为一种客观存在的社会经济现象,有其自身运动的规律,深刻认识和自觉运用这种规律,有助于人们更好地组织生产和业务活动,不断提高经济效益。　　　　　　　　（俞文青）

财务费用　financing costs

融资成本与融资费用之和。　　（刘洪玉）

财务分配　financial distribution

企业在再生产过程中运用价值形式分配企业总产品的活动。中国全民所有制企业的总产品,根据国家财政政策和财政制度的规定,首先通过财务分配,形成补偿基金、职工工资基金和企业纯收入。其中企业纯收入,通过财务分配又分解为上缴税金、上缴利润、资金占用费、利息、各种保险金和企业税后利润,并以税后利润建立盈余公积金、支付投资者利润和扩大生产发展等。补偿基金主要用于补偿劳动手段和劳动对象的消耗,作为补偿劳动手段消耗的折旧。正确进行财务分配,可以兼顾国家、企业、职工三方的利益,保证国家财政收入和维护企业合法权益,并可调动企业和职工的积极性。
　　　　　　　　　　　　　　　　（俞文青）

财务关系　financial relation

企业、行政、事业单位或其他经济组织在生产经营或业务过程中,因资金运动而发生的经济关系。如:从中央和地方财政取得必要的基金和向财政上缴税金利润而发生的拨款、缴款关系;从银行取得借款和向银行还本付息而发生的借款、还款关系;向其他企业购买原材料、出售商品或提供劳务等而发生的资金结算关系;向职工支付工资、奖金等而发生的结算关系等。在社会主义市场经济中,正确处理好企业与国家之间、企业与企业之间、企业内部各单位之间、企业与职工之间的经济关系,根据企业资金运动的规律性,组织好企业各方面的财务活动,可以保证国家财政收入、节约资金、并调动企业和职工的积极性。　　　　　　　　　　　（俞文青）

财务管理　financial management

以企业、行政、事业单位或其他经济组织为主体,对财务活动进行预测、计划、调节、控制和监督等工作的总称。在中国,其主要内容包括:固定资金、流动资金、专项资金的管理,资金耗费、收入和分配的管理,财务收支活动的综合管理等。其基本任务是:组织资金供应,及时清理债权、债务,提高资金利用效果;参与经济决策,编制财务成本计划,实现事前控制,不断降低成本,增加企业盈利;按照国家规定,分配企业收入,按期提存各项专用基金,及时完成财政上交任务;对企业生产经营活动实行财务监督,维护国家财政纪律。通常采用财务指标预测,组织财务收支平衡,编制财务计划,实行财务指标分级归口管理,开展成本财务分析,以及财务检查等一系列方法进行管理。 (俞文青)

财务计划 financial programme

又称财务预算。企业和部门对所辖范围一定时期内资金运动所作的安排。它是在财务预测的基础上,以货币形式反映计划期内各项资金需要量及其来源、费用支出多少和成本水平以及所要达到的财务成果。具体包括:固定资金需要量及固定资产折旧计划、流动资金及其来源计划、专项资金计划、利润计划、财务收支计划总表等。中国国有企业财务计划的基本内容为:生产经营活动的各项收入、支出和盈亏情况;产品成本和费用预算;净收益的分配和亏损的弥补以及企业与国家预算缴款、拨款关系;流动资金来源和占用及周转情况;专项基金的提存、使用及企业依法留用利润的使用安排。可以分别按年度、季度和月度编制。是企业进行财务管理、财务监督和财务分析的主要依据。正确编制和执行财务计划,有利于保证资金的供应、提高资金利用效果、增加企业盈利。西方国家的企业财务计划还包括长、短期投资计划和筹集资本、发放股息、支付公司债券利息的计划,称财务预算。中国经济体制改革后,按现代企业制度组建的企业,其财务计划也将包括这些内容。 (俞文青 吴 明)

财务监督 fiscal supervision

又称货币监督。社会主义国家利用价值形式对生产经营活动进行的监督。主要由企业财务部门按照国家的财政制度和财务制度,运用货币收支和财务指标进行内部监督。审计机关、财政机关和税务机关按照国家规定对企业经济活动和财务收支的合法性和合理性进行必要的检查和监督。监督的主要内容有:①监督企业资金有计划地形成和运用,组织财务收支平衡,提高资金利用效果;②监督成本开支,控制生产费用,合理使用人力、物力和财力,不断降低成本;③监督企业收入及盈利的实现和分配,按时完成财政上缴任务;④监督企业各项生产经营活动,符合国家政策、计划、预算和制度的要求,维护国

家财经纪律,促使企业坚持社会主义方向。 (闻 青)

财务净现值 financial net present value

按行业基准收益率作为折现率计算的、项目计算期内各年净现金流量折现到建设期初的现值和。是反映项目计算期内盈利能力的动态指标。其表达式为:

$$FNPV = \sum_{t=0}^{n}(CI - CO)_t(1 + i_0)^{-t}$$

$FNPV$ 为财务净现值;n 为项目计算期;i_0 为行业基准收益率;$(CI - CO)_t$ 为第 t 年净现金流量。$FNPV$ 可按全部投资或自有资金财务现金流量表计算。当 $FNPV > 0$ 时,表明项目的盈利能力超过了基准收益率的盈利水平;$FNPV < 0$,表明项目盈利能力低于基准收益率的盈利水平。一般 $FNPV \geqslant 0$ 的项目才是可以接受的。 (何万钟)

财务净现值率 rate of financial net present value

项目财务净现值与全部投资现值之比。即单位投资现值的财务净现值。是反映项目计算期内盈利能力的动态指标。其表达式为:

$$FNPVR = \frac{FNPV}{I_p}$$

$FNPVR$ 为财务净现值率;I_p 为全部投资的现值。它是财务净现值指标的补充。当各方案投资额不同时,即可用财务净现值率指标作为方案评价的判据。 (何万钟)

财务会计 financial accounting

以货币为主要量度,对企业生产经营过程所发生的经济业务及其结果,系统地、连续地进行计量、计算、登记、综合的工作总称。主要内容包括:填制和审核凭证、登记账簿、计算成本、确定盈亏、编制会计报表。其任务是根据国家规定的会计法律、制度和公认的会计原则,向投资者、债仅人、银行、有关政府机关、主管部门和企业管理人员等提供企业经营状况和财务状况的资料。 (闻 青)

财务内部收益率 financial internal rate of return

项目计算期内各年净现金流量的现值和等于零时的折现率。其表达式为:

$$\sum_{t=0}^{n}(CI - CO)_t(1 + FIRR)^{-t} = 0$$

$FIRR$ 为财务内部收益率;$(CI - CO)_t$ 为第 t 年净现金流量。计算得出的 $FIRR$ 大于或等于行业基准收益率时,项目可以接受;反之,项目应予淘汰。 (何万钟)

财务评价 financial evaluation

又称财务分析、微观评价。从项目投资者的企业立场上,以流入项目的资金为财务收益,以流出项目的资金为财务费用,进行盈利性分析的经济评价。评价目标是企业净收入最大化,根据国家现行的财税制度和现行价格测算项目的效益和费用,考察项目的获利能力、偿债能力和创汇能力等财务状况,从而对项目的财务可行性作出评价。在中国,项目取舍一般应以国民经济评价为主,若国民经济评价认为可行而财务评价认为不可行的有关国计民生的建设项目,应向国家主管部门提出采取相应措施的建议,经过调整使项目在财务上成为可行。

(武永祥 刘玉书)

财务评价参数 parameter of financial evaluation

用于项目财务评价中计算和衡量效益与费用的经济参数。包括财务基准收益率、基准投资回收期、平均投资利润率和平均投资利税率。1993 年 4 月 7 日国家计委和建设部发布了冶金、煤炭、有色金属、石油天然气开采、邮电、机械、化工、石化、纺织、轻工及建材等行业的财务评价参数,是我国国家有关部门首次测算并发布的财务评价经济参数。

(何万钟)

财务评价指标 indicator of financial evaluation

根据财务评价目的,为反映项目财务可行性而设立的指标体系。常用的财务评价指标有盈利能力评价和清偿能力评价两类。盈利能力评价中的静态分析指标包括投资回收期、投资利润率、投资利税率、资本金利润率;动态分析指标包括财务内部收益率、财务净现值、动态投资回收期。清偿能力评价中只有静态分析指标,包括资产负债率、流动比率、速动比率及贷款偿还期。其中反映项目盈利能力的指标在项目评价中作用更为重要,它们对投资决策起主导作用。只有盈利能力指标通过后,才有必要进行清偿能力指标的计算和评价。涉及外汇收支的项目,尚应进行外汇平衡分析,以考察各年外汇余缺程度。

(何万钟)

财务情况说明书 financial position statement

经济组织就一定时期内的财务、成本计划或预算执行情况,损益形成和增减原因等所作的书面报告。会计报表的必要补充,决算报告的组成部分。根据核算计划和预算资料等,通过调查研究后编写。内容主要包括:财务、成本计划或预算的完成情况和存在的问题;固定资产、流动资金的增减变动原因和利用情况;债权、债务的清理情况;利润和上交任务完成情况及其原因的分析;各项专项基金提取、留用、收取和支用、结存情况;各项财产物资盘盈、盘亏和毁损的情况及其产生原因和处理的方法;改善财务、成本、预算管理,提高资金利用效果,降低成本、

增加积累、进一步增产节约的意见和措施。它较全面地提供企业单位的生产经营活动情况,总结工作成绩,分析存在的问题,是企业的领导和职工以及企业单位的主管部门和财政、信贷机关了解和考核企业单位工作的重要参考资料。

(闻 青)

财务三率 three financial ratios

投资利润率、投资利税率和财务内部收益率的总称。中国建设项目财务评价的重要指标。评价中,与相应的基准值进行比较,借以判定项目的财务可行性。在行业价格扭曲和不同行业的劳动生产率等存在差异的状况下,国家有关主管部门即分别不同行业测定并发布相应的经济参数,作为项目评价的依据。

(刘玉书)

财务收支计划 financial plan of revenue and expenditure

以货币形式综合、全面、系统地反映企业在计划期的收入和支出的计划。企业财务计划的重要组成部分。编制依据是有关财经政策和财务制度的规定,财务计划中有关计划指标,预计上年各项财务收支指标实际达到的水平。其作用是全面安排好各项经济活动,搞好供、产、销各环节的衔接与平衡,实现财务收支平衡。按年度、季度和月度编制。年度财务收支计划采用平衡表的形式,反映企业计划年度的各项财务收入和支出,其编制依据是企业利润计划、折旧计划、专用基金计划和专用拨款计划等资料;季度财务收支计划是年度计划的具体化,可以单独编制,也可与年度计划结合编制;月度财务收支计划是结合生产经营情况,安排月份财务收支,具体组织财务收支活动的作业计划。 (何秀杰)

财务收支审计 auditing for revenue and expenditure of finance

见财政财务审计(16 页)。

财务预算 financial budget

见财务计划(14 页)。

财务指标 financial indicator

反映企业资金利用效果和财务成果的一系列数量特征值。主要有:反映企业运营能力的指标;反映企业盈利能力的指标;反映企业偿债能力的指标;以及反映成本水平的指标等。通过各种财务指标,可以反映企业经营管理水平和经济效益,以便加强财务管理,充分发挥财务监督作用,促使企业从中找出差距,总结经验教训,制订措施,努力赶超先进水平。

(俞文青)

财政 public finance

以国家为主体,对一部分社会产品进行分配和再分配而形成的分配关系。其一般特征为:①以国家为主体进行财政分配;②国家凭借政治权力进行

强制性分配;③一般是无偿性分配。征集上来的资金不再直接归还,拨出去的资金不再收回;④财政分配的社会基金性。财政资金通过分配后所形成的各项社会专用基金,为了满足社会全局性需要和保证国家职能全面的实现。中国社会主义的财政收入主要来自企业所创造的纯收入,即税金和上缴利润等;财政支出主要用于经济建设和社会文化、教育、科学事业。它同社会再生产过程紧密结合,形成一个包括国家预算、银行信贷、国营企业财务分配、预算外资金分配等在内的广泛的社会主义财政体系。它通过积累和合理分配资金,监督资金的使用,促进国民经济的综合平衡,保证国家经济和社会发展计划的实现。中国财政分为中央财政和地方财政。

(何秀杰　何万钟)

财政财务审计　financial auditing

以审核检查财政预、决算和财务活动情况为内容,对其合法性、合规性作出判断所进行的审计。主要审计监督被审计企业、机关、事业单位和其他经济组织的财政预算的执行和财政决算、信贷计划、财务计划的执行情况,财务收支,各项资金以及资金的周转运动等事项。以施工企业财务审计为例,它包括采购、施工、工程点交业务的审计,货币资金和财产物资的审计,结算业务、借款和基金的审计,利润和税金的审计,以及会计报表的审计等。(俞文青)

采购经理　purchasing manager

项目经理班子中负责工程所需要的材料、成品、设备等的采购、催货、检查及运输等工作的管理人员。负责搜集各地材料和设备的价格、质量、货源供应及运输工具情况,以选择最优方案。采购经理对项目经理负责。(钱昆润)

cang

仓储保管合同　warehousing contract

仓储企业接受客户委托为其储存货物并收取保管费的经济合同。主要内容有:货物品名、规格、数量;保管方式;验收项目和验收方法;入库、出库手续;损耗标准和损耗处理;费用负担和结算方法;以及违约责任等条款。(何万钟)

仓库管理　warehouse management

仓库所保管的各种物资进、出、存的组织、监督、控制和核算等工作的总称。其内容包括:①物资收发;②物资检验;③物资装卸、搬运及运输;④物资保管;⑤仓库安全;⑥库存核算及帐卡单据管理等。

(陈　键)

仓库利用率　utilization ratio of warehouse

反映仓库存储能力利用程度的指标。有仓库面积利用率、高度利用率和容积利用率指标。①仓库面积利用率,是物资存放面积与仓库可用面积的百分比。②仓库高度利用率,是物资平均堆放高度与仓库有效高度的百分比。③仓库容积利用率,是物资存放所占空间与仓库有效空间的百分比。仓库的存储能力应是在扣除必要的通道和设施所占的服务面积或容积后的实际有效能力。

(陈　键)

cao

操作系统　operating system,OS

控制和管理计算机硬件和软件资源,合理组织计算机工作流程以及方便用户的程序集合。是用户和计算机之间的接口。用户通过操作系统使用计算机。一般由①处理机管理;②存储器管理;③设备管理;④信息管理;⑤作业管理等功能模块组成。可使整个计算机系统实现高度自动化,高效率和高可靠性,是整个计算机系统的核心。其主要功能是:管理中央处理机、内存、外部设备和信息,控制作业的运行,以及处理中断等,以达到确定的管理目标。此外,各种子系统(编译程序、编辑程序、连接装配程序等)和应用程序皆在操作系统控制下运行。

(冯镏荣)

ceng

层次分析法　analytic hierarchy process

把难以完全用定量方法解决的复杂问题,通过分析建立成递阶层次结构,然后经过单排序,再逐级地进行综合(总排序),从而选出最佳方案的方法。20世纪70年代由美国萨德(T.L.Soaty)首创,适于处理多因素难于定量化、规范化和条理化的多层次的复杂问题选优。它分析问题的程序是:①确定决策目标作为层次结构的顶层,是唯一的。依次把所有因素分成若干层形成一个有序的分层序列,即递阶层次结构。最底层各元素为可供选择的方案。②构造两两比较判断矩阵。在层次结构基础上进行定量评价,对结构中各层次及其构成元素,可按其重要性给出优先数,一般由有经验的专家来评定。然后经过③层次单排序和④层次总排序运算后,再通过一致性检验,证明主观给定的优先数是合理的。这时所求得的最底层元素相对最高层目标的优先向量,即为符合评价目标要求的各方案的优劣次序。

(刘玉书)

层次模型　level model

数据库系统中用树形结构来表示实体和实体间联系的数据模型。每个结点均代表一个数据模型,在一个树中,总结点所表示的总体与子结点所表示

的总体必须是一对以上的联系，即一个总记录对应于多个子记录，而一个子记录只能对应一个总记录。在一个具体的层次模型中，往往是由若干个树组成。在这种模型中，必须从根出发，按某条路径提出询问，否则就不能直接回答。除非采用某些特殊办法，一般它不能表示多对多关系。　　　　　　　（冯�荣）

cha

差别工资制　differential piece rate system

以科学测定方法规定一个较高的工作标准，按能否达到这种标准而使用不同工资率的工资支付制度。由 F.W. 泰罗制定。采用此制的基本条件是：工厂需实行严格的标准化，制定出一套完整的工作指导卡，每一工作的标准时间，是通过动作和时间研究、改进工作方法后确定的。凡能在标准时间内按质按量完成定额者，按高于一般工资率付给工资，否则按低于一般的工资率付给工资。例如，规定日产定额为 100 件，高、低标准工资率分别为 1.8 元和 1.1 元。完成 102 件可得 1.84 元；完成 90 件者仅得 0.99 元。此制以扩大工资差别来刺激工人增加生产，对达不到标准的工人形成很大威胁。
（何　征）

差额投资方案　differential investment program

又称增量投资方案、差额分析方案。由两个对比方案的投资差额与对应各期的净现金流量差额组成的新方案。在多个互斥方案进行比较时，可采用新构成的差额投资方案作为单独方案进行评价。
（何万钟）

差额投资方案比较法　differential investment program comparison method

应用差额分析对多个互斥方案进行比选的方法。是互斥方案比较法的一种。其具体作法是先计算两个对比方案的投资差额与对应各期的净现金流量差额；或计算两个对比方案同一时期的效益费用差额形成新的差额投资方案；然后据此作为独立方案进行评价。常采用的经济评价指标主要有：差额投资内部收益率、差额投资净现值、差额投资收益率、差额投资回收期等。这些指标的评价结论多是一致的。若新的差额投资方案可行，则选择投资大的方案；如不可行，则选择投资小的方案。
（何万钟）

差额投资回收期　recovery period of differential investment

又称静态差额投资回收期，或追加投资回收期。一项目以节约成本补偿其增加投资的时间。当不同投资方案的投资额与年成本额互有差别时，可用以选择方案的静态指标。计算公式如下：

$$T = \frac{K_1 - K_2}{C_2 - C_1}$$

T 为投资回收期（年）；K_1、K_2 为方案1、2 的投资额（$K_1 > K_2$）；C_1、C_2 为方案1、2 的年经营成本（$C_1 < C_2$）。如果增加投资的回收期（T）小于基准回收期（T_H），一般情况下，投资大的方案可取；反之，投资小的方案为优。
（余　平）

差额投资净现值

在项目寿命期内，差额投资方案各年净现金流量的现值代数和。财务评价时计算公式如下：

$$\Delta NPV = \sum_{t=0}^{n} [(CO - CI)_2 - (CO - CI)_1](1 + i_c)^{-t}$$

国民经济评价时：

$$\Delta NPV = \sum_{t=0}^{n} [(B - C)_2 - (B - C)_1](1 + i_s)^{-t}$$

ΔNPV 为差额投资方案净现值；$(CO - CI)_2$ 为投资大的方案年净现金流量；$(CO - CI)_1$ 为投资小的方案年净现金流量；$(B - C)_2$ 为投资大的方案年净效益流量；$(B - C)_1$ 为投资小的方案年净效益流量；i_c、i_s 分别为行业基准收益率和社会折现率。$\Delta NPV > 0$ 时，则选投资大的方案为优；$\Delta NPV < 0$ 时，则以投资小的方案为优。实际工作中，进行互斥方案比较时，直接计算各对比方案的净现值 NPV 作为方案评价的判据与 ΔNPV 的结论是一致的。所以互斥方案比较中，以净现值作为判据最为简捷易行。计算 ΔNPV 的方法采用较少。（何万钟）

差额投资内部收益率　internal rate of return of differential investment

在项目寿命期内，两个投资方案各年净现金流量的差额的净现值为零时的收益率。财务评价时表达式为：

$$\sum_{t=0}^{n} [(CO - CI)_2 - (CO - CI)_1](1 + \Delta FIRR)^{-t} = 0$$

国民经济评价时：

$$\sum_{t=0}^{n} [(B - C)_2 - (B - C)_1](1 + \Delta FIRR)^{-t} = 0$$

$\Delta FIRR$ 为差额投资财务内部收益率；$\Delta EIRR$ 为差额投资经济内部收益率；$(CO - CI)_2$ 为投资大的方案年净现金流量；$(CO - CI)_1$ 为投资小的方案的年净现金流量；$(B - C)_2$ 为投资大的方案的年净效益流量；$(B - C)_1$ 为投资小的方案的年净效益流量。
（何万钟）

差额投资内部收益率法

以差额投资内部收益率作为方案评价判据的方法。常用于互斥方案的评价。应用时按各个方案的投资额从小到大顺序排列，然后两两比较，计算差额投资内部收益率。财务评价时,当差额投资财务内部收益率($\Delta FIRR$)大于财务基准收益率(i_c),则投资大的方案为优。国民经济评价时,当差额投资经济内部收益率($\Delta EIRR$)大于社会折现率(i_s),则投资大的方案为优。   (何万钟)

差额投资收益率 return rate of differential investment

又称静态差额投资收益率。两投资方案净收益之差与投资总额之差的比。用于投资方案的投资总额和收益(或成本)互有差别时方案评价的静态指标。其表达式为:

$$E' = \frac{A_1 - A_2}{K_2 - K_1}$$

式中:E'为差额投资收益率;A_1、A_2分别为方案1、2正常年度的净收益;K_1、K_2为相应方案的投资总额。E'大于行业基准收益率或社会折现率时,投资大的方案为优;反之,投资小的方案为优。用差额投资收益率评价方案应注意各方案的投资及收益(或成本)的计算口径要保持一致。它适用于对比方案的产量相同或基本相同的情况。当对比方案的产量不等时,可采用以下近似公式:

$$E' = \frac{C_1 - C_2}{i_2 - i_1}$$

i_1、i_2为对比两个方案的单位产品投资;C_1、C_2为两个方案单位产品收益(或单位成本)。   (张 琰)

差额支付协议 deficiency payment agreement

建设项目贷款活动中,由贷款方认可的第三方与贷款方签订的承诺支付项目所得收益与债务偿还额之间的不足部分的协议。承诺支付这种差额的一方常常是工程项目所在国政府,其中央银行或跨国公司等,实际上就成为这一工程项目借款的保证人。当贷款不能取得直接担保或其他方式的信用支持时,贷款方就可能坚持要有一位信誉上毫无疑问的参与者,在一旦工程的收益不足以支付债务时,同意弥补任何差额。   (严玉星)

chai

拆迁 demolition and removal

在城市规划区内进行房地产开发,为达到施工要求的场地条件,而拆除建设用地上原有建筑物及其附属设施,并对原土地和建筑物使用者给以补偿和安置的行为。房地产开发前期准备工作的一项重要内容。   (刘洪玉)

拆迁安置 demolition and resettlement

房地产开发商为开发项目准备场地而拆除旧有建筑物时,依有关法规对原建筑物使用人给予安置的行为。可采取就地回迁和异地安置两种形式;又有现房安置和期房安置两种情况。   (刘洪玉)

拆迁补偿 demolition and compensation

房地产开发商为开发项目准备场地而拆除旧有建筑物时,依有关法规对原建筑物及其附属设施的所有权人给予经济补偿的行为。房屋所有权人包括代管人及国家授权的国有房产管理者。补偿的形式包括产权调换、作价补偿或二者相结合。
                    (刘洪玉)

拆迁补助费 subsidies for demolishing and removal

中国城市再开发过程中,因拆迁房屋而导致被拆迁人的经济损失或其他困难时,拆迁人依法给予被拆迁人的补助费。通常包括搬家补助费和提前搬家奖励费,临时安置补助费和交通补助费,停产停业经济损失补助费,以及一次性异地安置补助费等。
                    (刘洪玉)

chan

产成品资金 finished product funds

已检验合格入成品库及正在办理发运和结算价款期间的成品所占用的资金。其占用数额的大小,取决于产品的单位成本和周转期。周转期越短,占用的成品资金就越少。产成品资金占用量标准,即产成品资金定额。计算公式为:

$$\text{产成品资金定额} = \frac{\text{产品产量}}{\text{计划期天数}} \times \text{单位产品成本} \times \text{产成品资金定额天数}$$

产成品资金定额天数中包括产成品储存天数、货运天数和结算天数。   (俞文青)

产出量 output

以商品形式提供的社会产品或服务的数量反映社会经济活动的成果。在实际工作中可以用实物量来表示,也可以用价值量来表示。   (曹吉鸣)

产品标准 product standard

对产品的性能、规格、质量、检验方法、包装及储运条件等所作的技术规定。是一定时期和一定范围内具有约束力的产品技术准则,是产品生产、质量检验、使用维护的技术依据。   (田金信)

产品偿付

用矿藏资源作担保,以项目建成后的产品抵偿债务的筹集资金方法。抵押给贷款人的资源价值可高达与筹贷额相等。项目投产后用出售矿产的收益来偿还债务。石油、天然气及采矿工程可以采用这种办法使贷款人确信其贷款将得到偿还。美国、加拿大采矿和石油等有关工业的工程建设资金常采用

这种方法来解决。　　　　　　（严玉星）

产品成本　cost of product

为生产和销售一定种类和数量的产品支出的全部费用。包括原材料费、燃料及动力费、工资、废品损失、车间经费、企业管理费、销售费用等。也可归纳为原材料、工资、加工费用三大类，简称料、工、费。按产品完工程度，有在产品成本、半成品成本和产成品成本；按其所包括费用的范围有制造成本和全部成本；按成本性质，有变动成本和固定成本；按与特定产品的关系有直接成本和间接成本。产品成本是考核企业生产经营管理状况的一个综合性指标。企业劳动生产率的高低，原材料、能源消耗的水平，设备利用的好坏，资金周转的快慢，都能直接或间接地在产品成本中反映出来。努力降低产品成本，是提高企业经济效益的关键。　　　　　（闻　青）

产品成本计划　cost plan of product

社会主义工业企业为规定完成一定时期内产品生产任务应达到的成本水平和作为成本管理奋斗目标而做的预先安排。建筑企业附属工业企业计划的组成部分。主要内容包括：①主要产品单位成本计划，按照成本项目规定计划期某种主要产品的单位成本水平编制；②全部产品成本计划，包括计划期各种可比产品、不可比产品计划单位成本和总成本，及可比产品成本降低额和降低率。在编制时，应分析参考以前年度成本水平与本行业同类产品成本水平，制订降低成本的技术组织措施，充分挖掘内部生产潜力，不断降低产品成本。　　　　（俞文青）

产品成本计算分类法　classified cost approach of product

简称分类法。以产品类别作为成本计算对象，归集生产费用、计算各类产品总成本，而后按一定分配标准计算类内各种产品成本的方法。适用于大量大批生产，品种规格较多，而其性能、结构基本相同的产品的企业，如钢、木门窗加工厂、混凝土构件厂等，也适用于同一种原材料加工成几种主要产品的生产。采用分类法，先要按照产品所用材料和工艺过程异同等因素，将产品分为几类，按照产品类别开设产品成本明细分类账，计算各类产品的成本，然后选择合理的分配标准，在每类产品的各种产品之间进行分配，求得类内各种产品的成本。如有在产品，还应先将月初在产品成本和本月发生的生产费用在完工产品和月末在产品之间划分，算得各类产品的完工产品成本和月末在产品成本。在类内各种产品之间分配费用的标准，一般有产品的定额消耗量、计划成本及产品的重量、体积等。对于各种定型产品，为了简化分配工作，也可将分配标准折算成相对固定的系数，按系数进行分配。　　　　（闻　青）

产品成本计算系数法

又称系数分配法。简称系数法。以预先确定的系数为标准来分配产品成本或共同性费用的方法。通常用于共同耗用材料费在各产品之间的分配，产品成本在完工产品和在产品之间的划分，按类计算的产品成本在同类各种产品之间的分配等。分配采用的系数，可按产品重量、定额耗用量、定额成本、计划成本、加工难易程度以及某些技术经济指标等确定。先将某种产品作为标准产品，系数定为 1。以其他各种产品与标准产品相比，算出比例，分别作为各自的系数；然后用各种产品的完工产量乘以相应的系数，算出各种产品的总分配系数；再用总分配系数之和除以该类产品成本，求得每一分配系数的成本，进而求得各种产品的单位成本和总成本。　　　　　　　　　　　　　　　（闻　青）

产品成熟期　ripe period of product

又称产品饱和期。产品已被广大消费者接受，销售量、产品设计、生产工艺等都已趋于稳定的一段时期。此时，产品批量生产，销售成本低，利润最高，但竞争趋于激烈。成熟是产品寿命周期中的基本阶段，时间最长，效益最好，延长成熟期是企业提高经济效益的关键。随着技术进步，市场竞争加剧，产品成熟期趋于缩短。　　　　　　（吴　明）

产品成长期　product growthing period

又称产品发展期或产品畅销期。产品在市场上已被广泛认识和了解，销售量迅速增加的一段时期。此时，产品基本定型，工艺及生产状况稳定，开始批量生产和销售，成本逐渐下降，利润迅速增加。　　　　　　　　　　　　　　　（吴　明）

产品合格率　qualified rate of products

合格产品数量占全部产品产量的比率。产品是施工企业所属辅助生产企业为建筑安装工程所生产的各种工业产品，如木门窗、钢门窗、钢筋混凝土管、各种钢筋混凝土构件等。产品合格率反映附属企业生产工作质量的高低。其计算式为：

$$\frac{产\ 品}{合格率} = \frac{合格品数量}{合格品数量 + 次品数量 + 废品数量} \times 100\%$$

式中合格品为经过检验确定符合规定标准的产品，达不到标准的称为次品或废品。　　　　（雷懋成）

产品结构　product mix

国民经济中各种物质产品的构成及其比例关系。对社会产品按不同标志分类，可形成不同类型和不同层次的产品结构：①用途结构，分为生产资料与消费资料；②部门结构，分为工业产品、农业产品和建筑产品等；③再生产序列结构，分为初级产品、中间产品和最终产品；④生产投入结构，分为劳动密集型产品、资本密集型产品和技术（知识）密集型产品,等等。每一大类中还可按一定标志细分,形成产品的亚结构。这些不同层次、不同类型的产品结构,反映了社会生产的性质和发展水平,资源的利用状况,以及满足社会需要的程度。 (何 征)

产品经济 product economy

在生产资料由全社会占有的社会化生产中,劳动者共同直接生产和分配产品的经济形式。它与自然经济不同,劳动产品已不是彼此分散、孤立的生产者个人劳动的成果,而是在普遍的社会分工和协作基础上社会结合劳动的成果;产品也不再以满足生产者个人需要为目的,而是以直接满足社会需要为目的。生产产品的劳动一开始就成为直接的社会劳动。 (何 征)

产品目标成本 objective cost of product

一定时期内为保证实现目标利润而规定的产品成本控制目标。确定目标成本的一般步骤是:①计算产品边际收益和边际收益率;②确定目标利润,计算保证目标利润必须完成的销售额;③计算确定产品目标成本;④制订实现目标成本的措施,据以进行产品成本控制,开展成本分析。计算公式如下:

$$\frac{产品边}{际收益} = \frac{产品销}{售收入} - \frac{销售}{税金} - \frac{产品变}{动费用}$$

$$边际收益率 = \frac{产品边际收益}{产品销售收入} \times 100\%$$

$$目标销售额 = \frac{固定费用 + 目标利润}{边际收益率}$$

$$目标成本 = 目标销售额 - 目标利润 - 应交销售税金$$

(俞文青)

产品生产许可证制度 system of license for product producing

为加强产品质量管理,由政府机关或国家法律认可的专门机构对符合质量标准的产品颁发生产许可证的制度。凡涉及人身安全、人体健康、环境污染和具有重大经济价值的产品,企业必须取得生产许可证才具有生产该产品的资格。其程序和工作内容是:①生产企业提出申请;②颁证机构对申请企业的有关产品和生产技术条件进行检查和评审;③对符合条件的发给生产许可证,并公布名单;④对取得生产许可证的企业加强日常监督,进行定期复查和不定期抽查。中国建设部已对预制混凝土空心板和大型屋面板、建筑机械等产品实行生产许可证制度。 (周爱民)

产品使用过程质量管理 quality control of product in using

保证产品在使用过程中能正常发挥其功能特性的质量管理。主要工作,一是做好质量回访和保修,建立工程保修单或技术服务档案,做好对用户的技术服务工作;其次要做好工程使用效果和使用要求的调查分析,为进一步改善产品设计、改进施工工艺、提高工程质量提供依据。 (田金信)

产品寿命周期 life cycle of product

又称产品经济寿命周期。产品从投入市场开始到被淘汰为止所经历的时间。第二次世界大战以后,为了适应技术进步和市场竞争需要,开始研究和分析产品在市场上不同时期的销售变化及销售规律。1957 年美国波兹(booz)、阿隆(Allen)和海米尔顿(Hamilton)管理咨询公司出版的《新产品管理》首次提出了产品寿命周期。它包括投入、成长、成熟、衰退等四个阶段。在四个阶段中,产品市场需求量有很大变化,要经过一个由低而高,再由高而低的生长消亡过程。不同产品有不同的寿命周期,但都反映了技术进步和市场特征,因此是企业开发新产品、规划产品更新换代、制订市场策略和经营决策的重要依据。由于科学技术发展迅速,产品寿命周期缩短是一种趋势。二次世界大战前,工业产品的平均寿命周期长达 30 年以上,现今已缩短至不足 10 年。企业应根据产品寿命周期的特征,适时地采取合理措施,如扩大产品用途,改善外型式样、包装,提高质量、降低售价等等延长其寿命周期。 (吴 明)

产品衰退期 decline period of product

又称滞销期。产品在市场上处于过饱和状态的时期。此时,销售量急剧下降,产品大批积压,或减少产量,或价格下跌,利润迅速下降。为减少损失,企业应及时预测衰退期可能出现的时间,提前采取措施,及时转产、减产,开发新产品,尽可能地减少损失。 (吴 明)

产品投入期 period of product put on market

又称产品介绍期、产品试销期或产品引入期。产品投放市场后的最初一段时期。在这段时期内,产品还未被顾客认识,尚未批量生产,产量和销售量增长缓慢。同时,因投入产品所消耗的资金多,销售量小,故成本偏高,利润较低,甚至亏损。缩短投入期对提高产品经济性十分重要,主要措施有:设计造型优美,改进包装,提高质量,完善售后服务以及必要的广告宣传等。 (吴 明)

产品质量 quality of product

产品能够满足社会和人们需要所具备的特性。一般包括功能、寿命、可靠性、安全性、经济性五个方面。功能,是产品满足使用目的所具备的技术特性;寿命,是产品在规定条件下,满足规定功能要求的使用期限;可靠性,是产品在规定时间内和规定条件下,满足规定功能的能力;安全性,是产品在操作或使用过程中保证安全的程度;经济性,是产品寿命周期总费用(包括生产费用、使用费用)的大小。以上五个方面是相互制约、相互依存的,其中功能是首要的、基本的。　　　　　　　　　　　　（田金信）

产权登记　ownership registration

中国城镇房地产产权人或其代理人,依法向国家房地产管理机关申请登记,房地产管理机关核发产权证书的过程。只有经过产权登记,取得房屋所有权证和土地使用权证,产权人的合法权益才获得国家法律的认可并受法律的保护。　　　（刘洪玉）

产业结构　industrial structure

国民经济中物质生产部门的构成及其相互联系。包括生产资料生产和生活资料生产两大部类的构成及其相互联系;农业、轻工业、重工业的构成及其相互联系;工业、农业、建筑业、交通运输、邮电、商业等部门的构成和相互联系;以及这些物质生产部门内部的构成及其联系。按三次产业划分时,指第一产业、第二产业、第三产业之间及其内部的构成和结合状况。此外,产业结构也包括劳动密集型产业、技术密集型产业、资本密集型产业的构成和相互联系。　　　　　　　　　　　　　　（何　征）

产值资金率　ratio between output value and working capital

建筑施工企业在一定时期占用的流动资金与同期完成的建筑业总产值之比。用以衡量企业流动资金周转速度快慢和检查企业资金的利用程度。计算公式为:

$$产值资金率 = \frac{报告期流动资金平均占用额}{报告期完成的建筑业总产值} \times 100\%$$

（卢安祖）

产值最大化　maximization of output value

以追求最大化的产值作为企业的生产经营目标的企业行为。企业最大产值是指当生产要素投入增加而产值由上升转为下降时刻的产值量。在最大产值点前,企业产值随生产要素投入的增加而上升;在最大产值点后,企业产值随生产要素投入的增加而下降。产值最大化实际上只讲产出而不计投入,因此在获得最大产值的同时,往往还可能伴随着资源浪费和使用不合理等问题。　　　　（谭　刚）

chang

长期负债　long-term liabilities

偿还期限在一年或者超过一年的一个营业周期以上的债务。是企业除资本金等以外,向债权人筹集的可以长期使用的资金。它具有数额大,偿还期较长的特点。一般是为了扩大再生产,大规模技术改造,增加价值量大的房地产、机械设备等的需要。长期负债的种类主要有:长期借款、长期债券、引进设备款、融资租入固定资产应付款等。为了反映长期负债的增减变化情况,企业会计中,应通过相应的明细科目进行核算,并在会计报表中列示。

（金一平　闻　青）

长期趋势预测　secular trend forecast

利用描述现象长期发展趋势的数学模型进行外推的统计预测。现象受某种根本原因的影响,在某一较长时间内持续增加向上发展或持续减少向下发展,呈现为一种有规律性的变动趋势,称为长期趋势。根据时间数列资料,建立相应的数学模型,测定这个趋势,是统计预测中的一种基本方法。常用的数学模型有①直线趋势模型;②非直线趋势模型,包括二次抛物线、三次抛物线、简单指数曲线、修正指数曲线、龚珀兹(Compertz)曲线、皮尔(Pearl)曲线等。具体应用时,可先将时间数列资料作简单的数学处理,然后看其是否能合乎某种条件,再决定选择与之相适应的趋势模型。认识和掌握现象的长期趋势,可以把握住现象发展变化的基本特点,是正确制定经济计划和进行决策的前提条件。

（俞壮林）

长期融资　long-term financing

对开发过程结束后的房地产融资。用以偿还开发项目的短期融资。通常以抵押贷款的形式出现。

（刘洪玉）

长期效益　long-term benefit

建设项目在长时期内产生的效益。有两层含义:一是指项目建成后在相当长时期(例如十年以上)内持续发挥的效益。二是指经过一定时期之后才开始发挥的效益,亦称远期效益。

（张　琰　武永祥）

长期盈利目标　objective of long-term profit

以在长期中获得盈利来指导企业生产经营活动的经营目标。以此目标经营企业,可以保证企业在未来长期内获得稳定可靠的利润,避免企业因短期或近期利益而忽视长期发展的短期行为。

（谭　刚）

偿付方式　methods of reimbursement

偿还用于工程项目贷款本金和利息不同期限、数额的安排方法。常用的偿还方式有:等额偿付法,即在贷款有效期内每年以同等数额偿付本金和利息;一次还本法,债款到期之日一次还清本金,而利息逐年定期支付;偿还数额逐渐增大法等。有时借款人在债款到期后还可争取到一定时间的宽限期。不同的偿还方式对有关工程项目的现金周转产生影

响差异很大。　　　　　　　　　（严玉星）

偿债基金　sinking fund

发行债券的公司为偿还所发行债券而提存设置的专款。为了保障债券持有人的权益,确保公司债券在到期日有足够的偿还能力,有的公司债券信托合同中有专门条款,规定发行债券公司建立偿债基金。即在偿债到期以前,发行债券的公司按期提存一定数额的款项,由公司债券的受托管理人(一般是银行或信托公司)保管和运用。其提存额可以是固定的,也可以按占公司每年实现的利润或销售额的一定百分比提取。　　　　　　　（俞文青)

偿债基金折旧法　depreciation – sinking-fund methed

把固定资产原价减除估计残值后的余额,视同到期偿还的债款,并比照提存偿债基金的方式,同时考虑其利息收入,以确定各期计提折旧额的计提方法。采用这种方法,每年提存相同数额的基金,连同已提基金的应计复利利息,作为当期的折旧费用。由于复利逐年增加,折旧费用也相应逐年增大。到固定资产使用期满,累积的基金本利和就是累计折旧额,应与固定资产原价减除估计残值后的余额相等。其计算公式为:

$$F = (C - S) \frac{i}{(1 + i)^n - 1}$$
$$D_t = F \times (1 + i)^{n-1}$$

式中,F 为每年提存基金;C 为固定资产原价;S 为估计残值;i 为年利率;n 为固定资产使用年限;D_t 为当年折旧额。　　　　　　　　（闻　青)

厂址选择　selection of project site

在项目建议书或设计任务书中已指定的建厂地区范围内,具体地选择工业建设项目的坐落位置。基本建设程序中的重要环节,进行项目设计的前提。厂址选择的合理与否,对于项目设计与施工的顺利实施以及工程质量、造价与工期有很大影响,对于项目建成投产后的经济效益的发挥、生产力布局和环境生态的影响都有重要作用。它是一项政策性和科学性很强的综合性工作。需要根据国家的方针政策和有关法规,拟建项目的性质、特点和规模,全面考虑原材料资源、市场、运输、工业基础、环境、厂址条件、地区发展、地方财税政策等技术和经济因素的影响,经过分析比较,合理地确定厂址。一般建设项目选择厂址的基本要求是:①在区域位置上要靠近原材料产地、靠近消费市场、靠近交通运输线和水源;②地形和工程地质、水文地质符合建厂要求;③能满足供电、供水、生产和生活区布置等条件;④避开不利环境的影响,符合环境保护的要求;⑤节约用地,不占或少占农田等。按工作深度,一般可分为规划

性选址和工程性选址两个阶段。　（曹吉鸣)

场内运输　transport in site

施工现场内发生的为施工生产过程服务的运输。包括现场施工设备、材料、土方和人员等在水平和垂直方向的运输。除车辆外还有管道、皮带、起重及提升等运输。选择正确的运输方式,对于保证生产,降低成本有重要意义。　　　　（陈　键)

场外运输　transport out of site

施工企业为施工生产和经营而发生在施工现场外的各种运输。包括对设备、材料、弃土和人员的运输,通常是购入材料、仓库与施工现场及现场与现场之间的运输。　　　　　　　　（陈　键)

畅谈会法　brain storm method

直译头脑风暴法、BS 法。一种通过非正式会议互相启发,增加联想,使创造性思维产生共振和连锁反应,从而诱发出更多创新设想与方案的决策软技术。美国于 1939 年首创,最初用于创造广告的新花招上,经总结经验后于 1953 年用于决策。畅谈会这个词按英语的原意是"头脑风暴",即畅所欲言之意。为保证确能畅所欲言,这种会议必须遵守四条规则:①不允许对他人的意见进行反驳,也不许作结论;②欢迎自由奔放地思考,思路越广越新越好;③设想的方案越多越好;④寻求对他人设想的改进和组合。从此可看出,其基本精神是强调自由思考,不受约束,因而只会激励而不会抑制创造性的动因。

　　　　　　　　　　　　（何万钟)

chao

超 Y 理论　ultra-Y theory

关于在人事管理方面应按照不同情况,采取不同管理方式的理论。美国莫尔斯(Morse J. J.)和洛希(Lorsch J. W.)于 1974 年提出。是对行为科学 X 理论-Y 理论的一种修正和发展。其要点是:①人们是怀着不同的需要加入组织的。有人需要更正规化的组织结构和规章条例,有人则需要参与决策和承担责任的更多机会。②不同的人对管理方式的要求不同。③组织结构和管理方式适合工作性质和职工素质的,效率就高;反之则低。④当一个目标达到后,可以继续激起职工的胜任感,使之为达到更高的新目标而努力。可见管理指导思想和管理方式要根据不同情况而定,不可一概而论。　　（何　征)

超储积压借款

企业在清产核资中经过核定库存周转量后,向银行借入用于垫支在划出的各种超储积压物资上的借款。企业应科学、合理地储备物资,防止超储积压,一旦发现超储积压,应积极处理,尽量减少资金

占用。　　　　　　　　　　　　　（闻　青）

超定额计件工资制　system of piece-rate wages for above-norm output

工人完成定额，发给本人标准工资；超过定额的部分，按另行规定的计件单价发给超额工资；完不成定额的适当减发一部分标准工资的工资形式。是从直接无限计件工资制派生的。具体办法是：工人只完成劳动定额但未完成生产计划的，按其实际平均工资等级计算计件单价。既完成劳动定额又完成生产计划的，计划内部分按工作物等级计算计件单价，超产部分按不同的超产幅度，确定加发奖励单价，计算超额工资。　　　　　　　　　　（吴　明）

超定额借款　borrowing in extra fixed amount

企业由于季度工作量扩大，超过全年各季平均工作量和某些材料的供应带有季节性等原因，需要相应地增加材料储备量，从而形成超定额储备时而向银行取得的借款。季度工作量扩大超定额储备借款的数额，取决于施工旺季每天材料耗用额超过全年平均每天材料耗用额的数额和材料平均储备天数。季节性材料超定额储备借款的数额，取决于材料每天平均耗用额的大小和超定额储备时间的长短。计算公式分别为：

$$\text{季度工作量扩大超定额储备借款}=\dfrac{\left(\dfrac{\text{旺季计划}}{\text{工作量}}-\dfrac{\text{年度计划}}{4}\right)\times\dfrac{\text{材料费}}{\text{比重}}}{\text{季度天数}}\times\dfrac{\text{材料平均}}{\text{储备天数}}$$

季节性材料超定额储备借款
= 材料平均每天耗用量×（材料季节性储备天数 － 材料正常储备天数）×材料单价
中国金融体制和财会体制改革后，已取消超定额借款和定额借款的区分。　　　　　（闻　青）

超额租金　excess rent

合同租金超过市场租金的部分。其产生，可能由于市场条件变化；也可能由于租赁双方在谈判租约过程中某一方的失误所致。　　（刘洪玉）

che

车船使用税　tax on vehicles and vessels use

国家以车、船为课税对象，对其拥有并使用者征收的财产税。在中国，征税范围以应税车船在用为原则，纳税义务人为在中国境内拥有并使用车船的单位和个人。对不使用的车船不征税。具体征税和减免办法，按《中华人民共和国车船使用税暂行条例》的规定。　　　　　　（张　琰　周志华）

chen

沉没成本　sunk cost

又称沉入成本。在当前决策中不需加以考虑、不能回收的、过去的部分成本支出。成本决策分析的特定概念。例如，过去购置一台设备，使用几年以后，由于技术进步，这台设备已经过时，当是否需要进行设备更新的决策时，按该设备的现时市场价格计算，而损失的那部分成本即沉没成本。

　　　　　　　　　　　　（刘长滨）

cheng

成本　cost

商品生产中所耗费的生产资料价值和必要劳动价值的货币表现。商品价格的基本组成部分，也是商品出售价格的最低界限。西方经济学一般认为成本是为了获得某物，无论是通过购买、交换或生产而必须支出的度量。成本在企业经营决策中占有重要地位，其内涵可因决策目标而各异：企业扩大生产决策，需比较其销售收入与相应的生产成本；固定资产投资决策，需比较投资的预期收益与新增固定资产的成本；广告计划决策，则需将预期收益与预期支出比较，等等。中国按国家规定的财务会计制度计算成本，以 $c+v$ 为基础，但为了强化企业管理的需要，把属于剩余产品 m 性质的利息、保险金支出，以及属于无效劳动的废品损失等也都计入成本。

　　　　　　　　　　（刘玉书　张　琰）

成本报表　cost statement

反映企业在一定时期内产品生产经营成本水平及其构成情况的会计报表。是企业内部管理需要的一种报表，可由企业自行设计确定。如建筑施工企业的成本报表，有工程成本表、竣工工程成本表、产品成本表、费用表等。工程成本表反映一定时期内已经向发包单位办理工程价款结算的成本构成及其节约或超支；竣工工程成本表反映季度、年度内已向建设单位办理移交和竣工结算手续的全部成本，节约或超支；产品成本表反映附属工业企业在一定时期内产品成本的构成及其升降情况；费用表反映年度内发生的管理费及其构成情况。为了考核工程、产品成本计划或预算的执行情况，表中除列示实际成本外，还列示预算成本或计划成本，以便对比分析。　　　　　　　　　　　（闻　青）

成本补偿合同　cost reimbursement contract

又称成本加酬金合同。按工程实际发生的成本加补偿费用计价的工程承包合同。主要适用于工程内容及其技术经济指标尚未完全确定,而又急于上马的工程。缺点是发包单位对工程总造价不易控制;也不鼓励承包商关心降低成本。一般有成本加固定费用合同,成本加定比费用合同、成本加奖金合同,成本加固定最大酬金合同,和工时及材料补偿合同等不同形式。　　　　　　　　　（钱昆润）

成本工程师　cost engineer

应用科学的原理与技术,解决工程成本的估算、分析与控制问题的工程师。是随着在工程建设领域中注重经济效果,在 20 世纪 50 年代应运而生的新型的工程管理专业人员。在当代,可分为业主的成本工程师和承包商的成本工程师。前者的职责着重于工程项目建设的全过程,追求项目总投资的控制和投资经济效益;后者着重于承包工程成本的降低。二者的共同的目标都是在限定的成本内,完成设计规定的工程任务。　　　　　　　（周志华）

成本估价法　cost method

建立在重置成本理论基础上的房地产估价方法。房地产估价的基本方法之一。其基本概念可用下式表述:

$$待估房地产价值 = 建筑物的重置成本 - 折旧额 + 土地价值$$

（刘洪玉）

成本函数　cost function

产品成本与产量之间的数量关系。它依存于企业的生产函数和企业投入要素的市场供应函数。生产函数表示投入与产出之间的数量关系,这种关系同投入要素的价格结合起来决定成本函数。当投入要素价格固定不变时,则成本与产量成线性关系,投入量增加一倍,成本也增加一倍。若企业生产函数所处的生产条件是规模收益率递减或递增,则产出量增加一倍,投入量将增加一倍多,呈下凹曲线关系;或投入量增加将少于一倍,呈上凸曲线关系。若投入要素的价格上涨或下跌,成本函数也会有不同的形式。所以在研究成本和生产的关系时,必须首先考虑投入要素价格是否发生变化。然后再依据生产函数去估计成本函数,投入要素价格和生产率共同决定总成本函数。反映成本函数的几何图形叫成本曲线。成本曲线的形状反映成本函数的特征。

（刘长滨）

成本加定比费用合同　cost plus a percentage fee contract

按实际发生的成本及其一定百分比的酬金确定工程造价的成本补偿合同。由于酬金将随工程成本的提高而提高,不能鼓励承包商关心缩短工期和降低成本,故这种方式已很少被采用。　（钱昆润）

成本加固定费用合同　cost plus a fixed fee contract

按工程实际发生的成本,加上商定的总管理费与利润来确定工程总造价的成本补偿合同。发包单位对承包商支付的人工费、材料费、施工机械使用费等直接费成本及施工管理费全部予以补偿。所谓固定费用是指总管理费和利润之和。这笔费用总额是固定的,只有当工程范围发生变更而超出招标文件规定时,才允许变动。在一时对工程成本估计不准、事后可能变化较大的情况下,可以采用这种合同。虽然不能鼓励承包商关心降低成本,但可促进其关心缩短工期。　　　　　　（钱昆润）

成本加固定最大酬金合同　cost plus fixed maximum reward contract

发包单位除支付给承包商工程成本以外,再加给固定最大限度酬金的成本补偿合同。事先双方要商定目标成本和酬金最大限额。一般情况下,结算时,发包单位应支付承包商实际发生的工资、材料费、机械费、工程管理费(即工程成本)和规定的酬金。但总额以目标成本与最大酬金之和为限;超出部分不予支付。设计已达到一定深度,工作范围比较明确,能比较准确地估算目标成本的工程,采用这种合同,有助于促使承包商关心降低成本。

（钱昆润）

成本加奖金合同　cost plus incentive fee contract

发包单位除支付给承包商工程成本以外,还按一定条件加付奖金的成本补偿合同。奖金根据报价书中成本概算指标确定。合同中对概算指标规定下限和上限,承包商的实际成本在上限以内,即可得到奖金,超过上限则须支付罚款,但支付罚款后实际得到的款额不应低于概算指标的下限。当设计图纸、技术说明和规范准备不充分即需招标,不能确定合同价格,而只能编制一个概算指标时,采用这种合同形式,可促使承包商关心降低工程成本。

（钱昆润）

成本价格　cost price

商品价值 $w = c + v + m$ 中实际耗费的不变资本和可变资本的货币表现。以 k 代表 $c + v$,则商品价值 $w = k + m$ = 成本价格 + 剩余价值。成本价格比商品价值小一个剩余价值量。在资本家眼光中,剩余价值 m 的获得不需要耗费任何费用,不计入成本价格。由此抹煞了不变资本和可变资本在剩余价值生产上的不同作用,似乎剩余价值不是由可变资本带来,而是全部预付资本带来的。因此,成本价格成了经营企业的盈亏标志,如果商品的销售高于它,就盈利;反之,亏损,商品生产所耗费的资本得不到全部补偿;它也是决定竞争能力大小的依据,在其他

条件相同的情况下,生产商品的成本价格各不相同,愈低者,越具有竞争能力。 (周志华)

成本降低率 rate of cost reduction

工程成本降低额与预算成本或计划成本的比率,是考核工程降低成本计划完成情况的一个重要指标。计算公式如下:

$$\text{工程成本计划降低率} = \frac{\text{工程成本计划降低额}}{\text{工程预算成本}} \times 100\%$$

$$\text{工程成本实际降低率} = \frac{\text{工程成本实际降低额}}{\text{工程预算成本}} \times 100\%$$

(周志华)

成本会计 cost accounting

对生产经营过程中发生的费用,按成本对象进行归集、分配,计算出成本并进行分析、考核、评价的会计。内容主要包括:成本计算对象的确定;生产费用明细账户的设置和登记;产品总成本和单位成本的计算;成本报表的编制,成本的分析和考核评价等。实行成本会计,可为企业加强经济核算、厉行节约、降低成本、进行成本预测、编制成本计划、作出经营决策提供必要资料。 (闻 青)

成本特性 cost behavior

又称成本习性或成本性态。成本与工程量、工业性产品量、机械作业量、业务量等之间的依存关系。这种关系是企业经营活动中客观存在的。研究这种关系,从数量上把握成本与业务量之间的内在联系,并按此特性,将成本划分为变动成本和固定成本,可有助于进行成本预测、规划和控制,挖掘降低成本的潜力。 (周志华)

成本现值法 cost present-value method

又称费用现值法。用计算期内成本或费用的现值大小来分析、比较、评价投资方案经济性的方法。在已知各方案现金流出的情况下,可以应用这种方法比较方案的优劣。以现值成本最小者为最优方案。计算方法与净现值法基本相同,只是不需计算现金流入量。 (余 平)

成本中心 cost centre

又称费用中心。对成本费用的发生负有直接责任,并进行归集、分配、控制和考核的内部经济单位、部门或区域。其主要活动是提供一定的物质产品或劳务,不直接对外销售,没有销售收入,所计算与考核的是同其权利与责任相适应的责任成本,而不是工程成本或产品成本。设立成本中心的目的是落实成本控制的经济责任,促使其采取有效措施降低成本。凡是能划清管理范围,可以单独进行核算的部门或单位,如一个施工队或施工区域都可作为成本中心。此外,根据具体情况,一个大的成本中心,又可再划分为若干个次级成本中心。成本中心的活动

范围,也就是它所发生可控成本费用的考核范围。 (周志华)

成本终值法 future value of cost method

用计算期内成本或费用的终值大小来分析、比较投资方案经济性的方法。在已知各投资方案的现金流出情况下,可以应用此法比较方案的优劣,成本终值最小者为最优方案。计算公式为:

$$FC_j(i_0) = \sum_{t=0}^{n} A_{jt}(1 + i_0)^{n-t}$$

$FC_j(i_0)$ 为 j 方案在基准折现率为 i_0 时的成本终值;A_{jt} 为 j 方案在 t 年的现金流出量。 (吴 明)

成就需要理论 achievement need theory

美国麦克利兰(Mcclelland,David G.)提出的内容型激励理论。主要研究在人的基本生理需要得到满足的前提下,人还具有三种主要的需要:权力需要,这是取得管理成功的基本要素之一;情谊需要,负有全面责任的管理者往往把情谊看得比权力更为重要;成就需要,具有挑战性工作完成以后的成就感会使人愉快,增加奋斗精神,对人的行为起着重要影响作用。这一理论认为,成就需要的高低对一个人、一个企业和一个国家的发展和成长,起着特别重要的作用。成就需要愈高,所起的激励作用也愈大。所以,必须通过教育培训、树立榜样、交流经验等来培养和提高人们的成就需要。 (何 征)

《成立中外合营工程设计机构审批管理规定》 Administrative Regulations on Examining and Approving the Establishment of Design Organization of Sino-foreign Joint Venture

1992 年 4 月 16 日建设部、对外贸易经济合作部发出,是对《中外合作设计工程项目暂行规定》的具体化和补充的规定。主要内容有:①中外合营工程设计机构的双方合营者的条件;②成立中外合营工程设计机构的申请,审批机关和程序;③领取营业执照应持的文件和登记手续;④开办中外合营设计机构的《可行性研究报告》的内容;⑤对该规定颁布以前已成立的中外合营工程设计机构的规定。该规定自颁布之日起执行。 (高贵恒)

成品保护 protection of finished product

在施工过程中对一些已完的分部、分项工程或部位采取妥善措施以避免因其他部位施工而造成损伤的工作。一般采取的措施有护、包、盖、封等。护,就是提前保护;包,就是进行包裹;盖,就是表面覆盖;封,就是局部封闭。 (张守健)

成套供应 complete set supply

由物资部门将通过组合形成生产能力的设备成套供应给生产部门的供应方式。如大型电站施工工

程的设备成套供应,施工机械的成套供应等。

(陈 键)

承包抵押金 mortgaged money for contract

承包者用作物质保证以取得承包权的自有货币金额。承包抵押品的一种。包括个人财产抵押金、个人收入抵押金和担保抵押金三种类型,有现金、存款、有价证券以及部分银行贷款等货币组成形式。它是承包人进行承包经营的物质前提和经营风险抵押金。承包期满后,根据企业盈亏状况确定抵押金的返还或抵补。在实际工作中,应注意确定风险抵押金数额,正确处理风险抵押金与企业利益分配的关系。

(谭 刚)

承包商管理费 contractor's management expense

承包商在管理一个建筑施工项目过程中所发生的费用。对房地产开发商来说,此项费用为开发项目的直接费用。

(刘洪玉)

承包商利润 contractor's profit

建筑承包商所得工程价款与支付的工程成本间的差额。承包商的风险报酬。一般为建筑安装工程成本的一定百分比。对房地产开发商来说,承包商利润为开发项目直接成本的组成部分。

(刘洪玉)

承诺 promise

当事人一方对合同建议发出完全同意的一种意向表示。接受建议的当事人叫承诺人。承诺也是一种法律行为,对要约一经承诺,就认为双方商事人已经协商一致,达成协议,合同也就成立,具有法律约束力。承诺必须具备两个条件:①无条件地全部同意要约所提各项条款;②在要约规定的期限内作出。要约和承诺是任何一个经济合同所必须具备的两个要素,也是必经的两个阶段,缺少任何一个阶段,协议就不可能达成。

(何万钟)

《城市道路占用挖掘收费管理办法》 Administrative Measures for Charge of Occupying and Digging the City Road

1993年5月24日建设部、财政部、国家物价局发出,是为加强城市道路占用挖掘收费管理,严格控制占用挖掘道路行为,保障市容环境整洁而制定的有关规定。该办法共8条,主要规定有:①行政主管机关;②必须交纳占道费、挖掘修复费的范围;③占道费、挖掘修复费标准;④占道费的征收、管理和使用。该办法自发出之日起施行。

(王维民)

《城市房地产开发管理暂行办法》 Interim Administrative Measures for the Real Estate Development in City

1995年1月23日建设部发布,目的是为加强对房地产开发的管理,规范房地产开发行为,保障房地产开发当事人的合法权益而制定的有关规定。房地产开发,是指在依法取得国有土地使用权的土地上进行基础设施、房屋建设的行为。该办法共6章41条:第一章,总则,第二章,房地产开发项目;第三章,房地产开发的经营;第四章,房地产开发企业;第五章,法律责任;第六章,附则。主要规定有:①对征收土地闲置费和收回土地使用权的规定;②对土地使用权作价入股、合资、合作开发经营房地产及商品房销售价格的规定;③对房地产开发企业的规定。该办法自1995年3月1日起施行。

(王维民)

《城市房地产市场评估管理暂行办法》 Interim Administrative Measures for the City Real Estate Market Appraisal

1992年9月7日建设部发布,是为了加强城市房地产市场评估的管理,保证国家、集体、个人的合法权益而制定的有关规定。该办法共21条,主要规定有:①适用范围;②管理体制;③评估机构分为:政府行政主管部门设立的评估机构和持有营业执照的评估事务所,亦称社会型评估事务所;④房地产评估的程序:申请估价,估价受理,现场勘估,综合作业;⑤评估收费标准的制定与实施;⑥评估人员持证上岗的条件。该办法自1992年10月1日起施行。

(王维民)

《城市房屋拆迁单位管理规定》 Administrative Provisions for the Unit of Building Demolition and Removal in City

1991年7月8日建设部发布,目的在于加强对城市房屋拆迁单位的管理而制定的有关规定。该规定所称房屋拆迁单位,是指依法取得房屋拆迁资格证书,接受拆迁人委托,对被拆迁人进行拆迁动员,组织签订和实施补偿、安置协议,组织拆除房屋及其附属物的单位。该规定共22条,主要内容有:①城市房屋拆迁单位必须具备的条件;②房屋拆迁证书的申请与审批;③接受委托拆迁合同的签证及跨城市接受拆迁委托应办理的手续;④年度考核;⑤对自行拆迁的规定。该规定自1991年8月1日起施行。

(王维民)

《城市房屋拆迁管理条例》 Administrative Ordinance for the Building Demolition and Removal in City

1991年3月22日国务院发布,目的是为加强城市房屋拆迁管理,保障城市建设顺利进行,保护拆迁当事人的合法权益而制定的有关规定。该条例所称拆迁人,是指取得房屋拆迁许可证的建设单位或者个人;被拆迁人,是指被拆除房屋及其附属物的所有人(包括代管人、国家授权的国有房屋及其附属物的管理人)和被拆除房屋及其附属物的使用人。该条例共 6 章 44 条:第一章,总则;第二章,拆迁管理一般规定,包括房屋拆迁的方式,公告,协议和拆迁纠纷的处理,主要管理制度等;第三章,拆迁补偿,包括补偿的方式、范围、标准、出租房屋的租赁关系,拆除有产权纠纷的房屋和设有抵押权房屋的处理等;第四章,拆迁安置,规定了被拆迁人的范围、安置方式、标准、地点、搬家和临时安置补助等;第五章,罚则;第六章,附则。该条例自 1991 年 6 月 1 日起施行。 (王维民)

《城市房屋产权产籍管理暂行办法》 Interim Measures for the Administration of Property Right and Registration of Building in City

1990 年 12 月 31 日建设部发布,目的是为加强城市房屋的产权和产籍管理,保护房屋产权人的合法权益而制定的有关规定。该办法共 5 章 25 条:第一章,总则;第二章,城市房屋产权管理;第三章,城市房屋产籍管理;第四章,罚则;第五章,附则。主要规定有:①城市房屋产权的取得、转移、变更和他项权利的设定,②城市房屋产籍管理制度、测量、房地丘(地)号建立和档案卷宗的建立与管理。该办法自 1991 年 1 月 1 日起施行。1983 年 3 月 26 日国家城建总局发布的《关于城市(镇)房地产产权产籍管理暂行规定》同时废止。 (王维民)

《城市房屋修缮管理规定》 Administrative Provision for the Renovation of Building in City

1991 年 7 月 8 日建设部发布,目的是为加强城市房屋修缮的管理,保障房屋住用安全,保持和提高房屋的完好程度与使用功能而制定的有关规定。该规定所称房屋修缮,是指对已建成的房屋进行拆改翻修和维护。该规定共 10 章 37 条:第一章,总则;第二章,房屋修缮管理机构的职责;第三章,房屋修缮责任;第四章,房屋修缮计划管理;第五章,房屋修缮资金管理;第六章,房屋修缮质量管理;第七章,房屋修缮定额管理;第八章,房屋修缮企事业单位管理;第九章,法律责任;第十章,附则。该规定自 1991 年 8 月 1 日起施行。 (王维民)

《城市房屋租赁管理办法》 Administrative Measures for Leasing House in City

1995 年 5 月 28 日建设部发布,目的在于加强城市房屋租赁管理,维护房地产市场秩序,保障房屋租赁当事人的合法权益而制定的有关规定。该办法共 7 章 38 条:第一章,总则;第二章,租赁合同;第三章,租赁登记;第四章,当事人的权利和义务;第五章,转租;第六章,法律责任;第七章,附则。主要规定有:①不得出租的房屋;②签订房屋租赁合同应具备的条件;③合同签订、变更、解除和登记备案应提

交的文件;④《房屋租赁证》的颁发与使用。该办法自 1995 年 6 月 1 日起施行。此外 1993 年 12 月国务院发布的《城市私有房屋管理条例》和 1994 年 3 月建设部发布的《城市公有房屋管理规定》也对房屋租赁管理作了相应的规定。 (王维民)

城市公用事业 public utilities of city

又称公共服务事业。运用已建成的城市基础设施,为城市生产和居民生活提供共同的一般性服务的部门。广义的公用事业指城市给水排水、能源供应、邮电通信、公共交通、文化、教育及医疗保健等部门。狭义的公用事业一般仅指给水排水、能源供应、邮电通信、公共交通等部门。 (何万钟)

《城市公有房屋管理规定》 Administrative Provisions for Public Owned House in City

1994 年 3 月 23 日建设部发布,目的是为加强城市公有房屋的管理,保障城市公有房屋所有人和使用人的合法权益而制定的有关规定。该规定所称公有房屋,是指国有房屋和集体所有房屋。该规定共 8 章 51 条:第一章,总则;第二章,所有权登记;第三章,使用;第四章,租赁;第五章,买卖;第六章,修缮;第七章,法律责任;第八章,附则。主要内容有:①公有房产权人办理房屋所有权及其转移、房屋状况变动登记应提交的文件,登记机关;②公有房屋使用权的交换;③承租人引起出租人终止租赁合同、收回房屋的行为;④公有房修缮责任及其资金来源。该规定自 1994 年 4 月 1 日起施行。 (王维民)

城市功能 function of city

又称城市职能。一城市在全国或地区的政治、经济、社会发展中所担负的任务和应起的作用。现代城市功能趋于多样化,中国的城市功能主要有:工业中心、商品流通中心、交通运输中心、科技中心、信息中心、金融中心等功能。不同的城市因在国家的政治、经济、文化生活中所处的地位不同,再加上不同的自然、历史因素,各城市在功能上也有很大的差异。而且,随着社会经济的发展和城市本身条件的变化,其功能也会发生相应的变化。 (何万钟)

城市供水管理法规 Laws and regulations for the administration of City water supply

国家制定的,调整因从事城市供水活动而发生的社会关系的各种法律规范的总称。城市供水,指将地面或地下的天然水,经过城市供水系统,输送给用户,以供城市生活、生产及各项建设之用。中国的城市供水法规主要有:国家城建总局先后发出的《城市供水工作暂行规定》(1980 年),和《城市供水水质管理工作的规定》(1981 年)。建设部先后发布的《城市供水企业资质管理规定》(1993 年 2 月),《城市地下水开发利用保护管理规定》(1993 年 12 月)

国务院发布的《城市供水条例》(1994 年 7 月),和《城市节约用水管理规定》(1988 年 11 月)。上述法规和法规性文件,为加强城市供水工作提供了法律保证。 (王维民)

城市规划 urban planning

为实现城市经济和社会发展目标,用以指导城市土地利用、空间布局、工程建设的总体部署和具体安排方案。是城市建设和管理的重要依据。主要内容包括:①在区域经济分析和区域发展战略基础上布置城镇体系;②确定城市性质和发展规模,拟定城市发展的各项技术经济指标;③合理选择城市各项建设用地,确定城市规划布局和结构;④拟定旧区的利用、改建的原则、步骤和方法;⑤确定城市各项市政设施和工程措施的原则和方法;⑥安排和布置城市建设项目,为各项工程设计提供基础条件等。按工作阶段或内容深度的不同,城市规划可分为城市总体规划和城市详细规划。 (何万钟)

《城市规划编制办法》 Measures for Compiling the Urban Planning

1991 年 9 月 3 日建设部发布,是为了使城市规划的编制规范化,提高城市规划的科学性而制定的有关规定。该办法共 5 章 31 条:第一章总则;第二章总体规划的编制;第三章分区规划的编制;第四章详细规划的编制;第五章附则。该办法自 1991 年 10 月 1 日起施行。1980 年 12 月 26 日国家基本建设委员会发布的《城市规划编制审批暂行办法》同时废止。 (王维民)

《城市规划定额指标暂行规定》 Interim Regulations for the Norm of Urban Planning

1980 年 12 月 18 日国家基本建设委员会发出,目的在于使城市规划工作有秩序地进行,保证城市规划的质量,以指导城市的建设和发展而制定的有关规定。该规定共 3 章 13 条。第一章,总则;第二章,总体规划定额指标,对城市人口规模划分,规划期人口计算,城市生活居住用地,城市公共建筑用地,城市道路广场用地,广场和停车场,城市公共绿地的定额作了规定;第三章,详细规划定额指标,对居住区定额指标,小区定额指标作了规定。该规定自发出之日起试行。 (王维民)

《城市规划设计单位登记管理办法》 Administrative Measures for the Registration of Urban Planning Design Unit

1992 年 10 月 5 日建设部、国家工商行政管理局发出,是为加强城市规划设计单位的登记管理,维护其合法权益而制定的有关规定。该办法所称城市规划设计单位是指按照国家规定经批准设立,持有国家行业主管部门的《城市规划设计证书》,从事城市规划设计的单位。该办法共 12 条,主要规定有:①对城市规划设计单位从事经营性活动的规定;②城市规划设计单位申请登记注册,应具备的条件;③城市规划设计单位可从事的业务;④不同等级的城市规划设计单位承担任务的地域范围;⑤对变更登记的规定。该办法自 1992 年 12 月 1 日起执行。 (王维民)

《城市规划设计单位资格管理办法》 Administrative Measures for the Qualification of Urban Planning Design Unit

1992 年 7 月 27 日建设部发出,目的在于加强城市规划设计单位的管理,提高城市规划设计质量,促进技术进步,维护城市规划设计市场正常秩序而制定的有关规定。该办法共 4 章 18 条:第一章,总则;第二章,城市规划设计资格证书及分级标准;第三章,资格审批与管理;第四章附则。该办法自颁布之日起施行。 (王维民)

城市基础设施 urban infrastructure

又称城市基础结构。城市中为生产和居民生活提供一般条件的公共服务设施。是城市社会经济活动正常运转和保障人民生活的物质基础。主要内容有:①能源系统,即城市用电的供给和输送设施,煤气、天然气、石油液化气的供应输送设施,热源的生产和供应设施;②水源和给水排水系统;③交通系统,包括城市内部交通和城市对外交通两部分;④邮电通信系统;⑤环境系统,包括市容卫生设施,园林绿化设施,城市环境保护设施等;⑥城市防灾系统,包括防火、防洪、防地面下沉、防风、防雪、防地震及人防工程等设施。 (何万钟)

《城市建设综合开发公司暂行办法》 Interim Measure for Comprehensive Development Company of City Construction

1984 年 10 月 26 日国家计划委员会,城乡建设环境保护部颁发,目的是为了贯彻执行《国务院关于建筑业和基本建设管理体制改革的暂行规定》,做好城市建设综合开发公司的工作而制定的有关规定。该办法共 7 章 23 条:第一章,总则;第二章,经营方式;第三章,资金;第四章,材料、设备;第五章,企业自主权;第六章,组织与领导;第七章,附则。主要规定有:①城市建设综合开发公司的性质和主要任务;②开发公司承接建设项目的方式,收取开发费,出售价格;③开发公司所需周转资金的来源;④开发所需材料和设备的筹集。该办法自颁布之日起施行。 (王维民)

《城市节约用水管理规定》 Administrative Regulations for Saving of City Water Consumption

经国务院批准,1988 年 11 月 30 日建设部发布,目的在于加强城市节约用水管理,保护和合理利用水资源,促进国民经济和社会发展而制定的有关规定。该规定共 24 条,主要内容有:①城市实行计划用水和节约用水制度,城市政府制订节约用水发展规划和节约用水年度计划;②实行超计划用水加价收费制度;③实行生活用水计量收费制度;④城市建设行政主管部门,会同有关行业行政主管部门制订行业综合用水定额,和平价用水定额;⑤对违反该规定的处罚。该规定自 1989 年 1 月 1 日起实行。

（王维民）

城市经济学 urban economics

研究城市发展过程中的经济关系和经济规律及其运用的应用经济学。起源于 20 世纪初,到 60 年代,以美国学者威尔逊·汤普森的《城市经济学导论》一书的出版为其形成标志。70 年代后出现不同流派,主要分为宏观城市经济学和微观城市经济学。前者主要研究城市与整个国民经济和区域经济的关系,后者则重点研究城市内的各种具体经济问题。中国从 70 年代末开始城市经济问题的研究,主要内容包括:城市经济基本理论;城市经济内部构成和各种比例关系;城市经济的外部关系;城市建设与环境保护;城市经济管理等。

（谭 刚）

《城市商品房预售管理办法》 Administrative Measures for Sale in Advance of Commodity Building in City

1994 年 11 月 15 日建设部发布,目的是为加强商品房预售管理,维护商品房交易双方的合法权益而制定的有关规定。该办法所称商品房预售,是指房地产开发经营企业将正在建设中的房屋预先出售给承购人,由承购人支付定金或房价款的行为。该办法共 16 条,主要规定有:①商品房预售的条件;②商品房预售许可证;③申请《商品房预售许可证》应提交的证件和资料;④《商品房预售许可证》的核发;⑤《商品房预售许可证》的使用;⑥商品房预售合同的签订及登记备案;⑦预售商品房交付使用后,承购人应办理的权属登记手续;⑧违反该办法应给予的处罚。该办法自 1995 年 1 月 1 日起施行。

（王维民）

《城市私有房屋管理条例》 Ordinance for the Administration of Private House in City

1983 年 12 月 7 日国务院发布,目的在于加强对城市私有房屋的管理,保护房屋所有人和使用人的合法权益,发挥私有房屋的作用,以适应社会主义现代化建设和人民生活的需要而制定的有关规定。该条例所称私有房屋,是指个人所有,数人共有的自用或出租的住宅和非住宅用房。该条例共 6 章 28 条:第一章,总则;第二章,所有权登记;第三章,买卖;第四章,租赁;第五章,代管;第六章,附则。该条例自发布之日起施行。

（王维民）

城市土地制度 urban land system

有关城市土地的所有权和使用权,以及其利用和保护等的法令、条例、办法、规章制度的总称。中国城市土地制度的主要内容有:①实行城市土地国有化。②城市土地实行有偿使用。国家利用地租、地价等经济杠杆,调节土地的占用和土地的利用。③在所有权和使用权分离的条件下,对城市土地使用权实行商品化经营,建立城市土地使用市场。④加强对城市土地的规划和利用的管理等。

（刘长滨）

城市维护建设税 urban maintenance and construction tax

中国为扩大和稳定城市维护建设资金的来源而征收的特别目的税。对缴纳增值税、营业税及消费税的单位和个人,以实缴的税额为计征依据。性质上属附加税。税率依据纳税人所在地的不同,实施差别比例税率。城市维护建设税的征收管理,比照增值税、营业税及消费税的有关规定办理。

（何秀杰）

城市详细规划 urban detailed planning

城市近期建设的规划和具体布置与安排。是城市总体规划的深化和具体化。其主要内容包括:确定规划地段内房屋建筑、市政工程、园林绿化、环境卫生、人防工程和其他各项建设的用地范围,建筑密度、高度和容积率;确定街道红线、道路断面以及控制点的坐标、标高;确定居住建筑、公共建筑、道路广场、公共绿地、公共活动场地等项目具体规划的技术经济指标;作出总平面和具体的环境设计、市政工程管线综合设计和竖向规划设计,并估算工程量和总造价。

（何万钟）

《城市新建住宅小区管理办法》 Administrative Measures for Newly Constructed Housing Estate in City

1994 年 3 月 23 日建设部发布,目的是为加强城市新建住宅小区的管理,提高城市新建住宅小区的整体管理水平,为居民创造整洁、文明、安全、生活方便的居住环境而制定的有关规定。该办法所称新建住宅小区管理,是指对达到一定规模,基础设施配套比较齐全的新建住宅小区内的房屋建筑及其设备、市政公用设施、绿化、卫生、交通治安和环境容貌等管理项目进行维护、修缮与整治。该办法共 19 条,主要规定有:①住宅小区管理的模式;②住宅小区管理委员会的性质和权利、义务;③物业管理公司的权利、义务;④物业管理合同应明确的内容;⑤承诺遵守小区管理办法的约定。该办法自 1994 年 4

月 1 日起施行。 （王维民）

《城市用水定额管理办法》 Administrative Measures for the Norm of City Water Consamption

1991 年 4 月 25 日建设部、国家计划委员会发出，是为加强城市计划用水、节约用水管理，提高城市节约用水的科学管理水平，使城市用水管理制度化而制定的有关规定。该办法所称城市用水定额是指城市工业、建筑业、商业、服务业、机关、部队和所有用水单位各类用水定额和城市居民生活用水定额。该办法共 12 条，主要内容有：①适用范围，行政主管机关；②城市用水定额的制定和作用；③城市用水量的调整和城市用水定额的修订。该办法自颁布之日起施行。 （王维民）

城市主体设施 urban main facilities

一城市除基础设施之外在社会经济活动中起主导作用的其他所有设施。是城市建设的主体，包括工业、商业、金融业、服务业、住宅、学校、科研机构等各种建筑和配套设施。为了充分发挥城市的功能，城市的主体设施和基础设施应保持合理的比例和协调发展。 （何万钟）

《城市住宅小区竣工综合验收管理办法》 Administrative Measures for the Comprehensive Check and Acceptance of Completed Housing Estate in city

1993 年 11 月 13 日建设部颁发，目的是为加强城市新建住宅小区竣工综合验收和交接管理，提高住宅小区的综合效益而制定的有关规定。该办法共 15 条，主要规定有：①适用范围；②组织验收的依据；③综合验收必须符合的条件；④申请住宅小区竣工综合验收应提交的文件；⑤综合验收的程序；⑥对分期验收的规定。该办法自 1993 年 12 月 1 日起施行。 （王维民）

城市综合开发 comprehensive urban development

又称城市建设综合开发。在城市规划指导下，统一运用建设资金，对城市内某一地区、地段的各项建设，实行统一设计、施工和管理；或只对城市的基础设施和用地整治实行统一投资和建设。是一种先进的城市建设方式。能使城市规划易于实施，可大大提高工程建设的效率，取得较好的经济效益、社会效益和环境效益。内容包括：开发区的勘测、规划、设计、征地、拆迁、安置、土地平整和所需道路、给水排水、供电、供气、供热、通讯等工程建设，以及住宅、生活服务设施、公共建筑、通用厂房的建设等。 （何万钟）

城市总体规划 urban overall planning

城市发展建设的综合部署。其主要任务是从宏观上确定城市的性质、规模、发展目标和发展方向，控制城市土地利用和空间布局，引导城市合理发展。中国规定规划期限一般为 20 年，必要时还要为 30 年至 50 年的远景发展做出轮廓性规划部署，主要内容包括：确定城市的性质、发展目标和发展规模；确定有关建设标准和定额指标；确定城市用地布局、协调各项建设的空间部署；编制各项工程规划和专业规划并进行综合；编制为期 5 年的近期建设规划等。 （何万钟）

《城镇房屋所有权登记暂行办法》 Interim Measures for the Registration of Ownership of Building in City and Town

1987 年 4 月 21 日建设部发布，目的是为保护城镇房屋所有人的合法权益，加强城镇房屋管理而制定的有关规定。该办法共 15 条，主要规定有：①申请登记人；②申请登记期限；③房屋所有权证和共有保持证的颁发和用途；④委托登记；⑤个人申请房屋所有权登记使用的姓名；⑥申请书的填写和申请时应提交的证件；⑦登记机关对产权审查和发给所有权证的条件；⑧产权变更登记；⑨新建房屋登记；⑩登记费、契税的交纳；⑪可申请延期登记的情况；⑫房屋的代管；⑬遗失房屋所有权证的申请补发；⑭该办法公布前，已颁发的所有权合法凭证的更换。该办法自发布之日起施行。 （王维民）

《城镇个人建造住宅管理办法》 Administrative Measures for Honsing build by lndividuals in City and Town

国务院批准，1983 年 6 月 4 日城乡建设环境保护部发布，目的是为鼓励城镇个人建造住宅，防止个人建造住宅中的违法乱纪行为而制定的有关规定。该办法共 11 条，主要规定有：①个人建造住宅的形式包括：自筹自建和政府同意的其他形式；②向所在地房地产管理机关提出申请经审核同意后，才准建造；③需征用土地的，必须按照国家有关规定，办理手续；④必须经城市规划管理机关审查批准，发给建设许可证，方可施工；⑤竣工一个月内，向房地产管理机关申请验收，经审查批准后，领取房屋所有权证。该办法自发布之日起施行。 （王维民）

《城镇经济适用住房建设管理办法》 Administrative Measures for the Constraction of Economic and Suitabl Housing in City and Town

1994 年 12 月 15 日建设部、国务院住房制度改革领导小组、财政部发布，目的是为建立以中低收入家庭为对象，具有社会保障性质的经济适用住房供应体系，加强经济适用住房建设，提高职工、居民的住房水平，加强对经济适用住房建设的管理而制定的有关规定。该办法所称经济适用住房,是指以中低收入家庭住房困难户为供应对象,并按国家住宅建设标准(不含别墅、高级公寓、外销住宅)建设的普通住宅。该办法共 16 条,主要规定有:①中低收入家庭困难户认定标准;②地方政府要制定政策措施,予以扶持;③经济适用住房建设资金的筹集、使用;④经济适用住房的施工;⑤经济适用住房价格的确定。该办法自发布之日起实施。 (王维民)

城镇土地使用税 land-use tax of cities and towns

国家以城镇土地为对象,向拥有土地使用权的单位和个人征收的资源税。《中华人民共和国城镇土地使用税暂行条例》规定,征税范围包括城市、县城、建制镇和工矿区;以纳税人实际占用的土地面积为计税依据。税额标准及减免,该条例都有具体规定。 (何秀杰 张 琰)

《城镇住宅合作社管理暂行办法》 Interim Administrative Measures for the Housing Cooperative in City and Town

1992 年 2 月 14 日国务院住房制度改革领导小组、建设部、国家税务局颁发,目的是为鼓励城镇职工、居民投资合作建造住宅,解决城镇居民住房困难,改善居住条件,加强对城镇住宅合作社的组织与管理而制定的有关规定。该办法所称住宅合作社,是指经市(县)人民政府房地产行政主管部门批准,由城市居民职工为改善自身住房条件而自愿参加,不以盈利为目的的公益性合作经济组织,具有法人资格。合作住宅,是指住宅合作社通过社员集资合作建造的住宅。该办法共 6 章 30 条:第一章,总则;第二章,住宅合作社的设立、变更和终止;第三章,合作住宅的建设;第四章,合作住宅的管理与维修;第五章,罚则;第六章,附则。该办法自发布之日起施行。 (王维民)

乘数效果 multiplier effects

投资项目的实施,可使原本闲置的资源(劳动力、设备能力)得到充分利用而产生的连锁效果。以劳动力为例,若项目实施利用了社会闲散的劳动力,引起劳动力消费增加,导致服务行业的发展,从而引起一系列的连锁效果。但是,只有满足下列条件时才能把类似"前、后联"效果的乘数效果归属于某个具体项目:①资源闲置的原因是国内需求不足,且除实施该项目之外,别无其他办法来提高这种需求;②该项目所使用的资金没有机会用于其他项目;③应考虑整个项目周期内这种闲置资源被利用的可能性。一般情况下,只有在经济不发达地区才有必要考虑这种乘数效果。这类地区常因引进外部互补资源,而使地区的闲置资源产生连锁效果。一般只计

算一次相效果,并不连续扩展计算乘数效果。 (刘玉书)

程序化决策 programmed decision

又称例行决策,常规型决策。对例行的、重复出现的活动进行的决策。这是西蒙(Simon,H.A.)借用电子计算机术语对它的称谓。这类决策是例行的管理事务,如定货、材料进出等,可以通过数理分析、建立模型,运用电子计算机进行模拟和数据处理,编成一定程序后可重复应用,不必每次做新的决策。 (何 征)

chi

持有期 holding period

拥有或预计拥有一宗资产的时间长度。在房地产估价中,用来反映估价师对某一宗房地产的最佳持有期长短的估计。 (刘洪玉)

chong

重建成本 rebuilding cost

以当前的价格水平,建造在功能、新旧程度及所用材料等方面与原建物完全相同的估算成本。 (刘洪玉)

重新协议利率抵押贷款 renegotiable rate mortgage

又称滚动抵押贷款。在还款期内每隔 3~5 年,借贷双方可重新协议利率的抵押贷款形式。 (刘洪玉)

重置成本 replacement cost

采用当前的设计建造标准和材料,建造与原建筑物功能相似的新建筑物,按当前价格水平估算的成本。 (刘洪玉)

冲突调节理论 conflict regulation theory

研究冲突行为的产生、性质及其处理的理论。主要有三个观点:①冲突是客观存在的,因为人与人之间存在各种差异,必然发生分歧,分歧发展到一定程度就会导致冲突,企业内部冲突一般表现为个人与个人之间、个人与群体之间以及群体与群体之间的冲突。②冲突性质不同,双方目标不同而产生的冲突,叫破坏性冲突;双方目标一致但实现目标的手段不同而产生的冲突,叫做建设性冲突。前者是坏事;后者是好事。③管理者要正确处理两种不同性质的冲突,防止破坏性冲突,适当调节建设性冲突。1979 年美国勃朗(Brown,L.D.)在《团体间冲突》一文中指出,开展建设性冲突应保持适当水平,过多要设法减少,过少的要设法增加。 (何 征)

chou

抽样调查 sampling survey

按照随机原则,从总体中抽取部分单位进行调查,用以推算总体的非全面统计调查方法。随机原则是指在总体中每一个单位被抽取的机会是均等的。这种调查的特点是:①被调查的单位少,可以节约人力和物力,缩短调查时间,及时取得资料;②推算总体的抽样误差可加以控制,能保证一定的准确程度。主要适用于不可能或不必要进行全面调查,而又需要掌握总体情况的统计调查对象。也被用来检验全面调查资料的准确程度。　　　(俞壮林)

筹建项目 project preparing to construction

处于建设准备阶段,永久性工程尚未开始施工的建设项目。为提高建设的投资效果,按照国家规定,大中型项目筹建工作由经上级批准设立的专门筹建机构进行。在完成各项建设准备工作,如征地、拆迁、场地平整、订购设备、组织设计与施工招标等工作,具备开工条件时,即按规定程序转为新开工项目。筹建项目虽有投资活动,但不属于施工项目。

(何秀杰)

chu

出口换汇成本法 method of cost of exchange by export

建设项目国民经济评价中,以外贸货物出口换汇成本与按离岸价计算的外汇收入之比确定影子汇率的方法。某种货物的出口换汇成本包括外贸单位从厂家的收购价、国内运输、包装、存储、银行利息等等离岸前的全部成本。中国以"元/美元"为单位计算。把一定时期(1年、5年)全国所有出口货物的换汇成本按照出口额加权平均,可得到这一时期内全国的平均换汇成本(COX)。其计算公式为:

$$COX = \frac{\sum_i COX_i}{\sum_i FOB_i}$$

COX_i为i货物以人民币元表示的出口离岸前全部费用;FOB_i为i货物出口按离岸价以美元计算的外汇收入。用这种方法测定影子汇率应注意:①出口换汇成本没有考虑外汇需求,供给方面也不够完全,如侨汇、旅游外汇、外汇投资等等都未考虑;②国内市场价格扭曲会导致换汇成本失真;③外贸品收购价格可能偏离国内市场价格而引起出口换汇成本失真;④外贸公司经销费用失真;⑤出口退税的统计不完整;⑥按照这个方法算得的影子汇率可能大大高于按照购买平价计算的影子汇率。　　(刘玉书)

出口信贷 export credit

国际贸易中,卖方同意买方在收到货物后,可以不立即支付全部货款,而在规定期限内付清,由出口方提供的信贷。鼓励出口的一种措施。通常将1~5年期限的出口信贷列为中期,5年以上的列为长期。中长期出口信贷多用于金额大、生产周期长的资本货物,如飞机、船舶及成套设备等。出口信贷有买方信贷和卖方信贷两种主要方式。　　(张　琰)

出口信贷国家担保制 national export credit guarantee system

在国际贸易中,按中长期信贷方式成交后,如买方不能按期付款,由出口国有关承保机构负责赔偿的制度。利用国家机器转嫁风险,帮助本国厂商争夺国外市场的重要措施之一。通常商业性风险由私营金融机构承保,非商业性风险(如由于战争、政治动乱、政府法令变更等原因而不能付款)由官方机构承保;也有的国家将这两类风险都由政府承保。担保费等都由出口商算到货价中,转由进口厂商负担,故通过国家担保出口信贷出口的货物价格,要比按通常赊销办法出口的货价高得多。

(张　琰　严玉星)

出勤率 attendance rate

职工实际参加工作的日(工时)数与制度规定应出勤日(工时)数的比率。是反映一个单位某一时期内职工出勤程度的指标。出勤率可以按日、月、季、年计算。计算公式是:

$$出勤率 = \frac{计算期实际出勤工日(工时)数}{计算期制度工日(工时)数} \times 100\%$$

(吴　明)

出让金 land premium

土地所有者出让一定期限内的土地使用权所得的经济补偿。　　　　　　　　　　(刘洪玉)

出租开发产品 development product for let

企业开发建成后用于出租或经营使用的土地和各种房屋。出租开发产品不属于企业的流动资产,而是企业的开发产品,在经营使用过程中,比照固定资产管理,如企业改变其用途,对外销售时,视同商品销售处理。开发企业会计中,在"出租开发产品"科目进行核算,并按出租产品坐落地点、结构、层次、面积、租金单价和租用部门进行详细记录。

(金一平　闻　青)

出租率 occupancy rate

一宗物业已出租部分获得的租金收入与假定该物业全部租出所得租金收入的比率。　　(刘洪玉)

初步勘察 preliminary investigation

为适应建设项目的初步设计或扩大初步设计的

要求,对场地进行的调查、勘探和评价工作。须能满足建筑总平面布置,确定主要建筑物地基基础方案和对不良地质提出防治方案的要求。内容包括:①初步查明地层构造,岩石和土的物理力学性质,地下水埋藏条件及土壤冻结深度;②查明场地不良地质现象的分布范围、成因,对场地稳定性的影响程度及其发展趋势;③对地震设计烈度为7度及7度以上的建筑物,判定场地和地基的地震效应。

（顾久雄）

初步可行性研究　preliminary feasibility study

又称预可行性研究。在投资机会研究的基础上,进一步深入解决就投资机会是否有希望,及应否进行下一步的研究工作等问题作进一步的深入研究。西方可行性研究的第二阶段。往往需要对项目的有关方面作辅助性的专题研究,如市场考察、实验室试验、中间工厂试验等,并对各种方案进行广泛比较和筛选。其投资估算精确度一般要求达到±20%。

（曹吉鸣）

初步设计　preliminary design

工程设计的控制性设计文件。设计工作的第一阶段。它以批准的可行性研究报告和设计基础资料为依据,把经过论证的建设方案,用设计文件描绘建设项目的基本蓝图和实施构想,并阐明在指定的地点、时间和投资控制数内,拟建项目建成的技术可能性和经济合理性。为详尽的技术设计和施工图设计奠定基础并提出标准和依据。在两阶段设计中,初步设计通常称为扩大初步设计,简称扩初设计。与初步设计相对应的建设总概算是控制建设投资的根据。其内容与深度,视不同建设项目的性质与特点而决定。一般应包括:①设计总说明,阐述项目的规模、生产能力、设计方案的基本依据;产品方案和原材料、能源的解决办法;工艺流程和主要设备的选型与配置;外部协作配合条件;综合利用,环境保护和抗震防灾措施等;生产组织、劳动定员·和各项技术经济指标;建设周期和顺序。②建筑总平面图和主要建筑物的建筑结构方案设计图,及有关设计标准的说明。③建设总概算文件。初步设计经审查批准,一般不得随意修改、变更。凡涉及总平面布置、主要工艺流程、主要设备、建筑面积和标准、定员和总概算等方面的修改,需要原设计审批机关批准。

（林知炎）

初步设计概算　preliminary estimate of project

简称设计概算。根据建设工程初步设计文件编制的工程项目建设费用的概略估算。编制的依据除设计图纸、技术说明之外,尚有场地条件调查、概算定额和规定的价格等,是初步设计文件的组成部分。内容包括建设项目总概算、单项工程综合概算、单位工程概算和其他工程与费用概算。在中国是国家批

准设计的重要依据之一。经批准的设计概算是控制工程投资的最高限额,也是建设单位编制固定资产投资计划和进行设备订货及组织施工招标的依据。设计单位则据以评价设计方案的经济合理性,开展限额设计和控制施工图预算。

（张守健）

初级信息　primary information

尚未经过汇集整理和加工分析的原始信息。

（刘洪玉）

初始投资　original investment

保证经济活动能够开始运作所必需投入的资金。对于新建项目,应包括前期费用,建筑安装工程设计施工费用,机械设备购置费用,生产人员培训费用,试运转费用以及必要的流动资金等。

（张　琰）

除式评价法　division formula evaluation method

简称除法。以互比方案各指标的评分值用除法计算得出的总分值作为方案比较依据的方法。其表达式如下:

$$V_i = \frac{\beta_1 \times \beta_2 \times \beta_3 \times \cdots\cdots \times \beta_n}{\alpha_1 \times \alpha_2 \times \alpha_3 \times \cdots\cdots \times \alpha_n} \rightarrow \max$$

V_i 为 i 方案总分值;β_j 为要求越大越好的指标评分值;α_j 为要求越小越好的指标评分值;指标数 j 由 1 到 n。V_i 值最大的方案即为最优方案。此法仅适用于方案的评价指标能区分出越大越好及越小越好两类指标的情形。

（何万钟）

储备借款　reserve borrowing

由国家计划预算拨款和拨改贷投资的中央级建设项目向国家银行借入用于基本建设储备的贷款。申请这种贷款的范围,一般限于:①支付为下一年度储备的需要安装设备款;②支付为下一年度储备工程急需的主要材料款;③按设备订货合同在规定额度内预付给生产制造厂的设备制造定金;④按合同规定必需预付给生产厂家的大型设备制造进度款。此外,也泛指企业向银行借入的设备储备贷款。

（闻　青）

储备资金　reserve funds

企业为保证施工生产的顺利进行,用于主要材料、结构件、机械配件、其他材料、低值易耗品、周转材料等物资储备的资金。属定额流动资金。正确地核定和管好储备资金,能加速资金周转,促进企业加强经济核算,防止和消除过量储备,充分发挥材料和资金的使用效益。

（周志华）

储备资金定额　quota of reserve funds

根据生产需要和供应情况规定的企业材料储备量所必需的资金需要量。由于材料品种规格繁多,对施工生产的影响和占用资金比重各不相同,应采

用"重点管理法"即"ABC 分析法"制订定额。一般按各项材料耗用的金额占当期材料消耗总金额的比重,划分为"重点项目"、"主要项目"和"一般项目",分别按品种、规格,按类别,按大类或综合为一类进行计算,制定定额,以控制材料资金的使用。"重点项目"储备资金定额计算公式举例如下:

$$\frac{某项主要材料}{资\ 金\ 定\ 额} = \frac{计划期该主要材料耗用额}{计划期天数}$$
$$\times 储备定额天数$$

按大类计算时,一般用比例法,根据这些材料的实际库存数或总金额,按生产增减的比例进行推算。

(周志华)

处理事故法规 Laws and regulations for dealing with accidents

国家制定的处理事故法律规范的总称。事故,指工程建设、生产活动与交通运输中发生的意外变故或灾祸。其原因有二:①由于自然灾害或其他原因,为当前人力所不能完全预防;②由于设计、管理、施工或操作时的过失所引起的,称责任事故。这些事故可造成物质上不同程度的损失或人身伤害。中国处理事故的法规主要有:国务院发的《特别重大事故调查程序暂行规定》、《企业职工伤亡事故报告和处理规定》,建设部发布的《工程建设重大事故报告和调查程序规定》。

(王维民)

chuan

传统产业 traditional industry

相对新兴产业而言,在新兴产业形成以前已存在的物质生产部门。如钢铁、煤炭、电力、汽车、纺织、化工、农业等等。传统产业经历了几百年甚至更长时间的发展历程。其间经历了三次产业革命,才发展到现在这样完善程度。18 世纪 60 年代发生了第一次产业革命,纺织机和蒸汽机的发明和使用,完成了当时主要产业部门生产机械化革命。19 世纪下半叶,又发生了第二次产业革命,电和电机的发明和运用,带动了一批新兴产业迅速发展。也使主要资本主义国家完成了工业化革命。20 世纪上半叶发生了第三次产业革命,原子能和有机化工的发展和应用,使社会生产力发生了根本变化。经历三次产业革命,传统产业基本完成了建立、发展和成熟的过程。中国由于原有技术和经济基础落后,从目前产业结构看,绝大多数仍属传统产业。这些产业的产品还远远不能满足社会发展和人民生活的需要。因此,大力发展传统产业,特别是农业、能源、交通运输、采矿、钢铁等产业,仍是相当长时期的主要任务。

(何万钟)

传统管理 traditional management

又称经验管理。靠管理者个人的知识、技能和经验进行的管理。存在于资本主义早期,即 18 世纪末至 20 世纪初的阶段。当时,资本家既是工厂的所有者又是管理者。管理尚未分离出来成为一种专门的职能,也就没有专门的管理人员。即使到了所有权与经营管理权有所分离,管理已成为一种专门职能,资本家的代理人——经理、厂长、监工、领班等出现的初始阶段,管理仍未摆脱小生产经营方式,而依靠个人的经验进行管理。这一阶段由于是粗放式管理,生产效率和经济效益都是较低的。在中国经济体制改革过程中,为了区别改革前后的管理,常把中国在改革前的经济体制下的管理称为传统管理。但这和资本主义管理理论发展阶段的传统管理是两个不同的概念。对中国形成的传统管理不能笼统否定,一些符合科学的要继承、发展和提高。

(何 征)

传统评估技术 traditional appraisal technique

通过总开发成本与总开发价值的比较,来评价房地产开发项目经济效果的方法。主要用于开发项目的初步财务分析。相关的变量有地价、建造成本、租金或售价、利率、投资收益率及时间因素。当开发项目以出售为目的时,其基本公式为

$$RV = GDV - (DC + DP)$$

式中,RV 为购买开发用地的最高价格;GDV 为整个开发项目的期望售价或总开发价值;DC 为开发费用(包括租售费用);DP 为开发利润。当开发项目用于出租时,上式中的 $GDV = \dfrac{NR}{Y}$,其中 NR 为项目建成后的年平均净租金收入;Y 为预定的投资收益率。

(刘洪玉)

chuang

创汇率 earn foreign exchange rate

又称外汇增殖率。项目出口产品所需原辅料、零配件的外汇总成本与加工产品出口后的创汇额的比值。如果后者大于前者则外汇增殖,否则为外汇亏损。是衡量技术引进项目经济效果的重要指标之一。当原辅料是进口时,原辅料的外汇总成本表现为实际外汇支出;若原辅料是国产时,其外汇总成本相当于原辅料可能出口时的外汇净收入。成品出口外汇净收入扣除原辅料外汇总成本,即为创汇额。

(刘长滨)

创新观念 concept of innovation

企业的生命在于不断创新,永不满足已经取得的成就,永远有新的目标,永无止境地进行开拓的思想。①在市场上要努力发现和善于捕捉新的需求、

新的用户,抓住新的机会。②在生产上要不断应用新工艺、新技术,形成新的适用技术或技术优势。③在经营管理上要不断研究和改进经营战略,企业管理要有新的路子。企业创新关键是思想上的创新,只有这样才能开创企业经营的新局面。

（何万钟）

chun

纯单价合同　straight unit price contract

以预先确定的工程单价和实际完成的工程量结算工程总价的工程承包合同。发包单位只向投标人给出发包工程的各分部分项工程及其技术范围,而不必明确工程量。承包商在投标时只需对这些分部分项工程报出单价。发包单位据单价评标。双方最终按实际完成的工程量结算。采用这种合同形式,在招标前,发包单位无需对工程量作详尽的计算,可缩短招标准备时间。但须对分部分项工程内容作出明确的规定,以使投标人能合理的定价。适用于施工图未出齐就需开工,不能精确计算工程量的工程项目。

（钱昆润）

cong

从属方案　subsidiary program

又称辅助方案。依附于先行采纳的前提方案而成立的方案。如厂内铁路货站的建设方案是以铁路专用线的建设为前提的,即厂内铁路货站建设方案从属于铁路专用线建设。这类方案既可以包括在独立方案中,也可以包括在互斥方案中。

（刘玉书）

cu

粗放经营　extensive management

原指农业中以一定数量的生产资料和劳动,分散投放在较多的土地上进行简耕粗作的经营方式。现应用于一般经济领域及企业经营管理中,泛指单纯追求生产要素的更多投入和生产规模的盲目扩大,而对生产要素的利用又不充分,实行高投入低产出的经营活动。集约经营的对称。　（何万钟）

cun

村庄集镇规划建设管理法规　administrative laws and regulations fot the planning of village and town construction

国家制定的、调整村庄和集镇规划建设管理行为的法律规范的总称。中国的这项立法工作,基本上是从 1979 年开始的。国家基本建设委员会等有关部门先后发出了《全国农村房屋建设工作会议纪要》(1979 年 12 月)、《全国第二次农村房屋建设工作会议纪要》(1981 年 12 月)、《村镇规划原则》。两个纪要明确了村庄和集镇建设方针和指导思想。城乡建设环境保护部制定了《关于加强县社建筑施工技术管理的规定》(1982 年 8 月),《加强集体所有制建筑企业安全生产管理规定》(1982 年 8 月),《工程技术人员支援村镇建设的暂行规定》(1987 年)。国务院发布了《村庄和集镇规划建设管理条例》(1993 年 5 月)。

（王维民）

存储费用　storage cost

物资存储过程中所发生的费用。主要包括仓库及货架的折旧费、维修费、物资占用资金的利息、管理费(水电费、办公费、管理人员工资等)、物资在存储过程中的损耗和由于技术进步或长期存储使物资陈旧而造成贬值等。一般情况下,存储费用随存储物资量的增大而增大。

（陈　键）

存贮论　Inventory theory.

又称库存论。研究建立存贮模型,并寻求最优存贮控制策略的理论与方法。为了使生产和销售有条不紊地进行,一般的工商企业总要存贮一定数量的原料或商品。然而大量的库存不仅积压了资金,也增加了保管费用。因此寻求合理控制库存的方法乃是企业管理的一个重要课题。目前存贮论已广泛应用于各种不同情况下的库存问题,如物资库存量、水库的蓄水量,血库的贮血量等。典型的库存系统通过供、存、销三个环节来满足需求。它包涵以下要素:①需求,是系统的输出,单位时间的需求量可为随机变量,也可是常量或有确定变化规律的量。②补充库存,是系统的输入,关键是何时补充、每次补充多少以及备货时间,其中备货时间可为常量,也可是随机变量。③费用,是评价存贮策略好坏的主要因素。有关的费用可分为保管费、订货费(包括订购手续费和购置费)和缺货费(指库存货物供不应求时造成的损失)三类。④控制策略,就是给出何时补充库存以及每次补充多少的一个方案。⑤目标,目标函数常取总平均费用函数或平均利润函数。决策目标是寻求使总平均费用达到最小(或平均利润达到最大)的控制策略。根据供需条件的不同,存贮模型可分为确定性和随机性两大类。

（李书波）

D

da

搭接网络 lap joineur network

表示搭接关系的网络图。20 世纪 60 年代以来发展起来的一种新的网络计划形式。所谓搭接关系是当下道工序的开始不以上道工序的完成为条件，而只要上道工序开始一段时间能为下道工序提供一定的工作条件之后，下道工序就可以插入而与上道工序平行进行。搭接网络一般采用单代号的表示方法。即以节点表示工序，节点间的箭线表示逻辑顺序和搭接关系。其搭接关系是由相邻两工序之间的不同时距，即上道工序与下道工序的先后开始或结束时的时间间隔所决定的。用搭接网络表示有搭接关系的工程进度计划，较之用传统的网络计划可以使绘制和计算工作量大为简化。下图为某五层三单元房屋装修工程单代号搭接网络。

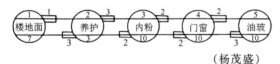

（杨茂盛）

大多数人标准 majorty standard

以"大多数社会成员认同"作为评价社会项目合理性的判断依据。意即如果社会上大多数成员认为经济状态 A 优于状态 B，则从社会观点看，认为状态 A 优于状态 B。与全体一致标准及帕累托优势标准不同，这里却容许"有人反对"，只要反对的人数少于赞成的人数，标准便成立。但在项目评价实践中这一标准很少可能被采用。   （刘玉书）

大量观察法 observational method of large number

对统计总体的全部或足够多数的总体单位进行观察、登记和综合汇总的统计调查方法。通过这种方法可以掌握认识社会经济现象所必须的总体的各种总量，使总体单位中非本质的偶然因素的影响相互抵消，从数量上反映社会经济现象的一般特征和规律性。统计调查中采用这种方法的理论依据是大数规律。   （俞壮林）

大数规律 law of large numbers

又称大数定律或大数法则。指随机现象大量重复中出现的必然规律。在对某种现象的观察过程中，每次取得的结果因具有偶然性而不同，但大量重复观察结果的平均值却几乎接近确定的数值。有广义狭义之分，狭义的大数规律是指概率论中反映上述规律性的一些定理，所表明的是平均数的规律性与随机现象的概率的关系。广义的大数规律是关于社会现象总体数量变化的统计规律性。指总体中的个体在数量上总是存在着的差异因其作用而消除，显示出总体的一般数量特征和规律性。是统计调查中采用大量观察法的理论依据。   （俞壮林）

大系统理论 large scale system theory

对社会经济和工程技术等领域中规模庞大、结构复杂、功能综合、因素众多的大型系统，进行分析、设计、施工（制造）、控制、管理和应用的理论。系统的大小主要以结构层次、参数多寡、处理难易等因素来确定。大系统理论是现代控制理论新发展起来的一个研究领域。它解决问题一般包括系统的分析和综合两个过程。即对大系统逐级进行分解，并通过系统模型化，逐一分析和解决；然后再自下而上地进行综合，最后寻求全系统的整体优化。它已逐步应用于生产过程综合自动化、经济计划管理、交通管理、大型工程项目管理等方面。   （何万钟）

大型临时设施 large-scale temporary facilities

在工程正式开工之前，根据大型暂设工程计划和施工总平面图的要求在现场及附近建造或搭设的规模较大的临时性设施。包括：①生产设施，如各种构件加工场、拼装组合场、搅拌站、附属加工厂和修理厂；②运输设施，如各类运输装置、汽车库、临时铁路、临时道路和桥涵；③储存设施，如各种仓库、堆场和停放场；④行政管理设施，如办公楼（室）、试验、测试和控制中心；⑤生活设施，如职工宿舍、食堂、医务所、浴室、图书室、理发室和托儿所；⑥管线设施，如现场供水、供电、供气和供热装置及其线路；⑦通讯设施，如有线电话和无线通讯设施；⑧消防安全设施，如消防车、消防车库、消火栓及围墙、警卫室等。   （董玉学）

大修 overhaul

为恢复长期使用后的机械设备的精度、性能和生产效率而进行的全面解体和恢复性修理。通过修理使之达到出厂精度和部颁设备修理精度检验标准。大修按规定的间隔期，由专业修理厂进行。   （陈键）

大修理基金　overhaul fund

计划经济体制下,企业按照国家规定比例提取并计入成本,用于固定资产大修理的货币准备。大修理的特点是修理间隔期长、费用较多、不宜一次直接计入生产成本,应通过预提,分期均衡地计入生产成本。在使用上,应编制大修理计划,确定大修理项目、时间、技术要求、施工方式,并结合小型技术改造进行。固定资产使用期限超过其经济寿命,继续大修理不如更新合算时,则不宜安排。1993 年 7 月 1 日会计制度改革后,改变了计取大修理基金的管理、核算方式,而采用发生时计入成本费用,数额较大的可采取待摊方法处理。　　　　　　　(周志华)

大中取大法　maximax method

又称最大最大收益值法或好中求好法。先找出各个方案的最大收益值,然后再从中选择最大收益值为最大的方案为最优方案的非确定型决策分析方法。此法是把方案的选择建立在最乐观估计之上的,因此决策所冒的风险也最大。其决策矩阵如下表:

收益值　　自然状态　　　方案	S_1	S_2	S_3	S_4	最大收益值
A_1	4	5	6	7	7
A_2	2	4	6	9	9
A_3	5	7	3	5	7
A_4	3	5	6	8	8

从表中看出,最大收益值为 9,对应的方案 A_2 即为最佳方案。　　　　　　　(杨茂盛)

dai

呆账　dead account

逾期已久未能收回,可能成为坏账的应收款项,有时也作为坏账的同义语。　　　　　(闻　青)

代建工程支出　expenditure of project constructed for others

房地产开发企业接受其他单位委托,代为开发建设的除建设场地及主体工程以外的各项配套工程等所发生的开发建设费用。其项目及内容一般与开发成本中的相关项目相同。　　　　　(闻　青)

代码　code

在数据处理中,用符号和记号形式表示并可为数据处理机所接受的数据和程序。一般说来,代码可以赋予人名、地名、品名、单位名以及其他名称不变的固有名词。计算机通过代码来识别事物。为了记录、通讯、处理和检索数据,计算机处理必须代码化,即用代码来为数据分类提供一种缩写的结构,作为数据的唯一标识。代码可用数字、字母和特殊符号(如 \$ 、,、. 等)表示,也可以用它们之间的混合组成来表示,例如,用工作证号代表每个职工,用 G 代表工人,用 Z 代表职员等。代码的作用主要有:① 使信息的表达方式标准化、单纯化,通过信息内容和长度的统一,使计算机处理简单化;② 易于分类和校对,对数据能够分组和排列,易于统计和检索;③ 用代码来区别计算机处理方式;④ 可以标明事物所处状态,例如"1"表示该职工是教师,"0"表示非教师。　　　　　　　(冯鑑荣)

代码设计　code design

借助于由数字、字母和特定符号组成的代码来反映信息系统的特性,同时使数据表达方式标准化的设计工作。是系统设计中具体物理设计的主要内容之一。一般步骤为:① 选定代码化的对象;② 决定代码的使用范围与使用期限;③ 代码设计与校验;④ 翻译代码和编制代码表;⑤ 编制代码的参考文件;⑥ 维护工作的考虑。设计代码要做到:① 实现标准化,适合计算机处理;② 要便于使用,代码的位数要少而且固定,以利代码分配、记入、转记和检查;③ 要有通用性,即同一对象对不同业务部门说来,最好用同一代码;④ 要有系统性,按一定的分组规则分组;⑤ 要认识到代码对象今后必然有增减,应预先考虑到扩展性;⑥ 要注意避免引起误解,不要使用易于混淆的字符,不要把空格作代码,要使用 24 小时的时钟制等。合理的编码结构是信息处理系统具有生命力的一个重要因素。　　　　　　　(冯鑑荣)

代码校验　code check

为避免代码设计和输入可能发生的错漏现象而进行的校核。可用程序校验,也可用设备甚至手工校验。为了保证正确输入,有意识地在编码设计结构中原有代码的基础上,另外加上一个校验位。校验位通过事先规定的数学方法计算出来。代码一旦输入,计算机会用同样的数学运算方法按输入的代码数字计算出校验位,并将它与输入的校验位进行比较,以证实输入是否有错。校验位可以发现抄写错误、易位错误、双易位错误、随机错误(包括以上两种或三种综合性错误或其他错误)。确定校验位值的方法有:① 算术级数法;② 几何级数法;③ 质数法。代码校验使人们在重复抄写代码和将它通过人手输入计算机时,避免发生错误。　　　　　　　(冯鑑荣)

贷款偿还期　period of loan repayment

在国家有关规定及项目具体财务条件下,以项目投运后可用于还贷的资金偿还投资贷款本金和建设期利息(不包括已用自有资金支付的建设期利息)所需的时间。其表达式为:

$$I_d = \sum_{t=1}^{P_d} R_t$$

I_d 为国内贷款本金及建设期利息之和；R_t 为第 t 年可用于还贷的资金，包括折旧、摊销、利润及其他还贷资金；P_d 为国内贷款偿还期，从借款开始年算起，也可从项目投产年算起，但应说明。也可用项目借款还本付息表计算，以年表示，其计算公式为：

$$\begin{aligned}\text{国内借款偿还期} &= \text{借款偿还后出现盈余的年份} - \text{开始借款年份} \\ &\quad + \frac{\text{当年偿还借款额}}{\text{当年可用于还贷资金额}}\end{aligned}$$

涉外项目其国外借款的还本付息，按所签订的借款合同规定的偿还条件计算偿还期。　（何万钟）

贷款价值比率　ratio of loan to value

未偿还贷款余额与房地产价值之比。例如，某一宗房地产现值 1500 万元，未偿还贷款余额为 1125 万元，则该房地产的价值比率为

$$1125/1500 = 0.75$$　　　　（刘洪玉）

待摊费用　prepaid expense

已经支付但应分期摊入本期和以后各期工程、产品成本的费用。如一次发生数额较大、受益期较长的大型施工机械的安装、拆卸、进出场费等；一次支付数额较大的排污费、劳动力招募费；职工探亲路费和探亲假期间的工资；采用"五五"摊销法的企业，一次大量领用低值易耗品的摊销；租入固定资产的大修理费用；一次支付数额较大的技术转让费；预付租金；预付保险金；预付的报刊订阅费等。分期摊销费用，是为了正确计算各期的工程、产品成本，应按照规定的期限和方法进行摊销。

　　　　　　　　　　（金一平　闻　青）

待摊投资　investment to be amortized

建设单位发生的、构成投资完成额的、应分配计入交付使用财产成本的各项费用支出。包括：建设单位管理费，土地征用及迁移补偿费，勘察设计费，科学研究实验费，可行性研究费，临时设施费，设备检验费，负荷联合试车费，延期付款利息，借款利息，坏账损失，企业债券利息，土地使用税，施工机构迁移费，报废工程损失，耕地占用税，土地复垦及补偿费，投资方向调节税，固定资产损失，器材处理亏损，设备盘亏及毁损，调整器材调拨价格折价，企业债券发行费。在建设单位会计中，对于上列各项待摊投资支出，凡能确定应由某项交付使用财产负担的，可直接计入该项交付使用财产的成本，不能确定负担对象的，应根据一定的标准进行分配计入。一般不宜按照实际分配率于全部工程竣工后再行分配计算，而应采用预定分配率及时计算各项交付使用财产应分配的待摊投资。预定分配数与实际发生数的差额不大，可由最后竣工的各项交付使用财产负担，

差额较大，则应调整分配率并对已竣工交付使用财产的建设成本作追加或追减的分配。计算公式如下：

$$\text{预定分配率} = \frac{\substack{\text{概算中各项待摊投资支出} \\ \text{合计(不包括直接分配部分)}}}{\substack{\text{概算中建筑安装工程投资、需要} \\ \text{安装设备投资和应分配待摊} \\ \text{投资支出的其他投资合计}}} \times 100\%$$

$$\begin{aligned}\substack{\text{某项交付使} \\ \text{用财产应分配} \\ \text{的待摊投资}} &= \substack{\text{该项交付使用财产的建筑} \\ \text{安装工程投资和需要安装} \\ \text{设备投资合计或其他投资}} \times \text{预定分配率}\end{aligned}$$

　　　　　　　　　　　　（闻　青）

dan

单代号网络图　single code network

又称节点网络图。由节点表示工作，而箭线仅表示各项工作间逻辑关系的网络图。它与双代号网络图相比具有以下优点：工序间的逻辑关系容易表示，且不用虚箭线，网络图便于检查、修改。绘制单代号网络图的基本规则：①不允许出现循环线路；②工作的代号不允许重复，任何一个编号只能表示唯一的一项工作；③在网络图中不得出现双向箭线或无箭头的线段。见下图示例：

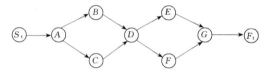

　　　　　　　　　　　　（杨茂盛）

单机试车检验　test operation of single equipment

设备安装单位在建设（生产）和设计单位的协助下，对各生产线的设备按试车规程进行的单独无负荷试运转。检查鉴定设备安装质量是否合格，传动、制动、润滑部分和电气绝缘等是否良好。如合格即可签发单机试运转合格证书。　（何秀杰）

单利　simple interest

仅对本金计算利息的方式。采用这种方法，不管计息期长短，所产生的利息不加入本金重复计算利息，计算公式如下：

$$I = P \cdot i \cdot n$$

I 为利息总额；P 为本金；n 为计息期数；i 为利率。在单利情况下，本金 P，在 n 年后本利和计算式为：

$$F = P(1 + i \cdot n)$$

F 为本利和；P、i、n 同上。　　（雷运清）

单目标决策 single target decision

决策目标只有一个或仅以某一个目标作为方案选择依据的决策。这有以下两种情形:一是在方案选择时只考虑一个目标,或只突出某一个目标。例如,在选择工程方案时,若只考虑投资这一因素,则投资最小的方案就是应该选择的方案。二是其他目标满足的情况相同或大体相同,这时也可当成单目标决策来处理,可只比较差异最大的某一个目标。设目标函数为 $U(x)$,则单目标决策问题可表示为:

反映收益的目标:$\max U(x)\ x \in Z$

或反映消耗的目标:$\min U(x)\ x \in Z$

式中,x 代表某一个方案;Z 表示约束集合,即所有可行方案;$x \in Z$ 表示方案 x 属于约束集合 Z 中。

(杨茂盛)

单式记账法 single-account system

会计核算中一项经济业务只在一个账户进行登记的记账方法。即除对于人欠、欠人的现金和银行存款收付业务在两个或两个以上有关账户中登记外,对于其他经济业务,只在一个账户中登记或不予登记。复式记账法的对称。其特点是平时只登记现金、银行存款的收付业务和各项往来业务。如用现金购买材料,只记"现金"账户,不记"材料"账户。对于固定资产折旧、材料耗用等,则不予登记。采用单式记账法,手续简便,但不能全面地、系统地反映资金的增减变动及其原因,也不便于检查账户记录的准确性,是一种不完善的记账方法,企业单位现已不采用。

(闻 青)

单式预算 unitary budget

又称单一预算。将预算年度内政府的全部财政收支汇编在一个统一的预算平衡表中的国家预算组织形式。平衡表由收入类科目、支出类科目和平衡三部分组成。优点是预算整体性强,能简明反映财政收支的全貌;便于统筹,使政府能够通盘安排财政资金,增强运用财政政策的力度;结构简单,编制方法也较简便。缺点主要是不能明晰反映财政各项收支的性质及财政赤字形成的原因,不利于监督和分析政府各项开支的合理性和效益状况。中国各级政府一直采用这种政府预算形式,随着经济体制改革的深入发展,国民收入的分配格局和财政收支结构都发生了很大变化,单式预算已不能适应变化了的新情况,从 1992 年 1 月 1 日起,已改用复式预算。

(何万钟)

单位比较法 comparative-unit method

估算建筑物单位面积或单位体积成本的比较方法。通过调整影响近期建成的对比物业价值的时间、建造标准等因素的差异,求得待估物业的单位成本。

(刘洪玉)

单位产品成本 cost of per unit product

生产单位产品平均消耗的成本费用。以生产完成的某种、某批产品的总成本(包括月初在产品成本和本月发生的生产费用),除以产品数量求得。有在产品时,须将在产品的成本因素扣除。计算公式为:

$$单位产品成本 = \frac{期初在产品成本 + 本期实际发生的生产费用总额 - 期末在产品成本}{本期完工产品产量}$$

在制造成本情况下,单位产品成本未包括生产费用。企业通常按月编制主要产品单位成本表,分别成本项目反映主要产品的月份实际总成本和单位成本及年度内实际累计总成本和单位成本。通过与上期或上年同期的指标比较,分析了解成本升降原因,以便找出成本降低的途径,从而有效地挖掘降低成本的潜力。

(闻 青)

单位地价 unit price of land

每一单位土地面积的价格。例如某一宗地面积为 $1000m^2$,价值 200 万元,其单位地价为 2000 元/m^2。

(刘洪玉)

单位工程 unit of project

单项工程中具有单独设计,可以独立组织施工,并可以单独作为成本核算对象的部分。是单项工程的组成部分。如单项工程中的土建工程、设备安装工程、室外独立的工业管道、输电工程、给水工程、排水工程、采暖工程等,都各是一个单位工程。在统计工作中也以单位工程为核算的基础。 (徐友全)

单位工程成本 cost of engineering project unit

① 生产每一单位工程产品的成本。以竣工工程总成本除以该工程的工程量求得。

② 以单位工程为核算对象而确定的成本。用来考查单位工程成本计划执行情况,与本企业同类工程成本进行对比分析,找差距,挖掘降低成本的潜力,提高企业经营管理水平。 (周志华)

单位工程成本分析 analysis of engineering-unit cost

在全部工程成本分析的基础上,按成本核算对象,对成本节超升降及其影响因素的具体分析。其任务为计算确定成本核算期工程施工的经济效果。分析时,首先应认真检查各成本项目所包含的内容是否与规定相符,不符合规定的内容应及时调整,以保证分析的正确性。通常是按单位工程,分别人工、材料、机械使用、管理费用等成本项目,编制成本分析表,逐一分析评价各成本项目的节超升降及形成原因。由于降低工程成本主要是通过技术组织措施来实现的,所以,重点是分析该单位工程降低成本的技术组织措施的执行情况,及对降低成本的影响。

(周志华)

单位工程承包经济责任制 economic responsibility system for unit project

以一个单位工程的费用、质量、工期等为承包目标,明确规定承发包双方在其经济活动中相互承担的义务和责任,并与各自经济利益相联系的一种管理制度。是承包单位内部经济责任制的形式之一。根据承包工程费用范围的不同分为:全额承包、部分成本承包和人工费承包等形式。 (董玉学)

单位工程概算 estimate of unit project

确定单项工程具有独立施工条件的各组成部分所需建设费用的概算文件。根据设计图、技术说明、概算定额及单价编制。内容包括土建直接费、设备购置及安装费、施工管理费和施工单位计划利润等。是设计概算的重要组成部分。 (张守健)

单位工程施工进度计划 unit project construction schedule

反映单位工程施工全过程的进度状况的文件。是单位工程施工组织设计的重要组成部分。作用在于:确定各个分部(项)工程的施工顺序、持续时间、资源消耗及其相互搭接关系。其编制步骤是:①确定施工顺序;②划分施工项目及施工段;③计算工程量;④确定劳动量和机械台班数量;⑤确定施工持续时间;⑥安排施工进度。形式可为横道图或网络图。 (董玉学)

单位工程施工准备 construction preparation for unit project

以单位工程为对象而进行的施工准备工作。包括该工程开工前的必要准备和开工后各分部工程施工条件的准备。主要内容有:①编制单位工程施工组织设计;②编制施工预算;③编制各项资源需要量计划,组织材料、构配件、施工机具进场;④建立现场管理机构,落实基层劳动组织,对工人进行计划、技术和安全交底;⑤现场达到"三通一平",并进行测量放线;⑥建造为单位工程服务的临时设施等。 (董玉学)

单位工程施工组织设计 planning and programming of unit project construction

用以指导单位工程施工全过程活动的技术经济文件。是单位工程施工准备工作的技术基础。主要内容有:工程概况;施工方案选择;单位工程施工进度计划;各项资源需要量计划;施工平面图设计;主要技术组织措施;施工准备工作计划;各项技术经济指标等。对于群体工程中的单项工程,施工组织总设计是编制单位工程施工组织设计的重要依据,后者则是前者的深入和具体化。 (董玉学)

单位工程质量评定 quality assessment of unit work

对单位工程质量等级的评定。由分部工程质量、结构内在质量、外观及功能质量三方面来综合评定。单位工程质量符合下列条件的可评为合格:①所含分部工程质量全部合格;②结构内在质量(通过核查主要技术资料)满足设计要求;③外观与功能质量综合评分,得分率达到 70% 及以上。符合下列条件的可评为优良:①所含分部工程全部合格,其中有 50% 及以上优良,包括主体分部和装饰优良;②结构内在质量(通过核查主要技术资料)满足设计要求;③外观与功能质量综合评分,得分率达到 85% 及以上。单位工程的质量等级由企业技术负责人组织企业有关部门进行检验评定,并将有关质量评定资料提交当地质量监督部门核定。凡一次达到合格标准的,即为一次验收合格。 (周爱民)

单位估价表

又称工程预算单价表。分部分项工程的预算单价汇编。根据预算定额规定的人工、材料、施工机械台班数量,按地区工资标准、材料预算价格以及机械台班单价计算出来的各分部分项工程和各种结构构件的单价表。是确定单位建筑产品直接费的基础文件,工程预算造价的重要依据。 (张守健)

单位生产能力投资 investment per unit productivity

建成投产项目或单项工程新增单位生产能力所耗用的投资。用来对投资效果进行考核和对比分析,主要有:①与设计概算对比,考核投资效果的计划执行情况,对投资节约或超支的因素进行分析;②对生产同类产品,不同建设规模或不同建设性质的建设项目单位生产能力投资进行对比,分析节约投资的途径;③对生产同类产品的建设项目进行历史对比,分析工程造价升降变化趋势。根据考核分析需要,既可计算单位生产能力投资,也可计算平均单位生产能力投资(由于受投资水平、项目构成与在建工程变动的影响,一般以 5 年为期较好),观察部门或行业投资效果。计算公式为:

$$单位生产能力投资 = \frac{建成投产项目或单位工程全部投资额}{新增生产能力}$$

$$平均单位生产能力投资 = \frac{部门或行业累计完成投资额}{全部新增生产能力}$$

(俞壮林)

单务经济合同 gratuitous economic contract

又称单方受益经济合同。当事人一方只享有权利而不承担义务,他方只承担义务而不享有权利的经济合同。双务经济合同的对称。例如赠与合同。

(何万钟)

单项工程 individual project

建设项目内有独立设计文件，建成后能独立发挥效益或生产设计规定产品的车间（联合企业的分厂）、生产线或独立工程等。它是一个建设项目总体设计的组成部分。一个建设项目从开工到全部竣工投产之间，将陆续建成若干个单项工程，但也可能只有一个单项工程。因此，在编制和考核投资额和新增能力计划完成情况时，也往往以单项工程为基础。尤其对大中型建设项目建设进度情况的检查，统计上是必须以其中每个单项工程的完成情况为依据的。

(卢安祖)

单项工程验收 acceptance of work subelements

又称交工验收。在一个总体建设项目中，一个单项工程已按设计要求建设完成，能满足生产要求或具备使用条件时，由建设单位组织的验收。先由建设单位进行自检和初验，并组织施工单位和设计单位整理有关技术资料和竣工图纸；然后再协同设计单位、施工单位和使用单位进行正式验收。验收时，对于设备安装工程，要根据设备规范和说明书要求，逐级进行单体试车、无负荷联动试车、负荷联动试车。验收合格，需将有关的技术资料报请上级主管及有关部门进行验收和办理交接手续。验收中发现质量问题，要规定修竣期限，进行返工补修。验收合格的单项工程，在全部验收时，原则上不再办理验收手续。

(何秀杰)

单项工程综合概算 comprehensive estimate of single item

简称工程综合概算。确定建设项目建成后可独立发挥生产能力或效益的单项工程全部建设费用的概算文件。以单位工程概算为基础汇总编制。内容包括一般土建、特殊构筑物、工业管道、通风空调、动力照明、设备及安装等费用概算，是设计概算的重要组成部分。

(张守健)

单项工程综合施工进度计划

以一个建筑物或构筑物的施工全过程为对象编制的工程进度安排的文件。通常由土建工程和设备安装工程等单位工程施工进度计划构成。是单项工程(综合)施工组织设计的重要组成部分。编制要点：划分单位工程及其施工项目；确定各单位工程施工顺序；确定资源消耗；确定施工持续时间及其相互搭接关系。主要形式有：横道图和网络图。

(董玉学)

单项奖 single-item award

以单一指标作为计奖条件，并附以一项或几项保证条件的奖励制度。其主要特点是：计奖条件明确，工人在生产中有明确的努力方向；奖励办法简单易行，灵活可变，可以结合不同时期的生产特点和生产发展需要，规定和调整得奖条件；有利于突破薄弱环节，见效较快。缺点是容易造成片面追求某一项指标的完成，而忽视其他指标。为了使工人集中注意力突破薄弱环节，避免过多地增加工资基金的开支，企业内单项奖的种类不宜过多。

(吴 明)

单一传输信息系统 single transmission information system

又称集成信息系统。一个企业的各种信息子系统的综合体。它向管理部门提供具有内在联系的信息。对数据则从各个角度进行评价。它的特点主要有两个：①组织信息传输时是把企业当成一个整体来对待的，而不考虑它内部各部门之间的界限；②输入的数据在系统内只被记录一次，然后用于生产全部用户所需要的信息，因此，不必对数据在各个子系统内进行复写。这里，基本的一条是有能够直接(随机)存取的存储媒体，所以对数据可以直接进行存储、检索和计算。

(冯镒荣)

dang

当前用途 current use

房地产当前的用处。当前用途不一定能达到最高最佳使用。

(刘洪玉)

dao

到岸价格 cost, insurance and freight, CIF

又称保险费、运费在内价格。以货物装上运载工具，并支付运输费、保险费为条件的口岸价格。即离岸价格加保险费、运输费之和。采用这种价格时卖方负责提供运载工具，承担货物装上运载工具前的一切费用与风险。由于这种价格对买卖双方、轮船公司、保险公司和银行都提供了方便，在当前国际贸易中得到广泛的应用。根据合同惯例，卖方应在指定期限内，自费将货物在装运港装船，运抵目的港。如卖方装船误期，买方有权拒收货物，并要求赔偿损失。

(刘长滨)

倒支年金抵押贷款 reverse annuity mortgage, RAM

以不动产为抵押按期向借款人支付一定数额的抵押贷款形式。主要适用于拥有房地产的老年人。贷款由贷款人直接或通过保险公司定期支付。可以规定具体的还款日期；也可以在房地产出售时或借款人去世时一次性偿还本息。

(刘洪玉)

道义索赔 ex-gratia claims

俗称通融索赔或优惠索赔。承包商在施工过程中因意外困难遭受损失,但合同中找不出索赔依据,向业主提出给以适当经济补偿的要求。通情达理的业主从自己的利益和道义的考虑,往往会给承包商以同情的照顾。这种索赔在实践中不多见,是业主与承包商双方友好合作精神的体现。 (张 琰)

de

德尔菲法 Delphi method

又称函询法。采用匿名函询方式,通过简明调查表格向专家们进行调查,通过有控制的反馈,取得尽可能一致的意见,对互比方案作出评价的专家评价法。最早出现于 20 世纪 40 年代,美国兰德公司首先应用。70 年代中期,已被各国预测人员广泛采用。德尔菲是古希腊传说中的神喻之城,城中的阿波罗神殿可预知未来,因以名此法。其工作步骤:①视工作量大小组织调查小组,成员约在 10～20 人左右,负责组织调查整理工作;②选择精通本学科领域有代表性的和边缘学科、社会学方面的专家,以及具体从事本门工作的一般专家,人数一般以 10～20 为宜,重大问题可达 100 人以上。③以函询方式向专家取得信息,要根据所调查的内容和评价的要求,因事制宜地设计调查表格,提出问题必须明确,回答问题要简练,以便汇总调查结果。表中须说明调查目的和填表方法,并附必要资料。④结果汇总,因专家意见的概率分布一般符合或接近正态分布,故其处理意见的方式有:对结果用数量(时间)表示的,可用中位数法处理;对于用评分方式回答的问题,可直接用指标分值求得各自权重;需要专家对事件发生的概率作出判断的,一般取各专家主观概率的平均值。此法简单易行,用途广泛,费用较低,对于缺乏足够资料的领域的调查颇为有效。但调查数值来源于主观判断,易受专家学识、兴趣、心理状态的影响,调查结果不够稳定,缺少交流信息,影响相互启发和创新。使用时宜扬长避短,注意掌握。 (刘玉书)

deng

等额年金 uniform annual series

又称年金。在一定时期内以相同时间间隔连续发生的数量相同的资金支付或收入。为在一定期间积累或偿还一项资金,在一定利率条件下,每年应获得或支付的等额资金。已知现值和利率时,计算式为:

$$A = P\left[\frac{i(1+i)^n}{(1+i)^n - 1}\right]$$

已知终值和利率时,计算式为:

$$A = F\left[\frac{i}{(1+i)^n - 1}\right]$$

式中 A 为等额年金;P 为现值;F 为终值;i 为给定利率;n 为计息期,以年为单位;

$\left[\dfrac{i(1+i)^n}{(1+i)^n - 1}\right]$ 为等额系列回收系数;

$\left[\dfrac{i}{(1+i)^n - 1}\right]$ 为等额系列积累基金系数。

(张 琰)

等额系列支付 uniform series payment

又称等额序列投入产出。仅有期初现金流量 P 或仅有期末现金流量 F 与等额年金 A 组成的资金运动。其现金流量图见下图所示。

仅有期初现金流量 P 时的等额系列支付:

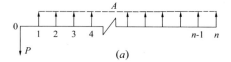

(a)

仅有期末现金流量 F 时的等额系列支付:

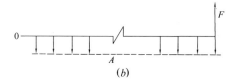

(b)

需要注意的是:第一,P 与 A 为两种不同性质的现金流量,必须画在时间轴的两侧;同理,F 与 A 也必须画在时间轴的两侧。第二,P 与第一个等额年金 A,必须相隔一个支付期;而 F 与最后一个等额年金 A,必须发生于同一时点上。 (何万钟)

等概率法 equal probability method

又称等可能性法或拉普拉斯准则法。按各种自然状态出现的概率相等来进行决策的方法。主要用于非确定型决策。其出发点是所谓"不充足理由原则"。该原则认为既然没有充足的理由证明某一自然状态出现的概率较大,也就没有理由认为它们出现的概率是不同的,因此,只能假设它们的概率都相等。然后依此概率计算各个方案在不同情况下的期望值,并取其中最大的期望报酬值作为确定方案的准则。 (杨茂盛)

等值 equivalence

又称等价。不同时间不同数额的资金所具有的等效经济价值。工程经济中的重要概念,利率和时间是等值的决定因素。例如在利率为 10% 的条件下,今天的 1000 元和一年后的 1100 元是等值的;和一年前的 909.09 元也是等值的。等值的换算对于技术经济比较,评价不同时间资金使用效果具有重

要意义。　　　　　　　　（雷运清　张　琰）

di

低房租制　low rent system

不反映房屋价值的福利租金制。中国改革开放前长期实行。其租金构成仅包含部分修缮费和管理费。修缮费不足部分由政府给予补贴。由于租金水平低,房租价格长期背离价值,政府又不得不高额补贴,因而积弊很多,这是中国城镇住房制度中存在的一个核心问题。所以,房租改革已成为住房制度改革的一项主要内容。　　　　　　（刘长滨）

低值易耗品　low price and easily worn articles

具有固定资产基本特点,但单件价值低于规定标准,或使用寿命不足一年的劳动资料。建筑施工生产中使用的主要有生产工具、劳保用品、管理用具及易损器皿等。一般由主管部门制定《低值易耗品目录》,规定用企业流动资金购置,归入材料类管理,其使用损耗计入生产费用。　（闻　青　张　琰）

低值易耗品摊销　amortization of low price and easily worn articles

将低值易耗品在使用中的损耗价值转移计入生产费用的方法。低值易耗品摊销方法一般有:①一次摊销法:即对价值较低,使用时间较短、易损、易碎的低值易耗品,在领用时,将其价值一次计入成本。②五五摊销法:即在领用和报废低值易耗品时,各按其价值的 50%,计入生产费用。③净值摊销法:即对在用低值易耗品除第一次按原值,以后均按原价减已摊销额与预先确定的摊销率计算,每月摊入成本费用。④比例摊销法:即根据各使用部门月末结存的各类在用低值易耗品的计划成本和规定的分类摊销率,计算各使用部门应负担的摊销额。

（金一平　闻　青）

抵押　mortgage

当事人或者第三人为履行合同以财产所有权向对方提供的保证。当义务人或债务人不履行义务或债务时,抵押权人依据法律,可以从变卖抵押品所得的价款中得到清偿。抵押品一般为易于保存和变卖的有价物,如票据(商业汇票、商业期票等)、商品、有价证券、房产(房契)等。　　　　（何万钟）

抵押贷款　loan on collateral security

以财产所有权作为偿债保证的贷款。房地产开发筹措资金的主要方式之一。　　　　（张　琰）

抵押贷款比率　mortgage ratio

抵押贷款数额与抵押物的市场价值或评估价值之间的比率。　　　　　　　　　　（刘洪玉）

抵押登记　mortgage registration

发生房地产抵押时,房地产产权人到国家房地产管理机关办理的登记手续。这是保护抵押权人权益的重要手段。　　　　　　　（刘洪玉）

抵押公司债　mortgage bond

公司发行有抵押品或其他留置权以保障债券持有人利益的公司债券。抵押品可以是公司持有的有价证券,也可以是公司的不动产。一旦发行债券的公司破产或清理,上述各项作为抵押的资产,可用来首先满足债券持有人的求偿要求。　（闻　青）

抵押价值　mortgage value

为抵押贷款目的而评估的房地产价值。由于要考虑到贷款清偿的安全性,抵押价值一般低于市场价值。　　　　　　　　　　　　（刘洪玉）

抵押余值法　mortgage residual technique

当一宗房地产有未清偿债务或抵押权尚未解除,并已知房地产股权对总体收益的贡献时,用来估计该房地产抵押价值的一种估价方法。例如:设一宗房地产的股权价值 20000 元,年净经营收入 10000 元,股权还原利率 12%,抵押还原利率 10%;该房地产的抵押价值为:

$$（10000 - 20000 \times 12\%）/10\% = 76000 \text{ 元};$$

房地产总体价值为:

$$76000 + 20000 = 96000 \text{ 元}$$

（刘洪玉）

地方材料　local materials

中国在计划经济体制下,由各省、自治区、直辖市平衡分配和管理的材料。其特点是品种繁多,生产分散,使用面广、生产和需要均带有地区性,不宜于远程运输和调拨。如砖、瓦、砂、石等建筑材料,一般由当地物资、商业部门和各专业公司负责分配和供应。经济体制改革以来,已逐步改为用户向生产厂商直接订货,或在市场自由采购。

（曹吉鸣）

地方财政　local finance

地方政府为实现其职能的需要,参与社会产品分配而形成的分配关系。各级地方政府财政的总称。国家财政的重要组成部分。在中国,其收支内容包括预算内和预算外两部分:预算内部分,收入主要来自地方所属企业纯收入和各项税收,以及中央财政拨给的调剂收入和补贴等;支出主要用于地方经济建设和科学文化事业建设,支援农业支出,以及城市维护费、社会救济费、地方行政管理费等。预算外部分,收入主要有工商统一税附加、工商所得税及其他一些税收的附加收入、农、牧业税附加收入等;支出是专款专用,农、牧业税附加收入主要用于农村公益事业、农田水利建设等,其他附加收入主要用于城市维护费、教育经费补贴及社会救济事业等。

（何　征）

地方管理物资 local authority controlled goods and materials

又称三类物资。中国在计划经济体制下,由各省、自治区、直辖市平衡分配和管理的物资。这类物资是通过计划申请、合同供应、固定协作、市场采购取得的,大部分由地方商业部门供应。包括五金、交电、化工原料、汽油、劳保用品等;此外,还包括品种繁多、生产分散、不宜全国统一分配的物资,如砖、瓦、砂、石等地方性建筑材料。随着经济体制改革的深化,这类物资已逐步由主管部门管理分配转变为物资供应公司经营或生产企业与使用企业间的直接贸易,并进而通过流通渠道进入市场,任用户自由采购。 (曹吉鸣)

地方规章 local rules

宪法、法律授权的地方国家行政机关依法制定的法律规范的总称。中国《地方各级人民代表大会和地方各级人民政府组织法》规定,省、自治区、直辖市以及省、自治区的人民政府所在地的市和经国务院批准的较大的市的人民政府,还可以根据法律和国务院的行政法规,制定规章。地方规章在其管辖的行政区域内具有普遍约束力。地方规章的具体名称,不得称"条例"。 (王维民)

地方外汇 local foreign exchange

中国现行外汇管理体制下,国家分配给地方使用、所有权归地方的外汇。包括定额外汇和各种留成外汇。它的来源一是由国家每年拨出一部分外汇给地方,用于进口原料、材料、辅料、机械设备等地方急需的商品;二是国家根据地方提供出口物资的外汇收入和非贸易外汇收入等,按照国家规定的比例,给予一定的外汇留成,由地方按照规定的范围使用。国家拨给地方的外汇和留成外汇,只是外汇额度,即国家授予地方使用外汇数额的权利,或外汇指标。使用时,还需要用人民币向中国银行购买。 (蔡德坚)

地方物资资源 local goods and material resource

中国在计划经济体制下,按规定由地方支配的物资资源,主要包括:①国家计划分配给地方的物资;②地方组织生产按规定属于地方支配的物资;③地方分成或留成的物资;④用地方外汇进口的物资;⑤地区协作调剂物资;⑥其他物资,如地方外贸出口转内销的物资等。 (曹吉鸣)

地方性法规 local statute

宪法、法律授权的地方国家权力机关依法制定的法律规范性文件的总称。《中华人民共和国宪法》、《地方各级人民代表大会和地方各级人民政府组织法》有关地方性法规的规定,概括起来是:可以制定地方性法规的人民代表大会和它们的常务委员会有省、自治区、直辖市;省、自治区人民政府所在地的市和经国务院批准的较大的市,报前者批准后施行。地方性法规,由省、自治区、直辖市人民代表大会常务委员会报全国人民代表大会常务委员会和国务院备案。全国人民代表大会常务委员会有权撤销省、自治区、直辖市国家权力机关制定的同宪法、法律和行政法规相抵触的地方性法规。地方性法规的具体名称与行政法规大致相同。 (王维民)

地方自筹建设资金 local self-financing for capital construction

地方按照国家规定自行筹措用于基本建设的资金。主要包括:由省、地(市)、县各级地方政府安排用于基本建设的投资。地方自筹资金主要用于地方资源、运输、建材、建筑、农田、水利、工业、商业、文教、卫生、住宅、环境保护和城市基础设施等方面的建设,是国家财政和信贷基本建设资金的必要补充和组成部分。地方自筹资金来源主要为省、地(市)、县各级地方机动财政和预算外专项资金。但须在保证国家规定用途的正常需要之后确有剩余,经过批准才能用于基本建设。 (何 征)

地籍 land registration

反映土地及其附着物的权属、位置、质量、数量和利用现状等有关自然、社会、经济和法律等基本状况的书面资料。即土地的户籍,由土地管理部门登记和保存。 (刘洪玉)

地籍测量 cadastral survey

为土地管理和利用提供图纸、数据、文字资料等基本信息和依据的工作。是地籍管理工作的基础。 (刘洪玉)

地籍图 cadastral plan, cadastral map

据地籍测量获取的信息绘制的表明土地产权、地界和分区的平面图。内容包括地籍要素和必要的地形要素。图中应附有各部分的说明、注解和识别资料。 (刘洪玉)

地价查估 land value appraisal

对地价的调查和估计。通常由查估人员调查收集有关查估对象土地的经营收益资料、市场交易资料及开发成本资料等,运用适当的估价方法,正确地估计查估对象土地在正常市场条件下可能形成的合理市场价值。 (刘洪玉)

地价区段 land value district

将用途相似、地段相连、地价相近的土地加以界定而形成的区域。城市土地通常划分为商业路线、住宅片和工业片三类地价区段。其中商业路线区段视繁华程度又分为繁华商业路线区段和一般商业路线区段。 (刘洪玉)

地区分配效果 district distribution effect

建设项目所带来的增值在各地区之间的分配情况。即各地区分配到的增值在建设项目所获得的全部增值中所占的比重,一般用地区分配系数表示。

$$地区分配系数 = \frac{地区正常年份所获得的增值}{建设项目正常年份所获增值总额} \times 100\%$$

(武永祥)

地区价格 district price

由于技术和经济条件原因形成的同类商品在不同地区的差异价格。地区价格的存在是自然的、正常的;也是促进商品流通的重要因素。

(刘长滨 刘玉书)

地上权 superficies

在国有或他人拥有土地使用权的土地上建房的权利。有两种形式:一种是"租地建房",建房人交纳地租,建成的房屋为其所有;另一种是"借地建房",建房人不交地租,建成的房屋由建房人使用若干年后归土地所有权人或使用权人所有。 (刘洪玉)

地下建筑 underground structure

建造在岩层或土层中的建筑物。如地下厂房、地下仓库,地下影剧院、地下商场、地下铁道、地下停车场等。地下建筑具有良好的防护性能,较好的热稳定性和密闭性。现代工程技术已能使地下建筑形成规模巨大的地下街和商业网,它在充分利用地下空间,节约建设用地,分散城市人流等方面有重要意义。但地下建筑投资大,施工复杂,且在通风、防潮和消声等方面比地面建筑要求高。必须与地面建筑进行总体统筹规划,确定合理布局,才能获得一定的经济、社会和环境综合效益。 (林知炎)

地租 land rent

土地所有者凭土地所有权向土地使用者收取的使用其土地的代价。马克思指出,"地租的占有是土地所有权借以实现的经济形式"。在不同的社会形态下,地租的性质不同,体现着不同的生产关系。封建社会的地租是封建地主所占有的佃户农民的全部剩余产品,甚至包括一部分必要产品,体现封建地主对农民的剥削关系。资本主义的地租是租佃资本家交给土地所有者的超过平均利润的那部分剩余价值,体现土地所有者和租赁资本家共同剥削劳动者的生产关系。中国社会主义商品经济条件下的地租,是土地使用者为使用公有土地支付给国家或集体的合理代价,没有剥削关系。 (张 琰)

递减式还款抵押贷款 reducing balance repayment mortgage

先固定还款期需偿付的本金,再以日利率计算每期应付利息的抵押贷款形式。由于每期的本金逐渐减少,各期的利息也随之减少,所以借款人应付的本息也逐期减少。 (刘洪玉)

第二产业 secondary industry

又称第二次产业。将初级产品加工成满足人们生产及生活需要的物质资料的国民经济部门。在中国国家统计局 1985 年 4 月在《建立第三产业统计的报告》中,第二产业是指广义的工业,其中包括采掘业、制造业、建筑业以及自来水、电力、蒸汽、热水、煤气等。 (何万钟)

第三产业 tertiary industry

又称第三次产业。提供满足人类基本物质资料需要以外的进一步所需的产品乃至服务的国民经济部门。在中国国家统计局 1985 年 4 月在《关于建立第三产业统计的报告》中,第三产业是指除第一、第二产业以外的其他各业。分为流通部门和服务部门两大部分。具体又可分为四个层次:第一层次为流通部门,包括交通运输业、邮电通讯业、商业、饮食业、物资供销和仓储业等。第二层次为生产和生活服务的部门,包括金融业、保险业、地质普查业、房地产业、公用事业、居民服务业、旅游业、咨询信息服务业和各类技术服务业等。第三层次为提高科学文化水平和居民素质服务的部门,包括教育、文化、广播电视事业,科学研究事业,卫生、体育和社会福利事业等。第四层次:为社会公共需要服务的部门,包括国家机关、政党机关、社会团体,以及军队和警察等。随着科学技术进步和经济发展,第三产业将迅速发展,其产值在国民生产总值中占的比重和从业人员在全部就业人员中的比重都将进一步提高。

(何万钟)

第三方保险 third-party insurance

被保险人依法对第三者负损害赔偿责任时,由保险人承担补偿责任的保险。也就是说,被保险人以免除自己对第三者的损害赔偿责任为目的所订立的保险合约。 (钱昆润)

第四产业 quaternary industry

又称知识产业。知识密集的国民经济部门的统称。现代物质生产中,知识的作用往往比物质本身更重要。在几乎所有的工业发达的国家,知识产业都得到极大地发展,每年以高于 10% 的速度增长,并吸收了国家一半以上的就业人口。由于对社会经济和生活具有越来越大的影响,因而西方有人主张从第二和第三产业中划分出来,作为一个独立的产业部门,与第一、第二、第三产业并列称为第四产业。它主要包括设计、生产电子计算机软件的部门;电脑服务部门,咨询服务部门;应用微型电脑、光纤、激光、遗传工程等新技术的部门等。目前世界各国乃至联合国均尚无第四产业的划分。这种划分方法尚

处于学者们的讨论阶段。　　　　　（何万钟）

第一产业　primary industry

又称第一次产业。作用于自然界生产初级产品的国民经济部门。近代经济学在研究社会经济发展中经济结构变化的规律及其发展趋势的过程中,逐步形成按三次产业划分国民经济的概念和方法。目前在世界上已被广泛应用,但划分范围不尽一致。中国国家统计局 1985 年 4 月在《关于建立第三产业统计的报告》中,第一产业是指农业,其中包括林业、牧业、渔业等。第一产业具有以下特点:它是国民经济发展的基础;属于物质生产部门,有时会出现产品过剩;其产品的空间移动可能性和范围大。

（何万钟　张　琰）

dian

典型调查　model survey

根据调查的目的和要求,在对被研究总体全面分析的基础上,有意识地选择具有代表性的典型单位进行的系统而周密的统计调查。属一种专门组织的非全面调查。典型单位指在被研究的现象总体中能最充分、最集中地体现总体的共性(即总体的一般特征)的单位。可先调查整群,再从整群中选出若干个体作为典型单位。选择方式可以是临时选择的,也可以是比较固定的。此法适用于深入研究调查对象的具体情况和某些比较复杂的专门问题,同全面调查资料结合起来进行综合分析。能以较少的人力、物力和时间,认识现象总体的一般特征和规律性。　　　　　　　　　　　　　（俞壮林）

diao

调查误差　survey error

统计调查过程中形成的误差。是造成原始数据和整个统计数据误差的主要原因。按其形成原因,主要有:①计量误差,因计量工具不标准或计量方法不当所造成;②调查技术误差,因调查人员提问不当、被调查者申报失实或不回答所造成;③记录误差,由调查人员或被调查者填写调查表时的笔误所造成;④覆盖面误差,统计数据涵盖范围失真,不能符合研究目的的要求,由统计设计失误或调查遗漏造成;⑤代表性误差,仅出现于非全面调查,是从总体中抽出一部分单位进行观察,并用计算出的指标来推算总体指标与实际总体指标的差别,其误差的大小,直接影响对总体的认识,常随调查单位的增加或方法的改进而减少。为了取得准确的统计资料,应进行周密的统计设计和提高调查人员的素质,采取有效措施,防止或减少可能发生的误差,将其影响缩

小到最低限度。　　　　（张　琰　俞壮林）

调度工作制度　rule of construction control

用于实施施工调度管理的有关制度。内容包括:①监督与检查各项工程合同和施工计划的执行情况,及时调整总包、分包和有关部门的协作关系;②监督与检查各有关职能部门配合工作的状况,切实做好计划执行中的综合平衡;③监督与检查施工总平面图执行情况,保持现场文明施工;④定期召开调度工作会议,汇总和分析各种施工管理信息;⑤及时准确地发布调度命令,并密切监督和检查其执行情况的有关制度等。　　　　　　　（董玉学）

调值总价合同　escalation lump sum contract

以设计图纸、技术说明及现行价格为计价基础,但可随物价指数变化而调整合同总价的工程承包合同。其特点是合同中列有调值条款,规定在合同执行过程中,随物价指数的升降而相应地调整合同总价。即发包人要承担物价上涨的风险,承包人则承担其他各种风险。这种合同通常适用于工期较长、工程内容和技术经济指标规定得比较明确的项目。

（钱昆润）

ding

定点供应　fixed point supply

在一定时期内将物资生产厂家和用户的物资供需关系相对固定下来的一种供应方式。有定点不定量和定点定量两种做法。定点不定量是根据每年国家计划下达确定供应数量,签定具体供货合同;定点定量一般除供应量恒定,且定时、定到货站。定点供应的物资一般有:①用于定型产品的原材料、辅助材料和配套产品;②专用材料;③大型企业常用的生产维修用料和备品配件;④厂、矿企业常年生产消耗的大批量燃料;⑤大型建设项目需用的建筑材料等。这种方式可解决短期合同供应间断性与生产连续性的矛盾,有利于供需双方生产的计划性和稳定发展。

（陈　键）

定额成本　fixed amount cost

按各种现行消耗定额、当期费用预算和其他有关资料计算的预计成本。它是在企业现有技术和管理条件下,应达到的成本水平。主要有零件定额成本、部件定额成本和产品定额成本。制订方法有两种:①当产品的零、部件不多时,可先制订零、部件定额成本,再汇总编制部件如产成品定额成本;②当产品的零、部件较多时,为简化手续,直接制订车间单位产品定额成本,而后再汇总编制企业单位产品定额成本。所用成本项目及其内容,除生产损失外,应与实际成本相一致。　　　　　　　　（闻　青）

定额借款 borrowing in fixed amount

企业按核定的流动资金定额,从银行取得的流动资金借款。在中国,施工企业流动资金由银行统一管理时,首先核定企业的流动资金定额,然后按流动资金定额减去预收备料款、自有流动资金、可临时参加周转的专项资金和定额负债后,向银行申请定额借款。定额借款利息较超定额借款利息低。金融体制和会计制度改革后,不再划分定额借款和超定额借款。 （闻　青　金一平）

定额流动资金 quota circulating funds

企业在生产经营过程中,经常占用的必须又能够实行定额管理的流动资金。在建筑企业中,包括主要建筑材料、结构件、机械配件、周转材料、低值易耗品、未完施工和应收工程款、在产品和产成品、待摊费用和备用金等资金。它根据企业规模、生产任务、材料物资与费用消耗水平及供应情况等分别加以核定。核定流动资金定额是国家统筹安排资金、平衡物资与信贷的需要,也是企业有计划运用流动资金和完善企业内部经济核算制的必要条件。

（周志华）

定额流动资金需用计划 demand plan for circulating funds

企业在计划期内为完成生产经营任务所需要的流动资金额的预先安排。流动资金计划的主要组成部分。在核资年度,核定并经批准的定额即为当年定额流动资金需用计划数,并据此编制年度定额流动资金需用计划;在非核资年度,企业可以基年定额流动资金平均占用额为基数,充分考虑计划年度影响流动资金需要量增减的各种因素进行编制。建筑企业的定额流动资金需用计划表中,除列有储备资金、生产资金、成品资金等周转额、定额日数和流动资金定额数外,还列有百元施工产值占用和百元企业总产值占用定额流动资金额。 （周志华）

定金 earnest money

当事人一方在合同规定应当支付对方的金额内,预先付给一定数额的货币资金。经济合同履行后,定金应当收回,或抵作价款。付出定金的一方如果不履行合同,接受方不予偿还,给付方也无权请求偿还。中国经济合同法规定,接受定金的一方不履行合同时,应当双倍偿还定金。 （何万钟）

定量订购法 order point system

又称订购点法、定量库存控制法。每次订购日期内订购点确定,订购数量固定的一种订货控制方法。随着物资使用,库存减少至订购点所规定的数量,则按经济订购批量提出订货。订购点按下式计算:

订购点 = 备运时间需要量 + 保险储备量

= 平均备运天数 × 平均日需要量 + 保险储备量

当平均日需要量增高,订购点也要随之提高。为及时掌握库存情况,可将订购点数量单独堆放,以便掌握库存的工作变得简便易行。 （陈　键）

定量分析法 quantitative analysis method

运用一定的数学方法,对可度量因素通过计算、综合,以明确的数量概念来进行经济分析和比较的方法。按其是否考虑资金时间价值因素,又可分为静态分析法和动态分析法。 （何万钟）

定量库存控制法 fixed order size system

见定量订购法。

定量预测 quantitative forecating

根据预测对象有关的数量关系进行数量分析,对其未来状态进行的预计和判断。这种预测是建立在预测对象有关的过去、现在数据资料的定量分析基础上的,因而比定性预测较为准确。常用的方法有时间序列分析、回归分析预测法和模糊预测等。

（杨茂盛）

定期订购法 periodic review system

又称定期库存控制法。订购日期固定,订购数量不固定的一种订货控制方法。每次订购的数量按下式计算:

订购批量 = 订购周期需要量 + 备运时间需要量 + 保险储备量 -（现有库存量 + 已订未到量）

订购日期是按固定周期确定,它取决于:①备运时间;②企业的用料规模、用料特点、发料制度和储存条件;③供货单位生产批量,订货、发货限额和供货特点。这种方法能根据需要及时调整订购批量,适于材料的需求率稳定或波动较小的物资,在需求率不稳定情况下采用则保险储备量宜大一些。

（陈　键）

定期库存控制法 periodic inventory control system

见定期订购法。

定期修理法 regular repair

根据机械设备的实际使用情况,参考有关检修周期,按修理前检查结果所决定的具体修理日期和工作内容而进行的修理方法。这种修理方法有利于做好修理前的准备工作,使停修时间相对缩短,且维修内容与实际需要相一致。一般适用于比较重要的机械设备的修理。 （陈　键）

定位放线 location and setting-out

根据施工测量控制网和设计图纸将拟建工程的平面位置和高程位置在实地标定出来的工作。是工程测量的重要组成部分。平面位置定位放线是根据经纬坐标桩用经纬仪测定出建筑物的轴线及其交点。高程位置定位放线是根据水准桩用水准仪测定出建筑物的室内(外)地坪标高位置。为便于基础施工,定位放线的所有测设点多以龙门板和控制桩形式来标定。 (董玉学)

定息抵押贷款

见固定利率抵押贷款(94 页)。

定型设计 typical design

根据建筑设计标准化要求而完成并按规定程序批准后可供选择使用,但其成熟程度尚未达到标准设计的通用性设计文件。如标准单元、水泵房、盒式卫生间、油库、汽车库以及中小型工业企业的定型通用设计等。定型设计要在充分研究地区社会经济条件、自然条件和技术水平的基础上,结合当地民情风俗、建筑色彩、生活习惯等,通过合理选择建筑参数和模数,统一各类建筑物的型体平面和立面形式,使建筑构配件、制品的标准化、通用化和系列化,既能适应工厂化、商品化、大批量生产的需要,又能满足建筑设计的灵活组合与造型多样化的要求有机地结合起来。 (林知炎)

定性分析法 qualitative analysis metnod

对不可度量的因素,以文字说明作定性描述来进行分析比较的方法。在建设项目评价中常常有一些不可忽视的因素是难以准确度量的,定性分析就是对这些因素的效应进行权衡的简便方法。定性分析法的缺陷是难以排除当事人的主观随意性等人为因素的影响。近年来,随着科学方法论研究的进展,对虽不可准确度量的因素,但可通过事先建立评分标准和专家评分系统,对这些定性因素进行某种“估量”,从而达到定性因素量化分析的效果。因此,建立在单纯定性描述基础上的定性分析,将逐步演变为“定性因素、估量分析、指标量化”的分析方法。 (何万钟)

定性预测 qualitative forecasting

根据事物(预测对象)的性质、特点,过去和现实等状况,应用逻辑推理和非数量化分析对事物的发展趋势进行的推测和判断。主要靠预测者的经验和综合分析的能力,因此也叫直观预测法或判断式预测法。常用的方法有:专家调查法、德尔菲法、主观概率法、经验调查法和相关分析法等。 (杨茂盛)

dong

董事 director

由股东大会选举产生,代表股东利益参与公司重大决策的高级管理人员。公司董事会的当然成员。一般为自然人,也可以是法人。法人任董事时,应指定一名有民事行为能力的自然人为代理人。中国公司法规定,国有独资公司的董事,由国家授权投资的机构或国家授权的部门委派。

(张 琰 谭 刚)

董事会 board of directors

由股东大会选出的董事所组成的代表全体股东利益的最高决策机构。股东大会闭会期间行使股东大会的权力,对股东大会负责。《中华人民共和国公司法》规定,股份有限公司的董事会的职权是:(1)负责召集股东大会,并向股东大会报告工作;(2)执行股东大会的决议;(3)决定公司的经营计划和投资方案;(4)制订公司的年度财务预算方案、决算方案;(5)制订公司的利润分配方案和弥补亏损方案;(6)制订公司增加或减少注册资本的方案以及发行公司债券的方案;(7)拟订公司合并、分立、解散的方案;(8)决定公司内部管理机构的设置;(9)聘任或者解聘公司经理,根据经理的提名,聘任或者解聘公司副经理、财务负责人,决定其报酬事项;(10)制定公司的基本管理制度。董事会设董事长一人,可以设副董事长一至二人。董事长和副董事长由董事会以全体董事的过半数选举产生。董事长为公司的法定代表人。 (张 琰)

董事会领导下的经理负责制 system of president assumes full responsibility under the leadership of board of directors

由董事会作为企业权力机构和最高层决策者,经理受董事会领导直接经营管理企业,并对董事会负责的企业领导制度。董事会由所有者的代表、经营者和职工代表组成,其主要职责是审议和决定企业战略决策及发展规划;审查批准年度预决算;聘任企业主要干部。经理的职责是执行董事会决议,有效地实现董事会所确定的经营方针和经营目标;并接受董事会的检查和监督。经理在日常管理中对具体经营业务有一定决策权。企业集团,大型经济联合体及股份制企业通常实行这种企业领导制度。

(何万钟)

动力装备率 power equipment rate

又称动力装备系数。报告期内企业人均设备功率数。用以反映企业动力装备水平。有全员动力装备率和生产工人动力装备率两个指标。计算公式分别为:

$$全员动力装备率 = \frac{自有机械设备功率数(kW)}{企业全员人数}$$

$$生产工人动力装备率 = \frac{自有机械设备功率数(kW)}{企业生产工人数}$$

自有机械设备功率数一般取年末数值;全员和生产

工人数可取期末数或平均数。 （陈 键）

动素 therblig

由吉尔布雷思命名的工人操作动作的基本元素。是用 Gilbreth 本人姓氏反写而来（只有一个字母次序变换）。吉尔布雷思把工人操作动作用拍摄电影的方法记录下来进行分析研究，找出 17 个基本动作——动素：寻找、选择、抓取、移物、定位、装配、使用、拆卸、检验、预对、置放、运空、迟延（不可避免的耽搁）、故延（可避免的耽搁）、休息、计划、夹持。通过各种动作分解，剔除不必要的动作，形成标准的工作方法，以提高劳动生产率。 （何 征）

动态分析法 dynamic analysis method

对项目的费用和效益建立在考虑资金时间价值基础上的计算和分析的方法。它能较真实地反映资金的运动效果。通过等值计算，可将不同时间发生的现金流量，换算为同一时点的价值，为不同项目和不同方案的经济比较提供可比基础。所以，动态分析法是建设项目评价的基本的定量分析方法。属于动态分析法的有现值法、未来值法、年值法、内部收益率法等。 （何万钟）

动态规划 dynamic programming

解决多级决策问题的优化技术。多级指所研究的问题可分为一系列相互联系的不同阶段，或不同时期，或不同路径等问题的决策。每一阶段的决策必须在上一阶段决策结果的基础上进行；同时也对以后各阶段的决策产生影响。整个规划的目标是使最终结果达到最优。这即意味着，某一阶段作出的决策，就这个阶段来说，并不一定是最优选择，但是，由于各个阶段的相互影响，到最后会得到一个最优的结果。相反，在每个阶段选择最优决策，并不等于最后得到整体最优。动态规划就是提供得到整体最优的方法的。这一理论和方法最早是由美国兰德公司的贝尔曼（R.Bellman）于 20 世纪 50 年代初提出的，后来在实践中不断得到发展和完善。目前它已被应用于库存控制、设备维修与更新、生产规划、确定运输路线等方面。特别适用于处理大量重复性业务的决策。 （李书波）

动态投入产出分析 dynamic input-output analysis

研究若干个时期的经济活动过程，以及各个时期经济活动过程间相互联系的投入产出分析。其投入产出表中的变量涉及到几个时期（年度）。表中的最终产品是本期及前后若干时期产量增量的函数，所以不是事先确定的，而要通过模型的求解来确定。因目前尚不成熟，无论在理论或实用上都需进一步探索。 （徐绳墨）

动态投资回收期 dynamic investment recovery period

按现值计算的投资回收期，对于同一投资方案，动态投资回收期通常比静态投资回收期长。其计算公式为：

$$\sum_{t=0}^{n_{dt}} (CI - CO)_t (1 + i_0)^{-t} = 0$$

n_{dt} 为动态投资回收期；CI 为现金流入量；CO 为现金流出量；i_0 为基准折现率。也可直接根据财务现金流量表计算求得。其计算公式为：

$$\text{动态投资回收期} = \text{累计财务净现值出现正值的年份} - 1 + \frac{\text{上年累计财务净现值的绝对值}}{\text{当年财务净现值}}$$

与静态投资回收期相比，因考虑了资金时间因素，能真正反映投资的回收时间。 （雷运清 余 平）

动态相对指标 dynamic relative indicator

又称动态相对数或发展速度。反映某种社会经济现象发展水平在时间上变动程度的相对指标。是同一指标在不同时期的比值。用百分数表示。通常把作为比较基础的时期称为基期，把同基期对比的时期称为报告期或计算期。计算公式为：

$$\text{动态相对指标}(\%) = \frac{\text{报告期指标}}{\text{基期指标}} \times 100\%$$

（俞壮林）

动用验收

见全部验收（233 页）。

动作研究 motion study

分析工人在劳动生产中的各种动作，消除其无效部分，并对有效动作进行最佳设计的一系列研究活动。其目的在于使各项动作经济合理，节省劳动时间，提高劳动生产率。为美国吉尔布雷思夫妇首创。每一动作，一般涉及三项问题：动作与时间的关系（速度问题）；动作与人体的关系（疲劳问题）；动作与产品的关系（质量问题）。动作研究的步骤：①选择研究对象，确定研究方法与费用；②进行动作分析，用观察法或摄影法把工人动作及每一动作所需时间记录下来；③对动作进行分析取舍；④确定有效的标准动作，并制定工作指导卡。泰罗的"时间研究"和吉尔布雷思的"动作研究"的基本原理和方法，后来发展成为科学管理中的一个重要领域——工作研究。 （何 征）

栋号承包经济责任制 economic responsibility system for a building construction

以一座建筑物或构筑物的建设费用、质量、工期为承包目标，明确规定承发包双方在其经济活动中相互承担的义务和责任，并与各自经济利益相联系的一种管理制度。是承包单位内部经济责任制的一种主要形式。 （董玉学）

du

独家代理 sale agency

受开发商委托,唯一负责其某项物业代理业务的代理商。通常为对某些功能较为单一的物业具有销售经验的物业代理公司。 （刘洪玉）

独立董事 independent director

公司制企业中非公司股东且不在公司内部任职的董事会成员。通常由股东会选举国内外经济、法律、工程、技术、管理等方面的专业人士,然后聘任。其特点:(1)参与董事会决策,有和其他董事同样的投票表决权;但在公司没有股份,不谋求个人或某一小集团的特殊利益,能将公司的整体利益作为决策的唯一目标,因而更具有公正性。(2)拥有有关决策的专业知识,使董事会的决策知识更加完善,有助于提高决策的科学性。随着社会信息化和经济全球化趋势的发展,在许多发达国家的企业,聘请独立董事已成为一种新时尚。由于独立董事的出现,可以成为中小股东的代言人,增强了董事会的监督功能,同时有助于股份制企业更有效地实现所有权和经营权的分离及所有权与决策权的分离,中国已将在大型公司制企业中逐步建立独立董事制度提上议程。 （张 琰）

独立方案 independent program

可供选择的不具有排他性的方案。在一组方案中,采纳某一方案不会影响采纳其他方案。即方案之间互不影响,互不干涉;其方案选择的结果可以是他们的组合形式。例如某公司计划购买一台吊车、一台推土机和一辆汽车,购买其中一台设备,只要资金充裕,并不影响购买其他两台设备,这就是独立方案。这种方案的效果可以迭加。 （刘长滨 刘玉书）

独立方案比较法 comparative method of independent program

以各方案的经济评价指标与评价标准或基准值进行比较来优选方案的方法。因系独立方案,只要各方案计算的经济指标符合规定的评价标准或基准值时,该方案即可接受;反之,则应淘汰。通常采用的评价指标有:内部收益率、净现值率、静态投资收益率、静态投资回收期等。上述指标对独立方案的评价结论应是一致的。 （何万钟）

duan

短期融资 short-term financing

在房地产开发过程中为支付开发及建造成本而进行的融资。通常在项目开发过程结束后即偿还,借款期限一般为 1~3 年。 （刘洪玉）

dui

对比物业 comparable properties

近期出售或出租成交的与委估物业相类似的房地产。用市场比较法估价房地产时,估价师选取的比较对象。虽不须与委估物业完全一样,但必须相类似,且与委估物业间的差异容易调整,并能通过这种调整估算出委估物业的价值。 （刘洪玉）

对策论 game theory

旧称博弈论,又称竞赛理论。是描述和研究带有对抗性或竞争性的对策现象,并在已知对策各方全部可取策略,而不知他方如何决策的情况下,为对策各方提供最优决策的数学理论和方法。1912 年策墨洛(F. Zermelo)首先用数学方法研究对策现象,1928 年美籍数学家诺依曼(Von·Neumann)提出了"最小最大原则",奠定了对策论的理论基础。最初阶段的研究集中于桥牌、棋艺等方面,后来不断扩展到军事、社会和经济领域,现已成为运筹学的一个独立分支。对策问题可以根据参与者的个数分为二人对策与多人对策;根据支付情况可以分为零和与非零和对策;还可以分为合作与无合作对策等类型。近年来合作型对策,特别是动态对策与递阶对策很受重视,在经济管理方面有广阔的应用前景。 （李书波）

对策三要素 three essential factors of game

对策论中任一对策问题所必须具有的三个基本要素。①局中人,即参加对策的各方决策人,每一局中人可以是一个人、一个团体、自然界等。每局对策必须有两个或两个以上的局中人。只有两个局中人的对策称为二人对策,多个局中人的对策称为多人对策。②策略,由局中人支配的用来对付他方的行动方案。局中人 i 可支配的策略全体称为该局中人的策略集合,记为 S_i。策略集都是有限集的对策称为有限对策;否则为无限对策。③得失函数,即衡量各局中人得失状况的函数。一局对策结束,各局中人的得失取决于对策各方所选用的策略。每个局中人各取一策略构成的策略组称为一个局势,得失是局势的函数。 （李书波）

对策展开 countermeasure spreadding

经过目标分解形成目标体系后,企业的每个层次针对所承担的分目标,制订出实现该目标的具体对策或措施的过程。其基本思路是:根据各层次的实际情况与目标(或分目标)之间存在的差距,找出实现目标所必须解决的主要问题即问题点。针对各个问题点,分析、研究、制订对策,以便有的放矢地缩短现状与目标之间的差距,保证目标的实现。

(何万钟)

对偶规划 dual linear programming

又称对偶问题,或乘子规划。设线性规划问题为$(L):\max\{CX\mid AX\leqslant b,X\geqslant 0\}$,则称线性规划$(D):\min\{Yb\mid YA\geqslant c,\overline{Y}\geqslant 0\}$为$(L)$的对偶规划。$Y=(y_1,y_2,\cdots\cdots,y_m)$称为对偶变(向)量。每一线性规划都有一个与它相伴的对偶规划。例如,若原规划为:

$$s\cdot t\begin{cases}2x_1+2x_2\leqslant 12\\x_1+2x_2\leqslant 8\\4x_1\leqslant 16\\4x_2\leqslant 12\\x_1,x_2\geqslant 0\end{cases}$$

$$Z=2x_1+3x_2\to\max.$$

则相应的对偶规划即为:

$$s\cdot t\begin{cases}2y_1+y_2+4y_3\geqslant 2\\2y_1+2y_2+4y_3\geqslant 3\\y_1,y_2,y_3\geqslant 0\end{cases}$$

$$Z=12y_1+8y_2+16y_3+12y_4\to\min$$

按照对偶理论,解原规划得到的最优解,就立即可以得到对偶规划的最优解,从而简化了运算。同样,若解原规划问题的计算工作量过大,就可考虑转换为对偶规划以简化计算。 (李书波)

对外承包工程合同额 total amount of contract value for overseas construction

报告期内一国对外承包工程企业在国外建筑市场上获得的承包合同总值。

其中既包括对外总承包工程,也有分包、转包工程(包括新建、扩建、改建、大修等项目)和单项工程项目的合同金额。是反映各个对外承包公司在国际建筑市场竞争实力的指标。 (俞壮林)

对外承包工程营业额 turnover of overseas construction contract

报告期内各对外承包公司承包境外建设工程所完成的工程量、工作量或实物量的货币表现。反映在国际建筑市场生产经营的成果。完成全部项目时,按合同最终结算金额;完成在建项目时,按完成工程量、工作量或实物量的预算值。可以按工程预算定额和费用标准计算,也可以按合同总金额乘以报告期内完成的工程量、工作量的百分比计算。

(俞壮林)

对外承包收汇额 income of foreign exchange from overseas contracting

报告期内各对外承包公司在国外承包建设工程、进行劳务合作和其他营业活动的全部外汇收入,扣除营业活动的各项外汇支出后为外汇净收入。反映对外承包公司对外承包工程和进行劳务合作经营的创汇成果。 (俞壮林)

对账 check up account

会计核算中,对账簿记录与凭证、账簿记录与账簿记录、账簿记录与实物之间所进行的核对工作。主要包括:总分类账户的余额同其所属各明细分类账户的余额之和相核对;现金、银行存款日记账的余额同总分类账中有关账户的余额相核对,银行存款日记账的余额同银行对账单相核对;各种应收、应付款明细账的余额与有关债权人、债务人相核对;现金日记账余额与库存现金实有额相核对;各种财产物资明细账的实物数量余额与实物保管部门的实物结存记录相核对;对总分类账各账户余额进行试算平衡等。通过上述工作,可以检查账簿记录的准确性,保证账证相符、账账相符、账实相符。 (闻 青)

duo

多路传输信息系统 multiplex transmission information system

用于管理过程中某些个别目的而与其他信息系统没有直接联系的信息系统。它的功能仅是把输入的信息加以压缩以便从中编出报告来满足某些信息需要,因此,它们通常都是用来执行下级管理的某些具体功能。例如,市场行情管理信息系统、生产管理信息系统等。这种系统的全部工作都是彼此独立进行的,且都是为单一的委托者服务的,因此,也不需要进行协调各部门利益的企业政策考虑。这类系统的优点是:比较容易设计和掌握,设计费用少。缺点是不能用来提供高级管理决策所需要的信息,因为这些系统根本不考虑企业中各种功能之间的联系。

(冯镭荣)

多目标决策 multi-target decision

决策目标为两个以上时所进行的决策。例如,工程方案的选择要同时考虑功能、投资、工期、质量、资源、技术等因素。而且,这些因素间往往相互矛盾。多目标决策是管理实践中大量存在的决策类型。常采用的求解方法有:①化多为少法。在满足决策的前提下,尽量减少目标的个数,其方法有:A.剔除从属性和不必要的目标;B.将类似的几个目标合并成一个目标;C.将次要目标变为约束条件;D.构成一个综合目标,把几个目标,通过同度量、平均或加权等方法构成一个新的目标函数。②排序法。决策者按其目标的重要性进行排序选优,分层求解。如,分层序列法、目标规划法。③直接求非劣解法。利用计算机通过人机对话的方式,进行迭代求解

如,自适应法、逐步法等。 （杨茂盛）

多种经营计划　plan for diversified business

全面安排企业在计划期内面向社会和市场需要的多种经营活动计划。根据企业多种经营战略决策,结合市场和自身条件编制。它应保证经营目标计划中利润目标的实现。主要内容包括:多种经营项目名称;有关供、产、销方面的数量及价值指标;计划利润额指标等。 （何万钟）

多种经营战略决策　strategic decision of diversified business

企业根据市场需求及自身条件开展多角化经营进行的决策。多种经营不能单纯看成是在不景气情况下帮助企业走出困境的权宜之计。就是在正常情况下,也是企业有必要采取的一种分散风险的经营战略。建筑企业多种经营的内容有:综合利用原材料的多种经营;充分利用多余加工或生产能力的多种经营;充分利用地方资源的多种经营;面向社会服务的商业、修理业等第三产业;开发商品房经营;其他跨行业的联营等。企业在进行多种经营决策时,事先应从市场需求、资源需求及供给、资金需求、技术难易、设备条件、加工场地、获利能力,发展前景等方面进行论证,切忌盲目上马。 （何万钟）

E

e

厄威克　Urwick L. F. (1891～?)

英国管理学家。早年受教于牛津大学;二次世界大战期间服务于英国陆军。1928～1932 年,出任日内瓦国际管理学院院长,并任设于伦敦的厄威克奥尔管理顾问公司董事长,直至退休。他在管理方面的著作很广泛。主要成就在于将当时管理学者的理论研究,融为一项综合的结构,使之成为合乎逻辑的体系,以反映出管理学已达到相当成就,因此有人推崇之为管理思想史上的一个里程碑。其本人在组织理论上的新成果是提出了适用于一切组织的八项原则:目标原则;对应原则(责权对应);责任原则(上级对下级的工作职责是绝对的);等级原则;管理幅度原则;专业化原则;协调原则;明确性原则(每项任务要有明确规定)。 （何　征）

en

恩格尔定律　Engel's law

又称恩格尔系数或恩格尔曲线。一个家庭随着收入的增加,用于食品的开支在收入中所占比例越来越小的规律性现象。为德国统计学家恩格尔(Ernst Engel 1821 - 1896)所提出。为国际上通用的衡量居民生活水平和消费结构的一个重要参数。计算公式为:

$$恩格尔系数 = \frac{食品支出总额}{个人消费支出总额} \times 100\% \ 或$$
$$= \frac{食品支出总额}{居民收入总额} \times 100\%$$

此系数在 59% 以上为生活绝对贫困;50% ～ 59% 为勉强度日;40% ～ 50% 为小康水平,20% ～ 40% 为富裕;20% 以下为最富裕。

（何万钟）

er

二次指数平滑法　secondary exponentially smoothing method

在一次平滑的基础上进行第二次平滑的指数平滑法。其目的在于可减少偶然因素对预测值的影响,提高指数平滑对时间序列的吻合程度。计算公式为:

$$F_{t+1}^{(2)} = \alpha F_t^{(1)} + (1 - \alpha) F_t^{(2)} \quad (0 < \alpha < 1)$$

式中, $F_{t+1}^{(2)}$ 为下一期二次指数平滑预测值; α 为平滑系数,据实际情况而定; $F_t^{(1)}$ 为本期一次指数平滑值; $F_t^{(2)}$ 为本期二次指数平均值。 （杨茂盛）

二级保养　second-order maintenance

简称二保。由维修人员进行、操作人员参加的对机械设备内部的清洁、润滑以及局部解体检查和调整的保养工作。 （陈　键）

二级工程总承包企业　grade II general contract enterprise

符合建设部 1995 年 10 月发布的《建筑业企业资质等级标准》规定二级工程总承包企业标准的承包商。可承担下列工程建设项目的总承包:(1)中型工业、能源、交通项目;(2)15 万平方米以下的住宅区;(3)总投资 2 亿元以下的公用工程项目。其资质条件是:(1)建设业绩:近 10 年内承担过两个以上下列工程建设项目的总承包,工程质量合格:1)中型工业、能源、交通等项目;2)大于 10 万平方米的住宅区;3)总投资大于 1 亿元的公用工程项目。(2)人员素质:1)企业经理有 8 年以上从事工程建设管理工作的经历;2)总工程师有 10 年以上从事工程技术管理经历,有本专业高级职称;3)总会计师有高级专业职称;4)总经济师有高级职称;5)有职称的工程、经济、会计、统计等专业人员不少于 350 人,其中工程系列不少于 200 人,而且高级职称的不少于 20 人,中级职称的不少于 50 人;6)具有二级以上资质的项目经理不少于 30 人,其中一级资质的不少于 10 人,并能派出工程项目管理班子,对建设项目的质量、安全、进度、造价等进行直接管理和有效的控制。(3)管理能力:取得乙级勘察、设计资质或具有相应的能力,并具有相应的施工组织管理、工程技术开发与应用、工程材料设备采购的能力。(4)资本金和固定资产:1)资本金 5000 万元以上;2)生产经营用固定资产原值 3000 万元以上。(5)年完成工程总承包额 2 亿元以上。　　　　　　　　　　　（张　琰）

二级工业与民用建筑工程施工企业　grade Ⅱ industrial and civil building construction enterprise

　　符合建设部 1995 年 10 月发布的《建筑业企业资质等级标准》规定二级工业与民用建筑工程施工企业标准的承包商。可承担 30 层以下、跨度 30 米以下的建筑物和高度 100 米以下的构筑物的建筑施工。其资质条件是:(1)建设业绩:近 10 年承担过两个以上下列建设项目的建筑施工,工程质量合格:1)中型工业建设项目;2)单位工程建筑面积大于 1 万平方米的建筑工程;3)15 层以上或单跨跨度 21 米以上的建筑工程。(2)人员素质:1)企业经理有 8 年以上从事施工管理工作的经历;2)总工程师有 8 年以上从事施工技术管理工作经历,有本专业高级职称;3)总会计师有中级以上专业职称;4)总经济师有中级以上职称;5)有职称的工程、经济、会计、统计等专业人员不少于 150 人,其中工程系列不少于 80 人,而且中、高级职称的不少于 20 人。6)具有二级以上资质的项目经理不少于 10 人。(3)资本金 1500 万元以上;生产经营用固定资产原值 1000 万元以上。(4)有相应的施工机械设备和质量检验测试手段。(5)年完成建筑业总产值 6000 万元以上;建筑业增加值 1500 万元以上。　（张　琰）

二级机械施工企业　grade Ⅱ mechanical construction enterprise

　　符合建设部 1995 年 10 月发布的《建筑业企业资质等级标准》规定二级机械施工企业标准的专业承包商。可承担中型建设项目的机械施工。其资质条件是:(1)建设业绩:近 10 年承担过 3 个以上中型建设项目的机械施工分项工程,工程质量合格。(2)人员素质:1)企业经理有 8 年以上从事施工管理工作的经历;2)总工程师有本专业高级职称;3)总会计师有中级以上专业职称;4)总经济师有中级以上职称;5)有职称的工程、经济、会计、统计等专业人员不少于 60 人,其中工程系列不少于 40 人,且有中、高级职称的不少于 8 人;6)有二级以上资质的项目经理不少于 6 人。(3)资本金 600 万元以上;生产经营用固定资产原值 600 万元以上。(4)有相应的施工机械设备和质量控制与检测手段。(5)年完成建筑业总产值 1500 万元以上;建筑业增加值 300 万元以上。　　　　　　　　　　（张　琰）

二级设备安装工程施工企业　grade Ⅱ equipment installation enterprise

　　符合建设部 1995 年 10 月发布的《建筑业企业资质等级标准》规定二级设备安装工程施工企业标准的专业承包商。可承担中型工业建设项目的设备、线路、管道、电器、仪表及其整体生产装置的安装,非标准钢构件的制作、安装和中型公用、民用建设项目的设备安装。其资质条件是:(1)建设业绩:近 10 年承担过两项以上中型工业建设项目的设备安装,工程质量合格。(2)人员素质:1)企业经理有 8 年以上施工管理工作的经历;2)总工程师有 8 年以上施工技术管理工作经历及本专业高级职称;3)总会计师有中级以上专业职称;4)总经济师有中级以上职称;5)有职称的工程、经济、会计、统计等专业人员不少于 150 人,其中工程系列不少于 80 人,且中、高级职称的不少于 20 人;6)有二级以上资质的项目经理不少于 10 人。(3)资本金 1500 万元以上;生产经营用固定资产原值 1000 万元以上。(4)有相应的施工机械设备与质量检验测试手段。(5)年完成建筑业总产值 4000 万元以上;建筑业增加值 1000 万元以上。　　　　　　　　　（张　琰）

二级土地市场　secondary land market

　　中国国有土地使用权再转让市场。买卖双方都不是土地所有者。从一级土地市场取得土地使用权的土地使用者,必须在该土地上投入一定数额的资金之后,才能进入二级土地市场。　　　（张　琰）

二类物资　second category of goods and material

　　见部管物资(10 页)。

F

fa

发展资料　means of development

用来发展人们体力和智力的生活资料。主要包括:①有助于延长生命的高级营养食品;②有助于体力发展的体育卫生器具;③有助于智力发展的音像设备和书籍报刊等。　　　　　　　（何万钟）

法　law

一定物质生活条件所决定的统治阶级意志的体现,由国家制定或认可、并由国家强制力保证实施的行为规范的总称。在国家权力管辖和法所规范的界限内,对社会的一切成员,包括国家机关、社会组织和公民都具有约束力和保障力。广义讲,法与法律和法规涵义相同,如法规汇编,在法律面前人人平等,普法教育等,三者均包括宪法、法律(狭义)、行政法规、部门规章、地方性法规、地方规章和民族自治条例。狭义讲,法和法律均专指最高国家权力机关,在中国是全国人民代表大会及其常务委员会制定的规范性文件的总称;法规,依据《中华人民共和国宪法》、法律(狭义)规定的权限,国务院制定的各种法律规范性文件,统称为行政法规,省、自治区、直辖市人民代表大会及其常务委员会制定的各种法律规范性文件,统称为地方性法规。　　　　（王维民）

法律　law

广义者,指由国家制定或认可的,靠国家强制力保证实施的行为规范的总称。狭义者,指最高国家权力机关制定的行为规范。《中华人民共和国宪法》第62条规定,全国人民代表大会"制定和修改刑事、民事、国家机构的和其他的基本法律。"第67条规定,全国人民代表大会常务委员会"制定和修改除应由全国人民代表大会制定的法律以外的法律"。如《中华人民共和国城市规划法》、《中华人民共和国治安管理处罚条例》,名称虽不同,但都是法律。在国家的法律体系中的地位仅次于宪法。　（王维民）

法律风险　legislation risks

涉外经济关系中,由于缔约双方不同法律制度产生冲突所引起的项目风险。解决方法:以条约或惯例的形式制定统一的实体法规范,以避免适用他国的国内法;聘请高水平的法律顾问;建立切实可行的调解争端的途径。　　　　　　（严玉星）

法律规范　legal norm

由国家制定或认可的以国家强制力保证实施的行为规则。反映由一定的物质生活条件所决定的统治阶级意志。调整人们的社会关系,是社会规范的一种。法律规范由三部分组成:①假定,指规范的适用条件,②处理,指行为规范本身的基本要求,是法律规范的主要内容,③制裁,指违反规范的法律后果。这三部分是紧密联系,缺一不可的,否则就失去了法律规范的意义。法律规范适用于大量的同类的人或事,是多次适用的一般规则。至于只适用于某一具体的人或事的具体命令或判决,虽也具有必须遵守的性质,但它不是法律规范,是法律规范在具体条件下的适用。　　　　　　（王维民）

法律解释　law interpretation

对法律规范的含义以及所使用的概念、术语、定义等所作的说明。根据解释效力可分为:①正式解释,又称有权解释,或称官方解释,是国家机关依法在其职权范围内对有关的法律规范性文件所作的解释。按解释的主体又可分为立法解释、司法解释和行政解释,这些解释都具有法律效力。②非正式解释,又分为学理解释和任意解释,这种解释没有法律效力,但正确的学理解释对宣传法制,提高人们的法律意识有一定的意义。任何法律解释都必须以法律规范为依据,而不允许离开法律的规定任意发挥。1981年6月10日全国人民代表大会常务委员会通过了《关于加强法律解释工作的决议》,对法律解释的权限作了规定。　　　　　　（王维民）

法律实施　execution of law

通过执法、司法、守法和法律监督等途径,在社会生活中运用法律规范的活动。它表现为法律规范对一定的社会关系的调整全过程。也就是把法律规范在社会生活中转变为具体化、个别化的全过程。法律实施包括两个方面:①国家机关、公职人员和国家授权的单位依照法定的职权把法律规范应用于具体事项的活动,通称法律适用。②国家机关及其公职人员、法人和公民自觉遵守法律规范的活动。　　　　　　　　　　（王维民）

法律体系　system of law

一个国家的全部法律规范分类组合划分为各种不同的法律部门,并由这些法律部门组成具有内在联系、互相协调的统一整体。其特点是:①由国内法构成,不包括国际法;②基本要素是法律部门和法律规范;③反映一国法律的现状。中国法律体系基本框架的纵向结构,由宪法、法律(狭义)、行政法规、部门规章、地方性法规、地方规章、民族自治条例组成;其横向结构,由有相同立法权的国家机关制定的、法律效力相同的法律规范组成。法律体系不是一成不变的,随着社会关系的发展和变化,法律体系也将随之发生变化。 (王维民)

法律效力 law validity

法的生效范围,包括对人、地域和时间的效力。各国立法不同。对人的效力有三种情况,一是以国籍为准,只适用于有立法国国籍的人,包括其在国外的人;二是以地域为准,对在立法国领域内的人、包括外国人,一律适用;三是国籍与地域相结合,对在立法国的人、包括外国人,原则上都适用,但在某些问题上仍适用其国籍国的法律。对地域的效力,一般说,在制定法的国家机关管辖的地域内适用,有的还在国外适用,但特殊情况除外。对时间的效力,指法生效和废止的时间及溯及力。一般地说,法不溯及既往,但有的法也明确规定有一定的溯及力。 (王维民)

法律责任 legal responsibility

有违法行为的人应当承担的带有强制性的法律规定的责任。它与法律制裁相联系。国家公职人员、公民和法人拒不执行法律义务或作出法律所禁止的行为,构成违法行为,便应承担这种违法行为所引起的法律后果,国家依法给予相应的法律制裁。违法行为是法律责任的前提、法律制裁是法律责任的必然结果。对有违法行为的人追究法律责任、实施法律制裁,只能由国家授权的专门机关来实行,具有国家强制性。由于违法行为的性质和对社会危害程度不同,违法者承担的法律责任也不同,法律责任可分为刑事责任、行政责任及民事责任。 (王维民)

法人 legal person

按照法定程序设立,有一定的组织机构和能独立自主支配的财产或经费,并能以自己的名义享有民事权利,承担民事义务的社会组织。法人的民事权利能力和民事行为能力,从法人成立时产生,到法人终止时消失。中国将法人分为:①企业法人,具备法人条件的企业经主管机关或工商行政管理机关核准登记,取得法人资格。②机关、事业单位和社会团体法人,有独立经费的机关从成立之日起,具有法人资格;具备法人条件的事业单位、社会团体,依法不需要和需要办理法人登记的,分别从成立和经核准登记之日起,具有法人资格。③联营法人,企业之间或企业、事业单位之间联营的经济实体,独立承担民事责任,具备法人条件的经主管机关核准登记,取得

法人资格。《中华人民共和国民法通则》第三章对法人作了专门规定。 (王维民)

法人权利能力 right capacity of legal person

法人作为民事法律关系的主体,参与经济法律关系而享受权利和承担义务的资格。法人的权利能力,始于成立,终于解散。其内容是和法律确认的该组织的宗旨和业务范围相一致的。法人无权进行违背其宗旨或超越其业务范围的活动。法人的权力能力由法人代表即代表企业具体行使企业权利义务的人来行使。 (何万钟)

法人行为能力 action capacity of legal person

法人按照自己的意志进行民事活动(包括经济活动)而实际行使权利和承担义务的资格。它开始和终止的时间,以及行为能力的范围都和法人权利能力完全一致。例如,国家机关没有经营商业的权利能力,同时也就没有经营商业的行为能力,它便不能签订经商的合同。 (何万钟)

法约尔 Fayol H.(1841~1925)

欧洲古典管理理论及管理过程学派创始人。出生于法国,1860 年毕业于法国采矿学校,同年受聘为康门塔里——福尔香包矿冶公司采矿工程师,1888 年晋升为该公司总经理。法约尔位居高层管理者,着重于企业全面经营管理的研究,与泰罗着重于一个车间、工场的生产管理研究不同。法约尔在全面总结他的经营管理经验之后,形成一套比较完整的管理理论,于 1916 年发表《工业管理和一般管理》一书。此外,他还从自己的管理经验,总结出十四条管理原则。由于法约尔在经营管理理论上的成就,使他获得"经营管理之父"的称号,而与被称为"科学管理之父"的泰罗齐名。 (何 征)

法制 leagl system

古今中外用法不一,涵义也不尽相同,通常在两种意义上使用:①一个国家的法律和制度的简称,包括享有立法权的国家机关制定的法律规范和依法建立的政治、经济、文化等各方面的制度。②按照民主原则把国家事务制度化、法律化,并严格依法进行国家管理的一种原则。后者,法制与民主、自由紧密相联,民主是法制的前提,法制是民主的体现和保证。自由,就是法律许可范围内做一切事情的权利,人们必须在法律规定的范围内享受自由,否则就丧失了自由。中国的社会主义法制,概括地讲,就是有法可依、有法必依、执法必严、违法必究。 (王维民)

法治 rule by law

依照民主原则制定的法律来治理国家的原则或学说。是人治的对称。法治一词最早出现于古希腊。中国先秦法家也主张法治。韩非集法家大成,形成了较完整的法家学说。他提出"治强生于法、弱

乱生于阿","法不阿贵","刑过不避大臣,赏善不避匹夫"等。对当今世界各国影响最大的是资产阶级思想启蒙家。他们提出"应以正式公布的既定法律来进行统治"的法治原则。一切行为都依法而行,人人必须遵守法律,法律成为国家管理的重要准则。

(何万钟)

fan

翻建项目　rebuild project

因长期使用,其功能,利用率或生产率已不能满足最低的使用要术,而以原有规模翻新重建的建设项目。如翻建同时又进行改建或扩建的,则应算作改建或扩建项目。

(何秀杰)

反馈控制　feedback control

将输出信号的一部分送回到输入端,用它与输入信号的比较结果而进行的系统控制。一个施控系统通过所发出的具有一定目的性的控制信息,影响、干预另一受控系统把输入变为输出的变换,就称为控制。反馈是从受控输出中通过测量元件取得强度微小的受控输出信息,然后返送回控制元件,再在控制元件中参与产生新控制信息的信息变换。在管理中的反馈控制是指在活动开展以后,对及时返回的情况加以分析研究,采取积极防范措施,把活动推向深入。

(冯鑑荣)

反馈原理　principle of feedback

关于利用反馈控制,纠正管理活动中的偏差,以保证管理活动达到预订目标的管理原理。反馈是控制论的一个重要概念,指控制系统把信息输送出去,又把其作用结果返送回来,并对信息的再输出发生影响,起到控制的作用。管理是否有效,关键在于是否有灵敏、准确、迅速、有力的反馈。要灵敏,就必须有敏锐的感受器,以便及时发现管理与变化着的客观实际间的矛盾信息。要准确,就必须有高效能的分析系统,以过滤和加工感受到的各种信息。要迅速,就必须及时把经过分析加工的信息传输到控制(或决策、计划)部门。要有力,就必须把控制部门的调整指令转化为强有力的行动,以修正原来的执行活动,使之符合客观实际,获得更好的效果。

(何万钟)

返工损失率　loss ratio of work to be done over again

自年初累计返工损失金额与自行完成施工产值的比率。是综合反映质量事故大小及其严重程度的相对指标。计算式为:

$$返工损失率 = \frac{自年初累计返工损失金额(万元)}{自年初累计自行完成施工产值(万元)} \times 1000‰$$

式中返工损失金额包括人工费、材料费和一定的管理费,被拆下可利用的材料价值应从返工损失金额中扣除。

(雷懋成)

返修工程　reworked project

已完工程质量不符合国家和部颁建筑安装工程质量检评标准中的合格等级要求,而必须采取修理、加固等补救措施的工程。造成返修的原因包括设计错误,材料、设备不合格,施工方法错误等。

(徐友全)

犯罪　crime

达到刑事责任年龄、具有刑事责任能力的人,故意或者过失侵害法律所保护的社会关系和社会秩序,给社会造成一定的危害,并已构成刑事违法,应当受到刑事制裁的行为。《中华人民共和国刑法》第13条规定:"一切危害国家主权、领土完整和安全,分裂国家、颠覆人民民主专政的政权和推翻社会主义制度,破坏社会秩序和经济秩序,侵犯国有财产或者劳动群众集体所有的财产,侵犯公民私人所有的财产,侵犯公民的人身权利、民主权利和其他权利,以及其他危害社会的行为,依照法律应当受刑罚处罚的,都是犯罪,但是情节显著轻微危害不大的,不认为是犯罪。"犯罪必然违法,违法不一定构成犯罪,只有违反刑法的行为,才是犯罪行为。

(王维民)

fang

方案比较可比性条件

方案评价中各备选方案为进行比较必须具备的基本条件。不具备可比条件的方案间不能进行对比,或不能得出合理的比选结论。这些基本条件是:①能满足同等功能要求。各对比方案不仅要满足同种性能的使用要求,同时也要满足同等数量的功能需求。②评价指标具有可比性。各对比方案的评价指标、效益与费用的计算范围、计算依据的基础资料、计算的方法均应一致。③使用年限相同。如不同时,应在相同使用期内进行对比。　(何万钟)

方案经济比较法　economic comparison between program method

通过对备选方案的经济评价指标进行分析、对比以优选方案的方法。是技术经济评价的重要组成部分。根据方案间经济关系和资源约束条件的不同,可分为独立方案比较法、互斥方案比较法和混合方案比较法。根据是否考虑资金时间价值,可分为静态分析法和动态分析法。在实践中,最常用的是按动态分析法进行的互斥方案比较法。

(何万钟)

方案前提分析法 strategic assumption analysis

一种从每个方案都有几个前提假设作为出发点对问题进行迂回探索以帮助决策的决策软技术。方案是否正确关键在于其前提假设是否成立。所以,在酝酿决策方案时,可先不直接讨论方案本身,而改为讨论它们的前提假设,这可减少讨论者对某些方案有个人利害关系时所产生的偏见或心理压力。为了使此法达到应有的效果,应尽量使提出讨论的前提假设同方案本身的联系更加隐蔽。为此,会议组织者事前应对方案的前提假设作深入的分析,先提出各方案的初步前提,然后再深入下去,找出初步前提的前提。在对前提的分析认识明确或达成共识后,决策者也就得到解决决策问题的方案或办法了。

(何万钟)

房产税 house property tax

国家以房屋为征税对象向产权所有人征收的一种财产税。依照 1986 年 9 月国务院发布的《中华人民共和国房产税暂行条例》规定,对于非出租的房产,依照其原值一次扣除 10% ~ 30% 后的余值征税,年税率为 1.2%;对于出租的房产,依照其租金收入征税,年税率为 12%。房产税是房屋商品租金的组成部分。

(刘长滨)

房产逐所估值法 one by one assessment of real property

批量房屋估价时,按每所房屋的重置价值和成新率逐一估算其现值的房产估值基本方法。其计算公式为:

$$房屋折余价值(净值) = \left(\begin{array}{c}每平方米房屋\\重置价值\end{array}\right) \times \left(\begin{array}{c}房屋建\\筑面积\end{array}\right) \times \left(\begin{array}{c}房屋成\\新率\%\end{array}\right)$$

各所房屋折余价值(净值)的总和,就是批量房产的总现值。

(何万钟)

房地产 real estate

又称不动产。土地、建筑物及其附属物和与之相连带的各种权益的总合。一种特殊商品。与其他商品的最大区别在于其不可移动性。 (刘洪玉)

房地产保险 real estate insurance

以房地产及其有关利益或责任为标的的一种财产保险。

(刘洪玉)

房地产产籍 registration documents of real property

又称房地产档案。包括房屋所有权和土地使用权在经常性测绘和申报登记过程中形成的各种图表、帐卡和证件等全部资料。 (刘洪玉)

房地产产权 ownership of real property

房地产所有者对其拥有的房地产依法享有的占有、使用、收益和处分的权利。在中国城市地区,房地产产权分为房屋所有权和土地使用权。房地产产权依所有者性质分为国家所有、集体所有、私人所有、共有、涉外房产及其他房产六类。处分权是指房地产所有者对房屋的出售、出租、赠与、继承等项权利。依据拥有产权内容的不同,房地产产权分为完全产权和有限产权。 (刘洪玉 刘长滨)

房地产存量 stock of real estate

在某一时间点上,全部或分类物业的保有量。表述房地产市场供应情况的一个指标。

(刘洪玉)

房地产抵押 real estate mortgage

债务人以其合法拥有的房地产,在不转移所有权或使用权、不变更占有方式的情况下,向债权人提供偿债担保的行为。债务人不能履行偿债义务时,债权人有权依法以抵押的房地产变卖所得价款优先受偿。 (刘洪玉)

房地产抵押法规 Legal provisions on real estate mortgage

国家制定的法律规范中有关房地产抵押的规定的总称。房地产抵押,是指抵押人以其合法拥有的房地产向抵押权人提供担保,以取得抵押权人提供的贷款或者抵押权人保证履行债务的行为。中国《民法通则》、《城市房地产管理法》和国务院发布的《城镇国有土地使用权出让和转让暂行条例》、建设部发布的《城市公有房屋管理规定》等都对房地产抵押作了规定。这些规定概括起来,主要是房地产抵押登记,抵押物,抵押合同,抵押人和抵押权人的权利与义务。最高人民法院关于贯彻执行《中华人民共和国民法通则的若干意见》对抵押权作了比较详细的司法解释。 (王维民)

房地产估价 property valuation, real estate appraisal

又称房地产评估。以货币衡量原有房屋的现在价值。在市场经济条件下,为了适应房地产经营管理、抵押、保险、课税、拆迁补偿、合营、兼并、破产清算等的需要,都应对作为固定资产的现有房屋进行估价。估价方法有重置成本(价值)法、收益还原法、市场比较法等。在实践中应用较普遍的是重置成本法,即按被估价房屋现在新建的价值,考虑新旧程度和残值来确定其现值。计算公式如下:

$$房屋现值 = 重置价值 \times 折余率$$

$$房屋折余率 = (1 - 残值率) \times \frac{房\quad屋}{成新率} + 残值率$$

式中残值率为房屋使用寿命终了时的残余价值对原值的百分比;成新率为以百分数表示的房屋新旧程度。对批量房屋的估价方法有逐所估值法和建筑结构分类估价法两种。估价工作由专业估价师根据估价目的,遵循估价原则和估价程序,运用科学的估价方法,并结合实践经验,分析影响因素,对被估价的房地产价值作出客观的估计与判断。

(何万钟 刘洪玉)

《房地产估价师执业资格制度暂行规定》 Interim Provisions on the System of Qualification of Real Estate Appraiser

1995 年 3 月 22 日建设部,人事部发布,是为了加强房地产估价人员的管理,充分发挥房地产估价在房地产交易中的作用而制定的有关规定。该规定所称房地产估价师,是指经全国统一考试,取得房地产估价师《执业资格证书》,注册登记后从事房地产估价活动的人员。该规定共 6 章 34 条:第一章,总则;第二章,考试;第三章,注册;第四章,权利与义务;第五章,罚则;第六章,附则。主要规定有:①全国总考试,每两年一次;②申请参加考试人员的条件和应提供的证明文件;③《执业资格证书》的核发;④申请注册登记应提供的证明文件和必须办理的手续;⑤房地产估价师的作业范围。该规定自发布之日起施行。 (王维民)

房地产交易 exchange of real estate

房地产权益买卖双方进行房地产转让、抵押、租赁的市场行为。 (刘洪玉)

房地产金融 real estate finance

房地产开发商筹措、金融机构提供用于房地产投资的资金的行为。亦指研究有关房地产融资的学科。 (刘洪玉)

房地产经济学 real estate economics

研究房地产投资活动中的经济关系和经济规律的专业经济学科。主要从宏观和微观角度,研究房地产和房地产投资的特性,房地产市场的运作规律,房地产市场分析和预测方法,市场参与者的行为以及政府对房地产市场的影响等。 (刘洪玉)

房地产经营 realty opereation

以房地产为对象的商品经营活动。包括土地的经营和房产的经营。在中国,土地经营仅限于土地使用权有偿出让和转让。初次出让由国有土地主管部门专营,开发后的土地使用权转让、房产经营及房地产抵押等由房地产开发企业来进行。

(刘长滨)

房地产开发 real estate development

又称房地产综合开发。根据城市建设总体规划的要求对一定区域内的房屋建设、配套工程和基础设施进行全面计划和统一建设的综合性生产经营活动。有广义和狭义两种理解。广义的综合开发指项目开发建设的全过程,即从规划设计、征地拆迁、土地开发即施工前期的"三通一平"(水通、电通、路通及场地平整)、房屋开发即各类房屋的施工、竣工验收直至交付使用。狭义的综合开发,指城市土地开发阶段,只包括规划设计、征地拆迁及场地"三通一平"。前期的土地开发是为后期的房屋开发建设准备条件,两者是紧密相连的。通常使用的是广义的概念。 (刘长滨)

房地产开发程序 process of real estate development

房地产开发项目应遵循的合乎逻辑和客观规律的实施步骤。主要包括投资机会选择与决策分析、前期准备、建设实施和租售四个阶段。在实践中,各阶段的顺序不是一成不变的,在某些情况下可能有所变动,例如房屋在建设前或建设中预售,租售工作即提前与第二、三阶段同时进行。 (刘洪玉)

房地产开发企业 real estate development enterprise

以盈利为目的,从事房地产开发和经营的企业。

(刘洪玉)

《房地产开发企业资质管理规定》 Administrative Provisions for the Qualification of Real Estate Development Enterprise

1993 年 11 月 16 日建设部发布,是为了加强房地产开发企业的资质管理,促进房地产开发经营的健康发展,保障房地产开发企业的合法权益而制定的有关规定。该规定所称房地产开发企业,是指在城市及村镇从事土地开发,房屋及基础设施和配套设施开发经营业务,具有法人资格的经济实体。分专营和兼营。该规定共 27 条,主要内容有:①房地产开发企业应具备的条件;②资质等级划分,申请应提交的文件,审批权限;③资质证书的制定与发给及使用;④企业分立、合并、变更名称,不定资质等级的兼营企业的条件和审批。该规定自 1993 年 12 月 1日起施行。1989 年 9 月 23 日建设部发布的《城市综合开发公司资质等级标准》同时废止。

(王维民)

房地产开发项目 project of real estate development

房地产开发商以盈利为目的,进行土地开发、房屋建造及经营活动的具体项目。 (刘洪玉)

房地产开发项目评估 development appraisal

对某一特定房地产开发项目进行的市场研究和财务分析。其目的在于对该项目进行市场定位,并判断其经济可行性。常用的评估方法有传统评估技术、现金流量法和折现现金流量分析法。

（刘洪玉）

房地产开发用地法规 Legal provisions for the land-use of real estate development

国家制定的法律规范中有关房地产开发用地规定的总称。房地产开发用地，是指在依法取得国有土地使用权后，用于房地产开发的土地。《中华人民共和国城市房地产管理法》第二章分两节对房地产开发用地作了专门规定，第一节土地使用权出让，包括：土地使用权出让的含义、出让土地总面积控制指标和每幅地块方案的拟定与审批，出让方式，签定合同双方的权利、义务，改变合同约定的土地用途的手续，以及关于国家提前收回和续期使用土地的规定等。第二节土地使用权划拨，包括土地使用权划拨的含义，经县级以上人民政府批准，可以用划拨方式取得土地使用权的建设用地。 （王维民）

房地产拍卖 real estate auction

又称不动产拍卖。以买者公开竞价的方式销售房地产的商业行为。通常先经传播媒体发布拍卖广告，说明房地产情况、座落地点、实地察看时间及拍买时间和场所；届时由主持拍卖人开价，由有意购买者竞相提高出价，直至无人肯再提高，即以最后出价拍板成交。某些国家或地区的政府也以这种方式出售公有房地产（主要是建筑用地），不过一般不用公开竞价方式，而是令有意购买者在限期内投递"密封出价信"，由主持拍卖者启封，选出价最高者与之成交。中国土地所有权禁止出售，改革开放后可通过拍卖方式出让土地定期使用权。 （张 琰）

房地产市场 real estate market

又称不动产市场。房屋和土地交易的专业市场。统一市场体系的组成部分。由于房屋和土地具有不可移动性的特点，因而房地产市场上的交易，只是所有权或使用权的转移，并不发生实物形态在空间上的位移。中国的房地产市场分为四级：一级市场是国家垄断的土地使用权出让市场；二级市场是土地使用权受让者经过开发投资过程后首次转让房地产的市场；三级市场是房地产再转让市场；四级市场是房地产抵押和保险市场。房地产市场是随着经济改革的深化而出现的，将逐步发育完善，成为一个活跃的市场。 （谭 刚 刘洪玉）

房地产市场管理法规 administrative laws and regulations for the real estate market

国家制定的、调整房地产市场活动中发生的各种社会关系的法律规范的总称。房地产市场，专指房地产流通的场所；泛指房地产流通全过程的总和。具体说，是房地产商品交换过程的统一，包括买卖、租赁、抵押、证券交易等。中国的房地产市场分为三级，一级是土地使用权的出让，二级是房地产开发经营，三级是房地产交易。现行的房地产市场管理法规主要有：《中华人民共和国城市房地产管理法》，《城市商品房预售管理办法》，《城市房屋租赁管理办法》，《城市房地产市场评估管理暂行办法》，《城市私有房屋管理条例》，《关于外国人私有房屋管理的若干规定》，《城市公有房屋管理规定》等。

（王维民）

房地产市场价格 market price of real estate

房地产买卖双方实际成交的价格。通常随着时间和供求关系以及交易双方的心态变化而波动。

（刘洪玉）

房地产投资信托 real estate investment trust

一种大众化的房地产证券投资方式。通过房地产投资信托公司组建基金的形式，发行受益凭证，向社会公众投资者筹集资金，并委托投资管理公司进行有关房地产的投资，获得收益后由投资者凭受益证分享。 （刘洪玉）

房地产业 Real estate industry

又称不动产业。从事房产和地产开发经营的经济部门。在国民经济中属于第三产业。是建筑业重要的关联产业。主要业务为土地开发及转让，房产投资、出售、出租、管理、维修，以及房地产信托、代理、中介等活动。在中国，房地产业是随着社会主义市场经济的发展而出现的新兴产业。 （谭 刚）

房地产增量 increment of real estate

在一具体时间周期内新开发建设的房地产数量与由于拆除重建或改变用途而导致房地减少数量的正差值。表述房地产市场供应情况的一个指标。

（刘洪玉）

房地产中介服务机构法规 Legal provisions for the intermediary service agency of real estate

国家制定的法律规范中有关房地产中介服务机构的规定的总称。房地产中介服务机构，是指有独立中间人的地位，在房地产交易中从事沟通、公证、监督等项活动，有固定服务场所，具有法人资格的组织。《中共中央关于建立社会主义市场经济体制若干问题的决定》中指出："中介组织要依法通过资质认定，市场规则，建立自律性运行机制，承担相应的法律和经济责任，并接受政府有关部门的管理和监督。"中国《房地产管理法》对中介服务机构的规定主要内容有：①房地产中介服务机构包括房地产咨询机构、房地产价格评估机构、房地产经纪机构等；②设立房地产中介服务机构应具备的条件和应办理的手续；③国家实行房地产评估人员资格认证制度。

（王维民）

房地产转让 transfer of real estate

房地产权益拥有者依法通过买卖、赠与或其他方式将房地产转移给他人的行为。　（刘洪玉）

房屋拆迁安置法规　Legal provisions for the re-settlement of building demolition and removal

国家制定的法律规范中有关房屋拆迁安置的规定。房屋拆迁安置,是指拆迁人依法对被拆除房屋使用人的安置。被拆除房屋使用人,是指在拆迁范围内具有正式户口的公民或者具有营业执照或者正式办公地的机关、团体、企业、事业单位。中国《城市房屋拆迁管理条例》第4章对房屋拆迁安置作了专门规定。主要内容有:①拆迁安置地点;②拆除非住宅房屋的安置和补助费的规定;③拆除住宅房屋安置标准;④对搬家补助费、临时安置补助费的规定;⑤对过渡期的规定。　（王维民）

房屋拆迁补偿法规　Legal provisions on the compensation for building demolition and removal

国家制定的法律规范中有关房屋拆迁补偿规定的总称。中国《宪法》、《民法通则》明确规定,国家保护房屋所有人的合法权益。国务院发布的《城市房屋拆迁管理条例》第三章对房屋拆迁补偿作了专门规定,主要内容有:①拆迁人应当对被拆除房屋及其附属物的所有人(包括代管人、国家授权的国有房屋及其附属物的管理人),依照该条例的规定给予补偿;②拆迁补偿形式;③拆迁补偿标准;④拆迁补偿价格;⑤拆除出租房屋的租赁关系;⑥有产权纠纷的房屋拆迁补偿;⑦设有抵押权的房屋的拆迁补偿。
　（王维民）

房屋拆迁管理法规　Laws and regulations for the administration of building demolition and removal

国家制定的,因进行房屋拆迁活动而产生的各种社会关系的法律规范的总称。房屋拆迁,是指对建设用地范围内的房屋及其他设施的拆除、搬迁以及由此而发生的补偿安置等行为。中国《土地管理法》对房屋拆迁作了原则规定。1991年3月国务院发布了《城市房屋拆迁管理条例》,1991年7月建设部发布了《城市房屋拆迁单位管理规定》。
　（王维民）

房屋拆迁许可证　license of demolition and removal for buildings

经拆迁人申请,由城市房地产管理部门核发的准拆除城市房屋的法律凭证。主要载明拆迁人,拆迁范围和拆迁期限等内容。　（刘洪玉）

房屋拆迁许可证法规　Legal provisions for the permit of building demolition and removal

国家制定的法律规范中有关房屋拆迁许可证的规定。所谓房屋拆迁许可证,是指行政主管部门核发的,拆迁人进行房屋拆迁活动必须持有的合法凭证。中国《城市房屋拆迁管理条例》第八条规定:"任何单位或个人需要拆迁房屋,必须持国家规定的批准文件,拆迁计划和拆迁方案,向县级以上人民政府拆迁主管部门提出拆迁申请,经批准并发给拆迁许可证后,方可拆迁。"房屋拆迁许可证具有一次性,局部性的特点,即房屋拆迁许可证只对特定建设项目在一定时间内和一定的范围内有效。　（王维民）

房屋产权产籍管理法规　Laws and regulations for the administration of property right registration of building

国家制定的、调整在城市房屋产权、产籍管理中发生的各种社会关系的法律规范的总称。房屋产权,是指房屋所有人依法对其所有的房屋享有占有、使用、收益和处分的权利。房屋产权属于财产所有权。房屋产籍,是指由房屋产权通过经常性的申报登记和测绘过程形成的各种图表、卡册、档案资料的总称。中国《宪法》、《民法通则》、《房地产管理法》、《城市私有房屋管理条例》、《关于外国人私有房屋管理若干规定》、《城市公有房屋管理规定》、《城镇房屋所有权登记暂行办法》和《城市房屋产权产籍管理暂行办法》都对房屋产权产籍作了规定。
　（王维民）

房屋成本租金　cost rent of house

房屋经营中根据发生的成本费用确定的房屋租赁价格。是商品经营出租房屋租金的最低界限。其构成包括:折旧费、修缮费、管理费、保险费和利息(固定资产投资占用费)。收回以上费用的成本租金才能维持出租房屋的简单再生产。　（刘长滨）

房屋成新率　newty ratio of building

反映房屋新旧程度的指标。主要应根据房屋各组成部分如屋面、屋架、墙体、梁柱结构、地面、门窗、装修的变化情况来确定。有的按一定标准将房屋划分为一成新、二成新直至十成新,对应的房屋成新率即为10%、20%……100%。有的根据房屋的预计使用年限和估计尚能使用年限的比值并参照实际完好程度来确定。　（何万钟）

房屋大修工程　overhaul of building

房屋的主要结构部位损坏严重,房屋已不安全,需进行全面维修或拆换部分构件的房屋修缮工程。如拆砌墙体、翻修屋顶、主要结构加固等。适于严重损坏,不修不能继续使用的房屋。通常多与改善房屋使用条件的改造工程结合进行。　（何万钟）

房屋构筑物大修理产值　output value of building and other structure repairs

房屋和构筑物大修理所完成的施工价值。是施工产值的构成部分。不包括被修理房屋、构筑物本身价值和生产设备的修理价值。计算方法与建筑工程产值计算方法相同,其价格可参照工程预算定额单位办理。 （雷懋成）

房屋经营支出 expenditure of building operation

房地产开发企业经营出租房屋、开办旅馆及商品房售后服务等业务所发生的各项费用支出。一般包括直接从事房屋经营业务人员的工资和应提取的福利基金,办公费,交通及差旅费,经营房折旧,低值易耗品摊销,维修费以及应分摊的企业管理费用等。 （闻 青）

房屋竣工面积 area of building completed

报告期内房屋建筑按照设计要求已全部完工、经验收鉴定合格、达到使用要求正式移交给使用单位(或建设单位)的各栋房屋建筑面积的总和。反映固定资产投资和建筑业生产成果的重要指标。表明在一定时期内经过建设为社会提供了多少可供使用的房屋。是考核固定资产投资效果和建筑业经营活动成果的依据之一。 （俞壮林）

房屋理论租金 theoretical house rent

又称商品租金。按照马克思主义价值理论,以价值为基础计算的房屋租赁价格。其构成包括:房屋折旧费、修缮费、管理费、税金、利息、保险费、利润和地租八项。能完整地反映房屋生产、流通过程中社会必要劳动消耗量,从而能维持房屋的简单再生产和扩大再生产,保证资金的正常循环和周转。但是根据中国现阶段条件,除"三资"企业及个别高收入者外,国家、集体和绝大多数居民尚难以承受这种高租金;需要随着社会生产力的发展和人民生活水平的逐步提高来解决。 （刘长滨）

房屋买卖法规 Legal provisions on buying and selling house

国家制定的法律规范中对房屋买卖规定的总称。中国对房屋买卖作出规定的法律规范主要有,1950 年 3 月政务院发布的《契税管理条例》,1980 年国务院批转的国家城建总局、国务院侨务办公室《关于用侨汇购买和建设住宅的暂行办法》,1983 年 12 月国务院发布的《城市私有房屋管理条例》,1988 年 8 月建设部、国家物价总局,国家工商行政管理局发布的《关于加强房地产市场管理的通知》,1994 年 3 月建设部发布的《城市公有房屋管理规定》等。这些法律规定对中国的房屋买卖提供了法律依据。 （王维民）

房屋施工面积 area of building constructed

报告期内施工过的各栋房屋建筑面积的总和。反映一定时期内房屋建筑施工规模的指标。包括:

①本期新开工的面积;②上期跨入本期继续施工的以及上期停、缓建在本期继续施工的面积;③本期施工又在本期竣工的面积;④本期施工后又停、缓建的面积。以房屋单位工程为对象进行计算,一栋房屋已进行施工,以整栋房屋的建筑面积计算;多层房屋不论在哪一层施工,都以各层的总面积计算。是平衡施工任务与施工力量、建筑材料的重要依据之一。 （俞壮林）

房屋完全产权 full ownership of building

所有人对房屋有完全的所有权。包括对房屋的占有、使用、收益和处分的权利。购房人在用自有资金支付了全部房屋价款时,在财产的权属关系上便获得了该房屋的完全产权。 （刘长滨）

房屋维修企业 housing and building service enterprise

对投入使用的房屋、建筑物进行维护、修理及改造的建筑企业。带有建筑产品售后服务的性质。在中国随着社会主义市场经济的发展,房屋、建筑物的维修企业将逐步走向专业化。 （谭 刚）

房屋小修工程 current repair of building

使房屋保持原来完好等级所进行的日常性零星维修保养的房屋修缮工程。如小面积的屋面补漏、门窗检修、水电线路的小型检修、小面积的顶棚或墙面抹灰等。这类工程的特点是项目简单、工程量小,但量大面广,时间要求急迫,应及时修理,方便用户使用。 （何万钟）

房屋新开工面积 area of new building construction started

报告期内新开工的各栋房屋建筑面积总和。房屋施工面积的重要组成部分。不包括上期跨入报告期继续施工及上期已停、缓建而在本期复工的面积。这部分面积在施工面积中应保持合理的比重,过大,会造成建设战线拉长,影响建设效果;过小,不利于保持施工的连续性。经常观察新开工面积的数量和比重,对于研究建设规模,合理组织施工和提高经济效益,具有重要意义。 （俞壮林）

房屋修缮工程 maintenance of building

又称房屋维修工程。为使房屋在使用期内正常发挥使用价值所进行的修缮作业。房屋具有固定、价值大、使用年限长的特点,为了发挥其正常功能必须进行维修。根据维修内容的不同,一般分为小修工程、中修工程和大修工程。 （何万钟）

房屋修缮管理法规 Laws and regulations for the administration of building renovation

国家制定的,调整在房屋修缮管理过程中发生的各种社会关系的法律规范的总称。房屋修缮关系主要包括:房屋所有人、使用人、经营单位、房屋出售者,相关的第三人等管理对象之间及与房屋行政主管部门之间形成的行政管理关系。中国的房屋修缮管理法规主要有:城乡建设环境保护部发的《房屋修缮工程施工管理规定》、《房屋修缮技术管理规定》、建设部发的《城市房屋修缮管理规定》、《城市危险房屋管理规定》、《公有住宅售后维修养护管理暂行办法》。 (王维民)

房屋有限产权 limited ownership of building

所有人对于房屋只有不充分的所有权。即只拥有占有权和使用权,收益和处分权受到一定的限制。例如,以优惠价格(即政府或企业有补贴)购买的房屋,或是尚未全部付清价款的房屋,买房人只能获得有限产权。其房屋在一定期限内不能出租、出售,如要出售只能卖给原售房单位,或仅能获得售房价款的一部分。 (刘长滨)

房屋中修工程 medium repair of building

房屋少量部位已损坏或已不符合建筑结构要求,需进行局部修缮,或拆换少量构件但保持原房屋规模和结构的房屋修缮工程。如拆砌局部墙体,较大面积的屋面补漏,更换门窗,修补地面等。 (何万钟)

房屋准成本租金 quasi-cost rent of house

按达到以租养房水平确定的房屋租赁价格。即通过收取一定的房租,以维护、修缮房屋,做到"不倒、不塌、不漏、不透"。其租金构成一般包括折旧费、修缮费和管理费三项。 (刘长滨)

房屋租金 house rent

简称房租。房屋的租赁价格。是分期出卖房屋使用价值的货币表现,是房屋这种商品的一种特殊的价格形式。在中国住房制度改革实践中,根据租金构成的不同分为理论租金、成本租金和准成本租金。按其性质有市场租金、合同租金、基本租金、附加租金、超额租金、有效租金和百分比租金等。 (何万钟 刘洪玉)

房屋租赁 building lease

房屋所有权人作为出租人,将其房屋出租给承租人使用,并向承租人收取租金的行为。 (刘洪玉)

房租利润 rent profit

房产经营者在出租房屋过程中的经营收入减去经营支出的剩余部分。它是通过房产经营活动所获得的经济效益,不是建造房屋的利润,后者是房屋造价的组成部分。房租利润的计算,当前多采用成本利润率计算方法,其水平应大体相当于社会平均利润。 (刘长滨)

fei

非必要功能 non-essential function

又称多余功能或过剩功能。产品所具有,但目的不明确也不是用户所需要的功能。它使产品增加成本而不提高价值。因此,识别并消除非必要功能是价值工程活动追求的目标之一。 (吴明 张琰)

非标准设备制造产值 output value of nonstandard equipment manufactured

施工企业在现场加工制造以及附属加工厂为本企业承建工程制作的未定型生产设备的加工费和原材料价值。施工产值的构成部分。按实际完成程度计算。由附属加工厂制造的非标准设备,在使用到本企业承建的工程上之后,再计算非标准设备本身的价值。 (雷懋成)

非程序化决策 nonprogrammed decision

又称非例行决策、非常规型决策。对非例行活动、非重复出现的活动进行的决策。这是西蒙(Simon,H.A.)借用电子计算机术语对它的称谓。这类决策大都涉及比较重大的问题,事关企业的全局,如新产品的研究与发展、工厂的扩建和新建、企业经营多样化的决策等。这些决策都是不能程序化的,需要专门进行新的决策。 (何征)

非定额流动资金 non-quota circulatiny funds

企业生产经营活动中不能或不必要核定定额的流动资金。主要是流通领域中的结算资金和货币资金,如应收款、备用金、发出商品、库存现金和银行存款等。该部分资金也要受国家规定的结算纪律和货币管理制度的制约。 (周志华)

非关税壁垒 non-tariff barriers

除进口关税以外的,一切旨在限制进口的法律上和行政上的各种限制和阻止外国商品入境措施。资本主义国家实行的非关税壁垒,共有850多种:如进口配额、进口许可证、征收国内税、复杂的海关手续和专断的海关估价制度、外汇限制、进口最低限价和完全禁止进口等。其主要目的是为了保护国内市场。不仅经济发达国家广泛利用非关税壁垒作为进行贸易战的手段,发展中国家为了抵制商品倾销与转嫁危机,也相应采用。 (蔡德坚)

非计划经济合同 non-planned economy contract

见计划经济合同(129 页)。

非价格因素竞争战略 strategy of non-price competition

企业通过优良产品、信守合同、周到服务、良好信誉等非价格因素的竞争,以吸引用户,赢得市场所采用的战略。当代市场竞争,价格因素固然很重要,但不是唯一的因素。非价格因素在某些情况下还可能是决定性的因素。同时,企业也应该将价格因素与非价格因素结合起来,寻求综合的竞争优势,以取得更大的市场占有率。为此企业应在保证质量、信守合同、按期或提前交工、信用可靠、周到服务等方面,努力建立有特色的竞争优势和地位。

(何万钟)

非居住物业　nonresidential property

不以供人们长期居住为基本用途的建筑物及其附属设施和相关场地。例如工业厂房、写字楼、商场或购物中心等。　　　　　(刘洪玉)

非肯定型网络技术　non-affirmed type network technique

工作之间的逻辑关系或工作的作业时间受到各种随机条件的影响而不能确定的网络技术。适用于无先例可循、不可知因素较多的计划任务或工程项目的计划管理。应用较多的有计划评审技术和图示评审技术等。　　　　　(杨茂盛)

非例行决策　nonroutine decision

见非程序化决策(62页)。

非贸易外汇　non-trading foreign exchange

又称无形贸易外汇。即不是从货物买卖而且不经进出口贸易发生的外汇。非贸易外汇收支涉及范围主要是:港口供应与服务、旅游部门、旅游商品、铁路、交通、航空、水运、邮电、图书、影片、邮票、银行、保险、海关、商检、税收、侨汇、提供劳务、政府交往、外国驻在机构的外汇收支、"三资"企业的收支、驻外机构经费开支收入汇出、无偿援助、捐款、外币收兑及收调回国外资产、居民外汇收支等。

(蔡德坚)

非钱衡效果　nonmonetary effect

又称无形效果。建设项目评价中,难以用货币衡量的效益和损失。在实践中常以非数量化的定性描述或在此基础上的综合评分等方法来处理。

(张琰)

非确定型决策　non-determinant type decision

当决策问题存在两种以上的自然状态,而自然状态发生的概率有的不能确知时所进行的决策。这类决策或由于其约束条件复杂,变量多且不易定量化,而难以建立数学模型;或由于决策系统中的各变量及其相互关系不易定量化,也不能建立可求出最佳解的一元目标函数(常为多目标函数),所以不能求出最佳解,而只能得出满意的近似解,故亦称满意决策。非确定型决策又分为两类:当决策问题自然状态一方为具有理智的人时,这样的决策称为对策

决策问题。又称为竞争性决策,研究对策问题的理论称为对策论。当决策问题的一方为客观的自然状态,且自然状态发生的概率不能确定时,常用的决策方法有:大中取小法、小中取大法、大中取大法、乐观系数法、等概率法等。　　　　　(杨茂盛)

非生产性建设　non-productive capital construction

非生产性基本建设的简称。非生产用固定资产的购置和建造。包括住宅、文教卫生、公用事业等的建设。它直接用于满足人民物质文化生活的需要。在有计划扩大生产用固定资产规模的同时,必须妥善安排生产性建设与非生产性建设的关系,要保证非生产性建设的相应增长,使人民生活在生产发展的基础上逐步得到改善,这对促进生产的发展有重要意义。　　　　　(何征)

非生产用固定资产　non-productive fixed assets

直接用于满足人民物质和文化生活需要的固定资产。建筑企业的非生产用的固定资产包括:职工宿舍、招待所、学校、幼儿园、托儿所、俱乐部、食堂、医院等部门的房屋、设备等。　　　　　(何征)

非外贸货物　nonoverseas trade goods

采用费用效益分析进行国民经济评价时,主要影响国内供求关系的货物。项目评价术语。其划分原则为:①国内运输项目、大部分电力项目、国内电讯项目等基础设施所提供的产品或服务;②因地理位置不利,国内运费过高,不能进行外贸的货物;③受国内国际贸易政策所限,不能进行外贸的货物。

(刘玉书)

非外贸货物影子价格　shadow price of nonoverseas trade goods

建设项目国民经济评价中,对非外贸货物类型的投入物和产出物测定的影子价格。主要从供求关系出发,按机会成本或消费者支付意愿的原则确定。中国采用的一般方法按项目投入物分为三种:①项目所需某种投入物原有生产能力过剩,属于长线物资,不必为增产而新增投资。此时可对其可变成本进行成本分解,得到货物出厂影子价格,再加运输费和贸易费用,即为货物到达项目的影子价格。②通过新增生产能力才能满足项目需求。此时须对全部成本进行成本分解,得到货物出厂影子价格,再加运输费和贸易费用,即为货物到达项目的影子价格。③原有生产能力无法满足,又不可能新增生产能力的某种投入物,只有挤占其他用户的用量,属于短线物资。此时,影子价格在计划价格加补贴、市场价格、协议价格三者中取最高的,再加运输费和贸易费用。按项目产出物则分为两种方法:①增加国内供应量满足国内需求的产出物,其影子价格依供求状

况从计划价格、计划价格加补贴、市场价格、协议价格及同类企业产品平均分解成本中选取。供求基本平衡或无法判断供求关系，取上述价格中的低者；供不应求，取上述价格中的高者。②某种货物的国内市场已饱和，项目产出物不能有效地增加国内供给，反而挤占生产同类产品企业的市场份额，属盲目投资、重复建设的情况下，如项目产出物在质量、花色、品种等方面并无特色，应分解被替代企业相应产品的可变成本作为影子价格；如质量确有提高，可取国内市场价格为影子价格，或参照国际市场价格，按替代进口的外贸货物处理。　　　　（刘玉书　张　琰）

非现金结算 clearing of account

见转账结算(356页)。

非线性规划 nonlinear programming

目标函数和约束条件不全是线性函数的规划问题的优化技术。是运筹学中与线性规划相对应的一个分支。其数学模型为：

$$\begin{cases} \min f(X),(X \in RCE_n) \\ g_j(X) \geqslant 0, \quad j = 1,2,\cdots\cdots,m \end{cases}$$

式中 $f(X)$ 和 $g_i(X)$ 至少有一个是非线性函数。非线性规划是 20 世纪 50 年代开始形成的一门新兴学科。由于很多实际问题属于非线性规划问题，以及电子计算机的发展，使非线性规划得到很大发展，并在最优设计、系统识别、质量控制、管理科学等领域中得到日益广泛的应用。　　　　　（李书波）

非线性回归分析法 nonlinear regression analysis method

当自变量发生变化时，因变量呈曲线变化的回归分析预测法。由于线性变化很难反映生产及经济活动中变量变化的特点，在这一点上，非线性回归是不可缺少的。由于变量之间曲线相关的形式是多种多样的，因而反映这些曲线的方程也就各不相同。较常见到的有：

①二次抛物线相关形式

$$y = a + bx + cx^2$$

通常用下式求解系数：

$$a = \frac{\Sigma y_i - c\Sigma x_i^2}{n}$$

$$b = \frac{\Sigma y_i \bar{x}}{\Sigma x_i^2}$$

$$c = \frac{\Sigma y_i x_i^2 - a\Sigma x_i^2}{\Sigma x_i^4}$$

有时非线性回归分析也可用变量置换办法，把非线性问题转为线性问题求解。

②指数曲线相关形式

$$y = ae^{\frac{b}{x}}$$

可变换为　　$\ln y = \ln a + \frac{b}{x}$

令 $y' = \ln y, x' = \frac{1}{x}, a' = \ln a$ 得

$$y' = a' + bx'$$

③双曲线相关形式

$$\frac{1}{y} = a + \frac{b}{x}$$

令 $y' = \frac{1}{y}, x' = \frac{1}{x}$ 则有

$$y' = a + bx'$$

④幂函数曲线相关形式

$$y = ax^b$$

令 $y' = \lg y \quad x' = \lg x \quad a' = \lg a$ 则有

$$y' = a' + bx'$$

⑤S 型曲线相关型式

$$y = \frac{1}{a + be^{(-X)}}$$

令 $y' = \frac{1}{y}, x' = e^{-x}$ 则有

$$y' = a + bx'$$

　　　　　　　　　　　　（杨茂盛）

非正式组织 informal group

又称非正式团体。企业成员在共同工作过程中，由于抱有共同的社会感情而形成的一种无形团体。正式组织的对称。形成非正式组织的主要因素是：①意见一致；②个人间相互作用，即各个人为了寻求目标，加强协调，保持平衡，减低紧张情绪而与他人交往；③交流意见，即为达到一定目标进行意见交流，此时处于关键位置的人往往成为非正式组织的头头；④工作位置和地位相近；⑤共同利益。与正式组织以效率的逻辑为重要标准不同，非正式组织是以感情的逻辑为重要标准。西方古典管理理论所注意的只是正式组织，行为科学则认为还存在非正式组织，并强调它同正式组织相互依存，对生产率的提高有重大的影响。　　　　　（何　征）

废标 invalidated bid

评标中确认为不符合要求而拒绝接受的标书。通常投标单位投送的标书有下列情况之一者无效，称废标：①标书未密封；②标书字迹模糊，辨认不清；③标书文件不符合规定要求；④标书未加盖本单位和负责人的印鉴；⑤标书送达日期已经超过规定的标书递交截止时间。　　　　　（钱昆润）

费用比重分析法 costs ratio analysis method

价值工程活动中，以产品各部分不同费用占全部费用的比重选择价值工程对象的方法。　（张　琰）

费用效果分析 cost-effectiveness analysis

对投资方案或项目的效益不能简单用货币来度量时，用方案效果与所支出费用比较来评价方案的

方法。通常方案效果可用某种物理计量、或某种技术参数值、或比率数值、或定性描述表示。方案比较常采用的方法有:①费用固定法。即投入费用一定,其效果最大方案为优。②效果固定法。即效果一定,投入费用最小的方案为优。③效果/费用比值法。即效果/费用比值最大者为优。④适用于定性指标的专家系统评价方法,如综合指标评价法、层次分析法、模糊决策法、专家评价法等。

(何万钟)

费用效益分析 cost-benefit analysis

又称成本效益分析。从社会角度对建设项目的成本与效益进行比较,以评价其可行性的经济数学分析方法。主要运用经济学、数学和系统科学等方面的知识,按一定的程序和准则,分析研究项目在寿命周期内费用和效益引起的整个社会影响,为决策提供科学依据。费用效益分析的起源可上溯到法国工程师、经济学家杜普依(J.Dupuit 1804~1866)于1844年发表的《公共工程的效用计量》一文。1936年美国制订《洪水控制法》,通常被认为是费用效益分析原则的首次应用。1950年以后,在理论上与福利经济学、资源有效分配理论、工程经济学以及运筹学相联系,才为这种方法奠定了理论基础,并在许多发达国家和发展中国家的公共工程项目评价中得到推广应用。此法着重于从社会角度分别计量费用和效益,并以货币形态表示,然后据此进行比较。计量范围不仅包括直接的费用和效益,还包括间接费用和效益在内的全部费用和效益。在实践中,项目的费用应包括基本费用(投资和运营费)、辅助费用(为充分发挥效益而发生的费用)和无形费用(生态破坏、环境污染等引起的经济损失和社会代价);效益包括基本效益(直接提供的产品或服务的价值)、派生效益(派生活动增加的价值)和无形效益(增进安全、减少生命死亡、改善生态环境等社会效益)。在计量过程中,由于种种原因而使市场价格被扭曲,以致不能正确反映投入与产出的社会价值,以及时间、生命等非商品没有市场价格,但为了比较又需要给予货币估价,西方学者主张使用影子价格,以更好地反映社会成本。为了使不同时期的费用与效益能在同一基础上加总和比较,必须将未来时期的费用和效益通过选定的折现率折算为基年现值。在此基础上计算二者之差,当净效益 $B-C$ 的现值为正,或总效益对总费用之比 $B/C>1$ 时,方案可取。费用效益分析为评价一个或多个备选方案提供能全面处理多种因素的逻辑结构,为有效决策提供经过处理的大量有用信息。但不同于最优分析,不研究为使最优状态得以存在的条件,而只能从有限的几种方案比较得出何者为优的结论。

(刘玉书 张 琰)

分包单位 subcontractor

俗称二包。从总包单位接受一个项目中的某些分项工程或专业工程的分承包单位。分包一般不与建设单位发生直接关系,整个工程项目的施工由总包统筹安排。总包对建设单位负责;分包对总包负责。国际现行的分包方式主要有两种:一是由建设单位指定分包;二是总包自行选择分包。总包与分包双方签订分包合同。明确双方的权利与义务,各自履行合同责任。

(钱昆润)

分布式操作系统 distributed operating system

在各处理机之间采用无主从关系设计的操作系统。除了最低级的输入输出设备支援外,所有的系统任务可以在任何个别的处理机上运行。系统中有高度的并行性以及有效的同步法。从用户特征来看,这种操作系统服务与非分布式操作系统的相应服务在用户功能上基本相同,不同的主要是组织形式与实现方法,前者是分散组织,分布式控制,后者是集中组织,集中控制。这类操作系统的设计比通常网络操作系统困难,但更易于维护和修改,更适用于小型、微型机局部网络。

(冯镛荣)

分布式处理 distributed processing

各点的计算机通过网络连在一起,各计算机可相互独立地做信息处理或将一大处理流程分开由各点计算机处理。在网络内各自的计算机或计算机组彼此间能相互存取信息。通常,选网络内的大型或巨型机作为主计算机。这种处理的主要效益和优越性:一是改善可靠性和坚定性;二是获得快速响应和降低费用;三是提高性能。它主要用于分布式数据库管理系统和分布式操作系统。

(冯镛荣)

分布式处理系统 distributed processing system,DPS

由若干台处理机共享存储器的系统。其中每台处理机或计算机均完成系统中指定的一部分功能。如各台处理机可分别处理同一程序的各个子程序;也可按功能分别处理一道程序的各个阶段。各台处理机或计算机在逻辑上、物理上都是连接在一起的,彼此互相通信,实现资源共享。DPS应有统一的操作系统,以便动态地分配任务和资源。DPS具有可靠性高、灵活性好、性能价格比高等优点。廉价微处理机的出现和迅速发展,也为DPS系统的迅速发展奠定了基础。

(冯镛荣)

分布式数据库 distributed data base,DDB

以分布处理方式所支持的数据库。数据分散储存在计算机网络中各计算机内。可供处于不同地理

位置的多个用户灵活方便地使用数据,以达到数据资源共享、提高系统效率之目的。　　(冯镒荣)

分布数列　distribution series

又称分配数列。在统计分组和对总体中所有单位按组归类的基础上,按一定顺序和组别将各组单位数依次编排而成的数列。按品质标志分组的,称品质数列;按数量标志分组的,称变量数列。它可以反映总体中所有单位在各组间的分布状态和分布特征。研究这种分布特征是统计分析的一项重要内容。　　(俞壮林)

分部工程　sub-unit project，divisional work

单位工程中,按建筑安装工程的结构、部位或工序所划分的工程。也即性质相近,所用工种、工具、材料和计量单位大体相同的部分。例如把一般土建工程分为:土石方工程、基础工程、砌砖工程、地面工程、屋面工程、门窗工程以及装饰工程等等。　　(徐友全)

分部工程施工进度计划　partial project construction schedule

反映分部工程施工全过程的进度状况的文件。是分部工程施工设计的重要组成部分。也是单位工程施工进度计划的具体化。编制要点:确定各分项工程的施工顺序、资源消耗、持续时间及其相互搭接关系。主要形式有:横道图和网络图。　　(董玉学)

分部工程施工设计　programming of partial project construction

用以指导分部(项)工程施工全过程的技术经济文件。主要内容有:施工方法和机械;劳动组织和施工进度;质量要求和技术措施。是单位工程施工组织设计的具体化。　　(董玉学)

分部工程验收　check and acceptance of parts work

在建筑安装工程施工过程中,当某些分部工程完工后,根据设计图纸、施工验收规范、质量检验评定标准及有关施工规程对其进行的质量评定和检查验收。是施工过程中质量控制的重要一环及竣工验收的依据之一。其验收工作一般由建设单位、监理工程师及施工单位的有关人员参加,并做好验收记录。对某些重大或特殊的工程还需设计单位有关人员参加。　　(张守健)

分部工程质量评定　quality assessment of section work

对分部工程质量等级的评定。分部工程所含分项工程质量全部合格,则该分部工程质量评为合格。分部工程质量符合下列条件的可评为优良:①所含分项工程质量全部合格,其中有 50% 及以上评为优良;②其中主要分项工程(如砖混结构的砌砖,钢筋混凝土结构的混凝土等)必须达到优良;③未经加固补强(即改变结构外形或造成历史缺陷的)。分部工程质量评定应在分项工程质量评定的基础上由单位工程技术负责人和专职质量检查人员进行。对工业安装工程的重要设备(如锅炉、压力容器等)的分部工程质量评定,必要时还应请建设(或监理)单位及当地劳动主管部门参加。重要的分部工程如主体结构工程以及采用新结构、新材料、新技术的分部工程,应由建设(或监理)、设计、施工三方共同检验和评定。　　(周爱民)

分代理　subagency

受首席代理委托,负责部分物业销售或出租工作的代理机构。其佣金一般视所承担的责任大小,由委托代理合约规定。　　(刘洪玉)

分段招标　sectional bid

无限竞争和有限竞争相结合的招标方式。一般分两个阶段招标。第一阶段是公开招标,经过开标评议以后,再邀请其中报价较低或招标单位认为最有资格的若干家投标单位进行第二阶段报价。但是当第一阶段中招标单位在所有的标书中能够选择出符合条件的投标单位作为合格的中标单位,也可不再要求第二阶段报价。实际上第二阶段的报价是要求投标单位进一步减价。这一方式适用于招标单位对新建项目缺乏经验,对"标底"吃不准的情况,把第一阶段作为摸底,选出较优的标书,然后再从第二阶段报价中决标。　　(钱昆润)

分解成本　resolve cost

投入物和产出物为非外贸货物的建设项目经济评价中,按价格形态重新计算货物各项费用确定其影子价格的方法。与成本不同之处在于它不仅包括属于成本的各种消耗的总和,而且还包含一定量的利润。计算中要剔除原生产费用要素中的"利息"和"折旧"两项,代之以流动资金回收费用和固定资产投资的资金回收费用,同时必须使用社会折现率。因此,分解成本是价格形态。按中国现行规定,成本分解的一般步骤是:①准备要分解货物的生产费用要素的详细资料;②计算重要原材料、燃料、动力、工资等投入物的影子价格及单位费用;③对固定资产投资进行调整和等值计算;④用固定资金回收费用取代财务成本中的折旧费;⑤用流动资金回收费用取代财务成本中的流动资金利息;⑥财务成本中的其他项目可不调整;⑦完成上述调整后,各项费用重新计算的总额即为所分解货物的分解成本,作为该货物的出厂影子价格。　　(刘玉书)

分类账　ledger

由一系列账户所组成,根据会计凭证或日记账,分别账户登记经济业务的账簿。有总分类账和明细分类账。会计核算的主要账簿之一。可提供各种资产、负债及资本金的增减变动和经营过程或预算执行过程及其结果的总括资料和明细资料。

（闻　青）

分类折旧率　classified depreciation rate

在单项固定资产折旧额基础上，按其类别加权平均综合计算的折旧率。固定资产的类别一般根据固定资产的性质和用途进行划分，如施工企业的固定资产可划分为：房屋及构筑物、施工机械、运输设备、生产设备、仪器及试验设备等。在实际工作中，也有根据历史资料，用各类固定资产过去几年的平均折旧额，分别除以各该类固定资产过去几年的平均总值求得分类折旧率，用以计算各个时期的折旧额。计算公式为：

$$某类固定资产年综合折旧率=\frac{该类固定资产折旧额之和}{该类固定资产原价之和}\times100\%$$

$$某类固定资产月折旧率=\frac{该类固定资产年综合折旧率}{12}$$

（闻　青）

分散订货　decentralized order

用户向物资生产厂家直接订货的产需衔接方式。用户可以根据生产厂家（或销售部门）的产品质量、价格和信誉等情况，通过电讯、信函或派人向生产厂家提出订货。中国物资供应体制改革后，企业有了一定的物资采购自主权，随着生产资料市场的建立和完善，分散订货将成为产需衔接的一种主要形式。

（陈　键）

分时操作系统　time sharing operating system

采用时间片轮换的办法，使一台计算机能同时为多个终端用户服务，对每个用户都能保证足够快的响应时间，并提供交互会话功能的操作系统。它通过给每个用户提供一个"个人计算机"的方法提高整个系统的效率。分时技术是把处理机时间分成很短的时间片轮流分配给多个联机作业使用，如果某个作业在分配的时间片用完之前计算还未完成，该作业就暂时中断，等待下一轮继续计算，此时处理机让另一联机作业使用。这样，每个用户的各次要求都能得到快速响应，给每个用户的印象是：好像他在独占一台计算机一样。分时操作系统具有多路调制性；独占性；交互性等特点。　　（冯镳荣）

分项工程　subdivisional work

在一个分部工程中，按工作的内容、要求、施工方法不同和所需人工、材料、机械等的差别所划分的工程。例如土方工程可分为平整场地、人工挖普通坚土柱基坑（或槽沟）、机械挖砂砾坚土基坑，砌砖工程可分为基础砌砖、墙体单面清水砌砖、双面清水砌砖等分项工程。

（徐友全）

分项工程施工进度计划　individual project construction schedule

反映某分项工程施工全过程的进度状况的文件。是分项工程施工组织设计的重要组成部分和分部工程施工进度计划的具体化。编制要点：划分施工工序；安排施工顺序；确定施工持续时间；确定工序之间的相互搭接关系。主要形式有：横道图和网络图。

（董玉学）

分项工程验收　check and acceptance of section work

在建筑安装工程施工过程中，当某一分项工程完工后，由施工单位、建设单位或监理工程师共同进行的工程检查和验收。通常土建施工在单位工程的主体结构或重点、特殊工程以及推行新结构、新技术、新材料的分项工程完成后，由双方共同检查验收，并签证验收记录。安装施工在暖卫、电气、通风及设备安装等各专业项目完成后，要严格按照有关工程质量标准、规程和规范进行各种验收工作。并做好验收记录。

（张守健）

分项工程质量评定　quality assessment of element work

对分项工程质量等级的评定。被评定的部位、项目、计量单位、允许偏差、检测的数量、方法以及检验用的工具等都要符合质量检验评定标准中的有关规定。分项工程质量由保证项目、基本项目、允许偏差项目三部分来评定，符合下列要求者评定为合格：①保证项目必须符合标准的规定；②基本项目应基本符合标准的规定；③有允许偏差的项目，其抽查点（处、件）数中，有70%达到标准要求，其余基本达到标准要求。在合格基础上，有允许偏差的项目，其抽查点（处、件）数中，有90%达到质量标准的要求，其余基本达到标准要求者，可以评定为优良。分项工程质量评定应在生产班组自检、互检的基础上，由单位工程技术负责人组织专职质量检查员和班组长共同检查评定。对于重要的分项工程应由建设（或监理）、设计、施工三方会同检验并签署质量评定记录。

（周爱民）

feng

风险　risk

投资者获取预期收益的不确定性。

（刘洪玉）

风险报酬率　risk premium

高于无风险投资回报率的投资回报率。对投资者承担投资风险的一种补偿。例如,某地区的安全回报率为 10%,房地产投资回报率为 15%,则房地产投资的风险补偿利率为 5%。 （刘洪玉）

风险补偿 risk compensation

又称风险收入。经济行为当事人承担经营风险所取得的经济收益。是经济行为当事人凭借自己的经营才能取得的合法报酬。实行风险补偿,可提高经济行为当事人的经济承受能力,也可作为一种激励因素,促进企业家队伍成长,并有利于企业技术创新和企业管理的优化。 （何万钟）

风险分析 risk analysis

投资方案除有关参数的不确定性之外,由于随机原因所引起的方案总体实际效果与预期效果差异的分析。当存在多种可能预期结果的情况下,且对其发生的概率可以主观确定时,就属于风险分析。它又分概率分析、解析分析和蒙特卡罗模拟分析等。目前在项目评价中多进行概率分析,后两种方法使用不多,有待进一步推广应用,以使评价结果更符合实际。 （刘玉书）

风险观念 concept of risk

"经营蕴含着风险",要获得赢利,就得敢于和善于承担风险的思想。树立风险观念:①要有承认风险的魄力。在商品经济条件下,企业的经营环境错综复杂,包含着不少可变因素和不可控因素,并处在不断的动态变化之中。经营风险无所不在。②要有面向风险的胆识,风险与企业赢利相伴而生。不愿冒风险是不能谋大利的。③要有减轻风险、转嫁风险的智慧。敢于担风险,绝不是蛮干;还必须善于分散风险和合理地转嫁风险,最大限度地避免可能造成的经济损失。 （何万钟）

风险管理 risk management

以最小的资金、人力、物资、时间等资源的投入,使企业经营过程中由于风险造成的不良影响或经济损失为最小限度所进行的管理活动。其目的是配合企业经营战略或经营策略,以减少风险,实现企业经营目标。一般步骤是:分析企业可能遭遇的风险因素;估计风险可能造成损失的概率和程度大小;研究适当的风险对策或替代方案,选择一种或多种最适对策方案,并组织实施;定期评估实施绩效,必要时调整原订对策或方案。 （何万钟）

风险评审技术

venture evaluation and review technique, VERT

用于解决风险决策问题的一种综合分析网络技术。20 世纪 70 年代在军事工程中开始研究应用。对于管理者来说,最常见和最棘手的问题,就是要在信息不充分或不确切的情况下作出决策。即所谓风险决策。此类决策通常与时间、费用、运行效果（如生产水平、投资回收等）三种因素有关。而 VERT 的特点是把时间、费用与运行效果联系起来进行分析。与一般网络模型相似,它也以节点表示事件或决策点,以枝线表示工作;工作通常有三种参数:持续时间、消耗的费用、执行工作所产生的效果。各项工作按一定的逻辑关系从始节点到终节点展开。但由于分析功能的需要,它又比一般网络增加 6 种新的节点形式,最具创新意义的是引进了"数学关系"。即能建立任一工作的时间、费用与运行效果之间的数学关系,以及任一工作与其他工作之间时间、费用或运行效果的数学关系,从而大大增强了网络描述与分析现实世界的能力。VERT 的分析研究和应用,尚处在发展中。 （杨茂盛）

风险投资 risk investment

对尚处于研究、开发阶段,成败尚难预测的高新技术和新兴产业的基本建设投资。主要作用是支持产业中最先进的部分,提高整个国民经济结构水平。兴起于本世纪 50 年代,70 年代中期迅速发展。投资方向主要集中在信息、电子、生物工程、新能源、新材料等新兴产业。风险投资的发展必需具备丰富的风险技术资源;高度发达的金融市场,特别是风险资金市场;良好的风险投资环境和创业环境。中国近年来也已开始风险投资,以推进新技术革命和发展生产力。 （何 征）

风险型决策 risk type decision

又称随机型决策。当决策问题存在着两种以上的自然状态,而对各种自然状态发生的概率可预先作出估计时进行的决策。是常见的决策类型之一。所用的决策方法主要有:①以期望值为标准的决策方法;②以最大可能性为标准的决策方法;③以优势原则为标准的决策方法;④以意愿水准原则为标准的决策方法。此外还有马尔柯夫决策法、模拟决策法、动态规则决策法等。在以上各种方法中,以期望值法应用较多。 （杨茂盛）

封闭系统 closed system

又称孤立系统。不与外界环境进行物质、能量和信息交换的系统。开放系统的对称。它的一个重要特征是所谓熵,即一个封闭系统可能走向混乱、无目的、以及怠惰状态的趋势。一切封闭系统均将受到熵的力量的影响。经过相当时期之后,熵的力量增大,整个系统最后将走向停滞乃至衰亡。封闭系统与开放系统难以从绝对意义上界定,一般都是相对而言。例如机械系统既可能是开放系统,也可能是封闭系统;有的可能更倾向于封闭系统。 （何 征）

封闭性抵押贷款 closed mortage

在贷款协议中规定,抵押人不能将抵押物再一次做贷款担保的抵押贷款形式。房地产抵押贷款的一种形式。　　　　　　　　　　　　　　　(刘洪玉)

封闭原理　principle of seal

关于在一个系统内,其管理职能、管理环节必须构成一个连续的闭合回路——闭环,才能形成有效管理的原理。企业管理的职能:计划、组织和控制,能够形成闭环,故能实现有效的管理。根据封闭原理,在制订任何管理措施和制度时,都要考虑到可能产生的后果,看后果是否符合预期的目的,有无副作用。如有副作用,则应采取对策加以封闭。封闭只是相对的,没有一劳永逸的封闭。要在管理实践中,不断反馈,不断修正和采取封闭的对策。

(何万钟)

fu

浮动工资　floating wages

随企业经营成果和劳动者贡献大小而上下浮动的劳动报酬部分。在中国,基本作法是把职工标准工资的部分或全部与奖金等结合在一起,根据企业经营的好坏和职工劳动贡献的大小而上下浮动。按其浮动幅度和浮动方式,有全浮动、半浮动、小浮动、内部浮动升级、工资标准在一定范围内浮动五种形式。实行浮动工资是以企业和职工在经营责任制中承包各项指标的完成情况为依据的。承包基数是否合理,直接影响实行浮动工资的效果。实行浮动工资有利于调动职工劳动积极性,充分发挥工资的经济杠杆作用。但由于实行这一工资形式的时间较短,还需继续试点,总结经验和改进。　(吴　明)

浮动汇率　floating exchange rate

国家不规定本国货币对外币的固定比价,也不规定上下波动幅度,而根据市场供求关系自由涨跌的汇率。固定汇率的对称。自1973年起主要西方国家普遍实行。其方式分自由浮动和联合浮动。前者的好处是:有关国家的货币当局,不必担心黄金、外汇储备的损耗,而且当对外贸易出口大于进口时汇价就上浮,有利于恢复国际收支平衡。但是由于汇价没有上下波动幅度限制,当出现猛涨猛跌时,为投机商提供了牟取暴利的机会,影响对外贸易的正常活动。后者实行的结果,创建了欧洲货币体系,促进了共同体内部经济和贸易往来发展,加强了同美国抗衡的力量,为实现共同体货币联盟奠定了基础。但是在西方世界经济和货币金融局势动荡不定的情况下,要保持联合浮动内部汇率长期稳定也需要克服各种困难。　　　　　　　　(刘长滨　刘玉书)

福特制　Ford system

又称"福特主义"。美国企业家享利·福特在实行生产流水作业和产品标准化的基础上,创立的生产组织形式。1913年在福特汽车厂首先采用。其主要内容:①组织生产流水线。用高速传送装置的运输系统,把生产过程组成流水作业线,全部作业同时进行,连续不断地运转,工人操作时无需移动就可获取各种零件、部件和工具。②生产标准化。包括:产品标准化;零件标准化;车间专业化;机器和工具专门化,从而简化了操作方法,降低了对劳动者的技术要求,可广泛使用廉价的非熟练工人。③提高工资和福利来刺激工人的劳动生产率,并实行利润分享计划,设立医疗部门和福利部门,开办学校,实行每周劳动五天、共40小时的制度,创建福特基金会等。这些措施,不仅使利润提高,而且扩大了福特本人和他的公司的影响。　　　　　　　(何　征)

辅助材料　auxiliary material

用于生产过程,但不构成产品主要实体的材料。主要分三类:①与主要材料结合使其发生物理或化学变化的材料,如早强剂,防冻剂等;②与机械设备使用有关的材料,如润滑油;③为创造正常劳动条件消耗的材料,如照明、加热材料等。　　(陈　键)

辅助工程　subsidiary project

建设项目建筑群中为主体工程提供产品和服务的生产性工程。如钢铁厂的动力车间、机械修理车间等。　　　　　　　　　　　　　　　(徐友全)

辅助工资　auxiliary wages

按规定支付给职工非工作时间的工资。包括:执行国家和社会义务时间的工资;调动工作期间的工资;因气候影响的停工工资;女工哺乳期间的工资等。　　　　　　　　　　　　　　(吴　明)

辅助功能　auxiliary function

又称二次功能。用户对基本功能以外所要求的其他次要功能。对产品的基本功能起改善和促进的辅助作用,保证基本功能的实现。一般对产品价值无直接贡献,但与增加成本有关。因此,使辅助功能的数量最少,为价值工程活动追求的目标之一。

(吴　明　张　琰)

辅助性研究　auxiliary study

大型、复杂建设项目可行性研究中就一些专门问题进行的补充研究。通常有:①产品市场研究;②原材料等投入要素市场的研究;③实验室或工厂的试验研究;④厂址研究;⑤项目经济规模研究;⑥设备选型研究等。它不是独立的工作阶段,而是可行性研究的组成部分。　　　　　　　　(曹吉鸣)

付款保证书　payment guarantee

又称付款保函。担保工程承包人偿还业主为未完工程所付预付款的证书。这项保证书应承包人的要求,由银行开具付款证书。中国在国际工程承包业务中,此项保证书通常向中国银行申请出具。

(钱昆润)

负荷联动试车检验 test of loaded combining operation

无负荷联动试车检验合格后,按试车规定向联动机组进行的投料试车。在规定的时间内,设备运转正常,合乎设计要求,即为负荷联动试车合格,便可签发合格证书。该项工作由建设(生产)单位在安装单位和设计单位的协助下进行。试车需要的动力、油料、原材料、电气等由生产(建设)单位提供。

(何秀杰)

负荷联合试车费 loaded combine test expense

建设单位单项工程(车间)在交工验收前按照设计规定的工程质量标准,进行整个车间的负荷联合试运转所发生的费用支出大于试运转收入的差额和必要的工业炉烘炉费。试运转费用包括:试运转所需的原料、燃料、油料和动力消耗费用,机械使用费,低值易耗品及其他物品的消耗费用以及施工单位参加联合试运转人员的工资。试运转收入包括试运转产品销售收入和其他收入。建设单位会计中待摊投资科目的明细项目。工程建设概预算中"工程建设其他费用"的组成部分。

(闻 青)

负债 liabilities

企业及其他经济组织所承担的能以货币计量、需以资产或劳务偿付的各种债务。资产的对称。财务会计术语。通常分为:①短期负债,即在一年内偿还或支付的债务,如应付账款、应付税金、应付利息和短期票据等。②长期负债,即不要求在一年内偿还的债务,如抵押借款、长期票据和债券等。有特定资产作为偿债抵押的债务称担保负债;无担保负债则是靠企业的一般资产来偿还的债务。

(张 琰)

负债股利 liability dividend

股份公司以应付票据、公司债券等来支付的股利。一般在现金不足,难以支付现金股利、财产股利的情况下采用的一种权宜之计。

(俞文青)

附加租金 overage rent

除固定的基本租金外,依租赁合同规定,需另行增付的租金。常基于一个变数如营业额的百分比计算。因其较基本租金有较高的不确定性,所以在评估中常采用较高的折现率。

(刘洪玉)

复建项目 resume project

过去年度因故已停建或缓建,本年度内因建设条件重新具备,有继续建设的需要,又纳入国家或地区建设计划,重新恢复施工的建设项目。

(何秀杰)

复利 compound interest

将每次计息期所产生的利息加入本金再计利息的计息方式。俗称"利上滚利",即利息再生利息。计算公式为:

$$I = P(1 + i)^n - P$$

P 为本金;n 为计息期数;i 为利率。例如,本金1000 元,年利率为 6%,计息期数 5 年,代入上式,则

$$I = 1000 \times (1 + 0.06)^5 - 1000 = 338.23 \text{ 元。}$$

(雷运清)

复式记账法 double-account system

会计核算中对每笔经济业务在两个或两个以上账户同时等额登记的一种记账方法。单式记账法的对称。如用现金支付一笔管理费用,要同时记入"管理费用"账户和"现金"账户。收回工程款存入银行时,要同时记入"结算户存款"账户和"应收工程款"账户。采用复式记账法,可以全面地、相互联系地反映各项经济业务所引起的资金增减变动情况,并可利用资产总额和负债及权益总额相等的关系,来检查账户记录的准确性。是一种比较完善的记账方法,为世界各国广泛采用。

(闻 青)

复式预算 multiple budget

将预算年度内政府的全部财政收支按经济性质分别编入两个以上平衡表内的国家预算组织形式。一般分为经常性预算和建设性预算(亦称资本预算)两部分,也有另列专项基金预算的。它有利于体现"一要吃饭,二要建设,量力而行"的原则。编制程序是先经常性预算,后建设性预算。经常性预算坚持收支平衡,并有一定节余转入建设性预算;建设性预算要保持合理的规模,建设资金不足时,可通过适当借债和向社会筹资来解决。这种预算组织形式的优点是各种性质资金的来源和用途较为清晰,有利于对预算执行情况进行效益分析和检查监督。不足之处主要在于将统一的财政收支分列于不同的平衡表内,打破了预算的整体性;资本预算把投资与债务对应,从预算本身看不出控制债务的必要性,有可能导致债务失控;结构比较复杂,编制难度较大。为适应改革开放的新形势,中国从 1992 年 1 月 1 日起改用复式预算。

(何万钟)

G

gai

改建项目　reconstruction project

原有企业为提高生产效率或改进产品质量或改变生产方向,对原有设施、工艺条件进行大规模技术改造的建设项目。有的企业为了平衡生产能力,增建一些附属性的辅助车间或非生产性工程,也属于改建项目。　　　　　　　　　　　　（何秀杰）

改善维修　improvement maintenance

又称改善性维修。对发生故障的设备或部位,不仅单纯加以修复,而是通过改进机械设备的结构、材料等手段来改善设备素质的维修方式。是将技术革新实施于机械设备的维修作业,既可减少设备故障的发生,又能简化维修作业。　　　　（陈　键）

概算文件

见建设工程概预算(140页)。

概算指标　estimating quota

以每百平方米建筑面积或每座构筑物为计量单位而规定的造价及主要人工、材料消耗量指标。它比概算定额综合性更强。主要有总说明、指标的用途、编制依据、条件以及其使用方法等项内容。也是编制工程概算的主要依据。概算指标的表达方式,除以建筑物或构筑物为对象外,也可以每万元投资所需工料消耗量表示,称为万元指标。由于它比概算定额更加扩大和综合,往往在设计深度不够的情况下,用以确定造价额度。　　　　（张守健）

概要设计　concept design

又称初步草图设计。西方国家对设计对象的形式、功能等进行规划性的构想和分析的设计文件。英美等国大都将设计工作分为概要设计、基本设计和详细设计三个阶段。概要设计是在投资决策之后,由咨询单位将初步可行性研究和最终可行性研究中的一些原则问题,通过与雇主协商,并经确认后形成的设计文件。其主要内容包括:明确工作范围和特点,产品品种及生产规模,主要生产设备的类型规格,厂址条件,厂外运输条件,环境保护及城市规划要求等。　　　　　　　　　　　（林知炎）

gan

甘特　Gantt,H.L.(1861~1919)

科学管理的倡导者之一。出生于美国马里兰州。1880 年毕业于约翰·霍普金斯大学。1887 年进入米德维尔钢铁厂,与泰罗共事 14 年,为泰罗的亲密合作者。自 1901 年至终年,从事咨询服务工作,并执教于哥伦比亚大学、哈佛大学等。他对科学管理有卓越贡献:①在生产管理中创制的甘特图,至今仍在生产管理部门中使用。②提出"劳动报酬奖金制"。对完成日定额者,除日工资外,还发给一定比例的奖金;完不成者,只发给日工资,不发奖金,但不予处罚。③主张管理者有责任培养、教导工人,认为"在所有管理问题中,人是最为重要的因素"。这对后来的人际关系理论有一定影响。④认为企业应以服务为最终目标,而不要专图盈利。甘特有关管理的论著甚丰,有多产作家之称。　　　（何　征）

甘特图　Gantt Chart

又称横道图。由美国人 H.L. 甘特所创制的对产品生产活动进行计划调度和控制的图表。甘特早期绘制的图表题目之一是通过水平线条说明工人完成任务标准的进展情况,把每个工人工作情况和获得奖金情况记录下来,达到标准的用黑色横线表示;未达到标准的用红色标明。管理者通过这张图表立即可以看出工人的成绩和不足;工人也能从表上看出没有获得奖金的原因。甘特图原是一个极为简单的图表,但却是一项极为有效的计划与控制的工具。下图表示某项工程的甘特图:

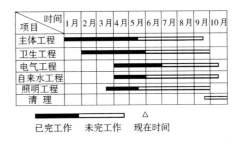

（何　征）

干部工资等级制度　system of wages brackets for cadre

中国企业的工程技术人员、经营管理人员实行的职务等级工资制。是根据技术人员、经营管理人员的劳动特点制定的。他们是脑力劳动者,其劳动差别主要体现在所担负的职务上。职务不同,工作的技术复杂性、繁重性,承担责任的大小也不同,要求的业务技术能力、经验也不一样。所以,在企业内要根据不同职务,同一职务又划分若干等级,分别规定相应的工资标准,使劳动报酬较好地体现劳动的差别。 （吴 明）

gang

岗位工资 work post wages

按工人在生产中的不同工作岗位,分别确定劳动报酬的一种工资形式。岗位工资标准,根据工作难易、责任大小,劳动轻重等条件决定。适用于技术复杂程度不高、同一工种内部技术差别不大、劳动分工细致而又较固定的某些工种。 （吴 明）

岗位工资制 work post wages system

对在不同岗位工作的职工,按相应的岗位工资标准支付劳动报酬的工资形式。主要适用于专业分工较细,工作对象和生产工艺都比较稳定的生产部门或部分工种。 （吴 明）

岗位津贴 work post allowance

为了补偿职工在特殊劳动条件下的工作岗位上的劳动消耗而给予的额外劳动报酬。具体分为实物形式和货币形式两类。前者是供给职工一定数量的食品或发给保健用餐券;后者是付给货币报酬。岗位津贴只发给在岗工作的职工。 （吴 明）

岗位培训 work post training

又称岗位职务培训。根据职工所在的岗位和所担任的职务进行的定向培训。包括:① 上岗前培训。职工上岗前按岗位要求所进行的培训。② 在职(岗)培训。职工走上工作岗位后,根据工作的新环境、新要求所进行的经常性培训。③ 转业培训。职工转换工作岗位或晋级提升,所进行的补充和提高技能的培训。实行岗位培训必须把工作和学习结合起来,从实际出发,按需施教,以文化知识为基础,以专业知识为重点,注重实际能力的提高。对经过岗位培训、考试合格的人员,由考核机构颁发"岗位合格证书",作为今后任职或工作的必要依据。 （吴 明）

岗位责任制 system of personal post responsibility

把企业的生产任务和各项工作的有关规定、要求和注意事项,具体落实到每个岗位、每个职工,使其明确各自职责、任务的制度。企业中各项责任制的基础。包括领导干部岗位责任制、管理人员岗位责任制、工人岗位责任制。实行岗位责任制可在企业中形成人人有专责,事事有人管,办事有标准,工作有检查的有序局面。 （何万钟）

ge

个别成本 individual cost

又称企业成本。指不同企业生产同类产品的成本。社会成本的对称。是考核企业经济效果,进行同行业、同一产品成本评比的依据。从国民经济角度看,它的降低,会使社会平均成本随之降低,为国家节约资源,提供盈利;反之,会使社会平均成本随之增高,浪费国家资源,盈利减少。从企业经营管理角度看,是编制成本计划、控制支出,完成上缴税利,考核经营成果的主要指标。不同的建筑企业生产同类产品,还因地理位置,社会经济条件、技术装备水平、企业管理水平、工程任务等主客观因素的不同而导致相差悬殊。 （周志华）

个别折旧率 individual depreciation rate

又称单项折旧率。按每项固定资产有关资料单独计算的折旧率。采用使用年限折旧法计算时,为每项固定资产的年(月)折旧额对其原价的百分比。用此折旧率计提固定资产折旧比较准确,但工作量大。计算公式为:

$$\frac{某项固定资产}{的\ 年\ 折\ 旧\ 率} = \frac{该项固定资产年折旧额}{该项固定资产原值} \times 100\%$$

$$\frac{某项固定资产}{的\ 月\ 折\ 旧\ 率} = \frac{年折旧率}{12}$$

（闻 青）

个体投资 individual investment

中国城乡居民个人建造和购置固定资产的投资。其性质属私人经济成分。在社会主义条件下,它同占主导地位的公有制经济相联,并受公有制经济的巨大影响。是公有制经济必要的和有益的补充。对于个体投资的私营经济所具有的某些消极作用,国家可以通过有关政策和法律,加强对它们的引导、监督和管理,使其有利于社会主义建设事业的发展。 （何 征）

个体指数 individual index number

表明个别现象相对变动状况的指数。

主要有:

个体物量指数: $K_q = q_1/q_0$

个体价格指数: $K_p = p_1/p_0$

个体成本指数: $K_z = z_1/z_0$

式中, K 为指数, q 为物量(生产量或销售量)指标; p 为商品价格; z 为单位产品成本;下标"1"为报告期;下标"0"为基期。 （俞壮林）

geng

更新改造基金 renovation and reformation

fund

计划经济体制下,企业按国家规定比例、范围提取的有特定来源用于固定资产更新和技术改造的专用基金。主要来源有:折旧基金,有偿调出固定资产的价款收入,报废清理的残值收入,主管部门调剂拨入等。主要用于重新购建固定资产、在原有基础上进行技术改造、综合利用原材料和治理三废、劳动安全保护措施、零星自制设备、土建工程开支等。符合下列条件的应优先更新:①设备损耗严重;②技术性能陈旧落后,继续使用很不经济;③大修理不如更新的设备;④能耗高、浪费材料、修理费昂贵的设施等。中国在 1993 年 7 月 1 日会计制度改革后,取消了更新改造基金,余额转入资本金。 (周志华)

更新改造投资 investment of replacement and transformation of fixed assets

企业、事业单位对原有固定资产进行更新或技术改造,以及相应的配套辅助性生产设施、生活福利设施等工程和有关工作的投资。资金来源为基本折旧基金、国家预算更新改造拨款、企业自有资金和国内外技术改造贷款等。更新改造的主要目的是在技术进步的前提下,通过采用新技术、新工艺、新设备、新材料,提高产品质量,促进产品升级换代,加强资源综合利用,降低能源和原材料消耗,以及治理污染等,以实现内涵为主的扩大再生产,提高社会综合经济效益。 (张 琰)

更新改造投资计划 plan of investment of replacement and transformation

对现有企、事业单位原有设施进行更新改造以及相应配套的辅助性生产、生活福利设施等工程和有关工作的投资安排。其目的是为了加强对更新改造项目的管理和控制:要求在技术进步的前提下,通过采用新技术、新工艺、新设备、新材料,提高产品质量,促进产品升级换代,降低能源和原材料消耗,加强资源综合利用和治理污染等,提高社会综合经济效益和实现以内涵为主的扩大再生产。在中国凡是纳入各级计划的更新改造投资项目,都要按照隶属关系与资金总额分别由国家计委、国务院主管部门或省、市自治区确定的主管部门审批。 (何 征)

更新改造项目 project of replacement and transformation

对原有企业进行设备更新或技术改造的项目。是我国投资项目的一个重要组成部分。更新改造项目通常按投资规模划分为大型、中型和小型项目;也可按隶属关系和国民经济的行业划分。更新改造项目与基本建设项目的主要区别在于:后者主要属于固定资产的外延扩大再生产,而前者主要属于固定资产的内涵扩大再生产或简单再生产。更新改造项

目有时称为"技术改造项目"或"技术更新项目"。 (刘长滨)

gong

工厂化程度 level of factory production of building

推行建筑工业化初级阶段考核建筑生产工厂化的指标。可分实物工程量或价值指标进行计算。按实物工程量计算时,

$$工厂化程度 = \frac{在工厂内生产的某一种工程实物总量}{该种实物工程总量} \times 100\%$$

按价值进行综合计算时

$$工厂化程度 = \frac{在工厂内生产的工程价值}{建筑安装工作量} \times 100\%$$

随着现场施工生产日益机械化和现代化,工厂化程度有降低的趋势。 (徐绳墨)

工程保险 works insurance

又称工程一切险。对工程在施工期间由于自然灾害和意外事故而可能造成的一切损失所作的保险。财产保险的一种。依国际惯例,由承包人和雇主联名向雇主认可的保险机构投保,由承包人支付保险费。保险范围包括合同规定应由承包人负责的全部工程,到达现场的设备、材料、施工机具、临时设施和其他物资,以及发生于工程保险期间起因于保修期开始之前的一切损失和损坏;但不包括合同规定不应由承包人承担责任的特殊风险(如战争、暴乱等)所造成的损失。 (钱昆润)

工程测量放线 surveying and setting-out

控制工程平面位置和标高的现场测量和放线工作。是施工现场准备工作及技术管理的重要组成部分。内容包括:平面控制、标高控制、±0 米以下施测、±0 米以上施测、沉降观测和竣工测量等。

(董玉学)

工程测量控制网 engineering survey control net

在工程测区范围内选定若干个控制点,采用精确测量方法建立的统一坐标和高程控制系统。形式有:三角网、导线网和水准网等。是测量地形图的基础和细部测量的依据。因此控制网的测量极为重要,它与全面完成测量工作和测量成果准确性有紧密关系。 (董玉学)

工程成本 cost of construction

建筑安装工程成本的简称。施工企业和自营建设单位为完成一定的建筑安装工程所消耗的生产资料价值和支付给劳动者报酬的货币表现。考核施工管理水平的重要指标。按其计算的时间和所依据资

料的不同,有工程预算成本、工程计划成本和工程实际成本。工程实际成本的计算一般以单位工程为对象,在计算时要划清各项费用开支的界限,严格遵守国家规定的成本开支范围,不得将不属于工程成本开支范围的开支计入工程成本,也不得少计漏计应当计入工程成本的费用。工程成本分材料费、人工费、机械使用费、其他直接费、管理费等项目进行明细核算,前四个项目构成工程的直接成本,后一个项目构成工程的间接成本。月度、年度终了时,应将工程实际成本与工程预算成本、工程计划成本对比,分析工程成本升降情况及其原因　　　　（闻　青）

工程成本分析　analysis of construction cost

对影响工程成本变动的主客观因素及其影响程度所作的分析。是建筑企业经济活动分析的核心,成本管理工作的重要环节。通常是在正确核算工程成本的基础上,以成本计划和各项消耗定额为根据,检查技术组织措施执行情况,对全部工程成本进行总体分析,进而分析单位工程成本和成本项目,确定成本节超,总结节约成本的经验,提出防止成本超支的措施,以改进成本控制和成本管理工作。工程成本分析可分为全部工程成本分析、单位工程成本分析和竣工工程成本分析。成本分析的另一种含义,是在管理决策中对各种备选方案,如投标方案、施工方案等的相关成本因素,进行比较分析,以确定最佳成本,为方案决策提供依据。　　　　（周志华）

工程成本计划　cost plan of construction

预期在计划期内施工的工程所需费用支出、成本水平和降低成本任务的计划。建筑企业经营计划的重要组成部分。是进行成本控制和考核分析的依据。一般由工程直接费计划、间接费计划和降低成本技术组织措施计划组成。编制工程成本计划的工作重点是通过反复试算,确定技术组织措施节约额和成本降低额,以保证目标成本的实现。

　　　　（周志华）

工程成本降低额　reduction of cost

工程预算成本与计划成本或实际成本的差额。可分为成本计划降低额和实际降低额。形成企业经营利润的基础,综合反映企业经营管理水平和施工组织管理水平,也是进行工程成本控制和考核分析的依据。成本降低额的计算公式如下:

$$\frac{工程成本计}{划降低额}=\frac{工程预}{算成本}-\frac{工程计}{划成本}$$

$$\frac{工程成本实}{际降低额}=\frac{工程预}{算成本}-\frac{工程实}{际成本}$$

　　　　（周志华）

工程成本降低率　decrease rate of project cost

工程成本降低额与预算成本的比值。即以工程

实际成本与预算成本相减求出成本降低额,再除以预算成本即得成本降低率。计算公式为:

$$工程成本降低率(\%)=\frac{\dfrac{工程预}{算成本}-\dfrac{工程实}{际成本}}{工程预算成本}\times100\%$$

工程预算成本,是指根据施工图确定的工程量规定的建筑安装工程预算定额、预算单价及取费标准计算的预算生产费用。工程实际成本,是指在施工生产过程中实际发生,并按规定的成本核算对象和成本项目汇集的实际生产费用。　　（卢安祖）

工程成本控制　cost control of construction

在满足预定质量、工期的条件下,把工程实际成本控制在计划成本范围内的一项成本管理工作。基本内容是:①在成本控制标准,即成本计划的基础上进行目标分解,落实分阶段、分部门的成本控制目标;②在成本形成过程中,进行跟踪管理,及时掌握成本费用支出情况;③将实际费用支出与控制标准进行对比,发现问题,查明原因,及时采取措施,实施成本的动态管理。其基本特点是:首先,凡是涉及工程成本形成的领域和阶段都在成本控制的覆盖面之内;其次,落实成本控制目标,在事前形成实现成本控制的责任制;第三,在成本形成过程中进行跟踪管理和动态管理,比传统的事后核算成本的管理方式有更大的优越性。因此,对于降低工程成本,提高工程经济效益有很重要的意义。　　（周志华）

工程成本项目　cost item of construction

计入工程成本的生产费用按其构成内容所作的分类。按中国现行会计制度,工程成本项目分为材料费、人工费、机械使用费、其他直接费和间接费。前四项可直接计入成本,称直接费,其特点是随工程量增减成正比例变化。后一项由于是在组织施工和经营管理上所发生的费用,不能或不宜直接计入生产经营成本,而必须按一定标准分配予不同成本计算对象的费用,一般固定资产折旧、企业管理费和社会保险等,称间接费,其特点是不随工程量增减而变动。　　　　（闻　青）

工程成本预测　cost forecasting of construction

根据过去和现在的工程成本资料,运用定性、定量及二者相结合的科学方法,对未来工程成本进行的预计和推测。是对工程成本进行事前控制的重要步骤。其预测结果是编制工程成本计划的依据。

　　　　（周志华）

工程承包　construction contracting

作为供给者的建筑企业(承包人)根据协议负责为需求者的建设单位(发包人)完成某一工程的全部或其中一部分工作的商业行为。承发包双方通过承

包合同明确双方的权利、义务和责任。工程承包方式根据承包内容和条件有多种，按承包范围划分有：项目建设全过程承包、阶段承包和专项承包；按承包人性质划分有：总承包、分承包和联合承包等；按合同类型和计价方法划分有：固定总价、调价、单价、成本加酬金及交钥匙承包等；按获得承包任务的途径划分有：计划分配任务承包、招标承包、协商承包、指令承包等。 （钱昆润）

工程承包公司 engineering contracting company

又称工程管理公司。专门从事组织建设项目实施的建筑企业。自 20 世纪 60 年代在国际上兴起的一种智力密集型建筑企业。其主要业务是对建设项目从可行性研究、设计、材料与设备选购、订货、施工到竣工投产全过程或其中某一阶段实行总承包；再以分包方式把项目全部或部分发包给其他建筑企业，自身则专门从事综合协调与管理。中国的工程承包公司主要有以下类型：①以工程设计单位为主体，实行工程建设全过程一揽子承包；②以施工单位为主体，对施工全过程进行总承包；③在原来各专业部工程指挥部基础上建立起来的具有建设单位特色的工程承包公司。 （谭 刚）

《工程承包公司暂行办法》 Interim Measures for Project Contracting Companies

1984 年 11 月 5 日国家计划委员会、城乡建设环境保护部发出，是为了贯彻执行国务院关于改革建筑业和基本建设管理体制若干问题的暂行规定，做好工程承包公司的工作而制定的有关规定。工程承包公司是组织工程项目建设的企业单位，是具有法人地位的经济实体，公司实行独立核算，自负盈亏，自主经营。该办法共 5 章 22 条，第一章总则；第二章工程承包公司的组建；第三章工程承包公司的任务；第四章工程承包公司的责、权、利；第五章附则。该办法自颁布之日起试行。 （高贵恒）

工程承包合同 contract for construction

建设单位与勘察设计或施工等单位，为完成建设工程任务，所签订的旨在明确相互权利和义务的经济合同。根据合同标的性质，有勘察、设计合同，建筑安装工程承包合同，物资供应合同，劳务合同等。可以由一个总包单位与建设单位签订总包合同，也可以由几个承包单位与建设单位分别签订合同。承发包双方在工程承包合同中应明确双方的权利、义务和责任。合同一经签订即具有法律约束力。当事人应认真严格履行，任何一方不得擅自变更或解除合同。 （钱昆润）

工程承包合同审计 auditing of contract for construction work

审计工作人员依法对工程承包合同的签订、履行、变更、解除、争端调解、仲裁等所进行的审核、检查和监督。其目的是促进承发包双方认真签订并履行合同，提高合同履约率。主要内容包括：①合同签订的审计，重点审查合同双方的资格，合同签订的条件和合同的内容；②合同履行的审计，重点审查合同双方履行合同的行为，是否按合同规定履行义务和责任，以及审查工程竣工验收手续；③合同变更与解除的审计，重点审查合同变更与解除的手续和合法性；④合同争端调解和仲裁的审计，主要是配合有关部门检查监督合同双方争议的解决。 （周志华）

工程承包经济责任制 economic responsibility system for construction contracting

以工程项目的建设费用、质量、工期等为承包目标，责权利紧密结合的承包单位对建设单位的全面负责制。根据承包范围的不同，又分为工程设计承包、施工承包、设计施工总承包、设备器材供应承包经济责任制。在承包单位内部，又分为栋号承包、单位工程承包和班组承包经济责任制等。 （董玉学）

工程地质勘测

见工程地质勘察。

工程地质勘察 engineering geological investigation

又称工程地质勘测。研究、评价建设场地的工程地质条件而进行的地质测绘、勘探、室内实验、原位测试等工作的统称。其目的是查明场地的地层构造、岩石和土的物理力学性质、地下水埋藏条件、土的冻结深度等地质情况，并对地基承载能力和稳定性的影响作出评价。勘察的内容可视建设场地已有资料、建筑规模、建筑物类型和设计阶段及地质地貌条件而决定。勘察的方法可以有工程地质测绘、勘探、钻探、槽探、现场试验、室内实验研究以及观测（包括长期和短期的）等。藉此对建筑地区的工程地质作出评价并提出文字和图面报告。 （顾久雄）

工程概算定额 preliminary estimate norms of construction work

又称扩大结构定额。按构成建筑产品的一定计量单位扩大分部分项工程确定的人工、材料和机械台班耗用的数量标准。是编制设计概算和建设项目资源需要量计划的依据。在中国，工程概算定额由国家授权的定额管理部门负责制定。概算定额以预算定额为基础，按工程部位归并为若干扩大分部分项工程项目，考虑不同设计标准、施工工艺等因素综合加权平均，确定相应的人工、材料、机械台班消耗数量。 （张守健）

工程概算造价 preliminary estimated cost of

construction work

见建筑产品概算造价(148 页)。

工程计划成本 planned cost of engineering project

根据工程成本预测分析,及反映企业生产技术和管理水平的材料、人工、机械作业消耗定额,并考虑降低成本的技术组织措施后确定的工程预期成本。体现企业在计划期内经过努力,应该也能够达到的工程成本水平。是对工程成本进行事前、事中控制和事后考核的重要依据。正确执行成本计划,有利于促进企业改善经营管理,提高经济效益。

(周志华)

工程技术人员 engineer and technician

担负工程技术工作并具有工程技术能力的人员。在中国,其确定的条件是:已取得工程技术职称,并从事工程技术工作;或者虽无技术职称,但具有中专以上的理工科专业毕业的学历,已担负技术工作;从事一定时期工程技术工作,并具有中专以上水平的技术能力,能解决工程实际问题;已取得工程技术职称或中专以上理工科系毕业,并担负技术管理工作者。不包括虽已取得工程技术职称或中专以上理工科系毕业,但未担负任何工程技术工作的人员。

(吴 明)

工程建设标准化法规 Laws and regulations on the standardization of Project Construction

政府主管部门为调整工程建设标准化工作中发生的社会关系而制定的法律规范的总称。工程建设标准化,是指特定的主管机关,依据国家有关标准化和工程建设的法律规范,制订、发布和实施建设工程的有关标准,及相应的监督检查和管理,以获得最佳秩序和社会效益的行为。中国的工程建设标准化法规主要有:建设部发布的《工程建设国家标准管理办法》、《工程建设行业标准管理办法》及《工程建设标准局部修订管理办法》。《中华人民共和国标准化法》也对工程建设标准化作了原则规定。

(高贵恒)

工程建设地方标准 local standard of construction

尚无工程建设国家标准、行业标准而又需要根据当地的气候、地质、资源、环境等条件,在省、直辖市、自治区范围内统一的技术要求。其制订办法由省、直辖市、自治区人民政府规定,但应报国家建设行政主管部门和国家标准化行政主管部门备案。

(何万钟)

工程建设国家标准 state standard of construction

在全国范围内需要统一或控制的技术要求。在中国,由国家建设行政主管部门组织草拟和审批,经国家标准化行政主管部门会签和编号后,由国家建设行政主管部门和国家标准化行政主管部门联合颁发。

(何万钟)

《工程建设国家标准管理办法》 Administrative Measures for the State Standard of Project Construction

1992 年 12 月 30 日建设部发布,是为了加强工程建设国家标准的管理,促进技术进步,保证工程质量,保障人体健康和人身财产安全而制定的有关规定。该办法共 7 章 45 条:第一章总则;第二章国家标准的计划,包括编制国家计划的原则,主编单位的条件和工作程序等;第三章国家标准的制定,包括制定国家标准的原则和工作程序;第四章国家标准的审批、发布;第五章国家标准的复审与修订;第六章国家标准的日常管理;第七章附则。该办法自发布之日起施行。

(高贵恒)

《工程建设监理单位资质管理试行办法》 Trial Measures for Qualificational Administration of Construction Supervising Unit

1992 年 1 月 18 日建设部发布,目的在于加强对工程建设监理单位的资质管理,保障其依法经营业务,促进建设工程监理工作健康发展而制定的有关规定。该办法所称工程建设监理,是指监理单位受建设单位的委托对工程建设项目实施阶段进行监督和管理的活动。该办法共 8 章 33 条:第一章总则;第二章监理单位的设立;第三章监理单位的资质等级与监理业务范围;第四章中外合营、中外合作监理单位的资质管理;第五章监理单位的证书管理;第六章监理单位的变更与终止;第七章罚则;第八章附则。该办法自 1992 年 2 月 1 日起施行。

(高贵恒)

工程建设企业标准 enterprise standard of construction

尚无工程建设国家标准、行业标准和地方标准而又需要在企业(包括勘察、设计单位)内部统一的技术要求。对于已有国家标准、行业标准或地方标准的,国家鼓励企业制定优于国家标准、行业标准或地方标准的工程建设企业标准。它由企业组织制定,但须按国家有关行政主管部门或省、直辖市、自治区人民政府的规定备案。

(何万钟)

工程建设强制性标准 forced standard of construction

工程建设活动中按规定必须严格遵照执行的标准。一般包括工程建设的勘察、规划、设计、施工验收等的质量标准;有关安全、卫生、环境保护的技术标准;工程建设的术语、符号、代号、计量单位、建筑模数和制图方法;工程的试验、检验和质量评定方法等。在中国,这类标准常用词表示很严格时,正面词用"必须",反面词用"严禁"。表示严格,即正常情况下均应这样作时,正面词用"应",反面词用"不应"或"不得"。 （何万钟）

《工程建设若干违法违纪行为处理办法》 Measures Against Some Illegal and Indiscipline Activities in Construction

建设部、监察部 1999 年 3 月 3 日联合发布施行。为了惩处工程建设违法违纪行为,维护建筑市场秩序,确保工程质量而制订的法规。共 20 条,对建设单位、勘察设计单位、施工监理单位和建设行政主管部门的违法违纪行为及相应的惩处办法作了明确规定。本办法适用于各类房屋建筑及其附属设施的建造和与其配套的线路、管道、设备的安装活动,建筑装修装饰活动,以及城市基础设施的建造和安装活动。其他专业建筑工程,可以参照执行。 （张 琰）

《工程建设施工招标投标管理办法》 Administrative Measures on Tendering for Project Construction

1992 年 12 月 30 日建设部发布,是为了适应社会主义市场经济体制的需要,加强工程建设施工招标投标管理,使建设单位和施工企业进入建筑市场进行公平交易,平等竞争,控制建设工期,确保工程质量和提高投资效益而制订的有关规定。该办法共 8 章 47 条,第一章总则;第二章机构与职责;第三章招标;第四章标底;第五章投标;第六章开标、评标、定标;第七章罚则;第八章附则。该办法自发布之日起实施。 （高贵恒）

工程建设推荐性标准 proposed standard of construction

具有权威性,在适用范围内可参照执行的建筑标准。若经当事各方以合同等法律性文件确认后,即具有法律赋与的约束力。主要包括:勘察设计、施工方法或生产工艺标准;产品标准;技术经济评价和管理标准等。推荐性标准一般由学术团体、单位或个人提出建议文本,经政府主管部门组织审查而确认符合推荐条件时,由政府主管部门发布为推荐性标准。有权威性的学术团体,也可发布团体的推荐性标准。 （何万钟）

《工程建设项目报建管理办法》 Administrative Measures for Applying the Engineering Construction Project

1994 年 8 月 13 日建设部发出,是以有效掌握建设规模,规范工程建设实施阶段程序管理,统一工程项目报建的有关规定,以加强建筑市场管理为目的而制定的有关办法。该办法所称工程建设项目,是指各类房屋建设、土木工程、设备安装、管道线路敷设、装饰装修等固定资产投资的新建、扩建、改建以及技改等建设项目的通称。该办法共 13 条,主要规定有:①工程建设项目报建的单位和需要提交的资料,②工程建设项目报建的主要内容和程序,③行政主管部门的管理职责及分级审报权限,该办法自发布之日起施行。 （高贵恒）

工程建设行业标准 trade standard of construction

在工程建设活动中没有国家标准而又需要在全国某个行业范围内统一的技术要求。在中国由国家有关行政主管部门组织草拟和审批,并报国家建设行政主管部门和国家标准化行政主管部门备案。 （何万钟）

《工程建设行业标准管理办法》 Administrative Measures for the Standard of Construction Industry

1992 年 12 月 30 日建设部发布,目的在于加强工程建设行业标准管理而制定的有关规定。该办法共 18 条,主要规定有:①制定行业标准的技术要求;②强制性标准与推荐性标准的划分;③制订、修订行业标准的工作程序;④行业标准的审批、编号、发布;⑤批准部门的复审;⑥出版印刷。该办法自发布之日起施行,原《工程建设专业标准规范管理暂行办法》同时废止。 （高贵恒）

《工程建设重大事故报告和调查程序规定》 Regulations for Report and Investigation procedures of Major Accidents in Construction

1989 年 9 月 3 日建设部发布,目的在于保证工程建设重大事故及时报告和顺利调查,维护国家财产和人民生命安全而制定的有关规定。该规定所称重大事故,是指在工程建设过程中,由于责任过失造成工程倒塌或报废、机械设备毁坏和安全设施失当,造成人身伤亡或者重大经济损失的事故。该规定共 5 章 21 条:第一章,总则,包括重大事故分级;第二章,重大事故的报告和现场保护;第三章,重大事故的调查;第四章,罚则;第五章,附则。该规定自 1989 年 12 月 1 日起施行。 （高贵恒）

工程结算利润 completion settlement profit

又称工程利润。施工企业在一定时期内与建设单位或总包单位已办理结算的工程价款收入,扣除分包单位完成的工程价款和自行完成工程的实际成本及销售税金后的净收入所形成的利润。 （闻 青）

工程进度计划 construction schedule

反映完成拟建工程的各施工过程在施工顺序、

作业内容、时间占用及其相互搭接关系的综合性文件。主要内容包括施工进度计划、资源消耗动态图和施工形象进度图表等。　　　　　　（董玉学）

工程经济　engineering economy

为达到一定的工程目标,以有限资源的有效利用为标准,对不同技术方案的经济性进行分析和评价的方法科学。要求从四个方面回答投资"是否值得"的问题:①是否有利可图,能得到多大的效益;②资源和产品销路是否有保障;③何时投资最适宜;④技术方案是否最佳。对这些问题,都要作出以货币单位表示的定量答案,为决策提供依据。工程经济的基本方法是以货币的时间价值为基础的动态分析。　　　　　　　　　　　　　　（张　琰）

工程竣工分析　analysis of completed work

工程实际竣工日期和数量计划竣工日期和数量的比较分析。用以考核建筑企业竣工计划完成情况。竣工工程数量反映企业为用户提供的可使用的建筑产品,即企业在报告期内生产成果的规模。竣工工程数量可用建筑面积或其他最终产品计量单位表示。考核企业竣工计划完成情况,用竣工面积计划完成程度和建筑面积竣工率指标来表示时,其计算公式如下:

$$\text{竣工面积计划完成程度} = \frac{\text{实际竣工面积}}{\text{计划竣工面积}} \times 100\%$$

$$\text{建筑面积竣工率} = \frac{\text{本期竣工面积}}{\text{本期施工面积}} \times 100\%$$

上式中,

$$\text{本期施工面积} = \left(\begin{array}{c}\text{本期新开}\\\text{工面积}\end{array}\right) + \left(\begin{array}{c}\text{上期转入本期}\\\text{继续施工面积}\end{array}\right) + \left(\begin{array}{c}\text{本期复工}\\\text{面积}\end{array}\right)$$

　　　　　　　　　　　　　　（周志华）

《工程勘察和工程设计单位资格管理办法》　Administrative Measures for the Qualification of Enginccring Reconnaissance and Design Unit

1991 年 7 月 22 日建设部发出,目的是加强工程勘察设计单位的资格管理,保障国家财产和人身安全,促进技术进步,提高工程效益而制定的有关规定。该办法共 5 章 31 条。第一章总则,包括立法目的,工程勘察,工程设计含义等;第二章资格证书和资格标准,包括资格证书分类和印制,资格分类和分专业,资格分级和分标准的原则,各级《工程勘察证书》《工程设计证书》的适用范围等;第三章资格审批,包括对申请证书应具备的条件,程序审批的规定等;第四章管理和监督,包括主管部门检查、复审、升级审查机关,联合承担设计任务,分立、合并应办理

的手续,及对违法行为的处罚等。第五章附则。该办法自 1992 年 1 月 1 日起执行。　　（高贵恒）

《工程勘察设计单位登记管理暂行办法》　Interim Administrative Measures for Registrition of Engineering Investigation and Surveying and Design Unit

1991 年 7 月 13 日建设部、国家工商行政管理局发出,是为了加强对工程勘察设计单位的登记管理,维护工程设计单位的合法权益而制定的有关规定。该办法共 14 条,主要内容有:①工程勘察设计单位的含义;②申请企业法人登记应具备的条件;③工程勘察设计单位从事经营活动的业务范围和地域范围;④对变更登记、注销登记的规定;⑤外商投资企业从事工程勘察设计业务应办理的手续;⑥关于军队系统工程勘察设计单位办理登记的规定。该办法自 1992 年 1 月 1 日起施行。　　　　（高贵恒）

工程勘察设计法规　Laws and regulations for the engineering investigation and surveying and design

国家制定的,调整工程勘察设计活动中所产生的各种社会关系的法律规范的总称。工程勘察,是指对地形、地貌、地质、水文条件等各种自然地质现象所进行的测量、钻探、测试、观察、分析研究和综合评价的工作。工程设计,是指对拟建工程的实施在技术和经济上所进行的全面安排。中国制定的工程勘察设计法规主要有:国务院发布的《建设工程勘察设计合同条例》(1983 年 8 月)、国家计划委员会发出的《基本建设设计工作管理暂行办法》和《基本建设勘察工作管理暂行办法》(1983 年 10 月),建设部发布的《工程勘察和工程设计单位资格管理办法》(1991 年 7 月)等。　　　　　　　（高贵恒）

工程控制经理　project control manager

项目经理班子中负责工程项目实施过程中的投资控制、进度控制、质量控制、成本控制等工作的管理人员。一个大型工程项目的投资控制或进度控制等可由多人分别承担,而中小型项目则可以由一人兼任投资控制和进度控制。工程控制经理对项目经理负责。　　　　　　　　　　　（钱昆润）

工程量表　bill of quantities

又称工程量清单。表明招标项目实物工程量的文件。招标文件的组成部分,主要包括:分部工程名称、单位、数量、单价、金额等栏目。分部工程名称、单位和数量由招标单位提出,连同图纸和技术说明作为投标单位计算标价的基础,逐项填入单价和金额后,则成为投标书的组成部分。　　　（张　琰）

工程量计算规则　regulation for quantities calculation

确定建筑产品及其分部分项工程数量的准则和计算方法。概预算工作的基础条件之一。由工程造价管理部门统一制定。主要内容为建筑产品分部分项划分原则和目录;分部分项工程内容界定;计量单位和计算方法。例如房屋建筑面积以平方米计,除规定基本参数的计量方法,还有关于折减或不计算面积的具体规定;混凝土工程以立方米计,模板工程以接触面积平方米计,也附加技术要求和孔洞应否扣除的具体规定,等等。中国现行工程量计算规则,除房屋建筑面积计算规则有全国统一规定外,其他建筑产品及分部分项工程量的计算规则由各专业和地方主管部门分别制定,作为概预算定额的有机组成部分,在各该部门和地区范围内统一执行。随着招标承包制的推行和改革开放的深入发展,制定全国统一的工程量计算规则已提到日程上来。

（张 琰 张守健）

工程设计单位 engineering design unit

从事工程项目设计工作的各类设计机构的总称。其任务主要是编制工程项目的设计文件和概预算文件。 （谭 刚）

工程设计经理 engineering designing manager

项目经理班子中负责一个工程项目设计的全部计划、监督和协调工作的技术人员。一般由建筑师兼任。对于专业性较强的工业项目,则由负责工艺设计的工程师承担设计组织和协调任务。工程设计经理对项目经理负责。 （钱昆润）

《工程设计招标投标暂行办法》 Interim Measures on Tendering for Engineering Design

1985 年 6 月 14 日国家计划委员会、城乡建设环境保护部发出,目的是使设计技术和成果作为技术商品进入市场,打破地区、部门界限,开展设计竞争,防止垄断,更好地完成日益繁重的工程设计任务而制定的有关规定。该办法共 6 章 23 条,第一章总则;第二章招标;第三章投标;第四章评选定标;第五章管理与监督;第六章附则。该办法自公布之日起试行。 （高贵恒）

工程师代表 engineer representative

由监理工程师指派的常驻工程师、工程师助理或工程管理人员。按国际惯例,工程师代表的职责应对工程师负责,对工程进行视察和监督,对与工程有关的所拟使用的材料和所用技术的水平进行试验和考查。但他无权解除合同规定的承包人的任何职责或义务,也无权命令任何工程延期或增加需由雇主支付的任何额外费用,或对工程作任何变更。工程师可随时以书面形式授权工程师代表执行任何被授予工程师的权力和职权。其权限由工程师书面通知承包人。 （钱昆润）

工程实际成本 actual cost of engineering project

又称财务成本。在一定时期内,建筑企业就已完工程或竣工工程,按照规定的成本开支范围、费用标准、应计入成本的利息、定额损耗、停工、返工损失等,通过核算所确定的成本。是一项综合反映企业生产经营活动的物质消耗、劳动效率、生产技术及管理水平的质量指标。其作用是:① 补偿工程施工生产耗费的尺度;② 研究和制定工程产品价格及计算利润的基础;③ 为成本预测、企业经营决策和投标决策提供资料;④ 衡量企业经营管理水平的标准,促进企业改善经营管理的手段。必须按规定选择和确定成本核算对象,正确进行成本核算。

（周志华）

工程踏勘 engineering reconnaissance

工程选址勘察阶段,在现场进行的概略勘测工作。主要是通过调查及利用简单工具搜集有关地形、地质、水文、地震、资源条件及建筑环境等资料,以便提供若干可行方案,作为进一步勘测的依据。

（顾久雄）

工程投标集团 engineering bidding group

在参与工程建设投标过程中,若干建筑企业为争取中标而结成的一种临时性的经济联合体。参加集团的各企业以争取中标为共同目的,签订联合协定,共同制定投标策略和方案。中标后,按统一的项目建设总进度计划,组织分工协作,保证按投标条件完成工程任务,并共同分享利益,共担风险。

（谭 刚）

工程项目管理 project management in construction

以在规定的约束条件下,最优地实现工程项目的总目标为目的,按项目自身的客观规律,在项目建设全过程进行高效率的计划、组织、指导、协调和控制的科学管理方法体系。其基本任务在于,以尽可能少的费用,尽可能短的工期和优良的工程质量,建成项目,使其实现预定的功能。为此,就需以目标管理为基本方法,并在项目建设全过程的每一阶段,都必须进行四方面的工作:①组织工作,即根据项目的规模、内容、场地条件、工期要求等具体情况,建立项目管理机构,选派项目经理和助理人员,制定工作制度和工作计划,选择设计单位和施工单位,组织工程发包、图纸供应、器材采购以及实施建设监理等。②合同工作,即按照经济合同法,将工程项目所涉及的众多经济关系,以合同的形式明确规定下来,主要有建设全过程总承包合同,委托规划设计合同,施工总承包合同与专业分包合同,器材供应合同及建设监理合同等。这些合同根据项目进展情况有步骤地分别签订。项目经理班子应负责准备合同文件,解释其中条文,检查合同执行情况并处理合同纠纷。③控制和协调工作,即项目管理全过程中大量的日常工作,为了使分属于不同部门、不同专业又彼此关联、相互制约的若干单位和人员协调地运转,必须有计划、有组织地安排各方面的工作,并按规定的程序,对实施情况监督检查,及时发现并排除故障,使项目建设能顺利进展。④财务工作,包括编制概、预算,控制投资总额及其在项目各组成部分之间的分配,确定设计费和工程造价,结算工程款,处理索赔问题,直至竣工验收作出决算。工程项目管理按其"管理跨度",可划分为建设全过程管理和阶段性管理两种类型。按管理者在建设过程中所处的经济地位,可分三种基本类型:①由建设单位自己进行项目管理,他的管理行动是为了满足自己的需求,即将项目建成投入使用,其管理范围一般是建设全过程;②由设计、施工单位在各自承担的任务范围内分别进行管理,管理者处于满足建设单位需求的供应者的地位,管理范围通常限于建设过程的某个特定阶段,仅在实行建设全过程总承包的情况下,总承包的管理范围要扩展到建设全过程;③项目管理咨询机构受客户委托,作为专业顾问进行项目管理,其管理范围要根据客户的要求和授权来确定,是国际上采用较多的项目管理类型。 (张　琰)

工程项目建设程序 procedure of capital construction

又称基本建设程序。工程项目建设过程中各项工作的步骤和规则。任何一个建设项目从酝酿,提出建议,实施到建成投产,都要经历几个循序渐进的阶段,各个阶段都有各自的工作内容。根据中国现行规定,通常包括下列主要步骤:①根据国民经济的长远规划和布局要求,提出项目建议书;②对建设项目进行可行性研究;③编制设计文件;④制订年度基本建设计划;⑤设备订货和施工准备;⑥组织施工,并根据工程进度安排,做好生产准备;⑦竣工验收,交付生产使用等。这些工作的先后顺序,反映了基本建设活动固有的客观规律,不能随意颠倒。违反这些程序,就会使工程建设受到严重损失。

(曹吉鸣)

工程形象进度 figurative progress of project

用文字结合实物量或百分比反映报告期末施工的单位工程所达到的形象部位和进展情况的特殊形式的建筑产品计量指标。中国国家统计局对单位工程形象进度的填报部位规定为:对非生产性房屋建筑工程一般分为基础、结构(包括屋面)、装修、竣工;生产性房屋建筑一般分为基础、结构、屋面、装修、竣工;安装工程一般分为安装(多用就位数量和完成的百分比表示,大型设备可用安装完成的程度或百分

比表示)、保温调试、交工等。工程形象进度的确定以实物工程量为基础,单位工程进度建立在逐步完成各分部分项工程的基础之上,只有各分部分项工程完成了预算定额规定的全部内容,才能计入工程形象进度。形象进度在施工进度计划中为形象施工进度图表,统计上应用实际形象进度与该进度图表对比,反映形象进度计划的完成情况。

(雷懋成)

工程形象进度分析 analysis of engineering shape-work progress

结合实物量对已完施工的形象部位和进度情况与计划所作的对比分析。由于建筑产品的特点,仅以完成实物工程量或工作量计划来评价施工生产计划完成情况是不充分的,而应以工程形象进度计划完成情况为主来评价。可用工程形象进度完成率来表示,其计算公式如下:

$$工程形象进度完成率 = \frac{实际完成形象进度的分部(或单位)工程数}{计划应完成的分部(或单位)工程数}$$

式中的形象进度也可用计分方法来计算,对于其重要部位可适当提高其计分数,以利于加强管理和引起重视。

(周志华)

工程形象进度计划 plan of figurative progress of project

以文字结合数字反映在建工程在计划期内应达到的主要工程部位和进度的简明计划。形象进度是建筑产品实物量计划指标的一种特殊形式。如一幢五层住宅工程的形象进度可表示为:应完成五层砌砖、安装四层门窗、第三层进行抹灰等。工程形象进度计划因形象直观,又可计量,是协调综合性的建筑生产,组织内部承包和实行经济责任制的重要依据。也是计算工作量、工程量指标的基础。单位工程的形象部位一般按分部、分项工程的部位表示。

(何万钟)

工程性选址 engineering site selection

在规划性选址的基础上确定建设项目用地的具体位置和范围。厂址选择的第二阶段。一般由项目主管部门邀请设计单位及有关部门共同参加,根据比较详细的工程地质、水文地质、勘察测量和经济调查资料,对不同场地优缺点、各项建设投资、生产经营费用等进行全面比较和综合评价,写出选址报告,绘制草图,报上级机关审批。 (曹吉鸣)

工程优良品率 rate of fine project

报告期内经验收鉴定的单位工程个数(或面积)中评为优良的单位工程个数(或面积)所占的比重。用以综合说明工程质量的好坏程度。计算公式为:

$$工程优良品率 = \frac{报告期评为优良的单位工程个数（或面积）}{报告期进行验收鉴定的单位工程个数（或面积）} \times 100\%$$

（雷懋成）

工程预算成本 budgetary cost of engineering project

根据建筑生产部门平均消耗水平计算的工程成本。工程造价的主要构成部分。实际工作中可用施工图预算、概算来确定。是确定工程标底，评价投标单位报价的重要依据。当采用按施工图预算包干承包时，可作为工程结算的依据。对于承包企业可作为计划和考核成本降低额的依据。 （周志华）

工程预算定额 estimate norms of construction work

完成单位建筑安装分项工程所消耗的人工、材料、机械台班和管理费的数量标准。根据设计和施工验收规范及质量标准，按正常施工条件与技术管理水平确定的完成单位产品（分项工程）的社会必要劳动量。在中国，由国家或地方建设主管部门统一编制。是确定施工图预算，确定建筑产品计划价格的依据和编制概算定额的基础。 （张守健）

工程预算造价 estimated cost of construction work

见建筑产品预算造价（150页）。

工程造价咨询单位 consultant firm of construction cost

接受客户委托，对建设项目工程造价的确定与控制提供专业服务，出具工程造价成果文件的中介服务组织。工程造价咨询单位应当取得《工程造价咨询单位资质证书》，并在资质证书核定的范围内从事工程造价咨询业务。工程造价咨询单位资质等级分为甲、乙、丙三级。其中甲级单位由国务院建设行政主管部门审批，乙级和丙级单位由省、自治区、直辖市人民政府建设行政主管部门商同有关专业部门审批。资质等级审批合格后，颁发《工程造价咨询单位资质证书》。工程造价咨询单位应当在资质证书核定的范围内承接工程造价咨询业务。甲级单位在全国范围内承接各类建设项目的工程造价咨询业务；乙、丙级单位在本省、自治区、直辖市范围内承接中、小型建设项目的工程造价咨询业务。工程造价咨询单位承接咨询业务时，应当与委托单位签订工程造价咨询合同。从事工程造价咨询活动，应当遵循公开、公正、平等竞争的原则。任何单位和个人不得分割、封锁、垄断工程造价咨询市场。国务院建设行政主管部门负责全国工程造价咨询单位的管理工作；省、自治区、直辖市人民政府建设行政主管部门负责本行政区域内工程造价咨询单位的管理工作。特殊行业主管部门经国务院建设行业主管部门认可，负责本行业内工程造价咨询单位的管理工作。 （丛培经）

工程招标 tendering for project

建设单位通过招请若干承包企业以竞争方式为工程项目择优选定承包单位的交易方式。可分为建设全过程招标、阶段性招标和专项招标。建设全过程招标包括勘察设计、设备材料采购、工程施工、生产准备、试运转，直到竣工投产、交付使用的全过程，实行一次性全面招标。阶段性招标是将建设全过程分为若干阶段，分别进行招标，如勘察设计招标、材料设备供应招标、工程施工招标。专项招标是为工程项目某一建设阶段中某些专业性强的项目而进行的招标，如可行性研究中的某些辅助研究项目，工程地质勘察、深基础施工、专用设备设计制造和安装调试等。招标方式主要有公开招标和有限招标两种。工程招标对促进承发包双方改进经营管理，缩短建设工期，确保工程质量，降低工程造价，提高投资效益具有重要作用。 （钱昆润）

工程招标承包制 construction tendering contracting system

建设单位通过招标形式择优选定承包单位的一种经营制度。投标单位中标后即转变为承包单位，与建设单位签订工程承包合同，对该项工程在质量、造价、工期等方面全面负责。实行工程招标承包制，可开展合理竞争，有利于提高工程质量，缩短工期，降低造价，发展和应用建筑新技术；有利于加强承包企业的管理，提高企业的素质。中国现行的招标方式有公开招标和邀请招标等。 （武永祥）

工程质量 quality of construction work

又称建筑安装工程质量或建筑产品质量。是建筑物或构筑物适合一定用途，满足人们使用要求所具备的特性。通常包括工程的功能要求、耐用年限、安全程度、经济性以及造型美观等因素。

（田金信）

工程质量标准 quality standard of contrunction work

工程质量特性应达到的要求。质量特性一般以定量表示。有些可以直接定量，如强度、尺寸、标高等；有些难以直接定量，如外观、舒适、使用方便等，需通过确定若干技术参数以间接定量。质量特性的定量水平，不仅要反映用户的需要，还要考虑生产技术条件的可能性和经济合理性。工程质量标准既是企业施工生产和质量检验的技术依据，也是与用户签订合同和交工验收的依据。按其颁发单位和适用范围，分为国际标准、国家标准、部门标准和企业标准。

（田金信）

工程质量等级 quality grade of construction work

建筑产品质量的等级。按中国现行规定,建筑产品不论是分项工程、分部工程和单位工程,其质量都只有"合格"和"优良"两个等级。建筑产品不允许出现次品、废品,凡不合格的必须返工、修补直至合格。建筑产品质量评定的程序是:先分项工程,再分部工程,后单位工程。分项工程的质量等级是评定分部工程质量等级的基础;分部工程的质量等级又是评定单位工程质量等级的重要依据。

(周爱民)

工程质量分析 analysis of engineering quality

建筑企业对一定时期内工程质量状况、存在问题及影响因素进行的分析。对工程质量状况的评定,应以国家颁发的建筑安装工程质量检验评定标准,工程施工验收规范,以及有关工程技术文件、质量检验记录等为依据。对企业工程质量状况可用工程合格品率、优良品率指标来反映;对于工程质量事故,可用质量事故次数和返工损失金额指标来反映。在质量事故次数中,按照发生事故性质和程度,可分为重大质量事故和一般质量事故。前者是指结构倒塌,基础下沉,混凝土柱、梁、屋架断裂,大面积漏雨等影响结构安全和使用寿命,严重影响设备系统使用功能;造成不可挽回的严重历史缺陷的事故。此外,属一般质量事故。 (周志华)

工程质量互检 mutual inspection of construction work quality

生产工人之间对所完成作业的质量进行的相互检验。是在生产过程中,贯彻质量责任制度,严格把关,保证工程质量的一种有效措施。主要做法有:①同一班组内相同工序的工人之间的互检;②班组的质量检查员对本班组工人完成的作业进行检验;③下道工序对上道工序转来的产品进行检验。

(周爱民)

工程质量认证制度 system of construction quality certification

由政府专门的质量监督部门通过检查核验,对完成的建筑安装工程符合质量标准的鉴定和认可制度。工程质量认证主要是根据设计、施工规范,操作规程,工程质量评定标准,由建设(或监理)单位、设计单位、施工单位共同验评的结果和有关技术资料进行检查核验,以确认工程达到的质量水平。未经质量监督部门核验或核验不合格的工程,不准交付使用。 (周爱民)

工程质量事故处理 treatment of construction quality accident

在工程施工过程中,对发生的工程质量事故所进行的调查、统计、分析、记录、申报和采取补救措施的工作过程。一般事故可每月汇总、集中上报一次。重大事故应于事故发生后1~5日内由企业上报主管部门,并按合同规定及时通知业主或监理工程师。对于重大事故必须严肃对待,认真查明原因;采取适当的补救措施须经监理工程师批准。对工作失职或违反操作规程造成质量事故的直接责任者,要根据情节给予纪律处分或按一定比例赔偿经济损失。

(张守健)

工程质量事故分析 analysis of construction quality accident

对不符合规定质量标准或设计要求的工程质量事故,就其产生的原因、事故的性质所进行的分类和分析。造成工程质量事故的原因主要包括:设计错误、材料和设备不合格、施工方法错误、指挥不当等。另外还要区分指导责任事故和操作责任事故。按事故的严重程度可分为一般事故、重大事故。按现行规定,一般事故是指返工损失一次在100元(含100元)以上,1000元以下者。重大事故是指:①建筑物、构筑物或其主要结构倒塌;②超过规范规定的基础不均匀下沉、建筑物倾斜、结构开裂和主体结构强度不足等影响结构安全和建筑物寿命,造成不可补救的永久性缺陷;③严重影响建筑设备及其相应系统的使用功能,造成永久性缺陷;④一次返工损失在1000元以上者。 (张守健)

工程质量一次交验合格率 qualified rate of project in first acceptance

报告期内第一次交付验收鉴定的全部单位工程中评为合格的单位工程所占的比重。即:

$$工程质量一次交验合格率 = \frac{\Sigma 报告期第一次交付验收评为合格的单位工程建筑面积(m^2)}{\Sigma 报告期第一次交付验收鉴定的全部单位工程建筑面积(m^2)}$$

安装及机械施工企业单位工程一次交验合格率按单位工程个数计算。 (雷懋成)

工程质量政府监督 governmental supervision of construction work

由各级政府的专门机构,按照规定的办法,对企业完成的工程质量和质量管理工作所进行的检查、监督和鉴定。在中国,各级质量监督机构的任务是:根据国家和部门(地区)颁发的《建筑工程监督条例》及实施细则、有关的技术标准对工程质量进行监督检验;检查企业评定的工程质量等级,核验各单位上报的优质工程项目;对工程质量技术标准的正确执行进行监督;参与重大工程质量事故的分析、处理;

负责工程质量争端的仲裁;督促和帮助建筑企业、事业单位健全工程质量检验制度,审定和考核其质量检验人员;参与采用新结构、新技术、新材料、新工艺试验的质量鉴定等。 　　　　　（周爱民）

工程质量指标 engineering quality indicator

反映工程质量状况和质量工作水平的指标。一般包括:①工程优良品率、合格品率。②质量事故次数。由于设计或施工、材料、预制构件或设备不合格等多种原因,造成返工加固处理的事故次数。③返工损失率。计算公式为:

$$工程优良品率（合格品率）=\frac{验收鉴定为优良品（合格品）的单位工程个数（面积）}{验收鉴定的单位工程个数（面积）} \times 100\%$$

$$返工损失率=\frac{自年初累计返工损失金额}{自年初累计自行完成施工产值} \times 100\%$$

　　　　　（周志华）

工程质量专检 special inspection of construction work quality

由专职检验人员按照施工验收规范和质量检验评定标准规定的检验项目和检验方法,对产品和分部分项工程进行的质量检验。在由自检、互检、专检组成的企业质量检验体系中居主要地位。

　　　　　（周爱民）

工程质量自检 self-inspection of construction work quality

生产工人在施工过程中,按照质量标准和有关技术要求,对已完成作业的质量所进行的自我检验。是建立在充分依靠职工基础上的一种群众性的质量检验方式。是自检、互检、专职检验相结合制度的一个组成部分。 　　　　　（周爱民）

《工程咨询单位资格认定暂行办法》 Interim Measues for Qualification of Engineering Consultancy Organization

1994 年 4 月 4 日国家计划委员会发布,目的在于保障工程咨询单位按资格依法经营业务,提高工程咨询质量,促进工程咨询业的健康发展而制定的有关规定。该办法共 8 章 25 条,第一章总则,第二章工程咨询单位的资格等级,第三章各工程咨询单位的业务范围,第四章咨询单位资格的认定,第五章工程咨询单位的升级与降级;第六章工程咨询单位的变更与终止,第七章奖励与处罚,第八章附则。该办法自发布之日起施行。 　　　　　（高贵恒）

工程咨询机构 engineering consultancy

为工程建设以知识技能方式提供咨询服务的营业性专门组织。它主要由具有丰富理论和实践经验的各类经济技术专家组成,对工程建设在技术上、经济上、管理上进行分析论证和提出实施方案,并不直接组织物质生产活动。其工作范围包括:工程项目可行性研究和项目评估,组织建设前期工作,委托设计,材料与设备采购,组织工程招标,施工过程监督,投资控制,调试运转直至验收投产。工程咨询机构根据客户的委托可以承担以上内容全部或部分工作。它既可以为工程建设的投资者（业主）服务,也可以为承包商或政府主管部门提供咨询服务。但是,不能同时为一个项目的双方当事人（业主和承包商）或三方当事人（业主、承包商、政府主管部门）提供咨询服务。中国从 80 年代初出现专门的工程咨询机构,主要是在项目决策阶段和项目实施阶段分别接受委托为客户提供咨询服务;并逐步向为工程项目建设实施提供全面和全过程的咨询服务发展。也对在项目实施阶段进行咨询以及对承包商的活动进行监督和管理,称之为建设监理。所以,从事这项业务的咨询机构又称为建设监理公司或建设监理事务所。 　　　　　（谭　刚）

《工程咨询业管理暂行办法》 Interim Measures for Engineering Consutant Industry

1994 年 4 月 13 日国家计划委员会发布,是为了适应建立中国社会主义市场经济体制和融资体制改革的要求,促进工程咨询业的发展而制定的有关规定。该办法共 6 章 23 条,第一章总则,第二章工程咨询的业务范围和内容,第三章工程咨询单位,第四章工程咨询行业的管理,第五章涉外工程咨询管理,第六章附则。该办法自发布之日起施行。 （高贵恒）

工程总成本 total cost of engineering project

被确定为成本核算对象的建筑安装工程竣工所消耗的生产资料和人工费用总和。根据工程成本资料汇总计算求得,经过分析计算,可以考察工程成本计划总体完成情况,揭示降低成本的方向和途径。

　　　　　（周志华）

工龄 seniority

职工以工资收入为生活资料的全部或主要来源的工作时间。分为一般工龄和连续工龄。一般工龄包括上述的全部工作时间。连续工龄,指职工在一个单位（包括经组织批准的调动）的连续工作时间。连续工龄是一般工龄的组成部分。职工如曾离职,离职以前的工作时间不能计算连续工龄。根据中国现行劳动保险制度规定,工龄长短是职工能否退休的一个条件,也是计发病假、退休、退职等保险待遇的依据。 　　　　　（吴　明）

工农业总产值 total product of industry and agriculture

国民经济中工业和农业生产部门在一定时期内所生产的以货币表现的产品总量。中国用以反映工农业发展水平的一个综合性指标。工业总产值是以货币表现的全部工业企业生产的产品总量。工业企业总产值采用"工厂法"计算，即以企业为对象，按其生产活动的最终成果来计算，企业内部不允许重复计算，但各企业之间存在着重复计算。农业总产值是以货币表现的农、林、牧、副、渔五业的全部产品及副产品的总量，一般按"产品法"计算，即把农业生产单位范围内各种实物产品的价值量相加。由于工农业总产值这一指标存在着大量重复计算，且未反映其他国民经济部门的生产成果，中国于1984年开始同时采用社会总产值指标来反映全部经济活动成果。　　　　　　　　　　　　　　（何　征）

工期定额　norm of time limit for a project

在一定的生产技术和自然条件下，完成某一工程对象（单位工程或群体工程）需用的时间标准。由建设主管部门根据建筑安装工程质量检验评定标准、施工及验收规范等有关规定，本着经济合理的原则，按工程对象的用途、结构、规模和施工地区制定。是编制施工组织设计、安排工程进度计划和考核施工工期；制定招标标底、投标标书和签订工程施工合同的重要依据。　　　　　　　　（张守健）

工期定额平均达到水平　achieved rate of time limit quota of completion project

报告期内竣工的单位工程实际工期日历天数之和与报告期内竣工的单位工程定额工期日历天数之和的百分比（p）。是考核工期定额完成程度的主要指标。计算公式为：

$$p = \frac{报告期内竣工的单位工程实际工期日历天数之和}{报告期内竣工的单位工程定额工期日历天数之和} \times 100\%$$

当 $p > 100\%$，则实际平均工期比定额工期长；当 $p < 100\%$，则实际平均工期比定额工期短。

平均工期缩短率（延长率）$n = 100\% - p$
当 $n > 0$ 则为平均缩短率；$n < 0$ 为平均延长率。该指标的辅助指标为工期定额达到率，其计算公式为：

$$工期定额达到率 = \frac{报告期内按工期定额竣工或提前竣工的单位工程个数（或面积）之和}{报告期内全部竣工的单位工程个数（或面积）} \times 100\%$$

　　　　　　　　　　　　　　（雷懋成）

工期索赔　claim for extension of time

施工承包合同实施过程中，承包商向业主要求延长施工时间，使合同原定整个工程或其任何区段的竣工日期得以合理地顺延，以达到避免因正当理由拖延工期而导至业主索赔之目的。工期索赔的正当理由通常有：额外或附加的工作数量或性质；异常恶劣的气候条件；由业主造成的延误、干扰或阻碍；非由承包商违约而发生的特殊情况，以及合同条件规定的其他原因引起的延误。由于承包商方面的责任而引起的工期拖延，承包商无权提出工期索赔要求。　　　　　　　　　　　　　　（张　琰）

工人　worker

在企业内直接从事物质生产活动的人员。如从事建筑安装、构件生产、建材加工、机修和运输工作的人员。按在生产中所起的作用不同，分为基本生产工人和辅助生产工人。按技术复杂程度的不同分为技术工人、熟练工人和普通工人。　（吴　明）

工人工资等级制度　system of wages brackets for worker

根据工人的劳动熟练程度及所从事的工作技术复杂程度、劳动繁重程度和工作责任大小，规定工资等级和相应工资标准的制度。由工资等级表、工资等级标准和技术等级标准三个要素组成。工资等级表包括工资等级、等级系数和级差三项内容。工资等级一般与工人的技术等级相同；等级系数为每级工人的工资额等于最低级（一级）工资额的倍数；级差为相邻两级之间的差距，可用百分比或绝对数表示。中国现行建筑、安装工人工资等级的级差是等比级差。工资等级标准又叫工资率，是指每一级工人按规定在单位时间内应得到的工资数额。技术等级标准是衡量和考核工人技术熟练程度的尺度，是确定工人工资等级的主要依据。　　（吴　明）

工伤事故频率　frequency of accident resulting in injuries

企业或部门在一定时期内工伤事故发生的频繁程度。通常用千人负伤率表示，即报告期内每千人发生的工伤件数。计算公式为：

$$千人负伤率 = \frac{报告期内发生工伤事故人次}{报告期职工平均人数} \times 1000‰$$

　　　　　　　　　　　　　　（吴　明）

工伤事故强度　intensity of accident resulting in injuries

企业或部门在一定时期内发生的工伤事故对职工的伤害程度。通常以负伤严重率表示，即报告期内每一人次工伤事故平均丧失劳动能力的日数。其计算公式为：

$$负伤严重率(工日／人次) = \frac{报告期内负伤人员歇工总日数}{报告期内伤愈人数}$$

式中,负伤人员歇工总日数指本企业全部负伤人员(包括本期事故和以前各期事故)在报告期内歇工日数的总和,但不包括歇工期间的法定例假节日数。

(吴 明)

工时及材料补偿合同 time and material reimbursement contract

发包人对承包人除支付工程直接成本费以外,用一个综合的工时费率和材料费率来计算补偿费的成本补偿合同。综合工时费率,包括基本工资、保险费、税金、工具费、监督管理费、现场和办公室的各项开支以及利润等;材料费用的补偿以承包商实际支付的材料费为计算的基础。 (钱昆润)

工时利用率 man-hour utilization rate

制度工作时间内的实际工时与在册工人制度工作时间总数的比率。是反映制度工作时间实际利用程度的指标。可以按日、月、季、年进行计算和考核。在其他条件不变的前提下,工时利用率越高,生产效率应越高。 (吴 明)

工序 working procedure

又称作业。一个或一组工人在一个工作地点对一个或几个劳动对象所完成的连续生产活动。即最简单的施工过程。主要特征是劳动者、劳动对象和劳动工具均不发生变化;如果其中一个因素发生变化,就意味着从一个工序转入另一个工序。按照作业人数不同,分为个人工序和小组工序。按照作业的方式不同,分为手工工序和机械工序。

(董玉学)

工序控制 process quality control

又称工序质量控制。运用数理统计方法抽查部分产品进行工序质量分析,找出并消除影响生产过程的不稳定因素,将工序始终控制在正常状态下的管理活动。按质量数据的特点,工序控制可分为:①计量控制。即被控制的产品质量特性表现为一物理量,如几何尺寸、强度等;②计件控制。即被控制的产品质量特性表现为一批产品中的废、次品数,如一批构件中的不合格品数;③计点控制。即被控制的产品质量特性表现为单位产品中的疵点数,如一混凝土预制构件上的蜂窝、疵点、麻面数。 (田金信)

工序能力 process capability

工序在正常条件下稳定地生产某种质量产品的实际能力。一般用反映质量数据离散程度的特征值 σ 来定量描述。由于大多数质量数据服从或近似服从正态分布,其 99.73% 的个体是分布在 $\mu \pm 3\sigma$ 范围内,即规定 6σ 为工序能力。它受技术管理水平及工人、机器、材料、方法、环境等诸多因素的综合影响。6σ 的数值小,工序能力就高,产品质量就稳定;反之,6σ 的数值大,工序能力就低,产品质量就不稳定。 (田金信)

工序能力指数 process capability index

工序能力对工序质量要求保证程度的相对指标。用质量标准(T)与工序能力(P)的比值来表示。是衡量工序质量水平,反映工序能够生产合格产品质量能力的综合指标。工序能力指数(C_P 或 C_{PK})的计算公式为:当质量标准中心 M 与质量数据分布中心 μ(或 $\bar{x}$)重合时:$C_P = \dfrac{T}{P} = \dfrac{T}{6\sigma}$;当 M 与 μ(或 $\bar{x}$)不重合,其绝对偏移量为 ε 时:

$$C_{PK} = \frac{T - 2\varepsilon}{6\sigma}$$

评价工序能力的标准参见下表。

工序能力指数评价标准

工序能力指数(C_P 或 C_{PK})	评 价
$C_P(C_{PK}) \geqslant 1.67$	工序能力过高
$1.67 > C_P(C_{PK}) \geqslant 1.33$	工序能力充足
$1.33 > C_P(C_{PK}) \geqslant 1.0$	工序能力符合要求
$1.0 > C_P(C_{PK}) \geqslant 0.67$	工序能力不足
$0.67 > C_P(C_{PK})$	工序能力严重不足

(田金信)

工序质量 quality of process

工序能稳定地保证产品质量的能力。通常以工序能力指数定量表示。工序是产品生产过程的基本组成单元,是人、机器、材料、方法和环境等因素对产品质量综合起作用的过程。工序质量即指这一过程的好坏,最终体现在产品的质量上。所以,工序质量是保证整个生产过程稳定地生产合格品的基础。 (田金信)

工业布局 location of industry

又称工业配置或工业分布。工业生产力在一国或一地区范围内的空间分布与组合。包括地区布局、地点布局和厂址选择。合理的工业布局,有利于充分利用资源,发挥各地区的经济优势;有利于工业部门之间和地区之间的协调发展。工业布局除受社会经济制度的制约外,还受自然资源、技术、经济等因素的影响。 (何万钟)

工业化建筑 industrialized building

贯彻建筑工业化方针,从设计施工结合的角度对建筑物进行合理设计,最大限度地应用统一的、标准化的建筑部件、构配件,并对施工工艺进行整体优化建造的建筑。可以使建筑业重复地、批量地组织生产。早期的工业化建筑强调提高预制装备程度，实际生产发展表明，在现场作业大量进行机械化操作和合理组织条件下，即使是采用现场砌筑和现浇工艺，也可以有效地建成工业化建筑。

（徐绳墨）

工业化建筑体系 industrialized buildiny system

用工业化方法建造房屋的建筑体系。它要求以整体综合的系统方法，把提出功能要求、研究试验、设计、制造和施工的全过程组织起来，应用先进适用技术和科学管理方法，建造出使用功能与美学效果相统一，且又能有效利用资源的各类房屋。主要适用于大量建造的住宅、学校和工业厂房等建筑。早期多为采用标准化设计、构配件规格尺寸及连接方法固定、房屋类型很少变化的专用体系，施工方式也以预制装配为主。20世纪60年代以后，发展了通用体系，采用具有互换性的标准化、系列化构配件，组合成不同类型的房屋，以满足建筑多样化的要求。从施工方式来看，预制装配、工具式模板现浇混凝土、预制和现浇相结合的建筑体系都有较大的发展。

（徐绳墨）

工业建筑 industrial building

工业企业生产用的建筑物。如冶金、化工、纺织、机械制造、电力等工业企业的生产厂房。按其用途分，有主要生产建筑物，如机器制造企业的备料车间、加工车间、装配车间和成品车间；辅助生产建筑物，如机修、模具、实验车间；动力用建筑物，如热电站、锅炉房、变电所、煤气发生站；储存用建筑物，如各类原材料及半成品仓库；卫生技术设备用建筑物，如水泵房、水塔、净水设施等。

（林知炎）

工业建筑设计 industrial building design

工业建筑物和构筑物的结构形式、建筑型体、平面布置、空间组合、立面形式以及群体安排等的计划与创作过程。常见的有单层工业厂房、多层工业厂房以及单层与多层混合的工业厂房等形式。从用途上分有：主要生产用建筑物；辅助和附属生产、动力、运输、储藏、卫生技术设备用建筑物；全厂性行政办公、中央实验室、控制室及生活福利设施用建筑物等。工业建筑设计首先要在充分调查研究、取得基础设计资料之后，做好建筑场地竖向规划和总平面布置，使主辅生产车间、生活用房、道路、管道、广场、绿化区等组成满足生产工艺、有利生产、方便生活、符合安全卫生要求的协调的建筑群体。其次根据单体车间的生产流程和设备类型，确定建筑物的平面形式及其组合，内部空间安排，结构方案和建筑造型，以及设备基础的形状、尺寸和深度等。不同用途的工业建筑物还应充分考虑通风、采光、保暖等的不同要求，并采取防止噪声和环境污染等的措施。

（林知炎）

工业物业 industrial property

用于生产、加工、组装和储存产品或自然资源的建筑物、构筑物及其配套设施和相关的场地。

（刘洪玉）

工艺设计 technological design

工业企业生产工艺过程及其设备的设计。其主要内容：根据不同工厂的生产性质、特点和功能，制定生产大纲、产品目录，计算生产能力和原材料、半成品、燃料及动力装置的需要量，并提出解决办法；拟定劳动组织和工作制度；选择主辅生产设备，确定工艺过程和生产流水线的布置；提出厂房面积和高度以及为保证正常生产和劳动卫生对运输、通风、照明、采暖、给排水、防振、防噪声和污染等方面的要求。工艺设计的好坏，直接影响着土建设计的质量和进度，其标准的高低不仅决定着建设投资大小和建设速度，而且关系到工厂的产品质量、产量和生产经营费用。因此，必须本着技术先进性和经济合理性相统一的原则，通过多种方案的充分论证和比较，择优选用。

（林知炎）

工种实物量劳动生产率 labour productivity in kind

以完成的主要工种工程实物量计算的劳动生产率。反映从事主要工种工程的工人在单位时间内完成的实物工程量。可用于企业内部考核劳动效率或不同企业同工种之间对比。计算公式为：

$$工种实物量劳动生产率 = \frac{报告期完成某工种工程实物量}{从事该工种工程消耗的工日数或平均人数}$$

工种工程实物量指土石方工程（m^3）、砌砖工程（m^3）、混凝土工程（m^3）、抹灰工程（m^2）、结构吊装工程（t）等。劳动生产率则以 m^3/工日或人、m^2/工日或人、t/工日或人等单位表示。

（张 琰）

工资等级制度 system of wages brackets

反映各类和各级职工工资水平及不同工资级别之间差别的工资制度。是根据按劳分配原则，考虑各种工作的技术复杂程度、劳动繁重程度、责任大小和劳动条件等因素制定的。是中国最基本的工资制度。包括工人工资等级制度和干部工资等级制度。

（吴 明）

工资计划 wages plan

对一定时期内职工工资总额和平均工资指标以及实现的办法预先作的安排。是企业劳动工资计划的重要组成部分。正确编制企业的工资计划，对于贯彻按劳分配原则，合理使用工资基金，降低产品成本，调动职工的生产积极性，提高劳动效率，具有十分重要的意义。

（吴 明）

工资形式 wages form

计量劳动和支付工资的方式。即在工资等级基础上,结合每个职工的劳动消耗或生产成果,计算并支付工资的各种具体方式。通过工资等级制度确定工资标准,只是反映劳动者劳动能力的差别,而未与每个职工的劳动消耗和生产成果挂起钩来,工资形式则可弥补这一缺陷。正确选择工资形式,对于贯彻按劳分配原则,充分发挥工资的杠杆作用,具有重要意义。企业的工资形式包括计时工资、计件工资两种基本形式和奖金及津贴等补充形式。

（吴　明）

工资制度　wages system

有关工资的原则、形式、办法和规定的总称。包括职工的工资等级制度、奖金和津贴制度。由于工资等级制度着重于体现技术能力和责任大小的差别,并不能反映职工在生产过程中劳动量的实际消耗和劳动成果。因此,还必须根据不同的生产条件,采取相应的工资形式,使之与工资等级制度结合起来,构成一整套的工资制度,更好地贯彻按劳分配原则。

（吴　明）

工作地点　work site

工人运用劳动工具,对劳动对象进行加工制作的场所。组织工作地点要做到方便工人操作,消除不必要的动作,减少体力消耗,缩短辅助时间,提高劳动生产率;充分发挥装备的效能,节约生产面积;为工人创造良好的劳动条件和工作环境,防止职业病,消除各种不安全因素,防止发生设备或人身事故。工作地点组织的基本内容包括:合理的装备和布置;保持良好的工作环境和工作秩序;组织好供应服务工作。

（吴　明）

工作过程　working process

由一个或一组工人在一个工作地点上所完成的在技术操作上有相互联系的工序综合。通常由若干个工序组成,是比较复杂的施工过程。主要特征是劳动者和工作地点不变,而使用材料和劳动工具可以变换。按照作业人数不同,分为个人工作过程和小组工作过程。根据作业方式不同,分为手动工作过程和机械工作过程。机械工作过程又分为完全的机械工作过程和部分的机械工作过程。

（董玉学）

工作轮班　working in shift

在工作日内组织不同班次的劳动协作形式。是劳动分工和协作在时间上的联系。企业里的工作班制有单班制和多班制,前者每天组织一班生产,后者实行两班或两班以上的工人轮流生产。实行工作轮班对充分利用机械设备和生产面积、缩短生产周期及加速流动资金周转,都有着重要作用。

（吴　明）

工作评价　job evaluation

企业对职工的工作表现进行评估。劳动人事管理的一项制度。目的是为管理部门提供职工的工作评价资料,作为增加工资、晋级、调动、奖惩、解雇等人事处理的依据,督促员工改进工作,提高工作效率。评价的内容一般包括员工的工作表现和具备的能力、知识等。评价以考核日常表现为主,同时进行定期考核和专门考核。常用的方法有简单分等法、排队法、评分法、上级评价法、同事评价法及自我评价等。

（吴　明）

工作日写实　detailed record of workday

对操作者整个工作日的工时利用情况,按时间消耗的顺序,进行观察、记录和分析的一种方法。通过工作日写实,可以全面分析、研究工时利用的情况,找出工时损失的原因,拟定改进工时利用的措施;总结推广工时利用的先进经验,帮助广大工人充分利用工时,提高劳动生产率;为制定或修订定额所需要的布置工作地时间、休息与生理需要时间和准备与结束时间提供资料;为最大限度增加作业时间,规定工人与设备在工作日内合理的负荷量,提供必要的数据。写实的对象、范围及内容,需根据工作日写实的目的和要求来决定,其具体工作程序包括写实前准备、写实观察记录和整理分析三个阶段。

（吴　明）

工作时间　work hours

规定劳动者在工作场所从事施工生产或工作的时间。通常称为制度工作时间,以小时为计量单位。当以工作日表示时,则需明确工作日长度,即工作日内工作时间长度。中国现行规定职工的工作时间为每天 8 小时,每周 5 个工作日,2 个公休日。学习、用餐、非生产性的活动以及赴工作场地的途中时间不包括在工作时间之内。

（吴　明）

工作质量　quality of work

企业为了保证产品质量所进行的经营管理、生产技术、思想教育以及服务等各方面工作的水平和效果。是工序质量、产品质量的保证和基础。通过好的工作质量保证和提高工序质量,进而保证和提高产品或工程质量。

（田金信）

工作质量标准　quality standard of work

企业经营管理、生产技术、后勤服务及精神文明建设等各方面工作应达到的质量标准。工作质量是全面质量管理中质量概念的一个重要方面。是产品(工程)质量和工序质量的保证和基础。在实践中,可分为部门工作质量标准和各类工作人员的工作质量标准。内容应包括工作任务、执行者的职责和权限;工作程序、方法及细则;工作应达到的具体要求;与其他部门、岗位人员的协调关系;考核项目及考核

方法等。 　　　　　　　　（田金信　张　琰）

公共建筑　public building

用于满足人们社会活动和各种文化福利生活的民用建筑。如医院、商店、宾馆、影剧院、博物馆、美术馆、体育中心等。 　　　　　　　（林知炎）

公共配套设施　public facilities

城市中与居民生活密切相关的公共设施。包括托儿所、幼儿园、中小学校、公安派出所以及公共厕所等。 　　　　　　　　　　（刘洪玉）

公共配套设施费　shared fees for the construction of public facilities

由开发商承担的与开发项目配套的公共设施的建设费用。 　　　　　　　　　（刘洪玉）

公害　public nuisance

见环境污染(117 页)。

公开市场价值　open market value

预计一宗房地产在竞争性的公开市场上于估价基准日能够成交的最好价格。即房地产的理论价格。其假设条件是：卖者是自愿的；在估价基准日以前，相对于房地产的特性和市场状态而言，为使交易以合理的价格完成，有一个合理的谈判周期，在此期间，市场状态和价格水平是静止不变的；房地产能够自由地在市场上出售；不考虑特殊性质买主的附加叫价。 　　　　　　　　　　（刘洪玉）

公开招标　call for bids in public

由招标单位通过报纸或专业性刊物发布招标通告，公开招请任何符合条件的承包商参加投标，竞争机会平等的招标方式。其优点是招标单位有较大的选择范围，可得到报价合理、工期较短、质量良好的承包商。但是往往会增加建设单位的招标工作量，招标费用支出较多。在公开招标时，对投标单位的资格预审十分重要。 　　　　　　　　　　（钱昆润）

公平市场价格　fair market price

房地产买卖双方在正常情况下成交的价格。不受诸如不了解市场行情、垄断、强迫交易、行政干预等任何不良因素的影响。这个价格对交易双方都是经济上合理的。 　　　　　　　（刘洪玉）

公认会计准则　generally accepted accounting principles

国际上被会计人员公认用以进行财务会计工作和编制会计报表所应遵循的原则。包括会计的各项惯例、规则和程序等。20 世纪 30 年代，由美国会计师协会首先提出，后由美国执业会计师协会的"会计原则委员会"和独立的"财务会计准则委员会"先后制订、修改、公布。此后，其他西方国家的会计学术团体、会计师协会、政府的有关机关，也相继制订会

计原则，要求会计人员依照执行。随着跨国公司的发展，打破了国与国之间的界限，各子公司的会计处理，要受到所在国的法规、制度和惯例的约束，从而使报表传达的信息发生混乱和不一致，给企业的管理者和投资者带来困难，这就必然要求会计准则趋于国际化，以提高会计报表资料在国际间的可比性。1972 年美国注册会计师协会创议建立国际统一会计准则。1973 年 6 月 29 日，澳大利亚、法国、联邦德国、日本、墨西哥、荷兰、加拿大、美国、英国 9 个国家的 16 个会计职业团体，联合发起组织了"国际会计准则委员会(IASC)"，随后又有 31 个国家的会计师协会以联系会员的资格参加。至 1987 年末，共发布了会计政策的表达、存货估价、合并财务报表等 26 个国际会计准则(IAS)。促进了会计准则的国际化。 　　　　　　　　　　（闻　青）

公司债券　corporate bond

公司为筹措资金而发行的债券。是发行者允诺在某一特定未来日期按面值偿还本金，并按规定的利率支付利息的一种凭证。分记名债券和不记名债券，后者一般附有息票，所以也叫附息票债券。有抵押的，称抵押公司债，无抵押的，称信用公司债。中国某些企业发行的集资债券、建设债券等都属公司债券。筹集债款时，可以按债券面值发行，也可高于面值发行(称"溢价发行")或低于面值发行(称"折价发行")。债券的偿还可采用逐年提存偿债基金、分批提留盈利、分批偿还或发行新债券收回旧债券等方法。持有人可按规定收取本息，但无权参与企业的经营管理。 　　　　　　　（俞文青）

《公有住宅售后维修养护管理暂行办法》　Interim Administrative Measures for After-sale Service of Public owned Housing

1992 年 6 月 15 日建设部发布，目的是为加强对公有住宅售后维修和养护管理，保障住宅所有人的合法权利和住用安全而制定的有关规定。该办法共 19 条，主要规定有：①该办法所称住宅的自用部位和设备、住宅的共用部位和设施设备的含义；②维修养护的责任人；③住宅共用部位和设备设施维修养护费用的收取和使用；④住宅建筑以外的市政公用设施维修和管理者；⑤住宅管理委员会的组成及其职责；⑥纠纷的处理。该办法自 1992 年 7 月 1 日起施行。 　　　　　　　　　（王维民）

公证　notary

国家公证机关按照当事人的申请，依法证明法律行为，有法律意义的文书和事实的真实性、合法性的非诉讼活动。公证机关的证明活动与人民法院审理民事案件的诉讼活动不同，前者是在发生民事争议以前，对法律行为或有法律意义的文书、事实的真

实性和合法性给予认可,不能为当事人解决争议;民事诉讼活动则是在发生民事权益纠纷,并由当事人起诉,经人民法院受理以后进行的,其目的是为了对争议的民事法律关系作出裁决,予以正确解决。

（王维民）

功能定义　definition of function

对产品及其部件所具有的效用加以区分并作出清楚确切文字表述的功能分析工作。价值工程活动中功能分析的首要步骤。目的在于明确确定产品及其部件本质的效用,为功能评价打下基础,为构思代替方案做好准备。功能定义要求用一个动词和一个名词组成,回答功能主体是做什么的问题。例如,建筑物的门的功能是控制通道,电线的功能是传导电流。一个功能主体可能有不止一个功能,则应对这些功能分别定义,以便从中确定基本功能。

（吴　明　张　琰）

功能分类　classification of funetion

价值工程活动中将产品及其部件的多种功能按不同性质加以区分的功能分析工作。以便从中确定基本功能,排除非必要功能,使产品功能更加完善并降低费用。实践中的功能分类有:①按重要程度分为基本功能和辅助功能;②按对用户需要的满足分为必要功能和非必要功能;③按满足要求的性质分为使用功能和外观功能。

（张　琰）

功能分析　function analysis

以提高产品对用户的效用而不增加费用为目的,识别产品及其部件在满足用户要求中所起作用与潜在替代方案的功能研究方法。价值工程方法论的核心。包括功能定义、功能分类、功能整理和功能评价四个步骤。

（吴　明　张　琰）

功能评价　function evaluating

价值工程活动中,以货币尺度衡量产品及部件功能价值高低的功能分析工作。目的在于识别价值低的功能,借以选定价值工程活动对象,并寻求合理提高其价值的途径。功能评价的基本程序是:首先分析功能成本,即确定为实现产品和部件预定功能而实际支出的现实成本;其次,确定功能评价值,即核算为实现功能必需的最终成本(目标成本);最后,计算现实成本与目标成本的比值与差值。凡比值越小,差值越大的价值低的功能,一般可确定为价值工程的活动对象而加以改进。

（吴　明　张　琰）

功能系统图　diagrarm of function system

价值工程活动中,表示产品及部件各功能之间目的与手段逻辑关系的图表。其基本模式如下图所示:

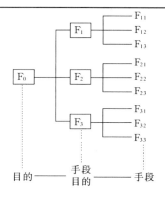

目的　　　　手段　　　　手段
　　　　　　目的

（吴　明　张　琰）

功能整理　arrangement of function

价值工程活动中,理清一个产品已定义的全部功能间逻辑关系的功能分析工作。基本方法是绘制功能系统图。其作用是帮助确定必要功能,识别非必要功能,将设计思路理清理顺。　　（吴　明）

供给曲线　supply curve

用以表示在其他条件相同时,供给者在每种价格水平下愿意而且能够提供的商品数量的曲线。规范的供给曲线以价格为纵轴（Y 轴）,以供给量为横轴（X 轴）。

（刘长滨）

供给弹性　elasticity of supply

又称供给价格弹性。衡量商品价格上升或下降所引起的供给量增加或减少的比率。用以衡量商品供给量 Q 对价格 P 变动的反应程度。若用 es 代表供给弹性,ΔQ、ΔP 分别代表供给量和价格的增减,则:

$$es = \frac{\Delta Q}{Q} \div \frac{\Delta P}{P}$$

从生产角度考察,如商品价格上涨,一般将引起供给增加,两者成正比例变动,故 es 为正值。es 的大小主要取决于供给的难易程度。一般而言,小厂或手工业适应价格变动而增减供给量较易,其 es 大;而需要大设备的工业部门,则增减供给量较难,其 es 就小。商品供给量对价格变动的反应,就短期来说,比较明显;但就长期来说,情况比较复杂。因为涉及扩大生产规模问题。 （刘玉书　刘长滨）

供料计划　plan of material supply

企业物资供应部门按施工生产进度向各用料单位供应物资的作业计划。是物资供应部门组织供料和用料核算及成本控制的依据。该计划表格式可由企业按需要自定,一般要分类编制,列有用料单位、工号、品种规格、用量、供货日期、库存数额等。通过计划的编制和执行,保证施工生产不因供料原因而中断。并以生产用料计划、储备计划、采购计划为依据,使物资供应与施工生产协调一致。

（陈　键）

供用电合同 power supply contract

供电方根据用电方需要和电力可供量,保质、保量地向用电方输送电力,用电方按规定用电量给付电费的经济合同。在中国,电力是一种极为重要的能源,供用电合同应根据市场供需情况和国家电力分配计划签订。合同的主要内容有:电量、供电质量、用电时间、电价、违约责任等条款。

(何万钟)

贡献毛利率 contribution margin ratio

又称边际收益率。企业收益总额超过可变成本总额的部分对销售收入或工程价款收入总额的比率。用以计算实现目标利润所要完成的销售总额或工程价款收入总额。计算公式为:

$$贡\ 献\atop 毛利率 = \frac{销\ 售\ 收\ 入\ 或\ 工\atop 程价款收入总额 - (变动成本 + 销售税金)}{销\ 售\ 收\ 入\ 或\ 工\atop 程价款收入总额}$$

$$实\ 现\ 目\ 标\ 利\ 润\ 所\ 需\atop 销售额或工程价款收入额 = \frac{固定成本 + 目标利润}{贡献毛利率}$$

(张　琰)

gou

构件检验 inspection of components

在工程施工中对进场的各种构件按验收标准进行的检查和验收。其目的是为了防止交货短少、损坏和质量不合格的构件进场。对已进场的构件如无质量凭证则必须抽样检验、鉴定,经鉴定合格方可使用。此外、为了从根本上保证各种构件按期保质地供应,应积极地与主要的构件生产单位建立新的供应关系。把构件的质量检验工作延伸到生产过程中。具体办法是经常了解构件生产单位的质量控制情况;派出常驻质量检查员,执行构件的供应监督。

(张守健)

构筑物 structures

人们不直接在其内进行生产和生活活动的建筑产品。如铁路、公路、水塔、烟囱、桥梁、堤坝等。由于用途的多样性和不同的特征,没有共同的计量单位,而是根据其特征,采用面积、体积、长度或生产能力等来表示。

(何万钟)

购物中心 shopping centre

包含有若干零售商店的大型商业建筑。典型的购物中心一般设有不止一个百货商场,杂货店,折扣商店,餐厅,公共活动空间以及停车场等。按其服务半径,通常可分为社区购物中心、跨地区购物中心和购物商城等。

(刘洪玉)

购销合同 purchases contract

供需双方以采购和销售商品为标的而签订的经济合同。根据等价交换原则订立。其主要法律特征是:供方将其产品(或财产)的所有权有偿转让给需方。依中国《经济合同法》,购销合同包括供应、采购、预购、购销结合、协作、调剂等合同。购销合同的主要内容为产品的品种、规格、数量、质量、包装要求、价格和交货期限等规定。

(何万钟)

购置成本 acquisition cost

为获得一宗房地产的产权所要支付的全部费用。除购买价格外,还包括过户手续费、抵押贷款费用、法律和评估费以及产权保险费等。

(刘洪玉)

gu

估定价值 assessed value

为征税目的而对房地产价值进行评估的结果。可以作为计征房地产税的基础。　(刘洪玉)

估计工程量单价合同 unit price contract of approximate quantities

以单价表和估计工程量为工程造价计算基础的工程承包合同。据此计算出来的工程造价通常仅供投标报价和评标之用,结算时则以实际完成的工程量为准,最后按实际竣工图确定工程总价。采用这种合同,要求实际完成的工程量与原估计的工程量不能有实质性的变更,但可在合同中规定,如实际工程量与招标文件估计工程量相差超过一定幅度(例如±30%)时,双方可以讨论改变单价。单价的调整幅度也应事先在合同中规定。

(钱昆润)

估价报告 appraisal report

以书面形式表述的房地产估价工作成果。主要内容为①委托估价人;②委估房地产的情况;③估价目的;④估价条件;⑤估价基准日及进行估价的具体日期;⑥所用估价方法;⑦估定价值及估定理由;⑧估价师姓名、所在单位及地址;⑨附录有关委估房地产的资料。

(张　琰)

估价程序 appraisal process

房地产估价应遵循的合乎规律的工作步骤。依次为:确认估价对象房地产实体及权属;明确估价目的;确定估价基准日;收集并分析估价所需的信息;选择适当的估价方法;检验估价结果;编制估价报告。

(张　琰)

估价方法 approaches to value

估价师进行房地产估价工作应用的科学方法。常用的有成本估价法、收益资本化法、市场比较法和传统评估技术等。

(刘洪玉)

估价基准日 date of value

反映房地产估价结果所处的时间点的年、月、日。这个日期不一定与编写估价报告的日期相同。

（刘洪玉）

估价目的 purpose of valuation

评估委托人希望估价师解答的问题。例如，业主希望了解他所有的某项物业在某一特定日期的市场价值；金融机构希望了解某项物业在某一特定日期的抵押价值等。

（刘洪玉）

估价师 appraiser, valuer

从事房地产及其他财产估价的专业人士。须受过房地产或其他财产估价专业教育和培训，具有估价技能和经验，经考试取得政府授予的估价师资格证书，并经政府主管部门注册，方能从事估价业务。

（刘洪玉）

估价原则 appraisal principals

作为房地产估价准则的关于解释影响价格的市场行为的理论。主要有：①公平原则，即估价必须公平合理，反映被估房地产的真实价值；②适法原则，即估价要在被估房地产的开发和使用符合法令规定的前提下进行；③最有效使用原则，即估价须考虑房地产能产生最大效益的使用方式；④供求原则，即考虑供求变化对价格的影响；⑤替代原则，即估价过程中，要找到与被估房地产条件近似、具有一定替代性的对象，以资比较；⑥变动原则，即应注意影响房地产价格的各种因素的变动可能引起的价格变化；⑦平衡原则，即应考虑供求平衡；⑧预计原则，即考虑房地产的长期使用性，预测其未来收益，会影响其当前价格。

（刘洪玉　张　琰）

估价制度 valuation system

关于房地产及其他财产的估价和估价师的培养教育、资格认证、在职培训、从业管理、专业责任以及专业保险等制度的总称。（刘洪玉）

古典管理理论 classical management theory

19 世纪末到 20 世纪初在西方形成的较为系统的、公认的管理理论。包括以美国的泰罗（F. W. Taylor）为代表的"科学管理理论"、以法国的法约尔（H. Fayol）为代表的"管理过程理论"和以德国的韦伯（M. Weber）为代表的"行政组织理论"等学派。他们从不同角度比较系统地探讨了经济管理的理论和实践中的问题。20 世纪 30 年代，经美国的古利克（L. Gulik）和英国的厄威克（L. F. Urwick）较为系统的整理阐述，总结了 8 种管理组织原则和 7 种管理职能，概括了古典管理学派的有关理论。这种理论不仅在当时起了重要作用，而且对以后管理理论的发展也有深远的影响。（张　琰）

古典决策理论 classical decision theory

又称传统决策理论。以最优化为决策准则的理论。决策行为是人类固有行为之一，但把决策作为一种自觉行为，并形成一种理论，则是近代的事。早期决策理论的出发点是把进行决策时的人或企业看成是"理性的人"或"经济人"，他们的决策行为是受"最优化"准则支配，进行最优方案的选择。这是因为古典决策理论是从长期以来为经济学家所关心的消费者选择论中派生出来的。消费者选择的经济考虑是效用最大化、无差异曲线、边际效用以及在有风险与不确定条件下的经济行为。所以，最初这个理论的成员大都是经济学家。真正使决策形成一门系统的科学则是 20 世纪初才出现的。最早把决策概念引入管理的是巴纳德等人所创建的社会系统论。

（何　征）

古典组织理论 classical organization theory

古典管理理论中关于整个组织的协调和组织中管理的基本职能的理论。这种理论从职能分析入手以形成一个构架，从而建立一般的管理理论；并认为管理乃是行使各种相互联系着的职能的程序，所以又叫做管理过程理论。古典组织理论的先驱者是法国的法约尔，他在 1916 年出版的《工业管理和一般管理》一书中认为，企业的业务活动包括六项：技术性的、商业性的、财务性的、安全性的、会计性的、管理性的；基层工人以技术性操作为主，沿组织层次而上，对技术性操作相对减少，对管理能力的要求则逐步增多，而在顶层则以管理能力最为重要。法约尔首次将管理定义为：计划、组织、指挥、协调、控制五项职能，并建立起一整套经营管理理论体系。自此，不少后来的管理学者纷纷定义管理为三职能乃至七职能，莫不渊源于此。　　　　　（何　征）

古利克 Gulik L.（1892～?）

美国管理学家。1937 年出版了与厄威克合编的《行政管理论文集》，书中收集了反映当时各种管理思想的论文。古利克的贡献是发展了法约尔关于管理过程的论述，提出著名的"POSDCRB"，即管理七职能的缩写：计划（Planning）；组织（Organization）；用人（Staffing）；指导（Directing）；协调（Cordinating）；报告（Reporting）；预算（Budgeting）。除此以外，他还提出划分部门的理论。他从组织的主要目标是协调出发，提出了把同一领导下的类似活动集合起来所必须遵循的划一的原则，指出四种主要方式：目的或完成的功能；所使用的方法；被涉及的或为之服务的人或事；提供服务的地点。这便是划分部门的标准。并且论证了各种类似活动怎样加以集合成为划一的部门，以保证协调等。成为他在当时的独特贡献。

（何　征）

股本 capital stock

由公司股东认购股份并缴付的股金总额。即股东对公司的永久性投资，是股份公司从事经营活动的财务基础,并代表股东对公司债权人应承担的最大限度经济责任。经政府批准,按照公司章程发行的各种股票的总额,称为法定股本。法定股本中已发行或售出的部分,称为发行股本。法定股本与发行股本之差,称未发行股本,当公司认为必要时,这部分股本仍可发行。　　　　　　　　（俞文青）

股东　stockholder

持有公司股票,对公司债务负责,并有权按股票获得股利的自然人或法人。根据公司法和公司章程规定,股东有权参加股东大会和分配公司盈余;在公司解散时,有权分配剩余财产。按公司性质区别,股东对公司债务所承担责任有大小不同,其中无限责任公司的股东对公司债务负无限清债责任,有限责任公司的股东对公司债务只负与其出资额或所认股额相当的责任。股东权利的大小,取决于所持股票种类和数量。　　　　　　　　（谭　刚）

股东大会　stockholders' meeting

简称股东会。由股份公司全体股东组成的公司权力机关。通常讨论公司的重大事项并作出决策,如公司章程的变更,资本的增减,公司的解散与合并,选举董事和监事,盈利与股利的分配等。但不是常设机构,也不是代表机构或执行机构,因此,对外不能代表公司,对内也不执行业务。定期召开的股东大会,称股东常会,一般由董事会组织召开。在法定的股东常会闭会期间因急需决定重大决策而不定期召开的为临时股东大会。一般要有过半数股权持有者参加,其决议也要得到半数以上与会者的通过。其表决权常按股份来决定,一般是每股有一表决权,股东所持股份越多,左右公司事务的权力也就越大。　　　　　　　　（谭　刚）

股东权益　stockholders' equity

股份公司的股东对公司资产可以提出要求的权益,即股东对公司资产总额减去一切债务后的剩余资产的所有权。为股本和留存收益之和。在资产负债表上,资产、负债和股东权益之间的关系如下式所示:

$$股东权益 = 资产总额 - 负债总额$$

（俞文青）

股份　share, stock

股份公司出资人的出资份额。公司资本的最小计量单位。股东权利、义务的计量单元。在一个公司内,股份发行的数额就是该公司的资本总额。股东按其拥有的股份对公司承担相应的责任,并享有相应的权利。股份按是否记载股东姓名可分为记名股和无记名股;按股东权利分为普通股和优先股。股票是公司签发的证明股东所持股份的凭证。每一股的金额相等,同股同权,同股同利。　　（张　琰）

股份合作制　share-cooperation system

社会主义集体所有制企业财产组织形式。中国乡镇企业的重要组成部分。具有股份制与合作制结合的特点:既有资金的联合,又有劳动的联合;既实行按劳分配,又实行有限的按资分红。举办者以资金、实物、技术、劳力等入股。企业股份资产属举办该企业的全体成员集体所有。企业的最高权力机构为股东大会;由股东大会选出的董事会决定企业生产经营的重大问题;董事会选举或聘任经理,负责日常经营事务。中国的农村建筑企业多采取这种组织形式。　　　　　　　　（张　琰）

股份有限公司　limited liability stock company

全部资本分为等额股份,股东以其所持股份为限对公司承担责任,公司以其全部资产对公司债务承担责任的企业法人。股份公司的一种重要组织形式。由于可以向公众发行股票,而且股票可以依法自由转让,故可在短时间内集中巨额资本,因而在市场经济和社会化大生产条件下,成为资本集中的重要途径。股份有限公司的所有权与经营权分离,由股东大会选出的董事会聘请专业人士经营管理,有利于提高企业管理水平和效益。自 1994 年 7 月 1 日起施行 1999 年 12 月 5 日修正公布施行的《中华人民共和国公司法》,对股份有限公司的设立、股票发行及其他有关事项作了详细规定。　（张　琰）

《股份有限公司国有股权管理暂行办法》　Interim Measures for Administration of State-owned Stock Right in the Limited Liability Corporation

1994 年 11 月 3 日国家国有资产管理局、国家体制改革委员会发布,目的在于规范股份有限公司国有股权管理,维护国有资产权益而制定的有关规定。该办法所称国家股,是指有权代表国家投资的机构或部门向股份公司出资形成或依法定程序取得的股份。在股份公司股权登记上记名为该机构或部门持有的股份。国有法人股是指具有法人资格的国有企业,事业及其他单位以其依法占用的法人资产向独立于自己的股份公司出资形成或依法定程序取得的股份。在股份公司股权登记上记名为该国有企业或事业及其他单位持有的股份。国家股和国有法人股统称国有权股。该办法共 6 章 41 条:第一章,总则;第二章,股份公司设立时国有股权的界定;第三章,国有股持股单位和股权行使方式;第四章,国有股股权的收入,增购、转让及转让收入管理;第五章,监督和制裁;第六章,附则。该办法自公布之日起施行。　　　　　　　　（王维民）

《股份有限公司土地使用权管理暂行规定》　Interim Administrative Regulations for the Land-

use Right of Stock Companies

1994 年 12 月 3 日国家土地管理局发布,是为了深化企业改革,优化配置土地资源,规范股份有限公司设立中的土地使用权管理而制定的有关规定。该规定共 17 条,主要内容有:①地价评估的条件和评估结果的确认,②评估协议的签订和评估的依据;③土地使用权处置方案的拟订和审批;④企业以出让方式取得的土地使用权,转让、出租或作价入股的条件及应承担的义务;⑤租赁合同、委托持股合同的签订;⑥以国有土地使用权作价入股的,其股本额和占国有资产总股本的比例的最低界限;⑦申请土地使用权,变更登记,应具有的凭证、文件和法定要求。该规定自发布之日起施行。1992 年 7 月 9 日国家土地管理局、国家体制改革委员会发布的《股份制试点企业土地资产管理暂行规定》,1993 年 10 月 9 日发布的《关于到境外上市的股份制试点企业土地资产管理若干问题的通知》同时废止。　　（王维民）

股利　dividend yield

股份公司根据公司章程从公司纯利润中分配给股东的投资报酬。包括股息和红利。一般只在公司获利时发付。普通股由董事会依利润多少来确定每股股利。优先股一般按规定每股股利额或按股本定率发给。按定额、定率发放的股利叫股息。超过股息部分的利润叫红利。股利的支付形式有现金、公司财产和公司有价证券等,其中以现金支付形式最为普遍。　　　　　　　　　　　（俞文青）

股票　stock

股份公司签发给股东证明其所持股份的凭证。有价证券的主要形式之一。《中华人民共和国公司法》规定,股票应载明下列主要事项:(1)公司名称;(2)公司登记成立的日期;(3)股票种类、票面金额及代表的股份数;(4)股票的编号。股票持有者为公司的股东,对公司财产有要求权。按股东享有的权利,可分为优先股股票和普通股股票;按票面是否记载持票人姓名,可分为记名股票和无记名股票。股票可以作为买卖对象在证券市场进行交易。其价格取决于预期股息和市场利率,以算式表示,即

$$股票价格 = \frac{预期股息}{市场利率}$$

实际上,股票价格除受上述两因素决定外,还受政治形势、投资者心理因素等引起的供求关系变化的影响。　　　　　　　　　　　　　（俞文青）

股票股利　stock dividend

股份公司用增发股票来支付的股利。通常以增发的普通股,按普通股股东持有股份的比例来分派,借以保留可用于经营的资金。　　（俞文青）

股票价格　stock price

见股票。

股票市场　stock market

见证券市场(331 页)。

股权收益率　equity yield rate

投资者的股本金的回报率。即初始股本投资的内部收益率。常用作估算股权投资者所拥有的房地产价值的折现率,可反映融资费用对投资者回报率的影响。　　　　　　　　　　　　（刘洪玉）

股权余值法　equity residual technique

当一宗房地产有未清偿债务或抵押权尚未解除时,用来估算该房地产产权人权益价值的一种估价方法。例如:设一宗房地产有长期抵押贷款(即抵押权价值)50 万元,年还本付息金额 54500 元,年净营业收入 68000 元,股权还原利率为 8%,该房地产的股权价值为:

$$(68000 - 54500) \div 8\% = 168750 \text{ 元};$$

房地产总体价值为:

$$168750 + 500000 = 668750 \text{ 元}$$

（刘洪玉）

股息　dividend

见股利。

固定成本　fixed cost

又称固定费用、不变费用。一定时期和一定数量范围内,成本总额中不受产量变动影响而发生变动的部分。其特点是① 其总额相对固定,但分摊于单位产品成本的数额则随产量增减而成反比例变动。例如固定资产折旧费、行政管理费等。通常认为是不可控成本。② 是维持生产能力的成本,在一定时期保持不变;当业务量增加超过一定限度时,固定成本仍会有所变化。从成本中划分出固定成本,有助于成本预测、控制和分析,也有助于简化成本计算。　　　　　　　　　　　　　（周志华）

固定费用　fixed costs

见固定成本。

固定工程量总价合同　lump sum contract on firm bill of quantilies

以工程量清单和单价表为基础计算工程总价的工程承包合同。由发包人或其咨询单位将发包工程按图纸、规范和技术说明分解成若干分部分项工程量,由承包人据以标出分项工程单价,得出分项工程总价。各分项工程总价之即构成合同总价。由于发包单位详细划定了分部分项工程,有利于投标人在统一的基础上计价、报价,也有利于评标时进行对比分析,并且分项工程量也可作为在工程实施期间由于工程变更而调整价格的基础。承包商在投标报价时不需详细测算工程量,只需在实际施工中计算出工程量的变更数。因此,只要实际工程量变动不

大,这种合同,管理是比较容易的。　　　(钱昆润)

固定汇率　fixed exchange rate

由官方制定的本国货币对外币的比价,只有在本国货币正式宣告升值或贬值时才能改变的汇率。浮动汇率的对称。一般用于一国政府本身和政府与政府之间的结算。在金本位制下,货币的含金量是决定汇率的物质基础,汇率变化的幅度很小,基本上是固定的。第二次世界大战后,国际上通行的是国际货币基金组织创设的以美元为中心的固定汇率制,1971年因美元停止兑换黄金,各国货币相继与美元脱钩,固定汇率遂由浮动汇率所取代。

　　　　　　　　　　　　(刘长滨　刘玉书)

固定利率抵押贷款　fixed rate mortage

又称定息抵押贷款。在整个贷款期限内利率固定不变的抵押贷款形式。利率变动的风险由提供贷款的金融机构承担。　　　(刘洪玉)

固定替代弹性生产函数　production function of constant substitution elasticity

简称CES生产函数。是阿罗与索洛等三人合作,于1961年提出来的一种新的生产函数形式,由于它的替代弹性固定不变而得名。当规模收益不变时,其形式为:

$$Y = A[\delta \cdot K^{-\rho} + (1 - \delta)L^{-\rho}]^{-1/\rho}$$

式中,Y为产出量;K、L分别为资金和劳动投入量;A、δ、P是3个参数。其形式虽然比较复杂,但却包含了多种具体形式的生产函数,更具有一般性和灵活性。　　　(曹吉鸣)

固定职工　regular worker and staff

企业为完成经常性的工作任务,经劳动人事部门分配或批准招收而长期任用的职工。固定职工有稳定的工作岗位,工资收入有保障,无后顾之忧,有利于职工队伍的稳定。但这种制度也存在一系列弊端,主要是一旦纳入企业编制,就端上了"铁饭碗";对企业来说,由于能进不能出,难予根据生产任务实际需要增减劳动力。个人也不能根据自己的专长和兴趣,在一定范围内选择职业,不利于才能的充分发挥。　　　(吴　明)

固定资产　fixed assets

企业及其他经济组织和行政事业等单位中,可供长期使用,并能保持其实物形态,且单位价值在规定的限额以上的物质资料。流动资产的对称。其拥有者从事业务活动的物质基础。按经济用途可分为生产用固定资产和非生产用固定资产两大类。在物质生产领域,固定资产在使用过程中保持其原有的实物形态,其价值则随着磨损程度逐渐地、部分地转移到所生产的产品中去,以折旧费计入产品成本。

　　　　　　　　　　　　　　　(张　琰)

固定资产报废　discarding of fixed assets

对丧失原有生产能力或用途的固定资产的废弃处理。须由使用部门按规定办理申请手续,经有关部门进行技术鉴定和上级主管部门批准后,进行报废处理。　　　(金一平)

固定资产变价收入　fixed asset sold income

固定资产报废清理过程中发生的废弃固定资产及回收残料变卖或作价的收入。也包括固定资产遭受毁损取得的保险赔偿款和过失人赔偿款,有偿调出固定资产经评估后,按质作价得到的收入。过去曾规定,固定资产变价收入全部留给企业作为更新改造基金。现行做法是将固定资产清理后的净收益转为营业外收入。　　　(金一平)

固定资产残值　residual value of fixed assets

固定资产残余价值的简称。清理报废固定资产时回收的一些残余材料的价值。计算折旧率时,一般要对固定资产残值加以预计。即固定资产原价扣除预计的残值,加上预计的清理费用的价值,应在规定的固定资产的使用期内,通过折旧逐步地摊入成本,转化为货币资金,形成更新改造基金,用于固定资产的重置或更新。　　　(闻　青　金一平)

固定资产产值率　ratio of output value to fixed assets

反映一定时期内固定资产平均占用额与所完成的总产值或施工产值之间比率关系的指标。表明企业使用一定数量的固定资产在一定时期内创造产值的能力。计算公式为:

$$固定资产产值率 = \frac{总产值或施工产值}{固定资产平均占用额} \times 100\%$$

式中固定资产平均总值为各月固定资产平均占用额的平均数。各月固定资产平均总值为固定资产月初、月末原值的平均数。一般地说,固定资产产值率越高,表明使用同量的固定资产所完成的产值越多,固定资产利用效果越好。把这个指标的本期实际数与上期或前几期实际数比较,可以了解固定资产利用情况的动态。　　　(闻　青)

固定资产更新　replacement of fixed assets

对因损耗而退废的原有固定资产进行替换。按替换范围,可分为全部更新和部分更新。前者指以新的固定资产替换原有的固定资产;后者指在全部更新之前的部分替换,通常结合大修理进行。固定资产更新并非简单地用原样的固定资产去替换报废的固定资产,或者只是通过局部更新恢复固定资产原来的性能,而要通过更新用先进设备取代落后设备,在局部更新过程中也应结合技术改造,改进原有设备。结合技术改造做好固定资产更新,是加速技术进步,促进生产发展的重要环节。在中国,固定资产更新的资金来源,主要是规定提存的折旧基金。

（张 琰）

固定资产更新率 renewal rate of fixed assets

反映本期按原始价值计算的新增固定资产总额与期末固定资产总额之间比率关系的指标。计算公式为：

$$固定资产更新率 = \frac{本期新增固定资产总额}{期末固定资产总额} \times 100\%$$

一般地说,固定资产更新率越高,说明固定资产的更新速度越快,技术进步也较快。 （闻 青）

固定资产交付使用率 rate of fixed assets delivered to use

又称固定资产动用系数。反映一定时期内新增固定资产和固定资产投资完成额之间比率关系的指标。可从投资中形成固定资产的比例来反映投资的效果。计算公式为：

$$固定资产交付使用率 = \frac{计算期新增固定资产价值}{计算期投资完成额} \times 100\%$$

从较大范围来看,固定资产交付使用率越大,表明建设速度越快,投资效果越好。从一个建设单位来看,有些建设项目由于规模大,建设工期长,建设过程中各个时期的固定资产交付使用率表现往往是不均衡的；建设初期,由于大部分投资额还没有形成交付使用财产,固定资产交付使用率较小；在建设后期,由于大部分工程都在收尾配套阶段,以往年度的在建工程大部分都陆续交付使用,固定资产交付使用率较大。 （闻青 金一平）

固定资产净值 net value of fixed assets

又称固定资产折余价值或固定资产现值。固定资产原价或重置完全价值减去累计已提折旧额后的余值。反映企业当前实际占用在固定资产上的资金。与原价对比,还可一般地了解固定资产的新旧程度。 （闻 青）

固定资产利润率 profit rate of fixed assets

反映一定时期内固定资产平均总值和利润之间对比关系的指标。表明使用一定数量的固定资产在一定时期内能提供多少利润。一般地说,固定资产利润率越高,表明使用同量的固定资产提供的利润越多,固定资产的利用效果越好；反之,越差。计算公式为：

$$固定资产利润率 = \frac{利润总额}{固定资产平均总值} \times 100\%$$

式中固定资产平均总值为各月固定资产平均总值的平均数,各月固定资产平均总值为固定资产月初、月末原价的平均数。 （闻 青）

固定资产清理 fixed assets clear up

对报废的固定资产进行拆除、整理、出售和处理等工作的总称。固定资产由于使用年限已满或由于遭受自然灾害、意外事故丧失其生产能力而报废,应进行技术鉴定,按规定程序办理报废手续,经批准后转入清理。在清理过程中,一方面要支付清理费用；另一方面可以得到变价收入或保险赔偿、过失人赔偿。 （闻 青）

固定资产清理费用 fixed assets clear up expense

固定资产在报废清理过程中所发生的费用,计算折旧的一个因素。包括建筑物、构筑物的拆除费用,机器设备的拆卸费用,以及其他搬运,整理费用等。 （闻 青）

固定资产审计 fixed assets auditing

审计人员依法对企业固定资产的购建、使用、折旧、实有数、增减变变化等的审核监督。应根据其特点分类审计。重点是审查：固定资产购建的合理性、合法性、资金来源、实际成本和经济效益；固定资产实际生产能力和利用情况；固定资产折旧及折旧基金计提的准确性；固定资产的实有数和所有权；固定资产出售、转让、报废的准确性,手续的合规性；固定资产内部控制制度的健全和有效性等。其目的是确保国家财产的安全完整和科学使用。 （周志华）

固定资产损耗率 wear and tear rate of fixed assets

反映期末累计已提折旧和期末固定资产原价之间比率关系的指标。计算公式为：

$$固定资产损耗率 = \frac{累计已提折旧}{期末固定资产原价} \times 100\%$$

一般地讲,固定资产损耗率高,累计已提折旧多,固定资产需要较快进行更新。 （闻 青）

固定资产投资 fixed assets investment

用于建造房屋、构筑物,购置和安装机器设备以及其他有关的活动的资金支出。是一个国家经济活动的重要组成因素。中国将全社会固定资产投资分为全民所有制单位的基本建设投资,更新改造措施投资和其他固定资产投资；城乡集体所有制单位的固定资产投资及城乡居民个人建房与购买生产性固定资产的投资。 （何 征）

固定资产投资财务拨款额 allocated funds in financial appropriation for fixed assets investment

基本建设或更新改造项目为进行固定资产建造

或购置在一定时期内实际拨入或借入的各种资金额。其中包括国家预算内拨款和拨款改贷款（即"拨改贷"）、国内贷款、利用外资、煤代油资金、自筹资金等。凡是报告期内已拨入的和借入的上述资金，不论它们是否已被支用或是否在建设中已形成了工作量，均统计为报告期财务拨款额。财务拨款额的多少在很大程度上取决于同一时期固定资产投资规模的大小。它与同时期的财务支出额和投资完成额结合观察，可以反映投资资金来源的保证程度及运用情况，有利于加强投资规模的宏观调控。

（卢安祖）

固定资产投资财务支出额 financial expenditure for fixed assets investment

基本建设和更新改造项目在一定时期内用于固定资产建造或购置而实际支出的金额。其中包括在本期内已形成了投资工作量的支出额、已购进尚未使用的材料费、需安装尚未安装的设备、为以后工程储备支出，以及预付备料款及预付工程款等支出额。固定资产财务支出额与投资完成额不同之点，在于财务支出额是一定时期内用于固定资产建造和购置的资金，而不论支出的资金是否形成了投资工作量，而投资完成额则以是否形成了工作量为计算标准，而不论其资金是本期支出还是上期支出的。在正常情况下，此两者应保持一定的比例关系，才有利于投资资金的正确运用。

（卢安祖）

固定资产投资方向调节税 fixed asset investment regulation tax

对进行固定资产投资的单位或个人按实际完成的投资额征收的一种行为税。是中国促进固定资产投资结构合理化的重要宏观调控手段。它根据国家产业政策和项目经济规模实行五个档次的差别税率（0％、5％、10％、15％和30％）。投资项目按其单位工程确定适用税率。税目设置较细，共分为14大类，296个税目。项目评价中，投资方向调节税列入项目总投资，但税款不作为设计、施工和其他取费的计算依据。

（何万钟）

固定资产投资规模 scale of fixed assets investment

一定时期内投入固定资产的资金总额。反映建设速度和工作量的一个综合性经济指标。国民经济和社会发展要求固定资产保持相当的投资规模和增长速度，为社会生产的发展提供物质技术基础。投资规模的大小要与国家的财力、物力相适应。规模过小，会影响国民经济的长远发展速度；规模过大，会给当前生产和生活带来难以承受的压力。合理确定和有效控制投资规模的原则是：①量力而行，正确决策，讲求实效；②坚持综合平衡，把固定资产投资规模建立在财政、信贷、外汇收支和主要物资供需平衡的基础上；③坚持集中统一，长、中、短期计划结合，以中期投资计划规模为主。

（何　征）

固定资产投资计划 plan of fixed assets investment

对建造和购置固定资产活动做出的安排。国民经济和社会发展计划的重要组成部分。中国自1982年开始编制。全社会固定资产投资计划包括全民所有制单位、集体所有制单位和个人固定资产投资三部分。全民所有制固定资产投资又分为基本建设、更新改造、其他固定资产投资和商品房建设四部分；集体所有制固定资产投资分为城镇集体和农村集体两部分；个人固定资产投资分为城镇工矿区个人建房和农村个人固定资产投资。正确编制和实施固定资产投资计划，对于提高生产技术水平，增加生产能力，调整部门结构和地区结构，提高人民的物质和文化生活水平，都具有重要作用。 （张　琰）

固定资产投资价格指数 price index number of fixed assets investment

在报告期实物量固定不变条件下，综合反映固定资产投资完成额中预算价格或实际价格变动的指数。固定资产投资额由建筑安装工程费、设备、工具器具购置费和其他费用构成。实际工作中，一般先分别计算这三个部分的价格指数，并以各占投资总数的百分比为权数，采用加权算术平均数计算编制。建筑安装工程价格指数可通过抽样调查或划类选点等调查方法，先计算建筑安装工程各费用项目（材料、工资等直接费和间接费）的单项价格指数，然后再以其占总费用的百分比为权数采用加权平均的方法求得。设备价格指数可通过典型资料，对报告期若干种主要设备的购置费与基期对比计算求得。其他费用的价格变动难于直接计算，可以根据报告期和基期单位投资中的其他费用进行对比求得，也可用建筑安装工程价格指数或设备、工具器具价格指数的加权平均数代替。上述计算公式为：

$$建筑安装工程价格指数 = \frac{\Sigma（单项价格指数 \times 权数）}{\Sigma 权数}$$

$$设备价格指数 = \frac{\Sigma\left(\begin{array}{c}报告期\\设备单价\end{array} \times \begin{array}{c}报告期设备\\购置数量\end{array}\right)}{\Sigma\left(\begin{array}{c}基期设\\备单价\end{array} \times \begin{array}{c}报告期设备\\购置数量\end{array}\right)}$$

$$固定资产投资价格指数 = \frac{\Sigma\left(\begin{array}{c}建筑安\\装工程\\价格指数\end{array} \times 权数 + \begin{array}{c}设备\\价格\\指数\end{array} \times 权数 + \begin{array}{c}其他费\\用价格\\指数\end{array} \times 权数\right)}{\Sigma 权数}$$

（俞壮林）

固定资产投资结构 pattern of fixed assets investment

固定资产投资按国民经济各部门,各地区以及社会再生产各个方面进行分配的数量比例关系。投资结构的合理与否,是投资效益高低的一个决定性因素。投资结构的合理化是经济结构合理化的基础,对国民经济持续、稳定、高速、高效益发展关系重大,因此应根据产业部门结构、地区结构、技术结构和企业规模结构等实际情况和国民经济结构的总体规划进行宏观上的调控。　　　(何　征)

固定资产投资决策 investment decision of fixed assets

确认固定资产投资并保证资金合理投放的判断和决定。有宏观投资决策与微观投资决策。前者指从国民经济和社会的全局出发,对一定时期内的投资总规模、方向、结构、布局等作出的决策。后者通常指建设项目决策。建设项目决策是宏观投资决策在具体项目上的落实。应考虑项目有关的各种信息,遵守国家的有关方针、政策按照科学程序,经过项目建议书、可行性研究、项目评估等几个步骤,对项目进行技术经济分析和综合分析评价,以提高项目投资的经济效益和社会效益。

　　　(钱昆润)

固定资产投资统计 statistics of fixed assets investment

以固定资产再生产过程的经济现象为统计对象,研究固定资产投资的规模、结构和效果等发展变化的数量关系和数量界限。是反映固定资产建造和购置活动(包括从建设前期、建筑安装施工期及投产后投资回收全过程)的一门专业统计。主要特点是:①把定量分析和定性分析结合起来,在质与量的辩证统一中观察和研究固定资产再生产过程的数量关系;②对各个建设单位或建设项目的经济现象进行统计调查和综合分析,反映全社会固定资产投资活动总体的综合数量特征,研究建设领域客观经济规律在一定时间、地点、条件下的具体表现;③在大量观察的基础上运用点面结合的方法,深入了解若干重点单位或典型单位建设中的生动情况,掌握总体数量变化的规律性。基本任务是:准确、及时、全面、系统地搜集全社会固定资产投资的资料,如实反映全社会固定资产投资规模、速度、结构和效果等情况,并进行统计预测和分析,为国家制定经济建设方针、政策、编制固定资产投资计划、指导建设及加强投资管理提供依据。对于加强宏观控制,实现总需求和总供给的平衡,加快工程进度,提高投资效果具有重要意义。　　　(俞壮林)

固定资产投资完成额 value of fixed assets investment put in place

又称基本建设投资完成额。一定时期内以货币表现的建造和购置的固定资产工作量,以及与此相关的费用。是反映固定资产投资规模的综合性指标。包括实际完成的建筑安装工程价值,已开始安装和不需要安装的设备工具、器具价值,以及实际发生的其他费用。不包括尚未用到工程上的材料、工程预付款和需要安装而尚未开始安装的设备。

　　　(张　琰)

固定资产投资物量指数 Physical quantity index number of tixed assets investmont

在预算价格固定不变条件下,综合反映报告期与基期实际完成的固定资产实物工作量变动的比值。考虑到投资额统计没有实行固定价格,报告期完成的实物量按基期价格计算的资料难于取得,在实际工作中一般通过固定资产投资总指数和固定资产投资价格指数换算,计算公式为:

$$\frac{\text{固定资产投资}}{\text{物 量 指 数}} = \frac{\text{固定资产投资总指数}}{\text{固定资产投资价格指数}}$$

　　　(俞壮林)

固定资产投资指数 index number of fixed assets investment

综合研究固定资产投资动态的相对指标。包括固定资产投资总指数、固定资产投资价格指数和固定资产投资物量指数。通过编制固定资产投资指数,可以正确反映固定资产投资的规模和速度,分析各项因素对投资额变动的影响程度,为编制投资计划、加强投资管理提供科学依据。　　　(俞壮林)

固定资产投资总指数 general index number of fixed assets investment

报告期与基期实际完成固定资产投资额的比值。可以就整个国民经济、各部门、各地区、各主管系统以及各建设单位进行编制,反映建设规模的变动情况。计算公式为:

$$\overline{K}_{pq} = \frac{\Sigma p_1 q_1}{\Sigma p_0 q_0}$$

式中 $\overline{K}_{pq}$ 为投资额总指数;q_1 和 q_0 分别为报告期和基期完成的实物量;p_1 和 p_0 分别为报告期和基期的预算单价或实际单价。　　　(俞壮林)

固定资产退废率 retirement rate of fixed assets

反映按原始价值计算的本期退废固定资产总额同期初固定资产总额之间比率关系的指标。计算公式为:

$$\text{固定资产退废率} = \frac{\text{本期退废固定资产总额}}{\text{期初固定资产总额}} \times 100\%$$

退废固定资产通常不包括调出的。由于各个时期之间固定资产退废数量不大可能一致,因此,计算较长时期内的固定资产退废率,才能据以研究固定资产的更新速度和更新周期。　　　　　　　　（闻　青）

固定资产原价　cost price of fixed assets

又称固定资产原值。固定资产购建时发生的全部支出。固定资产原始价值的简称。由基本建设完成的固定资产原价,是基建部门"交付使用财产明细表"中所确定的价值;由专用拨款、借款和专用基金购建的固定资产原价,是购建时实际发生的全部支出,由其他单位无偿调入的固定资产,是调出单位的账面原价,减去原企业发生的安装工程成本,加上本企业发生的安装工程成本和基座工程成本;由其他单位有偿调入的固定资产,其原价指现行调拨价格或双方协议价加上支付的包装运杂费,需要安装的,则应再加安装成本。改建、扩建的固定资产原价,是原固定资产价值,减去改建、扩建过程中发生的变价收入,加上改建、扩建增加的支出。固定资产按原价入账,有利于反映固定资产的增减变动、使用过程中的损耗情况及折旧计算。在生产资料价值变动不大时,也能反映企业的技术装备水平。固定资产重新估价确定的重置完全价值,在核算上视同原价。
　　　　　　　　　　　　　　　　　　（闻　青）

固定资产增长率　growth rate of fixed assets

反映按原始价值计算的本期净增固定资产总额同期初固定资产总额之间比率关系的指标。计算公式为:

$$固定资产增长率 = \frac{本期增加固定资产总额 - 本期减少固定资产总额}{期初固定资产总额} \times 100\%$$

以固定资产增长率与生产增长率相比较,可以反映固定资产增长是否合理,用以分析固定资产的利用效果。　　　　　　　　　　　　　　（闻　青）

固定资产重置价值　replacement value of fixed assets

固定资产重置完全价值的简称。固定资产重置完全成本。通常是由于资料散失、价格变动等原因,无法查明已形成固定资产原值的情况下,需重新进行估价时使用。企业对于盘盈、捐赠的固定资产,也可按估计重置完全价值入账。在核算上,固定资产重置价值视同原价。　　　　　（闻　青）

固定资金　fixed fund

固定资产的货币表现。属企业经营资金的主要组成部分。投入企业的固定资金主要来源有:国家财政通过国家预算拨给的基本建设投资,基本建设借款,专用基金,发行债券和股份制企业发行股票等的基本建设投资。由于固定资产能在较长时期内发挥作用,并不改变它的实物形态,建筑企业在施工生产过程中,以折旧形式将其损耗价值转移到工程、产品成本中去,从工程价款收入和产品销售收入中收回,直到固定资产报废时,才完成一次全部价值的补偿,需要在实物形态上全部更新。因此,固定资金的周转有如下特点:①循环周期较长,且不取决于施工生产周期的长短,而是取决于固定资产使用年限的长短;②投入是一次性的,而收回是分次的;③价值补偿和实物更新分别进行,价值补偿随着固定资产的使用逐渐完成,实物更新则在固定资产报废时,利用平时多次进行价值补偿所积累的折旧基金来实现。　　　　　　　（闻　青　周志华）

固定资金分析　analysis of fixed fund

企业对一定时期固定资金增减变动、组成结构及其利用效果进行的分析。其目的在于充分挖掘企业固定资产的潜力,不断完善固定资金管理,促使企业用较少的固定资产投资完成较多的施工生产任务。分析的主要内容有:①固定资金变化情况和影响原因。固定资金变动的因素有固定资产原值的增减和折旧额的变动。在此基础上,计算固定资产更新率、退废率和增长率,据以评价固定资产变动的合理性。②固定资产结构的变化。主要是分析生产用固定资产的结构变化对生产的影响,据以评价结构变化的合理性。③全部和生产用固定资产利用的经济效果,重点是施工机械和生产设备的利用效果,据以评价固定资产利用的合理性。主要计算公式有:

$$固定资产更新率 = \frac{报告期新增固定资产原值}{期末全部固定资产原值} \times 100\%$$

$$固定资产退废率 = \frac{报告期退废的固定资产原值}{期初固定资产原值} \times 100\%$$

$$固定资产增长率 = \frac{固定资产原值净增额}{期初固定资产原值} \times 100\%$$

$$固定资产结构指标 = \frac{某类固定资产原值}{全部固定资产原值} \times 100\%$$

$$百元施工产值占用固定资产总值 = \frac{全部固定资产平均原值}{报告期自行完成的施工产值} \times 100$$

$$\frac{\text{百元机械设备净值}}{\text{完成的施工产值}} = \frac{\text{报告期自行完成的施工产值}}{\text{报告期机械设备净值}} \times 100$$

（周志华）

固定资金管理 fixed funds management

计划、筹集、分配、使用和分析评价企业固定资金使用效果等方面工作的总称。主要内容是：①建立健全固定资产管理规章制度，实行分级归口管理，保证其完整无损。②在提高使用效果的前提下，预测和核定固定资金需要量；③规划固定资金来源，进行投资项目可行性研究，预测固定资产投资效果，并确定投资方案；④正确编制固定资产折旧计划，合理补偿固定资产损耗，在采用先进技术基础上，有计划地更新固定资产，扩大企业生产能力；⑤正确编制固定资产大修理计划，认真作好修理，保持企业正常生产能力；⑥定期全面检查分析固定资金使用效果，加强实物管理。

（周志华）

固定资金利用指标 indicator of fixed fund utilization

反映企业固定资金利用经济效果的指标。一般以企业生产经营过程取得的经济成果与占用的固定资金的比率来表示。建筑企业根据经济成果形式的不同有：固定资金产值率、固定资金占用率、固定资金利润率。其计算公式如下：

$$\frac{\text{固定资金}}{\text{产 值 率}} = \frac{\text{报告期完成的施工产值}}{\text{报告期固定资金平均余额}} \times 100\%$$

$$\frac{\text{固定资金}}{\text{占 用 率}} = \frac{\text{报告期固定资金平均余额}}{\text{报告期完成的施工产值}} \times 100\%$$

$$\frac{\text{固定资金}}{\text{利 润 率}} = \frac{\text{报告期实现的工程利润}}{\text{报告期固定资金平均余额}} \times 100\%$$

（周志华）

固定资金审计 fixed fund auditing

审计人员依法对企业固定资产净值、形成来源与生产能力的比例及其利用效果的审核监督，建筑企业的固定资金一般用于购置施工机械、运输设备、房屋、构筑物及生产设备。主要审查固定资金的合法性和正确性，固定资金账证核查，固定资金使用效果和固定资金占用费等。由于固定资金账目不多，因此可采用逆查法，即从审查会计报表开始，然后审查账簿、凭证，进行详细的全面审查。

（周志华）

固定资金运动 turnover of fixed funds

企业固定资金周转形式。固定资金的实物形态是固定资产。它在正常使用期限内，基本上不改变自身的实物形态，可以较长时期发挥作用，直到完全丧失其使用价值，才需要进行更新。因此，固定资产的价值是随着磨损程度，逐渐、部分地转移到产品上，构成产品价值的一部分，并通过销售（点交），逐次、部分地获得补偿，转化为"货币准备金"，逐期积存增加。当固定资产使用功能丧失时，把积累的"货币准备金"用于固定资产更新，再转化为实物形态。如此周而复始的循环形式，称固定资金运动。它具有周转期长、一次性投入、分次收回、价值补偿与实物补偿分别进行的特点。

（周志华）

固定资金占用费 occupied cost of fixed fund

在固定资产实行有偿使用的情况下，企业占用国家资金，按规定标准定期向国家财政交纳的费用。由企业销售收入中支付，也是利润的一种转化形式。中国从 1980 年起，在实行利润留成制度的部分企业中试行。1981 年在工业企业全面推开，建筑企业等未实行。1983 年实行利改税办法后不再执行此办法。其主要作用是：①使企业占用国家资金承担一定经济责任，有利于控制固定资产投资规模，充分利用企业原有固定资产；②促使企业节约使用国家资金，以较少的资金占用取得较大的经济效果；③把企业由于多占用国家资金而获得的额外收益收归国家。1993 年 7 月 1 日会计体制改革后，企业占有的国家资金全部转为国家资本金，企业对占有、使用的国有资产负有保值增值的责任。

（金一平）

固定总价合同 firm lump sum contract

工程总价一经确定即不可改变的工程承包合同。投标人在报价时，除根据实际成本加上双方议定的酬金、利润及附加费用外，对一切费用的上涨因素及风险都已作了充分估计，并且包含在合同总价内。使用这种合同时，在招标文件、工程图纸和技术说明中应对工程作出详尽的描述，合同总价即根据图纸和技术说明为计算的依据。图纸和说明不变，总价固定不变，只有在施工过程中设计图纸变更，才允许改变总价。因投标人要承担各种风险责任，故报价一般较高。这种合同通常适用于工期较短（一般不超过一年）而且对最终产品的要求又非常明确的工程项目。

（钱昆润）

雇员人身保险 worker's personal insurance

对被雇用人员因意外事故造成人身伤亡给以补偿的保险。在工程承包中，按国际惯例，承包人在其工程施工过程中雇有任何人员的全部期间应向业主认可的保险公司投保雇员人身保险，并支付相应的费用。如承包人不履行此项义务，则业主可代其投保，并从应付给承包人的款项中扣除业主支付的保险费。

（钱昆润）

雇主 employer

见建设项目业主（144 页）。

guan

关键线路法　critical path method，CPM

完成计划任务所需的时间以及计划的分析、调整都围绕着关键线路进行的肯定型网络技术。1956年美国杜邦公司首先采用。所谓关键线路就是由影响计划完成的关键性工作环节所构成的自任务开始到结束的时序线路。其基本步骤是：①对计划任务进行分解，即将计划任务分解为各项工作或活动；②确定完成各项工作或活动的时间；③按照各项工作之间相互依存的逻辑关系，将各项工作有机地联系起来成为网络图；④进行时间参数的计算，确定完成任务的关键线路；⑤根据工期、费用和其他资源的约束条件，对网络计划进行调整，达到优化。此法在建筑工程管理中应用较多。　　　　　（杨茂盛）

关境　customs frontier

又称关税领域。执行统一海关法令的领土。通常关境和国境是一致的，但设有自由港、自由区或海关保税仓库的国家、自由港、自由区、海关保税仓库不属于关境范围之内；在这种情况下，关境小于国境。当几个国家缔结关税同盟时，关境包括几个国家的领土，关境便大于国境。　　　　　（蔡德坚）

关税　tariff

由一国政府设置的海关对进出关境的应税货物和物品所征收的间接税。按征收对象分为进口税、出口税和过境税。征收方法有从量计征、从价计征、混合计征、选择计征等数种。征收关税是一个主权国家行使主权的行为。其目的是：增加国家财政收入，监管，奖限商品进出口，保护本国经济。中国具体征税管理依据《中华人民共和国海关进出口税则》。　　　　　（周志华）

关税壁垒　tariff barriers

用征收高额进口税和进口附加税等办法，以限制和阻止外国商品进入本国境内的措施。贸易壁垒之一。其目的是削弱外国商品的竞争能力，保持本国商品在竞争上的优势，以阻止、限制外国商品进口或垄断国内市场。　　　　　（蔡德坚）

关系模型　relational model

一种将数据组织成二维表形式的数学模型。主要特点表现在它的数据描述的统一性，即描述的对象及对象间的联系等，均只能用关系来表示。它是以数学理论为基础构造的数学模型，把每一个实体集合看成是一张二维表，即关系表。关系模型具有以下优点：①数据结构简单；②可以直接处理多对多的关系；③能够一次提供一个元组集合；④数据独立性很高。　　　　　（冯镔荣）

《关于城镇集体所有制建筑企业若干政策问题的实施办法》　Implementation Measures for Some Policies Concerning Collective Owned Construction Enterprise in City and Town

1983年11月20日城乡建设环境保护部征得财政部、中国人民建设银行同意后发出，目的在于加强对集体建筑企业的领导，积极鼓励、扶植、帮助其发展而制定的有关规定。该办法所称城镇集体所有制建筑企业，是指由劳动群众集体占有生产资料，共同劳动并实行按劳分配的社会主义经济组织。该办法共10章68条，第一章总则，第二章企业的开办与关闭，第三章生产经营和管理，第四章奖金和纳税，第五章收益分配和工资福利，第六章人才培养和技术改造，第七章企业的领导制度，第八章农村建筑队进城施工，第九章管理体制，第十章附则。该办法自颁发之日起施行。　　　　　（高贵恒）

《关于改革建筑业和基本建设管理体制若干问题的暂行规定》　Interim Regulation for Some Problems on Reforming Building Indnstry and Management System of Capital Construction

1984年9月18日国务院作出。主要内容有：①全面推行建设项目投资包干责任制；②大力推行工程招标承包制；③建立工程承包公司，专门组织工业交通等生产性项目的建设；④建立城市综合开发公司，对城市土地、房屋实行综合开发；⑤勘察设计要向企业化、社会化方向发展，全面推行技术经济承包责任制；⑥实行鼓励承包单位节约投资，提前投产的政策；⑦建筑安装企业要普遍推行百元产值工资含量包干；⑧改革建设资金管理办法；⑨改革建筑材料供应方式；⑩改革设备供应办法；⑪改革现行的项目审批程序；⑫允许集体和个人兴办建筑业；⑬改革建筑安装企业的用工制度；⑭推行住宅商品化；⑮实行征地由地方政府统一负责的办法；⑯改革工程质量监督办法。　　　　　（高贵恒）

《关于国内合资建设的暂行办法》　Interim Measures for Construction Projects of Domestic Joint Venture

1982年10月14日国家计划委员会、国家经济委员会、财政部、中国人民银行，中国人民建设银行发出，是为了更好地促进和引导合资建设事业的健康发展而制定的有关规定。该办法的主要内容如下：一、合资建设的目的；二、合资建设项目的重点；三、合资建设的原则；四、合资建设的形式；五、合资建设资金构成和入股方式；六、合资建设与技术改造和城市建设；七、合资企业的收益分配和债务分担；八、合资建设合同；九、合资联营企业的建设与生产管理；十、合资建设企业所需建设材料、设备、生产所需原料、材料和燃料的供应;十一、合资项目基本建设的基本程序;十二、合资建设的检查与监督。该办法自发出之日起施行。 （高贵恒）

《关于加强商品房屋计划管理的暂行规定》 Interim Provisions on Strenthening the Planning Administration of Commodity Building

1987 年 1 月 2 日国家计划委员会、城乡建设环境保护部、国家统计局发出,是为了进一步推动和指导商品房屋建设事业的发展,加强对这项工作的宏观管理而制定的有关规定。该规定所称商品房屋,是指由开发公司综合开发,建成后出售的住宅、商业用房以及其他建筑物。该规定的主要内容为:一、关于商品房屋建设的计划管理;二、关于加强对商品房屋开发公司的管理;三、关于商品房屋建设的资金来源;四、关于商品房屋的销售价格;五、关于商品房屋的统计。 （王维民）

《关于建设项目进行可行性研究的试行管理办法》 Trial Administrative Measures for Engaging in Feasibility Study to Construction Project

1983 年 2 月 2 日国家计划委员会发出,是以改进建设项目的管理,做好建设前期工作的研究,避免和减少项目决策失误,提高建设投资的综合效益为目的而制定的有关规定。该办法共 5 章 22 条,第一章总则,第二章编制程序,第三章编制内容,第四章预审与复审,第五章其他。该办法自发出之日起试行。 （高贵恒）

《关于深化城镇住房制度改革的决定》 Decision on Further Reforming the System of Residence in City and Town

1994 年 7 月 18 日国务院发出,是以建立与社会主义市场经济体制相适应的新的城镇住房制度,实现住房商品化,社会化;加快住房建设,改善居住条件,满足城镇居民不断增长的住房需求为根本目的而制定的有关规定。本决定规定了以下七个问题:一、城镇住房制度改革的根本目的和基本内容;二、全面推行住房公积金制度;三、积极推进租金改革;四、稳步出售公有房屋;五、加快经济适用住房的开发建设;六、做好原有政策同本决定的衔接工作;七、加强领导,统筹安排,积极推进城镇住房制度改革。该决定自发布之日起实行。原有的房改政策和规定,凡与该决定不一致的,一律以该决定为准。 （王维民）

《关于实行建设项目法人责任制的暂行规定》 Interim Regulations on Implementing the Legal Person's Responsibility System of Construction Project

1996 年 4 月 6 日国家计划委员会发,是以建立

投资责任约束机制,规范项目法人的行为,明确其责、权、利,提高投资效益为目的而制定的有关规定。该规定共 32 条,主要内容分为:总则,项目法人的设立,组织形式和职责,任职条件和任免程序,考核和奖惩,附则。该规定自发布之日起施行。国家计划委员会计建设〔1992〕2006 号《关于建设项目实行业主责任制的暂行规定》同时废止。有关项目法人责任制的规定,凡与该规定不符的,一律按该规定执行。 （高贵恒）

《关于严格控制城镇住宅标准的规定》 Provisions on strictly Controlling the standard of residences in City and Town

1983 年 12 月 15 日国务院发布,是为加强对住宅标准的管理而制定的有关规定。主要内容有:①严格控制住宅建筑面积标准;②各地区、各部门各单位都要严格执行国家统一标准,不得另行制定超过国家统一规定的住宅建筑面积和标准;③申请建造住宅和批准住宅建设计划,都要填报和审核建筑面积和套数;④各地计划和城建部门要加强城市住宅建设的管理,建立审批制度、严格把关;⑤各级人民政府要加强对住宅建设的领导,坚决纠正任意提高住宅建筑面积标准的现象。该规定还指出,过去,各地区、各部门制定的住宅设计、分配标准与该规定不符的,一律停止执行。 （王维民）

《关于用侨汇购买和建设住宅的暂行办法》 Interim Measures for Purchasing and Building Residence with Overseas Remittance

国家城建总局、国务院侨务办公室制订,1980 年 3 月 5 日国务院转发试行。该办法规定:①鼓励华侨、归侨、侨眷用侨汇购买、建设住宅;②用侨汇建设住宅应列入各地基本建设计划,专项下达,不受自筹资金计划指标的限制;③侨汇住宅设计;④保证供应建筑材料要单列指标,专项下达,不得挪用;⑤认真履行合同,保证施工力量和质量,按期交付使用;⑥合理确定侨汇住宅的造价;⑦侨汇住宅建设使用的土地,所有权属于国家,华侨、侨眷只有使用权,从发给住宅产权证之日起,计征土地使用费,免征五年房产税;⑧用侨汇建设住宅的维修、管理;⑨用侨汇购买和建设的住宅,可以在当地出售、交换、继承和赠送;⑩要加强对侨汇住宅建设工作的领导和管理。 （王维民）

官僚管理模型 management model of bureaucracy

通过公职或职位而不是通过个人或世袭地位建立一种理想的行政组织体系来实行管理的管理理论。由德国著名学者韦伯所提出。所谓"官僚",并非贬义,而是指合理、合法地运用职权进行有效管

理。这一理论被认为是发展古典组织思想的第三个主要支柱(另两个是科学管理的组织思想和管理过程学派的组织思想)。官僚形式组织的特点是:①组织有确定的目标;②实现目标,组织必须进行分工;③按层、级、节制形成一条指挥链④按职授权,人员之间关系依职位而定,不受个人影响;组织中成员有明确的职位和职权,组织靠规章、制度来管理;⑤职位、职权的授予和确定是依据人员的能力,通过考试或培训挑选人员,并按明文规定实行升迁奖惩;⑥严明组织纪律和法规。韦伯认为,这种官僚管理模式最符合理性原则,并适合于所有的组织的管理,如教会、国家、军队、政党、企业和各种团体。

(何 征)

管理 management

由一个人或更多的人协调他人的行动,以达到任何个人单独行动所无法达到的目标的活动。简言之,管理是为达到预定的目标而协调他人行动的一种活动。"一个人或更多的人",就是管理的主体;"他人的行动",就是管理的客体,即管动对象;"协调"就是管理的职能。这里协调是广义的概念,具有计划、组织、控制、激励等涵义。管理的基本概念包括:①凡是由个人单独行动就能达到目标的,即不需要管理。只有由不同分工的众人行动才能达到目标时才需要管理。所以,管理是社会分工的产物。②管理实质上是人对人的管理。③管理的目的是为了达到预定的目标,也叫管理目标。管理的客体不同,即衍生出各种管理。如以建筑企业生产经营活动为对象的管理叫建筑企业管理。对建筑产品生产全过程的管理,叫建筑工程项目管理等。 (何 征)

管理标准 management standard

对企业及工程建设中重复出现的管理业务工作的程序、方法和必须达到的质量,以及考核、奖惩等所作的规定。它通常以管理业务标准、管理流程图、信息传递图等来表示。执行管理标准,有利于完善管理部门和管理人员的责任制和建立正常的管理秩序。 (何万钟)

管理层 management level

企业中为实现总体经营目标,而制订分部门目标和计划,并组织其实施的中间层。根据企业组织结构型式,管理层可以由一级或几级行政机构及其职能部门组成。如在建筑企业采用公司——工程处——施工队——幢号组织结构型式,工程处、施工队、幢号及相应的职能部门即为管理层。其中,工程处、施工队是按区域管理原则设置的中间管理层。幢号管理发展为项目管理,是按建筑产品形态设置的管理层。为了提高管理效能,改进企业内部组织结构,中间管理层有进一步减少的趋势,但按产品形态设置的项目管理层是不可少的。 (何万钟)

管理法律手段 legal means of management

运用法律、法令、条例、规定等形式以规范企业经济活动,形成正常的生产经营秩序和处理各单位之间经济关系的管理方法。包括经济立法和经济司法两方面的内容。它们表现为行为规则和制度的作用,具有根本性、稳定性及长期性的特点和普遍的约束力。在管理中最重要的作用是调节各管理因素之间的关系。可通过改变其约束力的程度和范围来调节各种管理对象的活动和行为。 (张树恩)

管理方法 management method

与一定的管理理论或管理思想相适应、以实现组织的管理目标的程序、技术、办法的总和。一定的管理方法是与一定的管理思想相联系并为一定的管理思想服务的。如古典管理理论强调效率、职能等;系统管理理论采用系统方法;行为管理学派主张采用行为科学方法,等等。总之,不同的管理方法既是以多种管理理论为基础;同时又须符合客观的经济规律、生产组织规律、技术规律的要求。各种管理方法之间具有相互联系、相互制约、相互补充的作用。在管理实践中,应从实效出发,按择优原则,采用其综合效应为最优的管理方法组合。

(何 征)

管理方法现代化 modernization of management method

在企业管理中应用现代科学研究成果,提高管理方法有效性,不断增强管理的整体效能的过程。在企业管理现代化中起技术保证作用。现代管理方法已发展成包括组织方法、具体的工作方法和业务技术方法的多层次结构。按管理信息沟通的特点不同,现代管理可分为行政的方法,法律的方法,经济的方法和教育的方法。按管理主体的不同,又包括专业人员进行管理的方法,专群结合和全员参与管理的方法。按管理方法的性质不同,又包括定量的方法和定性的方法;建立在数量分析和技术手段基础上的"硬"技术方法,以及建立在群体智慧、管理经验基础上的"软"技术方法。管理方法现代化的趋势,已由现代管理方法的单项应用发展为配套应用,由企业管理的局部优化向整体优化方向发展。

(何万钟)

管理方格理论 management gird theory

美国行为学家布莱克(Blake, R. R.)和莫顿(Mouton, J. S)倡导的用方格图表示和研究领导方式的理论。他们认为,管理领导方式常常出现一些极端:或以生产为中心,或以人为中心;或以 X 理论为依据而强调监督,或以 Y 理论为依据而强调相信人。为了避免趋于极端,他们于 1964 年发表《管理方法》一书,提出了管理方格方法。他们所设计的方格图如下所示：

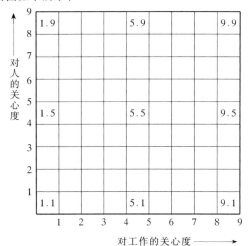

图中：1.1方格表示贫乏管理，对人和工作关心度都小；9.1方格表示任务管理，重事而不重人；1.9表示俱乐部式管理，关心人而不关心工作；5.5表示中间式管理，对工作与人的关心度居中；5.9表示以人为中心的准理想型管理；9.9表示理想型管理，人与生产都高度重视。这一理论颇受管理学家和企业家的重视。　　　　　　　　　　　　　　（何　征）

管理费用 administration expenses，cost of management

又称企业管理费，期间费用。企业行政管理部门为管理和组织经营活动发生的各项费用。主要包括：公司经费，工会经费，职工工资，福利费，职工教育经费，劳动保险费，待业保险费，董事会费，咨询费，审计费，诉讼费，排污费，绿化费，税金，土地使用费，技术转让费，技术开发费，无形资产摊销，递延资产摊销，开办费摊销，业务招待费，坏账损失，存货盘亏、毁损和报废等。是企业的期间费用，不计入产品、工程成本，直接体现为当期损益。

　　　　　　　　　　　　　（金一平　闻　青）

管理费总价合同 management fees lump sum contract

承包工程项目施工管理工作总管理费的工程承包合同。发包单位雇用某一承包单位（或咨询公司）的管理专家对发包工程项目的施工进行管理和协调，由发包单位付给承包单位总管理费。采用这种合同的重要环节是要明确具体的管理工作范围。

　　　　　　　　　　　　　　（钱昆润）

管理风险 managerial risks

由于管理不善造成的项目风险。其原因有：工程管理水平低下；工程地址偏僻或条件恶劣导致难以吸引和保有优秀的技术和管理人员经营该工程项目；参与工程建设、经营人员的国籍不同，文化、知识、社会背景不同而造成的差异，带来管理、协调上的困难等。防范措施：选择掌握科学管理知识和技能并具有较高管理艺术的领导；制订优化的管理目标；发挥有效的管理职能；改善外部条件；做好协调工作等。　　　　　　　　　　　（严玉星）

管理过程学派 management process school

又称管理职能学派。研究管理过程、管理职能及其相互关系的理论体系。一般认为这一学派渊源于法约尔。由这一学派所倡导的管理理论叫做管理过程论。它认为管理就是在组织中通过他人或同他人一起完成工作的过程。管理过程与管理职能紧密联系，所以，应该对管理职能进行分析，从理性上加以概括，把用于管理的概念、原则、理论和方法结合起来构成一门管理科学体系，用以理解和指导管理实践。管理过程学派又由于对管理职能的划分不同而有所谓三功能派、七功能派等。　　（何　征）

管理结构 management structure

又称管理组织结构。一个组织的管理机构相互结合的形式。它关系到组织工作任务分工（差异化）和协作（整体化）的方式，通过组织图、职位与工作说明、规划与程序等表示出来，并与权威、信息沟通和工作流程的形态模式有关。不同的管理理论，管理结构的形式也不同：古典管理理论把注意力集中在管理职能的强化或基本管理的过程上，从而出现直线制、职能制等形式。系统管理理论则注意管理组织范围内的系统划分，如划分战略层、管理层、作业层等三个分系统，以及系统的整体功能，从而出现事业部制、矩阵制、多维结构形式等。正确设计管理结构是实施有效管理的前提，无论管理思想如何不同，都须遵照有效性、管理幅度合理、统一指挥、权责对等、协调等原则。　　　　　　　（何　征）

管理经济手段 economic means of management

按照客观经济规律的要求运用价格、税收、利润、工资、奖金、财政补贴等经济杠杆，引导、控制和调节经济活动，使之达到预期经济效果的管理方法。与行政手段不同，不带有强制性。它的存在是因为在社会生产活动中，依然存在国家、集体和个人之间不同的经济利益，为了调动各方面的积极因素，促进社会生产的发展，必须在管理中采用经济手段。虽然是一个极为重要的管理方法，但并不是万能的，还必须与行政手段、法律手段有机结合起来，以发挥综合效用。　　　　　　　　　　　（张树恩）

管理科学学派 management science school

管理理论中的数理学派。吸收现代自然科学和技术科学的新成果，着重于数理分析和定量研究的现代管理理论学派。是科学管理的继续和发展。运用运筹学、系统工程、电子计算机技术等科学技术手段,从事操作方法、作业水平的研究和科学组织的研究扩展。这个学派直接起源于第二次世界大战末期,为了战争需要,在英国由各种专家组成的"OR"(运筹)小组,研究雷达系统的最佳布置、轰炸潜艇的有效高度等问题。战后将其方法用于"以有限资源去获取最大经济效果"问题上,并于 1952 年在美国成立了运筹学会;1953 年成立管理科学学会。其基本特点是:主要用于企业决策;对问题采用系统分析;使用数学模型;把电子计算机作为管理工具。

(何　征)

管理跨度　span of management

又称管理幅度,控制幅度。指一名领导人直接领导下属的数目。领导者因受知识、经验、精力等条件的限制,一人能直接领导下属的数目是有限的。超过一定限度就不可能具体有效的领导。影响管理幅度的因素有:①管理层次。管理幅度与层次成反比例关系。如扩大管理幅度,则管理层次可适当减少。反之,缩小管理幅度,则增加管理层次。②职务的性质和内容。③领导者的能力。④下属人员的素质。⑤采用的管理方法和管理手段等。

(何万钟)

管理会计　management accounting

为企业管理部门提供计划、决策、控制所需情报资料的会计工作。主要职能是:①数据的选择和记录,提供有关企业过去经营活动及其环境的系统资料;②数据的分析;③编制报表,供企业计划和控制日常经营活动及制订长期发展战略使用。具有参与决策,确定目标和实施目标控制的特点。是企业管理现代化的一种有效手段。　(张　琰　闻　青)

管理流程图　control flow chart

企业管理或工程建设管理中某项管理业务从开始到最后完成的全过程工作关系图表。一般包括管理程序、岗位职责、信息传递线路及方法。制定管理流程图表可以使管理业务标准化,提高管理效能。

(何万钟)

管理人才现代化　modernization of management talent

不断提高管理人员的素质,使其具有实现企业管理现代化的观念、知识和能力的过程。在企业管理现代化中起决定性的作用。它的内容,首先是管理人员专业化、职业化。即要培养和造就一支以从事经营管理为专门职业的管理人员队伍。其次是管理人员专家化。即要在知识和技术不断更新的基础上,使管理人员成为具有适应工作需要的知识和技能的管理专家。　(何万钟)

管理人员　administrative personnel

在企业各职能机构和各级生产部门从事行政、生产经营管理及政治工作的人员。在劳动统计中,脱离生产岗位改做管理工作 6 个月以上的工人,也视为管理人员。　(吴　明)

管理社会监督　social supervision of management

从社会利益和所采用的社会规范出发,评价和考核管理系统的一种机制。具有通过管理系统活动的规范性和消除偏离规范的不良现象来保证社会利益得到增进的作用,使其活动结果与所要求的规范相一致。从广义上讲,管理的社会监督包括社会中所存在的一切监督,即政府的监督、用户的监督、消费者协会的监督、舆论监督等。从狭义上讲又可理解为社会舆论监督。　(张树恩)

管理审计

见经济效益审计(174 页)。

管理手段　management means

适应一定管理思想、管理方法所采取的管理工具与措施。现代化的科学的管理思想、科学的管理组织和先进的管理方法要求在管理中应用经济学等社会科学和自然科学技术的新成果,因而必须采用先进的管理手段。包括各种先进的检测、控制装置和先进的信息传递、处理以及电子计算机的应用。特别是现代企业管理,需要科学而迅速地进行大量计算、数据处理、信息加工和最严密的监督和有效控制,在管理中,应用电子计算机,建立管理信息系统,便成为企业管理现代化的重要标志和发展方向。

(何　征)

管理手段现代化　modernization of management means

在管理中采用先进的技术手段和设备,以适应管理工作高效率要求的过程。在企业管理现代化中起物质技术基础的作用。主要包括:①管理信息的收集、传输手段的现代化,如采用电传设备、自动检测及计量装置、监控电视、自动记录及显示装置等。②信息处理手段的现代化,如电子计算机及网络系统的应用等。　(何万钟)

管理思想　management thought

对管理实践活动的理性认识。人类的管理思想可追溯到远古,数千年来,一直在形成和发展过程中。尽管古代的管理思想还处于萌芽状态,比较简单粗糙,但都是后来管理思想发展的渊源,当今的一些现代管理概念,往往能从中寻找到自己的根据或痕迹。19 世纪末,20 世纪初,在美国、法国、德国等西方国家形成的科学管理理论,是人类第一次尝试以科学的、系统的方法来探讨管理问题,从而实现了人类管理思想发展史上的一次重大飞跃。

(何　征)

管理思想现代化 modernization of management thought

符合现代企业的经营观念和现代科学管理基本原理的企业管理指导思想。在企业管理现代化中起主导作用。现代企业的经营观念主要有:战略观念、市场观念、竞争观念、效益观念、时间观念、创新观念、风险观念等。现代科学管理的基本原理主要包括:系统原理、整分合原理、反馈原理、封闭原理、能级原理、弹性原理,以及以人为中心的管理原理等。随着社会生产力和科学技术的进步,人们对客观规律的认识不断深化,上述企业经营观念和科学管理原理也在不断充实或更新。　　(何万钟)

管理心理学 managerial psychology

又称工业心理学。研究管理活动中的心理现象和心理规律的学科。管理学与心理学交叉形成的边缘学科。包括工程心理学和人事心理学两个分支。前者研究生产工具的设计,以适应劳动者的心理和生理特点,使他们便于操作,从而提高工效;后者研究不同人的个别差异,从而选拔和培养适宜的人才。管理心理学的研究内容主要有三:企业管理中的"领导心理"、"个性心理"及"群体心理"。这门学科的研究起源于美国的吉尔布雷思夫人(L. W. Gilbreth),她在 1912 年发表了《管理心理学》一书;同年德国心理学家芒斯特伯格(1863～1916)发表了《心理学和工业效率》,提出将心理学应用于工业生产领域的原理和原则,开创了工业心理学派。在他的影响下,梅奥(G. E. Mayo)等人经霍桑试验发展了工业心理学,创建了人际关系学。此后,世界许多国家包括苏联也开始注意对这门学科的研究,中国自 1980 年以来,也开始注意这方面的研究。　　(何　征)

管理信息 management information

管理过程中各种管理活动的状态和特征的反映。在各种管理活动中,都存在大量的管理信息。它在属性上表现为质、量、度,在时态上分为过去,现在和未来。按来源可分为管理单位的内部信息和外部信息;按特征可分为定量信息与定性信息;按管理中的用途可分为计划信息、市场信息、质量信息、财务核算信息、人员信息等等;按传递方向可分为横向信息和纵向信息,等等。对管理信息进行收集、存储和处理,是组织和管理的重要手段。信息收集是获取管理信息的基础,信息整理是收集信息的继续。通过信息鉴别、筛选、评价、取舍,以保证选留信息的真实可靠、完整、应用价值高。信息资料选留后,就要登记,并进一步分类整理。管理信息是进行管理决策的基础,是进行控制和组织管理活动的重要手段。　　(何　征)

管理信息系统 management information system, MIS

为管理活动提供所需信息的一种有组织的设备程序机构与规程的总体管理系统的子系统。以计算机和通信为主要手段,进行数据收集、传输、加工、存储、维护和分析,及时向系统使用者提供决策、计划、指挥、协调、控制活动所需的有效信息。其基本特征:①以为管理服务为目的;②是两个以上彼此关连、相互制约的子系统构成的有机体;③能积极地对原有信息进行科学加工,改变其结构和形态,提高信息价值。　　(冯鑑荣)

管理行政手段 administrative means of management

管理机构和领导者运用权力,通过行政命令对管理对象发生影响,并按行政系统实施管理活动的管理方法。一般采用命令、指示、规定、指令性计划、制定规章制度等方法。它具有权威性、强制性、时效性、保密性和垂直性等特点。行政手段能使管理系统达到高度的集中统一,可以充分发挥高层领导的决策和计划作用,充分依靠权力机关的权威,对其下属进行组织、指挥和控制,也可以较好地处理特殊问题及管理活动中出现的新情况。缺点是,管理效果受领导水平的影响,不便于分权,不利于发挥子系统的积极性,横向沟通困难等。所以,行政手段是必要的,但又不是万能的。采用行政手段必需尊重客观经济规律,重视经济效果。行政手段和经济手段、法律手段相辅相成,互不排斥。行政手段应当更多地通过各种经济立法来体现。　　(张树恩)

管理学 science of management

系统地研究人类社会活动的合理组织及其规律性的科学。包括一系列的管理理论、管理原则、管理形式、管理方法、管理制度等,是管理实践活动在理论上的概括和反映。管理学来源于社会的管理实践。人们在长期的社会活动中,如政治、军事、经济、宗教、文化等,积累和总结出管理经验和管理概念。但它作为一门系统的学科,则是商品经济发展到一定阶段的产物。一般认为,它的产生和发展大致经历了三个阶段:①古典管理理论或科学管理阶段;②行为管理理论阶段;③现代管理理论阶段。在发展过程中,学派林立,各从不同角度、不同侧面对管理进行研究,作出自己的贡献、相互补充。近年来,各学派相互渗透,有相互融合的趋势。　　(何　征)

管理业务标准 standard for management operation

对某一管理部门或管理环节中,重复出现的业务工作的内容、职责范围、程序、方法和应达到的质量要求等所作的规定。通常以文字形式表示。它虽是以管理部门或管理环节来制定的,但应从整个企

业系统管理的要求出发,并达到使整个企业管理效果为最佳的目标。 (何万钟)

管理哲学 management philosophy

研究管理的认识论和方法论的科学。对一般管理理论和方法的高度抽象和概括,揭示管理活动的本质属性、内在联系和普遍规律。主要内容有三个方面:(1)揭示管理的本质,研究管理主体和客体之间的辩证关系。(2)对管理中的信息存在形式、使用和运动规律与特点,以及信息处理方法和手段进行哲学探讨,阐明管理的认识论和方法论。(3)对管理机制及其功效进行辩证分析,阐明管理的价值观及其哲学原理。系统论问世以后,也有人将系统论视为管理哲学。其理由,认为任何管理组织或管理对象都是一个系统,都有其内部结构,都涉及同外部环境的联系。所以,作为管理普遍规律高度抽象和概括的管理哲学,就不能不是系统论。 (张 琰)

管理职能 management function

管理工作所起的作用或功能。是管理理论研究中的一个重要问题。最早是法国的法约尔(H.Fayol)于1911年提出管理职能包括计划、组织、指挥、协调和控制。其后各个年代各个学者相继提出了不同的观点和管理职能的划分,例如:1934年代维斯(D.C.Davis)提出管理职能为计划、组织和控制;1937年古利克(L.Gulick)认为包括计划、组织、指挥、协调、控制、人事和通讯联系8项职能;1947年布朗(A.Brown)认为有计划、组织、指挥、控制和调集资源5项职能;1947年布雷克(E.Brech)认为有计划、协调、控制和激励4项;1947年厄威克(L.Urwick)认为有计划、组织和控制3项;1951年纽曼(W.Newman)认为有计划、组织、指挥、协调、控制和调集资源6项;1955年孔兹(H.Koontz)认为有计划、组织、控制和人事4项;1964年艾伦认为有计划、组织和控制3项;1964年梅西(J.Massie)认为有计划、组织、控制、人事和决策5项;1964年米(J.Mee)认为有计划、组织、控制、激励、决策和创造革新6项;1966年希克斯(H.Hicks)认为有计划、组织、控制、激励、通讯联系和创造革新6项;1970年海曼和斯科特则认为有计划、组织、控制、激励和人事5项;1972年特里(G.Terry)认为有计划、组织、控制和激励4项,等等,反映了不同的管理思想和管理理论,也表明对管理职能的研究至今并未终结。 (何 征)

管理组织现代化 modernization of management organization

企业建立能适应现代生产力发展要求的组织机构和管理制度的过程。在企业管理现代化中起组织保证作用。管理组织现代化体现在:①根据责权利相结合的原则,处理好集权和分权的关系,完善企业内部经济责任制,使企业各级具有主动关心其经济成果的能动性。②具有能适应外部环境的生产社会化的组织形式。③具有能保证管理工作高效率的企业组织结构。 (何万钟)

gui

规范经济学 normative economics

研究经济活动中价值判断准则的一种西方理论经济学。提供规定或表述"应该是什么",而不仅限于"是什么"的经济分析。与实证经济学同为现代西方经济学中的两种主要研究方法。它研究"应该是什么"的问题,即为什么要作出这种选择,而不作出另一种选择。它并不是去检验经济运行的过程,而是把一定的评价标准作为研究对象,再根据这些标准来分析经济现象。西方规范经济学带有为资本主义制度辩解的某些偏见,但也揭示不少现实社会经济缺陷与问题,如资源枯竭、环境污染、生态破坏、分配失调、社会危机等。并列出垄断应加以控制及利润应该征税之类的说明,都具有一定参考价值。

(何万钟 张 琰)

规划红线 property line

又称建筑红线、道路规划红线。城市道路两侧建筑用地与道路用地的分界线。在城市规划图中通常以红线表示。沿街建筑不得超过此线。

(林知炎)

规划设计条件 limitations in planning and design

城市规划管理部门对每一特定开发建设项目土地使用的具体要求。以"规划设计条件通知书"下达建设单位,作为设计的重要依据之一。其内容主要有征地面积,用地面积,总建筑面积,容积率,建筑密度,绿化率,建筑后退红线距离和建筑控制高度等。

(刘洪玉)

规划性选址 planning site selection

建设项目建设地点的初步选择。厂址选择的第一阶段。通常由综合部门或项目主管部门,根据国民经济长远发展规划的要求,结合资源分布和现有生产力布局,以及勘探、测量等技术经济资料,在比较广阔的地域内,确定建厂选址的范围,并在初步选定区域内提出若干可供考虑的建厂地址,作方案比较,供进一步研究抉择。 (曹吉鸣)

gun

滚动计划 rolling plan

根据计划的执行情况和计划条件的变化,按"近细远粗"的原则,定期对原订计划进行调整和修订,并将计划期顺序向前推进一期而形成的计划。是一种新型的计划形式和计划工作方法。基本特点是:①计划期顺序推进,能保证前后期紧密衔接,使计划的连续性与企业生产经营活动的连续性一致起来,从而能更好地反映和指导企业的生产经营活动。②计划能根据客观条件的变化适时调整,提高其准确性和指导性。有利于改善事前控制和计划工作的被动局面。③长期计划与短期计划可相互衔接,发挥长期计划的指导作用,使各种计划不致脱节。滚动计划既适用于企业长期计划,也适应于编制短期计划和作业计划。　　　　　　　　　　　　(何万钟)

滚动预算　continuous budget

又称永续预算或连续预算。预算时间跨度不变,每执行一个期间的预算,又补上一个期间,不断往后延伸递推,始终保持同等期间的一种预算。在执行一个期间的预算又补充一个的过程中,通过预算的编制和修订,不仅可以审查全部预算期预算实现的可能性,而且可以把发生的变化考虑到新一期的预算中去,使之适应不断发展变化的客观情况,维持企业生产经营活动的总体战略目标。

(周志华)

guo

国际标准　international standard

经国际上权威性的组织〔如国际标准化组织(ISO)等〕制订为各国承认和采用的技术标准。国际标准在进行科学技术交流、国际贸易、国外工程承包和经济合作中起着重要作用。采用国际标准是中国重要的技术政策。其工作方针是:"积极采用,认真研究,区别对待"。　　　　　(田金信)

国际复兴开发银行　International Bank for Reconstruction and Development,IBRD

见世界银行(257 页)。

国际工程承包合同　international construction work implementation contract

一国的承包商在国外承包工程,为完成该工程项目而与业主签订的明确各自的权利、义务及责任的协议。属涉外经济合同。主要内容为:①合同标的,即工作范围、数量和质量要求;②合同期限,即为完成标的所规定的时间;③合同价格、支付条件及支付方式;④当事双方的权利、义务和责任;⑤为确保合同的完善履行而规定的保证性条款;⑥违约责任及惩罚。合同条款大致可分为五类:①基本条款,包括双方当事人,合同文件,合同语言,通知条款及保密条款等;②主要条款,包括标的,价格,劳务,施工

机械设备和材料,工期及工程款支付等;③法律性条款,包括适用法律,税务,合同生效与终止,不可抗力及仲裁等;④保证条款,包括预付款保函,履约保函,违约罚金,保修期以及各项保险条款;⑤其他条款,包括监理工程师及其代表,临时工程,指定分包人,转包和分包,工程量计量、出土文物以及现场秩序等条款。国际工程承包活动的两个基本环节,一是通过投标竞争签订合同,二是履行合同。前一环节是后者的基础,后一环节是前者的继续,二者缺一不可。因此,从事国际工程承包活动,必须对合同的基本知识和主要内容有比较全面的了解,才能在签订和履行合同过程中减少失误,避免损失,使承包工程多获利。　　　　　　　　　　(张　琰)

国际会计准则　international accounting standards

见公认会计准则(88 页)。

国际货币基金组织　International Monetary Fund,IMF

以协调国际间的货币政策为目的的政府间国际金融组织。根据 1944 年 7 月在美国布雷顿森林会议由 44 国拟定的《国际货币基金组织协定》,于1945 年 12 月成立,1947 年 3 月开始活动,同年 11月成为联合国的专门机构。总部设在华盛顿。中国为创始国之一,派出一名代表参加由 22 人组成的执行董事会。资金主要来源为成员国所缴纳的份额,以及借入资金和信托基金。业务活动主要是向成员国提供贷款,促进国际货币合作,研究国际货币制度改革问题和扩大基金组织的作用,提供技术援助及加强同其他国际机构的联系。

(张　琰　蔡德坚)

国际结算　international settlement

又称国际清算。国际间自然人、法人和政府对以货币表现的债权、债务的了结和清算。现行国际结算的支付形式主要有:①汇款,即一国的付款人委托银行将资金转移给另一国的收款人。②托收,即一国的债权人出具汇票或其他债权凭证,委托银行向另一国的债务人收取款项。③信用证,银行应开证申请人的要求,向受益人或另一银行签发函件,申明由该行或另一银行在受益人严格遵守函中规定条款的条件下,办理付款或承兑。此外,还有保证书、信用卡和立即付款等。　　　(张　琰　蔡德坚)

国际金融公司　International Finance Corporation ,IFC

从事对成员国私营企业贷款业务的附属于世界银行的国际金融机构。1956 年 7 月成立,总部设在华盛顿。在组织上和世界银行是两块牌子,一班人马。主要业务是向成员国提供不需政府担保的贷

款;为私人资本的项目融资;从事包销证券;为投资前的评估研究提供财政援助,对开发项目中的工业、技术和财务等方面进行协调。资金来源主要靠成员国认缴的股金,经营业务所得的利润,出售投资项目所得等。 (蔡德坚)

国际开发协会 International Development Accociation

专门对低收入发展中国家以优惠条件提供长期贷款的国际金融机构。世界银行的附属机构,1960年9月成立,总部设在华盛顿。宗旨是以优惠条件向低收入的发展中国家提供长期贷款,以促进其经济的发展及生活水平的提高。凡世界银行的成员国均可参加协会。贷款不计利息,仅收0.75%的手续费,期限长达50年。主要集中于待开发项目,其次是长期才能产生效益或很难以货币收入来衡量的项目,如教育事业及其他人力资源开发等。贷款对象为会员国中的低收入发展中国家。组织机构上和世界银行是两块牌子,一套班子。

(张 琰 钱昆润)

国际清偿能力 international liquidity

一国一直掌握的在必要时可以用于调节国际收支、清偿国际债务的国际流通资金。包括黄金、外汇储备、特别提款权和在国际货币基金组织中的储备资产。一国的国际储备资产,经济实力的标志。一国国际储备资产的增长如不能适应其对外贸易的需要,就会引起国际清偿能力的不足。也影响其对外贸易和经济发展。 (蔡德坚)

国际市场价格 international market price

又称国际价格。在世界范围内各个国际集散中心或交易场所进行商品交换所形成的价格。其主要特点是由于商品大部是在多个国际集散中心进行贸易,因此其价格也是多元的。例如石油价格,在中东、西欧、东南亚等地每天每桶的价格均有所不同。一般是以其中最主要的成交额最大的某个市场价格为代表。另外,价格变动极快,波动大,国内价格水平与出口价格水平日益悬殊,亦为特点之一。其形式有五种:成交价格、交易所价格、拍卖价格、开标价格和参考价格。国际市场价格以商品的价值为基础,并受供求关系、通货膨胀、垄断、竞争及各国的经济政策等因素影响。 (刘玉书)

国际资金市场 international finance market

经营资金借贷业务的国际市场。包括短期资金市场和长期资金市场。前者经营一年以下短期资金借贷业务;后者经营一年以上的资金借贷业务,故又称资本市场。利用资金市场筹集资金,可以引导国际资金流向最需要的生产部门,对于资本的形成有重大作用。 (严玉星)

国家标准 national standard

对全国经济、技术发展有重大意义,必须在全国范围内统一的技术标准。主要包括:原材料标准、产品标准、基础标准、方法标准等。中国的国家标准由有关主管部门(或专业标准化委员会)提出草案,报国务院或其授权机关审批。它的代号,用"国标"的汉语拼音的头两个字母"GB"表示。国家标准是国家最高一级的规范性技术文件,是一项重要的技术法规。一经批准、发布,各级生产、建设、科研、设计管理部门和企业、事业单位,都必须严格贯彻执行,不能更改或降低。 (田金信)

《国家基本建设基金管理办法》 Administrative Measures for the Fund of State Capital Construction

1988年7月16日国务院发出的《关于投资管理体制的近期改革方案》的附件。是为使基本建设的资金来源保持稳定,建设项目能够按照合理工期组织施工制定的。该办法共5章19条,第一章总则、第二章基金的组成和来源,第三章基金的使用范围,第四章基金的管理,第五章附则。该办法自1988年起施行。 (高贵恒)

国家级参数 state level parameter

反映国家宏观调控意图,并由国家主管部门统一测定、统一发布的经济参数。在中国,分为:①由国家统一测定,并在全国范围内通用的社会折现率、影子工资、影子汇率等;②由各行业测定,但由国家统一发布适用于各行业的行业基准收益率、行业平均投资利润率和平均投资利税率等。 (何万钟)

国家建设用地法规 Legal provisions on the Land-use for state construction

国家制定的法律规范中有关国家建设用土地规定的总称。国家建设用地,是国家建设需要使用场地的统称,包括征用的集体所有土地和使用国有的土地。中国《土地管理法》和《土地管理法实施条例》第四章都对国家建设用地作了专门规定。主要内容有:①国家建设项目用地的申请与审批;②国家建设征用土地的申请与审批和安置补助费标准;③国家建设征用耕地的审批权限和补偿费标准;④补偿费和安置补助费用途;⑤多余劳动力的安置;⑥临时用地的申请、审批和补偿;⑦使用荒山荒地的申请、审批与划拨。中国《城市规划法》也对国家建设用地的取得程序和申请具备的条件、审批权限作了规定。

(王维民)

国家建设征用土地法规 Legal provisions on requisition for land for the state construction

国家制定的法律规范中有关国家建设征用土地规定的总称。国家建设征用土地,是指国家为了公共利益的需要,依照法律规定,将集体所有的土地征收后,用于国家建设的行为。征收后的土地,为国家所有,单位和个人只有使用权,没有所有权。国家征用土地是国家采取的一种具有强制性的措施,也是中国土地所有权转换的唯一方式。《中华人民共和国宪法》规定:"国家为了公共利益的需要,可以依照法律规定对土地实行征用。"《中华人民共和国土地管理法》第四章对国家建设征用土地的程序,审批权限,补偿费,安置补助费标准、用途、多余劳动力的安排等作了规定。 (王维民)

国家审计

见政府审计(332页)。

国家统配资源 state unified distributive resource

又称国家物资资源,简称国家资源。中国在计划经济体制下,由国家掌握可供统一分配的物资资源。主要是一些有关国计民生的主要物资,包括:①国家重点企业生产的产品;②国家在地方企业带料加工所生产的产品;③国家统一进口的物资;④国家通过各种方式上调的地方资源和向地方购买、换取的物资;⑤利用库存和动用国家储备等。其分配权属于国家,各地方、部门和企业都必须保证国家下达的分配调拨计划,按计划接受订货,按合同组织供货。经济体制改革以来,统配资源的范围已逐步缩小。 (曹吉鸣)

《国家优质工程奖励条例》 Ordinance for the Award of the State High Quality Project

1985 年 2 月 28 日国家计划委员会征求国家经济委员会同意后发出,目的是鼓励施工企业、勘察设计单位和建设单位加强科学管理,提高工程质量,创造更多的优质工程,以适应社会主义现代化建设的需要而制定的有关规定。该条例共 7 章 21 条,第一章总则,第二章评选奖励对象,第三章奖励条件,第四章申报办法和要求,第五章评审机构与审定,第六章奖惩,第七章附则。该条例自发布之日起施行。 (高贵恒)

国家预算 state budget

经法定程序批准的国家年度财政收支计划。规定财政各项收入的来源与财政支出的各项用途和数量,反映国家经济与社会的方针、政策和政府活动的范围与方向。是保障国家机器运转的物质条件和政府实施政策的有效手段。它的编制和执行情况对国民经济和社会发展计划有重大影响。各国预算收支的内容大同小异,但结构有所不同。中国国家预算收入包括各种税收、国有企业上缴利润、债务收入、专款收入等;预算支出包括经济建设支出、社会文教支出、国防支出、行政管理支出及其他支出等。由财政部汇总编制国家预算草案,经国务院核准后,提请全国人民代表大会审查批准。

(张 琰 何万钟)

国家预算内投资 state budgetary investment

又称国家投资。中国列入国家固定资产投资计划,并由国家预算拨或贷款安排的投资。分二级管理,即中央级预算内投资和地方级预算内投资。中国地方级预算内投资常指省级财政预算投资。

(何 征)

国家预算外投资 extra-budgetary investment

又称自筹资金投资。不纳入国家预算,由各地方、各部门、各单位按照国家规定,自收自支,自行使用的财政资金安排的固定资产投资。用预算外资金进行建设投资也要控制投资规模,由各地区、各部门提出报告,经过一定审批程序,下达年度计划指标,再纳入国家固定资产投资计划。 (何 征)

国民财产 national assets

见国民财富。

国民财富 national wealth

一个国家在一定时期拥有的自然资源和国民财产的总称。是社会再生产和经济发展的物质基础和重要条件。自然资源指土地、水利、矿藏、海洋、森林及野生动植物等资源;通常按实物量计算。国民财产是某个国家在某一时间点(年初或年末)历年劳动产品积累的总和,来源于国民收入的积累,是有形物质财产,在中国,包括全民的、集体的和个人的固定资产和流动资产,不包括货币资金,其总量以货币量表示。从广义来看,国民财富还应包括劳动者的生产经验、科学技能与知识的积累。

(何万钟 张 琰)

国民经济 national economy

社会各生产部门、流通部门和其他经济部门的总体。包括工业、农业、建筑业、直接为生产服务的交通运输业、商业等物质生产部门和科学技术、文化教育、卫生保健、行政管理等非物质生产部门。物质生产部门是国民经济的主体,但非物质生产部门又是物质生产部门发展不可缺少的条件。现代国家的国民经济是随着社会化大生产的发展,社会生产各环节、各部门、各地区之间以统一的国内市场为纽带而形成的不可分割的经济整体。国民经济的性质取决于社会生产关系的性质。社会主义的国民经济是建立在以生产资料公有制为主体的基础上的。在国家宏观调控下,发展商品生产和商品交换,对正确处理国民经济各部门、各地区、各环节之间的矛盾,实现国民经济的协调发展,保证最大限度地满足人民日益增长的物质和文化生活的需要,有其重大意义。

(何 征)

国民经济评价 national economy evaluation

又称经济分析、宏观评价。从国家和全社会的立场计算建设项目需要国家付出的代价和给国家带来的贡献,考察投资行为的经济合理性和宏观可行性的经济评价。评价的界限是整个国家。通常采用费用效益分析法,既考察项目自身的直接经济效果和项目对国民经济其他部门和单位产生的间接效果,也测算可用货币衡量的有形效果和难以用货币衡量的无形效果。评价的目标是实现国家资源最优配置,保证国民收入的增加。为此,运用影子价格、影子汇率、影子工资和社会折现率等经济参数,反映资源真实价值,计算项目投入的费用和产出的效益,从而实现宏观上合理配置国家资源,真实反映项目对国民经济的净贡献,为投资决策科学化提供依据。若评价结果与财务评价不一致,应以国民经济评价为标准。　　　　　　　　　　　　　(刘玉书)

国民经济评价参数 parameter of national economy evaluation

用于项目国民经济评价中计算和衡量效益与费用的经济参数。包括社会折现率、影子汇率换算系数、影子工资换算系数、土地影子费用、贸易费用率、部分货物或服务影子价格及换算系数(包括建筑工程、交通运输、动力原煤、电力及几十种常用货物、部分系列产品等)。1993年4月7日国家计委和建设部发布的新的国民经济评价参数,对国家计委于1987年9月1日发布的国民经济评价参数作了重大的修改和补充。　　　　　　　　　(何万钟)

国民经济评价指标 indicator of national economy evaluation

根据国民经济评价目的,为反映项目经济可行性而设立的指标体系。都是动态分析指标。常用的有经济内部收益率、经济净现值、经济外汇净现值、经济换汇成本、经济节汇成本。前两项指标反映项目的盈利能力;后三项指标反映项目外汇平衡能力及效果。项目外汇分析与国家外汇管理体制密切相关。在一国货币与外币实行自由兑换、汇率根据市场供求浮动的情况下,没有必要进行外汇分析。中国外汇管理体制处于向市场化管理转轨过程中,项目外汇分析尚有其必要性。随着经济体制改革的进展,外汇分析的作用将日渐削弱。最终只有盈利能力分析才是项目评价的永恒内容。　　　(何万钟)

国民经济体系 system of national economy

国民经济各部门相互依存、相互制约的有机整体。在中国社会主义国民经济体系中,农业是国民经济的基础;工业是国民经济的主导;交通运输是联系国民经济各部门、地区、过程、环节的纽带;商业则起着商品交换中介的作用;科学技术是发展生产力的关键;教育在国民经济发展中则具有十分重要的地位。整个国民经济体系中各部门之间存在着错综复杂的比例关系。国民经济的持续稳定增长,取决于它们之间是否按比例协调发展。　　(何　征)

国民生产净值 net national product,NNP

一个国家在一定时期(通常为一年)内所生产的产品和劳务的净值。它等于国民生产总值扣除固定资产耗费(即折旧)后的那部分价值。从分配要素来看它是由工资、利润、利息、租金和间接税等相加的总和。为国际上通用的反映一国经济发展水平的重要综合指标。其计算公式如下:

$$\begin{aligned}国民生产净值 &= 国民生产总值 - 固定资产折旧\\ &= 工资+利润+利息+租金+间接税\end{aligned}$$

（何万钟）

国民生产总值 gross nationol product,GNP

一个国家或一个地区在一定时期内本国常住居民在国内和在国外从事物质生产和劳务活动所提供的社会最终使用的产品和劳务价值的总和。其中不包括中间消耗的产品和劳务的价值。它是综合反映社会经济活动成果的一项主要统计指标。国民生产总值的计算方法有三种:一是生产法,就是从生产的角度,把总产出中的原材料、燃料、动力、其他物质消耗和劳务等中间消耗扣除,余下的即是增加值,各部门的增加值之和即为国民生产总值。二是收入法,就是从收入的角度,把从业人员的劳动收入(包括工资、津贴、奖金和福利)、利润、税金、固定资产折旧和大修理基金等加总求得。三是支出法,又称最终产品法,就是从产品使用的角度,直接把可供社会最终消费或使用的,不再进行加工的产品支出和劳务支出加总求得。国民生产总值是按国民原则计算的。它与国内生产总值的关系是:

$$\begin{aligned}国民生产总值 &= 国内生产总值 + 本国常住单位从国外获得的原始收入\\ &\quad - 支付给国外的原始收入\end{aligned}$$

即国民生产总值等于国内生产总值与从国外获得或支付给国外的劳务报酬、投资收益(包括股息、红利和利息等)净额的代数和。　　(卢安祖)

国民收入 national income

一国在一定时期(通常为一年)内物质生产部门劳动者新创价值的总和。即社会总产品价值扣除用于补偿消耗掉的生产资料价值的余额。在使用价值上,国民收入是由体现新创价值的生产资料和生活资料所构成。创造国民收入的物质生产部门有农业、工业、建筑业和作为生产过程在流通过程内继续的运输业、邮电业和商业等。决定国民收入增长的因素主要有:①社会投入物质生产领域的劳动量增加;②社会劳动生产率的提高;③生产资料利用的节约。其中以社会劳动生产率的提高最为重要。从国民收入的生产、分配和使用的运动过程,可以综合地反映该时期经济发展的规模、速度和结构,反映国家、集体和个人之间的分配关系,反映积累和消费、建设与生活的比例关系。同时,它又是反映一个国家国民经济发展水平的综合性指标,按人口平均计算的国民收入越多,一般可反映其生产力发展水平也越高。

（何　征）

国民收入分配　distribution of national income

国民收入在不同经济部门和居民阶层之间的分配。反映社会新增物质财富的使用情况。分配过程分初次分配和再分配两个阶段:初次分配在物质生产领域内进行,有两个基本指标,一是劳动者的原始收入,即劳动者为自己新创造的价值,主要包括工资、奖金、附加工资和工资性津贴。二是生产企业的纯收入,即劳动者为社会创造的价值,包括由国家集中的纯收入,主要是企业上缴的利税及生产企业自留的纯收入(企业留利)。再分配是在初次分配的基础上,在物质生产领域和非物质生产领域之间及不同居民阶层之间进行的。主要有国家财政预算、银行信贷、国家价格政策及非生产部门与生产部门和居民之间的收支活动等四种形式。各方面再分配收支数额是计算他们最终收入的基础数据和研究各种再分配比例关系的依据。

（张　琰）

国民收入使用额　disbursement of national income

国民收入生产额经过在全社会范围进行分配和再分配,形成的各物质生产部门和非物质生产部门及居民的最终收入。可归结为消费基金和积累基金两大部分,是研究国家(或地区)积累和消费的比例关系的基础。

（何万钟）

国内生产总值　gross domestic product, GDP

一个国家或地区的领土范围内,本国居民和外国居民在一定时期内所生产的最终产品和提供的劳务价值总和。是按国界原则计算的,即本国国民经济各部门增加值之和。为当今世界各国普遍用以反映国民经济发展状况的最重要的宏观统计指标。计算方法同国民生产总值。它与国民生产总值的关系是:

$$\frac{国内生}{产总值} = \frac{国民生}{产总值} - \frac{本国常住单位在国外}{获得的原始收入} + \frac{支付给国外}{的原始收入}$$

（卢安祖）

国内投资总额　gross domestic investment

一个国家在一年内用于建造和购置固定资产的全部费用以及原材料、半成品和在制品期初期末库存增减的差额。包括政府投资和私人投资两个部分。是西方国家常用的投资统计指标。各国的计算口径不完全相同。如英国,把政府和私人的投资都包括在内;美国则着重计算国内私人投资总额。一般计算式为:

$$国内投资总额 = 净投资额 + 固定资产折旧费$$

$$或\quad \frac{国内投}{资总额} = \frac{固定资产}{投资总额} + \frac{原材料、半成品和在制品}{期初期末库存增减差额}$$

（俞壮林）

国土规划　territorial planning

对全国或一定地区的国土资源进行开发、利用、治理和保护的综合协调方案。具有战略性、地域性及综合性,要求在地域空间协调好资源、经济、人口、环境之间的关系,做好经济和社会发展中的建设总体布局,使经济效益、社会效益、生态与环境效益密切结合,为提供良好的劳动和生活环境创造条件。其主要内容包括:确定生产建设布局、经济发展方向和规模;制订重要资源的开发方案;安排基础设施建设;确定全国城镇布局、规模和性质;环境综合治理和保护;国土开发整治政策和措施。

（张　琰　何万钟）

国土资源　territorial resources

一国主权管辖地域内一切资源的总称。包括自然资源和社会资源。前者指土地、水、大气圈、生物和矿藏等;后者包括劳动资源、经济资源和文化资源等。按其存在的形态可分为七大类:①土地资源,包括耕地,林地,草地,内陆水面、城市、工矿、交通用地等;②水资源,包括地表水、地下水、水能蕴藏量等;③矿产资源;④生物资源;⑤海洋资源;⑥气候资源,包括日光能、风能、气温及自然降水等;⑦其他资源,包括基础设施、自然风光、名胜古迹等。按其恢复条件不同,可分为:①在当前技术经济条件下,不可再生的资源,如矿藏;②可再生的资源,如日光能、风能等;③可循环使用的资源,如水和空气等。

（何万钟）

国外设计技术资料费　expense of foreign design technical data

建设单位随同进口成套设备一并购入的国外设计图纸及技术资料所支付的费用。在建设单位会计中待摊投资科目的"其他待摊投资"明细项目内核算。工程建设概预算中"工程建设其他费用"的组成部分。

（闻　青）

《国营建筑企业安全生产工作条例》　Ordinance for Production Safety Work in the State-owned Construction Enterprises

1983 年 5 月 27 日城乡建设环境保护部发出,目的在于贯彻执行安全生产方针,切实加强管理,保证职工在生产过程中安全和健康,促进生产发展而制定的有关规定。该条例共 9 章 47 条,第一章总则,第二章安全责任制,第三章安全技术管理,第四章安全纪律,第五章安全教育,第六章安全检查,第七章事故调查和处理,第八章奖励与处罚,第九章附则。该条例自公布之日起施行。 （高贵恒）

《国营建筑企业招用农民合同制工人和使用农村建筑队暂行办法》 Interim Measures for Recruit Farmer Contract Workers and Engage Rural Construction Team by State Owned Construction Enterprise

经国务院批准,1984 年 10 月 15 日劳动人事部、城乡建设环境保护部发出,目的在于提高国营建筑企业的劳动生产率和经济效益,改革用工制度,开辟农村劳动力参加城乡建设的途径而制定的有关规定。该办法共 4 章 23 条,第一章总则,第二章招用农民合同制工人,第三章使用农村建筑队,第四章附则。该办法自发布之日起施行。该办法发布以前,企业使用农民合同制工人发生病、伤、残、亡,凡是已经按合同规定处理了的,不再改变;尚未处理的可按该办法的有关规定处理。 （高贵恒）

《国营建筑施工企业百元产值工资含量包干试行办法》 Trial Mearsures for Wages per Hundred Yuan of Output Value Contract of State Owned Construction Enterprise

1986 年 2 月 6 日国家计划委员会、劳动人事部、城乡建设环境保护部、财政部、中国人民建设银行制订,国务院转发,目的是逐步完善建筑施工企业的工资制度的有关规定。该办法共 15 条,主要内容有:①企业实行百元产值工资含量包干的条件;②企业的工资含量包干系数和工资总额计划的核定;③计提含工资的产值计算依据办法;④工资量的范围;⑤纳税办法;⑥违反规定的企业领导人和经办人应负的责任;⑦有关部门的监督和检查。该办法自颁发之日起施行。 （高贵恒）

国有独资公司 state-solely-owned company

国家授权的投资机构或者国家授权的部门单独投资设立的有限责任公司。《中华人民共和国公司法》规定,国务院确定的生产特殊产品的公司或者属于特定行业的公司,应当采取国有独资公司的形式。国有独资公司不设股东会,由国家授权的投资机构或者国家授权的部门,授权公司董事会行使股东会的部分职权,决定公司重大事项,但公司的合并、分立、解散、增减资本和发行分司债券,必须由国家授权投资的机构或者国家授权的部门决定。监事会主要由国务院或者国务院授权的机构、部门委派的人员组成,并有公司职工代表参加。公司章程由国家授权投资的机构或者国家授权部门依公司法制定,或者由董事会制定,报国家授权投资的机构或者国家授权的部门批准。 （张 琰）

《国有企业财产监督管理条例》 Administrative Ordinance for Property Supervision in State-owned Enterprise

1994 年 7 月 24 日国务院发布,是为加强国有企业财产的监督管理,巩固和发展国有经济,促进社会主义市场经济体制的建立而制定的有关规定。该条例所称国有企业财产,即企业国有资产,是指国家以各种形式对企业投资和投资收益形成的财产,以及依据法律、行政法规认定的企业其他国有财产。该条例共 6 章 50 条:第一章,总则;第二章,分级管理和分工监督;第三章,监事会;第四章,企业法人财产权;第五章,法律责任;第六章,附则。该条例自发布之日起施行。 （王维民）

《国有企业富余职工安置规定》 Regulations on Resettlement of Redundant Employees in State-ownd Enterprise

1993 年 4 月 20 日国务院发布,是为妥善安置国有企业富余职工,增强企业活力,提高企业经济效益而制定的有关规定。该规定共 18 条,主要内容有:①安置国有企业富余职工应遵循的原则和企业应采取的措施;②为安置富余职工而兴办的企业,减负企业所得税和应给予的扶持;③对富余职工实行待岗和转业培训,以及有限期的放假的规定;④孕期或者哺乳期的女职工放假期;⑤退出工作岗位休养;⑥对职工辞职和企业裁减职工的规定。该规定自发布之日起施行。 （王维民）

《国有企业职工待业保险规定》 Regulations for the Insurance of Jobless Employees in State-owned Enterprise

1993 年 4 月 12 日国务院发布,是为完善国有企业的劳动制度,保障待业职工的基本生活,维护社会安定而制定的有关规定。该规定共 6 章 26 条:第一章,总则;第二章,待业保险基金的筹集和管理;第三章,待业保险基金的使用;第四章,组织管理机构的职责;第五章,罚则;第六章,附则。该规定自1993 年 5 月 1 日起施行。1986 年 7 月 12 日国务院发布的《国营企业职工待业保险暂行规定》同时废止。 （王维民）

国有土地使用证 certificate of right to use state-owned land

中国国有土地使用权的法律凭证。经土地使用者申请,由政府授权的土地管理部门颁发。内容主要载明土地使用者名称、土地坐落、四至界限、土地面积、使用权有效年限。 （刘洪玉）

《国有资产评估管理办法》 Administrative Measures for the State-owned Assets Appraisal

1991 年 11 月 16 日国务院发布,是为正确体现国有资产的价值量,保护国有资产所有者和经营者、使用者的合法权益而制定的有关规定。该办法共 6 章 39 条:第一章,总则;第二章,组织管理;第三章,评估程序,包括:申请立项、资金清查、评定估清、验证确认;第四章,评估方法,包括收益现值法、重置成本法、现行市价法、清算价格法;第五章,法律责任;第六章,附则。该办法自发布之日起施行。

(王维民)

过程决策程序图法 process decision program chart method, PDPC method

又称重大事故预测图法。为实现目标,预测事态进展中所有可能结果,并确定达到最佳结果的途径的图解分析方法。新 QC 七工具之一。是运筹学中的过程决策程序图在质量管理中的具体运用。其特点是对事先可能考虑到的结果都进行预测,然后提出相应的处置方案和预防措施,进而在事态发展中也随时进行预测和修正,以引导事态向所希望的结果发展。分析过程采用图解方式,具有启发思维和综观全局的优点,是处理过程复杂、容易发生难以预料和不确定情况问题的有效方法。常用于制订目标管理的实施计划;制订研究项目的实施计划;对系统中的重大事故进行预测和制订预防措施;制订生产工序中出现不良情况的防止措施等。

(周爱民)

过渡性贷款 bridge loan

在一笔贷款到期后、另一笔贷款开始前的短时间内使用的一种临时贷款。例如在房地产开发过程中用于建设的贷款到期,但另一笔长期贷款尚未开始的一段时间内的短期贷款;或购置物业后直到重新装修或再开发完毕能够获取长期贷款过程中的临时融资。

(刘洪玉)

过户登记 transaction registration

因处分抵押房地产而取得产权时,应到国家房地产管理机关申请办理的登记手续。

(刘洪玉)

H

hai

海关 maritime custom

设在国家关境执行关税法及其他进出口管制法令、规章的国家行政机关。基本任务是依照海关法或关税法令、规章对进出关境的货物、物品及运输工具实施监督管理,征收关税及其他捐税,查处走私及其他涉及进出境的违法行为,以及编制进出口海关统计等。不少国家的海关还负有查处违反知识产权法的行为的任务。中国海关由海关总署统一管理,依法独立行使职权。其权力有:检查权、查阅权、查问权、扣留权、扣留移送权、调查权以及佩带和使用武器权等。

(张　琰)

han

函询法

见德尔菲法(42 页)。

hao

耗散结构论 dissipative structure theory

关于非平衡系统的自组织理论。是比利时普利高津(Prigogine, I)于 1969 年发表的《结构、耗散和生命》论文中正式提出来的。所谓耗散结构是相对于经典热力学的平衡结构而言的。普利高津等人研究证明:一个远离平衡态的系统,如果是不断与外界交换物质和能量的"开放系统"(包括力学的、物理的、生物的、乃至社会系统),在外界条件达到一定范围时,即一旦系统的某个参数变化到一定的域值,通过涨落,系统便可能发生突变,即非平衡相变,于是,就由原来的混乱无序状态转变到在时间、空间或功能有序的新状态。由于这种远离平衡态形成的新的稳定有序结构是靠不断耗散物质和能量来维持的,所以普利高津称之为"耗散结构"。这一理论近年来被推广应用于分析人口空间分布演化、渔业发展特点、能源需求情况等。取得的成果表明,它在社会经济和管理方面有着广阔的前景。

(何　征)

he

合格工程 qualified project

施工质量符合国家和部颁建筑安装工程质量检评标准中的合格等级的单位工程。中国评定工程质量的等级之一。其标准是：①所含分部工程质量全部合格；②保证项目技术资料符合检评标准的规定；③建筑工程、建筑和安装为一个单位工程的工程，检验项目质量综合评分，得分率达到 70% 及其以上。建筑安装工程质量不列废品等级，即不合格不能验收，不能交工。合格工程由工程竣工验收委员会（或小组）评定。 （徐友全）

合同 contract

又称契约。双方或多方当事人之间就某种特定事项行为或不行为所签订的一项具有约束力的协定。合同是两个平等权利的当事人间的协议，必须是双方意愿的结合。它的成立要通过一方的要约和另一方的承诺，缺一不可。合同成立后，双方即依法负有履行的义务和请求履行的权利。不履行合同上的义务，要依法负违约责任。在社会经济活动中，规范当事人行为的最重要合同是经济合同。 （何万钟）

合同标的 object of contract

合同当事人的权利义务共同指向的对象。不同的经济合同所要实现的经济目的不同，其标的也不同。如建设工程承包合同，其标的是完成工程项目建设任务；财产租赁合同，其标的是转移使用权的财产；货物运输合同，其标的是输送货物等。标的是合同必须具备的条款。没有标的或者标的不明确，合同不能成立，也不能履行。 （何万钟）

合同价格 contract price

合同中明确规定的承包范围内全部工程费用总额。中国通称合同总价。依国际惯例，通常以工程所在国货币表示。如果合同规定以多种外国货币全部或部分地向承包人支付款项，则应说明其比例或数额。在合同价格中应明确是否属固定价格、调价条件及其范围和调价的最高限额等。 （钱昆润）

合同纠纷调解 mediation of dispute about contract

合同双方当事人经过协商在自愿基础上达成协议解决合同纠纷的方式。《中华人民共和国经济合同法》规定："经济合同发生纠纷时，当事人可以通过协商或者调解解决"。调解由合同当事人一方或双方请求国家规定的合同管理机关主持，通过对当事人双方的劝导协商，在自愿的基础上达成协议，解决纠纷。调解达成的协议，当事人应当履行。 （张 琰）

合同履约率 performance rate of contract for construction project

一定时期内建筑企业应完成合同项数与建筑企业（承包方）和建设单位（发包方）之间签订的、为完成一定的勘察设计任务和建筑安装工程、明确双方权利义务的合同项数之比。即：

$$合同履约率 = \frac{报告期完成的合同项数}{报告期应完成的合同项数} \times 100\%$$

式中分子以已完成合同规定的全部内容、并经承发包双方签字认可为准，包括按期完成的和提前完成的合同。如果在同一份合同中有若干单位工程，应待整个合同的内容全部完成后才能作为完成一项合同统计。分母指报告期和报告期以前签订的应于报告期内完成的合同，不包括无效合同和中途解除的合同。该指标的大小反映建筑企业在建筑市场上的适应能力，与建筑企业的声誉和竞争能力紧密相关。 （雷懋成）

合同内索赔 contractual claims

又称合同规定的索赔。根据合同条款明文规定所提出的索赔要求。诸如，在施工过程中遇到了有经验的承包商也难以预料到的障碍和不利条件；业主工程师发出工程变更指令，导致发生额外的施工费用；发生了应由业主承担的风险，已由承包商承担完成施工；以及业主方违约，引起承包商支付额外费用等，承包商皆可按合同规定的索赔程序提出索赔。 （张 琰）

合同条件 contract conditions

以一定的法律体系为依据，规定合同有关各方面权利、义务和责任的规范性文件。可由非政府专业团体或政府主管部门编制，经有关方面批准，在一定地区或行业范围内通用。例如国际工程承包活动中广泛采用的《土木工程施工合同条件》是以习惯法体系为依据，以英国土木工程师学会的《土木建筑工程一般合同条件》为基础，由国际咨询工程师联合会（FIDIC）编制，并经欧、亚、美洲的有关国际组织批准的。中国现行的《建设工程施工合同条件》是由国家工商行政管理局和建设部根据《中华人民共和国经济合同法》和《建筑安装工程承包合同条例》制定的。合同条件通常由一般条件和专用条件两部分组成。一般条件是对每一份合同普遍适用的典型条件和格式，准备合同时可以直接引用，有利于提高准备工作效率和合同的规范化。主要内容为：词语涵义及合同文件；有关各方一般责任；施工方案和工期；质量与验收；合同价款与支付；材料、设备供应；设计变更；竣工与结算；争议、违约和索赔及其他事项。专用条件也叫特殊条件，是为了适应具体工程项目的特殊情况而对该合同的特殊要求作出的专门规定。其主要作用,一是使一般条件的某些条款具体化,如使用的语言,承发包双方的确切名称和详细地址等;二是就一般条件中某些条款作出特殊规定,如对执行合同过程中更改合同要求而导致费用变化的处理,以及一般条件未包括的某些特殊条件等。中国的《建设工程施工合同条件》实际是一般条件,另有《建设工程合同协议条款》则相当于专用条件。二者共同组成《建设工程施工合同示范文本》。国际通用的标准合同条件另外尚有《土木工程标准合同条件》(ICE 合同条件),《欧洲发展基金会合同条件》(EDF 合同条件)。   (张　琰)

合同外索赔 non-contractual claims

又称非合同规定的索赔,或超越合同规定的索赔。在合同中没有专门条款明文规定,但可根据某些条款的含义引申出来的索赔权利。例如,国际工程承包活动中,因工程所在国政府外汇政策变化,使承包商受到汇率变化的损失,合同虽无此项索赔规定,承包商也可提出索赔,并理应得到合理的补偿。

        (张　琰)

合同有效要件 conditions for validity of contract

签订经济合同必须具备的法律要素。它们是:①经济合同的内容必须合法,这是经济合同有效的当然条件。②当事人的意思必须真实。即不得在欺骗或被胁迫下订立合同。意思表达真实,是确认经济合同有效的原则界限。③法人代表没有超越自己的权限。④符合国家利益和社会公共利益。此外,有些重要的经济合同,按照规定,必须经过鉴证、公证、登记等手续的,则办理这些手续,也是该合同的有效要件。凡不具备上述有效要件的经济合同,即为无效经济合同。   (何万钟)

合同制职工 contract worker and staff

用工单位通过考核并签订劳动合同录用的职工。建筑业企业由于生产的特点,所需劳动力,除少数必须的专业技术工种和技术骨干外,应主要招用农民合同制工人,逐步降低固定职工的比例。合同制职工的用工形式,由用工单位根据生产的特点和需要确定。可以招用五年以上的长期工,一至五年的短期工和定期轮换工,以及一年以内的临时工、季节工。不论采用哪一种形式,都应当签订劳动合同。在中国,建筑业是经济体制改革以来较早实行合同制用工的行业。1984 年 10 月,劳动人事部和建设部联合颁发了《国营建筑企业招收农民合同制工人和使用农村建筑队暂行办法》,对合同制职工的性质、地位、工资福利待遇及其管理、劳动合同的内容、期限、解除合同的条件等都作了规定。

        (吴　明)

合同租金 contract rent

租赁合约中规定应实际支付的租金。可能高于、低于或等于市场租金。   (刘洪玉)

合作建房 cooperative housing

由住户认股,政府支持,银行提供长期低息贷款等方式筹集资金兴建住房。这是以集资方式解决住房问题的一种重要形式。在国外已有 130 多年历史。按国际上通行的住宅合作社章程,建房资金一般由住户认股 $\frac{1}{3}$,政府资助 $\frac{1}{3}$,银行长期低息贷款 $\frac{1}{3}$。建成后产权归合作社集体所有,社员有优先分配权、继承权和使用权,但没有所有权。住房维修保养由合作社负责。在中国,合作建房已在一些城市逐步开展。   (刘长滨)

核实供应 verified supply

中国在计划经济体制下,物资主管部门调查核实工程实际使用物资需求,按需供应的物资供应方式。通过物资主管部门对于用料单位申报物资申请计划的核实,提高企业采购物资计划的准确性,促使用料单位认真合理地提出计划,使有限的物资得到充分合理的安排和使用。   (陈　键)

hei

黑市价格 black market price

违反政府法令规定,进行非法的黑市交易活动中,根据供求关系买卖双方自愿成交的价格。在中国从事违禁品、票证、珍贵文物、外钞等非自由贸易商品,以及所有走私品贸易均属黑市交易。黑市价格一般围绕市场价格上下波动,黑市交易双方通过价格的暴涨暴跌从中牟取暴利,从而有碍于商品正常流通,不利于国家对国民经济的宏观调控。

       (刘长滨　刘玉书)

hong

红利 extra dividend

见股利(93 页)。

红旗设备率 ratio of model equipment

在中国达到红旗设备竞赛标准的机械设备台数占全部机械设备台数的百分比。计算式为:

$$红旗设备率 = \frac{期末红旗设备台数}{期末全部机械设备台数} \times 100\%$$

开展红旗设备竞赛是中国多年来管好、用好机械设备的成功经验,也是在机械设备管理中开展劳动竞赛的一种形式。红旗设备的标准是:完成任务好;技术状况好;维护保养好;资料管理好;安全生产好。

以上五条是基本标准,具有普遍的实用性。在执行中可以此为原则,再制订更细的具体标准。

(陈 键)

宏观经济 macroeconomy

全社会经济活动的运行和总量的变化状态。微观经济的对称。源于西方理论经济学的一个概念。社会主义的经济活动,也有两个层次。一是国民经济的总体活动;一是个别生产单位、个别消费单位的经济活动。中国经济理论界有时也用宏观经济的概念表示整个国民经济层次的活动。主要包括国民经济的投入与产出平衡;国家财政的收支平衡;中央银行的信贷平衡;对外贸易的进出口平衡过程等等。

(何 征)

宏观经济景气指数

见经济景气指数(172 页)。

宏观经济效益 macroeconomic effect

社会再生产全过程的经济效益,即国民经济全局的经济效益。微观经济效益的对称。在中国以公有制为基础的社会主义市场经济条件下,处理宏观经济效益与微观经济效益的关系时,既要考虑宏观有益,也要微观有利,当二者出现矛盾时,要求微观服从宏观,并以宏观经济效益为最终取舍的标准。

(武永祥 张 琰)

宏观经济学 marcroeconomics

又称总量经济学。考察和说明整个国民经济中主要经济总量之间相互关联和制约关系的理论经济学。微观经济学的对称。现代西方宏观经济学始于20 世纪 30 年代,1936 年凯恩斯的《就业、利息和货币通论》问世,标志着当代宏观经济学的形成。其内容包括:国民收入决定理论,经济周期理论,经济增长理论,货币与价格理论以及宏观财政政策和货币政策等。其中以国民收入决定理论为其核心内容。进入 80 年代以来,中国学者借用宏观经济学的概念来研究以公有制为基础的社会主义市场经济运动总量及其相互关系,并着手建立有中国特色的社会主义宏观经济学。

(张 琰 何万钟)

hou

后备基金 reserved fund

①社会后备基金的简称,又称社会保险基金。是国家和社会为应付意外事件以保证社会再生产过程不致中断而储备的基金。包括物资、重要矿藏资源、黄金外汇储备等。他的主体是国家财政拨款建立的全国性的后备;还有地方财政拨款建立的地方后备;国营企业留利中拨款建立企业后备及集体经济的后备。建立后备基金的必要性在于:弥补自然灾害和其他意外事故造成的损失;调整国民经济发展中难以预见的比例失调;应付战争等突发事件的特殊需要。

②企业为了防止再生产过程的中断和其他意外事件而设置的专用基金。从企业留用利润中提取,以丰补歉,调剂余缺。其使用范围较广,可用于发展企业生产,也可用于职工福利和奖励。但应本着大部分用于生产、小部分用于福利的原则掌握。中国在 1993 年 7 月 1 日会计制度改革后,不再设后备基金。

(刘长滨 周志华)

后进先出法 last-in first-out,LIFO

材料等按实际成本进行明细分类核算时,对发出、耗用材料按后入库先发出的假定计价的方法。因而日常发出的材料等按存料中最后购进的那批材料的价格进行计价。当发出材料的数量超过存料中最后一批进料的数量时,超过部分要依次按前一批收进的单价计算,依此类推。采用这种计价方法要依次查明有关各批进料的单价,手续较繁,但在材料等价格上涨的情况下,能使耗用材料等的成本接近近期价格。

(闻 青 金一平)

后续审计 follow-up auditing

对被审计单位在过去审计基础上继续进行的审计。目的在予检查被审计单位是否执行了审计决定以及审计决定是否公正。审查时要了解上期审计的结果,查阅审计报告中向被审计单位提出的审计意见或审计决定的执行情况,审计意见是否被采纳,未采纳的原因何在? 特别是审计决定中,应追缴的非法所得是否已追缴? 应纠正的不正之风是否已纠正? 应追究的责任是否已追究等等。如被审查单位对审计决定既未提出复审要求,又不切实执行或有拖拉敷衍等情况,应作为后续审计的主要内容写入审计报告。

(闻 青)

hu

互斥方案 repelling program

具有排他性的可供选择方案。在一组方案中,采纳其中一个方案,便不能再采纳其余的方案。例如某公司计划购买一台挖土机,市场上有三种型号可供选择,只能够买其中的一种,不能同时选购其他型号,这就是互相排斥的方案。这种方案的效果不能迭加。互斥方案是工程经济中方案的基本类型。

(刘长滨 刘玉书)

互斥方案比较法

从互相代替的排他性方案中,择优选择方案的方法。各备选方案首先视作独立方案,其经济评价指标均达到相应的评价标准或基准值后才能作为互斥方案参与比选。通常采用的寿命期相同的互斥方案比较法可列表如下：

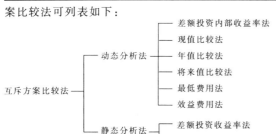

（何万钟）

huai

坏账损失　loss from bad debt

简称坏账。债权人确已无法收回的应收款项。一般由于结算过程中发生纠纷，长期未决，或应付款单位已撤消，以及因债务人失踪、死亡等原因造成。坏账损失有两种处理方法：一是直接转销法，即在实际发生坏账时，作为损失直接计入期间费用，同时冲销应收账款。二是备抵法，即按规定的标准，预提坏账准备，计入期间费用，一旦实际发生坏账损失，则自坏账准备中冲销。　　　　　　　（闻　青）

坏账准备　reserve for bad debts

又称备抵坏账。企业按照规定的标准从生产经营成本中预先提取，用以备抵应收合同款、应收销货款和应收票据中的坏账损失的款项。施工企业会计制度规定，企业可以于年度终了，按照年末应收账款余额的1%计提坏账准备金，计入管理费用。发生坏账损失，冲减坏账准备金；收回已核销的坏账，增加坏账准备。　　　　　　　　　　（闻　青）

huan

环境　environment

围绕着人群的空间及其中可直接间接影响人类生存和发展的各种自然因素的总体。另一种意见认为，除自然因素外，还应包括有关的社会因素，即经过人为影响改变了的或新创造的社会因素。《中华人民共和国环境保护法》规定，"环境是指：大气、水、土地、矿藏、森林、草原、野生动物、野生植物、水生生物、名胜古迹、风景游览区、温泉、疗养院、自然保护区、生活居住区等。"人类与环境的关系，是随着人口的增长、社会和科学技术进步而不断发展的历史过程。　　　　　　　　　　　　　　　（何万钟）

环境保护　environmental protection

保障人类赖以生存的环境不受污染和破坏所采取的政策和技术措施。《中华人民共和国环境保护法》规定，环境保护的任务是：保证在社会主义现代化建设中，合理地利用自然环境，防治环境污染和生态破坏，为人民造成清洁适宜的生活和劳动环境，保护人民健康，促进经济发展。环境保护的内容大致包括两个方面：一是保护和改善环境质量，保护居民身心健康；二是合理利用自然资源并保护其恢复与扩大再生产，以利于人类生存活动和社会发展。

（张　琰）

环境评价　environment evaluation

建设项目或系统对周围地域、空间和介质等环境条件所产生的影响的衡量。对环境条件有影响的项目，环境评价已成为建设项目评价中的独立部分和重要内容。它分自然环境评价和社会环境评价两部分。前者包括：三废处理、空气净化、环境绿化、增进人类健康、濒危物种保护等有关生态平衡问题。后者包括：社会福利、社会安全、公共道德、遵纪守法等有关精神文明、文化方面的内容。由于上述内容多属难以用货币计量的因素，实践中通常采用多目标综合评价法，或费用效益分析法进行评价。或者尽量设法以货币或实物指标反映各种评价因素的差异，也可用文字作定性描述。　　　（武永祥）

环境破坏　environmental damage

见环境污染。

环境污染　environmental pollution

由人类活动所引起的环境质量下降而有害于人类及其他生物正常生存和发展的现象。通常指大气污染、水体污染、土壤污染、生物污染及噪声污染等。环境污染的产生有一个从量变到质变的发展过程。当某种污染源产生的污染物质的浓度或其总量超过一定限度就会造成危害，发展到严重程度，从而导致资源和生态系统的破坏，威胁人类生存和发展时，叫做环境破坏。环境污染和环境破坏统称为公害。

（张　琰　何万钟）

环境污染物　environmental pollutant

人们生产、生活中排入大气、水体、土壤而引起环境污染或环境破坏的一切物质。　　（何万钟）

环境影响报告书　statement of environmental effect

对影响自然环境的建设项目所进行的环境保护可行性论证文件。从保护环境的目的出发，通过综合评价、论证和选择最佳方案，决定项目的环境保护措施，使其对于自然环境的有害影响减少到最低限度。基本内容包括：①建设项目的一般情况；②项目周围地区的环境状况；③项目对周围地区环境影响，防范措施及投资估算；④环境保护可行性技术经济论证等。对各类建设项目的具体要求由建设单位及其主管部门协同环境保护部门确定。　（曹吉鸣）

环行运输　transport with circular route

一个货运装卸点与几个货运装卸点之间成环形路线的货物运输方式。当其货流量是递增的,即运输工具沿途收集货物运到一地卸货,称递增环形运输;当其货流量是递减的,即运输工具从某一点开始沿途分送所载的货物,称递减环行运输。

（陈　键）

换季保养

由操作人员和维修人员在入夏、入冬以前对机械设备进行的保养。其内容以更换润滑油,采取必要的防寒、降温措施为主。常结合定期保养进行。

（陈　键）

huang

黄金分割法　Fibonacci method

又称 0.618 法,俗称优选法。一种等速对称进行搜索求解非线性规划问题的方法。黄金分割是中国古时将一线段分为两段的一种特定分割法。按此法分割后满足:

$$\frac{较长段长}{整段长} = \frac{较短段长}{较长段长} = 0.618$$

它是单变量函数寻优的一种直接法。

（李书波）

hui

恢复项目　restoration project

又称重建项目。对遭受破坏而不能使用的固定资产仍按原有规模加以恢复的建设项目。中国规定企业、事业单位,因自然灾害、战争等原因致使原有房屋、建筑物、设备等全部或部分报废,以后又投资按原有规模恢复建设,或在恢复的同时进行扩建的,都应算作恢复项目。对于尚未正式投入使用,中途遭受自然灾害而重建的,仍属原建设性质,不列为恢复项目。

（何秀杰）

回归分析预测法　regression anaysis forecasting method

从事物变化的因果关系出发,运用回归方程对研究对象进行预测的定量预测法。其基本步骤:①从一组试验数据出发,确定这些变量间的定量关系式,即建立回归方程;②对这些关系式的可信程度进行统计检验;③从影响某一指标的许多变量中,判断哪些变量的影响是显著的,哪些是不显著的;④利用所求得的关系式对研究的过程进行预报和控制。回归分析可根据变量间关系的性质分为线性回归和非线性回归两类。根据自变量的数目,可分为一元回归分析、二元回归分析乃至多元回归分析。

（杨茂盛）

汇兑结算　remittance settlement

汇款人委托银行或邮电局将款项汇给外地收款人的一种结算方式。适用于单位、个体工商业户和个人的各种款项结算。在中国有信汇和电汇两种方式,由汇款人选择使用。汇款人派人到汇入银行领取汇款,应在汇款凭证上注明"留行待取"字样。需要在汇入行支取现金的,必须有汇出银行按规定填明的"现金"字样,未填明"现金"字样,需支取现金的,由汇入银行按照现金管理规定审查支付。分次支取的,应以收款人的姓名开立临时存款户。临时存款户只付不收,付完清户,不计付利息。转汇的,办理解付后,应委托汇入行重新办理汇兑结算。这种结算方式手续简便,便利汇款人向异地收款人主动付款。

（俞文青）

汇兑损益　exchange profit and loss

企业所有记账本位币以外的外币现金、外币存款和外币结算的往来款项增减变动时,由于记账汇率与账面汇率之间,或账面汇率与账面汇率之间的不同所发生的收益或损失。也是企业会计中用以核算汇兑损益的会计账户名称。主要包括:①记账本位币兑换成外币,由于外币汇率上涨而发生的兑换损失,或由于外币汇率下落而发生的兑换收益;②外币兑换成记账本位币,由于外币汇率下落而发生的兑换损失或由于外币汇率上涨而发生的兑换收益;③收入以外币结算的往来款项,由于收入的外币现金或外币存款的记账汇率小于账面汇率而发生的兑换损失;或大于账面汇率而发生的兑换收益;④支付以外币结算的往来款项,由于支付的外币现金或外币存款记账汇率大于账面汇率而发生的兑换损失;或小于账面汇率而发生的兑换收益;⑤以外币现金或外币存款支付各种费用支出,由于支付的外币记账汇率小于账面汇率而发生的兑换损失,或大于账面汇率而发生的兑换收益。

（闻　青）

汇票　draft

出票人要求付款人支付一定数额款项给与指定受款人或其受让人或持票人的一种票据。该票据涉及出票人、受款人和付款人三方。分"银行汇票"和"商业汇票"。银行承办汇兑业务时发出的票据,称"银行汇票"。它交汇款人寄给受款人,凭票兑取汇款。"商业汇票"是债权人向债务人或其委托的银行发出的票据。它要求债务人或其委托的银行签证,承认在汇票到期日付款给持票人。汇票一经承兑和"背书"(即由承兑人在背面签署)即可转让。它是经济活动中经常采用的一种信用流通工具。

（俞文青）

hun

混合成本　mixed cost

包含变动成本和固定成本两个因素的成本。产生的原因通常有：① 总成本的发生有一个基数，在此基数上，有随业务量增加而变动的部分；② 少数成本在一定业务量范围内保持不变，超出这个范围即发生变动；③ 企业管理制度不同，如对钢筋工、电工、机修工等，按定额配备工器具，为固定成本，而对瓦工、泥工、粉刷工等用的工具，采取定额人工数定价包干，则为变动成本；④ 会计业务处理，如将本来可以区分的生产、生活、公共场所用水电费合并为一笔处理。对混合成本应采用一定的科学方法区分为固定和变动部分，分别计入固定成本和变动成本，以便进行成本预测、控制和分析。　　（周志华）

混合方案　mixed program

存在着若干个互相独立的方案，而每个独立方案又包括若干个互斥方案所形成的方案群。例如某公司下属有五个分厂，每个分厂为了提高生产水平，各提出若干个技改方案，此时各分厂之间是相互独立的，各分厂本身的技改方案是互斥的，若公司的资金预算充裕则可实现五个分厂的最优技改方案，若资金预算不足，只能在有限资金范围内，从五个分厂的独立方案中择优实施。　（刘玉书　刘长滨）

huo

货币风险　currency risks

国际借贷中由于各种货币的结算和汇率波动等原因造成损失的危险。如贷款人所提供的贷款货币，购买设备、技术等支付的货币，与归还贷款的货币不同，且工程项目进行的时间长，偿还期长，各种货币的汇率产生波动变化所带来的经济损失。避免风险的措施有：慎重地使收益的货币与支付债务的货币相适应；收取项目工程产品的款项用硬通货，支付或偿还款选用疲软的货币等。　　（严玉星）

货币结算　currency settlement

简称"结算"。又称"清算"。因商品交易、劳务供应、资金调拨而发生的货币收付。用现款直接进行的收付，称现金结算；通过银行划拨转账完成的收付，称非现金结算或转账结算。在中国，这两种结算形式的使用范围都有明确的规定。按地区划分，有同城结算、异地结算、国内结算、国际结算。
　　　　　　　　　　　　　　　　（闻　青）

货币资金　monetary fund

企业资金周转循环过程中，处于货币形态的资金。流动资金的组成部分。包括库存现金、银行存款及其他货币资金。社会主义市场经济中，企业的各项收付业务都要通过货币资金实现，必须严格遵守国家有关政策和制度，加强货币收支管理，认真作好平衡调度工作，保证生产经营活动的顺利进行。
　　　　　　　　　　　　　　　　（周志华）

货物影子价格　shadow price of commodity

在市场价格扭曲的情况下，为合理地衡量货物或资源的真实价值而测定的价格。在项目国民经济评价中用以计算投入物的费用和产出的效益。在中国，将投入物和产出物分为外贸货物、非外贸货物和特殊投入物三种类型，分别测定其影子价格。某些大宗货物、重要原材料、主要燃料及交通运输的影子价格，由国家计划和建设主管部门统一测定发布；其他货物及特殊投入物（包括劳动力和土地）的影子价格，可由项目评价人员根据需要按国家计划委员会制定的《建设项目评价方法与参数》规定的测定原则和方法自行测定。　　　　　（张　琰）

货物运输合同　contract of carriage

承运方根据托运方要求的时间和地点，将货物运至目的地并交付收货人，托运方为此按约支付运费的经济合同。凡涉及联运的货物运输合同，还应明确规定双方或多方的责任和交接办法。　（何万钟）

货物周转量　revolving volume of freight

运输部门在一定时期内所完成的货物运输工作总量指标。通常以吨公里（海运为吨海里）表示。其计算式为：

$$货物周转量 = \Sigma 各批货物的重量 \times 载重行程$$

建筑企业运输部门也用此指标编制运输计划、计算劳动生产率和运输单位成本。　　（陈　键）

货运密度　density of freight

一定时期内平均每公里运输线路上通过的货物吨数。反映交通运输线上货运繁忙程度的指标。其计算式为：

$$货运密度(t) = \frac{实际完成货物周转量(t \cdot km)}{线路长度(km)}$$

　　　　　　　　　　　　　　　　（陈　键）

霍桑试验　Hawthorne experiment

20世纪 20 年代末到 30 年代初，由梅奥（G.E.Mayo）主持在美国西方电器公司霍桑工厂为测定有关诸因素对生产效率的影响而进行的试验。整个试验历时多年，可分为四个阶段：① 照明实验，对两组工人用不同照明程度观察其对工效的影响，试验证明照明对工效无决定性影响。② 工作条件试验，挑选一组工人脱离工头而独立工作，试验工作条件改善如建立休息制度、公司午餐和缩短工作日等对工效的影响。试验表明,这组工人在取消这些工作条件时仍保持生产稳步上升。③访谈试验。通过对试验职工的访谈得知,是因职工无工头监督,受到试验人员良好态度对待所致。④采用集体计件工资对 14 名线圈装配工进行试验。企图形成"快手"对"慢手"的压力,以提高工效。结果都在达到定额时便松弛下来。这表明工资刺激不如集体约束和安全感重要。霍桑试验表明,对人的社会心理满足比经济刺激对工效的影响更大。梅奥根据这一试验写成《工业文明中的问题》一书,为人际关系学的建立奠定了基础。

（何　征）

J

ji

机动时间　power-driven time

生产过程中不须由工人直接操作,而由机器设备自动完成某些操作的时间。作业时间的组成部分之一。例如,混凝土自动投料与搅拌所耗费的时间,机床自动走刀的时间等。　　　　　（吴　明）

机会成本　opportunity cost

又称择一成本、择机代价。由于选择某一方案而放弃的另一方案的最大收益。例如,在生产要素供应有限,要生产甲产品就不能生产乙产品的情况下,生产甲产品的机会成本,就是放弃生产乙产品的最大收益。从国民经济角度考察资源合理分配和利用而使用机会成本的概念,在生产能力已近于充分利用或资源供应不足时,对正确决策有一定意义。

（刘玉书）

机手并动时间　power-hand-driven time

生产过程中由工人直接操纵机器设备完成某些工作的时间。作业时间的组成部分之一。例如用起重设备吊装构件的时间,设备安装时焊工的焊接时间等。　　　　　　　　　　　　　（吴　明）

机械保养　maintenance of machinery

为使机械零部件保持技术状况良好,达到其正常的使用寿命,而进行的经常性维护作业。主要内容是:清洁、紧固、调整、防腐、更换失效零件等。保养可分为例行保养和强制保养两大类。（陈　键）

机械操作系统　mechanized operating system

数据的记录和处理由机械装置来进行的系统。通常有打字机、收款机、开支票的机械和自动记账机等。可对数据进行迅速处理,将处理结果用读数显示出来,可提高记录和计算的准确性。这种操作系统比手工操作系统在技术上要高一级。（冯镭荣）

机械改造　machinery transformation

对现有机械设备进行改装或技术改造。前者,是为了扩大机械使用范围,或增加产量,充分利用现有机械,减少新机械的购置,节约投资。后者,是应用现代科学技术成果对现有机械设备进行技术处理,延长机械的技术寿命,改变机械设备的陈旧技术状态。机械设备的改造应和机械设备更新结合起来考虑,并进行多方案的技术经济评价。

（陈　键）

机械岗位责任制　system of personal responsibility of mechanics

根据机械设备的使用、维修、零配件供应和管理等岗位所制定的工作责任制度。其中最主要的是机械使用的定机、定人、定岗位的"三定"责任制,把机械设备的保管、使用、维护工作落实到人。对于多人操作一台机械设备的,通过任命机长的方式,使责任得到落实。　　　　　　　　　　　　（陈　键）

机械更新　renewal of machinery

用新的技术性能先进或更经济的机械设备替换或淘汰陈旧落后的或经济上不合理不宜继续使用的设备。包括以原型机械设备替换旧设备(简单更新)和以技术性能更先进的机械设备淘汰技术落后的旧设备(技术更新)两种情况。在进行更新时要进行更新必要性审查和更新机型的选择评价。以达到实现优质、高效、低耗、安全生产,有利于加快技术进步,提高综合效益的目的。　　　　　（陈　键）

《机械工业部成套设备承包暂行条例》　Interim Ordinance for Ministry of Machine-Building Industry Complete Plant Contracting

1984 年 11 月 20 日国家计划委员会、城乡建设环境保护部、中国人民建设银行、机械工业部发出,目的是为贯彻国务院关于建筑业、基本建设和机械工业管理体制改革的精神,进一步改革设备成套工作,更好地为国民经济建设服务而制定的有关规定。该条例共 5 章 19 条;第一章总则;第二章承包的范围、内容和形式;第三章承包设备的供应;第四章设备成套公司的责、权、利;第五章附则。该条例自颁

布之日起试行。 （高贵恒）

机械故障率 trouble ratio of machinery

机械故障停机时间占生产运转时间的百分比。用以反映故障发生对机械使用影响程度的指标。计算式为：

$$故障率 = \frac{故障停机时间}{生产运转时间} \times 100\%$$

（陈 键）

机械故障率变化特征

机械使用过程中故障发生频率随使用时间变化的一般规律。主要分为三个特征阶段：① 初期故障期。发生故障的原因多是设计、制造和安装的缺陷，零部件磨合关系差，操作人员不熟悉新机械等。此阶段开始时故障率较高，以后渐趋下降。② 偶发故障期。经过一段时间使用，初期故障期的问题得到克服，使故障率较低，故障多是由于操作人员疏忽与错误而偶然发生。③ 磨损故障期。由于使用造成机械性能逐渐劣化而导致故障增多。故在零件达到极限磨损前应予更换，以控制故障率上升的趋势。

（陈 键）

机械化施工分析 mechanization construction analysis

建筑企业对机械装备程度，施工机械的利用及其经济效果进行的分析。其目的是考核现有施工机械的利用情况，分析施工机械利用对施工生产的影响，以便更有效地利用机械的潜力，促使施工生产任务的顺利完成。分析的主要内容有：①报告期内企业机械装备的构成情况；②技术装备率；③施工机械完好率；④施工机械利用率等。 （周志华）

机械化施工企业 machanized construction enterprise

采用机械化手段和方法进行各种土木建筑工程施工作业的建筑企业。一般包括土石方施工公司、基础工程公司、结构安装公司等。与一般建筑企业相比，它的技术密集程度和资金密集程度较高。

（谭 刚）

机械利用率 utilization ratio of machinery

报告期内机械设备实际作业台日数占机械制度台日数的百分比。用以反映机械设备利用程度的指标。计算式为：

$$利用率 = \frac{报告期内实际作业台日数}{报告期内制度台日数} \times 100\%$$

若节、假日加班，则上式中分子和分母都应加上节、假日台日数。 （陈 键）

机械日常管理 daily management of machinery

对机械设备的购置验收、分类编号、建账立卡、技术档案、调拨封存、更新改造、报废处理、事故处理、提取折旧和大修基金等一系列管理工作的总称。

是机械设备管理的主要工作内容之一，也是企业机械管理部门的一般业务性工作。 （陈 键）

机械设备定期检查 regular check of machinery and equipment

按照检查计划，在操作人员参与下，定期由专职人员对机械设备进行的检查。检查目的是全面、准确地掌握零件磨损的实际情况，以确定是否有必要进行修理及应做哪些修理的准备。检查计划应按具体机械各总成的磨损规律确定，使得检查有针对性。

（陈 键）

机械设备管理 management of machinery and equipment

对机械设备从选配、使用、保养、修理、更新改造直至报废的机械运动全过程的管理。主要包括施工生产设备、运输设备、动力设备、维修加工设备、研究实验设备等生产性设备。其主要内容有：机械设备装备和选购的决策；机械的验收、安装、调试和合理使用；机械的维护保养、检查修理；机械的革新、改造和更新；机械的保管、事故处理、报废等管理工作。搞好机械设备管理在于为施工生产提供性能好、效率高、作业成本低、操作安全的机械设备，使企业生产活动建立在最佳的物质技术基础上，不断提高企业的经济效益。 （陈 键）

机械设备管理诊断 diagnosis on machinery and equipment management

以企业机械设备管理活动为对象，以改善机械设备的利用为主要内容进行的诊断。企业专业诊断的内容之一。诊断的目的是改善机械设备的选择、保管、使用、维修等管理环节，提高机械设备利用效果。诊断分析的主要内容有：企业自有机械设备的装备情况；机械设备的装备率、完好率、利用率的状况；机械设备采用的维修制度及执行情况；机械设备管理体制；机械设备的更新、改造情况；引进设备的管理；机械设备使用的费用效益分析等。

（何万钟）

机械设备机能检查 functional check of machinery and equipment

对机械设备的各项机能进行的检查和测定。如是否有漏油情况，防尘密闭性如何，零部件耐高温、高速、高压的性能等。 （陈 键）

机械设备价值运动形态 form of value motion of machinery and equipment

机械设备最初投资、使用中维修费用、折旧、更新改造资金的筹措、积累、支出等价值形态变化的全过程。对其所进行的管理称为机械设备的经济管理。 （陈 键）

机械设备精度检查 precision check of machinery and equipment

对机械设备的实际加工精度进行检查和测定,以确定机械设备经过一段时间的使用其精度的劣化程度。衡量机械设备综合精度的指标有设备能力系数和设备精度系数。它们是由加工实际精度与允许误差的比较和统计计算求得的。　　　（陈　键）

机械设备利用状况诊断　diagnosis on machinery and equipment utilization

以提高机械设备利用效果为主要内容进行的诊断。企业专题诊断内容之一,也是机械设备管理诊断中的重要内容。诊断分析的主要内容有:机械的装备及配套情况对机械利用率的影响;机械设备的管理体制及责任制度对利用率的影响;维修制度及维修方法对机械利用率的影响等。　　（何万钟）

机械设备例行保养　daily maintenance of machinery and equipment

又称日常保养。由操作人员在开机前、开机间歇和停机后进行的保养。是机械设备最基础的保养工作。以清洗、润滑、紧固、调整、防腐"十字作业"为重点。大多在设备外部进行且不占工时。
　　　　　　　　　　　　　　　　　（陈　键）

机械设备强制保养　compulsory maintenance of machinery and equipment

又称定期保养。机械设备运转到规定的时限,不管其技术状况如何,都必须按规定的作业范围和要求进行的保养。强制保养的周期是根据各类机械设备的磨损规律,作业条件,操作维修水平和经济性等因素确定的。大型施工机械,除例行保养外,实行三级保养制,即一、二、三级保养。中、小型施工机械,除例行保养外,实行二级保养制,即一、二级保养。　　　　　　　　　　　　　（陈　键）

机械设备日检　daily check of machinery and equipment

操作人员每天对机械设备进行的检查。这种检查主要是利用交接班时间进行,明确交接班时机械是否正常,及时发现异常情况。是例行保养作业的内容之一。　　　　　　　　　　（陈　键）

机械设备物质运动形态　form of substance motion of machinery and equipment

机械设备从选购、验收、使用、维护修理、更新改造,直至报废退出生产领域的物质形态变化的全过程。对其所进行的管理称为机械设备的技术管理。
　　　　　　　　　　　　　　　　　（陈　键）

机械设备需用量计划　plan for machine and equipment to be required

规划企业在计划期内为完成施工生产任务所需机械设备的计划。主要根据施工生产计划、工程施工组织设计、技术组织措施计划,以及对机械设备供应状况的调查和预测资料编制。是实现施工生产计划的机械设备保证计划;也是企业组织机械设备供应及编制机械设备维修计划的依据。其主要内容有:机械设备名称、规格、数量、使用台班数、供应来源(自有或租赁)、进退场日期等。　　（何万钟）

机械设备直观检查　intuitive check of machinery and equipment

用感觉器官对机械状态进行的检查。通常在日常检查中或检查项目比较直观的情况下采用。对于机械设备疲劳、内损伤等则需通过仪器检测测定。
　　　　　　　　　　　　　　　　　（陈　键）

机械设备状态监测　state monitoring of machinery and equipment

对设备的某些特征参数进行测试,与规定的标准值进行比较,以判断设备工作状态是否正常的检查方法。对及时准确地测出机械的潜在故障,减少不必要的频繁装拆,降低故障率和寿命周期费用有积极意义。监测可通过温度信号传感、微粒测试、声音的测试、腐蚀和污染的监测、力和振动的传感以及各种遥测技术等进行。由于监测技术成本较高,只适用于同类监测较多的情况。　　（陈　键）

机械使用费　cost of machine-hours in service

建筑安装工程施工过程中使用施工机械而发生的费用。工程成本项目。包括机上操作人员工资,燃料、动力费,机械折旧,修理费、替换工具及部件费、润滑及擦拭材料费,安装、拆卸及辅助设施费,养路费和牌照税,使用外单位施工机械的租赁费,以及按照规定支付的施工机械进出场费等。

　　　　　　　　　　　　　　　　　（闻　青）

机械损耗　machinery loss

机械设备随着使用和时间推移,降低其使用效能和价值的过程。包括有形损耗和无形损耗。对于损耗的补偿分局部补偿和完全补偿。有形损耗的局部补偿是修理;无形损耗的局部补偿是机械设备的改装和改造,使之现代化。有形损耗和无形损耗的完全补偿是机械设备的更新。　　（陈　键）

机械维修制度　system of machinery maintenance

对机械设备进行维护保养、检查和修理所规定的制度。中国多数企业现行的机械维修制度主要是计划预修制。随着生产和技术的发展,机械维修制度也不断改进和创新。除计划预修制外,生产维修制及近年来发展的设备综合管理也正在得到应用和推广。　　　　　　　　　　　（陈　键）

机械效率　efficiency of machinery

报告期内机械实际产量与额定生产能力之比。

是反映机械设备生产能力发挥程度的指标。计算式为：

$$机械效率 = \frac{报告期内机械实际完成实物工程总量}{报告期内机械平均总生产能力}$$

报告期内机械平均总生产能力可以用报告期内机械设备平均台数乘以机械设备能力（单位时间内的设计生产能力）确定。对于不能以实物量计算的机械设备，可计算每台机械设备平均实际作业台班数，以反映该机械设备的效率。计算公式为：

$$机械效率 = \frac{机械设备实际作业台班数}{机械设备平均总台数}$$

（陈　键）

机械修理　repair of machinery

修复由于正常、不正常原因而造成的机械设备损坏和精度劣化，更换已经磨损、老化、腐蚀的零部件，使机械设备的性能得到恢复的技术作业。根据修理工作内容不同，可分为大修、中修和小修三类；根据机械设备的类型、重要程度和具体使用情况的不同可分别采取标准修理、定期修理、检查后修理和事后修理。　　　　　　　　　　（陈　键）

机械综合管理工程　comprehensive management engineering of machinery

为了使机械寿命周期费用最经济，而把适用于有形资产的有关工程技术、管理、财务及其他实际业务加以综合，对机械设备进行全员全过程的全面管理方法。1971 年英国人丹尼斯·帕克斯在发表的有关论文中首先提出设备综合管理工程的概念。可以认为它实质上是系统论、控制论、信息论的基本原理在设备管理中的体现和运用。1975 年日本人中岛清一著的《设备综合工程学》一书介绍了设备综合管理工程在日本的应用和理论。把它归纳成五个特点：①以机械设备寿命周期费用最低为目的；②从工程技术、财务经济及组织管理三方面进行综合研究与管理；③重视设备的可靠性、维修性设计研究，使设备减少以至消除故障、易于维修保养；④强调设计、使用情况、费用等信息反馈；⑤提倡全员参加机械设备管理。中国从 1979 年开始引进这一现代管理技术，其理论和方法对设备管理的改进有重要参考价值。　　　　　　　　　　（陈　键）

机械租赁　leasing machinery

机械设备承租方通过与出租方签订租赁合同，明确双方责任，付给一定租金，获得机械设备在一定时间内使用权的经济行为。按业务性质，主要分为：融资租赁和经营租赁。租期可长可短。这种方式可以在一定程度上解决工程建设不同阶段对机械设备可能造成的阶段性、暂时性需求问题，提高机械设备使用效率，同时，可给租入企业节约资金、降低成本创造条件。　　　　　　　　　　（陈　键）

积累基金　accumulation fund

国民收入中用于扩大再生产、非生产性基本建设和建立物资后备的基金。按其用途可分为：①扩大再生产基金，用于工业、农业和运输业等物质生产部门的建设和增加企业流动资金；②非生产性建设基金，用于文教、科学、卫生、国家行政机构和国防部门的建设；③社会后备基金，用于原材料、能源、粮食等重要物资储备，以应付意外事变和自然灾害。这是保证社会再生产正常进行所必需的。按在生产过程中的作用可分为：固定资产积累和流动资产积累。按所制不同可分为：国家积累、集体积累、个体经济和其他类型经济的积累。在确定的国民收入条件下，积累基金和消费基金在数量上是互为消长的。非生产性建设基金和社会后备基金过少，不足以防止由于意外事故、自然灾害和突然爆发的战争造成的再生产的中断；反之，非生产性基本建设基金和物资后备基金占得过多，就会减少再生产基金，从而影响社会生产的发展。因此，合理安排积累基金内部比例关系，才能保证国民经济稳定、协调和可持续发展。　　　　　　　　（刘长滨　何　征）

积累率　accumulation rate

积累基金与国民收入使用额的比值。反映积累基金与消费基金之间数量对比关系的一个重要指标。在既定的国民收入水平上，积累率过高，消费基金就会缩小，使消费水平受到抑制，会影响人民生活的改善；积累率偏低又会影响建设速度。正确选择积累率是使积累与消费比例优化，保证社会生产和生活水平协调增长的重要条件。　　（何　征）

基本工资　basic wages

以工资等级表中相应的工资等级标准支付的劳动报酬。是职工工资总额的基本组成部分，在一定时期内固定不变。包括按计时工资标准支付的计时工资和按计件单价支付的计件工资。中国在实践中，为了便于对工资总额的组成部分进行分析比较，把计时工资、计件工资、各种经营性奖金及工资性津贴列为基本工资。　　　　　　　　　　（吴　明）

基本功能　basic function

又称必要功能。价值工程活动中，产品或部件为满足用户某种特定需要所必须具备的功能。即为用户所要求并承认的功能，包括使用功能和外观功能。体现产品存在的价值。一个产品或部件可有不止一种基本功能。确定基本功能应考虑三个问题：①它的作用是否必不可少？②它的作用是不是产品的主要目的？③它的作用改变，则相应的零件制作工艺是否改变？如果都是肯定的，这个功能就属于基本功能。　　　　　　　　（吴　明　张　琰）

基本建设　capital construction

社会主义国民经济中固定资产的建造、购置和安装及与之相联系的经济活动。译自俄语。西方无此概念，而称之为固定资本投资。中国在实践中主要指生产性和非生产性固定资产的新建、扩建、改建和恢复，在相当长时期内不把固定资产的更新改造列入基本建设范围内；自1982年起，将基本建设投资和更新改造投资统一纳入固定资产投资计划。基本建设资金来源有国家预算内基建拨款、建设单位自筹资金、国内外基本建设贷款以及其他专项资金。基本建设的主要内容有建筑安装工程、设备购置及有关的勘察设计等其他工作。基本建设是促进国民经济发展的重要手段，对于从根本上调整国民经济重大比例关系和部门结构，合理分布生产力，加快生产发展速度，提高人民物质文化生活水平，都具有重要意义。　　　　　　　　　　（张　琰）

基本建设拨款限额　rationed appropriation of capital construction

对建设单位办理国家基本建设预算拨款的最高额度。财政部门根据建设需要，在批准的年度基本建设支出预算范围内，根据各主管部门的申请，对建设单位分次核定和下达拨款限额。各主管部门对所属建设单位分配和下达拨款限额时，应填写"基本建设拨款限额通知"，送其经办拨款的建设银行审核下达。建设银行再通知建设单位办理开立拨款户的手续。建设单位在下达的拨款限额范围内、按照拨款办法的规定，有计划地使用建设资金。本季度内使用后如有结余，可以在下季度继续使用。年度终了，未用完的拨款限额结余，按当年基本建设决算办法规定，予以注销或结转下年继续使用。实行基本建设预算拨款限额管理的办法，既可及时满足建设单位对建设资金的需要，又能节约使用资金，防止积压浪费，同时还有利于财政部门按季、月安排财政收支的平衡。　　　　　　　　　　（俞文青）

《基本建设材料承包供应办法》　Measure for Contracting and Supplying Capital Construction Materials

1984年11月15日国家计划委员会、城乡建设环境保护部、中国人民建设银行、国家物资局发出，目的是贯彻国务院改革关于建筑业和基本建设管理体制若干问题的暂行规定，改革建筑材料供应方式而制定的有关规定。该办法主要规定有：①物资供应单位实行按项目承包供应责任制；②承包材料的范围；③工程承包公司与物资承包公司根据国家规定签订承包供应协议；④承包业务费的收取；⑤违反合同应承担的责任。该办法自发出之日起试行。　　　　　　　　　　（高贵恒）

基本建设财务支出额　fiscal expenditure of capital construction

建设单位在一定时期内发生的货币支出总金额。包括构成基本建设投资完成额的投资支出和不构成投资完成额的其他支出。不包括构成当年工程实体而在上年已经支付的材料、设备款和预付工程款；但包括当年购入还没有用到工程上去的材料、设备款和为下年度预付的材料工程款。　（俞文青）

基本建设财政拨款　fiscal appropriation for capital investment

社会主义国家根据基本建设财务计划从国家预算中拨给建设单位无偿使用的基本建设资金。长期以来一直是中国基本建设的主要资金来源。1985年开始，对国家预算安排的基本建设投资全部改为银行贷款形式供应。1986年又对文教、卫生、科研、行政事业等非经营性建设项目恢复财政拨款形式供应，由中国人民建设银行统一办理。建设银行代表国家向建设单位供应资金，并对建设资金的使用实行财政监督。建设单位应向办理拨款的建设银行报送设计任务书或可行性研究报告以及设计文件、经批准的年度基本建设计划、年度财务计划和施工图预算，作为拨款依据。同时还应将工程合同和订货合同副本、工资基金计划以及上报的会计、统计报表报送建设银行，作为拨付备料款、结算工程款和拨付工资款的依据。实行招标承包和投资包干的建设单位，还应报送承包合同和投资包干协议。建设单位在核定的拨款限额范围内，按照国家预算基本建设拨款限额管理办法的规定支付各种建设款项。

（俞文青）

基本建设程序　procedure of capital construction

见工程项目建设程序（80页）。

基本建设储备贷款　capital construction reserve loan

中国人民建设银行对由国家安排预算拨款和贷款投资的中央级建设项目发放用于设备、主要材料储备的贷款。申请贷款的建设项目必须是：①列入国家中长期和年度基本建设计划，以后年度预算内投资有保障的；②订购需要安装的设备和主要材料符合设计要求，并已签订订货合同；③经过动员内部资源，储备资金仍然不足的。贷款期限一般为一年，最长不超过两年。应按照借款合同规定，用下一年度基本建设投资按期偿还贷款本息。逾期不还，加收罚息。　　　　　　　　　　（闻　青）

《基本建设勘察工作管理暂行办法》　Interim Administrative Measures for Investigation and Surveying

1983年10月4日国家计划委员会发出，是以科学地管理勘察工作,适应中国社会主义现代化建设的需要为目的而制定的有关规定。该办法共 13 章 70 条。第一章勘察工作的原则;第二章勘察工作程序;第三章计划管理;第四章质量管理;第五章勘察技术与科学研究;第六章勘察技术装备;第七章勘察技术标准;第八章勘察单位技术经济责任制;第九章队伍建设;第十章勘察资格认证;第十一章管理机构职责;第十二章协作配合;第十三章本办法的实施。该办法自颁布之日起施行。 (高贵恒)

《基本建设设计工作管理暂行办法》 interim administrative measures for capital construction design

1983 年 10 月 4 日国家计划委员会发出,是为了科学地管理设计工作,适应中国现代化建设需要而制定的有关规定。该办法共 13 章 67 条,第一章设计工作原则;第二章设计工作程序;第三章计划管理;第四章质量管理;第五章设计技术水平;第六章经济分析和概预算工作;第七章设计标准化;第八章设计单位技术经济责任制;第九章队伍建设;第十章设计资格认证;第十一章管理机构职责;第十二章协作配合;第十三章本办法的实施。该办法自颁布之日起施行。 (高贵恒)

基本建设收入 income on construction

简称基建收入。建设单位在建设过程中发生的各项副产品收入。如矿山建设中的矿产品收入,油田钻井建设中的原油收入,铁路建设中的铁路临时营运收入,电站建设中移交生产前的电费收入,单项工程在交工验收以前的负荷联合试车净收入等等。中国规定对建设单位的基建收入,实行分成的办法,即按一定比例上交财政,其余留给建设单位或主管部门使用。 (闻 青)

基本建设投资 capital construction investment

社会主义国有企业和行政事业等单位为获得固定资产而投入的资金。在中国,以新建和扩建工厂、矿山,能源、交通、水利设施,商店、学校、医院和住宅等工程的投资为主,也包括改建、迁建、恢复等工程的投资。其构成包括:①建筑安装工程投资;②设备及工具、器具购置的投资;③其他费用的投资。基本建设投资对未来经济和社会的发展具有决定性作用。投资规模的大小,必须与国家的财力、物力相适应。中国基本建设投资所需资金的主要源泉是国民经济内部积累。在计划经济体制下,国家预算是资金供应的主渠道。改革开放以后,实行投资主体多元化,企业及其主管部门的自筹资金成为第一位的资金来源;此外,还有银行信贷及其他专项资金等。 (张 琰)

基本建设投资贷款 loans for capital investment

中国以银行信用方式供应的基本建设所需资金。1979 年开始试行。自 1985 年起,国家财政拨款的建设项目全部改用银行贷款,简称"拨改贷"。从 1986 年起,非营业性建设项目又恢复实行财政拨款。贷款办法,首先由财政部门将属于"拨改贷"部分的预算资金拨给建设银行,作为贷款资金来源;再由建设银行会同建设项目主管部门,根据批准的计划向建设单位下达年度贷款限额指标;建设单位则可直接向当地建设银行办理借款手续。银行要对建设项目进行评估,然后与建设单位签订贷款合同,并按不同行业实行差别利率,按实际支用贷款数收取利息,每年计算一次复利。项目建成投产后,借款单位须按规定的资金来源及时还本付息。实行基本建设投资贷款,对于调动各地区、各部门、各企业单位的主动性和积极性,加强基本建设管理,提高投资效果,都有积极的作用。 (张 琰)

基本建设投资计划 plan of capital construction investment

固定资产的新建、扩建、改建和恢复工程的投资计划。以基本建设投资资金来源和运用为对象编制而成。主要包括:国家预算拨款的基本建设;国家预算内"拨改贷"投资安排的基本建设;各地区、部门和企业自筹资金安排的基本建设;国内银行贷款安排的基本建设;利用外资安排的基本建设等。基本建设投资计划是基本建设计划的主体部分。它的核心是合理确定基本建设投资额,即以货币表示的基本建设工作量。投资额按其构成,分为建筑安装工程的价值,设备、工器具的构置费和其他费用三个组成部分。建设投资计划,反映基本建设投资规模和投资使用方向。计划期投资需要量大小取决于:①计划期生产发展规模和人民生活水平提高程度;②原有固定资产利用程度;③计划期在建工程规模大小;④单位生产能力造价的变化。 (何 征)

基本建设投资完成额 capital construction investment put in place

见固定资产投资完成额(97 页)。

基本建设新增生产能力计划 plan of newly added productive capacity by capital construction

通过基本建设活动新增加生产能力的计划。基本建设计划的重要组成部分。新增生产能力是以实物量表现基本建设形成的固定资产使用价值,反映建设成果,考核投资经济效果的重要指标,对于综合平衡,安排国民经济和社会发展有关计划,也具有重要意义。中国规定,以能独立发挥生产能力的建设项目或单项工程为对象,原则上按设计能力计算,如矿井年产原煤若干吨、发电厂装机容量若干千瓦、纺

纱厂若干纱锭、铁路若干公里、住宅建筑若干平方米,等等。 （张 琰）

基本设计 basic design

西方国家由工程总包设计单位在概要设计的基础上编制的设计文件。相当于中国的扩大初步设计。 （林知炎）

基本租金 base rent

租赁合同中规定的最低租金。与此同时出现的还有附加租金。 （刘洪玉）

基础设施 infrastructure

在城市地区建设的用以支撑居民生产、生活活动的公用设施。包括道路、给水、排水、供电、通讯、燃气、热力系统和公共绿地、环境卫生及照明设施等。 （刘洪玉）

基础设施费 shared fees for infrasturture development

由开发商承担的城市基础设施建设费用。一般包括红线内和建设用地红线外一定范围的基础设施工程费用。 （刘洪玉）

基点法 base point method

价值工程活动中,以功能与成本完全匹配的零部件为基准点,求取功能评价系数的功能评价方法。对于产品的每个零部件,其成本均包括与功能相应的最低成本 C_i 和偏离值 ΔC_i;而功能部分,也包含了与功能相应的评分值 F_i 和偏离值 ΔF_i。为剔除全部被评价零部件的功能(ΣF_i)和成本(ΣC_i)中的不合理部分,首先选择一个功能与成本完全相匹配的零部件做为基准点(i_0),再求出基点价值系数 $K_{i0}=\dfrac{F_{i0}}{C_{i0}}$,并由此求出无偏差影响的价值系数。 （吴 明）

基价

见不变价格(9页)。

基建包干节余 surplus of contracted capital construction

中国实行建设项目投资包干经济责任制的建设单位,在全面完成包干指标后,比批准的概算节约的资金(包干指标包括:投资额、工期、质量、主要材料耗用量、形成综合生产能力或工程效益)。节余实行分成,按规定比例分别上交财政和留给建设单位,并按规定使用。 （闻 青）

基建结余资金占用率 rate of capital construction remainder funds usage

反映期末基建结余资金和下期基本建设投资计划数之间对比关系的指标。从基建结余资金占用水平反映投资的效果。计算公式为:

$$基建结余资金占用率=\frac{期末基建结余资金}{下期基本建设投资计划数}\times100\%$$

式中基建结余资金是建设单位在储备、结算过程中占用,没有形成基本建设支出的资金,包括设备、材料储备资金、货币资金和结算资金。由于基建结余资金的多少,与下期基本建设任务有着密切的关系,因此,须将期末基建结余资金与下期基本建设投资计划数对比。合理压缩基建结余资金,降低基建结余资金占用率,就能腾出更多的资金用于基本建设工程,加速建设进度,提高投资经济效果。

（闻 青）

基金 funds

具有特定用途的资金。按照国家、企业和群众的特定需要,经过国民收入的分配和再分配有计划地建立起来的,如积累基金、消费基金、生产基金和流通基金等。在企业会计中,它表现企业某些资金的具体取得形成的渠道和专门用途,如偿债基金、住房基金等。 （俞文青）

基准地价 datum value of land

某一地价区段在某一时间点的平均地价水平。在中国由土地所在城市的人民政府审定并发布,其目的是对土地市场进行调控,限制价格过低的土地交易,并为宗地地价评估及地产商投资进行可行性研究提供测算基础。 （刘洪玉）

基准折现率 standard discount rate

又称基准收益率。由国家有关部门确定并发布的折现率。是项目评价重要经济参数之一。它既作为经济分析中计算的依据,又是方案经济性的一个重要判据。在财务评价中它称为财务基准收益率,在国民经济评价中它称为社会折现率。1993年4月7日,中国国家计委和建设部发布了冶金、煤炭、有色金属等行业基准收益率和社会折现率的数值。

（张 琰）

稽核 examination

在企业、机关、事业单位内部对财务收支和会计核算进行检查监督的制度。一般属于内部监督性质。主要工作是:对不真实、不合法的原始凭证、不予受理;对记载不准确、不完整的原始凭证,予以退回,要求更正、补充;对违反国家统一的财政制度、财务制度规定的收支,不予办理。这些都属于事先监督工作。做好稽核工作,可以预防违反财经纪律和制度的情况发生,大大简化审计工作。

（俞文青）

激励因素 motivators

企业中能使人得到满足的因素。赫茨伯格(F.Herzbery)的双因素理论中所用的一个基本概念。包括工作表现机会和工作带来愉快、工作成就感、职务上的责任感、对未来发展的期望等。赫茨伯格认为,使员工有满意感的都在工作本身或工作内容方面,激励因素如能得到充分发挥,可以激励个人或集体以一种成熟方式成长,可以使工作能力不断提高。　　　　　　　　　　　　　　（何　征）

激励职能　motivating function

为激发职工动机,鼓励职工合理行为,以形成追求既定组织目标的动力而进行的工作。企业管理职能之一。现代科学管理理论认为,管理的本质是人对人的管理,要实现管理的目标,核心是要发挥人们的积极性和创造性,为此就要对职工进行精神激励和物质激励。　　　　　　　　　　　（何万钟）

吉尔布雷思夫妇　Gilbreth, F. (1868～1924) and Gilbreth, L. M. (1878～1972)

科学管理运动的倡导者。弗·吉尔布雷思生于美国缅因州。1885 年考上麻省理工学院,因家境困难而未就读,当了砌砖工人,其后成为建筑工程师,被提升为承包公司总管,不久又独立经营建筑承包。一生从事“时间与动作”的研究,曾与泰罗相识,是泰罗主义的坚决支持者。1904 年与莫勒(Moller, L.)女士结婚。夫妇二人对科学管理的发展作出了重大贡献。他们从事分解动作研究,使用拍摄电影的方法,分析和改善动作,寻求“最佳法”,以提高工效。他们把工人的操作动作分解为 17 个基本动作,称之为“动素”(Therblig,其本人姓氏的反写),通过动作分解、分析和改善,以形成新的工作方法。他们这项研究对管理是一项了不起的贡献,吉尔布雷思也因而被人们尊为“动作研究之父”。他的夫人还潜心于“管理心理学”的研究,对后来行为科学的发展有一定影响。由于她在管理上作出的成就,被人们称为“管理学第一夫人”。　　　　　　　　（何　征）

级差地租　differential rent

商品经济条件下由于土地生产力的差别而形成的地租。根据产生条件的不同,它有两种形态,一是由于土地的位置和肥沃程度不同而产生的级差地租,叫级差地租第一形态(级差地租Ⅰ)。二是由于在同一土地上连续追加投资引起生产率的不同,指的是连续投资土地的生产率同劣等土地的生产率相比较的差别而形成的地租,叫级差地租第二形态(级差地租Ⅱ)。级差地租Ⅱ是以级差地租Ⅰ的存在为前提的,也可认为是级差地租Ⅰ的另一种表现形式。级差地租在城市中表现特别明显,市中心区可比边缘区高几十、几百甚至上千倍。　　（何万钟）

集体福利　collective welfare

企业为改善和方便职工的物质文化生活所举办的各种福利事业。如兴办职工食堂、职工宿舍、浴室、文化体育设施、托幼设施、上下班交通车等。集体福利是职工福利的主要部分,虽不构成职工的劳动收入,但能减少职工开支,方便职工生活,解决职工的特殊困难,使职工能安心愉快地从事劳动和工作。　　　　　　　　　　　　　　（吴　明）

《集体和个体设计单位管理暂行办法》　Interim Administrative Measures for Collective and Individual Design Unit

1985 年 3 月 5 日国家计划委员会、城乡建设环境保护部发出,是为了加强对设计单位的指导和管理而制定的有关规定。该办法共 5 章 19 条。第一章总则,包括集体设计单位和个人设计的含义,取得设计证书和开业程序等。第二章资格审查,包括审查机关、申请设计证书应具备的条件,申请书的内容,设计证书的注销等。第三章经营管理,包括承担设计任务范围,建立健全各种管理制度,建立生产发展基金和劳保福利基金,税务登记,按章纳税等。第四章质量管理,包括执行设计标准规范,质量抽查等。第五章附则。该办法自颁发之日起实施。

（高贵恒）

集体集资　collective financing

由社会集团或劳动者个人将社会闲散、呆滞的资金,以及其他渠道来源的资金集中起来用于建设的资金。集体集资的方式很多,主要有联合投资,发行债券、股票等。由跨地区、跨部门、跨所有制集资兴建的经济组织,它的资金分别属于不同的出资单位和个人;这种经济组织是一种多经济形式的混合体。由城乡劳动人民自筹资金兴办的企业是一种民办集体经济。集体集资打破所有制、部门、地区界限,能有效地利用社会闲散资金实行资金联合,以弥补国家财力和银行信贷之不足,对于促进城乡经济的发展将起到积极的作用。　　　　（何　征）

集体计件工资制　collective piece-rate wages system

按作业班组共同完成生产任务量计算集体工资,然后在作业班组内再分配到个人的工资形式。适用于机械设备和工艺过程要求工人集体完成某种产品或某项工程,而又不能直接统计计算个人完成的产品数量和质量;或虽然可以统计计算个人完成的产品数量和质量,但生产过程要求上下工序或班次之间密切协作,生产方能顺利进行的场合。实行集体计件工资制的范围,需要根据企业的生产技术条件、生产组织和劳动组织、管理水平以及基础工作等情况决定。如可按分项工程或分部工程实行集体计件等。　　　　　　　　　　（吴　明）

集体所有制建筑企业　construction enterprise of collective ownership

社会主义经济中生产资料和劳动产品归集体共同所有、由劳动者集体经营的建筑企业。在中国最初的形式为建筑合作社,现在主要包括县以上城镇集体施工企业,以及城镇街道和农村区乡所属施工队伍,自 80 年代经济体制改革以来,已迅速发展成为建筑业的重要组成部分。　　　　　　　(谭　刚)

集团分配效果　group distribution effect

　　项目建成后产生的增值在各社会集团或阶层之间的分配情况。即不同社会集团或阶层以各种形式(如工资、利润等)获得的增值在项目建成后产生的国民净增值中所占比重。在发展中国家,贫富差别和公平分配有时成为相当尖锐的问题,自 60 年代后期引起了广泛的注意。项目决策是否能矫正这种社会分配的偏向,主要取决于国家政策目标。可以通过税收补贴、社会福利、就业、发展公共事业等得到矫正。这些措施都需要一定的管理机构和基金保障。　　　　　　　　　　　　　　　(武永祥)

集约经营　intensive management

　　原指农业中在一定的土地面积上,投入较多的生产资料和劳动,进行精耕细作的经营方式。集约经营可分为两种形式,一是劳动集约经营,即在一定面积土地上投入较多的劳动,用加强精耕细作的办法来求得单产提高。一是资金集约经营,即在一定面积土地上投入较多生产资料的办法来求得单产提高。现应用于一般经济领域及企业经营管理中,泛指企业通过采用新的科学技术,改进生产工艺,采用科学管理方法,提高管理水平,以充分利用企业拥有的经营资源,达到提高企业经济效益的经营活动。粗放经营的对称。　　　　　　　　(何万钟)

集中订货　concentrated order

　　在全国或地区范围内集中组织产需衔接的方式。可提供一个较大范围内供需见面的机会,集中更多的供需信息,一次完成多种物资的订货工作。
　　　　　　　　　　　　　　　　　(陈　键)

几何平均数　geometric mean

　　若干变量值连乘积的若干次方根。常用于计算平均发展速度指标。但在变量数列中有变量值为零或为负时不适用。有:①简单几何平均数,适用于未分组资料;②加权几何平均数,适用于已分组的分布数列资料。计算公式分别为:

$$Mg = \sqrt[n]{\pi x} \qquad ①$$
$$Mg = \sqrt[\Sigma f]{\pi x^f} \qquad ②$$

式①中 Mg 为简单几何平均数;x 为各变量值;n 为变量项数;π 为连乘符号。式②中 Mg 为加权几何平均数;f 为各组次数,即权数;Σ 为总和符号;其余同①式。　　　　　　　　　　　　(俞壮林)

计划调节　plan regulation

　　社会主义国家通过制订统一计划,合理安排社会总劳动和社会再生产中的重大比例关系,以协调国民经济各部门按比例地发展。是社会主义国家实行计划经济的重要手段和客观要求。也是计划机制的具体体现。在社会主义市场经济体制下,计划调节主要表现为国家对经济的宏观调控。其主要任务是保持经济总量的基本平衡,促进经济结构的优化,引导国民经济持续、快速、健康发展,推动社会全面进步。调节的具体形式主要有指令性计划和指导性计划两种。　　　　　　　　　　　(何万钟)

计划机制　plan mechanism

　　通过计划对社会经济中有机结合、相互制约的各个部门和环节进行管理和调节并保证经济运转的机能。社会化大生产在宏观上要求国民经济各部门、环节和过程须保持一定比例,社会经济才能协调发展;但只有以生产资料公有制为基础的社会主义才为由社会自觉地按计划调节比例关系提供了可能。计划机制是社会主义经济机制的一个重要内容,在社会主义市场经济体制下,它的运用,必须自觉地遵循价值规律,正确认识和处理计划与市场的关系。主要是:制订计划要充分重视市场信息;执行计划要灵活运用价格杠杆;实行多层次的物价管理体制,充分发挥市场机制的作用。　　　(何　征)

计划交底　plan assigning and explaining

　　泛指将工程项目施工进度计划、施工生产经营计划的各项要求传达到基层的组织工作。通常在单位工程或分部(项)工程开工前或新的计划期开始前按组织管理系统逐级向下传达。有书面交底和会议交底两种形式。　　　　　　　　(董玉学)

计划经济　planned economy

　　以社会化大生产为前提,以生产资料公有制为基础,有计划地发展国民经济的社会经济制度。国家根据社会主义基本经济规律和有计划按比例发展规律及其他客观经济规律的要求,通过制定国民经济和社会发展的统一计划来管理和调节国民经济,使整个社会生产和再生产过程有计划地进行。这种完全由社会认识和社会预见来指导社会生产的计划经济运行模式的前提条件是:①社会掌握了全部生产资料,人们在利益关系上完全一致;②人们基于对客观经济规律的认识,自觉地对社会生产和流通进行指导和调节。但在社会主义条件下,特别是在它的初级阶段,并不具备典型的计划经济充分发挥功能的条件。虽然公有制已成为经济中的主体,但不仅还存在非公有制的经济成分,而且公有制经济本身也还有各种形式,即使全民所有制经济也还存在企业的特殊利益。再加上各种分配形式的存在,使社会全体成员在根本利益一致的基础上还存在各种利益的差异和矛盾。同时由于生产力水平不高所造成的信息手段和计算手段的落后,由于科学文化水平不高所制约的决策民主化和科学化不可能迅速完善,限制了人们充分认识和熟练运用客观规律。这一切在客观上限制了人们不可能完全通过计划对各种复杂的经济活动作出最佳选择。实践表明,主要依靠指令性计划和行政办法来管理国民经济,而忽视市场和价值规律的作用,会使生产力的进一步发展受到限制。在中国,把计划经济当作社会主义本质特征的传统观念已为建设有中国特色社会主义理论所突破,并确定了建立社会主义市场经济体制的改革目标。 (何 征)

计划经济合同 planned economy contract

直接依据国家计划签订的经济合同。国家计划是这类合同签订的前提和基础,对双方都有严格约束力。反之,并非依据国家计划,而是根据市场供需情况和合同双方业务范围所签订的合同,称为非计划经济合同。直接以计划为基础的合同,当计划变更或撤销时,合同也随之变更或解除。不以计划为基础的合同,一般不受计划改变或撤销的影响。 (何万钟)

计划评审技术 program evalnation and review technigue,PERT

工作之间的逻辑关系肯定,工作作业时间虽为随机变量但却可以计算的非肯定型网络分析技术。1958年在美国海军研制北极星导弹的计划时首先采用。与CPM的基本原理相同;主要区别在于PERT的工作作业时间是不肯定的。但可以通过对三种时间——最短时间a、最可能时间b、最长完成时间c的估计,然后用加权平均计算出工作作业时间M,即

$$M = \frac{a + 4b + c}{6}$$

使非肯定型网络转化为肯定型网络。PERT适用于经验不足及作业时间不能肯定的工程项目的计划管理。其基本步骤与CPM一致,但因属于非肯定型问题,尚需计算在给定工期下完成计划的概率。 (杨茂盛)

计划任务书 statement of planned tasks

又称设计任务书。工程项目建设的大纲。确定建设项目及其建设方案的决策性文件和编制设计文件的主要依据。通常由项目主管部门根据国民经济长远规划和建设布局,组织计划、设计等有关单位编制。内容深度应满足设计要求,大中型工业项目一般应包括:①建设目的和依据;②建设规模,产品方案或纲领;③生产方法或工艺原则;④矿产资源、水文地质和工程地质条件;⑤主要协作条件;⑥资源综合利用情况及生态平衡、环境保护和"三废"治理的要求;⑦建设地区或地点及占地估算;⑧建设工期;⑨投资控制数及资金来源;⑩劳动定员控制数;⑪要求达到的经济效益。中国基本建设程序曾规定,一个拟议中的建议项目,经可行性研究或技术论证,如判明可行,则应编制计划任务书,经主管部门批准后,建设项目才算成立。实践表明,计划任务书的内容与可行性研究几乎完全重复。为简化程序,自1992年起已取消计划任务书,而代之以经评估的可行性研究报告。 (曹吉鸣)

计划预修制 planning preventive maintenance system

按照"预防为主,养修并重"的原则,为防止机械设备的意外损坏和故障,根据设备的磨损规律,有计划地对机械设备进行日常和定期维护保养、定期检查、校正和计划修理,以保证机械设备经常处于良好技术状态的一种维修制度。中国在第一个五年计划时期开始从苏联引用这种制度。在实践中,结合国情对这一制度进行了研究和改进,主要是按机械设备的重要程度实行分级维修。对生产影响大、负荷高的重要机械设备实行计划预修。对其他设备实行检查后修理或事后修理。实行计划预修制,需正确确定修理周期、修理间隔期、修理周期结构和修理工作定额等。 (陈 键)

计划职能 planning function

对企业生产经营活动的一种事前安排。企业管理的首要职能。包括确定企业活动的目标、程序;有效的执行方法;完成的时间;所需资源的分配和组织等。通过计划把国家的任务,社会的需要和企业利益统一起来;把外部环境和企业条件协调起来;把企业长期目标与短期目标、企业整体目标和部门目标、以及每个职工个人目标联系起来,以实现预定的管理目标。 (何万钟)

计划综合平衡 overall balance for plan

在计划工作中,按照计划指标间客观存在的关联性和比例性,使之保持相互协调、衔接和统一的措施。计划的综合平衡实质上是计划指标间的综合平衡。是计划工作的基本原则和基本方法。建筑企业计划指标综合平衡的内容主要有:利润目标与交竣工工程量的平衡;交竣工工程量与施工生产任务的平衡;施工生产任务与施工生产能力的平衡;施工生产能力中,基本生产与附属、辅助生产的平衡;施工生产任务与所需原材料及其他资源的平衡;施工生产任务生产技术准备与资金来源的平衡等。除在计划编制阶段注意静态的综合平衡外,在计划执行过程中还应通过有效管理措施(如调度),保持计划在动态下的综合平衡。 (何万钟)

计划总投资 Planned total amount of investment

基本建设项目或企业、事业单位的建设工程,按照总体设计规定的工程内容全部建成计划需要的投资总额。主要用于观察投资计划总规模,并作为检

查工程进度、计算建设周期的依据之一。

（俞壮林）

计件工资制　piece-rate wages system

直接以一定质量的产品数量和计件单价计算职工劳动报酬的工资形式。计件工资制有直接无限计件工资制、间接计件工资制、累进计件工资制和集体计件工资制等形式。计件工资是计时工资的转化形式。在一定条件下，比计时工资更能使劳动报酬和劳动成果密切联系起来，有利于促进工人不断提高文化技术，关心生产，促进企业改善经营管理。推行计件工资制必须具备一定的条件：① 工人的生产成果能够直接统计计量。② 企业的生产任务必须饱满，原材料及能源供应有保证，产品销售比较正常。③ 企业有一定的管理水平，包括生产的原始记录比较完备；有较健全的工艺规程和技术操作规程以及统计计量制度、经济核算制度，有合理的生产组织和劳动组织。④ 有合理的劳动定额和计件单价。

（吴　明）

计量工作　metrology work

在企业生产经营或工程建设活动中，为取得量和质的技术经济数据，所进行的检验、测试、化验、分析等计量活动和相应的管理工作。工程建设和企业管理基础工作之一。计量工作直接关系到工程进度、工程及产品质量、安全生产、环境保护和经济效益。搞好计量工作，要求做到按规定准确进行计量；正确使用计量或检测设备；正确操作和维修计量器具；改进计测技术和计测手段等。（何万钟）

计量值质量数据　quantitative quality data

对产品质量特性进行测量而得到的连续性数据。如产品的几何尺寸、重量、强度等。其精度可以根据研究目的、要求确定，但要受到测量仪器、工具的限制。计量值质量数据属于连续型分布。

（田金信）

计时工资制　time wage system

根据劳动者的实际工作时间和劳动者的工资等级以及工资标准核算和支付劳动报酬的工资形式。一般分为：小时计时工资制；日工资制；月工资制。中国企业一般不采用小时工资制。对临时工、合同工、季节工有的采用日工资制，其他普遍采用月工资制和日工资制相结合的形式。计时工资适应性强，实行范围广，比较简单易行。但计时工资制只能反映劳动者的技术熟练程度、劳动繁重程度和劳动时间长短的差别，不能全面体现相同等级的职工在同一工作时间内支付劳动量和劳动成果的差别，不利于贯彻按劳分配原则。所以，企业在实行计时工资制的同时，普遍实行奖励制度。（吴　明）

计数值质量数据　numerical quality data

对产品质量特性进行计数统计得到的非连续性的整数数据。只能按 0、1、2……等非负整数取值。分为：①计件值质量数据。是按质量检查标准将个体归类计取的具有不同质量水平的个体数目，如合格品数、不合格品数等。②计点值质量数据。是按质量检查项目统计的各项目缺陷出现的次数，如混凝土构件上的裂缝数、露筋数等。计数值质量数据属于非连续型分布。　　　（田金信）

计息期　interest payment period

计算利息的时间单位。即每期计算利息一次。实践中，计息期可以为年、半年、季、月或日。

（雷运清）

计租面积　rental area

计算房屋租金依据的面积。中国统一规定，住宅按使用面积计租。即一套住宅内为生活有效使用的净面积的总和。包括：居室、厨房、内阳台、过道、卫生间、储藏室、壁柜等面积。　　　（刘长滨）

记账本位币　standard money of account

有多种货币收支业务的企业作为记账基准的货币。如对外承包工程的企业，在货币资金和往来结算款项方面都有大量的外币，为了反映这些外币的收支，除按外币种类设置登记簿外，还应确定一种货币为记账本位币，将其他各种货币折合为记账本位币记账。中国《企业财务通则》规定：企业以人民币为记账本位币，业务收支以外币为主的企业，可以选用某种外币作为记账本位币。　　　（闻　青）

记账汇率　exchange rate of account

企业取得记账本位币以外的外币存款、外币借款和以外币结算的往来款项时，折合为记账本位币所采用的汇率。按照中国现行会计制度规定，国内企业按照国家外汇管理部门公布的外汇牌价，在国外的企业按照所在国的官方外汇牌价作为记账汇率。可以采用当天汇率，也可以采用每月一日国家公布的汇率作为全月的固定汇率或采用每年一月一日国家公布的汇率作为全年的固定汇率。采用哪种汇率一经确定，不能任意改变。　　　（闻　青）

记账凭证　recording medium

记载经济业务的简要内容，确定会计分录，作为记账依据的会计凭证。内容主要有：填制日期，业务摘要，应借、应贷（或应增、应减、应收、应付）的科目及其金额，填制和审核人员的签章等。通常按收款、付款和转账业务分别使用收款凭证、付款凭证和转账凭证。收款凭证和付款凭证适用于现金和银行存款的收付业务，转账凭证适用于不涉及现金和银行存款收付的其他经济业务，如生产耗用材料、工资的分配，固定资产折旧的计提等。通常根据每一原始凭证或原始凭证汇总表填制。有些自制原始凭证或

原始凭证汇总表经标注会计分录后,可用以替代记账凭证。 （闻　青）

记账外汇　exchange of account

又称协定外汇、双边外汇。由政府或民间双边协定规定的支付协定项下收付的外汇。签约双方相互间的贸易或非贸易收支,用约定的货币,记载在双方银行账户上,通过一定的转账进行清算。一般将差额转入下一年度贸易项下平衡。其特点是不经货币发行国批准,不能转换为他国货币,也不能自由流通。优点是支付过程中,可不使用自由外汇。 （蔡德坚）

技能工资　technical ability wages

根据劳动者具备的劳动技能和实际水平给予的劳动报酬。是体现劳动者能干什么的标志。特点是不受工龄、资历等因素制约,能较好地体现按劳分配的原则,又有利于人才的开发和使用,促进科学技术的进步。主要适用于确定工程技术人员、经营管理人员的职务工资。 （何万钟）

技术　technology

人类在认识和改造客观世界过程中,掌握和运用的劳动技能、生产工艺、劳动手段和劳动对象等的总称。技术是一种广泛的、复杂而客观的社会存在,与人类社会所有领域和一切活动,特别是生产活动有着密切联系。它既是社会实践和生产劳动的产物,又是促进社会进步、发展生产和提高劳动效率的重要手段。技术无阶级性,在使用过程受到生产关系的制约。技术的基本属性有两点:创造性——人类在社会实践过程中,按照认识论的过程,不断地革新和创造发明;连续性——伴随着生产力的发展不断发展,永无止境。人类历史的发展过程,也是技术不断创造革新不断进步的过程。技术按其性质和使用范围的不同,可分为生产性技术（又称硬性术）和组织管理技术（又称软技术）。 （吴　明）

技术标准　technical standard

对生产技术活动中需要统一的技术要求所作的规定。在土木建筑工程中执行技术标准,是进行勘测、设计、施工、安装,验收及构配件生产等技术性活动的依据,是对工程建设实行科学管理,保证工程质量和产品质量的重要手段。它是根据不同时期的科学技术水平和实践经验制定的。其对象可以是物质的（如产品、材料、工具）,也可以是非物质的（如程序、方法、图形、符号）。按其作用的范围可分为:国际标准、国家标准、部标准（专业标准）和企业标准。按其内容可分为:原材料标准、半成品标准、产品标准、工艺标准、生产标准、检测标准等。中国现行的建筑技术标准有:建筑原材料、构配件标准;建筑工程勘察、设计规范;施工及验收规范;工程质量检验评定标准等。 （田金信）

技术档案　technological archives

企业在生产、技术、科研活动中形成的具有保存价值并按一定的立卷归档制度集中保管的技术文件和资料。建筑企业的技术档案按其作用可分为两部分:一部分是为工程交工验收准备的技术资料,如竣工图,图纸会审记录,设计变更单,隐蔽工程验收单,材料半成品、构配件试验检验记录,土建、设备安装、水暖电卫等施工记录。这部分技术资料作为工程合理使用、维护、改建、扩建的主要技术依据,应于工程交工时移交给建设单位保存。另一部分是由企业保存的有关企业自身生产和科研需要的技术资料。其内容主要有:施工组织设计,施工经验总结,重大质量、安全事故的情况分析及处理的记录,新结构、新材料、新工艺的试验研究资料、结验总结和科技成果报告,有关技术管理工作的经验总结及重要的技术决定等。 （田金信）

技术风险　technical risks

新技术开发与应用时遭到失败或造成损失的危险。如新技术工艺化中未预料到的生产难题;采用新工艺而带来的初期运转问题;工艺技术变得陈旧过时等。避免风险的措施有:采用成熟的技术;对工艺技术进行独立的分析;由技术、设备的供应厂商或经营人作出对技术的保证;商业保险等。 （严玉星）

技术复核　technical review

在施工过程中,对工程质量有较大影响的部位和施工环节,依据设计文件和有关技术标准所进行的复查和校核。技术复核的项目除按质量标准规定的复查、检查内容外,一般在分项工程正式施工前应重点检查建（构）筑物位置、基础、模板、钢筋、砌体,主要管线等项目的有关内容。 （田金信）

技术改造　technical transformation

改善和更新企业现有技术、工艺和装备的技术活动。其目的是改变企业落后的生产技术面貌,提高产品质量,节约能源,降低消耗,缩短工期,扩大生产规模。技术改造由于是在原有基础上进行的,具有投资少、时间短、收效快的优点,是企业实现以内涵为主的扩大再生产的重要途径。 （田金信）

技术革新　technical innovation

对现有技术的改进和更新。主要内容有:①改进施工工艺和操作方法;②改进施工机具和设备;③改进原材、材料,燃料的利用方法,节约资源和能源;④建筑产品功能、结构的改善;⑤对产品、材料测试手段和方法的改进;⑥管理技术的改进等。技术革新的组织要以技术骨干为核心,充分发动广大职工群众积极参加,有组织、有领导地进行;要密切结合生产,抓住生产关键和薄弱环节,合理规划,与开展群众性的合理化建议活动结合起来;要坚持"一切经过试验"的原则,及时做好成果的鉴定、评价、奖励、巩固和提高工作。 （田金信）

技术管理基础工作 essential work of technology management

为进行技术管理和实现技术管理任务而提供资料数据、共同准则和前提条件的工作。主要包括:建立与健全技术责任制,制定与贯彻技术标准和技术规程,建立与健全技术管理制度,加强技术信息管理及技术培训工作等。企业如果没有健全的技术管理基础工作,整个技术管理工作就很难开展和有效地进行。 （田金信）

技术管理制度 system of technology management

按企业技术管理的基本要求,对经常性技术管理工作的内容、程序和方法等所作的规定。是指导企业进行技术管理活动的规范和准则。建筑企业的技术管理制度主要有:技术责任制,图纸会审制度,施工组织设计制度,技术交底制度,技术核定制度,材料构配件试验检验制度,技术档案制度,工程质量检查验收制度和技术开发制度等。 （田金信）

技术规范 technical specification

人们在生产活动中,在认识自然的过程中形成的支配和使用自然力、劳动工具、劳动对象的一种行为规范。它反映自然规律,处理人与自然的关系。随着现代科学技术的发展,技术规范的社会性日益增长,当前,没有技术规范就不可能进行生产,违反技术规范就可能造成严重后果,如导致生产者伤亡,引起爆炸、火灾和其他灾害。因此,国家往往在法律规范中规定有关单位和有关人员遵守和执行某种技术规范的义务,并规定违反技术规范造成严重危害的,要承担法律责任。 （王维民）

技术核定 technical check and ratification

在施工过程中须修改原设计文件时应遵循的权限和程序。当发现图纸如有差错,或因施工条件变化需进行材料代换、构件代换,以及因采用新技术、新材料、新工艺及合理化建议等原因需变更设计时,由施工单位提出设计修改文件。一般问题如钢筋代换等经施工单位有关技术负责人审定后,即可做为施工依据。当工程有较大变更时,如涉及工程量变更,影响原设计标准、改变使用功能等,须经建设单位或监理工程师和设计单位签署认可后,方能生效。由设计单位提出的设计变更,须经监理工程师认可和施工单位同意接受的书面意见方能生效。 （田金信）

技术交底 technical assigning and explaining

将工程施工的各项技术要求和措施贯彻到基层

直到每个工人的组织工作。是单位工程施工准备的内容之一,也是建筑企业管理的一项重要制度。内容包括:设计交底、施工组织设计交底、计划交底、质量标准交底和安全施工交底。通常在单位工程和分部(项)工程开工前进行。形式有书面交底、会议交底、模型交底、挂牌交底、样板交底、操作示范交底和口头交底等。 （董玉学）

技术结构 technological structure

不同类型技术之间质的组合与量的比例关系。建筑企业技术结构的主要内容有:①要素结构。即构成技术的诸要素(施工机具、工艺、工程技术人员、管理人员、技术工人等)之间,以及要素内部各成分之间质的差别与量的比例关系。②层次结构。不同水平的技术之间的比例,即先进技术、中间技术与初级技术之间的比例关系。③相关结构。即技术系统内的主体技术、共有技术、相关技术之间的相互关系。④序列结构。即产品开发过程中的设计技术、施工技术、检测技术、保养维修技术之间的相互关系等。技术结构合理化是企业结构合理化的重要内容。合理的技术结构,是保证企业协调持续发展的基础和重要条件。

（田金信）

技术进步 technological progress

人类在社会发展中使用效率更高,效益更好的先进适用技术,以推动社会生产力不断发展的运动过程。它反映在物质技术基础的变革,经营管理水平的提高和经济增长等方面。其基础是社会生产实践,同时又对生产实践起着指导和促进作用;而其发展则受到社会制度和社会经济的制约。技术进步的类型有:①劳动节约型,依靠劳动者的生产经验和掌握先进技术而增加产品产量,取得节约劳动量的效果;②资金节约型,即依靠增加投资所取得的技术进步,使单位产品的物化劳动消耗有所下降;③劳动与资金不变型,在劳动力和资金投入都不变的情况下,增加产品产量,提高产品质量,增加收益。

（吴 明）

技术进步贡献 contribution of technological progress

表明技术进步在经济增长中的作用大小或所占比重的综合指标。目前有各不相同的计算方法,它们之间不仅在经济意义和计算公式上有差异,计算结果也不相同。可采用增长速度方程计算技术进步对产值增长速度的贡献 E_A（%）,其公式为:

$$E_A = \frac{a}{y} \times 100\%$$

a 为年技术进步速度（%）;y 为产值年增长速度（%）。类似地,还可以求出资金对产值增长速度的贡献（E_k,%）和劳动对产值增长速度的贡献

$(E_l，\%)$ 公式分别为：

$$E_k = \frac{\alpha R}{y} \times 100\%;$$

$$和 \quad E_l = \frac{\beta L}{y} \times 100\%$$

式中，R、L 分别为资金和劳动的年增长速度，α、β 分别为资金和劳动的产出弹性。　　　（曹吉鸣）

技术进步经济效益　economic benefit from technological progress

在生产、建设及其他经济活动中，通过提高装备技术水平，采用先进工艺和管理方法，以及提高劳动者素质等因素的共同作用所取得的经济效益。具体表现于劳动生产率的提高，资源的节约，产品质量和功能的提高，产品品种的增加与用途的扩大等。

（武永祥　张　琰）

技术进步评价　evaluation of technological progress

衡量在一定时期内由于技术进步对经济增长和社会发展所产生的影响并计算其效益。目前主要采用生产函数或指标体系衡量技术进步对经济增长的作用。通常以技术进步率作为反映一定时期内技术进步快慢的综合指标，计算公式为：

$$a = r - \alpha K - \beta L$$

式中：a 为技术进步率；r 为一定时期的总产品、总产值、净产值或总收入增长速度；K 为资金增加速度；L 为劳动力增长速度；α 为资金产出弹性；β 为劳动的产出弹性。全面评估技术进步尚需从其他各方面进行综合分析，对于技术进步的正确评价，可促进技术发展，加速经济增长，提高社会和经济效益。

（吴　明）

技术经济分析　techno-economic analysis

广义指对技术方案或建设项目的效益和费用进行识别、计算、分析和评价，以寻求最优方案的方法。又称技术经济评价。是技术经济学和工程经济学的基本方法。其内容包括效益和费用的识别、估计或计算；影响因素的分析；一个方案的效用、费用分析；多个方案效益、费用的比较分析，以及在此基础上进行的方案（包括计划、设计、技术措施、技术政策、建设项目等不同方案）选择。狭义指对技术方案或建设项目的效益和费用相关的各种技术和经济因素进行定性和定量分析的方法。又称技术经济因素分析。目的在于查明影响效益和费用的主要因素，为改进和优化方案提供依据。以技术、经济因素为参变量，分析、研究对效益和费用的影响。是技术经济评价的重要组成部分。　　（武永祥　何万钟）

技术经济可行性研究　technical and economic feasibility study

见最终可行性研究(364 页)。

技术经济评价　techno-economic evaluation

见技术经济分析。

技术经济学　techno-economics

研究技术与经济间的相互关系及其发展规律的学科。通过技术比较、经济分析和效果评价，寻求技术与经济的最佳结合，使可行的技术取得最好的经济效果。其主要特点是：①综合性，即将技术与经济结合起来研究，以选择最佳技术方案。②应用性，即研究的主要目的是使技术更好地应用于经济建设。③系统性，即将技术问题放在经济建设的大系统之中，用系统观点和系统方法研究技术与经济的关系及其约束条件。④定量性，即用与定性研究结合的定量方法，采用数理统计和数学模型，作为分析评价的手段。⑤比较性，即在分析评价的基础上，通过多方案的比较，从中选择经济效果最好的技术方案。研究范围分为宏观和微观两个层次。宏观研究指涉及整个国民经济或其中某一地区、某一部门，带有全局性、战略性的技术经济问题，如生产力布局、产业结构、产业政策、投资方向与规模等。微观研究指具体项目的技术经济问题，如某一建设项目的可行性研究，某项技术措施或技术引进项目的经济效果评价等。研究的基本方法是在调查研究和系统分析的基础上，进行计算、分析、预测、论证、比较，最后作出综合评价，为决策提供科学依据。　　（张　琰）

技术经济因素分析　techno-economic factor analysis

见技术经济分析。

技术开发　technical development

有计划，有组织地对现有产品技术和工艺进行研究、改进、完善和发展的过程。以基础研究和应用研究为基础，将科学技术有效地转化为生产力。是促进技术进步的有效方式之一。内容包括老产品、老工艺、老设备、老经营管理方法和手段的改造和完善；新产品、新工艺、新设备、有效经营管理方法和手段的引进和发展。在一些技术先进、经济发达国家，在一定时期（一般为五年）之后，随着技术开发的进展，产品、工艺、管理方法都会有显著变化，不同行业虽有所不同，但一般新产品约占总产量的 20% ~ 30%，在原有基础上改善的产品约占 30% ~ 40%，保持原状的产品约占 30% 左右。不重视技术开发的企业，必将在竞争中被淘汰。加强技术开发，是企业得以生存和发展的必要条件。　　（吴　明）

技术开发计划　plan for technological development

企业安排在计划期内开展新技术研究及应用研究成果的计划。企业的技术开发应走在生产的前面。它不仅可增加企业的技术储备，使企业保持技术优势,增加企业竞争能力,而且对促进社会的技术进步也有重要意义。建筑企业的技术开发,应在建筑技术发展预测的基础上,以实用为目的,并为实现企业经营目标服务。建筑企业技术开发的主要方向有:建筑新体系、施工新工艺、以及提高工程质量、缩短工期、降低工程成本、降低物耗及能耗、施工安全技术的研究等。企业技术开发计划的主要内容有:研究课题的名称、达到的目标(水平)、需要的条件及保证措施、成果形式、开始及完成时间等。

(何万钟)

技术培训　technical training

对职工在生产技术、业务技能方面所进行的培训。是进行技术管理、质量管理、安全管理的基础。其目的是提高职工队伍的技术素质。技术培训应根据各类人员的不同情况有所侧重。对新工人主要是从专门技能、岗位应知应会、安全生产等方面进行培训;对工程技术人员和管理人员,主要是从专业知识和管理知识、工作方法、业务能力等方面进行培训;对各级领导者主要是提高他们的综合管理能力。

(田金信)

技术评价　technological evaluation

对拟建项目所采用技术、工艺、设备的先进性、可靠性、适用性、耐用性、节能性、环保性(是否有废水、废气、废渣排放及治理、噪声污染及防治等)进行全面系统的分析和论证的工作。建设项目评价的重要内容之一。

(何万钟)

技术设计　technical design，design development

为解决重大或特殊工程项目在初步设计阶段无法解决的特殊技术问题而编制的设计文件。按中国现行规定,对于技术复杂而又缺乏经验的项目,经主管部门指定,须增加此设计阶段。其设计深度,一般应能满足如下要求:①落实各项技术工艺方案,提供主要生产工艺设备的规格、型号和数量,据此可进行设备定货;②明确建筑物的设计尺寸数据,估算实物工程量,以便制定施工规划和主要材料物资的订购;③修正的总概算;④阐明配套工作的内容、规模、要求和建成期限;⑤为建设项目的顺利实施提供其它必要的数据和技术准备。同时编制相应的施工组织总设计文件。

(林知炎)

技术系数　technical coefficient

为生产某一单位产品所需要的各种生产要素的组合比例。可分为固定技术系数和可变技术系数。前者指各种生产要素的组合比例是固定不变的。后者指各种生产要素的组合比例是可变的。也就是说,各种生产要素之间可以互相替代,多用某一种生产要素,就可以少用另一种生产要素。

(曹吉鸣)

技术信息　techcical information

以物质载体为媒介反映出来的有关企业技术工作和技术管理工作的活动状况,以及国内外建筑生产技术发展动态的信号、数据和消息。是企业技术管理的主要依据。主要包括:技术原始记录、技术档案和技术情报等。

(田金信)

技术型建筑企业　technology-intensive construction enterprise

又称技术密集型建筑企业。主要依靠高度的科学知识和先进技术装备从事建筑生产与管理的建筑企业。其特点为:机械化、自动化程度高,技术人员比重较大,职工文化知识水平普遍较高。能承担工程设计及技术开发能力强的建筑企业,以及技术装备程度较高的设备安装企业、机械化施工企业,即属于此类建筑企业。

(谭　刚)

技术性外部效果　technological external effect

又称技术性外溢效果。项目建设使项目外部的消费和社会福利发生真实变化的外部效果。一般应考虑下列因素:①工业项目造成的环境污染和生态破坏,水电项目附带产生的防洪、灌溉及旅游效益;②由于建设项目的实施,产出物大量出口,导致出口价格下降所减少的创汇收入;③技术先进项目的建设,由于技术人员的流动,技术的扩散和推广,使整个社会受益的程度。这种技术扩散效果在发展中国家表现较为突出。

(刘玉书)

技术引进　technology acquisition

又称技术输入。为发展本国经济和科学技术从国外引进先进技术的过程。内容包括:产品设计、制造工艺,测试方法,材料配方,先进设备或配件、部件,经营管理方法等。世界各国工业化、现代化的发展过程表明,引进技术对促进技术进步,发展经济起着重要作用。

(吴　明)

技术预测　technology forecasting

技术发展趋势的预测。以技术发展为对象,对未来某项新技术实现的时间、条件和程度进行的概率估计。采用的方法有:①直观性预测。是从事物外部,通过主观判断和集体思维预测技术发展的方法。如专家预测法、德尔菲法等。②探索性预测。是根据历史和现状来预测技术进步的可能性。是很少注意社会限制和需求,也不提供实现保证的一种预测方法。如类推法、简单时序曲线法等。③规范性预测。是根据社会需要,在考虑某种技术发展的必要性及各种约束条件的基础上,预测技术发展的方向、目标、水平及其形成时间的预测方法。如相关树法等。

(何万钟)

技术原始记录　technical original record

按照规定的要求,以一定的形式对企业的生产技术活动所作的初始的直接记录。如图纸会审记录,隐蔽工程检查验收的记录,技术核定单,施工日志,工程质量事故处理记录,原材料及半成品试验检验记录,以及设备安装、暖卫、电气等的施工检验记录,工程质量检验评定表等。对技术原始记录要求是:全面、准确、及时、简便。作好技术原始记录,可以全面系统地反映企业生产技术活动各方面的具体情况,为搞好技术管理提供依据。 （田金信）

技术责任制 system of technical responsibility

将企业的技术管理工作落实到具体的职能部门、岗位和人员,明确其职责和权限的工作制度。是企业技术管理的核心。主要包括各级技术领导的责任制和各级技术管理部门、技术管理人员的责任制。建立健全技术责任制,明确各级技术管理部门和人员的职责范围,使其有职有权有责,可充分调动广大技术人员的积极性和创造性,以搞好技术管理,推动技术进步。 （田金信）

技术转让 technology transfer

技术的供给方通过某种方式向承受方让渡技术的过程。技术转让的内容包括有产权的技术转让,如专利、商标、外型设计等;无产权的技术转让,如设计方案、技术说明书、技术示范等。技术转让的形式,通常包括商业性转让和非商业性转让两类。前者通过技术贸易方式进行;后者由政府间以技术援助的方式进行。 （余 平）

技术转移 technology shift

技术在国家、地区、部门、行业之间输出和输入的过程。是技术发展的客观规律。技术转移的内容包括"软技术"如专门知识、技巧经验、情报信息等,以及"硬技术"如机器设备、原材料、建筑工程等。技术转移的形式有技术引进、转让、移植、交流和推广等多种。技术转移的方式分为有偿转让和无偿转让两类。由于各个国家、地区、部门、企业技术发展的不平衡性,需要互通有无,促进技术转移。 （余 平）

技术装备基金 technical furniture fund

中国地方国营建筑企业,按照国家规定,向建设单位收取用以购置施工机械和设备的专用基金。自1981年开始实行,代替以前由国家投资的办法。规定必须专户存储、专款专用,可以跨年度使用。1988年起停止收取。 （周志华）

技术装备率 technical equipment rate

又称技术装备系数。报告期内人均自有机械设备价值。用以反映企业技术装备水平。有全员技术装备率和生产工人技术装备率两个指标。其计算公式分别为:

$$全员技术装备率 = \frac{自有机械设备价值}{企业全员平均人数}$$

$$生产工人技术装备率 = \frac{自有机械设备价值}{企业生产工人平均人数}$$

自有机械设备价值可分原值和净值,一般取年末账面余额。按原值和净值分别计算的技术装备率如比较接近,表明企业的机械装备较新,如差异较大,则表明企业机械装备陈旧。 （陈 键）

技术组织措施计划 plan for technical and organizational measurs

企业为了全面实现经营目标,在计划期内对生产技术和组织管理方面采取改进措施的计划。是编制其他经营计划的参考依据。主要内容包括:措施项目、实现日期、预期效果、所需资金和物资数量等。 （何万钟）

季度计划 seasonal plan

企业安排在计划季度内生产经营活动的计划。是年度计划的具体化,属于决策型计划。编制时,可根据季度的具体情况,对年度计划的目标和任务进行调整和补充。所以,季度计划较年度计划的依据更为准确,计划目标和任务也较具体和落实,因而更具有指导性和实施性。季度计划也是一种综合性计划,其内容与年度计划基本相同。 （何万钟）

季节变动预测 seasonal variation forecast

根据较长时间的月度或季度的时间数列资料,分析季节变动对现象长期趋势发展影响程度的统计预测。季节变动指现象受自然条件或社会因素的影响,在一年或更短的时间内,随着时序的变化而引起的比较稳定的周期性变动。常见于农业、商业、建筑业和运输业。测定季节变动,需要运用简单平均法和移动平均法计算一系列月度或季度的季节指数。季节指数,表明各月或各季相对于全年平均数100来说所处的水平,反映每年特定时间内的季节性波动对现象长期趋势发展的影响程度,是对未来年份的趋势值进行预测的依据。测定研究对象的季节变动,认识和掌握变动周期、数量界限及其规律性,对于正确进行管理决策有着重要意义。 （俞壮林）

季节储备 seasonal reserve

企业为保证正常施工生产,克服原材料、燃料供需的季节性影响而建立的储备。是生产储备的一种。施工生产活动由于受到季节性影响,在生产旺季增加了对原材料的消耗量,或者材料供应受季节性影响,减少了供应量,都可能造成一些原材料的季节性短缺,故一般对于不能及时得到补充的物资建立季节储备。其计算公式为:

$$季节性储备量 = 平均每日消耗量 \times 受季节影响供应可能中断的天数$$

（陈 键）

jia

加班加点工资 overtime wages

又称加班加点津贴。企业对职工在法定节假日、公休日或在规定的制度工作时间以外进行生产或工作时所发给的工资。为了保证劳动者的身体健康，企业应当严格控制加班加点；当必须安排职工加班加点时，应尽可能安排职工补休；确实不能补休的，即应发给加班加点工资。 （吴 明）

加班加点津贴 overtime premium

见加班加点工资。

加乘混合评价法 add-multiply evaluation method

简称加乘混合法。以互比方案用加权和法、连乘法算出的评分值再相加得出的总分值作为方案比较依据的方法。其表达式为：

$$V_i = \sum_{j=1}^{n} W_{ij}F_{ij} + \sqrt[n]{F_{i1} \cdot F_{i2} \cdots F_{in}} \to \max$$

V_i 为 i 方案总分值；W_{ij} 为 i 方案第 j 个指标的权值；F_{ij} 为 i 方案第 j 个指标的评分值；n 为指标数。V_i 值最大的方案即为最优方案。此法的特点是综合了加权和法和连乘法的优点，故适用范围较广，可以代替加权和法和连乘法。 （何万钟）

加工成本 processing cost

把原材料加工成为产成品，或把一个加工阶段的在产品加工成为另一个加工阶段的在产品所发生不包括原材料本身的成本。也就是产成品或在产品成本中直接人工成本和加工费用之和。相当于中国实际工作中所称的工缴费（除原材料、燃料费以外的其他生产费用）。在加工过程中，由于加工过失而发生原材料毁损和损失，也属加工成本。

（闻 青）

加工承揽合同 undertake processing contract

承揽方根据定作方提出的品名、项目、数量、质量等要求为之加工定作产品或修理房屋、设备的经济合同。按《中华人民共和国经济合同法》，承揽方必须以自己的设备、技术和劳力，完成加工、定作、修缮任务的主要部分，不经定作方同意，不得把接受的任务转让给第三方。定作方应当接受承揽方完成的物品或工作成果，并给付报酬。

（何万钟 张 琰）

加工信息 processed information

在原始信息的基础上，经过汇集、分析处理形成的高附加值的信息。如房地产价格指数、租金指数、收益率随时间的变动等信息。 （刘洪玉）

加权和评价法 weighted sum evaluation method

简称加权和法。对互比方案的每一指标，既评定分值，又按其重要程度赋以权值，然后计算每一方案的加权和作为该方案的总分值，据此对方案进行比较的方法。适用于互斥方案多目标评价。其表达式为：

$$V_i = \sum_{j=1}^{n} W_{ij}F_{ij} \to \max$$

V_i 为 i 方案的加权和（总分值）；W_{ij} 为 i 方案第 j 个指标的权值；F_{ij} 为 i 方案第 j 个指标的评分值；n 为方案的指标数。V_i 值最大的方案即为最优方案。此法考虑了各指标的重要程度，所以较指标评分法更臻完善，是对指标评分法的改进和补充，实际工作中采用较多。 （刘玉书 何万钟）

加权平均法 weighted average method

又称期末一次加权平均法。材料等按实际成本进行明细分类核算时，对发出、耗用材料以期初库存与本期收入材料数量之和为权数计算的平均单价计价的方法。采用这种方法，要到期末计算材料平均单价后，才能对发料凭证进行计价，难免影响核算工作的均衡性和及时性，而且平时不能从账上看出材料结存金额；但与先进先出法和移动加权平均法相比，可大量减少计算工作量。为克服其缺点，在实践中，对于本期内发出材料的单价常按上期末加权平均单价计算。此法计算公式为

$$材料平均单价 = \frac{期初库存材料实际成本 + 本期收入材料实际成本}{期初库存材料数量 + 本期收入材料数量}$$

（闻 青）

加权平均关税法 method of weighted average tariff

建设项目国民经济评价中，以加权平均关税率作为影子汇率对官方汇率的换算系数确定影子汇率的方法。用进出口关税和补贴来估计官方汇率 OER 与影子汇率 SER 之差，其计算公式为：

$$CF = \frac{SER}{OER} = \frac{(M + T_m) + (X + S_x)}{M + X}$$

$$SER = OER \cdot CF = OER \times \frac{(M + T_m) + (X + S_x)}{M + X}$$

CF 为汇率换算系数；M 为全国进口总额，以到岸价 CIF 计价；X 为全国出口总额，以离岸价 FOB 计价；T_m 为全国进口货物税收总额，包括关税及增值税等国内税；S_x 为全国出口货物税收总额，出口税收应视为负补贴。此法可利用已有统计数据，较为简单，为许多国家所采用。 （刘玉书）

加权移动平均法 weighted moving average method

在移动平均法的基础上,根据最近的几期实际值对预测值的影响大小给以不同权数,而以加权后的平均值作为下一期预测值的时间序列分析方法。其计算公式为:

$$F_{t+1} = \sum_{t=1}^{n} W_t V_t \quad (0 \leqslant W_t \leqslant 1, \Sigma W_t = 1)$$

式中 F_{t+1} 为下一期的预测值;V_t 为第 t 期的实际值;n 为移动期数;W_t 为第 t 期的权数。权数一般可按实际值对预测值的影响大小来确定,距预测期越近的实际值对预测值的影响越大,因而权数应越大。 （杨茂盛）

加速折旧 accelerated depreciation

对固定资产尽快提取折旧以加速回收投资的一种做法。基本方法有:①提高年折旧率,以缩短折旧年限;②采用余额递减或折旧率递减的余额递减折旧法和年限合计折旧法,使固定资产在投入使用的最初几年多提折旧,以后逐年递减,提前回收大部分投资;③实行特别折旧的规定,如对能源、交通、防止公害、开发新兴工业区等方面进行的投资,允许投产后的第一年即可提取较高的折旧额。 （闻 青）

价格竞争战略 strategy of price competition

企业以低廉的价格吸引用户,扩大市场占有率所采用的战略。企业必须在努力降低产品成本的基础上参与价格竞争。建筑企业价格竞争的主要战略有:实行薄利多销,微利或保本战略;心理报价战略,如利用用户一般喜爱物美价廉的心理,实行 99 报价,不报 100 整数等。 （何万钟）

价值分析 value analysis

见价值工程。

价值工程 value engineering,VE

通过有组织的活动,以最低的全寿命费用,可靠地实现产品必要功能的管理技术。二次大战期间起源于美国通用电器公司,称价值分析(缩写 VA),50 年代被美国国防部系统采用,命名为价值工程(缩写 VE),至今已在世界范围内为工业、国防及建筑等部门广泛应用。价值工程中价值的概念是指产品功能与费用的比值,即

$$价值 = \frac{功能}{费用}$$

价值工程作为一种有组织的活动,其基本特点是:①以识别并消除产品的非必要生产和使用、维修、管理费用而保持其必要功能为目的;②以分析产品的功能与费用之间的数量关系为识别非必要费用的手段;③以修改设计,改变原材料的品种、规格或供应来源,采用更合理的工艺流程、生产组织形式及管理方法等作为消除非必要费用的途径。

（吴 明 张 琰）

价值工程对象选择 selection of object of value engineering

确定进行功能成本分析的具体产品、零部件或工序的价值工程活动。选定价值工程对象,目的在于改进产品功能,提高产品价值,是价值工程活动的基本环节。通常应着眼于产量大、成本高、用户意见多、销路差以及对国计民生或国防有影响的产品。选择的方法有 ABC 分析法、费用比重分析法、因素分析法、最合适区域法等。 （吴 明 张 琰）

价值型投入产出表 input-output table in money terms

以货币计量单位表示的投入产出表。因货币量等于产品数量乘以单价,所以价值型投入产出表也能反映经济活动中各部门间的物质联系。且计量单位统一,分析范围广,也便于运算,故应用较普遍。缺点是指标及分析结果要受价格水平变动的影响。 （徐绳墨）

价值指标 value indicator

以货币单位计算的统计指标。可按现行价格或不变价格计算。具有广泛的综合性,能对不同类的实物进行综合计算,反映经济活动的总成果、总规模和总水平,用来研究它们之间的比例关系和发展速度。 （俞壮林）

jian

监理工程师 supervising engineer

经考试合格并经注册取得"监理工程师岗位证书"的工程建设监理专业人员。其性质属于工程项目管理工程师。除要求具备某一专业的基本理论、基础知识、基本技能和一定的实践经验外,还应了解并掌握现代科学技术、经济管理和法律等方面的必要知识;在职业道德、操行品格方面应有较高的素养;在组织管理、综合协调能力方面具有更高的水平和经验。在中国,监理工程师的考试、资格确认和注册,由监理工程师注册机关(各省、市、区建委,各工业部建设司、局)和监理工程师注册管理机关(国家建设部)负责组织。 （何万钟）

《监理工程师资格考试和注册试行办法》 Trial Measures for the Qualificational Examination and Registration of Engineering Superviser

1992 年 6 月 4 日建设部发布,是为了加强监理工程师的资格考试和注册管理,保证监理工程师的素质而制定的有关规定。该办法所称监理工程师系岗位职务,指经全国统一考试合格并经注册取得《监理工程师岗位证书》的工程建设监理人员。该办法共 5 章 28 条:第一章总则;第二章监理工程师资格考试;第三章监理工程师注册;第四章罚则;第五章

附则。该办法自 1992 年 7 月 1 日起施行。

（高贵恒）

监理委托合同 agreement between client and consulting engineer for project management

业主委托社会监理单位承担监理业务而由双方签订的契约。其主要内容包括：监理工作的范围或服务内容；监理费用；业主的义务；业主的权益；监理方权益；监理费的支付；有关争议及违约责任等。国际咨询工程师联合会（FIDIC）编制的《雇主与咨询工程师项目管理协议书国际范本与通用规则》（I-GRA1980PM），受到世界银行等国际金融机构及一些国家的认可，是世界上使用较为普遍的一种标准监理委托合同范本。

（何万钟）

监事 supervisor

又称监察人。由股东大会选举产生代表全体股东对公司业务进行监督的股东代表。是公司监事会的当然成员。但不得兼任同一公司的董事、经理和财务负责人。 （谭 刚）

监事会 board of supervisor

制约股份公司权力执行机构行为的法定常设监督机构。公司执行监督业务的法定代表。由股东大会选举产生的监事组成。监事会代表股东大会执行监督职能，独立行使监督权，直接对股东大会负责。《中华人民共和国公司法》规定，监事会的职权是：(1)检查公司的财务；(2)对董事、经理执行公司职务时违反法律、法规或者公司章程的行为进行监督；(3)当董事和经理的行为损害公司的利益时，要求董事和经理予以纠正；(4)提议召开临时股东大会；(5)公司章程规定的其他职权。监事列席董事会会议。

（张 琰 谭 刚）

检查后修理法

按检查计划对设备进行检查，根据检查的结果和积累的修理资料，确定修理的具体日期、内容和工作量的修理方法。因而，制订修理计划只需预先规定机械设备的检查计划。按这种方法实施的修理更符合实际情况，只是检查后才确定修理日期和内容，给维修的准备工作带来一定难度。多在设备技术资料掌握不全面的情况下采用。 （陈 键）

简单再生产 simple reproduction

在原有规模上重复进行的生产。在简单再生产的条件下，社会生产的产品全部用于补偿已经消耗掉的各种物质资料（包括生产资料和消费资料），没有多余部分用于积累。简单再生产是扩大再生产的基础、出发点和组成部分，所以，社会生产必须首先保证简单再生产的实现，然后根据剩余产品的多少和积累与消费的合理比例，确定扩大再生产的规模

和速度，以保证国民经济持续、协调地发展。

（何 征）

简易投产 simply put into production

工程项目在尚未按设计规定建完，或已完工程不配套，或生产准备不充分的条件下，即进行生产的情况。是一种违反基本建设程序，片面追求生产速度的不正常现象。一旦发生，主管部门应予纠正。

（何秀杰）

间接标价 indirect quotation

又称应收汇率或外币计价汇率。以一个单位的本国货币折算为若干单位的外国货币来表示的汇价。英国采用这种方法。例如伦敦外汇市场报价是1 英镑合若干美元等等。美国纽约外汇市场原来采用直接标价，1978 年 9 月起除对英镑外都改用间接标价。在间接标价法下，本国货币的数额固定不变，汇率的涨跌都以相对的外国货币数额的变化来表示。如果一定数额的本国货币兑换外国货币的数额比原来多，说明本国货币对外国货币的币值上升。外国货币对本国货币的币值下跌，即外汇汇率下跌。反之，说明本国货币对外国货币的币值下降，外国货币对本国货币的币值上升，即外汇汇率上升。

（金一平 闻 青）

间接成本 indirect cost

又称间接费。见工程成本项目（74 页）。

间接费 indirect cost

见工程成本项目（74 页）。

间接费用 indirect costs

又称外部费用。建设项目国民经济评价中，国民经济为项目付出了代价，而项目本身并未支付的费用。外部效果的组成部分。例如工业项目实施引起生态平衡的破坏；高速公路的修建，汽车废气对附近环境的污染，项目为此并不支付任何费用，而对此类后果无论处理与否，人民群众和国民经济却都要付出代价。 （刘玉书）

间接环境 indirect environment

对企业经营活动发生间接影响的外部因素。尽管这些影响是间接的，但对企业的活动却可能产生重大作用。主要包括：①社会环境。即社会价值观念；人口数量、结构及其变化；人们的道德风尚、文化教育水平、风俗习惯、宗教信仰等。②经济环境。指国家或地区的经济发展状况、经济结构、消费水平及结构、资源状况等。③政治环境。包括政府的行政、经济方针、政策、法规的完善程度和稳定性等。④技术环境。指国家或地区的技术状态、新技术的应用及技术发展动向等。 （何万钟）

间接计件工资制 indirect piece-rate wages system

根据计件工人所服务的主要生产工人的生产或工作成果计算劳动报酬的计件工资形式。适用于生产成果无法直接计量,而其工作好坏又和主要生产工人的产量、质量有直接联系和影响的辅助工种。如果辅助工种工人的生产或工作成果与主要生产工人的产量无直接联系,或主要生产工人产量越高,辅助工种工人的工作量越小,则不宜采用这种工资形式。

(吴　明)

间接效益　indirect benefit

又称外部效益。建设项目国民经济评价中,项目对社会作出了贡献,而项目本身并未得到的那部分效益。外部效果的组成部分。如建设一座钢铁联合企业,同时修建了一套厂外运输系统,这套系统除了为工厂服务以外,还可以方便地方运输和降低运费,为社会增加了效益,但在项目内部效益中,并未加以计算。

(武永祥　刘玉书)

间接信息　indirect information

从出版物或其他传媒上获取的房地产估价所需的信息。如国家公布的普查资料、社会经济统计资料、中央银行公布的利率以及报纸广告等。

(刘洪玉)

建厂规划　plan of factory establishment

初步设计批准后,建设单位对建设项目从施工准备到竣工投产为止的建设全过程各项工作所进行的全面计划和安排。主要内容包括建厂总进度规划、建设条件规划、施工准备规划、协作配合规划、生产准备规划、组织机构规划和文化福利设施规划等。

(曹吉鸣)

建设标准化　building standardization

在建筑生产活动中,对重要性事物和概念通过制订、发布和实施标准,达到统一,以获得最佳秩序和社会效益的过程。所谓"事物"是指包含物质的和非物质的那些对象,如产品、部件、构件、配件、材料、环境、操作、程序、规则、计量单位、代号等等。对这些"事物"按其协调、统一范围的不同,可分为国家标准、专业标准、地方标准和企业标准。实行建设标准化是进行勘察、设计、施工、安装、验收及构件生产的重要依据,是保证建筑工程及产品质量的有力工具。中国现行的建设标准分为工程建设强制性标准和工程建设推荐性标准两类;按制订标准的等级分为国家标准、行业标准、地方标准及企业标准。建设标准化是建筑工业化的基础。通过建设标准化的推广应用各专业领域中先进的生产经验和科技成果,可促进建筑业的技术进步,使全行业获得最佳的综合经济效益和社会效益。

(徐绳墨)

建设成本　cost of construction

建设单位交付使用资产在建设过程中所耗费的各项投资支出的总和。包括建筑工程投资支出、安装工程投资支出、设备投资支出、其他投资支出、土地投资支出和待摊投资支出。建设成本计算的对象,应与生产使用单位的固定资产登记单位相应,一般应是具有独立使用价值的交付使用财产。其中:房屋构筑物,应以一个完整、独立的房屋或构筑物为一个计算的对象;生产设备和动力设备,应以改变材料属性或形态功能和产生电力、热力、风力或其他动力的各种单体设备或联动设备(包括设备、设备安装工程、设备基础、支柱等建筑工程,炉体砌筑工程等)为一个计算对象;传导设备,应以传送电力、热力、风力、其他动力和液体、气体的各种电力网、输电线路、电话网、电报网、上下水道以及蒸汽、燃气、石油的输送传导管等工程为一个计算对象;运输设备和工具、仪器、用具,应以各种运输工具和具有独立用途的各种工具、仪器、生产管理用具为一个计算对象;基本畜禽、种畜、林木,应以种畜、各种禽类、各种经济林、防护林等为一个计算对象。

(闻　青)

建设单位财务　construction unit finance

建设单位在工程项目建设过程中筹措和支配资金的全部活动。在中国,主要包括下述内容:①从国家财政取得基本建设拨款和向财政上交税金而发生的拨款、缴款关系;②从银行取得基本建设贷款、设备储备贷款和向银行偿还本息而发生的借款还款关系;③向投资者发行债券和偿还债券本息而发生的收款、还款关系;④向其他企业单位购买设备、材料、预付备料、工程款,结算已完工程款等而发生的资金结算关系,⑤在单位内各部门之间进行往来结算而发生的资金结算关系;⑥向职工支付工资、奖金等而发生的结算关系等。建设单位通过财务对单位的建设活动进行监督,可以促使单位节约投资支出,降低建设成本,提高投资经济效果,维护国家财经纪律。

(闻　青)

建设单位财务收支计划　fiscal revenue and expenditure plan of construction unit

反映计划期间建设单位为完成基本建设任务所需的资金及其来源,确定建设单位同国家预算和银行之间关系的文件。计划收方主要指标有:基本建设拨款额、基本建设贷款额(包括拨改贷投资贷款、银行投资贷款等)、动员内部资金、储备借款、借用外国资金、自筹基本建设资金等;支方主要指标有:基本建设投资额、新增以后年度储备、归还储备借款、归还基本建设贷款、基本建设贷款利息等。正确编制本计划,有助于保证基本建设计划的实现,和财政收支、银行信贷收支的平衡,提高投资经济效果。

(闻　青)

建设单位管理费　management of construction unit

经批准单独设置管理机构的建设单位为进行建设项目筹建、建设、联合试运转、验收总结等工作所发生的各项管理费用。包括：工作人员工资、职工福利费、劳保支出、差旅费、办公费、工具用具使用费、固定资产使用费、劳动保护费、零星固定资产购置费、招募生产工人费等。建设单位会计中待摊投资的明细项目，工程建设概预算中"工程建设其他费用"的组成部分。　　　　　　　　　（闻　青）

建设单位会计　construction unit accounting

适用于建设单位的专业会计。以货币为主要量度，对从事固定资产投资的建设单位的建设过程及其结果，系统地、连续地进行核算，并利用核算资料进行分析和监督。建设单位管理经济的主要工具。主要包括：固定资产投资拨款、借款和其他资金来源的核算；设备的核算；建筑安装工程生产核算和成本计算；固定资产投资和交付使用财产的核算；基建收入、投资包干节余和专用基金的核算；会计报表和竣工决算的编制；基本建设投资计划、财务计划和工程建设概预算执行情况的分析等。利用会计资料，可为建设单位领导及上级主管部门提供经济信息，促进节约投资支出、降低建设成本，提高投资经济效果，维护国家财经纪律。　　　　　　（闻　青）

建设工程概预算　preliminary /working drawing estimate of project

又称概预算文件。建设项目从筹建至竣工验收全过程预计全部建设费用的文件。初步设计概算和施工图预算的统称。按中国基本建设程序，初步设计阶段须编制初步设计概算，施工图阶段须编制施工图预算；有的项目须作技术设计时还应编制修正概算。概预算文件以相应的设计文件、定额和规定的价格为基础。它是评价设计方案经济合理的重要指标和确定固定资产投资计划的重要依据，也是实行投资包干、办理建设贷款以及确定标底和合同价格的主要依据。　　　　（张　琰　张守健）

建设工程规划许可证　planning permission of construction engineering

经城市规划部门审定，准许在城市规划区内建设各类工程项目的法律凭证。内容主要载明建设单位、建设项目名称、位置和建设规模。凡未取得该许可证或不按该证规定进行建设的，均属违法建设。　　　　　　　　　　　　　　（刘洪玉）

建设工程规划许可证法规　Laws and regulations for the permit of construction project planning

国家规定的法律规范中有关建设工程规划许可证规定的总称。中国《城市规划法》第 32 条规定："在城市规划区内新建、扩建和改建建筑物、构筑物、道路、管线和其他工程设施，必须持有关批准文件向城市规划行政主管部门提出申请，由城市规划行政主管部门根据城市规划提出规划设计要求，核发建设工程规划许可证和其他有关批准文件后，方可申请办理开工手续。"这一规定，为建设活动符合城市规划，维护建设者的合法权益提供了法律保证。

　　　　　　　　　　　　　　（王维民）

建设工程开工证　license of start of construction

经建设施工单位申请，由城市建设管理部门核发的建设项目开工的法律凭证。主要载明建设单位和施工单位名称，建设地点和建筑面积等内容。无此证即开工建设的工程属违法建设。　（刘洪玉）

《建设工程勘察设计合同条例》　Ordinance of Contract for Reconnaissace and Design of Construction Project

1983 年 8 月 8 日国务院发布，是签订、履行建设工程勘察设计合同的法律依据。该条例所称工程勘察设计合同，是指委托方与承包方为完成一定的勘察设计任务，明确相互权利义务的协议，是建设工程合同的一种。该条例共 15 条，主要规定有：①勘察设计合同双方应具备的条件和持有的文件；②勘察设计合同应具备的主要条款；③定金付给的时间、额度；④一般建设工程勘察设计合同双方的责任，⑤总包合同与分包合同的签订，⑥违反合同规定应承担的违约责任，⑦合同纠纷的解决。该条例自发布之日起施行。　　　　　　　　　（高贵恒）

《建设工程施工合同管理办法》　Administrative Measures for the Construction Contract of Project

1993 年 1 月 29 日建设部发出，目的在于加强建筑市场管理，确保市场秩序正常，保护建设工程施工合同当事人的合法权益而制定的有关规定。该办法共 30 条，主要内容有：①签订施工合同的一般规定；②签订施工合同必须具备的条件；③施工合同应具备的主要内容；④对总包合同和分包合同的管理；⑤建设行政主管部门对施工合同的管理；⑥发包方对施工合同的内部管理；⑦承包方对施工合同的内部管理；⑧行政主管部门对施工合同草案审查的主要内容；⑨施工合同的变更与解除；⑩合同纠纷及违约的处理；⑪违反该办法的行政处罚。该办法自发布之日起施行。　　　　　　　　　（高贵恒）

《建设工程施工现场管理规定》　Administrative Regulations for the Construction Site of Project

1991 年 12 月 6 日建设部发布，目的在于加强建筑工程施工现场管理，保障建设工程施工顺利进行而制定的有关规定。该规定所称建设工程施工现场,是指进行工业和民用项目的房屋建筑、土木工程、设备安装、管线敷设等施工活动,经批准占用的施工场地。该规定共 6 章 39 条,第一章总则。第二章一般规定,对施工许可证,施工现场总代表人,项目经理,总包与分包,施工组织设计和对施工要求等作了规定。第三章文明施工管理。第四章环境管理。第五章罚则。第六章附则。该规定自 1992 年 1 月 1 日起施行。1981 年 5 月 11 日国家建工总局发布的《关于施工管理的若干规定》与该规定相抵触的,按照该规定执行。　　　　　　　　（高贵恒）

《建设工程质量管理办法》 Administrative Measures for Quality of Construction Project

1993 年 11 月 16 日建设部发布,目的在于加强对建设工程质量的监督管理,明确建设工程质量责任,保护建设工程各方面的合法权益,维护建筑市场秩序而制定的有关规定。该办法所称建设工程质量,是指在国家现行的有关法律、法规、技术标准、设计文件和合同中,对工程的安全、适用、经济、美观等特性的综合要求。该办法共 9 章 60 条,第一章总则,第二章建设工程质量的监督管理,第三章建设单位的质量责任和义务,第四章施工单位的质量责任和义务,第五章工程勘察设计单位的质量责任和义务,第六章建筑材料、构配件生产及设备供应单位的质量责任和义务,第七章返修和损害赔偿,第八章罚则,第九章附则,该办法自发布之日起施行。

　　　　　　　　　　　　　　（高贵恒）

《建设工程质量管理条例》 Ordinance for Quality Control of Construction

2000 年 1 月 20 日国务院常务会议通过,1 月 30 日国务院第 279 号令发布,是为了加强对建设工程质量的管理,保证建设工程质量,保护人民生命和财产安全,根据《中华人民共和国建筑法》制定的条例。共 9 章,82 条。第一章总则;第二章,建设单位的质量责任和义务;第三章,勘察设计单位的质量责任和义务;第四章,施工单位的质量责任和义务;第五章,工程监理单位的质量责任和义务;第六章,建设工程质量保修;第七章,监督管理;第八章,罚则;第九章,附则。本条例自发布之日起施行。

　　　　　　　　　　　　　　（张　琰）

《建设工程质量监督管理规定》 Administrative Regulations for Supervision of Quality of Construction Project

1990 年 4 月 9 日建设部发出,目的在于加强政府对建设工程质量的监督,确保工程质量,维护国家和人民生命财产安全而制定的有关规定。该规定共 7 章 30 条,第一章总则,第二章机构与职责,第三章监督站的管理及人员资质,第四章监督工作程序与

内容,第五章权限与责任,第六章费用与管理,第七章附则。该规定自颁布之日起施行。　　　（高贵恒）

建设工期 construction period

建设项目或单项工程从正式开工到全部建成投产或交付使用时止所经历的时间。以建设速度反映投资效果的指标。以建成投产年月(建设项目设计文件中规定的生产能力或工程效益全部或部分建成,经验收合格或达到竣工验收标准,正式移交生产或使用的年月)减去开工年月(建设项目文件中规定的工程内容或永久性工程的正式开工年月)的时间求得。对一个部、地区或全国进行考核时,考虑到项目构成变化对平均建设工期的影响较大,通常采用相同规模的平均建设工期进行比较。计算式为:

$$平均建设工期 = \frac{各建成投产项目的建设工期之和}{建成投产项目个数}$$

　　　　　　　　　　　　　　（俞壮林）

建设规模 scale of construction

建设项目设计文件中规定的全部设计能力。包括报告期尚未开工的、在建的及以前已经建成投产的工程的生产能力或工程效益。其表现形式与新增生产能力或新增工程效益一致。计算时新建项目按全部设计能力计算;改扩建项目按改扩建工程全部设计能力计算,不包括改扩建前原有的生产能力或工程效益。反映在建项目全部建成投产或交付使用后,能够为社会提供多少生产能力或工程效益。是划分大、中、小型建设项目的主要依据。与通常所说的投资规模不同,后者是以货币表示的实物工程量的总和,不能表示为社会提供多少生产能力或工程效益,但两者有密切的联系,且一般成正比关系。

　　　　　　　　　　　　　　（俞壮林）

建设监理 construction supervision

又称工程建设监理。对工程项目建设进行的监督和管理。建设监理的对象或客体是工程项目的建设活动,包括从项目可行性研究开始至建成交付使用的建设全过程的建设活动,以及业主、承包商、咨询单位等参与工程建设活动的各类经济主体的行为。实施监理的主体包括政府机构和项目所有者的业主委托的监理单位。前者实施的监理称为政府建设监理;后者实施的监理称为社会建设监理。建设监理的产生和发展是和商品经济的发展,社会化大生产及专业化分工,以及现代科学技术、管理技术的发展密切相关的。实施建设监理有助于保证达到投资的预期效果,最有效和合理地利用建设资源。

　　　　　　　　　　　　　　（何万钟）

建设监理法规 Laws and regulations for construction supervision

政府建设行政主管部门为调整工程建设参与者

之间的关系并监督管理其活动而制订的规章制度的总称。建设监理,是指具有一定资格的监理组织对工程建设的全过程和分阶段的参与者的行为所进行的监督管理。为国际工程建设的通行惯例。中国自1988年开始推行。已制定的建设监理法规有:建设部《建设监理试行规定》、《工程建设监理单位资质管理试行办法》及《监理工程师资格考试和注册试行办法》 (高贵恒)

《建设监理试行规定》 Trial Rules for Constructive Supervision

建设部1989年7月28日颁布,是为了改革工程建设管理体制,建立建设监理制度,提高工程建设的投资效益和社会效益,确立建设监理领域社会主义商品经济新秩序而制定的有关规定。该规定是中国第一部建设监理法规,自颁布之日起施行。共6章29条:第一章,总则;第二章,政府监理机构及职责;第三章,社会监理单位及监理内容;第四章,监理单位、建设单位和承建单位之间的关系;第五章,外资、中外合资和外国贷款建设项目的监理;第六章,附则。 (张琰)

建设监理制 construction supervising system

在工程建设中实行建设监理的制度。是商品经济发展到一定阶段,社会化大生产和专业化分工发展的必然产物。为国际建筑市场普遍采用。中国自1989年开始实行建设监理制,包括政府建设监理和社会建设监理两个层次。就政府监理而言,其目的是监督建设法规和技术法规的贯彻执行,生产力合理布局,合理有效地利用国土资源和其他建设资源,维护工程建设中的社会公共利益,保证国家、地区社会经济协调发展,以落实政府在工程建设领域中的管理职能。就社会监理而言,则是维护业主在项目建设中的正当权益,保证达到项目投资的预期效果,以实现业主投资的目的。实行建设监理制,第一、要建立相应的工程建设管理体制。除强制性的政府监理外,工程项目建设将由业主委托专业化的、提供高智能服务的社会监理单位按其授权进行管理。实行建设监理制后,业主不再直接介入和干预工程建设的一般性事务,项目的设计和施工单位也只直接与社会监理单位发生工作联系。社会监理单位对项目设计、施工进行的监督和管理,并非加在承包商头上的一个管理层次,而实是由于建筑产品的特点形成的现代建筑商品生产中买方(业主)和卖方(承包商)之间的一种中介经济关系。第二、要形成实行社会监理的机制。关键的一环是要实行建设项目业主责任制。使追求投资经济效果成为业主的自觉行为,从而形成不断增长的对社会监理的市场需求。第三、要完善实行建设监理制的有关法制。健全政府监理和社会监理的有关法律、法规,使建设监理工作在法制化的规范下健康顺利地施行。 (何万钟)

建设阶段风险 risks in the construction phase

工程建设过程中,投资者可能遇到的费用超支、工期拖延、中途停建等的项目风险。主要原因有:通货膨胀;环境或技术方面的问题;政府的新规定或币值的波动;承包人管理水平不高;政治或经济原因妨碍了工程的完成。防止的办法是聘用有经验的项目经理;制定严密完善的项目建设计划;在项目建设过程中进行严格的项目控制,包括费用控制、进度控制、质量控制等。 (严玉星)

建设前期工作 preliminary works of capital construction

建设项目从酝酿提出到列入年度计划以前所进行的一系列工作。项目建设的第一阶段。主要任务是解决建设项目的立项、投资决策和初步设计问题。内容有:①进行勘测、科研、试验;②可行性研究和评估;③编制初步设计,经有关部门批准后列入年度计划。做好这些工作,是落实长远规划、发挥投资效益的关键环节。 (曹吉鸣)

建设前期工作计划 plan of preliminary works of construction

安排建设项目各项前期工作的计划文件。对国家中长期计划确定的大中型建设项目,提出建设进度、投资估计及完成各项前期工作的时间和要求,然后根据现有力量和可能条件,逐项平衡落实,编制计划文件。对开展可行性研究和评估、进行初步设计等方面的工作做出统一部署。按有关规定,新建项目和改扩建项目,按隶属关系分别由国家主管部门或省、自治区、直辖市计委编制,经汇总平衡后报国家计委。其中大型项目和国家重点项目,由国家计委平衡、衔接后纳入国家计划。 (曹吉鸣)

建设前期工作经费 funds of preliminary works of construction

完成建设项目前期工作所需的各项费用。主要来源有以下四个方面:①国家拨给勘察设计单位或科研单位的事业费和科研经费;②从部门、地区基本建设投资中划拨;③改扩建项目,由原企业生产发展基金解决;④地方急需发展、有积极性的项目,由地方财政垫支。 (曹吉鸣)

建设前期准备工作 preceding preparation of construction

由建设单位在工程项目正式施工之前进行的各项工作。主要内容包括:①征地拆迁;②委托工程设计;③组织大型专用设备和特殊材料订货;④组织工程招标,确定工程承建单位;⑤落实施工供水、供电、道路外部条件等。 (董玉学)

建设实施 implementation of construction

房地产开发项目的施工过程。前期准备工作完成后,在一定时间内,在选定的开发地点配置必要的人力、物力资源和资金,按设计要求建成特定的建筑物。房地产开发过程的决定性阶段。　（刘洪玉）

建设物资　construction materials

用于工程项目建设的物质资料。包括建筑用的各种建筑材料、构配件、各种施工机械,以及项目运行需用而待安装的各类机电设备等。　（林知炎）

建设现场检查法规　Laws and regulations on the inspection of construction site

国家制定的法律规范中有关建设现场检查的规定的总称。中国《城市规划法》第 37 条规定:"城市规划行政主管部门有权对城市规划区内的建设工程是否符合规划要求进行检查。被检查者应当如实提供情况和必要的资料。检查者有责任为被检查者保守技术秘密和业务秘密。"城市规划行政主管部门对建设者和施工现场就工程建设是否符合城市规划进行现场检查,是实施城市规划管理的重要组成部分,贯穿于城市规划实施的全过程。进行现场检查可以及时发现并纠正违反城市规划的行为,保证工程建设符合城市规划。　（王维民）

建设项目　construction project

基本建设项目的简称。在一个或几个场地上,按一个总体设计进行施工的一个或几个单项工程的总和。一般应具备三个条件:①有批准的总体设计或初步设计;②经济上实行统一核算;③行政上有独立的组织形式,实行统一管理。通常以一个企业、事业单位或一项独立工程作为一个建设项目。在一个总体设计范围内分期分批建设的若干个工程项目,均算作一个建设项目。建设项目按性质不同,可分为新建、扩建、恢复、迁建等项目。按规模不同,可分为大型、中型、小型等项目。按规定,大中型项目要经国家计划发展委员会审批,小型项目按隶属关系由主管部门或地方批准。　（何　征　刘长滨）

建设项目法人责任制　legal person responsibility system of construction project

中国国有基本建设项目由项目法人对项目的策划、资金筹措、建设实施、生产经营、债务偿还和资产的保值增值,实行全过程负责的投资管理制度。是适应发展社会主义市场经济体制,建立投资责任约束机制,规范项目法人的行为,明确其责、权、利,提高投资效益的一项重要改革措施。原称《建设项目业主责任制》,1992 年 11 月由国家计划委员会制定,从当年起,在新开工和进行前期工作的全民所有制单位基本建设项目,原则上都要实行。1994 年 3 月,国家计划委员会发布了《实行建设项目法人责任制的暂行规定》,对项目法人的设立、组织形式和职责、任职条件和任免程序以及考核和奖惩等,都作了具体规定。要求国有单位经营性基本建设大中型项目在建设阶段必须组建项目法人;在建的经营性大中型项目原则上应执行该规定;非经营性大中型和小型基本建设项目可参照执行。1992 年发布的《关于建设项目实行业主责任制的暂行规定》同时废止。
　　　　　　　　　　　　　　　（张　琰）

《建设项目(工程)竣工验收办法》　Measures for Checking and Accepting Completed Construction Project

1990 年国家计划委员会发出,目的是在新形势下,搞好建设项目(工程)竣工验收工作,使项目(工程)竣工验收工作有章可循而制定的有关规定。该办法主要规定有:①竣工验收范围,②竣工验收依据,③竣工验收的要求,④竣工验收程序,⑤竣工验收的组织,⑥竣工决算的编制,⑦整理各种技术文件材料,绘制竣工图。该办法自颁发之日起施行。
　　　　　　　　　　　　　　　（高贵恒）

建设项目管理法规　administration law of construction project

国家为调整建设项目管理过程中发生的各种社会关系而制定的法律规范的总称。　（高贵恒）

《建设项目环境保护管理办法》　Administrative Measures for the Environment Protection of Construction Project

1986 年 3 月 26 日国务院环境保护委员会、国家计划委员会、国家经济委员会发布,是为加强建设项目的环境保护管理,严格控制新的污染,加快治理原有的污染,保护与改善环境而制定的有关规定。该办法共 25 条,主要规定有:①适用范围;②环境影响报告书和"三同时"制度;③政府主管部门和有关部门的责任;④建设项目主管部门和建设单位的责任;⑤对引进项目的规定;⑥环境影响报告书(表)完成的时间、主要内容和审批;⑦对环境影响评价的规定;⑧建设项目初步设计环境保护篇章的主要内容;⑨环境保护设施的竣工验收。该办法自公布之日起施行。　　　　　　　　　　　　　（王维民）

建设项目计划　plan of capital construction project

将固定资产投资计划规定的任务,具体安排落实到建设项目上的计划。按建设项目的性质可分为综合基本建设计划和更新改造计划;按时间分为建设项目总进度计划和年度计划;按建设进程可分为建设前期工作计划和实施建设计划等。编制相互联系、相互补充的不同的建设项目计划,是为了保证建设的顺利进行,取得投资少、造价低、工期短、质量好、生产使用正常、投资回收快的综合经济效益。
　　　　　　　　　　　　　　　（何　征）

建设项目评估 appraisal of construction project

对拟建项目的可行性研究报告所作的复查和再评价。主要审核可行性研究报告的内容是否确实,分析和计算是否正确。一般由国家审批可行性研究报告的单位指定或委托建设单位和投资部门以外的咨询机构进行,以求评估的科学、公正和客观性。项目评估的内容与可行性研究基本相同;要论证建设项目的必要性;建设条件和生产条件是否具备;工艺、技术、设备是否符合国家技术发展政策,是否先进、适用、可靠;土建工程方案是否经济、合理;财务评价和国民经济评价是否正确、合理与可行等进行分析和评估,并提出结论性意见和建议。项目评估报告是国家审批项目和金融机构是否决定项目贷款的主要依据。 (曹吉鸣)

建设项目评价 evaluation of construction project

运用科学方法和手段,在对建设项目的工程、技术、经济、环境、社会等要素进行深入调查研究,分析判断和优化方案基础上,对项目建设的必要性和可能性进行全面、系统的论证和评价过程。它是建设项目投资决策的重要依据。按评价时间可分为事前评价、事中评价和事后评价。按评价内容可分为技术评价、经济评价、环境评价、社会评价、综合评价。按评价方法可分为定量分析法和定性分析法。 (何万钟)

建设项目统计 statistics of construction project

建设项目个数统计及按照不同标志对建设项目进行分类统计。一定时期施工项目、建成投产项目和竣工项目的个数可以分别反映固定资产的投资规模、建设进度和建设成果。按照不同的标志(如建设性质、建设规模、隶属关系、国民经济行业分配等),对建设项目进行分类,可以观察建设项目的构成及其比例关系,对比各类项目的投资效果。是整个固定资产投资统计的重要基础。 (俞壮林)

建设项目投产率 ratio of construction project put into production

一定时期内全部建成投入生产项目个数与同期正式施工项目个数的比率。是从项目建设速度反映投资效果的指标。易受大中小型项目构成变化的影响,为消除这一不可比因素,可按大中型项目和小型项目分别计算。其比率的高低,与建成投产项目个数成正比,与施工项目个数成反比。为了保持稳定的建设速度,必须安排好施工项目与投产项目的比例。计算公式为:

$$建设项目投产率 = \frac{报告期内全部建成投产项目个数}{同期正式施工项目个数} \times 100\%$$

(俞壮林)

《建设项目选址规划管理办法》 Administrative Measures for the Location Planning of Construction Project

1991 年 8 月 23 日建设部、国家计划委员会发出,目的在于保障建设项目的选址和布局与城市规划密切结合,科学合理,提高综合效益而制定的有关规定。主要规定有:①适用范围;②城市规划行政主管部门和计划行政主管部门的职责和相互关系;③建设项目选址意见书的内容;④建设项目选址意见书审批权限。该办法自发布之日起施行。

(王维民)

建设项目业主 the owner of construction project

简称业主。建设项目的投资主体。可以是各类法人或个人;也可以是政府。业主是项目的所有者,因而具有相应的项目决策权、经营权和管理权;同时也是投资项目权益的享有者和风险、责任的承担者。1994 年 3 月实行建设项目法人责任制之后,此名称已相应不用。在国际工程承发包中称为雇主、发包人,即雇用承包人的当事人以及取得雇主资格的继承人,但不指未经承包人同意的任何受让人。

(何万钟 钱昆润)

建设项目总概算 assembly estimate of construction project

确定一个建设项目从筹建到竣工投产全过程所需建设费用总额的文件。以各个单项工程的综合概算及其他工程和费用概算为基础汇总编制。是设计概算的重要组成部分。工业项目的主要内容包括:主要生产、附属生产及服务和生活福利设施等单项工程的综合概算,建设单位管理费和生产人员培训费等费用概算,以及为施工服务的临时性生产和生活福利设施和特殊施工机械购置等费用概算。

(张守健)

建设用地管理法规 administrative Laws and regulations on the Land-use for construction

指国家制定的、调整人们在管理、使用或取得建设用地过程中发生的土地所有、使用、征用、出让和转让等各种社会关系的法律规范的总称。建设用地包括国家建设用地和乡(镇)村建设用地。中国对建设用地的管理,除《土地管理法》、《土地管理法实施条例》、《城市规划法》、《房地产管理法》等有规定外,还有建设部、国家计划委员会发布的《建设项目选址规划管理办法》(1991 年 8 月 23 日),建设部发布的《开发区规划管理办法》(1995 年 6 月 1 日),国家计划委员会、国家土地管理局发布的《建设用地计划管理暂行办法》(1987 年 10 月 15 日)。

(王维民)

建设用地规划许可证 planning permission of land use for construction

中国城市规划管理部门核发的准予办理征用划拨土地手续的法律凭证。其内容主要规定开发建设项目用地的性质、位置、面积和界限。 （刘洪玉）

建设用地规划许可证法规 Laws and regulations for the permit of construction site planning

国家制定的法律规范中有关建设用地许可证的规定的总称。中国《城市规划法》第 31 条规定："在城市规划区内进行建设需要申请用地的，必须持国家批准建设项目的有关文件，向城市规划行政主管部门申请定点，由城市规划行政主管部门核定其用地位置和界限，提供规划设计条件，核发建设用地许可证。建设单位或者个人在取得建设用地许可证后，方可向县级以上地方人民政府土地管理部门申请用地，经县级以上人民政府审查批准后，由土地管理部门划拨土地。"第 39 条规定："在城市规划区内，未取得建设用地许可证，而取得建设用地批准文件占用土地的，批准文件无效，占用土地由县级以上人民政府责令退回。"上述规定，为保证在城市规划区内土地利用符合城市规划，防止非法占地，提供了法律依据。 （王维民）

《建设用地计划管理暂行办法》 Interim Administrative Measures on the Land-use for Construction

1987 年 10 月 15 日国家计划委员会、国家土地管理局发出，目的在于搞好建设用地计划管理，综合协调，统筹安排各种用地需求，保证国家重点建设项目用地，制止乱占滥用土地而制定的有关规定。该办法共 17 条，主要规定有：①编制用地计划应遵循的原则；②用地计划分级，编制时间和计划期；③省及省以下用地计划的编制、上报；④申报五年用地计划和纳入年度用地计划的建设项目；⑤建设用地计划的审批与下达；⑥修改用地计划的报批；⑦用地计划执行情况的上报时间；⑧该办法所称建设用地、国家建设用地、乡（镇）村集体建设用地，农村个人建房用地的含义。该办法自发布之日起施行。 （王维民）

建设周期 construction cycle

报告期（年）所有正式施工项目全部建成平均需要的时间。是从宏观经济角度反映建设速度的指标。与建设工期不同，它除反映报告期内建成投产项目的工期外，主要是反映在建项目的预期工期。常用的计算方法有两种：①按建设项目个数计算。表明按照报告期建设项目投产率，期内所有正式施工项目全部建成投入生产需要多长时间。考虑到大中小型项目的建设规模不同及各年的项目投产率变化不均衡，对地区和部门一般计算五年的平均建设周期。②按建设投资额计算。表明按照报告年度的投资水平，全部完成报告期正式施工项目的计划总投资需要多少时间。一般适合于投资增长比较正常的年份。如遇投资完成额大起大落的年份，可将建设周期分为两部分计算。上述两种方法的计算公式为：

$$建设周期 = \frac{报告期（年）内正式施工项目个数}{报告期（年）内全部建成投产项目个数} \qquad ①$$

$$平均建设周期 = \frac{五年内各年正式施工项目个数之和}{五年内各年全部建成投产项目个数之和}$$

$$建设周期 = \frac{报告期全部正式施工项目计划总投资之和}{报告期全部正式施工项目本年完成投资额之和} \qquad ②$$

$$平均建设周期 = \frac{至报告年底累计已完成投资额}{本年及以前年度平均完成投资额} + \frac{尚待完成投资}{今后年度计划（或平均）投资}$$

（俞壮林）

建设准备 construction preparation

建设项目可行性研究经评估并批准后，根据计划要求的进度和实际工作条件组织进行的一系列准备工作。包括工程、水文地质的补充勘察；收集整理和提供设计基础资料；组织编制和报请审批设计文件；编制物资申请计划，组织大型专用设备和特殊材料的订货，落实建筑材料的供应；办理征地拆迁手续；做好施工现场水、电、路和场地"三通一平"工作以及选定施工队伍等。 （曹吉鸣）

建造成本 building cost

建造一座建筑物所需支付的全部费用。有实际成本和预计成本之分。实际成本即建造过程实际发生的各项费用的总和；预计成本可用单位面积法、单元成本法和工料估算法等方法进行估算。 （刘洪玉）

《建筑安全生产监督管理规定》 Administrative Regulation for Supervising the Production Safety of Construction

1991 年 7 月 9 日建设部发布，目的在于加强建筑安全生产的监督管理，保护职工人身安全，健康和国家财产而制定的有关规定。该规定所称建筑安全生产监督管理,是指各级人民政府建设行政主管部门及其授权的建筑安全生产监督机构,对于建筑安全生产所实施的监督管理。该规定共 15 条,主要内容有:①建筑安全生产监督管理原则;②县级以上人民政府建设行政主管部门的职责;③应给予表彰和奖励的条件;④应给予处罚的行为。该规定自发布之日起施行。 （高贵恒）

建筑安装附属单位外销构件产值 sold value of components by construction subsidiary units

建筑施工企业内实行内部核算的附属生产单位为外单位提供的建筑构件产值。此类构件属建筑产品半成品性质,包括木门窗、钢门窗、金属构件、混凝土构件等。但不包括附属生产的建筑材料和施工工具的外销产值,如灰砂砖、水泥瓦、纤维板、石膏板、钢模板等。 （卢安祖）

建筑安装工程成本 cost of construction

又称施工工程成本、建筑业工程成本、建筑产品成本。简称工程成本。建筑企业在建筑产品生产过程中消耗的物化劳动和活劳动的货币表现。即建筑企业为完成一定数量的建筑安装工程所支出的全部费用。是企业成本的主要构成部分,全面反映企业经营管理水平的综合性指标。实践中分为预算成本、计划成本和实际成本。月、季、年度终了,按实际完成工程量和施工图预算定额计算的预算成本与实际成本比较,其差额为成本降低额,是考核企业成本水平与利润指标完成情况的重要依据。工程成本一般按单位工程计算,分别按材料费、人工费、机械使用费、其他直接费及间接费等成本项目列示。

（张 琰）

建筑安装工程承包合同 contract for construction and installation

由建筑、安装施工单位与建设单位或建设工程总承包单位双方就完成建筑安装工程所签订的经济合同。建筑、安装施工单位要严格按合同规定的期限和质量要求全面完成承包范围内的工程任务。委托方则要按合同规定做好协作配合,按期验收,并按规定向建筑安装单位付款和结算。建筑安装工程合同的主要内容包括:工程范围、建设工期、中间交工工程的开竣工时间、工程质量标准、工程造价、技术资料交付时间、材料和设备供应责任、拨款和结算、交工验收及保修等条款。 （何万钟）

《建筑安装工程承包合同条例》 Ordinance for Contract of Undertaking Build and Installation Project

1983 年 8 月 8 日国务院发布,该条例所称建筑安装工程承包合同,是指发包方(建设单位)和承包方(施工单位)根据国家规定的程序,批准的投资计划及有关设计文件,为完成商定的某项建筑工程,明确相互权利和义务关系的协议。是建设工程合同中的一种。该条例共 20 条,主要规定有:①承包合同应采取的形式,②签订承包合同应具备的条件,③总合同、具体承包合同和施工准备合同的签订,④一般工业与民用建筑安装工程,合同双方的主要责任,⑤合同工期的确定,⑥工程结算方式,⑦竣工验收,⑧分包合同的签订,⑨违反承包合同的责任,⑩违约金,赔偿金的偿付,⑪合同纠纷的仲裁。该条例自发布之日起施行。 （高贵恒）

建筑安装工程价格指数 price index of construction and installation work

又称建筑产品价格指数。西方称建筑价格指数。反映一定时期内多项工程价格综合变动的指数。由于按预算价格计算的各年建筑安装工程产值因价格变动而不能准确反映产值的实际增长情况。加之,基于建筑产品的特点,又不可能编制不变价格。为了消除价格变动对产值计算的影响准确地计算建设规模及其发展速度,反映建筑业的真实成果和建筑业与国民经济各部门的比例关系,就需计算建安工程价格指数。计算公式为:

$$\overline{K}_p = \frac{\Sigma p_1 q_1}{\Sigma p_0 q_1}$$

式中 $\overline{K}_p$ 为建安工程价格指数;$\Sigma p_1 q_1$ 为报告期建安工程产值;$\Sigma p_0 q_1$ 为报告期工程按基期预算价格计算的建安工程产值。一般用企业年度完成的建安工程产值计算,即按建安工程产值的构成,先分别计算材料费、人工费、其他费用这三项价格指数,再计算建安工程价格总指数。此外,根据所掌握资料和采用方法的不同,还可按建成单项工程的竣工产值或按年度材料调价系数计算。西方国家计算建筑价格指数也用上述公式。只是式中 p_1 和 p_0 分别为报告期和基期各种工、料、机械台班的现价;q_1 为报告期耗用的工、料、机械台班数量。在各类工程价格指数的基础上,以各类工程费用所占比重加权,可求得建筑价格总指数。 （雷懋成）

《建筑安装工程总分包实施办法》 Measures for Implementation of General and Sub－contract to Build and Installation Engineering

1986 年 4 月 30 日城乡建设环境保护部发出,目的在于加强建筑安装工程总分包管理,明确总包单位和分包单位的责任而制定的有关规定。该办法共 24 条,主要规定有:①总则②实行工程总包的条件和范围;③总包单位和分包单位的责任;④禁止转包工程;⑤罚则;⑥附则。该办法自发布之日起实施。 （高贵恒）

建筑安装工作量 output value of construction

and installation

见施工产值(249页)。

建筑安装工作量计划　output value plan of construction and installation

以货币为计量单位表示的建筑安装工程计划。企业施工生产计划的一种形式,用于核算和评价企业实现的产值。是以价值形式表示的经营目标完成程度和考核企业经济活动成果的依据。

(何万钟)

建筑半成品市场　market of semi-finished construction products

以建筑构配件及其他半成品为交易目的物的市场。这种交易有两种基本形式,一是生产者向用户提供标准化的构配件或其他半成品;一是按用户的加工订货要求,提供相应的构配件或半成品。

(谭　刚)

建筑材料工业　construction material industry

简称建材工业。为建筑业及国民经济其他各部门提供建筑材料、非金属矿产品及其制品的工业部门。属于国民经济中原材料工业的重要组成部分,由生产和销售建筑材料及其制品的工业企业组成。是建筑业发展必不可少的物质基础和重要的关联产业。

(谭　刚)

建筑材料市场　market of construction materials

简称建材市场。买卖建筑材料的专业市场。建筑生产要素市场的重要组成部分。在中国,随着生产资料市场的开放,建材市场也逐步发展完善。它有助于改变材料随投资分配的传统作法,减少材料调配的中间环节,使建筑材料与工程项目能够得到更好的结合,提高材料的利用效果。　(谭　刚)

建筑产品　construction products

建筑业生产活动的物质成果。按其性质可分为两大类:即建筑物和构筑物。建筑产品不同于其他工业产品,其特点是:①产品生产目的的特定性。任何一件建筑产品,不论其功能、结构、规模如何,都是按照预先设计的方案施工,为特定的目的生产。②产品的单件性。建筑产品不是重复地大量地生产,每项工程都是由业主委托,按特定的要求设计和施工,其规模、内容、标准、结构、装饰及用途各不相同。③生产过程的特殊性。产品固定不动,生产分散流动,所以产品生产过程因生产的地点、气候、时间不同而有很大变化;同时,产品生产周期长,可变因素多。随着现代产品概念的扩展,它不仅包括实物形态产品,也包括非实物形态的产品。如建筑技术产品(建筑新工艺、新材料、新技术等技术专利)、建筑设计产品(建筑勘察、设计、规划等软件产品)、建筑

劳务产品(拆除、修缮、工程项目管理咨询服务)等。

(何万钟　林知炎)

建筑产品比价　relative price between construction products

建筑产品价格同国民经济其他部门产品价格之间,以及建筑业内部各种产品价格之间的比例关系。主要有:建筑产品价格与工业产品及农业产品价格的比例关系;建筑产品价格与交通运输价格的比例关系;建筑物价格与构配件价格的比例关系以及不同用途的各种建筑物价格之间的比例关系等。它反映建筑业和国民经济其他部门以及建筑业内部各部门的利益关系。　　　　　　　　(任玉峰)

建筑产品部门平均成本　department average cost of construction product

又称建筑产品社会成本。一定时期内一定的生产技术和经营管理水平条件下,整个国民经济范围内,生产某种建筑产品所需的平均费用。平均成本水平,取决于大多数建筑企业的个别成本水平。大多数企业的个别成本降低时,则该产品的部门平均成本随之下降。反之,上升。　　(任玉峰)

建筑产品差价　price difference between construction products

同一种建筑产品由于建造地区、质量等级和生产周期不同而形成的价格差异。由于建筑产品具有单件性、在空间上的固定性、生产的流动性、地区性以及露天作业等特点,同一规格、类型的建筑产品,往往由于生产地点、质量标准和生产周期不同,其生产所耗费的社会必要劳动量也有所不同,再加以利润、税金水平不同,综合反映在价格上,从而形成了建筑产品差价。主要有:地区差价、质量差价和工期差价。　　　　　　　　　　　　　　(任玉峰)

建筑产品成本　cost of construction product

见建筑安装工程成本(146页)。

建筑产品地区差价　regional price difference between construction products

同一种建筑产品因生产地区不同而形成的价格差异。导致地区差价的原因一般有:①不同地区建筑材料和机械设备的供应价格和运输费用不同;②不同地区的工资水平不同;③不同地区的自然气候条件不同,施工费用也不同。除此以外,还有在施工条件困难的边远地区给施工单位支付远征费,给职工加发特别津贴等。适当的建筑产品地区差价,可促进建筑生产力的合理配置,有利于不发达地区建设事业的发展。　　　　　　　　(任玉峰)

建筑产品法定利润　legal profit of construction product

中国建筑产品价格构成中,按国家法令规定的

一定比例计取的利润。在 1958 年以前,国家规定对建筑产品实行按预算成本的 2.5% 计取利润。1959 年起予以取消,只按预算成本计价。1964 年又改为实报实销制度。1973 年起恢复按预算成本计价,仍不计利润。1980 年又重新实行 1958 年以前的法定利润制度。1987 年 10 月国家计委、财政部、建设银行规定自 1988 年 1 月 1 日起开始实行计划利润率,国营建筑企业暂按工程直接费与间接费之和的 7% 计算,同时不再计取法定利润和技术装备费。

（任玉峰）

建筑产品概算造价　preliminary estimated cost of construction product

以扩大初步设计和概算定额为基础对建筑产品价格作出的预测。其作用是使建设单位预先知道他可能承担的财务义务,并作为主管部门核定投资规模的依据;在以扩大初步设计招标的情况下,则是制定标底的基础。　（张　琰）

建筑产品工期差价　price difference of time limit between construction products

同一种建筑产品因生产周期要求不同而形成的价格差异。建筑产品价格通常以相应的定额工期为约束条件之一,应用户要求缩短工期,生产者须采取必要的技术组织措施,由此而增加的社会必要劳动消耗反映在建筑产品价格上,即形成工期差价。合理的工期差价,可促进缩短建设周期,有利于加速建设资金的周转和提高投资效益。　（任玉峰）

建筑产品合同价格　contract price of construction product

通过承包合同确定的建筑产品价格。建筑产品价格的基本形式。计价方式不同,合同价格也即不同。建筑产品的计价方式一般有:总价包干、单价包干、实际成本加固定比率费用、实际成本加固定数额费用等。合同价格由合同双方协商确定,是双方结算工程款的依据。由于建筑产品生产的技术经济特点,建筑产品的合同价格实际上是一种名义价格;决策价格才反映建筑产品的实际价格。　（任玉峰）

建筑产品计划成本　planned cost of construction product

又称建筑安装工程计划成本。建筑企业在建筑产品预算成本的控制下,以成本降低目标、施工组织设计、降低成本技术组织措施等为依据确定的建筑产品预期生产费用。主要包括:人工费、材料费、施工机械使用费、其他直接费和施工管理费等项目。它反映企业在计划期内预期达到的产品成本水平,是企业进行成本控制的主要依据。计划成本与预算成本比较的差额是企业的计划成本降低额;与实际成本比较,可以考核企业成本计划的完成情况。

（任玉峰）

建筑产品计划价格　planned price of construction product

计划经济体制下,政府主管部门根据经济计划和价格政策,以法定概、预算定额为基础确定的建筑产品价格。其作用主要是作为基本建设投资拨款的依据和施工单位与建设单位进行结算的基础。是静态的行政管理定价,既不反映建筑产品的价值,也不能反映供求变化。改革开放以来,中国即着手深化建筑产品的价格改革,逐步取消计划价格的种种限制,目标是使它能在生产价格上下浮动,以适应社会主义市场经济体制的要求。　（张　琰）

建筑产品计划利润　planned profit of construction product

建筑企业在计划期内生产建筑产品预期取得的以货币表现的纯收入。是建筑产品的预计收入扣除计划成本以后的差额。它反映建筑企业的经营管理效果和水平,是企业经营活动预定的奋斗目标之一。

（任玉峰）

建筑产品价格　price of construction product

建筑产品价值的货币表现。建筑产品的价值,决定于生产该产品所消耗的社会必要劳动量,即生产中消耗的物化劳动价值 C、劳动者为自己创造的价值 V 和为社会创造的价值 m 三者之和。由于建筑产品技术经济特点的制约,其价值的货币表现有不同的具体形式。按委托合同生产的情况下,主要有合同价格和结算价格两种基本形式。随委托承包范围和建筑产品内涵的不同(如设计承包、施工承包、设计施工承包、"交钥匙"一揽子总承包等),其价格内容和范围也有所不同。采用不同的承包方式,如按概(预)算总价包干、施工图预算加系数包干、平方米造价包干、中标价包干等,其计价的方式也不同。　（任玉峰）

建筑产品价格构成　price composition of construction product

又称建筑产品价格结构、建筑产品价格组成。形成建筑产品价格的各个因素及其所占比重。建筑产品价格由生产成本、税金和利润构成;其中,生产成本是价格构成中的基本因素,在价格构成中所占的比重也最大。合理的价格构成是正确确定建筑产品价格的前提。　（任玉峰）

建筑产品价格体系　price system of construction product

建筑产品的比价、差价、不同价格形式和结构等所形成的相互联系的总体。①比价体系,即建筑产品价格和农业产品价格、工业品价格、交通运输价格等之间以及建筑业内部各种产品价格之间所形成的比例关系。②差价体系,即同一种建筑产品按不同地区、不同质量、不同工期、不同所有制所形成的不同价格水平。③计价阶段体系,即按建设预算管理要求,由概算、预算、结算、竣工决算等不同阶段形成的价格体系。④计价方式体系,即按不同承包方式形成的不同计价方式。如中标造价、概算包干造价、施工图预算加系数包干、平方米包干造价、施工图预算加变更签证的结算造价等。　　　　(任玉峰)

建筑产品理论成本　Theoretical cost of construction product

以马克思主义价值理论为依据,按照成本理论的原理计算的建筑产品成本。价值中 C + V 的货币表现,是建筑产品再生产过程的物化劳动和活劳动中必要劳动消耗的补偿尺度。理论成本同实际应用中的成本最根本的区别,是计算和制定依据的条件、因素和内容不同。前者是产品在正常生产,合理经营条件下的劳动消耗,即社会平均成本。它排除了生产经营过程中的异常情况、偶然因素和方针政策的影响,所以理论成本的概念是广义的,它具有客观性、共同性和科学性,是测算理论价格的依据,是预测产品成本水平高低的标准,又是衡量社会产品经济效果的尺度。　　　　(任玉峰)

建筑产品理论价格　Theoretical price of construction product

计划经济体制下根据马克思主义价格理论和建筑产品价格构成因素计算出来的价格。测算理论价格可排除由于国家政策和供求因素引起的价格同价值的背离。并非实际执行的价格,只是用来计算和反映建筑产品在国民经济中比例关系的价格。可为克服现行建筑产品价格背离价值及与其他社会产品比价不合理等问题指明方向,为制定建筑产品计划价格和建立建筑产品价格体系提供科学的数量依据。理论价格可由建筑产品的社会成本,加上按平均资金盈利率或平均成本(或工资)盈利率确定的利润来计算。　　　　(任玉峰)

建筑产品内部比价　internal relative price between construction products

各种不同建筑产品价格之间的比例关系。主要有不同用途的建筑产品之间,相同用途不同结构类型的建筑产品之间,以及相同用途不同标准的建筑产品之间的价格比例。是建筑产品单件性和多样性特点在比价关系上的反映。合理的建筑产品内部比价,有助于建筑市场的繁荣和建筑业的协调发展。　　　　(任玉峰)

建筑产品社会成本　social cost of construction product

见建筑产品部门平均成本(147 页)。

建筑产品实际成本　real cost of construction product

又称建筑安装工程实际成本。建筑企业在建筑产品生产过程中实际发生的费用。在中国应按政府主管部门规定的成本核算对象和成本项目汇集计算。是反映建筑企业生产经营成果的重要指标。实际成本与预算成本比较,可以确定建筑产品成本实际降低额;与计划成本比较,可说明降低成本计划的完成情况。　　　　(任玉峰)

建筑产品市场　market of construction products

建筑产品供求双方进行买卖活动形成交换关系的场合。由于建筑产品的技术经济特点,其交易过程便具有只是所有权转移而无产品移动的特征。这种交易活动主要有两种类型:一是直接交易型,即建筑企业把修建完成的商品化建筑(如住房)直接销售给用户,这同一般商品的买卖活动相类似;二是订货交易型,即用户先同建筑企业签订合同,明确要求,再由企业把产品建造出来,然后转给用户。建筑产品的买卖多属后一类型。　　　　(谭　刚)

建筑产品市场调节　market regulation of construction products

见建筑市场机制(162 页)。

建筑产品市场价格　market price of construction product

在市场竞争中形成的建筑产品价格。在国家宏观调控下,建筑产品的供需双方自觉运用价值规律,根据供需变化情况,经双方协议达成成交价格。通过投标竞争签订承包合同是确定市场价格的基本形式。　　　　(任玉峰)

建筑产品税金　construction product tax

根据国家税法规定的税种和税率,在建筑产品价格中应包含的各种税费的总称。中国现行建筑产品计划价格中主要包括:营业税、城市维护建设税、教育费附加、房产税、土地使用税、车船使用税及印花税等税种。　　　　(任玉峰)

建筑产品形成过程质量控制体系

以保证建筑产品质量为目的,而对建筑生产的所有环节或建筑产品形成全过程实行质量管理的系统。是企业质量管理的重点。包括勘测设计过程质量控制,施工准备阶段质量控制,材料设备质量控制,施工过程质量控制。　　　　(田金信)

建筑产品需求　demand of construction products

在一定市场条件下,个人和社会对建筑产品有支付能力的购买意愿。全社会建筑产品生产总规模的决定因素之一,也是反映国民经济和社会发展水平的重要指标。一般可用投资总额表示,也可用建筑产品的实物量表示。通常受全社会用于建筑的资金、建筑产品价格以及需求者的消费倾向等因素的影响和制约。由于建筑产品的特点,它不是通过市场流通来满足消费者的需要的。因此,建筑产品的需求往往呈现出地区性及地区间不平衡的特点。此外,在中国,随着投资多元化和住宅商品化的发展进程,以及人民用于居住消费投入的增大,对建筑产品的需求在相当长时期将呈持续增长趋势。

(谭 刚)

建筑产品与工业产品比价 relative price between construction products and industrial products

建筑产品价格与工业产品价格之间的比例关系。如建筑产品与建筑材料、建筑机械、冶金、森林、能源等相关工业部门产品的比价。建筑业是国民经济中重要的物质生产部门之一,它既为工业部门提供固定资产,又要消耗工业产品。比价则体现着建筑业与工业部门之间的相互依存、相互制约的关系,合理的比价将有利于国民经济协调稳定地发展。

(任玉峰)

建筑产品与建筑构件比价 relative price between construction products and components

建筑产品价格与建筑构件价格之间的比例关系。主要有建筑产品与预制钢筋混凝土构件、金属结构构件、钢木门窗、铝合金门窗及塑料构件等的比价。这种比价反映建筑产品生产者与构件生产供应者之间的利益关系。在中国由于构件生产单位隶属关系不同,供应方式和价格构成也不同,因而同一建筑产品与同一类构件的比价会有所不同。建筑产品与构件的适当比价有利于建筑工业化的发展。

(任玉峰)

建筑产品预算成本 estimated cost of construction product

建筑工程预计发生的成本。属于未来成本。由预算定额和预算价格为依据编制的预算文件来确定。按其反映生产要素消耗水平的不同,可分为反映社会平均消耗水平的预算成本和反映企业个别消耗水平的预算成本。前者,作为施工图预算组成部分,是确定工程标底的重要依据。后者,作为建筑企业投标预算及施工预算的组成部分,是企业确定投标报价及进行成本控制的重要依据。 (何万钟)

建筑产品预算造价 estimated cost of construction product

以施工图及说明和预算定额为基础作出的建筑产品价格预测。计划经济体制下施工单位与建设单位签订承包合同的基础价格。在实行招标承包制的情况下,则为制定标底的可靠基础。 (张 琰)

建筑产品招标投标价格 tendering price of construction products

又称决标价格。通过招标投标竞争确定的中标价格。国际通用的建筑产品合同价格的基本形式。在建筑市场发育成熟,市场机制完善的情况下,一般能反映建筑产品的价值和供求关系的变化。中国自1984 年实行建筑业和基本建设管理体制改革以来,招标投标价格已逐步形成建筑产品合同价格的主要形式。

(任玉峰)

建筑产品质量差价 price difference of quality between construction products

同一种建筑产品因质量等级不同而形成的价格差异。建筑产品的质量受原材料性能、生产技术条件、生产者素质和生产经营管理水平不同等多种因素的影响,最终归结为社会必要劳动消耗的不同,并表现为价格的不同。质量差价是优质优价原则的体现,可促使生产者重视产品质量,为社会提供更多优质建筑产品。

(任玉峰)

建筑多样化 diversification of building

在推行工业化建筑体系过程中,防止建筑产品"千篇一律,造型单调"的设计原则。实行建筑标准化和在它的基础上发展建筑构配件的定型化,是建筑工业化的要求,也是它的一个基本特征。不能把定型化和多样化对立起来。在建筑设计中要做到定型化和多样化相结合,在多样化的前提下发展定型化,在定型化的基础上实现多样化,创造出具有时代性、民族性和地方性的建筑和形体环境。

(徐绳墨)

建筑工程 construction engineering

又称土木建筑工程、土建工程、土木工程。建筑物、构筑物及其建造施工活动的总称。包括:①各种房屋、构筑物的建造和各种管道(如蒸汽、压缩空气、石油、煤气、给水及排水等管道)、输电线路和电讯导线的敷设工程。②设备基础、支柱、工作台等建筑工程,炼铁炉、炼焦炉等的砌筑工程,金属结构工程。③为施工而进行的建筑场地的布置,原有建筑物和障碍物的拆除,平整土地以及完工后的场地清理及绿化工作等。④矿井的开凿,露天矿的开拓,石油和天然气的钻井工程。⑤铁路、公路、桥梁等工程。⑥水库、堤坝、灌渠等水利工程。⑦防空地下建筑等特殊工程。有时,建筑工程又可理解为营造建筑物和构筑物的生产活动。 (何万钟)

《建筑工程保修办法(试行)》 Measures for the Guarantee of·Construction Project (on trial)

1984 年 3 月 3 日城乡建设环境保护部发出,目的是维护国家和用户的利益,促进工程质量不断提高,保证建筑物的使用功能,延长使用年限而制定的有关规定。该办法共 19 条,主要规定有:①各种建筑物、构筑物和设备安装工程的保修范围;②建筑工程的保修期;③发生质量问题后,施工单位必须到达现场的日期;④由使用单位自行修理的条件;⑤发生质量问题,确定责任者的条件;⑥用户和施工单位发生争议的仲裁。该办法自 1984 年 7 月 1 日起试行。

(高贵恒)

建筑工程产值　output value of construction work

建筑企业自行完成的按工程进度计算的建筑工程施工产值。施工产值的构成部分。包括:①各种房屋,如厂房、仓库、办公室、住宅、商店、学校、医院、俱乐部、食堂等工程,包括列入房屋工程预算内的暖气、卫生、通风、照明、煤气等设备的价值及其装饰油漆工程,以及列入建筑工程预算内的各种管道(如蒸汽、给排水管道等),电力、电讯电缆导线的敷设等工程的价值;②设备基础、支柱、操作平台、梯子、烟囱、灰塔等建筑工程价值,炼焦炉、蒸汽炉等各种窑炉的砌筑工程及金属结构工程的价值;③为施工而进行的建筑场地的布置,工程地质勘探,原有建筑物和障碍物的拆除及平整土地,施工临时用水、电、汽、道路工程及完工后建筑场地的清理、环境绿化等工作的价值;④矿井的开凿、井巷掘进延伸、露天矿的剥离,石油、天然气钻井工程和铁道、公路、港口、桥梁等工程的价值;⑤水利工程,如水库、堤坝、灌渠及河道整治等工程;⑥防空、地下建筑等特殊工程。上述工程的产值一般是按编制施工图预算所采用的方法、单价和各种取费标准计算,参考公式为:

$$报告期建筑工程产值 = \Sigma \left(\begin{matrix} 预算 \\ 单价 \end{matrix} \times \begin{matrix} 实际完成 \\ 的实物量 \end{matrix} \right)$$
$$\times \left(1 + \begin{matrix} 间接 \\ 费率 \end{matrix} \right) \times \left(1 + \begin{matrix} 计　划 \\ 利润率 \end{matrix} \right)$$
$$\times (1 + 税率)$$

(雷懋成)

建筑工程定额　norms of construction work

在正常生产条件下为完成单位合格建筑产品所消耗的人工、材料、机械设备台班和管理费用的数量标准。是确定建筑产品价格和计算工料消耗数量的基础;基本建设投资和建筑企业生产管理的重要工具。按其作用和内容深度不同可分为工程概算定额、工程预算定额和施工定额。在中国,按其适用范围还可分为全国统一定额、部门定额和地方(省、自治区、直辖市)定额。在计划经济体制下,经国家主管部门批准颁发的建筑工程定额,在其适用范围内具有法令性,有关单位都须执行,不能随意修改。在建立社会主义市场经济体制进程中,随着建筑产品价格改革的深化,官方定额将仅作为控制投资的依据,建筑企业可以自行制订定额,而不必受官方定额的硬性约束。定额规定的消耗标准,以一定的工作内容、质量要求和工艺水平为约束条件,应保持相对稳定。随着科学技术进步和建筑生产力的发展,当多数建筑产品生产者的实际消耗水平突破定额标准时,则应对定额进行修订。

(张守健)

建筑工程价款结算　settlement of accounts for construction work

建筑企业根据承包合同向发包单位点交已完工程或竣工工程并收取工程价款,用以补偿施工过程中的资金耗费,并计算确定工程盈亏的一种货币结算。一般有如下几种结算方式:①月中(或分旬)预支、月终结算,工程竣工后,办理竣工结算。②工程竣工一次结算,适用于当年开工、当年竣工的单项工程;跨年度的单项工程,在年末进行预结算,竣工后办理总结算。③分次结算,跨年度施工项目也可按基础、结构、装修等形象进度,分段验收、分次结算。建筑企业向发包单位预收备料款时,随着工程进展,材料储备减少,应逐步在工程价款结算账单中,以预收备料款抵扣工程价款。

(周志华)

建筑工程经营方式　operating form of construction

建筑工程施工的组织管理方式。在建筑技术不发达,建筑生产规模小的阶段,建筑工程系以自营方式来建造。在建筑业已发展成为一个物质生产部门后,建筑工程即以承包方式为最主要的经营方式。根据承发包双方建立承发包关系途径的不同,承发包方式又可分为招投标方式(或称招标承包方式)、协商承包方式和下达任务(即指令性计划)方式。其中,以招投标方式为主要形式。

(何万钟)

建筑工程投资完成额　value of construction put in place

在一定时期内通过建筑施工活动完成的建筑产品价值总量。固定资产投资完成额的重要组成部分。包括各种房屋、构筑物的建筑工程,为施工而进行的场地布置,旧有建筑物拆除以及竣工后的场地清理和绿化工作的价值。这些价值根据工程实际进度按预算价格计算。

(张　琰)

《建筑工程质量监督站工作暂行规定》　Interim Regulations for the Work of Quality Supervision Station of construction Project

1985 年 7 月 5 日城乡建设环境保护部发出,目的是尽快开展政府对工程质量的监督工作而制定的有关规定。该规定对市、县建筑工程质量监督站(简称监督站)的工作作了具体规定,主要内容有:①监督站的性质和人员配备,②监督站的工作范围,③监督站的监督内容及程序,④监督站工作的必要条件,⑤监督站费率标准及收取。该规定自颁发之日起实行。1987 年 5 月 3 日城乡建设环境保护部又发出了《建筑工程质量监督站工作补充规定》,主要对站长、监督员的职责和资质条件作了规定。

(高贵恒)

《建筑工程质量检测工作规定》 Regulations for the Quality Checking of Construction Project

1985 年 10 月 21 日城乡建设环境保护部、国家标准局发出,目的是保证建设工程质量,提高经济效益和社会效益,加强对建筑工程及建筑工程所用的材料、制品、设备的质量监督检测工作而制定的有关规定。该规定共 4 章 19 条,第一章总则,第二章检测机构和任务,第三章检测权限和责任,第四章其他。该规定自公布之日起施行。 (高贵恒)

《建筑工程质量责任暂行规定》 Interim Regulations for the Responsibility to the Quality of Construction Project

1987 年 1 月 22 日城乡建设环境保护部发出,目的在于明确建筑工程质量责任,维护国家利益和用户合法权益,提高建筑工程的经济、社会环境综合效益而制定的有关规定。该规定共 9 章 43 条,第一章总则,第二章设计单位(含勘察设计单位)的质量责任,第三章建筑施工单位的质量责任,第四章建筑构配件生产单位的质量责任,第五章建筑材料、设备供应单位的质量责任,第六章建筑工程质量的管理与监督,第七章工程质量责任争议的裁决,第八章罚则,第九章附则。该规定自 1987 年 7 月 1 日起执行。 (高贵恒)

建筑工法 construction method

建工施工成套技术。工法一词出自日本,泛指施工方法。20 世纪 60 年代以来,日本各大建筑公司相继研究开发出各具特色的工法。其特点是以工程为对象、工艺为核心,运用系统工程的原理,把先进技术与科学管理结合起来,经过工程实践形成综合配套技术的应用方法。工法的内容一般应包括工法特点、适用范围、施工程序、操作要点、机具设备、质量标准、劳动组织及安全、技术经济指标和应用实例等。1989 年春,建设部决定在 18 家学习鲁布革工程管理经验的试点企业试行工法制度,同年 11 月印发试行管理办法,在全国施工企业中逐步推行。工法分为一级(国家级)、二级(地区、部门级)、三级(企业级)三个等级。从 1991 年起,建设部主管部门对各地区、各部门申报的工法,经专家审定,每年或每两年发布国家级工法。 (胡世德)

建筑工业化 building industrialization

按照工业生产方式改造建筑业,使其从手工生产逐步转变为采用现代机器装备的社会化大生产的过程。基本内容是以模数协调为基础的设计标准化,构配件生产工厂化,施工作业机械化和组织管理科学化。要求把可以采用的最佳方法和先进技术应用到研究、设计、制造和施工的全过程。目的在于把美学价值和使用功能与节约材料、生产工艺及安装方法相结合,以充分利用时间和空间,取得提高劳动生产率、缩短工期、降低成本、保证质量、完善功能的效果。建筑工业化的理论初步形成于 20 世纪 20~30 年代,实践早在 20 世纪初即已开始;不过第二次世界大战之前一直处于试验阶段。由于战争的破坏,战后欧洲住房严重短缺,又缺乏熟练的建筑工人,为了解决房荒,法、英及前苏联等国都把推行建筑工业化作为政府的政策,随即迅速扩展到东欧,从而在 50~60 年代有较大规模的发展,为解决各国的房荒做出了贡献。70 年代以来随着建筑业的技术进步,出现了以工厂预制构配件为主,向机械化现浇混凝土和预制与现浇相结合发展的新趋向。鉴于建筑工作量大面广而且复杂,工业化是一个逐步进展的过程,中国从 50 年代即开始研究实验,并通过试点逐步推进;经过 30 多年的实践,到 80 年代末,在北京、上海等大城市的住宅和公用建筑建设中已有很大的发展。 (徐绳墨)

建筑构配件生产企业 construction components enterprise

为建筑安装工程提供各种半成品、构配件的生产型建筑企业。包括木材加工厂、混凝土加工厂、钢筋加工厂、钢筋混凝土预制构件厂、金属结构加工厂等。其中有的附属于施工企业,成为建筑企业的基本组织单位;有的已从建筑企业中分离出来,发展成为独立的建筑材料及建筑制品工业部门。

(谭 刚)

建筑行业协会 association of construction industry

又称建筑业行业组织。建筑业中从事施工、安装、勘察、设计、制品生产等生产经营活动的企业单位自愿结合,为维护和增进行业合法权益,促进行业发展的群众性团体。在中国,它的主要职能是:①行业代表。主要是沟通与政府的联系,做建筑企业与政府之间的桥梁。②行业服务。主要是面向会员单位提供技术信息,促进技术进步;帮助会员单位培训职工、组织交流。③行业自治。主要是协助政府主管部门搞好行业管理,处理行业公共事务,协调建筑企业之间的关系。"中国建筑业协会"是中国建筑业的全行业协会,它由专业协会和地方建筑业联合会(协会)组成。 (张树恩)

建筑合理化 rationalisation of building

在实行建筑工业化同时,采用适用技术对传统建筑工艺进行改良的措施。是传统建筑工艺向建筑工业化转变的一个过渡阶段。主要是通过构件预制和机械化施工技术,向传统建筑体系渗透,逐步提高

传统建筑的装配化和施工机械化水平。以有效利用材料、机具和设备,加快施工速度,提高工程质量,降低成本。 （徐绳墨）

建筑红线 building line

城市规划中确定建筑用地或道路用地的界线。任何建筑物、构筑物的占地就由该界线限定,不得超越。在城市规划部门审批的规划图上,常以红线表示拟建建筑物的位置控制界线,故称为红线。

（何万钟）

建筑技术规程 technical rules and regulations of construction

为执行各项技术标准,保证生产有秩序地顺利进行,对建筑安装工程的施工过程、操作方法、设备和工具的使用、施工安全技术要求等所作的具体技术规定。主要有:施工工艺规程,施工操作规程,设备维护和检修规程及安全技术规程。 （田金信）

建筑技术规范 technical specification of construction

为保证建筑工程质量达到国家规定的等级标准,对设计、施工和检验等技术事项所作的统一规定。主要有设计规范和施工规范。设计规范按其内容有:建筑设计规范,结构设计规范,建筑功能设备设计规范和勘察、测量规范。施工规范分土建工程和安装工程两大类,每类规范都按分部、分项工程编制。如土石方工程,地基基础工程,砖石、钢筋混凝土、钢木结构,地面、屋面、装饰、管道、电气、机械设备安装等工程都分别编制施工及验收规范。技术规范反映了一个国家、地区和企业在一定时期内建筑工程的技术水平,在工程设计和施工中必须贯彻执行。编制技术规范的依据主要有,国家的技术经济政策、现有生产条件以及充分考虑国内外先进的科学技术成果等。 （田金信）

建筑技术情报 technical intelligence of construction

反映国内外建筑生产技术发展动态的资料和信息。包括有关的科技图书、科技刊物、科技报告、专门文献、学术论文和实物样品等。技术情报是企业技术开发和更新的"耳目",是企业进行技术预测的重要依据。做好技术情报工作,可以使企业及时掌握技术发展动态,不走弯路,节约人力、物力、财力,赢得时间,因此称情报为"第二资源"。建筑企业的技术情报管理应当做到:走在科研和生产的前面;有目的地进行情况跟踪;及时交流和提供技术情报;建立和完善技术情报工作机构等。 （田金信）

建筑技术市场 market of construction techniques

进行建筑技术商品交易的专业市场。属建筑生产要素市场。技术商品交易的基本形式有:技术成果转让、技术咨询、技术服务、技术联营、技术培训等。发展建筑技术市场,有助于尽快把建筑科技成果转化为建筑生产力,对推动建筑业的技术进步,促进建筑业的发展具有积极作用。 （谭 刚）

建筑结构分类估值法 assessment according to classification of building structure

批量房屋估价时,按照不同结构房屋的单位面积重置价值和相应的总建筑面积、平均成新率计算的各类结构房屋折余价值的方法。计算公式为:

$$\begin{pmatrix}某类结构房\\屋折余价值\end{pmatrix}=\begin{pmatrix}某类结构房屋单位\\面 积 重 置 价 值\end{pmatrix}\times\begin{pmatrix}某类结构房屋\\总 建 筑 面 积\end{pmatrix}\\\times\begin{pmatrix}某类结构房屋\\平 均 成 新 率\end{pmatrix}$$

各类结构房屋折余价值的总和,就是批量房产的总现值。按结构分类估值法计算简便,但不如逐所估值法准确,且房屋的平均成新率应逐所测定新旧程度,然后用所占建筑面积的比率加权计算平均的房屋成新率。 （何万钟）

《建筑劳务实行基地化管理暂行办法》 Interim Measures for Bases Management of Construction Labour

1992年6月15日建设部发,为了深化建筑业用工制度改革,调整行业劳动力结构,加强建筑劳务队伍的社会化管理与建设,提高建筑劳务队伍素质而制定的有关规定。该办法共16条,主要内容有:①建筑劳务实行基地化管理的含义、作用、归口管理部门,②建劳务基地的条件,批准机关,③劳务基地所在的县(市)建设行政主管部门的管理职能,④关于劳务转出的规定,⑤关于合同纠纷的规定。该办法从1992年6月15日起施行。 （高贵恒）

建筑劳务市场 labour market of construction

又称建筑劳动力市场。建筑生产所需劳动力供求双方的交易场合。通常以建筑工人的招募和受雇为主要活动。在社会主义市场经济条件下,劳动力的分配主要以商品交换的形式实现。开放建筑劳务市场,有利于劳动力资源的合理流动。

（谭 刚）

建筑密度 building density

又称建筑系数。一定用地范围内全部建筑物和构筑物的基底面积与用地总面积之间的百分比。城市规划的定额指标之一。可以直接反映一定用地范围内的空地率和建筑物的密集程度。在居住区规划中,建筑密度通常指居住建筑的密度。计算工业企业的建筑密度时,还应考虑露天仓库和操作场地的占地面积。它是反映土地利用率、规划设计合理性以及厂区道路、工业管道布置经济性的重要指标之一。建筑密度的大小一般取决于建筑物的性质、高度、通风采光要求及建筑总平面规划设计的水平。

（林知炎）

建筑面积 building area

以建筑物外墙勒脚以上的外围线测定的各层平面面积。反映建筑施工活动成果的实物量指标，中国还用以控制建筑设计标准。按现行规定，建筑面积主要包括：①建筑物内的楼隔层，突出外墙面的眺望间、门斗、凹进外墙内的阳台；②地下室、半地下室、地下车间、仓库、商店、地铁站及出入口、指挥所等地下建筑物面积；③有顶盖的栈桥、有屋盖及柱的卸煤沟、走廊及檐廊等；④穿过建筑物的车马通道及建筑物内的门厅，不论其高度如何，均按一层计算建筑面积；⑤洞内的车间、仓库等；⑥旧房拆除重建计算其全部建筑面积，改建只计算新增面积；⑦封闭式阳台、挑廊，按其水平投影面积计算建筑面积，凹阳台按其水平投影面积的一半计算建筑面积。突出外墙面的构配件和艺术装饰、层高低于 2.2m 的技术层和深基础地下架空层以及独立烟囱、水塔、筒仓、水池等构筑物，都不计算建筑面积。 （张　琰）

建筑模数制 building modular system

在标准模数基础上，对建筑物及其部件的尺寸、配置系列作出标准规定的制度。模数是一种基本尺度单位，模数制是指有关基本模数、扩大模数（基本模数的倍数）、分模数（基本模数的分数）组成的数列。例如中国建筑基本模数值为 10cm，建筑开间的扩大模数值为 30cm，工业厂房层高的扩大模数值为 60cm 等。实行建筑模数制可以大大减少建筑构配件的规格品种，简化生产与施工的工艺设施，增加通用性，提高劳动生产率，在模数制基础上推行建筑标准化有助于建筑工业化的发展。 （徐绳墨）

建筑平面系数 floor area coefficient of building

房屋建筑中有效面积与建筑面积之比。反映建筑设计合理性与经济性的指标之一。有效面积为建筑面积扣除结构面积后可供使用的面积。在保证房屋总体功能的前提下，通过优化建筑设计，采用新材料、新结构，提高建筑平面系数，可以充分利用平面空间，提高投资效益。中国在住宅设计方案的技术经济评价中，习惯同时使用两个平面系数指标。即，

$$K_居 = \frac{居住面积}{建筑面积} \qquad ①$$

$$K_效 = \frac{有效面积}{建筑面积} \qquad ②$$

其目的在于避免片面追求扩大居住面积，而忽视厨房、卫生间、储藏间、壁橱等辅助面积的合理安排，以致造成使用不便的弊端。 （张　琰）

建筑企业 construction enterprise

又称建筑施工企业。从事建筑产品生产经营活动的建筑业组织。构成建筑企业的基本条件是：①拥有一定数量的资金和生产资料；②拥有一定数量和素质的职工；③有一定的组织机构，并依法登记，取得资质证书和营业执照；④具有独立法人资格。建筑企业的设置一般应遵循专业化、联合化和地区化等原则。中国建筑企业的基本任务是在不断提高工程质量、缩短工期和增进效益的基础上，为社会提供功能完善的建筑产品，同时为国家和企业提供积累。中国建筑企业按所有制性质分为全民、集体、私营、个体、合资、股份制等企业；按管理型式，分为区域型、城市型和现场型企业，以及专营海外工程承包的企业；按专业化分工，有冶金、化工、能源、交通等产品专业化企业和土石方、基础、结构吊装、装饰、设备安装等工艺专业化企业；按社会化组织形式，分为总承包和专业承包企业。 （谭　刚）

建筑企业财产 property of construction enterprise

建筑企业所依法拥有并支配的各种资源的总称。是建筑企业经济实力的重要标志，在很大程度上制约着企业的生产经营能力。在使用价值形态上，包括属于建筑企业所有的有形财产和无形财产两大类。其中有形财产包括动产和不动产两方面，如企业的机器、设备、厂房、设施、资金、产品等；无形财产包括企业的商誉、商标、专利、技术水平、生产管理经验等。在价值形态上，它是建筑企业所有财富的价值总和，一般用货币金额表示。在日常用语中，建筑企业财产常指建筑企业财富的使用价值形态，即属于建筑企业所有的各种有形财产和无形财产。有时与建筑企业资产混用。 （谭　刚）

建筑企业财产所有权 property right of construction enterprise

见建筑企业产权。

建筑企业产权 property right of construction enterprise

建筑企业依法对其财产享有的占有、使用、收益和处分的全部权利。建筑企业财产所有权的简称。是建筑企业享有经济权利、承担经济义务的基础和前提，受到国家法律的认可和保护。 （谭　刚）

建筑企业产权转让 shifting property right of construction enterprise

建筑企业财产所有者依法转移企业财产所有权的行为或方式。包括对企业财产所有权的出卖、赠与、变更、放弃等形式。它是建筑企业财产所有者的财产处置权的具体表现，在事实和法律上决定着建筑企业财产的命运。当建筑企业破产、合并或兼并时，企业产权也会随之发生转让或变更。

（谭　刚）

建筑企业长期行为　long-term behavior of construction enterprise

建筑企业以追求未来长时期和全局性的经济利益为主要目标的企业行为。其特点是在开展生产经营活动时，以在长期内的全局性的经济利益为行为取向，而不局限于当前直接的局部利益。因此能注重对企业技术、设备和人力进行投资和改造，避免对现有设备和生产资源进行掠夺式的经营，从而有助于克服短期行为的缺陷，实现企业在未来长期内的稳定发展和经济效益的持续增长。　　（谭　刚）

建筑企业成本管理　cost control of construction enterprise

建筑企业为降低工程、工业产品、作业和材料等的成本而进行的管理工作。主要内容包括：① 建立健全成本管理的规章制度；② 根据企业所处社会经济环境、建筑市场状况和自身技术经济条件及其可能采取的措施、方案，进行成本预测分析，确定目标成本；③ 编制成本计划，提出降低成本措施，并组织实施；④ 按成本计划、费用限额和单、证、账、表的会计核算程序，对成本进行事前、事中、事后控制和程序控制，及时纠正偏差；⑤ 按规定的成本开支范围和计算方法，进行成本核算，及时编制成本报表；⑥ 对企业及内部各单位成本计划完成情况进行监督、检查、考核、分析、评价。　　（周志华）

建筑企业承包经营责任制　contracted operation responsibility system of construction enterprise

中国建筑企业在坚持公有制的基础上，按照所有权与经营权分离的原则，以承包经营合同的形式，确定国家与建筑企业的责、权、利关系的经营管理制度。是现阶段主要的企业经营方式。实行承包经营责任制，要兼顾国家、企业、经营者和生产者的利益，合理确定国家与企业的经济关系。主要内容有：确保上交国家利税，保企业资产增值，保企业技术改造投入，实行工资总额与企业经济效益挂钩等。实行承包的方式有集体承包、全员承包、企业承包、风险抵押承包等。　　（武永祥）

建筑企业承租人　lessee of construction enterprise

中国建筑企业资产的租赁经营者。根据不同租赁经营形式，承租人无论是个人，或者合伙承租、全员承租确定的厂长（经理），或者承租企业派出的厂长（经理），都应具备国家规定的厂长（经理）条件。承租人以其自有财产作为担保签订租赁合同，依法对企业进行租赁经营，并成为租赁期间的企业法定代表人，承担相应的权利与义务，独立自主地行使企业生产经营管理权。根据企业经营状况，承租人可

以获得相应的租赁经营收入，并向出租方交付约定的租金。当租赁关系终止时，承租人将企业经营管理权还给企业出租人，如有抵押品，则根据企业盈亏归还本人或抵偿损失。　　（谭　刚）

建筑企业动力机制　impetus mechanism of construction enterprise

又称建筑企业激励机制。调动建筑企业职工积极性，实行自我激励，增强企业内在活力的机制。其核心应体现责利对等的物质利益原则。这一机制作用发挥的状况，主要受建筑企业与国家、用户各方面的经济利益区别和分配方式影响。它涉及到企业的人事、劳动、工资分配制度及工资、福利、奖罚、思想工作等各种激励手段的运用。应坚持有利生产，提高效率，公正合理，奖惩适度的原则，有效地发挥其激励功能。　　（谭　刚）

建筑企业短期行为　short-term behavior of construction enterprise

建筑企业追求近期或局部直接经济利益的企业行为。其特点是在开展生产经营活动时急功近利，拼设备、拼人力，不愿对企业进行技术改造和智力投资，不考虑企业未来长期和全局性的发展。实际上是一种短视行为，虽然在近期内能够获得一定的直接利益，但却不利于企业未来的长足发展和经济效益的稳定增长。　　（谭　刚）

建筑企业股份制　share system of construction enterprise

不同所有者共同出资组建建筑企业的财产组织形式。广义的股份制企业包括合作企业、合伙企业和股份公司。狭义的股份制企业仅指股份公司。中国经济体制改革实践中使用广义的股份制概念。依《中华人民共和国公司法》，建筑企业股份制可采取有限责任公司和股份有限公司两种主要形式。此外，城乡集体建筑企业多试行股份合作制。实行股份制是现代企业制度的重要内容，有利于建筑企业转换经营机制，实现政企分开和所有权与经营权分离，优化企业组织结构，改善经营管理，提高经济效益。　　（张　琰）

建筑企业管理　construction enterprise management

对建筑企业的生产经营活动进行计划、组织、控制，以及对职工的激励等工作活动的总称。建筑企业管理的基本任务是充分利用企业外部经营环境和企业内部经营资源，以尽可能少的活劳动消耗和物质消耗，生产出更多的符合社会需要的建筑产品，并实现企业经营目标。为此，建筑企业所必需的基本业务活动有：经营活动、生产活动、财务活动、劳动人事活动、研究开发活动等五项。针对各项活动的管

理有:企业经营管理、企业生产管理、企业财务管理、企业劳动人事管理、企业研究开发管理,即构成建筑企业管理的基本内容或五大管理工作系统。

(何万钟)

建筑企业规模经济 scale economy of construction enterprise

建筑企业在一定规模下经营能获得经济收益的特性。即企业规模变化,其经济收益亦随之变化。当建筑企业随着生产要素投入的增加而得到更大比例的产出时,表明其规模在经济上是合理的;当建筑企业随着生产要素投入的增加而产出增加较少甚至下降时,表明其规模在经济上不合理。形成建筑企业规模经济的原因,一是当企业规模增大时,由企业内部原因引起的收益增加,称内在规模经济;一是因行业规模扩大等外部原因引起企业获利增加,称外在规模经济。与此相反,形成企业规模不经济的原因,一是由于内部因素引起企业收益减少,称内在规模不经济;一是由于外部原因导致企业收益下降,称外在规模不经济。 (谭 刚)

建筑企业规章制度 rules and regulations in construction enterprise

根据企业生产经营活动的需要和管理工作的规律,用文字形式对建筑企业各项管理工作和生产操作的要求所作的规定。它是企业职工行为的规范和准则,也是企业进行管理工作的依据和基础。主要内容有:基本制度(如经理负责制、职工民主管理制等);责任制度(如岗位责任制、经济责任制);管理工作制度(如计划管理制度、施工管理制度、劳动人事管理制度、物资管理制度等);和技术标准及操作规程制度等。共同劳动的规模越大,分工协作关系越复杂,规章制度也就越有必要。规章制度属于上层建筑,一部分反映生产过程的客观规律,一部分反映社会生产关系。规章制度应保持相对稳定性。但随着生产技术的发展,管理技术的提高,人们实践的不断丰富和认识的深化,对其中不合理或不完善的方面,应及时进行修改和补充。 (何万钟)

建筑企业合并 construction enterprise consolidation

两个或两个以上建筑企业相互组合而形成一个新建筑企业的经济法律行为。是商品经济条件下建筑企业组织结构调整的重要途径,也是建筑企业产权转让的一种形式,在中国,还是国家宏观经济管理的必要手段。建筑企业合并有两种类型:一是吸收合并,即当两个或两个以上企业合并时,其中一个企业存续,另一个或几个企业则被解散;一是新设合并,即两个或两个以上企业合并时,原有企业都被解散,另外成立一个新的企业。中国建筑企业的合并主要通过政府命令或经政府批准的企业自愿、兼并

等途径进行。 (谭 刚)

建筑企业合法行为 lawful behavior of construction enterprise

建筑企业符合国家有关经济政策和法规的企业行为。在通常情况下,建筑企业合法行为能够取得合理的经济效益,因而也就是建筑企业合理行为。但如果经济政策、经济法规违背经济规律时,建筑企业依法经营往往并不能获得较好的经济效益,于是企业的合法行为不等于合理行为,此时必须适当调整经济政策和法规,使之遵循经济规律,从而克服企业行为合法不合理的矛盾。建筑企业实施合法行为,要求以国家的有关经济法规和政策为指导,做到企业经济利益与宏观经济效益和社会效益的有机统一。 (谭 刚)

建筑企业合理行为 reasonable behavior of construction enterprise

建筑企业符合经济规律并能获得良好经济效益的企业行为。在一般情况下,建筑企业的合理行为即为合法行为,但当经济政策或法规与经济规律发生偏离时,则合理行为不一定就是合法行为,此时可按经济规律的要求,通过调整经济法规政策而解决这一矛盾,使建筑企业行为既合理又合法。建筑企业实施合理行为,要求以经济规律和有关经济原则为指导,做到长期经济利益与近期经济利益的有机统一。 (谭 刚)

建筑企业活力 vitality of construction enterprise

建筑企业生产经营活动得以迅速发展的内在能量。主要包括企业自我改造能力、自我发展能力、自我约束能力、市场竞争能力、应变能力等。企业活力集中表现为其经济效益能持续稳定地增长。增强中国全民所有制企业的活力,主要有两个方面:一是确立国家与企业之间的正确关系,实行所有权与经营权分离,把经营权真正交给企业,切实维护企业的合法权益,使企业真正成为自主经营、自负盈亏的社会主义商品生产者和经营者。二是确立职工和企业之间的正确关系,实行民主管理,使经营者的管理权威和职工群众的主人翁地位相统一;认真执行按劳分配原则,充分发挥经营者和生产者的积极性和创造性。 (何万钟)

《建筑企业机械设备管理暂行条例》 Interim Administrative Regulations for the Mechanical Equipments of Construction Enterprise

1986 年 11 月 15 日城乡建设环境保护部发出,目的在于加强建筑机械管理,提高技术装备素质,保持机械良好的技术状态,充分发挥其生产效能,提高综合经济效益而制定的有关规定。该办法共 10 章

30 条,第一章总则,第二章企业的权责,第三章设备资金管理,第四章设备前期管理,第五章使用和维护保养,第六章修理、改造和报废,第七章机械事故管理,第八章基础管理,第九章行业主管部门职责,第十章附则。该条例自发布之日起施行。

（高贵恒）

建筑企业集团 group of construction enterprise

适应建筑生产要素优化组合的需要,以骨干企业为主体,由经营上能互补的不同专业、各具特长的建筑企业,在自主、平等、自愿原则下结成的企业联合体。是建筑企业联合的一种高级形式。中国的企业集团一般具备三个特征:①由若干独立企业组成,集团是这些独立企业的联合体;②有核心层、紧密层、半紧密层、松散层等多层次的组织结构;③有一定的联结纽带,即核心层是具有一定经济实力的投资中心,通过控股、参股控制紧密层、半紧密层,通过契约关系联合松散层。建筑企业集团可以充分发挥各成员企业的专长,有效地利用资源,提高综合承包大型工程建设项目的能力,增强在国内外建筑市场上的竞争能力。

（谭　刚）

建筑企业计划体系 planning system of construction enterprise

为满足建筑企业生产经营活动的需要,按不同计划期、不同内容、不同对象编制的计划组成的体系。是企业实行全面计划管理的依据和基础。按计划期不同,企业的计划包括长期计划、中期计划、短期计划(年度以下计划)。按内容不同,又分为综合性计划和各类专业性计划。按编制对象不同,又包括以企业或内部核算单位为对象编制的计划和以工程项目为对象编制的工程施工进度计划。按计划的作用不同,又分为决策型、规划型、计划和实施型、作业型计划等。

（何万钟）

建筑企业技术管理 technology management of construction enterprise

对企业中的各项技术活动和技术工作的各种要素进行科学管理的总称。其内容分两大类:①技术管理基础工作。如建立健全技术管理工作系统和技术责任制,贯彻和完善技术标准和技术规程,加强技术信息管理及技术培训等。②技术管理的基本工作。包括保证正常生产技术秩序和技术开发管理两部分。前者有施工技术准备工作的管理,如图纸会审、技术交底、材料技术试验、安全技术、施工公害防治管理等;施工过程中的技术管理工作,如技术核定、技术监督、技术革新等。后者有技术改造、科学研究等。技术管理的任务是:研究认识和利用建筑生产的技术规律,科学地组织各项技术工作,建立正常的生产技术秩序,保证生产顺利进行;不断革新原有技术和采用新技术,促进企业的技术开发,推动技术进步,以提高企业技术素质和经济效益。

（田金信）

建筑企业兼并 merger of construction enterprise

一家建筑企业接办另一家或多家建筑企业的经济法律行为。接办者保存企业法人地位,被接办者一般丧失法人实体地位。国际上常见的兼并方式主要有三种:(1)甲公司发行股票给乙公司的所有者,不是给乙公司本身,从而取得乙公司的资产和负债,乙公司则丧失其实体,称为法定兼并;(2)甲公司以现金或自己发行的证券买进乙公司的资产;(3)甲公司买进乙公司的股票,成为乙公司的控股公司,但乙公司仍作一个单独的公司继续存在。兼并是市场经济条件下竞争的必然产物,客观上有助于促使企业不断改进经营管理,推动资源合理配置和有效地使用。在中国社会主义市场经济条件下,作为建筑企业组织结构调整的途径之一,已开始试行。

（张　琰）

建筑企业经济规模 economic scale of construction enterprise

经济上处于合理状态的建筑企业规模。当建筑企业的劳动力、劳动手段和劳动对象集中形成的规模,能够以固定投入获取较大产出,或者以较少投入换取固定产出时,则这一规模即为经济规模。建筑企业经济规模能使企业获得最大经济效益,也就是建筑企业最佳规模。

（谭　刚）

建筑企业经济核算 economic calculation of construction enterprise

建筑企业以提高经济效益为目的,对生产经营过程的劳动耗费和生产经营成果进行计划、记录、计算、分析等的系统活动。是用经济方法管理经济的一个重要工具。主要内容包括:资金占用核算;劳动工资的核算;生产消耗与工程成本的核算;生产成果的核算;企业经营成果与利润的核算等。采用的方法主要有会计核算、统计核算和业务核算。

（周志华）

建筑企业经济活动分析 analysis of economic activity for construction enterprise

根据建筑企业的经济核算资料,对一定时期企业的生产经营过程及其成果进行的研究分析。其目的是查明影响企业生产经营活动的因素,在此基础上,提出改进企业经营管理的措施,提高企业经济效益。主要内容包括:①生产经营活动成果分析;②资金利用效果分析;③成本分析;④综合经济效益分析。基本程序是:①确定分析课题,制定分析计划;②收集、整理有关分析基础资料;③运用一定分析方法,查明影响企业经营效绩的因素及其影响程度;④

作出结论和提出改进建议。　　　　（周志华）

建筑企业经营方式　operational pattern of construction enterprise

建筑企业对其生产资料的占有、支配和使用的具体形式。按所有权与经营权分离的原则,中国建筑企业经营方式主要有承包经营、租赁经营和股份经营三种形式。不同的经营方式有不同的经营机制。选择合理的经营方式,对于促进建筑企业生产经营管理、增强企业活力和提高经济效益都具有十分重要的作用。　　　　　　　　　　（谭　刚）

建筑企业经营机制　management mechanism of construction enterprise

组成建筑企业经营活动的各个部分或各个系统之间形成的,能使企业适应外部环境变化,并不断谋求生存和发展的相互制约的联系和方式。有了这一机制,企业才能在外部环境发生变化时作出灵敏和有效的反应,保持自身的活力。完善企业经营机制的目的,就是根据所有权和经营权分离的原则,使企业真正成为自主经营、自负盈亏、自我发展、自我调节的经济有机体。企业经营机制有以下特点:①客观性。当国家的经济体制和企业的经营方式确定后,相应的企业经营机制就必然会发生作用。国家的经济体制和企业经营方式发生变化后,企业经营机制也随之发生变化。②内在性。企业经营机制的作用,并不来自企业外部,而是企业内部各系统或各环节间相互的责、权、利关系决定的。③系统性。即组成企业各种经营机制的诸因素之间也是相互联系和相互制约的。企业经营机制的主要内容有企业运行机制、动力机制、约束机制等。　　　（谭　刚）

建筑企业利益机制　benefit mechanism of construction enterprise

以利益方式调动职工积极性,增强企业活力的机制。是建筑企业动力机制的重要组成部分。涉及到建筑企业物质利益分配的各个方面,包括国家与企业、企业与职工两方面利益分配,如工资分配、福利待遇、奖金发放等。　　　　　　　（谭　刚）

建筑企业内部经济责任制　internal economic responsibility system of construction enterprise

建筑企业内部实行的以经济责任为核心,责、权、利紧密结合的一种经营管理制度。对于调动职工积极性,提高企业管理水平,推动企业生产的发展有着重要的意义。主要内容是将企业的生产经营任务具体落实到每个生产单位、部门及每个职工,并把完成任务的好坏同企业的生产经营成果和各生产单位、部门及职工的经济利益紧密联系起来,使各生产单位及个人都能各司其职,各尽其责,分工协作,确保整个企业目标的实现。　　　　　　（武永祥）

建筑企业破产　bankruptcy of construction enterprise

建筑企业的全部财产不足以清偿其全部债务的经济现象。一般由法院根据作为债务人的建筑企业或其债权人的申请宣告该建筑企业破产。建筑企业被宣告破产后,其财产交由法院指定的清算人管理。各债权人应在一定期限内向清算人申报债权,由清算人确定破产建筑企业的资产负债表,并按法律规定的顺序和比例,把清算后的全部资产分配给各债权人,用以清偿破产建筑企业的债务。经债务清理后,破产建筑企业不再负责清偿债权人未能得到偿还的债务。如果破产建筑企业得到政府或上级主管部门帮助,或者取得担保而在规定期限内偿还债务时,则不予宣布破产,或中止破产程序。建筑企业破产是市场经济条件下的必然产物,是实现企业产权转让的一种形式,有助于合理配置建筑生产资源。

　　　　　　　　　　　　　　　（谭　刚）

建筑企业全员承包经营　construction enterprise contracting and operation by all workers

中国建筑企业由全体职工承包的企业经营方式。通过把建筑企业的经营目标层层分解到不同部门、不同工种的全体职工,据此制定每个职工在一定时期内应当完成的任务,并签订相应的承包合同或经济责任书。这种经营方式能够增强企业全体职工的责任感,调动其积极性和主动性,提高企业生产经营水平。　　　　　　　　　　（谭　刚）

建筑企业审计　construction enterprise auditing

审计人员依法对建筑安装企业的经济活动、财务活动及其会计资料的真实性、合法性、合规性、合理性和效益进行的审核、检查和监督。目的是维护国家政策、法令、规章、制度的贯彻执行,防止不正当的收支,保护国家财产的安全完整;客观公正地评价企业的经济活动、财务活动和经营管理效益;促进企业建立健全各项规章制度,改善经营机制,努力提高企业经济效益和社会效益。由于建筑产品的固定性,建筑企业的生产点多、经营分散、流动,决定了审计目标具有流动、范围广泛和内容复杂的特点。建筑企业自 1984 年开始进行财务收支和年度会计决算审计活动,现已发展到经营效益和经理责任的审计。　　　　　　　　　　　　　（周志华）

建筑企业升级　up grade of construction enterprise

中国通过考核建筑企业产品质量、物质消耗、经济效益、安全及管理水平,评定企业等级,以促使企业加强管理的措施。企业升级中的等级分为国家特级、国家一级、国家二级和省(自治区、直辖市)的先进企业四个等级。国务院主管部门负责制订国家级标准并审定国家级企业;省、自治区主管部门负责制订省、区级标准并审定省、区级先进企业。建筑业企业升级工作是从 1986 年开始的,1987 年建设部印发了《建筑企业升级实施办法》(试行)和《建筑业国家级企业等级标准》(试行),1988 年进行了补充、修订,并进行了试评审。评审每年进行一次。企业结合实际情况,制订加强管理措施,制订达标升级规划,按各级标准,在自检的基础上申报达标等级,再由主管部门组织考核、审批、颁发证书。

（张树恩）

建筑企业行为　construction enterprise behavior

　　建筑企业为追求一定的经营目标,在国家政策和市场的引导下,根据相应的经营思想和经营战略所开展的生产经营活动。它体现着企业作为经济运行主体,在内外环境下发生的一种理性反应。其主要内容包括市场调查与预测,制订企业经营目标,进行经营决策,编制经营战略计划,参与市场竞争,组织施工生产、技术开发和创新以及维修服务等具体活动。建筑企业行为是建筑企业经营目标、经营思想和经营战略的具体体现和实施过程。按照不同标准,建筑企业行为分为短期行为、长期行为、合理行为和合法行为等类型。　　　（谭　刚）

建筑企业约束机制　restraint mechanism of construction enterprise

　　约束建筑企业经济行为,保证企业行为合理化的机制。其核心应体现企业内部权、责、利之间的制衡关系。由于企业以追求经济效益为主要驱动力,企业行为也主要应靠经济利益去制约。除了经济制约以外,完善企业内部监督制度,以及外部的法律约束和社会监督,对于健全企业的约束机制也有十分重要的意义。通过有效的约束功能,使企业的运行不致损害宏观经济效益和社会效益,并实现企业长期经济效益与短期经济效益的统一。　　（谭　刚）

建筑企业运行机制　operation mechanism of construction enterprise

　　建筑企业能运用两权分离后赋予的经营管理权力,并承担相应的经济责任而自主经营的机制。它是建筑企业经营机制的主体部分。其核心应体现权责相称的经营权利。这一机制作用发挥的状况,主要受建筑企业运用权力的自主性和有效性影响。为保证建筑企业运行机制的实现,企业必须成为相对独立的经济实体,在此基础上,完善经理负责制、内部经济责任制和企业经营管理指挥系统。

（谭　刚）

建筑企业资产　assets of construction enterprise

　　建筑企业所拥有的各种物质财富、债权及其他权益的总称。一般经建筑企业资产评估后确定其价值大小。在使用价值形态上,表现为建筑企业所占有的各种有形资产与无形资产两大类。其中有形资产指企业的固定资产、流动资产和专项资产,无形资产指企业的专利权、商标权、独特的技术诀窍、产品信誉、职工素质、经营销售网络和管理能力等。在价值形态上,它是建筑企业占有的物质资料和权益价值总和,包括企业固定资金、流动资金、专项资金、债权和其他权益。在日常用语中,建筑企业资产常指有形资产及其价值形态,有时与建筑企业财产混用。

（谭　刚）

建筑企业资产经营权　managing right of assets of construction enterprise

　　建筑企业为正常开展生产经营活动而依法占有和使用企业资产的权利。享有建筑企业资产经营权的,既可以是所有者,也可以是经营者。当所有者同时又是经营者时,建筑企业资产的所有权与经营权同时归所有者享有;当所有者不是经营者时,建筑企业资产的所有权便与经营权发生分离,其所有权归所有者,其经营权归经营者。一般通过承包经营、租赁经营和股份制形式实现所有权与经营权的相对分离,此时所有者依法有权对建筑企业经营活动进行监督,而经营者则在授权范围内占有、使用和处分建筑企业资产,并相对独立自主地开展生产经营活动,但不得违背所有者的权益。　　（谭　刚）

建筑企业资产经营责任制　responsibility system of construction enterprise assets management

　　以建筑企业资产增值为目标的经营方式。是中国经济体制改革过程中出现的一种新型企业经营管理制度。其基本内容包括:对建筑企业资产进行社会评价,从而为非均衡状态下的企业生产经营提供一个大致平等的初始条件;以招标方式优选建筑企业经营管理者,为中国社会主义企业家队伍的形成和壮大提供基础;在建筑企业经营期结束后再次对企业资产进行评估,并根据企业资产的增值或损失状况对企业经营者进行奖罚;最后以建筑企业新的资产状态,推行下一轮资产经营责任制。

（谭　刚）

建筑企业资产评估　evaluation of construction enterprise assets

　　对建筑企业资产价值进行的评定。一般成立包括本企业及其上级管理部门代表组成的企业资产评估委员会,或委托资产评估专业机构,通过清查账物、造册复查、现场评估、评估确认等程序,对建筑企业的各类资产(包括各种有形资产和无形资产)的价值进行评定。中国建筑企业在实行承包经营、租赁经营、股份经营和资产经营等制度时,通常都应对企业资产的价值进行评估,以便明确国家与建筑企业的财产边界,测算企业资产名义价格(账面价值)与实际效能、实际价值与产出能力之间的差距,从而为建筑企业生产经营活动创造大致平等的竞争环境,并以评审结果作为签订合同和考核奖罚经营者的依据。　　　　　　　　　　　　　　　　（谭　刚）

建筑企业资产使用权　using right of assets of construction enterprise

建筑企业财产所有者或经营者依法使用企业资产的权利。当建筑企业财产所有者同时又是经营者时,企业资产所有权与使用权统一归所有者拥有;当建筑企业财产所有者不直接经营时,企业资产所有权与经营权便发生分离,使用权归经营者(承包、租赁或股份制经营者)拥有,而所有权仍归企业所有者。　　　　　　　　　　　　　　　　　　（谭　刚）

建筑企业资产所有制　ownership system of assets of construction enterprise

又称建筑企业财产所有制。在一定社会经济制度下对建筑企业资产的占有形式或占有制度。通常指对建筑企业资产中的生产资料的占有制度。一般分为两种类型:①私有制,即私人占有建筑企业的生产资料;②公有制,即社会全体劳动者共同占有建筑企业的生产资料(全民所有制或国家所有制),或由企业劳动者共同占有建筑企业的生产资料(集体所有制)。公有制是中国建筑企业资产所有制的基础和主导形式。在社会主义市场经济体制下,形成以全民所有制为主体、集体所有制为辅助、个体所有制为补充的建筑企业资产所有制结构。　（谭　刚）

建筑企业总产值　gross output value of construction enterprise

建筑企业在一定时期内全部生产经营活动成果的货币表现,即企业内部各种经济活动产值之和。是中国经济体制改革中新设置的试行指标,旨在为基层建筑企业经营管理的需要服务,并作为推行百元产值工资含量包干制计提工资含量的基础数据。其内容包括建筑业总产值及企业从事工业、商业、运输业和服务业等多种经营活动的全部产值。其计算公式为:

$$
\begin{aligned}
\text{建筑企业} \atop \text{总 产 值} &= \text{建筑业} \atop \text{总产值} + \text{工业} \atop \text{产值} + \text{商业} \atop \text{产值} \\
&+ \text{交通运} \atop \text{输产值} + \text{其他产业收入} \atop \text{和劳务收入}
\end{aligned}
$$

此指标按产品法计算,上式中有关产值均包括企业各内部核算单位为本企业提供的产品和服务。　　　　　　　　　　　　　　　　　　（张　琰）

建筑企业租赁经营合同　contract of leasing and operation construction enterprise

建筑企业出租方与承租方签订的租赁经营建筑企业的经济合同。出租方是建筑企业资产所有者,一般为国家委托的建筑企业上级行政主管部门;承租方是建筑企业资产的经营者,一般为自然人。双方在平等自愿、协商一致基础上签订租赁经营合同,其内容主要包括租赁企业性质、出租方与承租方的权利与义务,租赁范围,租金,租赁期限,收益分配,债权债务处理,合同变更、中止与解除,违约责任,合同纠纷处理等条款。在实际工作中,通常应对租赁经营合同实行担保制度和公证制度。　　（谭　刚）

建筑企业租赁经营责任制　leasing and operation responsibility system of construction enterprise

简称建筑企业租赁制。在不改变企业所有制性质的前提下,以租赁方式把建筑企业有期限地租让给承租人自主经营的经营管理制度。中国公有制建筑企业经营方式之一。租赁指所有者以一定租金为代价将其所有的特定物(资产)交付给承租方临时占有和使用的经济活动。建筑企业实行租赁经营时,出租人是建筑企业所有者或其上级主管部门,承租人可以是个人、集体、全员或其他企业;租赁对象是建筑企业整体,包括企业各种资产和相应的经营管理权;出租方通过招标或其他方式选择承租人,双方以合同明确各自的责、权、利关系。在租赁期内,承租人依法独立开展生产经营活动,维护承租资产的完整性,并向国家上缴税金,按比例提留企业利润,对承租资产的增值负责,以及向企业出租方交纳租金,同时获得相应的租赁经营收入,并按完成合同情况确定抵押品的返还或抵偿。租赁期满后,承租人即不再享有企业生产经营权,经出租人同意,也可续签租赁合同。　　　　　　　　　　　　　（谭　刚）

建筑企业组合经济　amalgamation economy of construction enterprise

建筑企业以横向联合或合并方式形成新的企业规模时能获得经济收益的特性。如果建筑企业组合后能取得更好的经济效益,即以较少投入获得固定产出,或以固定投入取得较多产出,则这种组合就是经济的或有利的;相反,如果组合后的经济效益下降,则这种组合就是不经济的或不利的。

（谭　刚）

建筑设计　architectural design

根据建筑物的功能要求,具体选定建筑标准、结构形式,确定建筑型体、平面布置、空间组合、立面形式以及建筑群体安排等的计划与创作过程。建筑设计需要综合历史、美学、构造、设备、物理、材料等多方面的科学知识。其最终成果是建筑施工图及施工说明书。　　　　　　　　　　　　（林知炎）

建筑设计机构　architectural design organization

从事建筑设计工作的建筑业组织。中国、前苏联及东欧各国多称设计院,一般拥有建筑、结构、设备、工艺、技术经济等专业人员,可进行全面的建筑设计,为拟建工程项目提供必需的成套图纸、文字说明及概预算资料,并在施工过程中进行技术监督;有的还从事设计咨询、可行性研究和工程监理等工作。美国和西欧各国多称建筑设计事务所或设计公司,一般仅有建筑和结构专业人员,其他专业的任务通常以分包方式委托相应的专业设计机构去完成。在中国,自80年代实行改革开放以来,开始有类似西方的建筑设计机构出现。 (谭　刚)

建筑设计市场　market of architectural design

建筑设计产品的供需双方发生买卖关系的场合。属于建筑生产要素市场。在中国,开放设计市场是建筑业经济体制改革的内容之一。通过引入市场竞争机制,可以更有效地利用设计能力,促进设计技术进步,缩短设计周期,提高设计质量。 (谭　刚)

建筑生产工厂化　factory production of building

在推行建筑工业化过程中,将建筑构件集中在预制加工厂内进行生产,然后运输到施工现场安装的方法。推行工厂化施工方法的范围可以适用于木构件,混凝土构件和金属构件及配件,包括基础工程,混凝土工程,建筑结构中的柱、梁、板、桁架,墙体,以及扶梯、门窗及各种预生产的建筑设备。在充分定型化的基础上,也可以把整个建筑物分解为若干部件在工厂制作,到施工现场安装。工厂化可以大大提高劳动生产率,加快施工速度,改变现场施工面貌。 (徐绳墨)

建筑生产社会化　socialization of constructional production

分散的、小规模的自营式的建筑生产转变为集中的、由社会分工联系起来的大规模的建筑生产过程。主要表现为:①从事建筑生产的劳动手段及相应的工程技术人员、经营管理人员逐步集中,形成承包建筑工程的各类建筑企业。②随着社会分工和建筑生产专业化的发展,各建筑企业之间的依赖和联系日益加强,使得单个企业不可能脱离其他企业单独地完成建筑产品的生产;建筑产品也相应成为社会的产品。③建筑企业由分散、狭小的地方市场,逐步走向全国市场,进而进入国际建筑市场。 (张树恩)

建筑生产投入品市场

见建筑生产要素市场。

建筑生产要素市场　market of construction factors

又称建筑生产投入品市场。建筑生产各种投入要素的交易场所。包括建筑材料市场、建筑机械设备市场、建筑劳务市场、建筑资金市场、建筑技术市场、建筑信息市场等。在商品经济条件下,建筑生产要素市场是建筑产品生产的基本条件。 (谭　刚)

建筑生产指数　output value index number of construction

西方国家用来观察和分析一定时期内建筑工程量增减变化状况和趋势的指标。按固定价格计算。各国对这个指数的叫法不一,美国叫建筑业产品物量指数,英国叫建筑业指数,联合国统计中称为建筑活动指数。对西方国家所公布的建筑生产指数,使用时要注意计算所依据的产值指标。如美国公布的指数是根据建筑业产值计算的,英国和联合国公布的指数则是根据建筑企业增加值计算的。一般通过建筑价格指数间接推算。公式为:

$$建筑生产指数 = \frac{建筑业的产值指数}{建筑价格指数}$$

式中建筑业的产值指数为两个不同时期各按当年价格计算的全部建筑业的产值之比;建筑价格指数为不同时期建筑业各项费用的价格之比。

(俞壮林)

建筑生产专业化　specialization of constructive production

建筑业内部按照建筑产品、生产工艺、构配件生产进行专业分工和各同类产品(生产或劳务)集中的过程。建筑生产专业化是以建筑生产的协作为前提的。它有利于技术进步,提高劳动生产率,降低成本,提高工程质量,缩短工期,是先进的建筑生产组织形式。专业化程度的高低是反映一个国家建筑生产水平的标志之一。 (张树恩)

建筑施工法规　Laws and regulations of building construction

调整建筑施工活动中发生的各种社会关系的法律规范的总称。建筑工程活动,包括房屋建筑、土木工程、设备安装、管线敷设等活动。这里所称各种社会关系又称建筑施工关系,其特征:①是一种为建造工程而产生的社会关系,②是一种反映社会主义市场经济关系的社会关系。③是一种管理和协作相结合的社会关系。早在20世纪50年代,中国就开始了建筑施工法制的建设,1979年以后,随着改革开放和社会主义法制的加强,建筑施工法规也进入了不断充实、加强和改革、创新的阶段。1979年至1990年,国务院和有关部委制订至今仍然有效的法规40多项,涉及建筑施工的各个方面,从而进一步加强了建筑施工管理。 (高贵恒)

建筑施工机械化　mechanization of construction

应用各种技术装备改变传统建筑施工工艺的方法的总称。它可以大大节约现场作业的劳动力,加快施工速度,提高劳动生产率,还能扩大劳动领域,完成人力不能完成的任务。劳动手段的变革是生产力发展的标志,施工机械化为改变建筑业以手工操作为主的小生产方式提供了物质技术基础。所以它在建筑工业化中占有突出的地位。　　（徐绳墨）

建筑施工机械化程度　level of constructive mechanization

反映建筑施工过程中使用机械的水平的指标。其计算公式可分为某项施工过程机械化程度和综合机械化程度。

$$\frac{某项施工过程}{机械化程度}=\frac{利用机械完成的工程量}{该项施工过程全部工程量}\times100\%$$

$$综合机械化程度=\frac{\sum\left(\begin{array}{c}各项施工\\过程用机械\\完成实物\\工程量\end{array}\times\begin{array}{c}各该项\\施工过程\\定额工日\\系数\end{array}\right)}{\sum\left(\begin{array}{c}各项施工\\过程全部\\实物工程量\end{array}\times\begin{array}{c}各该施工\\过程定额\\工日系数\end{array}\right)}\times100\%$$

定额工日系数是完成某一单位工程量的定额工日与选为标准的单位工程量的定额工日之比。如以装一吨货物的定额工日作为标准,而运一吨货物的定额工日是装一吨货物的1.5倍,则运输货物的定额工日系数为1.5。　　（徐绳墨）

《建筑施工企业项目经理资质管理办法》　Administrative Measures for the Qualification of Project Manager in Construction Enterprise

1995年1月7日建设部发布,是以培养和建立一支懂技术、会管理、善经营的建筑施工企业项目经理队伍,提高工程建设管理水平,高质量、高水平、高效益地搞好工程建设为目的而制定的有关规定。该办法共7章38条,第一章总则,第二章项目经理的职责,第三章项目经理的资质等级和申请条件,第四章项目经理的资质考核和注册,第五章项目经理的管理,第六章罚则,第七章附则。该办法自发布之日起施行。建设部1992年7月21日印发的《施工企业项目经理资质管理试行办法》同时废止。

（高贵恒）

建筑市场　construction market

建筑产品需求者和生产者发生买卖关系的场合。商品经济统一市场体系的组成部分。受建筑产品的单件性、多样性和不可移动性等特点的制约,建筑市场具有显著的地区性和有限竞争的特色,并以招标投标为主要交易方式。在中国社会主义市场经济中,建筑产品作为商品,可由买卖双方按市场规则进行交易。通过竞争机制,建筑市场将发挥对建筑生产经营活动的引导和调节作用。

（谭　刚　张　琰）

建筑市场法规　statutes of construction market

为保证建设市场有秩序的运行,调整市场参与者各方经济关系,规范其市场行为的法规的总称。在中国,此项法规由立法机构及政府主管部门制定并监督其实施。现行者主要有招标投标法,反不正当竞争法,建筑市场管理规定,工程勘察和工程设计单位资格管理办法,建筑业企业资质管理规定,建筑业企业资质等级标准,工程设计招标投标暂行规定,工程建设施工招标投标管理办法,建设工程勘察设计合同条例,建筑安装工程承包合同条例,建设工程施工合同管理办法等。具有法律的、行政的约束力。是建筑市场管理机构进行管理的依据。对保证建筑市场的正常运行有重要作用。

（张　琰　谭　刚）

《建筑市场管理规定》　Administrative Regulations for Construction Market

1991年11月21日建设部、国家工商行政管理局发出,目的在于加强建筑市场管理,保护建筑经营活动当事人的合法权益,维护建筑市场的正常秩序而制定的有关规定。建筑市场管理,是指各级人民政府建设行政主管部门和工商行政管理机关,按照各自的职权,对建筑市场上的各种建筑经营活动所实施的监督、管理。该规定共7章33条,第一章总则,第二章建筑市场管理机构的职责,第三章发包管理,第四章承包管理,第五章合同管理,第六章罚则,第七章附则。该规定自1991年12月1日起施行。1987年2月10日城乡建设环境保护部、国家工商行政管理局发布的《关于加强建筑市场管理的暂行规定》同时废止。　　（高贵恒）

建筑市场机制　market mechanism of construction

建筑商品生产的各个环节和组成部分,通过市场形成的互相联系互相制约的有机总体。在社会主义市场经济条件下,建筑市场机制作为国家宏观调控与市场调节相结合的经济运行机制的一部分,通过建筑产品供求关系和价格变化等主要因素,自动地调节建筑产品的生产和经营活动。　（谭　刚）

建筑市场体系　system of construction market

由不同类型和不同层次的建筑市场所组成的系统。在类型上,包括建筑产品市场、建筑半成品市场、建筑生产要素市场。在地域上包括国际建筑市场、国内建筑市场、城市建筑市场和农村建筑市场。

完善建筑市场体系,对于改善建筑企业经营环境和发展建筑业具有十分重要的意义。　　（谭　刚）

建筑体系　building system

应用与社会经济和技术发展水平相适应的建筑材料、结构型式、建筑构造、施工方法来建造各类房屋的成套技术。是不同时期建筑材料、建筑设计、建筑施工技术水平的综合反映。按建筑生产方式不同,可分为传统建筑体系和工业化建筑体系。按结构型式不同,可分为砖混建筑体系、中小型砌块建筑体系、大模板建筑体系、框架轻墙建筑体系、装配式大板建筑体系等。按施工方式不同,可分为预制装配、机械化现浇、预制装配与现浇相结合的建筑体系等。中国在逐步提高建筑工业化水平的基础上,各地区因地制宜地发展了先进适用的建筑体系。

（徐绳墨）

建筑物　buildings

具有屋面和围护结构的各类房屋及相应配套设施的建筑产品。它必须具有一定的建筑空间,可以用立方米和平方米来衡量其体积和面积的大小。如住宅、办公楼、医院、宾馆、厂房、电视塔、展览馆等。一般分为工业建筑、民用建筑、农业建筑和园林建筑等。建筑物具有物质和精神两个方面的功能,既为人们提供长久的生产、生活和其他活动场所,也反映着时代风貌和民族风格,因而被看作人类精神文明的组成部分。　　　　　　　　　（林知炎）

建筑物价值比率　building ratio

一宗房地产中,建筑物价值与该项房地产总体价值之比。以成本法进行房地产估价时常使用此系数。　　　　　　　　　　　　　　　（刘洪玉）

建筑物余值法　building residual technique

已知一宗房地产的总价值或总收入及其中土地的价值及收入,估计建筑物价值的一种方法。当已知房地产总值及其中土地价值时,二者之差即为建筑物的价值。当已知净经营总收入和土地净经营收入时,二者之差即为建筑物净经营收入,再除以建筑物还原利率,即可得建筑物价值。　　（刘洪玉）

建筑物资　building goods and material

用于建筑施工生产的物质资料。包括:①作为劳动对象的各种建筑材料、建筑制品和建筑五金等,如钢材、木材、水泥、砂、石子、砌块、粘土砖、石灰、涂料、油毡、沥青、玻璃、墙布、墙纸、地毯、卫生洁具等等。②作为劳动手段的各种施工机械、装置和设备等。　　　　　　　　　　　　　（林知炎）

建筑物资本化率　building capitalization rate

建筑物年收入与其价值间的比率。常用于以建筑物/土地剩余法估算建筑物的价值。

（刘洪玉）

建筑现代化　building modernization

建筑物的风格、功能和建造过程的综合现代化。其特点是充分利用现代科学技术成果,应用高新技术,为日新月异的现代社会提供使用功能良好的工作和居住条件;这种建筑采用高效能新型材料、先进的结构和完善的设备,具有优越的室内、室外环境,灵活可变的建筑空间。建造过程的现代化包括勘测设计、材料制品和设备生产以及施工安装过程的现代化,广泛应用电子计算机和网络、自动化等技术。建筑现代化是长期发展的过程,内容不断更新;评价尺度可以按不同的建筑类型如住宅、各类公共建筑、厂房等对照当代发达国家的同类建筑已经达到的水平。　　　　　　　　　　　　　（胡世德）

建筑许可证　license of construction

俗称施工执照。由建设单位向城市规划主管部门申请核发的允许工程项目施工的凭证。根据中国《城市规划法》的规定,城市规划区内的各项建设活动,必须服从城市规划和规划管理。建设单位应按基本建设程序的要求向城市规划主管部门报送工程设计文件和图纸。后者在对建筑平面布置,主要功能和与周围的关系,立面处理、形式与环境的协调,以及重大的结构设计依据,本项目与所在小区中各项工程设施的协调、衔接关系等方面予以审查,确认合格后始发给施工执照。　　　　（董玉学）

建筑业　construction industry

"土木工程建筑业"、"线路、管道和设备安装业"、"装修装饰业"的总称。(参见 1995 年 1 月颁布的 GB/T4754《国民经济行业分类与代码》)其主体是生产建筑产品的建筑企业。建筑业能为国民经济创造巨大的物质财富,为各物质生产部门提供生产手段和为人民生活提供重要的物质基础;同时还能开辟广阔的就业场所和机会,并推动相关产业的发展。因此建筑业在发达国家常被称为国民经济的支柱产业之一,在中国也已发展成为国民经济的一个重要产业部门,并被确定为支柱产业之一。按国际产业划分标准,建筑业属于第二产业。

（谭　刚）

建筑业部门管理　department administration of construction industry

各级政府部门对所属建筑企业经济活动进行的计划、组织和控制。政府直接管理建筑业经济活动的"条条"管理模式。在中国,长期以来与地区管理并存,形成建筑业多头领导、政企不分、条块分割、政出多门的局面,妨碍建筑业生产力的提高和产业的健康发展。随着经济体制改革的深化,建筑业部门管理和地区管理正逐步向行业管理转变。

（张树恩）

建筑业产出　output of construction industry

建筑业为国民经济各部门及社会最终需求提供的产品。中国规定,建筑业包括勘察设计业、建筑安装业和建筑工程管理、监督、咨询三大类。所有这些行业提供的产品和服务,都是建筑业的产出。

（徐绳墨）

建筑业产业政策　industrial policy of construction

政府为实现建筑业的发展战略,促进建筑业产业组织、生产和技术的协调发展而制定的政策体系。是建筑业技术经济政策的核心部分。其主要内容有建筑业产业组织政策、技术政策、完善建筑业运行机制的有关政策等。建筑业产业政策受国民经济总产业政策的指导和制约,必须服从和服务于国民经济总产业政策确定的任务和目标。产业政策在一定时期内有相对稳定性,随着社会经济条件和建筑生产力水平的变化,也应适时进行调整。（张树恩）

建筑业产业组织　industrial organization of construction

建筑业内部土建、安装、设计、科研以及构配件生产、加工和其他相关企业的关系结构。包括企业规模与结构、专业化、联合化及企业联系方式等。中国建筑业产业组织正逐步发展成为土建安装施工、设计、科研、构配件生产专业配套;智力密集型、技术密集型、劳务密集型企业构成合理;企业规模大、中、小比例协调;企业联系方式多样化,如结成总分包关系,或形成联合投标承包集团,或组成建筑企业集团等适应外部动态环境的企业群体。（张树恩）

建筑业产业组织政策　industrial organization policy of construction

又称建筑业产业结构政策。促使建筑业产业组织合理化的政策。主要是处理建筑产业内部各种所有制企业、各种专业化企业、大中小企业,以及构配件生产企业间相互关系的政策。其目的是使产业内部不同类型企业能适应建筑生产的特点,达到生产资源的最优配置,增强企业的竞争能力和规模经济效益。（张树恩）

建筑业地区管理　regional administration of construction industry

地方建筑主管部门对所属地方建筑企业经济活动进行的计划、组织和控制。政府直接管理建筑业经济活动的"块块"管理模式。在中国,长时期与部门管理并存。但管理对象只限于所属地方建筑企业,而不是面向全行业,既造成政企不分,也削弱了政府行政管理的职能,以致形成建筑业多头领导,条块分割,最终妨碍了建筑生产力和建筑业的健康发展。随着经济体制改革的深化,建筑业由部门管理、地区管理正逐步向行业管理转变。　（张树恩）

建筑业管理体制　administrative system of construction industry

一定社会制度下,建筑业的管理制度、管理方法和形式的总称。实质上是组织整个建筑业经济活动的方式和方法。管理体制是社会经济制度的具体体现,在不同的国家或不同的历史时期有不同的形式和内容。中国建筑业管理体制,包括中央与地方、国家与建筑企业之间划分权、责、利的有关制度和方法。广义的建筑业管理体制还包括建筑企业内部的管理制度和管理方法。随着建筑业生产力的发展,它需要不断改革和完善。中国建筑业管理体制正处在改革过程中。改革的目标和要求是:①正确处理中央、地方、企业和职工个人四方面的关系,使责、权、利相互协调,充分调动国家、地方、企业和职工个人的积极性;②正确运用经济的、法律的和行政的管理手段,形成适应社会主义市场经济体制要求的建筑业新的运行机制;③不断提高建筑业经济效益,促进建筑业与国民经济协调和健康地发展。

（张树恩）

建筑业行业管理　trade administration of construction industry

建筑业行业管理组织对建筑企业的经济活动所进行的管理。在中国,随着经济体制改革的深化,政府职能转变后形成的建筑业新的管理体制。它突破了企业隶属关系和所有制不同的限制,按照经济发展的内在联系和行业自身的特点,对企业的经济活动加以指导和协调。建筑业行业管理的主体是政府主管建筑业的部门,其主要职责是为发展建筑业制订行业规划并实施政策指导等。建筑业行业组织则作为政府的助手,在政府与企业之间起桥梁和纽带的作用。（张树恩）

建筑业宏观调控　macro-regulation of construction industry

国家对建筑市场上供需总量的调节与控制。在社会主义市场经济体制下,宏观调控的主要任务是:保持经济总量的基本平衡,促进经济结构的优化,引导国民经济持续、快速、健康发展,推动社会全面进步。建筑业的宏观调控包括:制定发展战略和产业政策,建立宏观调节指标体系,控制建筑产品需求与供给的总量平衡,提供信息,运用好经济政策、经济法规、计划指导和必要的行政手段,引导建筑市场健康发展。（张　琰）

建筑业技术政策　technical policy of construction industry

国家为指导建筑科学技术发展制定的准则和措施。主要内容包括:建筑科学技术发展方向和目标;

建筑业合理的生产结构、产品结构和技术结构;促进建筑业技术进步的途径和重大措施。中国现行建筑业技术政策的构成包括以下要点:①建筑产品设计技术政策;②建筑施工技术政策;③建筑材料与制品技术政策;④建筑设备技术政策;⑤建筑勘察技术政策;⑥建筑标准化技术政策;⑦建筑科学技术管理政策;⑧建筑业推广应用电子计算机政策。

(张树恩)

建筑业经济学 economics of construction industry

研究建筑业的经济关系和经济活动规律的部门经济学。以建筑业的经济活动为对象,研究建筑生产、分配、交换、消费的经济关系,以及建筑生产力与生产关系相互作用的运动规律。主要内容有:建筑业在国民经济中的地位和作用;建筑业的运行机制;建筑业的微观经济基础;建筑经济活动变量(需求、供给与价格);建筑产品的交换;建筑市场;建筑业的效益等。 (何万钟)

建筑业净产值 net output value of construction industry

建筑安装活动中新创造的价值。是从建筑业总产值中扣除物质消耗(如原材料、燃料、结构件、固定资产折旧等)价值后的净值。是国民收入的重要组成部分。常用的计算方法有两种,①生产法:从总产值中减去建筑安装活动中的物质消耗求得;②分配法:从国民收入的初次分配出发,将构成净产值的各要素,即利润、税金、工资总额、职工福利基金、利息和其他产值相加求得。此外,也可用比例推算法,即报告期的净产值可用报告期的总产值与上期净产值占总产值的比重相乘求得其粗略数值。可分析其在国家、企业和职工之间的分配构成及其变化;由于净产值不受转移价值影响,能较确切地反映建筑企业贡献大小、劳动生产率高低。把总产值和净产值指标结合观察,能更确切反映建筑安装活动的规模、水平、发展速度和比例关系。 (雷懋成)

建筑业劳动生产率 labour productivity of construction industry

建筑业劳动者在单位时间内所提供的劳动成果。即劳动消耗与劳动成果的比值,是反映建筑业生产力发展水平的重要指标。一般表达式为:

$$劳动生产率 = \frac{建筑产品数量}{劳动消耗量}$$

有以实物量计算和以价值量计算两种算法。以实物计算又有工种实物量劳动生产率和人均竣工面积两种表现形式。以价值量计算的劳动生产率按中国现行建筑业统计方法有5种表示形式,即:①按建筑业总产值计算的全员劳动生产率;②按施工产值计算

的全员劳动生产率;③按建筑业净产值计算的全员劳动生产率;④按建筑业增加值计算的全员劳动生产率;⑤按施工产值和建筑安装工人计算的劳动生产率。这5种劳动生产率的计算公式,分别以建筑业总产值、施工产值、建筑业净产值及建筑业增加值为分子;第(1)至(4)种以全部职工平均人数为分母;第(5)种则以建筑安装工人平均人数为分母。计算时,必须遵循分子与分母口径一致的原则。即某些工人创造的产值包括在分子之内,该部分人数也必须包括在分母之内,而不问这些人员是否本单位的或是否固定职工。 (张 琰)

建筑业企业资质管理 qualification control of construction enterprise

政府主管部门按建筑承包企业应具备的资格和素质对其经营活动进行的管理。中国建设部于1995年10月6日发布、自同年10月15日起施行的《建筑业企业资质管理规定》,按工程承包能力将建筑业企业分为工程总承包企业、施工承包企业和专项分包企业三类,并以建设业绩、人员素质、管理水平、资金数量、技术装备等为主要标志,将不同类别、不同专业的承包企业划分为2~4个资质等级,规定了相应的承包工程范围。工程总承包企业资质等级分为一、二级;施工承包企业资质等级分为一、二、三、四级。这两类承包企业的资质等级标准及承包工程范围由国务院建设行政主管部门统一组织制订并发布。专项分包企业的管理办法由省、自治区、直辖市人民政府建设行政主管部门制定。

(张 琰)

《建筑业企业资质管理规定》 Administrative Regulations for the Qualification of Construction Enterprise

1995年10月6日建设部发布,目的是为适应社会主义市场经济的要求,维护建筑市场的正常秩序,保障建筑企业依法进行工程建设施工承包与经营活动而制定的有关规定。该规定所称企业资质,是指企业的建设业绩、人员素质、管理水平、资金数量、技术装备等。该规定共五章45条,第一章总则,第二章资质审查,第三章动态管理,第四章罚则,第五章附则。该规定自1995年10月15日起施行。建设部发布的《施工企业资质管理规定》(1989年6月28日)、《施工企业资质动态管理暂行办法》(1992年5月29日)同时废止。 (高贵恒)

建筑业统计指标 statistical indicators of construction industry

反映建筑业进行施工生产经营活动及其成果在数量方面的统计指标。常用的有:建筑业总产值、建筑业净产值、实物工程量、房屋建筑面积、工程优良

品率、返工损失率、全部职工人数、劳动生产率、施工机械实有台数、综合机械化程度、资金利润率、产值资金率、工程成本降低率等。这些彼此相联系的指标构成建筑业的指标体系。其数值由所有建筑企业相应指标汇总计算而来。　　　　　　　（雷懋成）

建筑业投入　input of construction industry

建筑生产中消耗国民经济其他部门的中间产品和原始投入。根据投入产出分析,一般国家建筑业投入其他部门中间产品的主要内容为建筑材料,包括木材制品、窑业制品、金属制品,约占三分之一强;机电产品以及商业、运输、服务等业占三分之一弱;而新创造的价值也占三分之一。　　　（徐绳墨）

建筑业增加值　added value of construction industry

建筑业在一定时期内生产经营和劳务活动的最终成果净值。系国民经济核算体系的一项基础指标,表明建筑业对国民收入的贡献。国际通用的建筑业主要统计指标之一。可采用两种方法计算。①生产法:从建筑施工企业在一定时期内生产的产品和提供的劳务价值总量(总产出)中,扣除所消耗的外购产品和劳务的价值量(中间消耗)以后的余额,反映建筑业增加值的形成。计算公式为:

建筑业增加值＝总产出－中间消耗

②收入法(分配法):从价值的分配角度计算建筑业增加值,即建筑施工企业在一定时期内为进行生产建筑产品和提供劳务活动而支付给劳动者的报酬、职工福利基金、利润、税金、固定资产折旧、大修理基金及其他增加值之和,反映增加值的初次分配。计算公式为:

建筑业增加值＝劳动者报酬＋福利基金＋利润税金
＋固定资产折旧＋大修理基金
＋其他增加值

按联合国的统计方法,通常指以现行价格计算的"调查增加值",即从以现价计算的总产值中减去:(1)已消耗的原材料;(2)施工单位支付给由其他单位修理自有资产的费用;(3)机械设备租赁费;(4)按购买条件售出的货物价值。　　　　　（卢安祖）

建筑业职工伤亡频率　frequency of work accident of construction industry

建筑施工企业在一定时期内平均每千名职工中发生因工伤亡事故的频繁程度。是衡量安全生产和劳动保护工作好坏的重要指标。计算公式为:

$$伤亡事故频率(‰)＝\frac{伤亡事故人次数}{全部职工平均人数}×1000‰$$

报告期可以为月、季、年。伤亡事故按人次计,1人负伤一次为1人次;一次2人负伤或1人两次负伤

为2人次。全部职工平均人数应包括参与本企业施工活动的全部固定工、合同工、临时工、军工、民工等,应与计算劳动生产率的口径及人数一致。
　　　　　　　　　　　　　　　　（张　琰）

建筑业中间产品　medium product of construction industry

投入产出分析中在分析期内的生产过程中尚需进一步加工的属于建筑业产出的那部分产品。有以下两种情况:①在国民经济投入产出表中,建筑业中间产品占的比重很小。不算作新增固定资产投资而又属于建筑业产品的建筑维修,可视为建筑业中间产品。②在建筑业投入产出表中,中间产品一般包括建筑施工机械完成的作业或产品;各专业(或分包)施工单位完成的作业或产品;建筑制品及构配件的生产与供应;建筑材料的采集与加工;运输单位完成的作业等。　　　　　　　　（徐绳墨）

建筑业中间消耗　intermediate consumption of construction iudustry

建筑施工企业在一定时期内生产经营过程中消耗的外购物质产品和对外支付的劳务费用。中间消耗分为中间物质消耗和中间劳务消耗。中间物质消耗是指建筑施工企业在生产经营过程中耗用的各种外购的原材料、结构件、燃料、动力和办公用品等物质产品以及支付给物质生产部门的运输费、邮电费、加工费、修理费、仓储费等物质消耗。中间劳务消耗是指建筑施工企业在生产经营过程中支付给非物质生产部门的各种劳务费用,包括利息净支出、差旅费、保险费等。

　　　　　　　　　　　　　　　　（卢安祖）

建筑业总产出　total output of construction industry

建筑施工企业在一定时期内为社会提供物质产品和劳务活动总成果的货币表现。计算公式为:

$$\begin{aligned}建筑业\\总产出\end{aligned}＝\begin{aligned}工程价\\款收入\end{aligned}±\begin{aligned}未完施工期\\末期初差额\end{aligned}+\begin{aligned}产品销\\售收入\end{aligned}$$
$$+\begin{aligned}材料销售\\差价收入\end{aligned}+\begin{aligned}作业销\\售收入\end{aligned}+\begin{aligned}其他销\\售收入\end{aligned}+\begin{aligned}特种基\\金收入\end{aligned}$$

　　　　　　　　　　　　　　　　（卢安祖）

建筑业总产值　gross output value of construction industry

以货币表现的建筑业在一定时期内完成的建筑生产活动成果的总量指标。世界上大多数国家建筑业的主要统计指标。按中国现行统计制度规定,它包括三部分产值,即:①施工产值(含建筑安装产值、房屋构筑物大修理产值和现场非标准设备制造产值);②附属生产单位外销预制构件产值(含金属、混凝土结构件);③勘察设计产值,即附属于建筑施工企业内的勘察设计机构完成的产值。计算建筑业总

产值的方法一般按"工厂法"计算,即以独立核算的施工企业或自营施工单位为核算单位,分别按各自生产活动最终成果计算其产值。在企业或单位内部不允许重复计算。按联合国的统计方法,包括:①施工产值,即报告期竣工工程的价值,加期末在施工工程价值,减期初施工工程价值余额;②附属工业生产单位产品销售额;③本单位按购入相同条件售出的货物价值,通常按生产价格(市场价)计算,包括间接税,不包括一切补贴。　　　　　　　　　(卢安祖)

建筑业组织结构　structure of construction industry

建筑业内部的组织构成及其比例关系。是社会分工和专业化发展的结果,并受社会制度和国民经济管理体制的制约。中国为适应加强宏观管理、推动建筑业发展的要求,对建筑业的组织结构通常作如下划分:①按建筑产品生产过程分为勘察设计、施工、设备安装、构配件生产等单位;②按主要产品类型分为房屋建筑、矿山、冶金、化工、能源、铁路、公路、市政等专业化企业;③按社会化组织形式分为总承包、专业承包、联合承包和企业集团等;④企业资质分为一、二、三、四不同等级;⑤按隶属关系分为中央各部直属和地方所属企业;⑥按所有制性质分为全民、集体、个体、私营及中外合资等不同企业。

（张　琰　谭　刚）

建筑业最终产品　final product of construction industry

投入产出分析中,形成国民经济最终需求的那一部分建筑产品。由于建筑产品极大部分通过固定资产投资形成社会积累,因而在投入产出分析中,它的中间产品所占比重很小。建筑业最终产品包括住宅与各种为社会服务的其他建筑物和构筑物,以及为扩大再生产所提供的厂房、仓库等。

（徐绳墨）

建筑周期　building cycle

建筑活动中较长的扩展期与收缩期交替出现所经过的时间。反映市场经济中各国建筑活动中客观存在的一种有规律的波动。可能是由于人口的急剧增长、投机活动、取消了战时对建筑活动的限制等原因所引起。在上述各种情况下,一个时期内对新建的需求相对来说突然增加,造成建筑活动的繁荣兴旺,随着对建筑物的需要得到满足又逐渐衰落。

（俞壮林）

建筑装配化　building prefabrication

建筑工业化初期提出的采取建筑物按部件与构件先预制然后拼装的建造方法。预制部件、构件可以在施工现场进行,例如预制钢筋混凝土桩、柱、屋架等,也可以在加工厂进行,例如各种梁、板或其他

构件。采用装配式结构可以减少现场施工的劳动量,简化现场模具与临时支撑工艺,有利于推行机械化施工。由于工程对象及现场条件情况复杂,是否推行预制装配,应根据实际情况确定。

（徐绳墨）

建筑资金市场　market of construction funds

进行建筑资金借贷活动的专业市场。建筑生产要素市场的组成部分,属于金融市场。按借贷方式不同,可分为贷款市场和债券市场。开放建筑资金市场对于改革中国传统的投资体制,推进资金的合理优化使用,改善建筑企业的生产经营环境,具有十分重要的作用。　　　　　　　　　　（谭　刚）

渐近式抵押贷款　graduated payment mortgage,GPM

在贷款期内,根据借款人的收益水平增长变化情况,规定由低到高分期偿还额的抵押贷款形式。也可每次偿还数额相同,但还款时间间隔逐渐缩短。

（刘洪玉）

jiang

奖金　bonus

为了奖励先进,对在生产、工作中有优良成绩的职工,在标准工资以外支付给职工的劳动报酬。是对职工超额劳动的一种鼓励。其作用在于补充基本的工资形式(计时工资与计件工资)的不足,更全面地体现按劳分配原则。中国建筑企业现行的奖金有:生产(业务)奖,如超产奖、质量奖、安全(无事故)奖、提前竣工奖、考核各项经济指标的综合奖、年终奖;节约奖,包括原材料及特定燃料节约奖;劳动竞赛奖等。奖金的特点是较灵活、多样、及时。其具体形式,按得奖条件的不同有单项奖和综合奖;按得奖时间的不同有月奖、季奖、年奖和一次性奖励;按授奖的对象有个人奖和集体奖。　　　（何万钟）

奖金制度　bonus system

为补偿职工超额劳动而实施的一种物质奖励制度。在中国是实现按劳分配的一种报酬形式。它必须与计时工资制和计件工资制结合运用。计时工资只能反映同工种、同级别的劳动者向社会可能提供的平均劳动量,但不能反映向社会提供的实际劳动量。计件工资虽能把劳动成果和劳动报酬紧密联系起来,但不能完全反映劳动者在提高产品质量、节约、安全和技术革新等方面所作的贡献。实行奖金制度,可有利于进一步调动广大职工全面提高经济效益的积极性。要做到这一点,首先要明确奖励对象和条件,严格考核办法。其次,奖金水平应与标准工资保持合理的比例,并且应在一定幅度内上下浮

动。中国建筑企业实行的奖金制度,除主要用于生产经营活动中补偿超额劳动的报酬功能外,有时也用于精神文明建设中对先进的表彰和鼓励。所以,具有报酬、激励、导向三种功能。 (吴 明)

降低成本计划 plan for cost reduction

规划企业在计划期内应达到的成本降低额、降低率及分成本项目降低额目标的计划。应根据企业经营目标计划、工程承包合同、工程投标预算、企业定额来编制,并应保证企业计划期利润目标的实现。降低成本计划不仅以企业为对象编制,还应按工程项目为对象编制。它不仅是企业财务计划编制的依据,也是编制工程施工组织设计和施工生产计划的重要依据。 (何万钟)

jiao

交付使用资产 asset delivered to use

建设单位已经完成了建筑安装或购置过程、并已办理工程竣工验收或财产验收手续,移交给生产使用单位的各项财产。包括新增的固定资产和低值易耗品(主要是为生产使用单位投产使用时准备的必要的不够固定资产标准的工具、器具等)。标志基本建设投资的最终有效成果。建设单位在办理竣工验收、财产交接工作以前,应根据建筑安装工程投资、设备投资、其他投资、待摊投资的明细分类账,计算交付使用财产的建设成本,编制交付使用资产明细表,经交接双方签证后,作为各自入账的依据。建设单位会计中在"交付使用资产"科目进行核算。
(闻 青)

交付使用资产价值 value of asset delivered to use

建设单位已经完成了建筑安装或购置过程,并已办理工程竣工验收或财产验收手续而交给生产使用单位的各项资产的建设成本。计有:①房屋、建筑物和传导设备等交付使用财产的建设成本,包括房屋、建筑物和传导设备的建筑工程投资支出(不包括设备基础、支架等建筑工程投资支出);②生产、动力设备等交付使用财产的建设成本,包括设备投资支出(即需要安装设备的采购成本),设备安装工程投资支出,设备基础、支柱、炉体砌筑等建筑工程投资支出;③运输设备及其他不需要安装的设备,生产用工具、器具、办公生活用家具,以及购置房屋等交付使用财产的建设成本,一般只计算它们的设备投资支出(即不需要安装设备、工具及器具的采购成本)或其他投资支出(即办公生活用家具、器具、房屋的购置费);④基本畜禽、种畜、林木等交付使用财产的建设成本,以及其他投资支出;⑤土地,土地投资支出;⑥待摊投资支出。 (闻 青)

交工工程 delivered project

已完成了承包合同规定的全部施工任务,并经办理交工验收手续,移交给建设单位的建筑安装工程。一般性施工企业以将完整的房屋或构筑物全部建成,移交建设单位时才能算为交工工程。专业性施工企业(如基础公司、结构公司)在将所承包的房屋或构筑物的个别部分完成并移交验收时便算为交工工程。 (徐友全)

交工验收

见单项工程验收(41页)。

交竣工及招揽任务计划 plan of completion and canvassing

规定企业在计划期内为实现利润目标应达到的交竣工工程量及招揽任务量的计划。是"以利定销"原则在建筑企业经营活动中的具体体现和指导企业开展招揽任务的经营活动及编制施工计划的主要依据。主要指标包括:竣工或交工工程量或项目数;在建施工面积;新开工面积;招揽任务量(应分别反映拟由投标、议标、计划下达等不同方式计划招揽的工程量)等。根据需要和实际情况上述计划也可分别编制为交竣工计划和招揽任务计划。 (何万钟)

交通流量 traffic volume

在一定时间范围内,经过一条街道或街道上某一定点的人员和机动车辆的数量。开发商业零售用房地产项目时,常用此指标估算项目建成后的客流量和可能的销售额。 (刘洪玉)

交易鉴证 exchange identification

国家房地产管理机关按照有关规定对房地产交易活动进行审查和确认的过程。 (刘洪玉)

交钥匙承包 turnkey contracting

又称建设全过程承包,一揽子承包或统包。承包单位从项目准备、勘察设计、建筑安装施工,直到建成投产,一包到底,向建设投资者提交最终产品的工程承包方式。建设单位只要提出工程项目的使用要求和竣工期限,承包单位即对项目的可行性研究直至竣工投产实行建设全过程的总承包。建设单位通常要根据前一阶段工作的结果,决定下阶段任务,每一阶段都要签订合同。这种承包方式要求承发包双方密切配合,重大问题仍应由建设单位决策。其优点是建设单位的筹建工作可大为简化,节省人力、时间和经费;承包单位可积累经验、节约投资、缩短工期、提高工程质量和经济效益。 (钱昆润)

交钥匙合同 contract of turn-key

又称统包合同、一揽子承包合同。承包方与建设单位签订的从勘察、设计、物资采购、建筑施工、安装、设备调试直至竣工交用等全部工程任务的建筑安装工程承包合同。承包方完成建设工程的全部工作内容后,向建设单位交出"钥匙",工程即可投入使用或运营。担任一揽子承包的单位,一般为建设工程承包公司或有总承包资格的建筑公司。

(何万钟)

焦点法 focus method

一种强制联想与启发思考帮助决策的方法。其特点是最后必须达到的要求(即输出)是固定的,这也就是决策的目标,而作为考虑方案的出发点(输入)都是可以任意选定的,最后要在"输出"上会合起来,所以称为焦点法。其基本过程是可以从"输入"入手进行自由联想,想出来的思路和办法要尽量和"输出"联系起来,如果联系不上,就改从"输出"角度倒过去向"输入"方面去联想。如此反复几次强制联想,然后把联系得上的关系汇集起来,再从中选择可用的方案。

(何万钟)

jie

结构工资制 composite wages system

按不同因素综合构成工资的一种工资制度。根据决定工资的不同因素和工资的不同作用而将工资划分为几个部分;通过对这几部分工资数额的合理确定,构成职工的全部报酬。结构工资可由基础工资(大体维持职工本人的基本生活费)、职务工资(体现按劳分配的主要部分)、年功工资(反映职工的工龄)、业绩工资(反映实际工作成绩)、区类工资(反映不同地区的工资差别)和津贴等几部分组成。这种工资制突破了过去的单一工资形式,紧密同职工的贡献大小和企业的经济效益挂钩,有利于在企业中逐步形成一种自我约束、良性循环发展的工资机制,更好地发挥工资的不同功能作用,较好地体现按劳分配的原则。

(吴 明)

结构相对指标 structural relative indicator

又称结构相对数。反映总体内部组成状况的相对指标。利用分组法将总体区分为若干性质不同的组成部分,以各组成部分总量与总体总量的对比求得各组成部分所占比重或比率。通常用百分数表示。各部分所占百分数之和应等于100%。计算公式为:

$$结构相对指标(\%) = \frac{各组总量}{总体总量} \times 100\%$$

(俞壮林)

结算审计 settlement auditing

审计人员依法对企业生产经营过程中与外单位、企业内部各单位和职工之间货币收付结算业务的审核监督。在建筑企业中主要审核:工程款往来结算、应付购货款备用金、应收应付内部单位款和其他应收应付款的真实性、正确性和合规性;结算资金

的内部控制制度是否完善;有否被拖欠或欠人的工程款并分析原因。其目的是严格结算纪律、理顺企业往来业务关系,促使企业合理使用资金,提高资金利用效果。

(周志华)

结算资金 settlement funds

企业经营活动中根据政策和制度规定而发生的正常结算关系所占用的资金。属流通领域的流动资金。在建筑企业中,包括应收工程款、备用金、其他应收款、预付购货款等。除应收工程款、备用金能规定定额外,其余很难核定定额。为了掌握其资金占用,可根据结算方式、特点、金额大小和结算间隔期,作一经验估计和推算。

(周志华)

结账 balance account

期末对账簿记录的发生额和余额的会计核算工作。为企业及其他经济组织正确计算生产经营成果或预算执行结果,及时编制会计报表的必要步骤。实践中首先要查明本期所发生的经济业务是否已然全部入账。在权责发生制下,对已经实现而尚未收到的收益,应计提的折旧,应摊销、预提的费用和损失,应缴未缴的税金,应付未付的费用等,都应计算登记入账;各种费用、收益账户的余额,应在有关账户间进行结转;现金日记账,银行存款日记账,以及总分类账和明细分类账的各账户,应结出本期发生额和余额,并根据总分类账编制本期发生额对照表,根据明细分类账分别编制本期发生额明细表,以利于正确计算生产经营成果或预算执行结果,并编制会计报表。

(闻 青)

借贷合同 loan agreement

贷款方向借款方提供贷款,借方在规定期限内将同数额的贷款返还给贷方并给付利息的经济合同。借贷合同的主要内容有:贷款数额、贷款用途、贷款利率、贷款归还期限、结算办法、违约责任等。中国法人之间的借贷合同的主要特点是:①贷款方只能是专业银行或其他合法的金融机构。②标的只能是货币。③贷款利率由国家规定,中国人民银行统一管理。各专业银行总行具有一定的利率浮动权,浮动幅度由中国人民银行总行规定。

(何万钟)

jin

金融 finance

经济生活中货币流通和信用活动的总称。是商品货币关系的产物,随商品流通的发展而发展。早期的金融包括货币兑换、保管、汇兑等活动;现代金融活动最主要的内容则是信用。中国的金融活动主要通过银行和金融组织的业务来实现,这些业务主

要包括货币的发行与回笼,存款的吸收和提取,贷款的发放和收回,保险和信托以及国际间的贸易和非贸易清算,黄金的输入输出等。　　　（何万钟）

津贴制度　allowance system

　　为补偿在特殊条件下工作职工的劳动消耗和生活费支出而支付报酬的制度。是工资制度的重要组成部分。中国现行的津贴制度,按津贴的性质划分,大体有五种类型:① 用于在特殊环境和岗位上劳动的职工实行的津贴制度。如井下津贴,地区津贴,高温、水下津贴,流动施工津贴等。② 为补偿额外劳动消耗而建立的津贴制度。如夜班津贴,加班加点津贴,带学徒津贴等。③ 用于保障职工生活而建立的津贴制度。如停工津贴,职工参加定期脱产学习时的津贴,职工在履行国家或社会义务时的津贴,职工按规定享受探亲假时的津贴等。④ 用于鼓励职工对生产(工作)有特殊贡献而建立的津贴制度。如职务津贴等。⑤ 为减轻职工日常生活费用开支而建立的津贴制度。如职工冬季取暖补贴,回民伙食补贴,粮价补贴,副食品价格补贴等。

　　　　　　　　　　　　　　　　（吴　明）

进入　access

　　进出某宗房地产的路径,或物理或法律意义上的出入口。几乎所有房地产产权所有人都有从公共街道上进入其物业的权利。在一定条件下,房地产产权人还具有进入其出租物业的权利。

　　　　　　　　　　　　　　　　（刘洪玉）

近期效益　short-term benefit

　　根据当前的经济和技术条件,为保证生产和扩大再生产的进行,在合理安排和使用人力、物力、财力条件下,近期(例如五年)内所能获得的效益。在项目评价时,应将近期和长远结合起来,既要考虑当前的切实利益,又要考虑项目长期发挥效益的可能性。

　　　　　　　　　　　　　　　　（武永祥）

《禁止向企业摊派暂行条例》　Interim Ordinance on Prohibition Against Apportion to Enterprises

　　1988 年 4 月 28 日国务院发布,是为禁止向企业摊派,保护企业的合法权益而制定的有关规定。该条例所称摊派,是指在法律、法规的规定之外,以任何方式要求企业提供财力、物力和人力的行为。该条例共 5 章 27 条:第一章,总则;第二章,禁止各种形式的摊派;第三章,权利与责任;第四章,奖励与惩罚;第五章,附则。该条例自 1988 年 5 月 20 日起施行。　　　　　　　　　　　　（王维民）

jing

经常储备　frequent reserve

又称周转储备。企业为进行日常生产而建立的原材料、燃料等物资的基本储备。是生产储备的一种。其数量随着施工生产的进行而不断变化。当一批物资运到时,储备数量达到最大,随着施工生产的消耗,在下批物资运抵前,数量逐渐减至最低点,按理想状态,减至保险库存量,此时由下批物资补充。经常储备量的最大值等于平均每日消耗量与前后两次运达时间间隔日数的乘积。计算公式如下:

$$经常储备 = \frac{材料供应}{间隔天数} \times \frac{材料平均}{日消耗量}$$

$$\frac{材料供应}{间隔天数} = \frac{发货}{天数} + \frac{运达}{天数} + \frac{卸货验}{收天数} + \frac{使用前材料的}{加工准备天数}$$

　　　　　　　　　　　　　　　　（陈　键）

经济　economy

　　①经济关系,也即社会经济制度。它是人类社会存在和发展的基础,也是社会上层建筑赖以存在的基础。

　　②国民经济的泛称。有时指国民经济的特定部门,如工业经济、农业经济等;有时指各经济部门的总和。

　　③经济活动。包含物质资料的生产、分配、交换、消费等活动。

　　④节约。资源的最佳利用,如以既定的资源投入,以取得最大的产出或满足。

　　经济一词,在中国古汉语中为"经世济民"、"经邦济世"之意。后来日本学者在翻译西方著作中的 economy 时,借用了该词。中国学者又从日语移植过来。　　　　　　　　　　　　（何　征）

经济订购批量　economic order quantity, EOQ

　　企业在保证物资正常供应的条件下,使包括采购费用和保管费用的总费用最低的一次订购物资数量。订购量大,可减少采购次数和采购费用,但会增加保管费用;订购量少,则可减少保管费用但增加采购费用。两种费用的总和为最小的订购批量的计算式为:

$$\frac{经济订}{购批量} = \sqrt{\frac{2 \times 年度物资需要量 \times 每次采购费用}{单位物资年保管费}}$$

$$= \sqrt{\frac{2 \times 年度物资需要量 \times 每次采购费用}{物资单价 \times 年储存费率}}$$

　　　　　　　　　　　　　　　　（陈　键）

经济法　economic law

　　通常认为是调整一定经济关系的法律规范的总称。自经济法一词问世后近百年来,对经济法的涵义至今众说纷纭,没有形成共识,争论的交点是经济法的调整范围及其在法律体系中的地位。虽然如此,经济法的研究和经济方面的立法都发展很快,经济法作为国家干预和管理经济的一种手段,受到了较为普遍的重视。改革开放以来,中国已建立了奠定经济法律体系的基本框架,逐步使各项活动基本上有法可依。经济法的发展,对维护经济秩序,改善经济管理,打击经济犯罪,推动社会主义市场经济的发展起了积极作用。　　　　　　　　　（王维民）

经济杠杆　economic lever

在社会主义条件下,国家和经济机构利用价值规律与物质利益原则影响和调控社会生产、交换、分配、消费等方面的经济活动,以实现国民经济和社会发展计划的经济手段。主要与价值形式有关,包括:价格、工资、奖金、税收、信贷、利率、汇率等。运用这些手段促使各个经济单位和劳动者从物质利益上关心国家计划的实现,从而影响、调节、控制其经济活动,以保证实现既定目标。运用经济杠杆管理经济,是建立社会主义市场经济条件下经济运行机制的重要内容之一。　　　　　　　（张　琰　何　征）

经济管理　economic management

对社会经济活动或生产经营活动所进行的计划、组织、指挥、调节和监督。由于经济活动的范围不同,经济管理可分为宏观经济管理和微观经济管理。宏观经济管理是对国民经济总体活动所进行的总量管理。全国经济活动按中央与地方划分,各地方又有按地区经济活动进行的全面管理;国民经济按部门划分,则可分为各个部门的经济管理,如工业经济管理、建筑经济管理等。微观经济管理指生产经营活动组织所进行的管理,也就是单个经济组织的管理。各个部门、企业之间在技术和经济方面相互依存、紧密联系,组成国民经济的有机体系,为使它们的经济活动相互协调并有序地进行,要求对整个社会经济活动从宏观上进行管理。单个经济组织追求以有限的资源从事生产以取得最大限度的利润,或以有限的收入进行消费,以获得最大限度的满足,则要求从微观上加以管理。　　　　　（何　征）

经济管理体制

见经济体制(174页)。

经济合同　economic contract

双方或多方当事人之间为实现一定的经济目的,明确相互权利、义务的合同。即从事经济活动的权利义务主体(可为自然人或法人),从自身的经济利益出发,根据国家法律、法令或计划的要求,遵照平等互利、协商一致的原则,达成的有关经济内容的、共同遵守的协议。其基本内容一般包括:合同当事人;合同标的;标的数量和质量;合同的价款数额;履行的期限地点和方式;以及违约责任等。按其性质,经济合同可分为计划经济合同和非计划经济合同;单务经济合同和双务经济合同;口头经济合同和书面经济合同等。常见的经济合同有购销、建设工程承包、加工承揽、货物运输、供用电、仓储保管、财产租赁、借款、财产保险等合同。经济合同依法成立,即具有法律约束力,当事人必须全面履行合同规定的义务,任何一方不得擅自变更或解除合同。

　　　　　　　　　（何万钟　张　琰）

经济核算制　economic calculation system

社会主义企业按照自主经营、自负盈亏的原则,实行经济核算,以收抵支,取得盈利的一项经营管理制度。实行经济核算制,要求企业具有必要的经营管理自主权,对其经营成果要自行负责。为此,要实行政企分开,正确处理国家与企业间的经济关系;要在商品经济等价交换原则基础上,处理企业与企业之间的关系;要在按劳分配原则基础上,处理企业与职工之间的分配关系。它是中国加强以经济责任为中心,责权利紧密结合的经济责任制的一个重要内容和重要的经济管理制度。　　　　（周志华）

经济换汇成本　economic exchange cost

又称经济节汇成本。用影子价格、影子工资和社会折现率计算的为生产出口产品而投入的国内资源现值与生产出口产品的经济外汇净现值之比。亦即换取一个单位的外汇(如一美元)所需的人民币(元)金额。用以分析项目实施后在国际上的竞争能力,判断其产品应否出口的指标。表达式为:

$$\text{经济换汇成本} = \frac{\sum_{t=0}^{n} DR_t (1 + i_s)^{-t}}{\sum_{t=0}^{n} (FI - FO)_t (1 + i_s)^{-t}}$$

DR_t 为项目在第 t 年为生产出口产品所投入的国内资源(含投资及经营成本等);$(FI - FO)_t$ 为第 t 年净外汇流量;i_s 为社会折现率;n 为计算期。当项目的产品替代进口时,应计算经济节汇成本,即节约一个单位外汇所需要的人民币(元)金额,它等于项目为生产替代进口产品而投入的国内资源现值与生产替代进口产品的经济外汇净现值之比。经济换汇成本或经济节汇成本小于或等于影子汇率时,表明该项目产品出口有竞争力,从获得或节约外汇角度考虑是有利的。　　　　　　　　　（刘玉书）

经济机制　economic mechanism

社会经济各组成部分的相互联系方式和制约关系,以及为保证经济运行所采取的具体管理形式构成的总体。机制一词源于希腊文 mechane,原意指机器、机械的构造和动作原理;后为生物学、医学及其他学科所采用。经济机制取决于经济规律的客观要求和生产者主体的能动作用。作为一种体系,一般由经济组织、经济杠杆、经济政策等构成。从根本上说,其内容是由生产关系规定的,但又同生产力和上层建筑有关。因此,在不同社会经济形态中,有不

同类型的经济机制;在生产关系本质相同的不同国度或同一国度的不同发展时期,经济机制也会有所差别。 （何 征 张 琰）

经济计量学 econometrics

又称计量经济学。对经济关系进行计量,以便为经济现象确定数量规律的经济方法学科。现代西方经济学的一个分支。其实质是以经济学关于经济关系的学说作为假设,运用数学和数理统计方法,根据实际观测的统计资料,对经济关系进行计量,再用计量结果对作为假设的经济学说进行检验和修订,从而为经济现象确定数量规律。计量分析方法的一般步骤是:①建立模型,即用数学方程和方程组描述有关经济变量之间的联系;②估算参数,即根据观测统计资料估计出模型的结构参数的具体数值;③验证理论,即检验估算结果是否符合模型所依据的经济理论;④使用模型,即利用已估算出参数值的模型对经济体系进行结构分析、预测未来和规划政策。中国改革开放以来,在马克思主义政治经济学理论指导下,重视以经济计量学为工具,对社会经济现象的发展变化进行数量分析,有助于宏观调控,促进社会主义市场经济的发展。 （张 琰 何万钟）

经济结构 economic structure

①一定社会的生产关系总和。主要通过生产资料所有制的结构来表现。

②国民经济各部门、社会再生产各方面的组成和构造。主要包括产业结构、分配结构、交换结构、消费结构和技术结构。

③一定经济社会中比较稳定的因素全体,构成经济现象的基础。

经济结构按其所包含的范围不同,又可分为整个国民经济结构、部门经济结构、地区经济结构及企业经济结构。一国的经济结构是国民经济各组成部分以不同规模和速度发展的结果,是长期形成的。社会对最终产品的需求是影响经济结构的决定性因素,科学技术进步及其成果推广应用的程度,则对经济结构的变化起着显著的作用。一定的社会经济和技术条件,要求与它相适应的一定的经济结构。经济结构合理的主要标准在于适合本国实际情况,能充分利用国内外一切有利条件,合理而有效地利用人力、物力、财力和自然资源,推动科技进步和劳动生产率提高,有利于促进生产的近期和远期增长速度。而能否最大限度地满足人民生活不断提高的需要,则是社会主义国家经济结构合理与否的最重要标志。 （张 琰）

经济景气监测 business cycle monitoring

对经济的周期波动进行监视和测算,并预测经济波动的转折点。经济的周期波动一般是指经济运行过程中交替出现的扩张和收缩、繁荣与萧条、高涨与衰退现象。经济波动多由一个经济扩张期继之以收缩期构成;并用"峰顶"和"谷底"分别表示两个阶段的转折点。为了准确地把握经济的周期波动,可通过构造景气指数来指示经济的上升和下降,繁荣与萧条。 （金 枚）

经济景气指数 business cycle index

用来测定和表明经济周期波动的相对数指标。可从事后的统计数字和事前的景气调查两个层面构造获得。用统计数字构造的景气指数通常称为"宏观经济景气指数",是在大量的统计指标基础上,筛选出具有代表性的指标,建立一个经济监测指标体系,并以此建立描述宏观经济运行状况和预测未来走势的各种指数或模型。利用景气指数进行分析,即用经济变量之间的时差关系指示景气动向。具体做法是,首先确定时差关系的参照系,即基准循环,编制景气循环年表;其次,根据基准循环选择超前、同步及滞后指标;最后编制扩散指数和合成指数来描述经济运行状况,预测转折点,并在某种意义上反映经济循环变动的强弱。用统计调查构造的指数以调查的内容和范围来区别,主要者为企业景气指数和消费景气指数。其特点是以定性调查代替定量调查,是二次大战后出现的一种新的信息采集方法。基本做法是,以企业和消费者为调查对象,采用问卷方式收集调查对象关于景气变动的判断;最后以扩散指数法进行调查信息的综合,从而得到景气指数。其独特之处在于,问卷中的问题都是定性判断的选择题形式,调查对象只需就调查内容的上升、不变和下降三种答案作出选择即可;最后经过扩散指数处理将定性判断定量化。企业景气指数可反映企业的生产经营状况和企业家对整个宏观经济的预期。消费景气指数反映个人消费情况和消费者对整个宏观经济的预期。编制景气指数的最主要目的是预测经济周期波动的转折点。为宏观经济调控提供决策参考。中国国家统计局中国经济景气监测中心自1993年8月开始编制并发布经济景气指数。

（金 枚）

经济净现值 economic net present value, EN-PV

按给定的社会折现率将项目计算期内各年的净效益折算到建设期初的现值之和。反映项目对国民经济净贡献能力的绝对指标。表达式为:

$$ENPV = \sum_{t=0}^{n}(CI - CO)_t \cdot (1 + i_s)^{-t}$$

i_s 为社会折现率;CI 为现金流入量;CO 为现金流出量;$(CI - CO)_t$ 为第 t 年净现金流量;n 为计算期。当 $ENPV$ 大于零时,说明国家为项目付出代价后,除得到符合社会折现率的社会效益外,还可以得到以现值表示的超额社会效益;当 $ENPV$ 等于零时,说明项目占用投资对国民经济所作的净贡献刚好满足社会折现率的要求;当 ENPV 小于零时,说明项目占用投资,对国民经济所作的净贡献达不到社会折现率的要求。一般情况下,ENPV≥0 时,项目可取;反之,ENPV<0 时,应放弃。多方案选择时,应选 ENPV 大者。　　　　　　（刘玉书）

经济净现值率 economic net present value rate,ENPVR

经济净现值与投资现值之比。反映建设项目单位投资对国民经济所作净贡献的相对指标。表达式为:

$$ENPVR = \frac{ENPV}{I_{\mathrm{p}}}$$

ENPV 为经济净现值;I_{p} 为投资(包括固定资产投资和流动资金)的现值。当互比方案的投资额不同时,可采用这个指标衡量。　　　　　　（刘玉书）

经济模式 economic pattern

又称经济管理体制类型。从总体上对社会经济现象及其运行所作的理论概括。它表示的不是经济生活中的物质实体,而是社会经济运行中带有本质性的总体特征。常按生产力和生产关系的一定标志来划分。如按社会经济制度划分,通常分为社会主义经济模式和资本主义经济模式;按经济调节机制划分,通常分为计划模式、市场模式、计划-市场结合模式;按管理特点划分,通常分为集权管理模式和分权管理模式,等等。　　　　　　（何　征）

经济内部收益率 economic internal rate of return EIRR

建设项目计算期内各年经济净效益流量的现值累计为零时的折现率。是反映项目对国民经济净贡献的相对指标。其表达式为:

$$\sum_{t=0}^{n}(B-C)_{t}(1+EIRR)^{-t} = 0$$

B 为效益流入量;C 为费用流出量;$(B-C)_{t}$ 为第 t 年净效益流量;n 为计算期。评价时,当 EIRR≥社会折现率时,项目可取;反之,EIRR<社会折现率,则应放弃。　　　　　　（刘玉书）

经济评价 economic evaluation

又称建设项目经济评价。对拟建项目的经济可行性与合理性进行全面系统的分析,给予定量和定性的说明,为项目决策提供客观依据的工作。是建设项目评价的核心内容。项目经济评价分为财务评价和国民经济评价。财务评价只计算项目本身的直接效益和费用,即项目的内部效果;国民经济评价除计算内部效果外还计算项目的间接效益和费用,即项目的外部效果。在中国,项目是否投资兴建,一般应取决于国民经济评价的结果。

（武永祥　刘玉书）

经济评价参数 parameter for economic evaluation

用于计算、衡量建设项目效益与费用以及判断项目经济合理性的一系列数值。设立经济评价参数,在于保证各类项目评价标准的相对统一性和评价结论的可比性。在中国,经济评价参数按评价阶段不同包括国民经济评价参数和财务评价参数两部分。它们系根据国家的经济状况、资源供求状况、宏观经济调控意图、各行业投资经济效益以及项目评价的实际需要由国家主管部门(国家计委、建设部)组织测定并发布的。这些参数仅作项目评价之用,不代表现行的价格、汇率和利率,也不作为国家分配投资、财政核算以及部门间、企业间商品交换和结算的依据。经济评价参数按其重要性和使用范围的不同,分为国家级参数和项目级参数。

（何万钟）

经济人 economic man

一般指善于打算的企业家和追求最大利润的营利者。早在 19 世纪之前已习惯使用,认为经济人是没有任何感情的人物。作为学术用语,首先使用的是英国的约翰·穆勒(J.S.Mill)。这一概念移用于企业管理中,是指由经济利益来激励和推动的人。企业主以经济人身份追求最大利润,工人以经济人身份争取高额工资。这一观点体现于泰罗的科学管理,他认为科学管理借助于时间和动作研究,设计工作标准,并据以制定定额,实行计件工资和奖励,可以解决追求高利润的资本家和谋求高工资的工人之间经常发生的矛盾,为提高劳动生产效率而"共同"努力。"经济人"概念过于强调人的经济利益和欲望方面,后来行为学派提出"社会人"概念来与之相对应。　　　　　　（何　征）

经济手段 economic means

国家调节和管理经济活动的经济杠杆和经济管理制度。经济杠杆包括价格、工资、奖金、利率、税收等。经济管理制度指经济责任制、经济合同制等。运用经济手段,可调节经济活动各方的物质利益关系,以影响和促使社会经济活动朝既定目标发展。在实践中,要注意各种经济手段之间的相互制约和相互配合,综合运用;还必须与行政手段、法律手段、思想教育等紧密结合,以取得最佳效果。

（何万钟）

经济寿命 economic life

一宗房地产的地上建筑物及附属设施的投资对该房地产的整体收益或价值有贡献的预计时间周期。例如,某刚建成的收益性物业,预计 40 年后的净经营收入为 100 万元,届时该物业所占场地如果是一块空地,也可以获取 100 万元的地租收入,即地

上物的投资对该宗物业整体收益的贡献为零,而该物业的经济寿命为 40 年。经济寿命一般短于自然寿命。 （刘洪玉）

经济数学模型 econome-mathematical model

简称经济模型。经济活动中数量关系简化的数学抽象表达。按经济数量关系,可分为经济计量模型、投入产出模型和最优规划模型。按经济范围大小,可分为企业的、部门的、地区的、国家的和世界的五种模型。按数学形式,可分为线性和非线性两种模型。按时间状态,可分为静态和动态两种模型。按应用目的,有理论模型和应用模型。按用途可分为结构分析模型、预测模型、政策模型和计划模型。经济模型是系统方法的具体运用。其着眼点不在于反映单个的经济量,而在于说明各个经济量间的关系及其共同作用。是对量大面广、相互联系、错综复杂的经济数量关系的分析研究的重要工具。但也有其局限性,主要表现于模型的建立要受人们对客观经济现实认识能力和仿真手段的限制,以及它的应用是有条件的,不能脱离应用者学识、经验和判断能力。 （张琰）

经济索赔 financial claim

在施工承包合同实施过程中,合同当事人一方向另一方提出非由于己方原因造成的经济损失或额外开支给以赔偿或补偿的要求。在承包商一方,经济索赔的前提是:施工过程中实际发生的费用超过了业主已接受的投标书报价数额,而超支的责任不在承包商方面,也不属于承包商应承担的风险范围。主要原因,一是施工受到干扰,致使工作效率降低;二是业主命令工程变更或额外增加。这两种情况都会使施工费用(工程成本)增加,承包商有权索赔。在业主方面,则可由于承包商延误工期、施工缺陷及任何违约行为,而向承包商提出索赔要求。 （张琰）

经济特区 special economic regions

中国政府实行特殊的经济政策和特殊的经济体制的特定地区。其基本特征可概括为:"建设资金以利用外资为主;经济结构以中外合资、合作和外商独资经营为主;企业产品以出口外销为主;经济活动在国家计划指导下,以市场调节为主"。1979 年 9 月,国务院公布在广东省的深圳、珠海、汕头和福建省的厦门等地,分别划出一定区域,开办经济特区。允许外商在中国法律许可范围内兴办和经营各种产业,并在设备进口、产品出口、公司所得税、外汇结算和利润汇出、土地使用和有关人员出入境方面,提供优惠条件。1984 年 4 月,中国又开放了由北至南的大连、秦皇岛、天津、烟台、青岛、连云港、南通、上海、宁波、温州、福州、广州、湛江和北海等 14 个沿海港口城市。在这些城市内采取经济特区的若干优惠政策。1987 年 9 月又决定将海南省办成全国最大的经济特区。经济特区在发展中国外向型经济,吸收外资,引进先进生产技术和管理经验,促进中国现代化建设,以及在作为对外开放的"窗口"方面,都起着十分重要的作用。

（何征）

经济体制 economic system

又称经济管理体制。一定社会经济制度下,国民经济的管理制度和管理方法。包括社会的生产、交换、分配和消费的组织,经济管理中的权限和责任的划分以及机构设置等整个体系。和生产力发展水平及生产关系的性质有密切关系。当代世界各国主要实行市场经济体制。中国在经济体制改革前实行的是高度集中的计划经济体制;改革的目标是建立社会主义市场经济体制。 （何征）

经济外汇净现值 economic net present value of foreign exchange，$ENPV_F$

按国民经济评价中效益、费用的划分原则,采用影子价格、影子工资和社会折现率计算的项目寿命周期内各年外汇净流量的现值之和。用以衡量项目对国家的外汇净贡献。其表达式为:

$$ENPV_F = \sum_{t=0}^{n} (FI - FO)_t (1 + i_s)^{-t}$$

FI 为外汇流入量;FO 为外汇流出量;$(FI - FO)_t$ 为第 t 年的净外汇流量;i_s 为社会折现率;n 为计算期。当项目产品替代进口时,可按外汇效果计算经济外汇净现值。当 $ENPV_F \geq 0$ 时,从外汇的获得或节约的角度看,项目可以采纳。 （刘玉书）

经济效益审计 economic effect auditing

以实现经济效益的程度和途径为内容,以促进经济效益的提高为目的所进行的审计。按其侧重面的不同,可细分为业务经营审计、投资效益审计、管理审计。业务经营审计主要审查是否努力改善和利用企业的物质条件和技术条件;审查利用生产力各要素的具体方式和手段的有效性,诸如是否厉行节约,是否改进了生产工艺,不断更新了设备等。管理审计主要是审查管理组织是否合理、管理机构是否健全、各项管理机能诸如决策、计划、领导、控制等是否有效等。投资效益审计主要是审查建设项目投资的国民经济效果和企业经济效果,审定是否有经济效益更好的项目或方案可供选择,使有限的资源发挥更大的效益,检查项目建设过程中存在的薄弱环节和问题,以便采取有效措施,提高建设项目投资经济效果。 （闻青）

经济效益指标 economic benefit indicator

综合反映和评价建筑企业在一定时期内的投入与产出之比的指标。为了正确反映和评价企业经济效益的好坏,需在工程质量、物质消耗、活劳动消耗、资金占用等方面从量上(相对指标)进行计算。中国现行反映建筑企业经济效益的指标主要有:工程质量优良品率、工程成本降低率、资金利润率、产值利润率,按总产值、净产值计算的全员劳动生产率等,并构成经济效益指标体系。　　　　　(雷懋成)

经济学 economics

研究人类社会各种经济活动和经济关系及其运行发展规律与应用的学科总称。17～19世纪末称政治经济学;英国经济学者A.马歇尔首次使用economics一词,日本学者借用古汉语中"经世济民"之意,译为经济学,中国也随之采用。1949年中华人民共和国建立后,中国经济学界大多数称马克思主义的理论经济学为政治经济学,对此外的理论经济学则采用经济学一词。资产阶级学者认为,经济学研究人们既定目的与具有不同用途供选择的手段之间的关系,即在以有限资源满足众多欲望时如何作出合理的选择。马克思主义经济学者主张,政治经济学是研究人类社会各个发展阶段上的生产关系体系,即在一定的生产资料所有制前提下包括生产、交换、分配、消费诸关系在内的经济关系及其发展规律的科学。其任务在于揭露阶级社会的阶级剥削,揭示资本主义必然为社会主义所代替的规律,特别要研究社会主义生产关系的性质及其运行规律,为促进社会主义经济的发展服务。经过长期发展,经济学已形成系统的学科体系。其门类可大体划分为①理论经济学。又分为宏观经济学与微观经济学两个分支;按研究方法可分为规范经济学与实证经济学。②经济数量的分析、计量方法。包括数理经济学、经济统计学、经济计量学等学科。③应用经济学。包括农业经济学、工业经济学、建筑业经济学、财政学、货币银行学、城市经济学、区域经济学、国际经济学以及技术经济学、环境经济学等众多分支。此外,还有经济史和经济思想史等分支学科。

　　　　　(张　琰　谭　刚)

经济责任制 system of economic responsibility

以提高经济效益为目的、责权利紧密结合为特征的一项管理制度。它是中国在经济体制改革过程中,把岗位责任制、经济核算制和按劳分配有机结合而形成的一种新型管理制度。在责权利三者关系中,责任是核心,目的是提高经济效益,权限是条件,利益是动力。要根据权责一致,以责定权;有责有利,以尽责定利的原则,使责权利真正统一起来。在工程建设活动中实行经济责任制,包括总包对建设单位的经济责任制,分包对总包的经济责任制,建筑企业对国家的经济责任制和建筑企业内部经济责任制等。　　　　　(何万钟)

经理(厂长)负责制 system of manager assumes responsibility

由企业经理(厂长)对本企业的生产经营活动实行统一指挥并全面负责的企业领导制度。实行经理负责制是社会化大生产本身的客观要求。现代建筑企业及土木建筑工程分工细密,技术要求严格,协作关系复杂,必须建立统一的、强有力的、高效率的生产指挥系统。只有实行经理负责制,才能适应这种要求。实行经理负责制后,经理是企业法人代表,依法对企业生产经营活动拥有决策权、指挥权。在中国,经理的责任是对国家负责与对企业及职工负责的统一。经理必须向职工代表大会报告工作;并接受企业党组织和职工的监督。　　　　　(何万钟)

经理角色理论 managerial role theory

以对经理所担任的角色的分析为中心,考察经理职务和工作的管理理论。出现于20世纪70年代,主要代表是加拿大的明茨伯格(Mintzberg,H.)。他的主要著作有《经理工作的实质》(1973年)和《组织的结构:研究的综合》(1979年)。这一理论认为,其他一些管理理论未结合经理的实际工作进行深入研究,因而对提高经理工作效率的帮助很少。通过对经理的实际活动进行观察、研究和分析,认为经理工作的特点是:工作量大、步调紧张;活动短暂、多样而琐碎;喜参加现场活动;喜用口头联系方式;重视同下属和外部的联系;承担大量义务;享有更大权利。经理担任的角色一般有十种,可分三类:人际关系角色(领导者,联络者,挂名者);决策方面的角色(企业家、故障排除者、资源分配者、谈判者);信息方面的角色(收管者、传播者、发言人)。认识经理工作的特点和他们所担任的角色,能有意识地采取各种措施,提高经理工作的效率。　　　　　(何　征)

经理离任审计制 manager leave the position auditing

中国企业经理在任期终结,或调动、免职、辞职、离退休时,对其所负的经济责任进行检查、考核的审计制度。目的是促进企业改进经营管理,全面提高经济效益;约束经理的短期行为;有利于对经理进行公正的考评和奖惩;也可使下一任经理(包括连任的经理)吸取前任经理的经验教训,为进一步搞好企业经营管理打下基础。　　　　　(何万钟)

经理任期目标责任制 responsibility system of objective of the term of manager

目标管理与企业经济责任制相结合的一种企业管理制度。是对经理负责制的充实和完善。实行经理任期目标责任制,要求正确确定经理任期的目标,并以此对经理在任期内的业绩进行科学的考核。使经理既对企业负责,又对国家负责;既对自己的任期负责,又对企业未来负责;从而把企业当前利益和长远利益结合起来。它与经理离任审计制配套,成为中国实行经理负责制的基本管理制度。

(何万钟)

经验调查法 experienced investigation method

预测人员采用各种调查方式取得大量实际资料,对这些资料进行整理和分析研究,并结合自己的实践经验来判断和推算预测对象发展前景的方法。这种预测法易于掌握,所需费用较少,收效较快,有广泛的适用性。用于对历史资料不够充分或新技术、新产品等缺乏历史资料的短期预测问题较为有效,准确度也能达到要求。 (杨茂盛)

经验管理 experienced management

见传统管理(34页)。

经验主义学派 empiricism school

通过经验,专门研究和分析成功或失败的个别管理案例,用以指导今后管理工作的学派。其代表人物有德鲁克(Drucker,P.F.)等人。这个学派认为管理程序理论和行为科学都较趋于一般化,不能完全适应企业的发展和实际需要,主张把研究重点放在管理的实际经验上,用比较方法加以研究和概括出"基本类似点",但也不是"通用准则",如这一学派的代表之一戴尔(Dale.E.)在其近年的著作中故意不用"原则"这个词。他认为管理知识的真正源泉是大公司中"伟大组织家"的经验,主要是这些"伟大组织家"的非凡个性。因此有人又称这个学派为经理主义学派。由于这个学派过分强调经验,以致后来无大发展;并且这个学派也未真正形成完整的理论体系,如戴尔等人基本上仍然采用管理过程学派的方法。 (何 征)

经营 business management

筹划营谋,刻意求取之意。经营一词在中国最早见于《诗·大雅·灵台》,"经始灵台,经之营之"。这里"经"指测量、谋划;"营"指营造、建造。随着社会的发展和进步,经营的词义也有变化和发展。在现代,经营广义地理解为人们追求效益的一种社会实践活动。大至国家的治理,小到一项工程建设和治理一个企业也都有经营问题。经营原来含有的谋划、求取之意被继承下来,并广泛引申应用于各类社会实践活动中。 (何万钟)

经营安全率 security rate of business

反映企业经营安全程度的指标。通常以企业安全余额对实际(或统计)销售收入的比率来表示。企业安全余额为实际(或统计)销售收入与盈亏平衡点销售收入的差额。经营安全率的计算式如下:

$$经营安全率 = \frac{实际销售收入 - 盈亏平衡点销售收入}{实际销售收入}$$

其值在 0 与 1 之间。越趋近于 0,表示经营越不安全;越趋近于 1,表示经营越安全。经验统计表明,安全率大于 0.3 时,企业处于"安全经营"状态,获利能力较强;0.25～0.3 时,"较安全";0.15～0.25,则"不太好";0.1～0.15,"要警惕";0.1 以下表示"经营危险"。 (何万钟)

经营层 operation level

企业中进行经营决策,制订经营计划,对企业生产经营活动实行统一指挥的一层组织。它是企业最高管理层。企业的经营层是由若干人或部门组成的一个结构层而不是企业领导人或经营者一个人。所以,它应由在知识、能力等素质方面能够互补的企业领导成员组成。在中国,企业经营层以企业经理为首,包括企业管理委员会成员及有关参谋咨询机构(如一些企业中的研究室、经营部等)的主要负责人组成。当企业实行经理(厂长)负责制领导制度时,以经理(厂长)为首的经营层,也就是企业的决策层。当实行董事会领导下的经理负责制时,董事会是企业的决策层,以经理为首的领导集团则是企业的经营层。 (何万钟)

经营成本 operating cost

项目经济评价中按现金流量含义计算的成本费用。是项目评价中的专用术语。与财务会计中的成本核算不同,它只计算现金收支,不计算非现金收支。固定资产折旧费、无形资产和递延资产摊销费只是项目系统内部的现金转移,而非现金支出,因此,经营成本中不包括折旧费和摊销费。同样也不包括矿山项目的维持简单再生产费用(维简费)。另外,由于现金流量表设定的前提条件是不分投资资金来源,以全部投资作为计算基础,因此,经营成本中不包括借款利息。其计算公式如下:

$$经营成本 = \frac{总成本}{费用} - 折旧费 - 摊销费 - 维简费 - \frac{利息}{支出}$$

(何万钟)

经营费用 operating expense

为保持物业的良好物理状态和持续获取租金收入而必须支付的费用。包括固定费用和可变费用;但不包括还本付息、折旧和投资性支出。

(刘洪玉)

经营费用比率 operating expense ratio

总经营收入与有效毛收入的比率。

(刘洪玉)

经营利润 business profit

企业在一定时期内通过生产经营活动而获得的净收益。在建筑企业主要由工程结算利润和其他业务利润(包括产品销售、作业销售、材料销售等获得的利润)组成,它是以上各项收入扣除成本和流转税后的余额。经营利润是企业积累和社会积累的主要来源，也是衡量和评价企业经营活动效益的一项综合性指标。　　　　　　　　　　（周志华　金一平）

经营型管理　marketing-oriented management

见生产经营型企业(246 页)。
　　　　　　　　　　　　　　　　（何万钟）

经营性亏损　operating deficit

企业由于经营管理上的原因发生的亏损。在建筑企业中主要由于投标决策失误、管理制度不健全、财经纪律松弛、监督管理不力、施工中浪费、非生产人员过多等主观原因引起。也有外部客观原因，如工程任务不足、材料涨价超过企业自我消化的承受能力，工程造价不合理等。发生亏损时，企业应充分动员职工群众，挖掘内部潜力，努力改善经营管理，采用先进科学的管理方法，扭亏增盈，主管部门也应给企业积极指导和帮助。　　　　（周志华）

经营资金　operating funds

又称企业资金。企业进行生产经营活动所占用的全部财产的货币表现。占用在固定资产上的称固定资金，占用在流动资产上的称流动资金；处于生产领域的称生产资金，处于流通领域的称流通资金；这些资金由企业内部利润形成的称自有资金，来自银行借款和其他单位暂借的称借入资金，来自国家拨给的称国家基金，来自发行股票与债券等集资活动的称自筹资金。　　　　　　　　（周志华）

经营租赁　operating lease

机械出租方根据签订的租赁合同，将已有的机械租给承租方使用，收取租金的一种租赁业务。出租后产权仍归出租方，且需负责提供机械设备的维修服务。它有利于机械设备的充分利用，是大型施工机械服务社会化的有效途径。与融资租赁的区别在于是现有机械的出租，且租赁期较短。而融资租赁实际上是用户通过租赁实现融通资金以购买所需机械设备的目的，一般租赁期较长。　　（陈　键）

净经营收入　net operating income, NOI

一宗物业在一年中实际或预计有效毛收入，扣除经营费用后剩余的部分。计算时不考虑扣除偿债支付款和所得税。例如，可出租面积为 $1000 m^2$ 的写字楼，年租金为 120 元/m^2，空置率为 15%，无租金拖欠损失，年经营成本为 40 元/m^2，则净经营收入为：

$$120 \times 1000 \times (1 - 15\%) - 1000 \times 40 = 62000 \text{ 元}$$
　　　　　　　　　　　　　　　　（刘洪玉）

净可出租面积　net leaseable area

一座建筑物中可以出租给承租人并收取租金的建筑面积。不包括业主自用面积和公用部分的面积。　　　　　　　　　　　　　　（刘洪玉）

净年值法　net annual worth method

又称 NAW 法。用净年值的大小来分析、比较、评价投资方案经济性的方法。当 NAW>0 时，方案可取；反之，方案不可取。在同类型同规模的多方案比较时，NAW 最大者为最优方案。如果已知投资方案的各年的净现金流量，可采用下列二公式求得投资方案的净年值。

$$NAW = NPV(A/Pi, n) \text{ 或}$$
$$NAW = NFV(A/Fi, n)$$

式中 NPV 为净现值；NFV 为净未来值；$(A/Pi, n)$ 为等额支付系列资金回收系数；$(A/Fi, n)$ 为等额支付系列积累基金系数。根据等值原理，净现值法、净未来值法、净年值法三种判据对方案的评价结论应是一致的。实践中净现值法应用较多，净年值法多用于寿命期不同方案的比较。　　（吴　明）

净收益比率　net income ratio

一宗房地产的年净经营收入与有效毛租金收入的比率。与经营费用比率相对应。二者之和为 1。
　　　　　　　　　　　　　　　　（刘洪玉）

净收益乘数　net income multiplier

一宗房地产的价值对其年净经营收入的比率。即

净收益乘数＝房地产价值/年净经营收入

当房地产持有期为无限长时，其净收益乘数与综合资本化率互为倒数。　　　　　（刘洪玉）

净外汇效果　net foreign exchange effect

在项目评价中，涉及产品出口创汇或替代进口节汇的项目对国家外汇真正的净贡献(创汇)或净消耗(用汇)。按国民经济评价中费用效益划分方法，采用影子价格，影子工资和社会折现率计算分析外汇收支平衡状况，常以经济外汇净现值指标来衡量。在中国，外汇平衡是衡量中外合资企业成立的重要条件。　　　　　　　　　　　（武永祥）

净未来值法　net future value method

又称净终值法。用净未来值的大小来分析、比较、评价投资方案经济性的方法。其表达式为：

$$NFV = \sum_{t=0}^{n} A_t(1 + i)^{n-t}$$

式中，NFV 为净未来值；A_t 为第 t 年净现金流量；i 为规定的折现率，n 为计算期。当净未来值>0 时，方案可取；反之，方案不可取。在多方案比较时，净未来值最大者为最优方案。此法只能在已知投资方案的所有现金流量、基准折现率、方案的寿命期情况下才能应用。　　　　　　　　　　（吴　明）

净现值　net present value, NPV

项目寿命周期内按设定的折现率求得的逐年净现金流量现值的代数和。建设项目经济评价常用指

标之一。计算公式如下，

$$NPV = \sum_{t=0}^{n}(CI_t - CO_t)(1 + i)^{-t}$$

i 为设定的折现率；CI_t 为第 t 年的现金流入量；CO_t 为第 t 年的现金流出量；$CI_t - CO_t$ 为第 t 年的净现金流量；n 为项目寿命周期。对于有收益的项目，净现值大于零则方案可取。寿命期相同的互斥方案比较时，以净现值大者为优。　　（张　琰）

净现值法　net present value method

用净现值的大小来分析、比较、评价投资方案经济性的方法。对于有收益的项目，当净现值 $NPV \geqslant 0$ 时，方案可取；反之方案不可取。多方案比较时，以净现值最大者为优。此法只能在已知投资方案的所有现金流量、基准收益率和方案寿命期的情况下应用。　　（吴　明）

净现值率　net present value rate, NPVR

又称净现值比，净现值指数。净现值与总投资额现值之比。净现值的相对指标，其经济含义是单位投资额的现值所创造的净现值收益。计算式为：

$$NPVR = \frac{NPV}{PVI}$$

$NPVR$ 为净现值比，NPV 为净现值，PVI 为投资总额（包括固定资产投资和流动资金）的现值。用于独立方案评价，以 $NPVR$ 大者为优。　　（雷运清）

净现值率法　net present value rate method

用净现值率的大小来评价投资方案的方法。在多方案评价时，净现值率大的方案为优。适用于资金有限制条件下的方案比选。　　（雷运清）

竞争观念　concept of competition

树立企业要在竞争中求生存、求发展的思想。竞争的实质是商品生产者和经营者在商品交换过程中，为争取有利的市场和更大的经济效益所进行的活动，是在商品经济条件下择优发展的机制和手段。树立竞争观念：①所有企业都必须置身于竞争环境中，不能再依赖国家保护过日子。并把竞争作为前进的动力和外部压力。②企业要赢得竞争，必须要发挥自己的优势和特色。建筑企业竞争的主要表现是质量上以优取胜，工期上以快取胜，价格上以廉取胜，服务上以好取胜，并要树立良好的企业信誉。③企业竞争既是产品的竞争，服务的竞争，也是技术的竞争，管理的竞争，归根结蒂是人才的竞争。为此，企业要把提高职工的素质放在重要战略位置上。　　（何万钟）

竞争均衡　competitive equilibrium

在以完全竞争为特征的市场或经济中供给和需求的平衡。由于完全竞争条件下每个买者和卖者都没有影响市场的力量，因而价格将移动到使价格与边际成本和边际效用相等的点上。　　（刘长滨）

静态差额投资回收期

见差额投资回收期（17 页）。

静态差额投资收益率

见差额投资收益率（18 页）。

静态分析法　static analysis method

对项目的费用和效益不考虑资金时间价值的计算和分析的方法。发生在不同时间的费用或效益可直接相加计算总费用、总效益或平均年费用、平均年效益等。它的缺陷是由于排除了资金时间价值这一要素，不能全面反映投资效果的真实情况，也不能全面衡量整个项目的效果。所以，它的应用有一定局限性，只适用于方案初选阶段。对于独立方案评价常用投资收益率或投资效果系数指标；对于互斥方案的评价，则采用差额投资收益率和差额投资回收期指标。　　（何万钟）

静态投入产出分析　static input-output analysis

研究某一特定时期经济活动过程的投入产出分析。其投入产出表中的变量只涉及某一个时期；且其中的最终产品都作为外生变量看待，其数值可事先确定。因较成熟，应用较为普遍。　　（徐绳墨）

静态投资回收期　static investment recovery period

又称投资偿还年限。用投资方案所产生的净收益抵偿全部投资所需要的时间。通常以年或月表示，是反映投资方案投资回收能力的重要指标。一般从投资开始年算起，也可计算自项目开始投产年起的投资回收期。其表达式为：

$$\sum_{t=0}^{n_t}(CI - CO)_t = 0$$

n_t 为投资回收期，以年表示；CI 为现金流入量；CO 为现金流出量。实践中按下式计算：

$$投资回收期 = \left(\begin{array}{c}累计净现金流量开始\\出现正值的年份 - 1\end{array}\right) + \frac{上年累计净现金流量的绝对值}{当年净现金流量}$$

投资方案评价时，所求出的投资回收期 n_t 应与部门或行业的基准投资回收期 n_0 比较，当 $n_t \leqslant n_0$ 时，投资方案可行。通常情况下，投资回收期越短，方案越好，表示能在最短时期内回收投资。该指标易于理解、直观，特别适用于那些技术上更新快速项目的风险分析。但它没有考虑回收投资后的情况，不能反映项目计算期内的总收益和盈利能力，故在评价方案时须与其他指标（如财务内部收益率、财务净现值）合并使用，才不致导致错误结论。　　（雷运清）

jiu

就业效果　employment effect

建设项目为社会提供就业机会的外部效果。可用单位投资所创造的就业机会多少来衡量。有总就业效果、直接就业效果和间接就业效果之分。常用作项目评价的附加指标。项目决策解决就业问题主要取决于国家的政策目标和具体措施的执行。

（武永祥）

ju

居住物业　residential property

以供人们长期居住为基本功能的建筑物及其附属设施和相关的场地。如居民住宅、公寓和别墅。

（刘洪玉）

局部均衡分析　partial equilibrium analysis

在项目评价实践中，个别地考察某一产品或某一资源的最优计划价格，不把它与其他产品或资源联系起来进行分析的方法。与总体均衡分析不同，其特点是对各种产品和生产要素的价格分别进行考察，求得它们的影子价格，且可达到相当精确的程度。在市场经济条件下，各种不同项目评价方法体系，大都采用这种方法。

（刘玉书）

矩阵数据分析法　matrix data analysis method

用数值定量表示矩阵图中各因素之间的关系，并通过解析运算分析、整理数据，最后用矩阵图显示结果的方法。是新 QC 七工具中唯一利用数据分析问题的方法。该法主要用于：对由复杂因素组成的工序进行分析；对包括多种数据的质量问题因素进行分析；对市场调查的数据进行分析，掌握用户对质量的要求；对感官检验特性进行分类和系统化；对复杂的质量进行评价等。

（周爱民）

矩阵图法　matrix chart method

以矩阵图中行与列的交点作为"构思点"，分析或解决有两种以上的目的（或结果）问题的思考方法。新 QC 七工具之一。有 L 型、T 型、Y 型、X 型、C 型等矩阵形式。最基本的 L 型矩阵图是将被分析问题的因素分为 A、B 两大类；各类具体因素 a_1、a_2、a_3……，b_1、b_2、b_3……分别排成行和列；在行列的交点（a_ib_j）上用符号表示出对应因素之间有无关系或关系程度；综合比较，找出关键点，进而探讨解决问题的方法。在质量管理中该法主要用于建立质量保证体系，明确应保证的质量与负责部门的关系；进行产品质量评价，明确产品保证的质量特性与试验检测项目及检测器具之间的关系；分析生产过程中不合格品与其原因之间的关系等问题。

（周爱民）

矩阵制　matrix organization system

把按职能划分的部门和为完成某项任务而设置的部门结合起来，形成既有纵向职能管理，又有横向按产品或工程项目管理的组织结构形式。它是在直线职能制基础上为加强管理的横向联系而形成的。其主要特点是：①有利于加强各职能部门间的横向联系。②型式灵活，适应性强，适于在工程项目管理中应用。缺点是由于管理人员接受双重领导，可能造成某些矛盾或不协调。

（何万钟）

jue

决标　bidding decision

决定中标单位的过程。开标后，评标委员会（小组）写出评标意见，提出候选中标单位，由招标单位或上级主管部门决定中标单位。招标单位应在投标有效期内以书面形式（包括函件、电传或电报）向中标单位发出中标通知书，要求在规定时间内进行谈判并签合同。同时，招标单位要及时通知未中标人，并退回投标保证金或担保函。

（钱昆润）

决策　Decision making

制定各种实现目标的可行方案，并从中选出或综合成一个最佳方案的过程。是管理活动中理性行为的基础。其基本要点是：①决策要有明确的目标。任何决策都是为了解决问题，要解决问题需要有各种行动方案，目标就是制定行动方案的标准。②决策要有两个以上的可行方案。③决策要进行分析、评价和选择，从若干个可行方案中选出或综合成一个最佳方案。根据其作用和地位的不同，决策可分为战略决策和战术决策。根据相同决策出现的重复程度，可分为程序性决策和非程序性决策。根据决策主体的不同，可分为高层决策、中层决策和基层决策。根据决策的条件和依据不同，可分为确定型决策、风险型决策、不确定型决策。各类决策间的关系见下图所示。

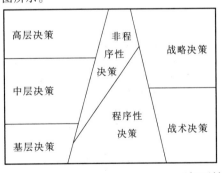

（何万钟）

决策层　decision level

见经营层（176 页）。

决策过程　decision process

从信息收集到作出抉择并对抉择方案进行审查评价的一系列决策活动。现代决策理论认为组织的全部活动过程都贯穿着决策过程。组织的决策过程分为四个阶段：①探求环境、寻求要求决策的条件——情报活动。②制造、制定和分析可能采用的行动方案——设计活动。③从可利用的方案中选出一条特别行动方案——抉择活动。④对过去的抉择进行评价——审查活动。上述四个阶段中每一阶段本身又都是一个决策过程，如设计阶段可能需要新情报活动，任何阶段又会产生若干次要问题，这些次要问题又有各自的情报、设计和抉择的各个阶段。　（何　征）

决策理论学派　decision theory school

以社会系统理论为基础，吸收行为科学、系统论、运筹学和计算机技术等学科的内容而以决策为管理关键的现代管理理论。主要代表为西蒙（Simon, H. A. 1916—　，1978年诺贝尔经济学奖获得者）。决策理论认为，"管理的关键是决策"，组织就是由决策者个人所组成的系统，组织的全部管理活动中心过程就是决策。决策理论分为古典决策理论和现代决策理论。现代决策理论核心是用"令人满意"的原则代替古典决策理论的"最优化"原则，以开放式的决策模型代替古典的封闭式模型，并提出了程序化决策与非程序化决策。西蒙认为，在现实生活中，决策者既不能找到一切方案，也不能比较一切方案，事实上不能进行最优选择，只能从可供利用的方案中作出"令人满意"的抉择。否则应对原衡量标准作适当修改，继续挑选。这种决策过程必须具有反馈机制。　（何　征）

决策软技术　soft technique of decision

应用心理学和社会心理学的成就所创造的各种有效方式，以充分发挥群体智慧来进行决策的技术。其基本特点是使决策参与者在不受心理干扰的情况下，充分发挥其在决策活动中的创造力。因此，这种决策技术又叫专家评估技术或创造力工程。与决策硬技术相比，它的优点是：①方法灵活简便，适用性强，所需数学工具也较简单；②不用电子计算机也可以较快地得到必要的综合结果；③特别适合于非程序化的决策问题，如战略决策、复杂问题的决策等，而这些正是决策硬技术难以收效的领域。这种主要建立在专家直观意见基础上的决策的缺点是：缺乏严格的论证；专家的类型和知识的倾向性也对决策结论有较大影响。由于决策硬技术和决策软技术各有其长处和短处，所以在实践中应根据决策问题的性质和决策过程各阶段的特点，配合运用，扬长避短。常采用的软技术方法有：德尔菲法、提喻法、畅谈会法、形态分析法、焦点法、方案前提分析法等。
　（何万钟）

决策硬技术　hard technique of decision

应用运筹学和系统分析，建立数学模型并应用电子计算机来进行决策的技术。其基本特点是：把决策的变量以及变量与决策目标之间的关系，用数学模型表达出来，然后根据决策条件，通过计算求出决策答案，即决策方法的数学化、模型化、计算机化。但由于实践中有许多影响因素难以定量，许多可变因素也不能准确确定，如果对决策中各种条件假设、论证分析、各种实施的建议等，完全依赖定量分析方法，有时也不能尽善尽美。所以，这种决策方法也有一定的局限性。　（杨茂盛）

决策支持系统　decision supporting system, DSS

以专家系统为基础，用以解决非结构性、非程式化的管理决策问题的人机交互系统。一个完善的决策支持系统应包括大型计算机、大型数据库、完善的模型库、知识库和能吸收、扩充、更新知识的专家系统组成。随着人工智能计算机研究的进展，以及对知识工程研究的日趋深入，决策支持系统将为企业管理中的应用难题提供更完善的求解手段。　（冯鑑荣）

决算报告　final report

简称决算。经济组织的年度会计报告。通常由资产负债表、损益计算表等会计报表和必要的文字说明组成。可综合地反映经济组织报告期内生产经营活动的成果或预算执行情况，并为编制下期计划或预算提供必要的资料。建筑企业或建设单位为竣工建设项目或单位工程编制的竣工决算也属于此。
　（闻　青）

绝对地租　absolute rent

土地所有者凭借土地所有权而取得的地租。它与土地的好坏、位置无关，凡土地使用者使用土地即须向所有者支付的费用。在社会主义条件下是否存在绝对地租，学术界有两种意见：一种意见认为绝对地租是土地私有制的产物，社会主义社会土地公有，因而绝对地租不再存在。另一种意见认为，绝对地租是土地所有权的产物，社会主义社会存在着公有土地所有权，所以绝对地租仍然存在。
　（张　琰　何万钟）

jun

均匀梯度系列　uniform gradient series

又称定差系列、定差序列。以同一数额逐期递增（或递减）组成的资金运动。其现金流量图见下图所示。　逐期递增梯度系列：

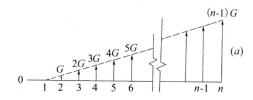
(a)

逐期递减梯度系列：

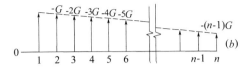

(b)

图中 G 为定差数额。均匀梯度系列可以发生在整个项目支付期，也可只发生在连续的某几个时点上。另外，均匀梯度系列的现值永远发生在定差数额 G 开始的前两期。　　　（何万钟）

竣工财务决算表　fiscal settlement statement of completed work

反映竣工大中型建设项目的全部资金来源和资金运用情况，落实结余的各项财产物资和其他资金，报请上级核销的文件。由建设单位编制。资金来源方主要有基建预算拨款、自筹资金拨款、基建投资借款、银行投资借款、应付款、未交款、固定基金、专用基金等项目。资金占用方主要有交付使用财产、转出投资、应核销投资、应核销其他支出、在建工程、库存材料、需要安装设备、应收款、银行存款及现金、固定资产净值、专项存款等。小型建设项目的竣工财务决算表和竣工工程概况表合并反映在一张小型建设项目竣工决算总表中。　　　（俞文青）

竣工房屋单位面积造价　united area cost of building completed

竣工房屋平均每平方米建筑面积的建造价值。反映房屋建筑投资效果的重要指标。对不同时期、不同用途、不同结构房屋单位面积造价的升降变动情况进行分析，可以为改进房屋建筑设计和施工管理、促进降低造价和编制有关计划提供参考资料。计算公式为：

$$竣工房屋单位面积造价(元/m^2) = \frac{报告期竣工房屋价值}{报告期竣工房屋建筑面积}$$

（俞壮林）

竣工工程　completed project

完成了承包合同或设计规定的全部内容，达到设计规定的使用条件，经过建筑工程质量监督部门或其授权单位检验认可为合格已具备交工条件的工程。　　　（何万钟）

竣工工程产值　output value of project completed

建筑企业全部完成按照工程承包合同所规定的工程内容，达到设计规定的交工条件，经有关部门检查验收，鉴定合格的单位工程价值之和。计算时应以单位工程为对象。对于上期跨入本期竣工的工程，其价值应统计在本期完工的竣工价值内。对于工程量大，施工周期长的房屋和构筑物，如大型厂房、高级宾馆、公路、铁路等，如能分跨、分层、分段施工并按合同规定分别交付使用的，可分别计算竣工产值。该指标反映建筑企业生产活动的最终成果，对促进建筑企业加速工程建设和收尾，早日形成生产能力有意义。　　　（卢安祖）

竣工工程成本分析　analysis of completed work cost

对竣工单位工程的成本节约或超支情况进行的全面分析。目的在于最终确定和评价该单位工程施工和管理的经济效果。一般是根据经济核算资料，主要是竣工工程成本表及有关人工、材料、机械使用等记录，分别工程计划开竣工日期、实际开竣工日期、工程量、计划成本、实际成本、成本降低额和降低率等项目，编制竣工成本分析表。将实际工程施工期与计划比较，计算确定其工期完成情况，分析影响工期的主要原因；将实际成本与计划成本比较，计算确定成本节超情况，分析影响成本节超的主要原因；根据单位工程成本明细账，分析引起成本项目变动的原因，及其对成本节超的影响，其中，着重分析人工、材料、机械使用的影响，查明成本节超的具体原因。　　　（周志华）

竣工决算　final account of completed project

反映竣工建设项目全部建设费用和投资效果的技术经济文件。竣工验收报告的重要组成部分。由建设单位负责编制。其内容随建设项目的规模而不同。大、中型建设项目的竣工决算包括：竣工工程概况表，竣工财务决算表，交付使用财产总表及明细表，综合设备材料明细表，应收应付款明细表等；小型建设项目的竣工决算包括：建设项目竣工决算总表，交付使用的财产明细表，结余资金的明细表等。所需施工资料由施工单位提供。中国规定，竣工决算要在全部验收后一个月之内编好，并上报主管部门审查，同时送开户银行签证。　　　（何秀杰）

竣工率　completion ratio

报告期内竣工工程产值占同期施工工程价值的比重。其计算公式为：

$$竣工率 = \frac{报告期竣工工程产值}{报告期施工工程的全部价值} \times 100\%$$

式中报告期施工工程的全部价值为报告期内施工过的工程的价值，包括本期内新开工的工程价值、上期施工跨入本期继续施工和上期停建本期恢复施工的工程的价值；但不包括上期开工后停工在本期未施工的工程价值。　　　（雷懋成）

竣工日期　completion date

建设项目全部工程实际完工的日期。正常情况下建设项目的投产日期应和竣工日期相一致，但往往有些项目投产日期早些,因为竣工要求生产性和非生产性项目全部建完,而投产只要求生产性项目全部建成,经试运转验收合格,交生产单位即可。

(何秀杰)

竣工投产项目 project completed

按设计文件规定建成主体工程和相应配套的辅助设施,形成生产能力或能发挥工程效益,经过验收合格,并且已正式投入生产或交付使用的建设项目。在统计上又分为全部竣工投产项目和部分竣工投产项目。前者系指项目的设计文件规定形成生产能力(或效益)的主体工程及其相应配套的辅助设施全部建成,经负荷试运转,证明具备生产设计规定合格产品的条件,并经过验收鉴定合格或达到竣工验收标准,与生产性工程配套的生活福利设施可以满足近期正常生产的需要,正式移交生产使用的建设项目;后者是指建设项目只是部分建成,其他条件和要求已和全部投产项目一样,即可统计为部分投产项目。

(卢安祖)

竣工图 completed drawing, record drawings

记录竣工工程详实情况的技术文件。是工程进行交工验收、维护、改造、扩建的依据。也是国家重要技术档案。要求竣工图符合实际情况,准确、完整,符合归档要求。竣工图由建设单位组织施工和设计单位在施工过程中及时编制。按原图施工的,原施工图可以做为竣工图;在施工过程中有变更的,如不宜在原图上补充、修改的,要重新绘制符合实际情况的竣工图。

(何秀杰)

竣工项目 completion project

整个建设项目按设计规定的生产性工程和非生产性工程全部建成,并正式验收移交生产或使用部门的项目。建设项目全部竣工,意味着基本建设过程已全部完结。全部竣工项目和全部投产项目的区别是:前者要求生产性和非生产性工程全部建成并移交生产或使用部门;而后者只要求设计规定的生产性车间及其相应的辅助设施全部建成,形成设计规定的全部生产能力(或效益),经验收移交生产或使用部门。因此,全部竣工项目必然具备全部投产的条件,而全部建成投产的项目未必是全部竣工项目。

(刘长滨)

竣工验收 completion acceptance

全面考核竣工工程项目建设成果,检验设计和工程质量的活动。是基本建设过程的结束和建设成果转入生产使用的标志。中国规定,所有建设项目,凡按批准的设计文件规定的内容建成,工业项目经投料试车合格,形成生产能力,并能正常生产合格产品;非工业项目符合设计要求,能正常使用的,都要及时组织竣工验收,同时办理固定资产移交手续。对于分期建设、分期受益的项目可分期分批组织验收。竣工验收主要由建设单位组织,设计和施工单位做好准备工作,并按隶属关系由国家、地方或主管部门进行验收。竣工验收的依据有:①批准的计划任务书(或可行性研究报告);②施工图和设备技术说明书;③现场施工验收规范;④竣工验收标准;⑤引进项目的合同和国外提供的设计文件。竣工验收对促进建设项目及时投产,发挥投资效益,总结建设经验都有重要意义。

(何秀杰)

竣工验收标准 acceptance criteria

建设项目或单项工程在竣工验收时应当达到的基本要求。按中国现行规定,生产性建设项目验收标准的基本要求是:①生产性工程和辅助公用设施,已按设计要求建完,能满足生产要求;②主要工艺设备已安装配套,经联动负荷试车合格,构成生产线,形成生产能力,能够生产出设计文件中规定的产品;③职工宿舍和其他必要的生活福利设施,能适应投产初期的需要;④生产准备工作能适应投产初期的要求。对非生产性建设项目的竣工验收也规定了一般标准。对于铁路、桥梁等不同类型的项目也都有具体的标准。

(何秀杰)

竣工验收法规 Laws and regulations for the acceptance of completed project

国家制定的法律规范中有关建设工程竣工验收规定的总称。中国《城市规划法》第38条规定:"城市规划行政主管部门可以参加城市规划区内重要建设工程的竣工验收。建设单位应当在竣工验收后六个月内向城市规划行政主管部门报送有关竣工资料。"竣工验收是建设程序的最后一个阶段。城市规划行政主管部门参加竣工验收,是对工程建设是否符合城市规划进行最后把关。把城市规划行政主管部门参加竣工验收用法律形式固定下来,有利于城市规划的实施。

(王维民)

K

ka

卡斯特景气指数　China CAST business cycle index

简称卡斯特指数。由卡斯特经济评价中心(China American System Technology Co.)负责编制的反映中国宏观经济走势及景气状况的指标体系。该中心由国务院发展研究中心、国家统计局和《经济日报》社共同领导,按月定期在《经济日报》的"景气观察"栏目中发布。由于编制部门的权威性和所用经济分析方法的科学性强,可作为评价中国宏观经济形势和预测未来发展走势的重要依据。由于基础数据不健全,中国建筑业景气指数尚未建立。但建设部建筑政策研究中心建筑业研究所自 1994 年 4 季度起,按季进行 1000 家建筑企业的景气调查研究工作,其结果也在《经济日报》上公布,可作为卡斯特指数在建筑业内容方面的补充和参考。

（何万钟　刘　昕）

kai

开办费　preliminary expense, preliminaries

企业在筹建期间所发生的各项费用。包括筹建期间人员工资、办公费、培训费、差旅费、注册登记费、印刷费以及不计入固定资产和无形资产购建成本的汇兑损益和利息支出等。在土建工程国际招投标业务中,习惯上将施工用水和电、施工机械购置、脚手架、临时设施、监理工程师办公及生活设施、现场道路、材料试验室及设备、安全防护措施及职工交通等费用,在工程量清单中归纳为一个报价项目,亦称为开办费。各项开办费,根据有关规定,在企业开始营业后,按规定的期限分期摊销。

（闻　青　张　琰）

开发产品　development product

房地产开发企业已经完成全部开发建设过程的房地产,包括经验收合格,可以按照合同规定移交订购单位,或可作为商品对外销售的建设场地、商品房屋、配套工程、代建工程,以及开发完成尚未投入使用的本企业自用建设场地、出租开发产品、周转房等。

（闻　青）

开发成本　development cost

房地产开发企业在开发土地、建设房屋过程中所发生的全部费用。主要包括:①土地征用及拆迁补偿费,即土地征用费、耕地占用税、劳动力安置费以及有关的地上、地下物拆迁补偿费等;②前期工程费,指总体规划设计项目可行性研究,工程地质、水文地质勘察、测绘等费用;③基础设施费,指道路、供水、供电、供气、排污、排洪、绿化、环卫等设施费用;④工程设计费,即从初步设计到施工图各设计阶段支出的费用;⑤建筑安装工程费,指列入房屋项目建筑安装工程施工图预算内的各种费用;⑥公共配套设施费,指按规定应计入商品房成本的非营业性公共配套设施费用;⑦利息支出,指按规定应计入房屋建设成本的利息收支净额;⑧管理费用,指应计入土地、房屋开发建设成本的管理费用等。在房地产开发企业会计制度中,"开发成本"科目下还分别设置"土地开发"、"房屋开发"、"配套设施开发"和"代建工程开发"等明细科目,分别核算不同类型的开发项目成本。

（金一平　闻　青）

开发价值　development value

一宗房地产开发或再开发后的价值与原使用条件下的价值之差。

（刘洪玉）

《开发区规划管理办法》　Administrative Measures for the Developing District Planning

1995 年 6 月 1 日建设部发布,目的是为加强对开发区的规划管理,促进开发区的土地合理利用和各项建设合理发展而制定的有关规定。该办法所称开发区,是指由国务院和省、自治区、直辖市人民政府批准在城市规划区内设立的经济技术开发区,保税区,高新技术产业开发区,国家旅游度假区等实行国家特定优惠政策的各类开发区。该办法共 18 条,主要规定有:①开发区规划的主管机关;②开发区规划的两个阶段;③开发区规划的审批权限;④对土地使用权出让、转让的规定;⑤在开发区内进行建设,建设单位必须持有的许可证和证明。该办法自 1995 年 7 月 1 日起施行。

（王维民）

开发商成本利润率　developer's profit on cost

房地产开发商的利润与总开发成本的比率。例如,某开发项目的总开发价值为 1200 万元,总开发成本为 1000 万元,则该项目的成本利润率为,

$$[(1200 - 1000)/1000] \times 100\% = 20\%$$

（刘洪玉）

开发商成本收益率　developer's yield on cost

预计一宗房地产开发项目进入正常运营时期的年净经营收入与该项目总开发成本的比率。项目的经营年限越长,开发商成本收益率越接近开发项目的内部收益率。 （刘洪玉）

开放系统 open system

与外界环境进行物质、能量和信息交换的系统。封闭系统的对称。这种系统由于与外界环境交换、收受外来的投入、经转换处理后又对外产出,因而熵是可以掌握的,甚至可以变为负熵而获得生存和发展,例如生物系统和社会系统。人造开放系统是人们为实现既定目标而组织的社会组织,它与自然系统、生物系统不同。人造开放系统可能很快或突然瓦解,但也可能长期生存发展,因为个人寿命虽然有限,但组织的人事可以更迭。企业也是一种人造开放系统。它也是由输入（人力、资金、物力、信息）经过转换,产生产品或服务。一个人造开放系统通常具有目的性、整体性、层次性、环境适应性等特征。 （何 征）

开放信息系统 open information system

在同一系统周期内便能对外界环境的变化作出反应的信息系统。设计时应注意使这种对系统来说是关键性的变化在运算周期内即作为输入信息而被接收,以便及时地使系统的各种参数和变量与之相适应。生产和市场行情信息系统是比较开放的系统。例如,根据买主的需求变化随时修正信息以便在生产和库存方面作出相应的决定。 （冯镨荣）

开工报告制度 rules of construction commencement report

由施工单位向建设行政管理部门申报工程正式开工的制度。报告内容包括:工程名称、类型、建筑面积、开竣工日期、施工单位名称及项目施工负责人。经批准后,发给《建筑施工许可证》。 （董玉学）

开环控制系统 open loop control system

没有反馈,输出直接受系统输入控制的控制系统。在这种系统中,输入量决定输出量,而输出量则不影响输入量。 （冯镨荣）

开盘价格 opening price

在交易所每天营业开始后首次成交的商品、证券、黄金、外汇等的价格。如说 1995 年×月×日伦敦五金交易所锡（现货）的开盘价格为每吨××××镑,就是指这一天该交易所营业时间开始后首次成交的价格。 （刘玉书）

kan

勘测设计过程质量控制 quality control in surveying and designing process

以保证勘测、设计工作质量为目的的全过程质量控制。设计是决定工程质量的首要环节,而勘测又是进行设计的依据。所以,勘测设计过程的质量控制是建筑产品形成全过程质量管理的起点。勘测过程的质量控制主要由勘测机构负责保证提出详细可靠的勘测成果。设计过程的质量控制,主要由设计单位负责并提出合理设计方案。但建筑企业通过积极参与设计方案的讨论、审订和图纸会审;主动向设计单位提供本企业的技术装备、施工技术水平和工程质量保证情况等资料;以及做好施工过程的技术核定工作,可对保证设计质量起重要作用。

（田金信）

勘察工作 prospecting works

为查明工程项目建设地点的地形地貌、地层土壤、岩性、地质构造、水文条件和各种自然地质现象而进行的测量、勘探、试验和鉴定、评价的工作。一般分为三个阶段,即:选址勘察、初步勘察和详细勘察。在施工过程中发现地质情况复杂或与原勘察资料不符等情况时,可以增加施工勘察。其目的是为建设项目选择厂（场）址、工程的设计和施工提供科学依据。 （顾久雄）

勘察设计产值 output value of geological prospecting and designing

勘察设计单位在一定时期内所完成的以货币表现的工程地质勘探成果、设计技术文件,以及技术劳务总量。它是反映勘察设计活动的规模、水平和成果的综合性指标,是计算勘察设计人员劳动生产率、盈亏率等主要技术经济指标的基础。勘察设计产值＝勘察产值＋设计产值＋咨询产值＋其他产值。在建筑施工企业内部的勘察设计单位向外提供的勘察设计产值应统计在该企业的建筑业总产值内。

（卢安祖）

勘察设计合同 contract on investigation and design

勘察、设计单位与建设单位或建设工程总承包单位之间就进行工程的勘察、设计工作签订的经济合同。依据合同,勘察、设计单位要在约定的期限内提出建设工程的勘察、设计文件和图纸;委托单位则要依约提供有关勘察、设计基础资料,并支付勘察费和设计费。 （何万钟）

勘察设计机构 prospecting and design organization

从事勘察和设计工作的建筑业组织。主要从事工程勘察、测绘、设计等工作。其任务是查明工程项目建设地点的地质现状,为建设项目的选址、设计和施工提供科学的依据;对拟建工程项目的建筑、结构、设备等进行综合设计,为建设项目的施工、安装

提供必需的图纸及文字资料。　　　（谭　刚）

kang

康居工程　affordable housing program

中国为缓解城市中低收入居民家庭住房困难问题而建造并以优惠价格分配的大众化住宅。住房制度改革的一项政策措施。　　　（刘洪玉）

ke

柯布－道格拉斯生产函数　Cobb-Douglas production function

简称 C-D 函数。美国数学家柯布（C.W.Cobb）和经济学家道格拉斯（P.H.Douglas）于本世纪 20 年代后期，根据美国制造业 1899～1922 年的历史统计资料，提出的资本和劳动力投入对产出量影响的生产函数关系式。其表达式为：

$$Y = AK^{\alpha}L^{1-\alpha}$$

式中，Y 为产出量；K 为资金投入量；L 为劳动力投入量；A、α 为常数，且 $0<\alpha<1$。此式首次将数学模型引入生产分析，为经济增长定量计算奠定了基础。　　　（曹吉鸣）

科技协作合同　contract on scientific and technological cooperation

在科研、试制、成果推广、技术转让、技术咨询服务等科技协作活动中采用的经济合同的总称。依据科技协作合同，受托方或技术转让方应按合同要求完成科研、试制或技术转让等工作，并向委托方或技术受让方提出科研成果或转让技术；而委托方或技术受让方则应按规定向对方支付报酬。

　　　（何万钟）

科学管理　scientific management

按照符合客观规律（自然规律和社会经济规律）要求而形成的管理理论、技术和方法来进行的管理。在总结传统管理的经验和方法基础上逐步发展起来的。其形成约在 20 世纪初到 40 年代左右。美国的 F·W 泰罗（F.W.Taylor）在 1911 年发表的《科学管理原理》为科学管理理论的发展奠定了基础，至今仍被研究和应用。科学管理使管理活动实现了制度化和标准化，管理效能和生产效率也大大地提高，因而是当代企业管理现代化的重要基础和起点。

　　　（何　征）

科学管理理论　scientific management theory

科学程序、制度和方法应用于管理的理论。19 世纪末，20 世纪初由美国人泰罗（F.W.Taylor）所倡导。研究的对象主要是车间或作业层的管理，重点是如何提高劳动生产率。其主要内容有：①工时和动作研究。这是科学管理的基础，其目的是为完成工作的最好方式确定定额标准。②挑选"头等工人"，加以培训，使之学会按规定的最好方法进行工作。③管理部门与工人的合作。双方都必须来一次"精神革命"，认识到提高劳动生产率对双方都有利，互相协作，共同为提高劳动生产率而努力。④实行鼓励性的计件工资报酬制度，以刺激劳动生产率提高。⑤实行组织改革：一是把计划职能（指管理职能）与执行职能分开；一是实行执行职能工长制。科学管理理论的形成标志着管理思想实现了一个重大的飞跃，管理作为一门独立的学科的诞生。但它毕竟产生在半个多世纪以前，不可避免地有一定局限性。　　　（何　征）

可比产品成本　comparable cost of product

两年以上连续正常生产、并有成本资料可进行前后期对比的产品成本。是企业和企业主管部门成本管理工作的重点。企业主管部门每年向企业下达可比产品成本降低额和降低率指标，企业应加强经营管理，挖掘生产潜力，保证完成。　　　（闻　青）

可比成本　comparable cost

为了比较不同厂家或不同时期具有相同使用价值的产品，采用统一的计算方法、统一的价格标准、统一定额而计算出来的成本。借以分析形成差别的原因，提出降低成本的对策。　　　（刘长滨）

可出租毛面积　leasable gross area

一座建筑物可出租供人使用的全部建筑面积。通常不包括公用部分的面积，但包括地下建筑面积。　　　（刘洪玉）

可调利率抵押贷款　adjustable rate mortgage, ARM

按特定指数或计算公式定期调整利率的抵押贷款形式。可以预先规定年度利率浮动的上下限及整个贷款期内利率上下浮动的总幅度。因为借款人承担了部分利率变动的风险，所以这种抵押贷款初始利率通常低于固定利率抵押贷款的利率。

　　　（刘洪玉）

可恢复折旧　curable depreciation

在房地产估价中，修复建筑物由于物理损耗或功能陈旧而导致的缺陷所需的成本小于或等于建筑物价值的增加值时，该建筑物缺陷的修复成本。包括可恢复物理损耗和可恢复功能陈旧。

　　　（刘洪玉）

可计量经济效益　measurable economic effect

可以用具体计量单位计量的效益。是建设项目为社会所作贡献的主要部分，主要指可以用货币计量的效益。只有效益大于消耗的项目才是可取的。　　　（武永祥）

可控成本 controllable cost

又称责任成本。企业某个部门或个人在其生产经营活动中所能控制的成本。由于责任者详知耗费是否合理,可以设法调整,减少浪费。所以按成本发生的部门、单位或个人明确经济责任,便于考核,促进成本不断降低。非责任者所能控制的成本为不可控成本。因此对某责任者为可控成本,对另外非责任者则为不可控成本。　　　　　　　　(刘长滨)

可行性研究 feasibility study for project

建设项目投资决策前进行技术经济论证的一种科学方法。是系统分析中的一个阶段。在调查研究基础上,对建设项目技术上的先进性、经济上的合理性和建设可能性,在多方案分析的基础上作出比较和综合评价,为项目决策提供可靠依据。按研究目的和内容深度,一般分为投资机会研究、初步可行性研究、最终可行性研究和辅助性研究。中国规定,凡大型工业交通项目、重大技术改造项目、利用外资和引进技术、设备项目等,都要进行可行性研究。其主要内容为:①总论,包括项目提出的背景,投资的必要性和经济意义,以及研究工作的依据和范围。②市场需求情况和拟建规模,包括国内外市场近期需求情况,国内现有工厂生产能力的估计,销售预测、价格分析、产品竞争能力及进入国际市场的前景,拟建项目规模、产品方案和发展方向的技术经济比较分析。③资源、原材料、燃料及公用设施情况。包括经矿产储量委员会正式批准的资源储量、品位、成分和开采、利用条件的评述,原料、辅助材料、燃料的种类、数量、来源和供应可能,所需公用设施的数量、供应方式和供应条件。④厂址方案和建厂条件,包括建厂的地理位置、气象、水文、地质、地形条件和社会经济现状,交通、运输及水、电、气的现状和发展趋势,厂址方案比较与选择意见。⑤设计方案,包括项目的构成范围(主要的单项工程)、技术来源和生产方法、主要技术工艺和设备选型方案的比较,全厂土建工程量估算和布置方案的初步选择,公用辅助设施和厂内外交通运输方式的比较和初步选择。⑥环境保护,包括环境现状、"三废"治理和回收的初步方案。⑦生产组织、劳动定员和人员培训(估计数)。⑧投资估算和资金筹措,包括主体工程占用的资金和使用计划,与主体工程有关的外部协作配合工程的投资和使用计划,生产流动资金的估算,建设资金总计,资金来源及筹措方式。⑨产品成本估算。⑩经济效果评价,包括财务评价和国民经济评价。各部门根据行业特点对可行性研究的内容可以进行适当增减。中外合资项目须增加资金组成、外汇平衡、产品收益分配和企业管理分工等内容。鉴于可行性研究作为投资决策和筹措资金的依据,投资决策机构和资金供应机构都要对它进行评估。

(张　琰　曹吉鸣)

可行性研究费 expense for feasibility study

建设单位在建设前期对建设项目是否可行进行技术经济论证、评估所发生的各项费用。建设单位会计中,对可行建设项目的可行性研究费,可按规定计入交付使用财产成本,将它列作待摊投资。对不可行应予取消的建设项目的可行性研究费,可按规定列为其他待摊投资。　　　　　　　(闻　青)

可修复废品损失 loss on reparable defective product

又称可修复废品修复费用。可以修复的废品在返修过程中所耗用的各项费用,扣除过失人赔偿后的净损失。包括修复所耗用材料费、燃料费、人工费和应负担的车间费用等。如果废品已经运交购买者而退回返修,还要加上往返运杂费。　　(闻　青)

可转换抵押贷款 convertible mortgage

在贷款期内,贷款人可将其债权转换为抵押物股权的抵押贷款形式。实质是将贷款转换为投资,以减少借款人按期偿还抵押贷款的数额。

(刘洪玉)

课税价值 taxation value

政府以征税为目的,由估价师评定的作为课税基础的房地产价值。　　　　　　　(刘洪玉)

ken

肯定型网络技术 affirmed network technique

工作之间的逻辑关系不变和工作的作业时间明确肯定时的网络技术。网络技术中较为简易的一种。关键线路法(CPM)即属于此。　　(杨茂盛)

kong

空头支票 check dishonoured

票面金额超过签发人存款余额或透支限额因而不能生效的支票。签发此种支票是套用银行信用,破坏结算纪律的行为,银行拒绝付款,并可按照票面金额的一定百分比处以罚金。　　(俞文青)

空置 vacancies

可供出租的物业中尚未找到承租人的面积。

(刘洪玉)

空置分析 vacancy analysis

为预测物业未来的空置程度,对当前和过去同类物业空置程度的调查、分析过程。　　(刘洪玉)

空置率 vacancy rate

物业中未租出去的面积与全部可出租面积之

比。或未租去的部分应收租金与全部可出租面积应收租金总数之比。　　　　　　　　　　（刘洪玉）

控股公司　holding company

又称持股公司。拥有其他公司的股票或证券，能够控制其发展的公司。仅以股票控制为目的而不经营其他业务的为纯粹控股公司；既从事股票控制又经营其他业务的为混合控股公司。控股公司主要通过收买其他公司的股票或组建新公司并持有其股票的办法，来实现控制这些公司的意图。控股公司能以较少的费用快速实现资本集中，又能享有子公司（即受控公司）的声誉而无须承担其债务，因而在资本主义社会有较大的发展。　　　　（张　琰）

控制论　cybernetics

研究各种控制系统共同控制规律的理论和方法。主要研究生物机体和机械的自动控制问题。早在 20 世纪 20 年代末，美国数学家维纳（Wiener, N. 1894～1964）就开始对系统的共同特点进行研究。它的基础是下述两个基本概念：①一切有生命与无生命的系统都是信息系统；②它们同样都是反馈系统。第二次世界大战期间通讯技术和自动控制技术的进展又提供了更丰富的经验和理论。1948 年维纳加以综合概括发表了他的名著《控制论（或在动物和机器中的控制和通讯的科学）》。之后，控制论这门学科便脱颖而出，迅速发展，并很快渗透、应用于许多科学领域。控制论的要点是：运用信息、反馈等概念，通过黑箱系统辨识与功能模拟仿真等方法研究系统的状态、功能和行为，调节和控制系统稳定地、最优地趋达目标。它充分体现了现代科学整体化和综合化的发展趋势，具有十分重要的方法论意义。是系统工程的基础理论之一。　　（何　征）

控制系统　control system

包括控制器与受控客体，它们之间通过控制信息与反馈信息发生联系和作用的系统。控制就是为了达到某个目的给对象系统所加的必要动作。控制对象要由控制装置操纵，使其符合规定的目的。当控制系统由控制装置自动进行时，称为自动控制系统。一个控制系统具有两个互相交错的方面：第一个方面是预防性的系统，它强调的是研究防止误投现有资源的决策；第二个方面是校正系统，必须将偏离目标的情形呈报给负责的管理人员，而管理人员就要采取适当的措施，防止这种情形进一步陷入"失控"状态。在研制控制系统时，须将预防和校正两个方面综合起来。研制一个控制系统就是研制计划系统的合乎逻辑的继续。　　　　（冯镒荣）

控制职能　controlling function

通过监督实施计划、检查实施成果、调节实施过程，以使企业的活动符合于预定的计划目标所进行的工作。企业管理职能之一。为及时反映活动的状态，企业必须建立高效率的监督、反馈系统。为及时对活动过程进行调节，企业必须完善有高度权威的调度制度。　　　　　　　　　　（何万钟）

kou

口岸价格　port price

经国家批准的机场、港口、车站、通道等口岸交付商品时计算的价格。是国际市场价格的表现形式。分为到岸价格和离岸价格。一般可根据《海关统计》历年的口岸价格进行回归分析，或按国际有关组织机构的出版物，预测某些重要货物国际市场价格趋势加以确定。但须注意剔除倾销、垄断、贸易保护、暂时紧缺、短期波动等因素，以及质量价差的影响。通常不应包括进出口关税，因多数国家关税结构并非意在影响国内生产决策。但是，当某些关税目的在于限制某些货物进口的情况下，在确定口岸价格时，则不能忽略关税因素。　　　（刘玉书）

口头经济合同　oral economic contract

合同当事人以口头语言而非书面形式达成的经济协议。经济合同的一种简单形式。适用于即时清结的交易。如发生纠纷，举证困难。因此，一般经济合同，特别是涉及价款较大、期限较长的经济合同，不宜采用这种形式。　　　　　　　　（何万钟）

ku

库存控制　storage control

通过对订货时间与订货数量的规划与控制，有效地调节库存量，从而使供需之间达到合理平衡的手段与方法。常用的控制方法：①定期订货法，规划合理的最高库存水平 S 与订货期，每次订货使库存量达到 S；②定点订货法，规划合理的最低库存水平 s 与固定的订货批量 Q，每销一批检查一次库存，库存量降到 s 时订货，订货量 Q 不变，对难以核查的物资可用"两堆法"，第一堆数量为 s，其他为第二堆，先销第二堆，第二堆销完时发出订单；③s，S 策略法，规划合理的最低、最高订货点 s 和 S 及检查周期，定期检查，若库存量高于 s，则不订货；若低于 s 则补充订货，使库存水平达到 S。对需求不稳定的物资，可增设保险贮备量，又称第三堆。

　　　　　　　　　　　　　　（李书波）

库存量控制　inventory control

对物资库存量变化动态的掌握和调整。根据库存量变化的动态特性，适时、适量地提出物资订购，保证生产所需物资，并处理好积压物资。订购是库存量控制的重要方面,在品种规格上要适合生产需要,在方法上通常有定量定购和定期订购两种方法,具体采用哪一种方法取决于:①订购物资日消耗量的均衡性;②物资购买的难易程度;③物资价格。建筑生产受季节性影响大,对一些物资还需进行季节性储备,企业还要特别重视那些品种数量少而占用资金多的物资库存量控制。 （陈 键）

库存量总额 inventory total amount

企业或物资部门在报告期初、期末实有物资库存价值总额。除正常储备的原材料、燃料价值外,还包括专用物资、积压物资的价值。且按实际价格计算。对积压物资或价格已经变化了的需进行重估或按价格差异率调整为实际价格。库存量总额反映一定时期的库存规模,对研究资金占用情况和物资平衡工作,提高流动资金周转率是十分必要的。

（陈 键）

库存盘点 check on inventory

又称清仓查库。对库存物资实有数量进行的清查工作。目的是为查清库存物资的种类、数量、质量、规格,与账面是否相符。一般有自点、定期盘点和重点盘点三种形式。①自点,即管库员负责的清点;②定期盘点,即定期在年末、季末、月末按计划由管理人员组成的小组进行的盘点;③重点盘点,即根据季节变化和工作需要进行的有目的的盘点。通过盘点以充分利用现有物资,防止盲目采购和积压。

（陈 键）

库容量 storage capacity

仓库最多所能储存物资的数量。通常以重量吨来表示。其公式为:

$$仓库容量(t) = \frac{仓库使用}{面积(m^2)} \times \frac{每平方米储存}{定额(t/m^2)}$$

式中每平米储存定额是由分析法或经验统计法,按不同种类物资容量分别确定的;仓库使用面积是仓库有效面积扣除必要的服务面积和通道,可实际占用的面积。 （陈 键）

kuai

会计 accounting

以货币为主要计量单位,运用专门方法,对经济组织活动的过程及结果,进行连续、完整、系统的核算和监督的管理活动。经济管理的重要手段之一。通常也指担任会计工作的专职人员。是社会生产发展到一定阶段的产物。在中国,会计一词最早见于西周,意指对财务收支活动的记录、计算和考核。宋代开始,官府办理钱粮报销移交时,编制《四柱清册》,民间沿用,逐步发展形成传统的中式簿记。在

西方,一般认为 15 世纪复式簿记的形成和采用,标志着近代会计的产生。工业革命以后,朝着规范化、通用化、标准化的方向发展,到 20 世纪 70 年代,已形成国际通用的会计准则,使会计的职能从简单的记录、计算发展为对经济活动的监督、控制、分析、预测并参与决策。会计的基本任务是提供有关会计核算单位经济活动的信息。在中国,会计工作在维护国家财政制度和财务制度、保护社会主义公共财产、加强经济管理、提高经济效益等方面,具有重要作用。按其性质和作用,会计可区分为财务会计、成本会计和管理会计;按核算内容及应用范围,有企业会计、行政事业单位会计、建设单位会计等。各类会计制度都须符合《中华人民共和国会计法》之规定;企业会计还须遵循《企业会计准则》。

（闻 青 张 琰）

会计报表 accounting statement

经济组织根据会计核算资料按规定表式定期编制的书面报告。会计核算的专门方法之一。用以说明报告期内的生产经营财务状况或预算执行情况,借以发现问题,提出改进措施,提高经济效益,并为编制下期计划或预算提供资料。企业会计报表分两大类:一类为内部管理需要的,由企业自行规定。另一类为向外报送的,其具体种类、内容和格式,由会计制度规定,以满足主管部门和财政部门汇总分析的需要。中国现行对外报送的会计报表主要有资产负债表、损益表和财务状况变动表。 （闻 青）

会计差错 accounting error

在会计核算过程中所发生的出门的（即对外已办理完毕的）、隔夜的（即前日账务已经结束的）,影响资金周转或银行信誉的差错事故。包括:存款透支、记账串户、积压、丢失凭证、漏发、错发、重发电报或联行结算凭证、漏编、错编密押、漏盖、错盖联行印章、计息错误、结算事故或其他事故发生赔款损失等。会计核算差错笔数与会计核算业务总笔数之比称为会计差错率。计算公式为:

$$会计差错率 = \frac{会计核算差错笔数}{会计核算业务总笔数} \times 10000‰$$

通常会计差错率用万分比表示,即每 1 万笔业务量有几笔差错,以此衡量会计工作水平的优劣、质量的高低。 （刘长滨）

会计档案 accounting archives

经济组织按照规定归档保管的会计凭证、账簿和会计报表等专业资料。国家档案的重要组成部分。中国会计档案的管理制度由财政部、国家档案局规定,各省、市、自治区财政和档案管理机关、国民经济各部门,结合本地区、本部门实际情况,制定具体实施办法。现行制度规定国营企业的年度会计报表要永久保存;各种账簿和会计凭证至少保存十年。

其中涉及外事及对私营企业改造等账簿、凭证要长期保存,月份、季度会计报表保存三至五年。保存期满需要销毁,须编制销毁清册、经企业领导审查,报经上级主管部门批准后办理。会计档案销毁清册要长期保存。　　　　　　　　　　　　（闻　青）

会计对象　object of accounting

会计核算和会计监督的内容。具体地说,银行会计的对象是银行在经营货币信用业务中的资金运动过程、结果及其所体现的经济关系。有两方面内容:1.银行在办理信贷、结算、现金等业务时所发生的资金来源和资金运用的增减变化过程和结果;2.银行内部的各项基金和资金及业务收支的资金运动过程和结果。　　　　　　　　　　　　（刘长滨）

会计方法　method of accounting

用来核算和监督会计对象,完成会计任务的手段。包括会计核算方法、会计分析方法和会计检查方法。会计方法的制定要体现能够连续、系统、全面地反映与监督资金运动;体现资金管理的要求;适应科学技术的发展。　　　　　　　　　　　　（刘长滨）

会计分录　accounting entry

又称记账公式。简称分录。会计核算中对每项经济业务按照复式记账的要求,指明会计科目、记账方向及其金额的一种记录。登记账簿前,通过记账凭证编制会计分录,有利于保证账簿记录的正确,并便于事后检查。一个科目的一方和另一个科目的一方相对应的分录称简单分录,如在借贷记账法下,用现金购买100元材料,应作借记"材料"科目100元、贷记"现金"科目100元;一个科目的一方和几个科目的一方相对应的分录称复合分录,如用现金购买材料100元和办公用品50元,应作借记"材料"科目100元借记"管理费用"科目50元、贷记"现金"科目150元。　　　　　　　　　　　　（闻　青）

会计分析　accounting analysis

根据会计报表、会计账簿、政策、法令、计划、预算、设计和有关资料,对企业、单位的财务状况、经营过程及其结果或预算的执行情况,以及成本降低任务完成情况等进行的分析研究。会计核算工作的继续。会计工作经济活动分析的组成部分。包括财务分析和成本分析。其方法主要有:1.比较分析法,将各种报表资料同有关的计划、预算资料及历史资料等进行分析;2.因素分析法,将影响计划指标完成情况的有关因素进行分类,采用一定的计算方法,确定各个因素对完成计划指标的影响程度;3.结构分析法,将相同事物分类,并计算各个类别在所在整体中的比重,分析部分和整体的比例关系。通过上述分析,不但可以全面了解和考核计划、预算的执行情况,查明完成或未完成计划、预算的原因,进一步加

强资金管理,贯彻节约制度,降低成本,提高经济效果;而且可以维护国家有关经济建设方针政策和财经制度的严格执行,维护财政纪律。

　　　　　　　　　　　　（闻　青　刘长滨）

会计工作　accountancy

企业和事业单位的会计实践活动。主要包括:会计核算、会计分析和会计检查等项活动。通常可概括为:记账、算账、报账、用账和查账等项环节。记账和算账是基础,报账是成果,用账和查账是记账和算账的继续和发展。　　　　　　　　（刘长滨）

会计管理　management of accounting

利用会计的方法对企业经济活动所进行的管理。主要内容有:会计预测、会计核算、会计控制和会计分析。主要任务是:参与编制各项经济活动计划与经营决策,记录、计算反映经济业务和财务成果,监督、检查财务计划、预算和财经纪律的执行情况,分析和考核财务状况和经济效益。会计管理与管理会计是两个不同概念,管理会计主要是通过一系列专门方法,利用财务会计提供的资料及其他资料进行整理、计算、对比和分析,使企业各级管理的人员能据以对日常发生的一切经济活动进行规划与控制的一整套信息处理系统。　　　（刘长滨）

会计核算　business of accounting, accounting calculation

又称簿记核算。以货币为计量单位,通过设置科目、复式记账、填制和审核凭证、登记账簿、成本计算、账产清查和编制报表等方法,对国民经济各部门的业务活动及结果所进行的连续、系统、全面、综合的核算和监督。是会计工作的重要组成部分。主要核算内容是:款项和有价证券的收付;财物的收发、增减和使用;债权债务的发生和结算;基金的增减和经营的收支;收入、费用、成本的计算;财务成果的计算和处理;其他需要办理会计手续进行会计核算的事项。银行会计核算包括明细核算和综合核算。明细核算是以货币或兼以实物为计量单位,对业务活动和财务收支情况进行详细和系统的核算;综合核算是以会计科目为依据,对业务活动和财务收支进行综合、概括的核算。明细核算和综合核算要按日相互核对,不符时,应立即查明纠正。通过会计核算可以综合反映国民经济各部门各单位的经济活动情况,为会计检查、分析提供可靠资料。

　　　　　　　　　　　　（刘长滨　闻　青）

会计核算六相符

账据、账账、账款、账表、账实、内外账务六个核对相符。即:贷款分户账与贷款借据,总账与分户账,现金账与库存现金,总账分账与会计报表,固定资产占款与实物,以及银行存款、贷款等账与往来单位的账务核对相符。要保证六相符,必须遵守会

计制度,严格记账程序,经常进行核对。

(刘长滨)

会计纪律

按照国家会计制度规定,在会计工作中必须遵守的纪律。包括:1.会计数据必须真实可靠,不能弄虚作假;2.会计凭证必须认真填制,要素必须齐全;3.会计账簿必须按规定设置和记载,不准以单据、报表代账,要严格遵守记账规则,做到账账、账表、账款、账据、账实、内外账六相符;4.会计报表必须准确、及时、完整地编报;5.会计档案必须定期整理归档;6.会计记账员和出纳员不得一人兼任。会计人员调动必须办理移交,交接不清者不得离职等。

(刘长滨)

会计监督　accounting supervision,supervise of accounting

对经济组织的经济活动的合理性、合法性和有效性进行考核、评价并施加影响的会计工作。会计的基本职能之一。以提高经济效益为目的,根据计划、定额、预算及有关规章制度,紧密结合会计核算进行。主要内容包括:对财产、资金的监督,以保证其完整无缺和合理使用;对成本或商品流通费的监督,以保证用尽可能少的消耗,取得尽可能大的经济效益;对收益、利润的监督,以保证利润的不断增长和合理分配;对预算资金收入和支出的监督,以保证完成国家预算;对财经政策和财经纪律执行情况的监督,以保证其正确贯彻执行。银行会计监督的主要内容是:1.通过审查凭证的资金来源与用途,监督各部门、各单位认真贯彻政策,执行计划,遵守财经纪律,促进各部门、各单位合理地节约使用各项资金,不断提高资金利用率;2.对银行内部的收支进行监督,保护国家资金、财产不受损失;3.监督各部门、各单位之间各项债权债务的发生和及时催办清结。对经济活动进行会计核算的过程就是施行会计监督的过程。会计监督的目的是干预经济活动,使之遵守国家财经制度。同时要从本单位经济效益出发,对各项经济活动的合理性、合法性实行有效的监督。

(闻青　刘长滨)

会计检查　accounting examination

对经济组织的会计资料的真实性和完整性,经济业务的合法性、合理性、合规性,以及财务会计制度和财经纪律的遵守情况等进行的核查评定。会计核算和会计分析的必要补充。依执行检查的机构和目的的不同,有外部检查和内部检查。外部检查主要是财政税务机关着重检查企业单位是否及时完成财政上交任务,有无偷漏和拖欠税款,以及铺张浪费、乱挤、乱摊成本等违反财经纪律的情况;银行信贷机关着重检查企业单位流动资金、信贷资金和投资拨款、贷款的使用是否正确有效,有无违反货币管理制度、信贷纪律和突破工程概预算的情况;工商行政管理机关着重检查企业单位经营是否正常合法,有无违反价格政策以及投机倒把、倒卖国家紧俏物资获得非法利益等情况。内部检查主要是企业单位主管部门及会计部门的检查,一是结账编表前审查核算资料是否正确、完整,二是按财政税务机关检查的要求,自行审查在会计核算有关财务处理的不合法情况,予以纠正。

(闻青)

会计科目　account title

简称科目。会计核算中为归集、记录各项经济业务,对资金运用、资金来源、费用成本和收益,按其经济内容或用途所作的分类。即账户名称。如施工企业资产方面的固定资产、主要材料、周转材料、应收工程款等科目;负债方面的长期借款、应付债券、应付账款等科目。会计科目是账户设置的依据。有总账科目(也叫一级科目)、二级科目、明细科目三种,分别据以开设总分类账户,二级账户和明细分类账户。在中国,会计科目由国家统一规定,各省、市、自治区和企业主管部门,在不违背国家规定的前提下,可根据实际情况作必要的补充规定。明细和部分二级科目由各企业单位根据需要和有关规定自行确定。

(闻青)

会计科目表　account chart

又称账户计划。对总账科目和二级科目的名称、编号、类别所作的规定。会计制度的一项重要内容。

(闻青)

会计年度　accounting year

为了定期反映实行会计核算的企业、事业、机关及其他经济组织的财务状况,向有关方面提供信息,总结其生产经营活动或预算执行情况,而人为地划分的会计期间。通常为一年,其起止日期世界各国不尽一致,有采用日历年度的,即每年从1月1日起至12月31日止;也有采用非日历年度的,如每年从7月1日起至次年6月30日止;中国采用日历年度为会计年度,与计划年度、预算年度一致,有利于国家对整个经济工作的管理。

(闻青)

会计凭证　accounting document

用以记载经济业务的发生、明确经济责任、作为记账依据的书面证明。因填制程序和用途不同,可分原始凭证和记账凭证。填制和审核会计凭证,是会计核算的一种专门方法。用以保证账簿记录的真实可靠,检查各项经济业务是否合理、合法、合规,促进有关单位贯彻国家的方针、政策、法令、制度、计划和预算,维护财经纪律。

(闻青)

会计期间　accounting period

为核算和总结经营活动或核算执行情况规定的起讫时间。通常有会计年度、会计季度和会计月度的规定。我国采用日历年度、季度、月度的会计期间,亦称为会计年度、会计季度和会计月度。

(刘长滨)

会计人员职责和权限

会计人员在会计工作岗位上应尽的责任和权力限制。根据全国银行统一会计制度的规定,银行会计人员的职责是:1.认真组织、推动会计工作各项规章制度、办法的贯彻执行;2.按照制度规定,认真进行会计核算和会计监督;3.遵守《中华人民共和国会计法》,维护国家财经纪律,同违法乱纪行为做斗争;4.讲究职业道德,履行岗位职责,文明服务,优质高效,廉洁奉公。权限是:有权要求开户单位及银行其他业务部门,认真执行财经纪律和银行有关规章制度、办法。如有违反,会计人员有权拒绝办理。对违法乱纪的,会计人员有权拒绝受理,并向本行行长或上级行报告;有权越级反映。会计人员在行使职权过程中,对违反国家政策、财经纪律的事项,同本行行长意见不一致时,行长坚持办理的,会计人员可以执行,但必须向上级提出书面报告,请求处理。有权对本行各职能部门在资金使用、财务管理、财务收支等方面实行会计监督。 (刘长滨)

会计任务 task of accounting

会计应担任的工作和应负的责任。银行会计工作的任务主要有:1.正确组织会计核算,按照国家的政策、法令和有关规定,真实、准确、完整、及时地记录、计算和反映金融业务、财务活动情况,为贯彻政策、考核计划、研究国民经济发展和金融决策提供正确数据;2.加强服务与监督。通过认真办理资金收付与划拨清算,促进和监督各单位、各金融机构严格执行财政纪律,管好用好资金,提高资金使用效益,为加强宏观调控,微观搞活服务,支持国民经济持续、稳定、协调地发展;3.加强经济核算,管好营运资金及财务收支,正确核算成本、监督和维护资金、财产的安全,努力增收节支,扩大社会积累;4.开展会计审查、会计辅导及会计分析,提高会计核算的质量和效率,为经营决策提供信息。 (刘长滨)

会计审核 examine and verify of accounting

运用检查和监督手段,对会计核算进行审查和核对。银行会计审核是在资金运动过程中,根据国家的法令、政策、财经纪律及有关规章制度,通过处理业务、检查凭证和登记账簿等对资金活动进行检查和监督,通过审核原始凭证及传票,检查财务管理是否符合经济核算原则,各单位资金活动是否符合有关规定,是否有违反财经纪律的行为;通过审核财务,检查银行的资产、负债、损益、费用是否真实正确,以及账据、账账、账表、账实、内外账务是否属实;通过审核会计各项业务处理手续,检查会计核算各个环节是否按规定程序及时、完整地办理,有无错误

和问题。 (刘长滨)

会计师事务所 accounting firm

注册会计师执行业务的机构。由政府主管部门依法核准设立,接受客户委托,提供查账验证和会计咨询方面的有偿服务。执行业务所应出具的文书资料,应由注册会计师签署方为有效。它与委托人之间是契约关系,并以第三者的立场进行工作,必须做到客观公正,因而具有一定的独立性和权威性。

(闻　青)

会计学 accounting

专门研究会计的产生和发展、会计的对象、会计的任务和方法,以及如何科学地组织会计工作、完善会计信息系统,使之更好地发挥会计对经济管理的积极作用的一门应用科学。是社会科学的一个分支,属于经济应用学。会计学包括的内容有:1.会计学原理,是会计学的基础科学。2.会计核算,在会计学基本原理和原则的基础上,结合各部门自身生产经营和财务活动的特点,形成各专业的会计核算。3.会计分析,以会计资料为依据,运用会计分析的技术方法,对会计核算资料进行分析,达到揭示存在问题和改善经营管理,提高经济效益的目的。4.会计检查,检查所核算的经济业务是否真实、完整,是否符合政策、法令、制度和财经纪律。5.会计史,通过对会计产生和发展的研究,不断完善和发展会计理论。6.会计法,是由国家通过法律的程序颁发的,有关会计工作应遵守的经济法规。通过贯彻和执行会计法,以保证会计的正常秩序,保障会计人员正确行使国家赋予的职权,维护财经纪律,提高经营管理水平,促进经济发展。 (刘长滨)

会计账簿 account book

简称账簿、账册。由具有一定格式的账页所组成,用以连续登记各项经济业务的簿籍。设置和登记账簿,把分散在会计凭证上的大量核算资料,加以汇总、归类、整理,为经济管理提供信息,是会计核算的一种专门方法。按其用途,有日记账、分类账以及两者相结合的联合账。按其外表形式,有订本账、活页账、卡片账和磁盘账。订本账是把一定数量的账页固定装订在一起的一种账簿;活页账是把账页按一定顺序装在账夹内,可以随时取出和放入的一种账簿;卡片账是以卡片作为账页,按一定顺序排列在卡片箱中,可以随时取出和放入的一种账簿;磁盘账是按电子计算机的程序输入记录在磁盘上,随时可以调用的账簿。账簿是重要的经济档案,平时要妥善保管,防止丢失毁损;更换新账簿后,应将旧账簿编号存档,销毁旧账簿要按照会计制度规定的程序办理。 (闻　青)

会计账户 account

简称账户。会计核算中,反映和考核企业单位及其他经济组织的生产经营活动或预算执行情况及其结果,按会计科目设置的具有一定结构可以连续登记的记账实体。会计核算的一种专门方法。账户的结构,除列明账户的名称外,通常设有日期、凭证号数、摘要、借方、贷方(或增加、减少、收方、付方)和余额栏。在中国,为使会计资料口径一致,便于综合汇总和分析利用,各企业单位都要按国家规定的会计科目设置账户。按其反映的经济内容,有资金运用账户、资金来源账户、费用成本账户和收益账户。按其提供核算资料的详简,有总分类账户和明细分类账户。 (闻 青)

会计职能 function of accounting

会计在经济管理中固有的功能。基本职能是核算和监督。会计的一切作用,都是其职能在一定经济条件下所能具体体现出来的效果。它既能通过货币计量,连续系统地反映经济(业务)过程,又能在反映和核算的基础上,对经济活动进行检查、分析、评价,发挥促进生产、提高经济效益的作用。随着社会生产的发展,现代会计强调具有参与企业经营决策,谋求最佳经济效益的职能。 (闻 青)

会计制度 accounting system

组织和从事会计工作所应遵循的规则、方法和程序等的总称。主要包括:会计凭证的种类、格式以及编、审、整理、汇总方法和程序;会计科目及其核算内容;账簿的组织和格式;记账方法、记账程序和记账规则;成本计算方法;财产清查办法;会计报表的种类、格式、编制方法及其报送审批程序;会计检查的程序和方法,会计档案的保管和销毁办法等。为保证会计资料的统一性,便于各主管部门对所属单位的会计资料进行审核、汇总和利用,适应国家宏观经济管理和综合平衡的需要,中国的会计制度由财政部和有关部门统一制订。西方各国由各企业单位自行制订会计制度,或委托注册会计师代为设计,各同业公会、注册会计师协会和政府部门也制订会计科目和表报格式等,但不具有约束力,仅供各有关单位参考使用。 (闻 青)

会计组织 accounting organization

为进行会计管理活动而采取的各种组织措施。主要内容一般有:会计机构的设置,会计人员的配备、职责、权力的规定,会计制度的制定,会计管理工艺流程的确定,财会工作领导者的工作特点和组织艺术,会计管理中的技术设计,采用自动化管理系统的组织工作,以及会计组织工作对管理效率的提高、完善和改进的评价等。 (刘长滨)

会计作用 action accounting

会计职能在经济活动中的影响和效果。银行会计作用概括地说,就是办理国民经济各部门、各单位的经济往来,记录和计算这些经济往来所引起的资金增减变化活动的情况,为指导和管理银行工作提供可靠的数据,发挥反映情况,说明问题的作用;通过资金收付,贯彻执行国家的方针政策,为国家守计划、堵漏洞,防止资金的损失、浪费,发挥监督国民经济活动的作用;考核银行经营活动效果,提高银行业务工作的效率和质量,发挥资金潜力,适应生产和流通的需要。 (刘长滨)

kuo

扩大初步设计 enlarged preliminary design

见初步设计(33页)。

扩大结构定额

见工程概算定额(75页)。

扩大再生产 reproduction on expanded scale

以简单再生产为基础,超过原有规模的重复生产。剩余产品的积累是扩大再生产的源泉。按其实现的方式不同分为内涵扩大再生产与外延扩大再生产。在现实经济生活中,这两种方式往往是结合在一起进行的。但在生产技术水平较低的阶段,一般以外延扩大再生产为主;在科学技术迅速发展的条件下,内涵扩大再生产的比重将随之不断提高。 (何 征)

扩建项目 expansion project

在原有项目基础上加以扩充的建设项目。按中国现行规定,原有企业单位为了扩大产品生产能力,或者为了创建新产品的生产能力而新建的主要车间或工程项目,均属于扩建项目;现有行政事业单位为扩大业务或用房而进行增建,如学校增设教学楼,医院增设病房等,也属于扩建项目。 (何秀杰)

L

lao

劳保支出　labor protection payment

企业按规定支付的劳动保险费用。包括提取的离退休职工劳保统筹基金,支付给离退休职工的退休金、价格补贴、医药费、易地安家费、补助费、职工退职金、六个月以上的病假人员工资、职工死亡丧葬费、抚恤金、按规定支付给离休人员的各项经费。施工企业的劳保支出曾列为工程造价独立费明细项目,现以劳动保险费形式纳入工程费用定额中的间接费项目,向建设单位收取,支出在管理费用中核算。　　　　　　　　　　　　　　　　　（金一平）

劳动保护　labour protection

在劳动过程中对劳动者的安全和健康所采取的保护措施和组织管理工作。其基本任务是不断改善劳动条件,同工伤事故和职业病做斗争,使不安全的、有害健康的作业安全化、无害化;保证劳动者有适当的休息时间和休假日数;根据女工的生理特点,对女工实行特殊保护等。　　　　　　　　（吴　明）

劳动保护措施计划　labour protection measures plan.

又称安全技术措施计划。在一定时期内为改善劳动条件,保护劳动者安全和健康的措施而做的安排。企业生产经营计划的一个组成部分。是有计划地改善劳动条件,实现劳动保护工作计划化的重要措施。主要内容包括:以防止伤亡事故为目的的安全技术措施;以改善生产环境,消除有害于职工健康的因素,防止职业病和职业中毒的一切劳动卫生措施,如通风、降温、防尘、防毒等。　　　　（吴　明）

劳动保险　labour insurance

为保护和增进职工的身体健康,保障职工在暂时或永久丧失劳动能力时的基本生活需要而建立的一种物质保障制度。它是劳动者的一种基本社会权利,由国家通过立法来保证。劳动保险的社会保障职能,通过提取劳动保险基金,在全国或地区范围内进行统筹、调剂和统一管理得以实现并充分发挥作用。中国劳动保险制度规定的物质保障项目和水平,是根据社会保障原则,从职工的实际需要和社会现实生活水平出发,适当考虑劳动者工龄长短、劳动条件好坏和贡献大小,实行有差别的待遇。

（吴　明）

劳动产出弹性　elasticity of labour output

在其他条件不变的情况下,由于劳动投入变化带来的产值与全部产值之比,表达式为:

$$\beta = \frac{\partial Y}{\partial L} \cdot \frac{L}{Y}$$

式中 β 为劳动产出弹性;Y 为产出量;L 为劳动投入量。　　　　　　　　　　　　　　（曹吉鸣）

劳动定额　labour norm

又称人工定额。在正常生产条件下,为完成单位合格产品所需必要活劳动的数量标准。建筑工程预算定额和施工定额的基本组成部分之一。是衡量工人生产效率的标准和编制用工计划与核算计件工资的依据。有时间定额和产量定额两种形式,二者互为倒数:

$$单位产品的时间定额(工日) = \frac{1}{每工日的产量定额}$$

$$每工日的定额产量 = \frac{1}{单位产品的时间定额(工日)}$$

如果一个工作班时间内只做一种工作,通常可规定工作班的产量定额;当一个工作班内须做几种工作时,应规定每种工作的工时定额。

（张　琰　张守健）

劳动定额管理　labour norm management

关于劳动定额的制定、修订、贯彻和日常管理工作的总称。其任务是保证以尽可能少的劳动消耗,完成更多的工作任务,不断提高劳动(工作)效率。劳动定额制定是根据一定技术组织条件下合理利用劳动力的要求,按照工时消耗的客观规律,运用科学的方法,确定完成合格产品的加工和各项作业所需要的劳动量,其方法主要有经验估工法、统计分析法、技术测定法及由上述方法派生的比较类推法。劳动定额修订是对落后于生产发展要求的劳动定额定期或不定期进行的修改或更新。劳动定额制定或修订后,即要组织广大职工贯彻执行,并要由企业劳动人事部门归口进行管理。　　　　　（吴　明）

劳动定额水平　labour norm level

职工完成规定工作应消耗劳动量的高低程度。确定劳动定额水平的基本原则是先进合理。即:①以在正常的生产技术组织条件下,经过努力,多数工人能够达到或超过,部分工人能够接近的水平。②

广大职工为达到或超过劳动定额所作出的努力,必须表现为充分和有效地利用工作时间,并以正常的符合劳动卫生原则要求的工作速度进行工作。③多数工人达到或超过劳动定额是一种动态要求。衡量劳动定额水平的方法,有实工时衡量,实测工时衡量,标准工时衡量,通过定额之间的比较衡量,及用定额完成率的平均差衡量等。 　　　　(吴　明)

劳动定员　personnel guota

为保证企业生产经营正常进行,在一定时期内和一定技术组织条件下,规定企业各类人员的数量界限。它是企业组织劳动、编制计划、确定人员编制和工资基金的依据。合理的劳动定员能促进企业在保证生产和工作需要的前提下,节约使用劳动力,提高劳动生产率。建筑企业定员对象包括:生产工人、顶岗工作的学徒、工程技术人员、管理人员和服务人员。 　　　　(吴　明)

劳动分红　profit-sharing according to work

中国集体所有制企业年终给职工一次性的劳动报酬形式。企业到年终结算时,根据企业的经营成果和盈利情况,按照职工的劳动贡献、技术水平和劳动态度等条件,发给一次性的报酬。企业经营情况愈好,个人贡献越大,分红就越多。 　　　(吴　明)

劳动工日　man-day

又称工日或人日。表示劳动量的计量单位。指一个职工的一个劳动日(或小时)。计算时无论一日(或小时)内时间的利用程度如何,都作为一个工日(或工时)。工日(或工时)在企业管理中主要用以安排生产计划,下达生产任务,监测生产进度;编制劳动计划,平衡劳动力和调配、调剂劳动力;核算生产成本;评价工人生产成绩;反映工作时间的利用程度和工人的劳动效率等。 　　　　(吴　明)

劳动工时　man hour

又称工时、人时。见劳动工日。

劳动工资计划　labour and wages plan

企业在计划期内有关劳动力和劳动报酬方面的安排和应达到的目标的计划。主要根据施工生产计划,及对劳动力供应情况的调查和预测资料编制。是实现施工生产计划的劳动力保证计划,也是企业进行劳动人事管理和工资工作的依据。主要内容有:各类人员需要量、招募合同工、临时工工种及人数、培训工种及人数、各类职工需用日期、职工工资总额和平均工资水平等。 　　　(何万钟)

劳动管理　labour management

企业有关劳动方面一切管理工作的总称。其基本任务是最有效、最合理地组织劳动力和劳动活动,发挥劳动者的积极性,提高劳动生产率,实现企业的生产经营目标。内容一般包括:职工的招收和培训,劳动定额管理,企业的定员,劳动组织,劳动计划,劳动保护,劳动竞赛,劳动纪律等的组织实施。 　　　　(吴　明)

劳动合同　labour contract

又称劳动契约。劳动者与企业、机关、个人等订立的关于参加劳动确定双方权利和义务的协议。它包括招聘固定工,招用临时工、合同工、季节工、调剂人员等所签定的合同。一般规定有合同期限、劳动地点、工作任务、工资待遇、劳动福利以及劳动规定、工作制度等。根据合同,劳动者成为企业、机关等的成员,承担一定种类、一定职务的工作,遵守该单位内部劳动规则和各种工作制度。企业、机关等按照劳动者劳动的数量和质量支付劳动报酬,并保证劳动者享有一定的权利和福利待遇。 　　　(吴　明)

劳动机械化程度　level of labour mechinization

企业中机械化操作与全部劳动量的比例。衡量技术进步的重要指标。通常以从事机械化操作工人占全部工人的比重来表示。其计算公式为:

$$M = \frac{\mu}{W} \times 100\%$$

式中,M 为劳动机械化程度(%);μ 为从事机械化操作的工人数;W 为全部工人数。达到一定的机械化水平,可以比较明显地反映节约劳动力和改善工作条件,但不能确切地反映综合机械化水平提高情况。 　　　(曹吉鸣)

劳动计划　labour plan

对计划期职工人数、平均工资、劳动生产率以及职工招收、培训等的预先安排。反映计划期内企业生产经营活动中劳动消耗、劳动效率和工资的水平,是企业经营计划的重要组成部分。建筑企业劳动计划包括职工需用量计划,工资基金计划,劳动生产率计划,安全生产计划和职工培训计划等。 　　　　(吴　明)

劳动纪律　work discipline

劳动者在共同劳动中必须遵守的规则。要求每个劳动者按照规定的时间,程序和方法,完成自己承担的任务,保证生产过程有秩序地协调进行。是组织社会化大生产的客观要求,和企业组织与指挥生产的重要保证。劳动纪律包括组织管理、技术工艺和考勤三个方面。具体内容有:服从工作分配、调动和指挥,个人服从组织,下级服从上级;按照计划安排,积极完成生产(工作)任务;遵守企业规章制度,如岗位责任制、技术操作规程、安全操作规程、交接班制度等;遵守考勤制度,按时到达工作现场,坚守工作岗位。 　　　(吴　明)

劳动考核　labour examination

了解和评价职工工作情况的基本手段。主要目的是培养和选拔人才,合理分配奖励和调整劳动组织。考核的主要内容包括政治思想、业务能力及工作业绩三方面。考核方法,可以由领导或领导小组对每个职工在德、才、绩等方面给予全面概括的评价;也可以采用总结工作和民主讨论方式,对每个人进行考核与评价;还可以由领导与群众相结合进行考核与评价。为了客观细致地进行考核,往往采用调查表方式,不记名投票方式或多项目标综合考核方式。　　　　　　　　　　　　　　　(吴　明)

劳动力均衡系数 equilibrium coefficient of labour force

施工期中高峰人数与施工期中平均人数之比。计算公式为:

$$\frac{劳动力}{均衡系数} = \frac{施工期高峰人数}{施工期平均人数}$$

（吴　明）

劳动力消耗动态图 tendency chart of man-hour consumption

又称劳动力消耗动态曲线。表示工程施工过程中劳动力每日消耗数量的图表。其横坐标为时间,一般用日历天数表示;纵坐标为投入施工的人数。它表明在整个工程施工期间劳动力安排的均衡程度。是劳动力资源平衡优化的依据和衡量施工进度计划优劣程度的主要指标之一。　　(张守健)

劳动强度 labour intensity

单位时间内的劳动消耗。反映劳动繁重和紧张程度的指标。确定合理的劳动强度,科学地计量劳动消耗,对于保护劳动力,提高劳动生产率,以及对劳动量和劳动报酬实行严格的统计和监督,有着重要作用。　　　　　　　　　　(吴　明)

劳动人事制度 labour and personnel system

企业有关劳动和人事方面管理制度的总称。是企业管理制度的重要组成部分,其内容包括国家有关劳动人事的方针、政策、法令和规定对企业的具体要求,以及企业根据这些要求所建立的劳动力管理制度和干部管理制度。　　　　(吴　明)

劳动时间研究 work time study

各种劳动时间测定技术的总称。用以制定各项工作或生产作业的标准时间,即在标准状态下,以正常速度操作所需要的时间。标准状态是指选择受过良好训练,具有一般体格、身体健康的操作者,在现场设备、工具、作业环境等均符合标准要求的条件下,按标准的方法从事指定的工作。劳动时间研究主要包括现场测定技术、预定时间制度和标准化数据制度等。　　　　　　　　　(吴　明)

劳动投入量 labour input

人类在生产过程中体力或智力的消耗量。生产要素投入量之一。在计算中,有人采用职工工资,职工人数等指标,但都有一定局限性。精确的计量单位应是工作时间中的有效利用时间,它反映了劳动者工作日长短的差别和工时损失情况。中国迄今还没有这方面的统计资料。　　　　(曹吉鸣)

劳动消耗 labour consumption

在产品生产过程中实际消耗的物化劳动和活劳动之和。物化劳动消耗包括:① 厂房、机械设备等固定资产随其耗损而逐渐转移到产品中的价值;②原材料、燃料、动力等一次性消耗。活劳动消耗量是指在产品生产中所耗费的劳动量,通常以工日或工时为计量单位。通过劳动消耗与劳动成果的比较,可以看出劳动消耗的经济效益。节省劳动消耗,以较少的劳动消耗取得尽可能大的劳动成果,是经济活动的一项重要原则,也是企业管理的核心问题。

（吴　明）

劳动争议 labour dispute

在劳动过程中,劳动关系当事人双方之间由于处理有关劳动方面的问题而发生的争执与纠纷。其范围主要包括:关于职工录用、调动、辞职、辞退和除名的争议事项;关于工作时间、休假、休息时间和劳动报酬的争议事项;关于职工生育、探亲、疾病、退职、退休、伤亡和保险、生活福利的争议事项;关于违反劳动纪律和奖惩的争议事项;有关劳动条件和职工培训的争议事项及其他劳动争议事项。发生劳动争议时,应由双方协商解决,双方不能协商解决时,应逐次由双方的上级工会组织与企业主管机关协商,当地劳动行政机关调解,劳动争议仲裁委员会仲裁,直至向人民法院起诉,由法庭判决。

（吴　明）

劳动制度 labour system

企业有关劳动力管理、劳动报酬等直接涉及劳动关系的制度。通常指劳动力管理制度,包括劳动力就业前的培训、就业后的使用与培训等。具体有劳动就业制度、用工制度、劳动力招收和调配制度、劳动力培训制度、劳动定额及定员制度、工资福利制度、劳动保险和劳动保护制度等。社会主义劳动制度是由社会主义经济制度所决定的。它要使每一个有劳动能力的人都享有劳动权力,担负起劳动义务。同时,又要保证劳动者为社会、企业、集体提供了一定数量和质量的劳动之后,获得相应的劳动报酬和生活福利。　　　　　　　　　　(吴　明)

劳动组织 labour organization

按照施工生产的需要,科学地组织劳动分工与协作,使各劳动集体及相互之间形成协调的整体。其主要任务是:① 根据合理分工与协作的原则,正确配备劳动力,充分发挥每个劳动者的积极性,从而不断提高劳动生产率。② 正确处理劳动力与劳动工具、劳动对象间的关系,保证劳动者有良好的工作环境和劳动条件。③ 运用工效学、劳动心理学等科学原理,在总结先进经验的基础上,不断改进和完善劳动组织,探求新的形式和方法,以达到用人少、效率高,促进劳动者全面发展和改善劳动者之间关系的目的。建筑企业常见的劳动组织形式有专业施工队和混合施工队两种。 (吴　明)

劳务层　labour level

又称作业层。企业中按照规定的计划和程序,完成各项生产作业的劳务组织。在建筑生产中,由完成各类专业工程或施工过程的工人队构成。

(何万钟)

劳务承包　labor contracting

应发包单位的要求,承包工程项目所需的劳动力。如为城市建筑公司提供某项任务的劳动力,为国际建筑市场提供劳务或技术服务等。承包的形式有:①单纯提供劳务;②提供劳务并参加部分生产组织与管理;③提供劳务并包工期。劳务承包的承发包双方应严格履行劳务承包合同规定的权利、义务和责任。 (钱昆润)

劳务合作合同额　total value of contract for labour cooperation

报告期内各对外承包公司与国外建筑承包商或生产企业签订派出人员,提供劳务和技术服务合同的总金额。是反映对外承包公司在国际劳务市场竞争能力的指标。 (俞壮林)

劳务合作营业额　turnover of labour cooperation

报告期内各对外承包公司为履行劳务合作合同向国外派出劳务人员,实际完成的提供劳务和技术服务工作量的货币表现。一般按合同总金额乘以报告期内完成工作量进度百分比计算。全部完成劳务和技术服务项目时,按合同最终结算金额计算。

(俞壮林)

劳务型建筑企业　labour-intensive construction enterprise

又称劳动密集型建筑企业。技术装备程度较低,需要大量使用劳动力,以提供建筑劳务活动为主的建筑企业。受生产力发展水平以及建筑业的生产特点所制约而形成,发展趋向是向技术密集型企业转化。在社会主义初级阶段,某些劳务型建筑企业在一定时期内仍是中国建筑企业的主要类型之一。它不但可以为国家积累较多的资金,在一定程度上弥补资金不足的弱点,而且还可以容纳较多的劳动力,缓解人口就业压力。 (谭　刚)

le

乐观系数法　coefficient of optimism method

又称折衷准则法。通过引入乐观系数计算各方案的折衷收益值,并以折衷收益值最大的方案为最优方案的非确定型决策分析方法。其要点是:首先根据历史资料和经验判断,确定一个乐观系数 $\alpha(0 < \alpha < 1)$,$(1-\alpha)$ 为悲观系数。$\alpha = 1$ 时,同于乐观的大中取大法;$\alpha = 0$ 时,同于悲观的小中取大法。设 $C_i V_i$ 代表第 i 个方案的折衷收益值;$Q_i \max$ 表示第 i 个方案的最大收益值,$Q_i \min$ 表示第 i 个方案的最小收益值。则方案 i 的折衷收益值为

$$C_O V_i = \alpha Q_i \max + (1-\alpha)\alpha_i \min$$

例:有方案 S_1、S_2、S_3、S_4,已知各方案的最大和最小收益值,设 $\alpha = 0.8$,据以计算折中收益值 $C_o V_i$ 如下表:

方案	$Q_i \max$	$Q_i \min$	$C_o V_i$
S_1	9	-2	6.8
S_2	7	1	5.8
S_3	6	2	5.2
S_4	6	4	5.6

最大折衷收益值 6.8 对应的方案 S_1 即为最佳方案。 (杨茂盛)

lei

类指数　category index number

又称组指数。将总体分成几大类,观察其相对变动的指数。在经济统计中,指数法与分组法的结合运用;常用于研究产品数量及商品价格的变动情况。其计算方法与总指数基本相同。据以计算总指数时,则起个体指数的作用。 (张　琰)

累计完成投资　accumulation of investment accomplished

建设项目自开始建设到本年底止累计完成的全部投资。综合反映整个建设项目或企事业单位建设总进度的指标。常与计划总投资指标对比,检查计划总投资的完成情况。计算范围应与计划总投资指标包括的内容一致。公式为:

累计完成投资 = 自开始建设至本年底累计新增固定资产 + 自开始建设至本年底累计完成的不增加固定资产的投资 + 本年底未完工程累计完成投资

(俞壮林)

累进计件工资制 progressive piece-rate wages system

工人完成产量定额的部分按一般的计件单价计算,超过定额的部分按更高的、累进的计件单价计算劳动报酬的计件工资形式。这种形式,与生产任务密切结合,对工人的物质鼓励作用比较强,适用于劳动强度大、劳动条件差、增产特别困难但又迫切需要增产的企业或工种。在企业管理水平较低,定额水平还不够先进合理的情况下则不宜采用。

(吴　明)

li

离岸价格 free on board, FOB

又称装运港船上交货价格。以货物装上运载工具为条件的口岸价格。一般卖方负责在装运港把货物交到买方指定的船上,并承担将货物装上运载工具前的一切费用和风险;买方承担由启运港到目的港的费用和保险费。即买卖双方所负担的费用和风险,以船舷为界,卖方只负担货物越过船舷以前的各项费用与风险,货物越过船舷以后的费用与风险全由买方负担。　　　　　　　(刘长滨)

离任审计 leave the position auditing

中国社会主义公有制企业经理(厂长)离任时,审计机关依法对其任期内所负经济责任的审核监督与评价。在社会主义市场经济条件下,是加强审计监督,贯彻国家经济政策和财纪律,提高经济效益的一种有力措施。审计结果可以为决定干部任免升迁提供科学的依据。审计内容一般为:①企业完成国家或主管部门考核的主要经济效果指标的情况;②企业盈亏的真实性,有无虚盈、虚亏、潜亏等情况;③财务收支是否合规、合法,资金来源及运用是否符合规定;④职工收入增长率与劳动生产率的增长比例是否协调,是否兼顾国家、企业、职工三者利益。

(张　琰)

理论成本 theory cost

通常指正常生产经营条件下的社会平均成本。按照马克思的价值理论,它是产品价值 $w = c + v + m$ 中所耗费的物化劳动和活劳动 $c + v$ 的货币表现。其经济含意是:① 生产产品所耗费的物化劳动和活劳动 $c + v$ 的等价物,产品价格的组成部分;②反映了产品生产过程的劳动耗费,是劳动耗费的价格体现,再生产过程的价值补偿尺度。与实际发生成本的根本区别在于:它是根据社会平均消耗水平制定的定额计算的成本。能够较正确地反映产品生产过程中直接消耗的物质的和劳动的共同性质和经济内容,所以是测算建筑安装产品理论价格的依据,

预测建筑安装产品成本水平的标准。

(周志华)

理论经济学 theoretical economics

论述经济学的基本概念、基本原理,以及经济运行和发展的一般规律,为各经济学科提供理论基础的经济学。资产阶级理论经济学分为宏观经济学和微观经济学两个分支;马克思主义的理论经济学即以生产关系为对象的政治经济学。在中国,有些经济学家主张理论经济学也应包括生产力经济学。

(谭　刚)

立法 legislation

又称法的制定。国家机关依照法定职权和程序,制定、认可、修改、补充和废止法律规范的活动。是统治阶级通过国家机关将其意志上升为国家意志,并转化为法的过程,是国家的一种重要的职能;也是实现国家其他职能的一种手段。立法又有狭义和广义之分。狭义者专指最高国家权力机关的立法活动;广义者指国家机关依照法定权限和程序,制定具有不同法律效力的法律规范的活动。按照中国宪法和法律的有关规定,中国的立法属于后者。所谓立法程序,是指立法全过程依法必须经过的步骤和手续。中国的立法程序通常分为四个阶段,①提出法律议案,②审议法律草案,③通过法律,④公布法律。

(王维民)

立面设计 elevation design

建筑物各竖向侧面外观形状的设计工作。包括建筑形体的组合,门、窗的布置和阳台、雨篷、遮阳板以及各种艺术装饰的处理等。是整个建筑设计的重要组成部分。立面设计应较好地反映建筑物具有简洁、明朗、朴素、大方的形象以及与周围环境协调的艺术效果,并须与建筑物的平面、剖面设计综合考虑。影响立面设计的主要因素有使用要求、结构形式、建筑材料和构造方式、环境和气候条件等。应注意贯彻适用、经济,在可能的条件下注意美观的设计方针。立面设计用建筑立面图来表示,通常根据建筑物的朝向位置,分别绘制有正、背、左和右立面图。

(林知炎)

立体交叉作业 solid intersection process

在平面上分段、空间上分层的工程对象上,按组成的施工过程在平面和空间上组织流水作业的施工组织方式。为了充分利用工作面和缩短工期,有的施工过程可以从下而上展开,有的施工过程可以从上而下展开。这样,完成同一施工过程的工作队,在同一时期内可以在不同的施工段或不同的施工层上进行作业。或者,在同一时间内,同一施工段的不同施工层上,有不同的工作队同时进行施工作业。

(何万钟)

利率 interest rate

又称利息率。投入本金经一定时期后所获利息额与该本金额的比率。例如本金 10000 元一年后得到利息 500 元,利率即为 5%,以算式表达为

$$利率 = \frac{利息额}{本金额} \times 100\%$$

在市场经济中,利率水平受平均利润率、资金供求状况、借贷期限、预期价格变动率以及国家宏观经济政策等因素的影响。它体现资金的时间价值,是调节经济活动的重要杠杆之一。

（雷运清　张　琰）

利率风险 interest rate risk

由于贷款利率变动而带来的收益不确定性。例如,抵押贷款利率上升,而房地产租金不能及时调整,投资者的收益就不能达到预期的水平。

（刘洪玉）

利润分配 distribution of profit

企业实现的利润按照国家规定,在国家、企业之间进行的分配。体现着国家和企业及职工之间的经济利益关系,主要有以缴纳所得税或上交利润的形式对国家进行的分配;以弥补亏损和企业留利的形式对企业和职工进行的分配;以分出和转入利润的形式对投资者进行的分配以及按规定应用利润归还基建借款等进行的分配。在保证国家多得的前提下,兼顾企业和职工的利益是社会主义利润分配的基本原则。中国施工企业利润在 50、60 年代曾实行企业按规定的比例从利润中提取奖励基金后,全部上交国家财政的办法。1967 年起,实行企业利润全部上交国家财政的办法。1978 年开始,实行了利润分成办法,即从利润总额中减去归还小型技措借款、应提企业基金、应提法定利润后,分成上交和留成。1983 年实行"利改税"办法后,逐步把国家和企业的利润分配关系以税收形式固定下来,税后利润归企业支配。实行承包经营责任制以后,企业上交承包利润后全部留归企业支配。1993 年 7 月 1 日会计体制改革后,利润分配项目中除"应交所得税"、"应交财政特种基金"、"盈余公积补亏"、"提取盈余公积"外,其余额,均为所有者权益,或按投资额分配给投资者,或留在企业用于扩大生产经营资金。

（闻　青　金一平）

利润分析 profit analysis

企业对一定时期实现的利润、利润水平及利润分配增减变动的分析。建筑企业的主要分析内容包括:①分析利润总额、工程结算利润、产品销售利润、作业销售利润、材料销售利润和其他销售利润的计划和目标利润完成情况及未完成的原因。重点分析工程结算利润,其他盈亏较大的项目,及营业外收支是否符合规定项目和范围等。②分析利润水平,如成本利润率、产值利润率、资金利润率等。以便对不同企业、同一企业的不同时期实现的利润进行比较。③分析利润在国家、企业和职工三者之间的分配情况,促进正确处理国家、企业、职工之间的经济利益关系。通过上述分析,促使企业改善企业经营机制,挖掘内部潜力,增加利润,提高企业经济效益。

（周志华）

利润管理 profit management

企业利润计划、核算、分配和分析评价工作的总称。内容包括:①根据企业经营方针,通过调查研究和预测分析,确定目标利润;②根据目标利润、经营计划和生产任务,编制利润计划,分析计算各项利润及利润率;③组织实施利润计划,落实到各责任单位和部门,保证目标利润的实现;④分析评价利润计划完成情况,实施控制;⑤严格遵守国家规定,在国家、企业和职工三者之间正确分配利润,调动企业和职工的积极性。

（周志华）

利润率 rate of profit

反映企业一定时期利润水平的相对数指标。它是利润额与某一基础值的比率,因此在不同企业、不同销售量的情况下,亦能进行比较。利润额与利润率两个指标结合运用,能更好地评价企业经营管理的水平。中国常用的利润率有:①销售利润率,即一定时期企业销售利润与销售收入之比;②成本利润率,即一定时期销售利润与销售成本之比;③产值利润率,即一定时期企业销售利润总额与总产值之比;④资本金利润率,即一定时期利润总额与资本金总额之比。⑤其他还有工资利润率、人均利润率等。

（周志华）

利润审计 profit auditing

审计人员依法对企业经营利润、营业外收支和利润总额的形成与分配的审查监督。建筑企业中主要审查:工程结算、产品销售、作业销售等利润的计算是否正确,账证与核算资料是否真实、合理、合法;营业外收入是否真实合理,营业外支出是否合规;利润是否按国家规定合理分配等。对实行招标投标所承揽的工程项目及有压价、压工期影响利润的项目应加以重点分析审查。其目的是促使企业正确计算和计取利润,客观公正地评价企业经营效果。

（周志华）

利润指标 profit indicator

反映企业生产经营活动最终成果或经济效益的指标。主要有:①利润总额指标,包括工程结算利润、产品销售利润、作业销售利润、材料销售利润和其他销售的利润及营业外收支净额;②利润相对水平指标,包括产值利润率、工资利润率、成本利润率

和资金利润率指标;③利润计划完成情况指标,如利润计划完成率;④利润分配指标,包括税后利润、企业留利和未留利润等。其公式如下:

$$工程结算利润 = 工程价款收入 - 分包单位完成工程价款 - 自行完成工程实际成本$$

$$产品销售利润 = 产品销售收入 - 销售税金 - 销售成本$$

$$作业销售利润 = 作业销售收入 - 销售税金 - 销售成本$$

$$材料销售利润 = 材料销售收入 - 销售税金 - 销售成本$$

$$实现利润总额 = 工程结算利润 + 产品销售利润 + 作业销售利润 + 材料销售利润 + 其他销售利润 + 营业外收支净额$$

$$产值利润率 = \frac{实现的利润总额}{完成的施工产值} \times 100\%$$

$$工资利润率 = \frac{实现的利润总额}{全部职工工资总额} \times 100\%$$

$$成本利润率 = \frac{实现的利润总额}{相应的已完工程成本} \times 100\%$$

$$资金利润率 = \frac{实现的利润总额}{固定资金平均占用额 + 流动资金平均占用额} \times 100\%$$

$$利润计划完成率 = \frac{实际利润总额}{计划利润总额} \times 100\%$$

$$税前利润 = 实现利润总额 - 归还小型技措借款利息$$

$$税后利润 = 税前利润 - 应交所得税$$

$$企业留利 = 税后利润 - 应交利润$$

$$未留利润 = 税后利润 - 应交利润 - 企业留利$$

（周志华）

利润总额　gross profit

企业在一定时期内进行生产经营活动所实现的全部利润,为企业的财务成果。考核企业生产经营成果和经济效益的综合性指标之一。施工企业的利润总额包括工程结算利润、其他业务利润、投资收益及营业外收支净额,其中已扣减了期间费用。

（金一平　闻　青）

利润最大化　maximization of profit

以追求最大化的利润作为企业生产经营目标的企业行为。当企业总收入与总成本之差达到最大值时,或者企业生产要素投入的边际成本等于边际收益时,企业的利润即达到最大值。按照这两种情况组织生产经营,企业便可能获得最大化的利润。

（谭　刚）

利息　interest

债务人为取得资金使用权而向债权人支付的报酬。从资金使用的角度看,即资金的成本。在实践中利息额按本金、利率和计息期进行计算,又有单利、复利之分。

（雷运清）

例外原则　exception principle of management

组织中的高层管理人员只处理非常规的(即非例行性的)管理事务的控制原理。为泰罗等人所倡导。他们认为,规模较大的企业组织和管理,高级管理人员不能把例行的一般日常事务都包揽起来,应授权给下级管理人员去处理,自己只保留例外事项(即重要事项)的决定和监督权。这种控制原理以后发展成为管理上的分权化原则和事业部制管理体制。

（何　征）

例行决策　routine decision

见程序化决策(31 页)。

lian

连乘评价法　continuous multiple evaluation method

简称连乘法。以互比方案每一指标的评分值连乘,再开 n 次方得出的总分值作为方案比较依据的评价方法。其表达式为:

$$V_i = \sqrt[n]{F_{i1} \cdot F_{i2} \cdots F_{ij} \cdots F_{in}} \rightarrow \max$$

V_i 为 i 方案的总分值;F_{ij} 为 i 方案第 j 个指标的评分值;n 为指标数。V_i 值最大的方案即为最优方案。此法的特点是,第一,通过指标的连乘,能拉开方案间总分值的差距,增大方案比选的敏感性。故适用于各指标间权值差距较小的情形。第二,当某方案有一指标的分值为零时,其总分值亦为零,该方案即被否定。

（刘玉书　何万钟）

联合代理　joint agency

由两家或两家以上物业代理机构共同承担某项物业的代理工作。参加联合的代理机构间的分工合作、职责范围和佣金分配方式,由联合代理合约规定。

（刘洪玉）

联合贷款　cofinancing

由世界银行牵头组织,多种金融机参加的一种国际贷款方式。20 世纪 70 年代开始发展,主要用于发展中国家的大型工业项目。参加者有世界银行与国际开发协会,区域性开发银行,负责双边开发援助的政府机构,政府出口信贷机构和商业银行等5类金融机构。有平行贷款及混合贷款两种主要形式。平行贷款是若干相对独立的贷款者的组合,各参加者分别与借款方谈判并签订协议,依各自的条件、程序和资金用途,分别对同一工程项目的不同部分贷款,各自承担风险。贷款协议中一般订有3个共同条款:(1)并联违约条款。借款者如违背与某一联合贷款者签订的协议,该贷款者可因而取消、停付或要求提前偿还其贷款,其他联合贷款者据此条款有权采取相应的措施以支持该贷款者。(2)同时生效条款。同一项目的各个贷款协议同时生效,以保证项目计划顺利进行。(3)相互参照条款。贷款者一般都提出,须待世界银行贷款协议中的投资项目管理及担保等条款履行之后方实施其贷款协议。混合贷款是将各贷款者的资金合在一起,对某一完整的工程项目共同贷款,并按提供贷款的比例共同承担风险。在上述两种联合贷款中,世界银行除提供其贷款份额外,一般还要承担对工程项目作可行性研究并拟订筹资计划,向联合贷款者提供借款方的财务状况、偿债能力等有关情报,与其他贷款者制定联合协议和备忘录,以保证各方互相配合,协调行动等义务。有时还要承担工程项目的管理和监督工作。　　　　　　　　　　　　　　　　　(张　琰)

联合国开发计划署　United Nations Development Programme,UNDP

联合国系统多边技术援助的计划管理机构。成立于1966年1月1日。由联合国"特别基金"和"技术援助扩大计划"组织合并而成,总部设在纽约。其宗旨是:向发展中国家提供经济和社会方面的发展援助;协调联合国系统有关促进发展的活动。基金主要来源于联合国各会员国政府的自愿捐款。每年联合国大会期间举行一次认捐会议。开发计划署的援助属无偿技术援助,主要用来开展技术合作和项目的投资前活动。援助项目涉及农业、工业、教育、能源、运输、通讯、公共、行政、卫生、住房、贸易等部门的广泛领域;目的在于促进受援国的技术发展,并增强其自力更生的能力。援助的主要方式是派遣专家和顾问提供技术服务,资助受援国专业技术人员到国外考察、进修,援建试验或示范性项目,并提供部分示范性仪器设备等。　　　　　(严玉星)

联合经营合同　combined business contract

由两个以上的经济组织互相约定联合投资,联合经营一定的经济事业,并共同承担经营风险所签订的经济合同。包括联办企业合同、联合经销合同、补偿贸易合同,以及建筑经营活动中的联合投标合同等。在中国,联合经营可以不受所有制、隶属关系、行政地区的限制,但不得随意改变联营各方的所有制、隶属关系和财务关系。联营企业各方的投资,可以包括现金、物资、设备、技术、劳务、场地或其它财物。　　　　　　　　　　　　　(何万钟)

联合选址　joint selection for projects site

在新开发工业基地范围内,由有关部门综合考虑工业基地规划和协作配套工程情况,共同组织建设项目的厂址选择工作。在协作企业之间、主体项目和配套项目之间进行同步配套建设,形成综合生产能力,保证正常生产。同时,统一规划动力、运输、通讯、市政和"三废"治理等设施,统一安排生活福利事业和商业服务网点的建设。　　　　(曹吉鸣)

联机实时系统　on-line real-time system

利用通信线路把数据源和中央计算机连接起来,在数据产生的同时直接把数据传送给中央计算机进行处理,并即时作出回答,及时调整输入数据写入过程的信息系统。主要特点是应用了直接(随机)存取文件。　　　　　　　　　　　(冯鉴荣)

liang

两保一挂　two assurances and one link-up

又称两包一挂。在承包期内确保企业上缴利润和技术改造投入,并使工资总额与经济效益挂钩浮动的承包经营方式。中国国有企业经营方式之一。其特点是:企业在承包期内不但要保上缴国家的利润,同时要保企业的发展后劲;上缴利润在承包期内定比增长,技改项目列入国家计划;指标一定几年不变,完不成指标部分由企业用自有资金补齐,超指标上缴部分在年终结算后按合同规定兑现给企业。这种方式适用于大多数企业,特别是大中型骨干企业。它有助于确保国家财政收入,增强企业发展能力和后劲,搞活企业工资分配,从而提高企业经济效益。　　　　　　　　　　　　　　　　　(谭　刚)

量-本-利分析　quantity-cost-profit analysis

又称盈亏平衡分析。产量-成本-利润分析的简称。根据成本、产销量、利润之间的依存关系,计算保本点和盈亏额或盈亏区的会计分析方法。主要内容是:假定在销售单价和费用耗用水平不变的条件下,分析销售利润与销售数量的关系,进而推论有关因素变动对利润的影响,不同生产方案下收入、成本、利润的变动情况,一定生产条件下利润的最优规划等,可为生产经营决策和投资决策提供有关信息。实践中,一般先计算保本点,即刚够成本开支的销售收入或工程价款收入,再据以预测盈亏额:

$$保本点=\frac{固定成本总额}{1-销售税率-变动成本在销售收入或工程价款收入中的比重}$$

利润额＝（销售收入或工程价款收入－保本点）

$$\times\left(1-\frac{销售}{税率}-\frac{变动成本在销售收入或}{工程价款收入中的比重}\right)$$

亏损额＝（保本点－销售收入或工程价款收入）

$$\times\left(1-\frac{销售}{税率}-\frac{变动成本在销售收入或}{工程价款收入中的比重}\right)$$

而后画盈亏平衡图：

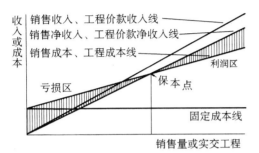

图中销售净收入或工程价款净收入线与销售成本或工程成本线的交叉点，即为保本点，保本点以下为亏损区，保本点以上为利润区。　　　　（闻　青）

lie

列昂惕夫，W.　W.leontief(1906～　　)

美国经济学家，1906 年出生于俄国，20 年代在苏联列宁格勒大学经济系学习，研究过苏联计划统计工作。1931 年移居美国，曾多次主持并指导美国 1919，1929，1939 和 1947 年的国民经济投入产出表，1936 年发表了《美国经济体系中的投入产出数量关系》，1941 年出版《美国经济结构（1919～1929年）》，以后又发表了许多专著，系统地提出了投入产出分析理论，因而被授予 1973 年诺贝尔经济学奖。

　　　　（徐绳墨）

lin

临时道路　temporary road

根据施工平面图的规划铺设的施工用道路。通常按下述要求修筑：①布置形式要满足运输要求，主要施工区道路应为环形并至少应有两个出入口；②充分利用已建的永久性道路；尽量使其与拟建的永久性道路一致，可先期建好永久性道路的路基作为施工道路，以节约投资；③保证消防车能直达主要施工场所和易燃物品堆场；④主要道路应采用双车道，宽度不小于 6m；次要道路可用单车道，宽度不小于 3.5m；⑤道路转弯半径，一般采用 10～15m；纵向坡度不大于 4%；道路两侧要设置排水沟。

　　　　（董玉学）

临时融资　temporary financing

几种短期融资的总称。包括过渡性贷款，无偿债基金贷款，开发贷款和建造贷款。　　（刘洪玉）

临时设施　temporary facilities

见临时性工程。

临时设施费　fees for construction site facilities

建筑企业为进行建筑安装工程施工所必需的生活和生产用的各种简易设施费用。包括现场临时作业棚、临时宿舍、食堂、浴室、文化福利及公用事业房屋与构筑物；仓库、办公室；机具棚以及规定范围内临时道路；供水、供电管线等和小型临时设施的搭设、维修、拆除费或摊销费；以及施工期间临时铁路专用线、轻便铁道，专用公路养护费、维修费。但不包括水利、电力、铁路、公路、水运、林业等单独编制临时工程设计的工程所发生的临时工程支出。临时设施费作为工程费用项目中的现场经费内容，列为工程价款收入。　　　　（闻　青）

临时性工程　temporary works

又称临时设施、暂设工程。在工程施工过程中为施工服务所必需、工程施工结束后立即拆除的工程。一般包括：临时性生活和办公用房，临时性水、电、汽管网与设施，临时性现场内外交通运输道路及专用设施，搅拌站、钢筋加工车间、预制构件车间、木工车间及仓库、汽车库等附属辅助生产用房。临时性工程的规划与布置应遵循以下原则：①尽可能节约施工用地；②减少工地内部运输线长度和材料二次搬运；③尽可能考虑利用永久性工程为施工服务，以减少临时性工程费用；④临时性工程布置应符合劳动保护和防火要求；⑤便于永久性工程施工；⑥临时性建筑尽可能采用可拆移式能多次使用的。

　　　　（钱昆润）

临时职工　casual worker and staff

企业为完成临时性或季节性工作任务临时雇用的人员。在中国，企业雇用临时职工须根据劳动计划并办理一定的批准手续，要规定使用期限，到期即可辞退。　　　　（吴　明）

临时周转贷款　temporary turnover loan

中国人民建设银行对列入国家年度基本建设计划的基本建设拨款、贷款项目，因年度资金尚未下达，或投资包干项目因提前完成年度计划临时短缺资金而发放的贷款。申请此项贷款时，必须向银行报送有关项目的批准文件、年度计划以及财务、会计、统计报表，同时将产权属己的物资和财产进行抵押，或由具有法人资格、有偿债能力的单位提供保证。贷款期限，一般为一年，最长不得超过三年，用基本建设拨款或基本建设投资贷款偿还。逾期贷款部分和挪用贷款部分要加收罚息。　　（闻　青）

ling

零基预算　zero-base budget，ZBB

不以前一年度的预算收支为基础，而以零为起点，从整个企业出发，依据各项费用的性质和金额，分别轻重缓急逐项编制的财务预算。美国从 60 年代兴起的预算编制方法。传统的预算编制方法，以上期预算执行结果为基础，根据预算期的需要，进行预算的调整和收入增减，这就很难把有限的资金按经营的需要有重点地进行分配。按零基预算方法，不受上期预算执行结果的约束，从零开始，真正按照预算期的经营需要，重新决定有限资源的分配顺序和分配的重点，从而使预算符合企业的实际，同时更有利于充分利用企业的有限资源。　　　（周志华）

领导方式连续统一体理论　continuum of leadership style theory

研究由专制到充分民主之间的各种领导模式及其选择的理论。美国坦南鲍姆（Tannenbaum，R.）和施米特（Schmidt，W.H.）在 1958 年发表的《怎样选择一种领导模式》一文中提出。他们在一个连续统一体的示意图上描绘出从专制式领导到极端民主领导的各种模式。并举出七种代表性模式。如下图所示：

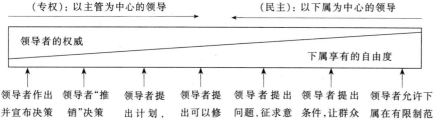

领导方式连续统一体理论

他们认为，这些模式中并不存在一个固定不变的最好的领导方式，要根据领导者、下属和环境来选择。　　　（何　征）

领导方式权变模式　contingency model of leadership style

美国管理学家菲德勒（Fiedler，F.）提出的以权变理论为依据，根据情势变量选择领导型态的领导模式。他用 15 年时间对 1200 个团体作了调查，结果表明：领导效率高低取决于三个主要的"情势"（situation）变量：领导者与其同事和下属的关系，指领导人为其下属所接受的程度；工作结构，即工作明确规定的程度；职位的权力，领导者对下属的指挥权。三者一一结合，可得八种情况：

领导者与其下属的关系	良	良	良	良	差	差	差	差
工作结构	高	高	低	低	高	高	低	低
职位的权力	强	弱	强	弱	强	弱	强	弱
领导的型态	任务型	任务型	任务型	人群关系型	人群关系型	无资料	无资料	任务型

菲德勒领导模式的特点是：特别强调领导效率；模式显示并无绝对最好的领导型态，管理者必须自行适应情况；管理阶层必须依情况来选用适应情况的领导人。　　　（何　征）

领导三维管理模式　three dimensional management model of leadership

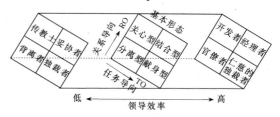

美国管理学家雷定（Reddin，W.J.）提出的包含三因素的领导效率模式。即所谓三维管理理论。在 1970 年出版的《管理的效率》一书中，他将布莱克和莫顿的"对人的关心度"改为"关系导向"（relationships orientation，简称 RO），"对事的关心度"改为"任务导向"（task orientation，简作 TO），再加上"领导效率"这个因素，便构成三维领导模式，如图所示。雷定首先将"关系导向"和"任务导向"组成四种基本领导型态，再加上"领导效率"轴线，便形成八种领导类型。这一模式表明：任何领导类型都不是永远正确，有效的领导行为要视情况而定。　　　（何　征）

领导寿命周期论　life cycle theory of leadership

行为科学家卡曼建立的领导型态应随下属的成熟程度而调整的三维权变理论。吸收了美国俄亥俄州立大学提出的"二维领导模式"和阿吉里斯（C.Argyris）的不成熟—成熟理论的某些要点加以发展而成。其基本点是，领导者在其下属日趋成熟时，则其领导行为应对"任务导向"与"关系导向"进行必要的调整，有如双亲根据孩子逐渐成长而调整其行为。如图所示：

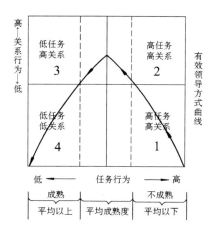

下属成熟度在平均以下，则高任务导向领导型态最成功(象限 1)，下属达到平均成熟度时，以象限 2 及象限 3 的领导型态为合适，下属成达平均以上，则宜用象限 4 型态。 　　　　　　　　　　(何　征)

"令人满意"决策原则　"satisfying criteria"of decision

　　现代管理理论建立的决策行为准则。用以代替古典决策理论的最优化决策准则。美国管理学家西蒙(H.A.Simon)所提出。他认为，最优化准则只有当决策人对决策的措施和方案都是已知的，才能作出优选，作出决策。但这是一种封闭式的纯粹逻辑推理，在现实生活中，由于决策者在认识能力、时间、经费、信息等方面的限制，既不可能找到一切方案，也就不能坚持取得最理想的解答，因而只有在现有方案中挑选，如仍达不到目标，便需调整目标，直到找出"令人满意"或"足够好"的方案。这种决策过程要求具有反馈机制。 　　　　　　　　(何　征)

<h2 style="text-align:center">liu</h2>

留成收入　retaining income

　　建设单位按规定从实现的基建收入和基建包干节余中提取留归自己使用的各种收入。实行收入留成可以调动建设单位回收建设过程中各项副产品收入和节约基建投资，提高投资效益的积极性。
　　　　　　　　　　(金一平)

留存收益　retained earnings,retained income

　　又称未分配利润。股份公司历年在缴纳税款和支付股利后所留存的净收益累计数。股东权益的组成部分。企业扩大再生产的内部资金来源。本期经营的净收益较少或发生亏损时，可用以前年度的留存收益分派股利。但董事会决定了别的用途后，就不能再用于发放股利。董事会也有权决定按法定手续将其一部分直接转入股本。 　　　　(俞文青)

留置权　lien

　　当事人一方由于对方不履行合同而采取扣留对方财产的权利。中国《民法通则》规定：按照合同约定一方占有对方的财产，对方不按照合同给付应付款项超过约定期限的，占有人有权留置该财产，依照法律的规定以留置财产折价或者 以变卖该财产的价款优先得到偿还。 　　　　　　(何万钟)

流动比率　current ratio

　　①项目流动资产总额与流动负债总额的比率。是反映项目偿付流动负债能力的指标。其表达式为：

$$流动比率 = \frac{流动资产总额}{流动负债总额} \times 100\%$$

该指标可用以衡量项目流动资产在短期债务到期前可以变为现金用以偿还流动负债的能力。对债权人而言，比率愈高，贷款愈安全。对于不同的行业，流动比率也有所不同。该指标可由项目生产经营期内各年资产负债表计算求得。

　　②又称运用资本比率。企业流动资产与流动负债之比。测定企业偿债能力强弱的重要指标。国外一般认为流动比率为 2:1 是企业财务健全的表现。即 1 元流动负债，有 2 元流动资产保证，流动资产账面价值仅兑现 50%，也能全部偿还流动负债。

　　　　　　　　(何万钟　周志华)

流动比率　current ratio

　　又称运用资本比率。企业的流动资产与流动负债之比。测定企业偿债能力强弱的一个指标。计算公式为：

$$流动比率 = \frac{流动资产总额}{流动负债总额}$$

该项比率随行业、企业和季节而异。一般认为 2:1 是适当的比率，即一元的流动负债，有二元流动资产为后盾，就企业的偿债能力来说，流动比率越高，其偿债能力越强。但有时较高的流动比率是由于应收账款、未完施工、在产品、产成品等积压所致，或由于发行了企业长期债券以取得运用资本所形成。因此，观察流动比率时，还须注意流动资产的组成，以及有无长期负债等情况。 　　　　(闻　青)

流动负债　current-liabilities

　　企业应在一年或超过一年的一个营业周期内偿还的债务。主要包括短期借款、应付票据、预收合同款、应付购货款、应付工资、应交税金、应付股利、应付短期债券、预提费用和其他应付款等。为了反映流动负债的增减情况，要设置一系列流动负债账户。其余额应在会计报表中分项列示。 　　(闻　青)

流动基金　current fund

　　由国家财政拨入或从企业内部形成，供企业长期周转使用的资金。主要用于购买流动资产和支付职工劳动报酬。是企业业务活动资金的主要来源。在中国,过去都由国家财政拨款。随着经济管理体制的改革和企业经营权的扩大,企业有权把生产发展基金等部分用以补充自有流动资金。由国家财政拨入的,称国家流动基金;由企业生产发展基金等形成的,称企业流动基金。加强流动基金管理,对于保证流动基金的完整无缺,正确计算流动资金占用费,提高流动资金利用效果有着重要的意义。会计制度改革后,流动基金转为资本金。 （闻　青）

流动施工津贴　mobile work allowance

为补偿和鼓励职工在流动性大、施工分散、露天作业、劳动条件艰苦的偏僻地区工作,比正常劳动条件下增加的劳动消耗和额外开支发给的津贴。包括建筑安装企业职工流动施工津贴、水利电力建筑工程职工施工津贴和铁道工程流动施工津贴等。

（吴　明）

流动资金　circulating funds

企业用于购买原材料、支付职工劳动报酬和其他周转使用的资金。在建筑企业,主要为占用在物资储备、未完施工、辅助附属生产在产品和成品、应收工程款和库存现金等流动资产。随企业再生产过程的进行而不断地循环周转,其价值一次、全部地转移到产品上,通过销售或工程点交,一次、全部地收回。它是保证企业再生产顺利进行的条件。

（周志华）

流动资金产值率　ratio of output value to current capital

反映一定时期内流动资金平均占用额与所完成的产值之间比率关系的指标。表明使用一定数量的流动资金在一定时期内能为社会提供的产品价值。一般地说,流动资金产值率越高,表明使用同量的流动资金所完成的工程、产品越多,产值越高,流动资金利用效果越好,反之,越差。计算公式为:

$$流动资金产值率 = \frac{总产值或施工产值}{流动资金平均占用额} \times 100\%$$

式中流动资金平均占用额为各月流动资金平均占用额的平均数。各月流动资金平均占用额为月初、月末流动资金余额的平均数。 （闻　青）

流动资金分析　analysis of circulating fund

企业对一定时期流动资金来源、运用及其利用效果的分析。通常根据资金平衡表①分析流动资金来源和占用的平衡关系,防止资金被挤占、挪用,保证合法、合理、节约使用资金。②分析流动资金定额执行情况,重点分析定额流动资金储备对企业生产经营活动的保证程度,找出不合理的超定额储备或储备不足的原因,促使企业针对存在的问题,改进和

提高资金管理水平。③分析非定额流动资金的执行情况,检查有无不合理的资金占用,促进企业及时清偿债权债务。④分析流动资金的利用效果。分析评价常用的指标有:流动资金产值率、流动资金利润率、百元施工产值占用流动资金、流动资金周转率等。

（周志华）

流动资金管理　circulating funds management

企业计划、筹集、分配、使用和分析评价流动资金使用效果等工作的总称。主要内容是:①力求以较少的流动资金占用,保证生产经营过程的资金需要;②预测和核定流动资金定额,编制流动资金计划和银行借款计划;③实行分级归口管理,把计划任务落实到各部门、各单位,加强经济责任,保证计划的贯彻执行;④协调和平衡供应、生产、销售各个环节的资金需要,加速流动资金周转;⑤遵守财经纪律,按国家规定渠道筹集和使用流动资金,及时进行工程价款和货款结算;⑥定期检查分析流动资金计划执行情况,提高利用效果。

（周志华）

流动资金计划　circulating funds plan

企业在计划期内为完成生产经营任务需要占用的流动资金数额及其来源的预先安排。企业财务计划的重要组成部分;形成和使用流动资金的依据;国家分配和管理流动资金、平衡财政收支和银行信贷的基础。主要包括定额流动资金需用计划、定额流动资金来源计划和定额流动资金利用效果指标计划。按年度编制。建筑企业编制的流动资金计划,要经当地建设银行核签后,报请主管部门批复。主管部门应当定期考核检查其执行情况。

（周志华）

流动资金借款　borrowing of current funds

企业按实际需要向银行借入的各种流动资金。企业向银行借款,必须严格遵守银行规定的制度和手续,应先提出计划经银行审核同意;必须有物资保证,并按规定的用途使用;银行有权对企业借款的使用情况进行监督,对经营管理不善的企业有权拒绝贷款或扣还贷款,以促使企业合理节约地使用流动资金。施工企业的流动资金借款有定额借款、超定额借款、超储积压借款和结算借款等。

（闻　青）

流动资金利用指标　indication of possession on circulaling fund

反映企业流动资金利用效果的指标。根据流动资金运动的特点,建筑企业考核流动资金利用效果的指标一般有:流动资金占用率、流动资金产值率、流动资金利润率、流动资金周转天数和周转次数。其计算公式如下:

$$流动资金占用率 = \frac{报告期流动资金平均占用额}{报告期完成施工产值} \times 100\%$$

$$流动资金产值率 = \frac{报告期完成施工产值}{报告期定额流动资金平均占用额} \times 100\%$$

$$流动资金利润率 = \frac{报告期实现利润总额}{报告期流动资金平均占用额} \times 100\%$$

$$流动资金周转天数 = \frac{报告期天数 \times 流动资金平均占用额}{报告期完成施工产值} \times 100\%$$

$$流动资金周转次数 = \frac{报告期完成的施工产值}{报告期流动资金平均占用额} \times 100\%$$

（周志华）

流动资金审计 circulating fund auditing

审计人员依法对企业生产经营过程中不断循环周转的流动资金定额、来源、使用及其效果的审核监督。建筑企业的流动资金审计主要内容包括：储备资金定额、生产资金定额、低值易耗品和周转材料资金定额和应收工程款资金定额的审查；流动资金来源和使用的审查；流动资金管理审查；流动资金占用费和使用效果审查。通过审查，核实流动资金运动变化是否合法、合理，各项资金是否真实、完整，资金的核算是否按照会计制度规定办理，促进企业改善与加强经营管理。

（周志华）

流动资金周转 circulating funds turnover

企业流动资金存在和运动形式。建筑企业垫支于劳动对象的流动资金，随着建筑安装再生产过程的不断进行，依次经过供应过程、施工过程、销售（点交）过程，由货币资金转化为储备资金、生产资金、成品资金；与此同时，垫支于工资和其他支出要素的流动资金，直接进入施工过程，由货币资金转化为生产资金、成品资金，最后又都回到货币资金，重新用于购买劳动对象、支付工资和其他支出要素。这一过程，称流动资金循环，如此周而复始循环，称流动资金周转。基本特点是：循环周期较短；资金的投入与收回大都是一次性的；资金的价值补偿和实物更新基本上是同时进行的。

（周志华）

流动资金周转次数 turnover of current capital

一定时期内完成总产值或施工产值与流动资金平均占用额的对比。衡量流动资金周转速度和利用状况的指标。计算公式为：

$$流动资金周转次数 = \frac{完成总产值或施工产值}{流动资金平均占用额}$$

流动资金平均占用额可按定额流动资金计算，也可按全部流动资金计算。前者计算结果是定额流动资金周转次数，后者计算结果是全部流动资金周转次数。流动资金平均占用额为各月定额或全部流动资金平均占用额的平均数。各月流动资金平均占用额为定额或全部流动资金月初、月末余额的平均数。一定时期内占用流动资金的平均余额越少，完成的产值越多，表明流动资金周转越快，周转次数越多，意味着能以较少的流动资金完成较多的生产任务。

（闻 青）

流动资金周转率 turnover rate of circulating funds

反映企业在一定时期内流动资金周转速度和利用效率的指标。可以用一定时期内流动资金完成的周转次数表示，也可以用周转一次所需天数表示。计算公式为：

$$流动资金周转次数 = \frac{计算期完成施工产值（或企业总产值）}{计算期全部或定额流动资金平均余额}$$

$$流动资金周转天数 = \frac{计算期天数}{计算期流动资金周转次数}$$

在一定时期内流动资金周转次数越多，或周转一次所需天数越少，说明流动资金周转率高，资金利用效果好。

（周志华）

流动资金周转天数 turnover period of current capital

流动资金周转一次所需的天数。衡量流动资金周转速度和利用情况的指标。计算公式为：

$$流动资金周转天数 = \frac{报告期天数}{流动资金周转次数}$$

$$= \frac{流动资金平均占用额 \times 报告期天数}{完成的总产值或施工产值}$$

流动资金平均占用额可按定额流动资金计算，也可按全部流动资金计算。前者计算的结果是定额流动资金周转天数，后者计算的结果是全部流动资金周转天数。流动资金平均占用额为各月定额或全部流动资金平均占用额的平均数。各月流动资金平均占用额为定额或全部流动资金月初、月末余额的平均数。流动资金周转一次所需的时间越短，表明流动

资金周转越快,利用情况越好。　　（闻　青）

流水步距　working flow pace

完成相邻两个施工过程的工作队,投入同一施工段开始工作的时间间隔。为了有效地组织流水作业,流水步距与流水节拍应保持一定关系。它的数值应根据工作队流水节拍、各施工过程连续作业和前后两个施工过程合理搭接的要求来确定,并应为1天或0.5天的整倍数。　　（何万钟）

流水节拍　working flow rhythm

完成某一施工过程的工作队在一个施工段上工作的持续时间。其长短关系着投入的劳动力、机械和材料量的多少,决定着施工的速度和节奏性。其数值应根据工期要求、工作面大小和能投入的资源情况来确定。一般应为工作日（天）的整倍数,不得已时也可用0.5天或0.5天的整倍数。

（何万钟）

流水网络　flow network

表示流水作业的网络图。即用网络计划技术来解决流水作业的组织问题。其特点是:每一施工过程的工作队在若干流水段的连续作业只用一个杆线表示,该工作队在各段上作业时间的总和作为该杆线的延续时间。若增设两个辅助杆线（开始时距 k 和结束时距 J,见图）,既简化了流水作业网络图的绘制和参数计算,又可保持工作队的连续作业。仅用于施工计划中有关流水作业的某个局部,是整个计划网络的组成部分。也可以用单代号或双代号来表示。

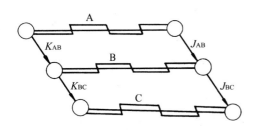

（杨茂盛）

流水文件　stream-like file

又称流年文件、堆文件。按照数据到达文件的时间顺序依次连续地存储数据记录的文件。主要用作数据库的日志文件。也可在如下情况使用:文件很稀疏;收集的数据不规则;数据个好组织;作为研究用的文件结构,为比较文件的各种性能提供一个基础。这种文件像一本流水账,对数据不分析、不规范,记录的类型既可相同（记录长度一定）,也可不同（记录长度可变）。在记录类型不同时,流水文件的记录必须由相关的数据项组成。若流水文件的记录为同一记录类型,则记录的长度固定。可采用固定数据项的排列次序和每项值长度的办法,将数据项的名称、长度、排列次序等都放到文件说明中,记录中的内容为各数据项的值。

（冯鑑荣）

流水作业　flow process in construction

又称流水施工。根据施工对象的需要,将专业工人组成若干小组,按规定的顺序在若干个工作性质相同、劳动量大致相等的工作段上,不间断地进行施工的方法。具有节奏性、均衡性和连续性的鲜明特点。组织流水作业的步骤是:①把拟建工程的全部建造过程,分解为若干个施工过程;②在平面上将拟建工程划分为若干个施工段;③按照施工过程组建工作队（组）,并按规定的施工顺序和时间依次、连续地完成各自的任务;④使相邻两个工作队在开工时间上实现合理搭接与协调;⑤采用横道图或网络图形式表示施工进度。组织流水施工的主要参数有:施工过程数、施工段数、流水节拍和流水步距。

（董玉学）

lou

楼花　building under construction

正在开发建设中的建筑物。预售房屋通常称为售楼花。　　（刘洪玉）

楼面地价　accommodation value

又称单位建筑面积地价。分摊到每一单位建筑面积上的地价。一宗土地上的楼面地价与该土地总价及土地单价的关系如下式所示:

$$楼面地价 = 土地总价 / 总建筑面积$$
$$= 土地单价 / 建筑容积率$$

（刘洪玉）

lü

履约保证　guarantee performance

合同双方当事人为了确保合同义务的切实履行,依据法律规定,共协商而采取的具有法律效力的补充加强保证措施。当权利人由于义务人的过错或丧失履行合同的能力而不能切实履行合同义务时,这种措施能够促使义务人按约履行义务。在中国,经济合同的担保形式主要为:违约金、定金、保证、抵押和留置权。　　（何万钟）

履约保证书　performance guarantee

又称履约保函。为了保证合同能按规定履行,由雇主认可的银行应承包人的申请给雇主出具的担保文件。其担保总金额不超过中标通知书中规定的保证金额,并应规定有效期限。上述保证书的费用应全部由承包人负担。当承包商未能履行合同规定的义务时,应负赔偿损失的责任;否则由银行负责赔偿。中国在国际工程承包业务中,应争取雇主同意接受中国银行出具的履约保证书。

(钱昆润)

M

mai

买方代理　buyer's agent

受买方委托,为其购买或承租物业提供代理服务,并按代理合约规定向买方收取佣金的中介行为。

(刘洪玉)

买方市场　buyers' market

又称买主市场。当商品供给大于需求时,由买方支配商品价格的市场现象。卖方市场的对称。在这种情况下,卖方之间便会展开激烈竞争,而买主则因市场需求不旺而处于有利的地位,可以借机压低商品价格。对建筑市场而言,当投资不足或施工力量过剩时,即出现买方市场。

(谭　刚)

买方信贷　buyer's credit

由出口方银行向进口商或进口方银行提供的信贷。出口信贷方式之一。分贷给买方企业的信贷和贷给银行的信贷两种。前者由卖方银行直接贷给国外的进口商而不是本国的出口商。这种信贷一般限于合同金额的85%,用以按即期现汇付款条件支付给卖方;买方按贷款协议分期偿还出口银行。其余的15%在合同签订后,买方先付货款金额的5%现款作为定金,交货时按货款金额付现款10%。后者由卖方银行直接贷给买方银行。该方式与第一种方式基本相同。买方对买方银行债务按商定办法在国内结算清偿。买方信贷中的各项费用的具体金额,不列入货价,而在贷款协议中分别列明,单独支付。这有利于进口商了解真实货价,核算进口设备成本。

(严玉星)

卖方代理　seller's agent

受卖方委托,为其出售或出租物业提供代理服务,并按代理合约规定向卖方收取佣金的中介行为。

(刘洪玉)

卖方市场　sellers' market

又称卖主市场。当商品需求大于供给时由卖方支配商品价格的市场现象。买方市场的对称。在这种情况下,卖方可以借机抬高价格,迫使买主接受。对建筑市场而言,当投资相对过剩而施工力量不足时,即出现卖方市场。

(谭　刚)

卖方信贷　seller's credit

由出口方银行提供给本国出口商的信贷。出口信贷方式之一。一些国家的出口商为了多做买卖,有的不是卖货后立即要求付款,而是对国外进口商采取赊销办法,规定在一定时期后,再由买方分期付清货款,即延期付款。通常在签订合同后,买方支付15%的定金,其余货款在全部交货或工厂开工投产后陆续偿还。一般半年还款一次,包括利息。这样,卖方要在若干年内才能收回全部货款。为了不影响正常生产和周转资金的需要,出口商往往向卖方银行借取出口信贷。当买方分期偿付贷款时,他再还给卖方银行。不利之处是卖方将出口信贷的各项费用计入货价内,买方不易了解所购物品的真实成本。

(严玉星)

mao

毛租金乘数　gross rent multiplier

房地产的销售价格对其年有效毛租金收入的比值。当物业仅有租金收入而无其他收益时,毛租金乘数常被估价师用来初步估算物业的价值。

(刘洪玉)

贸易费用　trade cost

建设项目国民经济评价中,国内贸易和对外贸易系统花费在项目投入物与产出物商品流通过程中除去长途运费以外的以影子价格计算的费用。包括:货物经手、储存、再包装、短距离倒运、装卸、保险、检验等所有环节的费用支出,还包括流通中的丢失、破损等损耗,以及资金占用的机会成本。货物影子价格内一般不含贸易费用。在经济评价中,通常用贸易费用率与货物影子价格求得,即

$$\text{进口货物的贸易费用}=\text{到岸价}\times\text{影子汇率}\times\text{贸易费用率}$$

$$\text{出口货物的贸易费用}=\text{离岸价}\times\text{影子汇率}\div(1+\text{贸易费用率})\times\text{贸易费用率}$$

$$\text{非外贸货物贸易费用}=\text{影子价格}\times\text{贸易费用率}$$

由生产厂家直接供应不经贸易部门流转的货物,不计贸易费用。

(刘玉书)

贸易费用率 rate of trade cost

建设项目国民经济评价中,用以计算项目投入物和产出物贸易费用的系数。货物的出厂价或口岸价乘以此系数,即得贸易费用。中国采用类似于非外贸货物的分解成本方法测定。先从商贸部门财务上的流通费用构成入手,选用影子价格调整各项费用,再用资金机会成本调整流动资金利息及固定资产折旧。也可用仅对流动资金利息和折旧进行调整的简化办法。如此调整后的流通费用与该部门货物购入总额的比率即为该部门的贸易费用率。项目经济评价实践中使用的贸易费用率由国家计划和建设主管部门统一测定发布。　　　(刘玉书　张　琰)

mei

每亿元投资新增主要生产能力 new addition of main productivity per hundred million yuan investment

一定时期某行业耗用的全部投资与同期新增各种主要产品生产能力的比值。综合反映建设阶段投资效果的指标。除受工程造价和投资节约或浪费的影响外,还受未完工程投资所占比重、行业内部投资结构、建设条件、设计标准、价格等因素变化的影响,在评价行业投资效果时要对这些因素进行具体的分析。不同时期进行对比,一般按五年为期观察较为适宜。计算公式为:

$$每亿元投资新增主要生产能力 = \frac{某行业计算期新增主要产品生产能力}{该行业同期投资完成额(亿元)}$$

(俞壮林)

min

民法 civil law

调整地位平等的公民之间、法人之间、公民和法人之间的财产关系和人身关系的法律规范的总称。民法调整的财产关系,不是全部的财产关系,而是特定的财产关系,即法律地位平等的主体之间的横向财产关系。民法调整的人身关系,如公民的名誉权、肖像权、姓名权、法人的名称权、名誉权等,其本身不具有财产内容,但与财产关系有着直接或间接的联系。它的改变或侵犯则往往影响当事人的物质利益,故非财产的人身关系也是民法的调整对象。商品经济是民法存在和发展的基础,民法本质上,是为一定社会商品经济服务的。商品交换决定了参加者双方地位平等、出于自愿、在经济利益上符合价值规律的要求。这些都深刻地反映了民法调整的财产关系具有平等、自愿、等价有偿的性质。　(王维民)

民事责任 civil responsibility

根据法律规定,行为人的行为已经或可能侵害他人正当权益所应承担的责任。包括一般民事责任,侵权行为或不履行债务所造成的赔偿责任,习惯上还包括夫妻、父母、子女间的扶养、抚养、赡养的责任。承担民事责任,有时不一定是违法行为已经发生或者违法行为的后果已经发生,只要某些将会产生危害后果的行为可能发生,就应承担民事责任。在某些法律中,对民事责任规定了绝对责任制,即行为人无违法行为,但其行为造成了危害,也要承担民事责任。所以,民事责任,并不是以损害赔偿为主的消极的责任制度,而是以排除妨碍、停止侵害等为先导的积极的责任制度。　　　　(王维民)

民用建筑 civil architecture, residential construction

用以满足人们物质、文化生活和社会活动所需要的非生产用的建筑物。主要有住宅、教育、文娱体育、医疗卫生、交通运输、邮电通讯、商业金融、餐饮旅馆等各类建筑物。　　　　　(林知炎)

敏感性分析 sensitivity analysis

在评价项目建设期和使用期的不确定性因素中,测定其中一个或几个因素发生变化,对项目的评价效果影响程度的分析方法。分为单要素敏感性分析和多要素敏感性分析。可以在项目实施前缩小预测误差,减少项目风险,做到胸中有数。一般作法是:选择可能对预测结果产生影响的因素;采用适宜的方法计算各种因素发生变动的范围和影响的程度。分析的方法有:比较简单易行的单因素分析;可以预知多因素同时作用的结果,但计算较为复杂的双因素和多因素分析;可以预测最好与最坏两种极端可能结果的乐观与悲观分析。　(刘长滨　刘玉书)

敏感性训练 sensitivity training

又称 T - 团体训练,实验室训练。通过在共同学习环境中的相互影响,提高受训者对自己的感情和情绪、在组织中所扮演的角色以及同别人相互影响关系的敏感性的训练方法,美国行为科学家布雷德福(Brad ford L.)等人首创。通过训练改进个人和团体的行为,达到提高工作效率和满足个人需求的目标。具体做法一般分三个阶段:①旧态度解冻阶段。②加强敏感性阶段,改变旧态度、树立新态度。③新态度巩固阶段。敏感性训练通常在类似实际环境的实验室进行,一般为 10 人小组,训练期 1～2 周或 3、4 周不等。采用自由交谈、交换意见、相互影响,建立起新团体的相互关系。最后讨论建立新领导型式和集体参与管理决策方式。经过训练回到原组织,一般能保持人际关系的敏感性,有利于组

织目标和个人需求的实现。所以这一方法在美国得以广泛地进行。　　　　　　　　　　　　（何　征）

名义工资　nominal wages

又称货币工资。以一定的货币数量表示的劳动报酬。名义工资与实际工资之间有密切的联系,但由于物价变动的影响,二者又经常不相一致,所以名义工资往往不能确切地反映劳动者的实际生活水平。　　　　　　　　　　　　　　　　（张　琰）

名义利率　nominal interest rate

以一年为计息期并不扣除通货膨胀因素影响的利率。通常即为银行执行的利率。它与有效利率的区别取决于实际计息期与名义计息期的差异。它与实际利率的区别取决于利率中是否考虑通货膨胀因素。当计息期小于一年时,名义利率小于有效利率;名义利率越大,计息期越短,名义利率与有效利率的差值越大。实际利率随名义利率提高而提高,随通货膨胀率提高而下降。　　　　（余　平　何万钟）

明细分类账　subsidiary ledger

简称明细账。由各个明细分类账户所组成的一种分类账。总分类账户的明细记录。按某一总账科目所属的各个明细科目设账户,根据记账凭证及原始凭证或其汇总表登记,可详细地反映本单位经济活动和财务收支情况,为编制会计报表提供所需的明细资料。　　　　　　　　　　　　（闻　青）

明细分类账户　subsidiary ledger account

简称明细账户。对某一总分类账户再按其具体组成内容分户登记,反映其增减变动及其结果的一种账户。是各该总分类账户的从属账户,起补充说明作用。如施工企业,为了详细反映各种主要材料的收、发、结存情况,就须在"主要材料"总分类账户下,按品种、规格分别开设明细分类账户;又如为了详细地反映向建设单位预收的备料款,就须在"预收备料款"总分类账户下,按各个建设单位分别开设明细分类账户。明细分类账户的登记,除应用货币量度外,还应用实物量度。按明细分类账户进行的明细核算,称明细分类核算。期末余额应与相应总分类账户的期末余额核对相等。　　　　（闻　青）

mo

模糊决策法　fuzzy decision method

通过主观判断对决策方案的评价指标,确定"亦此亦彼"的模糊数值,建立模糊集合,进行模糊综合评判以选择方案的方法。模糊数学创始人 L.A 扎德(L.A.Zadeh)认为在模糊集合中,事物的隶属函数可以在[0,1]之间,这种连续的隶属区间,有利于解决人们多样化的认识和判断。模糊决策的具体思路是按照评价指标数量 n,给出相应的评价因素集合:

$$U = \{u_1, u_2, \cdots\cdots, u_n\}$$

对每个不同因素,可以设定其评判级域:

$$V = \{v_1(很好), v_2(好), v_3(一般)\cdots\cdots\}$$

针对每个方案的实际情况,由专家根据评判因素集合 U 及评判级域 V 进行评分,建立起评判矩阵。在考虑几个因素不同的权值基础上,对评价方案进行综合评价。　　　　　　　　　　（刘玉书）

模块化　modularization

在计算机软件中,把一个程序或程序系统按功能分解为若干彼此独立的但又有一定联系的组成部分。每个部分称为模块。每个程序由一个或多个模块组成。每一模块的编制要求相对独立,以便分别对各模块进行检验、修改、调试、说明和维护。模块化具有程序易读、易写、易调试、易维护和易修改等优点。它在软件工程中起着重要作用,是大型程序系统的必然发展趋势。　　　　　　　（冯镭荣）

mu

目标成本　target cost

计划期间,经过预测和优化,旨在获取目标利润而确定的成本。它的确定方法:①是确定目标利润,以经营收入扣减目标利润和税金后即为目标成本。②是以某一先进成本水平作为目标成本,可以是本企业历史上同类工程的最低成本,也可以是经过测定的具有先进水平的计划成本或定额成本。其作用在于实行有效的成本控制。　　　　　（周志华）

目标分解　objective breakdown

将企业总目标分解为各层次的分目标,综合目标分解为各类中间目标,进而分解为各类具体目标的过程。目标展开的首要工作环节。基本要求是:各个分目标应能保证总目标的实现;各分目标之间在时间上应注意协调。目标分解的基本方法是:①凡总目标值能由各分目标值加总形成时,各分目标值可直接由总目标值从数量上分解确定。如利润和产值目标,即可分解为各层次应完成的利润和产值的分目标值。②凡总目标值不是由分目标值加总形成时,即可按构成因素进行目标分解。如劳动生产率目标可分解为职工人数、出勤率、作业日利用率、工时利用率、台班产量等分目标值;如材料费降低的目标,可分解为减少损耗率、提高材料利用率等具体目标。　　　　　　　　　　　　（何万钟）

目标管理　management by objective,MBO

以一定时期内或完成某一具体项目期望达到的状态为目标,组织全体职工共同使之实现的科学管理方法。目标管理的基本理论和方法是美国学者杜拉克(P. Drucker)在1954年创立的。他认为:企业的目的和任务,必须转化为目标。企业管理人员应该通过目标对下级进行领导,以保证总目标的实现。每个管理人员和职工的分目标,就是他们对企业总目标的贡献。企业管理人员根据分目标对下级进行考核,并根据目标完成情况和取得成果的大小进行评价和奖惩。实行目标管理,能够充分启发、激励企业全体职工工作的积极性和创造性。有效地提高企业的科学管理水平和经济效益。目标管理的基本步骤是:目标的制定;目标的实施;完成目标的考核和评价;制定新的目标,开始新的循环。　(何万钟)

目标规划　goal programming

按照决策者为各目标函数规定的指标值及其实现的优先次序,在给定的有限资源条件下,求得偏离指标值最小的满意方案的优化技术。它是线性规划的一种,但线性规划只考虑一个目标(如利润最大或成本最低),而目标规划则要考虑多个目标。在工程管理及企业管理中有大量的多目标决策问题。例如,企业在拟订计划时,不仅要考虑产值,同时要考虑利润、质量、设备利用率、成本,以及环境保护等。这些目标之间,有的往往互相矛盾。如何统筹兼顾多种目标,选择合理的方案,就是目标规划所要解决的问题。它的模型可分为两大类:一类假设多个目标都是同等重要的,即多目标并列模型;另一类假设多个目标的重要程度不同,应按一定的优先顺序来实现目标,即优先顺序模型。这两类模型的具体算法上虽有不同,但基本原理是一致的。　(李书波)

目标实施中自我控制　self control in objective implementation

企业职工根据所担负的责任,按照目标管理责任制的要求,在实施目标过程中进行的自我管理。实行自我控制,使广大职工感到不是上级"要我干",而是增强"我要干、能干好"的自我激励意识,并以此指导自己的行动,进而实现所承担的目标。职工实行自我控制的基本内容是:经常进行自我分析和自我检查;把握实施目标的进度、质量和协作情况;对比分析,找出差距;加强联系,加强协作;修正行为,改进工作。　(何万钟)

目标收益率　objective earnings rate

企业投资期望获得的收益率。通常要在综合考虑和分析项目获得资金的成本大小、行业基准收益率、建设期及运营期内通货膨胀因素、投资的风险性、国外同行业平均利润率等因素的基础上确定,其数值远大于行业基准收益率。是企业确定的评价参数之一。　(何万钟)

目标弹性　objective elasticity

企业制订的目标对外界客观条件变化的适应性。企业的生产经营活动,涉及企业内部及外部各方面许多因素。企业在制订计划时,百分之百地预见到这些因素及其变化是不可能的;有的因素即使预见到了,它们的变化企业也是不能控制的。为了使目标有实现的基础,制订目标时就必须留有余地,保持必要的弹性。目标的弹性有两种。一种是消极弹性,即把留有余地看成是"遇事留一手",目标定得低,生产要素过量占用或储备。另一种是积极弹性,即把留有余地看成是"遇事多几手",多几套应变的方案。目标管理要求的应是积极弹性,以保证预定目标的完成。　(何万钟)

目标协商　consultation of objective

企业上下级之间围绕企业目标的分解、各分目标的落实所进行的讨论。它与由上而下的任务分配不同,须在充分交流情况的基础上,尽量尊重层次目标执行人的愿望,制订出上下衔接、左右协调的层次目标。协商过程也是一个思想动员的过程,有利于调动职工为完成企业总目标而共同努力的积极性和创造性。　(何万钟)

目标展开　objective spreading

企业目标从上到下、层层分解、层层落实的过程。通过目标展开,形成企业的目标责任——保证体系。目标展开包括目标分解、对策展开、目标协商、明确目标责任和绘制目标展开图等具体工作过程。　(何万钟)

N

na

纳税估价 assessed valuation

为政府征税目的而进行的房地产估价。通常由地方政府主管机构负责,每2～3年重估一次,其结果即估定价值,可作为计征房地产税的基础;但不一定等于市场价值。 （刘洪玉）

纳西均衡 nash equilibrium

博弈论中的这样一组策略,给定其他游戏者的策略,没有任何游戏者能改善其结果。也就是说,给定游戏者 A 的策略,游戏者 B 不能做得更好;而给定游戏者 B 的策略,A 也不能做得更好。此时就达到了纳西均衡。纳西均衡有时也称为非协同性均衡(noncooperatite equilibrium). （刘长滨）

nei

内部控制制度评审 internal control system appraisal

对被审计单位内部控制制度进行了解、评价和测试。内部控制制度是企业、机关、事业单位和其他经济组织为了保护本单位财产的安全完整、确保会计核算及其他数据的正确可靠,保证国家财经纪律和本单位所订经营管理方针、政策的贯彻执行,而形成的一系列具有控制职能的方法、措施、程序并予以规范化、系统化的一种管理体系。评审时,应从组织机构、数据记录、业务处理程序、人员素质等方面判断内部控制制度是否健全,验证制度内容是否符合控制原理,测试规定的制度是否在实际工作中切实执行,以确定内部控制制度可以信赖的程度。现代审计的一个主要特征,是审计人员首先对被审计单位内部控制制度进行评审,在此基础上进行抽样审计。抽样的规模、审计工作方案的内容,取决于被审计单位内部控制制度评审的结果。 （俞文青）

内部审计 internal auditing

由部门、单位内部专职审计人员进行的审计。外部审计的对称。属于单位内部经营管理的组成部分,受所在的部门单位的领导,缺乏独立性,审计结果对外不发生作用,没有外部审计那样具有权威性。与外部审计相互合作、互为补充,是现代审计的一种趋势。健全的内部审计制度,能为外部审计提供可以信赖的资料,减少外部审计的工作量。

（闻　青）

内部收益率 internal rate of return, IRR

又称内部报酬率。投资项目寿命周期净现值为零的折现率。项目经济评价的重要指标之一。实质是应用净现值理论,求得建设项目在寿命周期可达到的实际收益率或投资贷款的临界利率。其表达式为

$$\sum_{t=0}^{n}(CI - CO)_t(\frac{1}{(1 + i')^t} = 0$$

n 为项目寿命周期;$(CI - CO)_t$ 为第 t 年的净现金流量;i' 为内部收益率,实践中,i' 可依下式以试算法求得:

$$i' = i_1 + \frac{PV(i_2 - i_1)}{PV - NV}$$

i_1 为试用的低折现率;i_2 为高折现率;PV 为 i_1 时的净现值(正值);NV 为 i_2 时的净现值(负值)。内部收益率 $i' \geqslant$ 基准收益率时,方案可取。 （张　琰）

内部收益率法 internal rate of return method

根据投资项目内部收益率的大小对投资项目进行分析、比较的方案评价方法。是国内外在项目经济评价时常用的一种方法。当内部收益率大于或等于规定的基准收益率或社会折现率时,说明项目方案超过或达到预期的投资收益标准,方案可取。这种方法的优点,是计算时不需要事先给定外部系数(基准折现率),其数值有一定的比较意义;缺点是计算比较繁琐,计算结果有时无解或多个解,给方案选择带来困难。此外,内部收益率法仅适用于评价独立的项目方案。对于互斥方案的评价,以各方案的内部收益率大小作为判据有时会得出错误的结论。此时,应采用差额投资内部收益率法或净现值法。

（吴　明）

内部诊断 internal diagnosis

又称自我诊断。即组织本企业人员自行进行的诊断。其基本特点是:① 本企业人员参加诊断,熟知企业的历史及现状,较易发现问题,提出的改进措施和方案也能结合企业实际;② 保密性好,能确保企业的经营机密和技术机密;③ 机动灵活,进行诊断的时间及长短,都由企业灵活确定;④ 节约诊断费用。其缺点是:由于内部人员视野较窄,容易产生某种局限性,不容易超越现有企业水平。

（何万钟）

内部质量信息 internal quality information

来自企业内部的质量信息。在建筑企业主要有:反映施工生产过程中工作质量和产品质量实际

动态的情报资料,如原材料、半成品的验收记录、试验记录,施工过程中操作记录,施工机具的运行记录,隐蔽工程及分部分项工程质量检查验收记录以及企业的质量计划指标、企业的技术标准和管理工作标准等。 (周爱民)

内涵扩大再生产 intensive reproduction on expanded scale

依靠改进技术,更有效地利用原有的生产要素和提高劳动生产率的扩大再生产。如提高现有生产设备的利用率,节约原料、材料和燃料动力的消耗,提高劳动者的熟练程度和技术水平,开展技术革新,改进生产组织和管理制度,等等,都可以收到扩大再生产的效果。对现有企业的更新改造实现内涵扩大再生产,投资少、见效快,具有明显的优越性。由于它以生产向深度和集约化方向发展为特征,故又叫集约的扩大再生产。 (何 征)

内模式 internal scheme

又称物理模式、存储模式。用来定义数据库的物理结构。包括记录的定位方法、记录间联系的表示方法、数据项的表示方法、索引的组织方法等等。它包含数据库的全部存储数据,这些被存储在内、外存储介质上的数据也称为原料数据,是用户操作(加工)的对象。内模式由数据库管理员(DBA)通过物理数据描述语言(DDL)来描述。 (冯鉴荣)

neng

能级原理 principle of energy level

关于管理岗位和管理人员必须按能分级,并使不同能级的岗位和人员动态地匹配,从而实现管理高效能的管理原理。能本是物理学中的概念。用于现代管理中,对管理机构、岗位指职责和权力;对管理人员是指任职能力。能量可按其大小分级。即建立一定的秩序、规范和标准。要实现管理高效能:①管理机构必须按能级形成管理层次,如上层管理、中层管理和基层管理。②不同的管理能级(或层次),必须有相应的职责、权力、物质利益和精神荣誉,做到责、权、利的统一,体现在其位,谋其政,行其权,尽其责,取其值,获其荣,同时惩其误,以形成促使职工做好本职工作的机制。③不同能力的管理人员与不同能级的岗位动态地匹配,才能做到人尽其才,各尽所能。另外,岗位的层次必须是有序的,而人员的流动必须是无序的,不能终身制,不能只上不能下。 (何万钟)

能力工资制 wages system based on ability

按职工的实际工作能力决定工资的制度。美国和欧洲工业发达国家的企业多实行这种工资制度。这种工资一般由基本工资、刺激性工资和福利金三部分组成。前两者均有一定的等级和标准。职工受雇任某一职位,只要胜任工作并坚持正常上班,即可获得基本工资。职工实际生产率高于规定水平的部分,可以按照有关标准获得刺激性工资。福利金实质上是一种补充性工资报酬,它的对象是职工集体,与职工的实际工作业绩无直接关系,其标准一般通过劳资谈判规定在合同中。另外,企业职工的最低工资标准,企业不能自行规定,而要由法律规定。 (吴 明)

能源交通建设基金 construction fund for energy and communication and transport

国家能源交通重点建设基金的简称。为加强能源和交通重点建设而由国家财政征集的专项资金。属于中央预算收入,实行专款专用。为了适应集中社会资金,加强能源交通运输业的建设,中国自1983年起,对地方政府、中央各部门、各国营企业、事业单位、机关团体、部队的各项预算外资金,以及上述单位所管的城镇集体企业交纳所得税后的利润,除少数按规定免予征收者外,均按规定比例征收"国家能源交通重点建设基金",作为中央预算收入,由国家统一安排使用。随着经济体制改革的推进,业已取消对企业征收此项基金。 (闻 青)

ni

逆按揭 contrary mortgage loan

拥有房产的退休人士将房产卖给银行,银行分期支付一定数额的价款,直到该退休人士去世才能收回房屋的一种养老金计划。因其运作方式反按揭之道而得名。在一些西方国家推行,而以美国较为盛行。其特点和优点是拥有房产的退休人士既可有终身安稳的住所,又可按月得到一笔固定的收入,使生活有一定的保障。对银行来说,实质是一种分期支付的房地产长期投资,既有增值的机会,也会有贬值的风险。对社会而言,则是老龄社会保障的可行途径之一,不过只适用于拥有房产者,有其局限性。 (张 琰)

nian

年成本法 annual cost method

用等值的年成本的大小来分析、比较、评价方案的方法。在已知各方案现金流出的情况下,可以采用年成本法进行方案比较。年成本最小者为最优方案。表达式如下:

$$C = D + P(A/P, i, n)$$

C 为年成本额;D 为年经营费;P 为投资总额;$(A/P, i, n)$为资金回收系数。 (吴 明)

年度建设投资规模 scale of annual capital construction investment

一个年度内为获得固定资产而投入的以货币形态表现的活劳动和物化劳动总量。包括年度内通过建设活动形成的建筑安装工作量,设备、工器具购置和其他与形成工作量直接有关的投资,不包括未形成工作量的投资支出,如已购买的库存建材,未安装的设备等。年度建设投资规模受经济实力限制,如果在建项目过多,资源使用过于分散,建设周期必然拖长。大量在建项目投资被占用在建设过程中,不能形成生产能力,对国民经济持续、稳定和高效益发展,会产生不利影响。 (何 征)

年功工资 seniority wages

随着职工工作年限的增长,劳动积累的不断增加所给予的一种报酬。结构工资的组成部分,与劳动者的工龄呈正比例关系,是体现劳动者已经为社会服务了多久的标志。其功能是劳动者到一定年龄后,随着体力和智力的衰退,在贡献、浮动工资有可能下降的情况下,能保证有相对稳定的基本生活收入。 (何万钟)

年功序列工资制 wages system based on seniority

日本企业中实行的以职工资历、工龄和实际工作能力相结合的工资制度。这种工资制度把工资分成基本工资和活工资两个部分。基本工资按职工的年龄、企业工龄、学历和经历等因素确定,并随着职工企业工龄的增长逐年增加,与职工的工作能力和业绩无直接联系。活工资的增长取决于职工的实际能力及其对企业的贡献和整个企业的经营成果。这种工资制度始于20世纪初期,后来逐步完善,培育了职工对所在企业的"归属感"和"效忠"思想,提高了职工的"企业意识"和劳动热情,劳资关系相对稳定,有利于资本家获得更多的利润。但是,由于工资中与职工工作能力和业绩无关的部分占总工资的比重较大,易引起熟练工人,特别是青年职工和能力较强职工的不满,从而又影响了企业生产效率的提高。因此,有的企业也在对这种工资制度进行改进。 (吴 明)

年金 annuaty

见等额年金(42页)。

年金折旧法 depreciation – annuity method

固定资产原价减去估计残值后的余额,连同折余价值的投资利息,平均分摊于使用年限的计提折旧方法。其特点是将固定资产原价减去估计残值的余额视为年金的初始投入数,各期(年)的折旧额视为年金分期年末回收数,即每年计入成本的折旧额相等。计算公式为:

$$D = (C - S) \cdot \frac{i}{(1 + i)^n - 1} + Ci$$

式中,D 为年折旧额;C 为固定资产原价;S 为估计残值;i 为年利率;n 为固定资产使用年限。在实际核算中,很少把未实现的投资利息计入成本,故少有用此法计提折旧的;但优选投资方案时,可供决策参考。 (张 琰 闻 青)

年利率 annual interest rate

以一年为计息期的利率。即在一年内所得或所付的利息额与本金之比率。例如本金 10000 元,年利率 6%,则一年的利息为 600 元。 (雷运清)

年平均增长速度 average annual growth rate

表示事物或现象在一段时间内平均每年增长幅度的相对指标。在研究技术进步对经济增长作用时,需要计算各项投入产出经济量的年平均增长速度。有几种常用的计算方法:①水平法,又称几何平均法;②累计法,又称代数平均法或方程式法;③环比增长速度算术平均法;④等增量法等。对同一组数据用不同的方法计算,可能产生不同的结果。计算时,应适当选择基期,注意所用资料的可比性。 (曹吉鸣)

年限合计折旧法 depreciation – sum of yearso-digit method

又称年限总和折旧法、使用年限比率折旧法。根据固定资产原价减去估计残值后的余额,按照逐年递减的比率计提折旧的方法。这个比率以固定资产使用年限的各年可使用年数相加之和为分母,以各年可使用年数的倒计数为分子计算得出。采用这种方法可较快回收投资。计算公式为:

$$年折旧率 = \frac{折旧年限 - 已使用年数}{折旧年限 \times (折旧年限 + 1) \div 2} \times 100\%$$

$$月折旧率 = 年折旧率 \div 12$$

年(月)折旧额 =(固定资产原值 - 预计净残值)
$$\times 年(月)折旧率$$

采用这种方法,可以使固定资产价值得到加快补偿,从而减少无形损耗的影响。 (金一平 闻 青)

年值法 annual worth method

又称等额年金法,AW 法。以等额年金的大小评价各投资方案优劣的方案比较法。可分为净年值(金)法和年成本法两种。 (余 平)

nü

女工保护 protection of women workers

为了保护女工在生产过程中的安全和健康,根据其生理特点所采取的有别于男工的综合保护措施。主要有:禁止使用女工从事特别繁重或有害妇女生理机能的工作;女工怀孕期间不能胜任原工作时,应调换轻工作或减轻工作量;不许指派怀孕妇女从事有害健康、经常受到剧烈震动或攀高的作业等。 (吴 明)

P

pa

帕累托优势标准 Pareto superiority standard

以"有人赞成,无人反对"作为评价社会项目合理性的判断标准。意大利经济学家帕累托(V. Pareto,1848~1932)提出。意即如果最少有一个人认为经济状态 A 优于状态 B,而且没有任何人认为状态 B 优于状态 A,从社会观点看,就应认为,状态 A 优于状态 B。或者说,如果有人赞成 A,不赞成 B,而其他人都"无所谓",从社会的观点看,认为状态 A 优于状态 B。也就是允许一部分人既不赞成也不反对,处于所谓"无差异状态"。它虽比全体一致标准容易满足,但仍存在致命的缺陷,即只要有一个人赞成状态 B 而非 A,便无法判断经济状态的优劣。而在不同状态的实际项目选择中,赞成和反对者必然会同时出现。因此,尽管在理论研究中得到经济学家的偏爱,但在项目选择的实践中却无法应用。 　　　　　　　　　　　　　　(刘玉书)

pai

排队论 queuing theory

又称随机服务系统理论。研究排队现象的统计规律性,并用以指导服务系统的最优设计和最优经营策略的一门学科。其目的是通过研究排队系统的运行效率,估计服务质量,为改进系统的经营策略和系统的合理设计提供量化依据。排队论的研究起源于 20 世纪初,1909 年丹麦工程师爱尔朗(A. K. Erlang)在研究根据电话业务量合理配备电话设备时,解决了当时新兴的自动电话的设计问题,并发表了《概率与电话通话理论》等文章,为排队论的发展奠定了基础。第二次世界大战期间及战后,应用理论日臻完善,现已广泛应用于交通系统的疏导、港口泊位的设计、库存控制、服务系统的设计与控制等许多方面。 　　　　　　　　　　　(李书波)

排序问题 scheduling problem

对若干项必须完成,但不能同时进行的工作,寻求最佳工作顺序的问题。如车间作业计划问题,人员工作时间安排问题,送料线路规划问题等。目标是使完成全部工作任务所需的总时间最短。一般可归结为一个整数规划模型,但常因计算量太大而不实用。动态规划方法则更为简便有效。 　　　　　　　　　　　　　(李书波)

pan

盘亏 inventory loss

经实地盘点确定财产的实际结存数小于账面结存数的差额。盘盈的对称。主要由于物资收发和计量上的差错、自然损耗、贪污盗窃、责任事故、意外灾害等原因造成。应切实查明原因和经济责任,按财务会计制度规定程序处理。 　　　　　　　　　　　　(闻　青)

盘盈 inventory profit

经盘点确定财产的实际结存数大于账面结存数的差额。盘亏的对称。主要由于物资收发和计量上的差错,以及账外账产物资未入账造成。应切实查明原因并按财务会计制度规定程序处理。 　　　　　　　　　　　　(闻　青)

pei

配套工程 auxiliary project

一个建设项目中为主体工程服务,配合主体工程发挥效益所必不可少的附属、辅助车间和为生产、生活服务的单位工程及公共设施。如电厂的机修车间,铁路专用线等单位工程,以及为职工服务的宿舍、食堂、卫生所等均为电厂的配套工程。就一个单项工程来说,配套工程是指供水、供暖、道路等工程。 　　　　　　　　　　　　(徐友全)

配套工程支出 auxiliary project expenditure

房地产开发企业为开发项目建设各项配套工程所发生的费用。主要是承建的城市建设规划中的大配套设施工程,即开发项目外为居民服务的给水排水、供电、供暖、供气的增容增压,交通道路,开发项目内属于营业性公共配套设施如商店、银行、邮局以及中、小学校、文体、医院等非营业性设施所发生的各项建设费用;按规定其费用应分摊计入房屋等开发成本的项目内非营业性公共配套设施发生的各项建设费用。其中包括土地征用及拆迁补偿费,前期工程费,基础设施费,建筑安装工程费,公用配套设施费,利息支出和管理费用等,内容与房屋建设支出有关项目相同。房地产开发企业会计中,在"配套工程支出"科目进行核算。此外,也泛指一般建设单位建造各项配套工程所发生的建设费用。

(金一平 闻 青)

piao

票据 bill

由出票人签发的单据形式的短期债务凭证。有本票、汇票和支票等数种。票据是流通证券,经指定受款人在其背面签章(称"背书")后,可以转让。持票人有权要求出票人(债务人)无条件履行承兑票据的义务。 (俞文青)

票据交换 clearance, bank clearing

同一城市中各银行就相互间收付的票据进行的当日清算。参加交换的银行应在中央银行缴存保证金,并按规定交换时间派人到票据交换所将收进其他银行的票据同其他银行收进该行的票据相互交换。交换后收支相抵的差额,由中央银行在各有关银行存款户内分别收付。如交换银行在中央银行的存款户余额不敷支付该行当日应付金额,须在规定时间内补足。 (闻 青)

ping

平方米包干造价 contracted cost per square metre

对根据标准设计或通用设计批量建造的建筑物按每平方米建筑面积确定的投资包干或承包单价。主要适用于大量兴建的住宅和中小学校舍工程。由地方工程造价主管部门主持编制,以大量造价统计资料为基础,按不同标准、不同结构类型及不同层数分别确定单价,可为简化施工图预算和竣工结算以及编制标底和投标报价工作带来方便。

(张守健)

平方米物资消耗定额 material consumption norm per square metre

建筑产品生产中每平方米建筑面积所消耗的各种物资限额标准。是物资消耗概算定额的内容之一。用经验资料和统计资料分析计算而得,可用于编制备料计划。 (陈 键)

平方米造价包干合同 contracted per squire metre cost contract

按房屋建筑每平方米实行造价包干的工程承包合同。单价合同的一种。通常适用于按标准设计大量建造的住宅、校舍、通用厂房及仓库等工程。

(何万钟)

平衡分析 balance analysis

根据国民经济活动中收入与支出、资源与需要之间的平衡关系,通过反映社会扩大再生产过程及其各个要素之间相互关联的具体数字资料和一定的平衡表式,对国民经济的基本特征及重要比例关系进行分析研究的统计分析。有:①单项平衡分析,仅就某一方面的平衡关系进行专题研究;②综合平衡分析,从国民经济全局出发,研究社会生产、流通、消费全过程的平衡关系。就建设领域而言,主要是:投资规模与可供资金的平衡,投资规模与可供物资的平衡以及投资规模与施工能力的平衡。

(俞壮林)

平均差 average deviation

总体各单位标志值与算术平均数离差绝对值的算术平均数。为综合反映总体各单位标志值平均离差程度的指标。可按未分组资料和已分组的分布数列资料分别计算如下:

$$A.D = \frac{\Sigma \mid x - \bar{x} \mid}{n} \qquad ①$$

$$A.D = \frac{\Sigma \mid x - \bar{x} \mid f}{\Sigma f} \qquad ②$$

①式中 $A.D$ 为平均差;x 为各项标志值;$\bar{x}$ 为各项标志值算术平均数;n 为项数;Σ 为总和符号。②式中 x 为各组标志的代表值;f 为各组单位数;其余同①式。 (俞壮林)

平均发展速度 average rate of development

某种社会经济现象在一较长时期内发展的平均速度指标。即动态数列中各个时期环比发展速度的序时平均数。有两种计算方法:①水平法,又称几何平均法。适用于变量数列中波动幅度不大且无变量值为零或负值的情况。计算公式参见几何平均数(128 页)。②累计法,又称方程法,或代数平均法。适用于变量数列中上下波动幅度较大,特别是有变量为零或负值的情况。此法的数理论据是:设基期水平为 a_0;$a_1, a_2, \cdots\cdots a_{n-1}, a_n$ 为各期(年)发展水平;$\sum_{i=1}^{n} ai$ 为不包括基期的各期发展水平之和;n 为期数。令 $\bar{x}$ 代表平均每期发展速度,则

$$a_0 \bar{x} + a_0 \bar{x}^2 + \cdots\cdots + a_0 \bar{x}^{n-1} + a_0 \bar{x}^n = \Sigma a$$

即 $$a_0(\bar{x} + \bar{x}^2 + \cdots\cdots + \bar{x}^{n-1} + \bar{x}^n) = \sum_{i=1}^{n} ai$$

$$\bar{x} + \bar{x}^2 + \cdots\cdots + \bar{x}^{n-1} + \bar{x}^n = \frac{\sum_{i=1}^{n} ai}{a_0}$$

解方程求得 $\bar{x}$ 的值,即为平均每期发展速度;$\bar{x} - 1$ 为平均增长(或负增长)速度。在实际工作中,为避免解高次方程的麻烦,通常利用现成的《平均增长速度查对表》。 (张 琰)

平均工资 average wages

企业全部职工在一定时期内的平均工资水平。计算公式为：

$$平均工资 = \frac{报告期实际支付的工资总额}{报告期全部职工平均人数}$$

式中,工资总额与平均人数的统计口径必须一致。除计算全部职工的平均工资外,根据需要还可分别计算各类人员(如工人、管理人员等)的平均工资,以考察其分类的工资水平。 　　　(吴　明)

平均数指数 average index number

反映全部现象总体中个别现象变动的个体指数加权平均计算得出的指数。有算术平均数指数和调和平均数指数。当受计算资料的限制,不能直接编制综合指数时,一般常计算平均数指数,并将其看作数量指标指数的变形,反映物量的综合变动情况;把调和平均数指数看作质量指标指数的变形,反映价格或成本的综合变动情况。用公式表示为:

$$物量指数\ \overline{K}_q = \Sigma K_q p_0 q_0 / \Sigma p_0 q_0$$

$$价格指数\ \overline{K}_p = \Sigma p_1 q_1 / \Sigma \frac{1}{K_p} p_1 q_1$$

$$成本指数\ \overline{K}_z = \Sigma z_1 q_1 / \Sigma \frac{1}{K_z} z_1 q_1$$

式中 K_q 为个体物量指数; $p_0 q_0$ 为基期的产值或销售额; K_p 为个体价格指数, $p_1 q_1$ 为报告期的销售额或收购额; K_z 为个体成本指数; $z_1 q_1$ 为报告期的成本额。 　　　(俞壮林)

平均指标 mean indicator

又称平均数。综合反映总体某一数量标志一般水平的统计指标。常用来作为表明同类社会经济现象在一定时间、地点条件下所达到的一般水平的代表值。其代表性的大小,受总体内各单位标志值差异程度大小的影响,可用标志变异指标来衡量。根据计算方法和适用场合的不同有算术平均数、几何平均数、调和平均数、中位数和众数。是统计分析中常用的统计指标,可用于反映总体分布的集中趋势,是总体分布的重要特征值。 　　　(俞壮林)

平行流水立体交叉作业 parallel flow-solid intersection process

在若干个平面上分段、空间上分层的工程对象之间组织平行流水作业,各个工程对象上又组织立体交叉作业的施工组织方式。能充分利用时间和空间,缩短工期。当各工程对象结构性质和各施工段、施工层的工程量相同或大致相同时,其流水施工组织最为简单。当各工程对象结构性质或各施工段、施工层的工程量不同时,流水施工组织较为复杂。具有相同施工过程的部分,可组织流水作业;不同工程量部分,可组织异步距或不同节拍的流水作业。 　　　(何万钟)

评标 appraisal of bids

从工程技术和财务的角度审查评议有效标书的工作。通常由招标单位或其上级主管部门组成由有关专业人员参加的评标小组(或委员会)进行。评议的主要内容是:投标单位是否拥有足以胜任招标工程的技术和财务实力,施工方案是否可行,报价是否合理,企业信誉是否良好等。从中择优提出候选中标单位。当所有投标单位的报价都高于标底时,如属标底计算错误,应按实际予以调整;如标底无误,通过评标剔除报价中的不合理部分,确定合理报价,再提出候选中标单位。 　　　(钱昆润)

评估价值 appraised value

估价师运用适当的估价方法对房地产价值作出的估计。 　　　(刘洪玉)

凭票供应 supply by ticket

中国在计划经济体制下,由物资主管部门按物资分配指标发给用料单位供应票据以供应物资的方式。供应票随建设单位投资拨发,交施工单位根据项目建设进度使用。这种供应方式使用户在需要的时间、地点购买所需物资,对使有限物资在建筑项目满足社会经济发展需要方面有积极作用。 　　　(陈　键)

凭证供应 supply by voucher

中国在计划经济体制下,由物资主管部门按物资分配指标发给用料单位供应证并据以供应物资的方式。这种供应方式不受时间、地点、品种的限制,可以凭证就近择优选购。它简化了计划分配物资购买手续,方便了用户,在物资有限的情况下,对保证重点工程和对国计民生有重大意义的生产部门的需要,降低社会库存有积极作用。 　　　(陈　键)

pou

剖面设计 section design

确定建筑物内部空间布置和相互联系方式的设计工作。包括正确决定空间各主要部位的尺寸、承重构件布置以及基础、墙身、地面、楼面和屋顶的连接构造等。正确的剖面设计对于满足建筑物的使用功能、降低建造费用有重要的作用。剖面设计用建筑剖面图表达,图中标有定位轴线、详细尺寸和标高、施工用料和技术要求等。剖面图通常剖切在能表示门窗位置并且结构比较复杂的部位,如楼梯间或高低跨变化较多之处。 　　　(林知炎)

pu

普查　census

在全国或较大范围内进行,包括被研究现象总体的全部单位而专门组织的一次性全面统计调查。规定有统一的调查时点(又称标准时间),所有调查资料都要反映这一时点上的情况;在调查范围内的各单位要同时进行登记,要求在规定期限内完成,以保证资料的准确性和时效性。组织方式有两种:①组织专门机构对调查单位进行登记;②颁发调查表由被调查单位填报。工作过程一般为逐级布置和逐级汇总上报。主要是为了搜集某些不能够或不适宜用定期报表搜集的统计资料,以了解国家重要国情、国力的基本情况。　　　　　　(俞壮林)

普通股　common stock

股份有限公司发行的基本股份。优先股的对称。其基本特点是股息不固定,可随公司的利润大小而增减。持有普通股的股东有权选举公司董事,并在股东会上对需由股东决定的重要事务进行表决;在董事会决定支付普通股股利时,有权分享公司的盈利;公司增加股本时,有权优先认购新股份;公司结束清理时,在债权人和优先股股东的要求满足后,有权参加公司资产的分配。普通股股东的权利和责任的大小,均以其所持股份多少为依据。

(俞文青)

Q

qi

七通一平　seven connection and levelling

给水、排水、供电、电讯、煤气、热力和道路通及场地平整的开发项目场地准备状况描述。大型开发区和重要建设项目施工场地准备的要求。

(刘洪玉)

期望理论　expectancy theory

着眼于激励过程研究的激励理论。其基本观点是:人们在预期他们的行动将会有助于达到某个目标的情况下,才会被激励起来去做某些事情以达到这个目标。与需要理论所依据的"满足——效率"这一假说不同,期望理论依据的假设是"不满足——效率",认为正是由于人们感到不满足,才会在心中产生一种期望心理,并化为驱使行为的动力。属于这方面研究的主要有弗鲁姆(Vroom,V.)的期望理论、波特——劳勒的期望模式等。弗鲁姆的期望理论认为,一个人从事某项活动的动力(激励力)大小,取决于"该项活动所产生成果的吸引力大小"和"该项成果实现机率的大小"的乘积。即:激励力＝某项活动成果的吸引力×期望机率。由激励力推动行动,取得成果,获得满足。波特—劳勒提出的期望模式,较弗鲁姆更为明确之点是在"成果"与"满足"之间嵌入了"报酬"。期望理论对西方企业界有很大影响。

(何　征)

其他投资　other investment

建设单位发生的、构成投资完成额、单独形成交付使用财产、不包括在建筑安装工程投资和设备投资完成额内的投资支出。包括:房屋购置,无形资产,递延资产,基本畜禽、技术等购置、饲养、培育支出,办公生活用家具、器具购置,以及为进行可行性研究而购置的固定资产等。建设单位会计中,在"其他投资"科目核算。　　　　　　　(闻　青)

其他直接费　other direct expenses

施工过程中发生的除材料费、人工费和机械使用费之外的各项直接费用。工程成本项目。主要包括现场施工直接耗用水、电、风、气费,冬雨季施工增加费,夜间施工增加费,流动施工津贴,因场地狭小等特殊情况而发生的材料二次搬运费,生产工具器具使用费,检验、试验费等。　　　　(闻　青)

企业标准　enterprise standard

企业根据生产技术和组织管理工作需要制订的适用于企业内部的标准。《中华人民共和国标准化管理条例》规定:"凡没有制订国家标准、部标准(专业标准)的产品,都要制订企业标准。为了不断提高产品质量,企业可以制订出比国家标准、部标准(专业标准)更先进的产品质量标准"。企业标准包括技术标准和管理标准。企业标准原则上由企业自行组织制订和修订,企业负责人批准、发布或由上级主管部门审批、发布。企业标准在其批准、发布机构所辖范围内具有约束力。中国企业标准代号,以汉语拼音"企"的第一个字母"Q"表示分子,分母表示中央直属企业或地方企业;地区性的企业标准,在"Q"前加省、市、自治区的汉字简称。　　(田金信)

企业材料利用状况诊断　diagnosis on material

utilization of enterprise

　　以提高材料利用率为主要内容进行的诊断。企业专题诊断的内容之一。也是物资管理诊断中的重要内容。诊断分析的主要内容有:材料消耗状况,要区分工艺性消耗和非工艺性消耗进行分析;然后与行业的材料平均利用水平或先进水平进行比较,分析影响材料利用量差的因素。　　　　（何万钟）

企业财务诊断　financial diagnosis of enterprise

　　以企业财务管理活动为对象,以改善企业的资金运用和财务状况为主要内容进行的诊断。企业专业诊断内容之一。诊断分析的主要内容有:财务管理体制的状况;资金的筹措和供应状况;财务管理要素,包括资金效益,生产费用,产品或工程成本,利润,利润与资金关系,成本、利润与价格关系的分析;财务报表的分析和评价;财务审计状况等。
　　　　　　　　　　　　　　　　　　（何万钟）

企业长期计划　long-term plan of enterprise

　　计划期一般在五年以上,旨在规划企业的发展方向、规模和主要经营目标的计划。是指导企业长期发展的依据。主要内容有:经营范围开拓,市场开拓,生产能力发展,技术开发,技术改造,设备更新,提高经济效益的目标等。因计划期较长,故只起到规划性、纲领性的作用。企业长期计划由企业经营层及最高计划部门,在国家及地区的国民经济及社会发展计划的指导下,根据对经营环境的预测和分析,自主地进行编制。　　　　（何万钟）

企业筹资决策　financing decision of enterprise

　　企业为了满足生产经营活动所需资金,就资金的筹集方式、数量、利率、借还贷日期等进行的决策。其主要内容有:合理确定筹集资金的数量,选择合理的资金来源和利息率、正确评估还贷条件和还贷能力,以及如何建立能吸纳资金的融资条件等。
　　　　　　　　　　　　　　　　　　（何万钟）

企业抵押承包　enterprise contract on mortgage

　　又称企业风险抵押承包。企业承包者以自有财产作为抵押品用来取得企业承包经营权的承包经营方式。中国公有制企业经营方式之一。用作承包物质保证的抵押品,可以是承包人所有的任何财产,如房产、现金或存款、有价证券或其他各种证明个人财产所有权的有效凭证,其中最常见的是抵押金。承包期内,承包人以抵押品依法开展风险承包经营。承包期满时,如果完成承包合同,则把抵押品退还给承包人;如果未完成承包合同,或者引起企业亏损,则以抵押品赔偿。这是对企业承包经营者的一种有效约束经营方式,有助于解决企业承包经营过程中只负盈不负亏的问题,增强承包人的责任心,提高企业生产经营管理水平。　　　（谭　刚）

企业法人　corporation

　　经法律确认具有法人资格的企业。企业法人的成立,不仅必须具有一定的必要条件,而且要依法履行必要的程序。企业必须具备以下必要条件才能进行法人申请。①产品为社会所需要,并为法律规定所允许;②有自己的名称和生产经营场所;③有一定的资金;④有明确的经营范围;⑤有自己的组织机构。有相应的领导人员、管理人员、技术人员和生产工人;⑥法律规定的其它条件。符合上述条件者,还必须报请政府主管部门审核批准,由工商行政管理部门办理登记注册手续。　　　（何万钟）

企业法人制度　legal person system of enterprise

　　企业确认出资者的财产所有权,拥有独立的法人财产权,并据此享有民事权利,承担民事责任的企业制度。现代企业制度的主体。其核心是确立企业法人所必须具备的独立财产权,实行出资者所有权与法人财产权的分离。出资者所有权在一定条件下表现为股权,即以股东身份依法享有资产受益、选择管理者、参与重大决策及转让股权等权利,而不能直接干预企业的经营活动。法人财产权表现为企业依法享有法人财产的占有、使用、收益和处分权,以独立的财产对自己的经营活动负责。确立企业法人财产权,是使企业成为自主经营、自负盈亏、自我发展、自我约束的法人实体和市场竞争主体的必备条件。
　　　　　　　　　　　　　　　　　　（张　琰）

企业反馈系统　feedback system of enterprise

　　由企业内处理、传输信息的机构或人员组成的管理功能系统。它的任务是将指令（或计划）的实际执行结果及与指令（或计划）的差异,传输回指挥中心,以便指挥中心根据新的情况修正或完善指令,再发出新的指令。现代管理理论认为:没有反馈,就不能实现控制,就谈不上管理,更谈不上科学管理。因此,企业有无一个灵敏、准确而有力的反馈系统,是企业能否实现有效管理的重要因素。企业反馈信息的方式或制度有:利用各种计划资料、原始记录与统计、会计、业务核算、审计等各种报表的分析报告,以及举行调度会、汇报会等。　　　（何万钟）

企业风尚　prevailing custom of enterprise

　　企业与职工或职工相互之间的关系所表现出来的行为特征。企业文化的重要内容之一,是职工的愿望、趣味、情感、传统、习惯等心理和道德观念的集中表现。一个企业的企业精神和企业伦理道德如何,直接通过企业风尚反映出来。健全的企业风尚主要有:进取、求实、创新、和谐、严谨、自省、勤奋、节俭等特征和素质。　　　（何万钟）

企业公共关系　public relations for business

企业在生产经营活动中与赖以生存的外部环境因素和企业内部职工之间形成一种相互关系。良好的公共关系是现代经济生活的重要因素,是企业经济良性运转的重要条件,是一种新的经营艺术。它的基本目标,是通过企业"外求发展,内求团结"的公共关系活动,在社会公众中树立企业的良好形象。企业外部公共关系是处理好与用户、社会、协作者、竞争者、行业团体、政府、金融界、新闻界等的关系,用以改善企业外部经营环境。企业内部公共关系是处理好职工、集体与领导者相互间的关系,以创造企业内最佳的人事或心理环境。企业公共关系不同于广告宣传,"广告宣传是推销产品,公共关系是推销企业","广告是要大家买我,公共关系是要大家爱我"。因此,公共关系活动又被认为是现代企业管理的一种最新职能。　　　　　　　　　(何万钟)

企业管理层次　management hierarchy of enterprise

企业组织内按隶属关系划分的等级数量。它决定企业组织的结构型式,并直接受管理幅度大小的影响,与管理幅度呈反比例变化。管理幅度较小,管理层次较多的企业为金字塔式的组织结构。管理幅度较大,管理层次较少的企业为扁平式组织结构。此外,它还受企业组织规模、性质、集权程度和信息传递方式等因素的影响和制约。现代建筑企业按各层次的功能,又可分为决策层、经营层、管理层和劳务层。　　　　　　　　　　　(何万钟)

企业管理二重性　duality of enterprise management

指企业管理既有同生产力、社会化大生产相联系的自然属性,又有同生产关系、社会制度相联系的社会属性。前者是企业管理反映生产力发展要求和社会化大生产客观需要的属性,它可在不同的社会生产关系和制度中表现出来;反映企业管理自然属性的一系列管理思想和方法,像自然科学的成果一样,是人类共有的财富。后者是企业管理反映社会生产关系发展要求的属性,它使企业管理与一定的社会经济关系、政治制度紧密相联,表现出为特定的利益要求和管理目的服务,不具有历史的继承性,因而它也是企业管理的个性。正确地理解和认识企业管理的二重性,可以使我们在重视企业管理对维护和完善社会主义生产关系作用的同时,更要重视企业管理对发展生产力方面的作用。另外,企业管理的制度、方法和技术,既受生产力发展水平的制约,又受社会制度、民族文化传统的制约。要建立有中国特色的企业管理,必须认真总结我国企业管理的经验,本着"以我为主、博采众长、融合提炼、自成一家"的方针,积极吸取国外科学管理理论和经验为我所用。　　　　　　　　　　(何万钟)

企业管理基础工作　essential work of enterprise management

为实现企业经营目标和有效执行管理职能,而提供资料依据、基本手段和前提条件的工作。它是组织社会化大生产,实行科学管理的客观需要。其主要内容包括:标准化工作;定额工作;计量工作;信息工作;规章制度的建设;职工培训教育等。随着生产力的发展和管理工作的深化,企业管理基础工作也将不断发展和完善。　　　　　　(何万钟)

企业管理素质　quality of management of enterprise

企业的管理组织、管理方法、管理手段适应企业生产经营活动的状况、科学化水平及其完善程度。良好的管理素质能使企业这一经济有机体协调而高效地运转,对外部经营环境的变化能作出灵敏而有效的反应,并实现经营上的良性循环。

　　　　　　　　　　　　　　　(何万钟)

企业管理委员会　enterprise management committee

中国国营企业内建立的协助经理对企业重大问题进行决策的咨询机构。由企业各方面的负责人和职工代表组成,经理任管理委员会主任。它不是企业的集体决策机构,也不是企业的一个职能部门。建立企业管理委员会是推进企业决策民主化和科学化的一种组织形式。按《中华人民共和国全民所有制工业企业法》规定,企业的重大问题系指:企业经营方针、长远规划和年度计划、重大技术改造方案、工资调整方案、企业内部经济责任制方案、机构设置和调整方案、重要规章制度的制定、修改和废除等。管理委员会不实行少数服从多数的原则。经理与委员会多数成员意见不一致时,有最后的决定权。

　　　　　　　　　　　　　　　(何万钟)

企业管理系统　management system of enterprise

为达到企业管理目标,由具有特定管理职能、相互之间存在有机联系的各种管理机构、管理制度、管理过程、管理方法和技术等所构成的组织管理体系。企业管理系统又可分解为若干子系统。按管理的业务不同,可分为经营计划子系统、研究开发子系统等。按作用不同,可分为决策子系统、指挥子系统、执行子系统、监督子系统、反馈子系统等。按层次不同,又可分为经营战略子系统、管理协调子系统、作业子系统。不论如何划分,各个管理子系统,既有区别,又有联系;都有各自的目标,而各自的目标又都服从企业管理系统的总目标。各个子系统不是平行的,其中有一个子系统对总目标起主导作用。按管理业务不同划分的经营计划子系统,按作用不同划

分的决策子系统,按层次不同划分的经营战略子系统,在管理总系统中即起着重要作用。　(何　征)

企业管理现代化　modernization of enterprise management

应用现代科学的理论和方法,对企业生产经营活动进行有效的计划、组织和控制,以适应生产力发展的要求,并创造最佳经济效益,从整体上使企业经营管理达到当代世界先进水平的过程。没有固定的衡量标准,而是一个发展变化的动态过程。它和企业生产技术现代化互相促进,是推动企业发展的两个轮子。其主要内容包括管理思想现代化、管理组织现代化、管理方法现代化、管理手段现代化和管理人才现代化。　　　　　　　　　(何万钟)

企业管理诊断　diagnosis of enterprise management

又称企业管理咨询。组织经营管理专家,运用科学的方法,找出企业经营管理中存在的问题,提出改善措施并指导其实施的一种管理方法。其目的,除帮助企业解决当前问题,改善企业经营管理外,还要帮助企业健全各级管理职能并发挥其作用,增强自我管理能力,引导企业扬长避短,使企业健康地发展。根据诊断方式不同,分为自发性诊断和指令性诊断。根据诊断主体不同,分为内部诊断和外部诊断。根据诊断对象不同,分为综合诊断和专业诊断。　　　　　　　　　　　　　(何万钟)

企业管理诊断基本程序　basic procedure of diagnosis on enterprise management

企业管理诊断工作的基本过程或步骤。不论是综合诊断,或是专业、专题诊断,其基本程序都是:① 确定课题。咨询人员通过对企业现状的了解,找出有代表性和主导性的主要问题,即阻碍企业经济效益提高的关键问题,并从中选择诊断课题。② 调查分析。在深入调查基础上对形成问题的原因,进行分层分析和因果关系分析,并对原因之间进行相关影响分析。③ 提出改进方案。这是管理诊断最重要的环节。改进方案要以提高企业整体经济效益为目的,以提高企业素质为着眼点,不在于单纯追求个别指标的提高。改进方案的取舍最终由企业领导人决断。④ 指导方案实施。改进方案经决定采用后,诊断人员应参与拟订实施计划,培训有关人员,进行现场指导等项工作。为了使诊断工作顺利进行,并取得有效成果,在诊断全过程中,专职的咨询人员都必须取得被诊断企业的有关部门或有关人员的密切合作与帮助。　　　　　　　(何万钟)

企业管理职能　function of enterprise management

为完成企业管理任务,实现有效管理,管理业务工作必须具备的功能。分为基本职能和具体职能。企业管理的基本职能是合理组织生产力,维护和完善企业生产关系。前者表现为劳动过程的普通形态,为一切社会大生产所共有;后者表现为劳动过程的特殊历史形态。企业管理正是这两种基本职能共同结合发生作用的过程。企业管理的具体职能有:计划、组织、控制、激励。其中,计划——组织——控制这三项职能构成有序的管理循环。这一循环,也反映了管理工作的规律。企业的一切管理工作都应遵循这一规律建立正常的管理工作秩序。按照现代管理理论,整个管理过程都与人的行为密不可分,都需要在管理全过程中研究人的激励问题。因此,激励被看成是超核心作用的职能。　　(何万钟)

企业管理组织诊断　diagnosis on management organization of enterprise

以改善企业内部组织结构及职能机构的设置为主要内容进行的诊断。企业综合诊断内容之一。通过对企业经营目标、经营环境和企业实力的分析,从企业管理组织运行中的问题出发,研究企业管理组织的合理性。诊断的主要任务是适应企业经营战略的需要,改善组织结构的设置和规章制度的建立。诊断分析的主要内容有:管理组织纵向、横向分工的合理性;职位、职务、职责、职权的整体性和一致性;主要专业职能管理的效率;管理信息的收集、整理、分析、传递的准确性及及时性;管理人员包括各级领导,在职责范围内对业务的胜任能力等。

(何万钟)

企业基金　enterprise funds

社会主义国营企业按照国家规定的条件和比例,从利润中提取的一项有专门用途的资金。主要用于职工奖励、举办集体福利事业、职工培训和弥补生产技术措施费用等方面的需要。1979 年,中国国营企业实行利润留成办法后,企业基金制度已停止执行。　　　　　　　　　　(周志华)

企业计划管理　planning management of enterprise

企业为完成经营决策确定的目标将全部生产经营活动都纳入计划轨道所进行的组织管理工作。是企业管理的首要职能。计划管理的工作过程包括计划的编制、执行、监督、检查和调整。中国企业的计划管理,已由专业管理发展为全面计划管理。

(何万钟)

企业技术素质　quality of technology of enterprise

企业生产中综合的技术水平和能力。企业技术素质,又可分为硬技术素质及软技术素质。前者包括:使用原材料或加工对象的技术性能及质量水平;

生产用机械设备的技术水平及能力;检测设备的技术水平及能力。后者包括:设计工作(产品设计、工程设计、工艺过程设计)的质量和水平;工艺技术、方法的水平;劳动者的技术水平及技能;是否拥有反映企业技术优势的专利及适用技术等。 (何万钟)

企业家 entrepreneur

在商品经济条件下,精通企业经营管理业务,将经营和管理企业作为一种专门职业,并拥有相应的权利,负有相应责任的人。是社会化大生产的组织要素。他们受所有者的委托,对企业的经营管理负有全权责任,享有一定的经营收入,并承担经营风险。企业家应具备以下精神:①开拓创新精神。不断向现状挑战,积极开拓新的领域。②冒险精神。敢于冒风险,绝不放弃任何机会。③竞争精神。对市场竞争规律有深刻认识,竞争意识强,敢于拼搏。④求实精神。注重实际,不尚空谈等。

(何万钟)

企业价值观 value concept of enterprise

从企业角度出发的价值判断观念。这里的价值不是商品价值,而是指"值得"的意思。即企业提倡什么、追求什么,什么事情值得去努力,什么事情值得称赞等。社会主义企业的价值观,应是经济效益、社会效益和企业信誉的统一。在建筑企业,正确的价值观应是经营利润、质量、工期要求与企业信誉的统一。价值观念渗透于企业成员的一切行为,决定人们处理事情的态度和立场。企业凭借自己的价值观,引导其成员努力去实现企业的目标。

(何万钟)

企业监督系统 supervision system of enterprise

由企业各级起监督作用的管理部门或人员组成的管理功能系统。它的任务是根据指挥系统的指令,对执行系统的活动不断地进行检查、监督,目的在于保证指挥系统下达的指令能正确地贯彻执行。企业中实施监督的工作方式或制度有:日常与定期的检查、监督;专题与全面的检查、监督;专业与群众性的检查、监督;以及利用各种报表、报告、汇报会和现场调查等。 (何万钟)

企业经济评价 enterprise economic evaluation

见财务评价(14 页)。

企业经济学 business economics

研究企业的经济运行规律的应用经济学。是在政治经济学、生产力经济学、宏观经济学、部门经济学等学科基础上衍生的,属于微观经济学。中国的企业经济学是适应中国实行社会主义市场经济体制的要求,在改革开放不断深化的过程中逐渐形成和发展起来的。主要内容有:企业的特性及经济运行过程;企业经济运行的机制和条件;企业生产要素的结构和流通;企业的生产;企业产品的流通;企业收入的分配;企业的扩大再生产等。 (何万钟)

企业经理 manager of enterprise

全面负责企业日常经营管理工作的企业领导人。按照企业章程设置。中国全民所有制企业的经理(厂长),按企业法规定在企业中处于中心地位,是企业的法定代表人。经理的职责和权力由企业章程确定。 (何万钟)

企业经营 business operation

在商品生产条件下,企业为了实现商品的使用价值和价值,获得更大的经济效益,使自身的生产技术经济活动与外部环境达成动态均衡的一系列有组织的活动。或企业运用自身有限可控因素去适应外部广泛不可控因素的要求,以获得更大经济效益的一种动态优化活动。企业经营是随着商品经济的发展,从管理的基础上分离出来,旨在保证企业生存和不断发展的一种职能。它有狭义和广义之分。狭义的企业经营,是指企业面向市场及外部环境的有关活动。如企业要根据市场的需求来规划自己的经营目标、计划和战略;通过市场获得所需的生产要素,以及销售产品或赢得用户的活动等。广义的企业经营,包括企业的供、产、销和生产、技术、组织等全部生产经营活动。 (何万钟)

企业经营策略 business tactics

企业为了实现其经营目标和经营战略所采取的战术或对策。较之经营战略,经营策略是企业具体部门、经济活动的具体环节针对外部环境和内部条件变化,在短期内采用的措施或对策,因而具有机动灵活性更大的特点。例如,在工程投标中,可以有不同的投标竞争和报价策略,以保证实现提高中标率,力争多盈利的经营战略。 (何万钟)

企业经营方式 pattern of business operation

与一定的经济技术发展水平、管理水平相适应的组织企业生产经营活动的具体形式。主要是体现如何处理所有者与经营者的责、权、利关系。经营方式与所有制既有联系,又有区别。所有制是指对生产资料的所有、占有、支配和使用的四方面关系,同样的所有制性质,可以有不同的企业经营方式。如全民所有制企业,可以采用国家直接经营、承包经营、租赁经营等不同的经营方式。不同的所有制性质,也可以采用相同的企业经营方式。如全民所有制、集体所有制、个体所有制企业,都可以采用承包经营方式等。在不同的所有制企业之间,还可采用合作经营等不同形式的经营方式。根据不同企业的规模大小,以及在国民经济中的地位和作用等因素,选择不同的经营方式,并不改变所有制的性质,反而有利于社会主义经济的发展。无论实行何种经营方式,都要运用法律手段,明确企业所有者与企业经营者之间的责、权、利关系,并注意发挥职工的积极性和创造性,使经营者的管理权威和职工群众的主人翁地位相统一,形成经营者与生产者相互依靠、密切合作的新型关系。　　　　　　　　　（何万钟）

企业经营方向　business orientation

企业服务领域或企业产品结构及产品发展方向。主要包括:①企业产品或服务活动类别,如承包工程是建筑企业的主业,产品可以为房屋建筑,或铁路、公路等其他土木建筑工程。②市场或服务活动的范围,是为城市服务,还是为农村服务;是面向国内市场,还是国际市场,或国内、国际市场兼顾;是面向全国市场,还是某些地区市场等。③产品生产和经营的发展方向。是坚持原有方向,还是改变原方向;是经营已有产品,还是扩大经营等。企业经营方向的正确决策,对企业的经济效益有很重要的意义。　　　　　　　　　　　　　　　（何万钟）

企业经营方向诊断　diagnosis on business orientation

以正确确定和改进企业经营范围或产品结构为内容进行的诊断。企业综合诊断内容之一。企业的经营方向主要解决两方面的问题:一是企业的经营范围或服务方向的选择;二是企业产品结构的选择。而企业的经营范围实际上是对市场结构的选择。因此,企业经营方向诊断应该而且必须把市场结构与产品结构的选择结合起来进行分析。其诊断分析的主要内容有:① 经营范围或服务方向分析。确定企业提供什么产品,从事什么类型的产品生产,承包什么类型的工程对象,为什么样的市场和用户服务。如服务方向是否符合国民经济发展规划的要求;是否社会长期需求的产品;是否符合技术进步的要求;是否符合企业生产技术条件;是否符合一主多副、多种经营的要求;是否发挥自己的优势,扬长避短等。② 产品市场分析,确定战略重点市场和市场领域。具体分析的内容有:市场特点及发展趋势;产品盈亏、收益情况;产品的竞争能力等。　　（何万钟）

企业经营方针　business policies

指导企业生产经营活动的原则。根据企业经营思想,和要实现的经营目标而制定。同时,还要适应外部环境的要求,抓住经营环境为企业发展提供的机会;又要体现企业的经营风格、特点和优势。不同的企业,以及同一企业在不同的时期,即有不同的经营方针。如有的企业以质量取胜为经营方针;有的以薄利多销为经营方针;也可以有几方面并重的经营方针,如以质量第一、薄利多销、周到服务为经营方针,有的以优质、低耗、守信誉为经营方针等。企业应根据外部环境和内部条件的变化,适时修订过时的方针,提出新的经营方针。　　（何万钟）

企业经营风险　business risk

在企业生产经营活动中,由于各种难以预料的不确定因素的发生,可能引起企业的经济损失,或企业信誉下降,甚至造成企业破产的现象。它是商品生产的产物。社会分工越发达,商品交换越复杂,企业独立经营主体的地位越确立,企业在市场上面临的经营风险就越大。经营风险的滋生因素主要有:经济因素、政治因素、技术因素、自然因素、环境因素等。这些风险因素并不单独存在,往往是同时发生并相互起作用,从而使经营环境的不确定性增加,风险性也更不易判断。因此,要求加强风险管理。

　　　　　　　　　　　　　　　（何万钟）

企业经营管理　business management

企业经营活动的计划、组织和控制工作。有狭义和广义之分。狭义的经营管理是以具有外向性特点的经营活动为对象的管理。一般包括:企业经营环境的调查和分析;经营预测;经营决策;制订经营计划和企业计划管理;招揽工程任务;开展企业公共关系活动;经营效果的评价和诊断;经营情报信息的管理等。广义的经营管理,是指对企业全部生产经营过程的管理,即包含企业管理的全部内容。通常以狭义概念来理解。中国建立社会主义市场经济体制,企业成为自主经营的商品生产者,经营管理在企业管理中具有突出的地位。　　（何万钟）

企业经营环境　business environment

与企业经营活动有关的各种外部因素。现代企业是一个开放的大系统。企业成功的关键在于有效地利用企业的经营资源,灵敏地适应外部环境的变化,使企业得以生存和发展。企业为了适应环境的变化,就要对经营环境进行调查研究,预测各种环境因素的变化趋势,制订适应环境变化的经营方针、经营战略和策略。企业经营环境按对企业经营活动影响的直接程度,可分为直接环境和间接环境。

　　　　　　　　　　　　　　　（何万钟）

企业经营机能战略

又称企业经营分战略。指为了实现企业总体战略,企业内部各分权单位、各职能部门、各地区分支机构,根据具体经营环境所确定的事业战略、职能部门战略及地区战略。它反映企业局部机能的活动方向,如装备战略、投资战略、选择承包对象及投标战略等。　　　　　　　　　　　　（何万钟）

企业经营计划　business plan

又称企业生产经营计划。落实企业经营决策,指导企业在计划期内的生产经营活动的一种综合性计划。在中国,是适应经济体制改革后,企业转向生产经营型管理,从原来的施工技术财务计划基础上发展而成的一种新型计划。由企业自主编制。其内容、指标体系、编制要求等均由企业根据经营工作的需要自行确定。一般包括：企业经营目标计划；交竣工面积计划；施工生产计划；生产能力发展计划；多种经营计划；技术改造计划；劳动工资计划；材料物资计划；财务及资金计划等。其中，以经营目标计划为中心；目标是实现利润，其他各项计划都是为实现经营目标而设置。它是企业的计划以生产为中心过渡到以经营为中心，企业由生产型转向生产经营型，计划由执行型转向决策型的一个重要标志。

（何万钟）

企业经营决策 business decision

对企业总体活动以及各重要经营活动的目标、方针、战略、策略所作的抉择。通过正确、及时的经营决策，使企业的生产经营活动与其经营环境保持动态协调。现代企业管理理论认为管理的重心是经营，经营的重点是决策。企业外部环境和内部条件变化越剧烈，需要决策的问题就越多、越复杂，经营决策的作用就越重要。为了提高企业经营决策水平，从决策思想、决策程序、决策方法等方面实现科学化日益受到重视。决策硬技术和决策软技术相结合是现代决策技术的发展趋向。企业经营决策是企业领导人及经营层的主要工作。 （何万钟）

企业经营目标 business objective

简称企业目标。在一定时期内，企业生产经营活动预期达到的成果。其内容一般包括：企业对国家、对社会的贡献目标；企业利益目标；企业发展目标；市场目标等。按时期长短分为战略目标和战术目标。前者是确定在较长时期内企业发展方向和规模的总体目标；后者是保证战略目标实现的近期具体目标。企业目标具有以下特点：①综合性，即企业追求的目标应反映多方面的要求，是一个多目标体系。②可分性，即企业整体目标可分解为企业中、下层目标；综合性的目标可分解为中间目标和具体目标，体现了目标的多层次性。③动态性，即目标的阶段性。当一个阶段的目标实现以后，应根据客观情况的变化，制订下一阶段的目标，由此推动企业不断向前发展。 （何万钟）

企业经营目标计划 plan for business objectives

规定企业在计划期内应达到的经营目标水平的计划。是企业经营目标、经营战略决策的计划体现，在企业经营计划中起"龙头"的作用，是制订其他计划的主要依据。主要指标有：税前利润额及其增长率；上缴利税总额及其增长率；企业税后留利及其增长率；全员劳动生产率；企业总产值及净产值；资产增值；以及为实现目标利润的交竣工工程量指标等。 （何万钟）

企业经营思想 business thought

贯穿企业经营活动全过程，决定企业经营目标、方针和经营战略的指导思想。由一系列观念构成的价值观系统，反映人们对经营过程中发生的各种关系的认识和态度的总和。这种起指导作用的经营思想，从主观上规定和影响企业的运行行为，在企业生产经营活动中起着举足轻重的作用。企业作为商品生产者和经营者，其经营思想的出发点应是：在国家宏观调控下，通过市场赢得用户；通过生产过程的优化组织，生产出满足用户需要的产品；通过市场实现产品的价值，并取得最好的经济效益。根据这一出发点，企业的经营思想应包括以下观念：战略观念、市场观念、用户观念、竞争观念、效益观念、时间观念、变革观念、创新观念、风险观念、人才观念等。

（何万钟）

企业经营效绩诊断 diagnosis on business performance

以企业整体生产经营活动为对象，以改善企业经营效绩，提高企业经济效益为主进行的诊断。是企业综合诊断的重要内容。其特点是，主要以综合性较强的货币形式计量和分析企业生产经营成果和劳动耗费；并涉及到企业的生产、技术、经济各方面的管理工作。因此，无论对企业进行专业诊断还是专题诊断，都要从分析企业的经营效绩或其影响入手。诊断分析的主要内容有：① 生产经营成果指标。如总产值、净产值、交竣工面积、实物工程量、利润总额、上交利税额等。② 生产经营消耗指标。如成本、材料消耗、工资总额、设备折旧等。③ 生产经营资金占用指标。如固定资金占用额、流动资金占用额等。④ 生产经营消耗效果指标。反映生产经营成果与生产经营消耗对比关系的指标。如人均产值（劳动生产率）、人均利润、产值利税率、成本利税率、单位产品材料消耗等。⑤ 生产经营资金占用效果指标。反映生产经营成果与生产经营资金占用的对比关系指标。如资金产值率、资金利税率、资金周转率等。在上述计算指标基础上，进行"四比"分析：比企业的各项计划指标；比上一年同期实际水平；比本企业历史最高水平；比同行业企业先进水平和平均水平，分析指标的差异及其影响因素。

（何万钟）

企业经营预测 business forecast

应用预测技术对企业生产经营活动的发展及变化趋势所作的分析和推断。其目的是为企业经营决策和制订经营计划提供依据，保证经营决策的正确性和及时性。主要内容包括：市场预测，生产能力预测，资源预测，技术预测，成本及利润预测等。

（何万钟）

企业经营战略 business strategy

企业为了实现经营目标，按照经营方针而制订的行动总体方案。它不仅反映行动的方向、目标,还包括达到目标的对策和手段,以及实施的步骤和时序。企业经营战略分为总体战略(基本战略)和机能战略(分战略)。各机能战略要服从总体战略,并保证总体战略的实现。经营战略是经营决策的重要内容。通常由企业经营层,在对外部环境进行科学预测,结合内部条件进行周密分析,综合权衡的基础上制定。　　　　　　　　　　　　　　(何万钟)

企业经营战略诊断　diagnosis on business strategy

以正确确定和改进企业经营战略为内容进行的诊断。企业综合诊断内容之一。经营战略诊断涉及企业的大政方针和纵观全局的问题,其特点是:诊断的课题面向企业未来的变化,因而具有探索性和风险性;涉及的领域比较复杂,信息量大,除注意企业内已有信息外,更要注意外部信息的收集;企业经营战略,不能照搬别人已有的模式,因而具有独创性;所提出的方案要符合企业实际,要提出新的概念、新的路子、新的点子;诊断所需时间也较长。其诊断分析的主要内容有:企业经营目标、经营方针的评价分析;企业长期经营战略规划;市场战略;多种经营战略;专业化战略;年度经营计划分析等。

(何万钟)

企业经营哲学　business philosophy of enterprise

企业经营成功之道的哲学理论化概括。它应反映企业的个性和特色,也是企业文化的重要内容之一。经营哲学贯穿在企业的经营活动中,体现为企业的经营思想。　　　　　　　　　　(何万钟)

企业经营者　businessman

对企业生产经营活动全权负责的人。在不同的历史条件下,以及不同的企业中,由谁作为企业经营者也不完全一样。企业实行经理负责制后,经理依法对企业负有全面责任,所以,经理是企业经营者。实行个人承包经营和租赁经营的企业,承包人及承租人也就是企业经营者。　　　　　　(何万钟)

企业经营资源　business resource

企业生产经营活动所需的要素和条件。当代对企业资源的理解,已不再限于人员、资金、物资的范围。企业的技术(包括技术专利)、信息、经营管理经验和能力、企业精神、企业信誉等因素,也应成为企业的经营资源。一般地说,企业的经营资源越丰富,企业的经营能量也越大,企业在市场中的地位和竞争能力也越强。　　　　　　　　　　(何万钟)

企业经营总体战略　integrated strategy of business

又称企业经营基本战略。指企业从全局出发,根据外部经营环境和自身的能力而确定的总体行动方案。有三种基本类型:①发展战略。即扩大经营范围,实行经营多样化,扩大市场占有率,促进企业发展的战略。②稳定战略。即巩固已有成果,维持现状的战略。③紧缩战略。即逐渐收缩,另找出路的战略。一个企业有时采用其中一种战略,或同时采用多种战略组合。　　　　　　　　(何万钟)

企业精神　spirit of enterprise

企业在生产经营活动中,为谋求自身的生存和发展而长期形成,并为广大职工所认同的一种具有鲜明的民族特点、时代特点和企业个性的群体意识。它反映企业整体的追求、志向和决心。企业精神是企业文化诸多要素中的灵魂。它对企业职工有强大的凝聚力和感召力,有助于增强职工对企业的责任心、归属感和荣誉感。每个企业都应根据自己担负的社会职能和特色,培育反映企业个性的企业精神,并进而造就出一支热爱企业、关心企业、献身企业的职工队伍。　　　　　　　　　　(何万钟)

企业景气指数

见经济景气指数(172 页)。

企业竞争战略　competition strategy of business

企业为了更大地占有市场、赢得用户所采取的行动方案体系。正确的企业竞争战略是在预测和深入分析用户及市场需求、本企业的经济实力和经营能力、相互竞争企业的经济实力和经营能力、有关政策及其他因素,并在多方案权衡的基础上制订的。根据建筑生产的特点,建筑企业竞争战略一般包括:使用价值竞争战略、价格竞争战略、技术竞争战略、服务竞争战略等内容。　　　　　　(何万钟)

企业决策系统　decision system of enterprise

由企业内各级决策机构和决策人员组成的管理功能系统。根据企业的规模,小型企业只有一个决策层。大中型企业则由多层次决策机构和咨询参谋的机构或人员组成决策系统。企业的最高决策层即为企业的决策中心,对企业经营方向、经营目标、经营战略作出决策。中下层决策是最高层决策在各级、各方面得到全面贯彻的保证,其决策的内容,由企业内部经济责任制规定的责任和权限来确定。现代企业应建立谋、断相对分离,先谋后断的决策程序,把个人决策建立在集体智慧的基础上,保证决策的民主性、科学性。　　　　　　　　(何万钟)

企业均衡　equilibrium(for a business firm)

在所面临的各种约束下,使企业利润最大化的产出水平或产出状况。在这个产出水平上,企业没有改变产出的动机。在标准的企业理论中,这意味着企业选择使边际收益恰好与边际成本相等的产出。　　　　　　　　　　　　　　　(刘长滨)

企业亏损包干 contracted loss of enterprise

核定企业亏损基数,超亏不补,减亏分成或全部留用的承包经营方式。中国国有企业经营方式之一。适宜于各类亏损企业,但承包期不宜过长。它有助于帮助企业克服亏损,实现扭亏增盈,增强企业的生存能力,缓解国家或主管部门负担。

(谭 刚)

企业劳动生产率诊断 diagnosis on labour productivity of enterprise

以提高企业劳动生产率为主要内容进行的诊断。企业专题诊断内容之一,也是企业人事劳动管理诊断中的重要内容。诊断分析的主要内容有:职工人数及其变化对劳动生产率的影响;生产工人比重及其变化的影响;作业时间及其利用率的影响;技术装备程度及其利用程度的影响等。 (何万钟)

企业领导班子素质 quality of leaders group of enterprise

企业领导集团的整体素质和领导者个人素质的总称。领导集团的整体素质,指领导集团的结构,包括专业结构、知识结构、智能结构、年龄结构等是否合理,是否形成高效能的领导集体。领导者个人素质,是指领导集团成员,特别是企业主要领导人在品德、能力、知识、作风以及健康等方面是否具有胜任岗位职务所要求的条件。领导班子素质是企业素质的关键因素。 (何万钟)

企业领导制度 leadership system of enterprise

企业领导体制和领导权限规定的总称。企业管理的基本制度。其核心是解决企业内部领导权的归属、划分和如何行使的问题。企业领导制度是一定的社会生产力和社会制度的反映和体现,并在长期实践中,逐步形成和随着经济技术的发展逐步完善的。随着多种经济成分的存在和企业经营方式的多样化,中国企业领导制度也必然出现多种形式并存的局面,如经理(厂长)负责制、董事会领导下的经理负责制、承包人或租赁人负责制等。 (何万钟)

企业伦理道德 ethics and moral of enterprise

调整企业与职工、职工与职工之间关系的行为规范的总和。企业文化重要内容之一。伦理道德以正义与非正义、公正与偏私、诚实与虚伪、善良与邪恶等相互对立的几对道德范畴为标准来评判企业及职工各种行为,是一种特殊的行为规范,是对企业法规的必要补充。它能将企业职工的个体行为规范到和企业、社会目标相一致的统一行为上来,并能纠正和调节不良的组织行为和个体行为。 (何万钟)

企业民事责任 civil responsibility of enterprise

民事权利主体(即企业)在违反自己的民事义务或侵犯他人的民事权利时所应承担的法律责任。它是由企业的法人地位决定的。在中国,全民所有制企业的民事责任是以国家授予其经营管理的财产为限的,这就是法人的有限责任。企业承担有限的责任,既是对企业的一种压力,也是企业前进的动力,这对于促进企业形成自主经营、自负盈亏的经营主体是十分重要的。 (何万钟)

企业民主管理制度 system of democratic management in enterprise

社会主义企业职工以主人翁地位参与企业管理的制度。这是社会主义企业管理的基本特点,也是企业管理的一项基本制度。社会主义企业,必须有集中的统一领导和指挥,又必须保证职工的主人翁地位和合法权益,实行并健全民主管理制度。企业民主管理的内容包括:从制订目标、规划决策到组织实施;对各级领导人的评议、选举和监督;从企业供、产、销到人、财、物各个方面都要注意听取职工群众的意见,充分发挥并尊重他们民主管理的积极性。按中国企业法规定,职工代表大会是企业实行民主管理的基本形式,是职工行使民主管理权力的机构。除此之外,职工代表进入企业管理委员会或董事会,参与企业经营决策,以及开展班组管理、合理化建议活动及其他群众性管理活动,也都是职工参与企业管理的具体形式。 (何万钟)

企业目标体系 objective system of enterprise

由企业总目标、部门目标、中间层次目标、班组目标和个人目标形成的上下衔接、左右关联的目标体系。在目标体系中,上一层次的目标,是下一层次目标的制订依据;下一层次目标是对上一层次目标的贡献和实现的基础。同一层次有关目标之间要保持协调。企业各层次分目标的完成,最终保证企业总目标的完成。这样,通过企业目标体系即把企业各层次、各部门的活动,都组织在为实现共同目标,相互制衡、相互保证的责任体系中。 (何万钟)

企业内部经济合同 economic contracts within an enterprise

企业内部为确定上下级之间有联系的各单位、各部门、各生产环节之间的经济关系而签订的契约。是企业完善和强化内部经济责任制的重要手段。应遵照经济合同法的原则精神严肃对待、认真履行。为了保证内部经济合同顺利履行,在企业内部应建立相应的合同管理和仲裁制度。企业的经营管理机构即可作为合同的管理和仲裁机构,企业总经济师或经理作为内部合同纠纷最后裁定人。

(何万钟)

企业年度计划 annual plan of enterprise

又称年度经营计划。企业全面安排计划年度内生产经营活动的计划。是企业实现长期计划的保证和具体化。建筑企业的年度计划是一种综合性的计划,一般是分季列示的。主要包括:工程量、产值、质量、成本、利润、劳动力及物资消耗等专业性计划。企业年度计划属于决策型计划,它以提高经济效益为中心,实现经营目标为重点,注重使企业的生产经营活动适应于社会及市场需求。年度计划编制的一般程序是:经营目标计划——→交竣工计划及目标成本计划——→施工生产计划——→各专业保证计划。

(何万钟)

企业上缴利润递增包干 contracted turn over profit increase progressively of enterprise

核定上缴利润基数和递增比例,超收部分留归企业的承包经营方式。中国国有企业经营方式之一。即企业向国家上缴的利润按核定的固定比例逐年递增,超收部分由企业留用,进行新产品开发和技术改造,不足部分由企业自行补齐。这种方式适宜于经济效益较为正常、技术改造任务重、迫切需要发展的企业。它有助于国家财政收入的稳定增长,并增强企业扩大再生产能力。 (谭 刚)

企业上缴利润定额包干 contracted turn over profit quota of enterprise

核定企业上缴利润基数,超额部分全部留归企业的承包经营方式。中国国有企业经营方式之一。即对企业上缴国家财政的利润核定一个数额,一定几年不变,然后据此进行企业承包经营,并按双方协商的方式上缴核定的利润数额,多余部分留归企业使用,不足部分则由企业补齐。这种方式适用于利润不高但产品为社会需要、急需扶持帮助的企业。它有助于增强国家财政收入的稳定性,缓解因政策、价格等原因造成的行业和企业苦乐不均的矛盾。

(谭 刚)

企业上缴利润基数包干超收分成 contracted turn over basic profit and above quote divide up of enterprise

核定上缴利润定额基数,超收部分由国家与企业分档分成或按比例分成,不足部分由企业自行弥补的承包经营方式。中国国有企业经营方式之一。其特点是:企业在承包期内上缴利润基数不变,超收分成比例视企业具体情况而定,便于宏观控制;国家和企业的风险较小,有利于减少因利润上缴基数和比例定得不准、外部环境难以预测带来的问题;灵活多样,适应性较强,一般企业都可采用这种承包方式。 (谭 刚)

企业生产管理 production management of enterprise

把企业的生产活动过程作为一个有机整体所进行的计划、组织和控制工作。有狭义和广义之分。

就建筑企业而言,狭义的生产管理是以建筑产品的生产过程为对象的管理。一般包括:施工准备;施工计划和生产作业计划的制定与执行;现场施工管理,施工的进度控制、质量控制、成本控制、安全管理、竣工及交工验收等。广义的生产管理是指对企业承包工程施工及其他产品生产在内的全部生产活动进行综合性的系统管理,除上述内容外,还包括:技术管理(不含技术开发);质量管理;劳动组织与劳动定额管理;材料管理;机械设备管理等。 (何万钟)

企业生产经营指挥系统 command system of business operation in enterprise

根据现代生产必须高效、统一指挥的客观要求,在企业各层次、各部门之间建立的分工而又密切协作的管理组织系统。它由以经理为首的企业各级领导人员、管理机构和职能人员组成。其基本内容包括以总工程师为首的技术管理工作系统;以总经济师为首的经营和计划管理工作系统;以总会计师为首的财务和经济核算工作系统;以及劳动人事管理工作系统等。企业各级领导人员,是行使指挥职能的人员。各级管理机构包括行政管理和职能机构,是帮助各级领导人员行使指挥职能的工作机构。职能管理人员是同级领导人的参谋和助手。企业生产经营指挥系统,没有固定和一成不变的模式,应从企业生产经营活动的特点和需要出发,达到组成合理、机构精干、职责分明、工作高效的目的。

(何万钟)

企业生产能力预测 forecasting of productive capacity of enterprise

企业劳动力、机械设备、技术及组织结构等方面的前景和潜力的预测。最终反映出企业的生产能力、综合承包能力的发展和趋势。生产和需求是市场供求关系的两个方面。通过企业生产能力预测,与市场预测结合起来,才能正确制定企业的各项计划和目标。 (何万钟)

企业素质 quality of enterprise

决定企业生产经营活动能量或企业生存发展能力大小的各种内在因素的总合。这些内在因素主要有:企业领导班子素质、职工队伍素质、技术素质、管理素质等。这些内在因素的总合,是质与量的动态统一。企业生产经营活动能量或企业生存和发展能力则是企业素质的外在表现或标志。这种外在表现又具体包括:企业的盈利能力;竞争能力;技术开发能力;应变能力等。 (何万钟)

企业投入产出包干 contracted input-output of enterprise

中国对企业的产出能力和扩大再生产投入能力进行承包的经营方式。通常由国家核定企业利润基数,基数内的利润由国家和企业按一定比率分成,超基数利润留给企业作技改投资,并规定产品递增基数及自筹固定资产投资任务。其中承包重点是企业的技术改造任务。它有助于逐年增加企业产出,确保国家财政收入稳定增长,加快企业技术改造,增强企业扩大再生产能力。 (谭 刚)

企业投资决策 investment decision of enterprise

企业为了增加产出,提高经济效益,对资金的投向、投资项目和投资方案进行的评价和选择。投资是企业维持简单再生产、扩大再生产,或是调整生产结构、发展新的经营业务必要的手段,是对企业的生存和发展具有保证作用的一种经济活动。所以,企业投资决策应在认真分析投资必要性、可能性、合理性、盈利性的基础上,正确确定是否投资、投资方向、投资规模、投资时间以及如何实施等问题。
(何万钟)

企业文化 culture of enterprise

企业为顺利实现其目标通过长期实践形成的企业价值观、企业精神、企业信念、企业经营哲学、企业伦理道德、企业风尚等观念形态的总和。它是现代管理理论与文化学理论综合渗透交叉的产物。是20世纪80年代兴起的企业管理理论新潮流。它以观念形式,潜移默化,注入到企业每一成员的精神中,起着导向、约束、凝聚、融合多种功能,对企业实现其存在的价值,为社会作出应有贡献,以及增强职工的主人翁责任感,发挥创造性和积极性都有巨大作用。良好的企业文化,不仅能成功地达到企业有效的管理,而且能弥补和克服管理制度本身的各种缺欠。所以,良好的企业文化是企业生存与发展的基础和动力,是企业久盛不衰的重要因素,是企业的灵魂。
(何万钟)

企业无形资产 intangible assets of enterprise

企业所拥有的无物质实体但可使其长期受益的资产。主要包括商标、专利权、专有技术、著作权、版权、商誉等。按其期限可分为有限期和无限期无形资产。前者有法律规定的有效期限,如专利权、商标等;后者没有法律规定的有效期限,如商誉。按可否确指又可区分为可确指和不可确指无形资产。前者具有专门名称,可以个别地或作为资产的组成部分进行交易,如专利权、专有技术等;后者不能特别辨认,不能与企业经营主体分离而单独进行交易,如商誉。企业的无形资产有时能远远超过其有形资产价值,所以,企业在重视有形资产价值的同时,也应加强对无形资产的管理。 (何万钟)

企业物资管理诊断 diagnosis on goods and material management of enterprise

以企业物资管理活动为对象,以改善企业物资供应为主要内容进行的诊断。企业专业诊断内容之一。诊断的目的是改进企业物资管理工作体系,完善消耗定额、储备定额等基础管理工作,改善物资供应,降低物资消耗及材料成本。诊断分析的主要内容有:物资消耗、储备定额的健全及执行情况;物资采购状况;库存及保管状况;物资的领用、利用和损耗状况;回收利用状况;物资的场外、场内运输方式及组织状况等。
(何万钟)

企业系统 enterprise system

用系统观念把企业看作一个由相互联系而共同工作、以便达到一定目标的各个子系统所组成的有机整体。它同周围环境(用户、竞争者、工会组织、供货者、政府等)之间存在着动态的相互作用,并且有内部和外部的信息反馈网络,能够不断地自行调节,以适应环境和本身的需要。它的结构如下图所示:

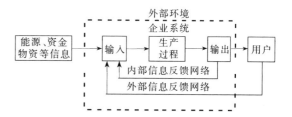

企业系统具有一般人造开放系统的特征,即:目的性、整体性、层次性、环境适应性等。 (何 征)

企业信息系统 information system of enterprise

沟通企业内部和企业与外部环境之间的信息交流,保障企业各项经营管理活动正常运行的系统。用来反映工作过程以及企业内和企业与其环境间的交换关系。研究它的目的是为了提高企业的管理水平,即从单向信息传递、主观推测和孤立解决问题的水平,提高到系统观察、系统分析和系统决策的水平。对企业信息系统获得和使用信息要求及时、准确、全面地收集企业及其外部环境的有关信息,在企业内部,要求信息资源共享,主要是管理层的信息相互沟通,并及时全面地反馈到决策层,使决策建立在充分的数据事实和科学分析的基础上。企业信息系统的特征是:多向的、交叉的、迅速的信息流动。对于这一个信息流动多向、交叉的复杂系统,必须采用系统方法加以管理。同时由于计算机广泛应用于企业,现代化企业信息系统才得以实现。
(冯镭荣)

企业信息子系统 information subsystem of enterprise

科学地把企业信息系统按信息功能或层次划分

为若干具有信息特性的小系统。根据各子系统的目标和约束条件,应用模型化和最优化方法,经过系统分析,获得各子系统的最优方案。按子系统的功能特点,一般可分解为职能子系统和保证子系统两大类。职能子系统的分解是根据管理系统所担负的各种职能划分的。在企业中,根据不同的管理对象,可以划分为如下的基本职能子系统。即:①生产技术管理子系统;②计划管理子系统;③基本生产作业子系统;④物资供应子系统;⑤产品销售子系统;⑥财务会计子系统。此外还有:人事、质量、能源、库存管理子系统;市场和产品预测子系统等。保证子系统是指计算机系统和通讯技术系统,它为职能子系统正常有效地运行提供必要的物质技术条件。

(冯鑑荣)

企业形象设计 corporate identity scheme ,CIS

简称 CI 策划。以塑造企业整体形象、提高企业信誉、增强竞争能力为目的,对企业的经营理念、精神文明和行为模式进行全面视觉传达的系统规划设计工作。当代企业经营战略的重要内容之一。在西方已有近 40 年的历史;80 年代中期被介绍到中国。企业形象(识别)系统由经营理念 MI(mind identity)、企业行为 BI(behavior identity)和视觉特征 VI(visual identity)三个子系统构成。其核心 MI 是整个系统的原动力,包括影响着企业经营方针、原则、制度、精神文明、企业文化及群体意识等基本因素;BI 是企业理念精神在企业行为上的具体体现,即将企业经营过程中的一切具体执行行为融入规范化、协调化、统一化的管理之中,使其能完整地反映企业精神;VI 是企业外观形象,犹如人的面孔,即运用企业徽标、标准色彩、标准字形和使用规范等统一的标志,通过企业的标牌、旗帜、营销广告、建筑外观、室内陈设、商品陈列展示、交通工具、信封信笺、职工仪容服饰以及名片等载体,将企业的整体形象传达给社会公众,并造成广泛、深刻的良好印象。三者既交汇成为一个完整的系统,又具有一个动态的渐进过程,在系统中不同层次的逐步发展变化和修正,要求企业不同层次有不同的动作和措施与之相匹配。

(何万钟)

企业优化发展战略决策 strategic decision of optimum development of enterprise

企业为最合理地利用经营资源,以获得最大经济效益所进行的战略决策。企业总体战略(基本战略)内容之一。通过优化发展战略的决策,正确确定企业的经营方向、产品结构、经营规模、市场开拓方向等重大发展战略问题。 (何万钟)

企业执行系统 executive system of enterprise

由企业各级生产经营单位或部门组成的管理功能系统。它的任务是确切无误地贯彻执行指挥系统下达的指令。企业的各级行政机构,既是上一级领导机构的执行单位,又是下属单位的指挥机构。

(何万钟)

《企业职工伤亡事故报告和处理规定》 Regulations for Dealing with Accident of Workers Injury and Death of Enterprise

1991 年 2 月 22 日国务院发布,是为了及时报告、统计、调查和处理职工伤亡事故,积极采取预防措施,防止伤亡事故而制定的有关规定。该规定所称伤亡事故,是指职工在劳动过程中发生的人身伤害、急性中毒事故。该规定共五章 26 条:第一章总则;第二章事故报告,第三章事故调查,第四章事故处理;第五章附则。该规定自 1991 年 5 月 1 日起施行,1965 年国务院发布的《工人职员伤亡事故报告规程》同时废止。 (王维民)

企业职能机构 functional organization of enterprise

企业各级领导人的参谋、咨询工作机构的总称。它按一定的专业分工,分别承担企业生产经营活动中某一方面的管理业务,协助各级领导人行使领导、指挥的职能,对下一级的生产经营活动进行业务指导。它的设置,既要满足企业生产经营活动的需要,又要符合精简、效能的原则,有利于提高工作效率和管理水平。其设置没有固定的和一成不变的模式,也不需要上下对口。按业务不同,可分为专业性职能机构和综合性职能机构两类。前者在企业管理中起专业管理作用;后者则发挥综合管理的作用。

(何万钟)

企业指挥系统 command system of enterprise

由企业各级行政领导机构和领导人员组成的管理功能系统。它的任务是组织决策机构决定的实施。在大中型企业,指挥系统由多层次的各级行政机构组成。但为完成任务,企业的指挥系统必须保持高度的集中和统一。一个企业只能有一个指挥中心。指挥系统的指令一方面发给执行系统,同时又发给监督系统。实行经理负责制的企业,决策权和指挥权是统一的,由经理来行使。企业的决策机构和指挥机构也是统一的。但作为不同的管理功能系统,决策系统实行先谋后断,不能搞一言堂、一长制;而指挥系统则必须是一长制。 (何万钟)

企业质量保证体系诊断 diagnosis on quality guarantee system of enterprise

以完善企业质量保证体系为主要内容进行的诊断。企业专题诊断课题之一,也是企业质量管理诊断中的重要内容。诊断分析的主要内容有:质量管理组织机构构成是否合理,职责是否明确;各类质量标准(包括技术标准、管理标准、工作标准)是否健

全;质量责任制及其效果;质量信息系统状况;质量保证活动及其效果等。 （何万钟）

企业质量管理诊断 diagnosis on quality control of enterprise

以企业质量管理活动为对象,以改善企业工作质量及产品质量为主要内容进行的诊断。企业专业诊断内容之一。诊断的目的是及时改进质量管理中存在的问题,推动企业全面质量管理的深入开展。进行质量管理诊断要以"用户满意的质量标准"和"预防为主"观点作为指导思想。诊断分析的主要内容有:工程及产品质量状况;质量管理方针、计划及其执行情况;质量管理组织及其活动情况;质量管理教育、培训及其效果;质量管理责任制及其效果;质量保证体系建立及健全状况;质量管理方法及其应用效果;质量管理信息的收集、传递及利用状况等。 （何万钟）

企业中期计划 medium-term plan of enterprise

计划期在一年以上,五年以下的旨在规划企业生产经营活动和发展目标的计划。是落实企业长期计划的任务,衔接企业长期计划与年度计划的中介型计划。其主要内容与企业长期计划基本相同,但因计划期较短,计划指标比后者较为具体和详尽。 （何万钟）

企业终止

又称企业解散。指企业法人资格被消灭,企业不能再以原有的名义进行生产经营活动。根据我国工业企业法规定,企业由于下列原因之一终止:①违反法律、法规被责令撤消。如企业成立时弄虚作假,不符合成立条件;企业依法成立后在经营活动中违反法律规定;有的虽然无明文规定,但企业在经营活动中已经明显地危害了国家和社会利益等。②政府主管部门依照法律、法规的规定决定解散。如作为全民所有制集中代表的国家,根据产业结构调整的需要可以依法解散企业。③依法被宣告破产。④其它原因。如由于地震、发生战争等不可抗拒原因,致使企业已无法正常经营活动而自然终止。 （何万钟）

企业专题诊断 special-subject diagnosis of enterprise

针对企业不同时期存在的关键性问题或严重影响企业经济效益的薄弱环节进行的诊断。这类诊断针对性强,时效性也强。主要内容有:针对人工费超支、材料利用率低、工时利用率低、流动资金占用多且周转慢、工期长、多种经营收益下降、劳动生产率降低、成本增加等问题开展的诊断。 （何万钟）

企业专业化结构战略决策 strategic decision of specialization structure of enterprise

企业内部生产专业化方向、程度和发展的决策。企业总体战略内容之一。实行专业化是生产发展的必然趋势,但是在不同企业或不同时期,生产专业化应有不同的形式和发展水平,才能具有较好的经济效果。通过专业化结构决策,正确确定企业内部对象专业化、工艺专业化、制品生产专业化的形式、专业化程度,以及相应的组织管理体制。

（何万钟）

企业专业诊断 special-line diagnosis of enterprise

以企业内部各项专业管理活动为对象进行的诊断。这类诊断方向明确、重点突出,易收实效。其主要内容有:生产管理诊断、质量管理诊断、物资管理诊断、人事劳动管理诊断等。 （何万钟）

企业装备结构 equipment composition of enterprise

企业施工生产机械设备的不同种类、技术水平及所有权的结构构成。企业进行设备装备时,需力求按专业或工种配套、能力配套,使所有机械设备效能都得到最大发挥。在技术结构上,根据中国国情,要贯彻先进机械、简易机械和改良工具相结合的原则。在设备所有权与使用权关系上,随着机械租赁经营的发展,企业自有机械的比例将有所下降,租赁机械的比例将有所增加,从而提高机械设备的使用效率。企业的装备结构随着建筑生产专业化和企业组织结构的变化而变化。 （陈 键）

企业资产增值目标 objective of increasing enterprise asset

以增加企业资产价值来指导开展企业生产经营活动的经营目标。以此目标经营企业,不仅可以保证企业资产在生产经营活动中的安全性,避免各种资产受到侵害和损失,而且还可以保证企业资产增值,增强企业的经济实力。 （谭 刚）

企业自筹建设资金 enterprise self-financing for capital construction

中国国有企业按国家规定自行筹措用于基本建设的资金。主要包括:企业各级主管部门用于基本建设的资金;企业在实行自负盈亏,自主经营成为相对独立的经济实体以后,利用生产发展基金和折旧基金作为基本建设资金;利用银行贷款,以及发行债券等方式筹集的基本建设资金等。企业自筹资金安排的基本建设项目,须经国家,省、自治区批准,纳入基本建设计划。自筹资金必须在建设银行专户专储,由建设银行拨款和监督。对超过国家计划规定范围的自筹资金,国家用经济手段或行政手段加以控制。 （何 征）

企业综合诊断 comprehensive diagnosis of enterprise

以解决企业带全局性的经营管理问题为内容所进行的诊断。其目的是从企业整体出发,解决经营管理活动中带全局性的问题,促进企业整体经营效绩的改善,同时对企业各专业诊断,专题诊断起协调作用。主要内容有:经营方向诊断;经营战略诊断;企业管理组织诊断;经营效绩诊断等。综合诊断因涉及企业活动的各个方面和各个部门的工作,往往需要更多专业咨询人员的协同参与与配合。诊断的准备工作量及诊断时间、所需费用也较多。

(何万钟)

企业组织结构 organization structure of enterprise

又称企业管理组织结构。企业内部管理层次与管理跨度,生产经营单位与管理部门相互结合的模式。合理的企业组织结构,应能解决好企业内部的分级与授权,调动各级、各部门的积极性,有利于形成高效能的集中统一的指挥系统,有利于完善企业内部经营机制。建筑企业的组织结构没有统一和固定的模式,采用较多的型式有直线职能制、矩阵制、事业部制组织结构,以及上述型式的混合应用,如直线职能制与矩阵制混合应用、事业部制与直线职能制混合应用的组织结构等。   (何万钟)

企业组织系统 organization system of enterprise

由企业内部各个相互依存、共同作用的各个部门(子系统)相互联系形成的组织结构体系。传统的组织理论强调把组织机构和工作划分为各部门,实行直线职能制。系统管理理论则认为企业组织是一个完整的系统,强调把所有的活动联结起来实现总的目标,同时也承认高效率的子系统的重要性。企业组织结构存在着有明确职责分工的三类子系统:①计划管理子系统,把本企业的业务同外界环境联系起来,就本企业的产品、工作规划的范围、作业系统、人事等作出决策。②资源分配子系统,主要分配人力和设备,并协助设计工程系统和服务系统。前者是按提供一种成品来设计的;后者是按提供一种服务来设计的。工程系统有三个输入来源:即技术情报、工艺情报、物资材料输入系统,经过生产系统输出产品。③经营管理子系统在整个组织中具有相对独立性。整个企业组织系统同时也是一个管理信息系统。   (何 征)

契税 deed tax

房地产所有权发生转移时,就当事人所订契约按交易价格一定比率,由税务机关向产权承受人一次性征收的一种行为税。具有证明房地产产权转移合法性的作用。   (刘洪玉)

qian

迁建项目 removal project

经批准由原所在地搬迁到另一地的建设项目。中国规定,因战争、气候条件、环境制约等原因,原建设项目全部或部分地作为独立的总体迁移到新的地点,无论按原有规模还是扩大或缩小规模,都作为迁建项目。   (何秀杰)

前馈控制 feed forward control

根据预测的情况提供的信息,在出现与目的不符的征候之前进行校正的控制。即在控制系统中,校正动作不是依赖于输出的直接反馈,而是依赖于外部的介入和干预,也就是控制系统中的各个环节(计算机、控制部件、受控部件、测量元件等)不构成闭合环路。管理者可依据预测的或期望的前馈信息,用以作为制订计划与检查计划执行情况的各项标准。   (冯鑑荣)

前期工程项目 preceding project

尚处于投资前阶段,已纳入国家或地方建设前期工作计划,为投资决策进行准备工作的建设项目。主要内容包括:勘察、科研、试验;进行可行性研究;编制总体规划和初步设计。在中国,前期工程项目实行分级管理;大型项目纳入国家建设前期工作计划;中、小型项目纳入部门或地区建设前期工作计划。前期工程项目反映国家或地区未来投资方向。强调和加强建设前期工作,有助于国家和地区能有效审查和控制投资规模。   (何秀杰)

前期准备工作 preliminaries

房地产开发项目施实前的一系列准备工作。在投资决策研究确定开发对象之后、购买土地使用权之前着手进行。主要内容为:①研究开发地块的特性与四至范围;②进一步分析地块的用途及获益能力的大小;③获取土地使用权;④办理征地、拆迁、安置、补偿事宜;⑤制定规划设计和建设方案;⑥与规划管理部门协商,获得规划许可;⑦施工现场的"七通一平"或"三通一平";⑧安排建设资金,包括短期或长期信贷;⑨进一步调查分析市场状况,初步确定租售价格水平;⑩为拟建项目寻找预租(购)客户;⑪详细估算开发成本和可能的工程量;⑫提出选择施工承包商的建议,如有可能,与某些承包商进行初步洽商;⑬落实实施方案,制订开发全过程的监控策略和措施。   (刘洪玉)

钱衡效果 monetary effect

又称钱衡效应。建设项目经济评价中,能用货币衡量的效益和费用。非钱衡效果的对称。

(张 琰)

潜在毛租金收入　potential gross income

一宗物业在市场租金水平上，出租率达到100%时可获取的理论租金收入数量。例如，某写字楼可出租面积为 2 000m²，市场月租金水平为 150 元/m²，则该物业的潜在毛租年收入为：

$$150 \times 2\,000 \times 12 = 3\,600\,000 \text{ 元}$$

（刘洪玉）

潜在帕累托优势标准　potential Pareto superiority standard

又称卡尔多－希克斯标准（Kaldor-Hicks rule）。以部分受益者能否完全补偿部分受损者作为评价两种经济状态优劣的依据。其含义为：假定经济状态 B 转变到状态 A，则一部分人得益，一部分人受损。如果得益的人能够补偿受损的人，在补偿之后，没有一个人会比在状态 B 中更坏，从社会的观点看，认为状态 A 优于状态 B。从帕累托优势标准发展而来。如果得益者对受损者的实际补偿伴随经济状态的改变而发生，则本标准就转变为帕累托优势标准。但是本标准并不要求进行实际补偿，只假设能够补偿，因而它是潜在的，也就更加复杂。但它不再是以受益或受损的人数多少来判断项目的优劣，而是以赞成者的得益能够补偿反对者的损失且有余便可选定项目。它的优越性就在于可用。可在比较任意两个经济状态时，确定优劣和差异。其不足之处是忽略了收入分配问题，只要求经济状态变化的收益数量超过损失数量，而不管谁受益或谁受损。例如一个项目给一个富人带来的收益，大于同时给穷人带来的损失，虽会导致收入差距的扩大，仍然认为该项目是可行的。根据所有个人的偏好都应加以考虑的原则，只有本标准在实践上可行，因此被西方经济学家认为是社会项目评估中价值判断的基础。

（刘玉书）

qiang

强度相对指标　strength relative indicator

又称强度相对数。反映现象发展水平所达到的强度、密度或普遍程度的相对指标。是两个性质不同，但有密切联系，属于同一时期或时点的指标对比值。一般用百分数或复合名数表示，指标数值大小与现象发展程度或密度呈正比例的，称正指标；指标数值大小与现象发展程度或密度呈反比例的称逆指标。计算公式为：

$$强度相对指标（\%）= \frac{某一现象的指标数值}{另一有联系的现象的指标数值} \times 100\%$$

（俞壮林）

强化理论　reinforcement theory

又称行为修正理论。美国斯金纳（Skinner, B. F.）等人提出的对一种行为的肯定或否定（报酬或惩罚）的后果，在一定程度上决定这种行为在今后是否会重复发生的强化型激励理论。其基础是强化刺激以加强记忆的学习原则。它具体应用的基本原则是：①经过强化的行为趋向于重复发生，如受到赞扬便增加这种行为重复的可能性。②激励一个人按某种特定方式做工作时，报酬（正强化）比惩罚（负强化）更有效。所以，宜用正强化以刺激有利行为重复出现；用负强化来制止不良行为重复出现。③对所期望取得的工作成绩应予明确规定和表述；并及时利用反馈作为一种强化手段。④区分训练的需要与激励（强化）的需要。既要注意训练，又要使激励达到一定程度，才能使激励成功。这一理论有助于对人们行为的理解和引导。

（何　征）

强制确定法　forced decision method

又称 FD 法或 01 评分法。价值工程活动中以专家对零部件功能的重要性评分为基础求得功能价值系数的功能评价方法。基本步骤是，由专家将产品零部件按其功能重要性一一对比，相对重要者给 1 分，不重要者给 0 分。每一零部件与其他零部件比过一轮，各自得分之和即为各零部件的功能重要性评分；每一零部件功能重要性评分与总分之比值即为各零部件的功能评价系数（F_{fi}）；再求每一零部件的成本与总成本之比，得成本系数（C_{fi}）；最后以每一零部件的功能评价系数除以成本系数，得出功能价值系数（F_{vi}），其中功能价值系数最低者，一般应为实施价值工程的对象。

（吴　明　张　琰）

墙体改革

发展和采用各种新型建筑材料及相应的工业化方法，对传统的粘土实心砖砌体进行改革措施的总称。是中国推行建筑工业化的重要内容之一。根据因地制宜，合理利用资源，综合利用工业废渣的原则，发展粘土空心砖、非粘土砖、混凝土砌块、加气混凝土及硅酸盐制品（砌块或墙板）等，既有利于减轻现场砌筑劳动强度，提高施工效率，又有利于减轻墙体自重，提高墙体的保温、隔热性能。

（徐绳墨）

qiao

侨汇　overseas Chinese remittance

侨居海外的中国公民、中国血统的外籍人以及港澳同胞汇给其国（境）内亲属的汇款。非贸易外汇的主要项目之一。

（蔡德坚）

qing

青苗和土地附加补偿费 additional compensation for young crops and land

又称青苗和土地附着物补偿费。征地单位对被征用土地上种植的作物及附着于土地上的房屋、水井、树木等附着物,向被征土地者支付的补偿费用。其支付标准由省、自治区、直辖市人民政府制订。但对用地单位与被征地单位开始协商征地方案以后抢种的作物、树木和抢建的设施,一律不予补偿。

(冯桂烜)

清算价值 liquidation value

房地产快速出售时能够成交的价格。一般低于市场价值。 (刘洪玉)

qu

区段地价 district land value

某一特定地价区段的土地单价。反映该区段内地价的正常的总水平。区段地价的形成,首先要划分地价区段,然后抽样评估区段内若干宗具有代表性的土地的单价,再求其平均值(算数平均数、中位数或众数),并可作适当的调整后即得。

(刘洪玉)

区段地价查估 district land value appraisal

对区段地价的调查和估计。查估的全过程大致是:①确定查估区域的范围;②划分地价区段;③抽样调查评估宗地地价;④计算区段地价;⑤整理查估成果;⑥提出区段地价应用建议与技术;⑦区段地价实际应用。 (刘洪玉)

区域规划 regional planning

一定地域内国土开发整治与国民经济建设和社会发展的协调和总体配置。与全国综合国土规划是局部与整体的关系。区域规划要按照国家长期计划和总体部署的要求,以及本地区的特点,确定工业、农业、运输业、商业、建筑业、环境保护、人口等方面的发展战略和综合布局,以促进本区域和全国的协调发展。 (何万钟)

quan

权变理论学派 contingency theory school

主张不按固定的理论和方法而根据内外条件权宜应变进行企业管理的管理学派。风行于 20 世纪 70 年代。该理论认为,没有一成不变、普遍适用的"最好的"管理理论和方法,管理必须根据环境和内外条件而随机应变。这一学派的研究方法是,通过大量的事例和概括,把各种各样的情况归纳为几种类型,并给每一类型找一种模式。所以,强调权变关系是两个或两个以上变数之间的函数关系。权变管理就是依据环境自变数和管理思想及管理技术因变数之间的函数关系来确定的一种有效的管理方式。这一学派的代表人物有英国的 J·伍德沃德(Woodward,J.)、美国的 P·劳伦斯(Lowrance,P.R.)等。

(张 琰)

权责发生制 accrual basis accounting

又称应收应付制。会计核算中,以收益和费用是否已发生为标准,确定本期收益和费用的方法。为中国企业单位普遍采用。凡在本期发生的收益和费用,不论其款项是否收到或支出,均作为本期收益和费用处理;反之,不应属于本期的收益和费用,即使款项已经收到或付出,也不作为本期的收益和费用处理。采用这一制度要在期末对某些收益和费用进行调整。如对本期的应计费用和应摊费用,都应加以预提和摊销,以便准确计算各期的收益、费用,进而确定各期的损益。 (闻 青)

全部成本 complete cost

又称完全成本。为生产、销售和提供一定种类和数量的产品、作业、劳务所发生费用的总和。在工业企业、全部成本由各该产品的制造成本和期间成本(财务费用、管理费用等)组成。 (闻 青)

全部工程成本分析 analysis of construction cost in full

又称工程成本综合分析。建筑企业对一定时期完成工程成本计划情况的总评价和分析。一般是在核实成本内容和数字的基础上,按成本项目编制成本分析表,结合工程结算和成本计划比较、计算确定成本降低额和成本降低率,分析引起成本节超的主要原因;同时计算各成本项目占总成本的比例,了解各项目对成本节超的影响程度;将工程实际成本同上期或该工程累计成本比较,了解成本变动趋势。全部工程成本除按成本项目进行比较分析外,还应按成本中心进行分析,分清各成本中心或部门对造成成本节超的责任,以促使改进成本管理工作。

(周志华)

全部建成尚需投资 investment to be needed until completion

按照总体设计规定的工程内容全部建完,扣除至本年底已经累计完成的投资,从下年度起还需要的投资。其中包括投产后遗留收尾工程尚需投资。等于计划总投资(累计完成投资超过计划总投资时,按实际需要总投资)减去自开始建设累计完成投资后的差额。用来反映在建基建项目或企事业单位结

转到今后年度待完成的工作量,可为安排以后年度投资计划提供依据。 （俞壮林）

全部验收 acceptance of completed project

又称动用验收。建设项目的全部工程按设计要求完工后,由验收委员会进行的验收。大中型建设项目的验收步骤:首先由建设单位会同施工、设计和使用单位进行初验,并向主管部门提交包括竣工决算、竣工图纸和试车记录在内的竣工验收报告;然后上级主管部门进行预验收;最后由代表国家的验收委员会进行正式验收,签发国家验收鉴定书和竣工验收报告书。地方小型建设项目验收,按隶属关系由主管部门组织。全部验收结束后,应迅速办理固定资产交付使用的转账手续。 （何秀杰）

全场性施工准备 general preparation for construction

以一个建设项目为对象进行的施工准备工作。根据工程规模和建设工期要求,其内容包括:①审查施工图纸,原始资料调查分析,编制施工组织设计;②编制各项资源需要量计划,组织货源,确定运输方式和组织进场;③建立现场管理机构,组织施工力量;④建设区域工程测量,设置永久性的经纬座标桩和水准基桩;⑤清除现场障碍,达到"三通一平";⑥建造各项临时设施,修筑临时道路;⑦签订各种加工和订货合同,落实并签订工程分包合同。上述工作均由工程总承包单位负责安排和组织实施。 （董玉学）

全额承包 contracting for total cost of project

以单位工程竣工总造价为承包目标而确立的经济责任制。是单位工程承包经济责任制的形式之一。 （董玉学）

《全国发票管理办法》 Administrative Measnres for National Invoices

1986 年 8 月 19 日财政部发布,是为加强税收管理和财务监督,有利于税收法规、政策的贯彻实施,保护合法经营而制定的有关规定。该办法共 20 条,主要规定有:①发票的管理机关;②发票的范围;③发票的主要内容;④对应开发票和不开发票的规定;⑤发票的样式与印刷、监制;⑥购买发票的手续;⑦专用票据样式的确定和印刷;⑧发票使用的范围;⑨发票的缴销或更换;⑩发票的查验;⑪建立发票印、领、用、存、管制度;⑫非经营票据的管理;⑬违章查处。该办法自 1986 年 10 月 1 日起施行。 （王维民）

《全国建筑标准设计管理办法》 Administrative Measures for National Building Standard Design

1983 年 4 月 30 日原城乡建设环境保护部发出,是以加强建筑标准设计的管理工作,更好地发挥建筑标准设计在四化建设中的作用为目的而制定的有关规定。该办法所称建筑标准设计,是对不同自然资源、施工水平与产品结构,进行统一考虑和综合处理,使设计、施工、使用等方面均得到好的经济效益,从而形成标准化、通用化、系列化的建筑产品的技术文件。该办法共 7 章 38 条,第一章总则;第二章建筑标准设计的分类、任务下达与审批颁布;第三章建筑标准设计的编制与修订;第四章建筑标准设计的推广与使用;第五章建筑标准设计的管理机构及其职责;第六章建筑标准设计经费;第七章附则。该办法自发出之日起执行。 （高贵恒）

全距 range

又称极差。总体各单位标志值中最大值与最小值(极端值)之差。为反映总体内各标志值之间最大可能的绝对离差程度的指标。用符号尺表示。有计算简便,易于了解的优点。常用于检查产品质量的稳定性和进行质量控制,但容易受极端值的影响,测定结果往往不能充分反映现象的实际离差程度。 （俞壮林）

全面计划管理 total planning management

企业在国家宏观控制下,把生产经营活动纳入计划的轨道,使各部门、各单位为实现企业经营目标而协调运转所进行的组织管理活动。基本特点是:①全企业的计划管理。指企业从上层到基层的所有部门和单位,都要根据各自的分工和责任,制定不同计划期的、不同内容和不同深度的计划,并组织实施。②生产经营活动全过程的计划管理。指从招揽工程任务、参与工程投标、组织分包工程招标、施工准备、施工生产、竣工验收、交工后服务的全过程都要纳入计划轨道,编制以工程项目为对象的综合施工进度计划,组成企业的计划体系。③计划工作全过程的管理。指包括市场调查、市场预测、确定目标、编制计划、计划目标分解、贯彻执行、协调控制等过程的科学管理。④全员性的计划管理。指全体职工在计划工作的不同阶段上,以不同形式参与的管理。如提供市场信息、参与计划目标的协商与决策;认真完成个人和所在部门的计划任务;对计划执行情况进行监督、参与对计划完成情况的评价和分析等。 （何万钟）

全面经济核算 overall economic calculation

企业的所有部门和全体成员,对生产经营活动的全过程进行的全面系统的经济核算。它的基本特点是:①全企业的经济核算,指企业从上层到基层的所有部门,都要根据经济责任制的要求实行经济核算。②全员性的经济核算,指企业全体职工都要根据个人和所在部门承担的经济责任和权利,参与部门以至全企业的经济核算。③生产经营活动全过程的经济核算,在建筑企业,既包括从企业角度组织供、产、销的全过程,又包括完成建筑产品从招揽任务、施工准备,直至交工后服务的全过程进行的经济核算。④全面系统的经济核算。在核算范围上,除核算企业经济效益外,还包括对社会经济效益的核算。在核算方法上,除事后核算外,还包括事前核算和事中核算。并应以事前核算为主,实行全面经济控制。在核算内容上,应对企业的全部资金(包括经营资金、专项资金等)的运用效果进行核算。

(何万钟)

全面劳动人事管理 total labour and personnel management

以企业全体职工为对象的人力资源规划、开发、激励和最优利用的综合管理。它的基本特点是:①全企业的劳动人事管理。企业各单位、各部门都要在劳动人事管理部门的指导下,根据生产和工作的需要,制订有关人事及劳动计划,并组织其实施。②生产经营全过程的劳动人事管理。结合建筑产品是单个进行生产的特点,从招揽任务、施工准备、施工生产、交工后服务的全过程,以及企业的其他多种经营业务,都要根据职务和岗位的需要,合理配备人员,并开展相应的管理工作。③全面目标的劳动人事管理。通过职工的招募、录用、使用、调配、业绩考核,教育培训;精神激励和物质激励等管理活动,既充分调动职工的积极性,又要搞好智力开发,培育人才,发现人才,既要鼓励职工"各尽所能",又要鼓励职工"提高所能",积极上进;既要加强职工队伍建设,又要形成企业内部和谐的人际环境,以充分发挥职工的效能。④全员性的劳动人事管理。社会主义企业职工是企业的主人,不能单纯看成是劳动力和管理对象;要以不同形式,发挥职工参与管理的主动性和积极性。例如实行全员培训,劳动中的自我管理,开展群众性的劳动竞赛和对干部的评议等。

(何万钟)

全面审计 comprehensive audit

对被审计单位的全部业务经营活动、财产物资和财务收支进行审查,并作出客观的建设性评价的审计。不仅要审计经营活动的合法性、合规性,还要对资源的利用、计划的制订和实施,经济效益等进行审计。由于耗费人力和时间较多,一般只对管理混乱,问题较多,以及关、停、并、转等企业进行。

(闻 青)

全面生产维修 total productive maintenance, TPM

以提高机械设备的全效率为目标,以机械设备寿命周期为对象,实行全员参加的一种设备维修和管理制度。是日本在学习美国预防维修的基础上,吸收设备综合工程学的理论,结合本国的经验逐步

发展起来的一种具有代表性的现代设备管理技术。它的中心思想是"三全",即全效率、全系统和全员参加。"全效率"也叫综合效率,指设备管理与维修的目的是产量高、产品质量好、成本费用低、设备故障少、履行合同、操作人员情绪饱满。"全系统"指设备管理贯穿从研究、设计、制造、使用、维修直到报废为止的整个寿命周期。即以设备的一生进行系统的研究和管理,并采取相应的生产维修方式。在研究时采用系统分析;在设计制造时采用维修预防;在使用中按不同设备或设备不同部位分别实行预防维修、改善维修和事后维修。"全员参加"指凡是涉及设备有关的人员都要参加设备管理。

(陈 键)

全面质量管理 total quality control, TQC

企业的所有部门和全体成员以产品质量为核心,通过建立严密的质量保证体系,以优质的工作、最经济的成本生产出满足用户要求的产品而进行的组织管理活动。其基本特点:①全企业的质量管理。指企业从上层到基层的所有部门和单位都要承担质理管理的责任,并把它列入经济责任制的内容。②全过程的质量管理。指产品从规划、设计、施工、制造、安装、售后服务等全过程的质量管理。③全员性的质量管理。指企业全体职工都要结合各自的岗位保证工作质量并参与质量管理。④全面的质量标准。指除产品的使用价值标准外,还包括用户要求的经济性、交货期、维修服务等质量标准。⑤全面的质量管理方法。指采用包括技术的、经济的、统计的和心理学的质量管理技术和方法。

(田金信)

《全民所有制工业企业转换经营机制条例》 Ordinances on Converting Management Mechanism in Whole People Owned Industrial Enterprise of the People's Republic of China

1992年6月30日国务院发布,是为推动全民所有制工业企业进入市场,增强企业活力,提高企业经营效益制定的有关规定。该条例共7章54条:第一章,总则;第二章,企业经营权;第三章,企业自负盈亏的责任;第四章,企业的变更和终止;第五章,企业和政府的关系;第六章,法律责任;第七章,附则。该条例自发布之日起施行。

(王维民)

全民所有制建筑企业 construction enterprise of ownership by the whole people

社会主义经济中生产资料属于全民所有的建筑企业。在中国采取国家所有制形式,即由国家代表全体人民占有全民所有的生产资料。故又称国有建筑企业。在新中国一直是建筑业的骨干队伍,对建筑业的发展起着举足轻重的作用。自实行经济体制改革以来,此类建筑企业的经营体制将逐步改革为实行所有权与经营权的分离,使其在社会主义市场

经济中服从国家计划及宏观管理的前提下,由企业开展独立经营,自负盈亏,建立灵活有效的企业经营机制。
　　　　　　　　　　　　　　　　　　　　(谭　刚)

全体一致标准　unanimous standard

　　以社会上每一个单个成员均认同作为评估社会项目合理性的判断标准。西方福利经济学提出的评估社会项目合理的判断标准之一。是社会项目评价的理论基础。隐含的意思是:社会是所有单个个人的总和,社会福利是所有单个个人的福利的总和。因此,社会福利的改善要看所有这些人的福利是否得到改善。这一标准似乎相当公正,但在实践上并无用处。因为现实生活中永远不可能存全体社会成员一致赞成把经济从一个状态改变到另一个状态的政策,所以实际上不可能对判断经济状态的优劣提供任何帮助。
　　　　　　　　　　　　　　　　　　　　(刘玉书)

全信息系统　full-information system

　　又称全系统。在多个信息系统中可实现对企业组织内的全部信息进行识别、研究和评价的信息系统。为此,人们设计了一系列不同的系统并把它们恰当地联系起来。在这种系统中,对于各种独立的、但彼此间又有一定联系的企业活动,设有"数据库"。这种数据库对许多行业都很有用,例如关于财务、人事和后勤工作的数据库。全信息系统的目标是克服功能信息子系统的缺点(数据重复冗余度大、不能共享等),为整个企业的优化管理和决策提供所需信息息。
　　　　　　　　　　　　　　　　　　　　(冯镭荣)

全要素生产率　productivity of whole factor

　　一定时期内产出量和全部生产要素投入量的比值。综合地反映活劳动和物化劳动的生产效率,是衡量技术进步的重要标志。通常生产要素的投入量包括劳动、资金等。产出量和某一个特定投入量的比值,只能叫做部分生产率。例如,我们常用的劳动生产率或资金产值率指标,只能分别表示一段时间内劳动或资金的生产效率,且受投入量结构变化的影响。只有将产出量和全部生产要素投入量联系起来考虑,才能全面反映各种投入量的综合生产效率。
　　　　　　　　　　　　　　　　　　　　(曹吉鸣)

全优工程

　　全面达到规定的优等工程标准,经建筑企业申报,上级主管部门验核、评定的工程。其标准是:①工程质量达到工程质量统一标准规定的优良标准;②按工期定额或合同要求提前或按期竣工,符合交工要求;③实物工效达到全国统一劳动定额,材料、能源消耗低于定额指标,工程成本实现计划指标;④严格执行安全操作规程、无人身伤亡等重大安全事故和重大设备、火灾事故;⑤坚持施工程序和文明施工,场地清洁,工完场清;⑥经济、技术资料齐全。
　　　　　　　　　　　　　　　　　　　　(徐友全)

全优工程率　all-excellent engineering ratio

　　反映竣工工程的质量、成本、工期、安全生产、文明施工等方面综合水平的指标。以一定时期内竣工验收被鉴定为全优工程所占的比重来计算。计算公式为:

$$全优工程率 = \frac{验收评定为全优工程的个数(面积)}{全部竣工验收的单位工程个数(面积)} \times 100\%$$

　　　　　　　　　　　　　　　　　　　　(周志华)

全员劳动生产率　labout productivity of whole staff and workers

　　用价值表示的全体职工劳动生产率。与实物劳动生产率相比,它具有更大的综合性,因此,国家把它作为考核建筑企业劳动生产率水平的主要指标。按人员范围的不同,可计算:

$$全员劳动生产率 = \frac{全年自行完成的建筑业总产值(或施工产值或净产值)}{年全部职工平均人数}$$

$$建筑安装工人劳动生产率 = \frac{全年自行完成的建筑业总产值(或施工产值或净产值)}{年建筑安装工人平均人数}$$

$$全员劳动生产率 = 建筑安装工人劳动生产率 \times 建筑安装工人在全部职工中的比重$$

可见,要提高全员劳动生产率,必须提高建筑安装工人劳动生产率或增大建筑安装工人在全部职工中的比重。
　　　　　　　　　　　　　　　　　　　　(雷懋成)

que

确定型决策　decision making under certainty

　　决策问题的自然状态明确肯定,各种可供选择的方案在该状态下也能得出确定的结果值时所进行的决策。确定型决策的标准是方案在自然状态下的确定结果值。当以效益或产出为决策目标时,以结果值最大的方案为优;当以成本或消耗为决策目标时,以结果值最小的方案为优。　　(何万钟)

确定性存贮模型　deteministic storage model

　　又称确定性需求模型。备货时间和需求量都是确定性的存贮模型。一般分为两类:①确定性静态存贮模型。其特点是:备货时间、需求速率、货物单价及单位贮存费用都是确定常数。②确定性动态存贮模型。其特点是:一般需划分为若干时期,不同时期的备货时间、需求速率、货物单价、单位贮存费可为不同的常数,或单价随订购数量而变化。常用的优化方法有:线性规划及动态规划方法等。

(李书波)

R

ren

人才观念　concept of talent

人才是企业最重要的战略资源的思想。随着科学技术的进步,智力已成为生产力发展的重要因素。谁掌握了发明创造的智力,谁就能在生产技术上领先,就能提高企业竞争能力。企业经营上的差距,实质上是人才的差距;企业的成功,是用人的成功。为此:①要尊重知识,尊重人才,发现人才,不拘一格用人才。②合理使用人才。做到适才适用,人尽其才。③赋予实权。使人在其位,谋其政,行其权,充分发挥其聪明才智。④爱护人才,培养人才,把人才开发作为企业一项具有战略意义的基本建设。

(何万钟)

人工费　labour cost

生产过程中消耗的货币表现。产品成本项目之一。在建筑安装工程成本中,指直接从事建筑安装工程施工的生产工人的工资、工资性质的津贴、工资附加费等。

(闻青)

人工费承包　contracting for labour cost of project

又称"包工不包料"。以单位工程的人工总费用为承包目标而确立的经济责任制。是单位工程承包经济责任制的形式之一。

(董玉学)

人－机系统　man－machine system

由人和人所操作的装置与机器所构成的系统。狭义地说,就是以人机通信为前提的系统。在人－机系统中,可以把重点放在人上,即以人为主体的信息系统,信息的解释要依靠管理人员作出,而机器仅起支持的作用,如提供计算和检索数据的手段。也可把重点放在机器上,人仅作为机器运行的监督者。

(冯鑑荣)

人际关系学　human relation approach

研究工业领域人员管理原则和方法的学说。20世纪 20 年代由美国社会学家 G.E. 梅奥(G.E. Mayo)首创。即早期的行为科学。其宗旨是,通过完善劳动组织体系和对劳动者进行道德心理刺激的办法,达到提高劳动生产率和增加利润的目的。该学说的基本要点:一是企业作为一个生产集体,从业主、经理到工人,能够求得心理和精神上的一致,形成一种"人际关系体系",使工人把企业的利益看作自己的利益,从而关心企业的盈利,不断提高劳动生产率。二是把工作人员看作一种"社会心理动物",即社会人,要求考虑人的心理素质和精神素质——动机和价值目标等,制定使各种群体和个人之间关系协调一致的纲领,包括诸如改善劳动和休息条件,考虑技术进步的要求,加强职业技术教育,以及企业主访问工人等一系列使"劳动人道化"的措施,以使整个组织最有效地发挥作用。为此,需要研究:决定工作人员积极或消极态度的主要因素,劳动集体形成的规律,劳动集体对个人的影响,以及管理民主化在发展工作人员的首创精神和有效的领导形式与方法过程的作用等问题。

(张　琰　何　征)

人均国民生产总值　gross national product per capita

一个国家在一定时期(通常为一年)内按现有人口数平均计算的国民生产总值。计算公式如下:

$$\frac{人均国民}{生产总值} = \frac{当年国民生产总值}{人口平均数}$$

$$人口平均数 = \frac{年初人口数 + 年末人口数}{2}$$

也可用当年年中(7 月 1 日)人口数计算。是综合地反映一个国家富裕程度和生活水平状态的重要指标。

(何万钟)

人均竣工面积　annal average completion area per person

建筑施工企业全部职工年平均完成房屋建筑竣工面积。以实物计算的建筑业劳动生产率重要指标。一般按下式计算:

$$\frac{每一职工年}{均竣工面积} = \frac{年内完成的房屋建筑竣工面积(m^2)}{年全部职工平均人数(人)}$$

施工企业在承担房屋建筑施工任务外,还承担非房屋建筑的施工任务,这部分完成量不用竣工面积而用其他建筑产品产量表示。另外,年内完成的房屋建筑竣工面积不一定全是年内的产品,因此,该指标在使用和对比分析时有一定的局限性。

（雷懋成）

人事劳动管理诊断　diagnosis on personnel and labour management

以企业人事劳动管理活动为对象,以改善企业劳动组织和人力资源的开发利用为主要内容进行的诊断。企业专业诊断内容之一。诊断的目的是改善和提高企业职工的素质,调动人的积极性,促进企业经济效益的提高。诊断分析的主要内容有:劳动定额执行情况;职工构成及素质分析;劳动组织形式的评价;职工的录用、任免、考核制度和评价;职工培训状况;劳动环境、劳动卫生、劳动安全状况;企业内部工资的分配模式及其效果;影响劳动生产率的其他因素分析等。　（何万钟）

人事制度　personnel system

干部的招聘、调转、提拔、任免、晋升、考核、弹劾、奖惩、培训等方面管理制度的总称。具体分为:① 一般干部管理制度,如企业的工程技术人员,行政、经济管理人员的管理制度。② 领导干部管理制度,如公司(厂)级领导干部的管理制度。企业人事制度是企业管理制度的重要组成部分,正确确定人事制度,科学选拔、合理使用、妥善安排、严格考核和系统培训干部,有利于干部队伍的革命化、年轻化、知识化和专业化,有利于提高企业的经营管理水平。

（吴　明）

ri

日记账　day book, journal

又称分录簿。按经济业务发生或完成先后序时逐笔登记的账簿。是登记总分类账的依据。有登记全部经济业务的日记账,也有为登记某一类经济业务如现金、银行存款收付业务的现金日记账、银行存款日记账等。　（闻　青）

日历施工工期　calender construction period

以日历天数表示的施工工期。即工程对象自开工之日起,至竣工之日止,所经历的全部日历天数。不扣除施工过程中的例假节日以及由于各种原因停工的天数。与国家制定的工期定额及合同工期的计算口径是一致的。　（何万钟）

rong

融资成本　finance cost

资金融入方须支付的资金利息。通常以利率表示。　（刘洪玉）

融资费用　financing expense

资金融入方在融资过程中支付的各种费用。包括中介费、承诺费、律师费、评估费以及违约罚金等。

（刘洪玉）

融资风险　financing risk

由项目融资方式带来的不确定性。

（刘洪玉）

融资租赁　financing lease

机械出租委托承租方根据自己需要的规格向制造厂商洽谈订购,由出租方用融通的资金支付货款,然后再向承租方出租的一种租赁业务。租赁合同期满,并交清租金后,承租方或退回设备,或交纳少量租金继续使用,或以极低的处理价格购为己有。这种租赁形式对双方都有好处。出租方既保留出租机械设备的所有权,又能按期收回较为稳定的租金。承租方也可避免积压大量资金,并可及时更新设备、采用新技术。这是近年来为促进技术进步而兴起的新型租赁业务。

（陈　键）

ru

入住　occupation

俗称入伙。房地产开发项目竣工验收并获得政府主管部门核发的入住许可证后,购房者办理入住手续的过程。　（刘洪玉）

ruan

软贷款　soft loan

借款国可用本国软通货偿还的一种国际贷款。硬贷款的对称。被认为是硬贷款和无偿援助之间的折衷。按软贷款形式接受援助的国家应能负责地利用这项贷款,并必须偿还。国际金融机构仅对最不发达国家发放这种贷款,低息或无息,仅收取手续费,偿还期也较长。

（张　琰）

软件　software

一组计算机程序、过程、规则、文件资料以及与网络计算机操作有关的信息。例如汇编程序、编译程序、控制程序、监督程序、编辑程序、实用程序、操作系统、程序库程序、数据管理系统、各种维护使用手册、程序说明书和框图等。软件是计算机不可缺少的组成部分,它扩大了计算机功能并提高了计算机的效率。　（冯锴荣）

S

san

三级保养　third-order maintenance

简称三保。由维修人员进行的以解体检查、消除隐患为主的保养作业。保养内容除二级保养的全部作业内容外,还应对主要部位进行解体检查,发现隐患及时消除。但三保的解体与大、中修的解体不同,三保时只打开有关总成的箱盖,检查内部零件的紧固、间隙、磨损等情况,以发现和消除隐患为目的,不大拆大卸。　　　　　　　　　　　（何万钟）

三级工业与民用建筑工程施工企业　grade Ⅲ industrial and civil building construction enterprise

符合建设部 1995 年 10 月发布的《建筑业企业资质等级标准》规定三级工业与民用建筑工程施工企业标准的承包商。可承担 16 层以下、跨度 24 米以下的建筑物和高度 50 米以下的构筑物的建筑施工。其资质条件是:(1)建设业绩:近 10 年承担过两个以上下列建设项目的建筑施工,工程质量合格:1)单位工程建筑面积大于 5000 平方米的建筑工程;2)6 层以上或单跨跨度 9 米以上的建筑工程。(2)人员素质:1)企业经理有 5 年以上从事施工管理工作的经历;2)技术负责人有 5 年以上从事施工技术管理工作经历,有本专业中级以上职称;3)财务负责人有助理会计师以上职称;4)有职称的工程、经济、会计、统计等专业人员不少于 40 人,其中工程系列不少于 25 人,而且中级以上职称的不少于 5 人;5)具有三级以上资质的项目经理不少于 8 人。(3)资本金 500 万元以上;生产经营用固定资产原值 300 万元以上。(4)有相应的施工机械设备和质量检验测试手段。(5)年完成建筑业总产值 1500 万元以上;建筑业增加值 400 万元以上。　　　（张　琰）

三级机械施工企业　grade Ⅲ mechanical Construction enterprise

符合建设部 1995 年 10 月发布的《建筑业企业资质等级标准》规定三级机械施工企业标准的专业承包商。可承担小型建设项目的机械施工。其资质条件是:(1)建设业绩:近 10 年承担过 3 个以上小型建设项目的机械施工分项工程,工程质量合格。(2)人员素质:1)企业经理有 5 年以上从事施工管理工作的经历;2)技术负责人有本专业中级以上职称;3)

财务负责人有助理会计师以上职称;4)有职称的工程、经济、会计、统计等专业人员不少于 20 人,其中工程系列不少于 10 人,且有中、高级职称的不少于 4 人;5)有三级以上资质的项目经理不少于 3 人。(3)资本金 200 万元以上;生产经营用固定资产原值 200 万元以上。(4)有相应的施工机械设备和质量控制与检测手段。(5)年完成建筑业总产值 500 万元以上;建筑业增加值 100 万元以上。　　（张　琰）

三级设备安装工程施工企业　grade Ⅲ equipment installation enterprise

符合建设部 1995 年 10 月发布的《建筑业企业资质等级标准》规定三级设备安装工程施工企业标准的专业承包商。可承担小型工业建设项目的设备、线路、管道、电器、仪表的安装,非标准钢构件的制作、安装和一般公用、民用建设项目的设备安装。其资质条件是:(1)建设业绩:近 10 年承担过两项以上小型工业建设项目或工程造价 200 万元以上的民用建设项目的设备安装,工程质量合格。(2)人员素质:1)企业经理有 5 年以上施工管理工作的经历;2)技术负责人有 5 年以上施工技术管理工作经历及本专业中级以上职称;3)财务负责人有助理会计师以上职称;4)有职称的工程、经济、会计、统计等专业人员不少于 40 人,其中工程系列不少于 25 人,且中级以上职称的不少于 5 人;5)有三级以上资质的项目经理不少于 5 人。(3)资本金 300 万元以上;生产经营用固定资产原值 200 万元以上。(4)有相应的施工机械设备与质量检验测试手段。(5)年完成建筑业总产值 800 万元以上;建筑业增加值 200 万元以上。　　　　　　　　　　　（张　琰）

三类物资　tertiary category of goods and material

见地方管理物资(44 页)。

三通一平　three connection and levelling

将建设施工区红线以外的给水排水管道、供电线路和道路引入施工现场,并将施工场地平整的开发项目场地准备状况描述。　　　（刘洪玉）

散装运输　bulky transport

被运货物不经包装,基本上以其自然形态装入车、船进行运输的方式。适用于粒状、粉状及液态的大宗货物,如采用水泥散装车、液体货物散装船舶或罐型车进行运输等。它有利于机械化装卸,减少灌包、缝口、装箱、拆堆垛等环节，节省包装物料、提高运输效率和工作效率，同时，也能保证安全运输、避免浪费和污染环境。　　　　　　　　　（陈　键）

shang

伤亡事故处理制度　system of treatment for injury and death resulting from accident

职工伤亡事故发生后，对事故的报告程序、调查处理等所做的具体规定。事故不论大小都应根据规定认真进行登记、统计和调查处理。对每件事故都应做到"三不放过"，即事故原因分析不清不放过，事故责任者和群众没有受到教育不放过，没有防范措施不放过。同时对事故责任者要进行严肃处理。掌握伤亡事故情况，研究事故发生的规律，是采取防范措施，使事故不再发生的必要手段。　　（田金信）

商标权　trade mark

企业按有关法律规定向政府注册后拥有持续使用商标的权利。属无形资产，有自创商标和购入商标。企业自创商标的价值包括一切为此而发生的成本，以及保护商标使用权所发生的一切费用，后者主要是涉讼的费用，其中包括支付给律师的报酬。企业购入商标按支付的价款入账。商标虽无法定的有效期限，但其费用一般都在较短的期间内摊销。

（闻　青）

商品　comodity

用来交换，能满足人们某种需要的劳动产品。具有价值和使用价值两种属性。使用价值为其自然属性，但并非任何具有使用价值的东西都是商品，只有通过交换供他人使用的劳动产品才是商品。价值为其社会属性，是体现在商品中的社会劳动，而价值量取决于生产它的社会必要劳动量。人们按照价值进行商品交换，实际上就是交换各自的劳动。因此，马克思指出，商品不是物，而是在物的外壳掩盖下的人们之间的一种特定的社会关系。　　（张　琰）

商品比价　parity rate of commodity

同一时间、同一市场上不同商品价格之间的比率。在中国，商品比价主要由商品的价值、商品的供求关系和国家的有关方针政策三种因素所决定。用于宏观经济调控，主要有工农业产品比价、农产品内部比价和工业品内部比价。　　　（张　琰）

商品产品　commedity product

企业生产完成经检验合格入库供销售的产品。包括可供销售的产成品和自制半成品等。供本企业建设单位、专项工程、内部独立核算的附属企业使用的产品，也视同商品产品。　　　（闻　青）

商品房预售许可证　pre-sale license of commodity building in construction

准许房地产开发商预售商品房的法律凭证。经开发商申请，由城市房地产管理部门核发。分商品房内销许可证和外销许可证两种。　　（刘洪玉）

商品交换　exchange of commodities

商品所有者相互让渡使用价值和实现价值的过程。包括物物交换和以货币为媒介的商品流通。商品的交换是由商品的性质决定的。商品对其所有者来说是非使用价值，而只是交换别的商品的手段和价值存在的形式；对非所有者来说，则是使用价值。因此商品必须全面转手，通过交换使商品价值得以实现。商品交换是商品生产的继续，二者有着相互依存的关系。商品生产的发展程度，决定商品交换的程度和方式，而商品交换又反过来影响商品生产的发展。　　　　　　　　　　　　（何万钟）

商品经济　commodity economy

直接以交换为目的，具有商品生产和商品交换的经济形式。是同生产发展的一定历史阶段相联系的经济范畴，它存在的历史条件是社会分工和生产资料、产品属于不同所有者。历史上最初的商品交换只是在原始公社之间偶尔进行，经过三次社会大分工后逐渐发展，最后产生了一个专门从事商品交换的商人阶层。商人的出现，促进了商品经济进一步发展。到了资本主义社会，商品经济发展到最高阶段，连人的劳动力也成了商品。在社会主义社会，由于多种经济形式的存在，也就存在着商品经济，并将得到充分的发展。但它不同于以私有制为基础的商品经济，它是以生产资料公有制为基础的，以发展生产，满足人民的物质和文化需要为目的的商品经济。　　　　　　　　　　　　　　（何　征）

商品生产　comodity production

为了交换而进行的产品生产。其基础是以生产资料和产品分属于不同所有者为前提的社会分工。商品生产是一个历史范畴。简单商品生产出现于原始社会末期，经历了奴隶社会和封建社会，以生产资料个体私有制和个体劳动为基础，目的是为了满足需要。资本主义的商品生产是最发达的商品生产，其存在条件是社会分工大发展；生产资料由资本家掌握并成为资本；劳动力成为商品。生产目的是为了生产剩余价值，即获得最大限度的利润。社会主义商品生产建立在生产资料公有制基础上，目的是为了满足社会不断增长的物质和文化生活的需要。

（何万钟　张　琰）

《商品住宅价格管理暂行办法》　Interim Administrative Measure for the Price of Commodity Residence

1992 年 7 月 20 日国家物价局、建设部、财政部、中国人民建设银行发布,目的是加强商品住宅价格管理,维护房地产市场秩序,促进住房制度的改革,提高房地产开发企业经营管理水平和商品住宅质量、加快房地产业发展而制定的有关规定。该办法所称商品住宅,是指具有经营资格的房地产开发公司开发经营的住宅。该办法共 5 章 17 条:第一章,总则;第二章,商品住宅价格的制定;第三章,商品住宅价格管理;第四章,罚则;第五章,附则。该办法自 1992 年 8 月 10 日起施行。 (王维民)

商业风险 business risk

未来收入现金流的不确定性。在房地产投资中,商业风险包括未来租金变动、空置率和经营成本变动。 shang (刘洪玉)

商业汇票结算 commercial draft settlement

收款人或付款人签发商业汇票,由承兑人承兑,于到期日向收款人或被背书人支付款项的一种结算方式。允许背书转让。适用于异地和同城企业单位先发货后收款或双方约定延期付款的商品交易。经承兑人承诺,有到期无条件支付的责任。在中国,双方根据需要可以商定不超过九个月的承兑期限。在购货单位资金暂时不足的情况下,可以凭承兑的汇票购买商品,销货单位需要资金,可持承兑汇票向银行申请贴现,及时补充流动资金。银行可以向其他银行办理转贴现和向人民银行申请再贴现,以利于银行相互间融通资金,改善和加强宏观管理。

(闻 青)

商业价值 business value

又称企业价值或商业企业价值。一个商业组织的无形资产总值。包括管理经验、人员素质、商号专用权、特许权或专营权、专利、商标及商誉等。

(刘洪玉)

商业银行国际贷款 commercial bank international loan

国际间的银行同业信贷。这种贷款比较灵活、简便,期限可长可短,在借款国内可自由运用,一般不受限制;但利率较高,不能享受出口信贷优惠利率。通常有双边贷款及银团贷款两种方式。双边贷款是国际上一银行与另一银行之间的信贷往来,包括短期资金拆放和中长期贷款。短期贷款的期限短则一天、一周或一月,长则半年,但不超过一年,通常在有业务往来的银行之间通过电话、传真等通讯手段成交,一般不签协议,全凭银行信用。中长期贷款期限一般为 2 年、3 年、5 年以至 10 年,贷款额度可达上亿美元。银团贷款由一家银行牵头,多家银行参加,贷款额度大,期限一般 5～10 年,也可长达 15 年,须签订协议,列明借方、贷款额度、用途、支用有效期、利率、偿还期及提前偿还、税收及依据法律法

规等。银行贷款按不同货币规定不同的利率及附加利率。例如欧洲美元贷款采用伦敦银行同业拆放利率,另加附加利率;日元、德国马克各按本国长期放款优惠利率加附加利率。附加利率通常采用浮动形式,随市场变动而 3 个月或 6 个月调整一次。使用银行贷款除支付利息外,借款人还须承担管理费、代理费、杂费及担保费等项费用,故借款成本高于双边贷款。 (张 琰 蔡德坚)

商业中心区 central business district

城市中心区,或主要的贸易、零售商业、文化娱乐及政府活动集中的城市核心区域。 (刘洪玉)

熵 entropy

表示一个封闭系统混沌无序程度的量度。借自热力学的概念。熵是时间的函数,即物质系统随时间的流逝而呈现不同状态。一个封闭系统会自发地趋于无序,代表该系统无序程度的物理量——熵自发地趋于极大。只有开放系统,通过与外界交换物质、能量和信息,从外界引入"负熵"来抵消自身的熵增加,使系统的总熵减少,才能使系统的有序程度提高。上述理论在耗散结构理论中得到了充分的发挥。这一理论也适用于一切系统。应用在管理学中,是指在开放的社会系统中,系统连续地从外部引入资源,熵就可以抑制,甚至可以转变为负熵,从而使系统组织从无序转向有序,系统的状态得以改善。

(何 征)

上位功能 higher level function

价值工程活动中,功能系统图中属于目的性的功能。下位功能的对称。 (张 琰)

she

设备安装工程 installation of equipment

机械设备通过安装作业所形成的具有设计要求效能的生产装置或装置系统。包括:①生产、动力、起重、运输、传动、医疗、实验等各种需要安装的机械设备的装配、装置工程,与设备相连的工作台、梯子等装设工程,以及附属于被安装设备的管线敷设工程,被安装设备的绝缘、保温、油漆等工程。②为测定安装工程的质量,对单个设备进行的试车工作。有时,设备安装工程又可理解为将待安装的机械设备形成具有设计要求效能的生产装置或装置系统所进行的安装作业。 (徐友全)

设备安装工程产值 output value of equipment installation work

建筑企业在一定时期内从事设备安装工程生产活动所完成的各种产品价值总量。施工产值的构成部分。包括:①生产、动力、起重、运输、传动和医疗、

实验等各种需要安装的设备的装配和安装,与设备相连的工作台、梯子、栏杆等装设工程,附属于被安装设备的管线敷设工程,被安装设备的绝缘、保温、油漆等工作;②为测定安装工程质量,对单个设备、系统设备进行单机试运行和系统联动无负荷试运行工作。不包括被安装设备本身价值。但安装非生产用的设备,如属于建筑物有机组成部分的暖卫、空调、煤气等设备及建筑物内的电动开窗机、电梯等,在安装时,这些设备本身价值应予包括。既用于生产也用于生活的设备,则一律作为生产设备对待,其本身价值不计入安装工程产值计算。参考公式为:

$$\begin{array}{l}\text{报告期设备} \\ \text{安装工程产值}\end{array} = \left[\Sigma\left(\begin{array}{c}\text{安装预}\\\text{算价格}\end{array}\times\begin{array}{c}\text{实际完成}\\\text{实物量}\end{array}\right)\right.$$
$$\left. + \left(\begin{array}{c}\text{已完工程}\\\text{的基本工资}\end{array}\times\begin{array}{c}\text{间接}\\\text{费率}\end{array}\right)\right]$$
$$\times\left(1+\begin{array}{c}\text{计划利}\\\text{润率}\end{array}\right)\times(1+\text{税率})$$

(雷懋成)

设备安装企业 equipment installation enterprise

又称建筑安装企业。在各种土木建筑工程中进行机器设备安装工作的专业化建筑企业。按从事设备安装的范围不同,可分为综合安装公司和专业设备安装公司。 (谭 刚)

设备更新改造计划 plan for equipment renewal and reformation

企业在计划期内为了挖掘潜力,改善劳动条件,提高经济效益而进行的设备更新、设备改造的计划。主要根据企业经营目标计划、施工生产计划及设备更新改造的决策来编制。主要内容有:更新、改造项目名称、内容、所需投资、预期效果及完成期限等。 (何万钟)

设备检验费 expense of equipment inspection

建设单位按照规定支付给商品检验部门的进口成套设备检验费。包括口岸检验、现场开箱点验、安装前和安装过程中的质量检验,以及单机和联动试运转时检验工作所发生的各项费用。建设单位会计中待摊投资科目的明细项目。工程建设概预算中"工程建设其他费用"的组成部分。 (闻 青)

设备完好率 perfection ratio of equipment

报告期内企业机械设备完好台日数占制度台日数的百分比。用以反映企业自有机械完好情况的指标。计算式为:

$$\text{完好率} = \frac{\text{报告期内完好台日数}}{\text{报告期内制度台日数}} \times 100\%$$

若节、假日加班,则上式中分子和分母都要加上节、假日台日数。只要机械设备是处于完好状态,无论其是否在施工作业,都要计算在完好台日之内。 (陈 键)

设备维护检修规程 rules and regulations for maintenance and overhaul of equipment

按设备磨损的规律,对设备的日常维护和检修的要求、方法所作的规定。 (田金信)

设备招标 call for bid on equipments

择优选购设备的手段。一般在可行性研究阶段提出设备需要清单,在项目设计前进行设备招标,选定适用的、价廉物美的设备。它有利于提高设计质量,避免因设备订货变更而修改设计。设备招标的程序同材料招标。 (钱昆润)

设计变更 design changing

对原批准设计文件的更改变动。通常是由于基本建设计划的变动、地质勘察不准确、设计漏项以及某些方面的疏忽而造成的设计明显不合理等原因,需要对原批准的设计文件进行必要的改动。按中国现行规定,涉及初步设计主要内容的变更,须经原设计审批机关批准。修改工作须由原设计单位负责进行。施工图的修改,须经原设计单位的同意,并经建设单位签认,方能生效。 (林知炎)

设计承包 designing contracting

设计机构从建设单位接受设计任务的工程承包。建设单位要有经主管机关批准的设计任务书(或可行性研究报告)、选址报告、资源勘察报告等基础资料和所需资金,方可采取招标、方案竞赛、协商或由主管部门指派方式选定设计承包单位,按双方签订的设计合同,承包项目的设计任务。

(钱昆润)

设计交底 design explaination and requirement

设计单位根据工程设计图纸和有关设计资料,结合施工验收规范、操作规程和工艺规程等要求,向施工单位进行的说明解释工作。内容包括:设计意图、设计功能、操作规程、工艺标准和验收规范。通常由项目设计人员以书面、会议、样板或口头讲解等形式,在工程施工前进行。 (董玉学)

设计阶段 design phase

设计工作按其内容、任务及深度的不同所作的程序划分。有两阶段设计和三阶段设计之分。按现行规范规定,一般大中型项目按初步设计和施工图设计两个阶段设计。对技术复杂而又缺乏经验的项目,规模巨大的项目以及生产工艺、建筑结构、建筑装饰等方面有特殊要求的项目,需按三阶段设计,即在初步设计之后增加技术设计阶段。对矿区、林区、铁路、河流流域以及冶金、石油、化工等大型联合企业,为确定总体开发方案和总体部署等重大战略性问题,在初步设计之前应编制总体设计。

(林知炎)

设计阶段监理 supervision in design stage

简称设计监理。建设项目设计阶段进行的监理。在此阶段,政府监理的主要内容是审查项目的设计是否符合有关建设用地、城市规划管理的规定,是否符合有关技术法规、设计标准的规定,协调该项目与所在区域内各类工程设施间的关系,然后始发给建设许可证。社会监理的主要内容有:根据业主意图,拟定规划设计大纲;组织方案竞赛或设计招标,择优选择设计单位;拟定较详细的设计要求及设计合同条件;提供设计所需基础资料;配合设计单位开展技术经济分析,搞好设计方案的比选,优化设计;配合设计进度,组织设计与外部有关部门间的协调;组织各设计单位间的协调;参与主要设备、材料的选型;检查和控制设计进度;组织对设计方案的评审或咨询;审核工程估算、概算;审核主要设备及材料清单;施工图纸审核及验收等。上述社会监理的工作内容根据业主的委托要求具体确定。设计监理是项目全过程监理的重要组成部分。整个项目的质量和所需投资,在一定程度上说是由设计决定的。所以,在设计监理中进行质量控制、投资控制对整个项目的质量和投资控制起着决定性的作用。

(何万钟)

设计任务书 statement of design tasks

见计划任务书(129 页)。

《设计文件的编制与审批办法》 Measures for Compiling and Examining and Approving the Design Document

经国务院批准,1978 年 9 月 15 日国家基本建设委员会发出。所谓设计文件,是指设计过程中形成的各种文件,资料和图表的总称,是工程建设的主要依据。该办法的主要内容有:①设计的依据和程序;②设计的指导思想;③设计阶段的划分;④设计文件的内容和深度;⑤设计的技术水平和质量;⑥设计单位的责任;⑦设计文件的审批权限;⑧设计文件的修改;⑨设计审查必须具备的条件;⑩设计审查的方法;⑪设计审查单位的职责。1984 年 8 月国家计划委员会在《关于简化基本建设项目审批手续的通知》中,对审批权限有所修改。 (高贵恒)

设计招标 call for tender on design

建设单位采用竞争方式择优选择设计单位的方法。中国规定,凡有经批准的设计任务书(可行性研究报告)、选址报告、资源勘察报告等基础资料和所需资金,即可进行设计招标。可采取公开招标或邀请招标。如采用后者,应邀请三个以上单位参加。投标单位应按照设计招标文件的要求参加投标,由评标委员会进行评标,提出综合评标报告,推荐候选的中标单位。招标单位可根据评标报告在自己的职权范围内,自主地作出决策,确定中标单位。

(钱昆润)

设计周期 design period

一项独立的建设项目在保证设计质量的前提下,完成工程设计全过程所需要的时间。包括设计准备、方案优选和出图的时间。设计周期的长短,取决于建设项目的性质、规模、技术复杂程度和设计工作的组织与管理水平,以及现代化设计手段的应用情况。 (林知炎)

社会保障基金 social security fund

国家用于维持丧失劳动能力和缺乏生活来源的社会成员生活的社会消费基金。社会消费基金组成部分之一。主要包括:劳动保险基金,如职工因病、负伤、死亡和生育等而享受的补助工资、补助费、医药费、丧葬费、抚恤金等;退休职工的退休费;军烈属抚恤金和社会救济金;对无后代赡养的老人和孤儿等给予的社会救济等。 (刘长滨)

社会成本 social cost

在一定时期,一定的科学技术水平、生产经营水平和管理体制条件下,生产和销售某种产品的社会平均成本。个别成本的对称。是一个难于计算的经济理论范畴。在实际工作中,具体到某一种产品,是根据同一部门、生产同类产品的企业的个别成本,采用统计方法,加权平均计算的部门平均成本。部门平均成本大体上反映了生产该种商品的社会平均劳动耗费。因而是国家指导和调整产品价格的主要依据。一个企业的产品成本如果低于部门平均成本,一般地说,为国家节约了资源;反之,即使比本企业过去的成本有很大降低,也仍然浪费了国家资源。要求企业产品成本低于部门平均成本,鼓励企业节约资源,就必须以社会成本为依据。 (周志华)

社会监理工作三维模式 three dimension model of social construction supervision works

贯穿项目全过程的多目标、全时程控制的社会监理工作模式。全过程即从项目决策、设计、施工至交验的各阶段控制;多目标指投资、工程质量、进度、安全等的监控;全时程指事前、事中和事后的监控。这三个方面体现着社会监理工作的全面具体内容。其相互关系如图所示:

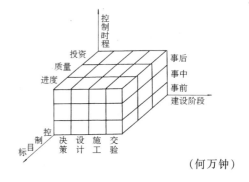

(何万钟)

社会建设监理　social construction supervision

简称社会监理。社会监理单位受建设单位的委托,对工程建设实施的建设监理。监理的对象或客体是工程项目建设过程。根据业主的委托,可以对项目建设全过程即从项目可行性研究开始,直至项目建成投用所有阶段实施监理;也可以仅对项目建设某一阶段实施监理,如只进行项目可行性研究,或项目评估,或设计阶段监理,或施工阶段监理等。根据业主授权,监理单位可以对项目建设的投资、质量、进度进行多目标的全面控制;也可仅对某一目标进行控制,如质量控制或投资控制等。

(何万钟)

社会建设监理单位　social construction supervising organization

简称社会监理单位。依法成立从事工程建设监理业务的专业化组织。如各类工程建设监理公司、咨询监理公司、监理事务所等。社会监理单位是随着建设监理制的推行出现的具有法人地位的中介组织,它与业主、承包商构成现代建筑市场中三方独立运行的经济主体。由于工程项目类型和业主需求的复杂性和多样性,社会监理单位也即具有不同的类型和组成结构。既有能承担各种类型工程项目建设监理业务的监理公司,也有只承担某一专业类型(如铁路、高速公路、桥梁、港口、矿山等)项目监理业务的监理公司;既有能承担包括从可行性研究至竣工投入使用的建设全过程监理业务的监理公司,也有只承担某一阶段监理业务的监理公司;既有能承担包括投资、质量、进度多目标全面控制的监理公司,也有只承担某一目标控制的监理公司。根据业主的需要,一个建设项目的监理业务既可以由一家监理公司承担,也可以由几家监理公司承担。社会监理虽受业主的委托和授权而进行,但社会监理单位的行为准则是严格执行现行建设法规和技术法规,既维护业主的正当权益,又维护承包商的正当权益。社会监理单位为维护业主正当权益对工程项目建设过程所进行的监督和管理,也就是现代意义的业主项目管理。

(何万钟)

社会评价　social evaluation

从整个社会角度对建设项目为社会目标所作贡献大小的考察和预测。社会目标的内容包括:经济增长速度、收入的公平分配、自力更生能力、社会的变化和影响以及经济社会的协调发展等。经济增长目标也称效率目标,是项目在建成投产后所能带来的国民收入的增长情况。公平分配即公平目标,是指项目投产后所取得国民收入在"时间"和"空间"上分配的合理程度。近期和远期的分配,实际上是消费与积累的分配;"空间"上的分配是指这些收入在社会各阶层、各个集团、各个部门和各个地区之间的分配。也可以引伸为国家、集体和个人的分配。在社会福利和社会影响方面,远远超过国民经济评价。目前中国对此项评价尚处于研究阶段,其内容还不完全统一。

(刘玉书)

社会人　social man

以满足社会需要和心理需要为主要目的而进行经济活动的主体。人际关系学者用来与"经济人"相对应的管理学术语。社会人与经济人不同,他所追求的不单纯是金钱收入,更重要的是社会、心理需要的满足,如友情、安全感、归属感和受人尊重等。因此,不能单纯从技术和物质条件着眼,而应首先从社会、心理方面来鼓励工人提高劳动生产率。

(何　征)

社会审计　social auditing

由经有关部门审核批准成立,独立承办审计查证和咨询服务的民间审计组织所进行的审计。其特点是每一个审计项目,都是受委托人的委托进行的。审计的内容和目的,决定于委托人的要求。主要承办下列业务:财务收支的审计查证事项;经济案件的鉴定事项;注册资金的验证、承办涉外审计业务和其他咨询服务。社会审计组织承办审计机关委托的审计事项所作出的审计报告,应当报送审计机关审定。

(俞文青)

社会系统理论　social system theory

以协作系统为核心论述企业内部平衡对外部条件适应的管理理论。美国管理学者巴纳德(Barnard, C. I. 1886～1961)首创,其代表著作是1938年出版的《经理的职能》。主要观点是:社会的各级组织都是一个协作的系统,即由相互进行协作的各个人组成的系统。这些协作系统是正式组织,都包含有三个要素,即协作的意愿、共同的目标和信息联系。非正式组织也起着重要的作用,它同正式组织互相创造条件,在某些方面对正式组织产生积极的影响。组织中经理人员的职能,主要是规定组织的目标,获得必要的人力资源,建立和维持一个信息联系的系统,以便组织能持续运转,并得到发展。

(何　征)

社会效果　social effect

建设项目在经济增长、公平分配、自力更生能力、社会结构、经济结构、对外贸易等社会方面产生的外部效果。经济增长又称经济效率,是项目和计划实施给国民收入带来的增长;公平分配是指收入在"时间"和"空间"上的合理分配。前者是"近期"与"远期",实际上是"消费"与"积累"的分配;后者是指收入在社会各阶层、各集团、各部门和各地区之间的分配,也可以引伸为国家、集体和个人的分配,也有把经济增长与公平分配综合为"国民福利"的,并以其好坏来反映方案和项目的社会效果的优劣。例如,当评价一个公有制的钢铁企业项目时,必须考虑对生产、分配、经济结构、经济增长、外贸和国际收支,以及教育、卫生、科学技术、城市发展等方面的影响。因此,与国民经济效果相比虽同属宏观效果,但它们的内容则各有侧重。　　　　　　（刘玉书）

社会再生产 social reproduction

社会生产过程的不断反复和不断更新。从社会再生产全过程考察,包括生产、交换、分配、消费等环节。"不管生产过程的社会形式怎样,它必须是连续不断的,或者说,必须周而复始地经过同样一些阶段。一个社会不能停止消费,同样,它也不能停止生产。因此,每一个社会生产过程,从经常的联系和它不断更新来看,同时也就是再生产过程"(《马克思恩格斯全集》第 23 卷第 621 页)。从再生产的规模来考察,可分为:简单再生产和扩大再生产两种。在再生产过程中,不仅再生产出劳动产品和劳动力,而且维持或发展了原有生产关系。因此,它是物质资料再生产、劳动力再生产和生产关系再生产的统一。在不同的生产方式中,由于生产力和生产关系不同,再生产具有不同的性质和特点。　　（何　征）

社会折现率 social discount rate

又称影子利率。建设项目国民经济评价中计算经济净现值的折现率。投资项目的资金所应达到的按复利计算的最低收益水平,即站在国家角度,项目投资应达到的收益率标准。项目国民经济评价的重要参数,表征从国家角度对资金机会成本和资金时间价值的衡量。采用适当的社会折现率进行项目的国民经济评价,有助于合理使用建设资金,引导投资方向,调控投资规模,促进资金在短期与长期项目之间的合理配置。因此,作为国家评价和调控投资活动的重要杠杆之一,中国的社会折现率由国家计划和建设主管部门统一确定。　（刘长滨　刘玉书）

社会主义市场经济

中国共产党第十四次全国代表大会确定的中国经济体制改革目标。在以公有制经济为主体,其他多种经济成分长期共同发展的条件下,使市场在社会主义国家宏观调控下对资源配置起基础性作用,使经济活动遵循价值规律的要求,适应供求关系的变化;通过价格杠杆和竞争机制的功能,把资源配置到效益较好的环节中去,并给企业以压力和动力,实现优胜劣汰;运用市场对各种经济信号反应比较灵敏的优点,促进生产和需求的及时协调。同时,必须加强和改善国家对经济的宏观调控,克服市场自身的弱点和消极方面,引导市场健康发展。

　　　　　　　　　　　　　　（张　琰）

社会主义统一市场 unified market of socialism

社会主义国家中以公有制为基础的国内市场统一体。其特点,一是社会主义经济成分为主体,其他经济成分参加;二是打破地区、部门界限,形成全国统一的市场体系。其作用与性质,对外积极参与国际经济交流与合作,保护社会主义利益的独立的民族市场,对内是为经济建设服务的统一市场。社会主义统一市场为中国实现社会化大生产和发展社会主义商品经济所必需。为此,国家实行适当的政策,加快社会生产力的发展,特别是社会主义经济的壮大,培育社会主义市场体系的形成,并制订必要的市场规则,以充分发挥它在发展我国社会主义商品经济中的作用。　　　　　　　　　（谭　刚）

社会总产值 gross social production value

又称社会总产品。一国或一地区一定时期内工业、农业、建筑业、运输业和商业五大物质生产部门的总产值之和。这是物质产品平衡体系内的一项主要指标,是研究国民经济规模、产业结构和增长速度的一个主要依据。在实物形态上,社会总产值可分为生产资料(第一部类)和消费资料(第二部类)两大类;在价值形态上,社会总产值分为:生产过程中消耗掉的生产资料转移价值(c)、劳动者新创造的价值,其中包括相当于劳动报酬的那部分必要产品价值(v)和为社会创造的剩余产品的价值(m)。社会总产值既要按现价计算,又要按可比价格计算。可比价格总产值的计算方法有两种,工农业总产值直接用产品产量乘不变价格来计算;建筑业、运输及邮电业、商业总产值是对现价总产值分别用不同的价格指数进行换算。社会总产品及其组成部分是重要的综合经济指标。社会总产品的生产、补偿、消费与积累对分析国民经济中各部门的比例关系、积累和消费之间及内部各部分之间的比例具有重要意义。

　　　　　　　　　　（卢安祖　何万钟）

shen

审计 auditing

由独立的专门机构和人员依法对被审单位经济活动的合法性、真实性、效能性进行审核,并作出公正评价的经济监督活动。以对会计凭证、账簿、报表和其他经济资料进行检查、分析、盘点查对实物、向有关单位和人员查询取证等为手段;以纠错防弊,改善经营管理,提高经济效益为目的。具有独立性、权威性和公正性。在中国,由国家审计机关、部门和单位内部审计机构及社会审计组织构成完整的审计监督体系,其中国家审计机关是实施审计监督的领导部门和主导力量。现行的审计种类有财政、财务审计,经济效益审计和财经法纪审计等三大类。

　　　　　　　　　　（张　琰　俞文青）

审计对象　object of auditing

审计机构和人员所要监督、检查、评价的客体，即审计行动的目标。就审计的具体内容来说，审计对象指被审计单位的全部经济活动和某些专项经济活动。就被审计单位来说，审计对象包括各级政府行政及财务部门、企业单位、金融机构、事业单位以及与占用国家资金有关的单位。

（张　琰　俞文青）

审计依据　fundation of auditing

用以查证判断被审计单位经济活动及有关资料有效、合规、真实、正确程度的根据。主要有：①事实依据，即反映经济活动的各种凭证、账表、记录及其他物证和人证；②理论依据，即有关财务会计、经济管理和审计理论；③法律依据，即国家有关法律、法规和财会制度。　　　　　　　　　　（张　琰）

审计证据　evidence of auditing

支持审计报告的依据。包括：①实物证据，如实地盘点所确定的财产物资结存数；②书面证据，记录有关审计案件的各种凭证、报表、函电、合同等资料；③口头证据，口头询问方式所获得的证据；④其他证据，多为可说明被审计单位现状的佐证。审计人员运用审计证据时，必须考虑证据本身的可靠性、充分性和重要性。　　　　　　　　（俞文青）

审计职能　functions of auditing

审计工作固有的经济监督、经济评价和经济鉴证三种功能的总称。经济监督是监督和督促被审查单位的财政、财务收支和业务经济活动或其某一特定方面在合法、合理和有效的轨道上进行。经济评价是通过审核检查，评定被审查单位的经济决策、计划、设计方案是否先进可行，经营活动是否按照既定的决策和目标进行，经济效益的高低以及有关经济活动的规章制度是否健全、有效等。经济鉴证是通过审核检查，确定被审查单位的某一经济事实或业务活动的某一方面，确定其反映和说明经济情况的资料是否符合实际，因而可予信赖并作出书面证明。

（闻　青）

审计制度　auditing system

进行审计工作应遵循的标准、规则、程序和方法等的总称。有外部审计制度、内部审计制度。外部审计制度由政府机构或社会专业团体制订，为社会各界服务；内部审计制度由各企业单位自行制订，为改善经营管理服务。遵守审计制度，是审计工作顺利开展的重要保证。　　　　　　　　（闻　青）

审计准则　auditing standard

审计人员任职条件、建立审计机构原则和执行审计业务时必须遵循的规范。各国审计准则内容不尽相同，但基本上包括如下三个方面：①一般准则，主要规定审计人员执行业务的独立性，必须具有公正的立场、客观的态度和应有的道德标准；②实施准则，主要规定审计工作的计划性，对内部控制制度的评价，审计范围和审计重点的确定，审计证据有效性的鉴别判断；③报告准则，应说明审计了哪些项目及其范围，审计结果的意见，被审查单位的业务经营活动及其财务成果、经济效益等。　　　（闻　青）

审判　trial

法院对案件进行审理和判决的统称。诉讼程序的一般用语。有刑事、民事和行政审判之分。审理的主要任务是调查收集证据，审查证据、讯问证人和诉讼当事人，并组织当事人等进行辩论，以查清案件事实，分清案件性质。判决则在审理的基础上，根据有关法律规范，对案件作出处理决定。中国的审判权由各级人民法院行使；实行二审终审制度。

（王维民）

sheng

生产成本　productive cost

又称制造成本。企业为生产产品所发生的与生产经营最直接和关系密切的费用。一般包括直接材料、直接工资、其他直接支出和制造费用。在中国是根据 1992 年 12 月财政部颁布的新财务制度，对成本核算办法由原来的完全成本法改革为制造成本法后而界定的核算范围。它与完全成本核算范围的关系见下图所示。

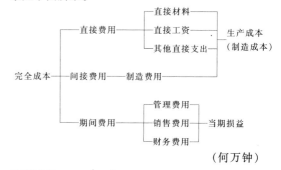

（何万钟）

生产储备　productive reserve

企业为保证施工生产顺利进行，对生产周转需要的原材料、燃料等所建立的物资储备。储备物资数量的大小取决于物资的日消耗量和供应条件。在日消耗量大或不能保证及时供应的条件下，较多的储备是保证正常生产的必要条件。生产储备一般分经常储备，保险储备和季节储备。已经进行季节储备的，一般不再进行独立的保险储备。（陈　键）

生产发展基金　production development fund

计划经济体制下，企业从税后留利中按一定比例提取出来用于扩大再生产的一种专用基金。它可用于补充更新改造基金、大修理基金以及企业流动基金的不足,补充科研经费和职工培训费的不足,也可用于企业的技术改造,以保证企业生产能力的充分发挥。中国在 1993 年 7 月 1 日会计制度改革后,取消了发展基金,余额转入资本金。 （周志华）

生产费用 costs of production

一定时期内施工生产过程中所发生的耗费。包括消耗的生产材料价值和应付工人的劳动报酬。按其经济性质分为生产费用各要素,按其与工程、产品产量增减的关系分为变动费用和固定费用。按被确定为成本核算对象的工程、产品分别进行归类,构成工程、产品的成本。它的发生过程,即工程、产品成本的形成过程。但二者又是两个不同的概念。生产费用与它发生的时期相联系,而不论它用于哪里;工程、产品成本与一定种类和数量的工程、产品相联系,而不论它发生在哪一时期;二者金额不相等;计算和核算方法也不相同。 （闻 青）

生产费用要素 element of prodoction expense

简称费用要素。生产费用按其经济内容所分成的各类。施工企业的生产费用,一般分为:(1)外购材料,为进行施工经营活动而耗用的各种外购材料;(2)外购燃料;(3)外购动力;(4)工资,支付给职工的工资,包括基本工资、辅助工资;(5)提取的职工福利基金;(6)固定资产折旧费;(7)利息支出;(8)税金;(9)其他支出,如邮电费、差旅交通费、租赁费等。上述分类可以提供企业在一定时期内发生的材料费总额、工资总额、固定资产折旧总额和其他现金支出总额,有利于企业编制和考核材料供应计划、工资计划、财务计划、生产费用预算;有利于区分物化劳动和活劳动的耗费,提供计算净产值和国民收入的依据。 （闻 青）

生产管理诊断 diagnosis on production management

以企业生产活动为对象,以改善企业生产计划、生产组织、生产控制状况为主要内容进行的诊断。企业专业诊断内容之一。诊断的目的是达到缩短生产周期、提高生产效率、减少资金占用以及降低产品成本。诊断分析的主要内容有:生产及施工方法是否合理、经济、快速、安全;生产及施工过程是否形成高效、稳定的秩序;生产计划完成率、生产均衡性状况;调度工作的制度、方法和手段;生产过程中信息传递的及时性、有效性;生产或施工现场的控制效果;产品现状及存在问题等。 （何万钟）

生产函数法 production function method

以表示生产要素投入量与产出量之间技术因素数量关系来度量技术进步的方法。生产函数有多种类型,应用较多的是柯布-道格拉斯生产函数,另外还有 CES、VES 等形式。西方经济学家对于技术进步作用问题的研究,是在生产函数理论基础上发展起来的,利用生产函数可以定量地测度技术进步特征,确定技术进步速度及其对经济增长的作用。但是,利用生产函数来测算技术进步的作用是有条件的,必须先作一些基本假设和必要的简化。 （曹吉鸣）

生产核算 productive calculation

企业以生产消耗和生产成果为对象进行的内部核算。用以反映、计算和分析企业生产方面的经济活动及其效果。主要运用统计核算和业务核算来进行,基本特点是以实物计量为主,劳动计量和货币计量为辅。按所反映的经济内容,有生产消耗核算和生产成果核算,前者如物资、劳动、成本等的核算,后者如实物工程量、施工产值和工程质量的核算等。 （周志华）

生产经营型企业 marketing-oriented enterprise

泛指原生产型企业经过经济体制改革转型后,按社会主义市场经济体制要求运行的企业。中国经济体制改革以来,原来的生产型企业,由只管生产转变为既管生产又重视经营;由无经营管理自主权转变为拥有必要的经营管理自主权;由只面向上级转变为面向市场、面向用户;由执行型转变为决策型;由不问经济效益转变为讲求经济效益。以上转变综合起来,就是使企业逐步形成自主经营、自负盈亏的商品生产者和经营者,即成为生产经营型企业。这类企业的管理,突出了企业经营的地位和作用,其目标是提高企业的经济效益和谋求企业的不断发展。这种面向市场,以提高经济效益为中心的管理,叫经营型管理,又叫开放型或外向型管理。 （何万钟）

生产力布局 location of productive forces

又称生产力配置。国民经济各部门、再生产各环节、生产力诸要素的地域分布与组合。表明生产发展在空间上的分布,并随生产的发展而变化。按其层次分为社会生产力总体布局,生产部门和地区生产力布局以及企业区位的选定。影响生产力布局的主要因素有:①自然环境和自然资源;②人口数量、素质和密度;③科学技术发展水平;④经济发展水平和结构;⑤国际国内政治状况和国家的经济政策。合理的生产力布局,将有力地促进国民经济持续、稳定、协调地发展。因此,生产力布局应遵循下述主要原则:①调整先进地区与落后地区的发展比例,促进落后地区的开发;②企业分布集中与分散相结合;③地区专门化与多样化相结合;④根据不同企业的特点选择最佳区位;⑤重视环境保护与生态平衡。 （何万钟 张 琰）

生产力经济学　economics of productive forces

研究社会生产力及其发展运动规律的理论经济学。主要内容有：生产力构成因素的分析；生产力因素的组合方式；生产力发展运动规律；社会生产力的合理组织，包括生产力结构合理化、生产力布局合理化、企业规模合理化等。研究的目的是以最小的资源消耗获得最大生产成果。在中国，生产力经济学从 70 年代末才初步创立，是一门正在不断发展的新兴学科。　　　　　　　　　　　（何万钟）

生产能力建成率　completed ratio of productivity

一定时期内新增生产能力与同期施工规模的比率。是从生产能力形成速度、以实物形态反映投资效果的指标。适用于分行业、按产品种类进行观察。为了提高这一比率，必须合理安排施工规模，加快建设速度，形成更多的生产能力。计算公式为：

$$生产能力建成率 = \frac{报告期新增生产能力}{报告期施工规模} \times 100\%$$

（俞壮林）

生产设备新度

报告期末固定资产中生产用机械设备净值与原值之百分比 $B(\%)$。可在一定程度上反映机械设备的新旧程度。计算公式为：

$$B = \frac{D}{G} \times 100\%$$

D、G 分别为报告期末生产用机械设备的净值和原值。　　　　　　　　　　　　　　　（曹吉鸣）

生产设备自动化程度　automatization level of production equipment

自动化生产线、自动控制设备、机器人和机械手等设备的原值与全部生产用机械设备原值之比。衡量技术进步的重要标志。其计算公式为：

$$Q = \frac{C}{G} \times 100\%$$

式中，Q 为生产设备自动化程度（%）；C 为报告期末自动化生产线、自动控制设备、机器人和机械手等设备的原值；G 为报告期末全部生产用机械、设备的原值。　　　　　　　　　　　　（曹吉鸣）

生产维修　productive maintenance

追求机械设备全寿命期内总费用最低的一种维修制度。由一系列的维修方式组成。对影响生产的重点机械设备实行预防维修；对影响生产较小的一般机械设备实行事后修理；并将改善维修和维修预防贯穿在其中。这种维修制度符合提高生产效率对维修工作的要求和避免过度维修的经济性要求，因而是中国正在积极形成的一种机械设备维修制度。　　　　　　　　　　　　　　　　　（陈　键）

生产型管理　production-oriented management

见生产型企业。

生产型企业　production-oriented enterprise

泛指在计划经济体制下，按指令性计划运行的企业。在计划经济体制下，中国企业（包括建筑业企业）主要是按照单一的，自上而下的指令性计划组织生产。企业任务由国家计划下达；所需生产资源由国家计划分配；产品由国家包销；价格由国家统一规定；盈亏由国家统负；企业发展由国家投资。在这种情况下，企业单纯以完成国家计划而生产，故称为生产型企业。这类企业的管理，只是组织企业内部生产，保证生产正常进行，企业不需要重视经营，也不需要了解社会的需求。这种单纯组织生产活动的管理，叫生产型管理，又叫封闭型或内向型管理。

（何万钟）

生产性建设　productive construction , productive capital construction

用于物质生产或直接为物质生产服务的建设。包括工业、农业、水利、建筑业、运输、邮电、商业和物资供应以及地质资源勘探等的建设。直接用于满足人民物质和文化生活需要的则属非生产性建设。在中国，生产性建设或非生产性建设是按建设项目中的单项工程的直接用途来划分的。如新建一个工厂，其中生产车间、实验室、仓库等均为生产性建设；而行政管理、社会团体用房及职工宿舍、托儿所等即为非生产性建设。生产性建设能直接增加国民经济各部门的生产能力，提高固定资产的技术水平，调整生产力的布局和产业结构；同时又是进行非生产性建设的物质基础。两者保持合理比例和增长速度，对改善人民的物质文化生活和促进生产发展具有十分重要的意义。

（何万钟　　何　征）

生产用固定资产　productive fixed assets

在物质生产过程中，企业用于生产经营的各类固定资产。它们能在较长时期内发挥作用而不改变其实物形态，是人们用来改变和影响劳动对象的物质技术手段，如厂房、机器设备、动力及传输设备、矿井、铁路、船舶等。建筑施工企业的生产性固定资产包括用于施工、生产的施工机械、运输设备、生产设备、仪器、试验设备，以及保证施工、生产顺利进行所必须的房屋、构筑物等。　　　　　（何　征）

生产者剩余　producer's surplus

又称生产者盈余。为生产一定量的产品，一个生产者所得到的收益与他的最小成本之差。即通常所说的利润。如图 SS' 为商品的供给曲线，P_1 和 P_2 分别是项目实施前后该种商品的价格。在 P_1 时，供给量为 Q_1，其生产成本为 $S'OQ_1A$，总收入为

P_1OQ_1A，生产者剩余为 $P_1S'A$。在 P_2 时供给数量为 Q_2，其生产成本为 $S'OQ_2B$，总收入为 P_2OQ_2B，面积 $P_2S'B$ 与 $P_1S'A$ 之差，即面积 P_2P_1AB，表示生产者剩余的增加，如果价格由 P_2 降至 P_1，则面积 P_2P_1AB 表示生产者剩余的减少。这个概念是以古典经济理论的供给曲线为基础，也是以局部均衡为前提进行的分析，即假定其他条件（即个人收入、别种商品和劳务价格、社会体制、生产技术和社会心理因素等）不变，一个社会的全体生产者剩余是其单个生产者剩余的总和。传统的成本效益分析把消费者和生产者剩余的变化，均包括在项目的费用和效益中。

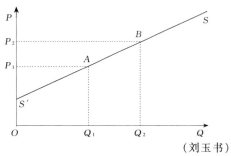

（刘玉书）

生产职工培训费 training expenses of productive workers and staff

新建单位和扩建单位在交工验收前自行或委托外单位培训技术人员、工人和管理人员所支出的各项费用，以及生产单位为参加施工、设备安装、调试等需要提前进厂人员所支出的费用。包括培训人员和提前进厂人员的工资、工资附加费、差旅费、实习费、劳动保护费和出国实习费用等。在建设单位会计中其他投资科目的"递延资产"明细项目中核算。工程建设概预算中"工程建设其他费用"的组成部分。
（闻　青）

生产资金 production funds

已投入材料、人工等，正处于生产过程中的在产品与待摊费用等占用的资金。属定额流动资金。在建筑企业中，生产资金包括施工生产过程中未完施工、辅助附属生产在产品和待摊费用等项目占用的资金。正确预测及核定其需要量，科学、合理地安排生产，保证生产过程连续、均衡地进行，能加速资金周转，防止和消除过量投入，提高资金利用效果。广义的生产资金指处于生产领域的全部流动资金和固定资金。
（周志华）

生产资金定额 production fund quotas

规定企业保证生产连续、均衡地进行的平均或最低限度占用的资金。在建筑企业中，分别按未完施工、辅助生产在产品、待摊费用核定。未完施工资金定额一般根据报告年度资金平均占用额和计划年度建筑安装工作量计算；在产品资金定额一般根据产品品种或代表产品计算，待摊费用定额一般根据计划期末结余计算。公式为：

$$\text{未完施工资金定额} = \text{报告年度未完施工资金平均占用额} \times \frac{\text{计划年度建筑安装工作量}}{\text{报告年度建筑安装工作量}}$$

$$\text{待摊费用资金定额} = \text{计划年初结余额} + \text{计划年度发生额} - \text{计划年度摊销额}。$$

（周志华）

生产资料 means of production

又称生产手段。物质财富生产过程中使用的劳动资料和劳动对象的总称。是人们进行生产活动必不可少的物质条件。前者指机器、厂房、运输工具等；后者指原材料、辅助材料、土地、森林、矿藏等。在生产资料中，起决定作用的是生产工具。劳动者只有同生产资料相结合才能形成现实的生产力。
（何万钟）

生产资料市场 production factors market

生产资料交易的场合。统一市场体系的组成部分。其形式有：场所固定，设摊展销或陈列样品目录，标明价格供用户选购；定期或不定期举办展销会；接受供货单位委托代销等。其特点是：供需双方可根据市场供求状况进行自由交易活动；允许展开在质量、价格、服务等方面的竞争；商品成交后应按成交额的一定比例向市场管理机构交纳管理费。
（谭　刚）

生产自立借款 self-supporting production borrowing

中途缓建单位组织现有人员、利用已建厂房设备，生产确有销路并有盈利的产品时，因资金不足向银行借入用于生产的少量措施费和生产周转资金。建设单位会计中，在"其他借款"科目的"生产自立借款"二级科目核算。
（闻　青）

生存资料 means of existence

维持和延续人们生命所必需的基本生活资料。即食物、住房、衣服和其他生活日用品等。又可分为一次性消费品和耐用消费品，前者指食物、饮料等，后者指衣服、住房、家具等。
（何万钟）

生地 undeveloped land

又称毛地。尚未经过开发过程，不具备基本建设实施条件的土地。包括待开发的农地和列入再开发计划尚未拆迁安置的城市土地。
（刘洪玉）

生活资料 means of livelihood

又称消费资料。泛指用于满足个人或集体物质和文化生活需要的社会产品。包括人们的衣、食、住、用、行等方面所需的消费品。按其满足人们需要的层次,可分为生存资料、发展资料和享受资料。

(何万钟)

生态平衡 ecological balance

又称自然平衡。生态系统中生物与生物之间、生物与环境因素之间物质循环和能量交换的相对协调和稳定状态。是自然界的一种规律性现象和人类从事正常生产与生活不可缺少的条件。任何生态系统对外来的干扰都有一定的自消化能力。但当外界的干扰超过这一调节能力时,就会破坏生态系统的结构和功能,轻则影响生产和生活的顺利进行,严重的要受到大自然的报复和惩罚。例如:"三废"的大量增加,会造成城市环境破坏,危及人体健康;森林破坏会造成水土流失、自然灾害频繁等等。生态平衡是动态的平衡。人们既要适应自然,又要改造自然。人们可以通过合理组织社会生产和工程建设创造和建立更适合人们需要的新的生态平衡,以获得更佳的经济效益、环境效益和社会效益。

(何万钟)

剩余经济寿命 remaining economic life

预计地上建筑物及附属物的投资对一宗物业的整体收益或价值仍有贡献的时间。 (刘洪玉)

剩余自然寿命 remaining physical life

建筑物或构筑物在正常维修保养条件下,预计能继续保持正常使用的时间。 (刘洪玉)

shi

施工操作规程 operating rules and regulations of construction

对工人在施工中的操作方法和注意事项所作的规定。在中国有两种类型:一种是根据施工验收规范的技术要求制定的,如现行的《建筑安装工程施工操作规程》;同时各省、市、自治区可结合当地的自然条件和习惯采用的施工工艺分别按工种编制具体操作规程,由地方政府颁布实行。另一种是根据新材料、新工艺而制定的规程,如钢筋焊接技术规程、混凝土工程中减水剂使用技术规程等。 (田金信)

施工层 working layer

对具有多层结构的工程对象,在竖向上按层划分的施工工作面。这有利于组织流水作业,充分利用施工空间,达到缩短施工工期的目的。施工层一般与结构层一致。当建筑物的层高较大时,也可在一个结构层内划分两个或两个以上的施工层,此时需要搭设相应的工作台或脚手架。 (何万钟)

施工产值 output value of construction

原称建筑安装工作量,又叫建筑安装产值。建筑安装企业或自营施工单位自行完成的按工程进度计算的建筑安装生产总值。包括建筑工程产值、设备安装工程产值、房屋构筑物大修产值和非标准设备制造产值四个部分。它是检查施工计划、拨付工程价款、核算工程成本和建设单位填报固定资产投资完成额的依据。 (雷懋成)

施工产值分析 analysis of construction product value

建筑企业对一定时期内实际完成的施工产值与计划目标进行的比较分析。分析的主要内容有:①建筑工程、安装工程、房屋构筑物大修理产值,现场非标准设备制造产值等的完成情况;②未完施工价值及所占的比重,施工组织管理状况及对完成施工产值的影响;③企业所属单位和主要工程项目计划产值的完成情况及其影响因素;④施工产值完成情况及其增长率对企业经济效益的影响等。有关的计算公式有:

$$建筑工程产值 = \Sigma\left(\begin{matrix}完\quad成\\实物量\end{matrix}\times\begin{matrix}预算\\单价\end{matrix}\right)\times\left(1+\begin{matrix}间接\\费率\end{matrix}\right)$$

$$\begin{matrix}安装工\\程产值\end{matrix} = \Sigma\left(\begin{matrix}完\quad成\\实物量\end{matrix}\times\begin{matrix}预算\\单价\end{matrix}\right)+\left(\begin{matrix}已完工程\\基本工资\end{matrix}\times\begin{matrix}间接\\费率\end{matrix}\right)$$

$$\begin{matrix}施工产值\\增\quad长\quad率\end{matrix} = \left\{\frac{\begin{matrix}报告期自行\\完成施工产值\end{matrix}}{\begin{matrix}基期自行完\\成施工产值\end{matrix}}-1\right\}\times100\%$$

(周志华)

施工承包 construction contracting

建筑企业从建设单位接受工程施工任务的工程承包。建设单位可采用招标、议标或指派方式将工程发包给建筑企业。承包内容和承包方式由双方签订的承包合同决定。对工程施工质量、工期、付款方式、竣工验收和决算等,承发包双方均应严格遵守合同条款。这种承包方式有利于节约投资、缩短工期、保证质量和提高经济效益。 (钱昆润)

施工单位 construction unit

从事工程项目施工活动的各类建筑企业的总称。包括按不同标准划分的各类施工企业和安装企业。它们是建筑产品的生产经营者;在建筑商品交换中是卖方。 (谭 刚)

施工调度 construction control

在建设项目施工全过程中,为加强各项施工活动的组织、监督、控制而进行的协调管理工作。是施工管理的重要手段。其管理的要点是:①建立施工调度机构;②制订科学的调度工作制度,采用现代调度手段,提高其工作效率;③掌握施工动态,及时实施调度,做好施工过程新的平衡。 (董玉学)

施工定额 construction norm

建筑企业自行制定的完成单位建筑产品所需人工、材料和机械台班的数量标准。分别不同分部分项工程，根据施工验收规范要求、一般工作条件和基本操作方法，按平均先进原则制定。属于企业内部定额。是施工单位编制施工组织设计和施工预算、对工人队组签发和结算任务书的重要依据。

（张守健）

施工段 working section

又称流水段。为有效地组织流水作业，将拟建工程在平面上划分成的劳动量大致相等的施工区段。划分施工段应遵循以下原则：①同一专业工种在各个施工段上的劳动量应大致相等；②优化劳动组合，满足专业工种对工作面的要求；③满足合理流水作业组织要求；④施工段分界线尽可能与结构自然界线相吻合；⑤对于多层结构，在划分施工段同时，还要在竖向上划分施工层。流水段数是组织流水作业的基本参数之一。通常应大于或等于施工过程数。

（董玉学）

施工队伍调遣费

因施工任务的需要，在不同地点之间往返调遣施工队伍而发生的费用。多发生在铁路、公路、通讯线路、水运等工程中。包括职工的差旅费、职工调遣期间的工资，施工机械、设备、工具和周转材料等的运杂费。属于工程费用中其他间接费项目。

（闻青）

施工工期 time limit of construction

单项工程从开工（基础破土或打桩）至完成设计要求的全部施工内容，达到竣工验收标准的施工活动持续时间。是决定工程项目能否尽快投入使用，发挥建筑产品的社会效益的重要因素，也是考核建筑企业施工组织管理水平和经济效益的重要指标。由于考核角度不同，计算施工工期有日历施工工期、有效施工工期和实际施工工期三种表示方法。

（何万钟）

施工工艺规程 technological rules and regulations of construction

对各工种工程施工的工艺方法、施工顺序、质量要求、采用的机械设备、操作要领等所作的规定。是指导施工作业的技术文件，也是安排生产计划的重要技术依据。制订和采用施工工艺规程，对提高施工工艺技术水平有重大的意义。它能保证施工工艺的统一性和先进合理与切实可行从而保证工程质量，并使企业取得良好的经济效益。施工工艺规程由建筑企业自行编制，并随施工技术发展而及时完善和修订。

（田金信）

施工公害防治管理 management of environmental pollution prevention and treatment in construction

对施工中可能产生的噪声、震动、粉尘、烟气、废渣等的预防和治理工作的总称。主要是：调查施工地区环境情况以及对环境保护方面的要求；根据环境保护的技术标准或规定，结合工程施工条件，确定控制公害的控制值；计算施工中公害可能发生值；当其大于控制值时，制订相应的技术措施，并进行现场监测，以达到控制公害的目的。

（田金信）

施工管理 construction management

对完成最终建筑产品全过程的生产活动所进行的组织和管理工作。以具体工程和施工现场为对象，对施工过程中的劳动力、劳动对象和劳动手段及其在空间布置和时间安排等方面进行最优设计、组织和控制。是建筑企业管理的重要组成部分。其目的在于建造出符合优质、高速和低耗要求的建筑产品。因此，在工程施工中，必须严格控制工程进度、工程质量和工程成本，以期提高企业的经济效益。其管理内容按施工的阶段包括：施工准备、现场施工管理和工程竣工验收等三部分。

（董玉学）

施工规模

报告期内施工的单项工程或更新改造项目（下同）的设计能力总和。分析基本建设战线长短的重要指标。包括：①报告期以前开工跨入本年度继续施工的单项工程的设计能力；②报告期新开工单项工程的设计能力；③报告期内建成投产或施工后又停缓建的单项工程的设计能力。为了保证国民经济正常持续发展，年度之间应保持合理的施工规模。规模过大，会拉长建设战线，影响在建工程的正常施工和按期投产；规模过小，会使新增生产能力不衔接，影响扩大再生产。与建设规模指标的关系可表达如下式：

$$报告期施工规模 = 报告期建设规模 - 报告$$
$$期以前建成投产单项工程设计能力$$
$$- 报告期未开工单项工程设计能力$$

（俞壮林）

施工过程 construction process

建造、修复或拆除建筑物和构筑物的生产过程。如砌筑墙体、装修墙面、预制构件和运输材料等过程。是组织流水作业的工艺基础。按照类别不同分为制备类、运输类和砌筑安装类施工过程。按照复杂程度分为：工序、工作过程和综合工作过程。

（董玉学）

施工过程质量控制 quality control in construction

以保证建筑产品质量为目的在施工全过程进行的质量控制。主要工作有：①加强施工工艺管理。

认真执行工艺标准和操作规程,提高质量稳定性。②加强工序控制,保证每道工序质量。③进行中间检查和技术复核。④及时做好隐蔽工程和分部分项工程的质量检查和验收。⑤做好交工前的质量检查,发现问题及时返修。施工过程中质量控制的基本方法有:①设立质量管理点,运用数理统计方法进行质量控制;②开展质量统计分析,掌握工程质量动态;③建立一支专家与工人结合的质量检验队伍;④预防为主,事前的控制和事后的把关相结合。

(田金信)

施工计划完成分析 analysis of planned target of construction

对建筑企业在一定时期内的工程施工进度、工程数量、工作量、工程质量、工期、竣工等计划完成情况的分析。是检查监督工程施工计划执行情况的有效方法。工程施工计划完成的好坏,直接影响企业的利润计划、劳动工资计划、材料供应计划、成本计划和财务计划等的贯彻执行。是评价企业各项工作的基础,从而也是企业经济活动分析的起点。

(周志华)

施工技术财务计划 Plan for construction technique and finance

指导建筑企业在计划期内施工生产、技术、财务活动的一种综合性计划。中国经济体制改革前,建筑企业实行生产型管理的重要工具。主要内容为:施工生产计划;劳动工资计划;物资技术供应计划;成本计划;财务计划;技术组织措施计划。其中,以施工生产计划(建筑安装工作量为重点指标)为核心,也是编制其他五项计划的依据。施工技术财务计划的编制时间、程序、内容,以及计划指标体系、考核要求等都是由国家统一规定的。 (何万钟)

施工阶段监理 supervision in construction stage

简称施工监理。建设项目施工阶段进行的监理。在项目施工阶段,政府监理的主要内容是通过定期与不定期的检查,监督工程按审查批准的设计进行施工及安全施工;检查和监督工程质量,对竣工验收的工程进行质量认证,合格后始发给质监证书及验收合格证。社会监理的主要工作是根据业主的委托要求,进行质量、进度、投资三大控制,合同管理和全局性的组织协调工作。项目施工是形成物业形态的阶段;所以,在施工监理中进行质量和进度控制对整个项目的质量和进度控制起着十分重要的作用。 (何万钟)

施工进度计划 construction schedule

反映拟建工程施工过程进度安排的文件。是施工组织设计的重要组成部分。按照编制对象的不同,分为:①施工总进度计划;②单项工程综合施工进度计划;③单位工程施工进度计划;④分部工程施工进度计划;⑤分项工程施工进度计划。主要表达形式为横道图和网络图。 (董玉学)

施工经理 construction manager

项目经理班子中的施工现场总管理人员。负责监督、协调现场的施工、设计、采购、财务等各方面工作。与建设单位、供应单位、分包以及当地政府和群众团体联系,协商有关问题,监督执行质量检查规程、安全规程和施工验收规范。施工经理对项目经理负责。 (钱昆润)

施工平面图 construction plan

规划拟建工程与为施工服务的各种临时建筑和设施空间关系的现场布置图。是施工组织设计的重要组成部分。根据拟建工程的规模分为:施工总平面图和单位工程施工平面图。设计施工平面图通常应遵循以下原则:①布置紧凑,节约用地,不占或少占农田;②尽量缩短场内运输道路,避免或减少场内二次搬运;③尽量利用已建成的建筑物,减少暂设工程建造量;④尽量采用装配式结构临时建筑,提高其安装速度,减少搬迁损失;⑤尽量缩短场内临时管网总长度,降低其建造费用;⑥各项临时设施布置,均应满足方便生产、有利生活、安全防火和劳动保护等要求。不同施工阶段,施工平面图的内容也不同,必须加强管理,及时修改和调整,保证现场文明施工。

(董玉学)

施工企业财务 finance of construction enterprise

施工企业在建筑施工过程中存在的资金运动。体现着以下各方面的财务关系:①从国家财政取得国家基金、专项拨款和向财政上交税金、利润而发生的拨款、缴款关系;②从银行取得贷款和向银行还本付息而发生的借款、还款关系;③向投资者发行股票、公司债券和支付股息、股利偿还债券本息而发生的收款、还款付息关系;④向其他企业单位购买设备、材料,预收备料款、工程款以及结算已完工程款等而发生的资金结算关系;⑤在企业内部各部门、各生产环节之间进行往来结算而发生的资金结算关系,以及企业支付职工工资、奖金等而发生的结算关系等。施工企业利用财务对企业的经济活动进行监督,可以促使企业不断降低工程成本,增加企业盈利,提高资金利用效果,维护国家财经纪律。

(闻 青)

施工企业会计 construction enterprise accounting

又称建筑企业会计。适用于建筑安装企业的专业会计。用货币为主要量度,对从事建筑安装工程施工企业的施工经营过程及其结果,系统、连续全面、综合地进行核算,并利用核算资料进行分析、监督和管理经济的重要工具。主要包括:货币资金、固定资产、材料、工资和机械使用核算;生产费用和工程成本核算;附属工业企业生产费用和产品成本核算;销售结算和财务成果的核算;资金来源的核算;专项资金的核算;会计报表的编制;财务、成本计划执行情况的分析等,为企业各级领导和管理人员提供经济信息,检查、监督企业经营活动的合法性、合理性和合规性,促使企业不断降低成本,有效地使用资金,遵守国家财政纪律,坚持社会主义经营方向,保护所有者合法权益。　　　　　　　　(闻　青)

施工日志　construction journal

施工单位在施工过程中,逐日就有关工程施工及技术状况所作的记载。是施工管理的重要基础资料。其内容主要有:气象情况;工程进展情况;采用的施工方法及技术、组织措施;各班组人员出勤和分工配置;材料供给和使用情况,以及在施工过程中所发现和解决了哪些问题,如设计变更、质量、安全、机械事故的分析和处理;有关负责人及监理工程师在技术方面的指示或决定等。日志必须由专人负责认真填写和保存。　　　　　　　　(张守健)

施工生产计划　construction and production plan

企业安排在计划期内进行施工生产活动的计划。根据"以销定产"原则,主要按交竣工计划、工程承包合同、施工组织设计,以及成本控制目标和质量目标计划的要求来编制。主要指标有:工程项目形象进度;建筑安装工程量及工作量;施工准备工程量及工作量等。编制时,要以形象进度为主,做到形象进度、工程量、工作量三统一;要使工期、质量、成本目标的要求相协调。在企业实行承包经济责任制后,施工生产计划主要由内部承包单位自行编制,公司主要进行协调和检查监督。　　　　(何万钟)

施工索赔　construction claims

工程施工承包合同实施过程中,合同当事人一方向另一方索取赔偿的民事法律行为。作为保护合同当事人双方合法权益的措施,施工合同中对索赔事项和索赔程序都订有专门条款。在实践中,依索赔目的不同,主要可分工期索赔和经济索赔;按索赔的合同依据,又可分为合同内索赔,合同外索赔和道义索赔。　　　　　　　　　　(张　琰)

施工图设计　working drawing design

根据批准的初步设计或技术设计,具体编制用于指导现场施工的设计文件。包括施工说明、建筑总平面图、建筑物及构筑物的建筑施工图、结构施工图以及水、暖、电等设备施工图,其深度应满足:①设

备材料的安排和非标准设备的制作;②施工图预算或工程标底的编制;③工程施工要求等。　　　　　　　　　　　　　　　　(林知炎)

施工图预算　working drawing estimate

根据已批准的施工图设计和建筑工程预算定额编制的单项工程或单位工程预期所需费用的文件。主要内容是按分部分项工程列出直接费,汇总后再按规定标准计算间接费、各项独立费和计划利润,最后加总即得预算总造价。是实行按施工图预算造价包干和实行招标承包制确定标底价格的主要依据。　　　　　　　　　　　　　　　　(张守健)

施工图预算加系数包干合同　contracted working drawing estimate plusa coeppicient contract

根据施工图和相应的预算定额与单价及取费标准,再加不可预见费系数而确定工程项目包干造价的工程承包合同。承包后,建筑企业在包干项目范围内不再向建设单位计取增加费用。实行议标或以行政命令下达任务方式承包时常采用这种费用包干形式。　　　　　　　　　　　　　　　(何万钟)

施工图预算加系数包干造价　contracted cost by working drawing estimate plus additional co-efficient

考虑到工程项目在施工过程中可能发生难以预见的某些变化,在施工图预算基础上增加一定比例的应变费用,而确定的工程项目投资包干或承包总价。包干项目及包干系数由地方工程造价管理部门确定,通常包括影响造价一定幅度内的零星设计变更,由于施工条件变化而导致施工费用在一定幅度内的变化以及某些材料价格的变化等。由于超过规定范围的设计和施工条件变化、重大自然灾害及主要材料政策性调价所造成的造价变化,一般不属于包干范围。　　　　　　　　　　(张守健)

施工图纸会审　joint checkup on working drawing

工程正式开工前,由建设单位、设计单位和施工单位联合对施工图纸进行的审查。通常由建设单位主持,一般程序为:①设计单位介绍设计意图、工程特点和技术要求,进行设计交底;②施工单位根据"施工图纸自审记录",对图纸中的问题提出质疑;③设计单位作出解释,经三方充分讨论和认可后,形成"施工图纸会审纪要",参加单位签署后作为指导施工、竣工验收和工程结算的依据。　　(董玉学)

施工图纸现场签证　authentication for working drawing in site

在工程施工过程中,更改施工图纸须履行的手续。它包括设计变更和技术核定两种形式。设计变

更是设计单位因施工图纸中的差错、施工单位的新建议,而以设计变更通知单形式进行的图纸更改。技术核定是因施工条件变化,如材料代换,以及采用施工新技术而引起的施工图纸变更,它通常由施工单位以技术核定单形式提出,设计单位审核认可。凡重大设计变更,应由建设及设计单位签署,以作为指导施工、竣工验收和工程结算的依据。

（董玉学）

施工图纸自审　working drawing examination by constructor

工程正式开工前,施工单位对施工图纸所进行的全面熟悉和审查工作。目的在于:①掌握设计意图,了解工程规模、结构复杂程度和技术要求;②发现施工图纸中的问题和错误,提出改进建议,消除隐患;③为工程施工准备一套准确、齐全的设计图纸。通过自审形成一份"施工图纸自审记录",作为施工图纸会审的依据。　（董玉学）

施工现场　construction site

拟建工程的施工场地及其空间。通常设有与外界相隔离的场区围墙和不少于两个的出入口,场内各项临时设施、临时道路、管网线路、施工机械停放和各种材料堆放等都必须符合施工平面图的要求,有相应的安全和防火设施,以保证工程文明施工。

（董玉学）

施工现场供电　power supply for construction site

为施工现场提供动力和照明电能的系统。又分为生产供电和生活供电。一般可按以下步骤确定:①确定用电点和用电量;②选择电源和变压器;③确定供电线路形式和导线截面积。供电系统必须满足方便生产、有利生活和安全防火的要求。线路布置形式有:枝状、环状和混合式三种。　（董玉学）

施工现场供气　gas supply for construction site

为施工现场提供压缩空气、氧气和乙炔等动力或能源的装置及其系统。主要用于风动、气焊和气割设备。压缩空气由固定式或移动式空压站供给,输送管道的材质和管径,须经具体设计确定。氧气和乙炔等气源要视需求和供给的具体情况确定供应方式和供应方案。　（董玉学）

施工现场供热　heating power for construction sile

为施工现场的生产和生活提供热能的装置及其系统。主要用于临时设施采暖、冬期施工和混凝土蒸汽养护等施工活动。现场供热多采用较为经济的蒸汽供热系统,取得热能的方式有:①当地热电站的供热系统;②已建工程或在建工程的锅炉供热系统;③现场自建临时供热系统。现场供热可按以下步骤

确定:①确定供热点和供热量;②选择热源;③确定供热管道直径和管路布置形式。　（董玉学）

施工现场供水　water supply for construction site

为施工现场提供用水的装置及其系统。又分为生产供水、生活供水和消防供水。可按以下步骤确定:①确定用水点和用水量;②选择水源和供水装置;③确定管道直径和管路布置形式。施工供水系统应尽可能利用永久性供水设施,或先建成永久性供水系统的主要部分,然后铺设现场供水管网。供水系统布置形式有枝状、环状和混合式三种。为降低其造价,应尽量缩短管网总长度。　（董玉学）

施工现场排水　drainage of construction site

为施工现场排除生产和生活废水以及雨水的装置及其系统。分为现场地面排水和地下排水两种形式。前者采用明沟;后者采用管道。应尽可能利用永久性地下排水系统。对于易受洪水淹没的施工现场,除了设置上述排水设施外,还应认真考虑和设置必要的防洪及排涝设施。　（董玉学）

施工项目　project under construction

报告期内进行过建筑或安装施工活动的项目。凡是报告期施过工的建设项目,不论施工时间长短,也不论是否列入固定资产投资计划,均作为施工项目统计。施工项目的个数统计可以从一个侧面反映整个建设规模的大小和建设战线的长短,它与同期建成投产的项目对比,可以从建设速度的角度反映投资效果的高低。按照现行统计制度规定,施工项目又分为:本年正式施工项目,本年收尾项目(指以前年度已经建成投产,而在本年进行扫尾施工的项目)和以前年度全部停缓建项目(指本年对停缓建工程进行维护性施工的项目)。　（卢安祖）

施工预算　construction estimate

建筑施工单位按每一施工对象编制的所需人工、材料、机械台班数量及相应费用的预算文件。以施工图纸、施工组织设计、施工定额和降低成本技术措施计划为编制的依据,实即单位工程的计划成本。其内容包括:分部分项工程量;材料和构配件用量、分工种的用工数量、施工机具的种类和台班数量,以及模板、脚手架等周转器材的数量等。其作用主要是为加强施工单位内部经济责任制,更好地对施工生产过程实行定额管理和计划管理。施工预算和施工图预算或承包合同造价之间的差额,反映降低工程成本计划的预期目标。　（张守健）

施工招标　call for tender on construction

建设单位采用竞争方式择优选择施工单位的方法。中国规定,凡有经批准的工程建设计划、设计文件和所需资金,并完成施工场地准备条件的工程项

目即可进行施工招标。步骤是:首先由建设单位向主管部门提出招标申请,经审查批准后,拟订招标文件,编制标底,发布招标公告或邀请投标函。然后对投标单位进行资格审查,分别对合格单位与不合格单位发出书面通知,向投标单位发售招标文件,进行工程交底,组织踏勘建设场地。投标截止后,在规定时间、地点开标,经评标、决标,选定中标单位,发出中标与不中标通知书,在规定期间内与中标单位签订施工合同,招标工作结束。　　　　(钱昆润)

施工准备 construction preparation

根据拟建工程的施工需要而创造必要条件的工作总称。工程施工是极其复杂的生产过程,不仅建设单位要做好建设前期准备工作,施工单位也必须有计划地做好施工准备工作,以保证土建施工和设备安装工程的顺利进行。按照工作范围不同分为:全场性施工准备,单位工程施工准备和分部(项)工程作业条件准备。按照工作完成的时间不同分为:正式开工前的施工准备和工程开工后各施工阶段前的施工准备。通常准备工作的内容包括:技术准备、物资准备、劳动组织准备、施工现场准备和施工的场外准备。施工准备工作贯穿施工全过程的始终。
　　　　　　　　　　　　　　　　(董玉学)

施工准备阶段质量控制 quality control in preparatory stage of construction

以保证施工准备工作质量为目的的质量控制。主要工作有:保证施工组织设计的质量;提高现场准备工作质量和作业条件准备工作质量;编制质量保证工作计划,并做好技术交底等。　　(田金信)

施工总进度计划 general construction schedule

反映建设项目施工全过程的进度安排的文件。是施工组织总设计的重要组成部分。用以控制各单项工程的施工准备、施工顺序、资源消耗和相应的进度。其编制步骤是:①划分施工项目,计算工程量;②确定建设总工期和单项工程工期;③安排施工顺序;④确定每个施工阶段的工程项目及其开竣工时间;⑤编制施工总进度计划。形式可为横道图或网络图。　　　　　　　　　　　　(董玉学)

施工总平面图管理 construction plan management

在建设项目施工全过程中,根据施工总平面图设计,对施工现场进行的组织管理工作。是施工管理的重要组成部分。随着施工阶段变化,施工总平面图必须作出相应调整或修改。为加强施工总平面的动态管理,通常管理的要点是:①必须按照总平面图的设计建造各项临时设施,未经批准,不得更改或移位;②凡需停水、停电和断路者,必须经过审批,方准实施;③不得随意弃土、取土和堆放物料,保证工

完场清;④严格遵守防火、劳保和卫生等有关规定,保证安全施工;⑤定期召开总平面管理及协调会等。
　　　　　　　　　　　　　　　　(董玉学)

施工组织设计 planning and programming of project construction

以拟建工程项目为对象编制的、用以指导其施工生产过程的技术经济文件。其基本任务是在工程目标成本和合同工期的约束下,规划和部署工程项目的施工生产活动,确定合理的施工方案,制订有效的技术组织措施,充分利用人力、物力、时间和空间,综合协调地完成合同现定的工程任务。其内容包括:工程概况、施工方案、施工进度计划、施工准备工作计划、各项资源需要量计划、施工平面图、各种技术组织措施、各项技术经济指标等。根据编制对象范围不同分为:施工组织总设计、单位工程施工组织设计和分部(项)工程施工设计。　　(董玉学)

施工组织设计交底 organization and planning of construction assigning and explaining

在工程开工前,将业经审批的施工组织设计向施工基层单位、职能人员和工人队组进行说明、解释的工作。是技术交底的重要组成部分。目的在于:明确工程特点、施工部署、施工方法、施工进度、平面布置和各项施工管理措施。对于施工组织总设计,由总包企业总工程师组织有关部门向有关施工单位交底;对于单位工程施工组织设计,由项目经理或项目工程师向有关职能人员和施工队组交底;对于分部(项)工程施工设计,由项目工程师或技术员向工人队组进行详细交底。　　　　　　(董玉学)

施工组织总设计 general planning and programming of project construction

以一个建设项目为对象编制的、用以指导其施工活动的综合性技术经济文件。其内容包括:工程概况和工程特点;施工部署和主要工程施工方案;施工总进度计划;资源总需要量计划;全场性施工准备工作计划;施工总平面图;主要技术组织措施;主要技术经济指标等。通常由施工总承包单位负责编制。　　　　　　　　　　　　(董玉学)

时价

见现行价格(298 页)。

时间观念 conecept of time

又称时效观念。"时间就是金钱",赢得时间就赢得效益的思想。树立时间观念:①企业的一切生产经营活动及管理工作要讲求效率,以赢得时间。②经营决策要把握住时机。即使是正确的决策,如贻误了时机也是没有效益的。③资金的运用要讲求时间价值,要进行资金运用的动态分析,加快资金周转。　　　　　　　　　　　　　　　(何万钟)

时间数列　time series

又称动态数列。把若干个同一类型的反映社会经济现象在时间上发展变化的统计指标，按时间先后顺序排列起来所形成的数列。有绝对数时间数列、相对数时间数列和平均数时间数列。数列中的各项指标值，统计上称为发展水平。是进行动态分析，计算一系列动态分析指标的基础。　（俞壮林）

时间数列分析　time series analysis

又称动态分析。以大量的时间数列资料为基础，对某一社会经济现象的发展过程、发展方向和趋势及各类影响因素进行研究的过程。内容包括：①计算一系列时间数列分析指标，反映现象发展变化的水平和程度；②分析时间数列变动的原因，测定各类因素对时间数列变动的影响，并对此进行描述，作为研究现象发展变化规律和外推预测的重要依据。时间数列分析指标有动态比较指标，如增减量、发展速度和增减速度和动态平均指标，如平均增减量、平均发展速度和平均增减速度。影响时间数列变动的主要因素有长期趋势；季节变动；循环变动；不规则变动。对这四类因素进行分析通常采用两种模型：①加法模型，各因素之间为相加关系，彼此并不相互影响；②乘法模型，各因素之间为相乘关系，彼此交叉，相互影响。在中国历年的时间数列资料中，长期趋势和季节变动的影响是主要的。

（俞壮林）

时间序列分析　time series analysis

又称趋势外推法。运用过去的按时间顺序发生的数据所反映的变化趋势来预测未来状态的一种定量预测方法。其假设前提是：在预测期内影响预测对象变化的基本条件不变，反映过去状态的变化趋势，也就可以用来反映未来状态的变化趋势。常用于预测对象为单一变数时的定量预测。采用此法时要求依据的数据可靠和系统、完整。常用的方法有移动平均法、指数平滑法等。　（何万钟）

时间研究　time study

在工作现场观察、记录、分析和确定工人完成工作所需时间的一系列研究活动。其目的在于改进工人操作方法，节约劳动时间和提高劳动生产率。美国泰罗所首创。其进行步骤：对所研究的工作和工作方法、所需材料、人工、工具、机器等，进行详细调查；将整个工作分为若干基本动作，分别测定并记录各动作的时间；分析和改善动作，确定其是否合理；根据分析的结果规定标准工作时间。时间测定可用"微秒计时器"或停表。确定时间的方法主要有：①最短时间法；②中位数法；③众数法；④平均法。将测定时间作适当放宽，即为标准工作时间。

（何　征）

时间坐标网络图　time coordinate network

简称时标网络图。在带有时间坐标的纸上绘制的网络图。具有横道图和网络图两种形式的优点。有单代号和双代号时间坐标网络图两种形式。由于在时标网络图上直接表示出所有时间参数和关键线路，可免去时间参数的计算，且适应了基层施工人员的习惯，较适用于中、小型工程的施工计划。

（何万钟）

实地盘存制　physical inventory system

根据清点实物确定材料物资期末存量的财产物资盘存方法。永续盘存制的对称。平时在账簿中只登记材料物资的增加数，而不登记减少数，期末根据实地盘点的实存数，倒算出本期减少数。采用这种盘存制度，核算工作比较简便，但不能随时反映各种物资发出、结存情况，并把物资的短缺数隐含在发出数量之内，因而不利于加强物资管理，并影响核算的正确性与及时性。　（闻　青）

实际工资　real wages

劳动者的货币工资所能换得的生活消费品和社会服务的数量。是反映劳动者实际生活水平的重要标志之一。实际工资受货币工资多少和消费品及社会服务价格高低两种因素的影响。其变动，用实际工资指数来反映。计算公式为：

$$实际工资指数 = \frac{货币工资指数}{生活费指数}$$

在货币工资不变的情况下，实际工资水平决定于个人消费品和社会服务价格的高低。在一定时期内，如果消费品和社会服务价格提高的幅度大于职工货币工资增长的幅度，则职工实际工资水平下降；反之，消费品和社会服务价格下降，即使职工的货币工资不变，也会使实际工资有所提高。因此，在衡量劳动者的生活水平时，不仅要看货币工资多少，更要看实际工资的高低。　（张　琰）

实际利率

预期价格不变时的利率。即扣除通货膨胀因素影响后的利率。在有通货膨胀情况下，名义利率是实际利率与通货膨胀率的综合。实际利率可由名义利率及通货膨胀率求得。其计算公式如下：

①较为精确的方法

$$i_r = i_n - f - i_r f$$

②近似方法（较通用方法）

$$i_r = i_n - f$$

i_r 为实际利率；i_n 为名义利率；f 为通货膨胀率。在通货膨胀条件下，分析项目资金构成（自有资金与贷款比例）与实际收益率（不考虑通胀因素）时，需计算实际利率这一经济参数。　（何万钟）

实际楼龄　actual age of building

又称历史楼龄。建筑物建成之日至估价日的时间。 （刘洪玉）

实际施工工期 actual construction period

以实际施工天数表示的施工工期。即工程对象自开工之日起，至竣工之日止的全部实际施工天数，包括例假节日加班作业的天数。 （何万钟）

实际需要总投资 actual needed total amount of investment

工程全部建成后实际需要的投资总额。在累计完成投资额已超过计划总投资的情况下，为累计完成投资与建设完成设计规定的工程内容尚需投资之和。常与计划总投资指标结合使用，反映投资总规模，计算建设周期，并观察超计划总投资的情况。 （俞壮林）

实时操作系统 real-time operating system

对外部输入的信息，能够在规定的时间内处理完毕并作出快速反应的操作系统。其优点是响应时间比分时操作系统更短，根据任务紧迫程度，要求在秒级、毫秒级、甚至微秒级的时间内立即处理。这样可保证计算机用于实时控制。"实时"二字的含义是指计算机对于外来信息能够以足够的速度进行处理，并在实时时间的尺度内作出反应。实时系统按其使用方式不同分为两类：①实时控制；②实时信息处理。这种系统的特点是：①系统要对外部实时信号作出及时响应，响应的时间间隔要足以能够控制发出实时信号的那个环境；②系统的整体性强。实时系统所管理的联机设备和资源，要按一定的时间关系和逻辑关系协调工作；③实时终端设备通常只作为执行装置或询问装置使用。这种系统用于数据终端、模数转换器、数字输出设备等。 （冯镭荣）

实物工程量 physical output of construction

施工企业在一定时期内完成的、用物理或自然计量单位表示的各种工程数量。如土方工程(m^3)、金属结构工程(t)、抹灰工程(m^2)、道路工程(m^2/m)、设备安装工程(t/台)等。是施工企业编制与检查施工作业计划、确定劳动力、材料、机械需要量的依据；也是计算施工产值和其他技术经济指标的基础。 （雷懋成）

实物工程量分析 analysis of quantity in kind of construction

根据实物工程量划分标准和范围，将实际完成的实物工程量与计划进行的对比分析。其目的在于考核工程完成的实物总数量及其进度，并与形象进度、工作量、劳动生产率等指标结合起来，用以全面评价施工生产计划的完成情况。由于建筑产品的类型复杂，每项建筑工程又由许多分部、分项工程组成，实物工程量的内容繁多。在实际工作中，一般只

对主要实物工程量，如土石方工程、打桩工程、基础工程、砌筑工程、混凝土工程、结构安装工程、抹灰工程、屋面工程、工业管道安装工程、通风工程、采暖工程、动力配线工程、上下水道工程、机械设备安装工程等进行系统分析。 （周志华）

实物工程量计划 physical output plan of construction

以物理或自然计量单位表示的建筑安装工程计划。企业施工生产计划的一种形式。是企业编制和检查施工作业计划，编制劳动力、材料、机械需要量计划的依据，也是计算施工产值及其他技术经济指标的基础。 （何万钟）

实物工程量指标 indicator of construction quantity in kind

建筑安装企业在一定时期内完成的以物理或自然计量单位表示的工程数量的指标。如多少立方米的土方工程量、多少吨（或台）的设备安装工程等。它代表建筑企业的产品产量，是核算施工产值和其他技术经济指标的基础，在一定程度上可以反映建筑企业的规模和水平。 （周志华）

实物型投入产出表 input-output table in physical terms

以实物计量单位表示的投入产出表。因采用实物计量单位，如吨、米、立方米、平方米、台等，其经济意义明确，收集资料也较方便，又可避免由于产品价格问题而引起的一系列困难。适用于研究经济活动中主要产品的生产与使用情况，分析主要产品的消耗结构及物资平衡问题。实践中，实物型投入产出表的大部分指标采用实物单位计量，少部分指标也可采用价值单位或劳动单位。 （徐绳墨）

实物指标 physical indicator

以实物单位计量的统计指标。常用的有：自然单位，如设备数量用"台"表示；度量衡单位，如房屋竣工面积用"平方米"表示；复合单位，如货运周转量用"吨·公里"表示；双重单位，如电动机的数量用"台/千瓦"表示。对于不同品种、规格或含量的同类产品，为统一计算其数量，可采用标准实物单位，如统计平板玻璃产量时采用"重量箱"作为标准实物单位，一个重量箱等于 $10m^2$ 米厚度为 2mm 的平板玻璃，其重量为 50kg。能直接反映同类实物使用价值的数量，是编制经济与社会发展计划、研究主要物资平衡关系的基本依据。 （俞壮林）

实行合同面 rate of singing contract

报告期签有合同的竣工单位工程个数（或面积）与全部竣工单位工程个数（或面积）的比率。它反映企业承担的工程中承包合同制的实行程度。其计算公式为：

$$实行合同面 = \frac{报告期签有合同的竣工单位工程个数（或面积）}{报告期全部竣工的单位工程个数（或面积）} \times 100\%$$

（雷懋成）

实证经济学　positive economics

研究经济活动中各种现象间的相互联系，但回避作出社会评价的一种西方理论经济学。与规范经济学同为现代西方经济学的两种主要研究方法。它用"大胆假设，小心求证，在求证中检验假设"的方法，试图揭示经济事件之间关系的规律，并用以分析和预测经济行为的后果。但只回答"是"或"不是"的问题，而不回答"好"或"坏"的问题。其研究内容主要是通过提出假设，制定模型，估算参数，验证理论（假设），预测经济行为的后果。当代西方经济学中的宏观经济学、微观经济学都属于实证经济学，但其中又都包含有规范经济学的因素。

（何万钟）

矢线图法　arrow diagram method

又称箭条图法、网络图法。通过网络图形式反映计划的安排，并据以组织和控制生产的进度和费用，使其达到预定目标的一种科学管理方法。新QC七工具之一。该法把计划管理中的计划评审技术（PERT）和关键线路法（CPM）引进到质量管理中，应用于：拟定新产品研制、产品改进计划，和实行进度管理；拟定生产的日程计划及实行进度管理；使上述各种计划与QC活动结合起来；拟定工序分析和提高效率计划方案；拟定QC计划及进行进度管理等。

（周爱民）

使用功能　useful function

价值工程活动中，产品为满足用户使用要求而必须具备的功能。包括基本功能和辅助功能。

（吴　明）

使用价值竞争战略　strategy of use value competition

企业必须使所生产的商品对用户具有更大吸引力的使用价值，以赢得用户所采用的战略。使用价值是价值的物质承担者，使用价值的竞争是价格竞争的基础。企业竞争首先表现为产品使用价值的竞争。例如，建筑企业必须在产品或工程的质量上下功夫。使完成的建筑产品在使用功能、适用、坚固、外观、安全等方面更受用户的欢迎。

（何万钟）

使用年限折旧法　depreciation – expected life method

又称直线折旧法（depreciation – straight line）或直线法。按固定资产预计使用年限平均计提折旧的一种折旧计算方法。计算公式为：

$$年折旧额 = \frac{固定资产原价 - 预计残值 + 预计清理费用}{预计使用年限}$$

$$月折旧额 = \frac{年折旧额}{12}$$

采用这种方法，对那些在年度内经常使用的固定资产计提折旧手续简便。

（闻　青）

使用损耗　service loss

机械设备在使用过程中由于零部件摩擦、振动和疲劳等造成的磨损或损伤。是有形损耗的一部分。表现为零部件原有尺寸的改变甚至变形，公差配合性质的改变，精度的降低和零部件的损坏。损耗的程度取决于：① 机械负荷大小；② 机械自身质量；③ 零部件的配合情况；④ 设备的固定程度；⑤ 使用中防避外界影响的程度；⑥ 维修保养情况；⑦ 操作者的技术水平等。

（陈　键）

世界银行　World Bank

国际复兴开发银行的通称。联合国所属的一个全球性政府间国际金融机构。成立于1945年12月，总行设在美国华盛顿。其宗旨是对用于生产目的的投资提供便利，以协助会员国的复兴和发展，鼓励不发达国家的生产及其资源开发；保证或参与私人贷款及投资，促进私人对外投资，鼓励国际投资以开发会员国生产资源，促进国际贸易长期平衡发展，维持国际收支平衡；在提供贷款保证时，应同其他方面的国际贷款配合。资金来源为会员国缴纳的股金；在国际资本市场上发行债券；出让债权收入以及利息收入。主要业务活动是向发展中国家提供长期生产性贷款，以促进其经济发展和生产率提高。此外，还有提供技术援助，设立经济发展系统，协调援助开展国际农业研究及社会经济调查研究等。最高权力机构是理事会，由会员国各指派一名理事和一名副理事组成。执行董事会负责处理日常事务，持有股份最多的美、英、德、法、日5国为常任执行董事，中国为世界银行创始国之一，在由21人组成的执行董事会中占有一席。行长由执行董事会选举产生，并任执行董事会主席。

（张　琰　蔡德坚）

世界银行项目管理　project management of the World Bank

世界银行发放项目贷款过程中的管理工作。贯串于从项目的选定、准备、评估、谈判到项目的实施和总结评价的整个项目周期之中。重点放在项目的可行性分析及监督其实施，包括监督器材采购和土建工程施工的竞争性国际投标，以保证项目按贷款协议执行，并获得资金使用的良好效果。

（张　琰）

市场比较法 market comparison method

又称交易实例比较法。根据替代原则,通过具有可比性的房地产市场价格对一宗房地产进行估价的方法。房地产估价的基本方法之一。具有可比性的房地产称对比物业,其价格应为近期成交的市场价格。将委估物业与对比物业在产权性质、用途、时间、交易情况、市场状况、地段及临街状况、交通和环境状况以及物理特性等影响因素的差异加以适当修正,估算委估物业的价值。 (刘洪玉)

市场调查 marketing research

又称市场研究或市场调研。对市场需求、产品适应性、发展或开拓市场的方法等方面所进行的调查研究。目的是为帮助作出经营管理决策提供有用的信息。是市场预测的基础。调查的内容主要有:可能的市场规模,可能达到的销售量,最可能购买某类商品的消费者的选择,以及最可能刺激消费者购买的促销手段等。调查是收集和分析信息的过程。主要步骤依次为确定调研目标;制订调研计划,实施调研计划;数据分析;提出调研报告。在现代市场经济中,市场调查已发展成为一种帮助企业管理部门解决其日益复杂、困难问题的工具。调查可由企业专设的市场调查部门或专职人员进行,也可委托咨询公司或其他调查机构进行。

(张 琰 何万钟)

市场调节 market regulation

由市场供求关系引起的价格自由涨落对生产和需求的自发调节。市场机制的具体体现。在社会主义市场经济体制下,充分发挥市场调节的作用,可以调动各方面的积极性来灵活地安排生产和流通,以适应市场需求,满足人民的物质文化生活需要,并提高企业的经济效益,是社会主义经济有机体有效运转所必需的。但市场调节有可能带来生产盲目性的弊端,所以,政府须重视加强宏观调控。

(何万钟)

市场风险 market risk

由于市场供需变化和竞争等不确定因素而产生的项目风险。这种风险的存在将严重影响工程项目投产后稳定的收益,直接威胁投资者和贷款人的利益。出现市场风险的原因是,对需求量的估算不准确;工程项目投产后出现能力过剩(如世界范围内建设过多的类似工程)或原定市场受到新的厂家的有力竞争;新的工艺、技术使其他来源产品的价格大大降低或产品销售价格缺乏竞争力。可采取的防范措施有:独立的市场调查,适应市场变化的营销策略,各种形式的合同安排,如固定价格的长期购买合同、最终支付额合同以及差额支付协议等。

(严玉星)

市场观念 concept of market

市场是企业经营活动的舞台和企业生存空间的思想。其要点:①企业必须根据市场的需求来组织生产经营活动。②企业要不断了解市场,把握市场,并预测市场未来的变化。③企业要动态地适应市场的变化,对市场信号作出有效、灵敏的反应。④企业要正确制定对策去占有市场,并不断创造新的用户需求,开拓新的市场。 (何万钟)

市场环境 market environment

见直接环境(334页)。

市场机制 market mechanism

通过市场供给和需求关系的变化带动社会经济运转的机能。凡是进行商品生产,就必然有市场。商品经济的内在基本规律要求商品必须按照它的价值——社会必要劳动时间交换。而社会必要劳动时间只有在市场上通过商品供求规律和竞争规律外在的强迫形式才能得以实现。首先,由于各个商品生产者的个别劳动时间只有在进入市场通过竞争、比较才能形成该商品的社会必要劳动时间;其次在市场竞争中供求关系的波动引起价格的波动,必然使质次价高的产品不能实现其价值,从而达到优胜劣汰,促进经济发展。同时,市场供求关系的变化,也对企业经营进行引导,有利于资源的合理配置和有效利用。但市场机制的自发作用,往往会对社会资源造成巨大浪费。因此,需要从宏观上加以计划引导和调控。 (何 征)

市场价格 market price

商品在市场上买卖的价格。同一种商品在同一个市场上,通常只有一种市场价格。由于竞争和商品供求关系的变化,市场价格会围绕价值而上下波动:供大于求时,价格降到价值以下;求大于供时,价格升到价值以上。通过市场价格的波动,体现着价值规律自发地调节商品的生产和流通,从而起到合理配置生产要素的作用。

(刘长滨 刘玉书)

市场经济 market economy

商品生产者和需求者借以进行交换活动的一种经济组织形式。市场是同商品经济相联系的一个经济范畴。只要有商品,就有市场。所以市场经济也可以说是商品经济的通称。在市场经济下,供需双方能直接衔接,使社会生产能满足社会各方面和多层次的需要;由于价值规律的作用和市场竞争因素,能促使各商品生产者竞相提高工效,改善管理,推进技术进步,做到生产要素的合理配置和有效利用。但市场经济主要适用于个量平衡和短期资源配置,对于总量平衡和长期资源配置的合理化,则不是充分有效的。另外,完全由市场这一支"看不见的手"

来支配经济活动,也会给社会生产带来一定自发性和盲目性。所以,完全的市场经济也有它的先天弱点和局限性,需要有适当的、及时有力的宏观调控。

(何　征)

市场均衡价格　market equilibrium price

在理想的完全竞争市场条件下,所形成的供求均衡状态的市场价格。可以证明在完善市场条件下,边际社会效益、边际社会成本、边际企业收益和边际企业成本都等于市场价格,因此,项目的投入物和产出物的市场价格就等于影子价格,国民经济评价价格和财务评价价格也就一致了。不过现实世界中完善的市场条件是不存在的,特别是在发展中国家,市场机制不完善、供需不平衡、存在价格控制和人为干预,市场价格不能反映各种货物的真实价格。即使是国际市场价格,也多少会有垄断、倾销、优惠、保护等因素。但一般地说,市场机制比较充分的国家,其市场价格可以近似地视为均衡价格。

(刘玉书)

市场开拓战略　strategy of market expansion

企业为了扩大现有市场占有率或开发新的市场所采用的战略。包括:①在现有经营方向前提下,改进企业竞争战略,以扩大现有地区范围的市场占有率;②扩大经营方向,如建筑企业既承包房屋建筑工程,又承包公路、市政工程,以扩大现有地区范围市场占有率;③在现有经营方向前提下,开发新的地区市场;④选择合理的经营方向,既开发新的地区市场(包括国外市场),又开发现有地区的新的市场领域。

(何万钟)

市场预测　market forecasting

对市场需求、供给、竞争态势、价格等市场要素的变化趋势所作的预测。企业经营预测的重要内容之一。主要包括:①产品需求预测。包括近期或远期市场对产品的需求量、产品类型和结构、产品质量需求等。还应区分国内市场和国外市场对产品的需求。②市场占有率预测。在市场总需求不变的情况下,本企业市场占有率的提高,就是竞争对手市场占有率的降低。所以,市场占有率预测实际上是市场竞争态势和企业产品竞争能力的预测。③影响产品需求的因素如产品价格、用户购买力及其他环境因素变化的预测等。

(何万钟)

市场租金　market rent

在竞争性市场上,一宗公开出租的物业可以获得的租金收入。

(刘洪玉)

市政工程公司　public works company

从事城市市政设施建设的专业化建筑企业。业务范围主要包括城市道路、桥梁、给水、排水等设施的建筑施工与设备安装。

(谭　刚)

事后评价　evaluation afterwards

又称项目后评估。指在项目建成、投入运营并达到正常设计功能后进行的评价。其作用是总结经验教训,对已运营的项目提出充分发挥其效能,改进运营条件和措施的指导性意见;并把经验教训作为新的智力资源和财富,指导以后进行的项目评价工作,即变“马后炮”为“马前炮”,以不断提高建设项目评价工作的水平。

(何万钟)

事后审计　auditing after the event

在经济业务和财务收支实现以后所进行的审计。如对国家行政机关的财政收入和经费支出预算执行结果的审计,对全民所有制企业单位财务收支计划执行结果的审计等。可以纠正经济财务工作中的缺点,追究违反财经纪律的责任,可起到惩前毖后,防止再犯的作用。

(闻　青)

事后修理　repair after failure

又称故障修理法。机械设备发生故障才进行修理的修理方法。只适用于停止使用对生产影响不大、价格低、易于购买的一般次要设备的修理。

(陈　键)

事前评价　evaluation in advance

指建设项目在实施前的投资决策阶段进行的评价。初步可行性研究及项目可行性研究阶段进行的评价即属事前评价。

(何万钟)

事前审计　auditing in advance

在经济业务和财务收支发生前所进行的审计。如对财政预算和财政拨款的审计,对企业、事业单位财务收支计划的审计,对建设单位工程建设概预算和项目投资经济效益的审计等。可以防止财政、财务、建设工作中发生失算、失误、铺张浪费和其他不符合财政财务制度等的行为发生。但国外对事前审计的看法不尽一致,持否定看法的认为,审计机关一旦参与事前审计,就使自己卷入了计划、合同、项目的拟订工作,然后再由自己去审计、去判断,容易造成责任不清,影响审计的独立性和客观性。他们认为事前审计的工作应当是管理部门的管理工作,而不是一般意义上的审计工作。

(闻　青)

事业部制　divisional organization system

企业集中领导,内部按经营范围或产品类型划分事业部,分散经营的一种分权管理组织形式。实行事业部制的企业一般统一经营方针、政策,保持人事决策、预算控制与监督方面的权限;各事业部相对独立地自主经营,独立核算。它适用于规模大,经营范围广,市场面大的大型工业和建筑业企业。其主要特点是各事业部能自主经营,适应市场环境的变化,能调动其积极性和创造性。企业一级也能摆脱日常经营业务,致力于大政方针和实行监督。缺点

是各事业部都设置一套管理机构及职能部门,增加了管理层次和管理费用开支。 （何万钟）

事中评价 evaluation in progress

建设项目在建设过程中进行的评价。其作用是在项目建设过程中,当事前评价所依据的条件(如市场条件、投资环境等)发生变化时,论证该项目的评价结论是否还有效,是否需进行局部甚至全部修改,投资方案是否需进行相应的补充和调整,为调整决策提供依据。 （何万钟）

事中审计 auditing in progress

在经济业务和财务收支进行过程中所实施的审计。如对建设项目在建设过程中执行工程概预算的审计,对企业事业单位实现财务收支计划的审计等。可以及时发现问题,采取必要的措施纠正,并减少期末审计工作量。内部审计人员随时对本单位各部门的审查,就是此种审计的典型例子。 （闻 青）

适用技术 appropriate technology

为达到一定目的可能采用的多种技术中,最符合本国、本地区、本企业实际情况,经济效益和社会效果最好的技术。适用技术的理论最早由英籍德国学者舒马赫（E.F.Schurmacher ? —1977）在他的《小的是美好的》一书中论述了适用技术的概念,英国于1965年建立了专门从事适用技术研究的工作委员会。通常,任何国家、地区、企业为发展经济应尽可能采用先进技术。但是,采用什么技术,不仅要受到使用技术所需的人力、物力和财力的限制,也受到自然条件、社会条件和技术基础等因素的制约。因此,不是在任何条件下,采用先进技术都是可能的或合理的。随着科学技术的发展,为了达到某一目的,可供选择的技术越来越多,不同的技术,要求条件不同,效果也不同。采用技术方案时,就应结合具体条件,计算经济效益和考虑社会效果,从中选择最适用的技术。 （吴 明）

shou

收付实现制 cash basis accounting

又称现收现付制。会计核算中,以款项的实际收付为计算标准,来确定本期收益和费用的一种方法。在中国为行政事业单位所采用。凡在本期收到和付出的款项,不论其是否属于本期,均作为本期的收益和费用处理。反之,凡在本期未收到和未付出的款项,即使属于本期,也不作为本期收益和费用处理。采用这一制度,在期末无需对收益和费用进行调整,核算手续比较简便,但各期收益、费用和损益的计算,往往不够准确。 （闻 青）

收盘价格 closing price

在交易所每天营业时间终了前最后一次成交的商品、证券、黄金、外汇等的价格。在收盘价格牌挂出后,可能还有零星的成交,其价格只能视为非正式的场外价格。 （刘玉书）

收益率 yield rate

见内部收益率(211页)。

收益性物业 income produced property

以出租获取收益为目的的房地产。如出租的写字楼、公寓等。 （刘洪玉）

收益源 revenue stream

利用销售新项目的产品或该项目设施所取得的未来收益。一旦工程完工,用于建造该项目的贷款的本金和利息就由这一新项目所产生的收益来支付。因此,贷款人不仅依靠项目发起人良好的信用来作为偿还贷款的保证,凭着这一项目所形成的"收益源",债款也得以偿还。 （严玉星）

收益资本化法 income capitalization method

又称收益还原法。将房地产寿命周期内的净收益以适当的折现率折算为现值的估价方法。房地产估价的基本方法之一。以此法估算的房地产价值等于房地产持有期内净收入的现值与持有期末净转售收入的现值之和。基本表达式如下:

$$V = \sum_{t=1}^{n} a_t (1 + i_t)^{-t}$$

式中,V 为房地产价值;a_t 为第 t 年的净经营收入;i_t 为第 t 年的折现率;n 为房地产的寿命周期。如 a、i 为常数,每年不变,且 n 为无限期时,则

$$V = \frac{a}{i}$$

（刘洪玉）

收支抵拨制 revenue make up for appropriation system

中国全民所有制企业以其应缴国家预算部分的款项,抵充国家预算拨款的缴拨款制度。如企业按照计划以部分应缴利润抵充基本建设投资拨款和定额流动资金拨款等。 （闻 青）

手动时间 hand-driven time

工人用手或简单工具完成某些操作的时间。生产过程中机动时间的对称。作业时间的组成部分之一。例如支模板、砌砖、绑扎钢筋等。随着科学技术的不断进步和生产机械化水平的逐步提高,手动时间占基本时间的比重将越来越小。 （吴 明）

守法 abide by law

遵守法律,依法办事。有法必依是加强社会主义法制的关键,也是对守法提出的基本要求,中国一

切国家机关、政党、社会团体和全体公民的各种活动,都必须符合国家法律的要求,在法律允许的范围内进行,依照国家法律的规定行使权利、履行义务。《中华人民共和国宪法》规定,一切国家机关和武装力量、各政党和各社会团体、各企业事业组织和公民,都必须遵守宪法和法律,公民在行使自由和权利的时候,不得损害国家的、社会的、集体的利益和其他公民的合法的自由和权利。只有自觉守法,才能使社会主义法律在社会现实生活中充分发挥作用。

（王维民）

首席代理　principal agency

受开发商或业主委托,全面负责物业销售和出租事宜,并有权委托分代理的物业代理机构。

（刘洪玉）

售后租回　sale and leaseback

房地产开发商或业主将其刚建成或拥有的物业出售给一个投资者,然后以投资者期望的合理投资收益水平为基础计算租金,并按此租金签订长期租约的交易安排。实质是房地产融资的一种方式。投资者成为物业的新业主;原开发商或业主成为长期承租人,以市场租金将物业分租给其他租户,获取分租租金与缴纳给投资者的租金间的差值,作为自己的收益。

（刘洪玉）

售楼书　brochure discribing the property

待销售的房地产的详细介绍资料。通常由文字和图片两部分组成。

（刘洪玉）

shu

书面经济合同　written economy contract

用文字表达的双方当事人协商一致而订立的经济合同。经济合同的主要形式。一般用于规范性的,而且标的(物品或金额)数量比较大,内容比较复杂,不能当时清结的经济合同。书面经济合同便于管理和监督,发生纠纷时,举证方便,易于分清责任。随着现代科技的发展,电报、电传、电视录像等已被用作订立合同的工具。但这些工具不能成为独立的合同形式,而只是书面经济合同的组成部分。

（何万钟）

输入输出子系统　input/output subsystem,IOS

连接主机与外围设备的前端处理机系统。由多台输入输出处理机组成。它们是主机与外部设备的分界面,主机利用 IOS 集中数据(供输入)和分发数据(供输出)。主机通过 IOS 控制、管理外设,分担主机管理外设的任务。输入子系统的功能是发现、挑选和记录有关的数据。输出子系统的任务是使变换出来的信息向用户输出,以一定形式传输。

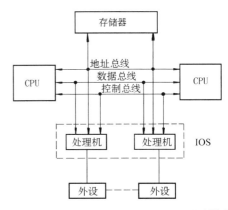

（冯镛荣）

熟地　developed land

经过开发已具备"三通一平"、"五通一平"或"七通一平"条件的建设用地。　（刘洪玉）

竖向设计　vertical planning

根据建筑场地的自然地形地貌,通过土方挖填量的平衡,确定最经济合理的场地设计标高。场地的竖向设计对土方的工程量影响很大,应在满足建筑规划、生产工艺和运输、排水等要求的前提上,尽量使土方的挖填平衡并使总的土方量达到最少。当地形比较复杂时,一般需设计成多平面场地,并使各单平面之间的变化平缓而连续。　（林知炎）

数据　data

能够由计算机处理的数字、字母、图像、声音和特殊符号。数据产生有原生的和次生的两种方式。例如:把顾客购买的物品与款项用手工记载在发票上,就是数据产生的原生方式。又如:把一批发票上的数据汇总为销售报表,是数据产生的次生方式。数据只有经过处理、解释才能成为有用的信息。数据和信息两者都是相对的概念。在不同的管理层次中,它们的地位是交替的,也就是说,低层次决策用的信息,将成为加工高一层次决策信息的数据。

（冯镛荣）

数据安全性　data security

标志程序和数据等信息的安全程度的重要指标。即保护数据不被破坏或泄露,不准非法修改,防止不合法的访问或使用程序和数据的安全程度。通常采用口令保护和加密等安全技术。　（冯镛荣）

数据保护　data protection

数据库管理系统为保证数据的完整性和正确性而采取的措施。包括各种不同的技术,如提供备份、加密等。在数据库系统中,数据保护还包括对并发操作的控制,以防止几个应用程序并行运行调用同一数据引起相互干扰,而导致数据完整性的破坏。

（冯镛荣）

数据变换装置 data conversion equipment

对数据进行整理、计算、验算和传送的装置。为便于数据的整理,需要有编码规则按所需要的信息对数据进行分类。计算功能是对两个或几个数据项(操作数)进行数学运算(指加、减、乘、除四则运算)并从中产生更高使用价值的信息。验算的目的是确定是否还需要进行补充计算。传送功能保证处理装置内部的数据传送。　　　　　(冯鑑荣)

数据变换子系统 data conversion subsystem

管理信息系统中把输入数据变换为信息的子系统。系统内部的数据组织应保证随时可以根据需要检索数据。数据组织主要有符号、符号组、记录和文件几个分级。为了揭示数据从数据源到达规定位置的逻辑路线,设计了数据传输图表。这种图表除了可用来确定数据的位置外,还可从中了解数据在系统内的情况。系统分析员利用这种图表逐步研制那些将数据变换为信息的程序。作为数据传输图表的补充还设计了一种程序流程框图,以表示该图表中那些需要进行一定操作的关键部位的情况,对系统内的操作进行控制,具体确定各种功能及其相互关系,为编制程序准备基础。　　　(冯鑑荣)

数据采集 data acquisition

将温度、压力、流量、位移及角度等模拟量转变为数字信号,再收集到计算机进一步予以显示、处理、记录和传输的过程。在对数据处理前,必须先要采集数据。对所采集到的数据处理后,可进行测量、分析,并根据要求进行控制,以达到预期的目的。一般说,被处理的信号有:开关信号;数字信号;模拟信号。在计算机应用于智能化仪器仪表、信号处理和工业自动化等的过程中,都存在着模拟量的测量与控制问题。科学技术的发展已在速度、分辨率、精度、接口能力、抗干扰能力等方面向现代的数据采集系统提出了越来越高的要求。　　　(冯鑑荣)

数据采集装置 data acquisition equipment, DAE

又称数据采集设备。将模拟电信号转换为数字量存储起来并进行预处理的设备。这些模拟电信号是由各种变化着的物理量,例如应变、温度、压力、震动等通过相应的传感器转换得到的。数据采集装置与计算机配合起来可实现巡回检测,实时控制及数据处理等。数据采集装置一般包括前置放大器、采样开关电路、采样保持电路、模-数转换电路、数-模转换电路、逻辑控制电路和存储设备等。其主要功能有三:①数据的定位,也就是确定数据源所在地;②数据的识别,即经过选择确定需要记录的数据量;③数据的记录,将选定的数据确实记录下来,同时决定采用哪些技术手段和存储介质。　(冯鑑荣)

数据操作 data manipulation

描述计算机非算术性运算中对数据的搜索、分类、检索、比较等功能的术语。例如分类、输出操作以及产生报告等等都是数据操作。　　(冯鑑荣)

数据层次结构 data level structure

数据各组成部分根据一组特定的规则排列成若干级下属层次的结构。为了实现对数据进行有效的处理,就需要将数据有次序地组织起来。数据的组织一般有六个层次:字符、初等项、组合项、记录、文件及数据库。数据的最小单位是字符。一个字符可以是数字的、字母的或专用符号。一个初等项(简称为项)由一组字符组成。一个项可以包含数字、字母字符或二者皆有。组合项则由若干个字符或(和)初等项组成。一个记录由若干字符或(和)初等项或(和)组合项组成。一个物理记录系指记载在物理上可隔开的一个介质上的数据的合成体。一个文件是一组记录。一个组织内的数据库是指其全部文件的集合,它还蕴含着对文件的重新组织,以便最大限度地减少若干文件中重复的数据并增强数据文件之间和文件中的相互联系。　　　　(冯鑑荣)

数据处理 data processing

对数据进行收集、记载、分类、排序、存储、计算、检索、制表等操作,将数据综合成信息的过程。是计算机应用的一个重要手段。最初指在计算机上加工商业、企业的信息与数据,现在常用来泛指加工科技、工程领域以外的所有计算、管理和操纵任何形式的数据资料。例如企业管理、库存管理、报表统计、账目计算、信息情报检索等方面的应用都认为是数据处理。其特点是存储数据所需要的存储空间远远大于操纵数据的程序所需要的空间。从而提出研究的课题有:数据的存储方式、数据结构、数据的检索、数据的维护与管理等。　　　　(冯鑑荣)

数据处理系统 data processing system

管理信息系统中,完成数据接收、分类、排序、存储、计算、检索、制表等操作的功能装置。可分为职能系统和综合系统(集中系统)两大类。职能系统是为了向用户的某一个部门提供信息而建立的。集中系统是为了把信息集中于一处,使之能供用户的所有部门或各主要部门使用而建立的。现已形成以电子计算机为主要处理工具的电子数据处理系统(EDPS),并大大扩展了其应用领域。除了用来实现事务部门的统计制表业务之外,也用以代替人工完成计算工资发放单、编制财务会计报表等工作,可提高数据处理工作的速度和质量。　　(冯鑑荣)

数据传输装置 data transfer equipment

信息处理机中将数据从数据源传送到处理中心或将信息从处理中心传送给接收者的一系列装置。

其作用是保证高效、优质、经济地对数据和信息进行传输。具体要求解决三方面的问题:①在技术方面,要把符号准确无误地从一个地方送到另一个地方;②在语义方面,借助于这些符号尽可能准确地传达某项内容而不损伤原意;③在信息的作用方面,则是研究这些信息对于接收者的行动会有什么影响。

(冯镒荣)

数据存储 data storage

存储器与连接到它的一切装置,包括 CPU、I/O 设备、别的存储器等之间存储数据的过程。包括数据编码的确定,按有意义的类别分配数据以及按文件形式组织数据。其目的为将来需要时可取出使用。从概念上看,数据是按照一组互相有关的记录的形式存储起来的,这些记录组便构成了系统的各个文件。因此,在存储数据时要考虑到存储区的合理安排及存储保护,以免因各种偶然因素使数据丢失。从物理上看,数据存储包括存储介质的考虑,如穿孔卡片、磁带和磁盘。数据在后继过程中如何利用以及存储过程的各种因素将影响物理存储介质的选用。

(冯镒荣)

数据存储和检索装置 data storage and retrieval equipment

信息系统中将原始数据、必要的中间结果、最后结果保存起来,并可在需要时按照一定的格式和规则查找和提取的装置。各种信息系统都用文件进行数据和信息的存储。在手工或机械操作的信息系统中,这种文件可以由一本总账册、一个或几个文件夹或索引卡片组成。在应用计算机的信息系统中,文件是指一种可以通过编码比较容易地寻找和检索的数据组织形式。

(冯镒荣)

数据分类 data classification

按照数据的特征或按照给定数据所引用项的特征,把数据分为若干类别或范畴。例如,成本系统可把成本项目分为原材料、燃料动力、工资及附加工资、废品损失、车间经费和企业管理费等各个数据项。系统分析员进行系统分析时,应当根据用户对信息的需要来定义数据项和分类。又如,为了进行技术经济分析而对产品成本项目进行分类时,往往把折旧费从车间经费中划分出来单独列为一项。对数据进行分类的原则是:①必须适合使用者的需要;②要考虑将来出现新数据项的可能性;③数据项要按一定的逻辑安排;④分类方法要综合考虑各种不同的需要。从系统的角度对数据进行正确分类的目的,是使数据按照某种事先预定的结构输入到系统中后,能使这种预定的结构很好地满足将来处理和重新获得的需要。

(冯镒荣)

数据加密 data encryption

将数据从它的原始格式变换成一种伪装的格式,借以隐蔽数据的真正含义,以防数据被窃的保护技术。常用的方法有:替换密码法、易位法及组合法。在使用加密数据时,先要进行解密即还原数据的本来格式,然后才能使用。

(冯镒荣)

数据库 data base,DB

在计算机存储设备上合理存放的相互关联的数据集合。是计算机软件的一个重要分支。具有如下优点:①可大大减少数据的冗余度,节约空间,减少存取时间,避免不相容。②数据的独立性,一是物理独立性,即存储结构与逻辑结构之间由系统提供映像,存储结构或者说物理结构改变了,逻辑结构可以不改变;二是逻辑独立性,即总体逻辑结构变化,局部逻辑结构不变,从而程序员可不必修改程序。③以最优的方式服务于一个或多个应用程序(应用程序对数据资源的共享)。④可用一个软件统一管理这些数据,例如增加、变更、检索和维护这些数据。

(冯镒荣)

数据库管理系统 data base management system,DBMS

操纵和管理数据库的软件系统,管理数据资源的使用和控制数据资源。提供可直接利用的功能,多个应用程序和用户可以用不同的方法在同时或不同时刻通过 DBMS 建立、更新和询问数据库。其职能是有效地实现数据库三级(用户级、概念级和物理级)之间的转换,它要做的工作通常有以下四个方面:①描述数据库;②管理数据库;③维护数据库;④数据通讯。主要功能就是允许用户逻辑地、抽象地处理数据,而不必涉及这些数据在计算机中是怎样存放的。它便于建立和维护数据库及便于执行使用数据库的程序。

(冯镒荣)

数据库管理员 data base administrator,DBA

负责数据库系统的建立、维护、协调、运行、使用工作的专业人员。其主要职责为:①决定数据库的信息内容,即该部门所要处理的实体集、各实体集的属性和实体间的关系;②进行数据库的逻辑设计,描述概念模式;③和用户建立联系,描述子模式;④决定数据存储结构和访问方式,描述物理模式;⑤决定数据库的保护方法,即决定用户对数据库的使用权限;确定授权核对和访问生效办法;决定数据库的后援和恢复方法;⑥监视系统的工作,响应系统的某些变化,改善系统的"时空"性能,提高系统的效率。

(冯镒荣)

数据库模式 data base scheme

数据库数据的总体逻辑结构。它是数据库的一种描述的格式和办法而不是数据库数据本身,它只是装配数据的一个框架。按照一定的模式可把信息和数据描述出来,并存储到计算机里以备应用。现今的数据库系统在模式中通常还包含有寻址方法、访问控制、保密定义、安全完整量度等内容。某些系统甚至把模式到存储的映射细节也包含到模式中。模式的表示有图示与语言描述,前者画出数据库的模式图,非常直观但不严格,可能忽略许多细节,通常只在模式设计的第一阶段使用。语言描述则严格、准确,可以陈述许多细节,能为计算机接受,故通常在模式设计的第二阶段使用。用语言书写的模式称为源模式,机器不能直接使用,必须将源模式用机器代码表示,变为机器使用的模式,称为目标模式。目标模式通常设计成表格形式、树结构或网络结构。模式说明了用户的信息加工要求,但不涉及数据的存储方法,也不涉及个别用户看待数据的观点,只是说明数据库本身的逻辑结构。　　　（冯镭荣）

数据库系统　data base system,DBS

由人、计算机系统、数据库管理系统、数据库及其描述机构等组成的高效能信息处理系统。其作用是为数据库的组织、索引和存取提供必要的功能。它不是指数据库本身,也不是指数据库管理系统,而是指计算机系统中引进数据库后的系统构成。它的特点是:可以提供各种用户共享具有最小的冗余度和较高的数据与程序独立性的数据资源,而且由于多种程序并发地使用数据库,能保证有效地及时处理数据,并提供安全性和完整性。　　（冯镭荣）

数据链路　data link

两个数据终端设备部件的连接部分。终端设备部件受链路协议的控制,同它们的互连电路一起,使数据从数据源传送到数据汇。其操作方法是由具体的传输编码,传输方式和方向以及控制方式所决定。　　　　　　　　　　　　　　（冯镭荣）

数据流　data stream

提供处理机执行操作的数据序列。只提供一个数据序列供一个或多个处理机使用的数据流称单数据流,提供多个数据序列供单个或多个处理机使用的数据流称多数据流。例如数据通信系统中,远程终端发向计算机的一系列信息组成一个数据流。而从计算机发回终端的信息组成另一数据流。　　　　　　　　　　　　　　（冯镭荣）

数据流程图　data flow chart

系统的逻辑模型,以框图的形式来表示,代表在解题或完成某特定任务时,数据通过的途径。是系统设计的依据。由于它是逻辑系统的图画,非技术用户容易了解。它用四种基本符号来构成逻辑系统,方块代表数据的来源或终点,带圆角的矩形表示转换数据处理,右端开放的矩形是数据存储,箭头用来标识数据的流向。建立数据流程图的主要作用是迫使分析员总结数据,抽取关键细目和考虑这些细目当中的关系。此外,数据流和数据存储的内容是编写数据字典的基础。　　　　　（冯镭荣）

数据描述　data description

某些计算机语言中用以描述一个具体的数据项属性的那一部分的统称。它借助于层次编号、数据名字以及一组独立的子句来描述数据项的属性。一个基本数据描述项逻辑上不能再细分。一组描述项由若干相关的组和(或)基本项构成。　（冯镭荣）

数据模型　data model

数据库中表示实体及实体之间联系的逻辑结构。系统中一个关键的概念,表明实体间联系的一个轮廓视图。在数据库系统中,常用的数据模型有下列三种:①层次模型,用树形结构来表示实体之间的联系;②网络模型,用丛结构来表示实体之间的联系;③关系模型,用表格数据来表示实体之间的联系。　　　　　　　　　　（冯镭荣）

数据通信　data communication

利用通信系统对二进制编码的字母、数字、符号以及数字化的声音、图像信息所进行的传输、交换和处理。通常是以计算机为中心,通过线路和远程终端直接连接起来形成联机系统,远程终端所产生的数据能及时地传送到中央处理机进行处理,而处理后的结果又能马上返送给远程终端,除数据源和交换装置外,整个过程不需人工干预。随着计算技术的发展,交换过程也可能完全自动化,这种通信方式的应用将越来越广。　　　　　　（冯镭荣）

数据文件　data file

为了某种使用的需要,按特定形式组织的相关数据记录的集合。例如,薪金文件,每名职工一个记录,指明他的支付率,扣除额等等;库存文件,每一种存货一个记录,指明成本,售价,存货量,进货日期等等。　　　　　　　　　　　　　（冯镭荣）

数据项　data item

可以引用的表示实体某种属性的最小的命名数据单位。为了在存储、检索和处理操作中能够予以引用,每个数据项都要指定一个名称。与每个数据项相关的是一组可能的值(或值域)。它们通常可用该数据项取值的数据类型(数字、字符、二进制数字等)予以定义。例如,对于有关人事情况的各种数据,可以把它们分别归结为以"姓名"、"工作证号"、"性别"、"出生时间"、"参加工作时间"、"职称"、"基本工资"等为名字的一些数据项。其中以"姓名"为名字的数据项,包括了诸如"张东平"、"李军"等具体职工的姓名数据,称为该数据项的值。包含在同一个数据项中的所有数据项的值,应当具有相同的逻辑意义和数据类型。数据项是数据存贮的基本单位。通常把若干数据组合在一起用以描述某一实体。该组合中的每一个数据项都对应着实体的一个属性。　　　　　　　　　　　　　　（冯镴荣）

数据语言　data language

数据处理系统进行数据管理、数据检索所使用的数据操纵语言。包括数据描述语言和数据操作语言两大部分，前者负责描述和定义数据的各种特性；后者说明对数据进行的操作。数据描述语言是数据库设计的重要部分，应具备以下四个方面的功能：①描述数据的逻辑结构；②描述数据的物理特征；③描述逻辑数据到物理数据的映射（通常称为存储映射）；④描述访问规划。数据操作语言是用户与数据库系统的接口之一，是用户操作数据库中数据的工具。一般说来，数据操作语言不是一种完整、独立的语言（也有可以单独使用的询问语言），而是一些操作语句组成的集合。通常包括如下几方面的操作：①从数据库中检索数据；②向数据库中添加数据；③删除数据库中某些已经过时、没有保留价值的原有数据；④修改某些属性发生了变化的数据项的值，使之能确切反映变化后的情况；⑤用于并发访问控制的操作。　　　　　　　　　　　　（冯镴荣）

数据终端　data terminal

由数据显示设备、数据接收器或两者所组成的设备。所谓终端指联结在通信线路上的输入输出设备。数据终端通常包括控制逻辑、缓冲存储器、一个或多个输入/输出设备或计算机等功能部件。它具有向计算机输入和接收计算机输出的能力，与数据通信线路连接的通信控制能力，以及一定的数据处理能力。它常作为人与计算机联系的工具。　　　　　　　　　　　　　　　（冯镴荣）

数据字典　data dictionary，DADIC

有关数据库系统中各种描述信息的集合。即数据库中的一个特殊的数据库，其内容是"关于数据的数据"。例如，模式、文件、程序、作业、用户的描述信息。数据字典还包括相互参照信息，例如哪些程序使用哪些数据。是数据库管理的重要工具。其任务是：①描述（或定义）数据库系统的所有对象，并确定其属性；②描述数据库系统对象之间的交叉联系；③登记所有对象、属性的自然语言含义；④保留数据字典变化的历史；⑤满足数据库管理（data base managment）系统快速查找有关对象的要求；⑥供数据库管理员掌握整个系统运行的情况。　　　（冯镴荣）

数量管理学派　mathematics school

又称数理学派。利用数学模型和程式系统处理管理问题的管理学派。这一学派把管理看作是一种逻辑程序，认为各种管理问题都可以用数学模型及符号表示其间的关系来研究。代表人物是美国克勒斯基和托列费桑，代表著作是他们合著的《作业管理》（1954 年）一书。这一学派运用的方法，实际上就是运筹学，因而也可纳入管理科学/运筹学这一学派。　　　　　　　　　　　　　　　　（何　征）

数量指标　quantitative indicator

说明总体现象的数量多少或规模大小的统计指标。一般用绝对数表示，具有一定的计量单位。如施工企业数、房屋施工面积、固定资产投资额等。数值随总体范围大小的变化而增减。是计算质量指标和进行统计分析的基础。　　　　（俞壮林）

shuang

双代号网络图　dual code network

又称箭线式网络图。由箭线表示工作，节点表示事项即工作的开始或完成，以箭线两端的节点编号代表一项作业的网络图。它是中国目前广泛应用的形式。为了正确反映工作间的逻辑关系，必要时应采用虚箭线来表示虚工作，即时间及资源都为零的工作。因需要增添虚箭线，从而增加绘图及计算的工作量。例见下图：

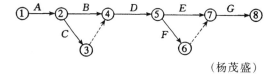

（杨茂盛）

双务经济合同　bilateral economic contract

双方当事人互相享有权利并承担相应义务的经济合同。单务经济合同的对称。如工程承包合同、购销合同等。在这种合同中，当事人双方的义务是和享有的权利相关联且互为因果的。　（何万钟）

双因素论　two-factor theory

又称赫茨伯格理论。激励因素与保健因素理论的简称。关于在工作过程中，对人的情绪有两种起不同作用的因素的理论。美国行为科学家赫茨伯格（Herzberg，F.）1966 年在其《工作与人性》一书中首次提出。按这一理论，要求充分发挥激励因素的积极作用，克服保健因素的消极作用，以提高职工的热情。赫茨伯格提出这一理论是根据他对 200 名工程师和会计师所作的调查。调查结果表明：使职工感到满意的是工作内容本身，不满意的是工作环境和工作关系方面的。他把前者称为激励因素；后者称为保健因素。两类因素会影响一个人的工作态度；但只有激励因素才会对职工产生激励作用，保健因素不能直接起激励职工的作用，只是防止职工产生不满情绪。双因素理论同马斯洛的需要层次论有相似之处，只是对需要的分析和解释不尽相同。两种理论都未将"个人需求的满足"与"组织目标的实现"

联系起来。　　　　　　　　　　　（何　征）

双重代理　dual agency

受买卖双方委托，为其物业交易提供代理服务，并按代理合约规定，向买卖双方收取佣金的中介行为。　　　　　　　　　　　　　　　（刘洪玉）

shui

水文地质勘测

见水文地质勘察。

水文地质勘察　hydrogeological investigation

又称水文地质勘测。指对建设地区的水文地质条件所进行的调查工作。其内容包括水文地质测绘、勘探、试验以及地下水动态的观测、水文地质参数计算、地下水资源评价和保护等。目的在于为建设项目提供有关供水地下水源及地基处理的详细资料。水文地质勘察工作亦可按设计阶段分选址阶段、初步勘察阶段和详细勘察阶段。勘察工作的深度和成果，应能满足各个设计阶段设计的要求。
　　　　　　　　　　　　　　　（顾久雄）

水准基点　leveling base peg

又称控制标高引测点。为控制拟建工程标高而在施工现场建立的高程控制点。它由工程测量的水准网引来，并作为工程施工全过程的标高引测点。因此在施工中必须加强对该点的保护，并经常检查其精度。　　　　　　　　　　　（董玉学）

税法　tax law

国家和纳税人之间征收和纳税方面的权利、义务关系的法律规范的总称。税收，是国家政权通过法律规定的标准，强制地、无偿地取得财政收入的一种形式。现代税收可分为两类：一是对纳税人的收入或财产征收的直接税，如所得税，财产税等；二是附加在商品或服务价格中的间接税，如销售税、营业税、关税等。税法的立法方式，世界各国大体上分为两类：一是把各种税集合规定在一个法律规范内；二是每个税种制定一个单行法律规范。中国的税法，上述两者兼有。在管理体制上，实行国税和地方税分管的制度。　　　　　　　　　　（王维民）

税后利润　after-tax profit

企业在一定时期内按规定向国家解缴所得税以后的利润。也就是实现利润总额减去应交所得税后的利润余额，即净利润。
　　　　　　　　　　　　　　　（闻　青）

税前利润　profit prior to taxation

企业在一定时期内按规定向国家解缴所得税以前的利润。也就是企业实现的利润总额。
　　　　　　　　　　　　　　　（闻　青）

税收　taxation

国家凭借政治权力，按照预定标准，向企业、组织和个人强制征收款项，取得财政收入的形式。税收具有强制性、无偿性和固定性的特点，因而在保证财政收入和调节经济方面具有重要作用。合理确定税收的总负担政策，是实现国家、集体、个人三者利益结合的关键，国家规定了税种、征税对象、纳税人、税目、税率、减税免税、违章处理等税收制度，任何单位和个人都应按规定及时纳税，不得偷税、漏税，或截留税款。与建筑活动有关的税种主要有：营业税、所得税、建筑税、房产税、土地使用税、车船使用税、城市维护建设税、产品税、关税、调节税、奖金税、增值税等。　　　　　　　　　　（周志华）

税收抵免　tax credit

准许纳税人把其某种或某些合乎规定的特殊支出项目，按一定的比率或全部冲抵其应纳税额，从而减轻其税收负担的政策。常见的税收抵免包括两类：一类是投资抵免，旨在对民间投资给予激励，促进资本形成，增加经济增长潜力。其主要内容是允许纳税人将一定比例的新设备购置费用冲抵其当年的应纳公司所得税额。另一类是国外税收抵免，旨在避免对跨国纳税人的国际重复征税，妥善处理有关国家间的税收利益分配关系，消除阻碍国际间资本、技术和劳务流动的障碍。其主要内容是允许纳税人用其在非居住国（非国籍国）已缴税款冲抵本国纳税义务。　　　　　　　　　（刘长滨）

税收豁免　tax exemption

在一定期间内，对纳税人的某些应税项目或应税来源不予征收，以免除其税收负担的政策。常见的税收豁免项目有两类：一是豁免关税和货物税，如免除机器设备或材料进口税；免除原材料和半成品的进口关税等。二是豁免所得税，如免除企业从治理污染中取得收入的所得税；对慈善机构、宗教团体等取得的收入不予征税；对某些特定地域的投资收入免除所得税等。　　　　　　　　（刘长滨）

税收扣除　tax deduction

准许纳税人把其某种或某些合乎规定的特殊项目，按一定的比率或全部预先从应税对象中扣除，以减轻其税收负担的政策。税收扣除多发生在所得课税上，并且，它与所得课税中的累进税制结合在一起，又进一步加大了税收扣除的实际意义。税收扣除，若以一定的百分比的形式加以规定，在扣除比率一定的条件下，纳税人的收入额越大，其享受的扣除额越多。与此同时，由于允许纳税人预先从其总收入额中扣除一部分数额，也会使得其所适用的税率从较高档次向低一级甚至低几级的税率档次变动。
　　　　　　　　　　　　　　　（刘长滨）

shun

顺序文件　sequential file

记录按进入的次序存放在区域连续的存储介质上的文件。对顺序文件的一般要求如下：①存取第 i 个记录，必须先存取前面的 $i-1$ 个记录；②新的记录要加在文件的末尾；③若要更改文件中的某一个记录，则必须将整个文件复制。例如，磁带文件就是顺序文件。顺序文件的缺点是提取信息时必须按照文件中记录的顺序号逐个寻找。若要检索第 i 个记录，则必须首先逐个查完前面 $i-1$ 个记录后才能找到。其优点是建立十分方便。　　　（冯镒荣）

si

司法　judicature

国家审判机关、检察机关（统称司法机关）适用法律的活动。包括裁决公民或法人争议，处理违法行为和惩罚犯罪行为，评价过去的事件和确认现实权利义务等活动。公安和国家安全机关参与司法机关的适用法律活动，但不具有终局裁判效果，故仍属行政机关的执法范围。国家行政机关依法进行行政调解，行政复议和行政仲裁，以解决相应争议的行政行为，称行政司法。它不是纯粹的行政行为，也不是纯粹的司法行为，因兼有行政行为和司法行为的某些特征，故在理论上素有"准司法行为"之称。

（王维民）

私营建筑企业　privately owned construction enterprise

生产资料归私人所有，存在着雇佣劳动关系的建筑企业。在中国，依法设立合法经营的私营建筑企业，是公有制建筑企业的有益补充力量。

（谭　刚）

《私营设计事务所试点办法》　Experimental Measures for Private-owned Design Office

1993 年 11 月 4 日建设部发出，是为适应社会主义市场经济的需要，繁荣设计创作，活跃设计市场，保障工程设计质量和效益而制定的有关规定。该办法共 12 条，主要规定有：①适用范围，审批机关；②申请开办私营设计事务所的条件，需提交的文件资料；③申请手续和审批程序；④私营设计事务所章程的主要内容；⑤私营设计事务所应建立的制度。该办法先在上海、广州和深圳市试点。该办法自颁发之日起执行。　　　（高贵恒）

死锁　deadlock

操作系统中描述两个或两个以上的进程因竞争资源而无休止地互相等待状态的概念。在计算机系统或网络系统中，如果在某一时刻，有一组进程，其中每个进程都占有了被该组中其他进程所要求的不能抢占的资源，则此组中的进程就被死锁住了。这时系统效率将大大下降或不能继续运行。避免死锁发生的办法是，操作系统根据预先掌握的关于资源用法来控制资源的分配，使得共同进展路径的下一步不致于进入危险区。检测死锁的办法是，操作系统不断地监督进程的共同进展路径，一旦发现已进入死锁时，则立即采取有效措施使之恢复正常运行。

（冯镒荣）

"四按"拨款原则　in accordance with 4 principles of appropriation

中国人民建设银行办理基本建设拨款必须遵循的四项原则。其内容：①按国家基本建设投资计划拨款，保证国家计划内建设项目的资金供应；②按基本建设程序拨款，促使基本建设从开工到竣工投产的全部工作，都符合基本建设程序的要求；③按国家批准的预算拨款，要求各建设部门和建设单位的用款，切实控制在国家预算所确定的基本建设拨款指标以内；④按工程进度拨款，保证拨款进度与建设进度相一致，防止资金挪用或积压。上述四项原则，既表明拨款要有科学的依据，又提出了拨款监督的要求，完整地体现了基本建设工作的客观规律。

（俞文青）

四号定位　four digit number location

用 4 位号码表示物资在仓库中存放位置的一种库存管理方法。按号码排列顺序，分别表示库号、架号、层号、位号。便于仓库对物资的收发、检点统计作业和物资的管理。这种方法适用于各种零配件、工具、小五金的货架储存。　　　（陈　键）

四级工业与民用建筑工程施工企业　grade Ⅳ industrial and civil building construction enterprise

符合建设部 1995 年 10 月发布的《建筑业企业资质等级标准》规定四级工业与民用建筑工程施工企业标准的承包商。可承担 8 层以下、跨度 18 米以下的建筑物和高度 30 米以下的构筑物的建筑施工。其资质条件是：(1)建设业绩：近 10 年承担过两个以上下列建设项目的建筑施工，工程质量合格：1)单位工程建筑面积大于 1500 平方米的建筑工程；2)4 层以上或单跨跨度 9 米以上的建筑工程。(2)人员素质：1)企业经理有 3 年以上从事施工管理工作的经历；2)技术负责人有 3 年以上从事施工技术管理工作经历，有本专业助理工程师以上职称；3)财务负责人有会计员以上职称；4)有职称的工程、经济、会计、统计等专业人员不少于 15 人，其中工程系列不少于

8人,而且中级以上职称的不少于1人;5)具有四级以上资质的项目经理不少于3人。(3)资本金100万元以上;生产经营用固定资产原值60万元以上。(4)有相应的施工机械设备和质量检验测试手段。(5)年完成建筑业总产值300万元以上;建筑业增加值80万元以上。 （张 琰）

四级设备安装工程施工企业 grade Ⅳ equipment installation enterprise

符合建设部1995年10月发布的《建筑业企业资质等级标准》规定四级设备安装工程施工企业标准的专业承包商。可承担小型建设项目的普通设备、照明、空调、水暖等的安装。其资质条件是:(1)建设业绩:近10年承担过工程造价20万元以上的工业或民用建设项目的设备安装,工程质量合格。(2)人员素质:1)企业经理有3年以上施工管理工作的经历;2)技术负责人有3年以上施工技术管理工作经历及本专业助理工程师以上职称;3)财务负责人有会计员以上职称;4)有职称的工程、经济、会计、统计等专业人员不少于10人,其中工程系列不少于5人,且有中级以上职称的不少于1人;5)有四级以上资质的项目经理不少于3人。(3)资本金50万元以上;生产经营用固定资产原值30万元以上。(4)有相应的施工机械设备与质量检验测试手段。(5)年完成建筑业总产值100万元以上;建筑业增加值30万元以上。 （张 琰）

su

诉讼 law suit

俗称打官司。司法机关和案件当事人在其他诉讼参与人的配合下,为解决案件依法定程序所进行的全部活动。狭义者始于起诉,终于审理判决。广义者包括执行,刑事案件还包括侦查。起诉、审判、执行是诉讼的三个基本阶段。法院和双方当事人的诉讼活动的有机结合,是诉讼的基本形式。诉讼活动的法律性质,是行使诉讼权利、履行诉讼义务。由于诉讼所要解决的案件的性质不同,诉讼又分为:①民事诉讼,适用民事法律,解决民事权利纠纷;②刑事诉讼,适用刑事法律,解决被告人是否犯罪,犯何种罪,是否处刑,如何处刑;③行政诉讼,适用行政法律,解决具体行政行为是否合法。 （王维民）

速动比率 quick ratio

又称酸性试验比率(acid test ratio)。项目(或企业)速动资产(流动资产总额减存货)与流动负债总额的比率。是反映项目(或企业)快速偿付流动负债能力的指标。其表达式为:

$$速动比率 = \frac{流动资产总额 - 存货}{流动负债总额} \times 100\%$$

它是对流动比率的补充;因行业不同,速动比率的数值亦不同。该指标可由项目生产经营期内各年资产负债表计算求得。

一般认为该项比率至少以1:1为宜。比率过低,表明企业对偿付短期负债可能有困难,比率过高,表明企业闲置资金过多,但有时较高的速动比率是由于应收账款的拖欠过多所致,或由于发行了长期债券以取得运用资本所造成。因此,考察速动比率时,还应注意速动资产的组成和是否有长期负债等情况。 （闻 青 何万钟）

速动资产 quick assets

不需要通过变现或经极短变现过程即可用以偿还债务的流动资产。如银行存款、有价证券、应收账款、应收票据等。通常它等于企业全部流动资产扣除不能在市场上迅速脱手的那部分存货后的余额。可用以考察企业的偿债能力。 （闻 青）

宿主系统 host-based system

嵌套在一个称为主系统的通用计算机系统中的数据库系统,相对于自含系统的数据库管理系统类型。在系统中,数据库管理系统只管操作数据,其他事情都由主系统去干,这是当前通行的实现途径。系统包含程序语言(称为主语言)和数据操作语言(称为子语言)。用户在使用时,只需把后者嵌入在前者之中。这种系统是面向程序员用户的,可实现复杂的应用,数据的存取由程序控制。由于主系统有充分的分析运算能力,从而克服了自含系统的不足,可为多种应用服务。 （冯镒荣）

suan

算术平均数 arithmetic mean

总体单位标志总量除以总体单位总数所得的商。统计中最常用的一种平均数。有:①简单算术平均数,适用于未分组资料;②加权算术平均数,适用于已分组的分布数列资料。计算公式分别为:

$$\bar{x} = \frac{\Sigma x}{n} \qquad ①$$

$$\bar{x} = \frac{\Sigma xf}{\Sigma f} \qquad ②$$

①式中$\bar{x}$为简单算术平均值;x为各项标志值;n为总体单位总数,即项数;Σ为总和符号。②式中x为各组标志的代表值;f为各组单位数,也称权数;$\bar{x}$为加权平均数;其余同①式。

（俞壮林）

sui

随机性存贮模型 random storage model

需求量和备货时间至少其一为随机变量,且其概率或分布规律已知的存贮模型。其主要特点在于需求是随机的,其概率或分布已知。在这种情况下,应由统计资料求出需求量的均值与方差。存贮策略的优劣也只能用总平均费用(或期望利润)的多少来衡量。存贮策略常为下列三种类型之一:①定期订货,订货数量需根据库存情况加以变化,使进货后库存达到某一固定水平。目标是确定最佳库存水平与订货周期。②定点订货,也称为 S,Q 策略。每处理一批业务就检查一次库存,降到订货点 S 时就订货,订货量 Q 不变;否则不订货。目标是确定最佳的 S 与 Q。③ s,S 策略,规定合理的最低、最高订货点 s 和 S,隔一定时间检查一次库存,若库存量高于 s,则不订货;若低于 s 则补充订货,使库存水平达到 S。目标是确定 s 和 S。　　　(李书波)

sun

损益表 statement of loss and gain

反映企业或其他经济组织在一定时期(月度、季度、年度)内利润和亏损情况的一种会计报表。施工企业根据有关工程结算、销售、利润、费用等账户及其明细账户的核算资料编制。内容包括:工程结算收入、工程结算税金及附加、管理费用、财务费用、工程结算利润、其他业务利润、营业外收入、营业外支出、利润总额等。本表用来反映企业单位利润的实际情况。本表有报告式(卷帘式)和账户式两种格式。报告式损益表先列销售收入,再列销售成本,求得销售毛利(或亏损),从销售毛利(或亏损)减(或加)销售费用和管理费用,求得营业净收益(或亏损),再从营业净收益(或亏损)加(或减)非营业损益的净额,求得本期净收益(或亏损)。账户式损益表分左右两方,一方列示销售收入和非营业收益;另一方列示销售成本,各种费用和非营业损失。本期净收益列在成本和费用的一方,本期净亏损列在收益的一方。中国实行报告式损益表。　　(闻　青)

SUO

所得税 income tax

对企业或个人就其生产经营利润、业务所得、工资和劳务报酬等,按规定课征的税种。中国曾实行分类所得税制,即按不同的经济类型分别征收不同的所得税。涉及个人的有个人所得税。涉及企业的有国营企业所得税、集体企业所得税、私营企业所得税、中外合资经营企业所得税、外国企业所得税。此外还有城乡个体工商业户所得税。其课税依据是收益额,一般不受商品销售收入大小的影响。税率分固定税率和超额累进税率两种。国营大中型企业和中外合资企业的所得税采用固定税率,其余均采用超额累进税率。其目的是兼顾国家、生产单位和个人三者利益,有计划地调节收入,实行合理负担,同时促进生产力的发展。1993 年税制改革后,统一了不同经济类型企业所得税征收办法。

(周志华)

索赔 claim

合法的所有者,根据自己的权利,就某一资格或财产提出要求的民事法律行为。通俗地说,就是当事人要求取得本应属于自己的东西,或要求补偿自己的损失的权利。在工程承包活动中,承包商和业主为了维护各自的权益,常向对方提出索赔要求。

(张　琰)

索引文件 indexed file

数据库中带有索引表的文件。由索引与文件本身两部分组成。其中的索引按关键字大小顺序排列。记录区按关键字顺序排列的称为索引顺序文件;记录区不按关键字顺序排列的称为索引非顺序文件。索引文件的存储分两个区:索引区和数据区。文件建立时,自动开辟索引区。按记录进入顺序登记索引项。最后将索引区按关键字的递增或递减排列。在索引文件中根据关键字检索一个记录时,应分两步进行。首先,查看索引,将外存上索引块送入内存,根据关键字查找索引项,得到所要找的记录地址。然后,根据记录地址读取该记录。建立索引文件的目的主要是加快对各类信息的查询速度,尤其是存取大批量的随机数据时效果最明显。

(冯镒荣)

T

ta

他项权利

房地产产权人与其他权利人以契约形式设定的权利。在民法中属于物权。包括典权、抵押权、地上权等。在设定他项权利时，应向房地产管理机关办理他项权力登记，领取"他项权利证明书"。

（刘洪玉）

tai

台班（时）折旧法　depreciation – working hour method

机械设备按规定的工作台班（时）计提折旧的方法。以工作量计提折旧方法之一。具体方法有两种：①根据机械设备原价、预计清理费用、残值和使用年限内的工作台班（时）数，计算出每一台班（时）折旧额，然后据以乘实际工作台班数计提折旧。现在基本上采用这种方法。计算公式为

$$台班（时）折旧额 = \frac{机械设备原价 + 预计清理费用 - 预计残值}{规定使用年限内的工作台班（时）数}$$

$$月折旧额 = 月工作台班（时） × 台班（时）折旧额$$

②在确定机械设备使用年限和年折旧额的前提下，按年度施工任务确定当年机械设备的计划工作台班（时）数，算出年度内每一台班（时）的计划折旧额，年中据此计提折旧、年末再按实际折旧额加以调整。计算公式为

$$台班（时）折旧额 = \left[\frac{机械设备原价 + 预计清理费用 - 预计残值}{规定使用年限}\right] \div \frac{年度计划}{工作台班（时）}$$

此法使工程成本负担的折旧费与机械设备的利用情况联系起来，年度内机械设备利用台班（时）越多，每一台班（时）的折旧费越少，有助于促进机械设备充分利用，但不如第一种方法简便。

（闻　青）

泰罗　Taylor F. W.（1856～1915）

美国古典管理学家，科学管理的主要倡导人，被称为"科学管理之父"。出身于一个富裕律师家庭，早期曾接受良好教育，后因健康原因辍学进工厂做工。在费城米德维尔钢铁厂仅用六年时间便由一名普通工人提升为总工程师。他在该厂的12年中，曾进行了种种试验，为后来进一步的试验打下了良好基础。1898年，转到伯利恒钢铁公司以后，继续试验。第一项是生铁搬运和铲铁试验，试验结果，使每人平均每天搬运生铁由原来的12.5吨提高到47.5吨；第二项试验是改进铲铁工作，根据对象不同采用不同的铁铲，结果使工效大大提高。在这些试验的基础上加以总结，并于1911年出版了《科学管理原理》一书，系统阐明他的观点，从而奠定了科学管理的基础。

（何　征）

泰罗制　Taylor system

由美国工程师泰罗发明的通过"科学"劳动组织、提高劳动强度以增加工效的劳动工资制度。其基本内容是：①根据某项工作，挑选合适的"头等工人"进行训练；②然后将其工作的动作和工时加以测定，剔除不必要的时间和动作，制定出"标准操作方法"；③以此为依据，定出生产规程和定额，按完成定额多少，规定等级不同的工资率，即"分级工资制"；④对完成和超额完成定额的工人，按较高的工资单价支付工资，并给予一定奖金；对不能完成定额的工人，则按较低工资单价支付工资。实行这种制度，确能提高工效，但工人劳动强度太大，"磨损"快，工伤多，所得远不足以抵失。所以人们对这一制度毁誉参半。列宁也曾对它的科学进步性和残酷剥削性进行过辩证分析。

（何　征）

tan

弹性工作时间制　flexitime system

简称弹性工作制。在保证完成制度工作时间的前提下，由员工自己选定上下班时间的制度。在第二次世界大战后，由某些经济发达国家兴起和采用。主要形式有：①将工作时间分为核心时间和弹性时间两部分，前者是某几个小时所有员工必须到班的时间，后者是员工可以自由选定上下班的时间。②除规定核心时间员工必到和每周要干满规定时数外，其余时间员工可自行安排。③不规定核心时

间,只要求每周干满制度工作时间,其上下班时间由员工自行选择。实行此种制度,可以减少工作人员的病、事假及迟到早退现象,缓和上下班交通拥挤,解决个人和家庭生活困难,提高工作效率。

(吴　明)

弹性预算　flexible budget

又称变动预算。企业按不同的预期经营活动水平编制的,具有几个业务量水平的多栏式费用计划。业务量可以产量、劳动量、机械小时、人工小时等表示。按照成本与业务量变化的依存关系,把成本分为固定费用栏和变动费用栏,计算出不同业务量的固定费用、变动费用和费用总额。这种预算方法克服了只能适应一种生产经营情况的缺陷,便于根据各种业务量的变化来控制成本。　　(俞文青)

弹性原理　principle of elasticity

根据管理活动的特点,管理过程和管理措施必须保持充分的弹性,以及时适应客观事物各种可能的变化,顺利实现管理目标的管理原理。管理活动涉及的可变因素、不可控因素多,要百分之百地反映客观实际的管理是不存在的。再有,管理不同于科学研究,可以只抓主要矛盾,排除次要因素。在管理实践中,主次矛盾又往往交织在一起,且主次矛盾也可以相互转化。所以管理要尽可能把正反两面、左邻右舍、前因后果都照顾到。即使这样,也还可能有遗漏疏忽。所以,管理必须要留有余地,保持弹性。积极的管理弹性应是“遇事多几手”,而不是“遇事留一手”。这就要充分发挥人的智慧,进行科学的预测,多几套计划和应变方案,在面临风险时才能有更多的选择和更大的回旋余地。　　(何万钟)

te

特别提款权　Special Drawing Right ,SDR

国际货币基金组织创设的一种储备资产和记账单位。它不是真正的货币,不能直接用于贸易或非贸易的支付。使用时必须先换成其它货币。1981年1月1日起以美元、原联邦德国马克、英镑、法国法郎、日元五种货币的浮动汇价定值。因它是基金组织分配给原有的会员国提款权以外的补充资金,故称特别提款权。它的用途是:①可与黄金、美元一样,作为国际储备货币,向其他会员国换成可自由兑换的货币,支付国际收支逆差;②可用以偿还基金组织的贷款和支付利息费用;③会员国与其它会员国可通过达成协议,用特别提款权换回对方国持有的本国货币。　　(蔡德坚)

《特别重大事故调查程序暂行规定》　Interim Regulations for the Investigation Procedures of Major Accidents

1989年3月29日国务院发布,是为保证特别重大事故的调查工作顺利进行而制定的有关规定。该规定所称特别重大事故(简称特大事故),是指造成特别重大人身伤亡或者巨大经济损失以及性质特别严重,产生重大影响的事故。该规定共5章28条:第一章,总则;第二章,特大事故的现场保护和报告;第三章,特大事故的调查;第四章,罚则;第五章,附则。该规定自发布之日起施行。

(王维民)

特需供应　supply for special requirment

中国在计划经济体制下,物资管理部门根据用户的特别需要,对某些物资进行优先专供的方式。建筑施工生产的特需大多是针对高寒、高温、高空、野外等作业的劳动保护保健用品和特殊工作所需的物资。　　(陈　键)

ti

提喻法　synesthetic method

又称哥顿法。一译类比法。通过启发思维、创新思路、迂回探索的会议的决策软技术。1964年由美国人哥顿(W.J.Gordon)提出。会议的进程一般包括两种基本活动。一是“变陌生为熟悉”,这是理解问题的过程,其主要手段是分析,即对问题进行分解,查明细节。二是“变熟悉为陌生”。这是关键性活动,也即要打破传统的“理应如此”的旧观念,尝试从完全新的、“陌生”的角度去观察问题,而这一活动的基本手段就是类比。哥顿研究提出了直接类比、拟人类比、象征类比、幻想类比四种方法,目的是通过类比进行联想,诱发新的思路。经过类比探索之后,仍然要回到决策问题本身上来,最后求得问题的解决。　　(何万钟)

替代效应　substitution effect

当一种商品的相对价格下降时,消费者增加该种商品的消费(以该种商品作为“替代”);当一种商品的相对价格上升时,消费者减少该种商品的消费(该商品被“替代”)的倾向。价格变动的这种替代效应导致需求曲线向下倾斜。　　(刘长滨)

替换成本　conversion cost

决策中从可供替换的若干方案中挑选可取得最佳收益的方案的资源成本。相关成本的一种。例如企业拥有的设备可以生产 A、B 两种产品,用来生产 A 产品时,其成本中必须包括因此而失去生产 B 产品应得到的利润。也就是说生产 A 产品的所得利润必须大于生产 B 产品的所得利润才是可行的。

(刘玉书)

tiao

调和平均数　harmonic mean

又称倒数平均数。变量值倒数的算术平均数的倒数。缺少总体单位数资料时计算平均指标的一种方法。有：①简单调和平均数，适用于未分组资料；②加权调和平均数。适用于已分组的分布数列资料,计算公式分别为：

$$M_\mathrm{h} = \frac{n}{\Sigma \frac{1}{x}} \qquad ①$$

$$M_\mathrm{h} = \frac{\Sigma xf}{\Sigma \frac{1}{x} xf} \qquad ②$$

式①中 M_h 为简单调和平均数；x 为变量值；n 为变量值的项数；Σ 为总和符号。式②中 M_h 为加权调和平均数；x 为各组标志代表值；f 为各组项数,即权数；其余同①式。　　　　　（俞壮林）

调解　conciliation

双方或多方当事人之间发生权益纠纷,由当事人申请或者法院、群众调解组织提出,经法院或群众调解组织通过说服教育,疏导协商,在当事人互相谅解的基础上,使纠纷获得解决的过程。调解分为：①法院调解,即诉讼中调解,达成协议的,调解书送达后,即生法律效力；②群众调解,当事人对达成协议的应当履行,但不具有法律上的约束力,不愿调解或调解不成的,可以向人民法院起诉。人民法院审理的刑事案件中的自诉案件,可以进行调解。人民法院审理的行政案件,除赔偿诉讼外,不适用调解。

（王维民）

ting

停工工资　wages for work stoppage

又称停工津贴。企业在停工期间,按照计时工资标准或低于其标准支付给职工的工资。根据停工的不同原因,采取不同的支付办法：因职工本人过失造成的停工,不发停工工资；非因职工本人过失而造成的停工,一般在 3 天以内照发原工资,3 天以上,按职工计时工资标准的 75% 发给停工工资；职工在试制新产品、试用新工具或试行合理化建议期间,非因本人过失造成停工时,应照发原工资。在一般情况下,企业应尽量避免或减少停工；如果遇到特殊情况必须停工时,也应尽力把受停工影响的人员调做其他工作,以减少劳动力的浪费。　　（吴 明）

停工津贴　allowance for work stoppage

见停工工资。

停缓建项目　ceased project

经有关部门批准停止建设或近期内不再建设的项目。根据国民经济投资规模的压缩和结构的调整进行统计的指标。停缓建项目应从工程全部停止施工时起统计,但为了使已建设而未完工程少受损失,经上级批准做到一定部位而继续进行施工的,或对已到设备进行安装维护的,虽然也形成一定的工作量,仍作为停缓建项目统计。　　（卢安祖）

tong

通货　currency

有形的正在流通的一国货币。由银行钞票、金属铸币、信用货币构成。主要指国家法定的本位货币,例如人民币是中国的通货,美元是美国的通货,日元是日本的通货等。现在,各国的通货主要分成三类：①可兑换通货,即可以兑换其他国家货币的通货。②有限制的可兑换通货,即只可以在一定通货区域内(如英镑区、法郎区)兑换其他国家货币的通货。③不可兑换通货,即只限在本国范围内使用不能兑换外国货币的通货。　　（何万钟）

通货膨胀　inflation

货币供给量长期超过经济运行对货币的需求量,导致商品和劳务的价格总水平持续上涨或货币购买力持续下降的现象。如与经济增长的状态相适应,一定程度的通货膨胀为经济增长所必需,且在较长时期内经济增长率高于通货膨胀率的现象为适应性通货膨胀。如经济停滞或衰退与较高的通货膨胀率并存,则为滞胀。国际上通常用消费物价指数和国民生产总值缩减指数来衡量通货膨胀程度。

（张　琰）

通行权　easement

又称地役权。房地产所有权人的房地产不临街巷,必须通过为他人所有的院落或通道才能出入,因而给他人一定的报酬,取得通行权。这种情况在中国城市地区已基本消失。　　　　（刘洪玉）

通用设计　general-purpose design

设计单位自行编制以建筑构配件为主的内部标准设计。其基础是建筑构配件的通用化,即通过对不同类型或同一类型不同规格的建筑构配件进行分析筛选,简化其尺寸和型式,减少种类,提高通用程度,以此形成本设计单位的基本规格要求,并达到提高设计效率之目的。　　　　　（林知炎）

同城结算　local clearing

又称本埠结算。同一城镇范围内各单位之间的转账结算。中国常用的同城结算方式有：支票结算、银行本票结算、商业汇票结算、委托收款结算等。

（闻　青）

统计报表制度　statistical statement system

按有关规定,自上而下统一布置,自下而上填报、汇总统计数据的一种制度。是统计工作科学和成熟的标志。在中国是国家的一项重要报告制度。以一定的原始记录为基础,按统一的表式、统一的指标解释和计算方法、规定的填报范围、报送周期和报送程序填报。其核心部分是统计表式。按报表内容和实施范围可分为国家统计报表、部门统计报表和地方统计报表;按编报单位可分为基层统计报表和综合统计报表;按报送周期有日报、旬报、月报、季报、年报等;报送方式有邮寄、电报、传真、软盘及计算机网络等。　　　　　　　　　　　　(张　琰)

统计表　statistical table

系统地表述统计数字资料的表式。广义指统计调查、统计整理、统计分析所用的各种表式;狭义指用以记载统计汇总结果和公布统计资料的表式。通常按狭义理解。其功能是有条理有系统地排列统计资料,使庞杂的资料简明清晰,便于有关的指标对照比较和揭示现象间的相互关系及发展趋势。统计表由总标题、横栏标题、纵栏标题和指标数值4部分构成;有些统计表在表下增列补充说明,如资料来源、附注、某些指标的计算方法等。统计表的内容主要为两个部分:主词,即统计表所要说明的总体;宾词,即说明总体的统计指标。此外,还要标明时间、空间限制和必要的计量单位。设计统计表应遵循科学、实用、简练、美观的原则。　　　　　　(张　琰)

统计调查　statistical survey

又称统计观察。指根据统计研究的目的和要求,运用各种调查组织形式和方法,对某种社会经济现象有计划、有组织地系统搜集各项统计资料的工作过程。在整个统计工作过程中,担负着提供基础资料的作用。搜集的资料包括原始资料和次级资料。基本要求为:准确、全面、及时。按调查的组织形式可分为统计报表和专门调查;按调查对象所包括范围可分为全面调查和非全面调查;按调查登记时间的连续性可分为定期性调查和一次性调查;按搜集资料的方法可分为直接观察法、报告法、采访法和通讯法等。需要事先设计和制定严密的调查方案,主要内容包括:①调查的目的和任务;②调查对象和调查单位;③调查项目;④调查表和填表说明;⑤调查时间;⑥调查工作的组织实施。

(俞壮林)

统计分析　statistical analysis

运用统计方法对搜集、整理的反映社会经济总体现象的大量资料,进行深入的分析研究,揭示矛盾,找出规律,提出解决问题办法的活动。是统计工作的一个重要阶段。在建设领域。主要有:①进度分析,又称计划执行情况分析,观察计划执行进度;对能否完成或超额完成计划作出预计分析;在计划执行终了(月末、季末、年末)对计划完成情况作总结性分析。②专题分析,根据某一时期政治、经济任务的需要,对制定政策和编制计划有重大关系的问题,以及计划执行过程中一些突出的问题所进行的分析,如投资经济效果分析、投资结构分析等。③综合分析,把被研究总体中各个方面的指标与情况联系起来进行研究,如国民经济或地区建设及企业各项主要指标的综合平衡与相互关系的分析,以便对被研究总体作出全面的评价,为建设与投资决策,正确处理各方面的相互关系提供依据。特点是采用大量观察法,研究建设领域内经济现象的数量关系和数量特征及其规律性,定量分析与定性分析相结合,发挥统计的信息、咨询和监督的职能作用。

(俞壮林)

统计分组　statistical grouping

根据统计研究的需要,将统计总体按照一个或几个标志划分为若干部分,把属于同一性质的单位集中在一起,把不同性质的单位区别开来,形成各种不同类型部分的统计方法。统计资料整理和分析的基本方法之一。按一个标志分组,称简单分组;按两个或两个以上的标志顺序连续分组称复合分组;还可按品质标志和数量标志等进行分组。目的是要按照不同的标志把统计研究对象的本质特征正确地反映出来,保持组内的同质性和组与组间的差别性,以便进一步运用各种统计方法,研究总体的数量表现和数量关系。　　　　　　　　　　　(俞壮林)

统计设计　statistical design

根据统计研究对象的性质和研究目的,对整个统计项目的各个方面和各个环节的通盘考虑和安排。为统计工作的第一个工作阶段,结果表现为各种设计方案。设计方案优良与否,是保证统计工作质量的重要前提。　　　　　　　(俞壮林)

统计台账　statistical ledger

按照各种统计报表和统计核算工作的要求,将分散的原始记录资料按时间顺序进行集中登记汇总并积累资料的账册。可以使原始记录系统化、条理化、档案化,保持资料的完整性,满足填报统计报表和本单位经营管理的需要。按所属范围的不同可分为班组、车间、企业、公司和局统计台账;按登记时期的不同可分为旬、月、季和年统计台账;按包括指标的繁简可分为多指标的综合台账和单指标的专用台账。　　　　　　　　　　　　(俞壮林)

统计图　statistical chart

利用几何图形或具体形象来表明的统计资料。有:①几何图,用点、线、面积和体积等表示各项指标数值大小的图形;②象形图,以实物的形象表示指标数值大小的图形;③统计地图,以地图为底本,用各种几何图形、实物形象或不同线纹、颜色等表示指标数值大小及其分布状况的图形。具有生动活泼、鲜明醒目、望图知意的特点。主要用来反映计划执行情况,表明指标之间的对比和依存关系,说明总体的构成、总体单位的分布情况及现象发展趋势等。

（俞壮林）

统计预测　statistical forecast

依据统计资料,采用统计方法,对社会经济现象未来的发展变化趋势和可能达到的水平所进行的预计和推测。主要分类有:①按预测对象的范围分为宏观经济预测和微观经济预测;②按预测时间的长短,分为短期预测、中期预测和长期预测;③按预测的性质分为定性预测和定量预测。一般步骤为:①确定预测目标;②搜集、整理、审核预测所需资料;③建立预测模型;④选择求解模型参数的方法;⑤运用两种以上的方法进行预测;⑥分析预测误差,改进预测模型;⑦提出预测报告。常用方法有:①调查研究预测法,如德尔菲(Delphi)法,主观概率法,交叉影响分析法等;②数学模型预测法,如回归分析法,指数平滑法,季节变动预测法等。能为制订经济计划和管理决策提供科学的依据。　　　（俞壮林）

统计整理　statistical arrangement

按照统计分析的目的和要求,将调查所得的原始资料进行审核和科学的分类汇总,或对已加工的次级资料再加工、使之系统化、条理化,成为可供统计分析使用、描述现象总体量的特征的综合数字资料的工作过程。整理方法的正确与否,直接影响到对现象总体量的描述的准确性和分析的真实性。在整个统计工作过程中,这个阶段是统计调查的继续,统计分析的前提。　　　　　　　　（俞壮林）

统计指标　statistical indicator

简称指标。统计上用来综合反映总体现象数量特征的概念。如固定资产投资完成额、平均建设工期、房屋建筑面积竣工率等。包括指标名称和指标数值,由总体单位的标志值(数量标志的数值)汇总得出。按反映总体内容的不同,有数量指标和质量指标;按计量单位的不同,有实物指标和价值指标;按所起作用和表现形式不同有总量指标、相对指标和平均指标。基本作用在于从数量方面来反映总体现象的事实。　　　　　　　　　　（俞壮林）

统计指标体系　statistical indicator system

一系列反映总体现象各个方面相互依存又相互制约关系的统计指标所构成的整体。有基本统计指标体系和专题统计指标体系两类。后者为研究某一具体的经济和社会问题而设置;前者又可分为高层、

中层和基层统计指标体系。基层统计指标体系为企业经常性的经营管理而设置;高层统计指标体系为研究社会扩大再生产过程、全面检查经济与社会发展计划执行情况以及编制综合平衡表而设置,即经济与社会发展统计指标体系;介于二者之间的即为中层统计指标体系。为适应社会发展和经济管理的需要,指标体系内容也要相应变动。　　（俞壮林）

统计质量控制　statistical quality control

运用数理统计原理和方法来控制生产过程和产品质量的管理方法。其目的在于通过必要的少量抽样数据的研究,从产品质量的波动中找出规律,进而消除生产工序中的异常因素,使每个环节都控制在稳定的生产状态下,保证最经济地生产出符合用户要求的合格产品。其特点是采用抽样检查的方法,减少检验工作量;伴随生产过程进行预先检查和中间检查,着重于对生产过程和工序的控制,做到预防为主。　　　　　　　　　　　（田金信）

统计资料　statistical data

统计工作所取得的反映社会经济现实各方面情况的数字和图表资料。是统计工作的成果。包括:①向被调查单位搜集、待汇总整理,需要由个体过渡到总体的原始资料;②已经加工整理,由个体过渡到总体,能够在一定程度上说明总体现象的次级资料。具体表现为政府统计部门出版的统计年鉴、统计资料汇编、统计图表和企事业单位的统计报表等。

（俞壮林）

统计总体　statistical population

简称总体。客观存在的、具有某种共同性质的许多个别单位所组成的统计研究对象全体。如在研究我国建筑业生产情况时,建筑企业可以是一个总体,构成这个总体的每个建筑企业,都是从事建筑生产活动的基本经济单位。具有同质性、大量性和差异性三个基本特征。所包括的单位数是有限的,称有限总体;所包括的单位数是无限的,称无限总体。统计调查中,对无限总体不能进行全面调查,只能调查其中一部分单位,据以推断总体。总体范围和对象的确定,取决于统计研究的目的和要求。通过对总体数量方面的统计研究,有助于揭示社会经济现象发展变化的本质和规律性。　　　（俞壮林）

统配物资　materials and equipment directly controlled by centeral authorities

又称一类物资。在中国计划经济体制下,由国家计划委员会统一平衡和分配的物资。大都是对国民经济发展有重要影响,为多数部门和企业共同需要的物资,或者是少数地区生产而供应面广的重要物资,以及一些配套性强的产品,如煤炭、石油、钢材、木材、机床、烧碱等。其类别和范围,随着国民经

济管理体制改革和国民经济发展而相应变化。

（曹吉鸣）

统收统付制　fiscal system with unified revenue and expenditure

又称满收满付制。一切财政收入统一上缴中央,地方所需财政支出统一由中央拨付的中国预算管理制度。亦指全民所有制企业应缴国家预算款项和国家预算应拨企业款项,分别办理收付而不相互抵充的一种缴拨款制度。企业应上缴的利润、折旧基金、多余定额流动资金等,全数上缴国家预算;企业所需基本建设资金、定额流动资金、专项资金拨款等,则由国家预算拨给。　　　　　（俞文青）

tou

头等工人　first class worker

又称第一流工人。泰罗在进行工时研究试验中,为确定"合理的日工作量"而挑选并训练成某项工作的"第一流"工人。泰罗认为,人具有不同的天赋和才能,只要工作合适,他就可能成为完成该项工作的头等工人,但对另一项工作不一定合适。他强调,头等工人不包括那些能工作而不愿工作的人。一个工人能成为头等工人,一方面要看管理部门对他的安排是否恰当;另一方面主要看他是否肯干。试验结果表明,被挑选并加以训练的头等工人,劳动生产率大大提高,其收入也相应增加。泰罗获得了赞誉;同时也引起人们对他挑选"头等工人"的非难,指责这是引起当时工人不满并导致罢工的原因。尽管当时泰罗对此作了有力的辩解,但随后的实践表明,"头等工人"所增加的收入比之付出更多的劳动来,实际上是得不偿失,且劳动者"磨损"太快,容易对紧张劳动感到厌倦。这也是后来行为学派所不以为然的地方。　　　　　　　　　　（何　征）

投标　bidding

投标单位接受招标单位发出的招标通知后,为争取工程中标所开展的一系列活动。其程序为:报名参加投标;提交资格审查表;领取招标文件;研究和分析招标文件,包括设计图纸、技术说明书、合同主要条款、投标单位须知等;调查投标环境、勘察工程现场、确定投标策略;拟定施工方案;核定工程项目和工程量;计算分部分项单价;确定各项间接费用和利润率;计算报价;编制并投送标书等。投标单位要建立由经验丰富的工程师、估算师和有关专业人员组成的投标机构,平时充分掌握市场动态,积累资料。报价是投标的核心,要求工程量计算准确;定额单价力求符合实际;各种费用合理;不能出现漏项;讲究报价策略;严格遵守投标须知的有关规定。

（钱昆润）

投标保证书　bidding guarantee

由招标单位认可的银行或其他担保机构出具的担保投标单位履行其投标承诺的文件。内容是明确承担保证金,向招标单位保证,投标人的标书被接受之后,一定与招标单位签订合同,在投标有效期间不得随意退标或拒签正式协议;否则招标单位即可没收投标保证金,以赔偿由此而产生的损失。担保金额一般为标价的 2%～5% 或业主规定的数额。保证书由投标人和担保人共同签署。　　（钱昆润）

投标报价　bid price

投标单位向招标单位提交的标书中的竞争性价格。以根据招标工程情况和投标单位实际条件计算出的工程成本为基础,并考虑投标竞争的情况和风险因素,进行盈亏分析,确定适当的利润率后作出的投标价格。由于不同建筑企业的技术素质、经营管理水平和投标策略不同,对同一招标工程的报价也会有所不同。在一般情况下,只有以先进的技术、科学的管理和良好的信誉为基础的合理报价,才有较强的竞争力。　　　　（钱昆润　张　琰）

投标决策　bidding decision

企业为选择承包工程对象,确定投标报价进行的决策。工程投标是建筑企业获得任务的主要途径。正确的投标决策,既要保证企业有较高的中标率,任务饱满,又要能赢利。投标决策考虑的主要因素有:工程概况、用户需求、施工条件、竞争态势及投标企业自身条件、利润期求等。投标决策是建筑企业经营决策的一项重要内容,多由企业经营层来进行。　　　　　　　　　　　　（何万钟）

投标人须知　instructions to bidders

指导投标单位正确进行投标的文件。招标文件的组成部分。主要包括以下内容:①招标范围,资金来源和收标截止日期;②合同主要条件;③向投标人解释招标文件;④投标书的编制和提交;⑤业主拒绝投标书的权利;⑥投标保证书、保证金的要求;⑦施工现场的勘查;⑧掌握投标必要的充分条件;⑨说明标书附件的要求;⑩关于投标和开标日期推迟的说明;⑪招投标保密事项。　　　　（钱昆润）

投标人资格预审　bidder's prequalification

招标单位对投标人是否具有参加投标条件的预先审查工作。主要考察投标单位的技术、财务、信誉及管理经验,限制不符合条件的单位参加投标,使招标获得比较理想的结果,并作为决标的参考。主要内容有:①企业技术等级、公司章程、公司简介、董事会名单和营业执照;②施工经验和近期承建的及与招标项目类似的工程项目的施工评价;③技术力量简况;④主要施工机械设备简况;⑤资产负债表及银行资信证明等。　　　　　　　　（钱昆润）

投标书 bid

见标书(7页)。

投产日期 put into production date

建设项目按设计要求全部建成,经验收合格正式移交生产的日期。投产日期只是针对生产性建设而言的,对于非生产性建设则称交用日期。

(何秀杰)

投入产出表 input-output table

反映一经济系统在一定时期内各部门产品的去向和消耗情况的表式。投入产出分析的基本方法和工具。有按实物编制和按价值编制两种形式。其基本结构如下(以价值表为例):

投 入 产 出 表 (单位:万元)

产出 投入	中间产品		最终产品			总 计
	部门1,2,……n 合计		积累 消费 合计			
部门1 ⋮ 部门n 合计	第Ⅰ部分		第Ⅱ部分			
劳动报酬 剩余产品 合计 总计	第Ⅲ部分		第Ⅳ部分			

表中,第Ⅰ部分是基本部分,特点是行与列的数目相同,而且排列次序一样。每一行表示一个部门的产品分配给各部门(包括本部门)作为生产消耗的中间产品量;每一列表示一个部门生产中所消耗各部门(包括本部门)产品的数量。这部分用以反映各部门生产与消耗的联系。第Ⅱ部分反映各部门与最终产品的联系。第Ⅲ部分反映各部门创造价值的情况。新创造价值包括劳动报酬(工资、奖金等)和社会纯收入(剩余产品,即利润和税金)。第Ⅳ部分是由第Ⅱ、第Ⅲ部分共同延伸而成,从理论上说这部分反映国民收入的再分配过程。但再分配是一个极为复杂的过程,无法在表上反映清楚,所以目前编制投入产出表常将这部分略去。假设投入产出表中有 n 个部门,用下标变量 i 表示按行排列的次序,用下标变量 j 表示按列排列的次序。则有数学符号:X_i——第 i 部门产品总量(简称总产品)。Y_i——第 i 部门的最终产品量(简称最终产品)。X_{ij}——第 i 部门的产品流入第 j 间的数量(简称部门流量)。当 $i=j$ 时,表示自耗产品量。V_j——第 j 部门的劳动报酬。M_j——第 j 部门的社会纯收入,包括利润和税金。Z_j——第 j 部门新创造价值,$Z_j = V_j + M_j$。引入以上数学符号后,即可在投入产出表

的基础上建立数学模型。

中间产品 + 最终产品 = 总产品(总产出)

$$\sum_{j=1}^{n} X_{ij} + Y_i = X_i (i = 1, 2, \cdots n)$$

各种生产资料消耗 + 活劳动消耗 = 总产品(总投入)

$$\sum_{i=1}^{n} X_{ij} + V_j + M_j = X_j (j = 1, 2, \cdots n)$$

(徐绳墨)

投入产出分析 input-output analysis

用以研究特定经济系统内投入与产出间数量依存关系的系统分析方法。美国经济学家 W. 列昂杰夫(W. Leontief)于 1936 年提出,50 年代以后同电子计算机的推广应用相结合,已在世界各国广泛采用成为国民经济各部门之间的经济联系综合平衡分析的重要工具,中国也在 60 年代引入这一分析方法,并从 80 年代起定期编制全国投入产出统计报告。投入产出分析的理论基础是经济发展均衡理论,即国民经济各部门之间的依存关系在数量上应该是平衡的。其分析的一般步骤是:①编制投入产出表,统计某一时期各部门的投入产出情况。②把投入产出表中的实际数量依存关系抽象化,并用若干线性方程式(平衡方程式)来描述,即建立数学模型。再通过矩阵运算,计算出反映各部门之间生产联系的完全消耗系数。③在此基础上即可应用于制订经济计划、经济预测和其他经济分析。投入产出分析按照分析时期的不同,可分为静态投入产出分析和动态投入产出分析。按照分析范围的不同,可分为世界、全国、地区、部门和企业的投入产出分析。

(徐绳墨)

投资包干合同 fixed investment contract

承包单位对工程建设项目按建设规模、投资总额、建设工期、工程质量和材料消耗进行全面承包的经济合同。中国建筑业和基本建设管理体制改革的重要内容之一。自 1984 年开始实行,目的在于缩短工期,节约投资,提高工程质量和投资效益。包干指标有新增单位生产能力造价、住宅每平方米造价或小区综合造价等。实行投资包干的形式有:建设单位向项目主管部门包干;由建设工程承包公司向项目主管部门或建设单位包干。 (何万钟)

投资包干责任制 responsbility system of investment contracting

对建设项目按建设规模、投资总额、建设工期和形成生产能力包干的一种责、权、利相结合的经营管理责任制。中国自 1984 年实行的建筑业和基本建设管理体制改革的重要内容之一。主要形式有:建设单位向上级主管部门包干;承包施工单位向建设单位包干。包干的具体办法主要是:生产项目按新

增单位生产能力造价包干;非生产项目按单位建筑产品造价或综合造价包干。　　　　　　（武永祥）

投资估算　approximate estimating for capital investment

可行性研究阶段对工程项目所需投资的估计。可行性研究报告的内容之一,为土地、土建工程、设备购置与安装,以及流动资金等项估计费用的总和。根据已建成同类工程的有关资料和概算指标编制。是项目评价和投资决策的重要依据之一。

（张　琰　张守健）

投资环境　environment of investment

国家对外国投资者的一般态度以及影响投资者期望收益的地理、政治、经济、社会、文化及心理诸因素的总和。主要包括:地理位置、市场情况、各种基础设施、自然资源、原材料供应、劳动力资源、工资费用、物价水平、税收政策、法律条例、社会稳定状况等。而以税收、外汇管理、特定营业行为的限制、征用及国有化政策和法令等法律因素为主导。有利的投资环境是私人资本国际流动的前提,对吸收和利用外资有重要意义。　　　　　　（何万钟）

投资回收期　refund period of project

建设项目或单项工程从建成投入生产(或交付使用)时起,到累计实现的盈利(利润、税金)总额达到该项目或单项工程建设所耗用的全部投资时止所经历的时间。建设项目或单项工程投产后在生产过程中创造的盈利,就是该项目或单项工程所耗投资的回收资金。投资回收年限的长短与盈利额的大小成反比,与投资额的大小成正比。投资回收年限的计算,对已收回全部投资的建设项目或单项工程,就是从建成投产之日起到累计盈利总额达到该项目或单项工程耗用的全部投资资金之时所经历的时间。对尚未收回全部投资的建设项目或单项工程,可根据投产以来年平均盈利额与全部投资额对比计算预期的投资回收年限。　　　　　　（卢安祖）

投资机会研究　investment opportunity study

寻求项目投资方向的初步研究。西方可行性研究的第一阶段。目的是在确定的地区或部门范围内,通过市场、资源、政策等情况的调查研究,对建设项目投资方向提出初步建议。这一阶段研究比较粗略,主要靠类似项目的经验数据。要求时间短,费用低。其投资估算精确度一般为±30%。许多国家,由政府或公共机构负责。只有当投资者对项目发生兴趣时,才进行下一步研究工作。　　　（曹吉鸣）

投资经济学　investment economics

研究投资理论和投资活动规律的应用经济学。其主要内容包括:(1)投资的资金来源及筹集,涉及国民收入分配和财政收支的平衡,积累与消费的关系,固定基金和流动资金的投资性质和效应;(2)投资与经济发展的关系,涉及投资对社会经济的经济结构、产业结构、产品结构、生产力布局的影响,投资与经济增长的相互作用等;(3)投资规模;(4)投资方向;(5)投资结构;(6)投资决策的科学方法与程序;(7)投资项目及其经济效益的论证、评估和实施;(8)投资的管理;(9)投资金融机构的职能与业务等。投资是一国财力运用的重要方面,不仅决定当前社会经济的发展,而且决定着未来的长期发展。但在中国长期以来没有形成独立的投资经济学理论体系,按前苏联经验建立的基本建设经济学,研究国民经济中固定资产建设的经济规律,理论上也欠完善。改革开放以后,有中国特色的投资经济学才开始创立。　　　　　　（张　琰）

投资决策分析　investment analysis for decision

房地产开发项目的可行性研究。整个开发过程的首要环节。主要包括市场分析和财务评价两部分。对房地产开发商进行开发项目投资决策有重要作用。　　　　　　（刘洪玉）

投资利润率　profit rate of investment

建设项目达到设计生产能力后的正常生产年份利润总额与项目总投资的比率。是衡量项目单位投资获利能力的静态指标。生产期内年利润总额变化幅度较大的项目应计算生产期平均年利润总额与总投资的比率。其计算公式为:

$$投资利润率 = \frac{年利润总额（或年平均利润总额）}{总投资} \times 100\%$$

$$\frac{年利润}{总额} = \frac{年销售}{收入} - \frac{年总成}{本费用} - \frac{年销售税}{金及附加}$$

如采用固定价格,可用于不同项目的横向对比或不同时期项目的纵向对比。优点是简便、直观。缺点是难以选择正常生产年份,也未考虑时间价值因素。其判据为行业平均投资利润率。评价时,如项目的投资利润率大于或等于行业平均投资利润率,则获利能力可令人满意;反之,则不可取。　（武永祥）

投资利税率　profit and tax ratio on investment

建设项目达到设计生产能力后的正常生产年份年利税总额与总投资的比率。是衡量项目获利和完税能力的静态指标。计算公式为:

$$投资利税率 = \frac{年利税总额（或年平均利税总额）}{总投资} \times 100\%$$

年利税总额 = 年销售收入 − 年总成本费用
当项目因销售税率较高,而使企业利润较低的情况下,投资利税率指标能从国民经济角度衡量项目为国家创造的积累。其衡量标准为行业平均投资利税率。评价时,项目的投资利税率大于或等于行业平均投资利税率,项目可取;反之,则不能令人满意。

(武永祥　刘玉书)

投资收益率　return rate of investment

又称投资效果系数。指项目投运后每年形成的净收益与投资额的比率。其表达式为:

$$E = \frac{A}{P} \times 100\%$$

E 为投资收益率或投资效果系数;A 为年净收益;P 为总投资。是反映项目投资经济效果的静态综合性指标。前苏联曾用于投资经济效果评价。但在实际工作中,对项目的收益往往界定不明确,存在不同的理解,所以,在中国项目经济评价中采用投资利润率、投资利税率、资本金利润率指标,未采用投资收益率或投资效果系数指标。应用时,计算方案的投资收益率或投资效果系数大于基准投资收益率或基准投资效果系数时,则该方案可行;反之,则该方案应予淘汰。此种方法仅用于独立方案的评价。　(雷运清　何万钟)

投资效果统计指标体系　statistical indicator system of investment effect

由一系列相互联系的、反映固定资产投资活动所取得的有效成果与其消耗或所占用劳动量之间对比关系的单项统计指标构成的整体。主要用于评定和考核固定资产投资效果,进行综合观察和分析。内容包括:①反映微观经济投资效果的指标,主要有建设工期、单位生产能力投资、达到设计生产能力年限、投资回收年限和新增固定资产产值率五项指标,适用于考核建设项目或单项工程的投资效果;②反映宏观经济投资效果的指标,主要有建设周期、固定资产交付使用率、建设项目投产率、生产能力建成率、房屋建筑面积竣工率、未完工程占用率、每亿元投资新增主要生产能力和投资效果系数八项指标,适用于考核各个地区、部门以及全国范围的投资效果。现行指标体系是从 1982 年逐步建立起来的。

(俞壮林)

投资效果系数　effective coefficient of investment

在一定时期内国民收入增加额与同一时期全社会固定资产投资完成额的比值。表明完成每单位投资额所增加的国民收入额。计算公式为:

$$投资效果系数 = \frac{国民收入增加额}{全社会固定资产投资完成额}$$

此系数愈大,表明每单位投资提供的国民收入愈多,则投资效果愈好。但是,国民收入的增加,除了通过增加固定资产投资额外,还有像增加流动资金、提高劳动生产率、挖掘原有生产潜力等因素的影响。因此,投资效果系数只能从宏观上反映固定资产投资效果的变化趋势。

也指在项目独立方案经济评价中的投资收益率。　(卢安祖)

投资效益审计

见经济效益审计(174 页)。

投资性物业　investment property

以获取利润为目的而购置的房地产。

(刘洪玉)

投资预算　capital budget

又称资本支出预算或资本预算。因提高产品质量,增加数量,或由于其他实际需要,增添固定资产的支出预算。是企业财务预算的重要组成部分。主要内容是列示各个投资方案的投资总额,年度、季度和月份的用款金额。与其他预算不同之处在于它是一项非常规的长期投资决策计划,直接关系企业未来生产经营规划的实现,特别注重将投资所形成的资产在使用期间增加的收入与支出相抵后的净收入现值,与目前投资额进行分析比较,以判断能否实现预定目标,投资是否经济、合理、有效。

(周志华)

透支　overcheck one's account

银行允许其往来存款户在双方约定的期限和金额范围内,超过其存款余额签发支票,并予以兑付的一种贷款形式。存款户对透支贷款,须承担支付利息并随时偿还的义务。有抵押品的称"抵押透支",无抵押品的,称"往来透支"或"信用透支"。

(俞文青)

tu

突变论　catastrophe theory

以拓扑学为基础,从量的角度研究各种事物的不连续突变现象及其数学模型的数学分支。它是微分拓扑学的新成果。1972 年法国数学家托姆(Thom,R)发表题为《结构稳定性和形态形成学》一文,标志着突变理论的诞生。由于它的研究对象遍及自然科学以至社会科学的各个领域,因而,近年间已逐渐引起世界科学界的广泛注意。由于突变论成功地解决了长期以来使科学家感到棘手的那些界于连续变化和飞跃之间的变化问题,为形形色色的突变现象提供了统一的模型,因此,突变理论比一般意义上理解的数学理论更有意义,它对自然科学和社会科学各领域中存在的折叠区的突变现象都是适用的。例如,人们用"经济收益"与"人口密度"的变化来解释古代某些城市的突然兴旺;用突变理论说明经济危机的突然爆发,如何选择城市发展模式,以及预测战争对策,研究语言学问题等。近年来中国管理界也开始把它用于企业转型、企业形态的突变过程等问题的研究,已经提供了富有启发性的模型。

(何　征)

图示评审技术　graphical evaluation and review technique,GERT

又称随机网络分析技术。工作活动及工作之间的逻辑关系和反映工作的定量参数为随机变量的非肯定型网络技术。1966 年美国最早在阿波罗空间系统研究中用以确定其最终发射时间。随机网络能反映多种随机因素,例如组成系统的工作活动可以是随机的,可按一定的概率发生或不发生;而且工作活动的定量参数如时间、费用、资源消耗、效益等,也是随机变量。这种情况在工程技术、经营管理中更具有普遍性,因而 GERT 也就有更大实用性。它也是由节点、枝线和枝线参数三个要素组成。与一般网络不同之处是,它的节点由输入端和输出端组成,能表达各种情况和各种逻辑关系;枝线可反映多种性质(肯定性或随机性)的变量;网络中可以有回路,表示节点或某些工作可重复出现;两节点间可以有一条以上枝线等。由于这些特点,它能描述一般网络不能反映的更为复杂和包含多种随机因素的系统或问题。它的分析研究和应用也仍在不断发展中。

(杨茂盛)

土地　land

地球上包括水域在内的陆地表层。由地貌、土壤、岩石、水文、气候、植被等要素构成的自然综合体。作为生产资料和劳动对象,是生产要素之一。

(刘洪玉)

土地补偿费　land compensation,compensatory payment for land

征地单位依法征用土地后,为了不影响被征地单位、群众的生产和生活,以被征土地的年产值为计算依据支付的补偿费用。包括耕地及其他土地补偿费,青苗、树木补偿费和地上附着物补偿费等。根据《土地管理法》,其支付标准是:①耕地(包括菜地),按其年产值的 3~6 倍补偿(年产值按土地被征用前三年的平均年产量和国家规定的价格计算);②园地、渔塘、藕塘、苇塘、宅基地、林地、牧场、草原,按省、自治区、直辖市人民政府制订的标准补偿;③征用无效益的土地,可不予补偿。土地补偿费和安置费的总和,不得超过被征土地年产值的 20 倍。

(冯桂烜　张　琰)

土地测量　land survey

土地管理部门对辖区范围内具有不同产权性质的每块土地进行丈量、编号、绘图的过程。土地管理的基础工作之一。

(刘洪玉)

土地价格　land price

简称地价。反映土地作为资源或资产的价值。其产生的直接原因是由于对土地的所有和使用是垄断性的。马克思主义认为,商品的价值是物化的社会必要劳动。土地是自然物而不是劳动产品,因而不具有价值;其所以有价格,是因为存在地租,土地的价格,实际是地租的资本化。中国经济理论界在土地有无价值问题上存在着"无价值论"和"有价值论"两种不同的学术观点。在社会主义市场经济体制下,土地的所有权属于公有,不能作为商品进行买卖。现实生活中的地价,实际是土地使用权的价格。其形成,是由土地的效用、土地的相对稀缺性及对土地的有效需求三者相互作用的结果。

(刘洪玉　张　琰)

土地经济学　land economics

研究土地利用过程中的经济规律和经济关系的应用经济学。最早由美国学者伊利和莫尔豪斯等在 20 世纪 20 年代创立,后发展形成一些分支学科,如城市土地经济学、矿地经济学等。中国在 20 年代后期开始进行研究,到 80 年代才有较快发展,并已初步形成较完整的体系。主要是从经济、社会和技术综合的角度,分析影响土地分配使用过程的各种经济关系,以及土地开发利用的经济规律,探索合理开发、利用和配置土地资源问题。包括土地制度、土地的性质与分类、土地的利用与劳动力和资金等生产要素的配合、土地开发、土地市场与交易、土地价值与收益分配、土地管理等内容。　(谭　刚)

土地利用规划　plan of land utilization

以项目建设总体规划为依据,统筹安排、综合利用建设用地的规划性文件。应以国家和地区的国土开发利用规划为指导,符合国家有关土地管理、环境保护、水土保持等法规的要求,尽可能节约土地,努力提高土地利用率。　(冯桂烜)

土地利用系数　land utilization coefficient

反映建设项目总平面图设计中,土地利用是否经济合理的一项重要指标。指所有建筑物、构筑物、露天仓库、道路、铁路、人行道和地上、地下工程管线所占面积的总和与整个建设场地面积之比。

(冯桂烜)

土地使用权　land-use right

公民、法人及其他组织依法使用土地的权利。在中国,取得土地使用权的途径有土地使用权划拨、土地使用权出让及土地使用权转让。　(张　琰)

土地使用权出让　grant of land-use right

土地所有者将土地在一定年限内的使用权有偿让渡给土地使用者的行为。在中国取得国有土地使用权的主要方式。土地使用者依法向国家支付土地使用权出让金,即可取得在一定年限内对指定范围内的土地进行开发、经营、使用和管理的权利。

（刘洪玉）

土地使用权法规 Legal provision for the right to use land

国家制定的法律规范中有关土地使用权的规定的总称。土地使用权是指依法开发经营和利用土地的权利。根据中国《宪法》和《土地管理法》对"国有土地和集体所有的土地的使用权可以依法转让"的规定，国务院发布了《中华人民共和国城镇国有土地使用权出让和转让暂行条例》和《外商投资开发经营成片土地暂行管理办法》。 （王维民）

土地使用权划拨 administrative allocation of land-use right

经县级以上人民政府依法批准，土地使用者缴纳补偿等费用后，即取得一定范围内土地使用权的行为。中国分配土地使用权的一种方式。在特定条件下，土地使用权可以无偿划拨。 （刘洪玉）

土地使用权拍卖 grant of land-use right by auction

通过公开竞价，由出价最高者取得土地使用权的让渡方式。某些竞争性强、营利性大的商业用地使用权出让，常采用这种方式。其前提是需要有完善的房地产市场环境；否则往往被投机者哄抬地价，向市场发出不正确的信息，导致市场价格非正常上涨。 （刘洪玉）

土地使用权协议出让 grant of land-use right by agreement

土地所有者和土地使用者通过双方协议实现土地使用权让渡的行为。中国国有土地使用权有偿出让的一种方式。适用于高科技项目用地，福利住宅用地，国家机关、部队、文化、教育、卫生、体育、科研、市政公共设施等非营利性用地以及政府批准的其他用地。 （刘洪玉）

土地使用权招标出让 grant of land-use right by tendering

通过招标竞争实现土地使用权出让的过程。土地使用权出让的常用方式之一。适用于大型区域发展用地、小区成片开发和技术难度较大的项目用地。招标方式有公开招标和邀请投标两种。采用公开招标方式时，凡具有投标资格的土地使用单位或个人都可参加投标。采用邀请投标方式时，仅限于土地使用权出让单位以书面形式邀请的单位或个人参加投标。中国国有土地使用权出让招标的基本程序是：先由土地管理部门发出招标通告或邀请投标函；再将招标文件发给合格的投标者；投标者按招标文件规定的内容和格式编制标书，在投标截止期之前，将密封的标书投入指定地点设置的标箱，并按规定

交付投标保证金；土地主管部门在预定的时间、地点开标，经评标确定中标单位，随即发出中标通知书，同时通知未中标单位，并退还投标保证金；中标单位在规定期限内持中标通知书与土地管理部门签订土地使用权出让合同，按合同规定付清出让金后，向土地管理部门领取国有土地使用证，招标过程结束。

（张 琰）

土地使用权转让 assigning of land-use right

已获得土地使用权的土地使用者将土地使用权有偿或无偿让与他人的行为。包括出售、出租、交换、赠与等方式。中国国有土地使用权有偿转让在二级土地市场进行。其特点：①原使用者必须在从土地管理部门取得土地使用权的土地上按规定投入一定数额的资金之后方可转让；②新的受让者自然承袭出让者与土地管理部门确立的土地使用权、经济关系及相应的权利和义务；③土地使用权转让必须在政府有关部门监管下依法进行。 （张 琰）

土地市场 land market

土地需求者与供应者进行买卖活动，发生买卖关系的场合。体现着土地买卖双方以及中介服务机构与买卖双方之间的关系。中国土地全部公有，不存在土地所有权买卖的市场，土地市场上的交易仅限于土地使用权的转移。 （张 琰）

土地所有权 land ownership

经济生活中，土地关系在法律上的确认。即土地所有者对所拥有的土地占有、使用、处分、收益等各项权利。土地所有权一般可分为国家所有、集体所有和私有。在中国，土地全为公有，即城镇、工矿区、国有农场和林场的土地所有权属于国家，农村土地归农民集体所有。 （张 琰）

土地所有权法规 Legal provision for the Land ownership

国家制定的法律规范中有关土地所有权规定的总称。土地所有权是土地所有制在法律上的体现，指土地所有者依法对其拥有的土地实行占有、使用、收益、处分的权利。这四种权利构成了土地所有权的完整结构。根据中国《宪法》、《民法通则》、《土地管理法》对土地所有权的规定，中国的土地是公有制，包括国家所有和集体所有两种形式。任何单位和个人不得侵占、买卖或者以其他形式非法转让土地。国家为了公共利益的需要，可以依法对集体所有的土地实行征用，征用后的土地归国家所有。除此之外土地所有权是不能转换的。但土地使用权可以依照法律规定转让。 （王维民）

土地影子价格 shadow price of land

又称土地费用。国民经济为建设项目占用土地所付出的代价。一般包括土地用于建设项目而使

社会放弃的原有效益和增加的资源消耗两个部分。在中国,项目所占土地有三种情况:①荒地或不毛之地,国家不受任何损失,其影子价格为零。②原来属于工商业或农业的经济用地,应以机会成本的观点考察社会被迫放弃的效益。农田要计算因占用而导致农业净收益的损失。若农产品出口或部分出口,按边际观点,损失的农产品应以口岸价格而不是用国内收购价格计价。③居住用地或非生产性建筑、非盈利性单位的用地,包括工商用地在内,它们被占用后所引起的社会效益损失是难以用价格计量的。此时要考察,必须保持原有社会功能所需增加的国民经济的资源消耗。需要考虑为原有住户购置新居住用地的机会成本,以及使原住户有不低于以前居住条件和实际搬迁所花费的费用,两项费用之和就是占用居住地的影子价格。对于工商用地,除新址土地的机会成本及维持原营业水平所需费用外,还要考虑停业迁移期间的净营业额损失。

（刘玉书）

土地余值法　land residual technique

已知一宗房地产的总价值或总收入及其中建筑物的价值及收益,估计土地价值的一种方法。当已知房地产总价值和其中建筑物价值时,二者的差值就是土地价值。如果已知年净经营总收入和建筑物的净经营收入,则二者之差即为土地的年净收入,再除以土地还原利率,即可得土地价值。

（刘洪玉）

土地增值税　land appreciation tax

土地使用权有偿转让时,就其增值额向出让者征收的税。其性质属所得税。中国现行规定,按增值额超过应扣除项目金额的比例,实行 30%～60% 的累进税率。

（刘洪玉）

土地征用　land acquisition

又称征用土地,简称征地。中国因国家经济、文化、国防及社会公共事业建设的需要,依法将集体所有的土地有偿转为国家所有的措施。土地使用权划拨的一种方式。征地单位须按法定程序提交依据,报请有批准权限的县级或县级以上政府审批,并支付土地补偿费和安置费后,方能取得土地使用权。土地所有权则属于国家。

（刘洪玉）

土地征用费　expense of land requisitioning

简称征地费。按照《土地管理法》,用地单位应支付的因征用建设用地而发生的各项费用。包括土地补偿费和土地上青苗和附着物补偿费、安置补助费以及耕地占用税、新菜地开发建设基金和土地垦复基金等税费。具体费用标准由各省、自治区、直辖市参照国家规定制订。但是土地补偿费和安置补助费的总和不得超过该土地被征用前三年平均年产值或前一年产值的 20 倍。其中除了被征用土地上属于个人的附着物和青苗补偿费付给本人外,都应由被征地单位用于发展生产和安排因土地被征用而造成的多余劳动力的就业和不能就业养老人员的生活补助,不得移作他用。

（冯桂烜）

土地制度　land use system

土地所有、土地使用以及土地管理制度的总称。

（刘洪玉）

土地资本化率　land capitalization rate

第一年土地租金收入与土地价值之间的比率。以收益还原法进行土地估价时采用的利率。

（刘洪玉）

土木工程　civil engineering

见建筑工程(150 页)。

土木工程施工国际通用合同条件　conditions of contract (International) for works of civil engineering construction

简称 FIDIC 合同条件。由国际咨询工程师联合会(F.I.D.I.C.)和欧洲建筑工程国际联合会(F.I.E.C.)负责编订,经其他有关国际组织批准并推荐,供国际性招标的土木工程施工项目广泛采用的承包合同条件。1987 年修订的第四版包括一般条件和专用条件两部分。该合同条件内容全面,文字严谨,不少国家吸取 FIDIC 合同条件的实质,结合本国法律体系,制定了本国的标准合同条件或具有同等效力的条件。

（钱昆润）

土木建筑工程　civil engineering

见建筑工程(150 页)。

tuan

团体力学理论　group mechanics theory

关于个人在团体中的地位、作用及其与团体相互关系的管理理论。美国行为科学家库尔特·卢因(Lewin,kurt,1890～1947)于 1944 年提出。其要点是:①团体是一种非正式组织,办公桌或机器安排位置常会促使形成基本团体。团体行为就是各种影响力的一种错综复杂的结合,这些力不仅影响团体的结构,也修正个人的行为。②团体有活动、相互影响和情绪三要素,综合构成团体行为。这些要素不是各自孤立的,一个要素变动,其他要素也要改变。③除正式组织目标外,团体还必须有一从属目标以维持团体。④个人在团体中产生的心理效应,表现为归属感、认同感和团体支持。⑤团体的内聚力,指对每一成员的吸引程度,主要是对团体的忠诚和责任感,对外来攻击的防御,友谊和志趣等。有内聚力的团体可以协助或者反对正式组织。⑥团体的规范,即团体成员所应遵循的行为准则。违反团体规范的成员由团体以各种形式纠正其错误,常比管理人员的有关制裁更为有效。⑦团体的影响可以提高个人的工作效率,表现为团体的评价能激发工作热情、激发竞赛的动机等。⑧团体规模视具体情况而有所不同,以便于成员相互交往为准,少则 3~5 人,多者 7~12 人。 　　　　　　(张　琰　何　征)

tuo

脱机批处理系统　off-line batch processing system

把低速的输入输出装置连到另外一台较小的计算机上而不与主机直接相连的系统。这种系统可提高主机使用效率,系统响应时间短,允许多个联机用户同时使用一台计算机进行计算。它引进了脱机输入输出技术,即把输入作业通过主机之外的这台小计算机输入到磁盘或磁带上,然后主机从磁盘或磁带上把作业调入其内存贮器并加以执行。待作业完成之后,主机把处理结果记录到磁盘或磁带上,再由小计算机把磁盘或磁带上的信息打印出来。脱机的输入输出任务通常用微型计算机来完成。

　　　　　　　　　　　　(冯镳荣)

W

wai

外币支付凭证　instruments payable in foreign currency

由政府机构、银行、企业、个人等出具的,并可凭以在银行等信用机构支取款项的以外币表示的证明。如由银行出具的外币支付凭证有外币汇票、外币本票、外币旅行支票、外币信用卡以及各种外币票据等。 　　　　　　　　　　　　(蔡德坚)

外部审计　external auditing

由被审单位以外的国家各级审计机关或独立开业的社会审计组织根据法律或接受委托进行的审计。内部审计的对称。特点是可以不受任何干涉独立地对被审计单位实行监督,进行经济评价和提供经济鉴证。因而能够比较客观、公正地对被审计单位作出正确的评价,得到社会信任而具有权威性。

　　　　　　　　　　　　(闻　青)

外部收益率　external rate of return

项目寿命期内全部现金流出按某一收益率计算的终值与全部现金流入按规定的收益率计算的终值相等时的收益率。计算公式如下:

$$\sum_{t=0}^{n} CI_t(1 + i)^{n-t} - \sum_{t=0}^{n} CO_t(1 + r_e)^{n-t} = 0$$

或

$$\sum_{t=0}^{n} CO_t(1 + r_e)^{n-t} = \sum_{t=0}^{n} CI_t(1 + i)^{n-t}$$

r_e 为外部收益率;CO_t 为第 t 年现金流出;CI_t 为第 t 年现金流入;i 为规定的收益率。外部收益率的经济含义是:把项目的全部现金流出视为一年投资,投入收益率为 r_e 的项目,在寿命期末获得的总收益(本利和)足以平衡项目的现金流入以规定的收益率 i 进行再投资至寿命期末的本利和。当 i 变化时,r_e 也发生变化。当 $r_e = i$ 时,r_e、i 均为投资项目的内部收益率。应用外部收益率评价独立方案时,r_e 大于基准收益率时方案可取;反之,方案应淘汰。与内部收益率相比,外部收益率可避免出现多根,并可直接求解。实际工作中,内部收益率应用最多,外部收益率极少应用。 　　　　(余　平　何万钟)

外部效果　external effect

又称间接效果。建设项目除在自身范围内所发生的直接费用与效益外,对社会其他部门、单位或消费者所产生的间接费用与间接效益的总称。因间接费用与间接效益在财务评价中得不到反映,所以它是国民经济评价中特有的效果分析,其识别和计量均具有一定难度。必须先区别技术性外部效果与货币性外部效果。前者包括可计量的外部效果和无形效果;后者一般不作为外部效果考虑。

　　　　　　　　　　　　(刘玉书)

外部诊断　external diagnosis

聘请企业以外的管理咨询人员进行的诊断。其基本特点是:① 由于诊断人员地位超脱,能较客观地观察和认识事物,发现带有本质性的问题。② 诊断人员一般掌握较新的知识,因而对企业诊断更具有科学性,同时也易于引入先进生产和管理技术。③ 诊断人员能摆脱企业狭隘利益,从国民经济全局看待问题,有利于提高社会整体效益。其缺点是:外部咨询人员对企业情况不太熟悉,以及会增加诊断费用的开支等。 　　　　　　　　　　(何万钟)

外部质量信息 external quality information

来自企业外部的质量信息。在建筑企业主要有:材料、预制构件和设备等产品的质量信息;工程设计的质量信息;用户对工程使用要求的质量信息;主管部门有关质量的标准、指示等信息;协作单位的质量信息;国内外同行业的质量发展水平、质量管理方法的信息等。 (周爱民)

外观功能 appearance function

又称美学功能。价值工程活动中,产品或工程在造型、色彩、式样等方面的美观效果。提高产品的外观功能,可以给人以美的享受。对以使用功能为主的产品,美观功能通常为辅助功能,但并非多余功能;对不具有使用功能的艺术品来说,则为基本功能。 (吴 明)

外国技术人员费 expense of foreign technical personnel

建设单位为安装进口成套设备聘用外国技术人员所发生的费用。包括按照规定支付的技术指导费、津贴费、差旅费及外事活动费等。在建设单位会计中待摊投资科目"其他待摊投资"明细项目中核算。工程建设概预中"工程建设其他费用"的组成部分。 (闻 青)

《外国人私有房屋管理的若干规定》 Some Administrative Provisions for the Private House Owend by Foreigners

经国务院批准,1984 年 8 月 25 日城乡建设环境保护部发布,目的是为了加强对外国人在中国境内私有房屋的管理,保护房屋所有人的合法权益而制定的有关规定。该规定所称外国人私有房屋,是指外国人在中国境内的个人所有,数人共有的自用或出租的住宅和非住宅用房的统称。该规定共 8 条,主要内容有:①房屋所有人办理房屋产权登记、转移或变更登记,须提交的证明和证件;②对委托代理人代办登记和代为管理房屋的规定;③在外国办理的公证文书的认证;④外国文字书写的证件,文书中文译本的公证和认证。该规定自发布之日起施行。 (王维民)

外汇 foreign exchange

以外币表示的用于国际结算的支付凭证。国际货币基金组织的解释为:外汇是货币行政当局(中央银行、货币机构、外汇平准基金和财政部)以银行存款、财政部库券、长短期政府证券等形式所保有的在国际收支随时可以使用的债权。《中华人民共和国外汇管理条例》规定,外汇系指:外国货币,外币支付凭证,外币有价证券,特别提款权、欧洲货币单位及其他外汇资产。按其流通特点,可基本分为自由外汇和记账外汇两大类。前者无须经货币发行国家批准,即可在国际市场上自由买卖,随时使用,又可自由转换为其他国家货币。后者不经管汇当局批准,不能自由转换为其他国家货币,通常只能根据协定,在两国间使用,既不能转让给第三国,也不能兑换成自由外汇。中国由国务院外汇管理部门及其分支机构依法履行外汇管理职责。国家实行国际收支统计申报制度。凡有国际收支活动的单位和个人,必须进行国际收支统计申报。境内禁止外币流通,并不得以外币计价结算。对经常项目外汇、资本项目外汇和金融机构外汇业务的管理都有专门规定。人民币汇率实行以市场供求为基础的、单一的、有管理的浮动汇率制度。中国人民银行根据银行间外汇市场形成的价格,公布人民币对主要外币的汇率。外汇指定银行和经营外汇业务的其他金融机构是银行间外汇市场的交易者。国务院外汇管理部门依法监督管理全国的外汇市场。中国人民银行根据货币政策的要求和外汇市场的变化,依法对外汇市场进行调控。 (刘长滨 刘玉书)

外汇标价 foreign exchange guotation

又称外汇牌价。用一国货币标明另一国货币的价格。有直接标价与间接标价两种。前者又称本国货币汇价。用 1 个、100 个或更多的外国货币为基数,订出兑换本国货币的数额来表示。后者又称外币汇价。用 1 单位、100 单位或更多单位本国货币为基数兑换外币的数额来表示。 (刘长滨)

外汇兑换券 foreign currency certification, FEC

简称外汇券。中华人民共和国政府授权中国银行发行的与人民币等值流通的外币代用券。于1980 年 4 月 1 日开始发行。目的是加强外汇管理,禁止外币在国内市场上计价流通,提高有关部门的创汇积极性,增加国家外汇收入。只限在中国境内指定范围流通和用于部分出口商品的人民币结算。凡短期来华的外国人、华侨和台港澳同胞以及各国驻华外交机构与民间机构及其常驻人员等,在经国家外汇管理局批准或根据规定应收取外汇券的单位购买商品或支付有关费用时,必须使用外汇券。上述人员或机构持有的外汇可向中国银行兑换成外汇券,离境时仍可凭兑换券换成等值外币带出。外汇券自 1994 年 1 月 1 日起停止发行,1995 年 1 月 1 日起停止流通。 (张 琰 蔡德坚)

外汇额度 quoto of foreign exchange

部门、地方或企事业单位可使用外汇的限额。外汇管理的内容之一。中国目前由中央拨给地方或上级拨给企业使用的外汇,不直接拨给外汇现汇,而是分配一定外汇量的指标。各种外汇额度的计算、分配、有效期、使用范围和批准权限等,均应按有关规定办理,对不符合规定者,外汇管理部门有权拒绝

对外开证、付汇和拨汇。 （蔡德坚）

外汇管制 foreign exchange control

一国政府对外汇买卖、国际结算和资金流动所实施的限制性政策措施。目的在于保障本国经济发展,稳定货币金融,维护对外经济往来正常进行和改善国际收支状况。世界各国由于社会制度和经济发展情况不同,外汇管制大致有两种情况:①全面外汇管制,即一切出口收入,包括出售外国证券的收入和证券利息收入都必须交售给中央银行,需用外汇时向中央银行申请,经批准后以本国货币购买。禁止外汇市场,除中央银行授权者外,任何机构或个人不得经营外汇买卖。发达国家在战时和战后恢复时期以及多数发展中国家都实行全面管制。②部分外汇管制。开放外汇市场,贸易和非贸易外汇可以自由买卖,但资本的输入或输出要受到一定的限制。发达的资本主义国家常随其国际收支情况的变化实行这种外汇管制。中国对外汇实行由国家集中管理、统一经营的方针。中国银行为经营外汇业务的专业银行。非经国家外汇管理局批准,其他任何机构不得经营外汇业务。 （张 琰 蔡德坚）

外汇价格

见外汇率。

外汇率 foreign exchange rate

又称外汇价格或兑换率,简称汇率。一国货币单位对他国货币单位的比率。即一国为对外债权债务的清偿而办理国际支付时,本国货币同外国货币相互折算出来的比价。国际通行的汇率表示方法有两种:①直接标价法,表示一个单位的外币折合若干单位的本国货币。中国用此法。例如1美元=8.45人民币元。②间接标价法,标示一个单位本国货币折合若干单位的外币。某些国际外汇市场用此法标价,例如伦敦外汇市场1英镑=1.58美元。汇率的确定方法随国际货币制度的演变而变化。在金本位时期,各国货币均有法定含金量,两种货币的含金量便决定了他们的汇率。第二次世界大战后形成以美元为中心的固定汇率制,即美国确认35美元含1盎司黄金,其他国家通过本国货币法定含金量与美元含金量的对比确定本国货币与美元的汇率。自1971年美元停止兑换黄金,主要西方国家的货币相继与美元脱钩,开始实行浮动汇率制。此后,各国货币间的比价主要受市场供求关系、政治经济形势变化、国际资本流动及市场投机因素的影响而变动。 （张 琰 刘玉书）

外汇人民币 foreign exchange RMB

用于对外经济交往中以人民币为计价和结算单位的外汇。外汇人民币和国内人民币等值,用于对外计价结算,只限于账面支付,不在国际上流通。 （蔡德坚）

外贸货物 overseas trade goods

采用费用效益分析进行国民经济评价时,主要影响国家进出口水平的项目投入或产出的货物。项目评价术语。在中国,其划分原则是:①直接进口的投入物和直接出口的产出物。②间接影响进出口的项目投入物,包括:国内生产的货物,原来确有出口机会,由于拟建项目的使用,丧失了出口机会;国内生产不足的货物,以前和现在都大量进口,由于拟建项目的使用,使进口量增加。③间接影响进出口的项目产出物,包括:虽供国内使用,但确实能替代进口,项目投产后可减少进口数量;虽不直接出口,但确能顶替其他产品,使其他产品增加出口。 （刘玉书）

外贸货物影子价格 shadow price of overseas trade goods

建设项目国民经济评价中,对外贸货物类型投入物和产出物测定的影子价格。通常以口岸价格为计算基础。按中国现行规定,以离岸价格为基础计算出口产出物的影子价格;以到岸价格为基础计算进口投入物的影子价格。由于它是服务于项目决策的,用于分析预测项目的国民经济效益,其参数应在相当长时期(10~15年)起作用,必须以大量统计资料为依据,并考虑货物种类的构成及其在国际市场上的比价关系,工作量浩繁。所以除在《建设项目经济评价方法与参数》中对测算原则与方法作出规定外,还由国家计划与建设主管部门测定发布主要大宗进口货物的到岸价格统计值和预测参考值,供评价人员参考。 （刘玉书）

外贸逆差收入比率法 method of ratio between trade deficit and revenue

建设项目国民经济评价中,按照外汇收支逆差的大小,调整官方汇率,达到外汇收支平衡从而求得影子汇率的方法。当出现外汇收支逆差时,即出现外汇超量需求时,外汇的影子汇率将高于官方汇率;反之,将低于官方汇率。联合国工业发展组织为阿拉伯国家编制的《工业项目评价手册》中,采用了这种方法。其计算公式为:

$$SER = OER \cdot \frac{M}{B}, CF = \frac{SER}{OER} = \frac{M}{B}$$

SER 为影子汇率;OER 为官方汇率;M 为外汇支出总额;B 为外汇收入总额;CF 为汇率换算系数。在国家仅仅采用严格行政手段控制汇率,而进出口结构和进出口额主要都由市场自发调节的条件下,逆差收入比在一定意义上确实能反映外汇的影子价格。但是进出口结构和进出口额,严格按指令性计划控制并保持进出口的平衡时,这种方法便不能适用。 （刘玉书）

外模式 external scheme

又称子模式、用户视图。局部数据的逻辑结构。具有相同数据视图的用户共用一个子模式。它定义了与此用户的一个或多个应用程序有关的数据元素的名字、特征及其相互关系。子模式必须命名,但不同名的子模式可以互相重叠。子模式可以在许多方面与模式不同,如一个记录的数据项数目,数据类型,数据项名字等等。但是从模式用某种规则可以导出子模式。同一子模式可以为任意多个应用程序所启用,但是一个应用程序只能启用一个子模式。

(冯鑑荣)

《外商投资开发经营成片土地暂行管理办法》 Interim Administrative Measures for Development and Operation of Stretch of Land by Foreigner

1990 年 5 月 19 日国务院发布,目的是为吸收外商投资从事开发经营成片土地(简称成片开发),以加强公用设施建设,改善投资环境,引进外商投资先进技术企业和产品出口企业,发展外向型经济而制定的有关规定。该办法共 18 条,主要规定有:①成片开发的对象和范围,②成片开发项目建议书的编制和审批权限,③开发企业成立的法律依据及与其他企业的关系,④开发企业对开发区域的国有土地使用权的取得,⑤成片开发规划或可行性研究报告的编制与审批,⑥国有土地使用权的转让、抵押、终止,⑦开发企业的权限,⑧开发区域的邮电通信事业、生产性公用设施和港区、码头等的建设与经营。该办法自发布之日起在经济特区、沿海开放城市和沿海经济开发区范围内施行。香港、澳门、台湾地区内的公司、企业和其他经济组织或者个人投资从事成片开发,参照该办法执行。 (王维民)

外延扩大再生产 extensive reproduction on expanded scale

在原有技术基础上,单纯依靠追加生产要素的数量和扩大生产场所的扩大再生产。由于它以生产向广度发展为特征,故又叫粗放扩大再生产。

(何　征)

外资建筑企业 construction enterprise of foreign capital

按照中国外资企业法的有关规定,由外方独资在中国境内兴办的建筑企业。有时亦指进入我国建筑市场的外国建筑企业。其所有权和经营管理权都为资方拥有,但其活动必须遵守中国的有关政策法律规定。 (谭　刚)

wan

完工保证 completion guarantee

项目承办人向贷款人作出的关于工程限期完工并达到设计要求的保证。由于工程的复杂性,在工程竣工时,工程项目可能若干月或若干年达不到设计要求,即存在着项目不能按原计划运营的风险。项目承办人向贷款人表明工程项目竣工后会以一定的水平开始运营,而贷款人则对工程能否达到设计要求十分关注。完工保证就是覆盖在工程竣工后到达到设计要求的时间内采取适当避免可能出现的风险的一种担保。 (严玉星)

完全竞争 perfect compefition

商品经济中不受任何阻碍和干扰的市场模式。其条件是:有大量的买主与卖主,任何一个买主或卖主都不能影响这种商品的价格;所有卖主的同类产品是同质的、无差别的;各种生产资源可以完全自由流动;生产者与消费者对市场信息有充分的知识,即市场信息通畅,生产者与消费者都能充分掌握;买主和卖主都可自由地进入或脱离市场。古典经济学理论认为,只有在完全竞争的条件下,才有可能保证消费者以尽可能低的价格获得尽可能多的商品,所以完全竞争条件下的价格是最合理的。但在现实生活中,完全竞争市场几乎是不存在的。

(武永祥　张　琰)

完全消耗系数 coefficient of wholly consumption

投入产出分析中,反映某一部门单位产品在生产过程中对各部门产品的完全消耗量。例如施工过程中消耗的电力,是建筑产品对电的直接消耗;施工中还需要消耗各种建筑材料、机械设备等等。而生产建材、构配件和施工机械设备也要消耗电力,这就是建筑产品通过间接形式对电力的一次间接消耗。继续分析下去,可以得出建筑产品对电的二次、三次等多次的间接消耗。建筑产品对电的完全消耗等于对电的直接消耗和所有间接消耗的总和。因此有:

$$完全消耗系数 = \begin{pmatrix} 直接消 \\ 耗系数 \end{pmatrix} + \begin{pmatrix} 间接消 \\ 耗系数 \end{pmatrix}$$

完全消耗系数 B 矩阵计算式如下:

$$B = (I - A)^{-1} - I$$

A 为直接消耗系数矩阵;I 为 n 阶(n 行 n 列)单位矩阵;$(I - A)$ 为系数矩阵,也称列昂杰夫矩阵;$(I - A)^{-1}$ 为系数矩阵的逆矩阵。应用矩阵运算,可以在最终产品已知的情况下,求出各种中间产品的需要量。 (徐绳墨)

万元投资物资消耗定额 material consumption norm per ten thousand yuan of investment

每万元投资消耗各种物资的限额标准。是物资消耗概算定额的内容之一。由每万元投资消耗各种物资的经验资料分析计算而得。因对物资的规格、型号反映比较粗略,一般仅用于编制申请主要材料

的计划。　　　　　　　　　　　　（陈　键）

万元指标

见概算指标(71页)。

wang

网络操作系统　network operating system，NOS

允许各台计算机在自主的前提下，通过计算机网络互相连接起来，以提供一种统一、经济而有效地使用各台计算机的分布式计算机操作系统。它的引进是为便于利用计算机资源和对多个竞争的请求进行资源分配。可以看作是插入在用户和系统资源之间的一个媒介物，从而提供对系统资源直接利用和控制的手段，而又避免对网内各主机操作系统进行重大修改。此系统仅协调用户与计算机各操作系统的交互作用，其目的是让网络用户可以获得与本地用户完全同等的计算能力。这种系统至少包括有统一的全网存取方法、全网文件系统管理、全网资源管理以及网络的可靠性、安全性和保密性等内容。

　　　　　　　　　　　　（冯鑑荣）

网络技术　network technigue

又称网络计划技术。利用网络图表示工作任务的先后顺序及各项工作之间相互关系以组织生产和计划管理的科学方法。它在建筑工程管理中的应用，就是把工程建设全过程的各有关工作组成一个有机的整体，明确反映各项工作之间的相互联系。该项技术是20世纪50年代开始从美国发展起来的。先后已有关键线路法(CPM)、计划评审技术(PERT)、图示评审技术(GERT)、风险评审技术(VERT)等得到发展和应用。在建筑工程管理中最为常用的是关键线路法和计划评审技术。中国在60年代初，数学家华罗庚即将网络技术推广应用于某些生产部门及工程建设领域，并取名为统筹法。在工程进度计划中采用网络图较之横道图(即甘特图)有以下优点：①能反映出各项工作活动之间的相互制约和依赖关系，如某一工作提前或推迟完成，即可预见到它对整个工期的影响程度。②可反映出哪些工作是关键的，哪些工作在时间上还有潜力可挖。③根据网络图的指示，在计划执行过程中，能根据环境的变化，迅速进行调整。④可利用电子计算机进行分析和计算。推广应用网络技术并不是完全排除横道图在计划管理中的应用，而是用它弥补横道图的不足。在网络计划技术中有关资源的协调，还要充分发挥横道图的作用，两者互相补充，结合运用。　　　　　　　　　　　　（何万钟）

网络模型　network model

用网络数据结构表示实体和实体间联系的模型。数据库系统中最常用的数据模型之一。网络数据结构通常有下列几种：①简单网结构；②复杂网结构；③简单环形结构；④复杂环形结构。通过引进冗余，可以把网络数据结构分解为层次结构。网络模型的特征是：①可以有一个以上的节点没有双亲；②至少有一个节点有多于一个的双亲。　（冯鑑荣）

网络图　Networks

又称网状图或统筹图。是由一些圆圈作为节点，用带箭头的线段把节点联系起来以反映一项工作任务进行顺序的图解模型。由于它清楚地反映了计划任务的结构、进度和各项工作之间的衔接关系，可以表达完成计划任务的各种方案和设想，还便于计划的优化和调整。因此在现代生产及工程计划管理中日益得到广泛的应用。规模巨大和结构复杂的计划任务，应用网络图作为计划的工具尤为适合。网络图由三部分组成：①活动，指一项工作或一道工序；②事项，指某一项工作(工序)的开始或完成；③线路，指连接网络始、终点的箭线所组成的通道。根据表现方式的不同，分为单代号网络图和双代号网络图。　　　　　　　　　　　　（杨茂盛）

wei

微观经济　microeconomy

单个生产者、企业、单个资源所有者、单个消费者等单个经济单位的经济活动。宏观经济的对称，源于西方理论经济学的一个概念。微观经济活动即单个生产者(或企业)如何以有限资源从事生产经营以取得最大利润；单个消费者(或家庭)如何以有限收入从事消费以取得最大限度的满足等。社会主义的微观经济活动，主要是企业运用拥有的人、财、物资源进行的生产经营活动。　　　　（何　征）

微观经济效益　microeconomic effect

个别单位、个别项目的经济效益。宏观经济效益的对称。在中国社会主义市场经济条件下，微观经济效益一般应是宏观经济效益的基础；当二者出现矛盾时，应以后者为决定取舍的标准。

　　　　　　　　（武永祥　张　琰）

微观经济学　microeconomics

又称个量经济学。研究市场经济中单个经济单位的经济行为和相应经济变量及其相互关系的理论经济学。宏观经济学的对称。研究的目的在于有效地利用资源，以求生产者得到最大利润，消费者得到最大限度的满足。基本内容包括：均衡价格理论；消费和生产优选行为理论；市场理论及分配理论等，而以供求均衡价格论为其理论核心。其主要分析方法是个量均衡与边际分析。就总体而言，微观经济学与马克思主义政治经济学理论是背道而驰的,但其中供求弹性概念及均衡分析方法,对社会主义市场经济活动研究,不无一定参考价值。

(张 琰 何万钟)

韦伯 Weber M. (1864～1920)

德国社会学家和经济学家,古典组织管理学派的代表人物。出身于德国的一个富裕家庭,1882 年进入海德堡大学攻读法律,后来对社会学、宗教学、经济学和政治学都广为研究,并对许多问题提出自己独到的见解。主要著作有:《新教伦理与资本主义精神》、《社会和经济组织的理论》等。他在管理理论上的贡献主要是提出了著名的官僚管理模型;认为这是一个"理想的行政组织体系理论",并因此而被人们称为"组织理论之父"。许多管理学者对韦伯的理论给予了高度评价,认为韦伯理论反映了当时德国从封建制度向资本主义过渡的要求,资本主义大型组织要求管理上的合理化,迫切需要一种稳定、严密、有效、精确的管理组织,这种客观需要便是促使韦伯提出官僚管理模型作为一种合理化的管理理论体系的原因。但由于当时德国经济不够发达,韦伯的思想未引起广泛注意。直至 50 年代以后,由于企业规模和复杂程度日益增大,人们开始注重组织理论的探索,韦伯的理论才受到人们的重视。

(何 征)

违法 break the law

又称非法或不法。不履行法定义务或违反法律规定致使社会关系和社会秩序受到破坏的行为。构成违法的要件是:①必须是一种行为,及这种行为造成的危害事实;②必须是侵犯了法律所保护的社会关系和社会秩序,造成了一定的社会危害;③必须是有责任能力的人,或依法设立的法人;④必须是主观上出于故意或者过失。这 4 条缺少任何一条,就不能构成违法。违法行为依其性质和危害程度,可分为刑事违法、民事违法和行政违法。行政违法与刑事违法、民事违法不同之处,在于行政违法,不一定有危害社会的后果事实,只要其行为具有危害社会的可能性,就构成行政违法。

(王维民)

违约金 default fine

当事人一方不履行合同、不完全履行合同或逾期履行合同时必须付给另一方当事人的一定数额的货币资金。其数额应在合同中具体规定。按照中国法律,违约金具有惩罚或损害赔偿的性质。违约者支付违约金后,一般还应履行合同。

(何万钟)

维修计划 equipment maintenance plan

企业在计划期内维护、检查和修理机械设备的计划。按时间系列可分为年度、季度、月度计划;按维修类别可分为大修计划、中修计划和定期保修计划、设备预防性检查计划、定期的设备精度检查与调整计划等。正确地编制设备的维修计划,可以从企业全局出发,合理配备维修力量,提高维修质量,缩短修理时间,保证施工生产的正常进行。

(陈 键)

维修预防 maintenance prevention

在新机械设备的设计、制造阶段,根据预防性原则,着手减少设备故障源,提高其可靠性和维修性的工作方式。其理想状态是"无维修"。"无维修"是近年发展起来的设备工程学的重点目标之一。通过维修预防可以接近这一目标。

(陈 键)

委估物业 subject property

又称待估物业。房地产估价中待评估的房地产。

(刘洪玉)

委托收款结算 collection settlement

简称托收。收款人委托银行向付款人收取款项的结算方式。在中国,适用于在银行开立账户的单位和个体工商业户各种款项的结算,也适用于水、电、邮电、电话等服务款项的结算。同城、异地均可办理,不受金额起点的限制,分邮寄和电报划拨两种,由收款人选用。收款人办理委托收款,应向开户银行填写委托收款凭证,提供收款依据。付款人开户银行接到收款人开户银行寄来的委托收款凭证,经审查无误,应及时通知付款人。付款人接到通知和有关单证,应在规定的付款期内承付。付款期限为三天,付款人无足够资金支付时,应在期满日后两天内将有关单证退回银行,否则按有关规定收罚金。银行不承担审查拒付理由的责任,也不代收款单位对付款单位分次扣款。

(俞文青)

未达账项 account in transit

有清算往来业务的单位之间,由于时间差异而发生的一方已入账、另一方尚未入账的账项。主要存在于企业与银行之间及企业总部与分支机构之间。通常有:企业将收到的票据存进银行已作存款增加入账,而银行尚未入账;企业开出支票或委托付款凭证,已作存款减少入账,银行尚未支付或未办转账手续;企业委托银行代收款项,或银行付给企业利息,银行已作存款增加处理,企业因尚未收到银行通知而未入账;企业委托银行代付款项或扣还贷款及支付利息,银行已作存款减少入账,企业因尚未收到有关付款通知而未入账;以及企业分支机构间类似上述往来业务等。为了保证往来账目余额正确,消除未达账项的影响,银行应向企业、企业应向其分支机构定期发送对账单,以供对方核查未达账项。

(闻 青 张 琰)

未来值 future value

又称将来值、终值。将现在的资金,按一定利率和计息期数以复利计算至计算期末、或某一特定现金数列的期末、或项目寿命期末的本利和。计算式如下：

$$F = P(1 + i)^n$$

F 为未来值；P 为资金现值；i 为利率；n 为计息期数；$(1 + i)n$ 为一次支付复利系数。

（雷运清）

未来值法 future value method

以各投资方案的未来值作为方案优劣判据的评价方法。可分为净未来值法和成本终值法。根据等值原理，未来值法与现值法对方案的评价结论是一致的。但在实践中现值法应用较多，未来值法一般很少应用。 （余 平）

未完工程

未竣工的工程。参见未完施工。 （何万钟）

未完工程累计完成投资 accumulated investment put in the project under construction

又称未完工程价值。已经开始施工至本年底尚未建成交付使用的工程，自开始建设至本年底止累计完成的投资额。包括：①报告期以前年度跨入本年继续施工、到年底尚未交付使用的在建工程累计完成投资；②报告年度内新开工、尚未交付使用的工程完成的投资；③年底以前（包括本年和以往年度）已经停缓建（不包括已作报废工程处理）的工程累计完成投资；④应摊入未完工程的增加固定资产的其他费用。等于建设项目自开始建设至本年底累计完成投资额减去累计新增固定资产和累计完成不增加固定资产的投资。用来反映未完工程占用建设资金的情况，是研究投资效果和编制建设计划的依据之一。 （俞壮林）

未完工程资金占用率

见在建工程资金占用率（327页）。

未完施工 work in process of construction

建筑企业已投入了生产要素，但尚未完成规定的工序，不具备结算条件的工程。已完施工的对称。由于这部分工程的数量和质量，都很难确定，相当于工业生产中的"在产品"，只进行企业内部核算。

（何万钟）

wen

文件 file

逻辑上具有独立的完整意义的信息集合。文件名是以字母开头的字母数字串；也是由若干个记录构成的信息集合。在一般意义上，文件表示在目的、形式和内容上彼此相似的信息项的集合。按其性质和用途，文件大致可以分为三类：①有关操作系统的信息组成的系统文件；②各种标准程序、服务程序、专用程序和通用程序等信息组成的程序库文件；③由用户委托给系统保存的用户文件。按保护级别可分为四类：①执行文件；②只读文件；③读写文件；④不保护文件——所有用户都可以存取的不保护文件。按文件流向，又可以分为：①输入文件；②输出文件；③输入输出文件。文件的编制包括信息的收集、整理、存储、引证、检索和分类等过程。

（冯鑑荣）

文件目录 file catalog

在文件管理系统中，为了提供对文件存取的控制和保护措施，为系统中可存取的文件列出的一张目录表。它列出每个文件的文件名、存取权限、建立日期、文件保留时间、文件属性等，以便用户了解和使用方便。文件目录可以多级管理，例如二级目录可分主目录和用户目录。目录本身又以文件形式存放在主存储器中，或存放在磁盘或磁带上。现在许多数据库管理系统中，使用这种文件目录管理方法。

（冯鑑荣）

文件设计 file design

确定符合具体应用系统所要求的文件结构和文件存取方式，以及选取所用的存储设备的工作。在设计过程中应考虑如下问题：①欲储存的信息：文件的逻辑结构；记录的长度（固定长，可变长）；文件的信息量；有无记录的插入、修改、删除等操作；文件的通用性与特殊性；②文件设备：种类（磁带、硬磁盘、软磁盘）；文件的物理结构；③事务处理：种类；事物发生的分布和频度；请求的应答时间；处理方式（顺序式、随机式）；④寻址方式：顺序方式；索引表格方式；随机方式；⑤文件处理的调度；⑥可靠性与故障措施：文件的冗余；文件故障软化；文件转储；事务文件；⑦集中管理与分散管理。文件的设计步骤大致分为以下六步：①数据分析；②文件的逻辑结构与记录格式；③文件设备的选择；④文件的物理结构与记录的地址格式；⑤文件的集中与分散管理权衡；⑥性能评价。

（冯鑑荣）

文件维护 file maintenance

对一文件进行定期修改。以使其能反映在给定周期内发生的一些变化。常用的处理方法是向主文件插入、删除或修改记录。例如，当插入新的记录时，对于顺序文件的维护来说，可以有两种方法。一种方法是把欲插入的记录放入适当的位置，并移动所有有关的记录；另一种方法是把插入的记录放到单独的溢出区中，然后用指针把它们与有关记录相连，以保持文件中各记录的顺序。

（冯鑑荣）

文件组织　file organization

按一定的逻辑结构把有关联的数据记录组织成为逻辑文件,并用体现这种逻辑结构的物理存储形式,把文件中的数据存放到某种存储设备上,使之构成物理文件的机构。物理文件是数据库物理存在的基本单位,是数据库访问程序的操作对象。文件组织是数据库的物理基础。它的目标是,根据用户和系统设计要求,组织时空综合性能最佳、易于维护的文件,为数据库提供方便、灵活的文件访问。

（冯镜荣）

WU

无差异曲线　indifference curve

以不同商品消费量的两轴的图形上的一条曲线。曲线上的每一点(代表两种商品的不同组合)能为给定的消费者带来完全相同的满足水平。即,对于同一曲线上的任意两点,消费者所得到的效用——满足程度是无差别的。　　　（刘长滨）

无偿投资　nonpay-back investment

不能从建设项目本身直接获得偿还的非经营性建设项目的基本建设投资。如国防建设、行政机关、学校、物资储备、市政和防灾等建设项目的投资。这类投资虽不可能从建设项目本身直接偿还(或回收),但它们是社会生产和生活所必需。（何　征）

无偿债基金贷款　bullet loan

又称期终一次偿还贷款。为建设贷款到期又暂时没找到长期贷款的出租物业提供的一种短期贷款。期限一般为 2～10 年。期间仅计利息,不能提前偿还。　　　　　　　　　　（刘洪玉）

无负荷联动试车检验　test of unloaded combining operation

单机试车检验合格后,按照设计要求和试车规程对每条生产线上的全部设备分步进行的联动机组空车试运转。检视鉴定各种设备运转的相互关系是否满足生产要求。按设计规定调整仪表,先检查油、水、汽、煤气及压缩空气等管线的畅通情况,然后进行无负荷联动试车。在规定的时间内没发现问题,即认为试车合格。该工作由设备安装单位在建设(生产)和设计单位的协助下进行。试车合格后签发合格证书,安装单位和建设单位双方办理接交手续。

（何秀杰）

无价格弹性需求　price-inelastic demand

又称无弹性的需求。需求价格弹性绝对值小于 1 的情况。它表明:当价格下降时,总收益下降;当价格上升时总收益也上升。完全无弹性的需求意味着当价格上升或下降时,需求量完全没有变化。

（刘长滨）

无缺点运动　zero defect movement

以摒弃"缺点难免论",树立"无缺点"的观念为指导,要求全体职工"从一开始就正确地进行工作",以完全消除工作缺点为目标的质量管理活动。1962 年由美国马丁·马里塔公司首创,目前已成为各国一些大企业常用的一种质量管理方法。无缺点并不是说绝对没有缺点,而是指以缺点等于零为最终目标,每个人都要在自己工作的职责范围内努力做到无缺点。其实施要点是:①建立各级无缺点运动组织;②确定小组(个人)在一定时期内为防止和消除缺点应达到的具体目标,包括目标项目、评价标准、目标值;③小组对实际成绩进行评价;④提出消除不属于自己主观因素的错误原因的建议及与此有关的改进措施;⑤表彰达到无缺点运动目标的小组和对实现小组目标作出贡献的人。　　　　　（周爱民）

无投资方案　non-investment program

互比方案按投资额从小到大排序时,排在第一位的零投资方案。如有 A、B、C 三个方案,其投资额分别为:150 万元;100 万元;和 130 万元。为了比较,方便运算,需要先行排队时,往往按:O(不投资);100 万元(B);130 万元(C);150 万元(A)排序,其中"O"代表无投资方案。　　　　　（刘玉书）

无效经济合同　invalid economic contract

见合同有效要件(115 页)。

无形贸易外汇

见非贸易外汇(63 页)。

无形损耗　intangible loss

由于技术进步、社会劳动生产率提高等因素而引起的机械贬值。包括两种情况:① 生产同样结构性能的机械设备的费用下降,而使原有同种设备贬值;② 由于新的、性能更加完善和效率更高的设备出现和推广,使原有设备的经济效能相对降低而贬值。由于技术不断进步,建筑企业要使技术不落后,应加速折旧,并提高机械设备利用率,以减少无形损耗的影响。　　　　　　　　　　　（陈　键）

无形效果　intangible effect

投资项目产生的某些难以用货币计量费用和效益的技术性外部效果。如就业、教育、健康、安全、国家威望、民族团结、公平分配、地区均衡发展、技术扩散,等等。它们一般没有相应的市场和市场价格,但却是真实存在的社会效果的一个重要方面,客观上也存在支付意愿。项目评价时必须加以考虑。经济分析人员首先应努力尝试用货币加以计量;或采用实物指标,如导热系数、噪音分贝、空气含硫量、含二氧化碳量等等。然后再设法估价或以文字说明。估价的难点往往是政治、哲学、道德方面的原因。长期以来,经济学家一直试图用货币计量无形效果,但尚无可被普遍接受的方法。还有一类项目的产出物和服务,如灯塔、无线电广播等,某个人的消费和使用并不会剥夺其他人的消费和使用,也不会增加其成本。这类项目通常由政府兴建,通过纳税办法解决。一般以无形效果产出为主的项目,通常采用费用效益分析的方法进行评价。 (刘玉书)

无约束方案 non-restraint program

没有资源(包括资金、劳动力、材料、设备及其他资源)许用量限制条件下的可供选择的项目或方案。在无资源约束条件下,各备选方案均可视为独立方案。 (何万钟)

五通一平 five connection and levelling

道路通、给水通、排水通、供电通、电讯通及场地平整的开发项目场地准备状况描述。 (张 琰)

五五摆放 five-five lay up

库存物资以"五"为基本计数单位进行堆垛摆放的储存保管方法。其主要形式有平行五、直立五、梅花五、三二五、一四五、平方五和立方五等。这种摆放方法便于盘点和发放,提高工作效率,且外观整齐。具体摆放形式视材料外形和性能等特性决定。 (陈 键)

物业 real estate

从广义来说,与房地产是同一概念,即建筑物及其附属设施、设备和相关场地的统称。从物业管理角度来说,则特指使用中的或可以投入使用的各类建筑物及其附属设备、配套设施和相关场地。按所有权性质,可分为公共物业和私人物业;按占有形式,可分为自用物业和出租物业;按用途可分为居住物业、工业物业、商业物业和特殊物业等。从存在形式来看,物业可以是一个建筑群,也可以是一座建筑物或其中一个单元。一宗物业的范围通常以产权的形式来界定。 (刘洪玉)

物业代理 real property agency

受房产开发商或业主委托,为其所拥有的物业出租或销售事宜提供服务并按代理合约规定收取佣金的中介行为。 (刘洪玉)

物业管理 property management

物业管理企业受业主委托,以商业经营方式管理房地产,为业主和用户提供优质、高效的服务,使物业发挥最大的使用价值和经济效益的行为。 (刘洪玉)

物业价值 property value

由于拥有房地产而带来的权益的货币表现。随物业种类和目的之不同,物业价值有投资价值、使用价值、抵押价值、保险价值和课税价值等。 (刘洪玉)

物资采购计划 purchasing plan of goods and material

企业为购买非计划分配物资而编制的计划。其内容包括采购物资的品种、规格、型号、数量、技术要求、参考单价和到货时间等。并要对可能短缺的物资的可替代物资加以说明。计划采购数量由下式计算确定:

$$\begin{aligned}物资计划采购量 &= 物资计划需要量 + 计划期末储备量 \\ &\quad - 计划期初预计库存量 - 企业内部可利用的其他资源量\end{aligned}$$

物资采购计划按时间长短可划分为年度、季度和月度计划。一般以月度计划和季度计划为主,它们对物资需求随季节变化的建筑企业更具有实际意义。 (陈 键)

物资储备定额 norm of goods and material reserve

又称库存周转定额。在一定条件下,为保证施工生产正常进行而规定的储备物资的标准限额量。一般由经常储备和保险储备两部分组成。两者之和构成"最高储备定额",保险储备量是"最低储备定额"。合理规定物资储备定额,是正确组织物资供应,合理控制物资库存量的基础。 (陈 键)

物资储备计划 reserving plan of goods and material

企业为保证生产不致因物资供应原因而间断,须保持必要物资储备的计划。应根据物资需求情况,采购计划和物资储备定额来编制。物资储备由经常储备、保险储备和季节储备组成。只要物资不是随进随用,都要形成储备,因此,储备对企业生产来说总是要发生的。物资储备计划是要在少占用流动资金,少花费库存费用,保证生产,以及购买大批量物资可能使采购费用和价格降低,缺货会给生产带来损失等因素中寻求最优的决策。 (陈 键)

物资订购管理 order management of goods and material

企业订购所需物资的组织管理工作。要在获得大量信息资料的基础上,提出市场预测和掌握企业实际需用情况,做出订购物资总费用的经济性决策,保证物资如期到货以供施工生产使用。对于申请分配的物资,要按建设项目的需要,及时提报申请计划。要及时掌握生产资料市场变化情况,做到使订购的物资适用、及时、齐备和经济。 (陈 键)

物资订货方式 order mode of goods and material

物资供需双方进行产需衔接的组织方式。通常分集中订货和分散订货两种方式。采取哪一种方式取决于:①生产力布局可能造成的物资需求矛盾如何;②企业物资采购权情况;③地方生产资料市场开放情况;④物资品种等。在中国随着物资供应体制改革,物资订货方式已由计划经济体制下物资部门统一管理变为较大程度上的供需直接订货。

（陈　键）

物资订货合同　order contract of goods and material

供需双方以物资订货为内容,使经济责任明确而签订的受法律保护的书面协定。主要内容有:①材料供应的依据,即属分配指标或是双方协议;②供应条件,包括物资名称、品种、规格、型号、质量、数量和包装要求等;③交货条件,包括期限、地点、交货方式、运输方式和验收方法;④价格与货款结算条件;⑤履行合同的经济责任;⑥合同附则和签署等。

（陈　键）

物资分配体制　Material allocation system

计划经济体制下,在物资分配权限上,确定中央与地方、部门与部门、上级与下级之间分工关系的制度。包括确定物资分工管理目录、物资资源平衡调拨法和物资分配渠道等方面的工作。中国的物资分工管理目录由以下三部分组成:①国家计委统一管理、平衡、分配的物资,简称"统配物资",主要是对生产建设和整个国民经济平衡起重大作用的通用物资;②国务院各部门统一管理、平衡、分配的物资,简称"部管物资"。这类物资多为面向全国,对发展国民经济比较重要的或专业性比较强的产品和中间产品;③地方管理物资,简称"地管物资",由各省市自治区平衡、分配和管理。经济体制改革以来,绝大部分物资通过市场分配;实行计划分配的物资品种已为数有限。

（林知炎）

物资供应方式　mode of goods and material supply

物资由生产厂家转移到使用企业的流通形式。有直达供应和中转供应两种基本形式。采用哪一种方式取决于:①需要量。需要量大宜直达供应,需要量小宜中转供应。②物资的性质。专用物资、搬运和储备条件要求复杂的物资宜直达供应。③运输条件。具备铁路专用线和装卸机械设备条件宜直达供应。④供应网点情况。供应网点较广泛健全,库存物资品种规格较齐全,物资只是少量经常使用的,宜中转供应。⑤生产企业的订货限额和发货限额。用量高于订货限额,发货限额的物资宜直达供应。

（陈　键）

物资供应计划　plan of goods and material supply

物资供应部门安排计划期内生产部门所需各种物资的数量和供应来源的平衡计划。其内容包括:所需物资的名称、规格、数量、计划分配物资申请量和物资储备定额等。它是物资供应部门确定运输量和流动资金需要量的依据。

（陈　键）

物资管理体制　Materials handling system

由国家确定的物资分配和流通的组织体系以及划分各级、各部门管理职责的制度。包括物资分配体制、供销体制和管理机构三方面。其实质是指在生产资料公有制的条件下,采取何种具体的形式,有计划、有秩序、高效率地组织和管理物资的流通,处理好国家、地方和企业之间以及物资部门同国民经济其它部门之间的经济关系。长期以来,中国不把生产资料视作商品,大部分由国家计划调拨和分配,生产资料和生产者人为的相脱离,其流通渠道单一,环节过多。通过经济体制改革,逐步建立包括生产资料市场在内的市场体系,并建立国家宏观调控下的多渠道,少环节,更加有效的物资管理体制。

（林知炎）

物资利用率　utilization ratio of goods and material

物资有效利用量与物资消耗总量的百分比。用以反映产品生产过程中物资的有效利用程度。也是衡量企业施工生产技术水平和经营管理水平的一个综合指标。其计算式为:

$$物资利用率 = \frac{物资有效消耗量}{物资消耗总量}$$

物资消耗量可根据物资特点,用体积、重量或件数等表示。

（陈　键）

物资流通环节　circulation links of goods and material

物资从生产领域流向消费领域的过程所要经过的停滞点或中间站。主要有物资收购、运输、储存及销售等基本环节。对于国家控制的重要物资,由各级供应站控制,延长物资从生产到耗用的流通时间,但又是控制物资流向的必要手段。对一般物资生产厂家与物资消耗企业直接签订供销合同,可以使流通环节减少,因此,它与物资流通渠道是相关的。

（陈　键）

物资流通渠道　circulation channel of goods and material

物资从生产领域到消费领域的流通过程所经过的路线、组织形式和环节。由生产发展水平、交通运输条件、生产力布局和物资本身的特点所决定。主要包括:①产、需直接联系的渠道;②由物资部门作中介的渠道;③由生产部门推销机构先完成一级批发任务,或由生产厂直接设销售部投放市场。畅通的多种流通渠道可以降低流通费用,增加生产与消耗企业的效益,推动生产发展,对生产和消费双方都有益。中国建筑生产所需物资的主要渠道由建设单位申请国家物资部门批转的物资指标和生产资料市场两个主要方面构成。随着改革的深化,建筑生产所需物资通过市场渠道的比重已逐步增大。

（陈　键）

物资流通时间　circulation time of goods and material

物资在流通领域停留的时间。即物资从生产领域向使用、消费该物资的企业、部门转移过程所经历的时间。以运输、储存、销售时间为构成要素。缩短物资流通时间可以加快生产企业资金周转,减少储存费用和物资损耗,使物资得到有效利用。缩短流通时间需要通过减少流通环节,增加流通渠道,提高物资管理工作效率来实现。　（陈　键）

物资平衡表　balance sheet of goods and material

反映物资资源和需要之间平衡关系的文件。表中分列资源和需要两栏,以反映供需数量盈缺情况。可以按物资的具体品种和规格编制或以货币单位编制。编制时要将计划期初、期末库存及企业可利用资源等因素考虑进去,即将综合利用或修旧利废等可形成的节约量列入,还需列出平衡措施,如报请计划分配、市场采购或协作调剂等。　（陈　键）

物资申请计划　requisition plan of goods and material

在计划经济体制下,生产企业为了取得计划分配的物资,向物资分配主管部门编报要求购买计划分配物资的计划。申请数量由下式计算确定:

$$物资申请数量 = 计划期需要量 + 计划期末储备量 - 计划期初预计库存量 - 企业其他可利用资源$$

物资申请计划中还要对物资需求时间予以说明,以使物资管理部门在供需平衡和品种规格明细平衡及具体组织供应都有所依据。　（陈　键）

物资消耗　consumption of goods and material

在一定施工生产技术条件下,物资实现其使用价值的过程。包括有效消耗和非有效消耗两部分。前者是构成产品实物形态的消耗;后者是在施工过程中必需的工艺性损耗和难以避免的非工艺性损耗。物资消耗的控制工作主要是限制和减少非工艺损耗,并通过采用新技术、新工艺科学合理的利用物资,以减少工艺性损耗。　（陈　键）

物资消耗承包责任制　contracting responsibility system for consumption of goods and material

按照责任、利益对等的原则,企业物资供应和使用部门达成物资消耗承包合同,共同做好材料供应和使用工作的一种责任制度。双方要明确各自对生产建设物的供应和使用承担的责任,规定由于节约使用物资或超额使用物资的奖罚办法。从而促进节约物资,降低施工生产成本。　（陈　键）

物资消耗定额　consumption norm of goods and material

在一定生产技术组织条件下,生产单位产品或完成单位工作量合理消耗物资的限额标准。按参与生产的特征或用途可划分为:原材料消耗定额、主要材料消耗定额、辅助材料消耗定额、燃料消耗定额和电力消耗定额等几大类。按定额的综合程度可划分为物资单项消耗定额和物资综合消耗定额。按物资消耗的定额构成情况可划分为:物资直接消耗定额、物资完全消耗定额、物资消耗工艺定额和物资消耗供应定额等。随着施工技术、管理水平的提高,对物资消耗定额需做必要的修订,保持定额的先进性。

（陈　键）

物资消耗工艺定额　technological consumption norm of goods and material

在一定生产技术组织条件下,生产单位产品或完成单位工作量,物资的有效消耗和工艺性损耗构成的物资消耗限额标准。有效消耗指构成产品实体的物资消耗。工艺性损耗指由于工艺的原因而耗费的物资,如端头短料、边角余料、砌墙抹灰的掉灰等。此定额是企业内部供料和考核物资消耗情况的主要依据。　（陈　键）

物资消耗供应定额　supplying consumption norm of goods and material

在一定生产技术组织条件下,为生产单位产品供应给施工生产单位物资的限额标准。由物资消耗工艺定额和合理的非工艺性损耗构成。非工艺性损耗包括不合格品的材料消耗、储运损耗、材料取样化验及性能检验的损耗等。在实际工作中,以供应系数考虑非工艺性损耗量,即

$$物资消耗供应定额 = 工艺消耗定额 × (1 + 物资供应系数)$$

此定额是核算物资需要量,以编制供应计划、确定物资申请量和采购量的主要依据。　（陈　键）

物资消耗施工定额　construction norm for consumption of goods and material

按平均先进原则制订的,供企业内部使用的生产单位产品消耗各种物资的限额标准。是建筑工程施工定额的组成部分。项目较预算定额更为细致和具体,是企业编制作业计划和工料预算,实行限额领料和考核工料消耗的依据。　（陈　键）

物资消耗预算定额　budget norm for consumption of goods and material

按部门或地区平均水平制订的,生产单位产品消耗各种物资的限额标准。是建筑工程预算定额的

组成部分。项目较细,是编制工程预算、材料需用计划、申请计划和供应计划的依据。　　　(陈　键)

物资运输方式　mode of transport of goods and material

物资借以实现空间转移的方式。主要有铁路、公路、水运、空运和管道等。建筑物资主要通过铁路、公路和水运方式运输,特需情况下有时也采用航空运输。具体运输方式需根据运输物资的特点和需求情况而定。　　　　　　　　　(陈　键)

物资资源　goods and material resource

物资的来源。一般指计划期内可供分配、供应和使用的物资来源。是社会再生产的物质基础和组织物资供需平衡、编制物资计划的重要依据。中国

物资计划中资源量来源主要有:库存资源、生产资源、进口资源、国家储备资源及其它资源。合理确定物资资源量,是搞好物资供应和管理的重要基础。

(曹吉鸣)

物资综合利用　comprehensive utilization of goods and material

为了充分、合理地利用物资所采取的各种物资利用措施。即经过对物资资源的管理和加工,变无用为有用,变小用为大用,变一用为多用,从而扩大物资资源品种和来源,增加社会财富的用途。是提高物资使用经济效益的重要途径。

(陈　键)

X

xi

吸纳率　absorption rate

对某一特定房地产,在一定的价格或租金水平条件下,能够销售、出租、投入使用或进行市场交易的数量的估计。　　　　　　　　　(刘洪玉)

吸纳能力分析　absorption analysis

在预定的时间期限内,在一定的价格或租金水平条件下,能够销售、出租、投入使用或在市场上进行交易的房地产数量的分析。　　　(刘洪玉)

吸纳期　absorption period

在预期价格或租金水平条件下,对成功地完成房地产销售、出租、投入使用或市场交易过程所需时间周期的估计。　　　　　　　(刘洪玉)

系统　system

由相互作用和相互依赖的若干组成部分结合而成的具有特定功能、处于一定环境之中的有机集合体。按其形成的过程,可分为自然系统与人造系统;按其组成要素的性质,可分为实体系统和概念系统;按其状态是否随时间变化,可分为静态系统与动态系统;按其是否与环境交换,可分为封闭系统与开放系统等等。系统管理理论所研究的对象——组织,是实体系统与概念系统相结合的人造、开放、动态系统。人造系统一般具有以下特征:集合性;关联性;目的性;整体性;层次性和环境适应性。系统在特定环境下对输入进行处理,产生输出。如企业在输入各种资源后,经过处理,生产出产品。在处理过程

中,设计、制造出的产品并不完全符合需要,便要进行检查、试验、修正、计划、加强执行,这就是控制与反馈。作为开放系统及反馈系统的一般模型如下:

(何　征)

系统程序设计语言　system programming language

编写计算机系统程序的语言。主要指高级语言,也可以是机器语言、面向机器的语言、面向过程的语言或者面向问题的语言。一般是指可以针对各种不同的系统书写其系统程序的语言,亦即它是和系统无关的。因此,称作通用系统程序设计语言。也有一些系统程序设计语言是和系统有关的。它们只适宜编写特定系统的系统程序,因而,又可称作专用系统程序设计语言。　　　　　　(冯鑑荣)

系统程序员　system programmer

计算机操作系统或语言程序的设计人员。其任务是为提高整个计算机系统的效率,进行计划、产生、维护、扩充及控制某个操作系统的使用程序的设计。为了保证计算机系统的效率,他们除设计控制程序和操作系统外,还设计能检出错误和故障的检测程序、能控制输出格式以及对文件进行分类和合并的辅助程序。　　　　　　　(冯鑑荣)

系统分析　system analysis

运用系统理论和方法对系统的各个方面进行定性和定量分析,以求得系统总体优化目标的决策技

术。20 世纪 50 年代初,美国兰德(RAND)公司首先用于武器系统的分析,60 年代以后转向国际战略与国家安全政策的分析。其内容包括功能分析,要素分析,结构分析,可行性分析和评价分析。分析的一般步骤是:①系统目标的分析与确定;②制定为达到系统目标的可行方案;③建立各备选方案的系统模型;④系统的最优化分析;⑤系统的评价。系统分析通常应用于重大而复杂的决策问题。20 世纪 80 年代以来,中国在经济、社会、人口、农业等方面进行了大量的系统分析工作。　　　　(张　琰　杨茂盛)

系统工程　system engineering

运用系统理论和系统方法,借助于控制论、信息论、运筹学和计算机等科学技术手段,解决具体系统问题并使其性能达到最优的设计方法和技术。产生于 20 世纪 40 年代。由"系统"和"工程"两个概念结合而形成的新概念,是跨自然科学与社会科学的新学科。可以解决的问题涉及到改造自然,保护生态环境,发展社会生产力,提高综合国力,改造社会等,是当代世界上最有影响的一门综合性、基础性学科。
　　　　　　　　　　　　　　　　(张　琰)

系统观点　point of view at system

一般系统论的基本观点。其要点有:①整体是主要的,而各个部分是次要的;②系统的整体大于局部简单之和;③各个部分围绕着实现整个系统而发挥作用;④系统中各部分的性质和职能由它们在整体中的地位所决定,其行为则由整体对部分的关系所制约;⑤一切都应以整体作为前提条件,然后演变出其各部分及各个部分之间的相互关系;⑥整体通过新陈代谢而使自己不断地更新;整体保持不变和统一,而其组成部分则不断改变等。　　(何万钟)

系统管理学派　system management school

以系统理论为基础建立的管理理论新学派。同社会系统论和决策理论有密切关系,但侧重点不同。社会系统论基本上把一个企业看成是一个封闭式系统;决策理论虽把企业看成是开放系统,但研究侧重于企业的决策行为;系统管理理论则侧重对企业组织结构模式进行分析,并从系统概念考察计划、组织、控制、联系等企业的基本职能。代表人物有美国的卡斯特(Kast. F. E)和罗森茨韦克(Rosenzweig, J.E),代表作是他们合著的《组织与管理》。系统管理理论的重要观点是:①企业是由相互联系的各子系统组成,以达到一定目标的人造开放系统。按作用分,有传感子系统,控制子系统;按内容划分,有目标、技术、工作、结构、人际社会等五个子系统。②按系统概念组织企业,使各子系统与各有关部门的关系网络看得更清楚,更能了解企业基本职能——计划、组织、控制等在各个系统中的目标、地位和作用。
　　　　　　　　　　　　　　　　(何　征)

系统环境　environment of system

系统界线以外与系统发生联系和相互作用的因素的总和。系统存在和发展的基本条件。系统依赖系统环境而存在,环境为系统提供存在和发展的条件。环境按一定规律运动,为系统提供适应环境的可能性。人类能够认识环境的客观规律,并运用对这种规律的认识去改造环境。从系统层次角度看,环境也是一个系统,即相对于系统的更大系统。环境的范围依系统与之联系的程度而定。环境与系统的关系不是单向的。一个组织作为一个系统建立起来,就会不断选择、形成适合于自己运营的环境,并设法控制环境,以实现自己的目标。　　(张　琰)

系统结构　system structure

系统内部诸要素组合与连接的方式。系统结构的设计,是以系统观念为基础的,把组织看成是若干相互联系、相互影响的组成部分结合而成的完整系统。同时,强调整个计划的整体性,从整体观念出发来组织全部工作,根据整体利益来处理各方面的关系。系统结构中的普遍形式是由系统的基本特征所决定的。　　　　　　　　　　　(冯镭荣)

系统界线　boundary of system

能使系统筛选投入产出并保持一定程度独立性和自治性的边界。每一个系统都有这样的界线。界线的概念可以帮助我们理解开放系统与封闭系统之间的不同。相对封闭的系统有固定而不可渗透的界线;而开放系统在与其超环境系统之间有可渗透的界线。在物理系统和生物系统中,界线比较容易确定,是可以看得见的。但在诸如组织这样的社会系统中,界线是很难确定的。它们没有清楚可见的界线。因为它们对许多投入和产出都是开放的。
　　　　　　　　　　　　　　　　(何　征)

系统开发　system development

创建一个计算机系统的过程。通常包括以下步骤:①确定系统要求和计算机系统所要达到的目标;②编制计算机系统所要执行的功能的详细说明;③系统分析员作详细设计,主要内容有代码设计、人机对话设计、输入输出设计、存贮设计、处理过程设计等;④程序设计;⑤将程序模块、文件和其他成分汇成计算机系统;⑥系统调试;⑦文件编制;⑧安装运行;⑨系统维护。　　　　　　　(冯镭荣)

系统可靠性　system reliability

系统在规定条件下和规定时间内实现规定功能的概率。对于可以进行维修的系统来说,不仅有可靠性问题,而且也有发生故障后复原的能力问题。与可靠性相对应的叫做维修性。其含义是可修复的系统在规定条件下和规定时间内的修复能力。因此对不发生故障的可靠性与排除故障的维修性,两者结合考虑,可称为广义的可靠性。它是系统的内在特性,取决于生产过程的控制和测试方法。主要衡量指标是:无故障率、可靠度、平均寿命、失效率、可靠寿命。系统必须可靠。因为一旦系统发生故障,就很容易丢失信息和数据;即使不丢失数据;把系统恢复并重新进行处理也是很复杂的,有时甚至会对用户造成损失。 （冯镭荣）

系统流程图 system flowchart

表示数据处理系统中各"事件"之间的关系,描述数据通过系统时和在系统内流动的图像模型。包括计算机处理之外的作业,是手工作业和计算机作业的总图。图中表示业务部门将有关数据分别合并成记录单,根据记录单将数据输入软盘,再输入计算机,按时间规定经过多种处理作成文件或报表,完成某个功能或某些功能。手工作业和计算机作业不是绝然分割的,自动化水平高的系统,转记作业可以由计算机代替手工完成。 （冯镭荣）

系统论 system theory

又称一般系统论。研究各类系统共同特征、本质和规律的科学理论。它包括系统科学理论、系统技术和系统哲学三个组成部分。主要创始人是美国理论生物学家L.V贝塔朗菲(L.V.Bertalanffy,1901~1972)。作为哲学的"系统"概念,中国古代和古希腊的哲学家、思想家都曾有过深刻的阐述。但从哲学的系统概念发展成为系统论学科,则是20世纪才实现的。贝塔朗菲在20年代研究生物学时,提出了机体系统论的概念,这是一般系统论的萌芽。后来,他把"机体"改为"有组织的实体",用以解释社会现象和工程设施等事物。1945年后他又著文介绍一般系统论的基本原理。逐步形成了带有跨学科性质的理论。该理论主张从整体出发,研究系统与系统、系统与组成部分、系统与环境之间的普遍联系。它著重于揭示系统的整体规律,为解决现代科学技术和社会、经济等方面的复杂问题,提供了新的理论武器。它所概括的思想、理论、方法和工具,普遍地适用于物理、生物和社会系统。随着它的研究、应用和发展,在50年代后又形成了系统工程学。而系统工程的不断研究和应用,又进一步丰富和发展了系统论。 （何万钟）

系统模拟 system simulation

计算机对系统的模型进行试验,对系统的性能作出定量分析和预测的技术。模拟的步骤:①阐明模拟的对象,确定被模拟系统的界限、约束条件及衡量所模拟的系统效果的标准;②收集或生成有关数据,供模拟使用;③构造模拟模型;④翻译模型;⑤进行模拟计算;⑥分析、评价模拟结果。系统模拟是解决系统问题行之有效的方法,使用计算机对企业管理系统的行为和活动进行模拟,可以为管理、决策人员提供完全、及时而又准确的信息以便作出最优决策。利用计算机进行模拟是高度发展了的模拟技术,广泛应用于军事、工程技术、生产管理、财政经济、社会科学等领域。例如:用计算机模拟厂址的选择、计划系统、物资分配系统、人事系统等。 （冯镭荣）

系统模型 system model

反映系统构成、特征和行为等的映像。根据不同的系统对象,或者同一对象系统的不同目的,不同条件,它可以有不同的型态。常用的型态有数学公式、图表、文字、语言、实体等。它是系统分析的基础,所以建立系统模型是系统分析过程的重要环节。对系统模型的一般要求是:①现实性,即在一定程度上能较准确地反映系统的客观实际情况;②简明性,既要能反映系统的基本特征,又不致陷于繁琐;③适应性,当建模依据的条件发生变化时,模型应有一定适应能力。 （杨茂盛）

系统目标 system target

系统应完成的任务或希望达到的结果。是系统分析的基本要素之一。通常以用户要求系统解决的任务,以什么水平实现目标,分哪些阶段实现等意见为依据,通过研究协商来确定。为此,对研究的问题进行分析,关键是界定问题的实质和范围。界定问题除了考虑本单位以及有关单位的需要之外,还要考虑客观环境是否允许以及本单位的条件是否可能。界定了问题以后,对目标进行落实,在系统分析中常采取"目标—手段系统图"进行目标的结构分析。有了明确具体的系统目标,则系统设计有章可循,使系统更符合使用环境和用户的要求,也可使系统设计避免局限性。 （冯镭荣）

系统评价 system evaluation

从技术和经济两个方面综合评定所设计的各种系统方案的系统分析方法。系统评价的原则是:①保证评价的客观性;②保证方案的可比性;③评价指标要成系统;④评价指标必须与国家的方针、政策、法令的要求一致,不允许有相背和疏漏之处。系统评价的步骤:①对各评价方案做出简要说明,使方案的优缺点清晰明了,便于评价人员掌握;②确定由分项和大类指标组成的评价指标系统图;③确定各大类及单项评价指标的权重,并从整体上调整;④进行单项评价,查明各项评价指标的实现程度;⑤进行单项评价指标的综合,得出大类指标的价值;⑥进行综合评价,综合各大类指标的价值和总价值。系统评价是方案选优和决策的基础。 （冯镭荣）

系统软件 system software

又称系统程序。能为计算机提供某种能力或执行某项功能的程序。包括操作系统、汇编程序、编译程序、各种服务性程序和某些应用程序等。是计算机系统的重要组成部分,衡量计算机系统能力的重要标志。是为用户提供较好的工作环境,更好地发挥计算机的效能,为系统重新开发提供良好的工具而配备的各种程序。一般由系统程序设计员负责设计,由计算机制造厂家作为硬件系统的一部分而提供的逻辑功能,合理地组织计算机的工作,简化或代替人们在使用计算机过程中的各项工作,使用户便于掌握、操作。 (冯镳荣)

系统设计 system design

根据要求的目标,在特定环境条件下,运用一定的原理和方法,确定一个合乎需要的系统的技术过程。系统设计应考虑系统功能、系统的输入、系统的输出、系统结构、系统环境和系统条件等方面的问题。设计的一般步骤是:①确定系统功能和总目标;②收集原始资料、约束条件和技术、经济、社会、环境等方面的可靠信息;③提出供选择的可行方案;④对备选方案进行评价和选择,确定设计方案;⑤按系统的层次结构进行详细设计;⑥优化设计系统;⑦对新系统进行模拟试验和调整;⑧联接各子系统,构成完整的系统;⑨对新系统的性能、成果进行测定和评价。 (张 琰)

系统识别 system recognition

通过测量和计算查明控制系统的内在联系和有关参数值,以求得更精确的模型,从而便于更好地进行分析、控制和监督的方法。主要内容有:①控制系统模型结构的研究;②输入信号的研究;③测试结果的研究;④在线识别的研究。自适应控制系统的发展,迫切要求解决在线检测和识别的问题,对于识别速度和叠加的测试输入信号提出了严格要求,因此识别理论已发展成为现代控制论的一个独立而重要的分支。从数学角度来说,识别问题也是一个最优化的问题。当识别目标只要求确定一些参数时,则识别问题也就是估计参数的问题。对于复杂的系统,由于经常无法列出其运动方程式和直接测定有关参数,因而这种方法具有很重要的实际意义。 (冯镳荣)

系统原理 principle of system

将系统的特性及其运动规律应用于管理的理论。现代管理思想的哲学基础。包括系统的目的性、整体性、层次性、相关性、动态性、环境适应性等。根据这一原理,任何管理对象都是一个特定的系统,同时又是更大系统中的一个组成部分。在研究或解决具体的管理问题时,要分析系统即管理对象的组成要素,它可以分为哪些子系统;其内容及结构如何;组成系统各要素相互作用方式是什么;系统及其要素有什么功能;该系统同其他系统在纵横各方面有什么联系;维持、完善与发展系统的源泉和因素是

什么等等,从而指导管理活动,实现管理的整体优化。 (何万钟)

xia

下位功能 lower level function

价值工程活动中,功能系统图中属于手段性的功能。上位功能的对称。 (张 琰)

xian

先进技术 advanced technology

对当代的社会进步和生产发展起主导作用,并处于领导地位的技术。任何先进技术都相对于一定的时间和空间,在前一个时期被视为先进的技术,随着技术进步,会被更先进的技术所淘汰,而成为落后技术。在空间范围内,首先是一个世界性概念,即指在世界范围内居于领先地位的技术。在一个国家、一个地区、一个企业范围,也有居领先地位的技术,但这只是局部空间内的。为推动社会进步和经济发展,应广泛采用先进技术。但受到诸如资金、原有设备、制造能力、掌握和管理人才以及其他政治、经济、社会等因素的影响,对先进技术的引进应认真选择,综合考虑技术的先进性、经济的合理性和客观条件的具备程度。 (吴 明)

先进先出法 first-in fist-out method, FIFO

材料等按实际成本进行明细分类核算时,对发出、耗用材料按先购入的先消耗的假定计价的方法。因而日常发出材料的实际成本按最先购入的实际成本计价。发出材料数量超过最先一批购料的数量时,超过部分依次按后一批购进的单价计算,依此类推。采用这种计价方法,要依次查明有关各批进料的单价,手续较繁,但可以减少月末工作量,加快结账速度,适用于收发材料次数不多的企业。

(闻 青 金一平)

显见成本 apparent cost

又称外显成本。记入账面的为获得某种产品或服务而支付的成本费用。隐含成本的对称,也是相关成本的一种。如企业支付给工人的工资、水电费、原材料费、债券利息、厂房租金等。销售收入减去显见成本以后的余额即为账面利润。 (刘长滨)

现场勘察 site investigation

投标人对现场全面地调查,了解工程和施工条件的工作。招标单位发出招标文件后,择期组织投标单位勘察建设现场。包括:自然条件,场地的环境,地上、地下的障碍物,地基土质及其承载力,地下水位,进入场地的通道(铁路、公路、水路),给排水,

供电和通讯设施,材料堆放场地,构件预制场地,临时设施场地,器材供应条件,生活必需品供应条件等。　　　　　　　　　　　　　　（钱昆润）

现代管理　modern management

在科学管理基础上,吸收和应用现代自然科学和社会科学最新成就来进行的管理。是从 20 世纪 40 年代开始而发展到当代管理水平的综合概括。它与科学管理没有本质上的区别,科学管理是质的概念,现代管理具有时代特征,是现阶段的科学管理。当然,不同国家又各具特点。现代管理与管理现代化有密切的关系。管理现代化是一个永续的发展过程。所以,现代管理不是管理现代化的终结,而是管理现代化的一个重要阶段。在现阶段,实行现代管理就是企业管理现代化的需要和体现。目前,反映现代管理内容和理论的学派林立,正表明现代管理还在向广度和深度发展中。　　　　　（何　征）

现代管理理论　modern management theory

把管理科学、行为科学结合起来,运用系统观点,采用电子计算机技术,注意企业经营战略和决策的管理理论和方法。第二次世界大战以后,科学技术和工业生产迅速发展,市场竞争空前激烈,对企业管理提出新的要求,促使企业从古典管理阶段过渡到现代管理阶段。现代管理与古典管理相比,有以下几个特点:①突出经营决策,认为管理的重心在经营,经营的重心在决策,如研究市场情况以确定产品方向的产销策略。②采用现代自然科学和技术科学的成就。③运用系统观点,实行计划、组织和控制。④运用行为科学,激发职工积极性。⑤重视职工技术教育,开发人力资源等。现代管理理论学派纷呈,主要有:管理科学学派、决策理论学派、系统学派、权变学派等。　　　　　　　　　　　（何　征）

现代决策理论　modern decision theory

以社会系统理论为基础,吸收行为科学、系统理论、运筹学和计算机技术等学科的内容而发展起来的决策理论。古典决策理论的对称。形成于二次世界大战以后。代表人物为 H.A. 西蒙（Simon, H.A.）和 J.G. 马奇（March,J.G.）。其要点是:(1)决策贯穿于管理的全过程,管理就是决策。(2)决策过程分为搜集情报、拟订方案、选择方案和方案执行的评审四个阶段,每一阶段本身都是一个复杂的决策过程。(3)决策的行为准则是"令人满意"原则,对企业来说就是适当的市场份额、适度的利润和公平的价格等。(4)组织活动分例行活动和非例行活动,分别采取程序化决策和非程序化决策。(5)组织是由决策者的个人组成的系统,整个组织的决策必须集权,有关局部的决策可以分权。集权与分权的程度,视决策的性质及企业规模、人员素质等因素而确定。在作重大决策时,应组织各部门各层次参与决策。　　　　　　　　　　　　　（张　琰　何　征）

现代企业管理制度　management system of modern enterprise

适应市场经济要求的企业管理制度,包括企业机构设置、用工制度、工资制度和财务会计制度等严格的责任制体系。科学的企业管理制度,有助于提高决策水平、企业素质和经济效益。　　（张　琰）

现代企业制度　modern enterprise system

市场经济体制下适应社会化大生产要求的企业制度。其基本特征,一是产权关系明晰,企业拥有出资者投资形成的全部法人财产,成为享有民事权利、承担民事责任的法人实体。二是企业以其全部法人财产,依法自主经营,自负盈亏,照章纳税,对出资者承担资产保值增值的责任。三是出资者按投入企业的资本额享有所有者的权益,即资产受益、重大决策和选择管理者等权利;企业破产时,出资者只以投入企业的资本额对企业债务负有限责任。四是企业按照市场要求组织生产经营,以提高劳动生产率和经济效益为目的,政府不直接干预企业的生产经营活动。企业在市场竞争中优胜劣汰,长期亏损,资不抵债的应依法破产。五是建立科学的企业领导体制和组织管理制度,调节所有者、经营者和职工之间的关系,形成激励和约束相结合的经营机制。中国共产党第十四届中央委员会第三次全体会议于 1993 年 11 月 14 日通过的《中共中央关于建立社会主义市场经济体制若干问题的决定》明确指出:以公有制为主体的现代企业制度是社会主义市场经济体制的基础,是国有企业改革的方向,要求所有企业都要向这个方向努力。　　　　　　　　　　（张　琰）

现代企业组织制度　organization system of modern enterprise

依财产组织形式和所承担的法律责任划分的企业组织形式。国际上通常有独资企业、合伙企业和公司企业三类。前二者属自然人企业,出资者承担无限责任;公司属法人企业,主要有有限责任公司和股份有限公司,出资者以出资额为限承担有限责任。在中国,还有国有独资公司及股份合作制企业等。公司企业能有效地实现出资者所有权和法人财产权的分离,具有资金筹集广泛、投资风险有限、组织制度科学等特点,是现代企业组织形式中具有典型性和代表性的一种重要形式。　　　　（张　琰）

现金股利　dividend on cash

股份公司以现金支付的股利。是股利分配的基本方式。发放现金股利须具备三个条件:公司有足够的留存收益;公司有足够的可供发放的现金;有经过股东大会批准的董事会关于发放现金股利的决定。　　　　　　　　　　　　　　（俞文青）

现金管理 cash administration

中国人民银行对机关、团体、企事业单位使用现金的数量和范围的控制制度。凡实行现金管理的单位,都要根据日常零星现金支出的实际需要核定"库存现金限额",超过限额的现金必须及时存入银行,补充限额内库存现金和其他支出必须从银行提取。不经银行允许,不得从现金收入中直接支付。除发放工资、奖金、津贴、福利费以及对个人的其他支付、差旅费、收购农副产品、转账结算起点以下的支付外,一律通过银行转账结算,不准使用现金。实行现金管理,不仅有利于有计划地调节货币流通,节约使用现金,稳定市场物价,而且可以使国家银行集中大量闲散资金,用于支持工农业生产和商品流通的需要,还能有效地防止贪污盗窃,维护财经纪律。

(闻 青)

现金结算 cash settlement

用现金进行的货币结算。转账结算的对称。在中国,个人与个人之间,单位与个人之间的货币收付大都采用现金结算,单位与单位之间支票起点以下的小额货币收付也通过现金结算。 (闻 青)

现金流量 cash flow

投资项目在寿命期内现金流入或流出的数列。它反映整个项目的经济活动的数量结果,是建设项目经济评价的基础依据。以项目寿命周期为计算期,历年发生的资金收入额为现金流入量,资金支出为现金流出量,二者之差为净现金流量,可能是正值,也可能是负值。中国在项目评价实践中,现金流入和流出的项目,在国家计划委员会和建设部颁发的《建设项目经济评价方法与参数》中有具体规定。

(张 琰)

现金流量图 cash flow diagram

描述投资项目在寿命周期内各年现金流量大小和性质的图表。是经济分析的有效工具。例如,某项目 4 年中的净现金流量如下:

年末	0	1	2	3	4
净现金流量	−5000	2000	4000	5000	5000

可将现金流量表示为:

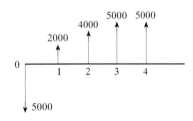

图中水平线是时间标度,时间的推移自左向右,时间单位可以是年、月或其他时间单位。图中箭头表示现金流动的方向,向下箭头表示流出,向上箭头表示流入,箭头长短表示现金流量的大小。

(雷运清)

现金预算 cash budget

反映企业一个预算期(年度、季度或月份)现金收支详细情况的预算表。根据现金收入来源及各项支出预算编制。上期末的现金结余,加上计划期预计收入,减去预计支出,即为计划期末的现金结余。

(周志华)

现行价格 current price

又称时价。指当时或现时实际的市场价格。它既包括由于通货膨胀引起的价格变动,也包括多种商品之间相对价格的变动。在项目评价中,现行价格各年常是不同的。 (刘长滨 何万钟)

现值 present value

按一定的利率以复利计算,未来时期的资金对某一基准点的时值。该基准点可以是投资动用开始,或建设开始,或项目投入运作开始,或某一特定现金数列的起点。当资金的未来值为定数时,现值多少取决于利率。现值恒小于未来值。其表达式为:

$$P = F \cdot \frac{1}{(1+i)^n}$$

P 为资金的现值;F 为资金的未来值;i 为利率;n 为计息期数,通常以年为单位。 (张 琰)

现值法 present value method

又称 PW 法。将各投资方案计算期内发生的现金流量按规定的折现率换算为现值,作为方案评价判据的方案比较法。现值比较原则上应在备选方案计算期相同的前提下进行。对于有收益的项目,以现值高的方案为优;对于单纯支出的项目,以现值低的为优。可分为净现值法、成本现值法和净现值率法等。 (吴 明)

限额存款 limited deposit

建设单位可从建设银行拨款户中支用的基本建设拨款的最高额度。建设单位会计中,在"限额存款"科目核算。并设置"限额存款日记账",根据拨款限额通知,以及收款凭证和付款凭证,按照业务发生的顺序逐笔登记,反映限额存款的收入支用情况。

(金一平 闻 青)

限额以上项目 above-norm project

按投资额划分项目时,投资总额超过或等于国家规定限额的项目。对国民经济有重大意义的项目,即使投资总额未达到限额标准,经国家指定,亦可作为限额以上建设项目。投资限额在各部门是不同的,随着经济的发展和政府职能的转变,限额标准也可重新制定。例如,1987 年 3 月 30 日国发[1987]23 号《国务院关于放宽固定资产投资审批权限和简化审批手续的通知》中规定,大中型基本建设项目和限额以上更新改造项目的限额,按投资额划分的,能源、交通、原材料工业项目由 3 000 万元提高到 5 000 万元。这里所说的能源项目是指煤炭、石油、电力和节能项目;交通项目是指铁道、交通、邮电、民航项目;原材料工业项目是指钢铁、有色、黄金、化工、石油化工、森工、建材项目。按建设规模(建成生产能力)划分的,仍按原有规定不变。地方申报大中型基本建设项目和限额以上更新改造项目的项目建议书、设计任务书(可行性研究报告),属于跨行业的集团项目主报国家计委(更新改造项目同时报国家经委),同时报送各有关部门;其他项目主报行业归口部门,由行业归口部门提出审查意见后转报国家计委(更新改造项目同时转报国家经委)审批。　　　　　　　　　　　　　　(刘长滨)

线性规划　linear programming

研究在有限资源的条件下,如何合理组织经济活动,使其预定目标达到最优的一种优化技术。解决这类问题时所建立的数学模型,其目标函数是一些变量的线性函数,约束条件则是目标函数中变量的限制条件,是一组线性等式或不等式,故称这类规划问题为线性规划。它是运筹学中理论较为成熟,运用最为广泛的一个重要分支。它研究的问题主要有两大类:一是资源(包括人、财、物、时间、空间等)数量一定,如何合理利用才能完成最大量的任务。二是任务已给定,如何统筹安排,才能以最少的资源消耗完成这一任务。所以在工程管理、企业管理中的生产计划、运输组织、材料配比与调配、生产布局等,都适宜用线性规划来解决。　　(李书波)

线性规划数学模型　mathematical model of linear programming

描述线性规划问题的特定数学型式。一般形式为

$$\max(\text{或 } \min)Z = \sum_{j=1}^{n} C_j x_j$$

$$s \cdot t \cdot \begin{cases} \sum_{j=1}^{n} a_{ij}x_j \leqslant (\text{或} =,\text{或} \geqslant)b_i, i = 1,2,\cdots\cdots,m \\ x_j \geqslant 0, j = 1,2,\cdots\cdots,n \end{cases}$$

式中:$s \cdot t$ 表示约束条件;x_j 是第 j 个变量,代表方案中的第 j 个分量;a_{ij} 是工艺转换系数,表示单位第 j 种产品消耗第 i 种资源的数量;b_i 是第 i 种资源的限量;C_j 称为价值系数,表示单位第 j 种产品的收入(或成本等);Z 表示预期目标是变量的线性函数。对极大化问题,目标 Z 代表总收益(如产量、收入、任务等);对极小化问题,Z 代表资源的总消耗量(如时间、路程、原料、成本等)。满足全部约束条件的变量数值是模型的可行解,使 Z 达到极值的可行解称为该模型的最优解。　　　　　　　(李书波)

线性回归分析法　linear regression analysis method

当自变量发生变化时,因变量基本上按照等差规律呈直线变化的回归分析预测法。分一元线性回归与多元线性回归两种。一元线性回归是处理两个变量之间为线性关系的方法。其数学模型为:

$$y = a + bx$$

y 为因变量(研究对象),x 为自变量(影响因素),a 为常数,b 为回归系数。多元线性回归研究因变量 y 与 n 个自变量 x_1、x_2……x_n 之间的定量关系。其分析方法和一元线性回归相同,只是计算上要复杂,很难用手工完成,要用计算机来进行计算。其数学模型为:

$$y = a + b_1 x_1 + b_2 x_2 + \cdots + b_n x_n$$

式中,a 为常数;b_1、b_2……为回归系数。回归系数可用方程组求得。　　　　　　　　(杨茂盛)

宪法　constitution

一个国家的总章程,即根本大法。是统治阶级意志的集中表现,反映阶级力量的对比关系。宪法除具有一般法的共性和共同特征外,还具有区别于一般法的特殊性:①宪法规定的是一个国家的根本制度,包括社会制度、经济制度,一切领域中的国家机关的组织和活动的基本原则及公民的权利和义务等根本问题;②宪法有特殊的制定和修改程序,如《中华人民共和国宪法》规定,宪法的修改,由全国人民代表大会 1/5 以上代表或其常务委员会提议并由该代表大会的全体代表的 2/3 以上多数通过;③宪法具有最高的法律效力,是制定一般法的依据,凡违反宪法的法都是无效的;④宪法在国家的法律体系中处于首位,起统帅作用。　　　　　(王维民)

xiang

乡镇建设用地管理法规　Legal provisions on administration of Land-use for town and village construction

国家制定的各种法律规范中有关乡镇建设用地规定的总称。乡镇,是指除城市外的各种规模不同的居民点的总称。包括集镇与村庄,不包括建制镇。中国《土地管理法》和《土地管理法实施条例》、《村庄、集镇规划建设管理办法》都对乡镇建设用地作了规定,主要内容有:①乡镇建设规划的制定、审批和管理;②农村居民住宅建设用地管理;③乡镇企业建设用地管理;④乡镇公共设施、公益建设用地管理;

⑤城镇非农业户口居民建住宅用地管理;⑥乡镇建设用地控制指标的制定与审批。　　（王维民）

相对指标　relative indicator

又称相对数。用抽象化的数字(无名数或复合名数)反映两个相互联系的现象之间数量对比关系的统计指标。如计划完成程度指标、比较相对指标、结构相对指标、强度相对指标和动态相对指标。计算时应注意两个对比指标在统计范围和计算方法上的可比性。有两种表现形式:①无名数,如系数、成数、倍数、百分数和千分数等;②复合名数,采用双重单位(分子的计量单位/分母的计量单位)表示的指标数值。是统计分析中常用的指标。　　（俞壮林）

相关成本　relevant cost

决策中,随不同方案而有差别的未来成本。对于若干供选择的方案,分别计算其相关成本,然后比较其差额,借以判断各个方案在财务上的优劣。

经营管理中具体应用的成本的统称。例如企业为纳税而编制的实际支出金额的历史成本;经营决策使用的现行成本和计划成本等。　　（刘玉书）

相关分析　correlation analysis

根据实际观察或试验取得的数字资料,研究现象之间相关关系的形式及其密切程度的统计分析。主要适用于对两种或两种以上现象之间的相互依存关系及其量变过程规律的研究。相关关系指现象之间存在的非确定性的统计依存关系,与函数关系不同,并不都表现为因果关系。具体分析时,常常依据一定的经济理论,先确定或假设某一或多种现象为自变量,另一与之相对应的现象为因变量,使其表现为因果关系,并利用函数关系式(常用回归模型)来近似地描述现象之间的量变规律,作为相关关系的一般数量表现形式,以使分析的结果能够说明实际问题,从中得出具有经济意义的解释。

（俞壮林）

详细勘察　detailed investigation

工程施工图详细设计阶段前进行的场地勘察工作。目的在于对建筑地基作出工程地质评价,并对地基基础设计、地基处理与加固、不良地质现象的防治提供工程地质资料。主要内容有:①进一步查明建筑物范围内的地层结构、岩石和土的物理力学性质,并对地基的稳定性及承载能力作出评价;②提供不良地质现象防治工程所需的计算数据和资料;③查明地下水的埋藏条件和侵蚀性,必要时,还应查明地层的渗透性、水位变化的幅度及规律;④判定地基岩石和土及地下水在建筑物施工和使用中可能产生的变化和影响,并提出防治建议。　（顾久雄）

详细设计　detailed design

西方国家工程设计的最终设计阶段所编制的设计文件。相当于中国的施工图设计,但其中的施工详图通常由施工单位绘制。　　（林知炎）

享受资料　means of enjoyment

用来满足人们享受需要的生活资料。如满足美食欲望的山珍、佳肴等食品;满足审美要求的各种高级服装和首饰;满足其他欲望的各种高级消费品如豪华住宅、豪华家具等。随着社会生产力的发展和人们生活水平的提高,享受资料的种类和数量日趋丰富。　　（何万钟）

向后联相邻效果　backward linkage effect

又称对上游企业效果,逆连锁效果。投资项目的实施能刺激为该项目提供原材料或半成品的经济部门的发展而产生的外部效果。又可分为两种情况:①项目所需的原材料原来国内没有生产,由于项目的建设刺激了所需原材料工业的发展。如果其价格低于进口价格,显然建设这种原材料生产项目对国民经济有利。评价时,如采用这种较低的原材料价格作为影子价格,客观上已把这种"向后联"效果内部化了。②项目所需的原材料国内已有生产,由于新项目上马,增加了国内需求,使原材料生产企业的闲置生产能力得以充分利用,或使其达到规模生产,如这种效益没有及时反映到原材料价格的降低上时,也就不会在所研究的项目中反映出来,这就构成"向后联"效果。为防止外部效果的扩大化,计算"向前、后联"效果时应注意:①随时间变化,若该项目不实施,其"前、后联"企业的生产情况也会由于其他原因而发生变化,此时要按照有无对比原则计算"前、后联"企业的增量效果作为拟建项目外部效果的依据。②若其他拟建项目也有类似效果,就不应把总效果全部归属于某个拟建项目,以免重复计算其外部效果。上述"前、后联"效果对于拟建项目本身的直接效益来说,一般是比较小的,无特殊需要可不予计算。　　（刘玉书）

向前联相邻效果　forward linkage effect

又称对下游企业效果,顺连锁效果。即生产初级产品的项目,对以其产出物为原料的经济部门所产生的外部效果。不可否认,缺乏原材料或中间产品,会使一大批有效益的加工和制造工业无法投资。这种情况对于那些基础设施产业,如能源、交通和通讯等项目特别明显。评价时,如能合理确定这类初级产品的影子价格则将这类"向前联"效果内部化了,从而无需单独计算向前联的效果。

（刘玉书）

项目　project

投资项目的简称。按照世界银行的解释,项目指在规定期限内完成一项或一组开发目标而规划的投资、政策以及机构方面等其他活动的综合体。构成一个项目应具有以下五个或其中的几个要素：对土建工程和(或)设备的投资；提供有关设计、工程技术、施工监督以及改进操作和维修等服务；改善项目的实施机构，包括对人员的培训等；改进有关价格、补贴和成本回收等方面的政策；拟建项目实施计划。按照我国投资计划管理体制，项目采用如下分类：按建设性质分为新建、扩建、改建、迁建和恢复项目；按建设规模分为大型、中型和小型项目；按建设阶段分为筹建项目、施工项目、建成投产项目和竣工项目；按隶属关系分为部直属项目、部直供项目和地方项目。 （刘长滨）

项目产出物影子价格 shadow price output goods of project

建设项目国民经济评价中，对产出物为外贸货物时测定的货物出厂影子价格。中国在实践中以口岸价格为基础，视不同具体情况有三种计算方法：①直接出口，影子价格 $= FOB - T$。其中 FOB 为货物离岸价格；T 为货物从项目所在地到最近口岸的国内运输费和贸易费。②间接出口，即项目产出物用于满足国内需求，由此导致其他同类产品或可替代产品得以出口。此时，影子价格 $= FOB - T_1 + T_2 + T_3$。其中 T_1 为原供货单位改为出口后，货物到达口岸的国内运输费和贸易费；T_2 为供货单位运往用户的国内运输费和贸易费；T_3 为项目产出物运往用户的国内运输费和贸易费。③替代进口，影子价格 $= CIF + T'_1 + T'_2$。其中，CIF 为进口货物到岸价格；T'_1 为用户原进口货物从口岸到用户仓库的运输费和贸易费；T'_2 为项目到用户的运输费和贸易费。当间接进口和替代出口两种情况缺少资料时，可按直接进口考虑(参见项目投入物影子价格，303页)。 （张 琰 刘玉书）

项目成本控制 project cost control

建筑企业在工程项目实施中，执行成本决策，运用信息反馈，及时采取对策，以保证成本计划目标实现的项目控制。方法是：逐月、分阶段对实施项目各分部分项工程的预算成本、计划成本、实际成本进行比较和盈亏分析；发现问题，及时采取有效措施，使整个施工过程中的实际成本始终低于计划成本，直至竣工决算。成本控制计划应是定量的，并有切实有效的措施和负责人、执行人来保证。一般由既懂经济管理，又懂技术的专业人员负责项目成本控制。 （钱昆润）

项目筹资 project financing

为项目建设筹集资金的渠道和方式的总称。一个建设项目只有筹集到足够的建设资金，才能列入固定资产投资计划，并保证建设的顺利进行。中国建设资金主要来源有：国家基本建设投资拨款或贷款，地方财政或其他部门委托贷款、银行贷款、企业或部门自筹资金、发行建设债券和利用外资等。国内筹资主要通过中国人民建设银行、投资银行、信托投资公司或其他信贷机构办理。利用外资主要包括中外合资建设、外国政府和外国民间机构贷款、国际金融组织贷款等。 （严玉星）

项目风险 risks of project

工程项目建设与运营阶段可能发生失败或经济损失的危险。工程项目，尤其是通过项目融资的大型工程项目，往往受到政治、经济、法律、市场、技术、货币、管理等多方面影响，持续时间长，风险性也大。为了保护投资者与贷款人的利益，就要对各种风险进行评价，分析各种风险的类型及其出现的可能性，采取避免或减少风险的措施。 （严玉星）

项目工程师 project engineer

项目经理班子中的工程技术管理人员。负责一定范围内的设计、施工及采购等方面的组织协调工作。在其所负责的范围内，行使项目经理的职权。一个大型工程项目，往往设置若干项目工程师。 （钱昆润）

项目管理组织 organisation of project management

为确保项目建设总目标实现而建立的组织机构。其任务是：担负项目管理的信息沟通、下达指令、协调矛盾、统一步调、组织项目建设程序；在有限的时间、空间、预算范围内，将大量的物资、设备、人力组织起来，以实现规定的项目目标。其设置原则是：要根据项目特点和任务而建立，其一切活动都要围绕项目的总目标进行；实行项目经理负责制。项目经理是项目建设总负责人，下辖若干分项经理或项目工程师，负责某一专门的业务活动，权责统一，关系清楚。其组织形式可根据项目管理任务的需要采用线性组织、职能组织或矩阵组织等模式。 （钱昆润）

项目级参数 project level parameter

因项目而异并由项目评价人员根据评价需要而确定的参数。如有些项目投入物和产出物的影子价格和贸易费用率；有时在财务评价中根据需要确定的目标收益率、最低希望收益率等。 （何万钟）

项目建议书 project proposal

项目主管单位在投资前对拟建项目初步设想的建议性文件。基本建设程序中最初阶段的工作。根据国民经济长远规划和生产力布局的要求，经过调查研究和技术经济比较，说明拟建项目建设的必要性，同时初步分析项目建设的可行性和获利的可能性。应包括以下几个方面：①建设项目提出的必要性和依据；②产品方案、拟建规模和建设地点的初步设想;③资源情况、建设条件、协作关系;④投资估算和资金筹措设想;⑤项目进度安排;⑥经济效果和社会效益的初步估计。按照项目建设规模,分别经各级计划部门审查、批准后,列入基本建设长期工作计划,并开始进行项目的可行性研究。　　（曹吉鸣）

项目鉴定　identification of project

又称项目选定。世界银行项目管理程序之一。由世界银行和申请借款国共同选定需要优先考虑并符合世界银行投资原则的项目。它们必须是有助于实现国家和地区的发展计划,并且按照世界银行标准被认为可行的项目。选定后由世界银行列入贷款计划。收集准确和完善的数据是项目选定的必要前提,申请借款国在选定项目时,必须收集必要的数据,从技术上、经济上进行综合分析,在认真比选的基础上,编制详细的项目文件,送交世界银行备查。一般可同时提出几个项目,但在把时间、资金和资源投入这些项目的可行性研究以前,应该大致核算每个项目的成本和效益,并进行可行性研究前的分析,从而把前景不佳的设想排除,以便把有限的资金集中用于前景较好的项目的可行性研究。项目选定后,申请借款国即可着手编《项目选定简报》,明确规定项目目标,列出项目的概要,说明完成项目的关键性问题,并安排好项目的执行时间表。《项目选定简报》经世界银行审核筛选,同意的即编入贷款计划,成为拟议中的项目。　　（张　琰　严玉星）

项目进度计划　project progress program

项目实施计划中,为确保项目动用时间目标的实现,对项目实施各阶段的进度所作的详细安排。一般分阶段编制:设计前的准备阶段编制项目总进度计划;设计阶段编制设计进度计划;施工阶段编制施工总进度计划、单位工程进度计划和年、季、月实施计划。进度计划的安排要考虑附属配套工程和道路、水、电管网等公用设施的配合,以及土建施工与设备安装的协调一致。进度计划可用网络图或水平图表形式表达。　　（何秀杰）

项目进度控制　project progress control

对工程项目实施过程中的进度目标进行监督、检查和保证的项目控制。它涉及组织、技术、物资、合同与信息管理等方面的措施。控制进度目标是一个有机的计划系统,必须协调设计计划、施工计划和物资供应等计划,并使主体工程、附属工程、外围工程及其他专业工程计划在时间、空间上协调,资源上平衡,才能使项目如期交付使用。计划系统的思想应贯穿项目进度的编制、执行和调整的全过程。应用网络技术编制项目进度计划具有许多优点,能使相关的活动符合工作开展的严密逻辑顺序,找出关键路线,并使项目的工期、资源、成本等得到优化和控制。　　（钱昆润）

项目经理　project manager

接受委托或指派负责组织、规划、控制和协调一个建设项目或某建设阶段的个人。分别有建设单位、设计单位和施工单位的项目经理。建设单位的项目经理为建设单位承担一个项目的领导和组织工作,其主要任务是:通过项目的组织和协调;本项目投资、进度和质量的控制;合同的管理和信息的管理确保项目总目标的实现。设计单位和施工单位的项目经理则分别为各自单位组织领导某一个建设项目中的设计或施工的工作,其任务是从本单位的任务角度出发,组织项目总目标的实现。项目经理应具备深厚的专业技术和管理理论、丰富的实际经验以及高超的领导艺术和组织协调能力。　　（钱昆润）

项目经理负责制　responsibility system taken by the project manager

工程项目管理中实行项目经理个人负责的管理体制。其任务是确保工程项目目标的实现。充分授权是项目经理正常履行职责的前提和项目管理取得成功的保证。项目经理有权选择、管理和考核项目管理班子的工作人员;有权对项目实施进行技术决策和控制,在承包范围内具有财务决策权和物资材料的采购和控制权等。项目经理的知识结构、经验水平、管理素质、组织能力和领导艺术是授权的必要条件。实行项目经理负责制,必须贯彻责、权一致原则。项目经理对工程项目的失误要承担责任。　　（钱昆润）

项目控制　project control

为确保工程项目总目标的实现。对项目实施过程进行的监督和管理。项目控制不仅是项目进展过程中计划值与实际值的分析和控制,而是立足于事先主动地采取决策措施,尽可能地避免计划值与实际值向不利于目标实现的方向偏离。内容主要有:项目的质量控制、成本控制、进度控制及资金控制等。控制的过程为:①识别问题及其对实现项目诸子目标和总目标的影响。②规划。针对所存在问题提出解决问题的多种方案和评价。③决策。对规划所提出的多个方案进一步分析比较,选择最优方案。④执行决策,落实具体措施。⑤跟踪。检查决策的执行及其效果。对干扰项目实现的因素,如人、机具、技术、资金、物资、环境及其他不可预测因素的干扰,应加以研究、分析,采取相应的有效措施。　　（钱昆润）

项目评估　appraisal of project

对申请借款国完成准备工作的项目,进行实地考察,全面、系统地检查项目的各个方面,并作出评价的工作。世界银行项目管理程序之一。主要是为项目的实施奠定基础。评估的内容通常着重于4个方面:①技术方面,要求项目设计合理,在工程技术上处理适当,并符合一般公认的有关标准,同时还要了解可供选择的几种技术方案提出的办法以及预期效果。②组织方面,评估的目的在于保证该项目的建设能够顺利和有效地实施,并建立一个由当地人员组成的管理机构。③经济方面,从整个经济角度考察项目提供的效益是否大于它的成本,为作出是否投资的决策提供依据。一般要对在项目准备阶段拟定的几个方案进行成本—效益分析,据以选出最能达到申请借款国家开发目标的方案。④财务方面,主要审查项目在实施过程中是否有足够的资金可用于支付项目实施的费用;对有收益的项目,应注意在财务上能否偿还一切债务,包括偿还世界银行贷款的本息,以及能否从项目内部资金中为其资产提供相应的收益;还应关心该项目能否从受益者收回项目的投资和经营费用,以及项目所需原材料、动力和劳务的来源与产品或劳务的成本和销售。项目评估一般不会否决选定的项目,但往往会作出某些修改甚至重新设计。　　　　　(张　琰　严玉星)

项目实施　project implement

项目投资决策后的执行过程。主要内容有:组建项目管理机构;设计招标和优选设计单位;项目设计及其审核工作;设备采购及招标工作;制订项目实施总计划和投资计划;编制项目施工招标文件;组织招投标、决标、优选施工单位;签订项目承包合同;项目施工与设备安装;项目实施过程中的控制、监督、检查;项目交付使用前的准备工作和竣工验收。由于不同项目的建设时间、地点、条件、施工队伍各异,故项目实施都是一次性的,即每个项目都应根据其具体的条件进行管理。项目的实施着重在项目全过程进展的控制,从识别问题开始,进行规划、决策、执行、检查,确保项目总目标最优地实现。

(钱昆润)

项目实施计划　project implement program

全面反映建设项目实施各阶段的工作内容及进度安排的计划。其目标是使项目建设符合国家宏观计划的要求,保证项目按规定的基本建设程序进行,按合理工期建成投产,取得投资少、造价低、工期短、质量好,能够正常生产,及时发挥经济效益和回收投资的良好投资效果。其内容主要包括项目资金计划、进度计划和物资计划三大部分。严格控制工程项目造价,加强人、财、物的综合平衡,提高投资的经济效益,是制定项目实施计划的原则。从实际出发,做好调查研究工作,是编好实施计划的前提。

(钱昆润)

项目投入物影子价格　shadow price of input goods for project

建设项目国民经济评价中,对投入物为外贸货物时测定的到达项目所在地的影子价格。中国在实践中以口岸价格为基础,视情况不同有三种计算方法:①直接进口的货物,影子价格 $= CIF + T$。其中 CIF 为到岸价格,如原以外币表示,须通过影子汇率换算为人民币(元);T 为从口岸到项目所在地的国内运输费和贸易费。②减少出口的货物,影子价格 $= FOB - T_1 + T_2$。其中 FOB 为货物离岸价格,如原以外币表示,须通过影子汇率换算为人民币(元);T_1 为原供货单位由出口转为供应项目前,出口货物的国内运输费和贸易费;T_2 为供货单位到项目所在地的运输费和贸易费。③间接进口的货物,即国内生产厂家原向用户提供某种货物,由于项目上马后要投入的这种货物需由国内生产厂提供,迫使原用户靠进口来满足需求时,影子价格 $= CIF + T'_1 - T'_2 + T'_3$。其中 T'_1 为到货港口至原用户的运输费和贸易费;T'_2 为供货单位至原用户的运输费和贸易费;T'_3 为供货单位至项目所在地的运输费和贸易费。若原用户和供货单位相当分散,难以获得必要的资料,为简化计算,可按直接进口考虑。

(张　琰　刘玉书)

项目物资计划　project materials program

项目实施计划中的物资统筹安排计划。所需物资的品种、规格、数量必须符合项目要求,物资供应时间应与施工进度相协调。同时应研究物资供应渠道、运输条件以及市场供货情况:一般大型、专用设备要在初步设计阶段进行预安排;统配物资的申请必须纳入国家年度物资分配计划才能落实;一般物资则制订采购计划,保证及时供应。计划人员要深入调查,加强与设计、施工单位和物资供应部门的联系,提高计划工作质量,保证及时、准确地供应项目建设所需物资。　　　　　　　(钱昆润)

项目指挥部　project directing office

又称工程指挥部。中国负责领导、指挥重大项目建设的一种项目管理组织。其特点是:①由部门或地方党政领导为主,勘察设计、施工单位、建设银行、物资部门等共同参加,形成强有力的项目建设指挥系统;②其地位高于建设、设计和施工单位,行使高层次行政指挥权,指挥项目建设活动;③承担项目建设的行政责任和经济责任;④是临时机构,项目建成后即撤消,不利于积累经验和培养专门人才。由于项目指挥部本质上属于行政管理范畴,难于体现经济规律,随着改革的深入发展,势将由项目经理制所取代。　　　　　　　　　　　　(钱昆润)

项目质量控制　project quality control

对项目实施全过程进行质量监督和质量管理,确保项目质量目标实现的项目控制。包括设计、施工、材料和设备质量等方面的控制。建设单位应配备专人进行质量控制。其主要任务是监督检查施工中的工程及所用材料的质量,及时发现不符合质量要求的现象并采取纠正的措施,避免和补救由于质量问题带来的损失,掌握工程检查及试验记录等有关资料,以证明工程的质量状况。施工单位也要建立质量控制系统,制订质量保证制度,严格遵守有关的法规、标准、规范,确保按工程合同中的质量要求完成工程项目,向建设单位提供优质建筑产品。

(钱昆润　张　琰)

项目准备　preparation of project

由借款国或相应的主管机构对提出的项目在技术、经济、管理体制和财务等方面进行的准备工作。世界银行项目管理程序之一。这阶段约为 1~2 年。主要内容为:进行有关贷款项目社会的、经济的、技术的、管理体制的和财务的全面调查;识别和比较能达到贷款目标的可供选择的各种因素;通过可行性研究,比较各种可行方案的成本和效益,找出最佳设计方案。以上工作主要由借款国或借款单位完成。准备阶段所需的资金和技术设施,世界银行可考虑提供部分贷款。　　　　　　　　(严玉星)

项目资金计划　project financing program

项目实施计划中,对投资进行的详细安排。编制时应根据批准的建设项目总概算,并分别按建设投资费用组成、项目结构组成,以及年、季、月时间进程等进行投资费用分解,拟定出实施阶段的资金计划。用以控制各子项目投资,并作为限额设计和资金使用的依据。由于建设过程存在通货膨胀、物资供应、货币兑换率变化等风险因素,编制计划时应收集和掌握大量信息,并对风险进行预测估计,使计划更切合实际,保证项目目标的实现。　(何秀杰)

项目资金控制　project financing control

建设单位对项目实施过程中的资金使用进行控制的工作。其目的是确保投资与资源的充分利用和资金使用的计划性,使建设项目取得最大经济效益。方法是正确确定项目的目标投资;编制投资规划,对项目总投资进行分解和综合;在实施过程中及时收集、汇总费用支出的实际值;根据计划值与实际值比较所得的反馈信息,加强对于干扰因素的调查分析;及时采取控制措施。资金控制应贯彻项目规划、设计、施工各阶段的全过程,重视方案的技术经济比较,确保客观地、科学地评选方案。由于项目资金控制涉及面宽,影响因素多,必须进行信息综合管理,收集、存储、处理和检索有关总投资、子项目及各阶段计划投资额与投资耗用的信息,以加强投资控制效果。　　　　　　　　　　　　　(钱昆润)

项目总承包　project general contracting

项目建设全过程或其中一个阶段的全部工作由一个承包单位负责组织实现的工程承包。在工程实施过程中,总承包单位应在承包范围内对项目的工期、质量、造价、安全等全面负责,并信守合同和实行工程保修制度。这种做法可以将若干专业性工作交给不同的专业承包单位去完成,但要做好统一协调和监督工作。通常由建筑公司、勘察设计机构、工程承包公司等接受项目总承包任务。在一般情况下建设单位仅与项目总承包单位发生直接关系,而不与各专业承包单位发生直接关系。　　(钱昆润)

xiao

消费基金　consumption fund

社会主义国家国民收入使用额中用于个人和社会公共消费的基金。个人消费基金即支付给社会成员的劳动报酬,以满足他们个人及其所赡养的家庭成员的生活需要。这是消费基金中的主要部分。社会公共消费基金又可分为:①文教卫生基金,用于科学、教育、文化、卫生等支出;②社会保障基金,用于社会救济和社会福利;③国家管理和国防基金,用于国家行政管理和国防开支。消费基金增长的途径主要为:①现有劳动者个人收入增加;②就业人员增加;③集体福利事业发展。　　　　　(何　征)

消费景气指数

见经济景气指数(172 页)。

消费可能线　consumption – possibility line

又称预算线(budget line)。对于一组给定的商品价格,用来表明一消费者在给定收入的条件下所能购买的各种商品组合的直线。如果给定的是食物与衣服的组合,则该直线上的一点所代表的就是在食物和衣服价格固定不变的情况下,一消费者以某一收入所能购买的食物与衣服的一种组合。该线有时也称为预算约束线(budget constraint)。

(刘长滨)

消费品市场　consumption goods market

又称消费资料市场。交换消费品的场所。广义的消费品市场包括生产性消费品市场和个人消费品市场。通常是指包括衣、食、住、行、用等个人生活消费品的市场。其中,作为个人生活消费资料的住宅市场的发育,对于建筑业(生产住宅商品的产业)、房地产业(经营住宅商品的产业)的发展和改善人民的居住条件具有十分重要的意义。　　　(谭　刚)

消费税　consumption tax ,consumption duty

对在中国境内生产、委托加工和进口应税消费品课征的税种。目前消费税的税目共十一类:烟、酒及酒精、化妆品、护肤护发品、贵重首饰及珠宝玉石、鞭炮、焰火、汽油、柴油、汽车轮胎、摩托车、小汽车等。征收消费税可以对一些高利润产品、限制生产产品进行税收调节和控制。消费税税率按不同产品实行比例税率和从量计征。具体征管依据《中华人民共和国消费税暂行条例》执行。　　（金一平）

消费者剩余　consumer's surplus

消费者对货物的支付意愿和实际支付的差额。即消费者支付意愿＝消费者实际支付＋消费者剩余。所以,消费者剩余是消费者获得的一种收益。1844 年由法国人杜普依（J. Dupuit 1804—1866）最先提出。当项目的产出量很大,且占有相当市场份额时,为扩大市场需求,往往降低销售价格。当项目

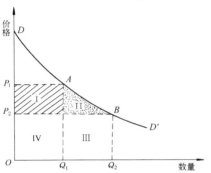

产出品的价格因项目投产而出现实质性下降时,就可以用这个概念去分析对国民经济的影响。图中 DD' 为货物需求曲线,在拟建项目投产前,货物价格为 P_1,需求量为 Q_1。此时消费者对最后一个单位货物的支付意愿就是 P_1。拟建项目年产量由 Q_1 增至 Q_2 时,价格降至 P_2,消费者支付意愿增加 ΔWTP,即图中 Ⅱ＋Ⅲ部分,而拟建项目产出量（$Q_2 - Q_1$）所增加的消费者剩余则为:图中 Ⅱ＋Ⅰ部分。即面积 P_1ABP_2 为价格下降和需求增加所增加的消费者剩余。其中 Ⅰ 是原有厂家收入转移为消费者的所得,从全社会角度看,只是货币的转移,属于分配变动,社会资源并无增减,故国民经济评价不予考虑。但剩余 Ⅱ 则不然,当项目产出 $Q_2 - Q_1$ 时,其销售收入是 $P_2 \cdot (Q_2 - Q_1)$,即为 Ⅲ,而项目产品的实际价值为 Ⅱ＋Ⅲ,所以,项目的总产出价值为:

$$Ⅱ + Ⅲ = \frac{1}{2}(P_1 - P_2)(Q_2 - Q_1) + P_2(Q_2 - Q_1)$$
$$= \frac{1}{2}(P_1 + P_2)(Q_2 - Q_1)$$

这样只要以项目产出前后的价格平均值 $\frac{1}{2}(P_1 + P_2)$ 作为项目产品计算价格,即可得出相应于消费者剩余的产出收益。　　（刘玉书）

销售费用　sale expense

①产品销售过程中发生的费用,以及专设销售机构的各项经费。主要包括由企业负担的包装费、运输费、装卸费、委托代销手续费、广告费、展览费、租赁费和销售服务费用,以及专设产品销售机构的职工工资、福利基金、业务费、折旧费、修理费、物料消耗、低值易耗品摊销等费用。

②房地产销售过程中或转让时发生的费用。包括广告宣传费,代理费,律师费,评估费,销售人员工资、福利、奖金及专设销售机构的费用等。通常由卖方负担;有时买方也可能承担一部分。

　　　　　　（金一平　闻　青　刘洪玉）

销售收入法　selling income method

在互比方案投资额和经常费用相同时,以销售收入的多少判断方案优劣的方法。销售收入是指企业将产品销售出去后取得的收入。计划期内企业的销售收入取决于其产品的销售量与单位产品的销售价格,其计算公式为:

$$计划期销售收入 = 计划期产品销售量 \times 单位产品销售价格$$

计划期的销售收入减去同期的总成本,其本质就是净现值。由于以上比选方案的投资额和经常费用相等为前提,这就限制了本方法的适用范围。

　　　　　　　　　　　　（刘长滨）

销售税金　sale tax

①企业由于对外销售产品、作业、材料和提供劳务而缴纳的税款。目前中国企业缴纳的销售税金有增值税、营业税、城市维护建设税、教育费附加,以及特别消费税。分别根据销售收入、销售数量、销售产品增值额、营业收入和规定税率计算。销售税金是计算销售利税率的一个因素,也是考核企业经济效益的一个重要指标。

②房地产销售过程中或产权转让时所发生的税费。包括契税、营业税、销售手续费等。

　　　　　　　　　（闻　青　刘洪玉）

销售周期　sale period

从开发商或业主决定开始主动推销某一宗物业到该物业全部销售完毕所持续的时间。对成交价格有一定影响。如某物业的销售周期较同类物业平均销售周期短,则该物业的成交价格往往是清算价格或强制销售价格,而不是市场价格。　（刘洪玉）

小区综合造价包干合同　contracted comprehensive cost of housing estate system

对城市综合开发小区实行造价包干的工程承包合同。通常有两种形式:一是城市建设综合开发机构对建设单位（购房单位）的造价包干合同。包干内容包括征地拆迁,勘察设计,市政基础设施,住宅建筑,文教、商业服务及其他配套建筑,绿化工程等费用,综合开发机构的管理费以及利润、税金等。这些费用表现为每平方米住宅建筑的综合造价。二是施工承包单位对综合开发机构的施工阶段小区内的各

类房屋建筑、市政基础设施以及绿化工程总造价包干合同。包干总价通常以各类工程单价(房屋建筑每平方米,管线每米,道路每平方米等)为计算基础。

(何万钟)

小型临时设施 small-scale temporary facilities

在工程正式开工之前,根据小型暂设工程计划和施工平面图的要求在现场搭设的规模较小的临时性设施。包括:卷扬机棚、自行车棚、休息棚、茶炉棚、吸烟室、储水池、化灰池、临时便道、现场厕所、垃圾堆放场、临时水电管线和区域分隔用的围篱等。

(董玉学)

小修 current repair

对机械设备进行的局部修理。包括修复、更换部分磨损较快和使用期限等于或略小于修理间隔期的零件,排除障碍、清洗和进行局部调整,以保证机械设备能正常运转到下次计划修理时间。其特点是次数多、工作量小,对某些机械设备可以结合日常检查与保养工作一道进行,而不列入修理计划。

(陈 键)

小中取大法 maximin method

又称最大最小收益值法或差中求好法。先找出各个方案的最小收益值,然后再从中选择最小收益值为最大的方案为最优方案的非确定型决策分析方法。此法以最小收益值作为评价方案的标准。按此标准选择方案,虽然在最坏状态下也不至于有很大的损失,但在较好状态时却也收益不大,所以这是一种偏于保守的决策。例:某建筑制品企业拟生产一种新产品,估计在五年内市场需求可能是高、中、低三种状态。现提出新建、扩建、改建和技术改造四种可行方案。经可行性研究,五年内的收益或损失如下表:

单位:百万元

方案 \ 收益值 \ 自然状态	市场需求状态			最小收益值
	高	中	低	
新 建	9	5	-2	-2
扩 建	7	6	1	1
改 建	6	2	3	2
技术改造	6	5	4	4

解:先取得四个方案的最小收益值(-2,1,2,4);然后从中选择最大的最小收益值4,它所对应的技改方案即为最优方案。 (杨茂盛)

效益/费用分析法 benefit/cost analysis method

以项目计算期内效益的现值(或等价年值)与其费用的现值(或等价年值)的比值大小作为方案评价判据的方法。其计算公式如下:

$$方案效益/费用 = \frac{效益现值(或等价年值)}{费用现值(或等价年值)}$$

当方案效益与费用之比>1时,该方案认为是可以接受的;若比值<1时,该方案在经济上是不可取的。此法一般用于公用事业项目评价,其效益除承办者的收益外,还应考虑社会效益。 (何万钟)

效益工资 effect wages

泛指随经济效益变化而浮动的工资形式。是对固定工资的突破和重大改进。中国企业中实行的效益工资形式,大体有:① 工资含量包干。其中又包括单位产品、单位产量工资含量包干和单位产值、税利等工资含量包干。② 企业工资总额浮动包干。又分为企业工资总额(包括基本工资总额和奖金总额)与企业经济效益挂钩浮动,或部分工资总额与一项或几项经济指标挂钩浮动。③ 企业人均工资(含奖金)与某项反映企业经济效益的综合经济指标挂钩浮动。④ 分成办法。建筑业实行的效益工资形式是百元产值工资含量包干。 (何万钟)

效益观念 concept of effectiveness

企业的生产经营活动必须讲求以较少的投入,获得更多的产出,提高经济效益为中心的思想。社会主义企业的效益观是经济效益与社会效益相统一的效益观。树立效益观念:①企业绝不能以损害社会效益来谋求自身的经济效益。实际上,企业只有满足社会及用户的需要,也才能获得自身的经济效益。②要注意微观经济效益服从宏观经济效益。要在保证宏观经济效益的前提下,来提高企业的经济效益。③要注意当前经济效益与长远效益的结合。当前经济效益一般应服从长远经济效益的需要。

(何万钟)

xie

协同论 synergetics

研究远离平衡态的开放系统在保证外流(与外界之间有物质流和能量流的交换运动)的条件下,如何能够自发地产生一定的有序结构或功能行为原理的学科。它以信息论、控制论、突变论为基础,汲取了耗散结构论的大量成果,采用统计学和动力学相结合的考察方法,在不同学科的研究领域中通过同类现象的类比而找出它们转变所遵从的共同规律;同时又独具一格地形成了一整套数学模型和处理方案。创始人是德国理论物理学家哈肯(Haken,H.)。他在1973年首次提出协同概念,1977年出版《协同学导论》。由于协同学抓住了不同系统在临界过程中的共同特征,并能结合各系统的具体现象描述出从无序到有序的转变规律,因而在社会、经济、管理等领域中具有广泛的适用性。 (何 征)

协同性均衡 cooperative equilibrium

在博弈论中,指各方联合行动,寻找使他们的共

同利益最优化的策略而得到的结果。　（刘长滨）

协作系统　cooperation system

组织中人的活动相互协调构成的系统。是巴纳德(Banard,C.I.1886～1961)社会系统理论的基本概念,他用这一概念为核心来建立起社会系统理论。巴纳德认为,组织就是协作系统。由于组织的目标与组织成员的目标不一定一致,为了实现组织目标,组织成员必须自觉克服其生理、物质和社会的限制,自觉地进行协调。所以,他把一个组织定义为:"有意识地加以协调的两个或两个以上的人的活动或力的系统"。对这个系统要作为一个整体来看,因为系统的每一个部分彼此都相互紧密联系着,公司的各部门(子系统)、或由许多系统组成的整个社会都是如此。协作系统的基本要素有三:①协作的意愿,意味着个人的自我克制,个人行动非个人化。②共同的目标,这是协作意愿的必要前提。③信息联系,前二者只有通过信息联系才能沟通,成为动态过程。此外协作系统还必须能适应外部条件,才能正常地维持和发展。　（何　征）

写字楼分类　office classification

基于所处位置、物理状况、出租及租金情况来描述写字楼总体构成的方法。通常将写字楼分为甲、乙、丙三级。　（刘洪玉）

xin

新产品产值率　out put value rate of new product

一定时期内新产品产值与全部合格产品产值之比。以价值形态反映企业产品构成和新产品开发能力的指标。新产品是在技术指标、性能、结构、规格上与老产品有明显差异的产品。其计算公式为:

$$F = \frac{H}{P} \times 100\%$$

式中,F 为新产品产值率;P 为企业全部合格产品产值;H 为新产品产值。　（曹吉鸣）

新产品试制基金　new product trial prodution fund

计划经济体制下,企业从税后留利中提取的用于试制新产品的专用基金。主要用于企业自行安排的新产品试制过程中必须添加的设备和相应的土建支出。试制新产品耗用的原材料、工资和管理费用应计入新产品成本。销售试制成功的新产品发生亏损,按正常损益处理。新产品作为样品、样机的,够固定资产标准的,由新产品试制基金开支。企业出售样品、样机所得的收入,应返回新产品试制基金。中国在 1993 年 7 月 1 日会计改革后取消了新产品试制基金,余额转入资本金。　（周志华）

新建项目　new project

根据独立的总体设计,在现有的企、事业单位之外,新开始的建设项目。如新建设一条铁路干线或一个钢铁企业等。中国规定,若原有项目进行扩建,其新增加的固定资产的价值超过原有固定资产价值三倍以上的,也应算作新建项目。　（何秀杰）

新开工系数　ratio of new project started

一定时期内新开工项目在施工项目中所占的比重(%)。计算公式为:

$$新开工系数(\%) = \frac{新开工项目个数}{施工项目个数} \times 100\%$$

该指标的高低幅度以多大较为适宜,应与建设项目投产率和建设项目竣工率联系起来进行观察,并考虑到各年国民经济的发展情况及可以提供的用以满足建设需要的人力、物力和财力的状况。　（俞壮林）

新开工项目　new project started

建设项目的总体设计或计划文件中所规定的永久性工程已正式开工的建设项目。包括新建项目、扩建项目和改建项目。所谓正式开工是指该永久性工程第一次正式破土开槽或建筑物组成部分的正式打桩;没有土建施工的工程建设,可以安装工程的开工作为正式开工;对于铁路、公路、水库等项目需要进行大量土、石方工程的,以开始进行土方、石方工程作为正式开工,而可统计为新开工项目。但是,为建设项目开工准备的工程地质勘察、平整土地、旧有建筑物的拆除、为施工用的临时建筑、水电设施等的施工,不能将该项目统计为新开工项目。

　（卢安祖）

新兴产业

20 世纪 40～50 年代以后,随着大量新的科学技术成果的涌现所形成的新的经济部门。如电子计算机技术、信息技术、生物技术、新材料、新能源、海洋工程、宇航工程、光纤和激光工程等等新技术形成的新的行业门类。新兴产业既是科学技术进步的结果,也是生产力发展的结果。随着中国经济和科技的发展,新兴产业也将逐步得到发展,成为社会重要的生产部门。新兴产业是相对传统产业而言的,它包含的产业或门类是一个动态的范畴。

　（何万钟）

新增工程效益　effectiveness added of new project

通过固定资产投资活动而新增加的非工业性建设项目或单项工程的设计能力。用实物形态表现的固定资产投资成果的指标,一般用建筑物容积、容量、面积、长度如水库容量、房屋建筑面积、铁路里程等表示;或按为社会提供的效益如学校学生席位、医院床位、灌区灌溉面积等表示。按能独立发挥效益、经验收合格正式交付使用单位的建设项目或单项工程的实际数量计算。反映一定时期内通过固定资产投资为社会提供的各种非工业性建设项目或单项工程的使用价值数量。 （俞壮林）

新增固定资产 new additions to fixed assets

又称交付使用固定资产。通过投资活动形成的新增生产能力或工程效益的价值表现。包括：①建成投产或交付使用工程的全部价值；②达到固定资产标准的设备、工具、器具的购置价值；③应分摊的其他费用（如建设单位管理费、征用土地费、迁移补偿费、勘察设计费等）。新增固定资产的数量和质量，对国民经济的发展速度和技术进步有很大的影响。 （俞壮林）

新增生产能力 new productivity added

通过固定资产投资活动而新增加的工业性建设项目或单项工程的设计能力。用实物形态表现的固定资产投资成果指标，一般用单位时间内（一年）所能生产的产品数量、处理的原料数量以及新增主要设备的数量或容量表示。以能独立发挥生产能力、经验收合格正式投入生产的建设项目或单项工程项目为计算对象，按项目或工程的设计（或计划）能力计算。反映一定时期内通过固定资产投资活动为社会提供的各种工业性建设项目或单项工程的使用价值数量。 （俞壮林）

新增为以后年度储备 extend reserve for after year

建设单位根据工程建设计划和国内外供货情况，为保证跨年度工程继续施工而为以后年度增加一定数量材料、设备储备所需的资金。一般要编制新增为以后年度储备计划，以便逐项审核，防止过早过多地储备，造成积压。列入储备计划的，必须是当年到货的物资，以及按合同规定的预付货款。所需资金由国家预算拨款供应，或者由银行发放贷款供应。为了促使各建设单位合理储备物资，节约使用建设资金，目前普遍实行由基本建设储备贷款供应的办法。 （闻 青）

信贷 credit

银行存款、贷款等信用活动的总称。一般指银行贷款。社会主义国家有计划地动员和分配闲置货币资金的一种形式和加强经济管理、提高经济效益的有力手段。中国信贷业务集中于以中国人民银行为中心的银行系统。信贷资金的来源主要是各种存款，其次为银行自有资金、客户委托银行办理的结算资金以及发行的货币。信贷资金主要用于发放各种贷款。国营企业是贷款的主要对象。为了保证更好地发挥信贷的经济杠杆作用，信贷活动必须遵循四项基本原则：按计划发放和使用；有符合贷款条件的物资保证；按期归还；注重社会经济效益。 （何万钟 张 琰）

信息 information

从广义上说是客观世界诸事物状态及其特征的反映。狭义则指通过载体反映出来的关于客观事物的预先不知道的知识。从经营管理的角度来说，则指经过加工处理的对经营管理活动有影响的数据。而数据则是记录下来的事实。如企业中的完工单、检验单、考勤卡等原始凭证，都是记录产品完成数量、产品质量和职工出勤等实际状况的数据。只有将这些数据经过分类、整理之后，才能成为对管理活动有用的信息。信息的特征有：①可传输；②可识别；③具有知识性、探索性、创新性；④可转换；⑤可存储；⑥可分享；⑦可以通过计算机系统、卫星系统、电视、电话等无限地扩大；⑧某些信息产品可以买卖。人们通过信息来区分不同的事物，来统治世界和改造世界。信息与材料、能源一起被称为现代科学技术的三大支柱。 （冯镭荣）

信息处理 information processing

对信息进行系统的有次序的加工过程。包括信息的记录、排序、归并、存贮、检索、传输、制表、计算以及模拟、预测等操作。广义上泛指可以使用电子计算机的领域的总称，包括数据处理、数据通讯、过程控制、模式识别等。狭义上仅指数据处理，它是计算机应用的一个重要方面。通过信息处理可为控制人员提供所需信息，作为了解系统运行状况和干预系统运行的判决依据，使之适合人们的各种需要。在企业管理中有许多信息处理的例子。例如，要填写各类职工月工资统计表，可先搜集各类职工月工资资料，然后按表格上各栏目的要求进行分类，最后填写月总工资和人均月工资统计表。分类统计和填表过程就是信息处理。人类整个社会活动都离不开信息处理，它在人类社会活动和发展中占有重要的地位。 （冯镭荣）

信息处理机 information processor

获取数据，将它们转变为信息并向接收器提供这些信息的一组装置。管理信息系统的组成单元之一。通常由数据采集装置、数据变换装置、数据传输装置以及数据存储和检索装置四部分组成。按数据转变为信息的过程，可分为集中数据处理机和分散数据处理机两类。决定采用集中处理还是分散处理，要考虑一系列的因素，例如数据的种类、数据量、数据接收的频率对信息时效的要求以及费用和得益之间的关系等等。 （冯镭荣）

信息传输 information transmission

对信息发出和接收的过程。它的本质特征是：不改变信息的结构和形态。传递信息必须要有信息发送器和信息接收器。信息的传输形成了管理系统的信息流。在系统内部信息的传输中,发方和收方有的是双边关系,有的是多边关系,有的只收不发,有的又收又发。在整个管理系统中某一子系统的信息输出,可以成为另一个子系统的输入。例如,在工业企业管理系统中,工艺部门输出的技术文件,就成为编制生产计划、材料供应计划等的依据,也就是这些部门的输入信息。信息在管理子系统内及子系统之间的传输形成了整个系统的信息流。在管理系统内既有不同管理层次间的信息传输关系,即纵向的信息流,也有同一管理层次内不同职能部门之间的信息传输关系,即横向的信息流。纵横结合形成整个系统的信息网络,使整个系统成为一个有机的整体。信息传输过程中,一定要保证信息传递的可靠性、及时性、准确性、经济性,必要时还必须具有保密性。　　　　　　　　　　　　　　　　　　(冯镪荣)

信息发送器 information transmitter

通信系统中,把信息变换成经由通道可以传输出信号的功能装置。为了正确发送信息,要求发送器必须能有效地、可靠地把信息转换成便于传输的信号,并具有纠错能力。从信息源送往信息发送器的消息,先由发送器进行编码,然后再由通信通道发送出去。例如在电报中,信息由字母和字组成,而这些字母和字是由点、短线及空白的不同排列编成。信息也可以变换成二进制数的不同排列,其中一个闭合电路用信号"0"来表示,开路用信号"1"来表示。而在电话中,则是发送器把声音的声压转换成交流电。　　　　　　　　　　　　　　　　　　(冯镪荣)

信息反馈 information feedback

在控制系统中,输出信息返送到系统的输入端,并对信息的再输出发生影响的过程。主要类型有:按照其所产生的效应可分为通过反馈使输入信号强度增强的正反馈和通过反馈使输入信号强度减弱的负反馈;按照其回路的结构可分为简单反馈——即回路中只出现一次反馈和多重反馈——即回路中出现多次反馈等。信息反馈的作用是用来加强对系统(被控对象)的调节和控制。信息反馈对经营决策和生产控制具有十分重要的作用。　　　　(冯镪荣)

信息分类 information classification

按照信息的特征把信息分成若干类别或范畴。在信息系统中,通常把信息按其变化的频繁程度分成固定信息类、半固定信息类和流动信息类。例如在工资系统中,姓名、基本工资等都属固定、半固定信息类。像水电费等因其逐月变动很大,就是流动信息。流动信息又可分为两大类,一类是"发生者"变动程度不大的流动信息,如水电费扣款单上的人名;另一类是"发生者"变动很大的信息,如有加班费的职工名单。合理的分类对于信息的收集、处理、使用及信息系统的建立等,都有重要意义。　　　　　　　　　　　　　　　　　　(冯镪荣)

信息管理系统 information management system

一种在管理工作中应用的计算机化的全局信息系统。它能管理中断处理和输入输出控制程序,控制和管理各种编译程序、装配程序和一些程序库中的程序。有些管理系统还包括存储管理、处理机调度和作业命令解释执行等功能。因此,能控制多道程序的执行。这种系统的功能是:生成和维护具有一定结构记录的数据集,进行数据的存取、批处理和联机并行信息处理,信息资料的保密、检查,以及系统操作的统计信息的记录等。这种系统的特点是面向管理工作,为管理提供必要的信息,能对信息进行有效的管理,因而对充分利用信息资源具有极其重要的意义。　　　　　　　　　　　　　　(冯镪荣)

信息加工 information conditioning

按一定的要求和程序,对收集到的信息进行筛选、校验、变换、分类、计算、编制,使之符合管理决策需要的过程。加工的目的是把大量的粗糙的原始信息在数量上加以浓缩,在质量上加以提高,在形式上加以变换,使之便于传递、存贮和应用。加工的基本程序和内容为:①筛选,把那些无用的信息剔除出去,以保障信息有用。②校验,其任务是检验信息是否真实、是否过时、是否准确。③变换,把原始信息变换成便于观察、传递、分析或进一步处理的形式。④分类,把信息按其特征分成若干类别或范畴。⑤分析计算,通过四则、分组、排序等数学运算,使之变换成效用更高的信息。⑥编制,对经过上述加工后的信息进行有序化的处理。　　　　　(冯镪荣)

信息检索 information retrieval

从所存信息中查找符合特定目的的信息。广义的信息检索包括文献检索、数据检索和事实检索;狭义的仅指计算机化的文献检索。其核心是信息的内容分析、信息存储与检索结构、信息检索评价三个理论和技术问题。其流程分为四个步骤,即:信息的分析与加工;信息的存储;信息的检索和信息的提供与分发。由于情报信息存贮量大,利用计算机进行信息检索方法简便、快速、准确、全面,故已得到日益广泛的应用。　　　　　　　　　　　　(冯镪荣)

信息检索系统 information retrieval system

又称情报检索系统。用来实现查找特定信息的一种应用系统。由五个要素组成:①硬件(计算机系统和通信网络);②软件(系统软件和应用软件);③各种数据库;④系统管理者;⑤情报用户。计算机硬件是信息处理和传输的核心;系统软件用来支持计算机正常工作,应用软件用来支持各类检索的操作;

数据库中存放各类情报信息,以供计算机调用;系统管理者维护系统的正常运行;情报用户是情报的接收者,一般通过显示器或打印机等终端设备获取情报信息。　　　　　　　　　　　　　(冯镳荣)

信息接收器　information receiver

信息管理系统中,用来接收信息的功能装置。它可以产生差错控制信号,必须能发现信息、能选择所需要的信息,并能把有用信息记录下来。根据不同的信息传输方式有不同的接收器。在通信系统中,接收器可以是各种译码器。在信息管理系统中,系统的输出信息有两个去向,一是存储载体,二是信息的直接使用者。如果信息接收器指的是使用者,则又可分为系统内部的使用者和系统外部的使用者,这里使用者可以是各级各类管理人员。
　　　　　　　　　　　　　　　　　(冯镳荣)

信息量　information content

衡量信息多少的物理量。信息量与各个事件发生的概率有关。假设 n 表示 n 个可能事件的消息,$P_i(i=1,2,\cdots\cdots,n)$ 表示各个事件的概率,那么每个消息的平均信息量可表示为:

$$H = -K\sum_{i=1}^{n}P_i\log P_i;$$

其中:K 为常数,其值与所选取的单位有关;H 叫做熵,如果 $K=1$,对数的底为 2 时,H 的单位是比特(bit),那么

$$H = -\sum_{i=1}^{n}P_i\log_2 P_i$$

若以 e 为对数的底数时,H 的单位是奈特,1 奈特 $=\log_2 e\approx1.443$ 比特。在计算机信息处理系统中,信息量常用输入量、储存量或输出量,例如所占存储空间单位数、字符的数量等等来表示。　(冯镳荣)

信息流　information flow

处于流动状态的信息的总称。信息流随人、财、物流而产生,又对人、财、物流产生影响(调控)。企业的信息流特点有:①可分纵向和横向,纵向信息流把上下级机关联系起来,横向的把同级的管理机关联系起来,使企业成为一个统一的通信网;②企业的管理机关都是通信网的一个结点,既是上一级组织的信息流的收集和处理机构,又是下一级组织的信息流的发出机构;③信息流具有双向性,即信息反馈。根据反馈信息来改变输入的内容或数量,对被控对象产生新的影响。信息流的畅通是保证各企业生产经营活动正常进行的必要条件。因此加强对信息流的组织管理是提高企业管理水平的重要保证。
　　　　　　　　　　　　　　　　　(冯镳荣)

信息论　information theory

研究信息的产生、获取、变换、传输、存储、处理及应用的学科。一般认为,这一理论是 1948 年由仙农(C.E.Shannon)的《通讯的数学理论》一文奠基的。现在,它已伸展到许多学科之中,而成为一门基础科学。信息论的主要研究任务是:提高传输消息的效能和保证消息的完整性。它的方法是:把最普通的通讯系统直至生物神经的感知系统都概括为某种数学模型,以通讯系统的模型为对象,以概率论和数理统计为工具,从量的方面描述信息的传输和提取等问题。它的研究范围大致包括三个方面:①以编码理论为中心的信息处理基本理论;②以信号和噪音为中心的统计分析、估值、滤波等理论;③以计算机为中心的信息处理基本理论。信息论的研究与数学、物理学、计算机科学、控制论、逻辑学、管理科学、心理学、语言学、生物学、仿生学等均有密切关系,现已发展到社会系统,对于经济和管理的发展都具有十分重要的意义。　　(何　征　冯镳荣)

信息模型　information model

描述信息的产生、传输、接收和分析处理的逻辑关系的工具。一般有定性结构模型、数学模型、物理模型等。例如,经典的信息论可以在集合论及概率空间的基础上构造数学模型进行描述。信息模型的其他含义同数据模型。　　　　　　(冯镳荣)

信息识别　information recognition

按一定目的检测、分析、确认和预测有关某一对象或过程的信息的过程。最简单的识别形式,是区分两种相反的状态——"是"与"否",即二中取一。较复杂的识别形式是测量。此外,有更为复杂的识别过程:如搜索、分析、情况估计、事件与状态的预报,以及目标、事实、局势、状态、形象和概念等的确认。信息识别的最主要形式可归纳为:①信息的初始识别,如数量的测定;②分析;③发现与确认;④情况的预测。信息识别的任务:一是寻求包含信息的参量和信息源状态的特性,也就是信息图像的建立;二是确定信息源现在、过去与未来的状态。
　　　　　　　　　　　　　　　　　(冯镳荣)

信息世界　information world

又称观念世界。是现实世界在人们头脑中的反映。现实世界中的事实反映到人的脑子中来,人的脑子对这些事实有个认识过程,经过选择、命名、分类之后进入信息世界。主要对象是实体以及实体间的相互联系。　　　　　　　　　　(冯镳荣)

信息提供　information supply

又称情报提供。信息机构把经过加工的信息提交用户的过程。信息提供的基本要求是:①针对性,要有的放矢地提供具体的信息;②准确性,信息机构应力求提供经过验证的、确实可靠的信息;③及时性,信息提供要不失用户的时机;④综合性,所提供

的信息要兼备技术先进性、经济合理性、生产可行性、市场竞争性等综合的优越性。信息提供的方式一般有：①定期提供阅览；②提供外借服务和文献复制；③提供文摘、快报、简讯；④提供专题文献加工产品；⑤举办技术座谈、学术讲座、现场会等；⑥提供声像信息服务；⑦提供咨询服务；⑧提供分析性信息。信息提供是促使情报更快、更好地在科研和生产中发挥作用的一个重要环节，可让资料充分地转化为物质财富。　　　　　　　　　　（冯镒荣）

信息需要的层次维数　level dimensim of information required

各层管理者所需信息的详细程度。可分为信息的精确度和广泛性两方面。企业各层管理人员对于信息的需要，在内容和形式上各不相同。所谓精确度就是要根据用户的层次不同来区分信息需要。通过这种区分，便能确定每一个用户所需信息的综合程度和抽象程度。企业下层管理人员的活动范围一般比较狭窄。因此，需要向他们提供具体而详尽的信息。决策者的地位和层次愈高，他的活动范围愈广，更多的细节也就可以忽略不计。同类的信息应加以归并和压缩，以综合的形式向决策者提供。信息的综合程度与抽象程度有密切的联系。信息的压缩和综合程度愈高，它的抽象程度也愈高。因此，确切地弄清决策者需要的信息的综合程度，对于保持所希望的信息的详细程度十分重要。　　（冯镒荣）

信息需要阶段维数　stage dimension of information required

用户决策过程的各个阶段对所需信息的不同深度要求。根据用户所进行的活动不同，对信息的要求也有所不同。决策形成过程中的活动可分为三类：弄清问题阶段的活动；解决问题阶段的活动和选择阶段的活动。首先是弄清问题和确定目标，这一阶段需要关于问题的各个侧面以及关于企业目标的信息；其次解决问题阶段，需要了解根据既定的目标可能有哪些具体的解决方案；最后选择阶段则需要弄清这些解决方案中的每一个具体方案预计会带来什么样的效果。对于管理人员或决策者的活动，也可以根据"管理周期"来分类。这种周期有计划和控制两个重要阶段。在确定决策者对信息的要求时，必须明确这些信息是哪个阶段所需要的，以便正确提供有关的信息。　　　　　　　　　　（冯镒荣）

信息需要时间维数　time dimension of information required

用户各个阶段活动所需信息的具体时间和各层管理人员所需信息的频率。信息需要的时间分布是要弄清应当在什么时候向用户提供各种报告。最好在计划阶段一开始就提供关于计划的信息，而关于检查和控制的信息则在业务年度终了的时候或在业务进行过程中才需要。信息需要的频率表示需要某些信息的频繁程度。它确定提供报告的时间间隔。一般说来，这与作决策的频率和决策者的层次有关。作决策的频率愈高，需要提供报告的频率也就愈高。从决策者的层次来说，下层管理人员可能需要经常提供报告，而高层管理人员就不必频繁的报告，以免浪费时间和精力。　　　　　　　　　　（冯镒荣）

信息需要识别　recognition of information required

对决策时有效信息需要的检测和分析过程。识别信息应用较普遍的方法主要有三种：一是在决策者知道决策过程，能够准确说明他们所需要的信息的前提下进行识别。具体方法是发调查表和访问谈话。二是通过观察和工作描述进行识别。这种办法的优点是分析人员可以作为中立的旁观者来研究决策者对信息的需要，并可将这种信息需要同这些信息的可使用性联系起来。三是用起码信息进行识别。这种方法是：首先，通过观察识别决策过程中的主要输入信息，接着再根据决策者的具体要求对这些信息加以补充。　　　　　　　　（冯镒荣）

信息语言　information language

又称面向信息语言。信息管理系统进行信息处理、信息检索及问答时所使用的语言。是一种对于信息的组织、修正及检索的语言系统。可以对信息进行描述，使信息构成一定的逻辑关系和对信息进行操作，例如对有关信息组所具有的特性给出定义，说明信息的特征，确定信息之间的关系，形成信息文件或数据库，对信息进行检索、更新等。　　　　　　　　　　　　　　　　　　　（冯镒荣）

信息源　information source

一个系统输入数据的来源。区分一个系统的输入数据源有地点和时间两个标准。根据地点的不同，可分为内源和外源。内源数据产生于系统本身的活动。外源数据则牵涉到系统的环境。对一个建筑企业系统来说，属于内源数据的，如承包合同数据、营业额数据、人事数据、资金数据、设备数据等。属于外源数据的，如经济形势或市场情况的信息、协作单位和同行业企业的信息等。根据时间的不同，可分为一次（原始）信息源和二次信息源。原始信息源是企业内部的事件和活动。二次信息源是现存的各种数据库。从二次信息源获取的数据相应地称为二次数据或派生数据。　　　　　　　（冯镒荣）

信息载体　information carrier

记录、积累、保存和传递信息的物质实体。信息须借助于某种载体才能表现出来，才能进行交换。企业信息管理的各项工作，如信息的收集、传送、储存等，都是通过信息的某种载体来实现的。例如，声和光、超声波、电磁波、穿孔卡片、穿孔纸带、磁盘、磁带、光盘等都能作为信息的载体。信息管理水平的发展，是同信息载体的发展密切相关的。随着电子技术的发展，人们已经能够极其精确地控制电子在导体、真空或半导体中的运动，从而可以很方便地把信息加载到这种载体上进行传输、处理和显示。

（冯鑑荣）

信用　credit

以偿还为条件的价值运动的特殊形式。即借贷活动，狭义的含义指不需立即付款或担保的买卖方式，也指取得货物而不须立即付款的能力。债权人赊销商品或贷出货币，债务人则按约定的日期偿还货款或借款，并支付利息。信用是从属于商品货币关系的一个经济范畴，在不同社会制度下反映着不同的社会关系。信用的主要形式有商业信用、银行信用和国家信用。商业信用是用延期付款方式赊销商品；银行信用是用贷款和贴现方式提供的信用。国家信用即国家财政进行的借贷活动，其主要形式是发行公债和短期性的国库券。信用在促进商品经济发展中起着巨大的作用。　　　　（何万钟）

信用公司债　credit corporate bond

未载明具体抵押品而以公司信用发行的公司债券。该债券必须凭信托契约发行，发行条件由受托人监督执行。一旦发行债券的公司破产或清理，债券持有人便成为公司的一般债权人。　（俞文青）

xing

刑法　criminal law

国家凭借其强制力规定什么行为在何种情况下是犯罪、对犯罪应判处什么刑罚的法律规范的总称。狭义者专指最高国家权力机关制定的刑事法律规范性文件，如《中华人民共和国刑法》。不同的国家刑法的形式和内容有所不同，但一些基本原则在大多数国家为人们所公认。中国社会主义刑法的基本任务是打击敌人，惩办犯罪，保护人民，巩固人民民主专政，保障社会主义四个现代化建设的顺利进行。执行和遵守刑法，是同亿万人民的切身利益息息相关的大事，是国家长治久安的大事。　（王维民）

刑事责任　criminal liability

依照刑事法律规定，行为人实施刑事法律禁止的行为所必须承担的刑事法律规定的责任。追究刑事责任，只能由法院对违法犯罪者实施。凡法律规定的达到一定年龄、精神正常的人，其某种行为侵犯了刑事法律保护的社会关系，并有社会危害的，应负刑事责任。但某些行为从表面上看不构成犯罪，实际上并不危害社会、或者有法律明文规定的，不负刑事责任，这种行为概括起来有：①无责任能力人的行为；②正当防卫；③紧急避险；④履行有益于社会的业务上的行为；⑤法律规定的其他排除刑事责任的情况。　　　　　　　　　（王维民）

行驶里程折旧法　depreciation－runing distance method

车、船等运输设备按规定行驶里程计提折旧的方法。以工作量计提折旧的方法之一。计算公式为：

$$\text{车（船）公里（或吨公里）折旧额} = \frac{\text{运输设备原价} + \text{预计清理费用} - \text{预计残值}}{\text{规定行驶公里（或吨公里）}}$$

$$\text{车（船）月折旧额} = \text{当月实际行驶公里（或吨公里）} \times \text{车（船）公里（或吨公里）折旧额}$$

（闻　青）

行为科学　behavioral science

运用人类学、社会学、心理学、经济学、管理学的理论和方法，对企业职工在生产中的行为以及这些行为产生的原因进行分析研究的综合性边缘学科。西方企业管理理论之一，研究的重点是如何正确处理管理活动中的人际关系和人的行为问题。早期称人际关系学；1949年，在芝加哥大学的一次科学会议上才正式提出"行为科学"这一名称，倡导研究有关人类行为的问题，主张利用各种有关学科的知识，发展关于行为的一般性理论。此后，行为科学的研究有了较大发展，许多不同相关学科领域的学者，都积极从事这方面的研究，提出了各种各样的新理论。影响较大的理论有需要层次论、双因素论、期望理论、X理论-Y理论、管理方格理论等等。行为科学目前已被广泛应用于管理中，但对其未来发展趋势，人们的看法不一，尚待探索。　　（何　征）

行政法　administrative law

国家机关依法制定的调整国家行政机关在行使法定职权的过程中发生的各种行政关系的法律规范的总称。这种行政关系概括分为：①行政机关内部关系，上下级机关之间与其所属的公务员之间的关系，是受层级体制决定的领导与服从的关系；同级机关之间，是在共同的上级机关领导下的相互协作的关系。②行政机关外部关系，一是行政机关与其他国家机关之间的关系，是不同职能机关之间的关系；二是行政机关与行政相对人的关系，是管理与被管理的关系，具有国家强制力。这种关系不存在层级问题，不论哪一级行政主管机关都是以国家名义行使其管理职权的。行政法调整的社会关系广泛复杂，技术性强，且变化快，故世界各国至今尚未制定一项普遍适用于全部或绝大多数行政领域，并有较高稳定性的行政法典，其调整方法是采用按照行政

关系的不同种类、性质和特点，分别将不同的行政法律规范寓于形式多样的法律文件中。　（王维民）

行政法规　administration statule

国家行政机关依法制定的法律规范的总称。各国宪法大都授权部分国家行政机关发布具有普遍约束力的法律规范性文件。《中华人民共和国宪法》规定，国务院有权根据宪法和法律制定行政法规。这表明，在中国，行政法规是特指国务院为领导和管理国家各项行政工作，根据宪法和法律制定的政治、经济、教育、科技、文化、外事等各类法律规范的总称。行政法规的名称很多，如条例、规定、办法等。全国人民代表大会常务委员会有权撤销国务院制定的同宪法、法律相抵触的行政法规。　（王维民）

行政责任　administrative responsibility

实施法律禁止的行为引起的行政上必须承担的法律责任。行为的性质属于轻微违法。追究行政责任(即行政制裁)，有两种情况，①行政处罚，又称"行政罚"，是由法律规定的国家行政机关依法对违法者给予的行政制裁。对行政处罚不服的，可以向作出处罚决定的上级行政机关申请复议，或者向人民法院起诉。②行政处分，又称"纪律责任"、"纪律处分"，是由国家机关、企业事业单位按行政隶属关系和规定的权限，给予有轻微违法失职行为或违反内部纪律的所属人员的一种制裁。　（王维民）

形态分析法

一种强制联想和启发思考以帮助决策的方法。其特点是先确定影响问题的几个基本特性(或称参数)，然后列出每一特性的几种可能形态，最后再考虑从每种特性中各取出任一可能形态作任意组合，借以发现是否有可能产生新的方案或解决办法。此法常用于新产品、新技术等的研究开发方面。

（何万钟）

形象施工进度图表　graphic construction schedle

见工程形象进度(80 页)。

xiu

修理间隔期　repair interval time

相邻两次修理(不论是大修、中修还是小修)之间机械设备的工作时间。一个修理周期内可包含一个或若干个修理间隔期。在实行计划保修制的情况下，只包含保养和大修，修理周期等于修理间隔期；在实行计划预修制情况下，修理周期内设立中修、小修。修理间隔期根据设备特点和使用情况，在修理计划中具体确定。　　　　　　　　（陈　键）

修理周期　repair cycle

相邻两次大修理之间机械设备的工作时间。一般新机械设备从使用到第一次大修的间隔期应比正常间隔期长 15%～30%。从第二次大修起，大修间隔期应逐次递减约 10%。在修理周期中需安排若干次计划检查和修理，使设备在进行大修时，各零件和总成都需要进行全面解体修理、恢复性能。局部需要维修的零部件通过中、小修使其寿命延续到大修。　　　　　　　　　　　　　　（陈　键）

修理周期结构

简称修理结构。在一个修理周期内，即两次大修之间，中修和小修有时还包括定期检查的次数和排列顺序。为了使大修时机械各总成都达到或接近其使用寿命，需在修理周期中按照机械各总成磨损规律，对磨损较快的部件进行中小型局部修理，从而在大修时，各总成都有全部拆卸进行彻底修理的必要。具体结构需根据出厂资料和以往机械设备使用的资料安排确定。　　　　　　　（陈　键）

修正概算　revised estimate

当工程建设项目采用三阶段设计时，在技术设计阶段编制的投资概算。是随着设计内容的深化，对初步设计概算进行的调整和修订。修正概算总额一般不应超过原批准的初步设计概算。（张守健）

XU

需求函数　demand function

在既定时间内的既定市场中，某种商品的各种可能需求量与其他因素之间的依存关系。决定或影响需求量的主要因素包括商品价格、购买者的支付能力、购买者的意愿和相关商品的价格等。设 Q_d 为某种商品需求量，a、b、c、d……为影响需求的因素，则需求函数为：

$$Q_d = f(a、b、c、d……)$$

其中，通常最为重要的影响因素是商品价格，所以，需求函数又被认为是需求价格函数，即

$$Q_d = f(p)$$

上式表示，其他因素保持不变时，需求量仅为商品价格的函数。　　　　　　　　　　　　（何万钟）

需求价格函数

见需求函数。

需求价格弹性　price elasticity of demand

衡量价格下降或上升一定比率时所引起的需求量增加或减少的比率。反映需求变化对价格变动反应的敏感程度。如图某商品价格 P 在 DD 需求曲线上 A 点的购买量为 Q，若该商品市场价格降为 P'，购买量为 Q'，此时 $P - P' = \Delta P$，$Q - Q' = -\Delta Q$ 故 $\Delta P \times (-\Delta Q) < 0$；若价格由 P' 升至 P，购买量由 Q'

减至 Q，此时 $(-\Delta P)\cdot\Delta Q<0$，若以 e 代表某商品需求的价格弹性，则 $e=\dfrac{\Delta Q}{Q}\div\dfrac{-\Delta P}{P}$ 永为负值。为应用方便引入一个负号使其变为正值。如果价格下降或上升使需求量以相同的比率增加或减少，则 $e=1$；若需求量变动的幅度大于价格变动的幅度，则 $e>1$，即需求弹性大；反之，则 $e<1$，即需求弹性小或无弹性。考查 e 值对于制定价格政策和调整商品流通有重要参考价值。

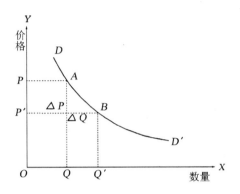

（刘玉书　刘长滨）

需求交叉弹性　cross elasticity of demand

又称交叉弹性。其他变量保持不变的情况下，两种商品中的一种商品的价格变动比率引起的另一种商品的需求量变动的比率，即一种商品的需求量变动对另一种商品价格变动的反应程度。

（刘长滨）

需求曲线　demand curve

用以表示在其他条件相同时，购买者在每种价格水平下愿意而且能够购买的商品数量的曲线。规范的需求曲线以价格为纵轴（Y 轴），以需求量为横轴（X 轴）

（刘长滨）

需求收入弹性　income elasticity of demand

衡量收入量下降或上升一定比率所引起的需求量减少或上升的比率。用以衡量需求量（购买量）对收入变动反映的灵敏程度。如用 em 代表需求的收入弹性，M 代表收入，ΔM 代表收入的增减量，Q 代表需求量，ΔQ 代表需求的增减量，则需求收入弹性的公式为：

$$em=\frac{\Delta Q}{Q}\div\frac{\Delta M}{M}$$

由于需求量随收入量的增加而增加，故所求比率为正数。一般情况下，必需品的 em 小，奢侈品和高价商品的 em 大。随着收入增加和生活水平的提高，原来属于奢侈品的商品，可以逐渐变为必需品。考查 em 对于制订产品路线和价格政策有重要意义。

（刘玉书　刘长滨）

需要层次理论　hierarchy of needs theory

美国行为科学家马斯洛（Maslow, A. H. 1908～1970）提出来的有关人类需要的类型，并按其重要性排列成等级的理论。主张采取措施满足不同层次的要求，以激发工作热情，调动积极性。他在 1943 年发表的《人的激励理论》一书中认为：①人要生存，他的需要能影响他的行为；但只有未满足的需要才影响行为。②人的需要按其重要性分级排成顺序，当某一级需要得到基本满足时，才会追求高一级的需要，如此逐级上升，成为推动不懈努力的内在动力。马斯洛将人的需要分五个层次：①生理需要，是个人生存的基本需要，如衣、食、住等。②安全需要，包括心理上和物质上的安全保障，如职业保障、事故预防等。③社交需要，如友谊、归属感、互助和赞许等。④尊重需要，包括自尊心、荣誉感等。⑤自我实现的需要，如成就欲，个人抱负得到实现等。马斯洛的需要层次论，是西方行为科学的重要理论依据。

（何　征）

序时平均数　chronological average

又称动态平均指标或动态平均数。时间数列中各个发展水平平均数的总称。是把现象在各个时期（或时点）的数量差异抽象化，表明现象在一定时期发展的一般水平的统计指标。由于是一段时间内各个发展水平的代表值，可以把时间长短不等的总量指标，由不可比化为可比，而可消除短时间内偶然因素的影响，表明现象在较长时间发展变化的基本趋势。有平均增减量、平均发展水平、平均发展速度和平均增减速度四种指标。既可根据绝对数时间数列计算，也可根据相对数时间数列或平均数时间数列计算。是统计分析中常用的指标。

（俞壮林）

续建项目　continuing project

在报告期之前已正式开工建设，跨入报告期后继续进行施工的建设项目。可以是新建项目，也可以是扩建项目或复建项目。

（何秀杰）

xuan

选址勘察　reconnaissance investigation

为确定拟选厂址的稳定性和适宜性而进行的调查，勘探和评价工作。勘察工作的第一个阶段。其内容包括：①收集区域地质、地形地貌、地震、矿产资源和附近地区的水文条件、工程地质资料以及当地的建筑经验；②通过踏勘了解建设场地的地质构造、岩土性质、不良地质现象和工程地质条件；③对工程地质条件复杂但倾向于选用的场地，进行必要的工程地质测绘和勘探工作。

（顾久雄）

xue

学徒 apprentice

在熟练工人的指导下,在施工生产中学习作业技术,并享受学徒工待遇的人员。 (吴 明)

血汗工资制 blood-sweating wage system

生产过程进行所谓"科学管理"或"合理化的劳动组织",加强劳动强度,剥削雇佣工人的工资制度。19 世纪首先出现于英国,如间接包工制,即先由一包工者向资本家接受原料,再由他以很低工资包给他人工作,从中牟利。随着科学技术的进步,血汗工资制出现了新的特点,即:利用现代科学技术对生产过程进行"合理化的劳动组织",制定出高效率的"标准"操作方法和劳动定额,按工人完成定额情况实行分级奖惩工资制,把"科学"的劳动组织与工资制度结合起来。这种制度虽使工人工资有所提高,但精神和体力消耗极大,工伤事故增多,可说是得不偿失。所以列宁称之为"榨取血汗的'科学'制度"。血汗工资制流行最广的是泰罗制和福特制。此外,还有罗恩制、甘特制、哈尔西制等。 (何 征)

Y

ya

亚洲开发银行 Asian Development Bank, ADB

向亚洲和太平洋地区发展中国家提供信贷资金的区域性金融机构。由原联合国亚洲及远东经济委员会发起成立,1966 年 12 月开始营业。总部设在菲律宾的马尼拉。成员国包括亚洲及太平洋地区的 32 个国家和地区以及北美、欧洲 15 个国家。其宗旨是促进本地区内的经济发展和合作,加速地区内发展中国家的经济发展。主要业务是向亚太地区的发展中国家成员提供贷款,促进官方和私人投资,以资助地区经济发展;优先资助那些对本地区及邻近国经济一体化有利的计划项目,尤其重视弱小成员国和最不发达成员国的需要;协助成员国调整开发政策和计划,以便充分利用资源,改善经济;促进对外贸易,特别是成员国间贸易的发展;对于开发项目及机构的建设提供技术援助。中国为该行正式成员国。 (蔡德坚)

yan

延期付款 deferred payment

通过提供中长期信贷以推动出口的一种国际贸易支付形式。属卖方信贷范畴。大型成套设备的出口常采用这种方式。通常做法是进口商先交付货款的 5% ~ 15% 作为定金,然后按工程或交货进度分期支付一小部货款,其他大部分货款则在 3~5 年甚至 15 之内分期连同利息一并支付。货物所有权一般在交货时转移。出口厂商为了不影响其正常生产或资金周转,在向进口商提供信贷的同时,往往需向银行借入资金,由此而发生的利息费用,都要转移给进口商负担,故延期付款的货价一般均高于即期支付的货价。 (严玉星 张 琰)

延期付款利息 interest on deferred payment

建设单位按照合同规定对进口成套设备采取分期付款办法所支付的利息。建设单位会计中待摊投资科目的明细项目。 (闻 青)

延期纳税 tax deferral

准许纳税人将其应纳税款延期缴纳或分期缴纳,从而减轻当期税负的政策。此时,对纳税人来讲,得到一笔相当无延期纳税款额度的无息贷款,可以在一定程度上解除纳税人财务上的困难;对政府而言,延期纳税只是推迟收税,其代价是损失一些利息。由于它既能给纳税人带来优惠,又不至使政府承受过重负担,这种税式支出形式为许多国家所采纳。 (刘长滨)

yang

样品样机购置费 purchasing expense of samples

建设单位在工程项目交工验收以前为生产单位购置样品、样机所支付的各项费用。包括样品、样机及其设计图纸的买价和运杂费等。在建设单位会计中其他投资科目的"递延资产"明细项目中核算。 (闻 青)

yao

邀请投标 invitation for bids

又称有限竞争性招标。俗称邀请招标。招标单位直接邀请经过预先选择的数目有限的几家承包商参加投标的一种招标方式。被邀请的单位数目通常在 3 个到 10 个之间。其优点是减少招标工作量和招标费用,且能提高每个投标者的中标机率,对招投标双方都有利。其缺点是限制了竞争范围,把许多可能的竞争者排除在外,不符合自由竞争机会均等的原则。有些国家往往对这种招标方式的适用条件有某些指导性的规定。　　　　　(钱昆润)

要约　offer

当事人一方向另一方或其代理人提出订立合同的建议和要求。要约要明确表达订立合同的意愿,并提出合同的具体内容与要求对方做出答复的期限。提出订立合同的当事人叫要约人。要约通常有两种:一是向特定人提出,即要约人欲与谁签订合同,就向他或他的代理人提出签约的愿望和基本条件。二是不向特定人提出,而是面向社会公开签约的愿望和条件,如悬赏要约。要约人提出要约是一种法律行为,它必须具备三个条件:①要约人一方须有订立合同的愿望;②要约必须明确具体;③要约的信息须传递给受约人。　　　　(何万钟)

ye

野外作业津贴　field work allowance

专为野外作业人员在野外工作期间生活方面的额外需要和补偿其额外劳动消耗而建立的津贴。适用于地质、测绘、建筑、矿山、森林等部门中从事野外地质普查和勘探工作的职工。　　(吴　明)

业务经营审计

见经济效益审计(174 页)。

业务决策　operation decision

企业日常生产和管理活动中,旨在提高生产和工作效率的有关短期性、具体业务问题的决策。如生产中各部门的协作、劳动力、材料、机械设备的使用决策等。业务决策属于战术决策的范畴,一般由企业管理层或职能部门来进行。　　(何万钟)

yi

一般均衡　general equilibrium

经济整体的均衡,此时所有商品和劳务市场也同时处于均衡状态,此时的价格水平下,生产者愿意而且能够提供的商品数量与消费者愿意而且能够购买的商品数量恰好相等,不存在任何刺激经济主体改变经济行为的压力。与之形成对照的是局部均衡分析关注单个市场的均衡。　　　(刘长滨)

一次性支付　single payment

又称一次性投入产出。仅有一次现金流入及一次现金流出的资金运动。其现金流量图如下图所示。

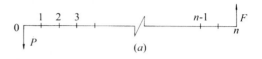

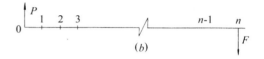

　　　　　　　　　　　　　　　(何万钟)

一次指数平滑法　first exponentially smoothing method

只进行一次平滑计算的指数平滑法。其特点是不像算术平均值需要全部数据,又不像移动平均法需要一组数据。而只需要少数数据就可以计算。甚至只要有一个最新数据 X_t,一个上一期预测值 F_t 和 α 值就可以进行预测。其计算公式为:

$$F_{t+1} = \alpha X_t + (1 - \alpha) F_t$$

式中,F_t 为在时间 t 时的指数平均值,即上一期预测值;α 为平滑系数;X_t 为 t 期实际数据值;F_{t+1} 为下一期预测值。此法较适用于时距不长的短期预测。　　　　　　　　　(杨茂盛)

一级保养　first-order maintenance

简称一保。一般由操作人员定期或按一定标准(如汽车行驶一定里程)对机械设备普遍进行的清洁、紧固、润滑和局部调整作业。一保需停机进行。　　　　　　　　　　　　(陈　键)

一级工程总承包企业　grade Ⅰ general contract enterprise

符合建设部 1995 年 10 月发布的《建筑业企业资质等级标准》规定一级工程总承包企业标准的承包商。可承担各类型工程建设项目的总承包。其资质条件是:(1)建设业绩:近 10 年内承担过两个以上下列工程建设项目的总承包,工程质量合格:1)大型工业、能源、交通等项目;2)大于 15 万平方米的住宅区;3)总投资 2 亿元以上的公用工程项目。(2)人员素质:1)企业经理有 10 年以上从事工程建设管理工作的经历;2)总工程师有 15 年以上工程技术管理工作经历,有本专业高级职称;3)总会计师有高级专业职称;4)总经济师有高级职称;5)有职称的工程、经济、会计、统计等专业人员不少于 500 人,其中工程系列不少于 300 人,而且高级职称的不少于 50 人,中级职称的不少于 100 人;6)具有一级资质的项目经理不少于 50 人,并能派出工程项目管理班子,对建设项目的质量、安全、进度、造价等进行直接管理和有效的控制。(3)管理能力:1)取得甲级勘察、设计资质或具有相应的能力,并具有相应的施工组织管理、工程技术开发与应用、工程材料设备采购的能力;2)具备房地产综合开发能力;3)有对外工程承包权。(4)资本金和固定资产:1)资本金 1.5 亿元以上;2)生产经营用固定资产原值 1 亿元以上。(5)年完成工程总承包额 5 亿元以上。　　　(张　琰)

一级工业与民用建筑工程施工企业　grade I industrial and civil building construction enterprise

符合建设部 1995 年 10 月发布的《建筑业企业资质等级标准》规定一级工业与民用建筑工程施工企业标准的承包商。可承担各类型工业与民用建设项目的建筑施工。其资质条件是:(1)建设业绩:近 10 年承担过两个以上下列建设项目的建筑施工,工程质量合格:1)大型工业建设项目;2)单位工程建筑面积大于 2.5 万平方米的建筑工程;3)25 层以上或单跨跨度 30 米以上的建筑工程。(2)人员素质:1)企业经理有 10 年以上从事施工管理工作的经历;2)总工程师有 10 年以上从事建筑施工技术管理工作经历,有本专业高级职称;3)总会计师有高级专业职称;4)总经济师有高级职称;5)有职称的工程、经济、会计、统计等专业人员不少于 350 人,其中工程系列不少于 200 人,而且中、高级职称的不少于 50 人;6)具有一级资质的项目经理不少于 10 人。(3)资本金 3000 万元以上;生产经营用固定资产原值 2000 万元以上。(4)有相应的施工机械设备和质量检验测试手段。(5)年完成建筑业总产值 1.2 亿元以上;建筑业增加值 3000 万元以上。　　　(张　琰)

一级机械施工企业　grade I mechanical Construction enterprise

符合建设部 1995 年 10 月发布的《建筑业企业资质等级标准》规定一级机械施工企业标准的专业承包商。可承担各类型建设项目的机械施工。其资质条件是:(1)建设业绩:近 10 年承担过 3 个以上大型建设项目的机械施工分项工程,工程质量合格。(2)人员素质:1)企业经理有 10 年以上从事施工管理工作的经历;2)总工程师有本专业高级职称;3)总会计师有高级专业职称;4)总经济师有中级以上职称;5)有职称的工程、经济、会计、统计等专业人员不少于 180 人,其中工程系列不少于 120 人,且有中、高级职称的不少于 25 人;6)有一级资质的项目经理不少于 8 人。(3)资本金 2000 万元以上;生产经营用固定资产原值 2000 万元以上。(4)有相应的施工机械设备和质量控制与检测手段。(5)年完成建筑业总产值 5000 万元以上;建筑业增加值 1000 万元

以上。　　　(张　琰)

一级设备安装工程施工企业　grade I equipment installation enterprise

符合建设部 1995 年 10 月发布的《建筑业企业资质等级标准》规定一级设备安装工程施工企业标准的专业承包商。可承担各类型工业建设项目的设备、线路、管道、电器、仪表及其整体生产装置的安装,非标准钢构件的制作、安装和各类公用、民用建设项目的设备安装。其资质条件是:(1)建设业绩:近 10 年承担过两项以上大型工业建设项目的设备安装,工程质量合格。(2)人员素质:1)企业经理有 10 年以上施工管理工作的经历;2)总工程师有 10 年以上施工技术管理工作经历及本专业高级职称;3)总会计师有高级专业职称;4)总经济师有高级职称;5)有职称的工程、经济、会计、统计等专业人员不少于 300 人,其中工程系列不少于 200 人,且有中、高级职称的不少于 50 人;6)有一级资质的项目经理不少于 10 人。(3)资本金 3000 万元以上;生产经营用固定资产原值 2000 万元以上。(4)有相应的施工机械设备与质量检验测试手段。(5)年完成建筑业总产值 1 亿元以上;建筑业增加值 2500 万元以上。　　　(张　琰)

一级土地市场　primary land market

中国出让国有土地使用权的国家垄断市场。　　　(张　琰)

一类物资　first category of goods and material

见统配物资(274 页)。

移动加权平均法　moving weighted average method

材料等按实际成本进行明细分类核算时,以结存材料数量及本批收入材料数量为权数计算平均单价,作为对发出、耗用材料日常计价标准的计价方法。采用这种方法,材料计价工作可分散在月内进行,有利于会计核算和及时编制会计报表;但每收进一批材料就要重新计算一次单价,核算工作量繁重,故适用于进料次数不多的企业。计算公式为:

$$材料平均单价 = \frac{以前结存材料实际成本 + 本批收入材料实际成本}{以前结存材料数量 + 本批收入材料数量}$$

$$每次发出材料实际成本 = 每次材料平均单价 \times 发出材料数量$$

　　　(闻　青)

移动平均法　moving average method

从时间序列数据中,取最近数期的实际值,连续移动地计算其平均数,作为下期预测值的时间序列分析方法。移动平均值按下式计算:

$$MA = \frac{\sum\limits_{i=1}^{n} D_i}{n}$$

式中,n 为移动数据期数;D_i 为第 i 期的实际数值。应用时,移动数据期数 n 愈大,灵敏度愈低,对变化的波动反映愈慢;n 愈小,对变化的波动反映就快,但易将偶然的波动误认为发展趋势。所以,n 的选取最为关键。一般需处理的数据较多,精度要求高时,n 可取大一些。反之,则取小一些。移动平均法有一次移动平均、二次移动平均,乃至多次移动平均。二次移动平均是在一次移动平均的基础上再进行一次移动平均。其计算方法相同,但所得出的预测数值曲线更为平滑,比一次移动平均更为精确。通常二次移动平均应用较多。应用移动平均法预测时,预测值趋势总有滞后现象。为了减少滞后的影响,可采用加权移动平均法。　　　(杨茂盛)

已完工程

已竣工的房屋和构筑物。包括已完工的房屋和构筑物的大修工程。参见已完施工。　　　(何万钟)

已完施工　finished construction work

建筑企业不需要再进行加工的分部、分项工程。未完施工的对称。它们虽不具备完整的使用价值,也还不是企业的竣工工程,但已是构成建筑工程的实体,有一定的工作内容和计量单位,可以用来确定其数量和鉴定其质量,同时具有正确计价的条件,可据以向业主进行中间验收和进度款的结算。属于建筑生产中的中间产品。　　　(何万钟)

以租养房　building maintenance by rent

房租收入扣除必需的经营管理费外,不仅能保证房屋的正常维修、保养,还能以收回的折旧费重建原有房屋。这是根据中国实际情况制定公房租金标准的基本原则。以此原则制定的房租标准,大体上符合成本租金水平,能保证房屋的简单再生产。　　　(何万钟)

议标　negotiating the bids

邀请协商决定承包人。不须通过招标,而由招标单位直接选定某一承包商进行协商,双方达成协议后将工程任务委托该单位承包。如果所选的第一家建筑企业协商不成,可另外再邀请一家,直至达成协议为止。一般对性质或条件特殊的工程可进行议标。通常选择可靠的、信誉好、工程质量优良并与建设单位长期合作共事,互相信赖的承包商为议标对象。　　　(钱昆润)

异地结算　settlement between strange cities

又称埠间结算。不同城镇或地区之间的转账结算。中国常用的方式有:银行汇票结算、商业汇票结算、汇兑结算、委托收款结算等。　　　(闻　青)

易接近性　accessibility

人们进出某场地或建筑物的相对容易程度。确定某场地或建筑物是否适合于某种特定用途的重要标志之一。　　　(刘洪玉)

意见沟通理论　communication theory

关于在组织内,人与人之间相互传达思想,交换信息的理论。组织行为科学家们认为"沟通"是管理工作的基础之一。了解情况、制定目标、拟订计划、进行指挥、协调控制等都离不开信息交流。但是,由于语言的局限性,信息发送者和接受者的知觉和判断上的错误,往往造成沟通的障碍。管理中运用的沟通途径,有正式途径与非正式途径两类:前者通过正式组织明文规定的渠道进行。美国心理学家莱维特(Leavitt,H.T.)等人曾对这类沟通进行研究。后者指非正式组织或个人之间的信息交流,如小道消息,闲谈等。消除沟通障碍,提高信息交流效率对管理至关重要。沟通理论认为,应注意消除语言、感知和判断上的障碍,建立反馈线路,并注意敏感性训练,语言运用,建立信任感,培养聆听习惯等。

　　　(何　征)

yin

因素分析　factor analysis

分析引起某项经济指标变动的各个因素,并测定其影响程度的统计分析。一般步骤为:①确定某一经济指标的变动是受哪些因素影响,并建立用指数形式表示的经济关系式;②各个因素按数量指标因素在前,质量指标因素在后的顺序排列,前后各因素指标要合乎逻辑地衔接,能够满足数学上的要求;③测定数量指标因素的影响时,应以基期的质量指标为固定因素,测定质量指标因素的影响时,应以报告期的数量指标为固定因素;④从相对数和绝对数两方面来测定各个因素对某项经济指标变动的影响程度。这种分析方法由于假定一个因素发生变动时,其他因素保持不变,所以各个因素采取不同的顺序排列时,会得出不同的结果。　　　(俞壮林)

因素分析法　factor analysis method

又称经验分析法。分析人员凭经验确定价值工程活动对象的方法。通常先由熟悉产品性能和生产过程的专业人员,对产品存在的问题、影响因素和可能改进的方法提出意见,然后通过集体讨论确定分析对象;也可在专家评分法的基础上进行综合分析。特点是简单易行,节约时间,但缺乏确切依据,精确度不高。　　　(吴　明)

银行本票结算　cashier's cheque settlement

付款单位通过银行签发银行本票,交付收款单位或个人办理转账或支取现金的结算方式。在中国,适用于同一城市的单位、个体工商业户和个人的商品交易、劳务供应以及其他款项的结算。付款单位向银行填写"银行本票申请书"。详细填明收款单位或个人名称。银行受理后签发银行本票。申请者持银行本票可以向填明的收款单位或个体工商业户办理结算。收款人为个人的也可以持转账的银行本票经背书向被背书的单位或个体工商业户办理结算,票面注明"现金"字样的银行本票可以向银行支取现金。　　　　　　　　　　　　　　（闻　青）

银行汇票结算　bank draft settlement

汇款人将款项交存当地银行,银行签发凭证由汇款人持往异地办理转账结算或支取现金的结算方式。适用于单位、个体工商业户和个人向异地支付各种款项。票随人到,使用灵活,持票人既可以将汇票转让给销货单位,也可以通过银行办理分次支付或转汇;兑现性较强,持票人持填明"现金"字样的汇票到兑付银行即可取现,避免长途携带现金;凭票购货,余款自动退回,做到钱货两清,防止不合理的预付货款和交易尾欠的发生;保证支付,收款人能迅速获得应收款项。　　　　　　　　　　（闻　青）

银行投资借款　bank loan for investment

建设单位向银行借入的投资性贷款。要取得此项借款,一般必须有投资规模指标,能获得较好投资经济效果和按期归还借款本息的能力,能将产权属己的物资和财产设置抵押,或由符合法定条件,具有偿还能力的第三方提供保证。在"基建投资借款"科目的"银行投资借款"二级科目核算。（闻　青）

隐蔽工程验收　examination and taking-over of work to be covered

对施工过程中一经掩蔽即不能或不便于进行质量检验的工程或部位在掩蔽前进行的检验。是工程验收的一部分。隐蔽工程或部位主要指基槽、基础、混水砌体、钢筋、防水、混凝土构件及各种暗设管道、重要预埋件等。应由单位工程技术负责人约请建设单位或监理工程师及设计单位共同进行检查、验收,并认真办好隐蔽工程验收签证手续。其验收记录是工程竣工验收、合理使用、维护、改造、扩建等的重要技术依据,应随工程一并向建设单位移交。

（张守健）

隐含成本　implicit cost

又称内含成本。不记在账面,也不涉及现金支出的成本费用。显见成本的对称,也属相关成本的一种。在分析决策中往往易被忽视的成本费用。如有乙两人都愿经营一个餐馆,共需 50 万元。甲有 50 万元的积蓄可作投资,乙须以 10% 的利率借款 50 万元作为投资,即每年要付 50000 元利息。此时甲乙二人的经营成本应是相同的。因为甲不投资餐馆将款贷出同样可以取得 10% 的利息。其差别只在于甲的情况含蓄,乙的明显而已。再假定甲为一级厨师,不经营此店,可获年薪 10000 元,乙为二级厨师,年薪 8000 元,两个的机会成本年差 2000 元,即甲经营餐馆成本比乙多 2000 元。　（刘玉书）

ying

盈亏平衡分析　break-even analysis

在一定市场和生产能力的条件下,研究拟建项目成本与收益平衡关系的方法。项目的盈利与亏损的临界点,称盈亏平衡点,该点的销售收入与生产成本相等,项目的生产刚好盈亏平衡。可用正常生产年份的产品产量或销售量、变动成本、固定成本、产品价格和销售价格等绝对值表示,也可按生产能力利用率表示。平衡点越低形成亏损的可能性越小,适应市场变化能力越强,项目承受风险的能力越大。根据生产成本及销售收入与产量(销售量)之间是否呈线性关系,又可进一步分为线性盈亏平衡分析和非线性盈亏平衡分析。　（武永祥　刘玉书）

营业利润　operating profit

营业收入减去销售税金及附加、销售成本、管理费用、销售费用和财务费用等后的余额。企业财务成果的主要组成部分。在施工企业,指承包工程、销售产品、作业、材料销售、提供劳务、多种经营等实现的收入减去销售税金及附加和销售成本、期间费用后的余额。　　　　　　　（闻　青　金一平）

营业税　business tax

对经营商品销售、建筑安装和各种服务业的单位和个人就其营业收入征收的一种流转税。属价内税。依据营业额计征,不受营业成本及盈亏的影响。中国营业税征税范围包括商业、交通运输、建筑安装、金融保险、邮电通讯、公用事业、娱乐、出版、服务和典当等行业,外加"临时经营"、"土地使用权转让及出售建筑物"和"经济权益转让"三个项目。采用行业比例税率。　　　　　　　　（周志华）

营业外收入　extraneous earnng income from outside venture

又称营业外收益。企业在一定时期内不属于生产经营的各种收入。如固定资产盘盈、处理固定资产净收益、罚金收入、收回调入职工的欠款、无法支付的应付账款等,营业外收入直接增加企业的利润。

（闻　青）

营业外支出　extraneous loss payment for outside venture

又称营业外损失。企业在一定时期内与生产经营过程无直接关系的各项支出。应按财政部门统一规定的项目列支,如固定资产盘亏、报废、毁损和出售的净损失,自办技工学校经费、职工子弟学校经费、非季节性停工损失、非常损失、转出调出职工欠款等。营业外支出直接减少企业的利润。

(闻　青)

营业预算　operation budget

对企业未来一定时期内生产经营活动所应达到的各项目标的预计。编制企业总预算的主要依据。通常根据企业经营目标、市场情况和销售预测,结合企业生产能力和财务状况而编制。主要包括销售预算、生产预算、采购预算、人工预算、销售费用预算等。通常从销售预算着手编制,因为在市场经济中,预期的销售额决定生产采购和人工等需要,也决定未来的现金流量和财务状况。编制和控制营业预算,有助于企业明确经营目标,预测、沟通和协调销、产、供各项活动,并增加盈利。

(闻　青)

营造业　construction industry

中国现代建筑业形成以前从事土木工程的行业名称。"营造"一词在我国封建社会时期常指土木工程的建设,如著名的《营造法式》就是北宋时期颁布的土木建筑规范。当时把从事建筑活动的组织称为"水木作"。1840 年鸦片战争后建筑活动逐渐从农业中分离出来,形成具有资本主义性质的专业承包单位,称为"营造业"。但它还不是现代意义的建筑业,其特点为:受社会生产力发展水平的制约,生产规模小且不稳定;建材工业基础薄弱;生产技术手段落后,以手工操作为主等。

(谭　刚)

影子工资　shadow wages

国家和社会为建设项目使用劳动力所付出的代价。项目国民经济评价参数之一。项目在建设和生产中使用劳动力,给国家带来的影响有:①为社会提供就业机会,对劳动力就业不足的国家有特别重要的意义,是一种社会效益;对劳动力紧缺的国家会引起更严重的紧缺,则成为一种社会负担。但这两种情况都难以用货币来计算其效果。②被项目占用的劳动力不能再用于其他方面,国家将被迫放弃这些劳动力的边际产出或机会成本。③项目吸收劳动力将引起转移调动费用,增加社会资源消耗。后两种情况都是可以用货币计算的。影子工资通常主要指这两部分社会费用。实践中,影子工资的取值对社会折现率,产业政策及就业情况有密切关系,中国由国家计划和建设主管部门统一规定影子工资换算系数来确定。

(张　琰　刘玉书)

影子工资换算系数　converting coefficient of shadow wages

又称影子工资率。建设项目国民经济评价中,影子工资与财务评价中名义工资之比。项目国民经济评价通用参数。国外文献中常将劳动力划分为非熟练工人、半熟练工人、熟练工人、工程技术人员和管理人员等不同类型。非熟练工人应具有较小的机会成本和较低的影子工资,熟练工人、工程技术人员及管理人员,则应具有较大和更大的机会成本及较高和更高的影子工资。因此,根据具体情况,在某些案例中,影子工资换算系数的实际取值,有的为:管理人员 1.0,工程技术人员 4.0,熟练工人 0.5;有的为半熟练工人 1.0,熟练工人 2.0。中国根据劳动力状况、结构及就业水平,规定一般建设项目的影子工资换算系数为 1,对于某些特殊项目,可根据实际情况适当降低或提高影子工资换算系数。即对于就业压力很大的地区,占用大量非熟练劳动力的项目,换算系数可小于 1;对于占用短缺的专业技术人员的项目,换算系数可大于 1。

(张　琰　刘玉书)

影子工资率　rate of shadow wages

见影子工资换算系数。

影子汇率　shadow exchange rate,SER

又称计算汇率。不同于官方外汇牌价的、反映外汇对国民经济真实价值的汇率。中国在项目国民经济评价中,用影子汇率进行外币与人民币的换算,可以正确计算外汇这一特殊资源的实际价值。它代表外汇的影子价格,在国家实行外汇管制的情况下,官方价格往往低于其影子价格,即低估了外汇的实际价值。影子汇率是重要经济参数和影响投资决策的杠杆,对项目投资决策和方案选择均有影响,应由国家统一制定和定期调整。如果外汇影子价格较高,则不利于引进技术方案和主要投入物为外贸货物的项目;而有利于国产设备和技术方案以及产出物为外贸货物的项目的实施。影子汇率应按外汇的边际效益和机会成本来测定。前者系指在一定的经济政策和经济状况下,新建项目产品出口,而使外汇增加,或新建项目产品间接出口或替代进口,减少国家外汇支出的贡献;后者系指在一定经济政策和经济状况下,新建项目使用外汇,国家放弃原有其他用途所带来的损失,或国家增加某些产品出口换取新项目所需外汇而付出的代价。如果国家政策合理,外汇的机会成本应等于边际效益。国家因外汇减少而放弃的边际效益应等于国家因外汇增加而新增的边际效益,且外汇供给的边际成本应当等于其边际效益。实践中,常因测定机会成本和边际效益相当不易,而采用近似的、简化方法,例如边际外贸货物比价法、加权平均关税率法、外贸逆差收入比率法、出口换汇成本法等等。也有参考旅游汇率、黑市汇率加以测定的。

(刘玉书)

影子价格　shadow price

又称预测价格、计算价格、最优计划价格。在社会经济处于某种最优状态下,能够真实反映产品价值、社会劳动消耗、资源稀缺程度和对最终产品需求情况的价格。它是人为确定的、比交换价格更为合理的只用于预测、计划和项目评价,而不用于交换的价格。20 世纪 30 年代末、40 年代初由荷兰数理经济学、计量经济学创始人之一詹恩·丁伯根(J.Tinbergen 1903—)和苏联数学家、经济学家、诺贝尔经济学奖金获得者康特罗维奇(Л.В.КАНТРО-ВИЧ,1912—)分别提出。在项目的国民经济评价中,运用这种价格可以真实地衡量其效益和费用,正确地指导有限资源的合理配置。　　　　(刘玉书)

影子价格体系　shadow price system

项目评价中用来真实反映项目对国民经济造成得失的整套影子价格系统。当前世界各国在项目的费用效益分析中所用影子价格体系有以国内市场价格为基础的和以国际市场价格为基础的两种。前者适用于国际贸易不甚发达的国家,用影子汇率修正国内市场与国际市场的比价,便于计算项目的净效益;后者适用于国际贸易占国民生产总值比重较大且国内运费比重不大的国家,把国内市场价格,通过换算系数调整为国际市场价格计算项目的费用和效益,既可修正国内价格与国际市场的价差,又可修正国内市场各种货物之间的不合理比价。中国采用以国内市场为基础的价格体系,以人民币元为单位计算项目的费用与效益,且国家计划部门对价格换算系数有较详细的规定,可以减少计算误差。

(刘玉书)

影子利率　shadow rate of interest

见社会折现率(244 页)。

应计折旧　accrued depreciation

房地产估价时应考虑的建筑物折旧额。即在估价基准日的建筑物市场价值与重置成本或重建成本间的差额。常用的计算方法可以下式表述:

应计折旧 = 重置成本 × 有效楼龄/经济寿命

(刘洪玉)

应用经济学　applied economics

以理论经济学为基础,具体研究国民经济各个领域和各个专业部门经济规律及其应用的经济学。主要分支有:①部门经济学;②专业经济学,如劳动经济学、投资经济学、财政学、银行学等;③地区经济学,如城市经济学、农村经济学等;④国际经济学及其分支,如国际贸易学、国际金融学等;⑤管理经济学,如企业管理学、财务管理学、市场营销学等;⑥与非经济学交叉的经济学科,如技术经济学、国土经济学、人口经济学等。　　　　(谭　刚)

硬贷款　hard loan

硬通货贷款的简称。需用硬通货偿还的国际贷款。其特点是利率较高。由于接受这种贷款的国家拥有的往往是不能自由兑换的软通货,而大部分硬通货(如美元)必须通过对外贸易获得,故偿还贷款往往比较困难,这就促使受援国使用这种贷款更为谨慎。　　　　(张　琰)

硬件系统　hardware system

计算机系统中由中央处理机和一系列外围设备组成的总体。它可以是电子的、电的、磁的、机械的、光的元件或装置,或由它们组成的计算机部件或计算机。按信息处理工艺流程的阶段,硬件系统的综合体可以分为四个组成部分:①信息的收集和记录手段;②信息的传递手段;③信息的加工手段;④信息的存储和输入手段。硬件设备的合理结构对用户能否以最少的人力、物力和财力去完成系统的功能起着决定作用。　　　　(冯镒荣)

yong

永久性工程　permanent works

为特定目的而设计建造供长期使用的建筑物和构筑物。一般包括:主体工程、辅属工程、永久性生活用房、永久性给排水系统、永久性供电系统、永久性供汽系统、永久性道路、铁路专用线、桥涵、码头等。　　　　(钱昆润)

永续盘存制　perpetual inventory system

又称账面盘存制。采用明细记录逐笔或逐日登记材料、产品等的收入发出数,以便随时反映其结存数的财产物资盘存方法。有的只记收、发、结存数量;有的还记金额。采用这种方法,可以随时掌握各种物资的收、发、结存情况,有利于加强物资的管理。但仍须定期或分批进行实物盘点,以查明各项物资的账面数是否与实有数相符。　　　　(闻　青)

用工制度　employment system

企业为了解决生产对劳动力的需要而采取的招收、录用和使用劳动者的制度。是企业劳动管理制度的主要组成部分。企业根据不同的生产特点和实际工作需要,可采用不同的用工制度,具体形式有固定工制度、合同工制度、临时工制度、季节工制度等。中国建筑企业曾长期采用单一的固定工制度,存在不少弊病,经济体制改革以来,已改为以劳动合同制为主的用工制度。　　　　(吴　明)

用户观念　concept of customer

用户是企业直接服务对象、是企业生存条件的思想。用户是市场主体的组成部分,是实现购买行为的消费者,所以,用户观念是市场观念的深化和具体化。树立用户观念:①要树立用户至上观点,把用户需求和用户利益放在第一位,想用户所想,急用户所急。②要树立先要用户,后要利润的思想、只要能赢得用户,即使暂时亏损也要为用户服务。③要为用户提供满意的产品和服务,使用户从中得到直接的经济利益。④要认真听取用户的意见,把用户的要求和意见作为改善企业经营管理的指南。

(何万钟)

you

优惠税率 preferential tax rate

对特定的纳税人或特定的经济活动采用较一般税率为低的税率征税。其适用范围,通常视实际需要而予以伸缩,且适用优惠税率的期限,也有长期和短期之分。其目的在于区别不同的情况,给予不同的纳税人或不同的经济活动以不同程度的优惠。

(刘长滨)

优惠退税 preferential tax refund

政府将纳税人已经缴纳入库的税款的一部分或全部,按照规定的程序退还给纳税人,从而使纳税人的税负得以减轻的政策。退税的形式有很多,如按规定提取的地方附加、按规定提取代征手续费等,都要通过退税来解决。但这类退税属规范性范畴。作为税式支出形式的退税,则指的是优惠退税,是政府为激励纳税人从事或扩大某种经济活动而给予的税款退还。主要包括两种:其一是出口退税,是指政府为鼓励出口,使出口产品以不含税的价格优势进入国际市场而给予纳税人的税款退还;其二是再投资退税,指政府为鼓励投资者将分得的利润用于再投资,而给予其退还再投资部分已纳税款的优惠待遇。

(刘长滨)

优良工程

施工质量达到或超过国家和部颁建筑安装工程质量检评标准中的优良等级的单位工程。中国评定工程质量的等级之一。其标准是:①所含分部工程质量全部合格,其中有 50% 及其以上优良(在建筑工程中必须含主体和装饰两个分部工程;在安装工程中必须含指定的主要分部工程);②保证项目技术资料符合检评标准的规定;③建筑工程、建筑和安装为一个单位工程的工程,检验项目质量综合评分,得分率达到 85% 及其以上。优良工程须由施工企业申报,由建设主管部门组织评定。 (徐友全)

优先股 preferred stock

股份有限公司发行的,持股人享有某种优先权利的股份。普通股的对称。优先权利主要有:在公司分配收益时,先于普股股东分得股利;在公司解散清理时,先于普通股股东得到资本清偿。但优先股股东一般在股东大会上没有表决权,也不参与公司的经营管理活动。根据派付股利情况可分为:①累积优先股,指在公司所获利润不足以发付优先股股

利时,不足之数可累积到次年或以后年度分派普通股股利前先予补付的一种优先股;②非累积优先股,指在公司所获利润不足以发付优先股股利时,不足之数以后不予补付的一种优先股;③参加优先股,指除按规定优先分得本年的定额股利外,还可与普通股一样分享本年的剩余利润的一种优先股;④非参加优先股,指仅限于分得本年的定额股利,不再参与剩余利润分配的一种优先股。发行优先股的目的在于给持股人某些优惠条件,更有利于筹集公司所需资金。

(俞文青)

有偿投资 pay-back investment

用于生产性(营利性)建设项目并要求按一定方式偿还的基本建设投资。以国家预算拨款方式兴建的生产性(营利性)建设项目的投资,可以在建设项目建成投产后,以上交国家的税金、利润、固定资产使用费和基本折旧基金等偿还,但不承担利息,是有偿而无息的投资。由贷款方式进行的建设项目投资,除建设项目投产后以税金、利润等形式偿还投资外,还要承担贷款利息,是有偿计息的投资。

(何 征)

有计划商品经济 planed-commodity economy

在社会主义生产资料公有制基础上,自觉依据和运用价值规律,有计划地进行商品生产和交换的经济体制。是计划与市场内在统一的体制,其运行机制是"国家调节市场,市场引导企业。"曾被确定为中国经济体制改革的目标模式。随着改革的深入和人们认识的发展,这一模式已为社会主义市场经济所取代。

(张 琰)

有价格弹性需求 price-elastic demand

又称有弹性的需求。指需求的价格弹性的绝对值超过 1 的情况。它表明:需求量变化的百分比大于价格变化的百分比。另外,有弹性的需求蕴含着如下的关系:当价格下降时,由于需求量增加得很大,以至于总收益(价格×数量)上升。

(刘长滨)

有价证券 securities

用以确立、代表或证明对财产的某项或多项权利的金融方面的法律凭证。主要指股票和债券,也包括汇票、提货单、仓库存货单等。主要特征是:证券上记载的就是权利人或执票人的财产权的内容;证券券面所表示的权利和证券不可分离;权利的行使或转移以提交证券为条件。券面载明权利享有人姓名的称记名有价证券,否则称不记名有价证券。

(俞文青)

有无对比法

又称有无对比分析。以有项目与无项目的差额分析来进行方案比选的方法。常用于对改扩建项目

进行评价。进行改扩建称有项目,不改扩建称无项目。有无对比分析的具体作法是先分别计算改扩建(有项目)和不改扩建(无项目)的效益和费用,然后计算相同时间内效益和费用的差额,形成新的差额分析方案,然后按差额投资方案比较法进行方案的比选,并据以评价备选的改扩建方案的优劣。

(何万钟)

有限责任公司 limited liability company

简称有限公司。股东以其出资额为限对公司承担责任,公司以其全部资产对公司债务承担责任的企业法人。《中华人民共和国公司法》规定,由 2 个以上 50 个以下股东共同出资设立,以全体股东实缴的出资额为公司的注册资本,且必须达到法定资本最低限额。有限公司的资本不表现为等额股份,不发行股票,只向股东签发出资证明。股东按出资比例分取红利,在股东会会议上按出资比例行使表决权。因其设立程序比较简单,内部组织机构设置灵活,筹资规模和范围较小,但股权转移限制较多,故不适于大规模的经营活动。 (张 琰)

有效利率 effective interest rate

计息期内的真实利率。在实践中,计息周期不仅可以为一年,也可以是半年、季或月等。在相同的年利率的条件下,由于计息的周期不同,其利息也不同,因而产生名义利率和有效利率之分。可以如下公式由名义利率 r 计算有效利率 i。

$$i = \left(1 + \frac{r}{n}\right)^n - 1$$

n 为每年计息次数。当 $n = 1$ 时,即一年中仅计息 1 次,则 $i = r$,即名义利率等于有效利率。

(余 平)

有效楼龄 effective age of building

基于建筑物的设计形式、所处位置和当前市场竞争中的地位,结合其物理现状和使用现状估计的楼龄。可能长于或短于实际楼龄。 (刘洪玉)

有效毛收入 effective gross income

一宗物业经过空置和赊账损失调整后的预期经营收入。计算时依所用的租金水平不同,可分为实际的、市场的或经济的有效毛收入。 (刘洪玉)

有效施工工期 effective construction period

以有效施工天数表示的施工工期。即工程对象自开工之日起,至竣工之日止的全部日历天数,扣除例假节日天数及因地区自然条件不同而确定不能施工的天数。 (何万钟)

有效租金 effective rent

考虑租金折扣因素后的租金。例如,租赁合约规定,某项物业年租金 10000 元,租期 5 年;但第一年免收租金,则该租赁合约安排的有效租金为:

$$(10000 \times 4)/5 = 8000 \text{ 元/年}$$

(刘洪玉)

有形建筑市场 tangible construction market

中国地级以上城市及国务院某些专业主管部设置的有固定地址和相应设施的建设工程承发包交易场所。正式名称为"建设工程承发包交易中心",因它改变了工程承发包交易"有市无场"的老传统,故通称"有形建筑市场"。其性质是不以盈利为目的的服务性机构。功能是服务,即为买卖双方和中介方提供使他们满意的能够进行公开、公平、公正交易的方便条件。主要体现在三方面:一是为进场交易各方提供方便的条件,包括发布信息,使入市者及时准确地掌握市场供求动态;提供交易场所和设施,如发放招标文件、开标、评标、谈判和签订合同的房间,以及办公和通讯设施等。二是帮助入市交易各方熟悉和遵守市场规则,包括提供和指导正确运用招标文件与合同文本以及评标方法等。避免发生失误和违规行为,以保证交易能够顺利有效地进行。三是为政府主管部门服务,包括及时传达政府发布的有关建筑市场的政策法令和规章制度,报告市场动态,反映各有关方面的意见和建议,起到政府主管部门与建设单位、承包商及中介机构之间的桥梁作用;还应为政府主管部门派驻市场的工作人员提供必要的工作条件。自 90 年代中逐步推行以来,有形建筑市场在规范建筑市场行为,完善市场秩序方面,发挥了重要的积极作用。按现行规定,除允许不须招标的建设项目外,所有施工项目的承发包交易,都必须进入有形建筑市场,通过招标投标方式完成。在某些城市,有形建筑市场的交易范围,已进一步扩大到设备采购和工程监理的招标投标。

(张 琰)

有形损耗 tangible loss

机械设备由于使用或自然力的作用而造成的损耗。具体分为使用损耗和自然损耗。 (陈 键)

有形效果 tangible effect

可以用计量单位直接计量或经过转换可以间接计量的经济活动成果。无形效果的对称。项目评价的重要因素,包括项目的直接效益和直接费用以及可计量的间接效益和间接费用。 (张 琰)

有约束方案 restrained program

具有资源(包括资金、劳动力、材料、设备及其他资源)许可量有限条件下的可供选择的项目或方案。在资源有限条件下,独立方案会变为互斥方案。资源有限是中国以至当今世界的基本现实,所以,有约束方案是项目(方案)的基本类型。 (何万钟)

yu

余额递减折旧法 depreciation – reducing balance method

按固定资产净值乘以折旧率计提折旧的方法。随着折旧的逐年计提,固定资产净值逐年减少,每年所提的折旧额也逐年下降。因而可在固定资产投入使用的前期较多地收回投资。其折旧率计算公式为:

$$年折旧率 = 1 - \sqrt[使用年限]{\frac{固定资产估计残值}{固定资产原价}}$$

主张采用这种折旧方法的理由是:固定资产在使用过程中,一方面效率或收益能力要逐年下降;另一方面修理费用要逐年增加,因此,固定资产早期所提的折旧额应大于后期所提的折旧额。　　(闻　青)

余值估价法 residual technique

当已知房地产价值的某一组成因素时,通过对未知因素的计算求得该房地产总体价值的估价方法。一般可以被估房地产的年净经营收入中扣除已知因素对总体收入的贡献,得到未知因素对总体收入的贡献,并进而求得未知因素的价值和总体价值。按未知因素的具体情况,余值估价法常分为土地余值法、建筑物余值法、股权余值法和抵押余值法等。
　　(刘洪玉)

预备项目 preparatory project

又称后备项目。完成前期工作,已具备建设条件,但未列入年度计划进行建设,仅处于计划后备状态的建设项目。保持一定数量的预备项目,可使年度建设计划安排有较大的选择范围,有利于在国力条件许可时能有可靠的项目及时投入建设。
　　(张　琰　何秀杰)

预测 forecasting

对事物的未来行为与状态作出的推测与判断。目的在于为决策提供必需的未来信息。自古以来即作为人类社会实践的内容而存在;成书于2000多年前的《中庸》中已有"凡事,预则立,不预则废"的论断,至今仍有其现实意义。在长时期内经历了神话、宗教、哲学的发展阶段,随着科学技术进步、生产力发展和社会进化,到20世纪40年代开始成为科学,60年代进入应用研究阶段。作为人们认识社会的一种方法,现代预测科学的基本特点是,以科学的观察和经验应用为基础,对有关信息进行科学分析和建立数学模型,从而对未来作出以量的判断为主的预报。在实践中,按预测所涉及的领域分,有社会预测、科学预测、技术预测、经济预测、环境预测、军事预测等;按预测覆盖的时间(预测期限),可分为短期预测、中期预测和长期预测。在建筑业的经营管理中,中短期(1～10年)的技术预测和市场预测较为重要。预测的方法很多,但按其进行预测的依据不同,可分为定性预测和定量预测两大类。
　　(张　琰)

预防维修 preventive maintenance

在日常检查、定期检查基础上,对可能导致停机故障和加速磨损的部位,或磨损尚在轻微状态时,就有计划地加以调整和修理的维修方式。它可以缩短机械设备停修时间,保证机械设备使用的正常状态。适于对施工生产影响大的重要设备或一般设备重点部位的维修。
　　(陈　键)

预付款 advance payment

工程建设或其他经济往来中,买方预付给卖方的款项。在工程承包中,业主预付给承包商的款项通常作为开办费和备料资金。进出口贸易中也有预付款作为定金,以取信于对方。国际上一般须由收款单位委托银行开具预付款保函,以保证该预付款不被挪作他用。如收款方出现违犯合同承诺条款的行为,付款人可向担保的银行要求收回预付款。
　　(严玉星)

预计分析 anticipated analysis

通过当前生产情况、今后发展趋势及可能出现的有利因素和不利因素的调查研究,对报告期末能否按时完成计划及可能完成的程度作出预计的统计分析。由于各单位具体情况不同,预计分析的要求也不尽一致。可以预计期末可能完成的产品产量和完成计划的程度,或预计完成全部计划产量尚需天数等。一般在每月中旬末预计全月计划完成情况;每季第二个月末预计全季计划完成情况;每年第三季度末预计全年计划完成情况。便于企业及时了解生产情况和总结工作经验,为制定或修正生产计划、进行决策提供依据;也是调动职工劳动积极性的有效方法。
　　(俞壮林)

预决算审计 auditing of budget and settlement

国家审计机关对政府及其所属部门或其他行政事业单位的预算及其执行结果所进行的审计。目的是审查预算收支的合法性和执行结果以及预算项目的效益性。
　　(闻　青)

预可行性研究 preliminary feasibility study

见初步可行性研究(33页)。

预收备料款 pre-collection for reserve material

工程承包单位按合同规定,在工程开工前向发包单位预收,用于储备主要材料所需的货币资金。在中国,建筑工程一般不应超过当年承包工作量的30%,大量采用预制构件或工期在6个月以内的,可适当增加;安装工程一般不得超过当年承包工作量的 10%,材料用量较大的可适当增加;发包单位供应部分材料时,应按比例扣减;跨年度施工的工程,可不扣或少扣,于次年进行调整。工程后期,随着所需材料和构、配件储备的减少,预收备料款以抵充工程价款的形式陆续扣还,到完工时全部扣清。

(闻 青)

预收工程款 pre-collection for construction

工程价款采用期中预支、按月结算或分项结算办法时,施工企业向发包单位预先收取的工程进度款。为了简化手续,实行按月结算办法,即一般按月计划工作量的三分之一作为一旬的预收工程款,或按月计划工作量的二分之一作为上半月预收工程款。月终结算工程价款时从当月应收工程款中扣回。实行分次结算办法时,一般按合同规定的期限和方法预收工程款。这种方法可以简化手续,减少结算工作量。   (闻 青 金一平)

预收合同款 contract money received in advance

企业按照合同规定,向发包单位预收的各种款项。属流动负债。如承包工程、劳务合作、技术服务等业务发生的预收款,包括工程款和备料款,以及按购销合同规定预收购货单位的购货款等。在施工、房地产开发企业会计中,预收合同款在"预收账款"科目进行核算。应按不同业务类别设置明细科目,再按承包合同发包单位户名设置明细账进行明细核算。   (金一平 闻 青)

预售 pre-sale

房地产开发项目尚未达到使用条件即进行销售的活动。其目的,一是可筹措部分建设资金,以减轻贷款的压力;二是可分散开发过程中的部分风险。开发项目必须达到政府规定的预售条件,开发商取得商品房预售许可证,才能开展预售活动。

(刘洪玉)

预算单价 unit price for estimating

完成单位工程量所需社会必要劳动消耗量的货币表现。据预算定额人工、材料、机械台班数量和相应的工资标准、材料预算价格及机械台班费用确定。是工程直接费的计算基础和确定工程预算造价的重要依据。   (张守健)

预算年度 budget year

又称财政年度。国家预算收支起讫的有效期限。通常为一年。采用历年制,即自公历 1 月 1 日起至 12 月 31 日止。有些国家采用跨历年制。如从当年 4 月 1 日至翌年 3 月 31 日止。或从当年 7 月 1 日至翌年 6 月 30 日止等。   (闻 青)

预算文件

见建设工程概预算(140 页)。

预提费用 cost to be drawn in advance

按规定从工程、产品成本中预先提取,但尚未发生或支付的费用。如预提流动资金借款利息,预提租入固定资产修理费用,预提收尾工程费用等。使用预提费用是为了正确计算各期的工程、产品成本。预提各项费用应严格遵守财务制度的有关规定,不能自行扩大预提范围。

(闻 青 金一平)

预知维修

运用监测技术对机械设备的运行状态进行监测,预报故障,进行准确的有计划的维修的维修方式。减少和消除意外故障的发生。

(陈 键)

yuan

原材料 raw and processed materials

原料和材料的合称。通过人们劳动得之于自然并需用于继续加工的劳动对象称为原料,如采掘工业开采的冶炼金属的矿石。经过进一步加工的原料称为材料,如进行工程建设使用的钢材、木材、水泥等。   (陈 键)

原始记录 primary records

根据统计核算、会计核算和业务核算的需要,通过一定的表格形式,对企业各项生产经营活动所作的最初记载。具有涉及面广、内容具体、登记经常和群众性强的特点。有同时记录生产经营活动几个方面情况的综合性记录和只登记某一方面情况的专用性记录。是反映基层单位生产经营活动的第一手资料和定期取得统计数据的来源,也是统计的一项基础工作。   (俞壮林)

原始凭证 original document

最初记载和证明经济业务的发生,明确经济责任,作为记账原始依据的会计凭证。内容主要有:凭证名称,填制日期,业务摘要,数量和金额,有关单位及人员的签章等。办理现金收付、款项结算和财产物资收发等业务时,都必须按规定取得或填制原始凭证。   (闻 青)

yue

月利率 monthly interest rate

以一个月为计息期的利率。即在一个月内,所得或所付的利息额与本金之比值。例如本金 10000 元,月利率 6‰,则一个月的利息为 60 元。

(雷运清)

yun

运筹学 operations research, OR

运用数量分析的方法,对经营管理系统中的人、财、物等有限资源进行统筹安排,以取得最大效果的优化技术。运筹学作为学科名称于 1938 年首见于英国。直译为"作业研究"。中国科学工作者从《史记》名句"夫运筹于帷幄之中,决胜于千里之外"中摘取"运筹"二字作为 OR 的意译,确切地表达了其"运算筹划,出谋献策,用智取胜"的内涵。OR 的基本特征是:①以寻求系统整体优化为目标;②运用定量化、模型化的方法,把一个已确定研究范围的实际问题描述为数学模型是不可缺少的步骤;③多种学科的交叉和综合应用;④最优解的相对性,运筹分析人员还需与领导者有机结合,辅助领导者科学决策。运筹学是在第二次世界大战期间诞生的,当时主要是研究为战争服务的一些问题。战后重点转向经济管理方面,它的成功应用促使其在理论和方法上都取得了巨大发展。电子计算机的问世使运筹学的理论及应用又提高到一个新水平。目前它可以解决经济或非经济领域的许多大而复杂的问题,并已发展成为包括数学规划、网络分析、对策论、排队论、存贮论等众多分支的新兴学科。 (李书波)

运费在内价格 cost and freight

货物成本加运费价格。外贸术语。买方所支付的价格中包括货物出售时的价值和运费,不包括保险费,由买方自行投保和支付保险费。买卖双方的责任与风险基本同于到岸价格。 (蔡德坚)

运输保险 transport insurance

对运输过程中的投保物,因自然灾害或意外事故而遭受损失时负赔偿责任的一种保险业务。按运输保险的范围可划分为国际运输保险和国内运输保险。按运输方式可分为海上保险、陆上保险和航空运输保险。

(陈 键)

运输索赔 claim damages in transportation

托运人或收货人因货物在运输过程中发生损坏、差错、短缺等事故造成经济损失而向承运人提出赔偿要求的行为。接到索赔要求的承运部门需及时会同收(发)货人编制货运记录,详细核实记载货物损坏程度和短缺数量,作为理赔的依据。

(陈 键)

Z

za

杂凑文件 hash file

又称 hash 文件、散列文件、直接存取文件、混编文件。利用标识记录的关键字与记录地址之间存在的直接关系实现记录存取的文件。它的突出优点:一是,只用一次搜索便可找到所需记录;二是,插入及删除操作十分方便。在计算寻址结构方法中,记录的关键字经过某种计算处理,转换成相应的地址。这种计算式方法就是通常所说的杂凑。杂凑算法的基本思想是根据关键字来计算相应记录的地址。常用的杂凑算法有:①截段法:截取关键字的某一指定部分作为地址;②特征位抽取:抽取关键字数码串某些位并将其联起来作为地址;③除余法:把标识符除以某一数而取其余数作为地址;④折叠法:把关键字数码串分段,然后叠加起来作为地址;⑤平方取中法:把关键字平方然后取其结果的中间部分作为地址。 (冯镭荣)

zai

在产品成本 cost of product in process

期末在产品应负担的生产费用数额。在既有产成品,又有在产品的条件下,是期初在产品成本和本期生产费用在本期产成品和在产品之间划分的结果,用以确定本期产成品成本。实际计算时,首先要确定期末在产品数量。将本月产成品成本,从月初在产品成本和本月生产费用中划分出来。在产品成本计算的正确与否,直接影响企业产成品成本和利润计算的正确性,必须严格确定在产品数量认真计算其成本。 (闻 青)

在产品成本系数 cost coefficient of work in process

见在产品资金。

在产品资金 work in process funds

企业在生产加工过程中已投入材料、人工但尚未完工,有待继续加工的未完成产品所占用的资金。为保证生产不间断进行,必须占用一定数量的在产品流动资金。规定用于在产品资金占用量的标准称在产品资金定额。其大小取决于生产过程中在产品数量和平均成本。在一定生产规模下,在产品数量是生产周期和产品平均日产量的乘积。在产品平均成本是产品全部成本与在产品成本系数的乘积。在产品成本系数是在产品平均成本占产品全部成本的比率。产品在生产过程中发生的生产费用,不是一次投入的,而是在生产过程中逐渐发生的。故在产品成本系数的大小,取决于生产过程中产品生产费用的递增情况。一般分原材料在生产开始时一次投入,工资及其他费用在生产过程中比较均衡发生的产品和生产费用在生产过程中发生不规则的产品两种情况计算。上述计算公式为:

$$\frac{在\ 产\ 品}{资金定额}=\frac{计划期产品产量}{计划期天数}\times\frac{生产}{周期}\times\frac{在\ 产\ 品}{平均成本}$$

$$\frac{在\ 产\ 品}{平均成本}=\frac{产品全}{部成本}\times\frac{在\ 产\ 品}{成本系数}$$

$$\frac{在\ 产\ 品}{成本系数}=\frac{单位产品成本中的材料费+\dfrac{单位产品成本中其他费用}{2}}{单位产品成本}\times100\%$$

$$\frac{在\ 产\ 品}{成本系数}=\frac{单位产品在生产周期中累计发生的生产费用额合计\div生产周期}{单位产品成本}$$

(俞文青)

在建工程资金占用率　rate of funds usage by project under construction

又称未完工程资金占用率。反映期末在建工程累计完成投资额和本期基本建设投资完成额之间对比关系的指标。从资金占用角度反映投资效果的指标。计算公式为:

$$在建工程资金占用率=\frac{期\ 末\ 在\ 建\ 工\ 程累计完成投资额}{本期基本建设投资完成额}\times100\%$$

式中在建工程是指没有建成投产或交付使用的工程,它占用投资但尚未形成生产能力和工程效益,不能为社会提供有用效果。一般地讲,建设单位在为下年度保持一定数量的在建工程条件下,在建工程资金占用率越小,说明建设速度越快,占用资金越少,投资效果越好。　　　　　　　　(闻　青)

在建项目　project under construction

已开工尚未建成投产的建设项目。全部在建项目的投资总额之和,称为在建项目总规模。在建项目的数量和规模,反映报告期建设资金占用情况,是国家或地区控制建设规模的重要指标之一。

(何秀杰)

在建项目投资总额　aggregate investment of project under construction

在一定年份内所有处于建设过程中的固定资产投资项目,全部建成所需要的投资总额。包括在该年份之前已经形成工作量的投资总额和尚未完成的投资总额。该总额一般按每个投资项目的概算汇总而成,称为计划投资总额。实际上由于物价变动、设计变更以及经营管理等原因,实际投资总额一般难免与计划投资总额有一定差额。　　　(何　征)

《在中国境内承包工程的外国企业资质管理暂行办法》　Interim Administrative Regulations for the Qualification of Foreign Enterprise Contracting Project in China

1994年3月22日建设部发布,目的在于适应对外开放的需要,加强对在中国境内承包工程的外国企业的资质管理,维护建筑市场秩序而制定的有关规定。该办法所称外国企业,是指经中华人民共和国建设部或由建设部授权的地方人民政府建设行政主管部门(审查机关)对其资质进行审查、颁发《外国企业承包工程资质证》,并在中国境内从事承包工程活动的外国公司和其他经济组织。该办法共19条,主要规定有:①办理《外国企业承包工程资质证》(简称《资质证》)的行政主管部门;②申请《资质证》的外国企业应提交的文件和资料;③审批机关核发《资质证》的时限;④取得《资质证》的外国企业需办理的注册登记手续;⑤《资质证》的有效期。该办法自1994年7月1日起施行。　　　　(高贵恒)

ZAO

造价工程师　cost engineer

经全国造价工程师执业资格统一考试合格,并取得《造价工程师注册证》,从事建设工程造价工作的专业人员。其执业范围包括:(1)建设项目投资估算的编制、审核及项目经济评价;(2)工程概算、预算、结算、竣工决算、招标标底价、投标报价的编制、审核;(3)工程变更及合同价款的调整和索赔金额的计算;(4)项目建设各阶段的工程造价控制;(5)工程经济纠纷的鉴定;(6)工程造价计价依据的编制、审核;(7)与工程造价业务有关的其他事项。造价工程师执业资格制度属于国家统一规定的专业技术人员执业资格范围,建立于1996年8月。凡从事工程建设活动的建设、设计、施工、造价咨询、造价管理等单位,必须在计价、评估、审核、控制及管理等岗位,配备有执业资格的造价工程师。造价工程师执业资格考试每年举行一次,实行全国统一大纲、统一命题、统一组织的办法。考试合格者由国家人事部与建设部共同颁发《造价工程师执业资格证书》。该证书在全国范围有效。持证人在取得证书后三个月内,由聘用单位向省、部级注册机构申请初始注册,取得《造价工程师注册证》,方可上岗执业。造价工程师享有下列权利:(1)使用造价工程师名称;(2)依法独立执行业务;(3)签署工程造价文件,加盖执业专用印章;(4)申请设立工程造价咨询单位;(5)对违反国家法律、法规的不正当计价行为,有权向有关部门举报。应履行下列义务:(1)遵守法律、法规,恪守职业道德;(2)接受继续教育,提高业务技术水平;(3)在执业中保守技术和经济秘密;(4)不得允许他人以本人名义执业;(5)按照有关规定提供工程造价资料。

（丛培经）

ze

责任成本　responsibility cost

由成本中心(责任者)控制和核算的成本。与工程成本、产品成本不同,它并非以工程对象或产品为客体,而是以承担责任的范围来划分,责任者对其直接负责的成本叫可控成本,具有控制权。在事前,责任者能预测它的耗费和发生;在事中,能调节其发生的偏差;事后能据此进行核算和考核。实行责任成本管理制度,有利于强化成本管理的责任和权利,有利于降低成本和提高经济效益。　（周志华）

zeng

增量分析　incremental analysis

考察经济活动中某一自变量的变化对相关因素影响程度的微观分析方法。属于边际分析。例如,为增加一个单位的产品产量而要求增加的资金数量;或增加一个单位的产品产量(或产值)对增加利润的影响。　（武永祥　张琰）

增长速度方程　equation of growth speed

描述投入、产出增长速度和技术进步速度之间变化关系的数学模型。对于任意中性技术进步的生产函数,通过两边求导变换,可以得到:

$$y = a + \alpha K + \beta L$$

y 为产出增长速度(%);K、L 分别为资金和劳动增长速度(%);a 为技术进步速度(%);α、β 分别为资金产出弹性和劳动产出弹性。它说明产出量的增长,主要是由资金和劳动投入量的增长及技术进步带来,若已知 y、K、L 便可将技术进步速度作为"余值"计算出来。　（曹吉鸣）

增长因素分析法　analytical method of growth factor

利用历史资料,分解经济增长影响因素的统计分析法。美国学者丹尼森于 20 世纪 60 年代提出,他利用历史统计资料对美国经济增长的因素进行分解,测算了各种因素对国民收入的贡献,并确定其相对重要性。这些因素主要有两个:一是总投入,包括劳动、资本和土地三个生产要素;二是单位投入。对经济增长影响主要效果是资源配置的改善,规模经济和技术进步因素的贡献。此法不仅扩大了投入量的种类,包含了生产要素中的各种质的因素,而且缩小了不可知因素,为分析经济增长影响因素提供了一条新的思路。　（曹吉鸣）

增值　appreciation

房地产在一定时期内发生的价值增长或转售价格的增加。其原因为经济形势或市场条件的变化,如需求增长或通货膨胀等。　（刘洪玉）

增值评价法　evaluation method of increased value

以建设项目对国民收入增长的贡献来评价项目的方法。国民收入是一种可供现在消费,也可储存起来供将来消费的资源,是提高人均收入水平,改善人民生活、教育和健康的重要条件。它使用市场价格和折现率,不用影子价格来计算项目的投入和产出的价值,不研究环境和收入分配等非经济方面的影响,也不用多指标反映项目和福利的众多目标来考察项目对国民收入的贡献,而只进行纯经济计算,经过绝对效率和相对效率检验,最后决定项目的取舍。该法是联合国工发组织和阿拉伯国家工业发展中心共同研究的成果,发表于 1980 年。是以试图缩小项目分析中理论与实际的差距为目的而提出的对发展中国家收益分析的一种统一的、简单的、易于理解的逐步计算方法。绝对效率检验是对项目的初步审查,目的是审查项目是否合于标准,以便从若干个备选方案中,筛选出社会剩余大于或等于零的项目。相对效率检验是在绝对检验的基础上,根据不同准则,将他们排队进行合理选择:当项目之间不需考虑特别生产因素的不同效果时,则项目排队可以通过绝对效率检验,增值或社会剩余越大,项目越是可取;如果为了合理利用资源,则按使用某种资源项目贡献的大小进行排队,在取得相同增值的情况下,项目使用稀缺资源最少或稀缺资源产生的成果最大者为优;当外汇短缺时,应取外汇增值效率最大的项目;若熟练工人或专家短缺时,则按熟练或技术劳动力的增值效率最大的项目实施。　（刘玉书）

增值税　value-added tax

以商品生产、流通和劳务增值额为对象而征收的流转税。增值额指生产者在生产经营过程中所创造的价值,即企业生产的应税产品销售收入额扣除法定的外购商品进价后的余额。增值税税率按不同货物分别为 17%、13% 和 0。应纳税款额等于当期销售税额减去当期进项税额。具体依据《中华人民共和国增值税暂行条例》执行。征收增值税能保证国家及时、均衡、稳定地取得财政收入，并消除重复课税，有利于生产经营的社会化和协作化发展。

（何秀杰）

zhai

债券　bond

借款者向资金出借者出具的在一定时期内支付利息和到期还本的借款书面凭证。通常要表明债券发行者的名称、债券面额、利率、期限、担保情况等。发行者可以是政府、金融机构或公司。债券一般可依法在市场上公开买卖。债券持有人可优先于股票持有人取得资产索赔权，故其风险低于股票。

（张　琰）

债券投资　bond investment

企业以认购各种债券的形式进行的投资。它具有风险小，能取得一定的利息，容易变现，保持资金流动性，能在证券交易所随时出售贴现的特点。在中国债券投资的种类主要有国库券、各种公债、公司债券、住房债券等。在企业会计中，对所购债券一般在"债券投资"科目进行核算。（金一平　闻　青）

债务　debt

个人或企业偿付其他人或企业款项的义务。按偿还期限可分为长期债务、中期债务和短期债务。期限为 10 年或更长期的债务，属长期债务，多为国际信贷、发行长期债券或吸收国外直接投资等形式的债务。期限为 1 年以上 10 年以内的债务属中期债务，最常见的期限是 3～5 年。期限短于 1 年的债务属短期债务，其形式多为暂时周转用的贷款、1 年内到期的证券、商品交易中的短期资金融通等。

（严玉星）

zhan

战略观念　concept of strategy

树立企业经营必须服从企业的全局利益和面向未来发展的思想。是居于其他经营观念之上的、具有统帅地位的总体经营观念。树立战略观念：①要求局部利益服从全局利益；当前利益服从长远利益。②战略又是为了应付未来挑战的。企业要针对市场的未来、技术的未来、人员的未来，增强预见未来和适应、驾驭未来的能力。企业经营的成功之道，就在于经营者能胸怀全局，面向未来，高瞻远瞩，对外实行战略经营，对内实行战略管理。　（何万钟）

战略决策　strategic decision

事关企业生存和发展的带全局性、长期性的大政方针的决策。如企业经营目标、经营方针、经营战略的决策、企业技术更新改造、企业各种经营方案决策及组织机构调整等。战略决策由企业领导人或经营层来进行。　（何万钟）

战术决策　tactical decision

又称管理决策。实现经营战略过程中有关局部性、战术性问题的决策。如单位工程施工计划制定，更新设备的选择等。战术决策一般由企业管理层来进行。　（何万钟）

zhang

账面汇率　book exchange rate

企业支付、偿还记账本位币以外的外币存款、外币借款和以外币结算的往来款项时，折合为记账本位币所采用的汇率。根据账面数额采用先进先出、加权平均、移动加权平均等方法计算确定。先进先出法是假定先入账的外币款项和其相应的汇率先出账，按记账的时间顺序，依次确定账面汇率。加权平均法是在月末用本月增加的全部外币及其折合的记账本位币金额，连同月初结存的外币及其折合的记账本位币金额合并，重新算出月末平均账面汇率。采用这种方法，本月的减少数都用同一账面汇率计算，比较简便，但要等到月份终了才能算出全月的加权平均汇率，及时性较差。计算公式为：

$$加权平均汇率 = \frac{月初外币余额折合记账本位币金额 + 本月增加的全部外币折合的记账本位币金额}{月初外币余额 + 本月增加的全部外币金额}$$

移动加权平均法是在每次外币业务增加时，用原有的外币及其折合的记账本位币金额，同增加的外币及其折合的记账本位币金额合计，算出新的平均账面汇率。采用这种方法，可以随时算出账面汇率，但工作量较大。计算公式为：

$$\frac{移动加权}{平均汇率} = \frac{原有外币余额折合的记账本位币金额 + 新增外币折合的记账本位币金额}{原有外币余额 + 新增外币余额}$$

采用哪种方法确定账面汇率，一经确定，不能任意改变。　（闻　青）

账面价值　book value

业主会计记录上的某宗房地产的资本数额。通常以原始成本扣除累计折旧后的净值表示。

（刘洪玉）

账面盘存制　book inventory system

见永续盘存制(321 页)。

账面折旧 book depreciation

从账面上扣减的投资者资本回收数量。在房地产业会计中,反映建筑物在使用过程中损耗的价值。通常不考虑市场因素的影响,由会计师基于账面价值或初始建造成本按政府有关法律规定计算折旧额。　　　　　　　　　　　　　　　(刘洪玉)

账外财产 assets out of account

经济组织依法拥有但未登账,因而未列入资产负债表的财产。通常是由于管理不善等原因造成。发现后,应及时办理入账手续,并查明原因,制订改善财产管理的措施。实际工作中已在账面上列销但仍有一定价值的物品,如一次列销报耗的低值易耗品,其性质也属账外财产。　　　　　(闻　青)

zhao

招标文件 bidding documents

招标单位发布的对工程项目招标条件与要求的文书。也是投标单位编制标书的主要依据。一般由商务和技术两大部分组成。商务部分包括投标须知、合同格式和合同条款;技术部分包括技术规格、设计图纸、工程量清单和单价表等。可由建设单位自行准备,也可委托咨询机构代办。　　(钱昆润)

招标组织机构 bidding organisation

建设单位为进行招标而设置的专门工作机构。其职能一是决策,二是处理招标事务工作。一般由以下三种人组成:①决策人,建设单位负责人或其授权的代表;②专业技术人员,包括建筑师、结构、设备、工艺及估算等专业工程师;③助理人员。主要工作有:确定工程项目的发包范围、承包方式和内容,制订招标文件,审查投标单位资格,组织勘察现场,解答问题,确定标底,组织开标、评标、决标,并签订合同。　　　　　　　　　　　　　(钱昆润)

zhe

折旧 depreciation

固定资产折旧的简称。固定资产在使用过程中,因逐渐损耗而转移到工程产品成本中去的价值。计算方法主要有使用年限折旧法、台班(时)折旧法、行驶里程折旧法、金额递减折旧法、年限合计折旧法等。中国现行施工企业会计制度规定:一般应根据核定的月折旧率和月初在用固定资产账面原价,按月计算。采用"个别折旧率"或"分类折旧率"的企业,已经提足折旧但还在使用的固定资产,不再提取;提前报废而尚未提足折旧的固定资产,应补提足

额。未使用的土地和连续停工一个月以上的企业在停工期内未使用的固定资产,不计提折旧。季节性停用、大修理停用的固定资产,照提折旧。房屋及构筑物不论使用与否,也应照提折旧。由于企业管理不善等原因造成的提前报废固定资产,其未提足的折旧,不得补提。　　　　　　　　(闻　青)

折旧额 amount of depreciation of fixed assets

固定资产折旧额的简称。固定资产在一定使用时间内应计提的折旧数额,反映固定资产损耗的价值。在日常核算中,按固定资产原价乘以核定的折旧率计算求得。　　　　　　　　　　(闻　青)

折旧基金 depreciation fund

基本折旧基金的简称。计划经济体制下,企业根据固定资产原价和国家规定的固定资产折旧率,按期提取,计入成本费用,用于固定资产重置的货币准备。属补偿性质的基金。由于补偿间隔时间长,且又系从多项固定资产提取,逐项用于固定资产更新,因此,在积累过程中闲置部分可适当用于购建新的、效能更高的固定资产,在原价总量保持不变条件下,起到扩大再生产的作用。1967 年前,中国国营企业折旧基金全部上缴国家,统一安排使用。1967年起,留归企业和主管部门,抵作固定资产更新改造基金。其中,1968 年到 1979 年规定国营建筑安装企业提取的折旧基金 50% 应上缴。1980 年起再度规定留归企业和主管部门。1993 年 7 月 1 日会计制度改革后,企业计提折旧在"累计折旧"科目进行核算,取消了折旧基金。　　　　　(周志华)

折旧率 depreciation rate

固定资产折旧率的简称。固定资产年(月)应计折旧额对其原价的百分比。用年折旧额计算的,称年折旧率;用月折旧额计算的,称月折旧率。计算公式为:

$$年折旧率 = \frac{年折旧额}{固定资产原价} \times 100\%$$

或

$$年折旧率 = \frac{固定资\ 产原价 + 预计清\ 理费用 - 预计残值}{预计使\ 用年限 \times 固定资\ 产原价} \times 100\%$$

$$月折旧率 = \frac{年折旧率}{12}$$

　　　　　　　　　　　　　(闻　青)

折现 discount

又称贴现。将未来资金值按一定折现率换算为现值的过程。　　　　　　　　(雷运清)

折现率 discount rate

资金时间价值计算中,将未来时间资金折算为现值所采用的利率。折现率可采用银行利率,或基

准折现率。或根据方案评价需要企业自行确定的折现率(如目标收益率、最低希望收益率)。

(张　琰)

zheng

征地审批权限 limits of approval authority on requisitioning

各级人民政府根据《土地管理法》的规定审批征地数额的权限。征用耕地、园地 1000 亩以上,其他土地 2000 亩以上者,由国务院批准;征用直辖市郊区的土地,由直辖市人民政府批准;征用 50 万人口以上城市郊区的土地,由所在市人民政府审查,报省、自治区人民政府批准;征用其他地区耕地、园地 3 亩以上,林地、草地 10 亩以上,其他土地 20 亩以上,由所在县市人民政府审查,报省、自治区人民政府批准;在上述限额以下的,由县、市人民政府批准。

(冯桂烜)

征用估价 acquisition appraisal

对将由政府征作公共用途的房地产之市场价值的评估。其目的在于帮助确定政府对被征用房地产的所有者的补偿金额。 (刘洪玉)

征用价值 accquisition value

政府为确定其征用房地产的补偿金而评定的被征用房地产的价值。即征用估价的结果。

(刘洪玉)

整分合原理 principle of integrate-divide-compound

关于现代管理必须在整体规划下科学分工,在分工基础上进行有效综合才能实现高效率的原理。"整",就是对作为管理对象的系统要有深刻的了解,明确系统的整体功能,规划系统的整体目标。"分",就是在此基础上将系统分解为子系统或组成要素,并对它们进行明确的分工,制定相应的责任规范。"合",就是在专业分工的基础上进行协调和综合。没有分工,也就没有高效率,而要有专业分工,必然要求强有力的协调和综合。当然,专业分工应该有个合理的限度,不是分工愈细愈好。这一限度也是动态的,衡量的尺度是能否获得高的管理效率和最优的经济效果。 (何万钟)

整数规划 integer programming

决策变量中有几个或全部的取值必须满足整数要求的规划问题。是数学规划的一个重要分支。在经济管理等领域中制定计划时,需要确定的职工人数、设备台数,运输问题中的集装箱数、车皮数、船只数等都必须取整数。整数规划的数学模型是:

$$\max(\text{或 min})Z = \sum_{j=1}^{n} C_j x_j$$

$$s \cdot t \begin{cases} \sum_{j=1}^{n} a_{ij}x_j \leqslant (\text{或} =, \text{或} \geqslant)b_i, i = 1,2,\cdots\cdots,m \\ x_j \geqslant 0, j = 1,2,\cdots\cdots,n \\ x_j:\text{整数} \end{cases}$$

它广泛应用于生产计划、工厂选址、投资计划、运输规划等管理领域。 (李书波)

正交试验法 orthogonal experiment method

又称正交设计法。利用有规律、按顺序排列、规格化的"正交表",来安排和分析多因素试验的科学方法。它的优点是:仅用较少次数的试验,便可找出最优生产条件。同时还能了解到各个因素的主次关系和对试验结果所起的作用。20 世纪 20 年代初,在英国首先应用于农业试验。二次世界大战期间,英美等国应用于工业试验,取得了显著效果。战后,日本又将其中某些方法加以改进,进一步发展提倡正交表方法,并作为全面质量管理的一项重要技术。由于此法易学易懂,出成果快,愈益受到重视和普遍的推广。 (杨茂盛)

正式组织 formal group

又称正式团体。为了有效地达到企业的目标,按照企业的组织图、经营方针、规章制度等规定所构成的各成员之间相互关系的一定组织体系。非正式组织的对称。人际关系学者认为,企业的经营结构是由技术组织(即物的组织)和人的组织两大类构成,而人的组织又可分为正式组织和非正式组织两种。正式组织包含五项要素,即:协调各项活动的体系;一致的目标;协力与领导;效率;职责范围。它是使职工共同进行工作,以达成目标的必要手段。

(何　征)

证券 securities

各类经济权益的法律凭证的统称。用以证明持券人有权按证券记载取得其应有的权益。分无价证券和有价证券两类。通常所说的证券多指有价证券,它可以在证券市场上买卖。无价证券主要指计划经济体制下国家对某些物资和人民生活必需品实行计划供应而颁发的凭证。此类证券不准进入流通领域进行有偿转让。 (张　琰)

证券交易所 securities exchange

股票、债券等有价证券集中竞价交易的场所。其业务分为两类:一是现货交易,即以现款买卖证券。二是期货交易,即在成交后的一定时期进行交割和结算,但以成交时的证券市为结算依据。证券交易所本身并不进行证券买卖的活动,仅为其交易活动提供场所和服务。 (何万钟)

证券市场 securities market

发行和交换股票、债券等有价证券的场所。包括证券发行市场和证券交易市场两大类。前者亦称一级市场或初级市场,它为资金使用者提供获得资金的渠道。后者又称二级市场,它为证券所有权的转移提供条件。证券的发行一般由受委托的金融机构(如证券发行公司、信托投资公司等)进行。证券的交易,一般在证券交易所进行,有时也可在所外进行。 (谭 刚)

政策性亏损 losses permitted by policy

又称计划亏损。企业由于执行国家政策原因而发生的亏损。根据国民经济发展和对外工作的需要,经主管部门会同财政部门审查核准,由国家或主管机关采取定额补贴、价格补贴、计划补贴等办法弥补亏损。同时要求企业加强经济核算,厉行增产节约,减少消耗,降低成本,扭亏增盈。

(周志华)

政府间贷款 intergovernment loan

一国政府向另一国政府提供的贷款。具有政府援助性质,一般由发达国家向发展中国家提供。贷款条件比较优惠,利率低或无息,期限可长达 30 年;但数额一般不大,且往往附有采购限制条件,如借款国必须将贷款的全部或一部分用于向贷款国购买设备和器材,或用于贷款国同意的某一指定建设项目。贷款必须签订政府间协议,具体规定贷款数额、期限、利率、用途以及偿还方式等。贷款货币一般使用贷款国的货币。 (张 琰 蔡德坚)

政府建设监理 construction supervision by government

简称政府监理。政府建设主管部门依法对建设单位的建设行为实施的强制性监理和对社会监理单位的监督管理。中国实施政府监理的政府建设主管部门,在国家为建设部,在地方为省、市建委或建设厅局。其职能主要是通过制订和实施有关建设法规及技术法规,一方面对工程项目建设过程从项目可行性研究、立项、用地、规划设计、建筑安装施工、竣工验收、投用保修等阶段进行的监督和管理;同时也对参与工程建设活动的业主、勘测设计单位、施工承包商、咨询监理单位的资质及其经营行为进行监督和管理。实行政府监理,对于保证遵守城市或区域规划,维护社会公众利益,维护科学的工程建设正常秩序,起着不可或缺的重要作用。这一点世界各国政府监理都是一致的。中国是实行土地国有制的社会主义国家,实行政府建设监理,对于合理利用土地资源,生产力合理布局,保证社会经济的协调发展还起着重要的调控作用。 (何万钟)

政府审计 goverment auditing

又称国家审计。国家审计机关所进行的审计。在国外,审计组织有三种类型:①由议会直接领导;②政府内部建立的审计机构;③财政部门建立的审计机构。在中国,国务院设审计署,各省、市、自治区、直辖市、地、市、县设审计局,由各级政府领导。依宪法规定,审计机关独立行使审计监督权,不受其他行政机关、社会团体和个人的干涉,保证了政府审计的独立性和权威性。 (俞文青)

政治风险 politiacal risks

在涉外经济活动中,由于国际关系、国内政权变化和政局影响等因素引起的项目风险。如项目所在国与贷款人所在国关系的变化、项目所在国家政权、政局的不稳定、工程的任何关键部分未能以贷款人满意的形式取得政府的批准、在工程上马后政府当局撤回(或改变)最初的批准。可采取的防范措施有保险;签订双边或多边的国际性协议;世界银行共同筹资;预先安排外汇管制的批准,把项目国境外的收益源分开处理,直到债务清偿为止的信托安排;强调工程成功对该国的巨大利害关系,对工程所在国政府的政策、关注事项要及早发觉,早作安排。

(严玉星)

政治经济学 political economy

研究人类社会生产关系即经济关系发展规律的科学。属于具有阶级性的社会科学。最早由法国重商主义者蒙克莱田于 1615 年提出,随资本主义生产关系的发展而逐步形成资产阶级古典政治经济学,代表人物是亚当·斯密和大卫·李嘉图,对探讨资本主义社会生产和分配的规律有重要贡献,但也存在局限性。19 世纪末英国剑桥学派的马歇尔创造经济学(economics)一词后,西方学者就逐渐把政治经济学改称为“经济学”,并进一步形成当代多种学派。马克思、恩格斯运用辩证唯物主义和历史唯物主义研究社会经济问题,在批判地吸收古典政治经济学的科学成分基础上,建立剩余价值理论,科学地阐明了资本主义发生、发展以至灭亡的过程,揭示了无产阶级推翻资本主义和建立社会主义、共产主义的历史任务,从而创立了马克思主义政治经济学,并成为马克思主义三个组成部分之一。 (谭 刚)

政治评价 political evaluation

又称政治标准。对建设项目或技术方案符合国家的路线、方针,政策以及有关法令要求的衡量。因路线、方针、政策和法令是政府根据一定时期的政治、经济社会发展形势制定出来的,体现着全国人民的最高利益,对建设项目或技术方案的实施有着重要的指导作用。 (武永祥 刘玉书)

zhi

支持关系理论 support relation theory

美国行为科学家利克特(Likert,R.)提出的必须善于使每个人以自己的知识和经验视为建立和维持对自己个人价值和重要性感觉的支持的企业领导模式理论。他认为,管理中最重要的工作是对人的领导,而对人的领导工作中,必须善于使每个人建立和维持对自己个人价值和重要性的感觉,并把自己的知识和经验看成是对自己个人价值和重要性的一种支持,这种关系叫做支持关系。他很重视管理领导方式对生产效率的影响,把管理领导方式分为专制集权领导、温和集权领导、协商式民主领导和参与式民主领导四类。其中,强调人际关系的领导,往往生产效率高;强调技术方面的领导,往往生产效率低。所以,参与型的管理方式,是最高效率的管理形式,因为它是按照经济激励、自我激励、安全激励、创造激励这四种激励需要建立起来的。 （何　征）

支付期　period of payment

现金流入或现金流出的时间单位。例如每季度付款 1000 元,则支付期为一个季度。支付期可以为年、半年、季、月、日,在建设项目评价中一般以年为单位。 （雷运清）

支付意愿　willingness to pay,WTP

又称消费者支付意愿。消费者为获得某种商品或服务愿意付出的价格。用以度量产品的影子价格,为了定量的比较和计算,在费用效益分析中是度量该商品或服务对消费者产生的效益的主要尺度。在完善的市场条件下,市场价格可以较正确地反映消费者的支付意愿。图示 DD 为货物需求曲线,线上各点表示达到供求均衡时,价格与需求的关系。当货物价格为 P_1,需求量为 Q_1,此时消费者对最后一个单位货物的支付意愿就是 P_1,即消费者对新增一个单位货物的支付意愿是以某一供应水平上的需求曲线的高度来衡量的,这是西方经济学中的重要概念。假设某项目所生产的货物,既不替代进口,也不替代国内原有货物的生产,而是有效地增加了国内市场的供应量,在这种情况下,市场价格就是度量消费者对该种货物需求的尺度。它表示消费者为该货物付出现金所作出的牺牲。在完善市场条件下,边际消费者支付意愿,不可能高于市场价格。假定形成完善市场价格条件得不到满足,国家对市场价格加以控制,市场价格就不能反映消费者支付意愿。此时,就要通过调查从新绘制该货物的需求曲线再

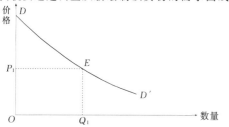

行估算。实践中,对项目进行国民经济评价时不可能一一绘制各种货物的需求曲线来求得各种货物的消费者支付意愿。通常认为,拟建项目产出物的数量对于整个市场供应量来说不大时,不致引起价格的降低,因此,可以粗略地认为原来市场价格可以表示消费者支付意愿。 （刘玉书）

支票　cheque,check(美)

银行存款人签发通知银行由其存款账户支付给指定受款人一定数额款项的票据。有现金支票和转账支票之分。现金支票可以转账,转账支票不能支取现金。在中国,支票作为同城结算凭证,一律记名,除在中国人民银行总行批准的地区,转账支票可以背书转让外,一般不得流通转让。 （俞文青）

支票结算　cheque settlement

付款单位或个人通过签发支票,通知银行从其存款中对收款单位或个人支付款项的结算方式。在同一城市或一定的区域范围内可以用于商品交易、劳务供应、清偿债务等结算。这种结算方式手续简便、灵活,便利商品交易和款项结算;收款人将支票交存银行,一般当天或次日即可入账用款。单位或个人必须遵守信用,在银行存款余额内签发支票,以保证债权人的利益,维护债务人的信誉。

（闻　青）

知识管理　knowledge management

知识经济时代的管理思想和管理方法。传统管理与现代管理的新发展,重视信息、知识资产和知识产生、传播及运用的主体——人的管理。发达国家当代大企业在实践中,除了建立高效的信息管理系统,采用先进的通信技术,还设置"知识主管"这一新的高级管理职位。其职责是管理企业的知识资产,包括研究开发成果、专利权和技术诀窍,研究增加知识积累和知识更新与创新的途径;并且通过获取和分析信息,从外部识别和选取知识,把有市场前景、有利于本企业发展的知识用在最合适的地方。同时,还掌管职工培训,实行持久的继续教育,开发人力资源,鼓励知识创新和技术创新,使职工的知识、技能持续不断地提高和更新,以适应科技进步和企业发展的要求,而不至于在市场竞争中落伍。

（张　琰）

知识经济　Knowledge-based economy

以知识为基础的经济。即建立在知识和信息的生产、分配和使用之上的经济。经济合作与发展组织(OECD)在 1996 年 10 月发表的《科学、技术和产业展望报告》中首次正式使用此概念。该报告把人类创造的知识分为事实知识(know-what)、原理知识(know-why)、技能知识(know-how)和人力知识(know-who)四大类型;认为知识是支撑 OECD 国家

经济增长的最重要因素;指出知识经济的重要特征:1)科学和技术的研究开发日益成为知识经济的重要基础;2)信息和通信技术在知识经济的发展过程中处于中心地位;3)服务业在知识经济中扮演主要角色;4)人力的素质和技能成为知识经济实现的先决条件。知识经济的概念,已为当代经济理论界、科学技术界和企业界广为传播和接受。新经济增长理论主张,在计算经济增长时,必须把知识直接放到生产体系中考虑,即把知识列入生产函数。对知识生产的投资不仅能够增加知识的积累,而且还能增加其他经济要素的生产能力。未来学家预计,21世纪的核心产业将是知识产业,21世纪的社会将是以知识经济为主导的知识型社会。在这样的社会里,财富的积累,经济的增长,社会的进步,个人的发展,都要以知识为基础。 （张 琰）

执法　law enforcement

专门的国家机关及其公职人员依照法定职权和程序,运用法律规范处理各种具体案件的活动。它是一种特定的活动,具有国家强制力。广义执法包括司法和行政执法。执法必严,违法必纠,是对执法活动提出的基本要求,包括执法机关秉公办案,尽职尽责。狭义执法专指行政执法。它是国家行政机关在行政管理领域内,依照法定职权和程序,通过具体的行政行为实施国家法律的活动。中国各级人民政府及其所属行政机关,作为各级国家权力机关的执行机关,主要职责是执法。因此,从总体上讲,国家的行政机关都是行政执法机关。 （王维民）

直达供应　direct supply

企业直接从物资生产企业获得物资的供应方式。这种方式不经流通领域中间环节,缩短物资流通时间,减少物资流通费用,简化资金结算程序,有利于产需双方生产的稳定协调。一般仅在需要量大,专用物资或大件设备,搬运或储备中转有困难等情况下采用。 （陈 键）

直方图分析　histogram analysis

借助直方图研究质量分布规律,进而判断生产过程是否正常的过程。一般分为两个步骤:首先,观察直方图的形状,判断质量分布状态。正常型的直方图一般符合正态分布规律,即中间高、两侧低、左右基本对称的分布图形。而呈折齿型、左(右)缓坡型、绝壁型、双峰型、孤岛型、平顶型等分布图形时,都视为异常,应寻找产生的具体原因。其次,将正常型直方图与质量标准比较,判断其是否满足质量要求。这要注意两个方面:一是要看直方图的分布中心 $\bar{x}$ 与质量标准中心 M 是否重合,二是看直方图的分布范围 R 是否超出质量标准界限 T。如果 $\bar{x}$ 与 M 重合,R 稍小于 T,说明工序状态稳定。若 $\bar{x}$ 与 M 有

较大偏离,使 R 超出了 T;或 $\bar{x}$ 与 M 重合,但 $R > T$ 时,都表明已产生了废品;若 R 远小于 T,说明经济性差。上述几种情况发生时,都要采取措施,予以改进。 （田金信）

直接标价　direct quotation

又称应付汇率或本币计价汇率。以一个单位的外国货币折算为若干单位本国货币来表示的汇价。国际上大多数国家都采用这种方法。中国国家外汇管理局公布的外汇牌价也采用这种方法。例如1992年4月6日,人民币牌价是100美元折合546.75元人民币(中间价);100英镑折合953.09元人民币(中间价);100日元折合4.08861元人民币(中间价)。在直接标价法下,外国货币的数额固定不变,折合本国货币的数额则随着外国货币同本国货币币值对比的变化而变动。如果要用比原来多的本国货币兑换某一固定数额的外国货币,叫作外汇汇率上涨,说明外国货币对本国货币的币值上升,本国货币对外国货币的币值下降。反之,叫作外汇汇率下跌,说明外国货币对本国货币的币值下降,本国货币对外国货币的币值上升。 （金一平）

直接成本　direct cost

又称直接费。见工程成本项目(74页)。

直接费　direct cost

见工程成本项目(74页)。

直接费用　direct costs

建设项目国民经济评价中,国家为满足项目固定资产投资、流动资金和经常费用投入而付出的用影子价格计算的价值。项目直接效果的组成部分,它的计算有两种情况:其一,当拟建项目的投入物是增加国内生产来满足需求时,其费用就是增加国内生产所消费的资源价值。其二,若国内供应量不变:项目投入物由增加进口来满足,其费用就是所用外汇;项目投入物系减少出口来满足项目需求,其费用为减少的外汇收入;项目投入物是将原来用于其他项目而改为供给拟建项目的,则其费用为其他项目因此而减少的效益,即其他项目对该项目投入物的支付意愿。 （刘玉书）

直接环境　direct environment

又称市场环境。对企业经营活动有直接影响的外部因素。主要包括:①市场对产品的需求量及其变化。②市场上同类产品的数量、质量和价格。③竞争对手的数量、经济实力和技术实力。④用户的购买能力及其变化。⑤原材料资源的供应状况及其价格。⑥国外市场的容量等。 （何万钟）

直接无限计件工资制　direct and unlimited piece-rate wages system

按照工人单位工作时间内所生产的合格产品的

数量和统一的计件单价计算劳动报酬的计件工资形式。工人生产的合格产品,不论完成或超额完成多少,均用同一计件单价计算。是计件工资的基本形式。要求在企业管理基础工作较好,尤其是定额管理比较科学合理的前提下才能实行。 （吴 明）

直接消耗系数 coefficient of direct consumption

又称投入系数,技术系数。投入产出分析中,反映某一部门单位产品在生产过程中对各部门产品的直接消耗量。投入以实物量表示时,消耗系数即为生产一个单位产品所需的各种中间产品的数量。投入以货币单位表示时,消耗系数即为所需的各种中间产品的价值量。计算公式为

$$a_{ij} = \frac{X_{ij}}{Z_j}$$

其值是非负的,是平均的,即在计算期内,各种资源不互相替代,而且是固定的。通过矩阵演算,在总产量已知的情况下可以推算出各种资源的消耗量。 （徐绳墨）

直接效益 direct benefit

建设项目国民经济评价中,项目自身产出物用影子价格计算的经济效益。项目直接效果的组成部分,一般表现为增加评价项目产出物数量满足国内市场需要所取得的效益,其价值等于所增加的消费者支付意愿;或类似企业的产出物,使被替代企业因减产停产而减少国家有用资源耗费的效益,其价值等于对这些资源的支付意愿;增加出口或减少进口所增收或节支的国家外汇等。

（武永祥 刘玉书）

直接信息 direct information

不能从出版物上找到出处而须由估价师直接调查的房地产估价所需的信息。 （刘洪玉）

直线职能制 line and staff organization system

集中了直线制和职能制组织结构形式优点的一种企业管理组织结构形式。其主要特点是:①按照企业管理工作职能来划分和设置职能机构,实行专业分工,但由企业领导人实行统一领导。②既有直线指挥部门和指挥人员,又有职能部门和职能人员。职能部门及其人员是同级直线指挥人员的参谋助手,对下级机构只能进行业务指导,而无权下达命令和指挥。这种管理组织结构,在国内外采用较为广泛。其缺点是各职能部门间的横向联系较差。

（何万钟）

职工 worker and staff

在企业和事业单位从事生产或经营管理、技术工作,并领取工资的各类人员。按所在单位性质的不同,分为全民所有制单位职工、集体所有制单位职工和全民所有制单位办的集体所有制单位职工。按工作岗位的不同,分为工人、学徒、工程技术人员、管理人员、服务人员和其他人员。按与生产活动的关系可分为直接生产人员和非直接生产人员。

（吴 明）

职工辞退 dismissal of worker and staff

企业根据正当的理由和国家有关的劳动法规,按照规定程序经有关部门审批同意,办理正式手续解除与职工的劳动关系。企业有权辞退属于下列情况之一的职工:① 在试用期内发现不符合录用条件者。② 违反国家规定,通过非法手段进入企业的人员。③ 违反操作规程、安全规程造成严重损失或严重违反劳动纪律,屡教不改,企业又未给予开除处分或除名者。④ 由于无法抗拒的原因,造成企业关闭、停产、停业,不能继续生产时,劳动合同尚未期满的非固定职工。企业辞退职工时,应发给证明书,注明辞退的情况和原因,职工如不同意,有权向所属工会组织申诉或向当地人民政府劳动部门申请按劳动争议处理。职工辞退属于正常解除劳动关系的一种形式,不带有惩处的性质,因而同开除、除名有原则区别。 （吴 明）

职工辞职 resignation of worker and staff

职工自动要求解除与企业的劳动关系。在中国,凡遇有不适合现岗位或现单位工作,又不能经过组织调动到适当工作岗位或单位;或者本人、家庭有特殊困难,不能坚持现职工作;或者自谋职业,生活有保障的职工,可提出辞职。但为保证企业对生产或工作的有序安排,必须经过企业同意,才可办理正式手续。如果职工不考虑企业生产和工作的需要,未经企业同意和办理正式手续,擅自解除劳动关系,以违反劳动纪律或自行离职处理。自行离职的职工不享受任何劳动保险待遇。 （吴 明）

职工福利基金 workers and staff welfare fund

计划经济体制下,企业按照国家规定,分别计入生产成本和从税后留利中提取的用于职工生活福利和医疗卫生方面的专用基金。本项基金的设置体现了社会主义国家对职工群众物质文化生活的关心。管好、用好这笔基金,办好职工集体福利事业,有利于调动企业职工的社会主义积极性。中国在 1993年 7 月 1 日会计改革后,取消了职工福利基金,计入成本费用的职工福利费改在应付福利费核算,税后建立的盈余公积也是用于职工福利的一项资金来源。 （周志华）

职工技术考核 technical examination of worker and staff

企业对职工的技术业务能力进行的考核。通过鉴定职工的实际技术业务能力,作为定级、晋级、升

职的依据,从而达到调动职工学习科学文化技术的积极性,加强技术业务培训,提高职工素质的目的。按考核对象可分为工人技术考核和经营管理、工程技术人员的考核。工人技术考核根据不同对象又分为定级考核、高一级考核、本等级和改变工种考核等。考核的依据为国家主管部门颁发的工人技术等级标准,考核内容包括技术理论知识和实际操作能力。经营管理和工程技术人员的考核,以有关主管部门制定的标准为依据,按国家颁发的技术业务职称的有关规定进行。   （吴 明）

职工奖励基金 workers and staff bonus fund

计划经济体制下,企业按照国家规定,从税后留利中提取用于对职工进行物质奖励的专用基金。主要用于经常性生产奖励,包括全优工程奖和综合奖,计件超额工资,浮动工资等。在实行百元产值工资含量包干办法以后,建筑企业的职工奖励基金来自于工资含量包干节余。奖励制度的建立,是对现行工资制度的一种必要补充,必须贯彻按劳分配原则,建立客观的考核标准,合理评定,及时发放,以调动职工积极性。同时必须防止违背财经纪律,滥发奖金。中国在 1993 年 7 月 1 日会计制度改革后,不再设职工奖励基金。   （周志华）

职工晋级 up grade for worker and staff

又称职工升级。指对实行等级工资制的职工,晋升工资级别。应根据职工完成生产、工作的业务技术能力和实际贡献来进行。建立合理的工资等级制度,必须同合理的晋级制度结合起来,不断调整职工的工资等级与业务技术水平的关系,才能充分发挥工资等级制度的激励作用。   （吴 明）

职工劳动规则 work rules for worker and staff

企业职工参加共同劳动必须遵守的准则、规程和必须履行的职责。是进行共同劳动的必要条件。目的在于加强和巩固劳动纪律,充分利用工作时间,保证生产任务的完成。职工劳动规则不同于职工守则,前者是具有行政约束力的规定,后者则是职工群众自我教育的公约,是一种道德规范和行为准则。两者既有区别,又有相辅相成的作用。（吴 明）

职工培训 training of worker and staff

为提高职工的政治、文化、科学、技术和管理水平而进行的教育和训练。是企业全面劳动人事管理的一项主要内容。也是企业提高劳动生产率,提高产品质量,增进经济效益的重要前提。根据全员培训、学以致用的原则,应有计划地运用多种形式对企业全部成员进行培训,并建立相应的培训、考核和任用的制度。   （吴 明）

职工伤亡事故报告制度 report system of accident resulting in injuries and death of worker and staff

企业对职工在劳动中发生伤亡事故向主管部门报告的制度。属于劳动保护方面的一项管理制度。是掌握伤亡事故情况,研究事故发生规律,采取预防措施的必要手段。该项制度对事故定义、事故分类、报告程序、原因分析、调查处理和审批程序等都有明确而具体的规定。要求不论事故大小都必须认真进行登记、统计和调查处理。对待每件事故都应采取"三不放过"的态度,即事故原因没有查清不放过;有关人员和群众没有吸取教训不放过;没有防范措施不放过。   （吴 明）

职工收入最大化 maximization of worker's income

以追求最大化的职工收入作为企业生产经营目标的企业行为。按此目标开展企业经营活动时,可以尽快提高职工的经济收入,改善职工的生活消费水平,但不利于正确处理国家、企业和职工三者间的分配关系。   （谭 刚）

职工守则 regulations for worker and staff

职工共同制定和遵守的道德规范和行为准则。是职工群众进行自我教育的一种形式;也是建设一支思想进步、纪律严明、团结协作的战斗队伍的重要措施。1982 年中华全国总工会召开的全国劳动模范和先进人物代表座谈会上提出并公布的《全国职工守则》,有 8 项内容:① 热爱祖国,热爱共产党,热爱社会主义。② 热爱企业,勤俭节约,爱护公物,积极参加管理。③ 热爱本职,学赶先进,提高质量,讲究效率。④ 努力学习,提高政治、文化、科学、业务水平。⑤ 遵纪守法,廉洁奉公,严格执行规章制度。⑥ 关心同志,尊师爱徒,和睦家庭,团结邻里。⑦ 文明礼貌,整洁卫生,讲究社会公德。⑧ 扶植正气,抵制歪风,拒腐蚀,永不沾。   （吴 明）

职能工长制 functional foremanship

泰罗所倡导的按职能分工,建立由职能工长担任专业职能管理的管理组织理论。其主要内容:①对管理工作进行分工,明确划分计划职能(管理工作)与执行职能,即由管理者担任管理工作,工人为执行者。②提出职能工长概念,以代替过去的万能工长,即一个工长只管某项专业范围内的工作。并且实行职能工长制以代替传统的军队式的直战制组织形式。如下图:

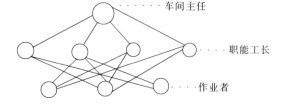

泰罗的职能工长制好处是能充分发挥专业化的作用,专业人员各司一职,能精益求精;工人能从多方面获得帮助。缺点是令出多门,工人无所适从;同级人员难于协调,指挥链系于车间主任一身,指挥难定。故未能被广泛采用。 (何　征)

职务工资 wages related to specific work post

按照工作人员所任职务高低、责任大小、工作繁简和业务技术水平,分别确定其劳动报酬的一种工资形式。结构工资的组成部分,也是工程技术人员和经营管理人员实行职务等级工资制的工资形式。 (吴　明)

指标评分法 indicator score method

又称评分评价法。对互比方案的每一指标,按其指标评定值的大小打分,计算出每一方案的累计分值作为选择方案依据的方法。其表达式为:

$$V_i = \sum_{j=1}^{n} F_{ij} \to \max$$

式中 V_i 为 i 方案的累计分值;F_{ij} 为 i 方案第 j 个指标的评分值;n 为方案的指标数。V_i 值最大的方案即为最优方案。评分工作可请多名专家进行,对各方案指标预先制定一个统一的评分标准,作为评分参考,把不同专家的评分,按平均值或中位数进行整理确定指标的分值,然后加总可提高评分的精确度。 (刘玉书)

指导性计划 guidance planning

社会主义国家或主管部门下达的,只规定和指出经济发展方向,供企业参考的、不带强制性的计划。国家实行计划调节的另一种主要形式。其基本特点是:①计划本身没有强制性和约束力。一般情况下,企业应努力完成国家下达的指导性计划,但如果计划不符合实际,或情况发生了变化,企业有权根据市场供求情况和自己的生产条件进行调整。②国家主要通过经济立法和制订经济政策,利用各种经济杠杆来指导和控制企业执行指导性计划。③企业生产所需主要原材料只由国家供应一部分,产品销售也不完全由国家安排。④产品按国家规定的浮动价格销售。指导性计划能更好地运用价值规律,使国家计划更加有效和符合实际。中国在经济体制改革过程中,逐步扩大了指导性计划的调节范围。在社会主义市场经济体制下,国家计划作为从宏观上引导和调控国民经济正确发展的主要依据,本质上是指导性计划。 (何万钟)

指令性计划 mandatory planning

社会主义国家或主管部门根据国民经济有计划按比例发展规律及其他经济规律的要求,对国民经济和社会发展的主要活动下达的具有约束力的计划。国家实行计划调节的主要形式之一。其基本特点是:①以指示和命令的形式下达,具有必须保证完成的强制性;②这种计划主要依靠行政手段进行管理;③国家采取措施来保证指令性计划实施所需的基本生产条件,如主要原材料、能源供应,保证产品销售等;④指令性计划的产品按国家规定的价格销售。实行指令性计划,有利于保证国家重点生产和重点建设的需要,有利于保持宏观经济的平衡,有利于保证国民经济和社会发展战略目标的实现。不过,实践证明,指令性计划的范围过宽,对经济生活管得过死,不利于发挥价值规律的作用,在一定程度上妨碍了社会生产力的发展。所以,在经济体制改革过程中,有必要缩小指令性计划的范围。制订指令性计划必须自觉运用价值规律,以促进社会主义市场经济的发展。 (何万钟)

指令性诊断 orderly diagnosis

又称制度性诊断。指企业的主管部门或审计、质量检验、财税等部门对企业,或企业集团对所属分公司定期或不定期进行的诊断。这种诊断体现了有关部门对企业的监督、帮助和指导。例如帮助亏损企业改进经营管理,实现扭亏增盈等。此外,与企业有利害关系的单位,如银行信贷部门、协作单位、联营企业等,为确保自己的利益,对企业进行的诊断,也属指令性诊断。 (何万钟)

指数 index number

用来测定或表明现象在时间上或空间上相对变动状况的相对数。通常把作为比较的标准定为100,任何相对的变动用百分比来表示。可用于研究同类现象之间的差异状况和差异程度;分析受多因素影响的现象总变动中,各个因素的影响方向和影响程度。按研究对象的范围不同分为个体指数、类指数和总指数;按所表明的现象特征不同分为数量指标指数和质量指标指数;按计算时所用的基期不同分为定基指数和环比指数。在社会经济统计中,研究指数法,主要是为了研究其总指数的编制及其动态分析和静态分析的方法。 (俞壮林)

指数平滑法 Exponentially smoothing method

在移动平均法基础上发展形成的,其权数从属于指数规律的加权移动平均法。其特点是:①把过去的数据全部加以利用;②利用平滑系数 α 和 $(1-\alpha)$ 来考虑不同时期数据对预测值的影响。计算公式为:

$$F_{t+1} = \alpha X_t + \alpha(1-\alpha)X_{t-1} + \alpha(1-\alpha)^2 X_{t-2} + \cdots\cdots + \alpha(1-\alpha)^l X_{t-l} + \cdots + \alpha(1-\alpha)^t X_0$$

式中:F_{t+1} 为下一期预测值;α 为平滑系数;X_t 为本期实际数。指数平滑法实质上是分别以 α,$\alpha(1-\alpha)$,$\alpha(1-\alpha)^2\cdots\cdots\alpha(1-\alpha)^t$ 对过去各期实际数值进行加权,α 越大,说明最近一期的数据影响越大。

平滑系数由过去的数据经计算和调整求得。当过去预测值与实际值偏差较大时，α 可适当大一些。当偏差较小时，说明原来预测比较准确，α 值可适当小些。指数平滑法可分为一次平滑、二次平滑、三次乃至多次平滑。当时间序列数据点的分布为近似直线时，可用一次、或二次指数平滑；当出现曲率时，应当采用三次指数平滑法。 （杨茂盛）

制造成本 cost of manufacture

在一定种类和数量的产品生产过程中所发生的有关耗费的总和。一般有直接材料费、直接燃料费、直接工资和制造费用(亦称间接费用)等成本项目。
（闻 青）

制造费用 manufaturing expenses

又称车间经费。在产品生产(制造)过程中发生的间接费用，以及少量不便直接计入产品成本的费用。产品成本项目之一。一般包括车间的管理人员工资、职工福利费、折旧费、修理费、办公费、水电费、租赁费、物料消耗、保险费、低值易耗品摊销、劳动保护费、试验检验费、修理期间及季节性停工损失等。在生产多种产品的车间，车间费用应按一定标准分配计入该车间所生产的产品成本。分配标准一般有：①按生产工人工资；②按生产工人工时；③按机器工时；④按耗用原材料数量或成本；⑤按直接成本；⑥按产品产量。具体采用哪种方法，由企业主管部门统一规定或由企业自行规定。 （闻 青）

质量保证工作计划 working plan of quality assurance

企业为实现质量目标所制订的质量发展规划、质量指标计划和质量改进措施计划的总称。它是组织和提高产品质量工作的依据和各部门、各生产环节质量管理工作的行动纲领。质量发展规则，也称质量目标计划。是企业在一个比较长的时期(3～5年)内产品质量的发展方向和长远目标的计划。主要内容有：规划期内质量发展的总目标、分年度的具体目标，以及实现质量升级所需要的科研项目、重大技术改造措施和职工智力开发等。质量指标计划是根据质量发展长远目标制订的在计划年度或季度内应达到的质量指标的计划。质量指标主要是指工程优良品率等。质量改进措施计划是为改进产品质量或解决某个质量问题或针对质量管理工作中的薄弱环节制订的提高质量的改进措施计划，一般包括技术措施计划和组织管理措施计划。 （田金信）

质量保证思想工作体系 ideological work system of quality assurance

企业为了保证和提高产品质量和工作质量而实施的思想工作系统。主要包括对全体职工进行的提高工程质量意义和全面质量管理基本思想的教育工作，使全体职工具有深刻的质量意识，牢固树立"质量第一"、"满足用户需要"及"预防为主"等思想。
（田金信）

质量保证体系 quality assurance system

又称质量管理体系。企业以保证和提高工程(产品)质量为目标，运用系统的概念和方法，把各部门、各环节严密地组织起来，所形成的一个运作协调的质量管理工作体系。其内容包括：质量保证组织体系，产品形成过程质量控制体系，质量保证思想工作体系和使用过程质量管理服务体系。建立质量保证体系的主要环节包括：确定质量目标；制订质量保证工作计划；建立专职的质量管理机构，明确职责分工；建立质量信息系统；建立质量管理制度；开展QC小组活动等。
（田金信）

质量保证组织体系 organization system of quality assurance

企业为了保证和提高产品质量所形成的公司、项目管理班子直至班组的质量管理组织系统。是质量管理的组织保证。包括建立健全专职的质量管理机构和质量检验机构，确定各级质量管理机构的职责权限及其相互关系，明确规定各部门、各类人员在实现质量目标中必须完成的任务，承担的责任和具有的权限。还包括开展质量管理小组活动。
（田金信）

质量标准 standard of quality

衡量产品质量和各项工作质量的尺度。又是生产技术活动和各项管理工作的依据。分为产品质量标准或工程质量标准和工作质量标准。
（田金信）

质量标准交底 quality standard assigning and explaining

为加强施工现场的质量管理，结合拟建工程特点，将施工的各项质量要求传达到基层的组织工作。是质量管理的重要内容。内容包括：产品质量标准，操作标准，原材料标准，试验标准，技术定额，检测标准，质量责任制和各种规章制度等。通常在单位工程或分部(项)工程开工前进行。交底形式有：书面交底，会议交底，模型交底，示范交底和口头交底。
（董玉学）

质量成本 quality cost

又称质量费用。实现一定的工程(产品)质量所发生的费用支出。确定质量成本的目的是核算同质量有关的各项费用，探求提高质量、降低成本的有效途径。质量成本包括：①预防成本，即保证工程质量达到规定的标准或提高质量水平所进行的各项管理活动的费用。如建立质量保证体系、制订质量计划工作的费用,质量管理教育费、工序质量控制费、改进质量措施费等。②鉴定成本。又称评价成本,即对投入工程的材料及工程质量进行鉴定、评定所发生的全部费用。如材料试验检验费、工序质量检验费、检测手段的维护校准费等。③内部损失成本,即企业内部由于质量问题而造成的损失。如返工费用,复检费用,因质量事故造成的停工损失和事故处理费用等。④外部损失成本,工程交工后由于质量问题而发生的费用。如保修费用,赔偿费用,违反合同的罚金等。　　　　　　　　　　（周爱民）

质量管理 quality control,QC

为保证和提高工程(产品)质量所进行的一系列管理工作。它是企业管理的重要组成部分。其发展大致经历了质量检验、统计质量控制和全面质量管理等三个阶段。全面质量管理在国外是从 20 世纪 60 年代初开始形成和发展的。70 年代末引入中国。目前中国建筑企业的质量管理正处在全面质量管理阶段。　　　　　　　　　　　　　　（田金信）

质量管理 KJ 法 KJ method of quality control

对于未来要解决的问题有关的事实、意见或构思等资料,按相互接近的原则归纳合并,从中找出解决问题方案的方法。是新 QC 七工具之一。"KJ"二字取于该方法创始人日本的川喜田二郎英文名字缩写。方法的主体是 A 型图解,其绘制程序是:①确定课题;②收集语言资料并填制卡片;③卡片归类、编组,定出每组牌名;④绘制图解;⑤形成文字或口头发表。该法主要用于质量管理中弄清事实,掌握情况;开扩思路、形成构思;打破现状,提出新方针、新理论;筹划组织工作,促进协调、统一思想等方面。
　　　　　　　　　　　　　　（周爱民）

质量管理点 quality control point

又称质量控制点。为实现一定的质量目标,针对产品质量形成中的主要问题或薄弱环节,而设立的监测、控制重点。正确设置管理点是工序质量控制的保证。管理点通常设置在:①关系到工程主要性能和使用安全的关键工序或部位;②工艺上有特殊要求,对下道工序或后续工程有重大影响的工序或部位;③质量不稳定、出现不合格品较多的工序或部位;④根据回访反馈信息,质量不良的部位等。
　　　　　　　　　　　　　　（田金信）

质量管理分层法 stratification of quality control

又称质量管理分类法、质量管理分组法。根据一定的目的和要求,将调查搜集到的质量特性按某一性质、来源、影响因素等进行分类整理分析的方法。是 QC 七工具中最基本的方法。其他分析方法都应与它配合使用。它可以把零散的数据和错综复杂的因素系统化,条理化。同时对同一数据根据不同性质分层,可以从不同角度分析产品质量及影响因素,从而找到质量问题的关键。经常采用的分层依据有:按分部分项工程分层;按质量检测项目分层;按生产班组或操作者分层;按原材料产地、等级、规格分层;按机械设备型号、性能分层;按工人技术等级、性别分层等。　　　　　　　（田金信）

质量管理关系图法 relation diagram of quality control

又称关联图法。把存在的质量问题及其影响因素之间的因果关系用箭头线连接起来,以便理清头绪,找出解决问题的对策的方法。是新 QC 七工具之一。其应用步骤为:①确认存在的质量问题;②提出与问题有关的所有因素或达到目的的必要手段;③用简明确切的语言表达出上述各问题及因素;④用箭头把因果关系合乎逻辑地连接起来;⑤综观全局,进一步归纳出重要问题和因素;⑥制订解决重要问题的具体措施计划;⑦随着情况及环境变化,相应地修改关系图。此方法是制订企业全面质量管理计划、QC 小组活动计划、寻求解决工序管理问题以及有着原因——结果、目的——手段等关系复杂问题的有效方法。　　　　　　　　　　（周爱民）

质量管理机构 organization of quality control

企业内专门负责质量管理工作的职能机构。一般形式是在公司设全面质量管理领导小组,下设综合性的质量管理办公室;各管理层配备专职的质量管理员或成立质量管理领导小组;班组设不脱产的质量管理员。质量管理机构的任务主要是协助各级领导组织和协调有关部门的质量管理活动;开展质量教育;编制质量计划,并监督执行;掌握质量管理动态,研究推广企业内外质量管理先进经验和方法;审定质量奖励制度并组织贯彻执行等。（田金信）

质量管理基础工作 essential work of quality control

为有效地执行质量管理职能,提供资料数据、基本手段和前提条件的工作。主要内容有:①推行标准化。一是技术标准化,二是管理业务工作标准化。②做好计量工作。包括生产时的投料计量、生产过程中的监测计量、成品的测试、检验、分析计量。③做好质量情报工作。④建立质量责任制。⑤开展质量管理教育。包括对职工进行质量第一和为用户服务的教育,全面质量管理知识的教育,以及使职工具有保证操作质量的技术知识和业务能力的培训工作。　　　　　　　　　　　　　　（周爱民）

质量管理排列图 Pareto diagram of quality control

又称帕雷托图,主次因素分析图。根据少数项目可能起关键作用的原理,将影响质量的因素按影响程度大小顺次排列,从中寻找主要影响因素的一种图解分析工具。是 QC 七工具之一。20 世纪初,意大利经济、统计学家帕雷托(Vilfredo Pareto)首创,50 年代初美国质量管理专家朱兰(J.M.Juran)将它应用于质量管理。排列图左右两侧的纵坐标分别表示频数和频率,横坐标表示影响质量的因素,按影响程度大小由左向右排序,各项宽度相等,直方形高度等于相应因素的频数,折线表示累计频率。通常按累计频率将影响因素分为三类:累计频率 0%～80% 范围内的因素为 A 类,是主要因素;累计频率 80%～90% 范围内的因素为 B 类,是次要因素;累计频率在 90%～100% 范围内的因素为 C 类,是一般因素。

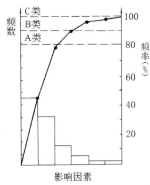

（田金信）

质量管理频数直方图　frequency histogram for quality control

又称频数图,直方图。反映质量特征的数据,按其出现的频率而绘制的图形。是 QC 七工具之一。因能表示数据的集中程度和波动范围,可借以判断整个生产过程是否正常,制图的步骤为:①收集 50 个以上的实测数据,按时序排列;②从数据中找出数据最大值和最小值,并计算极差值;③确定组距和组数;④确定各组上、下界限值;⑤计算频数,编制频数表;⑥绘制直方图。该图系以各组界限值为横坐标,频数为纵坐标;以组距为宽度、以频数为高度的线状图形。　　　　　　　　　　（田金信）

质量管理七种工具　seven means of quality control

又称 QC 七工具。质量管理中常用的 7 种运用统计原理的基本方法的总称。即直方图法、控制图法、排列图法、因果分析图法、相关图法、分层法和调查表法。　　　　　　　　　　（何万钟）

质量管理统计调查表　statistical survey table of quality control

又称统计分析表。在施工生产活动中,为随时进行数据搜集、整理和粗略分析而专门设置的统计表。是 QC 七工具之一。它的种类很多,常见的有质量分布状态统计表;产品缺陷部位统计表;不合格项目调查表等。　　　　　　　　　　（田金信）

质量管理系统图法　system chart of quality control

把为了达到目标所采取的必要手段、措施,按照相互依赖的关系绘制成图,以便找出实现目标的最佳措施和手段的方法。新 QC 七工具之一。其绘制方法为:①明确目的或目标;②提出手段、措施;③评价手段、措施;④绘制手段、措施卡片;⑤使目的、目标和手段、措施系统化;⑥确认目标;⑦制订实施计划。该法可用于企业总目标、分目标实施事项的展开;解决企业内部质量、成本、工期等方面问题措施的展开等。　　　　　　　　　　（周爱民）

质量管理相关图　correlation diagram of quality control

又称散布图。在质量管理中研究两种变量(质量特性)之间的相关关系的图形。是 QC 七工具之一。一般将表示原因或可控制的变量用 x 表示,另一变量用 y 表示。将搜集的质量特性,绘于直角坐标系内,即得到关于 x、y 变量的相关图。根据图中点子的分布情况,相关图形可以归纳为:①正强相关,即 x 增大,y 也增大,点子分布呈线性且较密集;②负强相关,即 y 随 x 增大而减小,点子较密集且呈线性分布;③正弱相关,x 增大 y 也增大,但点子的线性分布较分散;④负弱相关,x 增大 y 减小,点子的线性分布较分散;⑤曲线相关,点子分布呈曲线形式;⑥不相关,y 不随 x 的变化而变化,点子分布无规律或与 x 轴平行。据此,即可分析研究两种质量特性间的相关关系,找出对质量有较大影响的因素。　　　　　　　　　　（田金信）

质量管理小组　quality control group

又称 QC 小组。是在施工生产工作现场的职工,以提高和改进产品、工作和服务质量为目标,自愿组织起来进行质量管理活动的小组。是企业全员参加质量管理的有效形式,也是群众质量管理和专业质量管理相结合的好形式。QC 小组可按生产班组、职能科室、攻关课题等形式自愿建立。　　（田金信）

质量管理新七种工具　seven new means of quality control

又称新 QC 七工具。质量管理中运用运筹学、系统分析、价值工程等现代管理技术原理,侧重于对影响质量的复杂因素进行系统分析和辨识的七种基本方法的总称。包括:关系图法、KJ 法、系统图法、矩阵图法、矩阵数据分析法、过程决策程序图法和矢线图法。　　　　　　　　　　（何万钟）

质量管理因果分析图　cause and effect diagram of quality control

又称特性要因图，俗称鱼刺图。整理分析质量问题与影响因素之间的关系，寻找出所有可能原因的有效图解。是 QC 七工具之一。为日本石川馨教授所创，1953 年开始应用。首先要发动群众查找原因，按影响质量的五大方面（即人、机器、材料、方法、环境等），把大原因进一步逐级分解，找出构成它们的中原因、小原因及更小原因，直至找出能直接采取有效措施解决的原因为止。并将分析结果按层次、按因果关系系统地绘制成图（见下图）。最后在众多的可能原因中找出主要原因，逐一确定改进措施和对策。

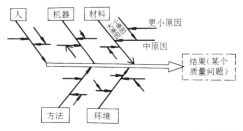

（田金信）

质量价差　price difference of quality

同一种产品在同一时间由于质量等级不同而形成的价格差额。形成质量价差的因素有：生产技术条件，生产的组织管理水平，工人熟练程度，以及原材料质量等。但一般来说，主要是由于生产过程中所耗费的劳动量不同而形成的。质量价差体现了按质论价、优质优价的定价原则。合理的质量价差能促进企业改善管理、保证和提高产品质量，同时又有利于保护用户的利益。

（周爱民）

质量检验　quality inspection

又称技术检验。按照统一的质量标准，采用一定的手段和方法，对产品进行检查、测试或鉴定的质量管理方法。其目的在于排除废品，收集反映质量状况的数据资料，为改进产品质量，加强质量管理提供信息。建筑工程质量检验包括隐蔽工程检验、分部分项工程检验、中期检验和交工检验。质量检验应实行专职人员检验与生产工人自检、互检相结合的检验制度。

（田金信）

质量检验机构　organization of quality inspection

企业内专门负责质量检验工作的职能部门。其主要任务是组织企业的质量检查工作，如建筑企业对整个施工过程的技术交底、材料验收、施工操作等进行技术监督；参与新结构、新工艺、新材料的质量鉴定；并参加隐蔽工程验收和交工验收等工作。

（田金信）

质量控制图　quality control chart

又称管理图。运用数理统计原理对生产过程质量状态进行控制的一种管理图表。是对工序质量进行动态监控的有效工具，是 QC 七工具之一。1924 年美国休哈特（W. A. Sheahart）首创。其基本形状见下图。图中横坐标为样本号或取样时间，纵坐标

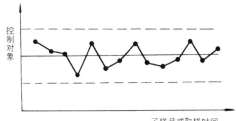

为控制对象，一般为质量特征值。平行于横坐标的三条水平线分别为上、下控制界限和中心线。图中数据点的分布，反映工序质量状态。当数据点随机分布在中心线两侧，并在上、下控制界限线内时，表示工序处于稳定（控制）状态。如果点子超出控制界限线或其排列有缺陷，可以判断生产出现异常、质量处于不稳定状态。按用途不同，分为：①分析用控制图，用于调查工序是否处于稳定状态；②管理用控制图，用于管理工序使之经常保持稳定状态。按控制对象不同，可分为 x 控制图、$\bar{x}$ 控制图、$\bar{x}\text{-}R$ 控制图、P 控制图、C 控制图等。

（田金信）

质量目标　quality objective

企业在一定时期内产品或工程质量期望达到的水平。它是全体职工，各个部门和各个生产环节质量管理工作的方向。质量目标主要是根据企业存在的质量问题、质量通病以及与先进质量标准的差距，或者用户提出的更新更高的质量要求来确定的。为了实现质量目标，必须制订质量保证工作计划。

（田金信）

质量事故次数　frequency of project qualitative accident

报告期内由于设计、施工错误以及材料、设备、构件不合格或超出施工技术验收规范及安装质量标准允许的偏差范围需作返工加工处理的事故次数。分为一般事故和重大事故。前者指返工损失低于主管部门规定的重大事故标准（不同部门有的定为 1 000 元，有的定为 5 000 元）的事故；后者是指建设工程在建设过程或竣工后由于设计和施工原因造成的属于下列情况之一者：①房屋及构筑物的主要结构倒塌；②超过规范规定的基础不均匀下沉，建筑物倾斜，结构开裂或主体结构强度严重不足；③影响结构安全和建筑物使用年限；④严重影响设备及相应系

统的使用功能;⑤一次返工损失达到主管部门规定的重大质量事故标准。

事故次数以同一操作过程的分部分项工程在同一次施工中发生的质量事故算一次;设备安装工程则以每台单体设备安装完毕后发现有质量事故算一次;上期施工跨入本期继续施工的工程在报告期中发现的质量事故,应计入报告期质量事故次数中。

(雷懋成)

质量数据 quality data

又称质量特性值。反映产品质量状态的数值。是质量检验、控制的依据。一般为通过对产品质量特性的观察、测量得到的原始数据,或按质量标准对个体所具有的质量水平分别归类,并计取的个体数目。根据其计量的特点,可分为计量值质量数据和计数值质量数据。性质不同的质量数据,其统计分布规律不同,数据处理方法也不相同。

(田金信)

质量数据波动性 fluctuating character of quality data

又称质量数据差异性。同一质量总体中,个体的质量数据具有差异的特性。反映产品质量的波动性。其影响因素可以归纳为5M1E,即人(man)、机器(machine)、材料(material)、方法(method)、测量(measurement)、环境(environment)。按其性质不同,可将这些因素分为:①偶然性原因。对产品质量影响较小,其出现具有随机性,在当前技术条件下不易识别,难于控制和消除。因而是正常的、不可避免的,由此造成的质量波动也是允许的。②异常性原因,又称系统性原因。对产品质量影响较大,但这些原因容易识别和控制,也是能够避免的,因而由此造成的质量波动是不允许的。如工程施工中材料质量发生变化、工人不遵守操作规程、机械设备过度的磨损等。实施质量控制也正是要识别和防止这一类因素对质量的影响。

(田金信)

质量数据分布规律 dispersive law of quality data

在同一质量总体中,大量质量数据的分布所表现出来的统计规律。正常生产条件下,产品质量的波动仅由偶然性原因引起,其质量数据的分布具有明显的规律性。一般,计量值数据多数服从正态分布;计件值数据多数服从二项分布;计点值数据多数服从泊松分布。当生产过程中出现异常状态,即某个质量影响因素有较大的、朝不利方向变化时,将导致质量数据分布中心偏移或散差扩大,或出现一定倾向及周期性变化。研究质量数据的波动及其分布规律是质量控制的重要内容。

(田金信)

质量统计 quality statistics

应用数理统计方法,掌握产品质量波动规律,达到对产品及生产过程的质量进行有效控制的活动。其特点是:①数量性。依据质量数据,把定性管理上升到定量管理。②总体性。从调查个体的质量特性开始,达到对总体的质量水平及分布规律的认识。③预见性。通过对随机样本质量数据的分析,推断总体未来的质量状况,从而采取预防性的质量控制措施。

(田金信)

质量统计特征值 characteristic value in quality statistics

定量描述质量数据分布特征的统计指标。反映分布集中趋势的统计指标,主要有:①算术平均数。一般总体平均数以μ表示,样本平均数以$\bar{x}$表示。②中位数。它们都可以反映产品质量的平均水平。反映离散程度的统计指标,主要有:①全距,又称极差。②标准差,又称均方差。总体标准差以σ表示,样本标准差以S_{σ}表示。③标志变异系数,反映数据相对波动的大小。质量特征值是质量检验、质量控制的基本指标,也是进行质量统计分析,由样本推断总体质量状态的重要参数。

(田金信)

质量统计样本 quality statistical sample

从总体中抽取出来以研究总体特征的全部个体。是质量统计总体的一部分。其所包含的个体称为样品,样品数目n称为样本容量,当$n \geqslant 30$时为大样本,$n < 30$为小样本。在质量管理中,通常采用随机抽样的方法,从质量统计总体中,随机抽选适当比例的个体组成随机样本,并根据其质量数据分布规律和质量特征值去推断质量统计总体的质量状态。

(田金信)

质量统计总体 quality statistical population

质量管理对象的整体。产品或工序的质量状态就是总体。在产品检验中,产品的数目是有限的,反映产品质量的特征值也是有限的,所以,产品的质量状态属于有限总体。在工序控制中,工序控制的对象随生产过程而产生,它的数目是无限的,所以工序的质量状态属于无限总体。总体的范畴随研究目的不同而不同。研究单位工程的质量状态时,单位工程质量状态是总体,各分部分项工程质量状态是个体。研究某一分项工程质量状态时,分项工程质量状态是总体,组成它的各生产工序质量状态为个体。

(田金信)

质量信息 quality information

以物质载体为媒介反映出来的有关质量动态或质量要求的数据、情报、指标、标准、信号等形式的内涵。是企业进行质量决策、制订质量计划和措施、进行质量控制的依据。反映质量动态的信息,是指反映产品和工作质量实际状态的原始资料,是分析影响质量的因素,掌握质量波动规律的基本依据。主要有:产品质量特性的记录和数据,原材料、半成品的检验记录,工序质量控制图表,国内外同行业质量情报资料等。反映质量要求的信息,是衡量产品质量、工序质量、工作质量的尺度或标准,是组织生产活动和各项管理工作的依据。主要有:质量计划指标、产品技术标准、原材料技术标准、工艺标准等。按其来源不同,质量信息又可分为外部质量信息和内部质量信息。 (周爱民)

质量信息系统 quality information system

对有关质量的信息收集、汇总、分析和处理工作的系统。质量信息系统建立的方法和要求是:①确定管理对象的内容和管理方式;②建立质量信息收集流转的各级组织机构;③合理分工,明确各自应获得信息的内容及其流转(包括信息反馈)的方法、手段和要求;④编制质量信息管理流程图,包括有关专业管理流程图,质量信息输送及反馈流程图。如采用计算机管理,还应绘制计算机系统流程图。

(周爱民)

质量指标 qualitative indicator

说明总体现象内部数量关系和总体单位水平的统计指标。为两个有联系的数量指标进行对比得出的派生指标,一般用相对数和平均数表示。其数值不随总体范围大小的变化而增减。如工程优良品率、全员劳动生产率、职工平均工资等。是考核和评价企业工作质量和生产经营效果的重要依据。

(俞壮林)

智力技术型建筑企业 intellectual and technology intensive construction enterprise

职工知识水平较高且技术装备较强的建筑企业。兼有智力型和技术型企业的特点,表现为活劳动消耗相对较小,主要依靠高度的科技知识和先进的技术设备及管理经验从事建筑生产经营活动。相对于劳务型建筑企业而言,它是一种新型的建筑企业,有助于建筑业的技术进步和振兴发展。

(谭 刚)

智力型建筑企业 intellection-intensive construction enterprise

又称智力密集型建筑企业。主要依靠科学的管理知识和丰富的管理经验从事工程项目管理的建筑企业。其特点是不拥有施工设备及施工队伍,但拥有与承担工程项目管理相应的技术及经营管理人员,以及必要的注册资金。工程承包公司即属此类企业。 (何万钟)

zhong

中房城市指数

见中房指数系统。

中房指数 zhong-fang index

中国房地产价格指数的简称。见中房指数系统。

中房指数系统 China real estate index system, CREIS

中国房地产指数系统的简称。以指数形式反映全国各主要城市房地产发展变化轨迹和当前市场状况的指标体系与分析方法。以中房价格指数为主,由中房城市指数系列组成。城市指数系列包括反映相应城市(地区)房地产状况的中房城市指数和中房城市(按功用)分类物业指数。以此,实质上形成一套以指数为主导的全国及各重要城市房地产市场监控系统,每季度对全国及各重要城市房地产形势及走势进行系统分析,揭示房地产分物业、分档次、分区位的价格变化、销售、供给、成本效益、投资环境等情况,并分析其走势。中房指数以1994年第4季度为基期,以基期北京房地产市场价格总体水平为基准,定为1000点。然后将北京各报告期价格水平与基期比较,得出相应报告期中房北京指数值。其他城市在基期通过计算与北京的比价指数,确定相应的基期指数值;相应的报告期再与基期比得到相应指数点。中房指数系统办公室于每年1月、4月、7月、10月的20日在内地和香港特别行政区同时发布相应的季度指数及分析报告。 (代建功)

中国质量体系认证机构国家认可委员会 China National Accreditation Committee for Registrars, CNACR

简称CNACR。中国质量体系认证机构国家认可的政府常设机构。成立于1993年。其职能是承担组织我国质量体系认证的各项活动和进行国家认可的监管工作。2000年初,经CNACR认可的质量体系认证机构已达35家。通过对有关认证机构的直接稽查、审核、评价、监督,以保证认证机构在认证服务方面的公正性、规范性和有效性。1998年1月22日,在广州召开的国际认可论坛(IAF)大会上,作为各国国家认可机构的国际多边合作组织,IAF与我国的CNACR首批签署了多边承认协议(IAF/MLA),标志着我国取得CNACR认可的所有认证机构颁发的ISO 9000质量体系认证证书都取得了国际同行的互认,实现了与国际质量管理接轨的目标。此次签署多边承认协议的共有17个国家的16个国家认可机构,即中国CNACR,日本JAB,澳大利亚—新西兰JAS—ANZ,加拿大SCC,美国ANSI—RAB,荷兰RVA,德国TGA,英国UKAS,瑞典SWEDAC,西班牙ENAC,意大利EINCERT,丹麦DS,瑞士SAS,法国COFRAC,芬兰FINAS,挪威NA。其中,我国是唯一的发展中国家。1998 年 1 月 24 日,作为亚太区域多边合作组织的太平洋认可合作组织(PAC),也在广州签署了多边承认协议(PAC/MLA),参加签字国的认可机构为:中国 CNACR,日本 JAB,加拿大 SCC,澳大利亚—新西兰 JAS—ANZ。通过签订质量认证国际多边承认协议,一方面可以提高签约国相应 ISO 9000 质量体系认证证书的权威性和有效性,避免或减少签约国企业为了开展国际贸易或工程承包而申请多重认证,有利于消除非关税贸易技术壁垒;另一方面,多边承认协议不仅签约前需要按国际准则接受国际同行的全面评审,而且签约后还需要继续接受国际同行的定期监督评审,促进提高认证水平,保证认证质量和企业管理的健康发展。 （吴钦照）

《中华人民共和国标准化法》 Standardization Law of the People's Republic of China

1988 年 12 月 29 日全国人民代表大会常务委员会通过,国家主席令公布,是为发展社会主义商品经济,促进技术进步,改进商品质量,提高社会经济效益,维护国家和人民的利益,使标准化工作适应社会主义现代化建设和发展对外经济关系的需要而制定的法律。该法共 5 章 26 条:第一章,总则;第二章,标准的制定;第三章,标准的实施;第四章,法律责任;第五章,附则。该法规定,标准分为国家标准、行业标准、地方标准和企业标准。国家标准、行业标准又分为强制性标准和推荐性标准。该法自 1989 年 4 月 1 日起施行。 （王维民）

《中华人民共和国测绘法》 Surveying and Drawing Law of the People's Republic of China

1992 年 12 月 28 日全国人民代表大会常务委员会通过,国家主席令公布,是为保障测绘事业的顺利发展,促进测绘事业为国家经济建设、国防建设和科学研究服务而制定的法律。该法共 8 章 34 条:第一章,总则;第二章,测绘基准和测绘系统;第三章,测绘规划及其实施;第四章,界线测绘;第五章,测绘成果管理;第六章,测绘标志保护;第七章,法律责任;第八章,附则。该法自 1993 年 7 月 1 日起实施。 （王维民）

《中华人民共和国产品质量法》 Product Quality Law of the People's Republic of China

1993 年 2 月全国人民代表大会常务委员会通过,国家主席令公布,是为加强对产品质量的监督管理,明确产品质量责任,保护用户、消费者的合法权益,维护社会经济秩序而制定的法律。该法共 5 章 51 条:第一章,总则;第二章,产品质量的监督管理;第三章,生产者、销售者的产品质量责任和义务;第四章,损害赔偿;第五章,罚则;第六章,附则。该法自 1993 年 9 月 1 日起施行。军工产品质量监督管理办法,由国务院、中央军事委员会另行制定。 （王维民）

《中华人民共和国车船使用税暂行条例》 Interim Regulations for Tax on Vehicles and Vessels Use of the People's Republic of China

1986 年 9 月 15 日国务院发布,共 10 条。主要规定有:①车船使用税的纳税义务人;②船舶的适用税额;③免纳车船使用税的车船;④对征收或者免征车船使用税的自行车和其他非机动车的规定;⑤征收方法;⑥征收管理。该条例自 1986 年 10 月 1 日起施行。该条例附有船舶税额表。 （王维民）

《中华人民共和国城市房地产管理法》 City Real Estate Administrative Law of the People's Republie of China

1994 年 7 月 5 日全国人民代表大会常务委员会通过,国家主席令公布,是为加强对城市房地产的管理,维护房地产秩序,保障房地产权利人的合法权益,促进房地产业的健康发展而制定的法律。该法共 7 章 72 条:第一章,总则;第二章,房地产开发用地,第一节土地使用权出让,第二节土地使用权划拨;第三章,房地产开发;第四章,房地产交易,第一节一般规定,第二节房地产转让,第三节房地产抵押,第四节房屋租赁,第五节中介服务机构;第五章,房地产权属登记管理;第六章,法律责任;第七章,附则。该法自 1995 年 1 月 1 日起施行。 （王维民）

《中华人民共和国城市规划法》 Urban Planning Law of the People's Republic of China

简称《城市规划法》。1989 年 12 月 26 日全国人民代表大会常务委员会通过,国家主席令公布,是为确定城市的规模和发展方向,实现城市的经济和社会发展目标,合理地制定城市规划和进行城市建设,适应社会主义现代化建设的需要而制定的法律。该法共 6 章 46 条:第一章,总则;第二章,城市规划的制定;第三章,城市新区开发和旧区改造;第四章,城市规划的实施;第五章,法律责任;第六章附则。该法自 1990 年 4 月 1 日起施行,国务院发布的《城市规划条例》同时废止。 （王维民）

《中华人民共和国城镇国有土地使用权出让和转让暂行条例》 Interim Ordinance for Grant and Assigning of State Owned Land-Use Right in City and Town of The People's Republic of China

1990 年 5 月 19 日国务院发布,是为改革城镇国有土地使用制度,合理开发、利用、经营土地、加强土地管理,促进城市建设和经济发展而制定的有关规定。该条例所称土地使用权出让,是指国家以土地所有者身份将土地使用权在一定年限内出让与土地使用者,并由土地使用者向国家支付土地使用权出让金的行为。土地使用权转让,是指依法取得土地使用权者,将其土地使用权再转移的行为,包括出售、交换和赠与。该条例共 8 章 54 条:第一章,总则;第二章,土地使用权出让;第三章,土地使用权转让;第四章,土地使用权出租;第五章,土地使用权抵押;第六章,土地使用权终止;第七章,划拨土地使用权;第八章附则。该条例自发布之日起施行。

（王维民）

《中华人民共和国城镇土地使用税暂行条例》　Interim Regulations for Land-use Tax of Cities and Towns of the People's Republic of China

　　1988 年 9 月 27 日国务院发布,是为合理利用城镇土地,调节土地级差收入,提高土地使用效益,加强土地管理而制定的有关规定。该条例共 14 条,主要规定有:①纳税义务人;②土地使用税计税依据;③不同城市每平方米税额;④不同地区、一个地区不同的地段适用税额幅度的确定;⑤免征土地使用税的土地;⑥土地使用税交纳方法;⑦新征用的土地交纳土地使用税的时间;⑧征收管理。该条例自 1988 年 11 月 1 日起施行,各地制定的土地使用费办法同时停止执行。　（王维民）

《中华人民共和国大气污染防治法》　Atmospheric Pollution Control Law of the People's Republic of China

　　为防治大气污染,保持和改善生活和生态环境,保障人体健康,促进经济和社会的可持续发展而制定的法律。1987 年 9 月第 6 届人大常委会通过,国家主席令公布施行。1995 年第 8 届人大常委会修订;2000 年 4 月 29 日第 9 届人大常委会第 15 次会议再次修订通过,国家主席令公布,自 2000 年 9 月 1 日起施行。本法共 7 章 66 条:第一章,总则;第二章,大气污染防治的监督管理;第三章,防治燃煤产生的大气污染;第四章,防治机动车船排放污染;第五章,防治废气、尘和恶臭污染;第六章,法律责任;第七章,附则。　　　　　　　（张　琰）

《中华人民共和国反不正当竞争法》Anti-illegal Competition Law of the People's Republic of China

　　1993 年 9 月 2 日全国人民代表大会常务委员会通过,国家主席令公布。是为保障社会主义市场经济健康发展,鼓励和保护公平竞争,制止不正当行为,保护经营者和消费者的合法权益而制定的法律。该法所称不正当竞争,是指经营者违反该法的规定,损害其他经营者的合法权益,扰乱社会经济秩序的行为。该法共 5 章 33 条:第一章,总则;第二章,不正当竞争行为;第三章,监督检查;第四章,法律责任;第五章,附则。该法自 1993 年 12 月 1 日起施行。

（王维民）

《中华人民共和国房产税暂行条例》　Interim Regulations for House Property Tax of the People's Republic of China

　　1986 年 9 月 25 日国务院发布,共 11 条。主要规定有:①房产税适用范围;②房产税纳税义务人;③房产税计税依据;④房产税税率;⑤减免房产税条件;⑥房产税征收方法;⑦房产税征收管理;⑧房产税征收机关。该条例自 1986 年 10 月 1 日起施行。

（王维民）

《中华人民共和国个人所得税法》Individual Income Tax Law of the People's Republic of China

　　1980 年 9 月 10 日全国人民代表大会通过,根据 1993 年 10 月 31 日全国人民代表大会常务委员会《关于修改〈中华人民共和国个人所得税法〉的决定》第一次修正,根据 1999 年 8 月 30 日全国人民代表大会常务委员会《关于修改〈中华人民共和国个人所得税法〉的决定》第二次修正。该法共 15 条,主要规定有:①缴纳个人所得税的范围;②应纳个人所得税的项目;③个人所得税的税率;④免纳个人所得税的项目;⑤各项应纳税所得额的计算;⑥个人所得税纳税方法和纳税时间。该法自公布之日起施行。

（王维民）

《中华人民共和国耕地占用税暂行条例》　Interim Regulations for Farmland-use Tax of the People's Republic of China

　　1987 年 4 月 1 日国务院发布,是为合理利用土地资源,加强土地管理,保护农用耕地而制定的有关规定。该条例所称耕地,是指用于种植农作物的土地。占用前三年内曾用于种植农作物的土地,视为耕地。该条例共 16 条,主要规定有:①耕地占用税的纳税义务人;②耕地占用税计税和征税办法;③耕地占用税的税额;④免征耕地占用税的耕地;⑤对滞纳金的规定;⑥耕地占用税的加征;⑦违章处理。该条例自发布之日起施行。　（王维民）

《中华人民共和国公司登记管理条例》　Administrative Regulations for the Company Registration of the People's Republic of China

　　1994 年 6 月 24 日国务院发布,是为确认公司的企业法人资格,规范公司登记行为制定的有关规定。该条例共 12 章 76 条:第一章,总则;第二章,登记管辖;第三章,登记事项;第四章,设立登记;第五章,变更登记;第六章,注销登记;第七章,分公司的登记;第八章,登记程序;第九章,年度检查;第十章,证照和档案管理;第十一章,法律责任;第十二章,附则。该条例自 1994 年 7 月 1 日起施行。

（王维民）

《中华人民共和国公司法》 Company Law of The People's Republic of China

1993 年 12 月 29 日第八届全国人民代表大会常务委员会第五次会议通过,国家主席令公布,是为了适应建立现代企业制度的需要,规范公司的组织和行为,保护公司、股东和债权人的合法权益,维护社会经济秩序,促进社会主义市场经济的发展制定的法律。该法所称公司是指依照该法在中国境内设立的有限责任公司和股份有限公司。该法共 11 章 230 条:第一章总则;第二章有限责任公司的设立和组织机构,第一节设立,第二节组织机构;第三章股份有限公司的设立和组织机构,第一节设立,第二节股东大会,第三节董事会、经理,第四节监事会;第四章股份有限公司的股份发行和转让,第一节股份发行,第二节股份转让,第三节上市公司;第五章公司债券;第六章公司财务、会计;第七章公司合并、分立;第八章公司破产、解散和清算;第九章外国公司的分支机构;第十章法律责任;第十一章附则。该法自 1994 年 7 月 1 日起施行。该法施行前依照法律、行政法规、地方性法规和国务院有关主管部门制定的《有限责任公司规范意见》、《股份有限公司规范意见》登记成立的公司,继续保留,其中不完全具备该法规定的条件的,应当在规定的期限内达到该法规定的条件。根据 1999 年 12 月 25 日第九届全国人民代表大会常务委员会第 13 次会议通过《关于修改〈中华人民共和国公司法〉的决定》时该法作相应的修改,连同该决定,国家主席令公布,自公布之日起施行。

（王维民）

《中华人民共和国固定资产投资方向调节税暂行条例》 Interim Ordinance for Fixed Assets Investment Regulation Tax of the People's Republic of China

1991 年 4 月 16 日国务院发布,是为贯彻国家产业政策,控制投资规模,引导投资方向,调整投资结构,加强重点建设,促进国民经济持续、稳定、协调发展而制定的有关规定。该条例共 18 条,主要规定有:①纳税义务人;②税目税率和计税依据;③纳税办法;④征收控管办法;⑤代扣代缴银行;⑥计划外固定资产投资项目和以更新改造为名进行的基本建设投资征税处置;⑦未按规定缴纳税款和偷税漏税的处理。该规定自 1991 年度起施行。1987 年 6 月 25 日国务院发布的《中华人民共和国建筑税暂行条例》同时废止。此外,1991 年 6 月 18 日国家税务局

颁发了《中华人民共和国固定资产投资方向调节税暂行条例实施细则》,1991 年 7 月 12 日国家计划委员会、国家税务局又发出了《关于实施〈中华人民共和国固定资产投资方向调节税暂行条例〉的若干补充规定》。

（王维民）

《中华人民共和国国家赔偿法》 State Reimbursement Law of the People's Republic of China

1994 年 5 月 12 日全国人民代表大会常务委员会通过,国家主席令公布,是为保障公民、法人和其他组织享有依法取得国家赔偿的权利,促进国家机关依法行使职权而制定的法律。该法共 6 章 35 条:第一章,总则;第二章,行政赔偿,第一节,赔偿范围,第二节,赔偿请求人和赔偿义务机关,第三节,赔偿程序;第三章,刑事赔偿,第一节,赔偿范围,第二节,赔偿请求人和赔偿义务机关,第三节赔偿程序;第四章,赔偿方式和计算标准;第五章,其他规定;第六章,附则。该法自 1995 年 1 月 1 日起施行。

（王维民）

《中华人民共和国合同法》 Contract Law of the People's Republic of China

1999 年 3 月 15 日全国人民代表大会常务委员会通过,国家主席令公布,自 1999 年 10 月 1 日起施行的有关法律。其目的是保护合同当事人的合法权益,维护社会经济秩序,促进社会主义现代化建设。该法共 23 章 428 条:第一章,一般规定;第二章,合同的订立;第三章,合同的效力;第四章,合同的履行;第五章,合同的变更和转让;第六章,合同的权利义务终止;第七章,违约责任;第八章,其他规定;第九章,买卖合同;第十章,供用电、水、气、热力合同;第十一章,赠与合同;第十二章,借款合同;第十三章,租赁合同;第十四章,融资租赁合同;第十五章,承揽合同;第十六章,建设工程合同;第十七章,运输合同;第十八章,技术合同;第十九章,保管合同;第二十章,仓储合同;第二十一章,委托合同;第二十二章,行纪合同;第二十三章,居间合同。自本法施行之日起,原《中华人民共和国经济合同法》、《中华人民共和国涉外经济合同法》、《中华人民共和国技术合同法》同时废止。该法自 1982 年 7 月 1 日起施行。

（王维民）

《中华人民共和国环境保护法》 Environment Protection Law of the People's Republic of China

1989 年 12 月 26 日全国人民代表大会常务委员会通过,国家主席令公布,是为保护与改善生活环境与生态环境,防治污染和其他公害,保障人体健康,促进社会主义现代化建设的发展而制定的法律。

该法所称环境,是指影响人类生存和发展的各种天然的和经过人工改造的自然因素的总体,包括大气、水、海洋、土地、矿藏、森林、草原、野生生物、自然遗迹、人文遗迹、自然保护区、风景名胜区、城市和乡村等。该法共 6 章 47 条:第一章,总则;第二章,环境监督管理;第三章,保护与改善环境;第四章,防治污染和其他公害;第五章,法律责任;第六章,附则。该法自公布之日起施行。《中华人民共和国环境保护法(试行)》同时废止。 (王维民)

《中华人民共和国会计法》 Accounting Law of the People's Republic of China

1985 年 1 月 21 日全国人民代表大会常务委员会通过,国家主席令公布;1993 年 12 月 29 日人大常委会修订,1999 年 10 月 31 日人大常委会再次修订,国家主席令公布,是为了规范会计行为,保证会计资料真实、完整,加强经济管理和财务管理,提高经济效益,维护社会主义市场经济秩序而制定的法律。该法共 7 章 52 条:第一章,总则;第二章,会计核算;第三章,公司、企业会计核算的特别规定;第四章,会计监督;第五章,会计机构和会计人员;第六章,法律责任;第七章,附则。该法自 1985 年 5 月 1 日起施行;第二次修订本自 2000 年 7 月 1 日起施行。 (王维民)

《中华人民共和国计量法》 Measurement Law of the People's Republic of China

1985 年 9 月 6 日全国人民代表大会常务委员会通过,国家主席令公布,是为加强计量监督管理,保障国家计量单位的统一和量值的准确可靠,有利于生产、贸易和科学技术发展,适应社会主义现代化建设需要而制定的法律。该法共 6 章 35 条:第一章,总则;第二章,计量基准器具,计量标准器具和计具检定;第三章,计量器具管理;第四章,计量监督;第五章,法律责任;第六章,附则。该法自 1986 年 7 月 1 日起施行。 (王维民)

《中华人民共和国价格法》 Price Law of the People's Republic of China

第八届全国人民代表大会常务委员会第 29 次会议通过,1998 年 5 月 1 日起施行,是为了规范价格行为,发挥价格合理配置资源的作用,稳定市场价格总水平,保护消费者和经营者的合法权益,促进社会主义市场经济健康发展而制定的法律。共 7 章 48 条:第一章,总则;第二章,经营者的价格行为;第三章,政府的定价行为;第四章,价格总水平的控制;第五章,价格监督检查;第六章,法律责任;第七章,附则。 (王维民)

《中华人民共和国建筑法》 Construction Law of the People's Republic of China

1997 年 11 月 1 日全国人民代表大会常务委员会通过,同日国家主席令公布,自 1998 年 3 月 1 日起施行。是为了加强对建筑活动的监督管理,维护建筑市场秩序,保证建筑工程的质量和安全,促进建筑业健康发展而制定的法律。该法所称建筑活动,是指各类房屋建筑及其附属设施的建造和与其配套的线路、管道、设备的安装活动。该法共 8 章 85 条:第一章总则;第二章建筑许可,第一节建筑工程施工许可,第二节从业资格;第三章建筑工程发包与承包,第一节一般规定,第二节发包,第三节承包;第四章建筑工程监理;第五章建筑安全生产管理;第六章建筑工程质量管理;第七章法律责任;第八章附则。 (王维民)

《中华人民共和国劳动法》 Labour Law of the People's Republic of China

1994 年 7 月 5 日全国人民代表大会常务委员会通过,国家主席令公布,是为保护劳动者的合法权益,调整劳动关系,建立和维护适应社会主义市场经济的劳动制度,促进经济发展和社会进步而制定的法律。该法共 13 章 107 条:第一章,总则;第二章,促进就业;第三章,劳动合同与集体合同;第四章,工作时间和休息、休假;第五章,工资;第六章,劳动安全卫生;第七章,女职工和未成年工特殊保护;第八章,职业培训;第九章,社会保险和福利;第十章,劳动争议;第十一章,监督检查;第十二章,法律责任;第十三章,附则。该法自 1995 年 1 月 1 日起施行。 (王维民)

《中华人民共和国民法通则》 General Rules for Civil Law of the People's Republic of China

中国为保障公民、法人的合法民事权益,正确调整民事关系,适应社会主义现代化建设事业发展的需要而制定的民法。1986 年 4 月 12 日全国人民代表大会通过,同日国家主席令公布,自 1987 年 1 月 1 日起施行。该通则共 9 章 156 条:第一章基本原则,第二章公民(自然人),第三章法人,第四章民事法律行为和代理,第五章民事权利,第六章民事责任,第七章诉讼时效,第八章涉外民事关系的法律适用,第九章附则。 (王维民)

《中华人民共和国民事诉讼法》 Civil Procedural Law of the People's Republic of China

中国进行民事诉讼应遵循的法律。1991 年 4 月 9 日第七届全国人民代表大会第四次会议通过,同日国家主席令公布,自公布之日起施行。该法共 4 编 29 章 270 条。第一编总则,分为任务、适用范围和基本原则,管辖,审判组织,回避,诉讼参加人,证据,期间、送达,调解,财产保全和先予执行,对妨害民事诉讼的强制措施和诉讼费用等 11 章。第二编审判程序,分为第一审普通程序,简易程序,第二审程序,特别程序,审判监督程序,督促程序,公示催告程序,企业法人破产还债程序等8章。第三编执行程序,分为一般规定,执行的申请和移送,执行措施,执行中止和终结等4章。第四编涉外民事诉讼程序的特别规定,分为一般原则,管辖、送达、期间、财产保全,仲裁,司法协助等6章。 （王维民）

《中华人民共和国破产法（试行）》 Bankruptcy Law of the People's Republic of China(Trial)

1986年12月2日全国人民代表大会常务委员会通过,国家主席令公布,是为适应经济体制改革的需要,促进全民所有制企业自主经营,加强经济责任制和民主管理,改善经营状况,提高经济效益,保护债权人、债务人的合法权益而制定的法律。该法共6章43条:第一章,总则;第二章,破产申请的提出和受理;第三章,债权人会议;第四章,和解和整顿;第五章,破产宣告和破产清算;第六章,附则。该法自《全民所有制工业企业法》实施满三个月之日起试行。 （王维民）

《中华人民共和国企业法人登记管理条例》 Administrative Regulations for the Legal Person of Enterprise Registration of the People's Republic of China

1988年6月3日国务院发布,是为建立企业法人登记管理制度,确认企业法人资格,保障企业合法权益,取缔非法经营,维护社会经济秩序而制定的有关规定。该条例共11章39条:第一章,总则;第二章,登记主管机关;第三章,登记条件和申请登记单位;第四章,登记注册事项;第五章,开业登记;第六章,变更登记;第七章,注销登记;第八章,公告、年检和证明管理;第九章,事业单位、科技性的社会团体从事经营活动的经营管理;第十章,监督管理;第十一章,附则。该条例自1988年7月1日起施行,1980年7月26日国务院发布的《中外合资经营企业登记管理办法》,1982年8月9日国务院发布的《工商企业登记管理条例》,1985年8月14日国务院批准、1985年8月25日国家工商行政管理局发布的《公司登记管理暂行规定》同时废止。 （王维民）

《中华人民共和国企业劳动争议处理条例》 Ordinance on Dealing with Labour Dispute in Enterprise of the People's Republic of China

1993年7月6日国务院发布,是为妥善处理企业劳动争议,保障企业和职工的合法权益,维护正常的生产经营秩序,发展良好的劳动关系,促进改革开放的顺利发展而制定的有关规定。该条例共5章43条:第一章,总则;第二章,企业调解;第三章,仲裁;第四章,罚则;第五章,附则。该条例自1993年8月1日起施行。1987年7月30日国务院发布的《国营企业劳动争议处理暂行规定》同时废止。 （王维民）

《中华人民共和国企业所得税暂行条例》 Interim Regulations for Business Income Tax of the People's Republic of China

1993年12月13日国务院发布,共20条,主要规定有:①适用范围;②所得税的纳税义务人;③纳税义务人应纳税额、税率、应纳税所得额;④纳税人的收入总额;⑤计算应纳税所得额时,准予扣除项目的范围和标准和不得扣除的项目;⑥给予税收优惠政策的纳税义务人;⑦纳税义务人发生年度亏损的弥补和弥补的最长期限;⑧缴纳企业所得税的时间。该条例自1994年1月1日起施行。国务院1984年9月18日发布的《中华人民共和国国营企业所得税条例(草案)》和《国营企业调整税征收办法》,1988年6月25日发布的《中华人民共和国私营企业所得税暂行条例》同时废止。国务院有关国有企业承包企业所得税的办法同时停止执行。 （王维民）

《中华人民共和国全民所有制工业企业法》 Law of Industrial Enterprise Owned by the Whole People of the People's Republic of China

1988年4月13日全国人民代表大会常务委员会通过,国家主席令公布,是为保障全民所有制经济巩固和发展,明确全民所有制工业企业(简称企业)的权利和义务,保障其合法权益,增强其活力,促进社会主义现代化建设而制定的法律。该法共8章158条:第一章,总则;第二章,企业的设立、变更和终止;第三章,企业的权利和义务;第四章,厂长;第五章,职工和职工代表大会;第六章,企业和政府的关系;第七章,法律责任;第八章,附则。该法自1988年8月1日起施行。 （王维民）

《中华人民共和国审计法》 Auditing Law of the People's Republic of China

1994年8月31日全国人民代表大会常务委员会通过,国家主席令公布,是为加强国家的审计监督,维护国家财政经济秩序,促进廉政建设,保障国民经济健康发展而制定的法律。该法共7章51条:第一章,总则;第二章,审计机关和审计人员;第三章,审计机关职责;第四章,审计机关权限;第五章,审计程序;第六章,法律责任;第七章,附则。该法自1995年1月1日起施行。1988年11月30日国务院发布的《中华人民共和国审计条例》同时废止。 （王维民）

《中华人民共和国水法》 Water Law of the People's Republic of China

1988年1月21日全国人民代表大会常务委员

会通过,国家主席令公布,是为合理开发利用和保护水资源,防治水害,充分发挥水资源的综合效益,适应国民经济发展和人民生活的需要而制定的法律。该法所称水资源,是指地表水和地下水。该法共 7 章 53 条:第一章,总则;第二章,开发利用;第三章,水、水域和水工程的保护;第四章,用水管理;第五章,防汛与抗洪;第六章,法律责任;第七章,附则。该法自 1988 年 7 月 1 日起施行。　　　（王维民）

《中华人民共和国税收征收管理法》　Administrative Law for Texes Collection of the People's Republic of China

1992 年 9 月 4 日全国人民代表大会常务委员会通过,根据 1995 年 2 月 28 日全国人民代表大会常务委员会《关于修改〈中华人民共和国税收征收管理法〉的决定》而修正的有关税收征收管理的法律。制定该法的目的是加强税收征收管理,保证国家税收收入,保护纳税人的合法权益。该法共 6 章 62 条:第一章,总则;第二章,税务管理;第三章,税款征收;第四章,税务检查;第五章,法律责任;第六章,附则。该法自 1993 年 1 月 1 日起施行。1986 年 4 月 21 日国务院发布的《中华人民共和国税收征收管理暂行条例》同时废止。　　　（王维民）

《中华人民共和国土地管理法》　Land Administrative Law of the People's Republic of China

1986 年 6 月 25 日全国人民代表大会常务委员会通过,国家主席令公布;根据 1988 年 12 月 29 日全国人民代表大会常务委员会通过的《关于修改〈土地管理法〉的决定》修正;1998 年 8 月 29 日人大常委会再次修订。是为了加强土地管理,维护土地的社会主义公有制,保护开发土地资源,合理利用土地,切实保护耕地,适应社会主义现代化建设的需要而制定的法律。该法共 8 章 86 条:第一章,总则;第二章,土地的所有权和使用权;第三章,土地利用总体规划;第四章,耕地保护;第五章,建设用地;第六章,监督检查;第七章,法律责任;第八章,附则。该法自 1987 年 1 月 1 日起施行。1982 年 2 月 13 日国务院发布的《村镇建房用地管理条例》和 1982 年 5 月 14 日国务院公布的《国家建设征用土地条例》同时废止。第二次修订本自 1999 年 1 月 1 日起施行。　　　（王维民）

《中华人民共和国土地增值税暂行条例》　Interim Regulations for Land Appreciation Tax of the People's Republic of China

1993 年 12 月 13 日国务院发布,是为规范土地、房地产市场秩序,合理调节土地增值效益,维护国家权益制定的。该条例共 15 条,主要规定有:①土地增值税的纳税义务人;②增值额的计算;③纳税义务人转让房地产所得的收入范围;④计算增值额的扣除;⑤土地增值税的超额累进税率;⑥土地增值税的免征;⑦按照房地产评估价格计算征收的情况;⑧办理纳税申报时间。该条例 1994 年 1 月 1 日起施行。各地区的土地增值费征收办法,与该条例相抵触的,同时停止执行。　　　（王维民）

《中华人民共和国文物保护法》　Cultural Relics Preservation Law of the People's Republic of China

1982 年 11 月 19 日全国人民代表大会常务委员会通过,国家主席令公布,是为加强国家对文物的保护,有利于开展科学研究工作,继承我国优秀的历史文化遗产,进行爱国主义和革命传统教育,建设社会主义精神文明而制定的法律。所谓文物,是指遗存在社会上或埋藏在地下、水内的具有历史、艺术、科学和纪念价值的文化遗产。该法共 8 章 33 条:第一章,总则;第二章,文物保护单位;第三章,考古发掘;第四章,贮藏文物;第五章,私人收藏文物;第六章,文物出境;第七章,奖励与惩罚。该法自发布之日起施行。1961 年国务院发布的《文物保护管理暂行条例》即行废止,其他有关文物保护管理的规定,凡与该法抵触的,以该法为准。　　　（王维民）

《中华人民共和国刑法》　Criminal Law of the People's Repubic of China

中国现行刑法。1979 年 7 月 1 日第五届全国人民代表大会第二次会议通过,7 月 6 日人大常委会委员长令公布,自 1980 年 1 月 1 日起施行。1997 年 3 月 14 日第八届全国人民代表大会第五次会议修订通过,同日国家主席令公布,自 1997 年 10 月 1 日起施行。该法共 2 编 15 章 452 条:第一编总则,第一章刑法的任务、基本原则和适用范围,第二章犯罪,第三章刑罚,第四章刑罚的具体运用,第五章其他规定。第二编分则,第一章危害国家安全罪,第二章危害公共安全罪,第三章破坏社会主义市场经济秩序罪,第四章侵犯公民人身权利、民主权利罪,第五章侵犯财产罪,第六章妨害社会管理秩序罪,第七章危害国防利益罪,第八章贪污贿赂罪,第九章渎职罪,第十章军人违反职责罪。另有附则和两个附件。
　　　（王维民）

《中华人民共和国刑事诉讼法》　Criminal Procedural Law of the People's Republic of China

中国现行刑事诉讼法。1979 年 7 月 1 日全国人民代表大会通过,7 月 7 日人大常委会委员长令公布,自 1980 年 1 月 1 日起实施。根据 1996 年 3 月 17 日全国人民代表大会《关于修改〈中华人民共和国刑事诉讼法〉的决定》修正。修正后自 1997 年 1 月 1 日起施行。该法目的是为保证刑法的正确实施,惩罚罪犯,保护人民,保护国家安全和社会安全,维护社会主义社会秩序。修正后的该法共4编和附则,17章225条:第一编总则,分为任务和基本原则、管辖、回避、辩护与代理、证据、强制措施、附带民事诉讼、期间、送达和其他规定等9章;第二编分为立案、侦察和提起公诉等3章;第三编审判,分为审判组织、第一审程序、第二审程序、死刑复核程序和审判监督程序等5章,第四编执行,另还有附则。

（王维民）

《中华人民共和国行政处罚法》

中国为规范行政处罚的设定和实施,保证和监督行政机关有效实施行政管理,维护公共利益和社会秩序,保护公民、法人或者其他组织的合法权益而制定的法律。1996年3月17日全国人民代表大会通过,同日国家主席令公布,自1996年10月5日起施行。该法共8章64条:第一章总则;第二章行政处罚的种类和设定;第三章行政处罚的实施机关;第四章行政处罚的管辖和适用;第五章行政处罚的决定,分简易程序、一般程序、听证程序三节;第六章行政处罚的执行;第七章法律责任;第八章附则。该法公布前制定的法规和规章关于行政处罚的规定与该法不符的,应当自该法公布之日起,依照该法规定予以修订,在1997年12月31日前修订完毕。

（王维民）

《中华人民共和国行政诉讼法》

中国为保证人民法院正确、及时审理行政案件,保护公民、法人和其他组织的合法权益,维护和监督行政机关依法行使行政职权而制定的法律。1989年4月4日全国人民代表大会通过,同日国家主席令公布,1990年10月1日起执行。该法共11章75条:第一章总则;第二章受案范围;第三章管辖;第四章诉讼参加人;第五章证据;第六章起诉和受理;第七章审理和判决;第八章执行;第九章侵权赔偿责任;第十章涉外行政诉讼;第十一章附则。

（王维民）

《中华人民共和国营业税暂行条例》 Interim Regulations for Business Tax of the People's Republic of China

1993年12月13日国务院发布,共17条。主要规定有:①营业税纳税义务人;②营业税的税目、税率;③兼有不同税目应税行为的分别核算办法;④营业额的计算;⑤免征营业税的项目;⑥营业税的纳税义务发生的时间;⑦营业税扣缴义务人;⑧营业税纳税地点、纳税期限。该条例自1994年1月1日起施行。1984年9月19日国务院发布的《中华人民共和国营业税条例(草案)》同时废止。 （王维民）

《中华人民共和国增值税暂行条例》 Interim Regulations for Value Added Tax Law of the People's Republic of China

1993年12月13日国务院发布,共29条。主要规定有:①增值税的纳税义务人;②增值税税率;③纳税义务人兼营不同税率的货物或者应税劳务的纳税办法;④销项税额计算公式;⑤进项税额计算公式;⑥进项税额不得从销项税额中抵扣的项目;⑦对小规模纳税义务人应纳税额的规定;⑧免征增值税的项目及对有关免征增值税的规定;⑨增值税专用发票和普通发票的适用;⑩增值税纳税地点,期限。该条例自1994年1月1日起施行。1984年9月18日国务院发布的《中华人民共和国增值税条例(草案)》,《中华人民共和国产品税条例(草案)》同时废止。 （王维民）

《中华人民共和国招标投标法》 Tendering Law of The People's Republic of China

中华人民共和国第九届全国人民代表大会常务委员会1999年8月30日通过,同日国家主席令公布,自2000年1月1日起施行,是为了规范招标投标活动,保护国家利益、社会公共利益和招标投标活动当事人的合法权益,提高经济效益,保证项目质量而制定的有关规定。该法共6章68条:第一章,总则;第二章,招标;第三章,投标;第四章,开标、评标和中标;第五章,法律责任;第六章,附则。

（张 琰）

《中华人民共和国仲裁法》 Arbitration Law of the People's Republic of China

1994年8月31日全国人民代表大会常务委员会通过,国家主席令公布,是为保证公正、及时地仲裁经济纠纷,保护当事人的合法权益,保障社会主义市场经济健康发展而制定的法律。该法共8章80条:第一章,总则;第二章,仲裁委员会和仲裁协会;第三章,仲裁协议;第四章,仲裁程序:第一节,申请和受理;第二节,仲裁庭的组成;第三节,开庭和裁决;第五章,申请撤销裁决;第六章,执行;第七章,涉外仲裁的特别规定;第八章,附则。该法自1995年9月1日起施行。 （王维民）

《中华人民共和国注册建筑师条例》 Ordinance for Registered Architect of the People's Republic of China

1995年9月23日国务院发布,是为加强对注册建筑师的管理,提高建筑设计质量与水平,保障公民生命和财产安全,维护社会公共利益而制定的有关规定。该条例所称注册建筑师,是指依法取得注册建筑师证书并从事房屋建筑设计及相关业务的人员。该条例共6章37条:第一章总则;第二章考试和注册;第三章执业;第四章权利和义务;第五章法律责任;第六章附则。该条例自发布之日起施行。

（高贵恒）

中间检查 intermediate inspection

又称工序检查。根据建筑安装工程质量检验标准,对已完分部分项工程所进行的质量检查。其目的在于防止不合格品流入后续工序。检查可在完成每道工序后进行;也可在完成数道工序后进行。

(田金信)

中间验收工程 intermedite inspection and turning-over of project

承包施工企业在施工过程中按期交给建设单位验收的已完分部分项工程。验收必须按设计文件质量标准和施工验收规范进行。中间验收后,承包施工单位即可收取相应的工程价款,但不能代替竣工工程的正式验收。及时办理工程中间验收,有利于施工企业控制工程进度,及时回收工程款。

(徐友全)

中式簿记 Chinese-style book keeping

西式簿记传入中国前,政府机关和工商企业普遍采用的一种传统簿记。主要特点是采用现金收付记账法和上收下付直式账页,实行单式记账,按收付实现制计算损益。一般设置流水簿和誊清簿。平时根据原始凭证或水白牌(暂时记载银钱货物收付的一种记录牌)记录,登记流水簿,然后过入誊清簿,期末结出簿内各账户的余额,确定"存该"(存指资产,该指负债),编制存该表,以期末存该与上期末存该比较,结出营业盈亏。在规模较大的商店和作坊,流水簿中只登记现金收付业务,另设货源簿和批发簿,分别登记赊购和赊销业务。在分类账方面,除誊清簿外,另设客户往来。行社往来等分清簿,按客户和银行钱庄户名登记。 (闻 青)

中外合资建筑企业 construction enterprise of chinese and foreign joint venture

简称合资建筑企业。根据中国合资企业法的有关规定,由中方和外方共同投资兴办的建筑企业。合资期间内,其资产由双方共同所有,实行共同管理、共负盈亏、共担风险;合资期限结束,则按双方协议处置资产。兴办合资企业,不但有助于中国引进和掌握外国的先进建筑技术和建筑管理经验,提高建筑技术和管理水平,而且还能增加中国的财政收入和外汇收入,增强在国际建筑市场上的竞争能力,扩大国内就业场所。 (谭 刚)

中外合作设计 design cooperated by china and foreign countries

简称合作设计。利用国内、国外设计技术力量,共同完成工程项目设计的形式。在中国改革开放中,是设计工作对外发展技术合作和交流的一个有效途径。国家规定,国外设计机构承担中国投资或中外合资建设项目的可行性研究和设计时,必须有中国的设计单位参加。需要进行合作设计的建设项目,建设单位及其主管部门应在上报项目建议书时提出申请,按国家规定的项目管理权限进行审查,经批准后方可对外开展工作。建设单位(或其主管部门)在选定国外设计机构时,应同时选定国内的合作设计单位。合作设计双方应与建设单位(或主管部门)签订设计承包合同。合作设计可以包括建设项目的勘察、可行性研究、设计、选购设备与材料等工作内容,也可以只选择其中的某一个阶段进行合作。

(林知炎)

《中外合作设计工程项目暂行规定》 Interim Regulations for the Engineering Project of Sino-foreign Cooperative Design

经国务院批准,1986 年 5 月 26 日国家计划委员会、对外贸易经济合作部发出,是为加强对中国设计机构同外国设计机构合作设计工程项目的管理,促进合作设计活动的开展而制定的有关规定。该规定共 16 条,主要内容有:①需要委托外国设计机构承担的工程项目,包括外国在中国境内投资的工程项目,应有中国设计机构参加,进行合作设计;②合作工程项目,按国家规定报经批准后,方可对外开展工作;③外国设计机构资格审查的主要内容及审查机关;④合作设计合同的主要内容;⑤合作设计合同的签订;⑥未达到合同要求应承担的责任;⑦合作设计所得收入,应按中国规定纳税。该规定自 1986 年 7 月 1 日起施行。 (高贵恒)

中位数 median

统计总体中各单位标志值按大小顺序排列,处于中间位置的数值。确定方法有:①对于未分组的原始资料,先将总体各单位标志值按大小顺序排列,当总体单位为奇数时,即为最中间的一项数值;当总体单位为偶数时,即为最中间两项数值的算术平均数。②对于已分组的分布数列资料,可先按各组单位数总和平均数;$\Sigma f /2$ 确定中点位置,再求中位数的近似值。计算公式为:

$$Md = L + \left(\frac{\frac{\Sigma f}{2} - S_{m-1}}{f_m} \right) i$$

式中 Md 为中位数;L 为中位数所在组的下限,即该组内最小的标志值;Σf 为各组单位数的总和;S_{m-1} 为标志值小于中位数组的各组单位数之和;f_m 为中位数所在组的单位数;i 为中位数所在组的组距,即组内最大值与最小值之差。 (俞壮林)

中修 periodic repair

对机械设备进行部分解体,修理或更换部分主要零件与基准件,使整机状况恢复或达到平衡的修理。若机械的各总成磨损程度相近,则不存在局部的磨损不平衡问题,或者结构比较简单的机械设备,就可以取消中修而只进行大修和小修。

(陈 键)

中央财政 central finance

中央政府为实现其职能的需要,与地方政府共同参与社会产品的分配而形成的分配关系。在国家财政中占主导地位。其收入主要来自地方财政的上缴款,中央各经济主管部门所属企业上缴的利润以及中央税收;支出主要用于全国性的经济建设和科学文化建设,国家机关的行政管理费和国防开支,以及帮助少数民族地区和经济不发达地区发展经济及科学文化建设事业的支出等。 (何 征)

中转供应 intermediary supply

用户经过供销机构中转取得物资的供应方式。主要有:①按计划分配指标供应;②核实供应;③敞开供应等。这种方式可以减少用户物资储备量和流动资金占用,有利于地方物资的调剂使用,解决产需双方在需要批量和供需时间等方面存在的矛盾。一般仅在需要量小的分散用户,物资运输不足限额的情况下才宜于采用。 (陈 键)

终值

见未来值(287 页)。

仲裁 arbitration

通过第三方裁定解决合同纠纷的方式。按《中华人民共和国经济合同法》规定,经济合同发生纠纷时,当事人不愿通过协商、调解解决或者协商、调解不成的,可以依据合同中的仲裁条款或者事后达成的书面仲裁协议,向仲裁机构申请仲裁。合同中没有订立仲裁条款,事后又没有达成书面仲裁协议的,可以向人民法院起诉。仲裁作出裁决,由仲裁机构制作仲裁裁决书。对仲裁机构的仲裁裁决,当事人应当履行。当事人一方在规定的期限内不履行的,另一方可以申请人民法院强制执行。经济合同争议申请仲裁的期限为二年,自当事人知道或者应当知道其权利被侵害之日起计算。 (张 琰)

众数 mode

在总体中出现次数最多的标志值。

常用来说明某种最普遍、最常见的社会经济现象的一般水平。其确定方法有:①如子单项式分组数列,为单位数最多组的标志值;②如果组距式分组数列,先确定单位数最多的一组为众数组,再按下列公式计算:

$$M_0 = L + \left(\frac{\Delta_1}{\Delta_1 + \Delta_2}\right)i$$

式中 M_0 为众数;L 为下限,即为众数组内最小值;Δ_1 为众数组单位数与其前一组单位数之差;Δ_2 为众数组单位数与其后一组单位数之差;i 为组距,为众数组内最大值与最小值之差。 (俞壮林)

重点调查 key survey

从被研究总体的全部单位中,选择一部分重点单位进行的统计调查。属专门组织的一种非全面调查。重点单位指在全局中举足轻重的单位,虽为数不多,但就调查的标志值来说,在总体中却占有很大比重,能够反映出总体的基本情况。当调查任务只要求掌握调查对象的基本情况,而在总体中又确实存在着重点单位时,采用这种调查方法比较适宜,可以较少的人力,物力和时间,获得反映总体基本情况的资料。 (俞壮林)

zhou

周转材料 revolving material, circulating material

在生产施工过程中可以多次反复使用仍保持其原有实物形态的材料。一般有:混凝土工程用的模板,土方工程用的挡板和支撑,脚手架材料,塔式起重机用的钢轨、道钉、枕木等。周转材料的损耗价值采用摊销方式逐次计入工程成本。

(闻 青 陈 键)

周转材料摊销 amortization of revolving material

随周转材料使用损耗而计入工程、产品成本的价值。建筑施工生产过程中周转材料摊销方法一般有:①定额摊销法。计算公式为:

$$\frac{周转材料}{本期摊销额} = \frac{本期实际}{完成工程量} \times \frac{单位工程量周转}{材料消耗定额}$$

②分期摊销法。计算公式为:

$$\frac{周转材料}{每期摊销额} = \frac{周转材料}{计划成本} \times \left(\frac{1-残值占计划}{成本的百分数}\right)}{预计使用期限}$$

③分次摊销法。计算公式为:

$$\frac{周转材料}{每次摊销额} = \frac{周转材料}{计划成本} \times \left(\frac{1-残值占计划}{成本的百分数}\right)}{预计使用次数}$$

④盘存估价摊销法。计算公式为:

$$\frac{周转材料}{摊销额} = \frac{期初账面周}{转材料余额} + \frac{本期收入}{周转材料金额} - \frac{期末盘存}{周转材料数量} \times 重估单价$$

核算时如按实际成本计价,上列计算公式中的计划成本应改为实际成本。

(闻 青 张 琰)

周转房摊销 amortization of turnover buildings

周转房因使用损耗计入开发成本的那部分价

值。根据周转房账面原值和摊销率计算。应计摊销的周转房，一般仅限于使用中的。未使用和停止使用的周转房，在未使用和停止使用期间，可不计算摊销。摊销年限，可比照同类结构非生产用房的折旧年限办理。开发企业会计中，摊销率按平均使用年限法计算。公式为：

$$\text{周转房年摊销率} = \frac{\left(1 - \dfrac{\text{估计残值占}}{\text{原值的百分比}}\right)}{\text{周转房的计算摊销年限}}$$

$$\text{月摊销率} = \frac{\text{年摊销率}}{12}$$

$$\genfrac{}{}{0pt}{}{\text{周 转 房}}{\text{月摊销额}} = \genfrac{}{}{0pt}{}{\text{应计摊销的周}}{\text{转房原值合计}} \times \genfrac{}{}{0pt}{}{\text{月摊}}{\text{销率}}$$

（闻　青）

zhu

主体工程　main project

一个建设项目中所有主要单位工程或一个单位工程中的主要分部工程。它是相对于配套工程而言的。就一个建设项目来说，是指安装主要生产设备，生产主要产品，决定生产能力的单位工程。如电厂的锅炉、发电机组和汽轮机的安装工程，以及主厂房的建筑物、构筑物是电厂的主体工程。就单项工程来说，主体工程是指主要结构分部工程。

（徐友全）

主要材料　major material

生产过程中构成产品主要实体的原材料。如施工生产所需的钢材、木材、水泥、砖及砂石等。

（陈　键）

主要材料消耗动态图　tendency chart of major materials consumption

又称主要材料消耗动态曲线。表示工程施工过程中主要材料每日消耗数量的图表。其横坐标为时间，一般用日历天数表示；纵坐标为投入施工的主要材料数量，其单位根据材料的种类而确定。它表明在整个工程施工期间各种主要材料消耗的均衡程度，是做好主要材料的订购、贮存等工作的依据，也是进行资源平衡优化的基础。　　（张守健）

主要工种流水作业图表　flow process graph of major labour

反映主要工种在工程中流水作业进度状况的图表。是工种工程施工设计的组成部分和分部（项）工程施工进度计划的具体化。编制要点：划分施工过程和施工段；确定施工顺序；计算工程量和劳动量；确定流水节拍和流水步距；绘制流水作业指示图表。主要形式有：水平进度指示图表和垂直进度指示图表。

（董玉学）

主要机械设备利用动态图　tendency chart of major machine and equipment operation

又称主要机械设备利用动态曲线。表示工程施工过程中主要施工机械设备每日投入施工的数量的图表。其横坐标为日历天数；纵坐标为投入施工的主要机械设备的数量，一般应按不同种类、型号分别计算。它表明各种主要施工机械设备在整个工程施工期间的使用是否均衡合理，是做好施工机械的准备工作、合理使用施工机械设备的依据，也是进行资源平衡优化的基础。　　（张守健）

主要机械设备流水作业图表　flow process graph of major equipment

反映主要机械设备流水作业进度状况的图表。是主要机械设备作业计划的组成部分。编制要点：划分施工过程和施工段；确定施工顺序；计算工程量和机械台班数量；确定流水节拍和流水步距；绘制流水作业指示图表。主要形式有水平进度指示图表和垂直进度指示图表。　　（董玉学）

住房商品化　housing commercialization

作为个人生活必需消费品的住房被视作商品，并把它的生产、交换、分配、消费纳入商品经济运动的全过程。在社会主义市场经济体制下是中国城镇住房制度改革的目标。改革后，住户将根据自己的需要和经济能力，通过市场取得住房的所有权（买房）或使用权（租房）。为了保证人民生活的最基本需要，住房商品化并不排除住房的出售、出租方面采取一定的福利政策和优惠措施。例如折价出售，提供买房的低息贷款，或对经济困难户给以特殊照顾等。但是这些福利政策并不改变住房的商品属性。

（刘长滨）

住房制度　housing system

住房的建造、分配、交换、使用、维修、管理等有关的法令、条例、办法、规章制度的总称。中国的城镇住房制度，是从革命战争年代沿袭下来的，带有浓厚的"供给制"色彩。其主要特征是："公家包"、"福利制"、"低租金"、"实物分配"。这种制度在中华人民共和国建立初期，对解决城镇职工急需的住房条件曾起过积极作用。但也存在着一定的弊端，主要有：不能从经济机制上制约不合理的需求，住房短缺没有得到缓解；以租不能养房，房屋失修失养严重；低租金刺激住房消费膨胀；低房租影响居民建房、买房的积极性，建房资金只能靠增加投入，住房建设失去了内在动力。适应社会主义市场经济的要求，这种城镇住房制度正在逐步改革，改革的方向是实现

住房商品化。 （刘长滨）

住宅发展基金 housing development fund

为保证住宅建设正常发展而设立的基金。目的是解决房产开发所需的流动资金。当前,中国住宅发展基金的来源主要有:①国家投资。由国家拨出一定数额资金交给房产开发企业,实行承包经营。②银行贷款。③组织住宅专项储蓄。④发行债券。⑤出售商品房回收的资金,预收房屋订金或部分价款等。 （刘长滨）

《住宅工程初装饰竣工验收办法》 Measures for Checking and Accepting Completed Preliminary Decoration of Residential Project

1994 年 6 月 16 日建设部发出,目的是为适应人民生活水平日益提高的需要,便于居民进行家庭装饰,减少浪费,确保工程质量而制定的有关规定。该办法所称初装饰,是指住宅工程户门以内的部分项目,在施工阶段只完成初步装饰。该办法主要内容有:①适用范围;②住宅工程初装饰的部位和项目;③住宅工程初装饰应符合的原则;④质量标准和检查验收及竣工质量核定、验收的项目;⑤对再装饰的规定;⑥家庭装饰施工队伍的资质。该办法自颁布之日起施行。 （高贵恒）

住宅建设法规 Laws and regulations for residential construction

国家制定的,调整因进行住宅建设活动而产生的各种社会关系的法律规范的总称。国家制定的住宅建设法规主要有:《关于用侨汇购买和建设住宅的暂行办法》、《城镇个人建造住宅管理办法》、《关于严格控制城镇住宅标准的规定》、《城镇住宅合作社管理暂行办法》、《城镇新建住宅小区管理办法》等。中国《宪法》、《民法通则》、《城市房地产管理法》也对住宅建设作了原则规定。 （王维民）

住宅经济学 residence economics

研究住宅再生产过程中的经济关系和经济活动规律的应用经济学。由于住宅是人类赖以生存的基本条件之一,因而住宅问题很早就得到人们的关注,但系统研究则是 19 世纪以后的事。恩格斯在 1873 年写成的《论住宅问题》,为马克思主义住宅经济学的创立提供了理论基础。进入 20 世纪,特别是第二次世界大战结束以来,从社会经济角度研究住宅问题更为活跃并渐趋成熟,从而形成一门新兴的学科。中国在本世纪 20 年代即曾开始研究住宅问题,到 80 年代各大城市成立住宅经济研究会,广泛研究城市住宅问题,初步形成了社会主义市场经济体制下的住宅经济学。其内容主要包括:住宅在国民经济中的作用与地位,住宅的社会经济属性,住宅商品化,住宅市场,住宅的生产、交换与分配,住房制度改

革及住宅经营管理等。 （谭 刚）

住宅消费基金 housing fund

为解决居民购买住房所需款项而设立的基金。其目的是为购房者提供资金,并促进住房建设资金周转的良性循环。建立住宅消费基金包括建立"职工住宅储蓄制度"、"住宅贷款抵押制度"和"住宅福利金制度"。职工住宅储蓄制度是指国家以法律形式规定职工每月必须按一定比例从个人工资中提取部分收入作为住宅储蓄,专门备作购买、租用、修缮和更新住宅之用。住宅贷款制度是指以住宅作为抵押品,由银行发放的一种消费信贷。住宅福利金制度,是指企业和单位按职工工资总额的一定比例提取的住宅福利金。以上办法已在中国一些城市中试行。 （刘长滨）

注册会计师 chartered accountant

经政府主管部门核准注册,取得证书,有资格开业执行查账、验证和会计咨询业务的高级会计专业人员。中国《注册会计师条例》规定,注册会计师须经考试或考核合格,由其所在的会计事务所报请财政部或省级财政厅(局)批准注册,由财政部统一制发证书。其主要业务包括:审查会计账目、会计报表和其他财务资料,出具查账报告书;验证企业的投入资本,出具验资证明书;参与办理企业解散、破产的清算事项;参与调解经济纠纷,协助鉴别经济案件证据;设计财务会计制度,担任会计顾问,提供会计、财务、税务和经济管理咨询;代理纳税申报;代办申请注册登记,协助拟定合同、章程和其他经济文件;培训财务会计人员,以及其他查账验证、会计咨询业务。注册会计师执行业务,必须遵守国家的法律、法规、有关制度和职业道德。 （闻 青）

zhuan

专家调查法 expert investigation method

见专家评价法。

专家评价法 expert evaluating method

又称专家调查法。运用专家分散的知识、经验和判断能力汇集成群体的经验和知识,从而对事物的未来作出主观评价的方法。这里的"专家"系指与调查问题的有关领域或学科有一定专长或具有丰富实践经验的人。调查中按获取信息方式不同常用专家个人判断、专家会议和德尔菲法等。个别专家判断的优点是可以最大限度地发挥专家个人的能力,受他人的影响小,但难免片面性。召开专家会议利于交流信息、互相启发、集思广益、取长补短,考虑因素比较全面,利于得出较为正确的结论。缺点是:容易受到权威和大多数人意见影响,不愿意公开修正

个人意见的一些心理因素干扰,有碍得出合理的结论。在以上两种调查方法的基础上发展起来的德尔菲法兼有前述方法的优点,采用颇为广泛。

(刘玉书)

专家系统　expert system

解决需要经验、专门知识和缺乏结构问题的计算机应用系统。是决策支持系统的基础。其主要特点在于有一个存有数字和专门技能决策规则的知识库。以和用户对话的方式查询知识库,并由用户引出更多的信息,提出进一步检查的方向。

(冯镔荣)

专利　patent

取得专利权的发明创造、专利权和专利文献的通称。在中国根据专利法规定,取得专利权的发明创造是指具有新颖性(在申请日以前没有同样的发明创造公开过)、创造性(它必须不是显而易见的)和实用性(它必须能在工业上应用)的并经过申请人按规定申请,经审查合格而授予专利权的发明、实用新型和外观设计。专利权是指由国家专利管理部门依法授予专利申请人实施(包括制造,使用或销售)其发明创造的专有权,是一种无形财产权,受法律保护。它具有排他性、时间性和地域性。排他性是指任何人想要实施专利必须事先取得该专利权人的许可,否则就是侵权,要负法律责任。时间性是指一件专利只在一定的时间内有效。中国专利法规定发明的有效期是20年,实用新型和外观设计都是10年。地域性是指一个国家授予的专利权只在该授予国国内有效,对其他国家没有任何法律效力。专利文献是记载专利发明创造的内容的文件。发明、实用新型的专利文件主要包括请求书、说明书及其摘要和权利要求书。外观设计专利文件主要包括请求书、表示外观设计的图纸或照片等。　　(朱俊贤)

专题审计　special andit

根据特定的目的、范围和时间,就被审计单位某一特定项目所进行的审计。常见的有税收审计、信贷审计、经济合同审计、经济弊端审计等。

(闻　青)

专项物资　special item goods and material

建筑施工企业为各种专项工程储备并单独保管的专用材料、设备等物资。专项工程指更新改造、大修理等专用基金工程;技术装备、临时设施等特种基金工程;新产品试制等专用拨款工程;小型技措借款,小额基建借款等专用借款工程。　(曹吉鸣)

专项资金　special fund

企业为了满足特殊需要而建立的各种具有特定用途的资金。如为固定资产更新、改造需要而从折旧基金等提存的更新改造基金;为固定资产大修理需要而从工程、产品成本中提取的大修理基金;为发展生产而从企业留利中提取的生产发展基金;为防止再生产过程中断和其他意外事故而从企业留利中提取的后备基金;为安排新产品试制项目的需要而从企业留利中提取的新产品试制基金;为保障职工健康和增进职工福利而按照工资总额的规定比例从生产成本中提取和从企业留利中提取的职工福利基金;为对先进职工进行奖励而从企业留利中提取的职工奖励基金;为进行国家安排的重点新产品试制项目的需要由国家按照计划拨给企业的新产品试制拨款等。由于种类较多、来源不一,它们在形成和使用上都有专门的规定,因此曾与企业其他资金分别进行管理。会计制度改革后,不再与其他资金分别管理,而按规定转入资本金等科目。

(闻　青　金一平)

专项资金管理　special fund management

在计划经济体制下,按国家有关规定,企业从特定来源取得并有特定用途的资金形成、使用、核算、控制和考核其使用效果等工作的总称。建筑企业的专项资金主要有:①企业内部形成的专用资金,如更新改造基金、生产发展基金、大修理基金、职工奖励和福利基金等;②特种基金,如临时设施包干基金,施工队伍调遣费等;③专用拨款,如挖潜、革新和科技三项费用;④专用借款,如小型技术措施借款、大修理借款、小额基建借款等。对于专项资金应按照国家规定计提,并按规定的用途使用,并实行计划管理,先提后用、量入为出、节约使用、讲求经济效果。会计制度改革后专项资金管理方式已逐渐取消。

(周志华)

专业标准　speciality standard

见部标准(10页)

专业管理　special-line management

对企业生产经营活动,按照管理的专业分工由专门职能管理机构和职能管理人员进行的管理。如计划、生产、技术、质量、材料、机械设备、劳动工资、财务等的管理。专业管理对企业的生产经营活动起保证作用,对各级行政领导起助手作用,对职工的群众性管理起指导作用。进行专业管理,需要设置必要的职能机构。但并不是说每项专业管理,就得设立一个专业职能机构。现代企业管理组织机构的发展表明,专业管理的职能不可少,但管理人员可一专多能,职能机构也可以综合。　　　(何万钟)

专业会计　speciality accounting

以会计一般原理为基础,与各部门、各行业的生产经营性质和特点基本相适应的会计。各部门、各行业会计的通称。如工业企业会计、建筑企业会计、城市建设综合开发企业会计、商业会计、预算会计

等。 （闻 青）

专业施工企业 specialized construction enterprise

在工程建设项目中专门从事某专业施工任务的建筑企业。根据专业划分的不同标准，专业施工企业主要有：①对象专业化施工公司，如桥梁建筑公司、冶金建筑公司、化工建筑公司等。②工艺专业化施工公司，如基础工程公司、土石方施工公司、装饰工程公司等。 （谭 刚）

专用拨款 special appropriation

社会主义国家财政部门和企业主管部门拨给企业用于特定用途的款项。主要指由国家安排的重点新产品试制项目的拨款。在使用时，必须专款专用，不得挪作其他用途。为了加重企业的经济责任，促进企业合理、节约地使用资金，国家对专用拨款已逐步改为贷款方式，以充分发挥银行信贷的调节和监督作用。 （周志华）

专用贷款 special loan

计划经济体制下，企业为解决专项资金不足而从专业银行借入的专用款项。中国建筑企业可从建设银行借入的专用借款，主要有大修理借款、小型技术措施借款和小额基建借款。借款的建筑企业必须有 10% 到 30% 的自有专项资金用于借款项目，并按其用途分别以大修理基金、技措项目投产后增加的利润或更新改造基金按期归还本息。1993 年 7 月 1 日会计制度改革后，不再设专项贷款，而按借款期限划分为短期贷款和长期贷款。 （周志华）

转售 transaction

物业持有期结束时的出售行为。在房地产估价中，转售价格常用的估算方法有：

转售价格 = 物业当前价格 × (1
+ 预计持有期末价格上涨幅度)

或

$$转售价格 = \frac{预计持有期结束第一年净营业收入}{持有期末综合还原利率}$$

（刘洪玉）

转售费用 closing costs

又称出售成本。房地产产权转让时发生的费用。包括交易手续费、契税、代理费、律师费和评估费等。这些费用可由卖方承担，也可由买方负担。 （刘洪玉）

转账结算 settlement on account

又称非现金结算、划拨清算。不动用现金，通过银行把款项从付款人账户划转到收款人账户而完成的货币结算。"现金结算"的对称。在中国，除国家现金管理办法规定可以使用现金结算者外，单位与单位之间的商品交易、劳务供应、资金调拨、信贷收支等，都必须通过银行办理转账结算。 （闻 青）

zhuang

装备率 equipment rate

用人均装备量表示的反映企业机械装备水平的指标。包括技术装备率和动力装备率。随着施工机械化的发展，装备率水平将有所提高。企业除应提高装备率外，更应强调提高机械设备的完好率和利用率，使装备机械的生产能力得到有效发挥。 （陈 键）

装备生产率 productivity of equipment

又称装备产值率。报告期内企业自行完成的工作量与机械设备净值的比值。用以反映设备投资在施工生产中创造价值量的大小。计算公式为：

$$装备生产率 = \frac{年度自行完成工作量}{自有机械设备净值}$$

其中自有机械设备净值一般为年末账面余额。 （陈 键）

装运港船边交货价格 free alongside ship, FAS

国际贸易中卖方自负费用和风险，将售出的货物交到指定的装运港船边船舶起重机吊钩所及之处的价格。根据国际商会的解释，买卖双方负担的责任、费用与风险如下：卖方必须：在装运港履行船边交货，及时地向买方发出已在船边交货的通知，并负担货物运送到船边为止的一切费用和风险。买方必须：负责向卖方通知船名、装货码头及船边交货日期；负担货物运送到指定的装运港船边交货时起的一切费用和风险；接受卖方提供的有关单据和证件，并支付货款和费用。这一价格条件，在美国、加拿大和拉丁美洲各国广泛使用，特别是一般杂货使用这一价格条件较多。 （蔡德坚）

zi

资本 capital

企业所有者对企业的永久性投资。即所有者权益。在中国称资本金。企业的资本总额一般等于其资产总额减去负债总额和盈余（即留存收益）后的余额。股份有限公司和有限责任公司股东对企业投入的资本，通常称股本。 （闻 青）

资本化价值 capitalized value

用收益还原法求得的某一宗房地产的价值。即房地产所有者预计在能获取收益期限内逐年收益的现值之和。 （刘洪玉）

资本化率 capitalization rate

以收益资本化法估价房地产所采用的利率。反映一宗房地产在某一特定年份的净现金流量和其现值之间的比率关系。实践中,在没有特别说明的情况下,一般指综合资本化率。　　　　(刘洪玉)

资本回报　return on capital

房地产收益超过初始投入资本时的年回报率。
　　　　　　　　　　　　　　　　　(刘洪玉)

资本回收　return of capital

通过房地产的经营或销售收入对初始投资的回收。　　　　　　　　　　　　　　(刘洪玉)

资本金　capital

新建项目设立时登记的注册资金。中国经济体制改革以来,实行建设项目法人投资责任制和项目资本金制度。按规定,建设项目法人需按项目总投资的一定比例投入资本金,不能用借入资金搞无本项目。因此,也不再笼统地使用自筹资金投资的概念。根据投资主体的不同,资本金可分为国家资本金、法人资本金、个人资本金及外商资本金等。资本金的筹集可以采取国家投资、各方集资或发行股票等方式。　　　　　　　　　　　(何万钟)

资本金利润率　ratio between capital and profit

建设项目达到设计生产能力后的正常年份利润总额与资本金的比率。是衡量项目单位资本金盈利能力的静态指标。其计算公式为:

$$资本金利润率 = \frac{年利润总额(或年平均利润总额)}{资本金} \times 100\%$$

(何万钟)

资产　assets

企业及其他经济组织所拥有的各种有形财产和无形权利的总称。财务会计术语。按其存在的形式,分有形资产和无形资产,按其在再生产过程中的周转情况和经济用途,分固定资产、流动资产、专项资产、其他资产。　　　　　　　　(闻　青)

资产负债表　balance sheet

反映企业某一日期财务状况的一种主要会计报表。分"资产"、"负债和所有者权益"两个部分。通常资产部分列在左方,反映企业所有的各种财产、物资、债权和权利,按变现先后顺序排列。负债和所有者权益部分列在右方。负债列右上方,反映企业的各种短期和长期负债,所有者权益列右下方,反映企业的资本和盈余。在每一会计年度终了时都须编制此表,连同损益表等经独立的执业会计师审查后按规定向有关方面报送。　　　　　(闻　青)

资产负债率　ratio between assets and liability

项目负债总额与项目资产总额的比率。是反映项目财务风险程度及偿债能力的指标。其表达式为:

$$资产负债率 = \frac{负债总额}{资产总额} \times 100\%$$

资产负债率可反映项目利用负债进行经营活动的能力,也反映债权人发放贷款的安全程度。对债权人而言,资产负债率愈低愈好,以求贷款的安全收回。对承担债务的投资者而言,一般希望此比率高一些,但过高也会影响项目的筹资能力。中国实行建设项目资本金制度后,对资产负债率有一定限制,将有利于改善项目的投资来源结构。　　　　(何万钟)

资金　funds

国民经济中有价值的物资、财产的货币表现。社会再生产得以进行的必要物质条件。它在不断运动中发挥作用:以企业为主体,在企业再生产过程中运动着的资金,称企业资金或经营资金;以社会为主体,在社会再生产过程中运动着的资金,构成社会资金;其中一部分经过国家财政渠道进行流转的,称财政资金,如上缴税金和利润、国家基本建设投资和各种非生产性开支;一部分通过银行信贷渠道流转,称信贷资金,如居民与企业存款、财政性存款及国家财政拨给银行的信贷资金等。在西方会计中,通常指营运资本,即流动资产减流动负债的余额。
　　　　　　　　　　　　　　　　(俞文青)

资金产出弹性　elasticity of capital output

在其他条件不变情况下,由于资金投入变化带来的产值与全部产值之比 α。可表述为

$$\alpha = \frac{\partial y}{\partial K} \cdot \frac{k}{y}$$

式中,y 为产出量;k 为资金投入量。　(曹吉鸣)

资金成本　cost of capital

进行投资时,有偿使用资金付给资金提供者的报酬。若为借入的资金,即表现为利息;若为运用自有资金,则表现为这笔资金不作为贷款而牺牲的利息收入。资金成本的高低取决于资金的供求关系,资金紧缺时,利息大,资金成本就高;反之,则低。认识资金成本的意义,要求减少资金的占用量和占用时间,以更节约和有效地运用资金。　(周志华)

资金利润率　profit rate of funds

建筑施工企业实现利润与占有固定资产平均净值和流动资金平均占用额的比值。也有仅用流动资金占用额对比的。计算公式为:

$$资金利润率 = \frac{报告期利润总额}{固定资产平均(或期末)净值 + 定额流动资金平均占用额} \times 100\%$$

(卢安祖)

资金时间价值　time value of money

又称货币时间价值。资金因周转运动而发生增

值的属性。即同一笔资金在不同时间具有不同的数值,它体现了资金周转产生效益与时间的动态关系。资金具有时间价值是利息存在的经济根源。资金时间价值的大小可用利息或利率大小来反映。工程经济中正是根据资金与时间的动态关系来研究投资、收益与时间的关系的,它是工程经济中一个最重要的基本概念。 (何万钟)

资金投入量 capital input

一个国家、地区、项目或企业在一定时期内为发展生产而投入的资金数量。生产要素投入量之一。中国规定,资金在生产活动中所起的作用不同,可以分为固定资金、流动资金和专项资金。固定资金考虑折旧,有原值和净值之分;流动资金按管理方式不同,分为定额流动资金和非定额流动资金。

(曹吉鸣)

资金无偿占用制 free use of funds system

中国全民所有制企业对国家财政拨给固定基金、流动基金不承担付费责任的制度(参见资金有偿占用制)。 (俞文青)

资金循环 funds circulation

企业资金从货币资金形态转到储备资金形态、生产资金形态、成品资金形态,又回到货币资金形态的运动过程。一般分三个阶段:第一阶段处于流通过程,通过采购生产资料,由货币资金形态转化为储备资金形态。第二阶段进入生产过程,通过工人劳动把生产资料的价值转移到产品或工程成本中去,并创造新价值。经过这个过程,形成生产资金形态,又变为成品资金形态。第三阶段又回到流通过程,通过产品销售或工程交付取得货币收入。其中一部分用来补偿生产费用,回到货币资金形态,加入下一个资金循环过程中去;另一部分相当于生产工人为社会创造的剩余产品价值的货币收入,在国家与企业之间进行分配。归企业支配的纯收入中,有一部分形成追加投资,也参加到企业资金循环中去。资金循环的通行无阻,是再生产过程顺利进行的前提条件。 (俞文青)

资金有偿占用制 use of funds to be repaid system

中国全民所有制企业对国家财政拨给固定基金、流动基金承担付费责任的制度。根据企业占用国家固定基金和流动基金的账面数额,分别规定不同的收费标准,按期征收占用费。由企业利润支付。实行这一制度,能促使企业节约使用资金,提高资金利用效果,并可消除占用基金数额不同的企业之间在利益分配上的苦乐不均现象。该制度从 1980 年起在全民所有制工业、建筑业中试行。1983 年起,实行利改税和承包经营责任制的企业,不再缴纳占用费。 (俞文青)

资金周转 turnover of funds

企业资金循环周而复始不断重复的周期过程。表明资金在不断循环中所经历的时间和速度。固定资金的周转期较长,它是沿着固定资产的购建、价值转移和补偿、重置的顺序进行循环的,往往需要数年到数十年时间。流动资金的周转,由于原材料等在生产中一次被消耗掉,把全部价值一次转移到新产品的成本中,周转期较短。一个企业所需的流动资金,与流动资金周转速度有关。加速流动资金周转,缩短周转期,意味着用较少流动资金可以完成同样多的生产任务,即资金利用效果好。 (俞文青)

资源消耗动态图 tendency chart of resource consumption

又称资源消耗动态曲线。反映工程施工中各项资源消耗及其均衡状况的图表。按资源种类不同,分为:劳动力消耗动态图、材料消耗动态图、机械设备利用动态图和工程成本动态图等。通过它可以反映出每日资源消耗量、资源总消耗量和资源消耗均衡程度。是组织资源供应工作的依据。

(董玉学)

资源预测 resource forecasting

企业生产经营活动所需原材料、设备、能源等物质资源的需求量、供应量、供应的保证程度及价格变化的预测。 (何万钟)

自发性诊断 self diagnosis

企业根据自己的需要,主动组织内部人员或聘请专业管理咨询人员(经营顾问),对企业进行的诊断。 (何万钟)

自含系统 self-contained system

使用自含式数据语言进行数据库操作的数据库系统,相对于宿主系统的数据库管理系统类型。所谓自含式语言即可以独立于高级语言使用的数据操作语言。由于自含式语言同时具有描述数据操作和运算两方面的功能,故需要有专门的编译程序,由数据库管理系统提供用户需要的一切服务。这种系统的优点是整个系统的效率比较高。可以通盘考虑检索数据和分析运算,使得两者的相互作用比较密切,甚至可以根据应用中分析运算的要求,使用系统提供的有关信息(如索引、其他辅助信息),提高对数据的访问效率。其缺点是适应性差。这类系统一般是为某种专门应用服务的。 (冯鑑荣)

自然经济 natural economy

生产是为了直接满足生产者个人或单位自身的需要,而不是为了交换的经济形式。即自给自足经济。在自然经济条件下,每一个生产者或生产单位利用自身的生产条件,生产自己所需要的几乎一切产品,交换极其有限,产品不具有商品性质。由于排斥社会分工,各个生产单位孤立分散,生产规模狭小,生产力的水平低下,这便导致自然经济带有因循守旧、墨守成规的特征。从原始社会到封建社会这一漫长的历史时期里,这种经济形式占有统治地位。到了封建社会末期,随着生产力水平的提高和社会分工的发展,商品经济迅速发展,自然经济逐渐趋于瓦解,终为建立在社会分工基础上的商品经济所代替。 (何 征)

自然寿命 physical life

又称物理寿命。建筑物可供正常使用的实际时间周期。 (刘洪玉)

自然损耗 natural loss

机械在停置状态下,由于自然力的作用,如大气中的水分、粉尘、污染物等使机械锈蚀而造成的损耗。是有形损耗的一部分。为限制自然损耗的发展,机械管理部门需对闲置的机械给予必要的维护,并在调配时减少闲置和利用闲置时间进行保养修理作业,以及加强对机械设备的日常保养。 (陈 键)

自由外汇 free exchange

国际金融市场上可自由买卖,在国际结算中能广泛使用,且能不受限制地兑换成其他国家货币的外汇。目前属于自由外汇的货币很多,中国挂牌公布汇价的主要外币有:澳大利亚元、丹麦克朗、联邦德国马克、法国法郎、意大利里拉、日元、荷兰盾、挪威克朗、新加坡元、瑞典克朗、瑞士法郎、英镑、美元、港币和欧元等。 (蔡德坚)

自有机械 self-owned machinery

企业作为固定资产管理的机械设备。包括原由国家投资或由上级调拨的设备及企业利用折旧和技术装备基金、税后留利所购置的设备。不论是在用、在修、在途或在库(包括封存),以及出租或出借的机械设备均应包括在内。 (陈 键)

自治条例和单行条例 autonomous and special ordinances

宪法、法律授权的民族自治地方的人民代表大会制定的在辖区内具有普遍约束力的法律规范性文件的总称。《中华人民共和国宪法》第116条规定,"民族自治地方的人民代表大会有权依照当地民族的政治、经济和文化的特点,制定自治条例和单行条例。自治区的自治条例和单行条例,报全国人民代表大会常务委员会批准后生效。自治州、自治县的自治条例和单行条例,报省或者自治区的人民代表大会常务委员会批准后生效,并报全国人民代表大会常务委员会备案"。 (王维民)

zong

宗地 parcel of land

依法律或习惯加以区划,确定其位置和界限,形成一定面积的个别地块。 (刘洪玉)

宗地图 parcel land drawing

按一定比例尺制作,用以标定某一宗地的位置、界线和面积的地形平面图。 (刘洪玉)

综合工作过程 comprehensive working process

为完成最终产品而结合起来、密切相关和同时进行的若干工作过程的总合。是复杂的施工过程。如砌砖工程包括搅拌砂浆、砖和砂浆运输及砌砖等工作过程。 (董玉学)

综合管理 comprehensive management

为了提高管理的综合效能,按照管理活动的内在联系,对企业生产经营活动分系统或总系统进行的全面管理。中国企业现行的综合管理有全面计划管理、全面质量管理、全面经济核算和全面劳动人事管理。简称"四全"管理。全面计划管理的任务是保证实现企业经营目标和经营战略,通过计划的制订和贯彻,协调全企业的各项生产经营活动。全面质量管理的任务是建立健全企业质量保证体系,提高工作质量,为用户提供满意的产品和服务。全面经济核算的任务是搞好事前的、事中的成本控制,和事后的经济核算,促进企业增收节支,加速资金周转,降低产品成本。全面劳动人事管理的任务是培育人才,提高职工队伍素质,激发职工积极性和创造性。在"四全"管理中,全面质量管理、全面经济核算、全面劳动人事管理是企业管理中分系统的综合管理,全面计划管理是企业管理总系统的综合管理。所以,全面计划管理是统帅全面质量管理、全面经济核算、全面劳动人事管理的最高形态的综合管理。 (何万钟)

综合奖 comprehensive award

含有多项得奖指标的奖励制度。有两种不同的含义:一种是奖励条件仅包含对生产方面的要求,这些要求一般是能够进行统计和考核的,如优质、低耗、超产奖。二是奖励条件还包含有与生产无直接关系的要求,如协作关系、劳动态度等。综合奖的优点是奖励条件比较全面,有利于促进职工全面地完成生产(工作)任务,加强劳动协作,培养积极的劳动态度。但是,如果奖励条件规定不当,主次不分,即会影响奖励的效果。 (吴 明)

综合开发法规 comprehensive development laws

国家制定的有关调整综合开发活动发生的社会

关系的法律规范的总称。综合开发,是指在依法取得使用权的国有土地上进行土地开发,房屋及基础设施和配套设施建设活动。中国的综合开发法规主要有:《城市建设综合开发公司管理暂行办法》《关于搞好限额以上综合开发项目审批工作的通知》《城市住宅小区竣工综合验收管理办法》。《城市规划法》也对综合开发作了原则规定。　　(王维民)

综合扩大预算定额

又称综合预算定额。在预算定额基础上,将有关分部分项工程合并成扩大项目的综合性人工、材料和机械台班消耗的数量标准。主要用作编制设计概算和招标工程标底的依据。可比预算定额减少大量计算工作量。　　(张守健)

综合评价 comprehensive evaluation

在技术评价、经济评价、环境评价和社会评价的基础上对技术方案或建设项目所进行的整体的、全面的评价。其内容包括:工程、技术、经济、生态环境、政治、国防、社会以及自然资源的合理利用等。其中经济效果通常起决定性作用。但有时经济效果差的项目其他方面效果好,从综合评价考虑,也可能作为可行项目。　　(武永祥　刘玉书)

综合审计 integrated audit

对被审计单位的多种审计项目一起进行审核检查的审计。如核实材料采购成本、验证存料、审查供应客户往来和结算户存款等项目综合起来同时进行的审计。　　(闻　青)

综合收益率 overall yield rate

一宗房地产的净经营收入现值与转售收入现值之和等于其购买价格时的折现率。　　(刘洪玉)

综合折旧率 comprehensive depreciation rate

按企业全部固定资产综合平均计算的平均折旧率。在实际工作中,也有根据历史资料,用企业过去几年全部固定资产的平均折旧额,除以平均总值,求得综合折旧率,用以计算各个时期的折旧额。采用此折旧率计算折旧,手续比较简便,但由于各项、各类固定资产的使用年限差别很大,固定资产的构成内容也会经常变动,因而不能正确地计算和反映各项或各类固定资产的折旧额。计算公式为:

$$\text{全部固定资产年综合折旧率} = \frac{\text{全部固定资产折旧额}}{\text{全部应计提折旧的固定资产原价}} \times 100\%$$

$$\text{全部固定资产月综合折旧率} = \frac{\text{全部固定资产年综合折旧率}}{12}$$

　　(闻　青)

综合指标评价法 comprehensive indicator evaluation method

对互比方案各指标予以量化并转化为一个综合指标,据以进行方案评价的方法。为多目标(即多指标)方案评价常用的方法。适用于评价指标中既包含定量指标,又包含定性指标,定量指标又有不同计量单位;或者既有要求其值越大越好的指标,又有要求其值越小越好的指标的情形。根据将各指标值转化为一个综合指标方式的不同,又具体包括指标评分法、加权和评价法、连乘评价法、加乘混合评价法、除式评价法、最小平方评价法等。　　(刘玉书)

综合资本化率 overall capitalization rate

一宗房地产在某一年的净经营收入与该房地产价值的比例关系。既不考虑房地产在整个持有期内净经营收入的收益率,也没有考虑房地产转售的情况。用利率还原法进行房地产估价时,常通过第一年的净经营收入除以综合还原利率求得被估房地产的价值。　　(刘洪玉)

总包单位 general contractor

直接与建设单位签订承包合同,对整个建设项目的设计或施工全面负责的实施机构。它所承包的设计或施工任务可以全部或一部分由自有力量完成,也可将其中某些部分交由其他专业分包单位完成。　　(钱昆润)

总成本费用 whole cost

又称完全成本。指项目在一定时期内(一般为一年)为生产和销售产品而支出的全部成本和费用。它由生产成本、管理费用、财务费用和销售费用四部分组成。在计算总成本费用时,只计算原材料、燃料、动力等消耗的外购部分,不计算自产自用部分,以免重复计算。　　(何万钟)

总成互换修理法

用预先准备好的总成替换有缺陷的总成的机械修理方法。换下来的总成送往专业修理单位进行修复,以备再修理时使用。这种方法可加快修理速度,减少停修时间,能更好地保证修理质量。但需一定数量的总成作周转,占用一定资金。　　(陈　键)

总分类账 general ledger

简称总账。由各个总分类账户所组成的一种分类账。按每一总账科目开设账户,根据记账凭证、汇总记账凭证或日记账逐笔登记。可据以全面地、总括地反映本单位经济活动和财务收支情况,为编制会计报表提供所需的资料。　　(闻　青)

总分类账户 ledger account

简称总账账户,义称一级账户。用货币量度对资产、负债、资本金、费用成本和收益的增减变动及其结果,总括地进行反映的一种账户。按规定的总账科目分别开设,对其所属二级账户,明细分类账户起统驭作用。通过总分类核算可以概括地了解和考核各企业单位的生产经营活动或预算执行情况。

　　(闻　青)

总工程师　chief engineer

中国企业中,在经理领导下,对企业技术工作进行统一组织的总负责人。其主要任务是:贯彻执行国家技术政策;建立企业的生产技术工作秩序;充分利用企业的物质技术条件,不断提高企业的生产技术水平。其主要职责是:负责企业技术决策、技术开发、技术革新、技术监督、技术培训、技术管理等的组织领导工作。总工程师在本职工作范围内处理技术问题有决定权,不受行政领导人的干预。总工程师是通过企业的有关技术管理部门和各级技术管理人员来履行其职责的。　　　　　　　　(何万钟)

总经济师　chief economist

中国企业中,在经理领导下,对企业经营决策、经营计划和经营业务进行统一组织的总负责人。其主要任务是:贯彻执行国家经济政策;协调社会需要及企业生产之间的关系;拟定企业经营目标和经营战略方案;建立健全企业计划管理体系,不断提高企业经济效益。其主要职责是:领导开展企业经营预测;组织制订企业经营目标、经营方针、经营战略的方案或论证意见;领导编制和实施企业经营计划;组织企业经营业务;领导企业的经济信息工作等。总经济师是通过企业的有关经营、计划管理部门和各级有关管理人员来履行其职责的。　　　(何万钟)

总开发成本　total development cost

开发商为一宗房地产开发项目投入的全部成本。一般包括土地购置成本,土地开发和建筑物及附属设施的建造成本,项目的管理费、财务费用和销售费用。有时还包括项目建成后的空置损失和与转让房地产有关的税金。　　　　　　　(刘洪玉)

总开发价值　gross development value

一宗房地产开发项目的投资过程结束后,该项目所具有的市场价值。对于土地开发项目,总开发价值为开发过程结束后的该项土地市场价值。对于典型的房地产开发项目,总开发价值为开发建设过程结束后具备了使用条件的房地产的市场价值,即单位面积市场价格与总可销售面积之乘积;也可通过项目建成后的市场租金和该项目的可出租面积,以收益还原法估算出来。　　　　　　(刘洪玉)

总会计师　chief accountant

在经理领导下,对企业的财务管理和经济核算工作进行统一组织的总负责人。其主要任务是:贯彻执行国家的财经制度和政策;建立企业的财务工作秩序;对企业的生产经营活动进行财务监督;促进生产发展,改善企业财务状况。其主要职责是:统一管理企业财务会计工作;组织企业经济管理规章制度的建设;组织编制和实施企业财务计划;组织企业经济核算和经济活动分析;领导企业的财务监督等。

总会计师是通过企业有关财务管理部门和各级财会人员来履行其职责的。　　　　　　(何万钟)

总量指标　total amount indicator

又称绝对数。反映社会经济现象规模或水平、生产或工作总成果的统计指标。用绝对数表示,有一定的计量单位。反映总体单位总数的,称总体总量指标;反映总体各单位某标志值总和的,称标志总量指标;反映总体在某一时点状况(时点现象)总量的,称时点指标;反映总体在一段时期内活动过程(时期现象)总量的,称时期指标。是统计资料汇总的直接结果,计算相对指标和平均指标的基础。　　　　　　　　　　　　　　　(俞壮林)

总平面设计　general layout planning

建设项目整个场地中各类建筑物、构筑物、交通、管线、绿化等的总体配置设计。设计原则是:①满足生产工艺与使用要求;②合理利用土地;③适应场地内外运输要求;④考虑场地地形,工程地质、水文地质等条件;⑤满足卫生、防火、安全防护要求;⑥满足城市规划以及绿化、美化和环境保护的要求。　　　　　　　　　　　　　　　　(林知炎)

总体单位　population unit

构成统计总体的各项统计属性特征或数量特征各个最原始承担者。根据研究的具体要求不同,可以是一个人、一个物、或一个生产经营单位。研究建筑业生产情况时,建筑企业就是统计总体,包括现有的作为建筑生产活动基本经济单位的全部建筑企业,其中每个建筑企业就是一个总体单位。通过对大量总体单位的观察、分析和研究,可以对总体现象的性质和特征作出综合说明。　　　(俞壮林)

总体均衡分析　general equilibrium analysis

运用线性规划,把国民经济所追求的国家收益最大化和企业生产所追求的总成本最小化作为对偶规划,求得最优计划价格的分析方法。国家收益最大化(规划Ⅰ)从优化资源配置出发,本身并不含资源的价格,但由于对偶规划的存在,一旦实现了资源的最优配置,各种资源的最优配置、各种资源的最优计划价格也就如影随形地产生。这就是影子价格用语的由来,也就是影子价格是线性规划对偶解的含义。反之,若先从企业生产成本最小化(规划Ⅱ)解出最优计划价格,再用这一价格去引导企业生产,由于对偶规划的存在,在企业追求微观效益的同时,宏观上的资源配置优化也随之得到实现。这种方法在理论上比较严密,目前只具有理论意义,还难以在经济分析,特别是项目评价中实际应用。因而影子价格多求助于局部均衡分析方法。　　　　(刘玉书)

总体设计　general design

为解决矿区、林区、铁路以及大型联合企业和民用建筑群的总体开发、部署等重大战略性问题而编制的设计文件。编制的依据是批准的可行性研究报告和厂址选择报告。批准的总体设计文件则作为具体项目初步设计的依据。其内容一般应包括产品方案、工艺流程、设备选型、主要建筑物、构筑物、辅助工程、公用设施及其总体布置方案(包括多方案的比较)、三废治理方案、建设总概算书、总工期及分期规划等。总体设计为初步设计、主要设备和材料的预安排以及征地工作等提供依据。　　(林知炎)

总投资　total investment

建设项目固定资产投资和流动资金的总和。固定资产投资包括土地、土建工程、设备购置与安装，以及投产前的资金支出等。流动资金指项目投产后为进行正常生产所必需的周转资金。建设项目经济评价时的总投资等于固定资产投资(不包括生产期更新改造投资)、固定资产投资方向调节税、建设期利息和流动资金。　　(何万钟)

总指数　general index number

综合表明全部现象相对变动状况的指数。编制时首先应把全部现象总体中各个不能直接相加的个体化为可用同一标准加总的量。因编制方法不同而有综合指数和平均数指数之分。　　(俞壮林)

ZU

租金损失　collection loss

业主由于不能向承租人足额收取租赁合约规定的租金而导致的收入损失。　　(刘洪玉)

租赁　leasing

有形资产使用权有偿转让的交易方式。承租人在一定时期内租用出租方拥有的土地、房屋或设备等有形资产，并按商定的数额和时间交付租金，从而取得使用权，但财产的所有权仍属于出租人。对承租人而言，可以避免大量资本支出，对出租方也可减少金融风险。在技术性强、更新要求快、使用后能较快发挥经济效益的机器设备的租赁业务中，优点更为明显。　　(蔡德坚)

租赁合约　lease contract

房地产所有权人将其所拥有的某一物业的占有权或使用权，以约定的租金在一定期间内转让给承租人时，双方依法签订的书面合同。经济合同之一种。内容主要载明出租人、承租人、出租物业所在地及其性质、数量、租赁期限、租金数额及交纳时间，以及承租人使用或占有物业的其他条件和租赁双方的权利、义务等。　　(刘洪玉)

租赁权　lease right

在租赁合约有效期内，承租人依合约有关条款的规定，在其承租的物业所拥有的合法权益。租赁权的价值等于租赁期内该物业每年市场租金与合同租金的差值的现值之和。　　(刘洪玉)

租赁投资方式　lease scheme of investment

通过租赁来添置设备，新增生产场地，扩大生产规模的方式。传统的投资方式需要一次投入大量资金用于购买设备，修建厂房，要有较长的投资周期和一定的投资风险。采用租赁投资方式时，企业一般只需支付少量租费便可在短期内获得所需设备和生产场地，形成生产或使用能力；还能加快设备更新，高效率地利用设备，避免设备闲置和浪费；不必依赖银行贷款，投资风险小。目前，美国已有80%的企业采用租赁方式来添置设备，扩大生产规模；在其他经济发达国家也得到广泛重视和应用。在中国，采用租赁投资方式，对于控制投资规模，盘活存量资产，转变经济增长方式将有着重大意义。

(何万钟)

租入固定资产改良工程　improvement of rented fixed asset

为增加向外单位租赁取得使用权，并支付租金的固定资产的使用效用或延长其使用寿命而进行的改建和扩建工程。租入固定资产本身不属租用单位所有，应在"递延资产"账户核算。但由租用单位在租用期间所进行的改良工程属租用单位所有。在企业会计中，对租入固定资产改良和大修理所发生的支出，作为递延资产处理，按支出的受益期限分期摊销。摊销期限不得超过固定资产的租赁期限。

(闻　青)

租售　let/disposal

房地产开发商为开发项目寻找用户的营销行为。开发全过程的最终阶段。出租或出售两种方式的选择，一般要根据市场状况，开发商对资金回收的迫切程度和开发项目的类型而定。通常，居住建筑以按套出售为主；写字楼、旅馆建筑和商业用房以批量出租为主。开发商为了分散投资风险，减轻借贷的负担，往往在项目建设前或建设过程中就采取预租或预售的方式落实用户；也有在项目完工或将近完工时才开始租售活动的。租售工作可由开发商自身的业务人员办理；也可委托租售代理机构代办。

(刘洪玉)

组织职能　organizing function

对企业生产经营活动的各项要素、各个环节和各个方面，从分工、协作上，从活动过程的时间和空间相互联结上，科学地结合成一个有机体所进行的工作。企业管理职能之一。这些工作包括：选定合理的企业组织结构；确定各部门和职工的职责、权利，以及相互间的关系；规定相应的工作程序等。

(何万钟)

zui

最低储备定额　minimum reserve norm

企业物资储备的最低限额标准。数量上等于保险储备。在理想状态下,企业前次进货物资刚使用完,新购物资就已到货并检验完毕,投入使用。在实际施工生产中,由于新订购物资经常不能如期到货,或物资用量因任务情况变化而增大,要使生产不间断,企业必须保持必要的储备量。一般来说,这个定额量越高,缺料停工的概率就越小,而占用的资金也越多。　　　　　　　　　　　　　　　　　　　(陈　键)

最低希望收益率　minimum hope rate of return

企业投资必须能够赚回"资金成本"而不亏本的收益率。是企业确定的评价参数之一。

资金成本即使用资金付出的代价。不论何种来源的资金,都存在资金成本。发行股票要付股息;贷款要付利息;就是自有资金,也存在"机会成本"。如果资金来源有多种方式,应取各种资金成本的加权平均值。当投资存在风险的情况下,应随风险程度大小相应提高或降低其取值。一般来说,风险主要来自市场和技术两个方面,对市场依赖越大,技术越不成熟的产品,风险也越大,反之风险就小。譬如扩大产量就不如降低成本提高质量的风险小。
　　　　　　　　　　　　　　　　　　　(刘玉书)

最高储备定额　maximum reserve norm

企业物资储备的最高限额标准。通常在数量上等于经常储备与保险储备之和。在企业中,物资储备太多会占用过多的资金和储存空间,因此,要在保证生产的前提下予以限制。对于施工生产由于季节性需求的原因而进行的季节性储备,不在此定额的限制之内。　　　　　　　　　　　　　　　(陈　键)

最高最佳使用　highest and best use

又称最有效使用。房地产在法规允许、物理条件可能、技术上可行的前提下,能使收益现值最大化的使用方式。房地产估价原则之一。
　　　　　　　　　　　　　　　　　　　(刘洪玉)

最合适区域法

又称田中法。通过求取价值系数的最合适区域来选择价值工程目标的方法。由日本田中秀春教授提出。由于价值系数相同的目标、各自的成本系数和功能评价系数并不相同,对产品价值的实际影响有很大差异,因此,在选择目标时,应优先选择对产品实际影响大的目标。本方法就是在考虑价值系数绝对值基础上,进一步考虑它们的功能评价系数和成本系数的绝对值,从而提出一个选用价值系数的最合适区域,以选择活动目标。本法以成本系数为横坐标 x,功能评价系数为纵坐标 y,绘制价值系数座标图。图中与 x 轴或 y 轴成 45°夹角的直线即为价值系数 $=1$ 的标准线,再以 $y_1 = \sqrt{x_1^2 - 2S}$,$y_2 = \sqrt{x_1^2 + 2S}$ 作两条曲线(S 为给定常数),这两条曲线所包络的阴影部分为最合适区域(见图)。如果与评价对象的价值系数相对应的座标点位于图中阴影部分,则认为其与标准价值系数的偏离是可以允许的,不再列为考虑目标。而在阴影外的点,特别是离阴影远的点则应优先选为 VE 的目标。

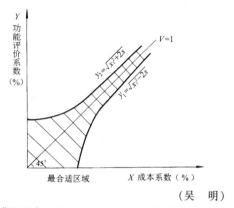

　　　　　　　　　　　　　　　　　　　(吴　明)

最小费用法　minimum cost method

以最小费用作为方案评价判据的方法。在比较效益相同或效益基本相同的方案时,为了简化计算可采用此法。成本现值法、成本终值法、年成本法均属最小费用法的具体方法。根据等价原理,不论采用上述何种具体方法,对方案的评价结论都应是一致的。　　　　　　　　　　　　　　　(何万钟)

最小公倍数法　method of lowest common multiple

在互斥方案选择时,采用各个方案寿命期最小公倍数为止的实际可能发生的现金流量来进行比较的方法。由于各个方案的寿命期不同,例如,在建造各种建筑物时,采用的结构形式(木结构、钢结构、钢筋混凝土结构等)的不同,其投资额和寿命期也不同,为了使各个方案在时间上有可比性,采用了各个方案寿命期的最小公倍数作为计算实际可能发生的现金流量。但是,预测遥远未来的实际现金流量相当困难,为此修订第一个寿命期以后的各寿命期所发生的现金流量与第一个周期完全相同的周而复始地循环着,以此进行寿命期不同的互斥方案比较。其方法有最小公倍数为止的净现值法、净年值法和净将来值法。　　　　　　　　　　　　　(刘长滨)

最小平方评价法　least square evaluation method

又称最小二乘评价法。以互比方案各指标事先设定的理想值与实际值之差,除以理想值的平方,加权后相加再开方得出的总分值作为方案比较依据的方法。其表达式为：

$$V_i = \sqrt{\sum_{j=1}^{n} W_{ij} \left(\frac{A_j - A_{j0}}{A_{j0}} \right)^2} \rightarrow \min$$

V_i 为 i 方案的总分值；W_{ij} 为方案 i 第 j 个指标的权值；A_j 为 j 指标的实际值；A_{j0} 为 j 指标的理想值；指标数 j 从 1 到 n。$(A_j - A_{j0})$ 最小，表示指标越接近理想状态，所以，V_i 值最小的方案即为最优方案。此法既反映了各评价指标的重要程度，又反映了实际值与理想值的差距，用以进行方案的比较可较准确。但应用此法要求各指标均能度量表示，且每个指标事前需先确定出理想值。

（何万钟）

最小最大后悔值法　minimax regret method

简称后悔值法。先找每个方案的最大后悔值，然后选择最大后悔值为最小的方案为最优方案的非确定型决策分析方法。所谓后悔值，是在某一自然状态下，最大收益值与所采取的方案的收益值之差。即在该自然状态下，未采用相对最优方案而造成的损失值。此法属一种保守型的决策方法。例见下表：

后悔值＼自然状态　方案	S_1	S_2	S_3	S_4	最大后悔值
A_1	1	2	0	2	2
A_2	3	3	1	2	3
A_3	0	1	3	4	4
A_4	2	2	1	4	4

四个方案的最大后悔值分别为 2、3、4、4，其中最小的最大后悔值 2 对应的方案 A_1 即为最佳方案。

（杨茂盛）

最优化决策原则　maximization criteria of decision

古典决策理论所依据的决策行为准则。最优化原则最初是在经济学中采用。建立这一原则的依据是：认为作决策的人或企业是理性的人或经济人，因此，他在作决策时的目标总是瞄着利益。其次，是由西方经济学在 19 世纪开始将数学分析方法引入，即所谓边际革命。最先应用边际分析，按经济人追求尽可能大的经济利益的假定，提出边际收入与边际成本相等时是实现利润（收益）最大化的条件。如图所示：

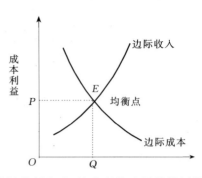

应用边际分析方法，消费者的选择是效用最大化。将其用于资源配置，是资源最优配置。最早将最优化原则用于管理决策的也是这些经济学家。这一原则是一种封闭型决策模型，是建立在纯粹逻辑推理上。

（何　征）

最终可行性研究　final feasbility study

又称技术经济可行性研究。在深入研究市场供需情况、建设厂址、建设规模、生产纲领、设备选型、土建工程、组织机构等问题基础上，对建设项目进行的全面技术经济论证工作。西方国家可行性研究的最后阶段。其目的是寻求投资少、周期短、成本低、效果好的建设方案。内容一般包括：项目的背景和历史、市场和工厂生产能力、材料和投入物、项目设计、建设进度安排、财务和经济评价等。其投资估算精确度要求达到 ±10%，可作为投资决策、申请项目贷款、申请建设执照和签订合同或协议的依据。

（曹吉鸣）

ZUO

作业计划　operating schedule

由企业内部执行单位编制的、计划期较短的、具体组织生产经营活动的执行型计划。编制的目的在于落实年度计划、季度计划或工程施工总进度计划的任务，使之更加具体化和具有实施性。通常由企业管理层或作业层按月、旬编制。有时也可按周编制。

（何万钟）

作业销售利润　operation sold profit

建筑企业所属的机械租赁、机械修理和运输等单位，在一定时期内对其他企业和本企业其他内部独立核算单位提供机械运输作业和出租施工机械设备所发生的实际成本，低于作业销售净收入的差额所形成的利润。销售净收入等于作业销售收入扣除销售税金后的余额。是施工企业的其他业务利润之一。

（闻　青）

作业组　work group

又称工作组。在劳动分工的基础上,把为完成某项工作而相互协作的工人组织起来的劳动集体。是企业劳动组织的基本形式。通过作业组,可以更好地组织工人的劳动协作,合理使用人力,使整个生产能够协调配合地进行,提高劳动生产率。按工人的工种组成,作业组可分为专业作业组和混合作业组两种。　　　　　　　　　　　　　　（吴　明）

外文字母·数字

ABC 分析法　ABC analysis method

又称 ABC 管理法,分类管理法。根据管理对象的主要技术经济特征分类排队,分清主次,从而有区别地确定管理内容和方式的科学管理方法。也是价值工程的分析方法之一。意大利经济学家帕累托(V.Pareto 1848~1923)在研究资本主义社会国民财富分配状况时发现,占人口比例很小的少数人占有大部分国民财富;占人口比例很大的多数人却只占有一小部分国民财富。据此给出的帕累托分配曲线表明了分配不平衡规律。后来美国通用电器公司首先将这种分析方法用于库存管理,将库存原材料和零部件分为 ABC 三大类,A 类数量占 10% 左右,价值占 3/4 左右;B 类数量和价值都占 20% 左右;C 类数量占 70% 左右,而价值仅占 5% 左右。因此,A 类物资应作为重点管理对象。这种方法也可用于成本管理、质量管理和设备维修管理等方面。在成本管理方面,通常把占总产量 10%~20%,占总成本 70%~80% 的产品或零部件称为 A 类;把数量占 70%~80%,成本只占 10%~20% 的产品或零部件称为 C 类;其余称为 B 类。A 类应作为重点分析对象,其次是 B 类,如图所示:

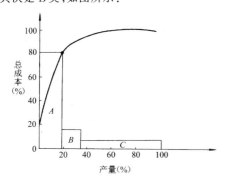

在建筑物资管理中,一般将占品种 5%~10%、占总价值的 70%~80% 的物资,视为关键的少数,将其划为 A 类,作为管理的重点。占品种 10%~20%、总价值的 10%~20% 的物资,划为 B 类,实行一般控制。占品种 70%~80%、占总价值的 5%~10% 的物资,因比较次要,划为 C 类。

（张　琰　杨茂盛　陈　键）

BOO 投资方式　BOO scheme of investment

工程项目由投资人筹资建设,建成后拥有该项目,并对项目进行管理和经营的投资方式。BOO 是建设(build)、拥有(own)、经营(operat)三个英文词的缩写。投资人是该项目的业主,即所有者,对项目从策划、筹资、建设、经营、偿还债务全面负责并享受收益和承担投资风险。　　　　　　　（何万钟）

BOT 合同　build-operate-transfer contract

见 BOT 投资方式。

BOT 投资方式　BOT scheme of investment

建设项目的建设、运营、转让全过程由投资者负责的带资承包方式。BOT 即建设(build)、运营(operate)、转让(transfer)三个英文字的缩写。1984 年由土尔其总理厄尔尔首先提出,许多发展中国家(包括中国)也相继采用,并扩大到某些发达国家,主要用于耗资巨大的基础设施项目。基本做法是:东道国政府选定将建设的项目,通过招标方式选择由承包商或开发商牵头的承包财团,与之签订协议,由该财团负责筹资、设计和施工,把项目建成;在协议规定的特许期内,政府授权投资者经营该项目,以所得经营收益收回投资并获取利润;特许期满,项目须完好地无偿转让给东道国政府。建设和运营过程中的风险由投资(承包)方承担。东道国政府可依据协议规定承担或不承担部分资金及相应的风险;参加或不参加建设和运营阶段的管理。这种做法的好处是有助于发展中国家解决急需的大型基础设施建设,促进本国建材工业和服务业等部门的发展,增加就业机会,并学习管理大型项目的经验;投资者也可以从项目建设和运营过程中获得可观的利润。不过这种投资方式的建设项目规模大、周期长,风险相对大,组织管理复杂,采用时应注意:①慎重选择项目;②准确掌握投资者的经济、技术实力;③制订详细的开发计划;④周密地考虑不确定因素,正确地评估利润和风险;⑤充分预见实施中可能出现的具体问题,研究相应对策,在承包协议中尽可能作出详尽规定。

（张　琰　何万钟）

CM 工程管理模式　CM model of construction management

简称 CM 模式。在项目管理组织协调下,使项目设计、施工过程合理搭接以加速工程进度的工程组织管理模式。CM 是"construction management"两个英文词的缩写,直译为施工管理或建设管理。作为有特定内涵的一种工程管理模式,是 1968 年由美国人 Charles B. Thomsen 等人,在纽约州立大学研究如何加快设计和施工及改进控制方法时提出的。全称是"快速施工管理途径"(fast-track-construction management),其核心是"fast track"(快速途径)。该

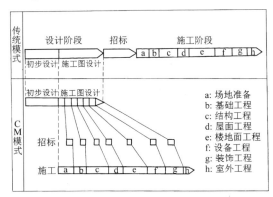

模式的特征是:在一个拥有业主充分授权的项目管理组织协调下,在项目的初步设计完成后,施工图设计在保证科学的施工工艺顺序和必要超前的情况下,可以与施工阶段搭接进行,以有效地缩短工程工期。CM 模式与传统模式的比较见图。CM 模式既保证了建设程序科学性的要求,又大大缩短了建设总工期,满足了业主尽早发挥投资效益的需要。

(何万钟)

C 控制图　C control chart

又称缺陷数控制图。以缺陷数 C 为控制对象的质量控制图。适用于计点值质量数据,样本容量 n 固定的情况。计算和绘制都比较简单,检出力随 n 值增大而提高。点子越出下控制界限,说明生产过程更稳定,因此不必画出下控制界限。

(田金信)

ECRS 思考原则　thinking principle by ECRS

咨询人员在拟订改进方案时按顺序考虑的四个问题。ECRS 分别是这四个问题中关键词的英文字首。E——能不能取消(elimination)某些工作?C——能不能将某些工作合并(combination)?R——能不能调整(regularization)某些工作的顺序或重新组合?S——能不能使某些工作更简化(simplification)?ECRS 顺序思考原则,体现了在拟订改进方案时的系统思维和创造性思维,有助于提高改进方案的质量。

(何万钟)

EC 化战略　EC strategy

建筑企业从项目建设全过程强化自身经营能力的发展战略。EC 是英文 Engineer Constructor 的缩写,意为工程师——建设者。也即建筑企业在广泛积累施工技术与管理经验的基础上,通过技术开发活动,系统掌握各类建设项目,特别是技术密集型项目和特大型项目,从可行性研究、规划、设计到工程施工、设备运转以及技术指导和维修服务等综合机能,强化自身经营能力。20 世纪 70 年代由日本大成、竹中等大建筑公司提出,受到国际建筑业的普遍重视,并成为当代大型建筑企业的发展趋向。建筑业的传统业务范围限于土木建筑技术设计和施工图设计、建筑材料供应及土建施工。EC 化则向前后延伸,将业务范围扩展到:①项目规划,即从项目发掘到立项的各种问题的解决,以及在环境调查和可行性研究等方面为业主提供咨询服务。②项目设计,包括土建工程设计,工艺、设备等全系统的技术设计和施工图设计。③项目施工,包括土木建筑施工和材料采购调配,以及设备、器具的配套供应和安装调试。④试车,交工,培训生产工人并指导其操作,以及工程的维修服务。EC 化战略的实施,要求企业强化 4 项经营能力:①营销能力。即认真进行市场调研,了解市场需求,针对需求进行技术开发,并通过各种传播手段,使开发成果商品化,吸引用户。②计划能力。即整个工程项目从开发直到维修服务的全过程的成本、工期、质量、人、财、物等一系列问题,都要综合考虑,实行计划管理。这又要求培育一批具有高度综合管理能力、能够独立工作的新型计划管理人才。③计算机辅助管理能力。即建立辅助综合管理的计算机系统,以提高管理工作的效率。④发展协作关系。即发展与不同专业企业和财团间的协作及联合,共同进行技术开发、承包工程、筹措资金等,实现优势互补,增强竞争实力。

(张　琰)

GB/T 24001—ISO 14001 系列标准　ISO 14001: 1996 environmental management series standard

国际标准化组织 1996 年 9 月发布的 ISO 14001、ISO 14004 环境管理系列标准中国等效采用的环境标准。随着世界各国普遍对全球环境问题的日益重视,协调环境与经济可持续发展理念的深入人心,环境管理已成为突出的国际问题。为了帮助企业有效地控制其生产、经营和服务过程对环境的影响,保证各项活动具有良好的环境行为,国际标准化组织于 1993 年 10 月成立环境管理委员会,研究制定了上述环境管理系列标准,于 1996 年正式发布,成为广大企业认证后通往国际市场的绿色通行证。中国为适应 21 世纪经济全球化发展的需要和加入 WTO 的国际贸易竞争新形势,于 1996 年决定

等同采用该环境标准,即 GB/T 24001—ISO 14001 系列标准,并于 1997 年成立中国环境认证机构认可委员会(CACEB)和中国认证人员国家注册委员会环境管理分委员会,这标志着环境管理体系认证工作的正式实施。已有建筑、煤炭、非金属、通信、合成材料、食品、烟草、房地产、金融、社会福利等多个专业开始进行环境管理体系的认证。　　　(吴钦照)

ISO 9000 系列标准　the ISO 9000 family of standard

由国际标准化组织(ISO)发布、该质量管理和质量保证技术委员会(ISO/TC176)制订的质量管理和质量保证系列国际标准。初版于 1987 年正式发布,内容有:《质量管理和质量保证标准》ISO 9000;《质量体系——开发设计、生产、安装和服务的质量保证模式》ISO 9001;《质量体系——生产和安装的质量保证模式》ISO 9002;《质量体系——最终检验和试验的质量保证模式》ISO 9003;以及《质量管理和质量体系要求通用指南》ISO 9004。ISO 9000 系列标准为企业实现有效的质量管理提供方法指导,为供需双方建立信任、实施质量保证提供通用的质量体系规范。我国国家技术监督局于 1989 年开始等效采用 ISO 9000 系列标准的国家标准;1992 年决定等同采用 ISO 9000 系列标准作为全国各类企业通用的国际推荐性标准,自 1993 年 1 月 1 日起实施;1994 年出版第三版等同采用的 GB/TI 9000—ISO 9000 系列标准,并付诸实施。建设部先后在《质量兴业要点》《关于建筑业企业加强质量管理工作的意见》以及《建筑业产业政策》(草案)等文件中明确指出:"建立和完善建筑产品质量管理制度,建筑业企业必须按 GB/TI 9000 质量管理和质量保证标准建立质量保证体系",并于 1994 年正式发文推行;1996 年底又印发《GB/TI 9000—ISO 9000 质量管理和质量保证实施细则》(第二版),加大了对标准的理解深度和准确度,增强了实施要点的可操作性。ISO 9000 系列标准除可以促进企业内部的质量管理,提高产品和服务质量外,还具有作为国际质量体系注册的必要依据的重要作用。由一个国家正式授权的国际质量认证注册机构对质量体系文件及实施情况进行评价和认证,企业取得认证证书后,即拿到进入国际市场的通行证,获得强有力的国际贸易、国际工程承包资质,可以增强市场竞争优势。据 1999 年 9 月 ISO 公报,截至 1998 年底,ISO 9000 认证证书已涉及 143 个国家,发放证书 271966 份,按拥有证书多少排序,建筑业列第 4 位。据我国统计资料,至 1999 年底,我国累计已有 15002 家企业持有质量体系认证证书 15123 份;覆盖专业范围 39 个大类,有关建筑业方面的约占 10%,包括建设、混凝土、石灰、水泥、石膏及其他。

建筑机械、木材及制品、房地产等专业认证企业达 1500 家以上。　　　(何万钟　吴钦照)

ISO 9000 系列标准 2000 版　ISO/DIS 9000:2000

ISO 9000 系列标准的最新版本。由国际认可论坛(IAF)、国际标准化组织质量管理和质量保证技术委员会(ISO/TC176)和国际标准化组织合格评定委员会(ISO/CASCO)组织修订,将以 1987 年为基础的 ISO 9000 系列标准 1994 年版原有的 20 多个 9000 系列标准简化为 5 个标准,即《质量管理体系——基本原理和术语》ISO 9000:2000;《质量管理体系——要求》ISO 9001:2000;《质量管理体系——业绩改进指南》ISO 9004:2000;《质量和环境审核指南》ISO 19011;《测量和控制系统》ISO 10012。于 1999 年 11 月发布草案,定于 2000 年 11 月正式实施。新版目的在于克服原版本质量管理内容相对较少以及在实施中用户普遍感到有许多重复和冗长的不足。新版 ISO 9001:2000 标准突出了质量管理的 8 项原则,即:1. 以顾客为中心。组织依存于顾客,因此组织应理解顾客当前和未来的需要,满足顾客要求,并尽力超越顾客的期望。2. 领导作用。领导者建立组织统一的目标、方向和内部环境,所创造的环境能使员工充分参与实现组织的目标。3. 人员参与。各级人员是一个组织的基础,人员的充分参与可以使他们的能力得以发挥,使组织最大获益。4. 过程方法。将相关的资源和活动作为过程进行管理,会更有效地实现预期的结果。5. 系统管理。针对设定的目标,通过识别、理解和管理,由相互关联的过程组成的体系,可以提高组织的效率和效果。6. 持续改进。持续改进是组织永恒的目标。7. 基于事实决策。有效的决策基于事实和信息的逻辑以及直观分析。8. 与供方互利的关系。组织与供方的互利关系可提高双方创造价值的能力。新版 ISO 9000:2000 标准正式发布生效后,将有 3 年的过渡期限。在此期间,以 1994 年版标准为依据的认证证书仍将有效;但 3 年过渡期满后,按旧标准的所有认证证书均将失效。因此,中国质量体系认证机构国家认可委员会(CNACR)已对过渡期作出相应安排,以确保新标准的顺利转化实施。　　(吴钦照)

PDCA 循环　plan-do-check-action cycle

又称戴明环。按照计划(Plan)、执行(DO)、检查(Check)、处理(Action)四个阶段顺序进行的质量管理工作循环。原为美国管理学者戴明提出。其内容:①计划阶段。又可分为四个步骤:分析现状、找出存在的质量问题;分析产生质量问题的原因和影响因素;找出影响质量的主要因素;拟定改善质量的措施计划。②执行阶段。根据预定的目标和措施计划,落实执行部门、单位和负责人,组织计划的实施。③检查阶段。检查计划实施结果,衡量和考察取得的效果,找出问题。④处理阶段。总结经验巩固成绩;同时,将本次循环中遗留的问题转入下一循环解决。每完成一次循环就实现一定的质量目标,解决一定的质量问题,使产品质量水平有所提高。不断循环,质量水平也就不断推进。PACD 循环如下图所示。　　　　　　　　　　　　　　　(田金信)

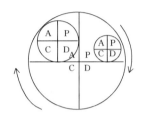

P 控制图　　*P*-control chart

又称不合格品率控制图。以产品的不合格品率 P 为控制对象的质量控制图。适用于计件值质量数据,样本容量 n 不固定的情况。其检出力大小与 n 有关。n 太小,往往 $P=0$,失去控制作用;n 太大,虽检出力强,但检测费用高;n 一般在 50～200 之间为宜。控制界限随 n 的大小而变化。P 控制图的上控制界限起控制作用,而点子超过下控制界限,说明生产过程更稳定,因此一般不画下控制界限。
　　　　　　　　　　　　　　　(田金信)

$\overline{X}$-R 控制图　　$\overline{X}$-R　control chart

又称平均数和极差控制图。为全面控制质量波动状态,以数据平均值($\overline{X}$)和极差(R)来作为控制对象的质量管理图。实际上是联合运用 $\overline{X}$ 控制图和 R 控制图。前者主要用以分析样本平均值的变化,后者主要用以分析散差的变化。适用于计量值质量数据。其样本容量一般为 4～6 个,即能获得准确的信息,检出能力强,是最常用而且理论根据充分的一种控制图。　　　　　　　　　　(田金信)

x 控制图　　x control chart

又称单值控制图。利用单个计量值质量数据进行工序控制的管理图。主要应用于加工时间长,一定时间只能获得一个数据,检测费用较高的场合。它作图简便,容易发现周期性的剧烈变化,反映问题快,但给出信息少,无法揭示平均值和散差的变化,在总体不对称分布情况下,检出力差。应尽量与 R_S(移动极差)控制图联合使用,即 $x-R_S$(单位－移动极差)控制图,以资取长补短。　　　　(田金信)

X 理论—Y 理论　　theory **X** － theory **Y**

美国行为科学家道格拉斯·麦格雷戈(Douglas Mc Gregor,1906～1964)提出来的以两种不同人性假定为基础,使个人目标与组织目标相结合的激励理论。麦格雷戈在 1960 年出版了《企业的人性方面》一书,提出了若干有关管理假定的见解,认为管理者对其员工的待遇都必有一套哲学或假定。他把这些假定归并为两类:X 理论的假定和 Y 理论的假定。X 理论假定,人生而好逸恶劳,缺乏进取,以我为中心,惯于守旧,缺乏想象力、创造性、理性。据此,作为管理指导思想的管理政策是,工作得好给奖;工作不好的给罚。即所谓"葫萝卜加大棒"的政策,Y 理论的假定与 X 理论正好相反,认为人的本性生而有要求工作的本能,有责任心、有追求、有创造性,因此应该用"启发与诱导"代替"命令与服从",用信任代替监督,使个人目标与组织目标结合起来。如当时出现的"分权与授权"、"参与制与协商式管理"、"丰富工作内容",便体现出与 Y 理论相近的新管理思想。　　　　　　　　　　　　　(何　征)

Z 理论　　theory Z

日裔美国管理学家大内(Ouchi,W.)提出消除管理者与职工对立的观点而使生产率高的团体得以产生和发展的新理论。大内认为,组织发展的关键是要创造一个环境、气氛,主张按坦白、开放、沟通作为基本原则来实行"民主管理"。他把日本企业(他称为 J 形组织)与美国企业(他称为 A 形组织)进行了对比:

项目\组织	雇佣期	评价升级	培训用人	控制	决策过程	负责	关切范围
A	短期	快速	专职专能	明晰控制	个人决策	个人	部分
J	长期、终身	缓慢	多专、多能	启发、诱导	集体决策	集体	全面

A 型组织多带 X 理论特征;J 型多带 Y 理论特征。大内主张根据美国的文化背景,吸收 J 形组织的长处,以形成一种高工效与职工高满足度相结合的新型组织,他称这种组织为 Z 型组织。　　(何　征)

01 评分法

见强制确定法(231 页)。

0—1 整数规划　　0—1　integer programming

决策变量只能取值 0 或 1 的一类整数规划问题的优化技术。它适用于:项目选择、任务分派以及能用 0—1 变量描述的其他问题。如:总额为 b 的资金可用于 n 个项目投资,设 j^* 项目所需投资为 a_j,投资后可得利润 c_j($j=1,2,\cdots\cdots,n$),问选择哪些项目投资能获得利润最大。

令 $x_j=\begin{cases}1,\text{对 } j^* \text{项目投资}\\0,\text{对 } j^* \text{项目不投资},\end{cases}$　其模型为:

$$\max\sum_{j=1}^{n}C_jx_j$$

$$s\cdot t\begin{cases}\sum_{j=1}^{n}a_jx_j\leqslant b\\x_j=0,1,j=1,2,\cdots\cdots,n\end{cases}$$

（李书波）

04 评分法　0-4 scored method

价值工程活动中，根据产品或零部件功能重要程度按 0～4 分级评分，求得功能评价系数的功能评价方法。评分标准为：①功能非常重要的得 4 分，另一个相比很不重要的得零分；②功能比较重要的得 3 分，另一个相比不太重要的得 1 分；③两个功能同样重要的，各得 2 分。参加评分的专业人员一般为 5～15 人，每人分别对产品各部件进行重要性的对比，并按上述标准记分。在此基础上再计算每一零部件功能评分的平均值，并进一步求得功能评价系数。令 f_i 为某一零部件的功能评分平均值；F_i 为该零件的功能评价系数，则

$$F_i = f_i / \Sigma f_i$$

（吴　明）

4M1E 质量影响因素　influential factors 4M1E on quality

人、机器、材料、方法和环境影响工程或产品质量的五类因素。M 是前 4 类因素的英文第一个字母；E 是环境的英文第一个字母。这些因素影响的大小，取决于对它们的管理，即要对人、机器、材料、方法和环境加以控制，用好的工作质量来保证工程或产品质量。　　　　　　　（何万钟）

5W1H 思考方法　thinking method of 5W1H

为有助于人们对事物进行思考、研究、分析而提示问题的一种方法。5W1H 是英文 what（何事物）、why（为什么）、where（何处）、when（何时）、who（何人）和 how（如何办）六个词首的合称。5W1H 分别反映事物的对象、原因或目的、地点、时间、执行人、采用的方法或手段。按这几方面进行思考，有助于思考内容的深化和具体化。　　　（何万钟）

7S 管理模式　7S model of management

由兼顾战略（strategy）、结构（structure）、制度（System）、技能（skill）、班子（人员）（staff）、作风（style）、共同的价值观（shared value）七个要素组成的模型。是当代美国企业取得成功经验的管理要素的概括。1982 年由彼得斯（T.Peters）和沃特曼（R.Waterman）在《对超群出众的探索——美国管理最佳公司的经验》一书中首先提出。作者调查了美国各行业中经营有方，具有革新精神，最近 25 年来的生产与财务状况良好的 62 家大公司。概括它们成功的基本经验是：贵在行动，注重实干；密切联系用户；分权自主，鼓励创业；依靠职工，促进生产；深入现场，价值观念领先；扬长避短，专心本行；精兵简政；刚柔相济，张弛结合等。在此基础上，进一步归纳而得出此种模型。作者认为，最佳企业管理的核心在于"向传统的管理理论进行挑战"。这里的传统管理理论是指以泰罗、韦伯为代表的"科学管理"，和"管理科学"学派所强调的数量方法在管理中的应用。西方管理学者认为，7S 中包括了管理的"硬件"即战略、结构、制度，和管理的"软件"即人员、技能、作风和共同的价值观，是更符合当代时代特点的管理观。　　　　　　　　　　　　（何万钟）

词目汉语拼音索引

说　　明

一、本索引供读者按词目汉语拼音序次查检词条。

二、词目的又称、旧称、俗称、简称等，按一般词目排列，但页码用圆括号括起，如(1)、(9)。

三、外文、数字开头的词目按外文字母与数字大小列于本索引末尾。

zhong

外文字母·数字

词目汉字笔画索引

说 明

一、本索引供读者按词目的汉字笔画查检词条。

二、词目按首字笔画数序次排列;笔画数相同者按起笔笔形,横、竖、撇、点、折的序次排列,首字相同者按次字排列,次字相同者按第三字排列,余类推。

三、词目的又称、旧称、俗称简称等,按一般词目排列,但页码用圆括号括起,如(1)、(9)。

四、外文、数字开头的词目按外文字母与数字大小列于本索引的末尾。

六画

[一]

[J]

九画

十一画

[一]

十二画

外文字母·数字

词目英文索引